한국산업인력공단 필기시험 집중 대비서

항공산업기사 필기
과년도 문제해설

Industrial Engineer Aircraft Maintenance

저자 **항공문제연구회**

최근 기출문제 수록

기본 원리부터 정답에 이르기까지 명확하고 풍부한 해설을 통해 자신감은 물론
모든 문제에 탄력적으로 대응할 수 있는 능력을 키워줍니다.

머리말

항공산업은 일반적으로 항공기 및 관련 부속 기기류, 지상 지원 장비 등을 생산·개조·정비하는 산업으로 기계·전기·전자·소재 등 매우 다양한 분야의 첨단기술이 집약된 복합체계의 종합산업이다. 항공기술은 650개 이상의 세부기술이 결합되어 단일 제품화되는 과정을 거친다. 이 과정에서 수많은 관련 기술 및 지식들이 접목되어 활용되며, 항공기는 최소 20만개 이상의 부품이 결합되어 사용되므로 부품의 수직적 연관구조가 다른 산업에 비해 훨씬 중층적이며 광범위하다. 이러한 항공산업은 21세기 정보산업, 신소재산업 등 각 분야의 첨단산업을 주도해 나갈 미래 유망산업으로서, 항공산업의 선도적 기술혁신은 타 산업으로의 연계 파급 효과가 매우 크다. 또한 부가가치가 높을 뿐만 아니라, 고용 창출 효과도 높아 미래에도 지속적 발전이 가능한 선진국형 산업이라고 할 수 있다.

뿐만 아니라 항공산업은 대표적 민군겸용 기술산업으로서 국방산업을 견인하기 때문에 향후에도 이 분야에서 지속적으로 수요 발생이 예상되어 한국의 미래 유망산업으로서의 가치가 충분히 기대되며, 국내외 시장규모의 확대에 따른 지속발전 가능한 미래산업이라고 할 수 있다.

결국 이러한 기술적용이 필요한 산업들은 선진국가와의 경쟁우위 확보가 가능한 미래 유망 산업이기 때문에 장기적 경제발전을 위해서는 항공산업을 육성하고 발전시키는 것이 필요하며, 더불어 항공산업의 수요 및 소요 인력도 꾸준히 늘어가리라고 본다.

항공산업기사 자격제도는 항공기 운항의 안전성을 확보하기 위하여 항공기 정비기술에 관한 실무 숙련기능 및 항공기술 전반에 관한 기초 지식과 그 적응 능력을 가진 사람을 육성하여 항공기 정비 및 제작에 관한 현장 업무를 수행할 인력을 양성하고자 제정되었으며, 그 동안 항공산업에 종사하는 전문인력의 양성에 폭넓은 기여를 하였다.

본 문제집은 기존에 출제된 항공산업기사의 과년도 기출문제를 분석하고, 이를 토대로 출제경향에 따른 폭넓은 해설을 수록하여 유사한 출제문제에 더 쉽게 접근할 수 있도록 구성하였다. 이러한 풍부한 해설은 자신감은 물론 모든 유사문제에 탄력적으로 대응할 수 있는 능력을 키워줄 것이다.

추후 항공산업기사 자격증을 취득하여 항공업계에 진출하고자 하는 독자분들에게 본서가 미약하나마 도움이 되기를 바라며, 본서를 발간할 수 있도록 과년도 기출문제의 발췌 및 해설에 걸쳐 도움을 주신 항공관련업계 및 항공교육분야의 모든 분들에게도 깊은 감사를 드린다.

최선을 다해 문제에 대한 이해를 드리기 위해 노력을 했지만, 해설에 대한 부족한 부분이 있다면, 카페에 질의를 올려주신다면 성실히 답변을 올리도록 하겠습니다. 시간이 흐를수록 좀 더 완벽한 수험서가 되도록 노력하겠습니다.

행운이 함께 하시길 응원합니다.

차례

머리말 ·· 3

2011년 항공산업기사 과년도 문제

- 2011년 1회 (3월 20일) ·· 9
- 2011년 2회 (6월 12일) ·· 18
- 2011년 4회 (10월 2일) ·· 28

2012년 항공산업기사 과년도 문제

- 2012년 1회 (3월 4일) ··· 38
- 2012년 2회 (5월 20일) ·· 48
- 2012년 4회 (9월 15일) ·· 57

2013년 항공산업기사 과년도 문제

- 2013년 1회 (3월 10일) ·· 66
- 2013년 2회 (6월 2일) ··· 75
- 2013년 4회 (9월 28일) ·· 84

2014년 항공산업기사 과년도 문제

- 2014년 1회 (3월 2일) ··· 94
- 2014년 2회 (5월 25일) ··· 104
- 2014년 4회 (9월 20일) ··· 114

2015년 항공산업기사 과년도 문제

- 2015년 1회 (3월 8일) ··· 123
- 2015년 2회 (5월 31일) ··· 133
- 2015년 4회 (9월 19일) ··· 142

2016년 항공산업기사 과년도 문제

- 2016년 1회 (3월 6일) ··· 151
- 2016년 2회 (5월 8일) ··· 160
- 2016년 4회 (10월 1일) ··· 169

2017년 항공산업기사 과년도 문제

- 2017년 1회 (3월 5일) ··· 179
- 2017년 2회 (5월 7일) ··· 188
- 2017년 3회 (9월 23일) ··· 197

2018년 항공산업기사 과년도 문제

- 2018년 1회 (3월 4일) ·· 206
- 2018년 2회 (4월 28일) ·· 216
- 2018년 4회 (9월 15일) ·· 226

2019년 항공산업기사 과년도 문제

- 2019년 1회 (3월 3일) ·· 235
- 2019년 2회 (4월 27일) ·· 245
- 2019년 4회 (9월 21일) ·· 254

2020년 항공산업기사 과년도 문제

- 2020년 1회, 2회 통합시행 (6월 21일) ·· 265
- 2020년 3회 (8월 23일) ·· 275

항공산업기사 기출문제 정답 및 해설

- 기출문제 정답 및 해설 ·· 285

항공산업기사 필기 CBT 대비 모의고사

- 모의고사 문제 ·· 577
- 모의고사 정답 및 해설 ·· 617

항공산업기사 필기 과년도 기출문제

항공산업기사 2011년 1회 (3월 20일)

1과목 항공역학

01. 프로펠러가 n[rps]로 회전하고 있을 때 이 프로펠러의 각속도는?
① πn ② $\dfrac{\pi n}{60}$
③ $2\pi n$ ④ $\dfrac{2\pi n}{60}$

02. 고양력 장치의 하나인 파울러 플랩(fowler flap)이 양력을 증가시키는 원리만으로 짝지어진 것은?
① 날개면적과 받음각의 증가
② 캠버의 변화와 경계층의 제어
③ 받음각의 증가와 캠버의 변화
④ 날개면적의 증가와 캠버의 변화

03. 프로펠러 작동 시 프로펠러를 통과하는 공기흐름의 유관(stream tube)에서 프로펠러 앞면과 뒷면의 단면적 형태는?
① 점진적으로 감소한다.
② 점진적으로 증가한다.
③ 점점 감소하다가 증가한다.
④ 점점 증가하다가 감소한다.

04. 공기역학적 힘을 공력계수를 이용하여 단위계나 스케일에 상관없이 일관되게 표현할 때 공력계수에 영향을 미치는 요소가 아닌 것은?
① 마하수   ② 레이놀즈 수
③ 받음각   ④ 비행경로각

05. 무게 22,000kgf, 날개면적 80m²인 비행기가 양력계수 0.45 및 경사각 30° 상태로 정상선회(균형선회) 비행을 하는 경우 선회 반경은 약 몇 m인가? (단, 공기밀도는 1.22kg/m³)
① 1,000   ② 2,000
③ 3,000   ④ 4,000

06. 회전익장치가 하나뿐인 헬리콥터는 질량이 큰 동체가 하나의 점에 매달려 있는 것과 같아 한 번 흔들리면 전후좌우로 자연스럽게 진동운동을 하게 되는데 이런 현상을 무엇이라 하는가?
① 지면 효과(ground effect)
② 시계추 작동(pendular action)
③ 코리올리 효과(coriolis effect)
④ 편류(drift or translating tendency)

07. 동쪽으로 100mi/h의 속도로 부는 제트 기류 속에서 북서쪽 방향으로 대기속도(공기에 대한 비행기의 속도) 500mi/h로 비행하는 항공기의 대지에 대한 속도는 약 몇 mi/h인가?
① 345.5   ② 435.1
③ 475.5   ④ 520.1

08. 헬리콥터 비행 시 블로백 현상으로 추력성분이 줄어들어 속도가 떨어지게 되는데 이를 보완하기 위한 방법은?
① 위상지연   ② 상향 플래핑
③ 사이클릭 조종   ④ 하향 플래핑

09. 다음 중 유해항력(parasite drag)이 아닌

것은?
① 간섭항력   ② 유도항력
③ 형상항력   ④ 조파항력

10. 그림과 같은 항공기의 운동을 무엇이라 하는가?

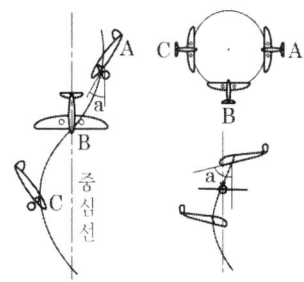

① 스핀   ② 턱 언더
③ 선회   ④ 버퍼링

11. ICAO에서 정한 표준대기에 대한 설명으로 옳은 것은?
① 일반적인 기상현상이 발생되는 곳은 성층권이다.
② 대류권의 경우 고도가 증가하여도 온도가 일정하다.
③ 표준대기의 값으로 대류권의 최대 높이는 약 36000ft이다.
④ 성층권에서는 고도변화에 관계없이 압력과 밀도가 일정하다.

12. 비행기 날개의 상반각(dihedral angle)으로 얻을 수 있는 주된 효과는?
① 세로안정을 준다.
② 익단 실속을 방지한다.
③ 방향의 동적인 안정을 준다.
④ 옆 미끄럼에 의한 옆놀이에 정적인 안정을 준다.

13. 글라이더가 1,000m 상공에서 활공하여 수평 활공거리가 2,000m라면, 이때의 양항비는 얼마인가?

① 1   ② 2
③ 3   ④ 4

14. 수직 꼬리날개와 방향안정의 관계에 대한 설명으로 옳은 것은?
① 큰 마하수에서 충분한 방향 안정성을 갖기 위해서 초음속기의 경우 상대적으로 작은 수직 꼬리날개를 가진다.
② 마하수가 큰 초음속 비행기에서는 꼬리날개에 의한 안정성이 증가한다.
③ 수직 꼬리날개 면적의 증가는 항력의 감소를 수반하므로 되도록 큰 값으로 설계하도록 하고, 그 대신 주날개의 면적도 증가시키도록 해야 한다.
④ 정적 방향안정에 미치는 수직 꼬리날개의 영향은 수직 꼬리날개 양력 변화와 모멘트 팔 길이에 의존한다.

15. 프로펠러 항공기의 항속거리를 최대로 하기 위한 방법은?
① 연료소비율 최대, 양항비 최대 조건으로 비행한다.
② 연료소비율 최소, 양항비 최대 조건으로 비행한다.
③ 연료소비율 최대, 양항비 최소 조건으로 비행한다.
④ 연료소비율 최소, 양항비 최소 조건으로 비행한다.

16. 도움날개에 주로 사용되는 조종력 경감장치로 양쪽 힌지 모멘트가 서로 상쇄하도록 하여 조종력을 감소시키는 장치는?
① 혼 밸런스(horn balance)
② 프리즈 밸런스(frise balance)
③ 내부 밸런스(internal balance)
④ 앞전 밸런스(leading edge balance)

17. 세로 정안정성에 관련된 용어를 설명한 것으로 틀린 것은?

① 무게중심(CG)은 중력의 총합을 대표하는 점이다.
② 중립점(NP)은 무게중심과 전방한계를 결정짓는다.
③ 정적여유(SM)는 무게중심과 중립점 간의 거리이다.
④ 공력중심(AC)에서는 받음각에 따라 피칭 모멘트의 변화가 없다.

18. 다음 중 아랫면과 윗면이 대칭인 날개골은?
① NACA4412　　② NACA2414
③ NACA0012　　④ NACA2424

19. 다음 중 종극속도(terminal velocity)의 정의로 옳은 것은?
① 비행기가 수평비행 시 도달할 수 있는 최대 속도
② 비행기가 회전비행 시 도달할 수 있는 최대 속도
③ 비행기가 수직상승 시 도달할 수 있는 최대 속도
④ 비행기가 수직강하 시 도달할 수 있는 최대 속도

20. 정지상태인 항공기가 30초 후에 900m 지점을 통과하여 이륙을 했을 때 이 항공기의 가속도는 몇 m/s²인가?
① 2　　② 3
③ 4　　④ 5

항공기관

21. 왕복기관의 작동상태 중 배기 밸브는 닫혀 있고 흡입 밸브가 닫히고 있다면 피스톤의 행정은?
① 흡입행정　　② 압축행정
③ 동력행정　　④ 배기행정

22. 가스 터빈 기관의 역추력장치 작동에 대한 설명으로 옳은 것은?
① 항공기의 지상 접지 후 또는 지상후진 시 작동한다.
② 작동하기 시작한 후 항공기가 완전히 정지할 때까지 사용하여야 한다.
③ 항공기의 지상속도가 일정속도 이하가 되면 작동을 멈춰야 한다.
④ 반드시 항공기의 지상 접지 전 작동하며 접지와 동시에 멈춘다.

23. 왕복기관에서 시동 전에 반드시 프리오일링(pre-oiling)을 하여야 하는 경우는?
① 엔진 오일 교환 시
② 오일 라인 교환 시
③ 오일 여과기 교환 시
④ 새로운 기관으로 교환 시

24. 완전가스 상태변화에서 처음 상태보다 압력이 2배, 체적이 3배로 되었다면 나중 온도는 처음의 몇 배가 되겠는가?
① 0　　② 1.5
③ 6　　④ 8

25. 다음 중 비행상태에 따라 프로펠러 회전속도를 일정하게 유지하기 위하여 프로펠러 블레이드 루트각을 자동적으로 조절하는 정속 조절장치는?
① 커프스(cuffs)
② 스피너(spinner)
③ 거버너(governor)
④ 동조장치(synchro system)

26. 낮은 기온 중의 왕복기관 시동을 돕기 위한 오일 희석(oil dilution)장치에서 엔진 오일을 희석시키는 것은?
① alcohol　　② gasoline

③ propane ④ kerosene

27. 왕복기관에 사용되는 점화 플러그의 전기 불꽃(spark) 강도에 가장 큰 영향을 미치는 것은?
① 점화진각
② 실린더 내의 압력
③ E-gap 각도
④ 2차 콘덴서의 용량

28. 부자식 기화기(float type carburetor)에서 부자(float)의 높이(level)를 조절하는 데 사용되는 일반적인 방법은?
① 부자의 축을 길거나 짧게 조절
② 부자의 무게를 증감시켜서 조절
③ 부자의 피봇 암(pivot arm)의 길이를 변경
④ 니들 밸브 시트에 심(shim)을 추가하거나 제거시켜 조절

29. 가스 터빈 기관의 흡입구에 형성된 얼음이 압축기 실속을 일으키는 이유는?
① 공기흐름을 방해하므로
② 공기압력을 증가시키므로
③ 공기속도를 증가시키므로
④ 공기 전압력을 일정하게 하므로

30. 일반적인 가스 터빈 기관의 시동 시 시간에 따른 기관 회전수 및 배기가스 온도를 나타낸 그래프에서 시동기가 꺼지는 곳은?

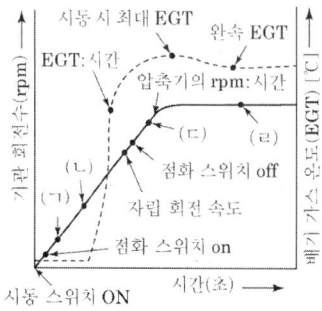

① (ㄱ) ② (ㄴ)
③ (ㄷ) ④ (ㄹ)

31. 다음 중 등엔트로피 과정(isentropic process)의 설명으로 옳은 것은?
① 가역, 단열과정
② 비가역, 단열과정
③ 가역, 등온과정
④ 비가역, 등온과정

32. 가스 터빈 기관 시동 시 우선적으로 관찰하여야 하는 계기가 아닌 것은?
① 배기가스 온도(EGT)
② 연료유량
③ 엔진 RPM(N1 and N2)
④ 엔진 오일 압력

33. 다음 중 가스 터빈 기관의 가스 발생기(gas generator)에 포함되지 않는 것은?
① 터빈 ② 연소실
③ 후기 연소기 ④ 압축기

34. 프로펠러의 슬립(slip)에 대한 설명으로 옳은 것은?
① 기하학적 피치와 유효 피치의 차이
② 블레이드의 정면과 회전면 사이의 각도
③ 프로펠러가 1회전하는 동안 이동한 거리
④ 허브 중심으로부터 블레이드를 따라 인치로 측정되는 거리

35. 다음 중 추진체에 의해 발생되는 최종 기체가 다른 것은?
① 왕복기관 ② 램제트 기관
③ 터보팬 기관 ④ 터보제트 기관

36. 가스 터빈 기관 추력에 영향을 미치는 요소가 아닌 것은?

① 엔진 rpm   ② 비행속도
③ 비행고도   ④ 비행반경

37. 저속으로 작동 중인 왕복기관에서 흡입계통(induction system)으로 역화(backfire)가 발생되었다면 원인은?
① 너무 과도한 혼합기
② 너무 희박한 혼합기
③ 너무 낮은 완속운전(idle speed)
④ 디리치먼트 밸브(derichment valve)

38. 왕복기관의 지시마력을 PS 단위로 계산하는 식은? (단, P_{mi} : 지시평균 유효압력(kg/cm²), L : 행정길이(m), P_{mb} : 제동평균 유효압력(kb/cm²), K : 실린더 수, N : 기관의 분당 회전수, bHP : 제동마력, A : 피스톤 단면적(cm²)이다.)

① $\dfrac{75 \times 2 \times 60 \times bHP}{L \cdot A \cdot N \cdot K}$

② $\dfrac{P_{mi} \cdot L \cdot A \cdot N \cdot K}{75 \times 2 \times 60}$

③ $\dfrac{75 \times 2 \times 60 \times P_{mb}}{L \cdot A \cdot N \cdot K}$

④ $\dfrac{P_{mb} L \cdot A \cdot N \cdot K}{75 \times 2 \times 60}$

39. 그림은 어떤 사이클을 나타낸 것인가?

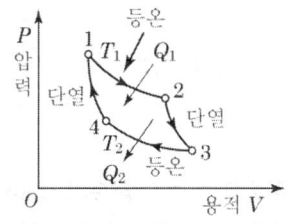

① 정압 사이클   ② 정적 사이클
③ 카르노 사이클   ④ 합성 사이클

40. 가스 터빈의 윤활계통에 대한 설명으로 옳은 것은?
① 윤활유 펌프는 피스톤(piston)식이 주로 쓰인다.
② 윤활유의 양을 측정 및 점검하는 것은 drip stick이다.
③ 배유 윤활유에 함유된 공기를 분리시키는 것은 드웰 체임버(dwell chamber)이다.
④ 냉각기의 바이패스 밸브는 입구의 압력이 낮아지면 바이패스시킨다.

3과목 항공기체

41. 블라인드 리벳(blind rivet)의 종류가 아닌 것은?
① 체리 리벳   ② 리브 너트
③ 접시머리 리벳   ④ 폭발 리벳

42. 알루미늄 합금을 구조용 강철과 비교하여 설명한 것으로 틀린 것은?
① 비강도가 높다.
② 단위 체적당 무게가 거의 같다.
③ 알루미늄 합금의 변형이 더 크다.
④ 알루미늄 합금의 제1변태점이 낮다.

43. 길이 200cm의 강철봉이 인장력을 받아 0.05cm의 신장이 발생하였다면 이 봉의 변형률은?
① 15×10^{-5} ② 20×10^{-5}
③ 25×10^{-5} ④ 30×10^{-5}

44. 리벳 작업과 관련된 치수 결정으로 틀린 것은?
① 리벳 간격은 최소 3D 이상이며, 보통 6~8D이다.
② 리벳 지름(D)은 일반적으로 두꺼운 판재 두께(T)의 3배이다.
③ 리벳 길이는 판의 전체 두께와 리벳

지름(D)의 1.5배 길이를 합한 것이다.
④ 벅 테일(buck tail)의 높이는 1.5D이고 최소 지름은 3D이다.

45. 다음 중 리브(rib)가 사용되는 부분이 아닌 것은?
① 나셀
② 안정판
③ 플랩
④ 보조날개

46. 랜딩 기어 조종핸들이 업(up)으로 올라가기 위한 일반적인 3가지 조건이 아닌 것은?
① 노스 기어가 중립 위치(중앙 위치)에 있어야 한다.
② 메인 기어가 완전히 뻗친 상태에서 수직을 유지해야 한다.
③ 메인 기어에 있는 안전 스위치가 공중(air)상태로 되어 있어야 한다.
④ 항공기가 이륙하면, 조건 없이 핸들이 업(up)으로 올라가야 한다.

47. 고온으로부터 우주왕복선의 기체 표면을 보호하기 위하여 사용하는 것은?
① 두랄루민
② 강철
③ 고탄소주철재
④ 규소질 타일

48. 항공기가 비행 중 오른쪽으로 옆놀이(rolling) 현상이 발생하였다면 지상 정비 작업으로 옳은 것은?
① 트림 탭을 중립축선에 맞춘다.
② 방향타의 탭을 왼쪽으로 굽힌다.
③ 오른쪽 보조날개 고정 탭을 올린다.
④ 방향타의 탭을 오른쪽으로 굽힌다.

49. 기관 마운트에 대한 설명으로 옳은 것은?
① 기관을 둘러싸고 있는 부분이다.
② 기관과 기체를 차단하는 벽의 구조물이다.
③ 기관의 추력을 기체에 전달하는 구조물이다.
④ 기관이나 기관에 부수되는 보기 주위를 쉽게 접근할 수 있도록 장탈착하는 덮개이다.

50. 항공기의 응력 외피 구조에 대한 설명으로 틀린 것은?
① 모노코크형과 세미 모노코크형이 있다.
② 응력외피 구조는 트러스 구조의 한 종류이다.
③ 내부에 골격이 없으므로 내부 공간을 크게 할 수 있고 외형을 유선형으로 할 수 있다.
④ 외피가 비행기에 작용하는 하중의 일부를 담당하는 구조이다.

51. 브레이크 페달(brake pedal)에 스펀지(sponge) 현상이 나타났을 때 조치 방법은?
① 공기(air)를 보충한다.
② 계통을 블리딩(bleeding)한다.
③ 페달(pedal)을 반복해서 밟는다.
④ 작동유(MIL-H-5606)를 보충한다.

52. 다음 중 항공기의 기체에 사용된 복합재 부분을 수리하는 방법이 아닌 것은?
① 용접에 의한 수리
② 볼트에 의한 패치 수리
③ 접착에 의한 패치 수리
④ 손상 부위를 제거한 뒤 수리

53. 두 종류의 이질 금속이 접촉하여 전해질로 연결되면 한쪽의 금속에 부식이 촉진되는 것은?
① 피로 부식
② 점 부식
③ 찰과 부식
④ 갈바닉 부식

54. 볼트의 부품번호가 AN 12-17이라면 이 볼트의 지름은 몇 in인가?

① $\frac{5}{16}$ ② $\frac{3}{8}$
③ $\frac{3}{4}$ ④ $\frac{17}{32}$

55. 그림과 같은 $V-n$ 선도에서 아무리 급격한 조작을 하여도 구조상 안전한 속도를 나타내는 지점은?

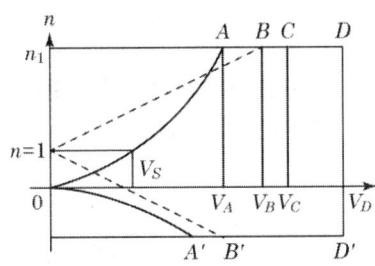

① V_A ② V_B
③ V_C ④ V_D

56. 그림과 같이 벽으로부터 0.4m 지점에 500N의 집중하중이 작용하는 0.5m 길이의 보에 대한 굽힘 모멘트 선도는?

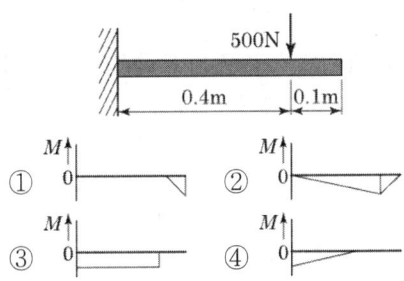

57. 전기 용접에서 비드의 결함형태에 속하지 않는 것은?
① 오버랩(over lap)
② 스패터(spatter)
③ 언더컷(under cut)
④ 크레이터(crater)

58. 표와 같은 항공기의 무게중심(center of gravity) 위치는 약 몇 in인가? (단, 거리는 항공기의 가장 앞부분을 기준선으로 한다.)

무게 측정점	순무게(lb)	거리(inch)
왼쪽 바퀴	350	35
오른쪽 바퀴	360	35
앞바퀴	75	5

① 28   ② 30
③ 32   ④ 40

59. 판금 성형법의 접기가공(folding)에 대한 설명으로 틀린 것은?
① 굴곡 반경이란 가공된 재료의 곡선상의 내측 반경을 말한다.
② 두께가 얇고 연한 재료는 예각으로 굴곡할 수 없다.
③ 얇은 판이나 플레이트 등을 굴곡하는 것을 접기가공이라 한다.
④ 세트 백은 굽힘 접선에서 성형점까지의 길이를 나타낸다.

60. 외경이 8cm, 내경이 6cm인 중공 원형 단면의 극관성 모멘트는 약 몇 cm^4인가?
① 29   ② 127
③ 275   ④ 402

4과목 항공장비

61. 글라이드 슬로프(glide slope)의 주파수는 어떻게 선택하는가?
① VOR 주파수 선택 시 자동 선택됨
② DME 주파수 선택 시 자동 선택됨
③ VHF 주파수 선택 시 자동 선택됨
④ LOC 주파수 선택 시 자동 선택됨

62. SSB 통신방식의 장점이 아닌 것은?
① 소비전력이 적다.
② 주파수 이용효율이 높다.

③ 변조전력이 적기 때문에 변조기가 소형이다.
④ 송신장치와 수신장치가 간단하고 가격이 저렴하다.

63. 항공기의 시동용 전동기에 가장 적합한 전동기의 형식은?
① 분권식　　② 직권식
③ 복권식　　④ 스플릿(split)식

64. 화재 탐지장치 중 온도상승을 바이메탈(bimetal)로 탐지하는 것은?
① 용량형(capacitance type)
② 서머 커플형(thermo couple type)
③ 저항 루프형(resistance loop type)
④ 서멀 스위치형(thermal switch type)

65. 대형 항공기 공압계통에서 공통 매니폴드에 공급되는 공기 공급원의 종류가 아닌 것은?
① 터빈 기관의 압축기(compressor)
② 전기 모터로 구동되는 압축기 (electric motor compressor)
③ 기관으로 구동되는 압축기 (super charger)
④ 그라운드 뉴매틱 카트 (ground pneumatic cart)

66. 관성 항법장치(INS)에서 안정대(stable platform) 위에 가속도계를 설치하는 주된 이유는?
① 지구자전을 보정하기 위하여
② 각 가속도 함께 측정하기 위하여
③ 항공기에서 전해지는 진동을 차단하기 위하여
④ 가속도를 적분하기 위한 기준좌표계를 이용하기 위하여

67. 항공기에서 사용된 물을 방출하는 드레인 마스트(drain mast)의 방빙방법은?
① 마스트 주변에 알코올을 분사한다.
② 마스트 주변에 배기가스를 공급하여 방빙한다.
③ 마스트 주변의 파이프에 제빙부츠를 장착하여 이용한다.
④ 항공기가 지상에 있을 때는 저전압, 비행 중에는 고전압을 공급하는 전기 히터를 이용한다.

68. 축전지의 충전 방법과 [보기]의 설명이 옳게 짝지어진 것은?

A. 충전 완료시간을 미리 예측할 수 있다.
B. 충전시간이 길고 폭발의 위험성이 있다.
C. 일정시간 간격으로 충전상태를 확인한다.
D. 초기 과도한 전류로 극판 손상의 위험이 있다.

① 정전류 충전-A, B 정전압 충전-C, D
② 정전류 충전-A, C 정전압 충전-B, D
③ 정전류 충전-B, C 정전압 충전-A, D
④ 정전류 충전-C, D 정전압 충전-A, B

69. 계기의 색표지 중 흰색 방사선의 의미는?
① 안전 운용범위
② 최대 및 최소 운용한계
③ 플랩 조작에 따른 항공기의 속도 범위
④ 유리판과 계기 케이스의 미끄럼 방지 표시

70. 위성 항법장치를 이용하여 항공기의 위치와 고도를 알기 위해서 최소 몇 개의 위성이 필요한가?
① 2개　　② 3개
③ 4개　　④ 5개

71. 대형 항공기에서 직류보다 교류를 많이 사용하는 이유가 아닌 것은?
① 전압의 변화를 쉽게 할 수 있다.

② 브러시 없는 전동기를 사용할 수 있다.
③ 같은 용량에서 볼 때 전선의 무게를 줄일 수 있다.
④ 유도작용으로 무선통신설비에 잡음 등의 장애를 줄여준다.

72. 감도가 10mA이고 내부저항이 2Ω인 계기로 50V까지 측정할 수 있는 전압계를 만들기 위해서 배율기는 몇 Ω으로 해야 하는가?
① 4.998　　② 49.98
③ 499.8　　④ 4998

73. 다음 중 공함을 이용한 계기가 아닌 것은?
① 고도계　　② 속도계
③ 동조계　　④ 승강계

74. 객실 여압계통의 아웃 플로 밸브(out-flow valve)의 가장 기본적인 기능은?
① 객실의 온도 조절
② 객실의 균형 조절
③ 객실의 습도 조절
④ 객실의 압력 조절

75. 비행 중에는 사용하지 않고 정비를 위한 통화 목적으로 사용하는 interphone system은?
① flight interphone
② cabin interphone
③ service interphone
④ galley와 galley 상호간 통화

76. 발전기의 병렬운전 조건으로 옳은 것은?
① 전압, 전류, 위상이 같아야 한다.
② 전압, 주파수, 위상이 같아야 한다.
③ 전압, 주파수, 출력이 같아야 한다.
④ 전압, 주파수, 전류가 같아야 한다.

77. 다음 중 보조 동력장치(APU)가 오일 계통의 잘못으로 fault light가 점등되는 경우가 아닌 것은?
① 오일량 부족
② 오일 온도 초과
③ 오일 압력 저하
④ 오일 밀도 상승

78. 코일로부터의 유도에 의한 와전류를 이용한 스위치는?
① 토글 스위치(toggle switch)
② 릴레이 스위치(relay switch)
③ 마이크로 스위치(micro switch)
④ 근접 스위치(proximity switch)

79. 브레이크를 작동할 때 일시적으로 작동유의 공급량을 증가시켜 신속하게 제동되도록 하는 장치는?
① 퍼지 밸브(purge valve)
② 디부스터 밸브(debooster valve)
③ 프라이오리티 밸브(priority valve)
④ 감압 밸브(pressure reducing valve)

80. 직류를 교류로 변환시키는 장치는?
① 인버터　　② DC 발전기
③ 컨버터　　④ 바이브레이터

항공산업기사 2011년 2회 (6월 12일)

1과목 항공역학

01. 항공기 이륙거리를 짧게 하기 위한 설명으로 옳은 것은?
① 항공기 무게와는 관계없다.
② 배풍(tail wind)을 받으면서 이륙한다.
③ 기관의 추력을 가능한 한 최대가 되도록 한다.
④ 이륙 시 플랩이 항력 증가의 요인이 되므로 플랩을 사용하지 않는다.

02. 아음속 영역에 해당하는 마하수(M)의 범위는?
① M<0.8
② 0.8<M<1.2
③ 1.2<M<5.0
④ 5.0<M

03. 항공기 횡(가로)운동 중 나타날 수 있는 동적 불안정성에 대한 설명으로 틀린 것은?
① 항공기가 방향 안정성이 결여되었을 경우 방향운동의 발산이 일어나며 외란이 주어질 경우 항공기는 회전을 하여 미끄러짐각이 계속해서 증가하게 된다.
② 방향과 가로 안정성이 높을 경우 나선형 발산운동이 나타나 외란이 주어지게 되면, 항공기는 점차적으로 나선형 운동에 진입하게 된다.
③ 더치 롤(dutch roll) 진동은 같은 주파수에 서로 위상이 다른 롤과 요우방향의 진동으로 특징지어지는 가로진동과 방향진동이 결합된 현상이다.
④ 윙 록(wing rock)이란 여러 개의 자유도에 동시에 영향을 미치는 복잡한 운동이며, 가장 기본이 되는 운동은 롤에서의 진동현상이다.

04. 항공기의 무게가 6,000kgf, 날개면적이 30m²인 제트기가 해발고도를 950km/h로 수평비행하고 있을 때 추력은 몇 kgf인가? (단, 양항비는 6이다.)
① 1,000
② 6,000
③ 7,500
④ 7,800

05. 유체에 완전히 잠겨 있는 일정한 부피(V)를 갖는 물체에 작용하는 부력을 옳게 나타낸 것은? (단, ρ : 밀도, γ : 비중량, 아래첨자는 해당 물질을 의미한다.)
① $\rho_{유체} \times V$
② $\gamma_{유체} \times V$
③ $\rho_{물체} \times V$
④ $\gamma_{물체} \times V$

06. 다음 중 날개길이 방향의 양력분포가 균일한 날개는?
① 테이퍼 날개
② 뒤젖힘 날개
③ 타원형 날개
④ 직사각형 날개

07. 항공기에 작용하는 공기역학적 힘, 관성력, 탄성력의 상호작용에 의하여 생기는 주기적인 불안정한 진동을 무엇이라 하는가?
① 플러터(flutter)
② 피치 업(pitch up)
③ 디프 실속(deep stall)
④ 피치 다운(pitch down)

08. 프로펠러의 중심으로부터 35in 위치에서 프로펠러 깃각이 25°라면 기하학적 피치는 약 몇 in인가?
① 102   ② 110
③ 1,633   ④ 1,795

09. 전진비행 중인 헬리콥터의 진행방향 변경은 어떻게 이루어지는가?
① 꼬리 회전날개를 경사시킨다.
② 꼬리 회전날개의 회전수를 변경시킨다.
③ 주회전날개 깃의 피치각을 변경시킨다.
④ 주회전날개 회전면을 원하는 방향으로 경사시킨다.

10. 다음 중 ( ) 안에 알맞은 것은?

"비행기에서 무게중심이 날개의 공기역학적 중심보다 앞쪽에 위치할수록 세로안정은 (㉠)하고, 조종성은 (㉡)한다."

① ㉠ 감소, ㉡ 증가
② ㉠ 감소, ㉡ 감소
③ ㉠ 증가, ㉡ 증가
④ ㉠ 증가, ㉡ 감소

11. 프로펠러 비행기의 항속거리에 관한 설명으로 틀린 것은?
① 연료탑재량을 늘리면 항속거리가 증가된다.
② 프로펠러 효율이 크면 항속거리가 감소된다.
③ 연료소비율을 작게 하면 항속거리가 증가된다.
④ 양항비가 가장 작은 값으로 비행하면 항속거리가 감소된다.

12. 프로펠러 깃 단(tip)에서의 슬립(slip)을 나타낸 식으로 옳은 것은? (단, 유효 피치 : $\frac{V}{n}$, 기하 피치 : $\pi D \tan\beta$, D : 프로펠러 회전면 지름, β : 깃각, n : 회전수 [rps], V : 비행속도이다.)

① $\dfrac{\pi D \tan\beta - \dfrac{V}{n}}{\pi D \tan\beta} \times 100\%$

② $\dfrac{\pi D \tan\beta + \dfrac{V}{n}}{\pi D \tan\beta} \times 100\%$

③ $\dfrac{\pi D \tan\beta + \dfrac{V}{n}}{\dfrac{V}{n}} \times 100\%$

④ $\dfrac{\pi D \tan\beta - \dfrac{V}{n}}{\dfrac{V}{n}} \times 100\%$

13. 자동회전과 수직강하가 조합된 비행으로 조종간을 잡아당겨서 실속시킨 후, 방향키 페달을 한쪽만 밟아주는 조종동작으로 발생되는 비행은?
① 슬립비행   ② 실속비행
③ 스핀비행   ④ 선회비행

14. 날개골 두께의 이등분점을 연결한 선을 무엇이라 하는가?
① 캠버   ② 앞전 반지름
③ 받음각   ④ 평균 캠버선

15. 헬리콥터가 정지비행 상태에서 전진비행 상태로 전환할 때 주회전날개에 의하여 추가되는 양력을 무엇이라 하는가?
① 유도 흐름(induced flow)
② 세차 양력(precession lift)
③ 전이 양력(translational lift)
④ 불균형 양력(dissymmetry lift)

16. 항공기가 경사각 60°로 정상선회할 때 발생하는 하중배수는 얼마인가?
① 0   ② 0.5
③ 1   ④ 2

17. 다음 중 경계층 제어와 가장 관계가 깊은 날개요소는?
① tab   ② spoiler
③ slot   ④ split flap

18. 전리층이 존재하기 때문에 전파를 흡수, 반사하는 작용을 하여 통신에 영향을 주는 대기층은?
① 대류권   ② 중간권
③ 성층권   ④ 열권

19. 항공기에서 사용되는 실용 상승한도(service ceiling)란 상승률이 약 몇 m/s가 되는 고도인가?
① 0.1   ② 0.5
③ 1.0   ④ 1.5

20. 날개 시위선(chord line)상의 점으로서 받음각이 변화하더라도 키놀이 모멘트(pitching moment)값이 변화하지 않는 점을 무엇이라 하는가?
① 무게중심   ② 공기력 중심
③ 풍압 중심   ④ 공력 평균 시위

2과목   항공기관

21. 다음 그래프는 가스 터빈 기관의 각 부분에 대한 내부가스 흐름의 어떤 특성을 나타낸 것인가?

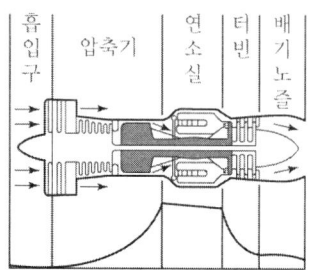

① 온도   ② 속도
③ 체적   ④ 압력

22. 비행 중이나 지상에서 기관이 작동하는 동안 조종사가 유압 또는 전기적으로 피치를 변경시킬 수 있는 프로펠러 형식은?
① 정속 프로펠러(constant-speed propeller)
② 고정 피치 프로펠러(fixed pitch propeller)
③ 조정 피치 프로펠러(adjustable pitch propeller)
④ 가변 피치 프로펠러(controllable pitch propeller)

23. 항공기 기관에서 소기 펌프(scavenger pump)의 용량을 압력 펌프(pressure pump)보다 크게 하는 이유는?
① 소기 펌프의 진동이 더욱 심하기 때문
② 압력 펌프보다 소기 펌프의 압력이 낮기 때문
③ 윤활유가 저온이 되어 밀도가 증가하기 때문
④ 소기되는 윤활유는 거품과 열에 의한 팽창으로 체적이 증가하기 때문

24. 그림은 어떤 장치의 회로를 나타낸 것인가?

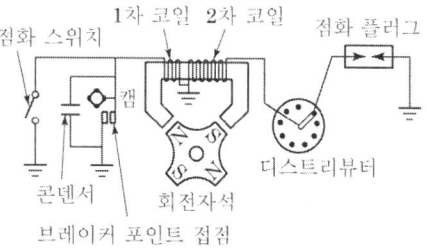

① 축전지 점화계통
② 혼합비 조절 연료계통
③ 고압 마그네토 점화계통
④ 저압 마그네토 점화계통

25. 브레이턴 사이클(Brayton cycle)은 어떤 기관의 이상적인 기본 사이클인가?
① 디젤 기관 ② 가솔린 기관
③ 가스 터빈 기관 ④ 스털링 기관

26. 항공기 왕복기관에서 유입 공기에 의한 임팩트 압력 및 벤투리에 의한 부압의 차이로 유입 공기량을 측정하는 방식의 기화기는?
① 압력 분사식 기화기
② 부자식 기화기
③ 경계 압력식 기화기
④ 충동식 기화기

27. 왕복기관의 작동 과정에 대한 설명으로 틀린 것은?
① 항공용 왕복기관은 4행정 5현상 사이클이다.
② 항공용 왕복기관에서 실제 일은 팽창 행정에서 발생한다.
③ 4행정 기관은 각 사이클당 크랭크축이 2회전함으로써 1사이클이 완료된다.
④ 4행정 기관은 2개의 정압과정과 2개의 단열과정으로 1사이클이 완료된다.

28. 프로펠러를 장비한 경항공기에서 감속기어(reduction gear)를 사용하는 주된 이유는?
① 깃 길이를 짧게 하기 위하여
② 깃 끝 부분에서의 실속방지를 위하여
③ 프로펠러 회전속도를 증가시키기 위하여
④ 깃의 진동을 방지하고 구조를 간단히 하기 위하여

29. 가스 터빈 기관의 시동계통에서 자립 회전속도(self-accelerating speed)의 의미로 옳은 것은?
① 시동기를 켤 때의 가스 터빈 회전속도
② 기관에 점화가 일어나서 배기가스 온도가 증가되기 시작하는 상태에서의 가스 터빈 회전속도
③ 기관이 아이들(idle) 상태에 진입하기 시작했을 때의 가스 터빈 회전속도
④ 터빈에서 발생되는 동력이 압축기를 스스로 회전시킬 수 있는 상태에서의 가스 터빈 회전속도

30. 수축형 배기노즐의 초크(choke)현상에 대한 설명으로 틀린 것은?
① 마하 1에서 가스의 흐름은 안정된다.
② 기관 압력비(EPR) 계기가 1.89 이상을 지시할 때 배기노즐은 초크 상태이다.
③ 가스가 초크된 오리피스를 빠져나갈 때는 반경방향이 아닌 축방향으로 가속된다.
④ 마하 1이 되면 가스흐름은 대기로 열린 배기노즐에서 초크되어진다.

31. 왕복기관의 압축비가 너무 클 때 일어나는 현상이 아닌 것은?
① 조기점화(preignition)
② 디토네이션(detonation)
③ 과열현상과 출력의 감소
④ 하이드롤릭 로크(hydraulic-lock)

32. 가스 터빈 기관의 연료 가열기 작동검사에 대한 설명으로 틀린 것은?
① 연료 가열기 작동 중 기관 압력비는 미세하게 떨어진다.
② 연료 가열기에 의하여 연료온도가 상승함에 따라 오일 온도도 미세하게 상승한다.
③ 필터 바이패스 등(filter bypass light)이 켜지면 연료 가열장치는 작동이 정지된다.
④ 계기판의 기관 압력비, 오일 온도, 연료 필터 상태로 확인 가능하다.

33. 차압 시험기를 이용한 압축점검(compression check)을 피스톤이 하사점에 있을 때 하면 안 되는 이유는?
① 폭발의 위험성이 있기 때문에
② 최소한 한 개의 밸브가 열려 있기 때문에
③ 과한 압력으로 게이지가 손상되기 때문에
④ 실린더 체적이 최대가 되어 부정확하기 때문에

34. 가스 터빈 기관 작동 시 윤활계통에서 윤활유 압력이 규정값 이상으로 높게 지시되었다면 그 원인으로 볼 수 없는 것은?
① 윤활유 공급관에 오물이 끼었다.
② 윤활유 공급관이 베어링 레이스와 접촉되었다.
③ 윤활유 펌프의 릴리프 밸브 스프링이 파손되었다.
④ 베어링 쪽에 공급하는 윤활유 제트가 오므라들었다.

35. 왕복기관이 완전히 정지하였을 때 흡입 매니폴드(intake manifold)의 압력계가 나타내는 압력으로 옳은 것은?
① 0inHg
② 59inHg
③ 대기압력
④ 항공기 기종마다 다르다.

36. 왕복기관의 평균 유효압력에 대한 설명으로 옳은 것은?
① 사이클당 유효일을 행정거리로 나눈 값
② 사이클당 유효일을 행정체적으로 나눈 값
③ 행정길이를 사이클당 기관의 유효일로 나눈 값
④ 행정체적을 사이클당 기관의 유효일로 나눈 값

37. 가스 터빈 기관에 사용되는 윤활유의 구비 조건으로 틀린 것은?
① 인화점이 높을 것
② 부식성이 클 것
③ 유동점이 낮을 것
④ 산화 안정성이 클 것

38. 원심식 압축기(centrifugal flow compressor)의 장점이 아닌 것은?
① 시동 파워가 낮다.
② 단당 큰 압력상승이 가능하다.
③ 축류식과 비교하여 구조가 간단하다.
④ 단 사이의 에너지 손실이 적어 다축 연결이 유용하다.

39. 그림과 같은 오토 사이클의 $P-v$ 선도에서 v_1=5m³/kg, v_2=1m³/kg인 경우 압축비는 얼마인가?

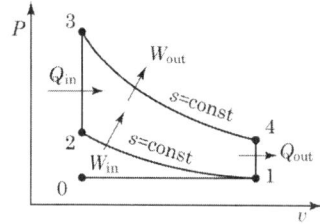

① 0.2   ② 2.5
③ 5   ④ 10

40. 다음 중 공기 흡입기관이 아닌 제트 기관은?
① 로켓   ② 램제트
③ 터보제트 기관   ④ 펄스제트

3과목 항공기체

41. 항공기에 사용되는 금속재료를 열처리하는 목적으로 틀린 것은?

① 절삭성을 좋게 하기 위하여
② 내식성을 갖게 하기 위하여
③ 마모성을 갖게 하기 위하여
④ 기계적 강도를 개량하기 위하여

42. 항공기에 사용되는 비금속 재료인 플라스틱 중 열을 가하여 성형한 후 다시 열을 가하면 연해지는 특성의 재료는?
① 페놀 수지
② 폴리에스테르 수지
③ 에폭시 수지
④ 폴리염화비닐 수지

43. 스포일러에 대한 설명으로 틀린 것은?
① 일반적으로 스포일러 패널은 알루미늄 합금 스킨에 접착된 허니컴 구조로 되어 있다.
② 보조날개와 함께 작동시켜 조종에 이용되기도 한다.
③ 동체에 부착된 스피드 브레이크를 지칭하는 것이다.
④ 스위치 또는 핸들로 조종하고 유압에 의해 작동한다.

44. 페일 세이프 구조 중 많은 수의 부재로 하중을 분담하도록 하여 이 중 하나의 부재가 파괴되어도 구조 전체에 치명적인 부담이 되지 않도록 한 그림과 같은 구조는?

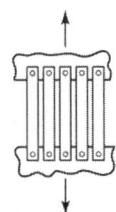

① 2중 구조(double structure)
② 대치 구조(back up structure)
③ 다경로 하중 구조(redundant structure)
④ 하중 경감 구조(load dropping structure)

45. 항공기 카울링에 사용되는 쥬스 파스너(dzus fastener)의 머리에 있는 표식으로 알 수 있는 것은?
① 제조일자와 제조 국가
② 재료 재질과 제조업체
③ 몸체 길이, 몸체 굵기, 재질
④ 몸체 지름, 머리 종류, 파스너의 길이

46. 다음 중 항공기의 자기 무게(empty weight)에 포함되지 않는 것은?
① 기체구조 무게 ② 동력장치 무게
③ 고정장치 무게 ④ 최대 이륙 무게

47. 조종계통에서 케이블의 방향을 바꾸는 데 사용되는 기구는?
① 풀리   ② 페어리드
③ 벨 크랭크   ④ 쿼드런트

48. 코터 핀 장착 및 때기작업 시 주의사항으로 옳은 것은?
① 최초 장착되었던 것을 같은 자리에 반복 사용하여 강도를 유지해야 한다.
② 주변 구조물의 손상을 방지하기 위하여 플라스틱 해머를 사용한다.
③ 핀 끝을 접어 구부릴 때는 꼬아서 최대한 작게 해야 한다.
④ 핀 끝을 절단할 때는 사선으로 절단하여 절단면을 쉽게 구분할 수 있도록 한다.

49. 리벳 작업 시 리벳의 끝 거리(edge distance)와 피치(pitch)에 대한 설명으로 옳은 것은?
① 피치는 리벳 열(column) 간의 거리를 말한다.
② 피치는 일반적으로 리벳 지름의 10배에서 20배가 적당하다.
③ 끝 거리는 판재의 가장자리에서 첫째 번과 둘째 번 리벳 구멍의 중심거리를

말한다.
④ 끝 거리는 일반적으로 리벳 지름의 2~4배가 적당하다.

50. 항공기 $V-n$(비행속도-하중배수)선도에서 플랩 등과 같은 공탄성에 의한 비행기의 위험을 피하기 위해서 제한하는 속도를 무엇이라 하는가?
① 실속 속도
② 설계 운영 속도
③ 설계 순항 속도
④ 설계 급강하 속도

51. 항공기 파워 브레이크 시스템 셔틀 밸브(shuttle valve)의 기능은?
① 착륙할 때 앞바퀴가 바르게 유지하도록 한다.
② 브레이크 유압계통에서 발생하는 공기 기포를 배출시킨다.
③ 착륙할 때 노스 기어 타이어를 정면으로 향하게 한다.
④ 브레이크 계통의 고장 발생 시 비상 브레이크 계통으로 바꾸어준다.

52. 모노코크(monocoque) 구조에서 항공 역학적 힘의 대부분을 담당하는 부재는?
① 포머(former)
② 스트링거(stringer)
③ 벌크헤드(bulkhead)
④ 응력 표피(stressed skin)

53. 비소모성 텅스텐 전극과 모재 사이에서 발생하는 아크열을 이용하여 비피복 용접봉을 용해시켜 용접하며 용접 부위를 보호하기 위해 불활성 가스를 사용하는 용접 방법은?
① 가스 용접   ② MIG 용접
③ 플라스마 용접   ④ TIG 용접

54. 비행기의 원형 부재에 발생하는 전비틀림각과 이에 미치는 요소와의 관계로 틀린 것은?
① 비틀림력이 크면 비틀림각도 커진다.
② 부재의 길이가 길수록 비틀림각은 작아진다.
③ 부재의 전단계수가 크면 비틀림각이 작아진다.
④ 부재의 극단면 2차 모멘트가 작아지면 비틀림각이 커진다.

55. 기체 수리방법 중 클리닝 아웃(cleaning out)이 아닌 것은?
① 커팅(cutting)
② 트리밍(trimming)
③ 파일링(filing)
④ 클린 업(clean up)

56. 두께가 0.062"인 판재를 그림과 같이 직각으로 굽힌다면 이 판재의 전체길이는 약 몇 인치인가?

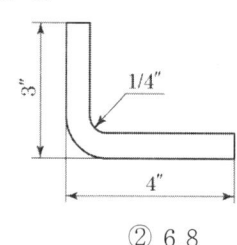

① 7.4   ② 6.8
③ 4.1   ④ 3.1

57. 그림과 같이 길이 l 전체에 등분포하중 q를 받고 있는 단순보의 최대 굽힘 모멘트는?

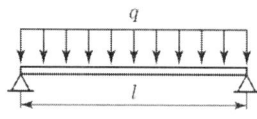

① $\dfrac{q}{l}$ ② $\dfrac{ql}{2}$
③ $\dfrac{ql}{4}$ ④ $\dfrac{ql^2}{8}$

58. 지름이 10cm인 원형 단면과 1m 길이를 갖는 알루미늄 합금재질의 봉이 10N의 축하중을 받아 전체길이가 0.025mm 늘어났다면 이때 인장 변형률을 나타내기 위한 단위는?
① N/m^2
② N/m^3
③ mm/m
④ MPa

59. 항공기 리깅(rigging) 시 조종면이나 날개를 조절 또는 검사하기 전에 반드시 해주어야 하는 작업은?
① 세척작업
② 평형작업
③ 기관 장탈작업
④ 조종면 유압 제거작업

60. 양극처리(anodizing)에 대한 설명으로 틀린 것은?
① 처리 후 형성된 피막은 매우 가볍고 내식성과 절연성이 있다.
② 알루미늄 합금의 표면에 적용하는 크로메이트 처리방법이다.
③ 알루미늄 합금 구조물의 표면에 적용하는 부식방지법이다.
④ 전해액에 전류를 흐르게 하여 양극화를 이용하는 방법이다.

4과목 항공장비

61. pitot-static & temperature probe anti-icing system에 결빙이 생기지 않도록 이용되는 것은?
① patch heater
② electric heater
③ gasket heater
④ hot pneumatic air

62. 다음 중 VHF 계통의 구성품이 아닌 것은?
① 조정패널
② 안테나
③ 송·수신기
④ 안테나 커플러

63. 압력 조절기가 너무 빈번하게 작동하는 것을 방지하며 갑작스럽게 계통압력이 상승할 때 압력을 흡수하는 유압 구성품은?
① 레저버
② 체크 밸브
③ 축압기
④ 릴리프 밸브

64. 정전용량 10μF, 인덕턴스 0.01H, 저항 5Ω이 직렬로 연결된 교류회로가 공진이 일어났을 때 전원전압이 20V라면 전류는 몇 A인가?
① 2
② 3
③ 4
④ 5

65. 항공기 소화기의 소화제로 사용되는 질소에 대한 설명으로 틀린 것은?
① 중량이 비교적 무겁다.
② 불활성 가스로 독성이 낮다.
③ 밀폐된 장소에 사용하면 위험성이 있다.
④ 질소를 액화하여 저장하는데 -30℃만 유지하면 되기 때문에 모든 항공기에서 사용한다.

66. 일반적으로 니켈-카드뮴 축전지의 1셀당 기전력은 약 몇 V인가?
① 0.2
② 1.0
③ 1.2
④ 2.4

67. 유압 작동유 중 붉은색이며, 인화점이 낮아 항공기 유압계통에는 사용되지 않고 착륙장치의 완충기에 사용되는 작동유는?
① 식물성유
② 합성유
③ 광물성유
④ 동물성유

68. 관성 항법장치에서 항공기의 방향, 진행 속도 및 위치를 계산하는 것은?
① 가속도계와 로란
② 가속도계와 도플러
③ 자이로와 도플러
④ 자이로와 가속도계

69. 비상 조명계통(emergency light system)에 대한 설명으로 옳은 것은?
① 비상 조명계통은 비행 시에만 작동된다.
② 비행 시 비상 조명 스위치의 정상 위치는 on 위치이다.
③ 비상 조명 스위치는 off, test, arm, on의 4 position toggle switch이다.
④ 항공기에 전기공급을 차단할 때는 비상 조명 스위치를 off에 선택해야 배터리의 방전을 방지할 수 있다.

70. 고도계의 오차 중 탄성 오차에 대한 설명으로 틀린 것은?
① 재료의 피로현상에 의한 오차이다.
② 백래시(backlash)에 의한 오차이다.
③ 크리프(creep) 현상에 의한 오차이다.
④ 온도변화에 의해서 탄성계수가 바뀔 때의 오차이다.

71. 그림과 같은 wheatstone bridge가 평형이 되려면 X의 저항은 몇 Ω이 되어야 하는가?

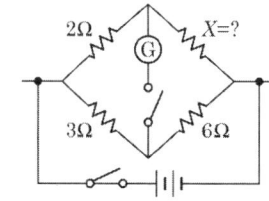

① 3　　② 4
③ 5　　④ 6

72. 마커 비컨(marker beacon)에서 inner marker의 주파수와 등(light)의 색은?
① 1,300Hz, white
② 3,000Hz, white
③ 1,300Hz, amber
④ 3,000Hz, amber

73. 항공계기와 그 계기에 사용되는 공함이 옳게 짝지어진 것은?
① 고도계-진공 공함, 속도계-차압 공함
② 고도계-진공 공함, 속도계-진공 공함
③ 고도계-차압 공함, 속도계-진공 공함
④ 고도계-차압 공함, 속도계-차압 공함

74. 다음 중 지상원조 시설이 필요한 항법장치는?
① 오메가 항법
② 도플러 레이더
③ 관성 항법장치
④ 펄스식 전파 고도계

75. 미국연방공국(FAA)의 규정에 명시된 고고도 비행 항공기의 객실고도는 약 몇 ft인가?
① 6,000　　② 7,000
③ 8,000　　④ 9,000

76. 솔레노이드 코일의 자계세기를 조정하기 위한 요소가 아닌 것은?
① 철심의 투자율
② 전자석의 코일 수
③ 도체를 흐르는 전류
④ 솔레노이드 코일의 작동시간

77. 20해리(nautical mile) 떨어진 물체를 레이더가 감지하는 데 걸리는 시간은 약 몇 μs인가?
① 247 ② 124
③ 12   ④ 6

78. 다음 중 교류전동기가 아닌 것은?
① 직권전동기
② 동기전동기
③ 유도전동기
④ 유니버설 전동기

79. 주전원이 직류인 항공기에서 교류를 얻기 위해서 사용되고, 교류 주전원인 경우에는 비상 교류전원으로 사용되는 장치는?
① 정류기
② 감쇠 변압기
③ 인버터
④ 교류 전압 조절기

80. 항공기 비행 상태를 알기 위한 목적으로 고도, 속도, 자세 등을 지시하는 항공계기는?
① 비행계기 ② 기관계기
③ 항법계기 ④ 통신계기

항공산업기사 2011년 4회 (10월 2일)

1과목 항공역학

01. 항공기가 세로안정성이 있다는 것은 다음 중 어느 경우에 해당하는가?
① 받음각이 증가함에 따라 키놀이 모멘트값이 부(-)의 값을 갖는다.
② 받음각이 증가함에 따라 빗놀이 모멘트값이 정(+)의 값을 갖는다.
③ 받음각이 증가함에 따라 빗놀이 모멘트값이 부(-)의 값을 갖는다.
④ 받음각이 증가함에 따라 옆놀이 모멘트값이 정(+)의 값을 갖는다.

02. 옆놀이 커플링(roll coupling)을 줄이는 방법으로 틀린 것은?
① 방향 안전성을 증가시킨다.
② 쳐든각 효과를 감소시킨다.
③ 정상 비행 상태에서 바람축과의 경사를 최대한 크게 한다.
④ 정상 비행 상태에서 불필요한 공력 커플링을 감소시킨다.

03. 한쪽 날개 끝에서 반대쪽 날개 끝까지 길이가 260cm이고 날개뿌리 시위길이가 100m인 삼각형 날개의 가로세로비는?
① 1.0 ② 2.6
③ 5.2 ④ 6.0

04. 그림과 같은 프로펠러의 한 단면에서 번호와 해당하는 명칭이 옳게 짝지어진 것은? (단, V : 항공기의 진행속도, V_L : 프로펠러의 회전속도이다.)

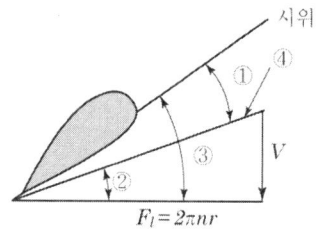

① ①-피치각 ② ②-받음각
③ ③-깃각 ④ ④-전진속도

05. 가로세로비가 10, 양력계수가 1.2, 스팬효율계수가 0.8인 날개의 유도항력계수는 약 얼마인가?
① 0.018 ② 0.046
③ 0.048 ④ 0.057

06. 항공기의 승강키(elevator) 조작은 어떤 축에 대한 운동을 하는가?
① 세로축(longitudinal axis)
② 가로축(lateral axis)
③ 방향축(directional axis)
④ 수직축(vertical axis)

07. 프로펠러의 추력을 나타내는 식으로 옳은 것은? (단, A : 프로펠러의 회전면적, p : 공기의 밀도, V : 비행속도, v : 프로펠러의 유도속도이다.)
① $pA(V+v)v$ ② $2pA(V+v)v$
③ $pA(V-v)v$ ④ $2pA(V-v)v$

08. 대기권에서 기온이 가장 낮은 층은?
① 성층권 ② 성층권 계면
③ 대류권 ④ 중간권 계면

09. 수평비행 시 실속 속도가 80km/h인 비행기가 60°로 경사 선회한다면 이때 실속 속도는 약 몇 km/h인가?
① 90
② 109
③ 113
④ 120

10. 항공기 왕복기관의 상승비행 시 마력의 관계로 옳은 것은?
① 이용마력과 필요마력이 같다.
② 이용마력이 필요마력보다 크다.
③ 이용마력이 필요마력보다 작다.
④ 이용마력이 필요마력의 1.5배가 되었을 때 상승비행을 멈춘다.

11. 방향안정성과 관련한 설명으로 틀린 것은?
① 수직꼬리날개의 위치를 비행기의 무게중심으로부터 멀리할수록 방향안정성이 증가한다.
② 도살 핀(dorsal fin)을 붙여주면 큰 옆미끄럼각에서 방향안정성이 좋아진다.
③ 가로 및 방향진동이 결합된 옆놀이 및 빗놀이의 주기 진동을 더치 롤(dutch roll)이라 한다.
④ 다면이 유선형인 동체는 일반적으로 무게중심이 동체의 $\frac{1}{4}$ 지점 후방에 위치하면 방향안정성이 좋다.

12. 일반적으로 비행기가 실속에 가까워지면 흐름이 박리에 의해 발생된 후류가 날개나 기체 등을 진동시키는 현상을 무엇이라 하는가?
① 버즈(buzz)
② 실속(stall)
③ 버핏(buffet)
④ 항력발산(drag divergence)

13. 항공기의 속도를 V라 할 때 항력은 속도와 어떤 관계를 갖는가?
① V에 비례
② V^2에 비례
③ $\sqrt{V}$에 비례
④ $\sqrt{V}$에 반비례

14. 다음의 제원 및 성능을 가진 프로펠러 비행기의 항속거리는 약 몇 km인가?

- 프로펠러 효율 : 0.7
- 연료 무게 : 5000kg
- 양항비 : 7.0
- 이륙 무게 : 11300kg
- 연료소비율 : 0.25kg/HP·h

① 2,502
② 3,007
③ 3,514
④ 4,005

15. 다음 중 헬리콥터의 비행 시 발생할 수 있는 현상이 아닌 것은?
① 턱 언더
② 코리올리스 효과
③ 지면 효과
④ 자이로 세차운동

16. 등가대기속도(V_s)와 진대기속도(V)에 대한 설명으로 옳은 것은? (단, 밀도 비 $\sigma = \frac{p}{p_a}$, P_t : 전압, P_s : 정압, P_a : 해면 고도 밀도, p : 현재 고도 밀도이다.)
① 표준대기의 대류권에서 고도가 증가할수록 진대기속도가 등가대기속도보다 빠르다.
② 등가대기속도는 고도에 따른 온도변화를 고려한 속도이다.
③ 등가대기속도와 진대기속도의 관계는 $V_e = \sqrt{\frac{V}{\sigma}}$ 이다.
④ 베르누이의 정리를 이용하여 등가대기속도를 나타내면 $V_e = \sqrt{\frac{(P_t - P_s)}{p_0}}$ 이다.

17. 항공기가 이륙 후 비행방향에 대해서 양력과 중력이 같고 추력과 항력이 동일하다면 항공기의 운동은?
① 공중에 정지한다.
② 수평 가속비행을 한다.
③ 수평 등속비행을 한다.
④ 등속 상승비행을 한다.

18. 헬리콥터는 제자리 비행 시 균형을 맞추기 위해서 주회전날개 회전면이 회전방향에 따라 동체의 좌측이나 우측으로 기울게 되는데, 이는 어떤 성분의 역학적 평형을 맞추기 위해서인가? (단, x, y, z는 기체축(동체축) 정의를 따른다.)
① x축 모멘트의 평형
② x축 힘의 평형
③ y축 모멘트의 평형
④ y축 힘의 평형

19. 항공기의 이착륙 성능에 대한 설명으로 틀린 것은?
① 일반적으로 이륙속도는 실속 속도(power-off 시)의 1.2배로 한다.
② 항공기가 이륙할 때 정풍(head wind)을 받으면 이륙거리와 이륙시간이 짧아진다.
③ 항공기가 착륙할 때 항공기가 장애물 고도 위치에서 접지할 때까지의 수평거리를 착륙공정거리라 한다.
④ 항공기가 이륙할 때 항공기의 이륙거리는 지상 활주거리를 말한다.

20. 항공기 속도와 소리 속도의 비를 나타낸 무차원 수는?
① 마하 수 ② 프루드 수
③ 웨버 수 ④ 레이놀즈 수

2과목 항공기관

21. 옥탄가 80이라는 항공기 연료를 옳게 설명한 것은?
① 노말헵탄 20%에 세탄 80%의 혼합물과 같은 정도를 나타내는 가솔린
② 노말헵탄 80%에 세탄 20%의 혼합물과 같은 정도를 나타내는 가솔린
③ 이소옥탄 80%에 노말헵탄 20%의 혼합물과 같은 정도를 나타내는 가솔린
④ 이소옥탄 20%에 노말헵탄 80%의 혼합물과 같은 정도를 나타내는 가솔린

22. 가스 터빈 기관의 윤활 계통에서 저온 탱크 계통(cold tank type)에 대한 설명으로 옳은 것은?
① 냉각기에서 냉각된 윤활유는 오일 노즐을 거치면서 가열되며 오일 탱크로 이동한다.
② 윤활유 탱크의 윤활유는 연료가열기에 의하여 가열된다.
③ 윤활유는 배유펌프에서 윤활유 탱크로 곧바로 이동한다.
④ 냉각기가 배유펌프와 탱크 사이에 위치하여 냉각된 윤활유가 탱크로 유입된다.

23. 그림은 어떤 열역학 사이클을 나타낸 것인가?

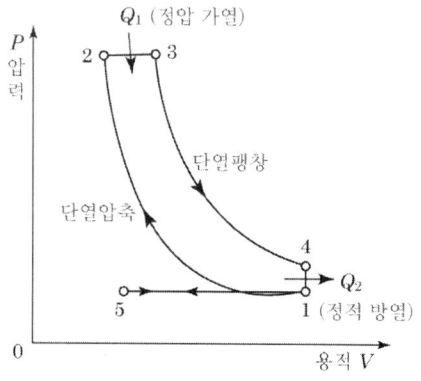

① 합성 사이클　② 정적 사이클
③ 정압 사이클　④ 카르노 사이클

24. 성형 왕복기관에서 기관 정지 후 하부에 위치한 실린더에서 오일이 실린더 상부 쪽으로 스며들어 축적되는 현상은?
① 베이퍼 록(vapor lock)
② 임팩트 아이스(impact ice)
③ 하이드롤릭 록(hydraulic lock)
④ 이배포레이션 아이스(evaporation ice)

25. 가스 터빈 기관에서 터빈을 통과하는 가스의 압력과 속도는 변하지 않고 흐름 방향만 바뀌는 터빈은?
① 충동 터빈　② 구동 터빈
③ 반동 터빈　④ 이차 터빈

26. 열역학에서 문제의 대상이 되는 지정된 양의 물질이나 공간의 지정된 영역을 무엇이라 하는가?
① 물질(substance)
② 계(system)
③ 주위(surrounding)
④ 경계(boundary)

27. 왕복기관의 오일 탱크에 대한 설명으로 옳은 것은?
① 일반적으로 오일 탱크는 오일 펌프 입구보다 약간 높게 설치한다.
② 물이나 불순물을 제거하기 위해 탱크 밑바닥에는 딥스틱이 있다.
③ 윤활유의 열팽창에 대비해서 드레인 플러그가 있다.
④ 오일 탱크의 재질은 일반적으로 강도가 높은 철판으로 제작된다.

28. 프로펠러 날개의 루트 및 허브를 덮는 유선형의 커버로 공기 흐름을 매끄럽게 하여 기관 효율 및 냉각 효과를 돕는 것은?

① 램(ram)
② 커프스(cuffs)
③ 거버너(governor)
④ 스피너(spinner)

29. 일반적인 초음속의 배기노즐 형태로 적절한 것은?
① 수축형　② 수축-확산형
③ 확산형　④ 확산-수축형

30. 쌍발 항공기에 장착된 가스 터빈 기관의 공압 시동기(pneumatic starter)에 필요한 고압 공기로 사용이 불가능한 것은?
① 램 공기(ram air)
② 보조동력장치에 의한 고압 공기
③ 지상동력장비에 의한 고압 공기
④ 시동된 타기관의 압축기 블리드 공기

31. 왕복기관을 시동할 때 기화기 혼합조정 레버의 위치는?
① "full rich"에 놓고 시동한다.
② "auto rich"에 놓고 시동한다.
③ "full lean"에 놓고 primer로 시동한다.
④ "idle cut off"에 놓고 primer로 시동한다.

32. 다음 중 항공기 왕복기관의 흡입계통에서 작은 양의 공기누설이 기관 작동에 큰 영향을 미치는 경우는?
① 저속 상태일 때
② 고출력 상태일 때
③ 이륙출력 상태일 때
④ 연속 사용 최대 출력 상태일 때

33. 왕복기관에서 실린더의 압축비로 옳은 것은? (단, V_c : 연소체적, V_s : 행정체적이다.)
① $\dfrac{V_s}{V_c}$　② $\dfrac{V_c}{V_s}$

③ $1+\dfrac{V_s}{V_c}$ ④ $1+\dfrac{V_c}{V_s}$

34. 피스톤의 지름이 16cm, 행정거리가 0.15m, 실린더 수가 6개인 왕복기관의 총 행정체적은 약 몇 L인가?
① 13   ② 18
③ 23   ④ 28

35. 다음 중 연료를 직접 분사하여 특별한 장치가 없이 압축열에 의한 자연착화를 시키는 압축 점화 방법의 기관은?
① 가스 기관   ② 가솔린 기관
③ 디젤 기관   ④ Hesselman 기관

36. 터보 제트 기관에서 비행속도 V_a[ft/s], 진추력 F_n[lbf]을 이용하여 추력 마력(hp)을 옳게 나타낸 것은?
① $\dfrac{F_n \times V_a}{75}$ ② $\dfrac{F_n \times V_a}{550}$
③ $\dfrac{F_n}{75 \times V_a}$ ④ $\dfrac{F_n}{550 \times V_a}$

37. 아음속에서 연료소비율과 소음이 작기 때문에 민간 여객기에 널리 이용되는 가스 터빈 기관 형식은?
① 펄스 제트 기관   ② 램 제트 기관
③ 터보 제트 기관   ④ 터보 팬 기관

38. 일반적인 프로펠러의 깃각(blade angle)에 대한 설명으로 옳은 것은?
① 깃의 전 길이에 걸쳐 일정하다.
② 일반적으로 프로펠러 중심에서 50% 되는 위치의 각도를 말한다.
③ 깃 뿌리(blade root)에서 깃 끝(blade tip)으로 갈수록 커진다.
④ 깃 뿌리(blade root)에서 깃 끝(blade tip)으로 갈수록 작아진다.

39. 항공기 기관 점검 시 작동시간과 비행 사이클의 수에 따라 결정되는 검사는?
① 일제 검사   ② 주기 검사
③ 순간 검사   ④ 부정기 검사

40. 가스 터빈 기관의 연료조정장치에 대한 설명으로 옳은 것은?
① 수감요소 중 기관회전수가 증가하면 연료를 증가시킨다.
② 스로틀 레버 급가속 시 혼합비의 과희박으로 압축기 실속을 일으킬 수 있다.
③ 연료조정장치는 유압기계식과 압력식이 주로 쓰인다.
④ 수감요소 중 압축기 출구압력이 증가하면 연료를 증가시킨다.

3과목 항공기체

41. 일반적인 항공기 구조에서 알루미늄 합금이나 복합 소재를 사용하지 않는 것은?
① 랜딩 기어   ② 프레임
③ 스트링거   ④ 동체 스킨

42. 다음 중 페일 세이프 구조(fail safe structure) 방식의 종류가 아닌 것은?
① 단순 구조(simple structure)
② 더블 구조(double structure)
③ 백업 구조(back-up structure)
④ 리던던트 구조(redundant structure)

43. 단면이 균일한 봉이 인장하중을 받았을 때 축방향 변형률에 대한 가로방향 변형률의 비를 나타내는 것은?
① 후크비   ② 전단비
③ 탄성비   ④ 푸아송비

44. 다음과 같은 특성을 가진 항공기에 사용되는 합성 고무는?

- 내열성과 내한성이 우수하여 사용 온도범위가 넓다.
- 기후에 대한 저항성과 전기전열 특성이 우수하다.
- 강도가 낮고 가격이 비싸다.

① 부틸 고무　② 실리콘 고무
③ 플루오르 고무　④ 니트릴 고무

45. 리벳작업 시 구멍뚫기 작업의 순서가 옳은 것은?
① 드릴링(drilling) → 버링(burring) → 리밍(reaming)
② 드릴링(drilling) → 리밍(reaming) → 버링(burring)
③ 리밍(reaming) → 드릴링(drilling) → 버링(burring)
④ 리밍(reaming) → 버링(burring) → 드릴링(drilling)

46. 항공기에서 사용되는 특수용접에 속하지 않는 것은?
① 플라스마 용접
② 금속 불활성 가스 용접
③ 산소·아세틸렌 가스 용접
④ 텅스텐 불활성 가스 용접

47. 볼트 그립 길이와 볼트가 장착되는 재료의 두께에 관한 설명으로 옳은 것은?
① 볼트가 장착될 재료의 두께는 볼트 그립 길이의 2배이어야 한다.
② 볼트가 장착될 재료의 두께는 볼트 그립 길이에 볼트 직경의 길이를 합한 것과 같아야 한다.
③ 볼트 그립 길이는 가장 얇은 판의 두께의 3배가 되어야 한다.
④ 볼트 그립 길이는 볼트가 장착되는 재료의 두께와 같거나 약간 길어야 한다.

48. 무게가 2,950kg이고, 중심 위치가 기준선 후방 300cm인 항공기에서 기준선 후방 100cm에 위치한 50kg의 전자장비를 장탈하고, 기준선 후방 500cm에 위치한 화물실에 100kg의 비상물품을 실었다. 이때 중심 위치는 기준선 후방 몇 cm에 위치하는가?
① 250　② 310
③ 350　④ 410

49. 항공기 구조에서 론저론(longeron)에 대한 설명으로 옳은 것은?
① 날개에서 날개보를 결합하기 위한 세로 방향 부재
② 가벼운 판금에 강성을 주기 위하여 플랜지에 부착되는 부재
③ 기관이나 연소실을 객실로부터 분리시키기 위한 수직 부재
④ 동체나 나셀에서 앞·뒤 방향으로 배치되며 다양한 단면의 모양의 부재

50. 항공기의 카울링과 페어링(fairing)을 장착하는 데 사용되는 캠 록 파스너(cam lock fastener)의 구성으로 옳은 것은?
① grommet, cross pin, receptacle
② stud assembly, grommet, cross pin
③ stud assembly, grommet, receptacle
④ stud assembly, receptacle, cross pin

51. 밀착된 구성품 사이에 작은 진폭의 상대운동이 일어날 때 발생하는 제한된 형태의 부식은?
① 점(pitting) 부식
② 피로(fatigue) 부식
③ 찰과(fretting) 부식
④ 이질금속(galvanic) 간의 부식

52. 다음 중 조종계통의 리깅(rigging) 시 필요한 도구가 아닌 것은?

① 프로트랙터(protractor)
② 텐션 미터(tension meter)
③ 텐션 레귤레이터(tension regulator)
④ 케이블 리깅 텐션 차트(cable rigging tension charts)

53. 강착장치(landing gear)에서 올레오 완충장치(oleo shock absorber)의 충격흡수 원리로 옳은 것은?

① 스트럿 실린더(strut cylinder)에 공급되는 공기의 마찰에너지를 이용하여 충격을 흡수한다.
② 공기의 압축성 효과에 의한 탄성에너지와 작동유 흐름의 제한에 의한 에너지 손실에 의해 충격이 흡수되는 장치이다.
③ 헬리컬 스프링(helical spring)이 탄성체의 탄성 변형 에너지 형식으로 충격을 흡수한다.
④ 리프 스프링(leaf spring) 자체가 랜딩 스트럿(landing strut) 역할을 하여 충격을 굽힘에너지로 흡수한다.

54. 케이블 조종 계통(cable control system)에서 7×19의 케이블을 옳게 설명한 것은?

① 19개의 와이어로 7번을 감아 케이블을 만든 것이다.
② 7개의 와이어로 19번을 감아 케이블을 만든 것이다.
③ 19개의 와이어로 1개의 다발을 만들고, 이 다발 7개로 1개의 케이블을 만든 것이다.
④ 7개의 와이어로 1개의 다발을 만들고, 이 다발 19개로 1개의 케이블을 만든 것이다.

55. 그림과 같이 하중(W)이 작용하는 보를 무엇이라 하는가?

① 외팔보   ② 돌출보
③ 고정보   ④ 고정지지보

56. 그림과 같은 하중배수선도에서 n의 값은 얼마인가? (단, V_s는 실속 속도이다.)

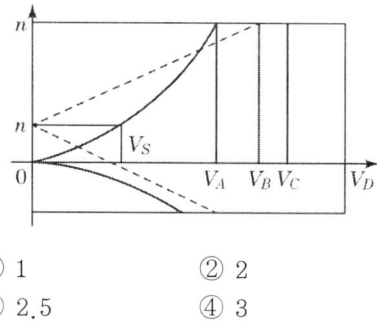

① 1   ② 2
③ 2.5   ④ 3

57. 그림과 같은 와셔의 명칭은?

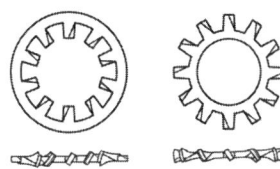

① 평 와셔(plate washer)
② 스프링 와셔(spring washer)
③ 테이퍼 핀 와셔(taper pin washer)
④ 이붙이 와셔(toothed lock washer)

58. 리벳의 배치와 관련된 용어 설명으로 틀린 것은?

① 횡단 피치는 리벳 열과 열 사이의 거리이다.
② 리벳 피치의 최소 간격은 리벳지름의 3배이다.
③ 리벳 끝을 기준으로 열과 열 사이를 피치라 한다.
④ 끝거리는 판재의 가장자리에서 첫 번째 리벳구멍 중심까지의 거리이다.

59. 복합 소재의 부품을 경화시킬 때 표면에 압력을 가하기 위해 사용하는 것으로 클램프로 고정할 수 없는 대형 윤곽의 표면에 사용하는 것은?
① 직포　　② 숏 백
③ 램프　　④ 스프링 클램프

60. 다음과 같은 구조물에서 케이블 AB에 발생하는 장력은 약 몇 N인가?

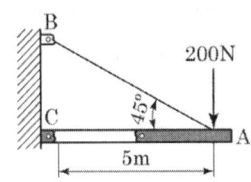

① 282.24　　② 265.84
③ 242.84　　④ 212.84

4과목　항공장비

61. 고도계에서 압력을 증가시켰다 다시 감소하면 출발점을 전후한 위치에서 오차가 발생하는데 이를 무엇이라 하는가?
① 잔류 효과　　② drift
③ 온도 오차　　④ 밀도 오차

62. 항공기 유압 계통에서 축압기의 사용 목적으로 틀린 것은?
① 비상용 압력원으로 사용하기 위하여
② 계통 작동 시 충격 완화 역할을 위하여
③ 펌프 출력 유압유의 맥동 방지를 위하여
④ 유압유 내에 있는 공기를 저장하기 위하여

63. 항공기에서 사용되는 공기압 계통에 대한 설명 중 가장 관계가 먼 것은?
① 공기압의 재활용으로 귀환관이 필요하나 유압 계통보다는 계통이 단순하다.
② 소형 항공기에서는 브레이크 장치, 플랩작동장치 등을 작동시키는 데 사용한다.
③ 적은 양으로 큰 힘을 얻을 수 있고, 깨끗하며 불연성(non-inflammable)이다.
④ 대형 항공기에는 주로 유압계통에 대한 보조수단으로 사용한다.

64. 지자기의 3요소 중 복각에 대한 설명으로 옳은 것은?
① 지자력의 지구 수평에 대한 분력을 의미한다.
② 지자기 자력선의 방향과 수평선 간의 각을 말하며, 양극으로 갈수록 90°에 가까워진다.
③ 지축과 지자기축이 서로 일치하지 않음으로써 발생되는 진방위와 지방위의 차이를 말한다.
④ 지자력의 지구 수평에 대한 분력을 말하며, 적도 부근에서는 최대이고 양극에서는 0°에 가깝다.

65. 항공기의 조난 위치를 알리고자 구난 전파를 발신하는 비상 송신기는 지정된 주파수로 몇 시간 동안 구조신호를 계속 보낼 수 있도록 되어 있는가?
① 48시간　　② 24시간
③ 15시간　　④ 8시간

66. 항공기의 대형화에 따라 지시부와 수감부 간의 거리가 멀어져 원격 지시계기의 일종으로 발전하게 된 것으로 기계적인 직선 또는 각 변위를 수감하여 전기적인 양으로 변환한 다음 조종석에서 기계적인 변위로 재현시키는 계기는?
① 자기 계기　　② 싱크로 계기
③ 회전 계기　　④ 지이로 계기

67. HF 통신 방식을 DSB 방식과 비교하여 주로 SSB 방식으로 하는 이유가 아닌 것은?
① 신호대 잡음비가 DSB 방식보다 개선된다.
② 송신기의 소비전력이 DSB 방식보다 적게 든다.
③ 회로 구성이 DSB 방식보다 간단하여 제작 가격이 저렴하다.
④ DSB 장식보다 점유 주파수 대역폭이 $\frac{1}{2}$로 줄어든다.

68. 다음 중 압력측정에 사용하지 않는 것은?
① 자이로(gyro)
② 아네로이드(aneroid)
③ 벨로즈(bellows)
④ 다이어프램(diaphragm)

69. 교류회로에서 전압계는 100V, 전류계는 10A, 전력계는 800W를 지시하고 있다면 이 회로에 대한 설명으로 틀린 것은?
① 유효전력은 800W이다.
② 피상전력은 1kVA이다.
③ 무효전력은 200Var이다.
④ 부하는 800W를 소비하고 있다.

70. 항공기용 회전식 인버터의 속도제어를 하는 방법은?
① 직류전원의 전압을 변화하여
② 교류발전기의 전압을 변화하여
③ 교류발전기의 출력전류를 변화하여
④ 직류전동기의 분권계자 전류를 제어하여

71. 지상 관제사가 공중 감시장치(ATC) 계통을 통해서 얻는 정보가 아닌 것은?
① 편명 및 진행방향
② 위치 및 방향
③ 상승률 또는 하강률
④ 고도 및 거리

72. 등가대기속도에 고도 변화에 따른 공기 밀도를 수정한 속도는?
① CAS
② EAS
③ IAS
④ TAS

73. 비상시 사용되는 배터리의 DC 전원을 AC 전원으로 전환시켜주는 장치는?
① GPU(ground power unit)
② APU(auxiliary power unit)
③ 스태틱 인버터(static inverter)
④ TRU(transformer rectifier unit)

74. 다음 중 직류의 전압을 높이거나 낮출 때 사용되는 장치는?
① 정류기(rectifier)
② 다이나모터(dynamotor)
③ 인버터(inverter)
④ 변압기(transformer)

75. 미리 설정된 정격값 이상의 전류가 흐르면 회로를 차단하는 것으로 재사용이 가능한 회로 보호장치는?
① 퓨즈(fuse)
② 릴레이(relay)
③ 서킷 브레이크(circuit braker)
④ 서큘러 커넥터(circular connector)

76. 유압 계통에서 리저버(reservoir) 내의 배플(baffle)과 핀(fin)의 가장 중요한 역할은?
① 작동유의 열을 식힌다.
② 펌프 안에 공기가 유입되는 것을 방지한다.
③ 리저버(reservoir) 안에 공기가 잘 가압되도록 한다.
④ 작동유의 온도 상승에 따른 가압공기의 온도를 낮춘다.

77. 다음 중 400Hz의 교류 전원을 필요로 하지 않는 것은?
① 마그네신
② 전기식 수직 자이로
③ 전기식 회전계
④ 전기 용량식 연료량계

78. ILS(instrument landing system)를 구성하는 장치로만 나열된 것은?
① ADF, M/B
② LRRA M/B
③ VOR, localizer
④ localizer, glide slope

79. 기상 레이더(weather radar)의 본래 목적인 구름이나 비의 상태를 보기 위한 안테나 패턴(antenna pattern)은?
① pencil beam
② tilt angle beam
③ control beam
④ cosecant square beam

80. 지상에 있는 항공기의 기체표면이 이미 결빙해 있을 때 분사해 주는 제빙액으로 적합한 것은?
① 질소
② MIL-H-5026
③ 4염화탄소
④ 에틸렌글리콜

항공산업기사 2012년 1회 (3월 4일)

1과목 항공역학

01. 제트류는 일정한 방향과 속도로 부는데, 지구 북반구의 경우 제트류가 발생하는 대기층, 방향, 평균속도로 옳은 것은?
① 성층권, 동에서 서로, 약 37m/s
② 성층권, 서에서 동으로, 약 37m/s
③ 대류권, 서에서 동으로, 약 60m/s
④ 성층권, 서에서 동으로, 약 60m/s

02. 그림과 같은 하강하는 항공기의 힘이 성분 (A)에 옳은 것은?

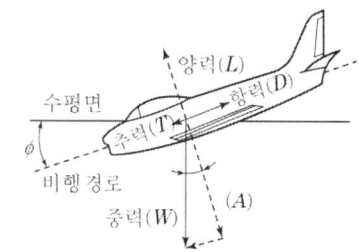

① $W\sin\phi$
② $W\cos\phi$
③ $W\tan\phi$
④ $\dfrac{W}{\sin\phi}$

03. 비행기의 무게가 5,000kgf이고 기관출력이 400HP이다. 프로펠러 효율 0.85로 등속 수평비행을 한다면 이때 비행기의 이용마력은 몇 HP인가?
① 340
② 370
③ 415
④ 460

04. 비행기의 속도가 2배가 되면 필요한 조종력은 처음의 얼마가 필요한가?
① 1/2
② 1배
③ 2배
④ 4배

05. 고정 날개 항공기의 자전운동(autorotation)과 연관된 특수 비행 성능은?
① 선회 운동
② 스핀(spin) 운동
③ 키놀이(loop) 운동
④ 온 파일론(on pylon) 운동

06. 항공기의 총 중량 24,000kgf의 75%가 주(제동)바퀴에 작용한다면 마찰계수 0.7일 때 주 바퀴의 최소 제동력은 몇 kgf이어야 하는가?
① 5,250
② 6,300
③ 12,600
④ 25,200

07. 선회비행 시 외측으로 슬립(slip)하는 가장 큰 이유는?
① 경사각이 작고 구심력이 원심력보다 클 때
② 경사각이 크고 구심력이 원심력보다 작을 때
③ 경사각이 크고 원심력이 구심력보다 작을 때
④ 경사각이 작고 원심력이 구심력보다 클 때

08. 프로펠러의 추력에 대한 설명으로 옳은 것은?
① 프로펠러의 추력은 공기밀도에 비례하고 회전면의 넓이에 반비례한다.
② 프로펠러의 추력은 회전면의 넓이에 비례하고 깃의 선속도 제곱에 반비례

한다.
③ 프로펠러의 추력은 공기밀도에 반비례하고 회전면의 넓이에 비례한다.
④ 프로펠러의 추력은 회전면의 넓이에 비례하고 깃의 선속도 제곱에 비례한다.

09. 비행기가 1,500m 상공에서 양항비 10인 상태로 활공한다면 최대 수평 활공 거리는 몇 m인가?
① 1,500   ② 2,000
③ 15,000   ④ 20,000

10. 다음 중 비행기의 가로안정성에 가장 적은 영향을 주는 것은?
① 쳐든각   ② 동체
③ 프로펠러 ④ 수직꼬리날개

11. 헬리콥터에서 발생되는 지면효과의 장점이 아닌 것은?
① 양력의 크기가 증가한다.
② 많은 중량을 지탱할 수 있다.
③ 회전 날개깃의 받음각이 증가한다.
④ 기체의 흔들림이나 추력 변화가 감소한다.

12. 날개의 가로세로비가 8, 시위 길이 0.5m인 직사각형 날개를 장착한 무게 200kgf의 항공기가 해발고도로 등속수평비행하고 있다. 최대양력계수가 1.4일 때 비행 가능한 최소 속도는 몇 m/s인가? (단, 밀도는 1.225kg/m³이다.)
① 5.40   ② 16.90
③ 23.90   ④ 33.81

13. 항공기에서 발생하는 항력 중 아음속 비행 시 발생하지 않는 것은?
① 유도항력 ② 마찰항력
③ 형상항력 ④ 조파항력

14. 정상 수평 비행에서 평형상태의 피칭 모멘트 계수 $C_{MC \cdot g}$의 값은?
① −1   ② 0
③ 1   ④ 2

15. 다음 중 일반적으로 단면 형태가 다른 것은?
① 도움날개 ② 방향키
③ 피토 튜브 ④ 프로펠러 깃

16. 프로펠러 항공기의 추력과 속도와의 관계로 틀린 것은?
① 저속에서 프로펠러 후류의 영향은 없다.
② 비행속도가 감소하면 이용추력은 증가한다.
③ 추력이 증가하면 프로펠러 후류 속도가 증가한다.
④ 비행속도가 실속 속도 부근에서는 후류 영향이 최대값이 된다.

17. 17°로 상승하는 항공기 날개의 붙임각이 3°이고 받음각이 3°일 때 항공기의 수평선과 날개의 시위선이 이루는 각도는 몇 도인가?
① 17   ② 20
③ 23   ④ 26

18. 날개의 시위 길이 2m, 대기 속도 300km/h, 공기의 동점성계수가 0.15cm²/s일 때 레이놀즈 수는 얼마인가?
① 1.1×10^7 ② 1.4×10^7
③ 1.1×10^6 ④ 1.4×10^6

19. 다음 중 프로펠러의 효율(η)을 표현한 식으로 틀린 것은? (단, T: 추력, D: 지름, V: 비행속도, J: 진행률, n: 회전수, P: 동력, C_P: 동력계수, C_T: 추력계수이다.)

① $\eta = \dfrac{P}{TV}$ ② $\eta = \dfrac{C_T}{C_P} \cdot \dfrac{V}{nD}$

③ $\eta = \dfrac{C_T}{C_P} J$ ④ $\eta < 1$

20. 날개골(airfoil)의 정의로 옳은 것은?
① 날개의 단면
② 날개가 굽은 정도
③ 최대 두께를 연결한 선
④ 앞전과 뒷전을 연결한 선

2과목 항공기관

21. 기관부품에 대한 비파괴 검사 중 강자성체 금속으로만 제작된 부품의 표면결함을 검사할 수 있는 방법은?
① 형광침투검사
② 방사선시험
③ 자분탐상검사
④ 와전류탐상검사

22. 프로펠러 비행기가 비행 중 기관이 고장나서 정지시킬 필요가 있을 때, 프로펠러의 깃각을 바꾸어 프로펠러의 회전을 멈추게 하는 조작을 무엇이라 하는가?
① 슬립(slip)
② 비틀림(twisting)
③ 피칭(pitching)
④ 페더링(feathering)

23. 증기폐쇄(vapor lock)에 대한 설명으로 옳은 것은?
① 기화기의 이상으로 액체연료와 공기가 혼합되지 않는 현상
② 기화기에서 분사된 혼합가스가 거품을 형성하여 실린더의 연료유입을 폐쇄하는 현상
③ 혼합가스가 아주 희박해져 실린더로의 연료유입이 폐쇄되는 현상
④ 액체연료가 기화기에 이르기 전에 기화되어 기화기에 이르는 통로를 폐쇄하는 현상

24. 터보 제트 엔진기관의 추력 비연료소비율(TSFC)에 대한 설명으로 틀린 것은?
① 추력 비연료소비율이 작을수록 경제성이 좋다.
② 추력 비연료소비율이 작을수록 기관의 효율이 좋다.
③ 추력 비연료소비율이 작을수록 기관의 성능이 우수하다.
④ 1kgf의 추력을 발생하기 위하여 1초 동안 기관이 소비하는 연료의 체적을 말한다.

25. 제트 기관의 점화장치를 왕복 기관에 비하여 고전압, 고에너지 점화장치로 사용하는 주된 이유는?
① 열손실이 크기 때문에
② 사용연료의 휘발성이 낮아서
③ 왕복기관에 비하여 부피가 크므로
④ 점화기 특성 규격에 맞추어야 하므로

26. 가스 터빈 기관의 연료 조정 장치(FCU) 기능이 아닌 것은?
① 연료 흐름에 따른 연료 필터의 사용 여부를 조정한다.
② 출력 레버 위치에 맞게 대기상태의 변화에 관계없이 자동적으로 연료량을 조절한다.
③ 출력 레버 위치에 해당하는 터빈 입구 온도를 유지한다.
④ 파워 레버의 작동이나 위치에 맞게 기관에 공급되는 연료량을 적절히 조절한다.

27. 제트 기관에서 고온고압의 강력한 전기불꽃을 일으키기 위해 저전압을 고전압으로 바꾸어 주는 것은?
① 연료 노즐(fuel nozzle)
② 점화 플러그(ignition plug)
③ 점화 익사이터(ignition exciter)
④ 하이텐션 리드 라인(high-tension lead line)

28. 왕복기관으로 흡입되는 공기 중의 습기 또는 수증기가 증가할 경우 발생할 수 있는 현상으로 옳은 것은?
① 체적 효과가 증가하여 출력이 증가한다.
② 일정한 RPM과 다기관 압력하에서는 기관출력이 감소한다.
③ 고출력에서 연료 요구량이 감소하여 이상 연소현상이 감소된다.
④ 자동연료 조정장치를 사용하지 않는 기관에서는 혼합기가 희박해진다.

29. 항공기 기관의 오일 필터가 막혔다면 어떤 현상이 발생하는가?
① 기관 윤활계통의 윤활 결핍 현상이 온다.
② 높은 오일압력 때문에 필터가 파손된다.
③ 오일이 바이패스 밸브(bypass valve)를 통하여 흐른다.
④ 높은 오일압력으로 체크밸브(check valve)가 작동하여 오일이 되돌아온다.

30. 왕복기관을 실린더 배열에 따라 분류할 때 대향형 기관을 나타낸 것은?

① ②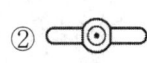
③ ④

31. 가스 터빈 기관의 용량형 점화장치(igniter)가 장착되지 않은 상태로 작동할 때, 열이 축적되는 것을 방지하는 것은?
① 블리드 저항(bleed resister)
② 저장 축전기(storage capacitor)
③ 더블러 축전기(doubler capacitor)
④ 고압 변압기(high tension transformer)

32. 저출력 소형 항공기 왕복기관의 크랭크 축에 일반적으로 사용되는 베어링은?
① 볼(ball) 베어링
② 롤러(roller) 베어링
③ 평면(plate) 베어링
④ 니들(needle) 베어링

33. 항공기 왕복기관의 배기계통의 목적 및 용도로 틀린 것은?
① 압을 높이지 않고 가스를 배출한다.
② 연소가스 내의 유해성분 밀도를 높인다.
③ 기내 난방이나 슈퍼 차저의 구동 등에 사용된다.
④ 기화기 결빙이 우려될 경우 흡기의 예열에 사용된다.

34. 정적비열 0.2kcal/kg·k인 이상기체 5kg이 일정압력하에서 50kcal의 열을 받아 온도가 0℃에서 20℃까지 증가하였다. 이때 외부에 한 일은 몇 kcal인가?
① 4   ② 20
③ 30   ④ 70

35. 왕복기관의 마그네토 캠 축과 기관 크랭크 축의 회전속도비를 옳게 나타낸 식은 어느 것인가?
① $\dfrac{N}{n}$ ② $\dfrac{N}{2n}$
③ $\dfrac{N}{n+1}$ ④ $\dfrac{N+1}{2n}$

36. 고도가 높아지면서 나타나는 기관의 변화가 아닌 것은?
① 기관 출력의 감소
② 기압 감소로 오일 소모 증가
③ 점화계통에서 전류가 새어나감
④ 기압 감소로 연료비등점이 낮아져 증기폐쇄 발생

37. 엔탈피의 차원과 같은 것은?
① 에너지 ② 동력
③ 운동량 ④ 엔트로피

38. 다음 중 일반적으로 프로펠러 방빙계통에서 사용되는 것은?
① 에틸알코올
② 변성(denatured) 알코올
③ 이소프로필(isopropyl) 알코올
④ 에틸렌글리콜(ethylene glycol)

39. 가스 터빈 기관의 고온부 구성품에 수리해야 할 부분을 표시할 때 사용하지 않아야 하는 것은?
① chalk
② layout dye
③ felt-up applicator
④ lead pencil

40. 가스 터빈 기관 내부에서 가스의 속도가 가장 빠른 곳은?
① 연소실   ② 터빈 노즐
③ 압축기 부분 ④ 터빈 로터

3과목 항공기체

41. 강관의 용접작업 시 조인트 부위를 보강하는 방법이 아닌 것은?

① 평 거싯(flat gussets)
② 스카프 패치(scarf patch)
③ 손가락 판(finger straps)
④ 삽입 거싯(insert gussets)

42. 리브 너트(riv nut) 사용에 대한 설명으로 옳은 것은?
① 금속면에 우포를 씌울 때 사용한다.
② 두꺼운 날개 표피에 리브를 붙일 때 사용한다.
③ 기관 마운트와 같은 중량물을 구조물에 부착할 때 사용한다.
④ 한쪽 면에서만 작업이 가능한 제빙장치 등을 설치할 때 사용한다.

43. 비행기 표피판의 두께 4mm, 전단흐름 3,000kgf/cm일 때 전단응력은 약 몇 kgf/mm^{2}인가?
① 7.5   ② 75
③ 750   ④ 7,500

44. 동체 구조 형식에서 세미모노코크 구조에 대한 설명으로 옳은 것은?
① 가장 넓은 동체 내부 공간을 확보할 수 있으며 세로대 및 세로지, 대각선 부재를 이용한 구조이다.
② 하중의 대부분을 표피가 담당하며, 내부에 보강재가 없이 금속의 껍질로 구성된 구조이다.
③ 골격과 외피가 하중을 담당하는 구조로서 외피는 주로 전단응력을 담당하고 골격은 인장, 압축, 굽힘 등 모든 하중을 담당하는 구조이다.
④ 구조부재로 삼각형을 이루는 기체의 뼈대가 하중을 담당하고 표피는 항공역학적인 요구를 만족하는 기하학적 형태만을 유지하는 구조이다.

45. 다음 중 착륙거리를 단축시키는 데 사용하

는 보조 조종면은?
① 스태빌레이터(stabilator)
② 브레이크 블리딩(brake bleeding)
③ 그라운드 스포일러(ground spoiler)
④ 플라이트 스포일러(flight spoiler)

46. 그림과 같은 T자형 구조재에서 도심(G)을 지나는 $X-X'$축에 대한 단면 2차 모멘트의 값은 약 몇 cm⁴인가?

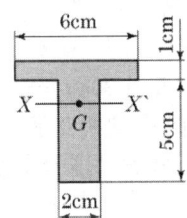

① 27.5   ② 55.1
③ 220.4 ④ 110.2

47. 부품 번호가 "NAS 654 V 10 D"인 볼트에 너트를 고정시키는 데 필요한 것은?
① 코터 핀   ② 스크류
③ 로크 와셔   ④ 특수 와셔

48. 스크류의 부품번호가 AN 501 C-416-7 이라면 재질은?
① 탄소강   ② 황동
③ 내식강   ④ 특수 와셔

49. 비행기의 기체축과 운동 및 조종면이 옳게 연결된 것은?
① 가로축-빗놀이운동(yawing)-승강키(elevator)
② 수직축-선회운동(spinning)-스포일러(spoiler)
③ 대칭축-키놀이운동(pitching)-방향키(rudder)
④ 세로축-옆놀이운동(rolling)-도움날개(aileron)

50. 항공기의 리깅 체크(rigging check) 시 일반적으로 구조적 일치 상태 점검에 포함되지 않는 것은?
① 날개 상반각
② 수직안정판 상반각
③ 날개 취부각
④ 수평안정판 상반각

51. 직경 $\frac{3}{32}''$ 이하의 가요성 케이블(flexible cable)에 사용되고, 고열부분에서는 사용이 제한되는 케이블 작업은?
① swaging
② nicopress
③ five-tuck woven cable splice
④ wrap-solder cable splice

52. 열처리 강화형 알루미늄 합금을 500℃ 전후의 온도로 가열한 후 물에 담금질을 하면 합금성분이 기본적으로 녹아 들어가 유연한 상태가 얻어지는데, 이런 열처리를 무엇이라 하는가?
① 풀림(annealing)
② 뜨임(tempering)
③ 알로다이징(alodizing)
④ 용체화처리(solution heat treatment)

53. 항공기 기체구조 중 트러스 형식에 대한 설명으로 옳은 것은?
① 항공기의 전체적인 구조 형식은 아니며, 날개 또는 꼬리 날개와 같은 구조 부분에만 사용하는 구조 형식이다.
② 금속판 외피에 굽힘을 받게 하여 굽힘 전단응력에 대한 강도를 갖도록 하는 구조방식으로 무게에 비해 강도가 큰 장점이 있어 현재 금속 항공기에서 많이 사용하고 있다.
③ 주 구조가 피로로 인하여 파괴되거나 혹은 그 일부분이 파괴되더라도 나머지 구조가 하중을 지지할 수 있게 하

여 파괴 또는 과도한 구조 변형을 방지하는 구조 형식이다.
④ 강관 등으로 트러스를 구성하고 여기에 천외피 또는 얇은 금속판의 외피를 씌운 형식으로 소형 및 경비행기에 많이 사용된다.

54. 다음과 같은 항공기 트러스 구조에서 부재 BD의 내력은 몇 kN인가?

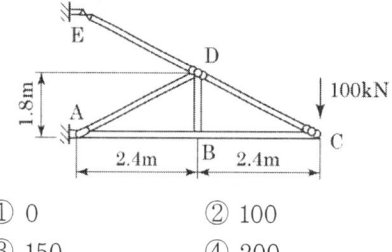

① 0 ② 100
③ 150 ④ 200

55. 다음 중 부식의 종류에 해당되지 않는 것은?
① 응력 부식 ② 표면 부식
③ 입자 간 부식 ④ 자장 부식

56. 부품 번호가 AN 470 AD 3-5인 리벳에서 AD는 무엇을 나타내는가?
① 리벳의 직경이 $\frac{3}{16}''$이다.
② 리벳의 길이는 머리를 제외한 길이이다.
③ 리벳의 머리 모양이 유니버설 머리이다.
④ 리벳의 재질이 알루미늄 합금인 2117 이다.

57. 항공기 판재의 직선 굽힘 가공 시 고려해야 할 요소가 아닌 것은?
① 세트 백
② 굽힘 여유
③ 최소 굽힘 반지름
④ 진폭 여유

58. 일반적인 금속의 응력-변형률 곡선에서 위치별 내용이 옳게 짝지어진 것은?

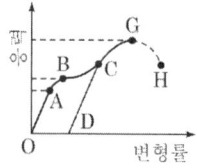

① G : 항복점
② OA : 비례탄성범위
③ B : 인장강도
④ OD : 순간변형률

59. 실속 속도가 80km/h인 비행기가 150km/h 로 비행 중 급히 조종간을 당겼을 때 비행기에 걸리는 하중배수는 약 얼마인가?
① 0.75 ② 1.50
③ 2.25 ④ 3.52

60. 그림과 같이 기준선으로부터 2.5m 떨어진 앞바퀴에 5,000kg의 반력이 작용하고, 앞바퀴에서 10m 떨어진 양쪽 뒷바퀴 각각에 10,000kg의 반력이 작용할 때, 이 항공기의 무게중심은 기준선으로부터 몇 m 떨어진 곳에 위치하겠는가?

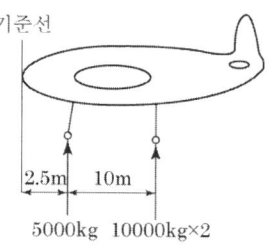

① 10.0 ② 10.5
③ 11.0 ④ 11.5

4과목  항공장비

61. 병렬회로에 대한 설명으로 틀린 것은 어느 것인가?

① 전체 저항은 가장 작은 1개의 저항값보다 작다.
② 전체의 전류는 각 회로로 흐르는 전류의 합과 같다.
③ 1개의 저항을 제거하면 전체의 저항값은 증가한다.
④ 병렬로 접속되어 있는 저항 중에서 1개의 저항을 제거하면 남아 있는 저항에 전압 강하는 증가한다.

62. 다음 중 작동유의 압력에너지를 기계적인 힘으로 변환시켜 직선운동을 시키는 것은?
① 작동 실린더(actuating cylinder)
② 마스터 실린더(master cylinder)
③ 유압 펌프(hydraulic pump)
④ 축압기(accumulator)

63. 인공위성을 이용하여 통신, 항법, 감시 및 항공관제를 통합 관리하는 항공운항지원 시스템의 명칭은?
① 위성 항법 시스템
② 항공 운항 시스템
③ 위성 통합 시스템
④ 항공 관리 시스템

64. TCAS와 ACAS의 공통점으로 옳은 것은?
① 항공 관제 시스템이다.
② 항공기 호출 시스템이다.
③ 항공기 충돌 방지 시스템이다.
④ 기상상태를 알려주는 시스템이다.

65. 자이로 로터축(rotor shaft)의 편위(drift) 원인으로 옳은 것은?
① 각도 정보를 감지하기 위한 싱크로에 의한 전자적 결합
② 균형 잡힌 짐발의 중량
③ 균형 잡힌 짐발 베어링
④ 지구의 이동과 공전

66. 공압 계통에서 릴리프 밸브(relief valve)의 압력 조정은 일반적으로 무엇으로 하는가?
① 심(shim)
② 스크류(screw)
③ 중력(gravity)
④ 드라이브 핀(drive pin)

67. 자이로스코프(gyroscope)의 섭동성에 대한 설명으로 옳은 것은?
① 극 지역에서 자이로가 극 방향으로 기우는 현상
② 외력이 가해지지 않는 한 일정 방향을 유지하려는 경향
③ 피치 축에서의 자세 변화가 롤(roll) 및 요(yaw)축을 변화시키는 현상
④ 외력이 가해질 때 가해진 힘 방향에서 로터 회전방향으로 90도 회전한 점에 힘이 작용하여 로터가 기울어지는 현상

68. 다음 중 항공기에 갖추어야 할 비상장비가 아닌 것은?
① 손도끼
② 휴대용 버너
③ 메가폰
④ 구급의료용품

69. 다음 중 HF 주파수대를 반사시키는 대기의 전리층은?
① D층
② E층
③ F층
④ G층

70. 400Hz의 교류를 사용하는 항공기에서 8,000rpm으로 구동되는 교류발전기는 몇 극이어야 하는가?
① 2극
② 4극
③ 6극
④ 8극

71. 비행자세 지시계(ADI)에 대한 설명으로 틀린 것은?

① 현재의 항공기 비행 자세를 지시해 준다.
② 미리 설정된 모드로 비행하기 위한 명령장치(FD)의 일부이다.
③ 희망하는 코스로 조작하여 항공기의 위치를 수정한다.
④ INS에서 받은 자방위 및 VOR/ILS 수신장치에서 받은 비행 코스와의 관계를 그림으로 표시한다.

72. 비행 상태에 따른 객실고도에 대한 설명으로 틀린 것은?
① 착륙 시 지상고도와 일치시킨다.
② 상승 시 객실고도는 일정비율로 증가시킨다.
③ 하강 시 객실고도는 일정비율로 감소시킨다.
④ 순항 시 객실고도는 항공기의 고도와 일치시킨다.

73. 항공기에서 화재경고에 대한 설명으로 틀린 것은?
① 탐지장치는 온도, 복사열, 연기, 일산화탄소 등을 이용한다.
② 화재탐지기로부터의 신호는 음향 경고, 색 등을 이용하여 표시한다.
③ 화재탐지기의 고장을 예방하기 위하여 조종실에서 기능 시험을 할 수 있도록 한다.
④ 동력장치에는 화재 발생 시 동력장치와 기체와의 공급 관계를 차단하는 연소가열기를 설치한다.

74. 항공계기에서 일반적인 사용 범위부터 초과금지 사이의 경계 범위를 의미하는 것은?
① 적색 방사선   ② 황색 호선
③ 녹색 호선   ④ 백색 호선

75. 그림과 같은 교류회로에서 임피던스는 몇 Ω인가?

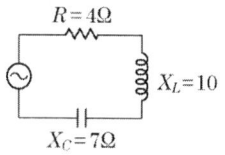

① 5   ② 7
③ 10   ④ 17

76. 자이로를 이용하는 계기 중 자이로의 각속도 성분만을 검출, 측정하여 사용하는 계기는?
① 수평의   ② 선회계
③ 정침의   ④ 자이로 컴퍼스

77. 납산 축전지(lead acid battery)에 사용되는 전해액의 비중은 온도에 따라 변화하여 비중계를 사용 시 온도를 고려해야 하지만 일정한 온도 범위에서는 비중의 변화가 적기 때문에 고려하지 않아도 되는데 이러한 온도 범위는?
① 0~30°F   ② 30~60°F
③ 70~90°F   ④ 100~130°F

78. 직류전동기는 그 종류에 따라 부하에 대한 토크 특성이 다른데, 정격 이상의 부하에서 토크가 크게 발생하여 왕복기관의 시동기에 가장 적합한 것은?
① 분권형   ② 복권형
③ 직권형   ④ 유도형

79. 항공기의 안테나(antenna)의 방빙 시스템에 대한 설명으로 옳은 것은?
① 모든 무선 안테나는 기능 유지를 위해 방빙 시스템을 갖추어야 한다.
② 안테나의 방빙 시스템은 얼음의 박리에 의한 기관이나 기체의 손상을 방지하기 위해 필요하다.
③ 레이돔(radome)은 레이더 및 안테나가 장착된 곳으로 방빙 시스템이 반드시 설치된다.

④ 안테나의 방빙 시스템은 구조상 기능 유지를 위해 fin type의 안테나에만 요구되어진다.

80. 다음 중 무선 원조 항법장치가 아닌 것은?
① inertial navigation system
② automatic direction system
③ air traffic control system
④ distance measuring equipment system

항공산업기사 2012년 2회 (5월 20일)

1과목 항공역학

01. 다음 중 비행기의 안정성과 조종성에 관한 설명으로 가장 옳은 것은?
① 안정성과 조종성은 상호간에 정비례한다.
② 정적 안정성이 증가하면 조종성도 증가된다.
③ 비행기의 안정성이 크면 클수록 바람직하다.
④ 안정성과 조종성은 서로 상반되는 성질을 나타낸다.

02. 비행기 날개에 작용하는 양력과 공기의 유속과의 관계를 옳게 설명한 것은?
① 공기의 유속과는 관계가 없다.
② 공기의 유속에 반비례한다.
③ 공기의 유속의 제곱에 비례한다.
④ 공기의 유속의 3제곱에 비례한다.

03. 100[lbs]의 항력을 받으며 200mph로 비행하는 비행기가 같은 자세로 400mph로 비행 시 작용하는 항력은 약 몇 lbs인가?
① 225   ② 300
③ 325   ④ 400

04. 저속의 비행기에서 키돌이(loop) 비행을 시작하기 위한 조작으로 가장 적합한 것은?
① 조종간을 당겨 비행기를 상승시켜 속도를 증가시킨다.
② 조종간을 당겨 비행기를 상승시켜 속도를 감소시킨다.
③ 조종간을 밀어 비행기를 하강시켜 속도를 증가시킨다.
④ 조종간을 밀어 비행기를 하강시켜 속도를 감소시킨다.

05. 항공기에 장착된 도살 핀(dorsal fin)이 손상되었다면 다음 중 가장 큰 영향을 받는 것은?
① 가로안정   ② 동적 세로안정
③ 방향안정   ④ 정적 세로안정

06. 국제표준대기에서 평균해발고도에서 특성값을 틀리게 짝지은 것은?
① 온도 : 20℃
② 압력 : 1013hpa
③ 밀도 : 1.225kg/m³
④ 중력가속도 : 9.8066m/s²

07. 중량 3,200kgf인 비행기가 경사각 30°로 정상선회를 하고 있을 때 이 비행기의 원심력은 약 몇 kgf인가?
① 1,600   ② 1,847
③ 2,771   ④ 3,200

08. 다음 중 항력발산 마하수를 높게 하기 위한 날개를 설계할 때 옳은 것은?
① 쳐든각을 크게 한다.
② 날개에 뒤젖힘각을 준다.
③ 두꺼운 날개를 사용한다.
④ 가로세로비가 큰 날개를 사용한다.

09. 항공기에 피토관(pitot tube)을 이용하여 속도측정을 할 때 이용되는 공기압은?

① 정압, 전압 ② 대기압, 정압
③ 정압, 동압 ④ 동압, 대기압

③ 3.5 ④ 4.5

10. 헬리콥터에서 양력 불균형현상이 일어나지 않도록 주회전 날개 깃의 플래핑 작용의 결과로 나타내는 현상은?
① 사이클릭 페더링
② 원추현상
③ 후진 블레이드 실속
④ 블로 백

11. 헬리콥터가 지상 가까이에 있을 경우 회전 날개를 지난 흐름이 지면에 부딪혀 헬리콥터와 지면 사이에 존재하는 공기를 압축시켜 추력이 증가되는 현상을 무엇이라 하는가?
① 지면 효과 ② 페더링 효과
③ 플래핑 효과 ④ 정지비행 효과

12. 비행기가 옆미끄럼 상태에 들어갔을 때의 설명으로 옳은 것은?
① 수직꼬리날개의 받음각에는 변화가 없다.
② 수평꼬리날개의 옆미끄럼 힘이 발생된다.
③ 무게중심에 대한 빗놀이 모멘트가 발생된다.
④ 비행기의 기수를 상대풍과 반대방향으로 이동시키려는 힘이 발생한다.

13. 제트비행기의 장애물 고도는 약 몇 ft인가?
① 10 ② 15
③ 35 ④ 50

14. 프로펠러의 직경이 2m, 회전속도 2,400rpm, 비행속도 720km/h일 때 진행률은 얼마인가?
① 1.5 ② 2.5

15. 다음 중 제트항공기가 최대 항속시간으로 비행하기 위한 조건으로 옳은 것은?
① $\left(\dfrac{C_L}{C_D}\right)$ 최대 ② $\left(\dfrac{C_L}{C_D}\right)$ 최소
③ $\left(\dfrac{C_L}{C_D^{\frac{1}{2}}}\right)$ 최대 ④ $\left(\dfrac{C_L}{C_D^{\frac{1}{2}}}\right)$ 최소

16. 프로펠러의 비틀림 응력 중 원심력에 의한 비틀림은 깃을 어느 방향으로 비트는가?
① 원주 방향
② 피치를 작게 하는 방향
③ 허브 중심 방향
④ 피치를 크게 하는 방향

17. 항공기의 압력중심(center of pressure)에 대한 설명으로 틀린 것은?
① 받음각에 따라 위치가 이동되지 않는다.
② 항공기 날개에 발생하는 합성력의 작용점이다.
③ 받음각이 커짐에 따라 위치가 앞으로 변화한다.
④ 받음각이 작아짐에 따라 위치가 뒤로 이동한다.

18. 비행속도가 300m/s인 항공기가 상승각 30°로 상승 비행 시 상승률은 몇 m/s인가?
① 100 ② 150
③ $150\sqrt{3}$ ④ 200

19. 압축성 유체에서 연속의 법칙을 옳게 나타낸 것은? (단, S, V, ρ는 각각 단면적, 유속, 밀도를 나타내고, 첨자 1, 2는 각 단면의 위치를 나타낸다.)
① $\rho_1 V_1 = \rho_2 V_2$

② $S_1\rho_1 = S_2\rho_2$
③ $S_1V_1 = S_2V_2$
④ $S_1V_1\rho_1 = S_2V_2\rho_2$

20. 직사각 날개의 가로세로비를 나타내는 것으로 틀린 것은?

① $\dfrac{b}{c}$ ② $\dfrac{b^2}{S}$

③ $\dfrac{S}{c^2}$ ④ $\dfrac{S^2}{bc}$

2과목 항공기관

21. 다음 그림과 같은 여과기의 형식은?

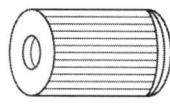

① 디스크형(disk type)
② 스크린형(screen type)
③ 카트리지형(cartridge type)
④ 스크린-디스크형(screen-disk type)

22. 다음 중 터빈 형식기관에 해당되는 것은?
① 로켓 ② 램제트
③ 펄스제트 ④ 터보팬

23. 열역학 제2법칙을 가장 잘 설명한 것은?
① 일은 열로 전환될 수 있다.
② 열은 일로 전환될 수 있다.
③ 에너지 보존법칙을 나타낸다.
④ 에너지 변화의 방향성과 비가역성을 나타낸다.

24. 가스 터빈 기관에서 터빈 노즐(turbine nozzle)의 주된 목적은?

① 터빈의 냉각을 돕기 위해서
② 연소 가스의 속도를 증가시키기 위해서
③ 연소 가스의 온도를 증가시키기 위해서
④ 연소 가스의 압력을 증가시키기 위해서

25. 축류형 압축기의 반동도를 옳게 나타낸 것은?

① $\dfrac{\text{로터에 의한 압력 상승}}{\text{단당 압력 상승}} \times 100$

② $\dfrac{\text{압축기에 의한 압력 상승}}{\text{터빈에 의한 압력 상승}} \times 100$

③ $\dfrac{\text{저압압축기에 의한 압력 상승}}{\text{고압압축기에 의한 압력 상승}} \times 100$

④ $\dfrac{\text{스테이터에 의한 압력 상승}}{\text{단당 압력 상승}} \times 100$

26. 다음과 같은 밸브 타이밍을 가진 왕복기관의 밸브 오버랩은 얼마인가? (단, I.O : 25° BTC, E.O : 55° BBC, E.C : 15° ATC, I.C : 60° ABC이다.)
① 25° ② 40°
③ 60° ④ 75°

27. 가스 터빈 기관을 시동하여 공회전(idle)에 도달할 때, 기관의 정상 여부를 판단하는 중요한 변수와 가장 관계가 먼 것은?
① 진동 ② 오일압력
③ 추력 ④ 배기가스온도

28. 부자식 기화기(float-type carburetor)에 있는 이코노마이저 밸브(economizer valve)의 작동에 대한 설명으로 옳은 것은?
① 저속과 순항속도에서는 밸브가 열린다.
② 최대 출력에서 농후한 혼합비를 만든다.
③ 순항 시 최적의 출력을 얻기 위하여 농후한 혼합비를 유지한다.
④ 기관의 갑작스런 가속을 위하여 추가적인 연료를 공급한다.

29. 압축비와 가열량이 일정할 때, 이론적인 열효율이 가장 높은 사이클은?
① 오토 사이클　② 사바테 사이클
③ 디젤 사이클　④ 브레이턴 사이클

30. 2단 가변피치 프로펠러 항공기의 프로펠러 효율을 좋게 하기 위해 운행 상태에 따른 각각의 사용 피치로 옳은 것은?
① 강하 시에 저피치(low pitch)를 사용한다.
② 순항 시에 고피치(high pitch)를 사용한다.
③ 이륙 시에 고피치(high pitch)를 사용한다.
④ 착륙 시에 고피치(high pitch)를 사용한다.

31. 고정 피치 프로펠러를 장착한 항공기의 프로펠러 회전속도를 증가시키면 블레이드는 어떻게 되는가?
① 블레이드각(blade angle)이 증가한다.
② 블레이드각(blade angle)이 감소한다.
③ 블레이드 영각(angle of attack)이 증가한다.
④ 블레이드 영각(angle of attack)이 감소한다.

32. 피스톤 오일 링(piston oil ring)에 의하여 모여진 여분의 오일은 어느 경로로 통하여 흐르는가?
① 실린더 벽면의 작은 틈을 통하여
② 피스톤 핀 중앙에 뚫린 구멍을 통하여
③ 피스톤 핀에 있는 드릴 구멍을 통하여
④ 피스톤 오일 링 홈에 있는 드릴 구멍을 통하여

33. 왕복기관 윤활계통에서 윤활유의 역할이 아닌 것은?
① 금속가루 및 미분을 제거한다.
② 금속부품의 부식을 방지한다.
③ 연료에 수분의 침입을 방지한다.
④ 금속면 사이의 충격하중을 완충시킨다.

34. 기관흡입구의 장치 중 동일 목적으로 사용되는 것으로 짝지어진 것은?
① 움직이는 쐐기형(movable wedge)-와류분산기(vortex dissipator)
② 움직이는 스파이크(movable spike)-움직이는 베인(movable vane)
③ 움직이는 베인-(movable vane)-움직이는 쐐기형(movable wedge)
④ 와류분산기(vortex dissipator)-움직이는 베인(movable vane)

35. 항공기용 왕복기관의 이론마력은 250PS, 지시마력은 200PS, 제동마력은 140PS라면 이 기관의 기계효율은 몇 %인가?
① 70　② 75
③ 80　④ 85

36. 성형기관에서 마그네토(magneto)를 보기부(accessory section)에 설치하지 않고 전방부분에 설치하여 얻는 가장 큰 이점은?
① 정비가 용이하다.
② 냉각효율이 좋다.
③ 검사가 용이하다.
④ 설치 제작비가 저렴하다.

37. 왕복기관 작동 중 점화스위치와 우측 마그네토를 연결한 선이 끊어졌을 때 나타나는 현상으로 옳은 것은?
① 기관의 출력이 떨어진다.
② 우측 마그네토 접점이 타버린다.
③ 우측 마그네토가 작동되지 않는다.
④ 점화스위치를 off에 놓아도 기관은 계속 작동한다.

38. 다음 중 가스 터빈 기관의 트림(trim) 작업 시 조절하는 것이 아닌 것은?
① 연료제어장치(FCU)
② 가변정익베인(VSV)
③ 터빈 블레이드 각도
④ 사용 연료의 비중

39. 다음 중 민간 항공기용 가스 터빈 기관에 사용되는 연료는?
① Jet A-1   ② Jet B-5
③ JP-4   ④ JP-8

40. 터보팬 기관의 역추력장치 부품 중 팬을 지난 공기를 막아주는 역할을 하는 것은?
① 블록 도어(block door)
② 공기 모터(pneumatic motor)
③ 캐스케이드 베인(cascade vane)
④ 트랜슬레이팅 슬리브(translating sleeve)

3과목 항공기체

41. 나셀(Nacelle)에 대한 설명으로 옳은 것은?
① 기체의 인장하중(tension)을 담당한다.
② 기체에 장착된 기관을 둘러싼 부분을 말한다.
③ 일반적으로 기체의 중심에 위치하여 날개구조를 보완한다.
④ 기관을 장착하여 하중을 담당하기 위한 구조물이다.

42. 비행기의 무게가 2,500kg이고 중심 위치는 기준선 후방 0.5m에 있다. 기준선 후방 4m에 위치한 10kg짜리 좌석을 2개 떼어 내고 기준선 후방 4.5m에 17kg짜리 항법장비를 장착하였으며, 이에 따른 구조변경으로 기준선 후방 3m에 12.5kg의 무게증가 요인이 추가 발생하였다면 이 비행기의 새로운 무게중심 위치는?
① 기준선 전방 약 0.21m
② 기준선 전방 약 0.51m
③ 기준선 후방 약 0.21m
④ 기준선 후방 약 0.51m

43. 주로 18-8 스테인리스강에서 발생하며 부적절한 열처리로 결정립계가 큰 반응성을 갖게 되어 입계에 선택적으로 발생하는 국부적 부식을 무엇이라 하는가?
① 입계 부식
② 응력 부식
③ 찰과 부식
④ 이질금속 간의 부식

44. FRCM의 모재(matrix) 중 사용온도 범위가 가장 큰 것은?
① FRC   ② BMI
③ FRM   ④ FRP

45. 튜브의 플레어링(tube flaring)에 대한 설명으로 옳은 것은?
① 강 튜브(steel tube)는 더블 플레어링(double flaring)으로 제작한다.
② 싱글 플레어 튜브(single flare tube)는 가공경화로 인해 전단작용에 대한 저항력이 크다.
③ 더블 플레어 튜브(double flare tube)는 싱글 플레어 튜브(single flare tube) 보다 밀폐 특성이 좋다.
④ 싱글 플레어 튜브(single flare tube)는 매끈하고 동심으로 제작이 용이하다.

46. 두께가 0.062″인 판재를 그림과 같이 직각으로 굽힌다면 이 판재의 전체길이는 약 몇 인치인가?

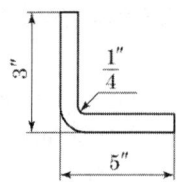

① 7.8 ② 6.8
③ 4.1 ④ 3.1

47. 크리프(creep) 현상에 대한 설명으로 가장 옳은 것은?
① 재료가 반복되는 응력을 받았을 때 파괴되는 현상이다.
② 재료에 온도를 서서히 증가하였을 때 조직구조가 변형되는 현상이다.
③ 재료에 시험편을 서서히 잡아당겨서 파괴되었을 때 파단면의 조직이 변화된 현상이다.
④ 재료를 일정한 온도와 하중을 가한 상태에서 시간에 따라 변형률이 변화하는 현상이다.

48. 알루미늄 합금이 초고속기 재료로서 적당하지 않은 이유는?
① 무겁기 때문
② 부식이 심하기 때문
③ 열에 약하기 때문
④ 전기저항이 크기 때문

49. 비행기의 원형 부재에 발생하는 전비틀림각과 이에 미치는 요소와의 관계로 틀린 것은?
① 비틀림력이 크면 비틀림각도 커진다.
② 부재의 길이가 길수록 비틀림각은 작아진다.
③ 부재의 전단계수가 크면 비틀림각이 작아진다.
④ 부재의 극단면 2차 모멘트가 작아지면 비틀림각이 커진다.

50. 대형 항공기에 주로 사용하는 브레이크 장치는?
① 슈(shoe)식 브레이크
② 싱글 디스크(single disk)식 브레이크
③ 멀티 디스크(multi disk)식 브레이크
④ 팽창 튜브(expander tube)식 브레이크

51. 2017T보다 강한 강도를 요구하는 항공기 주요 구조용으로 사용되고 열처리 후 냉장고에 보관하여 사용하며 상온에 노출 후 10분에서 20분 이내에 사용하여야 하는 리벳은?
① A17ST(2117)-AD
② 17ST(2017)-D
③ 24ST(2024)-DD
④ 2S(1100)-A

52. 동체의 전단응력에 대한 설명이 잘못된 것은?
① 동체의 전단응력은 항공기 무게에 의해 발생된다.
② 동체의 전단응력은 항공기 공기력에 의해 발생된다.
③ 동체의 전단응력은 항공기 지면 반력에 의해 발생된다.
④ 동체의 좌우측 중앙에서 동체의 전단응력이 최소이다.

53. 세라믹 코팅(ceramic coating)의 가장 큰 목적은?
① 내식성
② 접합 특성 강화
③ 내열성과 내마모성
④ 내열성과 내식성

54. 날개의 주요 하중을 담당하는 부재는 어느 것인가?
① 리브(rib)

② 날개보(spar)
③ 스트링거(stringer)
④ 압축 스트링거(compression stringer)

55. 기계용 스크류(machine screw)의 설명으로 틀린 것은?
① 일반 목적용으로 사용되는 스크류이다.
② 평면머리와 둥근머리 와셔 헤드 형태가 있다.
③ 저탄소, 황동, 내식강, 알루미늄 합금 등으로 만들어진다.
④ 명확한 그립이 있고 같은 크기의 볼트처럼 같은 전단강도를 갖고 있다.

56. 그림과 같은 $V-n$ 선도에서 n_1은 설계 제한 하중배수, 점선 1-B는 돌풍하중 배수선도라면 옳게 짝지은 것은?

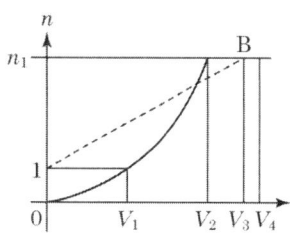

① V_1-설계순항속도
② V_2-설계운용속도
③ V_3-설계급강하속도
④ V_4-실속 속도

57. 블라인드 리벳(blind rivet)의 종류가 아닌 것은?
① hi-shear rivet
② riv nut
③ explosive rivet
④ cherry rivet

58. 항공기 착륙장치의 완충장치(shock strut)를 날개구조에 장착할 수 있도록 지지하며 완충 스트럿의 힌지축 역할을 담당하는 것은?
① 트러니언(trunnion)
② 저리 스트럿(jury strut)
③ 토션 링크(torsion link)
④ 드래그 스트럿(drag strut)

59. 조종 케이블이 작동 중에 최소의 마찰력으로 케이블과 접촉하여 직선운동을 하게 하며, 케이블을 작은 각도 이내의 범위에서 방향을 유도하는 것은?
① 풀리(pulley)
② 페어리드(fairlead)
③ 벨 크랭크(bell crank)
④ 케이블 드럼(cable drum)

60. 그림과 같이 응력-변형률 곡선에서 파단점을 나타내는 곳은? (단, σ는 응력, ε은 변형률을 나타낸다.)

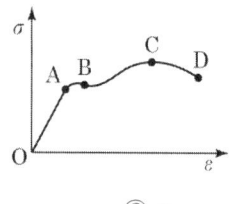

① A
② B
③ C
④ D

4과목 항공장비

61. 항공기 나셀의 방빙에 사용되는 방법이 아닌 것은?
① 제빙 부츠 방식
② 열 방빙 방식
③ 전기적 방빙 방식
④ 고온 공기를 이용한 방식

62. 그림과 같은 회로에서 a, b 간에 전류가 흐르지 않도록 하기 위해서는 저항 R은 몇 Ω으로 해야 하는가?

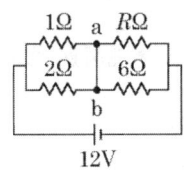

① 1 ② 2
③ 3 ④ 4

63. 도체를 자기장이 있는 공간에 놓고 전류를 흘리면 도체에 힘이 작용하는 것과 같은 전동기 원리에서 작용하는 힘의 방향을 알 수 있는 법칙은?
① 렌츠의 법칙
② 플레밍의 왼손법칙
③ 패러데이의 법칙
④ 플레밍의 오른손법칙

64. 항공기 기관의 구동축과 발전기축 사이에 장착하여 주파수를 일정하게 만들어 주는 장치는?
① 변속 구동장치
② 출력 구동장치
③ 주파수 구동장치
④ 정속 구동장치

65. 해발 500m인 지형 위를 비행하고 있는 항공기의 절대고도가 1,500m라면 이 항공기의 진고도는 몇 m인가?
① 1,000 ② 1,500
③ 2,000 ④ 2,500

66. 다음 중 발연경보(smoke warning) 장치에서 감지센서로 사용되는 것은?
① 바이메탈(bimetal)
② 열전대(thermocouple)
③ 광전 튜브(photo tube)
④ 공융염(eutectic salt)

67. 자기컴퍼스의 구조에 대한 설명으로 틀린 것은?
① 컴퍼스액은 케로신을 사용한다.
② 컴퍼스 카드에는 플로트가 설치되어 있다.
③ 외부의 진동, 충격을 줄이기 위해 케이스와 베어링 사이에 피벗이 들어 있다.
④ 케이스, 자기보상장치, 컴퍼스 카드 및 확장실 등으로 구성되어 있다.

68. 탄성 압력계의 수감부 형태에 해당되지 않는 것은?
① 흡입형   ② 부르동관형
③ 다이어프램형 ④ 벨로즈형

69. 항공기의 화재탐지장치가 갖추어야 할 사항으로 틀린 것은?
① 과도한 진동과 온도변화에 견디어야 한다.
② 화재가 계속되는 동안에 계속 지시해야 한다.
③ 조종석에서 화재탐지장치의 기능 시험을 할 수 있어야 한다.
④ 항상 화재탐지장치 자체의 전원으로 작동하여야 한다.

70. 다음 중 전원 주파수를 측정하는 데 사용되는 브리지(bridge) 회로는?
① 윈 브리지(wien bridge)
② 맥스웰 브리지(maxwell bridge)
③ 싱크로 브리지(synchro bridge)
④ 휘트스톤 브리지(wheatstone bridge)

71. SELCAL system에 대한 설명 중 가장 관계가 먼 내용은?
① HF, VHF 시스템으로 송·수신된다.

② 지상에서 항공기를 호출하기 위한 장치이다.
③ 일반적으로 코드는 4개의 코드로 만들어져 있다.
④ 항공기 위험 사항을 알리기 위한 비상 호출장치이다.

72. 축전지에서 용량의 표시 기호는?
① Ah   ② Bh
③ Vh   ④ Fh

73. 전파 고도계에 대한 설명으로 틀린 것은?
① 송수신기, 안테나, 고도지시계로 구성된다.
② 지면에 대한 항공기의 절대고도를 나타낸다.
③ 항공기에서 지표를 향해 전파를 발사하여 이 전파가 되돌아오기까지의 시간차를 측정한다.
④ 대부분 고고도용이며, 측정범위는 2,500ft 이상이다.

74. 다음 중 ACM(air cycle machine) 내에서 압력과 온도를 낮추는 역할을 하는 곳은?
① 팽창터빈   ② 압축기
③ 열교환기   ④ 팽창밸브

75. 공압 계통에서 공기 저장통 안에 설치되어 수분이나 윤활유가 계통으로 섞여 나가지 않도록 하는 것은?
① 핀   ② 스택 파이프
③ 배플   ④ 스탠드 파이프

76. 정침의(DG)의 자이로 축에 대한 설명으로 옳은 것은?
① 지구의 중력방향을 향하도록 되어 있다.
② 지표에 대하여 수평이 되도록 되어 있다.
③ 기축에 평행 또는 수평이 되도록 되어 있다.
④ 기축에 직각 또는 수직이 되도록 되어 있다.

77. 다음 중 공중충돌 경보장치는?
① ATC   ② TCAS
③ ADC   ④ 기상레이더

78. 항공기가 지상에서 작동 시 흡기압력계(manifold-pressure gage)에서 지시하는 것은?
① "0"(zero)
② 29.92inHg
③ 그 당시의 지형의 기압
④ 30.00inHg

79. 유압계통의 관이나 호스가 파손되거나 기기 내의 실(seal)에 손상이 생겼을 때 과도한 누설을 방지하는 장치는?
① 흐름조절기   ② 셔틀 밸브
③ 흐름평형기   ④ 유압 퓨즈

80. 비행 중에는 조종실 내의 운항 승무원 상호 간에 통화를 하며, 지상에서는 비행을 위하여 항공기 택싱(taxing)하는 동안 지상조업 요원과 조종실 내 운항 승무원 간에 통화하기 위한 시스템은?
① cabin interphone system
② flight interphone system
③ passenger address system
④ service interphone system

항공산업기사 2012년 4회 (9월 15일)

1과목 항공역학

01. 공기 중에서 음파의 전파속도를 나타낸 식으로 틀린 것은? (단, P : 압력, ρ : 밀도, R : 기체상수, T : 온도, k : 공기의 비열비이다.)

① $\sqrt{PT}$ ② $\sqrt{\dfrac{dP}{d\rho}}$

③ $\sqrt{\dfrac{kP}{\rho}}$ ④ $\sqrt{kRT}$

02. 4자 계열 날개골 NACA 2315는 최대 캠버가 앞전에서부터 시위길이의 몇 % 정도에 위치한 날개골인가?

① 10 ② 20
③ 30 ④ 40

03. 다음 중 정적으로 안정된 항공기에 해당하는 것은? (단, C_M : 피칭 모멘트 계수, α : 받음각이다.)

① C_M이 α에 대한 기울기가 +값일 경우
② C_M이 α에 대한 기울기가 −값일 경우
③ C_M이 α에 대한 기울기가 0값일 경우
④ C_M이 α에 대한 기울기가 1값일 경우

04. 성층권 아래층의 기온은 높이에 관계없이 대체로 일정하지만 위층에서는 높아지는데 그 이유로 옳은 것은?

① 구름이 없기 때문
② 대기에 불순물이 있기 때문
③ 밀도가 높고 질소의 양이 많기 때문
④ 오존층이 있어 자외선을 흡수하기 때문

05. 항공기의 항속거리가 3,600km이고, 항속시간이 2시간이며, 비행 중 연료소비량이 4,000kgf이라면, 이 항공기의 비항속거리(specific range)는 몇 m/kgf인가?

① 900 ② 1,200
③ 1,800 ④ 1,600

06. 중량이 일정한 항공기가 등속도 수평비행을 할 경우 항공기의 추력과 양항비(lift-drag range)와의 관계를 가장 옳게 설명한 것은?

① 추력은 양항비에 비례한다.
② 추력은 양항비에 반비례한다.
③ 추력은 양항비의 제곱에 비례한다.
④ 추력은 양항비의 제곱에 반비례한다.

07. 프로펠러에 작용하는 토크(torque)의 크기를 옳게 나타낸 것은? (단, ρ : 공기밀도, n : 프로펠러 회전수, C_q : 토크계수, D : 프로펠러의 지름이다.)

① $C_q \rho n^2 D^5$ ② $C_q \rho n D$

③ $\dfrac{C_q D^2}{\rho n}$ ④ $\dfrac{\rho n}{C_q D^2}$

08. 비행 중 저피치와 고피치 사이의 무한한 피치를 선택할 수 있어 비행속도나 기관 출력의 변화에 관계없이 프로펠러의 회전속도를 항상 일정하게 유지하여 가장 좋은 효율을 유지하는 프로펠러의 종류는?

① 고정 피치 프로펠러

② 정속 프로펠러
③ 조정 피치 프로펠러
④ 2단 가변 피치 프로펠러

09. 비행기의 조종간에 걸리는 힘을 작게 하기 위해서 힌지 모멘트를 조절하기 위한 장치로 가장 부적합한 것은?
① 스포일러(spoiler)
② 서보 탭(servo tab)
③ 혼 밸런스(horn balance)
④ 앞전 밸런스(leading edge balance)

10. 헬리콥터 전진 비행성능에 가장 영향을 적게 주는 요소는?
① 밀도 고도
② 바람의 속도
③ 지면 효과
④ 헬리콥터의 총 중량

11. 전진 비행하는 헬리콥터의 주 회전날개에서 플래핑 운동에 대한 설명으로 틀린 것은?
① 전진 블레이드와 후진 블레이드의 받음각을 변화시킨다.
② 전진 블레이드와 후진 블레이드의 상대속도 차이에 의해 양력 차이가 발생한다.
③ 전진 블레이드와 후진 블레이드의 양력 차이를 해소한다.
④ 전진 블레이드와 후진 블레이드의 회전수 차에 의해 발생한다.

12. 공기가 아음속으로 관내를 흐를 때 관의 단면적이 점차로 증가한다면 이때 전압(total pressure)은?
① 일정하다.
② 점차 증가한다.
③ 감소하다가 증가한다.
④ 점차 감소한다.

13. 비행기가 230km/h로 수평비행할 때 비행기의 상승률이 10m/s라고 하면, 이 비행기 상승각은 약 몇 °인가?
① 4.8°   ② 7.2°
③ 9.0°   ④ 12.0°

14. 다음 중 수평선회에 대한 설명으로 틀린 것은?
① 선회반경은 속도가 클수록 커진다.
② 경사각이 크면 선회반경은 작아진다.
③ 경사각이 클수록 하중배수는 커진다.
④ 선회 시 실속 속도는 수평비행 실속 속도보다 작다.

15. 수직 꼬리날개가 실속하는 큰 옆미끄럼각에서도 방향안정성을 유지하기 위하여 사용되는 장치는?
① 플랩(flap)
② 도살 핀(dorsal pin)
③ 러더(rudder)
④ 스포일러(spoiler)

16. 날개의 면적을 유지하면서 가로세로비만 4배로 증가시켰을 때 이 비행기의 유도항력계수는 어떻게 되는가?
① 4배 증가한다.   ② $\frac{1}{2}$로 감소한다.
③ $\frac{1}{4}$로 감소한다.   ④ $\frac{1}{16}$로 감소한다.

17. 다음 중 이륙 시 활주거리를 줄일 수 있는 조건으로 틀린 것은?
① 추력을 최대로 한다.
② 날개하중을 작게 한다.
③ 고양력장치를 사용한다.
④ 고도가 높은 비행장에서 이륙한다.

18. 원통의 회전에 의해 생긴 순환이 선형 흐름과 조합될 경우 양력이 발생하게 되는데

이러한 효과를 무엇이라 하는가?
① 마그누스 효과 ② 마찰 효과
③ 실속 효과   ④ 점성 효과

19. 공기 유동이 날개의 표면을 따라 흐르다가 날개의 표면에서 떨어지는 것을 무엇이라 하는가?
① 천이(transition)
② 박리(separation)
③ 난류(turbulence)
④ 간섭(interference)

20. 받음각이 실속각보다 클 경우에 날개에 가벼운 옆놀이 운동이나 교란을 주면 날개는 회전을 시작하고 회전은 점점 빨라져서 일정 회전수로 회전을 하게 되는데 고정익 항공기에서는 스핀이라고도 하는 현상은?
① 자전 현상   ② 공전 현상
③ 실속 현상   ④ 키놀이 현상

2과목 항공기관

21. 다음 중 추진체에 의해 발생되는 주된 최종 기체가 아닌 것은?
① 램제트기관   ② 터보프롭기관
③ 터보팬기관   ④ 터보제트기관

22. 가스 터빈 기관에서 가변 정익(variable stator vane)을 장착하는 가장 큰 이유는 언제 발생하는 실속을 방지하기 위해서인가?
① 저속에서 가속과 감속 시
② 순항에서 가속과 감속 시
③ 고속에서 가속과 감속 시
④ 급강하에서 가속과 감속 시

23. 항공기 가스 터빈 기관의 연료로서 필요한 조건이 아닌 것은?
① 발열량이 클 것
② 휘발성이 낮을 것
③ 부식성이 없을 것
④ 저온에서 동결되지 않을 것

24. 완전가스의 열역학적인 상태변화에 속하지 않는 것은?
① 등온변화   ② 가용변화
③ 정압변화   ④ 폴리트로픽변화

25. 프로펠러의 특정 부분을 나타내는 명칭이 아닌 것은?
① 허브(hub)   ② 넥(neck)
③ 블레이드(blade) ④ 로터(rotor)

26. 항공용 직접 연료분사(direct fuel injection)식 왕복기관에서 연료가 분사되는 부분이 아닌 것은?
① 흡입 매니폴드
② 흡입 밸브
③ 벤투리 목부분
④ 실린더의 연소실

27. 왕복기관의 흡입 및 배기 밸브가 실제로 열리고 닫히는 시기로 가장 옳은 것은?
① 흡입 밸브 : 열림/상사점, 닫힘/하사점
  배기 밸브 : 열림/하사점, 닫힘/상사점
② 흡입 밸브 : 열림/상사점 전, 닫힘/하사점 전
  배기 밸브 : 열림/하사점 후, 닫힘/상사점 후
③ 흡입 밸브 : 열림/상사점 전, 닫힘/하사점 전
  배기 밸브 : 열림/하사점 전, 닫힘/하사점 후
④ 흡입 밸브 : 열림/상사점 전, 닫힘/하사점 후

배기 밸브 : 열림/하사점 전, 닫힘/상사점 후

28. 가스 터빈 기관의 공기흐름 중에서 압력이 가장 높은 곳은?
① 압축기 ② 터빈노즐
③ 디퓨저 ④ 터빈로터

29. 다음 중 가스 터빈 기관의 압축기 블레이드 오염(dirty)으로 발생되는 현상은?
① Low R.P.M ② High R.P.M
③ Low E.G.T ④ High E.G.T

30. 가스 터빈 기관의 시동기(starter)는 일반적으로 어느 곳에 장착되는가?
① 보기기어박스 ② 타코미터
③ 연료 조절장치 ④ 블리드 패드

31. 그림과 같이 압력(P)-부피(V)선도 상의 오토 사이클(otto cycle)에서 과정 1 → 2, 3 → 4는 어떤 변화인가?

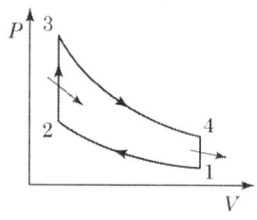

① 등온 압축, 등온 팽창
② 단열 압축, 등온 팽창
③ 등온 압축, 단열 팽창
④ 단열 압축, 단열 팽창

32. 기관오일계통의 부품 중 베어링부의 이상 유무와 이상 발생 장소를 탐지하는 데 이용되는 부품은?
① 오일 필터
② 마그네틱 칩 디텍터
③ 오일 압력 조절밸브
④ 오일 필터 막힘 경고등

33. 가스 터빈 기관 연소실의 2차 공기에 대한 설명으로 옳은 것은?
① 14~18 : 1의 최적 혼합비를 유지한다.
② 스웰 가이드 베인이 있어 강한 선회를 주어 적당한 난류를 발생시킨다.
③ 2차 공기는 연소실로 유입되는 전체 공기의 약 25% 정도이다.
④ 흡입된 공기로 연소가스를 희석하여 연소실 출구온도를 낮춘다.

34. 9개 실린더를 갖고 있는 성형기관(radial engine)의 마그네토 배전기(distributor) 6번 전극에 꽂혀 있는 점화 케이블은 몇 번 실린더에 연결시켜야 하는가?
① 2 ② 4
③ 6 ④ 8

35. 왕복기관의 작동 중 점검하여야 할 사항과 가장 관계가 먼 것은?
① 흡기압력
② 공기 블리드
③ 배기가스온도
④ 엔진오일의 압력

36. 다음 중 윤활유의 점도를 나타내는 것은?
① MIL ② SAE
③ SUS ④ NAS

37. 가스 터빈 기관의 저속 비행 시 추진 효율이 좋은 순서대로 나열된 것은?
① 터보팬 > 터보프롭 > 터보제트
② 터보프롭 > 터보제트 > 터보팬
③ 터보프롭 > 터보팬 > 터보제트
④ 터보제트 > 터보팬 > 터보프롭

38. 프로펠러 깃각(blade angle)은 에어포일 시위선(chord line)과 무엇과의 사이각으로 정의되는가?
① 회전면

② 프로펠러 추력 라인
③ 상대풍
④ 피치변화 시 깃 회전 축

39. 항공용 왕복기관의 기본 성능 요소에 관한 설명으로 틀린 것은?
① 총 배기량은 기관이 2회전하는 동안 1개의 실린더에서 배출한 배기가스의 양이다.
② 기관의 총 배기량이 증가하면 기관의 최대 출력이 증가한다.
③ 열에너지로부터 기계적 에너지로 변환되는 전체마력을 지시마력(indicated horse power)이라 한다.
④ 구동장치나 프로펠러에 전달되는 실질적인 마력을 축마력(shaft horse power)이라 한다.

40. 왕복기관에서 흡기압력이 증가할 때 나타나는 효과는?
① 충전 체적이 증가한다.
② 충전 체적이 감소한다.
③ 충전 밀도가 증가한다.
④ 연료, 공기 혼합기의 무게가 감소한다.

3과목 항공기체

41. 항공기 기체 구조의 리깅(rigging)작업 시 구조의 얼라인먼트(alignment) 점검사항이 아닌 것은?
① 날개 상반각
② 날개 취부각
③ 수평 안정판 상반각
④ 항공기 파일론 장착면적

42. 민간 항공기에서 주로 사용하는 integral fuel tank의 가장 큰 장점은?
① 연료의 누설이 없다.
② 화재의 위험이 없다.
③ 연료의 공급이 쉽다.
④ 무게를 감소시킬 수 있다.

43. 그림과 같이 날개에서 C.G(center of gravity)는 MAC(mean aerodynamic chord)의 백분율로 몇 %인가?

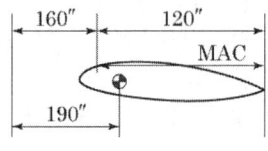

① 15%   ② 20%
③ 25%   ④ 30%

44. 리벳 작업 시 리벳 성형머리 폭을 리벳 지름(D)으로 옳게 나타낸 것은?
① 1D   ② 1.5D
③ 3D   ④ 5D

45. 항공기의 외피 수리에서 다음의 [조건]에 의하면 알루미늄 판재의 굽힘 허용값은 약 몇 inch인가?

[조건]
- 곡률 반지름(R) : 0.125inch
- 굽힘 각도(°) : 90°
- 두께(T) : 0.040inch

① 0.206   ② 0.228
③ 0.342   ④ 0.456

46. 로크 볼트(lock bolt)에 대한 설명으로 틀린 것은?
① 장착하는 데 판의 표면을 풀림 처리한 것이다.
② 고강도 볼트와 리벳의 특징을 결합한 것이다.

③ 로크 와셔, 코터핀으로 안전장치를 해야 한다.
④ 일반 볼트나 리벳보다 쉽고 신속하게 장착할 수 있다.

47. 알클래드(alclad)에 대한 설명으로 옳은 것은?
① 알루미늄 판의 표면을 풀림 처리한 것이다.
② 알루미늄 판의 표면을 변형화 처리한 것이다.
③ 알루미늄 판의 양면에 순수 알루미늄을 입힌 것이다.
④ 알루미늄 판의 양면에 아연 크로메이트 처리한 것이다.

48. 항공기 재료에 사용되는 다음 금속 중 비중이 제일 큰 것은?
① 티타늄   ② 크롬
③ 알루미늄   ④ 니켈

49. 항공기 조종장치의 구성품에 대한 설명으로 틀린 것은?
① 풀리는 케이블이 방향을 바꿀 때 사용되며, 풀리의 베어링은 원활한 회전을 위해 주기적으로 윤활해 주어야 한다.
② 압력 실은 케이블이 압력 벌크헤드를 통과하는 곳에 사용되며, 케이블의 움직임을 방해하지 않을 정도의 기밀이 요구된다.
③ 페어리드는 케이블이 벌크헤드의 구멍이나 다른 금속이 지나는 곳에 사용되며, 페놀수지 또는 부드러운 금속 재료를 사용한다.
④ 턴버클은 케이블의 장력조절에 사용되며, 턴버클 배럴은 케이블의 꼬임을 방지하기 위해 한쪽에는 왼나사, 다른 쪽에는 오른나사로 되어 있다.

50. 그림과 같이 보에 집중하중이 가해질 때 하중 중심의 위치는?

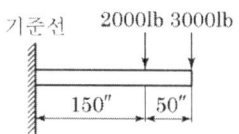

① 기준선에서부터 150″
② 기준선에서부터 180″
③ 보의 우측 끝에서부터 150″
④ 보의 우측 끝에서부터 180″

51. 다음 중 항공기의 유효하중을 옳게 설명한 것은?
① 항공기의 무게 중심이다.
② 항공기에 인가된 최대 무게이다.
③ 총무게에서 자기무게를 뺀 무게이다.
④ 항공기 내의 고정위치에 실제로 장착되어 있는 무게이다.

52. 항공기와 관련하여 하중과 응력에 대한 설명으로 틀린 것은?
① 구조물에 가해지는 힘을 하중이라 한다.
② 면적당 작용하는 내력의 크기를 응력이라 한다.
③ 하중에는 탑재물의 중량, 공기력, 관성력, 지면반력, 충격력 등이 있다.
④ 구조물인 항공기는 하중을 지지하기 위한 외력으로 응력을 가진다.

53. 그림과 같은 $V-n$ 선도에서 AD 선은 무엇을 나타내는 것인가?

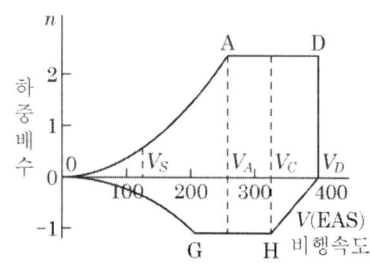

① 최소 제한 하중배수
② 최대 제한 하중배수
③ "-" 방향에서 얻어지는 하중배수
④ "+" 방향에서 얻어지는 하중배수

54. 볼트의 부품번호가 AN 3 DD 5 A인 경우 DD에 대한 설명으로 옳은 것은?
① 볼트의 재질을 의미한다.
② 나사 끝에 두 개의 구멍이 있다.
③ 볼트 머리에 두 개의 구멍이 있다.
④ 미 해군과 공군에 의해 규격 승인되어진 부품이다.

55. 부식 현상 방지를 위한 세척작업 시 사용하는 세제로 페인트칠을 하기 직전에 표면을 세척하는 데 사용되는 세척제는?
① 케로신   ② 메틸에틸케톤
③ 메틸클로로포름 ④ 지방족 나프타

56. 항공기 주 날개에 걸리는 굽힘 모멘트를 주로 담당하는 날개의 부재는?
① 스파(spar)
② 리브(rib)
③ 스킨(skin)
④ 스트링거(stringer)

57. TIG 또는 MIG 아크 용접 시 사용되는 가스가 아닌 것은?
① 헬륨가스
② 아르곤가스
③ 아세틸렌가스
④ 아르곤과 이산화탄소 혼합가스

58. 프로펠러 항공기처럼 토크(torque)가 크지 않은 제트기관 항공기에서, 2개 또는 3개의 콘 볼트(cone bolt)나 트러니언 마운트(trunnion mount)에 의해 기관을 고정하는 장착 방법은?
① 링 마운트 형식(ring mount method)
② 포드 마운트 방법(pod mount method)
③ 베드 마운트 방법(bed mount method)
④ 피팅 마운트 방법(fitting mount method)

59. 압축된 공기가 유압유와 결합되어 충격 하중을 분산시키는 작용을 하며 대형 항공기에서 사용되는 완충장치 형식은?
① 올레오식   ② 고무 완충식
③ 오일 스프링식   ④ 공기 압력식

60. 복잡한 윤곽을 가진 복합 소재 부품에 균일한 압력을 가할 수 있으며, 비교적 대형 부품을 제작하는 데 적용하는 복합재료의 적층방식은?
① 진공백 방식
② 필라멘트 권선 방식
③ 압축 주형 방식
④ 유리 섬유 적층 방식

4과목 항공장비

61. 유량 제어장치 중 유압관 파손 시 작동유가 누설되는 것을 방지하기 위한 장치는?
① 유압 퓨즈(fuse)
② 흐름 조절기(flow regulator)
③ 흐름 제한기(flow restrictor)
④ 유압관 분리 밸브(disconnect valve)

62. 교류전동기 중 유도전동기에 대한 설명으로 틀린 것은?
① 부하 감당 범위가 넓다.
② 교류에 대한 작동 특성이 좋다.
③ 브러시와 정류자편이 필요 없다.
④ 직류 전원만을 사용할 수 있다.

63. 항공기 단파(H.F)통신에 사용되는 H.F

Coupler의 목적은?
① 위성 전화를 사용하기 위해
② 송신기의 출력을 높이기 위해
③ 송신기와 수신기의 잡음을 없애기 위해
④ 송신기와 안테나의 전기적인 매칭을 위해

64. 다음 중 외부압력을 절대압력으로 측정하는 데 사용되는 것은?
① bellows
② diaphragm
③ aneroid
④ bourdon tube

65. 다음 중 정류기에 대한 설명으로 틀린 것은?
① 실리콘 다이오드가 사용된다.
② 한 방향으로만 전류를 통과시키는 기능을 한다.
③ 교류의 큰 전류에서 그것에 비례하는 작은 전류를 얻는 기능을 한다.
④ 교류전력에서 직류전력을 얻기 위해 정류작용에 중점을 두고 만들어진 전기적인 회로소자이다.

66. 선회경사계가 그림과 같이 나타났다면, 현재 이 항공기는 어떤 비행상태인가?

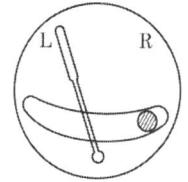

① 좌선회 내활
② 좌선회 외활
③ 우선회 내활
④ 우선회 외활

67. 조종실에서 산소마스크를 착용하고 통신을 할 때 다음 중 어느 계통이 작동해야 하는가?
① public address
② flight interphone
③ tape reproducer
④ service interphone

68. 유압계통에서 사용되는 압력조절기에 대한 설명으로 가장 거리가 먼 것은?
① 압력조절기에서는 평형식과 선택식이 있다.
② kick-in 압력과 kick-out 압력의 차를 작동범위라 한다.
③ kick-out 상태는 계통의 압력이 규정값보다 낮을 때의 상태이다.
④ kick-in 상태에서는 귀환관에 연결된 바이패스 밸브가 닫히고 체크 밸브가 열리는 과정이다.

69. 온도의 증가에 따라 저항이 감소하는 성질을 갖고 있는 온도계의 재료는?
① 망간
② 크로멜-알루멜
③ 서미스터(thermistor)
④ 서모커플(thermocouple)

70. 교류회로에서 피상전력이 1000VA이고 유효전력이 600W, 무효전력은 800VAR일 때 역률은 얼마인가?
① 0.4
② 0.5
③ 0.6
④ 0.7

71. 4극짜리 발전기가 1800rpm으로 회전할 때 주파수는 몇 Hz인가?
① 60
② 120
③ 180
④ 360

72. 편차(variation)에 대한 설명으로 틀린 것은?

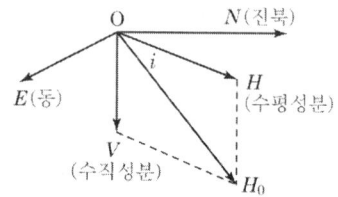

① 그림에서 편차는 NOH_o이다.
② 편차의 값은 지표면상의 각 지점마다 다르다.
③ 편차는 자기 자오선과 지구 자오선 사이의 오차각이다.
④ 편차가 생기는 원인은 지구의 자북과 지리상의 북극이 일치하지 않기 때문이다.

73. 일반적으로 항공기 내에 비치되는 비상 장비가 아닌 것은?
① 구명 조끼 ② GTC
③ 구명 보트 ④ 탈출용 미끄럼대

74. 자기 컴퍼스가 위도에 따라 기울어지는 현상은 무엇 때문인가?
① 지자기의 복각
② 지자기의 편각
③ 지자기의 수평분력
④ 컴퍼스 자체의 북선 오차

75. 다음 중 autoland system의 종류가 아닌 것은?
① dual system
② triplex system
③ dual-dual system
④ single-pole system

76. 직류발전기의 계자 플래싱이란 무엇인가?
① 계자코일에 배터리로부터 역전류를 가하는 행위
② 계자코일에 발전기로부터 역전류를 가하는 행위
③ 계자코일에 배터리로부터 정방향의 전류를 가하는 행위
④ 계자코일에 발전기로부터 정방향의 전류를 가하는 행위

77. 방빙(anti-icing)장치가 되어 있지 않은 것은?
① 기관의 앞 카울링
② 동체 리딩 에지
③ 꼬리날개 리딩 에지
④ 주 날개 리딩 에지

78. 유압계통의 pressure surge를 완화하는 역할을 하는 장치는?
① relief valve ② pump
③ accumulator ④ reservoir

79. 대형 항공기에서 사용하는 교류 전력 방식으로 옳은 것은?
① 3상 Δ 결선 방식이다.
② 3상 Y 결선 방식이다.
③ 3상 Y-Δ 결선 방식이다.
④ 3상 2선식 Y 결선 방식이다.

80. 조종사가 고도계의 보정(setting)을 QNE 방식으로 보정하기 위하여 고도계의 기압 눈금판을 관제탑에서 불러주는 해면기압으로 맞춰 놓았을 경우 그 고도계가 나타내는 고도는?
① 압력고도 ② 진고도
③ 절대고도 ④ 밀도고도

항공산업기사 2013년 1회 (3월 10일)

1과목 항공역학

01. 유체의 연속 방정식에 관한 설명으로 틀린 것은?
① 압축성의 영향을 무시하면 밀도 변화는 없다.
② 단면적을 통과하는 단위 시간당 유체의 질량을 질량 유량이라고 한다.
③ 아음속의 일정한 유체 흐름에서 단면적이 작아지면 유체 속도는 감소한다.
④ 관내 흐름이 정상 흐름이면 동일관 내임의의 두 단면에서 각각의 질량 유량은 동일하다.

02. 제트 기관 최대 항속 거리를 비행하기 위한 항공기의 비행 상태는? (단, C_L은 양력 계수, C_D는 항력 계수)
① $\dfrac{C_L}{C_D}$이 최소인 상태
② $\dfrac{C_D}{C_L}$이 최대인 상태
③ $\dfrac{C_L^{1.5}}{C_D}$이 최대인 상태
④ $\dfrac{C_L^{\frac{1}{2}}}{C_D}$이 최대인 상태

03. 그림과 같은 날개의 단면에서 시위선은?

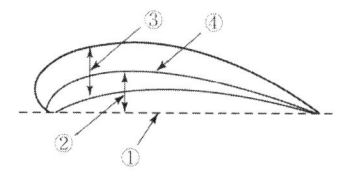

① ①   ② ②
③ ③   ④ ④

04. 다음 중 프로펠러의 추력을 계산하는 식으로 옳은 것은? (단, C_t는 추력계수, n은 프로펠러 회전 속도, D는 프로펠러의 지름, ρ는 공기 밀도를 나타낸다.)
① $C_t \rho n^2 D^4$ ② $C_t \rho n^2 D^3$
③ $C_t \rho n^3 D^4$ ④ $C_t \rho n^2 D^5$

05. 항공기의 세로 안정성(static longitudinal stability)을 좋게 하기 위한 방법으로 틀린 것은?
① 꼬리 날개 면적을 크게 한다.
② 꼬리 날개의 효율을 작게 한다.
③ 날개를 무게 중심보다 높은 위치에 둔다.
④ 무게 중심을 공기역학적 중심보다 전방에 위치시킨다.

06. 항공기를 오른쪽으로 선회시킬 경우 가해 주어야 할 힘은?
① 양(+)피칭 모멘트
② 음(−)롤링 모멘트
③ 제로(0)롤링 모멘트
④ 양(+)롤링 모멘트

07. 헬리콥터에서 직교하는 세 개의 X, Y, Z축에 대한 모든 힘과 모멘트 합이 각각 0이 되는 상태를 무엇이라 하는가?
① 전진 상태   ② 균형 상태
③ 자전 상태   ④ 회전 상태

08. 다음 중 프로펠러 효율을 높이는 방법으로 가장 옳은 것은?
① 저속과 고속에서 모두 큰 깃각을 사용한다.
② 저속과 고속에서 모두 작은 깃각을 사용한다.
③ 저속에서는 작은 깃각을 사용하고 고속에서는 큰 깃각을 사용한다.
④ 저속에서는 큰 깃각을 사용하고 고속에서는 작은 깃각을 사용한다.

09. 비행기의 무게가 1,500kgf이고, 날개 면적이 40m², 최대양력계수가 1.5일 때 착륙 속도는 몇 m/s인가? (단, 공기 밀도는 0.125kgf·s²/m⁴이고, 착륙 속도는 실속 속도의 1.2배로 한다.)
① 10　　② 16
③ 20　　④ 24

10. 다음 중 가장 큰 조종력이 필요한 경우는?
① 비행 속도가 느리고 조종면의 크기가 큰 경우
② 비행 속도가 느리고 조종면의 크기가 작은 경우
③ 비행 속도가 빠르고 조종면의 크기가 큰 경우
④ 비행 속도가 빠르고 조종면의 크기가 작은 경우

11. 헬리콥터의 원판하중(disk loading : DL)을 옳게 나타낸 것은? (단, W는 헬리콥터 무게, R은 주회전 날개의 반지름이다.)
① $\dfrac{W}{2\pi R}$　　② $\dfrac{W}{2\pi R^2}$
③ $\dfrac{W}{\pi R}$　　④ $\dfrac{W}{\pi R^2}$

12. 다음 중 항공기의 상승률과 하강률에 가장 큰 영향을 주는 것은?
① 받음각　　② 잉여마력
③ 가로세로비　　④ 비행자세

13. 무게가 3,000kgf인 항공기가 경사각 30°, 150km/h의 속도로 정상 선회를 하고 있을 때 선회 반지름은 약 몇 m인가?
① 218　　② 307
③ 436　　④ 604

14. 항공기 무게가 5,000kgf, 날개 면적 40m², 속도 100m/s, 밀도 $\dfrac{1}{2}$kgf·s²/m⁴, 양력 계수 0.5일 때 양력은 몇 kgf인가?
① 40,000　　② 45,000
③ 50,000　　④ 60,000

15. 대기의 특성 중 음속에 가장 직접적인 영향을 주는 물리적인 요소는?
① 온도　　② 밀도
③ 기압　　④ 습도

16. 초음속 전투기는 큰 관성커플링을 일으켜 받음각과 옆미끄럼각을 계속 증가시켜 발산하게 되는데 이를 무엇이라 하는가?
① 키놀이 커플링　　② 공력 커플링
③ 빗놀이 커플링　　④ 옆놀이 커플링

17. 해면상 표준 대기에서 정압(static pressure)의 값으로 틀린 것은?
① 0kg/m²
② 2116.21695lb/ft²
③ 29.92inHg
④ 1013mbar

18. 이륙 중량이 1,500kgf, 기관 출력이 200HP인 비행기가 5,000m 고도를 50%의 출력으로 270km/h 등속도 순항 비행하고 있을 때 양항비는 얼마인가?
① 5　　② 10

③ 15   ④ 20

19. 날개의 항력 발산(drag divergence) 마하수를 높이기 위한 적절한 방법이 아닌 것은?
① 날개를 워시 인(wash in)해준다.
② 가로세로비가 작은 날개를 사용한다.
③ 날개에 후퇴각(sweep back angle)을 준다.
④ 얇은 날개를 사용하여 표면에서의 속도 증가를 줄인다.

20. 항공기가 A 지점에서 정지 상태로부터 일정한 가속도로 이륙을 시작하여 30초 후에 900m 떨어진 B 지점을 통과하며 이륙했다고 할 때, 이 항공기의 평균 이륙 속도는 몇 m/s인가?
① 50   ② 60
③ 70   ④ 90

2과목   항공기관

21. 열역학에서 가역 과정에 대한 설명으로 옳은 것은?
① 마찰과 같은 요인이 있어도 상관없다.
② 계와 주위가 항상 불균형 상태이어야 한다.
③ 주위의 작은 변화에 의해서는 반대 과정을 만들 수 없다.
④ 과정이 일어난 후에도 처음과 같은 에너지양을 갖는다.

22. 가스 터빈 기관의 교류 고전압 축전기 방전 점화 계통(A.C capacitor discharge ignition system)에서 고전압 펄스(pulse)를 형성하는 곳은?

① 접점(breaker)
② 정류기(rectifier)
③ 멀티로브 캠(multilobe cam)
④ 트리거 변압기(trigger transformer)

23. 프로펠러 깃의 허브 중심으로부터 깃 끝까지의 길이가 R, 깃각이 β일 때 이 프로펠러의 기하학적 피치는?
① $2\pi R \tan\beta$ ② $2\pi R \sin\beta$
③ $2\pi R \cos\beta$ ④ $2\pi R \sec\beta$

24. 왕복 기관에서 발생되는 진동의 원인이 아닌 것은?
① 토크의 변동
② 오일 조절 링의 마모
③ 크랭크 축의 비틀림 진동
④ 왕복 관성력과 회전 관성력의 불균형

25. 터보 제트 기관에서 비추력을 증가시키기 위하여 가장 중요한 것은?
① 고회전 압축기의 개발
② 고열에 견딜 수 있는 압축기의 개발
③ 고열에 견딜 수 있는 터빈 재료의 개발
④ 고열에 견딜 수 있는 배기 노즐의 개발

26. 9개의 실린더를 갖는 성형 기관(radial engine)의 점화 순서로 옳은 것은?
① 1, 2, 3, 4, 5, 6, 7, 8, 9
② 8, 6, 4, 2, 1, 3, 6, 7, 9
③ 1, 3, 5, 7, 9, 2, 4, 6, 8
④ 9, 4, 2, 7, 5, 6, 3, 1, 8

27. 가스 터빈 기관의 연료 부품 중 연료소비율을 알려주는 것은?
① 연료 매니폴드(fuel manifold)
② 연료 오일 냉각기(fuel oil cooler)
③ 연료 조절장치(fuel control unit)

④ 연료 흐름 트랜스미터(fuel flow transmitter)

28. 다음 중 내연 기관이 아닌 것은?
① 가스 터빈 기관 ② 디젤 기관
③ 증기 터빈 기관 ④ 가솔린 기관

29. 피스톤의 지름이 16cm, 행정 거리가 0.15m, 실린더 수가 6개인 왕복 기관의 총 행정 체적은 약 몇 cm³인가?
① 18,095 ② 19,095
③ 20,095 ④ 21,095

30. 정속 프로펠러를 장착한 항공기가 순항 시 프로펠러 회전수를 2,300rpm에 맞추고 출력을 1.2배 높이면 회전계가 지시하는 값은?
① 1,800rpm ② 2,300rpm
③ 2,700rpm ④ 4,600rpm

31. 항공기 왕복 기관의 회전 속도가 증가함에 따라 마그네토 1차 코일에서 발생되는 전압의 변화를 옳게 설명한 것은?
① 증가한다.
② 감소한다.
③ 일정한 상태를 지속한다.
④ 전압 조절기 맞춤에 따라 변한다.

32. 가스 터빈 기관의 핫 섹션(hot section)에 대한 설명으로 틀린 것은?
① 큰 열응력을 받는다.
② 가변 스테이터 베인이 붙어 있다.
③ 직접 연소 가스에 노출되는 부분이다.
④ 재료는 니켈, 코발트 등의 내열 합금이 사용된다.

33. 가스 터빈 기관에서 사용하는 합성오일은 오래 사용할수록 어두운 색깔로 변색되는데 이것은 오일 속의 어떤 첨가제가 산소와 접촉되면서 나타나는 현상인가?
① 점도 지수 향상제
② 부식 방지제
③ 산화 방지제
④ 청정 분산제

34. 가스 터빈 기관에서 배기 가스의 온도 측정 시 저압 터빈 입구에서 사용하는 온도 감지 센서는?
① 열전대(thermocouple)
② 서모스탯(thermostat)
③ 서미스터(thermistor)
④ 라디오미터(radiometer)

35. 초기 압력과 체적이 각각 P_1=1,000 N/cm², V_1=1,000cm³인 이상 기체가 등온상태로 팽창하여 체적이 2,000cm³이 되었다면, 이때 기체의 엔탈피 변화는 몇 J인가?
① 0 ② 5
③ 10 ④ 20

36. 터보 제트 기관과 왕복 기관의 오일 소비량을 옳게 나타낸 것은?
① 터보 제트 기관 ≡ 왕복 기관
② 터보 제트 기관 ≥ 왕복 기관
③ 터보 제트 기관 ≫ 왕복 기관
④ 터보 제트 기관 ≪ 왕복 기관

37. 오일 펌프 릴리프 밸브(oil pump relief valve)의 역할은?
① 오일 냉각기를 보호한다.
② 오일 계통에 오일의 압력을 증가시킨다.
③ 오일 계통이 막힐 경우 재순환 회로에 오일을 공급한다.
④ 펌프 출구의 압력이 높을 때 펌프 입구로 오일을 되돌린다.

38. 항공기용 왕복 기관의 연료 계통에서 베이퍼 로크(vapor lock)의 원인이 아닌 것은?
① 연료 온도 상승
② 연료의 낮은 휘발성
③ 연료에 작용되는 압력의 저하
④ 연료 탱크 내부 슬로싱(sloshing)

39. 항공용 왕복 기관의 플로트(float)식 기화기에 대한 설명으로 옳은 것은?
① 플로트실 유면은 니들 밸브와 시트(seat) 사이에 와셔(washer)를 첨가하면 유면이 상승한다.
② 플로트실 유면은 니들 밸브와 시트 사이에 와셔를 제거하면 유면이 하강한다.
③ 주 연료 노즐에서 분사량은 플로트실의 압력과 벤투리의 압력 차에 따라 결정된다.
④ 니들 밸브와 시트 사이의 와셔를 제거하면 공급 연료 감소로 혼합비가 희박해진다.

40. 왕복 기관에 사용되는 기어(gear)식 오일 펌프의 사이드 클리어런스(side clearance)가 크면 나타나는 현상은?
① 오일 압력이 높아진다.
② 오일 압력이 낮아진다.
③ 과도한 오일 소모가 나타난다.
④ 오일 펌프에 심한 진동이 발생한다.

항공기체

41. 다음 중 설계 하중을 옳게 나타낸 것은?
① 종극 하중×종극 하중 계수
② 한계 하중×안전 계수
③ 극한 하중×설계 하중 계수
④ 극한 하중×종극 하중 계수

42. 철강 재료의 표면을 경화시키는 방법으로 부적절한 것은?
① 질화(nitriding)
② 침탄(carbonizing)
③ 숏피닝(shot peening)
④ 아노다이징(anodizing)

43. 평형 방정식에 관계되는 지지점과 반력에 대한 설명으로 옳은 것은?
① 롤러 지지점은 수평 반력만 발생한다.
② 힌지 지지점은 1개의 반력이 발생한다.
③ 고정 지지점은 수직 및 수평 반력과 회전 모멘트 등 3개의 반력이 발생한다.
④ 롤러 지지점은 수직 및 수평 방향으로 구속되어 2개의 반력이 발생한다.

44. 다음 중 황동의 주 합금 원소는 구리와 무엇인가?
① 아연　　　② 주석
③ 알루미늄　④ 바나듐

45. 조종 컬럼이나 조종간에서 힘을 케이블 장치에 전달하는 데 사용되는 조종 계통의 장치는?
① 풀리　　　② 페어리드
③ 벨 크랭크　④ 쿼드런트

46. 그림과 같이 판재를 굽히기 위해서는 flat A의 길이는 약 몇 인치가 되어야 하는가?

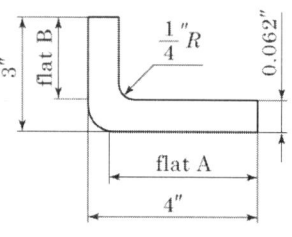

① 2.8　　② 3.7
③ 3.8　　④ 4.0

47. 7×7 케이블에 대한 설명으로 옳은 것은?
① 7개의 와이어를 모두 모아서 한번에 1개의 가닥으로 만든 케이블
② 49개의 와이어를 모두 모아서 한번에 1개의 가닥으로 만든 케이블
③ 7개의 와이어를 모두 모아서 7번 꼬아 1개의 가닥으로 만든 케이블
④ 7개의 와이어로 만든 가닥 1개를 7개 모아 다시 1개의 가닥으로 만든 케이블

48. 접개 들이식 착륙장치에 대한 설명으로 틀린 것은?
① 착륙장치를 업(up) 또는 다운(down)시키는 비상 장치를 갖추고 있다.
② 착륙장치의 다운 로크는 다운 로크 번지(down lock bungee)에 의해 이루어진다.
③ 착륙장치의 부주의한 접힘은 기계적인 다운 로크, 안전 스위치, 그라운드 로크와 같은 안전장치에 의해 예방된다.
④ 착륙장치의 상태를 나타내는 경고장치가 있고, 혼(horn) 또는 음성 경고 장치와 적색 경고등으로 구성된다.

49. 다음 중 날개의 주 구조인 스파의 형태가 아닌 것은?
① 단스파(mono-spar)
② 정형재(former)
③ 박스 빔(box beam)
④ 다중스파(multi-spar)

50. 항공기에 사용되는 페일세이프 구조의 방식만으로 나열된 것은?
① 모노코크 구조, 이중 구조, 다경로 하중 구조, 하중 경감 구조
② 다경로 하중 구조, 이중 구조, 대치 구조, 하중 경감 구조
③ 트러스 구조, 이중 구조, 하중 경감 구조, 모노코크 구조
④ 다경로 하중 구조, 트러스 구조, 하중 경감 구조, 모노코크 구조

51. 금속의 늘어나는 성질을 이용하여 곡면 용기를 만드는 작업으로 성형 블록이나 모래 주머니를 사용하는 가공 방법은?
① 굽힘 가공   ② 절단 가공
③ 플랜지 가공 ④ 범핑 가공

52. 양극 산화 처리 작업 방법 중 사용 전압이 낮고, 소모 전력량이 적으며, 약품 가격이 저렴하고 폐수 처리도 비교적 쉬워 가장 경제적인 방법은?
① 수산법   ② 인산법
③ 황산법   ④ 크롬산법

53. 항공기의 이착륙 중이나 택시 중 랜딩 기어 노스 휠(nose wheel)의 이상 진동을 막는 시미 댐퍼의 형태가 아닌 것은?
① 베인(vane) 타입
② 피스톤(piston) 타입
③ 스프링(spring) 타입
④ 스티어 댐퍼(steer damper)

54. 기체 수리 방법 중 클리닝 아웃(cleaning out)에 대한 설명으로 옳은 것은?
① 트리밍, 커팅, 파일링 작업을 말한다.
② 균열의 끝부분에 뚫는 구멍을 말한다.
③ 닉크(nick) 등 판의 작은 홈을 제거하는 작업이다.
④ 날카로운 면 등이 판의 가장자리에 없도록 하는 작업이다.

55. 그림과 같은 $V-n$ 선도에서 실속 속도(V_s) 상태로 수평 비행하고 있는 항공기의 하중배수(n_s)는 얼마인가?

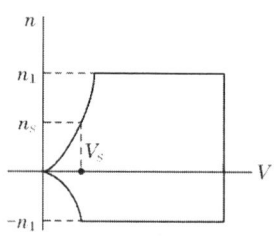

① 1
② 2
③ 3
④ 4

56. 그림과 같이 단면적 20cm², 10cm²로 이루어진 구조물의 a-b 구간에 작용하는 응력은 몇 kN/cm²인가?

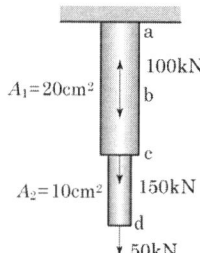

① 5
② 10
③ 15
④ 20

57. 인터널 렌칭 볼트(internal wrenching bolt)가 주로 사용되는 곳은?
① 정밀 공차 볼트와 같이 사용된다.
② 표준 육각 볼트와 같이 아무 곳에나 사용된다.
③ 클레비스 볼트(clevis bolt)와 같이 사용된다.
④ 비교적 큰 인장과 전단이 작용하는 부분에 사용된다.

58. 그림과 같은 응력 변형률 선도에서 접선 계수(tangent modulus)는?(단, T는 점 S_1에서의 접선이다.)

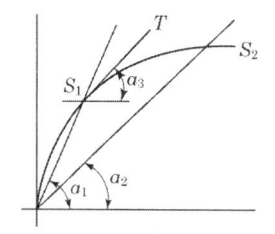

① $\tan\alpha_1$
② $\tan(\alpha_1 - \alpha_2)$
③ $\tan\alpha_3$
④ $\tan\alpha_2$

59. 손상된 판재의 리벳에 의한 수리 작업 시 리벳수를 결정하는 식으로 옳은 것은? (단, N : 리벳의 수, L : 판재의 손상된 길이, D : 리벳 지름, 1.15 : 특별 계수, t : 손상된 판의 두께, $\sigma_{\max}$: 판재의 최대 인장 응력, $\tau_{\max}$: 판재의 최대 전단 응력이다.)

① $N = 1.15 \times \dfrac{2tL\sigma_{\max}}{\left(\dfrac{\pi D^2}{4}\right)\tau_{\max}}$

② $N = 1.15 \times \dfrac{tL\sigma_{\max}}{\left(\dfrac{\pi D^2}{4}\right)\tau_{\max}}$

③ $N = 1.15 \times \dfrac{\left(\dfrac{\pi D^2}{4}\right)\tau_{\max}}{tL\sigma_{\max}}$

④ $N = 1.15 \times \dfrac{\left(\dfrac{\pi D^2}{4}\right)\tau_{\max}}{2tL\sigma_{\max}}$

60. 동체의 세로 방향 모양을 형성하며, 길이 방향으로 작용하는 휨 모멘트와 동체 축방향의 인장력과 압축력을 담당하는 구조재는?
① 외피(skin)
② 프레임(frame)
③ 벌크헤드(bulkhead)
④ 스트링어(stringer)와 세로대

4과목 항공장비

61. 1차 감시 레이더(radar)에 대한 설명으로 옳은 것은?
① 전파를 수신만 하는 레이더이다.

② 전파를 송신만 하는 레이더이다.
③ 송신한 전파가 물체(항공기)에 반사되어 되돌아오는 전파를 스크린에 표시하는 방식이다.
④ 송신한 전파가 물체(항공기)에 닿으면 항공기는 이 전파를 수신하여 필요한 정보를 추가한 후 다시 송신하여 스크린에 표시하는 방식이다.

62. 다음 중 항공기에 외부 전원을 접속할 때 켜지는 표시등이 아닌 것은?
① "AUTO" 표시등
② "AVAIL" 표시등
③ "AC CONNECTED" 표시등
④ "POWER NOT IN USE" 표시등

63. 일반적으로 항공기 특정 부분에 결빙이 되었을 때 발생하는 현상이 아닌 것은?
① 전파수신 장애
② 계기지시 방해
③ 항력 감소, 양력 증가
④ 항공기의 비행 성능 저하

64. 배기가스 온도계에 대한 설명으로 틀린 것은?
① 알루멜-크로멜 열전쌍을 사용한다.
② 제트 기관의 배기가스 온도를 측정, 지시하는 계기이다.
③ 열전쌍의 열기전력은 두 접점 사이의 온도차에 비례한다.
④ 열전쌍을 서로 직렬로 연결하여 배기가스의 평균 온도를 얻는다.

65. 다음 중 ground speed를 만들어 내는 시스템은?
① air data system
② yaw damper system
③ global positioning system
④ inertial navigation system

66. 축전지 터미널(battery terminal)에 부식을 방지하기 위한 방법으로 가장 적합한 것은?
① 납땜을 한다.
② 증류수로 씻어낸다.
③ 페인트로 엷은 막을 만들어 준다.
④ 그리스(grease)로 엷은 막을 만들어 준다.

67. 유압 계통에서 축압기(accumulator)의 목적은?
① 계통의 유압누설 시 차단
② 계통의 결함 발생 시 유압 차단
③ 계통의 과도한 압력 상승 방지
④ 계통의 서지(surge) 완화 및 유압 저장

68. 자기 컴퍼스의 오차에서 동적 오차에 해당하는 것은?
① 와동 오차 ② 불이차
③ 사분원 오차 ④ 반원 오차

69. 그림과 같은 브리지(bridge) 회로가 평형되었을 때 R의 값은? (단, 저항의 단위는 모두 Ω이다.)

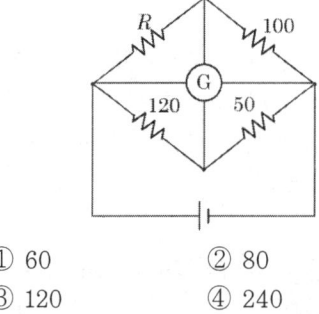

① 60   ② 80
③ 120 ④ 240

70. 객실의 압력을 조절하기 위한 장치는?
① outflow valve
② recirculation fan
③ pressure relief valve
④ negative pressure relief valve

71. 공함에 대한 설명으로 틀린 것은?
① 승강계, 속도계에도 이용이 된다.
② 밀폐식 공함을 아네로이드라고 한다.
③ 공함은 기계적 변위를 압력으로 바꾸어 주는 장치이다.
④ 공함 재료는 탄성 한계 내에서 외력과 변위가 직선적으로 비례한다.

72. 다음 중 장거리 항법장치가 아닌 것은?
① INS   ② 지문항법
③ 오메가 ④ 도플러항법

73. 항공 교통 관제(ATC) 트랜스폰더(transponder)에서 Mode C의 질문에 대한 항공기가 응답하는 비행 고도는?
① 진고도   ② 절대고도
③ 기압고도 ④ 객실고도

74. 항공기에서 직류를 교류로 변환시켜 주는 장치는?
① 정류기(rectifier)
② 인버터(inverter)
③ 컨버터(converter)
④ 변압기(transformer)

75. 항공기에서 화재탐지를 위한 장치가 설치되어 있지 않은 곳은?
① 조종실 내   ② 화장실
③ 동력장치   ④ 화물실

76. 다음 중 지향성 전파를 수신할 수 있는 안테나는?
① loop   ② sense
③ dipole ④ probe

77. 착륙 및 유도 보조장치와 가장 거리가 먼 것은?
① 마커 비컨   ② 관성 항법장치
③ 로컬라이저   ④ 글라이더 슬로프

78. 회전계 발전기(tacho-generator)에서 3개의 선 중 2개 선이 바뀌어 연결되면 지시는 어떻게 되겠는가?
① 정상 지시
② 반대로 지시
③ 다소 낮게 지시
④ 작동하지 않는다.

79. 유압계통에 과도한 압력이 걸리는 원인으로 옳은 것은?
① 여압계통이 오작동을 하기 때문
② 압력 릴리프 밸브 조절이 잘못됐기 때문
③ 리저버(reservoir) 내에 작동유가 너무 많기 때문
④ 사용하고 있는 작동유의 등급이 적당치 못하기 때문

80. 착륙장치의 경보 회로에서 그림과 같이 바퀴가 완전히 올라가지도 내려가지도 않는 상태에서 스로틀 스위치를 줄이게 되면 일어나는 현상은?

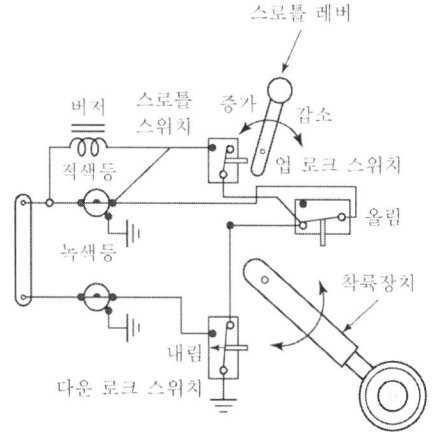

① 버저만 작동된다.
② 녹색등만 작동된다.
③ 버저와 적색등이 작동된다.
④ 녹색등과 적색등 모두 작동된다.

항공산업기사 2013년 2회 (6월 2일)

1과목 항공역학

01. 공기의 동점성계수 단위로 옳은 것은?
① Stokes
② poise
③ cm/s
④ g/cm-s

02. 항공기 중량이 900kgf, 날개면적이 10m² 인 제트 항공기가 수평 등속도로 비행할 때 추력은 몇 kgf인가? (단, 양항비는 3이다.)
① 300
② 250
③ 200
④ 150

03. 프로펠러의 역할을 옳게 설명한 것은?
① 항공기의 전진속도에 의해 풍차회전을 일으킨다.
② 기관으로부터 지시마력을 받아 양력을 발생시킨다.
③ 기관으로부터 제동마력을 받아 양력을 발생시킨다.
④ 기관으로부터 제동마력을 받아 추력을 발생시킨다.

04. 비행기의 세로안정과 관련된 꼬리날개 부피(Tail volume)를 옳게 표현한 것은?
① 수평꼬리날개의 면적×수평꼬리날개의 두께
② 수평꼬리날개의 길이×날개의 공기역학적 중심에서 수평꼬리날개의 압력중심까지의 거리
③ 수평꼬리날개의 면적×무게중심에서 수평꼬리날개의 압력중심까지의 거리
④ 수평꼬리날개의 길이×무게중심에서 수평꼬리날개의 압력중심까지의 거리

05. 키놀이 진동 시 속도와 고도는 변화하나 받음각이 일정하고 수직방향의 가속도는 거의 변하지 않는 주기 운동을 무엇이라 하는가?
① 단주기 운동
② 승강키 주기 운동
③ 장주기 운동
④ 도움날개 주기 운동

06. 플랩 앞전이 시일(seal)로 밀폐되어 있어서 플랩 상·하면의 압력차에 의해서 오버행 밸런스(Over Hang balance)와 같은 역할을 하는 것은?
① 탭 밸런스(Tap balance)
② 혼 밸런스(Horn balance)
③ 프리즈 밸런스(Frise balance)
④ 인터널 밸런스(Internal balance)

07. 수평스핀과 수직스핀의 낙하속도와 회전각속도 크기를 옳게 나타낸 것은?
① 수평스핀 낙하속도>수직스핀 낙하속도, 수평스핀 회전각속도>수직스핀 회전각속도
② 수평스핀 낙하속도<수직스핀 낙하속도, 수평스핀 회전각속도<수직스핀 회전각속도
③ 수평스핀 낙하속도>수직스핀 낙하속도, 수평스핀 회전각속도<수직스핀 회전각속도
④ 수평스핀 낙하속도<수직스핀 낙하속도, 수평스핀 회전각속도>수직스핀

회전각속도

08. 일정 고도에서 정상수평비행 시 그림과 같은 마력곡선을 갖는 비행기에 대한 설명으로 옳은 것은?

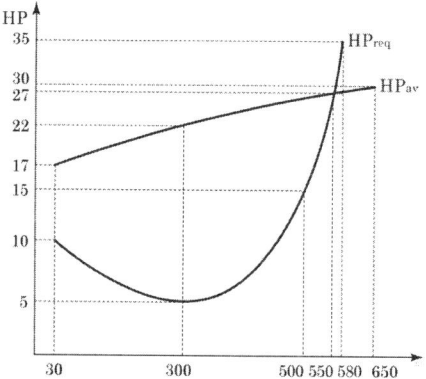

① 실속 속도는 300mph이다.
② 최대 속도는 500mph이다.
③ 300mph에서 잉여마력은 22hp이다.
④ 제트비행기의 전형적인 마력곡선이다.

09. 음속에 가까운 속도로 비행 시 속도를 증가시킬수록 기수가 오히려 내려가는 경향이 생겨 조종간을 당겨야 하는 현상은?

① 더치 롤(Dutch roll)
② 턱 언더(Tuck under)
③ 내리흐름(Down wash)
④ 나선 불안정(Spiral divergence)

10. 라이트형제는 인류 최초의 유인동력비행을 성공하던 날 최고기록으로 59초 동안 이륙 지점에서 250m 지점까지 비행하였다. 당시 측정된 43km/h의 정풍을 고려한다면 대기속도는 약 몇 km/h인가?

① 20   ② 40
③ 60   ④ 80

11. 헬리콥터 주회전날개의 공력 및 회전 동역학 특성에 대한 설명으로 틀린 것은?

① 전진비행 속도의 증가에 따라 역풍영역(Reverse flow zone)이 증가한다.
② 주회전날개의 리드-래그 힌지(Lead-lag hinge)가 없으면 전진비행이 불가능하다.
③ 전진비행 속도의 증가에 따라 좌우측 주회전날개 회전면에서 공기속도의 불균형이 증가한다.
④ 주회전날개에 설치된 다양한 힌지 중 플래핑 힌지(Flapping hinge)가 헬리콥터 기동비행능력과 직접적인 연관이 있다.

12. 프로펠러 진행비(Advance drag)를 옳게 나타낸 것은? (단, n : 프로펠러 회전속도, D : 프로펠러 지름, V : 속도이다.)

① $\dfrac{V}{nD}$ ② $\dfrac{nD}{V}$
③ $\dfrac{n}{VD}$ ④ $\dfrac{D}{Vn}$

13. 형상항력(Profile drag)으로만 짝지어진 것은?

① 압력항력, 마찰항력
② 압력항력, 유도항력
③ 마찰항력, 유도항력
④ 유해항력, 유도항력

14. 직사각형 날개의 가로세로비를 나타낸 식으로 틀린 것은? (단, b : 날개의 길이, c : 날개의 시위, s : 날개의 면적이다.)

① b/c   ② b^2/s
③ s/c^2 ④ c^2/s

15. 비압축성 유체에 대한 설명으로 옳은 것은?

① 밀도의 변화를 무시할 수 있다.
② 비압축성 유체에서 음속의 크기는 영이다.
③ 초음속 영역에서의 유체는 비압축성으로 가정해도 된다.
④ 큰 배관에서 발생하는 수격현상은 대

표적인 비압축성 유동의 예이다.

16. 다음 중 동압, 정압 및 전압과의 관계가 옳은 것은?
① 동압=전압×정압
② 전압=정압+동압
③ 정압=전압+동압
④ 정압=동압÷전압

17. 고정익 항공기의 실속 속도(Stall speed)를 증가시키는 방법이 아닌 것은?
① 날개하중의 증가
② 비행 고도의 증가
③ 선회반경의 증가
④ 최대 양력계수의 감소

18. 활공비행의 한 종류인 급강하 비행 시(활공각 90°) 비행기에 작용하는 힘을 나타낸 식으로 옳은 것은? (단, L=양력, D=항력, W=항공기 무게이다.)
① L=D
② D=0
③ D=W
④ D+W=0

19. 헬리콥터의 코리올리스 효과를 주는 코리올리스 가속도를 옳게 나타낸 것은? (단, r : 헬리콥터의 반지름, V : 법선방향의 속도, ω : 각속도이다.)
① $\dfrac{d\omega}{dt}$
② $r\dfrac{d\omega}{dt}$
③ $r\omega$
④ $2V_r\omega$

20. 항공기의 임계 마하수(Critical mach number)에 대한 설명으로 옳은 것은?
① 모든 비행기의 임계 마하수는 0.8이다.
② 비행기가 비행할 때 최초로 충격파가 발생될 때의 마하수이다.
③ 일반적으로 임계 마하수는 항력발산 마하수보다 값이 크다.
④ 저속 프로펠러 비행기에서 아주 중요한 설계 요소이다.

2과목 항공기관

21. 지시마력이 80HP인 항공기 왕복기관의 제동마력이 64HP라면 기계효율은?
① 0.20
② 0.25
③ 0.80
④ 1.25

22. 과급기(Supercharger)를 장착하지 않은 왕복기관의 경우 표준 해면상(Sea level)에서 최대 흡기압력(Maximum manifold pressure)은 몇 inHg인가?
① 17
② 27.2
③ 29.92
④ 30.92

23. 가스 터빈 기관에서 rpm의 변화가 심할 때 그 원인이 아닌 것은?
① 주연료장치 고장
② 연료 라인의 결빙
③ 가변 정익 베인 리깅 불량
④ 연료 부스터의 압력의 불안정

24. 고압 점화 케이블을 유연한 금속제 관 속에 넣어 느슨하게 장착하는 주된 이유는?
① 접지회로 저항을 줄이기 위하여
② 고고도에서 방전을 방지하기 위하여
③ 케이블 피복제의 산화와 부식을 방지
④ 작동 중 고주파의 전자파 영향을 줄이기 위하여

25. 브레이턴 사이클(Brayton cycle)의 이론 열효율을 옳게 표시한 것은? (단, γ_p 압력비, k 비열비이다.)
① $1-\gamma_p^{\frac{1}{k-1}}$
② $1-\gamma_p^{\frac{k-1}{k}}$

③ $1-\gamma_p^{\frac{k}{k-1}}$ ④ $1-\gamma_p^{\frac{1-k}{k}}$

26. 고고도에서 비행 시 조종사가 연료/공기 혼합비를 조정하는 주된 이유는?
① 결빙을 방지하기 위하여
② 역화를 방지하기 위하여
③ 실린더를 냉각하기 위하여
④ 혼합비가 농후해지는 것을 방지하기 위하여

27. 왕복기관에 노크현상을 일으키는 요소가 아닌 것은?
① 압축비   ② 연료의 옥탄가
③ 실린더 온도   ④ 연료의 이소옥탄

28. 가스 터빈 기관에서 주로 사용하는 윤활계통의 형식은?
① dry sump, jet and spray
② dry sump, dip and splash
③ wet sump, spray and splash
④ wet sump, dip and pressure

29. 정속 프로펠러(Constant-Speed Propeller)는 기관속도를 정속(on-speed)으로 유지하기 위해 프로펠러 피치를 자동으로 조정해 주도록 되어 있는데 이러한 기능은 어떤 장치에 의해 조정되는가?
① 3-way 밸브
② 조속기(Governor)
③ 프로펠러 실린더(Propeller cylinder)
④ 프로펠러 허브 어셈블리(Propeller hub assembly)

30. 가스 터빈 기관에서 연료계통의 여압 및 드레인 밸브(P&D valve)의 기능이 아닌 것은?
① 일정 압력까지 연료 흐름을 차단한다.
② 1차 연료와 2차 연료 흐름으로 분리한다.
③ 연료 압력이 규정치 이상 넘지 않도록 조절한다.
④ 기관 정지 시 노즐에 남은 연료를 외부로 방출한다.

31. 왕복기관의 오일 냉각기 흐름조절 밸브(Oil cooler flow control valve)가 열리는 조건은?
① 기관으로부터 나오는 오일의 온도가 너무 높을 때
② 기관으로부터 나오는 오일의 온도가 너무 낮을 때
③ 기관오일펌프 배출체적이 소기펌프 출구체적보다 클 때
④ 소기펌프 배출체적이 기관오일펌프 입구체적보다 클 때

32. 비행 중 기관 고장 시 프로펠러를 페더링(Feathering)시켜야 하는 이유로 옳은 것은?
① 기관의 진동을 유발해 화재를 방지하기 위하여
② 풍차(Windmill) 효과로 인해 추력을 얻기 위하여
③ 프로펠러 회전을 멈춰 추가적인 손상을 방지하기 위하여
④ 전면과 후면의 차압으로 프로펠러를 회전시키기 위하여

33. 가스 터빈 기관의 추력에 영향을 미치는 요소가 아닌 것은?
① 옥탄가   ② 고도
③ 기관RPM   ④ 비행속도

34. 왕복기관의 부자식 기화기에서 부자실(Float chamber)의 연료 유면이 높아졌을 때 기화기에서 공급하는 혼합비는 어떻게 변하는가?

① 농후해진다.
② 희박해진다.
③ 변하지 않는다.
④ 출력이 증가하면 희박해진다.

35. 축류식 압축기의 1단당 압력비가 1.6이고, 회전자 깃에 의한 압력 상승비가 1.3일 때 압축기의 반동도는?
① 0.2   ② 0.3
③ 0.5   ④ 0.6

36. 독립된 소형 가스 터빈 기관으로 외부의 동력 없이 기관을 시동시키는 시동 계통은?
① 전동기식 시동계통
② 공기 터빈식 시동계통
③ 가스 터빈식 시동계통
④ 시동-발전기식 시동계통

37. 왕복기관과 비교한 가스 터빈 기관의 특징으로 틀린 것은?
① 단위추력당 중량비가 낮다.
② 대부분의 구성품이 회전운동으로 이루어져 진동이 많다.
③ 고도에 따라 출력을 유지하기 위한 과급기가 불필요하다.
④ 가스 터빈 기관은 롤러 베어링 또는 볼 베어링을 주로 사용한다.

38. 윤활계통 중 오일 탱크의 오일을 베어링까지 공급해주는 것은?
① 드레인계통(Drain System)
② 가압계통(Pressure System)
③ 브레더계통(Breather System)
④ 스캐빈지계통(Scavenge System)

39. 다음 중 공기 흡입기관이 아닌 제트기관은?
① 로켓   ② 램제트
③ 펄스제트   ④ 터보 팬

40. 브레이턴 사이클(Brayton cycle)의 이상적인 기본 사이클 과정으로 옳은 것은?
① 단열압축 → 등적가열 → 단열팽창 → 등적방열
② 단열압축 → 등압가열 → 단열팽창 → 등적방열
③ 단열압축 → 등적가열 → 등압가열 → 단열팽창
④ 단열압축 → 등압가열 → 단열팽창 → 등압방열

3과목 항공기체

41. 유효길이 16in인 토크 렌치와 유효길이 4in인 연장공구를 사용하여 1,500in-lb의 토크를 이루려면 이때 필요한 토크 렌치의 토크는 몇 in-lb인가?
① 1,000   ② 1,200
③ 1,300   ④ 1,500

42. 다음 중 항공기기관을 장착하거나 보호하기 위한 구조물이 아닌 것은?
① 나셀   ② 포드
③ 카울링   ④ 킬 빔

43. 판금 성형법의 접기가공(Folding)에 대한 설명으로 틀린 것은?
① 굴곡반경이란 가공된 재료와 곡선상의 내측 반경을 말한다.
② 얇은 판이나 플레이트 등을 굴곡하는 것을 접기가공이라 한다.
③ 세트백은 굽힘 접선에서 성형점까지의 길이를 나타낸 것이다.
④ 스프링백의 양은 굽힘 반지름, 굽힘

각과는 관계없고 재질의 단단한 정도에 따라 달라진다.

44. 항공기 날개를 구성하는 주요 부재로만 나열된 것은?
① 외피, 세로대, 스트링거, 리브
② 외피, 벌크헤드, 스트링거, 리브
③ 날개보, 리브, 벌크헤드, 외피
④ 날개보, 리브, 스트링거, 외피

45. 항공기 타이어를 밸런싱(Balancing)하는 주된 목적은?
① 진동과 과도한 마모를 줄이기 위하여
② 브레이크의 효율을 향상시키기 위하여
③ 비행 중 타이어의 회전을 막기 위하여
④ 1차 조종면의 움직임을 확인하기 위하여

46. 두랄루민을 시작으로 개량되기 시작한 고강도 알루미늄 합금으로 내식성보다도 강도를 중시하여 만들어진 것은?
① 1100   ② 2014
③ 3003   ④ 5056

47. 제작비용이 적게 들기 때문에 소형기에서 주로 사용되며 외피는 공기력의 전달만을 하도록 되어 있는 항공기 구조형식은?
① 응력외피구조   ② 트러스구조
③ 샌드위치구조   ④ 페일세이프구조

48. 그림과 같은 그래프를 갖는 완충장치의 효율은 약 몇 %인가?

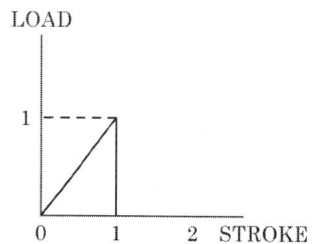

① 30   ② 40
③ 50   ④ 60

49. 기체표면과 공기와의 마찰열이 높은 초음속 항공기의 재료로 쓰이는 것은?
① 주철   ② 니켈 크롬강
③ 마그네슘 합금 ④ 티타늄 합금

50. 볼트의 부품번호가 AN 3 DD 5 A인 경우 A에 대한 설명으로 옳은 것은?
① 볼트의 재질을 의미한다.
② 나사 끝에 구멍이 있음을 의미한다.
③ 볼트 머리에 두 개의 구멍이 있음을 의미한다.
④ 미해군과 공군에 의한 규격으로 승인된 부품이다.

51. 리벳작업을 위한 구멍뚫기 작업 시 설명으로 옳은 것은?
① 드릴작업 전 리밍작업을 한다.
② 구멍은 리벳 직경보다 약간 작게 한다.
③ 리밍작업 시 효율을 높이기 위해 회전방향을 바꿔가면서 가공한다.
④ 드릴작업 후 구멍의 버(Burr)는 되도록 보존하도록 한다.

52. 알루미늄 합금을 용접할 때 가장 적합한 불꽃은?
① 탄화불꽃   ② 중성불꽃
③ 산화불꽃   ④ 활성불꽃

53. 항공기가 효율적인 비행을 하기 위해서는 조종면의 앞전이 무거운 상태를 유지해야 하는데, 이것을 무엇이라 하는가?
① 평형상태(On Balance)
② 과대평형(Over Balance)
③ 과소평형(Under Balance)
④ 정적평형(Static Balance)

54. 케이블 턴버클 안전결선 방법에 대한 설명으로 옳은 것은?
① 배럴의 검사구멍에 핀을 꽂아 핀이 들어가지 않으면 양호한 것이다.
② 단선식 결선법은 턴버클 엔드에 최소 6회 감아 마무리한다.
③ 복선식 결선법은 케이블 직경이 1/8in 이상인 경우에 주로 사용한다.
④ 턴버클 엔드의 나사산이 배럴 밖으로 5개 이상 나오지 않도록 한다.

55. 두께가 0.01in인 판의 전단흐름이 30 lb/in일 때 전단응력은 몇 lb/in²인가?
① 3,000   ② 300
③ 30   ④ 0.3

56. 테어 무게(Tare weight)에 대한 설명으로 옳은 것은?
① 항공기에 인가된 최대 중량을 의미한다.
② 항공기에 장착된 모든 운용 장비품을 포함한 무게를 의미한다.
③ 중량 측정 시 사용하는 보조장치 초크(choke), 블록(Block), 지지대(Stand) 등의 무게를 의미한다.
④ 항공기에 사용되는 작동유, 기관 냉각액 등의 총무게를 의미한다.

57. 그림과 같은 수송기의 V-n 선도에서 A와 D의 연결선은 무엇을 나타내는가?

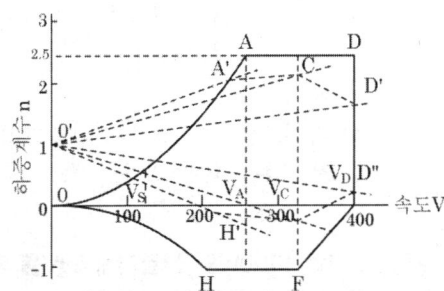

① 돌풍 하중배수
② 양력계수
③ 설계 순항속도
④ 설계제한 하중배수

58. 일정한 응력을 받는 재료가 일정한 온도에서 시간이 경과함에 따라 하중이 일정하더라도 변형률이 변화하는 현상은?
① 크랙(Crack)
② 피로(Fatigue)
③ 크리프(Creep)
④ 응력집중(Stress Concentration)

59. 케이블 조종 계통(Cable control system)에서 케이블 안내기구로 사용되는 것은?
① 풀리(Pulley)
② 벨 크랭크(Bell crank)
③ 토크 튜브(Torque tube)
④ 푸시-풀 로드(Push-Pull rod)

60. 화학적 피막 처리 방법의 하나로 알루미늄 합금의 표면에 0.00001~0.00005in의 크로메이트 처리(Chromate treatment)를 하여 내식성과 도장 작업의 접착 효과를 증진시키는 부식방지 처리방법은?
① 알로다인 처리
② 알클래드 처리
③ 양극산화 처리
④ 인삼염피막 처리

4과목 항공장비

61. 유압계통에 사용되는 작동유의 기능이 아닌 것은?
① 열을 흡수한다.
② 필요한 요소 사이를 밀봉한다.
③ 움직이는 기계요소를 윤활시킨다.

④ 부품의 제빙 또는 방빙 역할을 한다.

62. 그림과 같이 활주로에 비행기가 착륙하고 있다면 지상 로컬라이저(localizer) 안테나의 일반적인 위치로 가장 적당한 곳은?

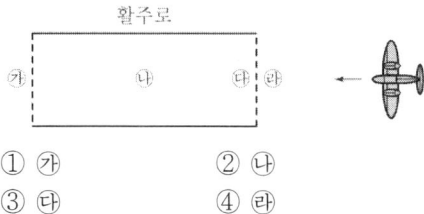

① 가
② 나
③ 다
④ 라

63. 자여자 직류 발전기의 계자권선에 잔류 자기를 회생시키는 방법은?
① 브러시(Brush)를 재설치한다.
② 전기자를 계속하여 회전시킨다.
③ 정류자(Commutator) 편에 만들어진 자기를 제거한다.
④ 축전지를 사용하여 계자권선을 섬광(Flashing)시킨다.

64. 객실의 고도에 상승률이 클 때 조절방법으로 옳은 것은?
① 아웃플로 밸브를 빨리 닫는다.
② 아웃플로 밸브를 천천히 닫는다.
③ 객실 압축기 속도를 감소시킨다.
④ 객실 압축기 속도를 증가시킨다.

65. 싱크로 전기기기에 대한 설명으로 틀린 것은?
① 회전축의 위치를 측정 또는 제어하기 위해 사용되는 특수한 회전기이다.
② 각도검출 및 지시용으로는 2개의 싱크로 전자기기를 1조로 사용한다.
③ 구조는 고정자측에 1차권선, 회전자측에 2차권선을 갖는 회전변압기이고, 2차측에는 정현파 교류가 발생하도록 되어 있다.
④ 항공기에서는 컴퍼스 계기상에 VOR국이나 ADF국 방위를 지시하는 지시계기로서 사용되고 있다.

66. 다음 중 원격지시 컴퍼스(Compass)의 종류가 아닌 것은?
① 자이로신 컴퍼스(Gyrosyn compass)
② 마그네신 컴퍼스(Magnesyn compass)
③ 스탠드-바이 컴퍼스(Stand-by compass)
④ 자이로 플럭스 게이트 컴퍼스(Gyro flux gate compass)

67. 비행 중 제빙기 부츠를 팽창시키기 위해 공기 압력을 팽창 순서대로 가해주는 장치는?
① 배출기
② 분배 밸브
③ 진공 안전밸브
④ 압력조절기와 안전밸브

68. 다음 중 피토관의 동압관과 연결된 계기는?
① 고도계   ② 선회계
③ 자이로계기   ④ 속도계

69. 비상조명계통(Emergency light system)에 대한 설명으로 옳은 것은?
① 비상조명계통은 비행 시에만 작동된다.
② 항공기에 전기공급을 차단할 때에는 비상조명스위치를 Arm에 선택해야 배터리의 방전을 방지할 수 있다.
③ On position에서는 전원상실에 관계없이 자체 배터리에서 전기가 공급되어 작동된다.
④ 비상조명등은 항공기 주배터리가 방전되었을 때 켜진다.

70. 100V, 1000W의 전열기에 80V를 가하였을 때의 전력은 몇 W인가?
① 1,000   ② 640

③ 400　　　　④ 320

71. 그림과 같은 Wheatstone bridge가 평형이 되려면 X의 저항은 몇 Ω이 되어야 하는가?

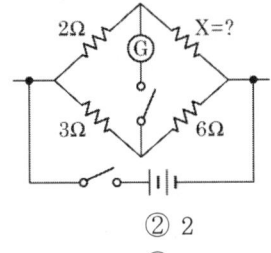

① 1　　　　② 2
③ 3　　　　④ 4

72. 유압계통에서 필터 내에 바이패스 릴리프 밸브(Bypass relief valve)의 주된 목적은?
① 유압유 공급 라인에 압력이 과도해지는 것으로부터 계통을 보호하기 위하여
② 필터 엘리먼트가 막힐 경우 유압유를 계통에 공급하기 위하여
③ 회로 압력을 설정값 이하로 제한하여 계통을 보호하기 위하여
④ 필터 엘리먼트(Element) 내에 유압유 압력이 높아지면 귀환 라인으로 유압유를 보내기 위하여

73. 승객이 이용하는 비디오 정보 시스템인 에어쇼에 제공되는 입력 정보가 아닌 것은?
① ADS(Air Data System)
② ATC(Air Traffic Control)
③ FMS(Flight Management System)
④ INS(Inertial Navigation System)

74. 항공기가 산악 또는 지면과의 충돌 사고를 방지하는 데 사용되는 장비는?
① Air traffic control system
② Inertial navigation system
③ Distance measuring equipment
④ Ground proximity warning system

75. 다음 중 히스테리시스(Hysteresis)로 인한 고도계의 오차는?
① 눈금오차　　② 온도 오차
③ 탄성 오차　　④ 기계적 오차

76. DME의 주파수 할당에 대한 설명으로 틀린 것은?
① 채널 간격은 10MHz이다.
② UHF파 126채널(Channel)로 되어 있다.
③ 저채널에서는 상공에서 지상보다 높고, 고채널에서는 지상에서 상공보다 높다.
④ 상공에서 지상, 지상에서 상공의 주파수 차이는 63MHz이다.

77. 3상 교류발전기의 보조기기에 대한 설명으로 틀린 것은?
① 교류발전기에서 역전류 차단기를 통해 전류가 역류하는 것을 방지한다.
② 기관의 회전수에 관계없이 일정한 출력 주파수를 얻기 위해 정속구동장치가 이용된다.
③ 교류발전기에서 별도의 직류발전기를 설치하지 않고 변압기 정류기 장치(TR unit)에 의해 직류를 공급한다.
④ 3상 교류발전기는 자계권선에 공급되는 직류전류를 조절함으로써 전압조절이 이루어진다.

78. RMI(Radio magnetic indicator)가 지시하는 것은?
① 비행고도
② VOR 거리
③ 비행코스의 편위
④ VOR 방위

79. 발전기 출력 제어회로에 사용되는 제너 다이오드(Zener diode)의 목적은?
① 정전류제어　　② 역류방지

③ 정전압제어 ④ 과전류방지

80. 여러 개의 열스위치(Thermal switch)와 한 개의 경고등으로 구성되어 있는 화재탐지장치의 연결방법은?
① 스위치는 서로 직렬, 경고등도 직렬이다.
② 스위치는 서로 병렬이고, 경고등은 직렬이다.
③ 스위치는 서로 병렬이고, 경고등도 병렬이다.
④ 스위치는 서로 직렬이고, 경고등은 병렬이다.

항공산업기사 2013년 4회 (9월 28일)

1과목   항공역학

01. 레이놀즈 수(Reynolds number)에 대한 설명으로 옳은 것은?
① 관성력과 중력의 비이다.
② 관성력과 점성력의 비이다.
③ 관성력과 유체 탄성의 비이다.
④ 유체의 동압과 정압의 비이다.

02. 유체 흐름과 관련된 용어의 설명으로 옳은 것은?
① 박리 : 층류에서 난류로 변하는 현상
② 층류 : 유체가 진동을 하면서 흐르는 흐름
③ 난류 : 유체 유동 특성이 시간에 대해 일정한 정상류
④ 경계층 : 벽면에 가깝고 점성이 작용하는 유체의 층

03. 정상 선회 비행 상태의 항공기에 작용하는 힘의 관계로 옳은 것은?
① 원심력 > 구심력
② 중력 ≥ 원심력
③ 원심력 = 구심력
④ 원심력 < 구심력

04. 날개 면적이 96m^2이고, 날개 길이가 32m일 때 가로세로비는 약 얼마인가?
① 2.1
② 3.0
③ 9.0
④ 10.7

05. 비행기가 트림(trim) 상태의 비행은 비행기 무게 중심 주위의 모멘트가 어떤 상태인가?
① "부(−)"인 경우
② "정(+)"인 경우
③ "영(0)"인 경우
④ "정"과 "영"인 경우

06. 물체에 작용하는 공기력에 대한 설명으로 옳은 것은?
① 공기력은 공기의 밀도와 속도의 제곱에 비례하고 면적에 반비례한다.
② 공기력은 공기의 밀도와 속도의 제곱에 반비례하고 면적에 반비례한다.
③ 공기력은 속도의 제곱에 비례하고 공기밀도와 면적에 비례한다.
④ 공기력은 공기의 밀도와 속도의 제곱에 반비례하고 면적에 비례한다.

07. 날개하중이 30kgf/m^2이고, 무게가 1,000kgf인 비행기가 7,000m 상공에서 급강하하고 있을 때 항력계수가 0.1이라면 급강하 속도는 몇 m/s인가? (단, 밀도는 0.06kgf · s^2/m^4이다.)
① 100
② 100$\sqrt{3}$
③ 200
④ 100$\sqrt{5}$

08. 항공기의 비항속거리(specific range)와 비항속시간(specific endurance)을 옳게 나타낸 것은? (단, dt : 비행시간, ds : dt 동안 비행거리, dQ : 비행 중 dt 동안 소비한 연료량이다.)
① 비항속거리 : $\dfrac{dQ}{ds}$, 비항속시간 : $\dfrac{dQ}{dt}$

② 비항속거리 : $\dfrac{ds}{dQ}$, 비항속시간 : $\dfrac{dQ}{dt}$

③ 비항속거리 : $\dfrac{ds}{dQ}$, 비항속시간 : $\dfrac{dt}{dQ}$

④ 비항속거리 : $\dfrac{dQ}{ds}$, 비항속시간 : $\dfrac{dt}{dQ}$

09. 비행기에 작용하는 모든 힘의 합이 영(0)이며 키놀이, 옆놀이 및 빗놀이 모멘트의 합도 영(0)인 경우의 상태는?
① 정렬 상태   ② 평형 상태
③ 안정 상태   ④ 고정 상태

10. 지름이 6.7ft인 프로펠러가 2,800rpm으로 회전하면서 80mph로 비행하고 있다면 이 프로펠러의 진행률은 약 얼마인가?
① 0.23   ② 0.37
③ 0.62   ④ 0.76

11. NACA 0018 날개골을 받음각 1°의 상태로 공기의 흐름에 놓았을 때의 설명으로 틀린 것은?
① 흐름 방향 아래로 추력이 발생
② 흐름 방향의 수직으로 양력이 발생
③ 흐름 방향과 같은 방향으로 항력이 발생
④ 날개골의 윗면과 아랫면의 압력에 차이가 발생

12. 다음 중 비행기의 세로안정에 가장 큰 영향을 미치는 것은?
① 수평꼬리날개   ② 도살 핀
③ 수직꼬리날개   ④ 도움날개

13. 그림과 같이 초음속 흐름에 쐐기형 에어포일 주위에 충격파와 팽창파가 생성될 때 각각의 흐름의 마하수(M)와 압력(P)에 대한 설명으로 틀린 것은?

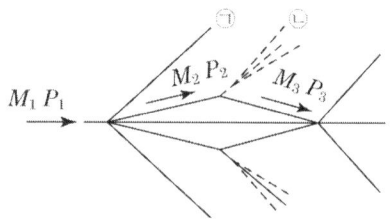

① ㉠은 충격파이며 $M_1 > M_2$, $P_1 < P_2$이다.
② ㉡은 팽창파이며 $M_2 > M_3$, $P_1 < P_2$이다.
③ ㉠은 충격파이며 $M_1 > M_2$, $P_2 > P_3$이다.
④ ㉡은 팽창파이며 $M_2 < M_3$, $P_2 > P_3$이다.

14. 헬리콥터의 수평 최대 속도를 비행기와 같은 고속으로 비행할 수 없는 이유가 아닌 것은?
① 전진하는 깃 끝의 충격 실속 때문
② 후퇴하는 깃의 날개 끝 실속 때문
③ 후퇴하는 깃뿌리의 역풍 범위가 커지기 때문
④ 회전날개(rotor blades)의 강도상 문제 때문

15. 받음각이 클 때 기체 전체가 실속되고 그 결과 옆놀이와 빗놀이를 수반하여 나선을 그리면서 고도가 감소되는 비행 상태는?
① 스핀(spin) 상태
② 더치 롤(dutch roll) 상태
③ 크랩 방식(crab method)에 의한 비행 상태
④ 윙 다운 방식(wing down method)에 의한 비행 상태

16. 프로펠러의 동력계수(C_P)를 옳게 나타낸 식은? (단, P : 동력, n : 초당 회전수, D : 직경, ρ : 밀도, V : 비행속도이다.)

① $\dfrac{P}{n^3D^4}$ ② $\dfrac{P}{\rho n^3D^4}$
③ $\dfrac{P}{n^3D^5}$ ④ $\dfrac{P}{\rho n^3D^5}$

③ 공기의 박리에 의한 압력항력
④ 경사충격파 발생에 따른 조파저항

17. 프로펠러 비행기의 항속거리를 나타내는 식은? (단, B : 연료탑재량, V : 순항속도, P : 순항 중의 기관의 출력, t : 항속시간, C : 마력당 1시간에 소비하는 연료량이다.)

① $\dfrac{V}{t}$ ② $\dfrac{C \cdot P}{V \cdot B}$
③ $\dfrac{V \cdot B}{C \cdot P}$ ④ $\dfrac{P \cdot B}{C \cdot V}$

18. 필요마력에 대한 설명으로 옳은 것은 어느 것인가?
① 속도가 작을수록 필요마력은 크다.
② 항력이 작을수록 필요마력은 작다.
③ 날개하중이 작을수록 필요마력은 커진다.
④ 고도가 높을수록 밀도가 증가하여 필요마력은 커진다.

19. 비행기의 이륙활주거리가 겨울에 비해 여름철이 더 긴 주된 이유는?
① 활주로 온도가 증가함에 따라 밀도 감소
② 활주로 노면의 습도 증가로 인한 항력 증가
③ 활주로 온도가 증가함에 따라 지면 마찰력 감소
④ 온도 증가에 따라 동체가 팽창하여 형상항력 증가

20. 일반적인 헬리콥터 비행 중 주 회전날개에 의한 필요마력의 요인으로 보기 어려운 것은?
① 유도속도에 의한 유도항력
② 공기의 점성에 의한 마찰력

2과목 항공기관

21. 제트기관 항공기가 정지상태에서 단위 면적(m^2)당 40kg/s 질량을 속도 500m/s로 방출할 때 팽창압력은 대기압이며 노즐 단면적은 $0.2m^2$라면 추력은 몇 kN인가?
① 4   ② 8
③ 10   ④ 20

22. 가스 터빈 기관이 정해진 회전수에서 정격 출력을 낼 수 있도록 연료조절장치와 각종 기구를 조정하는 작업을 무엇이라 하는가?
① 모터링(motoring)
② 트리밍(trimming)
③ 크랭킹(cranking)
④ 고장탐구(trouble shooting)

23. 그림과 같은 단순 가스 터빈 기관의 사이클의 $P-V$ 선도에서 압축기가 공기를 압축하기 위하여 소비한 일은 선도의 어떤 면적과 같은가?

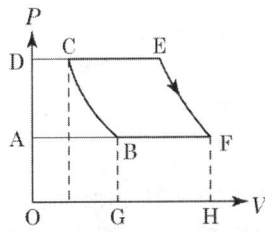

① 도형 ABCDA   ② 도형 BCEFB
③ 도형 OGBCDO   ④ 도형 AFEDA

24. 가스 터빈 기관의 압축효율이 가장 좋은 압축기 입구에서 공기 속도는?
① 마하 0.1 정도   ② 마하 0.2 정도

③ 마하 0.4 정도 ④ 마하 0.5 정도

25. 다음 중 역추력 장치를 사용하는 가장 큰 목적은?
① 이륙 시 추력 증가
② 기관의 실속 방지
③ 재흡입 실속 방지
④ 착륙 후 비행기 제동

26. 항공기용 왕복기관의 이상적인 사이클은?
① 오토 사이클 ② 카르노 사이클
③ 디젤 사이클 ④ 브레이턴 사이클

27. 왕복기관의 압력식 기화기에서 저속 혼합 조정(idle mixture control)을 하는 동안 정확한 혼합비를 알 수 있는 계기는?
① 공기압력계기
② 연료유량계기
③ 연료압력계기
④ RPM계기와 MAP계기

28. 프로펠러(propeller)의 깃 트랙(blade track)에 대한 설명으로 옳은 것은?
① 프로펠러의 피치(pitch)각이다.
② 프로펠러가 1회전하여 전진한 거리이다.
③ 프로펠러가 1회전하여 생기는 와류(vortex)이다.
④ 프로펠러 블레이드(propeller blade) 선단의 회전궤적이다.

29. 왕복기관의 마그네토 낙차(drop)를 점검할 때 좌측 또는 우측의 단일 마그네토 점검을 2~3초 이내에 해야 하는 이유로 가장 옳은 것은?
① 기관이 과열될 수 있기 때문이다.
② 마그네토에 과부하가 걸리기 때문이다.
③ 점화 플러그가 오염(fouling)되기 때문이다.
④ 마그네토 과열로 기능을 상실하기 때문이다.

30. 건식 윤활유 계통 내의 배유 펌프의 용량이 압력 펌프의 용량보다 큰 이유로 옳은 것은?
① 기관부품에 윤활이 적절하게 될 수 있도록 윤활유의 최대 압력을 제한하고 조절하기 위해
② 윤활유에 거품이 생기고 열로 인해 팽창되어 배유되는 윤활유의 양이 많아지기 때문
③ 기관이 마모되고 갭(gap)이 발생하면 윤활유 요구량이 커지기 때문
④ 윤활유를 기관을 통하여 순환시켜 예열이 신속히 이루어지게 하기 위해서

31. 실린더 체적이 $80in^3$, 피스톤 행정 체적이 $70in^3$이라면 압축비는 얼마인가?
① 7 : 1 ② 8 : 1
③ 9 : 1 ④ 10 : 1

32. 이상기체에 대한 설명으로 틀린 것은 어느 것인가?
① 엔탈피는 온도만의 함수이다.
② 내부에너지는 온도만의 함수이다.
③ 비열비(specific heat ratio) 값은 항상 1이다.
④ 상태방정식에서 압력은 체적과 반비례 관계이다.

33. 정속 프로펠러를 장착한 왕복기관을 시동할 때, 프로펠러 제어 레버(propeller control lever)를 어디에 위치시켜야 하는가?
① low RPM ② high RPM
③ high pitch ④ variable

34. 가스 터빈 기관의 윤활계통에 대한 설명으로 틀린 것은?

① 가스 터빈은 고 회전하므로 윤활유 소모량이 많기 때문에 윤활유 탱크의 용량이 크다.
② 주 윤활 부분은 압축기 축과 터빈축의 베어링부와 액세서리 구동 기어의 베어링부이다.
③ 건식 섬프형은 탱크와 기관 외부에 장착되고 윤활유의 공급과 배유는 펌프로 강압하여 이송한다.
④ 가스 터빈 윤활계통은 주로 건식 섬프형이고 습식 섬프형은 저출력 왕복기관에 쓰인다.

35. 왕복기관에서 마그네토의 작동을 정지시키려면 1차 회로를 어떻게 하여야 하는가?
① 접지에서 분리시킨다.
② 축전지에 연결시킨다.
③ 점화스위치를 OFF 위치에 둔다.
④ 점화스위치를 BOTH 위치에 둔다.

36. 케로신 연료를 주로 사용하는 제트기관의 연료와 공기혼합비(공연비)에 대한 설명으로 틀린 것은?
① 연소에 필요한 최적의 이론적인 공연비는 약 15 : 1이다.
② 연소실로 유입되는 공기 중 1차 공기만이 연소에 사용된다.
③ 연소실에서는 연소 효율을 높이기 위해 공연비를 14 : 1에서 18 : 1 정도로 제한한다.
④ 스웰 가이드 베인(swirl guide vane)은 연소실에서 공기 유입량을 조절해 주는 역할을 한다.

37. 일반적으로 가스 터빈 기관에서 프리 터빈(free turbine)이 부착된 기관은?
① 터보 제트   ② 램 제트
③ 터보 프롭   ④ 터보 팬

38. 왕복기관의 분류 방법으로 옳은 것은 어느 것인가?
① 연소실의 위치 및 냉각 방식에 의하여
② 냉각 방식 및 실린더 배열에 의하여
③ 실린더 배열과 압축기의 위치에 의하여
④ 크랭크 축의 위치와 프로펠러 깃의 수량에 의하여

39. 가스 터빈 기관의 연료 분사 방법에 대한 설명으로 옳은 것은?
① 1차 연료는 균등한 연소를 얻을 수 있도록 비교적 좁은 각도로 분사된다.
② 1차 연료는 물분사와 함께 이루어지면 비교적 좁은 각도로 분사된다.
③ 2차 연료는 연소실 벽면보호와 균등한 연소를 위해 비교적 좁은 각도로 분사된다.
④ 2차 연료는 시동을 용이하게 하기 위해 비교적 넓은 각도로 분사된다.

40. 항공기 왕복기관의 회전수가 일정한 상태에서 고도가 증가할 때 기관출력에 대한 설명으로 옳은 것은? (단, 기온의 변화는 없으며, 과급기는 없다.)
① 밀도가 감소하여 출력이 감소한다.
② 밀도는 증가하나 출력은 일정하다.
③ 밀도가 증가하여 출력이 감소한다.
④ 밀도가 일정하므로 출력이 일정하다.

3과목   **항공기체**

41. 항공기 호스(hose)를 장착할 때 주의사항으로 틀린 것은?
① 호스가 꼬이지 않도록 한다.
② 내부유체를 식별할 수 있도록 식별표를 부착한다.

③ 호스의 진동을 방지하도록 클램프(clamp)로 고정한다.
④ 호스에 압력이 가해질 때 늘어나지 않도록 정확한 길이로 설치한다.

42. 재료에 가해지는 힘이 제거되면 원래의 상태로 돌아가려는 성질은?
① 탄성　　② 전단
③ 항복　　④ 소성

43. 항공기 날개에 장착되는 장치의 위치가 다르게 짝지어진 것은?
① 크루거 플랩(kruger flap), 슬랫(slat)
② 크루거 플랩(kruger flap), 스플릿 플랩(split flap)
③ 슬롯 플랩(slotted flap), 스플릿 플랩(split flap)
④ 슬롯 플랩(slotted flap), 플레인 플랩(plain flap)

44. 리벳 머리 부분에 볼록하게 튀어나온 띠(dash)가 두 개 나란히 표시되어 있다면 이 리벳의 재질 기호는?
① AD　　② DD
③ D　　④ A

45. 인공시효경화 처리로 강도를 높일 수 있는 가장 좋은 알루미늄 합금은?
① 1100　　② 2024
③ 3003　　④ 5052

46. 판재를 굴곡작업하기 위한 그림과 같은 도면에서 굴곡 접선의 교차부분에 균열을 방지하기 위한 구멍의 명칭은?

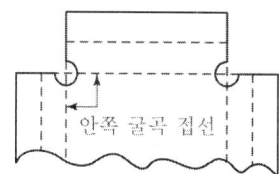

① pilot hole　　② lighting hole
③ relief hole　　④ countsunk hole

47. 항공기 일부의 부재 파손으로부터 안정성을 보장하기 위한 구조는?
① 경량 구조(light weight structure)
② 샌드위치 구조(sandwich structure)
③ 모노코크 구조(monocoque structure)
④ 페일세이프 구조(fail-safe structure)

48. 하중배수 선도에 대한 설명으로 옳은 것은?
① 수평비행을 할 때 하중배수는 0이다.
② 하중배수 선도에서 속도는 진대기 속도를 말한다.
③ 구조역학적으로 안전한 조작범위를 제시한 것이다.
④ 하수배수는 정하중을 현재 작용하는 하중으로 나눈 값이다.

49. 다음과 같은 단면에서 X축에 관한 단면의 2차 모멘트 $\left(I_{XX} = \int_A y^2 dA\right)$는 몇 cm^{4}인가?

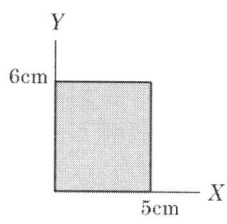

① 240　　② 300
③ 360　　④ 420

50. 트라이 사이클 기어(tricycle gear)에 대한 설명으로 틀린 것은?
① 이·착륙 중에 조종사에게 좋은 시야를 제공한다.
② 기어의 배열은 노스 기어와 메인 기어로 되어 있다.
③ 빠른 착륙속도에서 강한 브레이크를

사용할 수 있다.
④ 항공기 중력 중심이 메인 기어 후방으로 움직여 그라운드 루핑을 방지한다.

51. 다음 중 같은 재질을 가진 금속 판재의 굽힘 허용값을 결정하는 요소가 아닌 것은?
① 재질의 두께 ② 굽힘각도
③ 굽힘기의 용량 ④ 곡률반지름

52. 항공기의 최대 총무게에서 자기무게를 뺀 것으로 승무원, 승객, 화물 등의 무게를 포함하는 무게는?
① 테어무게(tare weight)
② 유효하중(useful load)
③ 최대허용무게(max allowable weight)
④ 운항자기무게(operating empty weight)

53. 모노코크 구조와 비교하여 세미모노코크 구조의 차이점에 대한 설명으로 옳은 것은?
① 리브를 추가하였다.
② 벌크헤드를 제거하였다.
③ 외피를 금속으로 보강하였다.
④ 프레임과 세로대, 스트링거를 보강하였다.

54. 항공기 조종계통에서 회전운동을 이용하여 직선운동의 방향을 90도 변환시키는 부품은?
① 벨 크랭크(bell crank)
② 토크 튜브(torque tube)
③ 클레비스 핀(clevis pin)
④ 푸시 풀 로드(push pull rod)

55. 비소모성 텅스텐 전극과 모재 사이에서 발생하는 아크열을 이용하여 비피복 용접봉을 용해시켜 용접하며 용접 부위를 보호하기 위해 불활성가스를 사용하는 용접 방법은?

① TIG 용접 ② 가스 용접
③ MIG 용접 ④ 플라스마 용접

56. 단줄 유니버설 헤드 리벳(universal head rivet) 작업을 할 때 최소 끝거리 및 리벳의 최소 간격(pitch)은?
① 최소 끝거리는 리벳 직경의 2배 이상, 최소 간격은 리벳 직경의 3배
② 최소 끝거리는 리벳 직경의 2배 이상, 최소 간격은 리벳 길이의 3배
③ 최소 끝거리는 리벳 직경의 3배 이상, 최소 간격은 리벳 길이의 4배
④ 최소 끝거리는 리벳 직경의 3배 이상, 최소 간격은 리벳 직경의 4배

57. 다음 중 앞바퀴형 착륙장치의 장점으로 틀린 것은?
① 조종사의 시야가 좋다.
② 이·착륙 저항이 작고 착륙 성능이 양호하다.
③ 가스 터빈 기관에서 배기가스 분출이 용이하다.
④ 중심이 주 바퀴 뒤쪽에 있어 지상전복 위험이 적다.

58. 부적절한 열처리로 결정립계가 큰 반응성을 갖게 되어 입자의 경계에서 발생하며 항공기에 치명적 손상을 줄 수 있는 부식은?
① 찰과 부식
② 응력 부식
③ 입계 부식
④ 이질금속 간의 부식

59. 고장력강으로 니켈강에 크롬이 0.8~1.5% 함유된 것으로 강도를 요하는 봉재나 판재, 그리고 기계 동력을 전달하는 축, 기어, 캠, 피스톤 등에 널리 사용되는 것은?
① 니켈강

② 니켈-크롬강
③ 크롬강
④ 니켈-크롬-몰리브덴강

60. 항공기 무게 측정 결과가 다음과 같다면 자기 무게의 무게 중심 위치는? (단, 8G/L(G/L당 7.5lbs)의 오일이 -30in의 거리에 보급되어 있다.)

무게점	순무게(lbs)	거리(in)
좌측 주 바퀴	617	68
우측 주 바퀴	614	68
앞바퀴	152	-26

① 61.64   ② 51.64
③ 57.67   ④ 66.14

4과목 항공장비

61. 다음 중 화학적 방빙(anti-icing) 방법을 주로 사용하는 곳은?
① 프로펠러
② 화장실
③ 피토 튜브
④ 실속 경고 탐지기

62. 계기의 지시속도가 일정할 때, 기압이 낮아지면 진대기속도의 변화는?
① 감소한다.
② 변화가 없다.
③ 증가한다.
④ 변화가 일정하지 않다.

63. 자세계(attitude director indicator : ADI)가 지시하는 4가지 요소는?
① 하강(flight down) 자세, 피치(pitch) 자세, 요(yaw) 변화율, 미끄러짐(slip)
② 롤(roll) 자세, 선회(left&right turn) 자세, 요 변화율, 미끄러짐
③ 롤 자세, 피치 자세, 기수 방위(heading) 자세, 미끄러짐
④ 롤 자세, 피치 자세, 요 변화율, 미끄러짐

64. 납산축전지(lead acid battery)의 양극판과 음극판의 수에 대한 설명으로 옳은 것은?
① 같다.
② 양극판이 한 개 더 많다.
③ 양극판이 두 개 더 많다.
④ 음극판이 한 개 더 많다.

65. 다음 중 유선통신 방식이 아닌 것은?
① call system
② flight interphone system
③ service interphone system
④ automatic direction finder

66. 항공계기에 요구되는 조건에 대한 설명으로 옳은 것은?
① 기체의 유효 탑재량을 크게 하기 위해 경량이어야 한다.
② 계기의 소형화를 위하여 화면은 작게 하고 본체는 장착이 쉽도록 크게 해야 한다.
③ 주위의 기압과 연동이 되도록 승강계, 고도계, 속도계의 수감부와 케이스는 노출이 되도록 해야 한다.
④ 항공기에서 발생하는 진동을 알 수 있도록 계기판에는 방진장치를 설치해서는 안 된다.

67. 자이로의 섭동 각속도를 옳게 나타낸 것은? (단, M : 외부력에 의한 모멘트, L : 자이로 로터의 관성 모멘트이다.)
① $\dfrac{M}{L}$ ② $\dfrac{L}{M}$

③ L - M ④ M × L

68. 저항 루프형 화재 탐지 계통을 이루는 장치가 아닌 것은?
① 타임스위치 ② 서미스터
③ 경고계전기 ④ 화재경고등

69. 그림과 같은 회로의 회전계는?

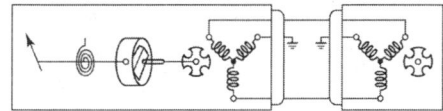

① 기계식 회전계
② 전기식 회전계
③ 전자식 회전계
④ 맴돌이 전류식 회전계

70. 주파수가 100Hz이고, 4A의 전류가 흐르는 교류회로에서 인덕턴스가 0.01H인 코일의 리액턴스는 얼마인가?
① 1π ② 2π
③ 3π ④ 4π

71. 다음 중 교류 유도전동기의 가장 큰 장점은?
① 직류 전원도 사용할 수 있다.
② 다른 전동기보다 아주 작고 가볍다.
③ 높은 시동 토크(torque)를 갖고 있다.
④ 브러시(brush)나 정류자편이 필요 없다.

72. 다음 중 전기자 코어에서 와전류의 순환을 방지하기 위한 방법은?
① 코어를 절연시킨다.
② 전기자 전류를 제한한다.
③ 코어는 얇은 철판을 겹쳐서 만든다.
④ 코어 재질과 동일한 가루로 된 철을 사용한다.

73. 객실압력 조절 시 객실압력 조절기에 직접적으로 영향을 받는 것은?

① 공압계통의 압력
② 슈퍼 차저의 압축비
③ 아웃플로 밸브의 개폐
④ 터보 컴프레서 속도

74. 항공기가 하강하다가 위험한 상태에 도달하였을 때 작동되는 장비는?
① INS
② weather radar
③ GPWS
④ radio altimeter

75. 다음 중 화재탐지장치에서 감지센서로 사용되지 않는 것은?
① 바이메탈(bimetal)
② 열전대(thermocouple)
③ 아네로이드(aneroid)
④ 공융 염(eutectic salt)

76. 계기착륙장치(instrument landing system)에 대한 설명으로 틀린 것은?
① 계기착륙장치의 지상 설비는 로컬라이저, 글라이드 슬롭, 마커 비콘으로 구성된다.
② 항공기가 글라이드 슬롭 위쪽에 위치하고 있을 때는 지시기의 지침은 아래로 흔들린다.
③ 항공기가 로컬라이저 코스의 좌측에 위치하고 있을 때는 지시기의 지침은 아래로 흔들린다.
④ 로컬라이저 코스와 글라이드 슬롭은 90Hz와 150Hz로 변조한 전파로 만들어지고 항공기 수신기로 양쪽의 변조도를 비교하여 코스 중심을 구한다.

77. 유압장치와 공압장치를 비교할 때 공압장치에서 필요 없는 부품은?
① 축압기 ② 리듀싱 밸브
③ 체크 밸브 ④ 릴리프 밸브

78. 유압장치의 작동기가 동작하고 있지 않은 상태에서 계통 작동유의 압력이 고르지 못할 때 압력에 대한 완충작용과 동시에 압력조절기의 작동 빈도를 낮추기 위한 장치는?

① 리저버(reservoir)
② 축압기(accumulator)
③ 체크 밸브(check valve)
④ 선택 밸브(selector valve)

79. 9A의 전류가 흐르고 있는 4Ω 저항의 양 끝 사이의 전압은 몇 V인가?

① 12
② 23
③ 32
④ 36

80. 항공기 안테나에 대한 설명으로 옳은 것은?

① 첨단 항공기는 안테나가 필요 없다.
② 일반적으로 주파수가 높을수록 작아진다.
③ VHF 통신용으로는 주로 루프 안테나가 사용된다.
④ HF 통신용은 전리층 반사파를 이용하기 때문에 안테나가 필요 없다.

항공산업기사 2014년 1회 (3월 2일)

1과목 항공역학

01. 전진하는 회전날개 깃에 작용하는 양력을 헬리콥터 전진속도(V)와 주 회전날개의 회전속도(v)로 옳게 설명한 것은?
① $(v+V)^2$에 비례한다.
② $(v-V)^2$에 비례한다.
③ $\left(\dfrac{v+V}{v-V}\right)^2$에 비례한다.
④ $\left(\dfrac{v-V}{v+V}\right)^2$에 비례한다.

02. 물체 표면을 따라 흐르는 유체의 천이(transition)현상을 옳게 설명한 것은?
① 충격 실속이 일어나는 현상이다.
② 층류에 박리가 일어나는 현상이다.
③ 층류에서 난류로 바뀌는 현상이다.
④ 흐름이 표면에서 떨어져 나가는 현상이다.

03. 무게가 100kg인 조종사가 2,000m의 상공을 일정속도로 낙하산으로 강하하고 있을 때 낙하산 지름이 7m, 항력계수가 1.3이라면 낙하속도는 약 몇 m/s인가? (단, 공기밀도는 0.1kgf·s²/m⁴이며 낙하산의 무게는 무시한다.)
① 6.3 ② 4.4
③ 2.2 ④ 1.6

04. 무게가 500kgf인 비행기가 30도의 경사로 정상선회를 하고 있다면 이때 비행기의 원심력은 약 몇 kgf인가?
① 250 ② 289
③ 353 ④ 433

05. 다음과 같은 [조건]에서 헬리콥터의 원판하중은 약 몇 kgf/m²인가?

- 헬리콥터의 총중량 : 800kgf
- 기관 출력 : 60hp
- 회전날개의 반지름 : 2.8m
- 회전날개 깃의 수 : 2개

① 25.5 ② 28.5
③ 30.5 ④ 32.5

06. 그림과 같은 프로펠러 항공기 이륙경로에서 이륙거리는?

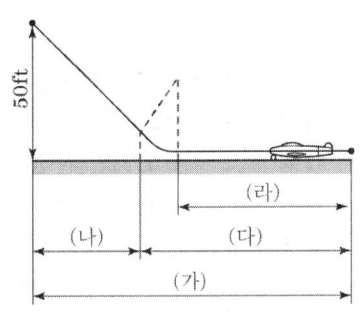

① (가) ② (나)
③ (다) ④ (라)

07. 항공기의 필요동력과 속도와의 관계로 옳은 것은?
① 속도에 반비례한다.
② 속도의 제곱에 비례한다.
③ 속도의 세제곱에 비례한다.
④ 속도의 제곱에 반비례한다.

95

08. 프로펠러가 회전하면서 작용하는 원심력에 의해 발생되는 것으로 짝지어진 것은?
① 휨 응력, 굽힘 모멘트
② 인장 응력, 비틀림 모멘트
③ 압축 응력, 굽힘모 멘트
④ 압축 응력, 비틀림 모멘트

09. 다음 [보기]에서 설명하는 대기층은?

- 고도에 따라 기온이 감소한다.
- 대기의 순환이 일어난다.
- 기상현상이 일어난다.

① 대류권   ② 성층권
③ 중간권   ④ 열권

10. 비행기의 이륙활주거리를 짧게 하기 위한 방법이 아닌 것은?
① 기관의 추력을 크게 한다.
② 비행기의 무게를 감소한다.
③ 슬랫(slat)과 플랩(flap)을 사용한다.
④ 항력을 줄이기 위해 작은 날개를 이용한다.

11. 100m/s로 비행하는 프로펠러 항공기에서 프로펠러를 통과하는 순간의 공기 속도가 120m/s가 되었다면, 이 항공기의 프로펠러 효율은 약 얼마인가?
① 76%   ② 83.3%
③ 91%   ④ 97.4%

12. 비행기가 음속에 가까운 속도로 비행 시 속도를 증가시킬수록 기수가 내려가려는 현상은?
① 피치 업(pitch up)
② 턱 언더(tuck under)
③ 디프 실속(deep stall)
④ 역 빗놀이(adverse yaw)

13. 고정익 항공기의 도살 핀(dorsal fin)과 벤트럴 핀(ventral fin)의 기능에 대한 설명으로 틀린 것은?
① 더치롤 특성을 저해시킬 수 있다.
② 큰 받음각에서 요 댐핑(yaw damping)을 증가시키는 데 효과적이다.
③ 나선 발산(spiral divergence) 시의 비행 특성에 영향을 준다.
④ 프로펠러에서 발생하는 나선 후류의 영향을 줄이는 역할을 한다.

14. 비행기가 고속으로 비행할 때 날개 위에서 충격실속이 발생하는 시기는?
① 아음속에서 생긴다.
② 극초음속에서 생긴다.
③ 임계 마하수에 도달한 후에 생긴다.
④ 임계 마하수에 도달하기 전에 생긴다.

15. 비행기의 세로안정을 좋게 하기 위한 방법이 아닌 것은?
① 수직꼬리날개의 면적을 증가시킨다.
② 수평꼬리날개 부피계수를 증가시킨다.
③ 무게중심이 날개의 공기역학적 중심 앞에 위치하도록 한다.
④ 무게중심에 관한 피칭 모멘트계수가 받음각이 증가함에 따라 음(-)의 값을 갖도록 한다.

16. 활공기에서 활공거리를 증가시키기 위한 방법으로 옳은 것은?
① 압력항력을 크게 한다.
② 형상항력을 최대로 한다.
③ 날개의 가로세로비를 크게 한다.
④ 표면 박리현상 방지를 위하여 표면을 적절히 거칠게 한다.

17. 날개(wing)의 공기력 중심에 대한 설명으로 옳은 것은?

① 받음각이 클수록 앞쪽으로 이동한다.
② 캠버가 클수록 같은 양력변화에 따라 이동량이 크다.
③ 압력 중심과 공기력 중심은 일치하는 것이 일반적이다.
④ 키놀이 모멘트의 크기가 받음각에 대하여 변화되지 않는 점을 말한다.

18. 레이놀즈 수(Reynolds number)에 대한 설명으로 틀린 것은?
① 무차원수이다.
② 유체의 관성력과 점성력의 비이다.
③ 레이놀즈 수가 클수록 유체의 점성이 크다.
④ 유체의 속도가 빠를수록 레이놀즈 수는 크다.

19. 일반적인 형태의 비행기는 3축에 대한 회전운동을 각각 담당하는 3종류의 주조종면을 가진다. 하지만 수평꼬리 날개가 없는 전익기나 델타익기의 2축에 대한 회전운동을 1종류의 조종면이 복합적으로 담당하는데 이때의 조종면 명칭은?
① 카나드(canard)
② 엘레본(elevon)
③ 플래퍼론(flaperon)
④ 테일러론(taileron)

20. 프로펠러 항공기가 최대 항속시간으로 비행하기 위한 조건으로 옳은 것은?
① $\left(\dfrac{C_D^{\frac{3}{2}}}{C_L}\right)$ 최소
② $\left(\dfrac{C_L^{\frac{3}{2}}}{C_D}\right)$ 최소
③ $\left(\dfrac{C_D^{\frac{3}{2}}}{C_L}\right)$ 최대
④ $\left(\dfrac{C_L^{\frac{3}{2}}}{C_D}\right)$ 최대

2과목 항공기관

21. 표준상태에서의 이상기체 20L를 5기압으로 압축하였을 때 부피는 몇 L인가? (단, 변화과정 중 온도는 일정하다.)
① 0.25
② 2.5
③ 4
④ 10

22. 항공기 왕복기관의 부자식 기화기에서 가속 펌프를 사용하는 주된 목적은?
① 이륙 시 기관구동펌프를 가속시키기 위해서
② 고출력 고정 시 부가적인 연료를 공급하기 위해서
③ 높은 온도에서 혼합가스를 농후하게 하기 위해서
④ 스로틀(throttle)이 갑자기 열릴 때 부가적인 연료를 공급시키기 위해서

23. 지시마력을 나타내는 식 $iHP=\dfrac{P_{mi}LANK}{75\times 2\times 60}$에서 N이 의미하는 것은? (단, P_{mi} : 지시평균유효압력, L : 행정길이, A : 실린더 단면적, K : 실린더 수이다.)
① 기계효율
② 축마력
③ 기관의 분당 회전수
④ 제동평균 유효압력

24. 보정캠(compensated cam)을 가진 마그네토를 장착한 9기통 성형기관의 회전속도가 100rpm일 때 [보기]의 각 요소가 옳게 나열된 것은?

㉠ 보정캠의 회전수(rpm)
㉡ 보정캠의 로브 수
㉢ 분당 브레이커 포인트 열림 및 닫힘 횟수

① ㉠ 50   ㉡ 9   ㉢ 900
② ㉠ 50   ㉡ 9   ㉢ 450
③ ㉠ 100 ㉡ 9   ㉢ 450
④ ㉠ 100 ㉡ 18   ㉢ 900

25. 다음 중 프로펠러 조속기의 파일럿(pilot) 밸브의 위치를 결정하는 데 직접적인 영향을 주는 것은?
① 엔진오일 압력   ② 조종사의 위치
③ 펌프오일 압력   ④ 플라이웨이트

26. 그림과 같은 브레이턴 사이클 선도의 각 단계와 가스 터빈 기관의 작동 부위를 옳게 짝지은 것은?

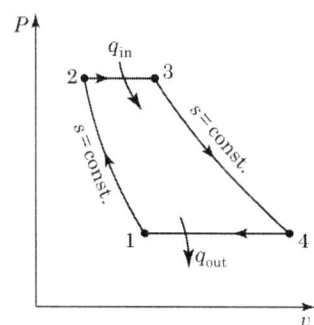

① 1 → 2 : 디퓨저
② 2 → 3 : 연소기
③ 3 → 4 : 배기구
④ 4 → 1 : 압축기

27. 원심형 압축기의 단점으로 옳은 것은?
① 단당 압력비가 작다.
② 무게가 무겁고 시동출력이 낮다.
③ 동일 추력에 대하여 전면면적이 크다.
④ 축류형 압축기와 비교해 제작이 어렵고 가격이 비싸다.

28. 디토네이션(detonation)을 발생시키는 과도한 온도와 압력의 원인이 아닌 것은?
① 늦은 점화시기
② 높은 흡입공기 온도
③ 연료의 낮은 옥탄가
④ 희박한 연료-공기 혼합비

29. 왕복기관을 시동할 때 기화기 공기 히터(carburetor air heater)의 조작장치 상태는?
① hot 위치
② neutral 위치
③ cracked 위치
④ cold(normal) 위치

30. 프로펠러 작동 시 원심(centrifugal) 비틀림 모멘트는 어떤 작용을 하는가?
① 피치각을 감소시킨다.
② 피치각을 증가시킨다.
③ 회전방향으로 깃(blade)을 굽히게(bend) 한다.
④ 비행 진행방향의 뒤쪽으로 깃(blade)을 굽히게 한다.

31. 다음 중 터보 제트 기관의 회전수가 일정할 때 밀도만 고려 시 추력이 가장 큰 경우는?
① 고도 10,000ft에서 비행할 때
② 고도 20,000ft에서 비행할 때
③ 대기온도 15℃인 해면에서 작동할 때
④ 대기온도 25℃인 지상에서 작동할 때

32. 항공기용 가스 터빈 기관 연료계통에서 연료 매니폴드로 가는 1차 연료와 2차 연료를 분배하는 역할을 하는 부품은?
① P&D 밸브   ② 체크 밸브
③ 스로틀 밸브   ④ 파워 레버

33. 오일의 점성은 다음 중 무엇을 측정하는 것인가?
① 밀도
② 발화점
③ 비중

④ 흐름에 대한 저항

34. 항공기관의 후기 연소기에 대한 설명으로 틀린 것은?
① 전면면적의 증가 없이 추력을 증가시킨다.
② 연료의 소비량 증가 없이 추력을 증가시킨다.
③ 총 추력의 약 50%까지 추력의 증가가 가능하다.
④ 고속 비행하는 전투기에 사용 시 추력이 증가된다.

35. 왕복 성형 기관의 크랭크축에서 정적 평형은 어느 것에 의해 이루어지는가?
① dynamic damper
② counter weight
③ dynamic suspension
④ split master rod

36. 밸브 가이드(valve guide)의 마모로 발생할 수 있는 문제점은?
① 높은 오일 소모량
② 낮은 오일 압력
③ 낮은 실린더 압력
④ 높은 오일 압력

37. [보기]에 나열된 왕복기관의 종류는 어떤 특성으로 분류한 것인가?

[보기] V형, X형, 대항형, 성형

① 기관의 크기
② 실린더의 회전 상태
③ 기관의 장착위치
④ 실린더의 배열 형태

38. 판재로 제작된 기관부품에 발생하는 결함으로서 움푹 눌린 자국을 무엇이라고 하는가?

① nick   ② dent
③ tear   ④ wear

39. 제트 기관 시동 시 EGT가 규정한계치 이상으로 증가하는 과열 시동의 원인이 아닌 것은?
① 연료의 과다 공급
② 연료조정장치의 고장
③ 시동기 공급 동력의 불충분
④ 압축기 입구부에서 공기 흐름의 제한

40. 일반적인 아음속기의 공기흡입구 형상으로 옳은 것은?
① 확산(divergent)형 덕트
② 수축(convergent)형 덕트
③ 수축-확산(convergent-divergent)형 덕트
④ 확산-수축(divergent-convergent)형 덕트

3과목 항공기체

41. 다음 중 항공기의 총무게(gross weight)에 대한 설명으로 옳은 것은?
① 항공기 무게 중심을 말한다.
② 기체무게에서 자기무게를 뺀 무게이다.
③ 항공기 내의 고정 위치에 실제로 장착되어 있는 하중이다.
④ 특정 항공기에 인가된 최대하중으로 형식증명서(type certificate)에 기재되어 있다.

42. 유효길이 20in의 토크 렌치에 10in인 연장공구를 사용하여 1000in-lbs의 토크로 볼트를 조이려고 한다면 토크 렌치의 지시값은 약 몇 in-lbs인가?

① 100　　　② 333
③ 666　　　④ 2,000

43. 금속재료의 인장시험에 대한 설명으로 옳은 것은?
① 재료시험편을 서서히 인장시켜 항복점, 인장강도, 연신율 등을 측정하는 시험이다.
② 재료시험편을 서서히 인장시켜 브리넬 경도, 로크웰 경도 등을 측정하는 시험이다.
③ 재료시험편을 서서히 인장시켰을 때 탄성에 의한 비커스 경도, 쇼어 경도 등을 측정하는 시험이다.
④ 재료시험편을 서서히 인장시켜 충격에 의한 충격강도, 취성강도를 측정하는 것이다.

44. 항공기 재료인 알루미늄 합금은 어디에 해당하는가?
① 철금속　　② 비철금속
③ 비금속　　④ 복합재료

45. 세미모노코크(semi-monocoque) 구조 형식의 항공기에서 동체가 비틀림 하중에 의해 변형되는 것을 방지하는 역할을 하며 프레임과 유사한 모양의 부재는?
① 표피(skin)
② 스트링어(stringer)
③ 스파(spar)
④ 벌크헤드(bulkhead)

46. 세미모노코크(semi-monocoque) 구조 형식 날개의 구성 부재가 아닌 것은?
① 표피(skin)　　② 링(ring)
③ 스파(spar)　　④ 리브(rib)

47. 가스용접기에서 가스용기와 토치를 연결하는 호스의 구분에 대한 설명으로 옳은 것은?
① 산소호스는 노란색, 아세틸렌가스호스는 검정색으로 표시한다.
② 산소호스는 빨간색, 아세틸렌가스호스는 하얀색으로 표시한다.
③ 산소호스는 녹색(또는 초록색), 아세틸렌가스호스는 빨간색으로 표시한다.
④ 산소호스와 아세틸렌가스호스는 호스에 기호를 표시하여 구별한다.

48. 그림과 같은 단면에서 y축에 관한 단면의 1차 모멘트는 몇 cm^3인가? (단, 점선은 단면의 중심선을 나타낸 것이다.)

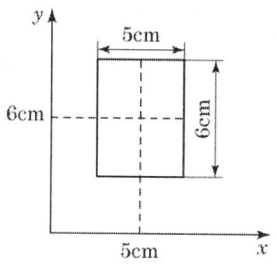

① 150　　② 180
③ 200　　④ 220

49. SAE 6150 합금강에서 숫자 "6"이 의미하는 것은?
① 크롬-바나듐강
② 4%의 탄소강
③ 크롬-몰리브덴강
④ 0.04%의 탄소강

50. 판금 작업 시 구부리는 판재에서 바깥면의 굽힘 연장선의 교차점과 굽힘 접선과의 거리를 무엇이라 하는가?
① 세트 백(set back)
② 굽힘각도(degree of bend)
③ 굽힘여유(bend allowance)
④ 최소 반지름(minimum radius)

51. 판금성형 작업 시 릴리프 홀(relief hole)

의 지름치수는 몇 인치 이상의 범위에서 굽힘 반지름의 치수로 하는가?
① 1/32 ② 1/16
③ 1/8   ④ 1/4

52. 접개식 강착장치(retractable landing gear)에서 부주의로 인해 착륙장치가 접히는 것을 방지하기 위한 안전장치로 나열한 것은?
① DOWN LOCK, SAFETY PIN, UP LOCK
② DOWN LOCK, UP LOCK, GROUND LOCK
③ UP LOCK, SAFETY PIN, GROUND LOCK
④ DOWN LOCK, SAFETY PIN, GROUND LOCK

53. 그림과 같은 항공기에서 앞바퀴에 170kg, 뒷바퀴 전체에 총 540kg이 작용하고 있다면 중심 위치는 기준선으로부터 약 몇 m 떨어진 지점인가?

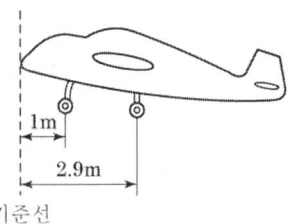

① 2.91 ② 2.45
③ 1.31 ④ 1

54. 항공기용 볼트의 부품번호가 "AN3H-5A"인 경우 이 볼트의 재질은?
① 알루미늄 합금   ② 내식강
③ 마그네슘 합금   ④ 합금강

55. 그림과 같은 $V-n$ 선도에서 조종사가 아무리 급격한 조작을 하여도 구조상 안전하여 기체가 파괴에 이르지 않는 비행상황에 해당되는 것은?

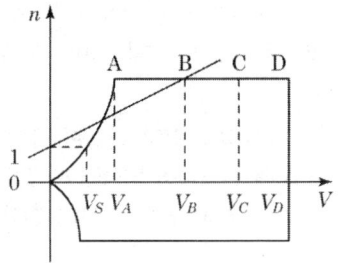

① A ② B
③ C ④ D

56. 두 판을 연결하기 위하여 외줄(single row) 둥근머리 리벳(round head rivet) 작업을 할 때 리벳 최소 연거리 및 리벳 간격으로 옳은 것은? (단, D는 리벳의 직경이다.)
① 연거리 : $\frac{1}{2}D$, 리벳 간격 : $2D$
② 연거리 : $2D$, 리벳 간격 : $3D$
③ 연거리 : $2\frac{1}{2}D$, 리벳 간격 : $2D$
④ 연거리 : $5D$, 리벳 간격 : $3D$

57. 페일 세이프(fail safe)의 구조 개념을 옳게 설명한 것은?
① 절대 파괴가 안 되는 완벽한 구조이다.
② 이상적인 목표나 실제로는 불가능한 구조이다.
③ 일부 구조물이 파손되더라도 전체 구조물의 안전을 보장하는 구조이다.
④ 파손이 일어나면 안전이 보장될 수 없다는 구조이다.

58. 조종간이나 방향키 페달의 움직임을 전기적인 신호로 변환하고 컴퓨터에 입력 후 전기, 유압식 작동기를 통해 조종계통을 작동하는 조종방식은?
① power control system
② automatic pilot system

③ fly-by-wire control system
④ push pull rod control system

59. 두 종류의 금속이 접촉한 곳에 습기가 침투하여 전해질이 형성될 때 전지현상에 의하여 양극이 되는 부분에 발생하는 부식은?
① 표면부식
② 점부식
③ 입자 간 부식
④ 이질금속 간 부식

60. 항공기 기체 구조의 리깅(rigging)작업 시 구조의 얼라인먼트(alignment) 점검 사항이 아닌 것은?
① 날개 상반각
② 수직 안정판 상반각
③ 수평 안정판 장착각
④ 착륙장치의 얼라인먼트

4과목   항공장비

61. 단파(HF) 통신에서 안테나 커플러(antenna coupler)의 주된 목적은?
① 송수신장치와 안테나를 접속시키기 위하여
② 송수신장치와 안테나의 전기적인 매칭(matching)을 위하여
③ 송수신장치에서 주파수 선택을 용이하게 하기 위하여
④ 송수신장치의 안테나를 항공기 기체에 장착하기 위하여

62. 다음 중 항공기 결빙을 막거나 조절하는 데 사용되는 방법이 아닌 것은?
① 아세톤 분사
② 고온공기 이용
③ 전기적 열에 의한 가열
④ 공기가 주입되는 부츠(boots)의 이용

63. 서로 다른 종류의 금속을 접합하여 온도계기로 사용하는 열전대(thermocouple)에 대한 설명으로 옳은 것은?
① 사용하는 금속은 동과 철이다.
② 브리지 회로를 만들어 전압을 공급한다.
③ 출력에 나타나는 전압은 온도에 반비례한다.
④ 지시계 접합부의 온도를 바이메탈로 냉점 보정한다.

64. 전자기파 60MHz 주파수에 파장은 몇 m인가?
① 5   ② 10
③ 15   ④ 20

65. 정류기(rectifier)의 기능은 무엇인가?
① 직류를 교류로 변환
② 계기 작동에 이용
③ 교류를 직류로 변환
④ 배터리 충전에 사용

66. 최댓값이 141.4V인 정현파 교류의 실효값은 약 몇 V인가?
① 90   ② 100
③ 200   ④ 300

67. 항공기 유압회로에서 필터(filter)에 부착되어 있는 차압지시계(differential pressure indicator)의 주된 목적은?
① 필터 엘리먼트(element)가 오염되어 있는 상태를 알기 위한 지시계이다.
② 필터 입력회로에 유압의 압력차를 지시하기 위한 지시계이다.
③ 필터 출력회로에서 귀환되어 유압의 압력차를 지시하기 위한 지시계이다.

④ 필터 출력회로에 압력이 높아질 경우 압력차를 알기 위한 지시계이다.

68. 다용도 측정기기 멀티미터(multimeter)를 이용하여 전압, 전류 및 저항 측정 시 주의사항이 아닌 것은?
① 전류계는 측정하고자 하는 회로에 직렬로, 전압계는 병렬로 연결한다.
② 저항계는 전원이 연결되어 있는 회로에 절대로 사용하여서는 아니 된다.
③ 저항이 큰 회로에 전압계를 사용할 때는 저항이 작은 전압계를 사용하여 계기의 션트 작용을 방지해야 한다.
④ 전류계와 전압계를 사용할 때는 측정 범위를 예상해야 하지만, 그렇지 못할 때는 큰 측정 범위부터 시작하여 적합한 눈금에서 읽게 될 때까지 측정 범위를 낮추어 간다.

69. 항공기에서 주 교류 전원이 없을 때 배터리 전원으로 교류전원을 발생시키는 장치는?
① 컨버터　② DC 발전기
③ 인버터　④ 바이브레이터

70. 위성통신에 관한 설명으로 틀린 것은?
① 지상에 위성 지구국과 우주에 위성이 필요하다.
② 통신의 정확성을 높이기 위하여 전파의 상향과 하향 링크 주파수는 같다.
③ 장거리 광역통신에 적합하고 통신거리 및 지형에 관계없이 전송 품질이 우수하다.
④ 위성 통신은 지상의 지구국과 지구국 또는 이동국 사이의 정보를 중계하는 무선통신방식이다.

71. 자기컴퍼스의 조명을 위한 배선 시 지시오차를 줄여주기 위한 효율적인 배선 방법으로 옳은 것은?
① −선을 가능한 한 자기컴퍼스 가까이에 접지시킨다.
② +선과 −선은 가능한 한 충분한 간격을 두고 −선에는 실드선을 사용한다.
③ 모든 전선은 실드선을 사용하여 오차의 원인을 제거한다.
④ +선과 −선을 꼬아서 합치고 접지점을 자기컴퍼스에서 충분히 멀리 뗀다.

72. 객실압력 경고 혼(horn)이 울리는 고도와 승객 산소 공급계통의 산소마스크가 자동으로 나타나게 되는 고도는 각각 몇 ft인가?
① 8,000ft, 14,000ft
② 8,000ft, 10,000ft
③ 10,000ft, 15,000ft
④ 10,000ft, 14,000ft

73. 자이로신 컴퍼스의 자방위판(컴퍼스 카드)은 어떤 신호에 의해 구동되는가?
① 플럭스 밸브에서 전기신호
② 방향 자이로 지시계(정침의)의 신호
③ 자이로 수평 지시계(수평의)의 신호
④ 초단파 전방위 무선 표시장치(VOR)의 신호

74. 다음 중 자장 항법 장치(independent position determining)가 아닌 장비는?
① VOR
② weather radar
③ GPWS
④ radio altimeter

75. 속도를 지시하는 방법으로 전압(total pressure)과 정압(static pressure) 차를 감지하여 해면고도에서의 밀도를 도입하여 계기에 지시하는 속도는?
① 등가대기속도(EAS)

② 진대기속도(TAS)
③ 지시대기속도(IAS)
④ 수정대기속도(CAS)

76. 다음 중 가변 용량 펌프에 해당하는 것은?
① 제로터형 펌프 ② 기어형 펌프
③ 피스톤형 펌프 ④ 베인형 펌프

77. 교류발전기의 출력 주파수를 일정하게 유지시키는 데 사용되는 것은?
① magn-amp
② brushless
③ carbon pile
④ constant speed drive

78. 배기가스를 히터로 사용하는 계통에서 부품의 결함을 검사하는 방법으로 가장 효율적인 것은?
① 자기탐상검사를 주기적으로 실시한다.
② 주기적으로 일산화탄소 감지시험을 한다.
③ 기관 오버홀 시 히터를 새것으로 교환한다.
④ 매 100시간마다 배기계통의 부품을 교환한다.

79. 전자식 객실 온도 조절기에서 혼합밸브의 목적은?
① 차가운 공기흐름의 방향 변화를 위해
② 공기를 가스에서 액체로 변화시키기 위해
③ 장치 내의 프레온과 오일을 혼합하기 위해
④ 더운 공기와 찬 공기를 혼합하여 분배하기 위해

80. 통신위성시스템에서 지구국의 일반적인 구성이 아닌 것은?
① 송·수신계   ② 감쇠계
③ 변·복조계   ④ 안테나계

항공산업기사 2014년 2회 (5월 25일)

1과목 항공역학

01. 프로펠러 항공기의 항속거리를 최대로 하기 위한 조건으로 옳은 것은? (단, C_{Dp}는 유해항력계수, C_{Di}는 유도항력계수이다.)
① $C_{Dp} = C_{Di}$ ② $C_{Dp} = 2C_{Di}$
③ $C_{Dp} = 3C_{Di}$ ④ $3C_{Dp} = C_{Di}$

02. 다음 중 프로펠러 효율에 대한 설명으로 옳은 것은?
① 축동력에 비례한다.
② 회전력계수에 비례한다.
③ 진행률에 비례한다.
④ 추력계수에 반비례한다.

03. 밀도가 $0.1 kg \cdot s^2/m^4$인 대기를 120m/s의 속도로 비행할 때 동압은 몇 kg/m^2인가?
① 520   ② 720
③ 1,020   ④ 1,220

04. 헬리콥터가 자전 강하(auto-rotation)를 하는 경우로 가장 적합한 것은?
① 무동력 상승비행
② 동력 상승비행
③ 무동력 하강비행
④ 동력 하강비행

05. 프로펠러의 회전수가 3,000rpm, 지름이 6ft, 제동마력이 400HP일 때 해발고도에서의 동력계수는 약 얼마인가? (단, 해발고도의 공기밀도는 0.002378slug/ft³이다.)

① 0.015   ② 0.035
③ 0.065   ④ 0.095

06. 헬리콥터를 전진비행 또는 원하는 방향으로의 비행을 위해 회전면을 기울여 주는 조종장치는?
① 페달
② 콜렉티브 조종 레버
③ 피치 암
④ 사이클릭 조종 레버

07. 다음 중 마하 트리머(mach trimmer)로 수정할 수 있는 주된 현상은?
① 더치 롤(dutch roll)
② 턱 언더(tuck under)
③ 나선 불안정(spiral divergence)
④ 방향 불안정(directional divergence)

08. 레이놀즈 수(Reynolds Number)에 대한 설명으로 틀린 것은?
① 단위는 cm^2/s이다.
② 동점성계수에 반비례한다.
③ 관성력과 점성력의 비를 표시한다.
④ 임계 레이놀즈 수에서 천이현상이 일어난다.

09. 다음 중 테이퍼형 날개(taper wing)의 실속 특성으로 옳은 것은?
① 날개 끝에서부터 실속이 일어난다.
② 날개 뿌리에서부터 실속이 일어난다.
③ 초음속에서 와류의 형태로 실속이 감소한다.
④ 스팬(span) 방향으로 균일하게 실속이 발생한다.

10. 고정 날개 항공기의 자전운동(auto rotation)이 발생할 수 있는 조건은?
① 낮은 받음각 상태
② 실속 받음각 이전 상태
③ 최대 받음각 상태
④ 실속 받음각 이후 상태

11. 유도항력계수에 대한 설명으로 옳은 것은?
① 유도항력계수와 유도항력은 반비례한다.
② 유도항력계수는 비행기 무게에 반비례한다.
③ 유도항력계수는 양력의 제곱에 반비례한다.
④ 날개의 가로세로비가 크면 유도항력계수는 작다.

12. 층류와 난류에 대한 설명으로 틀린 것은?
① 난류는 층류에 비해 마찰력이 크다.
② 난류는 층류보다 박리가 쉽게 일어난다.
③ 층류에서 난류로 변하는 현상을 천이라 한다.
④ 층류에서는 인접하는 유체층 사이에 유체입자의 혼합이 없고 난류에서는 혼합이 있다.

13. 비행기가 수평 비행 시 최소 속도를 나타낸 식으로 옳은 것은? (단, W : 비행기 무게, ρ : 밀도, S : 기준면적, $C_{L\max}$: 최대양력계수이다.)
① $\sqrt{\dfrac{2W\rho}{SC_{L\max}}}$
② $\sqrt{\dfrac{SW}{\rho C_{L\max}}}$
③ $\sqrt{\dfrac{2W}{\rho SC_{L\max}}}$
④ $\sqrt{\dfrac{2S\rho}{WC_{L\max}}}$

14. 무게가 1,500kg인 비행기가 30° 경사각, 100km/h의 속도로 정상선회를 하고 있을 때 선회반경은 약 몇 m인가?
① 13.6   ② 136.4
③ 1,364   ④ 1,500

15. 양항비가 10인 항공기가 고도 2,000m에서 활공 시 도달하는 활공거리는 몇 m인가?
① 10,000   ② 15,000
③ 20,000   ④ 40,000

16. 항공기에 장착된 도살 핀(dorsal fin)이 손상되었을 때 발생되는 현상은?
① 방향 안정성 증가
② 동적 세로 안정 감소
③ 방향 안정성 감소
④ 정적 세로 안정 증가

17. 이륙 중량이 1,500kg, 기관 출력이 250HP인 비행기가 해면 고도를 80%의 출력으로 180km/h로 순항비행할 때 양항비는?
① 5.0   ② 5.25
③ 6.0   ④ 6.25

18. 다음 중 뒤젖힘 날개의 가장 큰 장점은?
① 임계 마하수를 증가시킨다.
② 익단 실속을 막을 수 있다.
③ 유도항력을 무시할 수 있다.
④ 구조적 안전으로 초음속기에 적합하다.

19. 비행기의 방향 조종에서 방향키 부유각(float angle)에 대한 설명으로 옳은 것은?
① 방향키를 밀었을 때 공기력에 의해 방향키가 변위되는 각
② 방향키를 당겼을 때 공기력에 의해 방향키가 변위되는 각
③ 방향키를 고정했을 때 공기력에 의해 방향키가 변위되는 각

④ 방향키를 자유로 했을 때 공기력에 의해 방향키가 자유로이 변위되는 각

20. 다음 중 항공기의 가로안정성을 높이는 데 일반적으로 가장 기여도가 높은 것은?
① 수직 꼬리날개
② 주 날개의 상반각
③ 수평 꼬리날개
④ 주 날개의 후퇴각

2과목 항공기관

21. 다음 중 항공기 왕복기관에서 일반적으로 가장 큰 값을 갖는 것은?
① 마찰마력   ② 제동마력
③ 지시마력   ④ 모두 같다.

22. 다음 중 왕복기관에서 순환하는 오일에 열을 가하는 요인 중 가장 작은 영향을 주는 것은?
① 커넥팅 로드 베어링
② 연료펌프
③ 피스톤과 실린더 벽
④ 로커 암 베어링

23. 대형 터보팬 기관에서 역추력 장치를 작동시키는 방법은?
① 플랩 작동 시 함께 작동한다.
② 항공기의 자중에 따라 고정된다.
③ 제동장치가 작동될 때 함께 작동한다.
④ 스로틀 또는 파워 레버에 의해서 작동한다.

24. 다음 중 프로펠러를 회전시켜 추진력을 얻는 가스 터빈 기관은?
① 램제트 기관   ② 펄스제트 기관
③ 터보제트 기관   ④ 터보프롭 기관

25. 항공기 왕복기관을 작동 후 검사하여 보니 오일 소모량이 많고 점화플러그가 더러워졌다면 그 원인이 아닌 것은?
① 점화플러그 장착 불량
② 실린더 벽의 마모 증가
③ 피스톤 링의 마모 증가
④ 밸브 가이드의 마모 증가

26. 항공기 왕복기관 연료의 앤티노크(anti-knock) 제로 가장 많이 사용되는 것은?
① 벤젠   ② 4에틸납
③ 톨루엔   ④ 메틸알코올

27. 왕복기관에서 실린더의 압축비로 옳은 것은? (단, V_c : 간극 체적(clearance volume), V_s : 행정 체적이다.)
① $\dfrac{V_s}{V_c}$ ② $\dfrac{V_c + V_s}{V_s}$
③ $\dfrac{V_c}{V_s}$ ④ $\dfrac{V_s + V_c}{V_c}$

28. 속도 1,080km/h로 비행하는 항공기에 장착된 터보제트기관이 294kg/s로 공기를 흡입하여 400m/s로 배기시킬 때 비추력은 약 얼마인가?
① 8.2   ② 10.2
③ 12.2   ④ 14.2

29. 초음속 항공기의 기관에 사용하는 배기 노즐로 초음속 제트를 효율적으로 얻기 위한 노즐은?
① 수축 노즐   ② 확산 노즐
③ 수축확산 노즐   ④ 동축 노즐

30. 프로펠러 깃의 스테이션 넘버(station number)에 대한 설명으로 옳은 것은?

① 프로펠러 전연에서 후연으로 갈수록 감소한다.
② 프로펠러 허브에서 팁(tip)으로 갈수록 감소한다.
③ 프로펠러 전연(leading edge)에서 후연(trailing edge)으로 갈수록 증가한다.
④ 프로펠러 허브(hub)의 중앙은 스테이션 넘버 "0"이다.

31. 왕복기관의 지시마력을 구하는 방법은?
① 동력계로 측정한다.
② 마찰마력으로 구한다.
③ 지시선도(indicator diagram)를 이용한다.
④ 프로니 브레이크(prony brake)를 이용한다.

32. 가스 터빈 기관에서 연료/오일 냉각기의 목적에 대한 설명으로 옳은 것은?
① 연료와 오일을 함께 냉각한다.
② 연료는 가열하고 오일은 냉각한다.
③ 연료는 냉각하고 오일 속의 이물질을 가려낸다.
④ 연료 속의 이물질을 가려내고 오일은 냉각한다.

33. 왕복기관의 고압 마그네토(magneto)에 대한 설명으로 틀린 것은?
① 전기누설 가능성이 많은 고공용 항공기에 적합하다.
② 콘덴서는 브레이커 포인트와 병렬로 연결되어 있다.
③ 마그네토의 자기회로는 회전영구자석, 폴 슈(pole shoe) 및 철심으로 구성되었다.
④ 1차 회로는 브레이커 포인트가 붙어 있을 때에만 폐회로를 형성한다.

34. 그림과 같은 브레이턴(Brayton) 사이클의 P-V 선도에 대한 설명으로 옳은 것은?

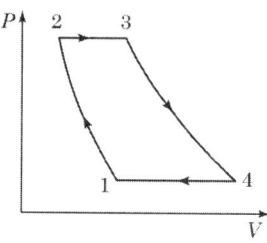

① 1-2 과정 중 온도는 일정하다.
② 2-3 과정 중 온도는 일정하다.
③ 3-4 과정 중 엔트로피는 일정하다.
④ 4-1 과정 중 엔트로피는 일정하다.

35. 왕복기관의 작동 여부에 따른 흡입 매니폴드(intake manifold)의 압력계가 나타내는 압력을 옳게 설명한 것은?
① 기관 정지 시 대기압과 같은 값, 작동하면 대기압보다 낮은 값을 나타낸다.
② 기관 정지 시 대기압보다 낮은 값, 작동하면 대기압보다 높은 값을 나타낸다.
③ 기관 정지 시나 작동 시 대기압보다 항상 낮은 값을 나타낸다.
④ 기관 정지 시나 작동 시 대기압보다 항상 높은 값을 나타낸다.

36. 정속 프로펠러에서 파일럿 밸브(pilot valve)를 작동시키는 힘을 발생시키는 것은?
① 프로펠러 감속기어
② 조속펌프 유압
③ 엔진오일 유압
④ 플라이웨이트

37. 가스 터빈 기관의 연료계통에서 연료필터(또는 연료여과기)는 일반적으로 어느 곳에 위치하는가?
① 항공기 연료탱크 위에 위치한다.
② 기관연료 펌프의 앞뒤에 위치한다.

③ 기관연료계통의 가장 낮은 곳에 위치한다.
④ 항공기 연료계통에서 화염원과 먼 곳에 위치한다.

38. 터빈 깃의 냉각방법 중 깃 내부를 중공으로 하여 차가운 공기가 터빈 깃을 통하여 스며 나오게 함으로써 터빈 깃을 냉각시키는 것은?
① 대류 냉각   ② 충돌 냉각
③ 공기막 냉각 ④ 증발 냉각

39. 다음 중 비가역 과정에서의 엔트로피 증가 및 에너지 전달의 방향성에 대한 이론을 확립한 법칙은?
① 열역학 제0법칙
② 열역학 제1법칙
③ 열역학 제2법칙
④ 열역학 제3법칙

40. 가스 터빈 기관의 정상 시동 시에 일반적인 시동 절차로 옳은 것은?
① starter "ON" → ignition "ON" → fuel "ON" → ignition "OFF" → starter "Cut-OFF"
② starter "ON" → fuel "ON" → ignition "ON" → ignition "OFF" → starter "Cut-OFF"
③ starter "ON" → ignition "ON" → fuel "ON" → starter "Cut-OFF" → ignition "OFF"
④ starter "ON" → fuel "ON" → ignition "ON" → starter "Cut-OFF" → ignition "OFF"

3과목 항공기체

41. 길이 200cm의 강철봉이 인장력을 받아 0.4cm의 신장이 발생하였다면 이 봉의 인장 변형률은?
① 15×10^{-4} ② 20×10^{-4}
③ 25×10^{-4} ④ 30×10^{-4}

42. 항공기의 고속화에 따라 기체재료가 알루미늄합금에서 티타늄합금으로 대체되고 있는데 티타늄합금과 비교한 알루미늄합금의 어떠한 단점 때문인가?
① 너무 무겁다.
② 전기저항이 너무 크다.
③ 열에 강하지 못하다.
④ 공기와의 마찰로 마모가 심하다.

43. 머리에 스크류 드라이버를 사용하도록 홈이 파여 있고 전단 하중만 걸리는 부분에 사용되며 조종계통의 장착용 핀 등으로 자주 사용되는 볼트는?
① 내부 렌치 볼트
② 아이 볼트
③ 육각머리 볼트
④ 클레비스 볼트

44. 거스트 로크(gust lock) 장치에 대한 설명으로 옳은 것은?
① 비행 중인 항공기의 조종면을 돌풍으로부터 파손되지 않게 고정시키는 장치이다.
② 내부 고정장치, 조종면 스누버, 외부 조종면 고정장치가 있다.
③ 동력 조종장치 항공기는 유압실린더의 댐퍼 작용으로 거스트 로크 장치가 반드시 필요하다.
④ 거스트 로크 장치는 지상에서 조작하지 않도록 해야 한다.

45. 세미모노코크(semi-monocoque) 형식의 동체구조에 대한 설명으로 옳은 것은?

① 구조재가 3각형을 이루는 기체의 뼈대가 하중을 담당하고 표피가 우포로 되어 있는 형식이다.
② 하중의 대부분을 표피가 담당하며, 금속이 각 껍질(shell)로 되어 있는 형식이다.
③ 스트링어(stringer), 벌크헤드(bulkhead), 프레임(frame) 및 외피(skin)로 구성되어 골격과 외피가 하중을 담당하는 형식이다.
④ 트러스재를 활용하여 강도를 보충하고 외피를 씌워 항력을 감소시킨 현대 항공기의 대표적인 형식이다.

46. 항공기 조종계통에 대한 설명으로 옳은 것은?
① 케이블을 왕복으로 설치하는 것은 피해야 한다.
② 케이블 장력이 커지면 풀리에 큰 반력이 생기고 마찰력이 커져 조종성이 떨어진다.
③ 케이블 풀리 간격이 조작하는 거리보다 짧아지는 것이 조종성 안정에 좋다.
④ 케이블 로드(rod)보다 작은 공간을 필요로 하므로 현대 항공기에서 많이 사용된다.

47. 그림과 같은 판재 가공을 위한 레이아웃에서 성형점(mold point)을 나타낸 것은?

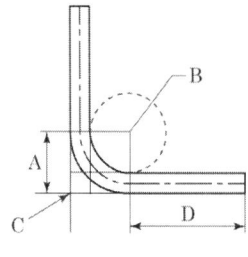

① A　　② B
③ C　　④ D

48. 다음 중 인성(toughness)에 대한 설명으로 옳은 것은?
① 재료에 온도를 서서히 증가하였을 때 조직 구조가 변형되는 현상이다.
② 재료의 시험편을 서서히 잡아 당겨서 파괴되었을 때 파단면의 조직이 변화된 현상이다.
③ 취성(brittleness)의 반대되는 성질로서 충격에 잘 견디는 성질을 말한다.
④ 재료를 일정한 온도와 하중을 가한 상태에서 시간에 따라 변형률이 변화하는 현상이다.

49. 가스 중에 아크를 발생시키면 가스는 이온화되어 원자 상태가 되고, 이때 다량의 열이 발생하는데 이 아크와 가스의 혼합물을 용접의 열원으로 이용하는 용접은?
① 플라스마 용접
② 금속 불활성가스 용접
③ 산소아세틸렌 용접
④ 텅스텐 불활성가스 용접

50. 항공기의 무게를 측정한 결과 그림과 같다면 이때 중심 위치는 MAC의 몇 %에 있는가? (단, 단위는 cm이다.)

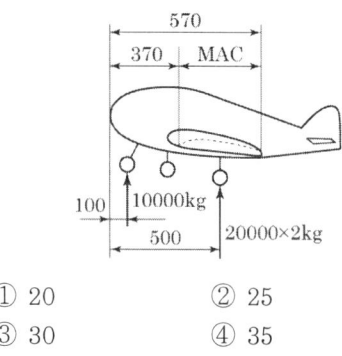

① 20　　② 25
③ 30　　④ 35

51. 그림과 같이 반대방향으로 하중이 작용하는 구조물에서 B-C 구간의 내력은 몇 N인가?

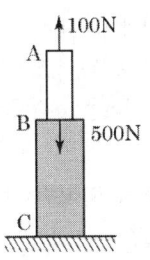

① 100   ② -100
③ 400   ④ -400

52. SAE 규격으로 표시한 합금강의 종류가 옳게 짝지어진 것은?
① 13×× : 망간강
② 23×× : 망간-크롬강
③ 51×× : 니켈-크롬-몰리브덴강
④ 61×× : 니켈-몰리브덴강

53. 그림과 같이 길이 l인 캔틸레버보의 자유단에 집중력 P가 작용하고 있다면 보의 최대 굽힘 모멘트는? (단, A는 보의 단면적, E는 탄성계수이다.)

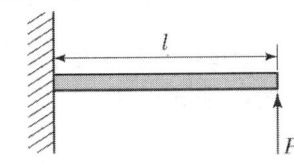

① $\dfrac{Pl^2}{2AE}$ ② $\dfrac{Pl}{AE}$
③ $\dfrac{P^2l}{2AE}$ ④ Pl

54. 리벳 작업 시 성형머리(bucktail)의 높이를 리벳지름(D)으로 옳게 나타낸 것은?
① 0.5D   ② 1D
③ 1.5D   ④ 2D

55. 복합재료(composite material)를 설명한 것으로 옳은 것은?
① 금속과 비금속을 배합한 합성재료
② 샌드위치 구조로 만들어진 합성재료
③ 2가지 이상의 재료를 화학반응을 일으켜 만든 합금재료
④ 2가지 이상의 재료를 일체화하여 우수한 성질을 갖도록 한 합성재료

56. 다음 중 이질 금속 간 부식이 가장 잘 일어날 수 있는 조합은?
① 납 - 철
② 구리 - 알루미늄
③ 구리 - 니켈
④ 크롬 - 스테인리스강

57. 응력 외피형 날개의 주요 구조 부재가 아닌 것은?
① 스파(spar)   ② 리브(rib)
③ 스킨(skin)   ④ 프레임(frame)

58. 완충효율이 우수하여 대형기의 착륙장치에 많이 사용되는 완충(shock absorber) 장치 형식은?
① 올레오(oleo)식
② 공기압력(air pressure)식
③ 평판 스프링(plate spring)식
④ 고무완충(rubber absorber)식

59. 리벳 머리 모양에 따른 분류기호 중 둥근 머리 리벳은?
① AN 426   ② AN 455
③ AN 430   ④ AN 470

60. 페일 세이프(fail-safe) 구조 중 큰 부재 대신에 같은 모양의 작은 부재 2개 이상을 결합시켜 하나의 부재와 같은 강도를 가지게 함으로써 치명적인 파괴로부터 안전을 유지할 수 있는 구조형식은?
① 이중구조(double structure)
② 대치구조(back-up structure)
③ 예비구조(redundant structure)
④ 하중경감구조(load dropping

structure)

4과목 항공장비

61. 항공기의 기압식 고도계를 QNE 방식에 맞춘다면 어떤 고도를 지시하는가?
① 기압고도 ② 진고도
③ 절대고도 ④ 밀도고도

62. 다음 중 유압계통의 장점이 아닌 것은?
① 원격조정이 용이하다.
② 과부하에 대해서도 안전성이 높다.
③ 장치상 구조는 복잡하나 신뢰성이 크다.
④ 운동속도의 조절 범위가 크고 무단변속을 할 수 있다.

63. 항공기 비상사태 시 승객을 보호하고 탈출 및 구출을 돕기 위한 비상 장비가 아닌 것은?
① 소화기
② 휴대용 버너
③ 구명보트
④ 비상 신호용 장비

64. 단거리 전파 고도계(LRRA)에 대한 설명으로 옳은 것은?
① 기압 고도계이다.
② 고고도 측정에 사용된다.
③ 평균 해수면 고도를 지시한다.
④ 전파 고도계로 항공기가 착륙할 때 사용된다.

65. 자동 방향 탐지기(ADF)의 구성 요소가 아닌 것은?
① 전파 자방위 지시계(RMI)

② 무지향성 표시 시설(NDB)
③ 자이로 컴퍼스(GYRO compass)
④ 루프(loop), 감도(sense) 안테나

66. 다음 중 계기 착륙 장치(ILS)와 관계가 없는 것은?
① 로컬라이저(localizer)
② 전방향 표시장치(VOR)
③ 마커 비컨(maker beacon)
④ 글라이드 슬로프(glide slope)

67. 항공기의 연료 탱크에 150lb의 연료가 있고 유량계기의 지시가 75PPH로 일정하다면 연료가 모두 소비되는 시간은?
① 30분 ② 1시간 30분
③ 2시간 ④ 2시간 30분

68. 납산 축전지(lead acid battery)에서 사용되는 전해액은?
① 수산화칼륨 용액
② 불산 용액
③ 수산화나트륨 용액
④ 묽은 황산 용액

69. 정전기 방전장치(static discharger)에 대한 설명으로 틀린 것은?
① 무선 수신기의 간섭 현상을 줄여주기 위해 동체 끝에 장착한다.
② 비닐이 씌워진 방전장치는 비닐 커버에서 1inch 나와 있어야 한다.
③ null-field 방전장치의 저항은 0.1Ω을 초과해서는 안 된다.
④ 항공기에 충전된 정전기가 코로나 방전을 일으킴으로써 무선통신기에 잡음방해를 발생시킨다.

70. 유압계통에서 장치의 작용과 펌프의 가압에서 발생하는 압력 서지(surge)를 완화시키는 것은?

① 축압기(accumulator)
② 체크 밸브(check valve)
③ 압력 조절기(pressure regulator)
④ 압력 릴리프 밸브(pressure relief valve)

71. 모든 부품을 항공기 구조에 전기적으로 연결하는 방법으로 고전압 정전기의 방전을 도와 스파크 현상을 방지시키는 역할을 하는 것은?
① 접지(earth)
② 본딩(bonding)
③ 공전(static)
④ 절제(temperance)

72. 압력센서의 전압값을 기준전압 5V의 10bit 분해능의 A/D 컨버터로 변환하려 한다면 센서의 출력 전압이 2.5V일 때 출력되는 이상적인 디지털 값은?

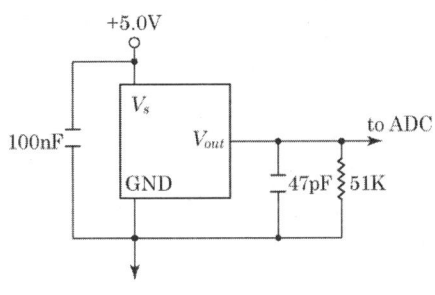

① 128　　② 256
③ 512　　④ 1,024

73. 지상의 항행원조시설 없이 항공기의 대지속도, 편류각, 비행거리를 직접적이고 연속적으로 구하여 장거리를 항행할 수 있게 하는 자립항법장치는?
① 오메가 항법　② 도플러 레이더
③ 전파 고도계　④ 관성 항법장치

74. 그림과 같은 회로에서 B와 C 단자 사이가 단선되었다면 저항계(ohm-meter)에 측정된 저항값은 몇 Ω인가?

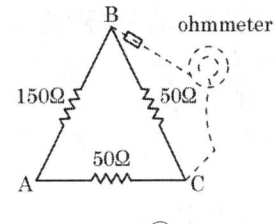

① 0　　② 50
③ 150　　④ 200

75. 다음 중 피토압에 영향을 받지 않는 계기는?
① 속도계　② 고도계
③ 승강계　④ 선회 경사계

76. 객실 여압계통에서 대기압이 객실 안의 기압보다 높은 경우 객실로 자유롭게 들어오도록 사용하는 장치로 진공 밸브라고도 하는 것은?
① 부압 릴리프 밸브
② 객실 하강률 조절기
③ 압축비 한계 스위치
④ 슈퍼차저 오버스피드 밸브

77. 광전 연기 탐지기(photo electric smoke detector)에 대한 설명으로 틀린 것은?
① 연기 탐지기 내부는 빛의 반사가 없도록 무광 흑색 페인트로 칠해져 있다.
② 연기 탐지기 내의 광전기 셀에서 연기를 감지하여 경고 장치를 작동시킨다.
③ 연기 탐지기 내부로 들어오는 연기는 항공기 내·외의 기압차에 의한다.
④ 광전기 셀은 정해진 온도에서 작동될 수 있도록 가스로 채워져 있다.

78. 지자기의 요소 중 지자기 자력선의 방향과 수평선 간의 각을 의미하는 요소는?
① 복각　② 수직분력
③ 계자철심　④ 수평분력

79. 직류발전기에서 정류작용을 일으키는 요소는?
① 계자권선
② 전기자 권선
③ 계자철심
④ 브러시와 정류자

80. 제빙 부츠를 취급할 때에 주의해야 할 사항으로 틀린 것은?
① 부츠 위에서 연료 호스(hose)를 끌지 않는다.
② 부츠 위에 공구나 정비에 필요한 공구를 놓지 않는다.
③ 부츠를 저장하는 경우 그리스나 오일로 깨끗하게 닦은 다음 기름종이로 덮어둔다.
④ 부츠에 흠집이나 열화가 확인되면 가능한 한 빨리 수리하거나 표면을 다시 코팅한다.

항공산업기사 2014년 4회 (9월 20일)

1과목 항공역학

01. 선회비행성능에 대한 설명으로 틀린 것은?
① 정상 선회를 하려면 원심력과 양력의 수평 성분이 같아야 한다.
② 원심력이 양력의 수평 성분인 구심력보다 더 크면 스키드(skid)가 나타난다.
③ 선회반경을 최소로 하기 위해서는 비행속도를 최소로 하고, 경사각 또한 최소로 하는 것이 좋다.
④ 슬립(slip)은 경사각이 너무 크거나 방향타의 조작량이 부족할 경우 일어나기 쉽다.

02. 날개에서 발생하는 와류(vortex)에 대한 설명으로 틀린 것은?
① 높은 받음각에서는 점성효과에 의한 유동박리(flow separation)로 발생하며 추가적인 양력 감소의 주요 요인이다.
② 와류면(vortex surface)을 걸쳐 압력 차이를 유지할 수 있는 날개표면와류(bound vortex)는 양력 발생과 직접적인 관련이 있다.
③ 날개의 양력분포에 따라 발생하여 공기흐름 방향(down-stream)으로 이동하며 유도항력 발생의 주요 요인이다.
④ 윙렛(winglet)은 날개 끝에서 발생하는 와류(wingtip vortex)에 의한 유도항력을 감소시키기 위한 효과적인 장치이다.

03. 날개면적이 100m²이고 평균공력시위가 5m일 때 가로세로비는 얼마인가?
① 1   ② 2
③ 3   ④ 4

04. 프로펠러의 역피치(reverse pitch)를 사용하는 주된 목적은?
① 후진비행을 위해서
② 추력의 증가를 위해서
③ 착륙 후의 제동을 위해서
④ 추력을 감소시키기 위해서

05. 비행속도가 100m/s이고 프로펠러를 지나는 공기의 속도는 비행속도와 유도속도의 합으로 120m/s가 된다면 공기의 밀도가 0.125kgf·s²/m⁴이고, 프로펠러 디스크의 면적이 2m²일 때 발생하는 추력은 몇 kgf인가?
① 300   ② 600
③ 1,200   ④ 3,000

06. 항공기 이륙거리를 줄이기 위한 방법이 아닌 것은?
① 항공기의 무게를 가볍게 한다.
② 플랩과 같은 고양력 장치를 사용한다.
③ 기관의 추력을 작게 하여 이륙 활주 중 가속도를 증가시킨다.
④ 맞바람을 받으면서 이륙하여 바람의 속도만큼 항공기의 속도를 증가시킨다.

07. 중량이 2,500kgf, 날개면적이 10m², 최대 양력계수가 1.6인 항공기의 실속 속도는 몇 m/s인가? (단, 공기의 밀도는 0.125kgf·s²/m⁴로 가정한다.)
① 40   ② 50
③ 60   ④ 100

08. 날개의 뒤젖힘각 효과(sweepback effect)에 대한 설명으로 옳은 것은?
① 방향안정과 가로안정 모두에 영향이 있다.
② 방향안정과 가로안정 모두에 영향이 없다.
③ 가로안정에는 영향이 있고 방향안정에는 영향이 없다.
④ 방향안정에는 영향이 있고 가로안정에는 영향이 없다.

09. 키돌이(loop) 비행 시 상단점에서의 하중배수를 0이라고 하면 이론적으로 하단점에서의 하중배수는 얼마인가?
① 0   ② 1
③ 3   ④ 6

10. 다음 중 날개의 캠버와 면적을 동시에 증가시켜 양력을 증가시키는 플랩은?
① 평 플랩(plain flap)
② 스플릿 플랩(split flap)
③ 파울러 플랩(fowler flap)
④ 슬로티드 평 플랩(slotted plain flap)

11. ICAO에서 설정한 해면고도 표준대기에 대한 값이 틀린 것은?
① 압력은 29.92inHg이다.
② 온도는 섭씨 0도이다.
③ 밀도는 1.225kg/m³이다.
④ 음속은 340.29m/s이다.

12. 항공기의 양항비가 8인 상태로 고도 600m에서 활공을 한다면 수평 활공 거리는 몇 m인가?
① 2,500   ② 3,200
③ 4,200   ④ 4,800

13. 다음 중 동점성계수의 단위는?
① m^2/s ② $kg \cdot s/m^2$
③ $kg/m \cdot s$ ④ $kg \cdot m/s^2$

14. 헬리콥터 날개의 지면효과를 가장 옳게 설명한 것은?
① 헬리콥터 날개의 기류가 지면의 영향을 받아 회전면 아래의 항력이 증가되어 헬리콥터의 무게가 증가되는 현상
② 헬리콥터 날개의 기류가 지면의 영향을 받아 회전면 아래의 양력이 증가되어 헬리콥터의 무게가 증가되는 현상
③ 헬리콥터 날개의 후류가 지면에 영향을 주어 회전면 아래의 항력이 증가되고 양력이 감소되는 현상
④ 헬리콥터 날개의 후류가 지면에 영향을 주어 회전면 아래의 압력이 증가되어 양력의 증가를 일으키는 현상

15. 동체에 붙는 날개의 위치에 따라 쳐든각 효과의 크기가 달라지는데 그 효과가 큰 것에서 작은 순서로 나열된 것은?
① 높은 날개 - 중간 날개 - 낮은 날개
② 낮은 날개 - 중간 날개 - 높은 날개
③ 중간 날개 - 낮은 날개 - 높은 날개
④ 높은 날개 - 낮은 날개 - 중간 날개

16. 제트 항공기가 최대 항속거리를 비행하기 위한 조건은?
① $\left(\dfrac{C_L}{C_D}\right)_{max}$ ② $\left(\dfrac{C_L^{\frac{1}{2}}}{C_D}\right)_{max}$
③ $\left(\dfrac{C_L^{\frac{3}{2}}}{C_D}\right)_{max}$ ④ $\left(\dfrac{C_L}{C_D^{\frac{1}{2}}}\right)_{max}$

17. 헬리콥터는 제자리 비행 시 균형을 맞추기 위해서 주회전 날개 회전면이 회전방향에 따라 동체의 좌측이나 우측으로 기울게 되는데 이는 어떤 성분의 역학적 평형을 맞추기 위해서인가? (단, x, y, z는 기체축(동체축) 정의를 따른다.)
   ① x축 모멘트의 평형
   ② x축 힘의 평형
   ③ y축 모멘트의 평형
   ④ y축 힘의 평형

18. 조종면에서 앞전 밸런스(leading edge balance)를 설치하는 주된 목적은?
   ① 양력 증가
   ② 조종력 경감
   ③ 항력 감소
   ④ 항공기 속도 증가

19. 양의 세로안정성을 가지는 일반형 비행기의 순항 중 트림 조건으로 알맞은 것은? (단, 화살표는 힘의 방향, ⊕는 무게중심을 나타낸다.)

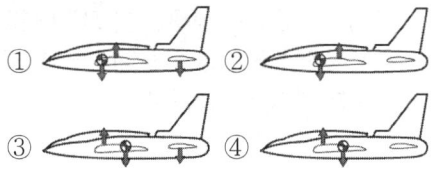

20. 경계층에 대한 설명으로 옳은 것은?
   ① 난류에서만 존재한다.
   ② 유체의 점성이 작용하는 영역이다.
   ③ 임계 레이놀즈 수 이상에서 생긴다.
   ④ 흐름의 속도에 영향을 받지 않는다.

항공기관

21. 다음 중 가스 터빈 기관에서 사용되는 시동기의 종류가 아닌 것은?
   ① 전기식 시동기(electric starter)
   ② 마그네토 시동기(magneto starter)
   ③ 시동 발전기(starter generator)
   ④ 공기식 시동기(pneumatic starter)

22. 가스 터빈 기관의 공기흡입 덕트(duct)에서 발생하는 램 회복점을 옳게 설명한 것은?
   ① 램 압력상승이 최대가 되는 항공기의 속도
   ② 마찰압력 손실이 최소가 되는 항공기의 속도
   ③ 마찰압력 손실이 최대가 되는 항공기의 속도
   ④ 흡입구 내부의 압력이 대기 압력으로 돌아오는 점

23. 그림과 같은 형식의 가스 터빈 기관을 무엇이라고 하는가?

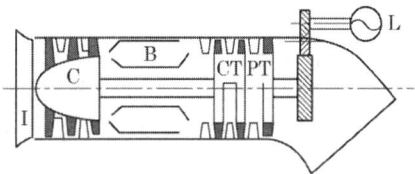

   ① 터보팬기관   ② 터보제트기관
   ③ 터보축기관   ④ 터보프롭기관

24. 열기관에서 열효율을 나타낸 식으로 옳은 것은?
   ① $\dfrac{일}{공급열량}$ ② $\dfrac{공급열량}{방출열량}$
   ③ $\dfrac{방출열량}{일}$ ④ $\dfrac{방출열량}{공급열량}$

25. 터빈 기관을 사용하는 도중 배기가스온도(EGT)가 높게 나타났다면 다음 중 주된 원인은?
   ① 연료필터 막힘
   ② 과도한 연료 흐름

③ 오일압력의 상승
④ 과도한 바이패스비

26. 열역학 제2법칙에 대한 설명이 아닌 것은?
① 에너지 전환에 대한 조건을 주는 법칙이다.
② 열과 일 사이의 에너지 전환과 보존을 말한다.
③ 열은 그 자체만으로는 저온 물체로부터 고온 물체로 이동할 수 없다.
④ 자연계에 아무 변화를 남기지 않고 어느 열원의 열을 계속하여 일로 바꿀 수는 없다.

27. 연료계통에 사용되는 릴리프 밸브(relief valve)에 대한 설명으로 옳은 것은?
① 연료펌프의 출구 압력이 규정치 이상으로 높아지면 펌프 입구로 되돌려 보낸다.
② 연료 여과기(fuel filter)가 막히면 계통 내에 여과기를 통과하지 않고 연료를 공급한다.
③ 연료 압력 지시부(fuel pressure transmitter)의 파손을 방지하기 위하여 소량의 연료만 통과시킨다.
④ 연료조정장치(fuel control unit)의 윤활을 위하여 공급되는 연료 압력을 조절한다.

28. 왕복기관에서 저압 점화 계통을 사용할 때 주된 단점과 관계되는 것은?
① 플래시 오버 ② 커패시턴스
③ 무게의 증대 ④ 고전압 코로나

29. 왕복기관 오일계통에 사용되는 슬러지 체임버(sludge chamber)의 위치는?
① 소기 펌프(scavenge pump)의 주위에
② 크랭크 축의 크랭크 핀(crank pin)에
③ 오일 저장탱크(oil storage tank) 내에
④ 크랭크 축 끝의 트랜스퍼 링(transfer ring)에

30. 가스 터빈 기관의 오일 필터를 손상시키는 힘이 아닌 것은?
① 고주파수로 인한 피로 힘
② 흐름체적으로 인한 압력 힘
③ 오일이 뜨거운 상태에서 발생하는 압력 힘
④ 열순환(thermal cycling)으로 인한 피로 힘

31. 다음 중 왕복기관의 출력에 가장 큰 영향을 미치는 압력은?
① 섬프압력
② 오일압력
③ 연료압력
④ 다기관압력(MAP)

32. 항공기 왕복기관의 연료계통에서 저속과 순항 운전 시 닫히지만 고속 운전 시 열려서 연소온도를 낮추고 디토네이션을 방지시킬 목적으로 농후 혼합비가 되도록 도와주는 밸브의 명칭은?
① 저속장치
② 혼합기 조절장치
③ 가속장치
④ 이코노마이저 장치

33. 프로펠러의 역추력(reverse thrust)은 어떻게 발생하는가?
① 프로펠러의 회전속도를 증가시킨다.
② 프로펠러의 회전강도를 증가시킨다.
③ 프로펠러를 부(negative)의 깃각으로 회전시킨다.
④ 프로펠러를 정(positive)의 깃각으로 회전시킨다.

34. 왕복기관의 진동을 감소시키기 위한 방법으로 틀린 것은?
① 압축비를 높인다.
② 실린더 수를 증가시킨다.
③ 피스톤의 무게를 적게 한다.
④ 평형추(counter weight)를 단다.

35. 다음 그림과 같은 오토(Otto) 사이클의 $P-V$ 선도에서 압축비를 나타낸 식은?

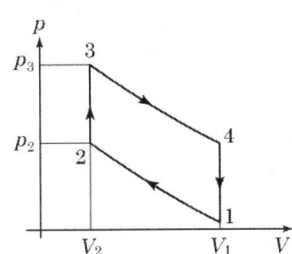

① $\dfrac{V_1}{V_2}$ ② $\dfrac{V_2}{V_1}$
③ $\dfrac{V_2}{V_1+V_2}$ ④ $\dfrac{V_1}{V_1+V_2}$

36. 정속 프로펠러를 사용하는 왕복기관에서 순항 시 스로틀 레버만을 움직여 스로틀을 증가시킬 때 나타나는 현상이 아닌 것은?
① 기관의 출력(HP)은 변하지 않는다.
② 기관의 흡기 압력(MAP)이 증가한다.
③ 프로펠러 블레이드 각도가 증가한다.
④ 기관의 회전수(RPM)는 변하지 않는다.

37. 가스 터빈 기관에서 가변 정익(variable stator vane)의 목적을 설명한 것으로 옳은 것은?
① 로터의 회전속도를 일정하게 한다.
② 유입공기의 절대속도를 일정하게 한다.
③ 로터에 대한 유입공기의 받음각을 일정하게 한다.
④ 로터에 대한 유입공기의 상대속도를 일정하게 한다.

38. 왕복기관의 피스톤 지름이 16cm인 피스톤에 65kgf/cm^{2}의 가스압력이 작용하면 피스톤에 미치는 힘은 약 몇 ton인가?
① 10 ② 11
③ 12 ④ 13

39. 가스 터빈 기관에서 축류 압축기의 1단당 압력비가 1.8일 때 압축기가 3단이라면 압력비는 약 얼마인가?
① 4.4 ② 5.8
③ 6.5 ④ 7.8

40. 흡입 밸브와 배기 밸브의 팁 간극이 모두 너무 클 경우 발생하는 현상은?
① 점화시기가 느려진다.
② 오일 소모량이 감소한다.
③ 실린더의 온도가 낮아진다.
④ 실린더의 체적효율이 감소한다.

3과목 항공기체

41. 중심축을 중심으로 대칭인 일정한 직사각형 단면으로 이루어진 보에 하중이 작용하고 있다. 이때 보의 수직응력 중 최대인장 및 압축응력을 나타낸 것으로 옳은 것은? (단, M: 굽힘 모멘트, I: 단면의 관성 모멘트, c: 중립축으로부터 양과 음의 방향으로 맨 끝 요소까지의 거리이다.)
① $\dfrac{c}{MI}$ ② $\dfrac{I}{Mc}$
③ $\dfrac{Mc}{I}$ ④ $\dfrac{Ic}{M}$

42. 다음 중 용접 조인트 형식에 속하지 않는 것은?
① lap joint ② tee joint

③ butt joint　④ double joint

43. 클레비스 볼트(clevis bolt)에 대한 설명으로 틀린 것은?
① 인장하중이 걸리는 곳에 사용한다.
② 전단하중이 걸리는 곳에 사용한다.
③ 조종 계통에 기계적인 핀의 역할로 끼워진다.
④ 보통 스크류 드라이버나 십자 드라이버를 사용한다.

44. 날개의 가동장치에서 날개 앞전부분의 일부를 앞으로 밀어내어 날개 본체와 간격을 만들어 높은 압력의 공기를 날개의 윗면으로 유도하여 날개의 윗면을 따라 흐르는 기류의 떨어짐을 막고 실속 받음각을 증가시키는 동시에 최대 양력을 증대시키는 장치는?
① 플랩　② 스포일러
③ 슬랫　④ 이중 간격 플랩

45. 첨단 복합재료로서 가장 오래 전부터 실용화를 시도한 섬유이며 가격이 비교적 비싸고 화학 반응성이 커서 취급에 어려운 강화섬유는?
① 알루미나 섬유　② 탄소 섬유
③ 아라미드 섬유　④ 보론 섬유

46. 대형 항공기의 날개에 부착되는 2차 조종면으로서 비행 중에 옆놀이 보조장치로도 사용되는 것은?
① 도움날개　② 뒷전 플랩
③ 스포일러　④ 앞전 플랩

47. 다음 중 일반적인 항공기의 $V-n$ 선도에서 최대 속도는?
① 설계급강하속도
② 실속 속도
③ 설계돌풍운용속도
④ 설계운용속도

48. 조종석에서 케이블 또는 케이블로부터 조종면으로 힘을 전달하는 장치가 아닌 것은?
① 페어 리드(fair lead)
② 쿼드런트(quadrant)
③ 토크 튜브(torque tube)
④ 케이블 드럼(cable drum)

49. 다음 중 장착 전에 열처리가 요구되는 리벳은?
① DD : 2024　② A : 1100
③ KE : 7050　④ M : MONEL

50. 높이가 H이고 폭이 B인 그림과 같은 직사각형의 무게중심을 원점으로 하는 X축에 대한 관성 모멘트는?

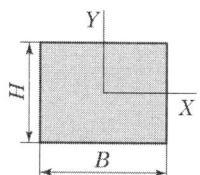

① $\dfrac{BH^3}{36}$　② $\dfrac{BH^3}{24}$
③ $\dfrac{BH^3}{12}$　④ $\dfrac{BH^3}{4}$

51. 응력 외피형 구조의 날개 스파가 주로 담당하는 하중은?
① 날개의 압축　② 날개의 진동
③ 날개의 비틀림　④ 날개의 굽힘

52. 다음 중 해수에 대해 내식성이 가장 강한 것은?
① 티타늄　② 알루미늄
③ 마그네슘　④ 스테인리스강

53. 항공기 구조설계의 변화를 시대적인 흐름 순서대로 옳게 나열한 것은?
① 페일세이프설계(fail safe design) → 안전수명설계(safe life design) → 손상허용설계(damage tolerance design)
② 손상허용설계(damage tolerance design) → 안전수명설계(safe life design) → 페일세이프설계(fail safe design)
③ 페일세이프설계(fail safe design) → 손상허용설계(damage tolerance design) → 안전수명설계(safe life design)
④ 안전수명설계(safe life design) → 페일세이프설계(fail safe design) → 손상허용설계(damage tolerance design)

54. 다음 중 볼트의 용도 및 식별에 대한 설명으로 가장 거리가 먼 내용은?
① 볼트머리의 X 표시는 합금강을 표시한 것이다.
② 볼트머리의 △ 표시는 내식강을 표시한 것이다.
③ 텐션 볼트(tension bolt)는 인장하중이 걸리는 곳에 사용된다.
④ 셰어 볼트(shear bolt)는 전단하중이 많이 걸리는 곳에 사용된다.

55. 양극처리(anodizing)에 대한 설명으로 옳은 것은?
① 양극피막은 전기에 대해 불량도체이다.
② 금속표면에 산화피막을 형성시키는 것이다.
③ 순수한 알루미늄을 황산에 담궈 얇게 코팅하는 것이다.
④ 부식에 대한 저항은 약해지지만 페인트칠하기에 좋은 표면이 형성된다.

56. 무게가 1,220lb이고, 모멘트가 30,500in.lb인 항공기에 무게가 80lb이고, 900in.lb의 모멘트를 갖는 장치를 장착하였다면 이 항공기의 무게중심 위치는 약 몇 in인가?
① 20   ② 24
③ 28   ④ 32

57. 지상활주 중 지면과 타이어 사이의 마찰에 의한 타이어 밑면의 가로축 방향의 변형과 바퀴의 선회 축 둘레의 진동과의 합성 진동에 의하여 발생하는 착륙장치의 불안정한 공진 현상을 감쇠시키는 것은?
① 올레오(oleo) 완충장치
② 시미 댐퍼(shimmy damper)
③ 번지 스프링(bungee spring)
④ 작동 실린더(actuating cylinder)

58. 0.040인치 두께의 판을 서로 접합하고자 할 때 다음 중 가장 적절한 리벳의 직경은?
① 6/32인치   ② 5/32인치
③ 4/32인치   ④ 3/32인치

59. 버킹 바(bucking bar)의 용도로 옳은 것은?
① 드릴을 고정하기 위해 사용한다.
② 리벳을 리벳 건에 끼우기 위해 사용한다.
③ 리벳의 머리를 절단하기 위해 사용한다.
④ 리벳 체결 시 반대편에서 벅 테일을 성형하기 위해 사용한다.

60. 실속 속도가 90mph인 항공기를 120mph로 비행 중에 조종간을 급히 당겼을 때 항공기에 걸리는 하중 배수는 약 얼마인가?
① 1.5   ② 1.78
③ 2.3   ④ 2.57

4과목 항공장비

61. 다음 중 연료 유량계의 종류가 아닌 것은?
① 차압식 유량계
② 부자식 유량계
③ 베인식 유량계
④ 동기 전동기식 유량계

62. proximity switch에 대한 설명으로 옳은 것은?
① switch와 피검출물과의 기계적 접촉을 없앤 구조의 switch이다.
② micro switch라고 불리며, 주로 착륙장치 및 플랩 등의 작동 전동기 제어에 사용된다.
③ switch의 knob를 돌려 여러 개의 switch를 하나로 담당한다.
④ 조작 레버가 동작 상태를 표시하는 것을 이용하여 조종실의 각종 조작 switch로 사용된다.

63. 저항 30Ω과 리액턴스 40Ω을 병렬로 접속하고 양단에 120V의 교류전압을 가했을 때 전전류는 몇 A인가?
① 5 ② 6
③ 7 ④ 8

64. 다음 중 전기적인 방빙을 사용하는 부분이 아닌 것은?
① 정압공 ② 피토 튜브
③ 코어 카울링 ④ 프로펠러

65. 객실여압조종 계통에서 등압 미터링 밸브가 열림 위치에 있을 때는?
① 객실 압력이 감소할 때
② 객실 고도가 감소할 때
③ 객실 압력이 증가할 때
④ 배출 밸브가 닫힐 때

66. 주파수 체배 증폭회로로 C급이 많이 사용되는 이유는?
① 찌그러짐이 적다.
② 능률이 적다.
③ 자려발진을 방지한다.
④ 고조파분이 많다.

67. 대형 항공기에서 주로 비상전원으로 사용하는 발전기로 유압펌프를 구동시켜 모든 발전기가 정지된 경우라도 유압을 사용할 수 있도록 하며 프로펠러의 피치를 거버너로 조절해서 정주파수의 발전을 하는 발전기는?
① 3상 교류발전기
② 공기 구동 교류발전기
③ 단상 교류발전기
④ 브러시리스 교류발전기

68. 마커 비컨(marker beacon)의 이너 마커(inner marker)의 주파수와 등(light)색은?
① 400Hz, 황색 ② 3,000Hz, 황색
③ 400Hz, 백색 ④ 3,000Hz, 백색

69. 변압기에 성층 철심을 사용하는 이유는?
① 동손을 감소시킨다.
② 유전체 손실을 적게 한다.
③ 와전류 손실을 감소시킨다.
④ 히스테리스 손실을 감소시킨다.

70. 자이로(gyro)에 관한 설명으로 틀린 것은?
① 강직성은 자이로 로터의 질량이 커질수록 강하다.
② 강직성은 자이로 로터의 회전이 빠를수록 강하다.
③ 섭동성은 가해진 힘의 크기에 반비례하고 로터의 회전속도에 비례한다.

④ 자이로를 이용한 계기로는 선회경사계, 방향자이로 지시계, 자이로 수평지시계가 있다.

71. 유압계통에서 유압작동 실린더의 움직임의 방향을 제어하는 밸브는?
① 체크 밸브
② 릴리프 밸브
③ 선택 밸브
④ 프라이오리티 밸브

72. 다음 중 항공기에 장착된 고정용 ELT(emergency locator transmitter)가 송신조건이 되었을 때 송신되는 주파수가 아닌 것은?
① 121.5MHz   ② 203.0MHz
③ 243.0MHz   ④ 406.0MHz

73. 지상에 설치된 송신소나 트랜스폰더를 필요로 하는 항법장치는?
① 거리측정장치(DME)
② 자동방향탐지기(ADF)
③ 2차 감시 레이더(SSR)
④ SELCAL(selective calling system)

74. 공함(pressure capsule)을 응용한 계기가 아닌 것은?
① 선회계   ② 고도계
③ 속도계   ④ 승강계

75. 다음 중 인천공항에서 출발한 항공기가 태평양을 지나면서 통신할 때 사용하는 적합한 장치는?
① MF 통신장치   ② LE 통신장치
③ VHF 통신장치   ④ HF 통신장치

76. 시동 토크가 크고 압력이 과대하게 되지 않으므로 시동 운전 시 가장 좋은 전동기는?

① 분권 전동기
② 직권 전동기
③ 복권 전동기
④ 화동복권 전동기

77. 자기 컴퍼스의 정적 오차에 속하지 않는 것은?
① 자차   ② 불이차
③ 북선 오차   ④ 반원차

78. 자동조종 항법장치에서 위치정보를 받아 자동적으로 항공기를 조종하여 목적지까지 비행시키는 기능은?
① 유도 기능   ② 조종 기능
③ 안정화 기능   ④ 방향탐지 기능

79. 대형 항공기 공기조화 계통에서 기관으로부터 블리드(bleed)된 뜨거운 공기를 냉각시키기 위하여 통과시키는 곳은?
① 연료탱크   ② 물탱크
③ 기관 오일 탱크 ④ 열교환기

80. 화재감지계통(fire detector system)에 대한 설명으로 옳은 것은?
① 감지기의 꼬임, 눌림 등은 허용범위 이내이더라도 수정하는 것이 바람직하다.
② 감지기의 접속부를 분리했을 때에는 반드시 cooper crush gasket을 교환해야 한다.
③ 감지기의 절연저항 점검은 테스터기(multi-meter)로 충분하다.
④ ionization smoke detector는 수리를 위해서 기내에서 분해할 수 있다.

항공산업기사 2015년 1회 (3월 8일)

1과목 항공역학

01. 항공기가 세로 안정하다는 것은 어떤 것에 대해서 안정하다는 의미인가?
① 롤링(rolling)
② 피칭(pitching)
③ 요잉(yawing)과 피칭(pitching)
④ 롤링(rolling)과 피칭(pitching)

02. 비행기의 무게가 2,500kg, 큰 날개의 면적이 30m²이며, 해발고도에서의 실속 속도가 100km/h인 비행기의 최대 양력계수는 약 얼마인가? (단, 공기의 밀도는 0.125kg · s²/m⁴이다.)
① 1.5
② 1.7
③ 3.0
④ 3.4

03. 항공기 날개에서의 실속현상이란 무엇을 의미하는가?
① 날개상면의 흐름이 층류로 바뀌는 현상이다.
② 날개상면의 항력이 갑자기 0이 되는 현상이다.
③ 날개상면의 흐름속도가 급속히 증가하는 현상이다.
④ 날개상면의 흐름이 날개상면의 앞전 근처로부터 박리되는 현상이다.

04. 날개의 시위길이가 6m, 공기의 흐름 속도가 360km/h, 공기의 동점성계수가 0.3cm²/s일 때 레이놀즈 수는 약 얼마인가?
① 1×10^7
② 2×10^7
③ 1×10^8
④ 2×10^8

05. 헬리콥터의 자동회전(auto rotation) 비행에 대한 설명이 아닌 것은?
① 호버링의 일종으로 양력과 무게의 균형을 유지한다.
② 기관이 고장났을 경우 로터 블레이드의 독립적인 자유회전에 의한 강하비행을 말한다.
③ 위치에너지를 운동에너지로 바꾸면서 무동력으로 하강하는 것이다.
④ 공기흐름은 상향공기흐름을 일으켜 착륙에 필요한 양력을 발생시킨다.

06. 프로펠러 깃의 미소길이에 발생하는 미소 양력이 dL, 항력이 dD이고, 이때의 유효 유입각(effective advance angle)이 α라면 이 미소길이에서 발생하는 미소추력은?
① $dL\cos\alpha - dD\sin\alpha$
② $dL\sin\alpha - dD\cos\alpha$
③ $dL\cos\alpha + dD\sin\alpha$
④ $dL\sin\alpha + dD\cos\alpha$

07. 표준대기의 기온, 압력, 밀도, 음속을 옳게 나열한 것은?
① 15℃, 750mmHg, 1.5kg/m³, 330m/s
② 15℃, 760mmHg, 1.2kg/m³, 340m/s
③ 18℃, 750mmHg, 1.5kg/m³, 340m/s
④ 18℃, 760mmHg, 1.2kg/m³, 330m/s

08. 항공기의 동적 안정성이 양(+)인 상태에서의 설명으로 옳은 것은?

① 운동의 주기가 시간에 따라 일정하다.
② 운동의 주기가 시간에 따라 점차 감소한다.
③ 운동의 진폭이 시간에 따라 점차 감소한다.
④ 운동의 고유진동수가 시간에 따라 점차 감소한다.

09. 무게가 500lbs인 비행기의 마력곡선이 그림과 같다면 수평정상비행할 때 최대 상승률은 몇 ft/min인가? (단, HP_{req}는 필요마력, HP_{av}는 이용마력, 비행경로선과 추력선 사이각, 비행경로각은 작다.)

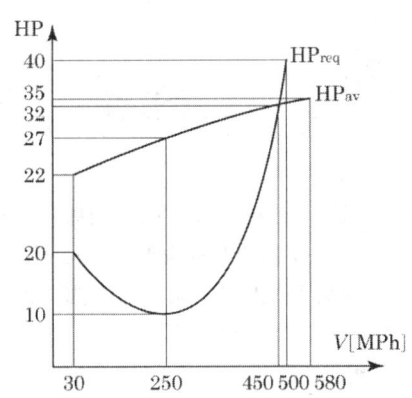

① 1122　　② 1555
③ 2360　　④ 2500

10. 비행기의 방향안정에 일차적으로 영향을 주는 것은?
① 수평꼬리날개　② 플랩
③ 수직꼬리날개　④ 날개의 쳐든각

11. 항공기 주위를 흐르는 공기의 레이놀즈 수와 마하수에 대한 설명으로 틀린 것은?
① 마하수는 공기의 온도가 상승하면 커진다.
② 레이놀즈 수는 공기의 속도가 증가하면 커진다.
③ 마하수는 공기 중의 음속을 기준으로 나타낸다.
④ 레이놀즈 수는 공기흐름의 점성을 기준으로 한다.

12. 유체흐름을 이상유체(ideal fluid)로 설정하기 위한 조건으로 옳은 것은?
① 압력변화가 없다.
② 온도변화가 없다.
③ 흐름속도가 일정하다.
④ 점성의 영향을 무시한다.

13. 프로펠러에 흡수되는 동력과 프로펠러 회전수(n), 프로펠러 지름(D)에 대한 관계로 옳은 것은?
① n의 제곱에 비례하고 D의 제곱에 비례한다.
② n의 제곱에 비례하고 D의 3제곱에 비례한다.
③ n의 3제곱에 비례하고 D의 4제곱에 비례한다.
④ n의 3제곱에 비례하고 D의 5제곱에 비례한다.

14. 비행기의 조종력을 결정하는 요소가 아닌 것은?
① 조종면의 크기
② 비행기의 속도
③ 비행기의 추진효율
④ 조종면의 힌지 모멘트 계수

15. 정상선회에 대한 설명으로 옳은 것은 어느 것인가?
① 경사각이 크면 선회반경은 커진다.
② 선회반경은 속도가 클수록 작아진다.
③ 경사각이 클수록 하중배수는 커진다.
④ 선회 시 실속 속도는 수평비행 실속 속도보다 작다.

16. 헬리콥터 회전날개의 추력을 계산하는 데 사용되는 이론은?

① 기관의 연료소비율에 따른 연소 이론
② 로터 블레이드의 코닝각의 속도변화 이론
③ 로터 블레이드의 회전관성을 이용한 관성 이론
④ 회전면 앞에서의 공기유동량과 회전면 뒤에서의 공기유동량의 차이를 운동량에 적용한 이론

17. 비행기가 착륙할 때 활주로 15m 높이에서 실속 속도보다 더 빠른 속도로 활주로에 진입하며 강하하는 이유는?
① 비행기의 착륙거리를 줄이기 위해서
② 지면효과에 의한 급격한 항력증가를 줄이기 위해서
③ 항공기 소음을 속도증가를 통해 감소시키기 위해서
④ 지면 부근의 돌풍에 의한 비행기의 자세교란을 방지하기 위해서

18. 프로펠러 항공기가 최대 항속거리로 비행할 수 있는 조건으로 옳은 것은? (단, C_D는 항력계수, C_L은 양력계수이다.)
① $\left(\dfrac{C_D}{C_L}\right)$ 최대
② $\left(\dfrac{C_L^{\frac{1}{2}}}{C_D}\right)$ 최대
③ $\left(\dfrac{C_L}{C_D}\right)$ 최대
④ $\left(\dfrac{C_D^{\frac{1}{2}}}{C_L}\right)$ 최대

19. 그림과 같은 항공기의 운동은 어떤 운동의 결합으로 볼 수 있는가?

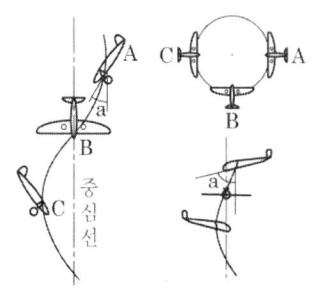

① 자전운동(autorotation)+수직강하
② 자전운동(autorotation)+수평선회
③ 균형선회(turn coordination)+빗놀이
④ 균형선회(turn coordination)+수직강하

20. 날개 뿌리 시위길이가 60cm이고 날개 끝 시위길이가 40cm인 사다리꼴 날개의 한쪽 날개 길이가 150cm일 때 평균 시위길이는 몇 cm인가?
① 40   ② 50
③ 60   ④ 75

2과목 항공기관

21. 체적 10cm³ 속의 완전 기체가 압력 760 mmHg 상태에서 체적이 20cm³로 단열팽창하면 압력은 몇 mmHg로 변하는가? (단, 비열비는 1.4이다.)
① 217   ② 288
③ 302   ④ 364

22. 왕복기관의 마그네토가 점화에 유효한 고전압을 발생할 수 있는 최소 회전속도를 무엇이라 하는가?
① E갭 스피드(E-gap speed)
② 아이들 회전수(idle speed)
③ 2차 회전수(secondary speed)
④ 커밍-인 스피드(coming-in speed)

23. 항공기용 왕복기관의 밸브 개폐 시기가 다음과 같다면 밸브 오버랩(valve overlap)은 몇 도(°)인가?

| I.O : 30° BTC | E.O : 60° BBC |
| I.C : 60° ABC | E.C : 15° ATC |

① 15 ② 45
③ 60 ④ 75

24. 가스 터빈 기관의 효율이 높을수록 얻을 수 있는 장점이 아닌 것은?
① 연료소비율이 작아진다.
② 활공거리를 길게 할 수 있다.
③ 같은 적재 연료에서 항속거리를 길게 할 수 있다.
④ 필요한 적재 연료의 감소분만큼 유상 하중을 증가시킬 수 있다.

25. 팬 블레이드의 미드 스팬 슈라우드(mid span shroud)에 대한 설명으로 틀린 것은?
① 유입되는 공기의 흐름을 원활하게 하여 공기역학적인 항력을 감소시킨다.
② 팬 블레이드 중간에 원형 링을 형성하게 설치되어 있다.
③ 상호 마찰로 인한 마모현상을 줄이기 위해 주기적으로 코팅을 한다.
④ 공기흐름에 의한 블레이드의 굽힘현상을 방지하는 기능을 한다.

26. 항공기 기관용 윤활유의 점도지수(viscosity Index)가 높다는 것은 무엇을 의미하는가?
① 온도변화에 따른 윤활유의 점도 변화가 작다.
② 온도변화에 따른 윤활유의 점도 변화가 크다.
③ 압력변화에 따른 윤활유의 점도 변화가 작다.
④ 압력변화에 따른 윤활유의 점도 변화가 크다.

27. [보기]에서 왕복기관과 비교했을 때 가스 터빈 기관의 장점만을 나열한 것은?

(A) 중량당 출력이 크다.
(B) 진동이 작다.
(C) 소음이 작다.
(D) 높은 회전수를 얻을 수 있다.
(E) 윤활유의 소모량이 적다.
(F) 연료소모량이 적다.

① (A), (B), (D), (E)
② (A), (C), (D), (F)
③ (B), (C), (E), (F)
④ (A), (D), (E), (F)

28. 경항공기에서 프로펠러 감속기어(reduction gear)를 사용하는 주된 이유는?
① 구조를 간단히 하기 위하여
② 깃의 숫자를 많게 하기 위하여
③ 깃 끝의 속도를 제한하기 위하여
④ 프로펠러 회전속도를 증가시키기 위하여

29. 정속 프로펠러에서 프로펠러가 과속상태(over speed)가 되면 조속기 플라이웨이트(flyweight)의 상태는?
① 밖으로 벌어진다.
② 무게가 감소된다.
③ 안으로 오므라든다.
④ 무게가 증가된다.

30. 왕복기관 실린더를 분해 및 조립할 때 주의사항으로 틀린 것은?
① 실린더를 장착할 때 12시 방향의 너트를 먼저 조인 후 다른 너트를 조인다.
② 실린더를 떼어내기 전에 외부에 부착된 부품들을 먼저 떼어낸다.
③ 실린더를 떼어낼 때 피스톤 행정을 배기 상사점 위치에 맞춘다.
④ 실린더를 장착할 때 피스톤 링의 터진 방향을 링의 개수에 따라 균등한 각도로 맞춘다.

31. 가스 터빈 기관에서 압축기 실속(compressor stall)의 원인이 아닌 것은 어느 것인가?
① 압축기의 손상
② 터빈의 변형 또는 손상
③ 설계 rpm 이하에서의 기관 작동
④ 기관 시동용 블리드 공기의 낮은 압력

32. 왕복기관 동력을 발생시키는 행정은?
① 흡입행정 ② 압축행정
③ 팽창행정 ④ 배기행정

33. 가스 터빈 기관의 시동 계통에서 자립회전속도(self-accelerating speed)의 의미로 옳은 것은?
① 시동기를 켤 때의 회전속도
② 점화가 일어나서 배기가스 온도가 증가되기 시작하는 상태에서의 회전속도
③ 아이들(idle) 상태에 진입하기 시작했을 때의 회전속도
④ 시동기의 도움 없이 스스로 회전하기 시작하는 상태에서의 회전속도

34. 윤활유 여과기에 대한 설명으로 옳은 것은?
① 카트리지형은 세척하여 재사용이 가능하다.
② 여과능력은 여과기를 통과할 수 있는 입자의 크기인 미크론(micron)으로 나타낸다.
③ 바이패스 밸브는 기관 정지 시 윤활유의 역류를 방지하는 역할을 한다.
④ 바이패스 밸브는 필터 출구압력이 입구압력보다 높을 때 열린다.

35. 항공기 왕복기관의 오일 탱크 안에 부착된 호퍼(hopper)의 주된 목적은?
① 오일을 냉각시켜 준다.
② 오일 압력을 상승시켜 준다.
③ 오일 내의 연료를 제거시켜 준다.
④ 시동 시 오일의 온도 상승을 돕는다.

36. 단열변화에 대한 설명으로 옳은 것은?
① 팽창일을 할 때는 온도가 올라가고 압축일을 할 때는 온도가 내려간다.
② 팽창일을 할 때는 온도가 내려가고 압축일을 할 때는 온도가 올라간다.
③ 팽창일을 할 때와 압축일을 할 때에 온도가 모두 올라간다.
④ 팽창일을 할 때와 압축일을 할 때에 온도가 모두 내려간다.

37. 부자식 기화기에서 기관이 저속 상태일 때 연료를 분사하는 장치는?
① venturi
② main discharge nozzle
③ main or orifice
④ idle discharge nozzle

38. 가스 터빈 기관의 연소실에 부착된 부품이 아닌 것은?
① 연료 노즐 ② 선회깃
③ 가변정익 ④ 점화플러그

39. 항공기 왕복기관의 제동마력과 단위시간당 기관이 소비한 연료 에너지와의 비는 무엇인가?
① 제동 열효율 ② 기계 열효율
③ 연료소비율 ④ 일의 열당량

40. 다음 중 민간 항공기용 가스 터빈 기관에 주로 사용되는 연료는?
① JP-4 ② Jet A-1
③ JP-8 ④ Jet B-5

3과목 항공기체

41. 복합재료에서 모재(matrix)와 결합되는 강화재(reinforcing material)로 사용되지 않는 것은?
① 유리　　② 탄소
③ 에폭시　④ 보론

42. 접개들이 착륙장치를 비상으로 내리는 (down) 3가지 방법이 아닌 것은?
① 핸드 펌프로 유압을 만들어 내린다.
② 축압기에 저장된 공기압을 이용하여 내린다.
③ 핸들을 이용하여 기어의 업(up)래크를 풀었을 때 자중에 의하여 내린다.
④ 기어 핸들 밑에 있는 비상 스위치를 눌러서 기어를 내린다.

43. 조종간의 작동에 대한 설명으로 옳은 것은?
① 조종간을 뒤로 당기면 승강타가 내려간다.
② 조종간을 앞으로 밀면 양쪽의 보조날개가 내려간다.
③ 조종간을 왼쪽으로 움직이면 왼쪽의 보조날개가 내려간다.
④ 조종간을 오른쪽으로 움직이면 왼쪽의 보조날개가 내려간다.

44. 판재를 절단하는 가공 작업이 아닌 것은?
① 펀칭(punching)
② 블랭킹(blanking)
③ 트리밍(trimming)
④ 크림핑(crimping)

45. 진주색을 띠고 있는 알루미늄합금 리벳은 어떤 방식 처리를 한 것인가?
① 양극처리를 한 것이다.
② 금속도료로 도장한 것이다.
③ 크롬산아연으로 도금한 것이다.
④ 니켈, 마그네슘으로 도금한 것이다.

46. 용접작업에 사용되는 산소·아세틸렌 토치 팁(tip)의 재질로 가장 적당한 것은?
① 납 및 납합금
② 구리 및 구리합금
③ 마그네슘 및 마그네슘합금
④ 알루미늄 및 알루미늄합금

47. 한쪽 끝은 고정되어 있고, 다른 한쪽 끝은 자유단으로 되어 있는 지름이 4cm, 길이가 200cm인 원기둥의 세장비는 약 얼마인가?
① 100　　② 200
③ 300　　④ 400

48. 연료를 제외한 적재된 항공기의 최대 무게를 나타내는 것은?
① 최대 무게(maximum weight)
② 영 연료 무게(zero fuel weight)
③ 기본 자기 무게(basic empty weight)
④ 운항 빈 무게(operating empty weight)

49. 샌드위치(sandwich) 구조에 대한 설명으로 옳은 것은?
① 트러스 구조의 대표적인 형식이다.
② 강도와 강성에 비해 다른 구조보다 두꺼워 항공기의 중량이 증가하는 편이다.
③ 동체의 외피 및 주요 구조 부분에 사용되는 경우가 많다.
④ 구조 골격의 설치가 곤란한 곳에 상하 외피 사이에 벌집 구조를 접착재로 고정하여 면적당 무게가 작고 강도가 큰 구조이다.

50. 항공기의 안전운항을 담당하는 기관에서 항공기를 사용 목적이나 소요 비행 상태의 정도에 따라 분류하여 정하는 하중배수와 같은 값이 될 때의 속도는?
   ① 설계운용속도
   ② 설계급강하속도
   ③ 설계순항속도
   ④ 설계돌풍운용속도

51. 플러시 머리(flush head) 리벳작업을 할 때 끝거리 및 리벳 간격의 최소기준으로 옳은 것은?
   ① 끝거리는 리벳직경의 2.5배 이상, 간격은 3배 이상
   ② 끝거리는 리벳직경의 3배 이상, 간격은 2배 이상
   ③ 끝거리는 리벳직경의 2배 이상, 간격은 3배 이상
   ④ 끝거리는 리벳직경의 3배 이상, 간격은 3배 이상

52. 다음 중 항공기의 부식을 발생시키는 요소로 볼 수 없는 것은?
   ① 탱크 내의 유기물
   ② 해면상의 대기 염분
   ③ 암회색의 인산철피막
   ④ 활주로 동결 방지제의 염산

53. 항공기의 무게중심이 기준선에서 90in에 있고, MAC의 앞전이 기준선에서 82in인 곳에 위치한다면 MAC가 32in인 경우 중심은 몇 % MAC인가?
   ① 15   ② 20
   ③ 25   ④ 35

54. 진공백을 이용한 항공기의 복합재료 수리 시 사용되는 것이 아닌 것은?
   ① 요크   ② 블리더
   ③ 필 플라이   ④ 브리더

55. 그림과 같은 항공기 동체 구조에 대한 설명으로 틀린 것은?

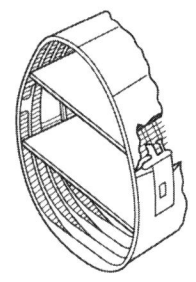

   ① 외피가 두꺼워져 미사일의 구조에 적합하다.
   ② 응력 스킨 구조의 대표적인 형식 중 하나이다.
   ③ 외피는 하중의 일부만 담당하고 나머지 하중은 골조 구조가 담당한다.
   ④ 벌크헤드, 프레임, 세로대, 스트링어, 외피 등의 부재로 이루어진다.

56. 고속 항공기 기체의 재료로서 알루미늄합금이 적합하지 않을 경우 티타늄합금으로 대체한다면 알루미늄합금의 어떠한 이유 때문인가?
   ① 마찰저항이 너무 크다.
   ② 온도에 대한 제1변태점이 비교적 낮다.
   ③ 충격에너지를 효과적으로 흡수하지 못한다.
   ④ 비중이 높아 항공기 기체의 중량이 너무 크다.

57. 케이블 조종계통에 사용되는 페어리드의 역할이 아닌 것은?
   ① 작은 각도의 범위에서 방향을 유도한다.
   ② 작동 중 마찰에 의한 구조물의 손상을 방지한다.
   ③ 케이블의 엉킴이나 다른 구조물과의 접촉을 방지한다.
   ④ 케이블의 직선운동을 토크 튜브의 회전운동으로 바꿔준다.

58. 그림과 같이 길이 L 전체에 등분포하중 q를 받고 있는 단순보의 최대전단력은?

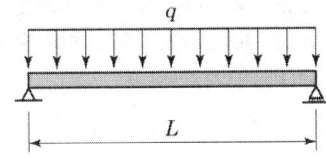

① $\dfrac{q}{L}$ ② $\dfrac{qL}{4}$
③ $\dfrac{qL}{2}$ ④ $\dfrac{qL^2}{8}$

59. 리벳을 열처리하여 연화시킨 다음 저온 상태의 아이스박스에 보관하면 리벳의 시효경화를 지연시켜 연화상태가 유지되는 리벳은?
① 1100 ② 2024
③ 2117 ④ 5056

60. [보기]와 같은 구조물을 포함하고 있는 항공기 부위는?

수평·수직안정판, 방향키, 승강키

① 착륙장치 ② 나셀
③ 꼬리날개 ④ 주날개

  항공장비

61. 황산납 축전지(lead acid battery)의 과충전상태를 의심할 수 있는 증상이 아닌 것은?
① 전해액이 축전지 밖으로 흘러나오는 경우
② 축전지에 흰색 침전물이 너무 많이 묻어 있는 경우
③ 축전지 셀의 케이스가 구부러졌거나 찌그러진 경우
④ 축전지 윗면 캡 주위에 약간의 탄산칼륨이 있는 경우

62. 외력을 가하지 않는 한 자이로가 우주공간에 대하여 그 자세를 계속적으로 유지하려는 성질은?
① 방향성 ② 강직성
③ 지시성 ④ 섭동성

63. 항공기 조리실이나 화장실에서 사용한 물은 배출구를 통해 밖으로 빠져나가는데 이때 결빙방지를 위해 사용되는 전원에 대한 설명으로 옳은 것은?
① 지상에서는 저전압, 공중에서는 고전압 전원이 항상 공급된다.
② 공중에서는 저전압, 지상에서는 고전압 전원이 항상 공급된다.
③ 공중에서만 전원이 공급되며, 이때 전원은 고전압이다.
④ 지상에서만 전원이 공급되며, 이때 전원은 저전압이다.

64. 운항 중 목표 고도로 설정한 고도에 진입하거나 벗어났을 때 경보를 냄으로써 조종사의 실수를 방지하기 위한 장치는?
① selcal
② radio altimeter
③ altitude alert system
④ air traffic control

65. 고도계에서 발생되는 오차가 아닌 것은?
① 북선 오차 ② 기계 오차
③ 온도 오차 ④ 탄성 오차

66. 유압계통에서 압력조절기와 비슷한 역할을 하지만 압력조절기보다 약간 높게 조절되어 있어 그 이상의 압력이 되면 작동되는 장치는?
① 체크 밸브 ② 리저버

③ 릴리프 밸브 ④ 축압기

67. 항공기 계기의 분류에서 비행계기에 속하지 않는 것은?
① 고도계 ② 회전계
③ 선회경사계 ④ 속도계

68. 항공계기의 구비 조건이 아닌 것은?
① 정확성 ② 대형화
③ 내구성 ④ 경량화

69. 미국연방항공국(FAA)의 규정에 명시된 항공기의 최대 객실고도는 약 몇 ft인가?
① 6,000 ② 7,000
③ 8,000 ④ 9,000

70. 정비를 위한 목적으로 지상근무자와 조종실 사이의 통화를 위한 장치는?
① cabin interphone system
② flight interphone system
③ passenger address system
④ service interphone system

71. 화재탐지기로 사용하는 장치가 아닌 것은?
① 유닛식 탐지기
② 연기 탐지기
③ 이산화탄소 탐지기
④ 열전쌍 탐지기

72. 계기 착륙 장치(instrument landing system)에서 활주로 중심을 알려 주는 장치는?
① 로컬라이저(localizer)
② 마커 비컨(marker beacon)
③ 글라이드 슬로프(glide slope)
④ 거리 측정 장치(distance measuring equipment)

73. 면적이 2in^{2}인 A 피스톤과 10in^{2}인 B 피스톤을 가진 실린더가 유체역학적으로 서로 연결되어 있을 경우 A 피스톤에 20lbs의 힘이 가해질 때 B 피스톤에 발생되는 힘은 몇 lbs인가?
① 100 ② 20
③ 10 ④ 5

74. 소형 항공기의 12V 직류전원계통에 대한 설명으로 틀린 것은?
① 직류발전기는 전원전압을 14V로 유지한다.
② 배터리와 직류발전기는 접지귀환방식으로 연결된다.
③ 메인 버스와 배터리 버스에 연결된 전류계는 배터리 충전 시 (−)를 지시한다.
④ 배터리는 엔진 시동기(starter)의 전원으로 사용된다.

75. 변압기(transformer)는 어떠한 전기적 에너지를 변환시키는 장치인가?
① 전류 ② 전압
③ 전력 ④ 위상

76. 항법시스템을 자립, 무선, 위성항법시스템으로 분류했을 때 자립항법시스템(self contained system)에 해당되는 장치는?
① LORAN(long range navigation)
② VOR(VHF omnidirectional range)
③ GPS(global positioning system)
④ INS(inertial navigation system)

77. 화재탐지기에 요구되는 기능과 성능에 대한 설명으로 틀린 것은?
① 화재의 지속기간 동안 연속적인 지시를 할 것
② 화재를 지시하지 않을 때 최소전류 요구여야 할 것

③ 화재가 진화되었다는 것에 대해 정확한 지시를 할 것
④ 정비작업 또는 장비취급이 복잡하더라도 중량이 가볍고 용이할 것

78. 지상파(ground wave)가 가장 잘 전파되는 것은?
① LF
② UHF
③ HF
④ VHF

79. 그림과 같은 회로도에서 a, b 간에 전류가 흐르지 않도록 하기 위해서는 저항 R은 몇 Ω으로 해야 하는가?

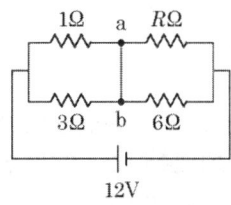

① 1
② 2
③ 3
④ 4

80. 항공기 부품의 이용목적과 이에 적합한 전선이나 케이블의 종류를 옳게 연결한 것은?

[이용목적]
ㄱ. 화재경보장치의 센서 등 온도가 높은 곳
ㄴ. 배기온도측정을 위한 크로멜 알루멜 서모 커플
ㄷ. 음성신호나 미약한 신호 전송
ㄹ. 기내 영상신호나 무선신호 전송

[전선 또는 케이블의 종류]
A. 니켈 도금 동선에 유리와 테플론으로 절연한 전선
B. 크로멜 알루멜을 도체로 한 전선
C. 전선 주위를 구리망으로 덮은 실드 케이블
D. 고주파 전송용 동축 케이블

① ㄱ - B
② ㄴ - C
③ ㄷ - A
④ ㄹ - D

항공산업기사 2015년 2회 (5월 31일)

1과목 항공역학

01. 비행기의 정적 세로 안정성을 나타낸 그림과 같은 그래프에서 가장 안정한 비행기는? (단, 비행기의 기수를 내리는 방향의 모멘트를 음(-)으로 하며, C_M은 피칭 모멘트계수, α는 받음각이다.)

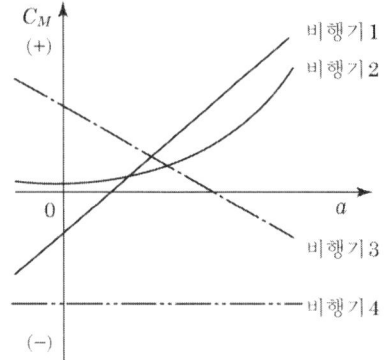

① 비행기 1 ② 비행기 2
③ 비행기 3 ④ 비행기 4

02. 이용동력(P_A), 잉여동력(P_E), 필요동력(P_R)의 관계를 옳게 나타낸 것은?
① $P_A+P_E=P_R$ ② $P_R \times P_A=P_E$
③ $P_E+P_R=P_A$ ④ $P_A \times P_E=P_R$

03. 항공기의 방향 안정성이 주된 목적인 것은?
① 수평 안정판 ② 주익의 상반각
③ 수직 안정판 ④ 주익의 붙임각

04. 헬리콥터가 전진비행 시 나타나는 효과가 아닌 것은?
① 회전날개 회전면의 앞부분과 뒷부분의 양항비가 달라짐
② 회전면 앞부분의 양력이 뒷부분보다 크게 됨
③ 왼쪽 방향으로 옆놀이 힘(roll force)이 발생함
④ 유효전이양력(effective translational lift) 발생

05. 프로펠러의 효율이 80%인 항공기가 기관의 최대출력이 800PS인 경우 이 비행기가 수평 최대 속도에서 낼 수 있는 최대 이용 마력은 몇 PS인가?
① 640 ② 760
③ 800 ④ 880

06. 대기권을 낮은 층에서부터 높은 층의 순서로 나열한 것은?
① 대류권 - 극외권 - 성층권 - 열권 - 중간권
② 대류권 - 성층권 - 중간권 - 열권 - 극외권
③ 대류권 - 열권 - 중간권 - 극외권 - 성층권
④ 대류권 - 성층권 - 중간권 - 극외권 - 열권

07. 날개 뒤쪽 공기의 하향 흐름에 의해 양력이 뒤로 기울어져 그 힘의 수평 성분에 해당하는 항력은?
① 조파항력 ② 유도항력
③ 마찰항력 ④ 형상항력

08. 항공기의 중립점(NP)에 대한 정의로 옳은 것은?
① 항공기에서 무게가 가장 무거운 점
② 항공기 세로길이 방향에서 가운데 점
③ 받음각에 따른 피칭 모멘트가 0인 점
④ 받음각에 따른 피칭 모멘트가 일정한 점

09. 비행기가 2,500m 상공에서 양항비 8인 상태로 활공한다면 최대 수평활공거리는 몇 m인가?
① 1,500   ② 2,000
③ 15,000   ④ 20,000

10. 정상 수평선회하는 항공기에 작용하는 원심력과 구심력에 대한 설명으로 옳은 것은?
① 원심력은 추력의 수평 성분이며 구심력과 방향이 반대이다.
② 원심력은 중력의 수직 성분이며 구심력과 방향이 반대이다.
③ 구심력은 중력의 수평 성분이며 원심력과 방향이 같다.
④ 구심력은 양력의 수평 성분이며 원심력과 방향이 반대이다.

11. 프로펠러의 직경이 2m, 회전속도 1,800rpm, 비행속도 360km/h일 때 진행률(advance ratio)은 약 얼마인가?
① 1.67   ② 2.57
③ 3.17   ④ 3.67

12. 속도가 360km/h, 동점성계수가 0.15cm²/s인 풍동 시험부에 시위(chord)가 1m인 평판을 넣고 실험할 때 이 평판의 앞전(leading edge)으로부터 0.3m 떨어진 곳의 레이놀즈 수는 얼마인가? (단, 레이놀즈 수의 기준 속도는 시험부 속도이고, 기준 길이는 앞전으로부터 거리이다.)
① 1×10^5 ② 1×10^6
③ 2×10^5 ④ 2×10^6

13. 그림과 같은 전진속도 없이 자동회전(auto rotation) 비행하는 헬리콥터의 회전 날개에서 회전력을 증가시키는 힘을 발생하는 영역은?

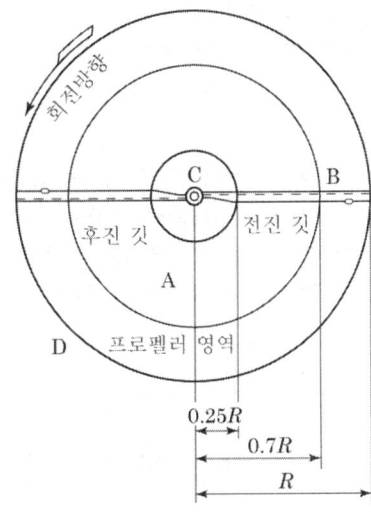

① A 지역   ② B 지역
③ C 지역   ④ D 지역

14. 날개골의 모양에 따른 특성 중 캠버에 대한 설명으로 틀린 것은?
① 받음각이 0도일 때도 캠버가 있는 날개골은 양력을 발생한다.
② 캠버가 크면 양력은 증가하나 항력은 비례적으로 감소한다.
③ 두께나 앞전 반지름이 같아도 캠버가 다르면 받음각에 대한 양력과 항력의 차이가 생긴다.
④ 저속 비행기는 캠버가 큰 날개골을 이용하고 고속 비행기는 캠버가 작은 날개골을 사용한다.

15. 키돌이(loop) 비행 시 발생되는 비행이 아닌 것은?
① 수직 상승   ② 배면 비행
③ 수직 강하   ④ 선회 비행

16. 항공기가 수평 비행이나 급강하로 속도를 증가할 때 천음속 영역에 도달하게 되면 한쪽 날개가 실속을 일으켜서 양력을 상실하여 급격한 옆놀이를 일으키는 현상을 무엇이라 하는가?
① 디프 실속(deep stall)
② 턱 언더(tuck under)
③ 날개 드롭(wing drop)
④ 옆놀이 커플링(rolling coupling)

17. 다음 중 비행기가 1,000km/h의 속도로 10,000m 상공을 비행하고 있을 때 마하수는 약 얼마인가? (단, 10,000m 상공에서의 음속은 300m/s이다.)
① 0.50   ② 0.93
③ 1.20   ④ 3.33

18. [보기]와 같은 현상의 원인이 아닌 것은?

> 비행기가 하강 비행을 하는 동안 조종간을 당겨 기수를 올리려 할 때 받음각과 각속도가 특정값을 넘게 되면 예상한 정도 이상으로 기수가 올라가고 이를 회복할 수 없는 현상

① 쳐든각 효과의 감소
② 뒤젖힘 날개의 비틀림
③ 뒤젖힘 날개의 날개 끝 실속
④ 날개의 풍압 중심이 앞으로 이동

19. 항공기 이륙거리를 짧게 하기 위한 방법으로 옳은 것은?
① 정풍(head wind)을 받으면서 이륙한다.
② 항공기 무게를 증가시켜 양력을 높인다.
③ 이륙 시 플랩이 항력 증가의 요인이 되므로 플랩을 사용하지 않는다.
④ 기관의 가속력을 가능한 한 최소가 되도록 한다.

20. 받음각이 0°일 경우 양력이 발생하지 않는 것은?
① NACA 2412   ② NACA 4415
③ NACA 2415   ④ NACA 0018

항공기관

21. 가스 터빈 기관에서 길이가 짧으며 구조가 간단하고 연소 효율이 좋은 연소실은?
① 캔형   ② 터뷸러형
③ 애뉼러형   ④ 실린더형

22. 옥탄가 90이라는 항공기 연료를 옳게 설명한 것은?
① 노말헵탄 10%를 세탄 90%의 혼합물과 같은 정도를 나타내는 가솔린
② 연소 후에 발생하는 옥탄가스의 비율이 90% 정도를 차지하는 가솔린
③ 연소 후에 발생하는 세탄가스의 비율이 10% 정도를 차지하는 가솔린
④ 이소옥탄 90%에 노말헵탄 10%의 혼합물과 같은 정도를 나타내는 가솔린

23. 왕복기관 연료계통에 사용되는 이코노마이저 밸브가 닫힌 위치로 고착되었을 때 발생하는 현상으로 옳은 것은?
① 순항속도 이하에서 노킹이 발생하게 된다.
② 순항속도 이하에서 조기 점화가 발생하게 된다.
③ 순항속도 이상에서 조기 점화가 발생하게 된다.
④ 순항속도 이상에서 디토네이션이 발생하게 된다.

24. 가스 터빈 기관의 흡입구에 형성된 얼음이 압축기 실속을 일으키는 이유는?
① 공기 압력을 증가시키기 때문에

② 공기 속도를 증가시키기 때문에
③ 공기 전압력을 일정하게 하기 때문에
④ 공기 통로의 면적을 작게 만들기 때문에

25. 항공기용 가스 터빈 기관 오일계통에 사용되는 기어 펌프의 작동에 대한 설명으로 옳은 것은?
① 아이들 기어(idle gear)는 동력을 전달받아 회전하고 구동 기어(drive gear)는 아이들 기어에 맞물려 자연스럽게 회전한다.
② 구동 기어(drive gear)는 동력을 전달받아 회전하고 아이들 기어(idle gear)는 구동 기어에 맞물려 자연스럽게 회전한다.
③ 구동 기어(drive gear)와 아이들 기어(idle gear) 모두 오일 압력에 의해 자연적으로 회전한다.
④ 구동 기어(drive gear)와 아이들 기어(idle gear) 모두 동력을 받아 회전한다.

26. 항공기를 외부의 열로부터 차단하고 열의 출입을 수반하지 않은 상태에서 팽창시키면 온도는 어떻게 되는가?
① 감소한다.
② 상승한다.
③ 일정하다.
④ 감소하다가 증가한다.

27. 크랭크 축의 회전속도가 2,400rpm인 14기통 2열 성형 기관에 3-로브 캠판의 회전속도는 몇 rpm인가?
① 200 ② 400
③ 600 ④ 800

28. 터보 팬 기관의 추력에 비례하며 트리밍(trimming) 작업의 기준이 되는 것은?
① 기관의 압력비(EPR)
② 연료 유량
③ 터빈 입구 온도(TIT)
④ 대기온도

29. 가스 터빈 기관의 연료 가열기(fuel heater)에 대한 설명으로 틀린 것은?
① 연료의 결빙을 방지한다.
② 오일의 온도를 상승시킨다.
③ 압축기 블리드 공기를 사용한다.
④ 연료의 온도를 빙점(freezing point) 이상으로 유지한다.

30. 그림과 같은 오토 사이클의 $P-v$ 선도에서 V_1=8m³/kg, V_2=2m³/kg인 경우 압축비는 얼마인가?

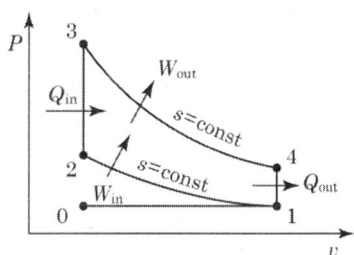

① 2 : 1 ② 4 : 1
③ 6 : 1 ④ 8 : 1

31. 다음 중 가스 터빈 기관의 교류 고전압 축전기 방전 점화 계통(A.C capacitor discharge ignition system)에서 고전압 펄스가 유도되는 곳은?
① 접점(breaker)
② 정류기(rectifier)
③ 멀티로브 캠(multilobe cam)
④ 트리거 변압기(trigger transformer)

32. 프로펠러 깃 선단(tip)을 회전방향의 반대 방향으로 처지게(lag) 하는 힘은?
① 토크에 의한 굽힘
② 하중에 의한 굽힘

③ 공력에 의한 비틀림
④ 원심력에 의한 비틀림

33. 항공기 왕복기관 점화장치에서 콘덴서(condenser)의 기능은?
① 2차 코일을 위하여 안전간격을 준다.
② 1차 코일과 2차 코일에 흐르는 전류를 조절한다.
③ 1차 코일에 잔류되어 있는 전류를 신속히 흡수 제거시킨다.
④ 포인트가 열릴 때 자력선의 흐름을 차단한다.

34. 가스 터빈 기관의 연소 효율이란?
① 공급 에너지와 기관의 추력비이다.
② 연소실 입구와 출구 사이의 온도비이다.
③ 연소실 입구와 출구 사이의 전압력비이다.
④ 공기의 엔탈피 증가와 공급 열량과의 비이다.

35. 왕복기관 항공기가 고고도에서 비행 시 조종사가 연료/공기 혼합비를 조절하는 주된 이유는?
① 베이퍼 로크 방지를 위해
② 결빙을 방지하기 위해
③ 혼합비 과농후를 방지하기 위해
④ 혼합비 과희박을 방지하기 위해

36. 왕복기관을 실린더 배열에 따라 분류할 때 대항형 기관을 나타내는 것은?

① 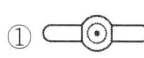　②
③ 　④

37. 왕복기관의 오일 탱크에 대한 설명으로 옳은 것은?

① 물이나 불순물을 제거하기 위해 탱크 밑바닥에는 딥스틱이 있다.
② 일반적으로 오일 탱크는 오일 펌프 입구보다 약간 높게 설치한다.
③ 오일 탱크의 재질은 일반적으로 강도가 높은 철판으로 제작된다.
④ 윤활유의 열팽창을 대비해서 드레인 플러그가 있다.

38. 프로펠러 거버너(governor)의 부품이 아닌 것은?
① 파일럿 밸브　② 플라이웨이트
③ 아네로이드　④ 카운터 밸런스

39. 기관의 손상을 방지하기 위해 왕복기관 시동 후 바로 작동 상태를 점검하기 위하여 확인해야 하는 계기는?
① 흡입 압력 계기
② 연료 압력 계기
③ 오일 압력 계기
④ 기관 회전수 계기

40. 추진 시 공기를 흡입하지 않고 기관 자체 내의 고체 또는 액체의 산화제와 연료를 사용하는 기관은?
① 로켓　② 펄스 제트
③ 램 제트　④ 터보 프롭

3과목 항공기체

41. 1/4-28-UNF-3A 나사(thread)에 대한 설명으로 옳은 것은?
① 직경은 1/4인치이고 암나사이다.
② 직경은 1/4인치이고 거친나사이다.
③ 나사산 수가 인치당 7개이고 거친나사이다.

④ 나사산 수가 인치당 28개이고 가는나
사이다.

42. 항공기가 수평 비행을 하다가 갑자기 조종
간을 당겨서 최대 양력계수의 상태로 될
때 큰 날개에 작용하는 하중배수가 그 항
공기의 설계 제한 하중과 같게 되는 수평
속도는?
① 설계 급강하 속도
② 설계 운용 속도
③ 설계 돌풍 운용 속도
④ 설계 순항 속도

43. 다음 중 항공기의 유용 하중(useful load)
에 해당하는 것은?
① 고정장치 무게 ② 연료 무게
③ 동력장치 무게 ④ 기체구조 무게

44. 그림과 같이 보에 집중하중이 가해질 때
하중 중심의 위치는?

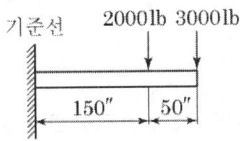

① 기준선에서부터 100"
② 기준선에서부터 150"
③ 보의 우측 끝에서부터 20"
④ 보의 우측 끝에서부터 180"

45. 1차 조종면(primary control surface)의
목적이 아닌 것은?
① 방향을 조종한다.
② 가로 운동을 조종한다.
③ 상승과 하강을 조종한다.
④ 이·착륙 거리를 단축시킨다.

46. 다음 중 탄소강을 이루는 5대 원소에 속하
지 않는 것은?
① Si   ② Mn

③ Ni   ④ S

47. 다음 중 알루미늄 합금의 부식 방지법이
아닌 것은?
① 클래딩(cladding)
② 양극처리(anodizing)
③ 알로다이징(alodizing)
④ 용체화처리(solutioning)

48. 턴 버클(turn buckle)의 검사방법에 대한
설명으로 틀린 것은?
① 이중결선법인 경우 배럴의 검사 구멍
에 핀이 들어가면 장착이 잘 되었다고
할 수 있다.
② 이중결선법인 경우에 케이블의 지름
이 1/8in 이상인지를 확인한다.
③ 단선결선법에서 턴 버클 섕크 주위로
와이어가 4회 이상 감겼는지 확인한다.
④ 단선 결선법인 경우 턴 버클의 죔이
적당한지는 나사산이 3개 이상 밖에
나와 있는지를 확인한다.

49. 다른 재질의 금속이 접촉하면 접촉 전기와
수분에 의해 국부 전류 흐름이 발생하여
부식을 초래하게 되는 현상을 무엇이라 하
는가?
① galvanic corrosion
② bonding
③ anti-corrosion
④ age hardening

50. 인터널 렌칭 볼트(internal wrenching
bolt)의 사용 시 주의사항으로 옳은 것은?
① 볼트를 풀고 죌 때는 L렌치를 사용한다.
② 카운터 싱크 와셔를 사용할 때는 와셔
의 방향은 무시해도 좋다.
③ MS와 NAS의 인터널 렌칭 볼트의 호
환은 MS를 NAS로 교환이 가능하다.
④ 너트의 아래는 충격에 강한 연질의 와

셔를 사용한다.

51. 푸시 풀 로드 조종계통과 비교하여 케이블 조종계통의 장점이 아닌 것은?
① 방향 전환이 자유롭다.
② 다른 조종계통에 비해 무게가 가볍다.
③ 구조가 간단하여 가공 및 정비가 쉽다.
④ 케이블의 접촉이 적어 마찰이 적고 마모가 없다.

52. 반복하중을 받는 항공기의 주구조부가 파괴되더라도 남은 구조에 의해 치명적 파괴 또는 구조 변형을 방지하도록 설계된 구조는?
① 응력 외피 구조
② 트러스(truss) 구조
③ 페일 세이프(fail safe) 구조
④ 1차 구조(primary structure)

53. 모노코크 구조의 항공기에서 동체에 가해지는 대부분의 하중을 담당하는 부재는?
① 론저론(longeron)
② 외피(skin)
③ 스트링어(stringer)
④ 벌크헤드(bulkhead)

54. 항공기의 주 날개 양쪽에 기관을 장착한 형식에 대한 설명으로 옳은 것은?
① 동체에 흐르는 난기류의 영향이 크다.
② 1개 기관이 고장날 경우 추력 비대칭이 적다.
③ 치명적 고장 또는 비상 착륙 등으로 과도한 충격 발생 시 항공기에서 이탈된다.
④ 정비 접근성이 안 좋으나 비행 중 날개에 대한 굽힘 하중이 작다.

55. 지름이 10cm인 원형 단면과 1m 길이를 갖는 알루미늄 합금 재질의 봉이 10N의 축하중을 받아 전체 길이가 50μm 늘어났다면 이때 인장변형률을 나타내기 위한 단위는?
① N/m^2
② N/m^3
③ $\mu m/m$
④ MPa

56. 알루미늄 판 두께가 0.051in인 재료를 굴곡반경 0.125in가 되도록 90° 굴곡할 때 생기는 세트 백은 몇 in인가?
① 0.017
② 0.074
③ 0.125
④ 0.176

57. 가스 용접을 할 때 사용하는 산소와 아세틸렌 가스 용기의 색을 옳게 나타낸 것은?
① 산소 용기 : 청색, 아세틸렌 용기 : 회색
② 산소 용기 : 녹색, 아세틸렌 용기 : 황색
③ 산소 용기 : 청색, 아세틸렌 용기 : 황색
④ 산소 용기 : 녹색, 아세틸렌 용기 : 회색

58. 상온에서 자연 시효 경화가 가장 빠른 알루미늄 합금은?
① Al 2024
② Al 6061
③ Al 7075
④ Al 7178

59. 올레오 쇼크 스트럿(Oleo shock strut)에 있는 메터링 핀(metering pin)의 주된 역할은?
① 스트럿 내부의 공기량을 조정한다.
② 업(up) 위치에서 스트럿을 제동한다.
③ 다운(down) 위치에서 스트럿을 제동한다.
④ 스트럿이 압착될 때 오일의 흐름을 제한하여 충격을 흡수한다.

60. 무게가 2,950kg이고 중심 위치가 기준선 후방 300cm인 항공기에서 기준선 후방 200cm에 위치한 50kg의 전자 장비를 장탈하고, 기준선 후방 250cm에 위치한 화물실에 100kg의 비상물품을 실었다면 이때 중심 위치는 기준선 후방 약 몇 cm에 위치하는가?

① 300　　② 310
③ 313　　④ 410

① VHF　　② VLF
③ HF　　④ MF

4과목　항공장비

65. 유압계통에서 사용되는 체크 밸브의 역할은?
① 역류 방지　　② 기포 방지
③ 압력 조절　　④ 유압 차단

61. 항공기 가스 터빈 기관의 온도를 측정하기 위해 1개의 저항값이 0.79Ω인 열전쌍이 병렬로 6개가 연결되어 있다. 기관의 온도가 500℃일 때 1개의 열전쌍에서 출력되는 기전력이 20.64mV이라면 이 회로에 흐르는 전체 전류는 약 몇 mA인가? (단, 전선의 저항 24.87Ω, 계기 내부 저항 23Ω이다.)
① 0.1163　　② 0.392
③ 0.430　　④ 0.526

66. 소형 항공기의 직류 전원계통에서 메인 버스(main bus)와 축전지 버스 사이에 접속되어 있는 전류계의 지침이 "+"를 지시하고 있는 의미는?
① 축전지가 과충전 상태
② 축전지가 부하에 전류 공급
③ 발전기가 부하에 전류 공급
④ 발전기의 출력 전압에 의해서 축전지가 충전

67. 해발 500m인 지형 위를 비행하고 있는 항공기의 절대고도가 1,000m라면 이 항공기의 진고도는 몇 m인가?
① 500　　② 1,000
③ 1,500　　④ 2,000

62. 화재탐지장치에 대한 설명으로 틀린 것은?
① 광전기 셀(photo-electric cell)은 공기 중의 연기가 빛을 굴절시켜 광전기 셀에서 전류를 발생한다.
② 열전쌍(thermocouple)은 주변의 온도가 서서히 상승함에 따라 전압을 발생한다.
③ 서미스터(thermistor)는 저온에서는 저항이 높아지고 온도가 상승하면 저항이 낮아져 도체로서 회로를 구성한다.
④ 열 스위치(thermal switch)식에 사용되는 Ni-Fe의 합금 철편은 열팽창률이 낮다.

68. 동압(dynamic pressure)에 의해서 작동되는 계기가 아닌 것은?
① 고도계　　② 대기 속도계
③ 마하계　　④ 진대기 속도계

69. 다음 중 다른 종류와 비교해서 구조가 간단하여 항공기에 많이 사용되는 축압기(accumulator)는?
① 스풀(spool)형
② 포핏(poppet)형
③ 피스톤(piston)형
④ 솔레노이드(solenoid)형

63. 신호파에 따라 반송파의 주파수를 변화시키는 변조방식은?
① AM　　② FM
③ PM　　④ PCM

64. 다음 중 가시거리에 사용되는 전파는?

70. 항공기 주 전원장치에서 주파수를 400Hz로 사용하는 주된 이유는?

① 감압이 용이하기 때문에
② 승압이 용이하기 때문에
③ 전선의 무게를 줄이기 위해
④ 전압의 효율을 높이기 위해

71. 램 효과(ram effect)에 의해 방빙이나 제빙이 필요하지 않은 부분은?
① windshield   ② nose radome
③ drain mast   ④ engine inlet

72. 항공기의 수직방향 속도를 분당 피트(feet)로 지시하는 계기는?
① VSI   ② LRRA
③ DME   ④ HSI

73. 항공기 동체 상하면에 장착되어 있는 충돌방지등(anti-collision light)의 색깔은?
① 녹색   ② 청색
③ 흰색   ④ 적색

74. 병렬운전을 하는 직류 발전기에서 1대의 직류 발전기가 역극성 발전을 할 경우 발전을 멈추기 위해 작동되는 것은?
① 밸런스 릴레이
② 출력 릴레이
③ 이퀄라이징 릴레이
④ 필드 릴레이

75. 자이로신 컴퍼스의 플럭스 밸브를 장·탈착 시 설명으로 옳은 것은?
① 장착용 나사와 사용 공구 모두 자성체인 것을 사용해야 한다.
② 장착용 나사와 사용 공구 모두 비자성체인 것을 사용해야 한다.
③ 장착용 나사는 비자성체인 것을 사용해야 하며, 사용 공구는 보통의 것이 좋다.
④ 장착용 나사와 사용 공구에 대한 특별한 사용 제한이 없으므로 일반 공구를 사용해도 된다.

76. 지상에 설치한 무지향성 무선표시국으로부터 송신되는 전파의 도래 방향을 계기상에 지시하는 것은?
① 거리측정장치(DME)
② 자동방향탐지기(ADF)
③ 항공교통관제장치(ATC)
④ 전파고도계(radio altimeter)

77. 항공기의 니켈-카드뮴 축전지가 완전히 충전된 상태에서 1셀(cell)의 기전력은 무부하에서 몇 V인가?
① 1.0~1.1V   ② 1.1~1.2V
③ 1.2~1.3V   ④ 1.3~1.4V

78. 객실 압력 조절에 직접적으로 영향을 주는 것은?
① 공압계통의 압력
② 슈퍼 차저의 압축비
③ 터보 컴프레서의 속도
④ 아웃 플로 밸브의 개폐 속도

79. 다음 중 비행장에 설치된 컴퍼스 로즈(compass rose)의 주 용도는?
① 지역의 지자기의 세기 표시
② 활주로의 방향을 표시하는 방위도 지시
③ 기내에 설치된 자기 컴퍼스의 자차 수정
④ 지역의 편각을 알려주기 위한 기준방향 표시

80. 종합 전자계기에서 항공기의 착륙 결심 고도가 표시되는 곳은?
① navigation display
② control display unit
③ primary flight display
④ flight control computer

항공산업기사 2015년 4회 (9월 19일)

1과목 항공역학

01. 비행기 날개의 가로세로비가 커졌을 때 옳은 설명은?
① 양력이 감소한다.
② 유도 항력이 증가한다.
③ 유도 항력이 감소한다.
④ 스팬 효율과 양력이 증가한다.

02. 제트 항공기가 최대 항속거리로 비행하기 위한 조건은? (단, C_L : 양력계수, C_D : 항력계수이며, 연료소비율은 일정하다.)
① $\left(\dfrac{C_L^{\frac{1}{2}}}{C_D}\right)$ 최대 및 고고도
② $\left(\dfrac{C_L^{\frac{1}{2}}}{C_D}\right)$ 최대 및 저고도
③ $\left(\dfrac{C_L}{C_D}\right)$ 최대 및 고고도
④ $\left(\dfrac{C_L}{C_D}\right)$ 최대 및 저고도

03. 그림은 주 로터(main rotor)와 테일 로터(tail rotor)를 갖는 헬리콥터에서 발생하는 요구마력을 발생 원인별로 속도에 따른 변화를 나타낸 것으로 이에 대한 설명으로 옳은 것은?

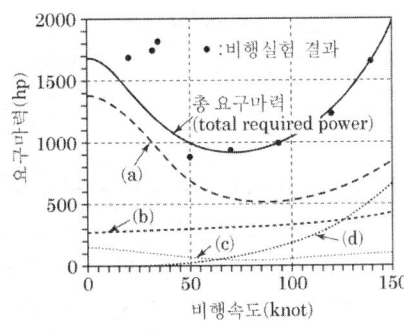

① (a)는 테일 로터의 요구마력이다.
② (b)는 주 로터 블레이드의 항력에 의한 형상마력이다.
③ (c)는 동체의 항력에 의한 유해마력이다.
④ (d)는 주 로터 유도속도에 의한 유도마력이다.

04. 헬리콥터에서 회전날개의 깃(blade)은 회전하면 회전면을 밑면으로 하는 원추의 모양을 만들게 되는데 이때 회전면과 원추 모서리가 이루는 각은?
① 피치각(pitch angle)
② 코닝각(coning angle)
③ 받음각(angle of attack)
④ 플래핑각(flapping angle)

05. 방향안정성에 관한 설명으로 틀린 것은?
① 도살 핀(dorsal pin)을 붙여주면 큰 옆미끄럼각에서 방향안정성이 좋아진다.
② 수직 꼬리날개의 위치를 비행기의 무게중심으로부터 멀리 할수록 방향안정성이 증가한다.
③ 가로 및 방향 진동이 결합된 옆놀이 및 빗놀이의 주기 진동을 더치 롤

(dutch roll)이라 한다.
④ 단면이 유선형인 동체는 일반적으로 무게중심이 동체의 1/4 지점 후방에 위치하면 방향안정성이 좋다.

06. 비행기의 옆놀이(rolling) 안정에 가장 큰 영향을 주는 것은?
① 수평 안정판 ② 주날개의 받음각
③ 수직 꼬리날개 ④ 주날개의 후퇴각

07. 비행기가 하강 비행을 하는 동안 조종간을 당겨 기수를 올리려 할 때, 받음각과 각속도가 특정 값을 넘게 되면 예상한 정도 이상으로 기수가 올라가게 되는 현상은?
① 피치 업(pitch up)
② 스핀(spin)
③ 버페팅(buffeting)
④ 디프 실속(deep stall)

08. 프로펠러 깃을 통과하는 순수한 유도속도를 옳게 표현한 것은?
① 프로펠러 깃을 통과하는 공기속도 + 비행속도
② 프로펠러 깃을 통과하는 공기속도 - 비행속도
③ 프로펠러 깃을 통과하는 공기속도 × 비행속도
④ 비행속도 ÷ 프로펠러 깃을 통과하는 공기속도

09. 글라이더가 고도 2,000m 상공에서 양항비가 20인 상태로 활공한다면 도달할 수 있는 수평활공거리는 몇 m인가?
① 2,000 ② 20,000
③ 4,000 ④ 40,000

10. 360km/h의 속도로 표준 해면고도 위를 비행하고 있는 항공기 날개상의 한 점에서 압력이 100kPa일 때 이 점에서 유속은 약 몇 m/s인가? (단, 표준 해면고도에서 공기의 밀도는 1.23kg/m³이며, 압력은 1.01×10⁵N/m²이다.)
① 105.82 ② 107.82
③ 109.82 ④ 111.82

11. 이륙과 착륙에 대한 비행 성능의 설명으로 옳은 것은?
① 착륙 활주 시에 항력은 아주 작으므로 보통 이를 무시한다.
② 이륙할 때 장애물 고도란 위험한 비행 상태의 고도를 말한다.
③ 착륙거리란 지상활주거리에 착륙진입거리를 더한 것이다.
④ 이륙할 때 항력은 속도의 제곱에 반비례하므로 속도를 증가시키면 항력은 감소하게 되어 이륙한다.

12. 중량 3,200kgf인 비행기가 경사각 15°로 정상 선회를 하고 있을 때 이 비행기의 원심력은 약 몇 kgf인가?
① 857 ② 1,600
③ 1,847 ④ 3,091

13. 수평 등속도 비행을 하던 비행기의 속도를 증가시켰을 때 그 상태에서 수평비행하기 위해서는 받음각은 어떻게 하여야 하는가?
① 감소시킨다.
② 증가시킨다.
③ 변화시키지 않는다.
④ 감소하다 증가시킨다.

14. 오존층이 존재하는 대기의 층은?
① 대류권 ② 열권
③ 성층권 ④ 중간권

15. 꼬리날개가 주날개의 뒤에 위치하는 일반적인 항공기에서 수평꼬리날개의 체적계

수(tail volume coefficient)에 대한 설명으로 틀린 것은?
① 주날개의 면적에 반비례한다.
② 주날개의 시위길이에 반비례한다.
③ 수평꼬리날개의 면적에 비례한다.
④ 수평꼬리날개의 시위길이에 비례한다.

16. 비행기 날개에 작용하는 양력을 증가시키기 위한 방법이 아닌 것은?
① 양력계수를 최대로 한다.
② 날개의 면적을 최소로 한다.
③ 항공기의 속도를 증가시킨다.
④ 주변 유체의 밀도를 증가시킨다.

17. 비행기가 수직 강하 시 도달할 수 있는 최대 속도를 무엇이라 하는가?
① 수직 속도(vertical speed)
② 강하 속도(descending speed)
③ 최대 침하 속도(rate of descent)
④ 종극 속도(terminal velocity)

18. 제트비행기가 240m/s의 속도로 비행할 때 마하수는 얼마인가? (단, 기온 : 20℃, 기체상수 : 287m^2/s^2 · K, 비열비 : 1.4이다.)
① 0.699   ② 0.785
③ 0.894   ④ 0.926

19. 받음각(angle of attack)에 대한 설명으로 옳은 것은?
① 후퇴각과 취부각의 차
② 동체 중심선과 시위선이 이루는 각
③ 날개 중심선과 시위선이 이루는 각
④ 항공기 진행방향과 시위선이 이루는 각

20. 헬리콥터를 전진, 후진, 옆으로 비행을 시키기 위하여 회전면을 경사시키는 데 사용되는 조종장치는?
① 동시 피치 조종장치
② 추력 조종장치
③ 주기 피치 조종장치
④ 방향 조종 페달

2과목 항공기관

21. [보기]와 같은 특성을 가진 기관의 명칭은?

- 비행속도가 빠를수록 추진효율이 좋다.
- 초음속 비행이 가능하다.
- 배기소음이 심하다.

① 터보 프롭 기관   ② 터보 팬 기관
③ 터보 제트 기관   ④ 터보 축 기관

22. 정상 작동 중인 왕복기관에서 점화가 일어나는 시점은?
① 상사점 전   ② 상사점
③ 하사점 전   ④ 하사점

23. 장탈과 장착이 가장 편리한 가스 터빈 기관 연소실 형식은?
① 가변 정익형   ② 캔형
③ 캔-애뉼러형   ④ 애뉼러형

24. 엔탈피(enthalpy)의 차원과 같은 것은?
① 에너지   ② 동력
③ 운동량   ④ 엔트로피

25. 다음 중 프로펠러를 항공기에 장착하는 위치에 따라 형식을 분류한 것은?
① 단열식, 복렬식
② 거버너식, 베타식
③ 트랙터식, 추진식
④ 피스톤식, 터빈식

26. 가스 터빈 기관의 점화 계통에 사용되는 부품이 아닌 것은?
① 익사이터(exciter)
② 마그네토(magneto)
③ 리드 라인(lead line)
④ 점화 플러그(igniter plug)

27. 아음속 항공기의 수축형 배기노즐의 역할로 옳은 것은?
① 속도를 감소시키고 압력을 증가시킨다.
② 속도를 감소시키고 압력을 감소시킨다.
③ 속도를 증가시키고 압력을 증가시킨다.
④ 속도를 증가시키고 압력을 감소시킨다.

28. 프로펠러 비행기가 비행 중 기관이 고장나서 정지시킬 필요가 있을 때, 프로펠러의 깃각을 바꾸어 프로펠러의 회전을 멈추게 하는 조작을 무엇이라 하는가?
① 슬립(slip)
② 비틀림(twisting)
③ 피칭(pitching)
④ 페더링(feathering)

29. 가스 터빈 기관에 사용되고 있는 윤활계통의 구성품이 아닌 것은?
① 압력 펌프   ② 조속기
③ 소기 펌프   ④ 여과기

30. 항공기용 가스 터빈 기관에서 터빈 깃 끝단의 슈라우드(shroud) 구조의 특징이 아닌 것은?
① 깃을 가볍게 만들 수 있다.
② 터빈 깃의 진동 억제 특성이 우수하다.
③ 깃 팁(tip)에서 가스 누설 손실이 적다.
④ 깃 팁(tip)에서 공기 역학적 성능이 우수하다.

31. 왕복기관의 열효율이 25%, 정미마력이 50PS일 때, 총 발열량은 약 몇 kcal/h인가?(단, 1PS는 75kgf·m/s, 1kcal는 427 kgf·m이다.)
① 8.75   ② 35
③ 31,500   ④ 126,000

32. 다음 중 기관에서 축방향과 동시에 반경방향의 하중을 지지할 수 있는 추력 베어링 형식은?
① 평면 베어링   ② 볼 베어링
③ 직선 베어링   ④ 저널 베어링

33. 가스 터빈 기관 내의 가스의 특성 변화에 대한 설명으로 옳은 것은?
① 항공기 속도가 느릴 때 공기는 대기압보다 낮은 압력으로 압축기 입구로 들어간다.
② 연소실의 온도보다 이를 통과한 터빈의 가스 온도가 더 높다.
③ 항공기 속도가 증가하면 압축기 입구 압력은 대기압보다 낮아진다.
④ 터빈 노즐의 수축 통로에서 압력이 감소되면서 배기가스의 속도가 급격히 감소된다.

34. 가스 터빈 기관 연료 계통의 고장 탐구에 관한 설명으로 틀린 것은?
① 시동 시 연료 흐름량이 낮을 때 부스터 펌프의 결함을 예상할 수 있다.
② 시동 시 연료가 흐르지 않을 때 연료조정장치의 차단밸브 결함을 예상할 수 있다.
③ 시동 시 결핍 시동(hung start)이 발생하였다면 연료조정장치의 결함을 예상할 수 있다.
④ 시동 시 배기가스 온도가 높을 때 연료조정장치의 고장으로 부족한 연료 흐름이 원인임을 예상할 수 있다.

35. 압력 7atm, 온도 300℃인 $0.7m^3$의 이상기체가 압력 5atm, 체적 $0.56m^3$의 상태

로 변화했다면 온도는 약 몇 ℃가 되는가?

① 54　　② 87
③ 115　　④ 187

36. 왕복기관에서 혼합비가 희박하고 흡입 밸브(intake valve)가 너무 빨리 열리면 어떤 현상이 나타나는가?

① 노킹(knocking)
② 역화(back fire)
③ 후화(after fire)
④ 디토네이션(detonation)

37. 배기 밸브 제작 시 축에 중공(hollow)을 만들고 금속 나트륨을 삽입하는 것은 어떤 효과를 위해서인가?

① 밸브 서징을 방지한다.
② 밸브에 신축성을 부여하여 충격을 흡수한다.
③ 밸브 헤드의 열을 신속히 밸브 축에 전달한다.
④ 농후한 연료에 분사되어 농도를 낮춰 준다.

38. 왕복기관의 연료 계통에서 이코노마이저(economizer) 장치에 대한 설명으로 옳은 것은?

① 연료 절감 장치로 최소 혼합비를 유지한다.
② 연료 절감 장치로 순항속도 및 고속에서 닫혀 희박 혼합비가 된다.
③ 출력 증강 장치로 순항속도에서 닫혀 희박 혼합비가 되고 고속에서 열려 농후 혼합비가 되도록 한다.
④ 출력 증강 장치로 순항속도에서 열려 농후 혼합비가 되고 고속에서 닫혀 희박 혼합비가 되도록 한다.

39. 항공기용 왕복기관 윤활 계통에서 소기 펌프(scavenge pump)의 역할로 옳은 것은?

① 프로펠러 거버너로 윤활유를 보내준다.
② 크랭크축의 중공 부분으로 윤활유를 보내준다.
③ 오일 탱크로부터 윤활유를 각각의 윤활 부위로 보내준다.
④ 윤활 부위를 빠져 나온 윤활유를 다시 오일 탱크로 보내준다.

40. 마그네토(magneto)의 배전기 블록(distributor block)에 전기누전 점검 시 사용하는 기기는?

① voltmeter
② feeler gage
③ harness tester
④ high tension am meter

3과목　항공기체

41. 굴곡 각도가 90°일 때 세트 백(set back)을 계산하는 식으로 옳은 것은? (단, T : 두께, R : 굴곡반경, D : 지름이다.)

① $R+T$　　② $\dfrac{D+T}{2}$
③ $R+\dfrac{T}{2}$　　④ $\dfrac{R}{2}+T$

42. 그림과 같은 $V-n$ 선도에서 GH선은 무엇을 나타내는 것인가?

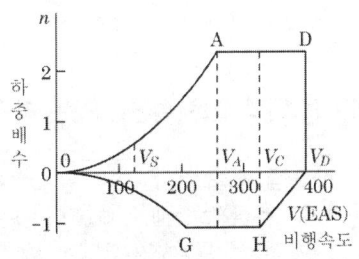

① 돌풍 하중배수

② 최소 제한 하중배수
③ 최대 제한 하중배수
④ "+" 방향에서 얻어지는 하중배수

43. 설계 제한 하중배수가 2.5인 비행기의 실속 속도가 120km/h일 때 이 비행기의 설계 운용 속도는 약 몇 km/h인가?
① 150　② 240
③ 190　④ 300

44. 그림과 같은 외팔보에 집중하중(P_1, P_2)이 작용할 때 벽 지점에서의 굽힘 모멘트를 옳게 나타낸 것은?

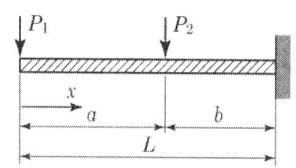

① 0　② $-P_1 a$
③ $-P_1 b + P_2 b$　④ $-P_1 L - P_2 b$

45. 두께가 1mm인 알루미늄 합금판을 그림과 같이 전단가공할 때 필요한 최소한의 힘은 몇 kgf인가? (단, 이 판의 최대 전단강도는 3,600kgf/cm²이다.)

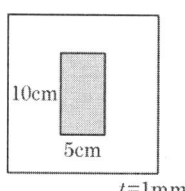

① 10,800　② 36,000
③ 108,000　④ 180,000

46. [보기]와 같은 특징을 갖는 강은?

・크롬 몰리브덴강
・1%의 몰리브덴과 0.30%의 탄소를 함유함
・용접성을 향상시킨 강

① AA 1100　② SAE 4130
③ AA 7150　④ SAE 4340

47. 스크류(screw)를 용도에 따라 분류할 때 이에 해당하지 않는 것은?
① 머신 스크류(machine screw)
② 구조용 스크류(structure screw)
③ 트라이 윙 스크류(tri wing screw)
④ 셀프 태핑 스크류(self tapping screw)

48. 경항공기에 사용되는 일반적인 고무완충식 착륙장치(landing gear)의 완충효율은 약 몇 %인가?
① 30　② 50
③ 75　④ 100

49. 알루미늄 합금 주물로 된 비행기 부품이 공기 중에서 부식하는 것을 방지하기 위하여 어떤 처리를 하는가?
① 카드뮴 도금　② 침탄
③ 양극 산화처리　④ 인산염 피막

50. 2개의 알루미늄 판재를 리베팅하기 위해 구멍을 뚫으려 할 때 판재가 움직이려 한다면 사용해야 하는 것은?
① 클레코　② 리머
③ 버킹 바　④ 뉴매틱 해머

51. 항공기 무게를 계산하는 데 기초가 되는 자기무게(empty weight)에 포함되는 무게는?
① 고정 밸러스트
② 승객과 화물
③ 사용 가능 연료
④ 배출 가능 윤활유

52. 항공기 기관을 날개에 장착하기 위한 구조물로만 나열한 것은?
① 마운트, 나셀, 파일론

② 블래더, 나셀, 파일론
③ 인테그럴, 블래더, 파일론
④ 캔틸레버, 인테그럴, 나셀

53. 키놀이 조종 계통에서 승강키에 대한 설명으로 옳은 것은?
① 일반적으로 승강키의 조종은 페달에 의존한다.
② 세로축을 중심으로 하는 항공기 운동에 사용한다.
③ 일반적으로 수평 안정판의 뒷전에 장착되어 있다.
④ 수직축을 중심으로 좌·우로 회전하는 운동에 사용한다.

54. 케이블 조종 계통의 턴버클 배럴(barrel) 양쪽 끝에 구멍의 용도로 알맞은 것은?
① 코터핀 작업을 위하여
② 안전 결선(safety wire)을 하기 위하여
③ 양쪽 케이블 피팅에 윤활유를 보급하기 위하여
④ 양쪽 케이블 피팅의 나사가 충분히 물려 있는지 확인하기 위하여

55. 알루미늄 합금(aluminum alloy) 2024 -T4에서 T4가 의미하는 것은?
① 풀림(annealing)한 것
② 용액 열처리 후 냉간 가공품
③ 용액 열처리 후 인공시효한 것
④ 용액 열처리 후 자연시효한 것

56. 항공기 구조에서 벌크헤드(bulkhead)에 대한 설명으로 옳은 것은?
① 기관이나 연소실을 객실로부터 분리시키기 위한 수직 부재이다.
② 동체나 나셀 앞·뒤 방향으로 배치되며 다양한 단면 모양의 부재이다.
③ 날개에서 날개보를 결합하기 위한 세로 방향 부재이다.
④ 방화벽, 압력유지, 날개 및 착륙장치 부착, 동체의 비틀림 방지, 동체의 형상유지 등의 역할을 한다.

57. 다음 중 항공기 세척 시 사용하는 알칼리 세제는?
① 톨루엔　　② 케로신
③ 아세톤　　④ 계면활성제

58. 세미모노코크 구조의 항공기 동체에서 주 구조물이 아닌 것은?
① 프레임(frame)
② 외피(skin)
③ 스트링어(stringer)
④ 스파(spar)

59. 다음 중 리베팅 작업 과정에서 순서가 가장 늦은 과정은?
① 드릴링　　② 리밍
③ 디버링　　④ 카운터 싱킹

60. 착륙장치 계통에 대한 설명으로 틀린 것은?
① 시미 댐퍼는 앞 착륙장치의 진동을 감쇠시키는 장치이다.
② 앤티-스키드 시스템은 저속에서 작동하며 브레이크 효율을 감소시킨다.
③ 브레이크 시스템은 지상 활주 시 방향을 바꿀 때도 사용할 수 있다.
④ 트럭 형식의 착륙장치는 바퀴 수가 4개 이상인 경우로서 이를 보기 형식이라고도 한다.

4과목　항공장비

61. 화재탐지장치 중 온도 상승을 바이메탈(bimetal)로 탐지하는 것은?

① 용량형(capacitance type)
② 서모 커플형(thermo couple type)
③ 저항 루프형(resistance loop type)
④ 서멀 스위치형(thermal switch type)

62. 다른 항법장치와 비교한 관성 항법장치의 특징이 아닌 것은?
① 지상 보조시설이 필요하다.
② 전문 항법사가 필요하지 않다.
③ 항법 데이터를 지속적으로 얻는다.
④ 위치, 방위, 자세 등의 정보를 얻는다.

63. 엔진 화재에 대한 설명으로 틀린 것은 어느 것인가?
① 화재탐지회로는 이중으로 되어 있다.
② 엔진의 화재는 연료나 오일 등에 의해서도 발생한다.
③ 엔진의 화재는 주로 압축기 내에서 발생한다.
④ T류 항공기의 경우 화재의 탐지 및 소화장비의 구비가 의무화되어 있다.

64. 회전계 발전기(tacho-generator)에서 3개의 선 중 2개 선을 바꾸어 연결하면 지시는 어떻게 되겠는가?
① 정상 지시
② 반대로 지시
③ 다소 낮게 지시
④ 작동하지 않는다.

65. 다음 중 시동특성이 가장 좋은 직류전동기는?
① 션트 전동기 ② 직권 전동기
③ 직·병렬 전동기 ④ 분권 전동기

66. 다음 중 대형 항공기에서 객실 여압(pressurization) 장치를 설비하는 데 직접적으로 고려하여야 할 점이 아닌 것은?
① 항공기 최대 운용 속도

② 항공기 내부와 외부의 압력차
③ 항공기의 기체 구조 자재의 선택과 제작
④ 최대 운용 고도에서 일정한 객실 고도의 유지

67. 무선통신장치에서 송신기(transmitter)의 기능에 대한 설명으로 틀린 것은?
① 신호의 증폭을 한다.
② 교류 반송파 주파수를 발생시킨다.
③ 입력정보신호를 반송파에 적재한다.
④ 가청신호를 음성신호로 변환시킨다.

68. 자동조종장치를 구성하는 장치 중 현재의 자세와 변화율을 측정하는 센서의 역할을 하는 것이 아닌 것은?
① 서보 장치   ② 수직 자이로
③ 고도 센서   ④ VOR/ILS 신호

69. 그림과 같은 회로에서 20Ω에 흐르는 I_1은 몇 A인가?

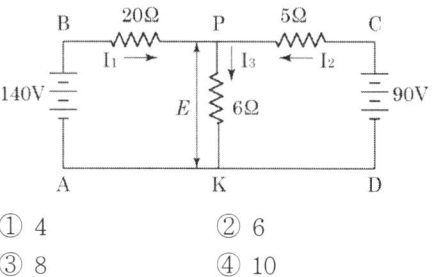

① 4   ② 6
③ 8   ④ 10

70. 유압 계통에서 열팽창이 작은 작동유를 필요로 하는 1차적인 이유는?
① 고고도에서 증발 감소를 위해서
② 화재를 최소한 방지하기 위해서
③ 고온일 때 과대 압력 방지를 위해서
④ 작동유의 순환 불능을 해소하기 위해서

71. 일반적인 공기식 제빙(de-icing) 계통에 솔레노이드 밸브의 역할은?
① 부츠(boots)로 물이 공급되도록 한다.

② 장착 위치에 부츠(boots)를 고정시킨다.
③ 부츠(boots) 내의 수분이 배출되도록 한다.
④ 타이머에 따라 분배 밸브(distribution valve)를 작동시킨다.

72. 유압 계통에서 저장소(reservoir)에 작동유를 보급할 때 이물질을 걸러내는 장치는?
① 스탠드 파이프(stand pipe)
② 화학 건조기(chemical drier)
③ 손가락 거르개(finger strainer)
④ 수분 제거기(water separator)

73. 고휘도 음극선관 콤바이너(combiner)라고 부르는 특수한 거울을 사용하여 1차적인 비행 정보를 조종사의 시선 방향에서 바로 볼 수 있도록 만든 장치는?
① PFD   ② ND
③ MFD   ④ HUD

74. 항공기의 비행 중 피토 튜브(pitot tube)로부터 얻은 정보에 의해 작동되지 않는 계기는?
① 대기속도계(air speed indicator)
② 승강계(vertical speed indicator)
③ 기압고도계(baro altitude indicator)
④ 지상속도계(ground speed indicator)

75. 다음 중 항공기에서 이론상 가장 먼저 측정하게 되는 것은?
① CAS   ② IAS
③ EAS   ④ TAS

76. 내부저항이 5Ω인 배율기를 이용한 전압계에서 50V의 전압을 5V로 지시하려면 배율기의 저항은 몇 Ω이어야 하는가?
① 10   ② 25
③ 45   ④ 50

77. [보기]와 같은 특징을 갖는 안테나는 어느 것인가?

- 가장 기본적이고 반파장 안테나
- 수평 길이가 파장의 약 반 정도
- 중심에 고주파 전력을 공급

① 다이폴 안테나
② 루프 안테나
③ 마르코니 안테나
④ 야기 안테나

78. 24V 납산축전지(lead acid battery)를 장착한 항공기가 비행 중 모선(main bus)에 걸리는 전압은 몇 V인가?
① 24   ② 26
③ 28   ④ 30

79. QNH 방식으로 보정한 고도계에서 비행 중 지침이 나타내는 고도는?
① 압력 고도   ② 진고도
③ 절대 고도   ④ 밀도 고도

80. 자이로의 강직성에 대한 설명으로 옳은 것은?
① 회전자의 질량이 클수록 약하다.
② 회전자의 회전속도가 클수록 강하다.
③ 회전자의 질량 관성 모멘트가 클수록 약하다.
④ 회전자의 질량이 회전축에 가까이 분포할수록 강하다.

항공산업기사 2016년 1회 (3월 6일)

1과목 항공역학

01. 항공기가 선회속도 20m/s, 선회각 45° 상태에서 선회비행을 하는 경우 선회반경은 약 몇 m인가?
① 20.4　　② 40.8
③ 57.7　　④ 80.5

02. 정상흐름의 베르누이 방정식에 대한 설명으로 옳은 것은?
① 동압은 속도에 반비례한다.
② 정압과 동압의 합은 일정하지 않다.
③ 유체의 속도가 커지면 정압은 감소한다.
④ 정압은 유체가 갖는 속도로 인해 속도의 방향으로 나타나는 압력이다.

03. 스팬(span)의 길이가 39ft, 시위(chord)의 길이가 6ft인 직사각형 날개에서 양력계수가 0.8일 때 유도받음각은 약 몇 도인가? (단, 스팬 효율 계수는 1이다.)
① 1.5　　② 2.2
③ 3.0　　④ 3.9

04. 수평 스핀과 수직 스핀의 낙하속도와 회전각속도 크기를 옳게 나타낸 것은?
① 수평 스핀 낙하속도 > 수직 스핀 낙하속도, 수평 스핀 회전각속도 > 수직 스핀 회전각속도
② 수평 스핀 낙하속도 < 수직 스핀 낙하속도, 수평 스핀 회전각속도 < 수직 스핀 회전각속도
③ 수평 스핀 낙하속도 > 수직 스핀 낙하속도, 수평 스핀 회전각속도 < 수직 스핀 회전각속도
④ 수평 스핀 낙하속도 < 수직 스핀 낙하속도, 수평 스핀 회전각속도 > 수직 스핀 회전각속도

05. 날개면적이 100m^2인 비행기가 400km/h의 속도로 수평비행하는 경우 이 항공기의 중량은 약 몇 kgf인가? (단, 양력 계수는 0.6, 공기밀도는 0.125kgf·s^2/m^4이다.)
① 60,000　　② 46,300
③ 23,300　　④ 15,600

06. 형상항력을 구성하는 항력으로만 나타낸 것은?
① 유도항력+조파항력
② 간섭항력+조파항력
③ 압력항력+표면마찰항력
④ 표면마찰항력+유도항력

07. 항공기의 성능 등을 평가하기 위하여 표준대기를 국제적으로 통일하는데 국제표준대기를 정한 기관은?
① UN　　② FAA
③ ICAO　　④ ISO

08. 프로펠러 비행기의 항속거리를 증가시키기 위한 방법이 아닌 것은?
① 연료소비율을 작게 한다.
② 프로펠러 효율을 크게 한다.
③ 날개의 가로세로비를 작게 한다.
④ 양항비가 최대인 받음각으로 비행한다.

09. 등속상승비행에 대한 상승률을 나타내는 식이 아닌 것은?

V : 비행속도, γ : 상승각, T_A : 이용추력,
T_R : 필요추력, W : 항공기무게

① $V\sin\gamma$ 　　② $\dfrac{(T_A - T_R)V}{W}$

③ $\dfrac{잉여동력}{W}$ 　　④ $\dfrac{T_A - T_R}{W}$

10. 라이트 형제는 인류 최초의 유인동력비행을 성공하던 날 최고기록으로 59초 동안 이륙 지점에서 260m 지점까지 비행하였다. 당시 측정된 43km/h의 정풍을 고려한다면 대기속도는 약 몇 km/h인가?
① 27　　② 40
③ 60　　④ 80

11. 비행기가 장주기 운동을 할 때 변화가 거의 없는 요소는?
① 받음각　　② 비행속도
③ 키놀이 자세　　④ 비행고도

12. 에어포일(airfoil) "NACA 23012"에서 첫 번째 자리 숫자 "2"가 의미하는 것은?
① 최대 캠버의 크기가 시위(chord)의 2%이다.
② 최대 캠버의 크기가 시위(chord)의 20%이다.
③ 최대 캠버의 위치가 시위(chord)의 15%이다.
④ 최대 캠버의 위치가 시위(chord)의 20%이다.

13. 프로펠러의 이상적인 효율을 비행속도(V)와 프로펠러를 통과할 때의 기체 유동속도(V_1) 및 순수 유도속도(ω)로 옳게 표현한 것은?(단, $V_1 = V + \omega$이다.)

① $\dfrac{V_1}{V_1 + \omega}$ 　　② $\dfrac{V}{V + \omega}$

③ $\dfrac{2V}{V_1 + \omega}$ 　　④ $\dfrac{2V_1}{V + \omega}$

14. 헬리콥터가 전진비행을 할 때 주 회전 날개의 전진깃과 후진깃에서 발생하는 양력 차이를 보정해 주는 장치는?
① 플래핑 힌지(flapping hinge)
② 리드-래그 힌지(lead-lag hinge)
③ 동시 피치 제어간(collective pitch control lever)
④ 사이클릭 피치 조종간(cyclic pitch control lever)

15. 평형상태를 벗어난 비행기가 이동된 위치에서 새로운 평형상태가 되는 경우를 무엇이라고 하는가?
① 동적 안정(dynamic stability)
② 정적 안정(positive static stability)
③ 정적 중립(neutral static stability)
④ 정적 불안정(negative static stability)

16. 헬리콥터 속도가 초과금지속도에 이르면 후진 블레이드 실속 징후가 발생하는데 그 징후가 아닌 것은?
① 높은 중량 증가
② 기수 상향 경향
③ 비정상적인 진동
④ 후진 블레이드 방향으로 헬리콥터 경사

17. 프로펠러의 회전에 의해 깃이 허브 중심에서 밖으로 빠져 나가려는 힘은?
① 추력　　② 원심력
③ 비틀림 응력　　④ 구심력

18. 비행기의 가로축(lateral axis)을 중심으로 한 피치운동(pitching)을 조종하는 데 주로 사용되는 조종면은?

① 플랩(flap)
② 방향키(rudder)
③ 도움날개(aileron)
④ 승강키(elevator)

19. 고도 10km 상공에서의 대기온도는 몇 ℃ 인가?
① -35　　② -40
③ -45　　④ -50

20. 더치 롤(dutch roll)에 대한 설명으로 옳은 것은?
① 가로진동과 방향진동이 결합된 것이다.
② 조종성을 개선하므로 매우 바람직한 현상이다.
③ 대개 정적으로는 안정하지만 동적으로는 불안정하다.
④ 나선 불안정(spiral divergence) 상태를 말한다.

2과목　항공기관

21. 외부 과급기(external supercharger)를 장착한 왕복엔진의 흡기계통 내에서 압력이 가장 낮은 곳은?
① 흡입 다기관　② 기화기 입구
③ 스로틀 밸브 앞　④ 과급기 입구

22. 시운전 중인 가스 터빈 엔진에서 축류형 압축기의 RPM이 일정하게 유지된다면 가변 스테이터 깃(vane)의 받음각은 무엇에 의하여 변하는가?
① 압력비의 감소
② 압력비의 증가
③ 압축기 직경의 변화
④ 공기흐름 속도의 변화

23. 왕복엔진의 마그네토에서 접점(breaker point) 간격이 커지면 점화시기와 강도는?
① 점화가 늦게 되고 강도가 약해진다.
② 점화가 늦게 되고 강도가 높아진다.
③ 점화가 일찍 발생하고 강도가 약해진다.
④ 점화가 일찍 발생하고 강도가 높아진다.

24. 왕복엔진에 사용되는 고휘발성 연료가 너무 쉽게 증발하여 연료배관 내에서 기포가 형성되어 초래할 수 있는 현상은?
① 베이퍼 로크(vapor lock)
② 임팩트 아이스(impact ice)
③ 하이드롤릭 로크(hydraulic lock)
④ 이베포레이션 아이스(evaporation ice)

25. 가스 터빈 엔진의 복식(duplex) 연료 노즐에 대한 설명으로 틀린 것은?
① 1차 연료는 아이들 회전 속도 이상이 되면 더 이상 분사되지 않는다.
② 2차 연료는 고속 회전 작동 시 비교적 좁은 각도로 멀리 분사된다.
③ 연료 노즐에 압축 공기를 공급하여 연료가 더욱 미세하게 분사되는 것을 도와준다.
④ 1차 연료는 시동할 때 이그나이터에 가깝게 넓은 각도로 연료를 분무하여 점화를 쉽게 한다.

26. 압축비가 동일할 때 사이클의 이론 열효율이 가장 높은 것부터 낮은 것 순서로 나열한 것은?
① 정적 - 정압 - 합성
② 정적 - 합성 - 정압
③ 합성 - 정적 - 정압
④ 정압 - 합성 - 정적

27. 플로트식 기화기에서 이코너마이저 장치의 역할로 옳은 것은?
① 연료가 부족할 때 신호를 발생한다.
② 스로틀 밸브가 완전히 열렸을 때 연료를 감소시킨다.
③ 순항 출력 이상의 높은 출력일 때 농후한 혼합비를 만든다.
④ 고도에 의한 밀도의 변화에 대하여 혼합비를 적절히 유지한다.

28. 가스 터빈 기관에 사용되는 오일의 구비조건이 아닌 것은?
① 유동점이 낮을 것
② 인화점이 높을 것
③ 화학 안정성이 좋을 것
④ 공기와 오일의 혼합성이 좋을 것

29. 왕복 엔진의 피스톤 지름이 16cm, 행정길이가 0.16cm, 실린더 수가 6, 제동평균유효압력이 8kg/cm², 회전수가 2,400rpm일 때의 제동마력은 약 몇 PS인가?
① 411.6
② 511.6
③ 611.6
④ 711.6

30. 다음 중 프로펠러 날개가 회전 시 받는 힘이 아닌 것은?
① 원심력
② 탄성력
③ 비틀림력
④ 굽힘력

31. 터보 팬 엔진에 대한 설명으로 틀린 것은?
① 터보 제트와 터보 프롭의 혼합적인 성능을 갖는다.
② 단거리 이착륙 성능은 터보 프롭과 유사하다.
③ 확산형 배기노즐을 통해 빠른 속도로 공기를 가속시킨다.
④ 터빈에 의해 구동되는 여러 개의 깃을 갖는 일종의 프로펠러 기관이다.

32. 항공기용 엔진 중 터빈식 회전 엔진이 아닌 것은?
① 램 제트 엔진
② 터보 프롭 엔진
③ 가스 터빈 엔진
④ 터보 제트 엔진

33. 왕복 엔진에 사용되는 기어(gear)식 오일 펌프의 옆 간격(side clearance)이 크면 나타나는 현상은?
① 엔진 추력이 증가한다.
② 오일 압력이 낮아진다.
③ 오일의 과잉 공급이 발생한다.
④ 오일 펌프에 심한 진동이 발생한다.

34. 다음과 같은 이론공기 사이클을 갖는 엔진은? (단, Q는 열의 출입, W는 일의 출입을 표시한다.)

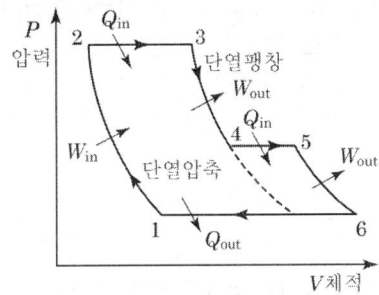

① 2단 압축 브레이턴 사이클
② 과급기를 장착한 디젤 사이클
③ 과급기를 장착한 오토 사이클
④ 후기연소기를 장착한 가스 터빈 사이클

35. 가스 터빈 엔진의 추력비 연료소비율(thrust specific fuel consumption)이란?
① 1시간 동안 소비하는 연료의 중량
② 단위 추력의 추력을 발생하는 데 소비되는 연료의 중량
③ 단위 추력의 추력을 발생하기 위하여 1시간 동안 소비하는 연료의 중량
④ 1,000km를 순항 비행할 때 시간당 소비하는 연료의 중량

36. 흡입 덕트의 결빙 방지를 위해 공급하는 방빙원(anti icing source)은?
① 압축기의 블리드 공기
② 연소실의 뜨거운 공기
③ 연료 펌프의 연료 이용
④ 오일 탱크의 오일 이용

37. 다음 중 아음속 항공기의 흡입구에 관한 설명으로 옳은 것은?
① 수축형 도관의 형태이다.
② 수축-확산형 도관의 형태이다.
③ 흡입공기 속도를 낮추고 압력을 높여 준다.
④ 음속으로 인한 충격파가 일어나지 않도록 속도를 감속시켜준다.

38. 제트 엔진의 추력을 나타내는 이론과 관계 있는 것은?
① 파스칼의 원리
② 뉴턴의 제1법칙
③ 베르누이의 원리
④ 뉴턴의 제2법칙

39. 프로펠러의 회전면과 시위선이 이루는 각을 무엇이라 하는가?
① 붙임각 ② 깃각
③ 회전각 ④ 깃뿌리각

40. 총 배기량이 1,500cc인 왕복 엔진의 압축비가 8.5라면 총 연소실 체적은 약 몇 cc인가?
① 150 ② 200
③ 250 ④ 300

41. 항공기의 주 조종면이 아닌 것은?
① 방향키(rudder)
② 플랩(flap)
③ 승강키(elevator)
④ 도움날개(aileron)

42. 일정한 응력(힘)을 받는 재료가 일정한 온도에서 시간이 경과함에 따라 변형률이 증가하는 현상을 무엇이라고 하는가?
① 크리프(creep)
② 파괴(fracture)
③ 항복(yielding)
④ 피로 굽힘(fatigue bending)

43. 엔진 마운트와 나셀에 대한 설명으로 틀린 것은?
① 나셀은 외피, 카울링, 구조부재, 방화벽, 엔진 마운트로 구성된다.
② 착륙거리를 단축하기 위하여 나셀에 장착된 역추진장치를 사용한다.
③ 엔진 마운트를 동체에 장착하면 공기역학적 성능이 양호하나 착륙장치를 짧게 할 수 없다.
④ 엔진 마운트는 엔진을 기체에 장착하는 지지부로 엔진의 추력을 기체에 전달하는 역할을 한다.

44. 복합재료로 제작된 항공기 부품의 결함(층 분리 또는 내부손상)을 발견하기 위해 사용되는 검사방법이 아닌 것은?
① 육안검사
② 와전류탐상검사
③ 초음파검사
④ 동전 두드리기 검사

45. 페일 세이프(fail safe) 구조 형식이 아닌 것은?
① 이중(double) 구조
② 대치(back-up) 구조

3과목 항공기체

③ 샌드위치(sandwitch) 구조
④ 다경로 하중(redundant load) 구조

46. TIG 또는 MIG 아크 용접 시 사용되는 가스끼리 짝지어진 것은?
① 아르곤, 헬륨가스
② 헬륨가스, 아세틸렌가스
③ 아르곤가스, 아세틸렌가스
④ 질소가스, 이산화탄소 혼합가스

47. 항공기 타이어 트레드(tire tread)에 대한 설명으로 옳은 것은?
① 여러 층의 나일론실로 강화되어 있다.
② 강 와이어로부터 패브릭으로 둘러싸여 있다.
③ 내구성과 강인성을 갖기 위해 합성 고무 성분으로 만들어졌다.
④ 패브릭과 고무층은 비드 와이어로부터 카커스를 둘러싸고 있다.

48. 다음과 같은 트러스(truss) 구조에 있어, 부재 DE의 내력은 약 몇 kN인가?

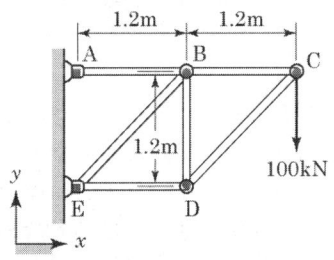

① 141.4
② 100
③ -141.4
④ -100

49. 코터 핀의 장착 및 제거할 때의 주의사항으로 옳은 것은?
① 한번 사용한 것은 재사용하지 않는다.
② 장착 주변의 구조를 강화시키기 위한 주철 해머를 사용한다.
③ 핀 끝을 접어 구부릴 때는 꼬거나 가로 방향으로 구부린다.
④ 핀 끝을 절단할 때는 최대한 가늘고 뾰족하게 절단하여 다른 곳과의 연결을 유연하게 한다.

50. 항공기의 무게중심(C.G)에 대한 설명으로 가장 옳은 것은?
① 항공기 무게중심은 항상 기준에 있다.
② 항공기가 이륙하면 무게중심은 전방으로 이동한다.
③ 제작회사에서 항공기를 설계할 때 결정되며 변하지 않는다.
④ 무게중심은 연료나 승객, 화물 등을 탑재하면 이동되며, 비행 중 연료소모량에 따라서도 이동된다.

51. 재질의 두께와 구멍(hole) 치수가 같을 때 일감의 재질에 따른 드릴의 회전속도가 빠른 순서대로 나열된 것은?
① 구리-알루미늄-공구강-스테인리스강
② 알루미늄-구리-공구강-스테인리스강
③ 구리-알루미늄-스테인리스강-공구강
④ 알루미늄-공구강-구리-스테인리스강

52. 항공기 주 날개에 작용하는 굽힘 모멘트(bending)를 주로 담당하는 것은?
① 리브(rib)
② 외피(skin)
③ 날개보(spar)
④ 날개보 플랜지(spar flange)

53. 다음 중 탄소의 함량이 가장 큰 SAE 규격에 따른 강은?
① 4050
② 4140
③ 4330
④ 4815

54. [보기]와 같은 특성을 갖춘 재료는?

· 무게당 강도 비율이 높다.
· 공기역학적 형상 제작이 용이하다.

- 부식에 강하고 피로응력이 좋다.

① 티타늄합금   ② 탄소강
③ 마그네슘합금 ④ 복합소재

55. 0.0625in 두께의 금속판 2개를 접합하기 위하여 1/8in 직경의 유니버설 리벳을 사용하려고 한다면 최소한의 리벳 길이는 몇 in가 되어야 하는가?

① 1/4   ② 1/8
③ 5/16   ④ 7/16

56. 항공기에 사용되는 평와셔(plain washer)에 대한 설명으로 틀린 것은?

① 볼트, 너트를 조일 때 로크 역할을 한다.
② 볼트, 너트를 조일 때 구조물 장착 부품을 보호한다.
③ 구조물, 장착 부품의 조임면의 부식을 방지한다.
④ 구조물이나 장착 부품의 힘을 분산시킨다.

57. 두 종류의 이질 금속이 접촉하여 전해질로 연결되면 한쪽의 금속에 부식이 촉진되는 것은?

① 피로 부식   ② 점 부식
③ 찰과 부식   ④ 동전기 부식

58. 비행기의 조종간을 앞쪽으로 밀고 오른쪽으로 움직였다면 조종면의 움직임은?

① 승강키는 내려가고, 왼쪽 도움날개는 올라간다.
② 승강키는 올라가고, 왼쪽 도움날개는 내려간다.
③ 승강키는 내려가고, 오른쪽 도움날개는 올라간다.
④ 승강키는 올라가고, 오른쪽 도움날개는 올라간다.

59. 하중배수선도에 대한 설명으로 옳은 것은?

① 수평비행을 할 때 하중배수는 0이다.
② 하중배수선도에서 속도는 진대기속도를 말한다.
③ 구조역학적으로 안전한 조작 범위를 제시한 것이다.
④ 하중배수는 정하중을 현재 작용하는 하중으로 나눈 값이다.

60. 그림과 같은 단면에서 y축에 관한 단면의 2차 모멘트(관성 모멘트)는 몇 cm^4인가?

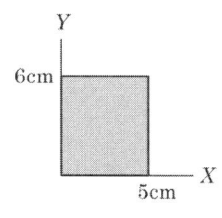

① 175   ② 200
③ 225   ④ 250

4과목 항공장비

61. 비행기록장치(DFDR : Digital Flight Data Recorder) 또는 조종실음성기록장치(CVR : Cockpit Voice Recorder)에 장착된 수중위치표시(ULD : Under Water Locating Device) 성능에 대한 설명으로 틀린 것은?

① 비행에 필수적인 변수가 기록된다.
② 물속에 있을 때만 작동이 가능하다.
③ 매초마다 37.5kHz로 pulse tone 신호를 송신한다.
④ 최소 3개월 이상 작동되도록 설계가 되어 있다.

62. 작동유에 의한 계통 내의 압력을 규정값 이하로 제한하는 것은?

① 레귤레이터(regulator)
② 릴리프 밸브(relief valve)
③ 선택 밸브(selector valve)
④ 감압 밸브(reducing valve)

63. Service Interphone System에 관한 설명으로 옳은 것은?
① 정비용으로 사용된다.
② 운항 승무원 상호간 통신장치이다.
③ 객실 승무원 상호간 통신장치이다.
④ 고장수리를 위해 서비스 센터에 맡겨둔 인터폰이다.

64. 대형 항공기 공압 계통에서 공통 매니폴드에 공급되는 공기 공급원의 종류가 아닌 것은?
① 터빈 기관의 압축기(compressor)
② 기관으로 구동되는 압축기 (super charger)
③ 전기 모터로 구동되는 압축기 (electric motor compressor)
④ 그라운드 뉴매틱 카트 (ground pneumatic cart)

65. 엔진 계기에 해당하지 않는 것은?
① 오일압력계(oil pressure gage)
② 연료압력계(fuel pressure gage)
③ 오일온도계(oil temperature gage)
④ 선회경사계(turn&bank indicator)

66. $R_1=10\Omega$, $R_2=5\Omega$의 저항이 연결된 직렬회로에서 R_2의 양단전압 V_2가 10V를 지시하고 있을 때 전체 전압은 몇 V인가?
① 10   ② 20
③ 30   ④ 40

67. Air-Cycle Air Conditioning System에서 팽창 터빈(expansion turbine)에 대한 설명으로 옳은 것은?

① 찬 공기와 뜨거운 공기가 섞이도록 한다.
② 1차 열교환기를 거친 공기를 냉각시킨다.
③ 공기 공급 라인이 파열되면 계통의 압력손실을 막는다.
④ 공기조화 계통에서 가장 마지막으로 냉각이 일어난다.

68. 그로울러 시험기(growler tester)는 무엇을 시험하는 데 사용하는 것인가?
① 전기자(armature)
② 계자(brush)
③ 정류자(commutator)
④ 계자코일(field coil)

69. 항공기에서 사용되는 축전지의 전압은?
① 발전기 출력 전압보다 높아야 한다.
② 발전기 출력 전압보다 낮아야 한다.
③ 발전기 출력 전압과 같아야 한다.
④ 발전기 출력 전압보다 낮거나, 높아도 된다.

70. 공기압식 제빙 계통에서 부츠의 팽창 순서를 조절하는 것은?
① 분배 밸브   ② 부츠 구조
③ 진공 펌프   ④ 흡입 밸브

71. 항공 계기에 대한 설명으로 틀린 것은?
① 내구성이 높아야 한다.
② 접촉 부분의 마찰력을 줄인다.
③ 온도의 변화에 따른 오차가 적어야 한다.
④ 고주파수, 작은 진폭의 충격을 흡수하기 위하여 충격 마운트를 장착한다.

72. 건조한 윈드 실드(wind shield)에 레인 리펠런트(rain repellent)를 사용할 수 없는 이유는?
① 유리를 분리시킨다.

② 유리를 에칭시킨다.
③ 유리가 뿌옇게 되어 시계가 제한된다.
④ 열이 축적되어 유리에 균열을 만든다.

73. 길이가 L인 도선에 1V의 전압을 걸었더니 1A의 전류가 흐르고 있었다. 이때 도선의 단면적을 $\frac{1}{2}$로 줄이고, 길이를 2배로 늘리면 도선의 저항 변화는? (단, 도선 고유의 저항 및 전압은 변함이 없다.)
① $\frac{1}{4}$ 감소
② $\frac{1}{2}$ 감소
③ 2배 증가
④ 4배 증가

74. 항공 계기와 그 계기에 사용되는 공함이 옳게 짝지어진 것은?
① 고도계 - 차압 공함, 속도계 - 진공 공함
② 고도계 - 진공 공함, 속도계 - 진공 공함
③ 속도계 - 차압 공함, 승강계 - 진공 공함
④ 속도계 - 차압 공함, 승강계 - 차압 공함

75. 항공기의 직류 전원을 공급(source)하는 것은?
① TRU
② IDG
③ APU
④ Static Inverter

76. 다음 중 압력 측정에 사용하지 않는 것은?
① 벨로즈(bellows)
② 바이메탈(bimetal)
③ 아네로이드(aneroid)
④ 부르동 튜브(bourdon tube)

77. 전파(radio wave)가 공중으로 발사되어 전리층에 의해서 반사되는데 이 전리층을 설명한 내용으로 틀린 것은?
① 전리층이 전파에 미치는 영향은 그 안의 전자 밀도와는 관계가 없다.
② 전리층의 높이나 전리의 정도는 시각, 계절에 따라 변한다.
③ 태양에서 발사된 복사선 및 복사 미립자에 의해 대기가 전리된 영역이다.
④ 주간에만 나타나 단파대에 영향이 나타나며 D층에서는 전파가 흡수된다.

78. 화재방지 계통(fire protection system)에서 소화제 방출 스위치가 작동하기 위한 조건으로 옳은 것은?
① 화재 벨이 울린 후 작동한다.
② 언제라도 누르면 즉시 작동한다.
③ fire shutoff switch를 당긴 후 작동한다.
④ 기체 외벽의 적색 디스크가 떨어져 나간 후 작동한다.

79. 착륙 및 유도 보조장치와 가장 거리가 먼 것은?
① 마커 비컨
② 관성항법장치
③ 로컬라이저
④ 글라이더 슬로프

80. 지상 관제사가 항공교통관제(ATC : air traffic control)를 통해서 얻는 정보로 옳은 것은?
① 편명 및 하강률
② 고도 및 거리
③ 위치 및 하강률
④ 상승률 또는 하강률

항공산업기사 2016년 2회 (5월 8일)

1과목 항공역학

01. 프로펠러 항공기의 경우 항속거리를 최대로 하기 위한 조건으로 옳은 것은?
① 양항비가 최소인 상태로 비행한다.
② 양항비가 최대인 상태로 비행한다.
③ $\dfrac{C_L}{\sqrt{C_D}}$ 가 최대인 상태로 비행한다.
④ $\dfrac{\sqrt{C_L}}{C_D}$ 가 최대인 상태로 비행한다.

02. 비행기가 키돌이(loop) 비행 시 비행기에 작용하는 하중배수의 범위로 옳은 것은?
① $-6 \sim 0$ ② $-6 \sim 6$
③ $-3 \sim 3$ ④ $0 \sim 6$

03. 일반적인 비행기의 안정성에 관한 설명으로 틀린 것은?
① 고속형 날개인 뒤젖힘 날개(sweep back wing)는 직사각형 날개보다 방향안정성이 작다.
② 중립점(neutral point)에 대한 비행기 무게중심의 위치 관계는 비행기의 안정성에 큰 영향을 미친다.
③ 단일 기관을 비행기의 기수에 장착한 프로펠러 비행기의 경우 방향안정성이 프로펠러에 영향을 받는다.
④ 주 날개의 쳐든각(dihedral angle)이 있는 비행기는 쳐든각이 없는 비행기에 비하여 가로안정성이 더 크다.

04. 프로펠러의 회전 깃단 마하수(rotational tip Mach number)를 옳게 나타낸 식은? (단, n : 프로펠러 회전수(rpm), D : 프로펠러 지름, a : 음속이다.)
① $\dfrac{\pi n}{60 \times a}$ ② $\dfrac{\pi n}{30 \times a}$
③ $\dfrac{\pi n D}{30 \times a}$ ④ $\dfrac{\pi n D}{60 \times a}$

05. 두께가 시위의 12%이고, 상하가 대칭인 날개의 단면은?
① NACA 2412   ② NACA 0012
③ NACA 1218   ④ NACA 23018

06. 양력계수가 0.25인 날개면적 20m²의 항공기가 720km/h의 속도로 비행할 때 발생하는 양력은 몇 N인가? (단, 공기의 밀도는 1.23kg/m³이다.)
① 6,150   ② 10,000
③ 123,000 ④ 246,000

07. 해면에서의 온도가 20℃일 때 고도 5km의 온도는 약 몇 ℃인가?
① -12.5 ② -15.5
③ -19.0 ④ -23.5

08. 그림과 같은 비행 특성을 갖는 비행기의 안정 특성은?

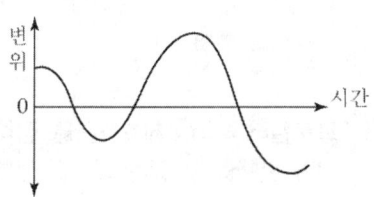

① 정적 안정, 동적 안정
② 정적 안정, 동적 불안정
③ 정적 불안정, 동적 안정
④ 정적 불안정, 동적 불안정

09. 피치 업(pitch up) 현상의 원인이 아닌 것은?
① 받음각의 감소
② 뒤젖힘 날개의 비틀림
③ 뒤젖힘 날개의 날개 끝 실속
④ 날개의 풍압 중심이 앞으로 이동

10. 고도 5,000m에서 150m/s로 비행하는 날개면적이 100m²인 항공기의 항력계수가 0.02일 때 필요마력은 몇 PS인가? (단, 공기의 밀도는 0.070kg·s²/m⁴이다.)
① 1,890
② 2,500
③ 3,150
④ 3,250

11. 프로펠러의 후류(slip stream) 중에 프로펠러로부터 멀리 떨어진 후방 압력이 자유흐름(free stream)의 압력과 동일해질 때의 프로펠러 유도속도(induced velocity) V_2와 프로펠러를 통과할 때의 유도속도 V_1의 관계는?
① $V_2 = 0.5 V_1$
② $V_2 = V_1$
③ $V_2 = 1.5 V_1$
④ $V_2 = 2 V_1$

12. 반 토크 로터(anti torque rotor)가 필요한 헬리콥터는?
① 동축 로터 헬리콥터(coaxial HC)
② 직렬 로터 헬리콥터(tandom HC)
③ 단일 로터 헬리콥터(single rotor HC)
④ 병렬 로터 헬리콥터(side-by-side rotor HC)

13. 프로펠러나 터보제트기관을 장착한 항공기가 비행할 수 있는 대기권 영역으로 옳은 것은?
① 열권과 중간권
② 대류권과 중간권
③ 대류권과 하부 성층권
④ 중간권과 하부 성층권

14. 이륙거리에 포함되지 않는 거리는?
① 상승거리(climb distance)
② 전이거리(transition distance)
③ 자유활주거리(free roll distance)
④ 지상활주거리(ground run distance)

15. 헬리콥터의 공중 정지비행 시 기수 방향을 바꾸기 위한 방법은?
① 주 회전날개의 코닝각을 변화시킨다.
② 주 회전날개의 회전수를 변화시킨다.
③ 주 회전날개의 피치각을 변화시킨다.
④ 꼬리 회전날개의 피치각을 조종한다.

16. 직사각형 날개의 가로세로비를 나타내는 것으로 틀린 것은? (단, c: 날개의 코드, b: 날개의 스팬, S: 날개 면적이다.)
① $\dfrac{b}{c}$
② $\dfrac{b^2}{S}$
③ $\dfrac{S}{c^2}$
④ $\dfrac{S^2}{bc}$

17. 운항 중인 항공기에서 조종면의 조종효과를 발생시키기 위해서 주로 변화시키는 것은?
① 날개골의 캠버
② 날개골의 면적
③ 날개골의 두께
④ 날개골의 길이

18. 활공기가 1km 상공을 속도 100km/h로 비행하다가 활공각 45°로 활공할 때 침하속도는 약 몇 km/h인가?
① 50
② 70.7
③ 100
④ 141.4

19. 레이놀즈 수(Reynolds number)에 대한 설명으로 틀린 것은?
① 무차원수이다.
② 유체의 관성력과 점성력 간의 비이다.
③ 레이놀즈 수가 낮을수록 유체의 점성이 높다.
④ 유체의 속도가 빠를수록 레이놀즈 수는 낮다.

20. 비행기의 선회반지름을 줄이기 위한 방법으로 옳은 것은?
① 선회각을 크게 한다.
② 선회속도를 크게 한다.
③ 날개면적을 작게 한다.
④ 중력가속도를 작게 한다.

2과목 항공기관

21. 다음 중 고열의 엔진 배기구 부분에 표시(marking)를 할 때 납(lead)이나 탄소(carbon) 성분이 있는 필기구를 사용하면 안 되는 가장 큰 이유는?
① 고열에 의해 열응력이 집중되어 균열을 발생시킨다.
② 배기부분의 재질과 화학 반응을 일으켜 재질을 부식시킬 수 있다.
③ 납이나 탄소 성분이 있는 필기구는 한 번 쓰면 지워지지 않는다.
④ 배기부분의 용접 부위에 사용하면 화학 반응을 일으켜 접합 성능이 떨어진다.

22. 성형엔진에 사용되며 축 끝의 나사부에 리테이닝 너트가 장착되고 리테이닝 링으로 허브를 크랭크축에 고정하는 프로펠러 장착방식은?
① 플랜지식   ② 스플라인식
③ 테이퍼식   ④ 압축밸브식

23. 열역학 제1법칙과 관련하여 밀폐계가 사이클을 이룰 때 열전달량에 대한 설명으로 옳은 것은?
① 열전달량은 이루어진 일과 항상 같다.
② 열전달량은 이루어진 일보다 항상 작다.
③ 열전달량은 이루어진 일과 반비례 관계를 가진다.
④ 열전달량은 이루어진 일과 정비례 관계를 가진다.

24. 왕복엔진에서 기화기 빙결(carburetor icing)이 일어나면 발생하는 현상은?
① 오일압력이 상승한다.
② 흡입압력이 감소한다.
③ 흡입밀도가 증가한다.
④ 엔진회전수가 증가한다.

25. 다발 항공기에서 각 프로펠러의 회전속도를 자동적으로 조절하고 모든 프로펠러를 같은 회전속도로 유지하기 위한 장치를 무엇이라고 하는가?
① 동조기   ② 슬립 링
③ 조속기   ④ 피치 변경 모터

26. 그림과 같은 브레이턴 사이클(Brayton cycle)에서 2-3 과정에 해당되는 것은?

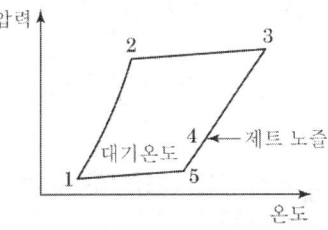

① 압축 과정   ② 팽창 과정
③ 방출 과정   ④ 연소 과정

27. 항공기 왕복엔진 작동 중 주의 깊게 관찰하며 점검해야 할 변수가 아닌 것은?
① N1 및 N2 rpm
② 흡기 매니폴드 압력

③ 엔진 오일 압력
④ 실린더 헤드 온도

28. 항공기 왕복엔진 연료의 옥탄가에 대한 설명으로 틀린 것은?
① 연료의 앤티노크성을 나타낸다.
② 연료의 이소옥탄이 차지하는 체적비율을 말한다.
③ 옥탄가가 낮을수록 엔진의 효율이 좋아진다.
④ 옥탄가가 높을수록 엔진의 압축비를 더 높게 할 수 있다.

29. 가스 터빈 엔진용 연료의 첨가제가 아닌 것은?
① 청정제   ② 빙결 방지제
③ 미생물 살균제 ④ 정전기 방지제

30. 항공기가 400mph의 속도로 비행하는 동안 가스 터빈 엔진이 2,340lbf의 진추력을 낼 때, 발생되는 추력마력은 약 몇 HP인가?
① 1,702   ② 1,896
③ 2,356   ④ 2,496

31. 항공기 왕복엔진은 동일한 조건에서 어느 계절에 가장 큰 출력을 발생시키는가?
① 봄   ② 여름
③ 겨울   ④ 계절에 관계없다.

32. 가스 터빈 엔진의 윤활장치에 대한 설명으로 틀린 것은?
① 재사용하는 순환을 반복한다.
② 윤활유의 누설 방지 장치가 없다.
③ 고압의 윤활유를 베어링에 분무한다.
④ 연료 또는 공기로 윤활유를 냉각한다.

33. 가스 터빈 엔진 중 저속비행 시 추진 효율이 낮은 것에서 높은 순으로 나열된 것은?

① 터보제트 - 터보팬 - 터보프롭
② 터보프롭 - 터보제트 - 터보팬
③ 터보프롭 - 터보팬 - 터보제트
④ 터보팬 - 터보프롭 - 터보제트

34. 축류식 압축기의 1단당 압력비가 1.6이고, 회전자 깃에 의한 압력 상승비가 1.3일 때 압축기의 반동도는?
① 0.2   ② 0.3
③ 0.5   ④ 0.6

35. 내연기관이 아닌 것은?
① 가스 터빈 엔진   ② 디젤 엔진
③ 증기 터빈 엔진   ④ 가솔린 엔진

36. 볼(ball)이나 롤러 베어링(roller bearing)이 사용되지 않는 곳은?
① 가스 터빈 엔진의 축 베어링
② 성형엔진의 커넥트 로드(connect rod)
③ 성형엔진의 크랭크 축 베어링(crank shaft bearing)
④ 발전기의 아마추어 베어링(amateur bearing)

37. 가스 터빈 엔진이 정해진 회전수에서 정격출력을 낼 수 있도록 연료조절장치와 각종 기구를 조정하는 작업을 무엇이라 하는가?
① 리깅(rigging)
② 모터링(motoring)
③ 크랭킹(cranking)
④ 트리밍(trimming)

38. 아음속 고정익 비행기에 사용되는 공기 흡입 덕트(inlet duct)의 형태로 옳은 것은?
① 벨마우스 덕트
② 수축형 덕트
③ 수축 확산형 덕트
④ 확산형 덕트

39. 왕복엔진에서 마그네토의 작동을 정지시키는 방법은?
① 축전지에 연결시킨다.
② 점화스위치를 ON 위치에 둔다.
③ 점화스위치를 OFF 위치에 둔다.
④ 점화스위치를 BOTH 위치에 둔다.

40. 가스 터빈 엔진의 점화장치를 왕복엔진과 비교하여 고전압, 고에너지 점화장치로 사용하는 주된 이유는?
① 열손실이 크기 때문에
② 사용 연료의 기화성이 낮아서
③ 왕복엔진에 비하여 부피가 크므로
④ 점화기 특성 규격에 맞추어야 하므로

3과목 항공기체

41. 대형 항공기에서 리브(rib)가 사용되는 부분이 아닌 것은?
① 플랩   ② 엔진 마운트
③ 에일러론   ④ 엘리베이터

42. 그림과 같이 단면적 20cm², 10cm²로 이루어진 구조물의 a-b 구간에 작용하는 응력은 몇 kN/cm²인가?

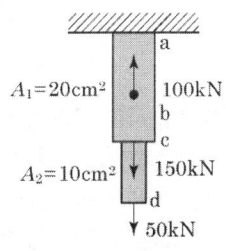

① 5   ② 10
③ 15   ④ 20

43. 항공기의 구조부재 용접작업 시 최우선으로 고려해야 할 사항은?
① 작업 부위의 청결
② 용접 방향
③ 용접 슬러지 제거
④ 재질 변화

44. 일반적인 금속의 응력-변형률 곡선에서 위치별 내용이 옳게 짝지어진 것은?

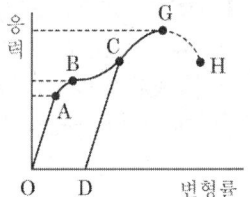

① G : 항복점
② OA : 인장강도
③ B : 비례탄성범위
④ OD : 영구 변형률

45. 대형 항공기 조종면을 수리하여 힌지 라인 후방의 무게가 증가되었다면 어떠한 문제가 발생하는가?
① 기수가 상승한다.
② 기수가 하강한다.
③ 플러터(flutter) 발생 원인이 된다.
④ 속도가 증가하고 진동이 감소된다.

46. 연료탱크에 있는 벤트계통(vent system)의 역할로 옳은 것은?
① 연료탱크 내의 증기를 배출하여 발화를 방지한다.
② 비행자세의 변화에 따른 연료탱크 내의 연료유동을 방지한다.
③ 연료탱크 내·외의 차압에 의한 탱크 구조를 보호한다.
④ 연료탱크의 최하부에 위치하여 수분이나 잔류연료를 제거한다.

47. 항공기 구조에서 하중을 담당하는 부재가 파괴되었을 때 그 하중을 예비부재가 전체

47. 하중을 담당하도록 설계된 방식의 페일 세이프(fail safe) 구조는?
   ① 다중 경로 구조 ② 이중 구조
   ③ 하중 경감 구조 ④ 대치 구조

48. 항공기 최대 총무게에서 자기무게를 뺀 무게는?
   ① 유상하중(useful load)
   ② 테어무게(tare weight)
   ③ 최대허용무게(max allowable weight)
   ④ 운항자기무게(operating empty weight)

49. 항공기의 기체 구조 수리에 대한 내용으로 가장 올바른 것은?
   ① 수리를 위하여 대치할 재료의 두께는 원래 두께와 같거나 작아야 한다.
   ② 사용 리벳 수는 같은 재질로 기체의 강도를 고려하여 최소한의 수를 사용한다.
   ③ 같은 두께의 재료로서 17ST의 판재나 리벳을 A17ST로 대체하여 사용할 수 있다.
   ④ 수리 부분의 원래 재료와의 접촉면에는 재료의 성분에 관계없이 부식방지를 위하여 기름으로 표면처리한다.

50. 항공기 도면에서 "fuselage station 137"이 의미하는 것은?
   ① 기준선으로부터 137inch 전방
   ② 기준선으로부터 137inch 후방
   ③ 버턱라인(BL)으로부터 137inch 좌측
   ④ 버턱라인(BL)으로부터 137inch 우측

51. 항공기 기체 내부와 외부 구조부에 모두 사용할 수 있는 리벳은?
   ① 납작머리 리벳(flat head rivet)
   ② 둥근머리 리벳(round head rivet)
   ③ 접시머리 리벳(countersink head rivet)
   ④ 유니버설머리 리벳(universal head rivet)

52. 다음 중 드릴(drill)로 구멍을 뚫을 때 가장 빠른 드릴 회전을 해야 하는 재료는?
   ① 주철   ② 알루미늄
   ③ 티타늄   ④ 스테인리스강

53. Al 표면을 양극산화처리하여 표면에 산화 피막이 만들어지도록 처리하는 방법이 아닌 것은?
   ① 수산법   ② 크롬산법
   ③ 황산법   ④ 석출경화법

54. 항공기 실속 속도 80mph, 설계 제한 하중배수 4인 비행기가 급격한 조작을 할 경우에도 구조역학적으로 안전한 속도 한계는 약 몇 mph인가?
   ① 140   ② 160
   ③ 200   ④ 320

55. 항공기 판재 굽힘 작업 시 최소 굽힘 반지름을 정하는 주된 목적은?
   ① 굽힘 작업 시 낭비되는 재료를 최소화하기 위해
   ② 판재의 굽힘 작업으로 발생되는 내부 체적을 최대로 하기 위해
   ③ 굽힘 반지름이 너무 작아 응력 변형이 생겨 판재가 약화되는 현상을 막기 위해
   ④ 굽힘 작업 시 발생하는 열을 최소화하기 위해

56. 알루미늄합금과 구조용 강과의 기계적 성질에 대한 설명으로 옳은 것은?
   ① 동일한 하중에 대한 알루미늄합금의 변형량은 구조용 강철에 비해 약 3배 많다.
   ② 알루미늄합금은 구조용 강철에 비해 제1변태점이 약 300°C 정도 높다.
   ③ 구조용 강철의 탄성계수는 알루미늄합금의 탄성계수의 약 2배 정도이다.

④ 제1변태점 이상에서 알루미늄합금은 구조용 강철보다 기계적 성질이 좋다.

57. 알루미나 섬유에 대한 설명으로 옳은 것은?
① 기계적 특성이 뛰어나므로 주로 전투기 동체나 날개 부품 제작에 사용된다.
② 알루미나 섬유를 일명 "케블러"라고 한다.
③ 무색 투명하며 약 1300℃로 가열하여도 물성이 유지되는 우수한 내열성을 가지고 있다.
④ 기계적 성질이 떨어져 주로 객실내부 구조물 등 2차 구조물에 사용된다.

58. 하중배수(load factor)에 대한 설명으로 틀린 것은?
① 등속수평비행 시 하중배수는 1이다.
② 하중배수는 비행속도의 제곱에 비례한다.
③ 선회비행 시 경사각이 클수록 하중배수는 작아진다.
④ 하중배수는 기체에 작용하는 하중을 무게로 나눈 값이다.

59. 그림과 같은 그래프를 갖는 완충장치의 효율은 약 몇 %인가?

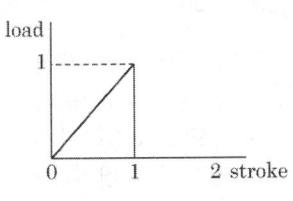

① 30 ② 40
③ 50 ④ 60

60. 손가락 힘으로 조일 수 있는 곳으로 조립과 분해가 빈번한 곳에 사용하는 너트는?
① 윙 너트 ② 체크 너트
③ 플레인 너트 ④ 캐슬 너트

4과목 항공장비

61. 객실의 개별 승객에게 영화, 음악 등 오락 프로그램을 제공하는 장치는?
① cabin interphone system
② passenger address system
③ service interphone system
④ passenger entertainment system

62. 10mH의 인덕턴스에 60Hz, 100V의 전압을 가하면 약 몇 암페어(A)의 전류가 흐르는가?
① 15.35 ② 20.42
③ 25.78 ④ 26.54

63. 항공계기의 색표지(color marking)와 그 의미를 옳게 짝지은 것은?
① 푸른색 호선(blue arc) : 최대 및 최소 운용한계
② 노란색 호선(yellow arc) : 순항 운용 범위
③ 붉은색 방사선(red radiation) : 경계 및 경고 범위
④ 흰색 호선(white arc) : 플랩을 조작할 수 있는 속도 범위 표시

64. full deflection current 10mA, 내부저항이 4Ω인 검류계로 28V의 전압측정용 전압계를 만들려면 약 몇 Ω짜리의 직렬저항을 이용해야 하는가?
① 2,000 ② 2,500
③ 2,800 ④ 3,000

65. 광전연기탐지기에 대한 설명으로 옳은 것

은?
① 연기의 양을 측정한다.
② 연기의 반사광을 감지한다.
③ 주변 연기의 온도를 측정한다.
④ 연기 내 오염물의 정도를 탐지한다.

66. 항공기의 축압기(accumulator)에 대한 설명으로 틀린 것은?
① 압력 조절기가 너무 빈번하게 작동되는 것을 방지한다.
② 갑작스럽게 계통 압력이 상승할 때 이 압력을 흡수한다.
③ 작동유 압력계통의 호스가 파손되거나 손상되어 작동유가 누설되는 것을 방지한다.
④ 비상시 최소한의 작동 실린더를 제한된 횟수만큼 작동시킬 수 있는 작동유를 저장한다.

67. HF통신의 용도로 가장 옳은 것은?
① 항공기 상호간 단거리 통신
② 항공기와 지상 간의 단거리 통신
③ 항공기 상호간 및 항공기와 지상 간의 장거리 통신
④ 항공기 상호간 및 항공기와 지상 간의 단거리 통신

68. 직류발전기에서 잔류자기를 잃어 발전기 출력이 나오지 않을 경우 잔류자기를 회복하는 방법으로 가장 적절한 것은 어느 것인가?
① 계자코일을 교환한다.
② 계자권선에 직류전원을 공급한다.
③ 잔류자기가 회복될 때까지 반대방향으로 회전시킨다.
④ 잔류자기가 회복될 때까지 고속 회전시킨다.

69. 기본적인 에어 사이클 냉각계통의 구성으로 옳은 것은?
① 히터, 냉각기, 압축기
② 압축기, 열교환기, 터빈
③ 열교환기, 증발기, 히터
④ 바깥 공기, 압축기, 엔진블리드 공기

70. 자동 비행 조종장치에서 오토 파일럿(auto pilot)을 연동(engage)하기 전에 필요한 조건이 아닌 것은?
① 이륙 후 연동한다.
② 충분한 조정(trim)을 취한 뒤 연동한다.
③ 항공기의 기수가 진북(true north)을 향한 후에 연동한다.
④ 항공기 자세(roll, pitch)가 있는 한계 내에서 연동한다.

71. 고도계에서 발생되는 오차와 발생 요인을 옳게 짝지어진 것은?
① 탄성 오차 : 케이스의 누출
② 온도 오차 : 온도 변화에 의한 팽창과 수축
③ 눈금 오차 : 섹터 기어와 피니언 기어의 불균일
④ 기계적 오차 : 확대장치의 가동부분, 연결, 백래시, 마찰

72. 다음 중 싱크로 계기의 종류 중 마그네신(magnesyn)에 대한 설명으로 틀린 것은?
① 교류전압이 회전자에 가해진다.
② 오토신(autosyn)보다 작고 가볍다.
③ 오토신(autosyn)의 회전자를 영구자석으로 바꾼 것이다.
④ 오토신(autosyn)보다 토크가 약하고 정밀도가 떨어진다.

73. 비행 중에 비로부터 시계를 확보하기 위한 제우(rain protection) 시스템이 아닌 것은?
① air curtain system

② rain repellent system
③ windshield wiper system
④ windshield washer system

74. 항공기에서 화재탐지를 위한 장치가 설치되어 있지 않는 곳은?
① 조종실 내 ② 화장실
③ 동력장치 ④ 화물실

75. 직류 전원을 교류 전원으로 바꿔주는 것은?
① static inverter
② load controller
③ battery charger
④ TRU(transformer rectifier unit)

76. 수평 상태 지시계(HSI)가 지시하지 않는 것은?
① 비행고도
② DME 거리
③ 기수 방위 지시
④ 비행 코스와의 관계 지시

77. 유압계통에서 압력이 낮게 작동되면 중요한 기기에만 작동 유압을 공급하는 밸브는?
① 선택 밸브(selector valve)
② 릴리프 밸브(relief valve)
③ 유압 퓨즈(hydraulic fuse)
④ 우선 순위 밸브(priority valve)

78. 항공기 내 승객 안내시스템(passenger address system)에서 방송의 제1순위로부터 순서대로 옳게 나열한 것은?
① cabin 방송, cockpit 방송, music 방송
② cabin 방송, music 방송, cockpit 방송
③ cockpit 방송, cabin 방송, music 방송
④ cockpit 방송, music 방송, cabin 방송

79. transmitter와 indicator 양쪽 모두 △ 또는 Y결선의 스테이터(stator)와 교류 전자석의 로터(rotor) 사이에 발생되는 전류와 자장 발생에 의해 동조되는 방식의 계기는?
① 데신(desyn)
② 오토신(autosyn)
③ 마그네신(magnesyn)
④ 일렉트로신(electrosyn)

80. 직류 직권 전동기의 속도를 제어하기 위한 가변 저항기(rheostat)의 장착방법은?
① 전동기와 병렬로 장착
② 전동기와 직렬로 장착
③ 전원과 직·병렬로 장착
④ 전원 스위치와 병렬로 장착

항공산업기사 2016년 4회 (10월 1일)

1과목 항공역학

01. 다음 중 ( ) 안에 알맞은 내용은?

"비행기에서 무게중심이 날개의 공기역학적 중심보다 앞쪽에 위치할수록 세로안정은 (㉠)하고, 조종성은 (㉡)한다."

① ㉠ 감소, ㉡ 증가
② ㉠ 감소, ㉡ 감소
③ ㉠ 증가, ㉡ 증가
④ ㉠ 증가, ㉡ 감소

02. 다음 중 이륙 활주거리를 줄일 수 있는 조건으로 옳은 것은?

① 추력을 최대로 한다.
② 고항력 장치를 사용한다.
③ 비행기의 하중을 크게 한다.
④ 항력이 큰 활주 자세로 이륙한다.

03. 프로펠러가 항공기에 가해 준 소요 동력을 구하는 식은?

① $\dfrac{추력}{비행속도}$
② 추력×비행속도^2
③ $\dfrac{비행속도}{추력}$
④ 추력×비행속도

04. 헬리콥터 구동 계통에서 자유 회전 장치(free wheeling unit)의 주된 목적은?

① 주 회전날개 제동장치를 풀어서 작동을 가능하게 한다.
② 시동 중에 주 회전날개 깃의 굽힘 응력을 제거한다.
③ 착륙을 위해서 기관의 과회전을 허용한다.
④ 기관이 정지되거나 제한된 주 회전날개의 회전수보다 느릴 때 주 회전날개와 기관을 분리한다.

05. 조종면 효율변수(flap or control effectiveness parameter)를 설명한 것으로 옳은 것은?

① 양력계수와 항력계수의 비를 말한다.
② 플랩의 변위에 따른 양력계수의 변화량을 나타내는 값이다.
③ 날개 면적을 날개 면적과 플랩 면적을 합한 값으로 나눈 값이다.
④ 플랩 면적을 날개 면적과 플랩 면적을 합한 값으로 나눈 값이다.

06. 다음 중 실속 받음각 영역이 다른 것은 어느 것인가?

① 스핀   ② 방향 발산
③ 더치 롤   ④ 나선 발산

07. 온도가 0℃, 고도 약 2,300m에서 비행기가 825m/s로 비행할 때의 마하수는 약 얼마인가? (단, 0℃ 공기 중 음속은 331.2m/s이다.)

① 2.0   ② 2.5
③ 3.0   ④ 3.5

08. 비행기가 등속도 수평비행을 하고 있다면 이 비행기에 작용하는 하중배수는?

① 0　　　　② 0.5
③ 1　　　　④ 1.8

09. 물체 표면을 따라 흐르는 유체의 천이 (transition) 현상을 옳게 설명한 것은?
① 충격 실속이 일어나는 현상이다.
② 층류에 박리가 일어나는 현상이다.
③ 층류에서 난류로 바뀌는 현상이다.
④ 흐름이 표면에서 떨어져 나가는 현상이다.

10. 항공기 중량이 900kgf, 날개면적이 10m² 인 제트 항공기가 수평 등속도로 비행할 때 추력은 몇 kgf인가? (단, 양항비는 3이다.)
① 300　　　② 250
③ 200　　　④ 150

11. 날개의 면적을 유지하면서 가로세로비만 2배로 증가시켰을 때의 이 비행기의 유도 항력계수는 어떻게 되는가?
① 2배 증가한다.
② 1/2로 감소한다.
③ 1/4로 감소한다.
④ 1/16로 증가한다.

12. 500rpm으로 회전하고 있는 프로펠러의 각속도는 약 몇 rad/sec인가?
① 32　　　② 52
③ 65　　　④ 104

13. 날개 드롭(wing drop)에 대한 설명으로 틀린 것은?
① 옆놀이와 관련된 현상이다.
② 한쪽 날개가 충격 실속을 일으켜서 갑자기 양력을 상실하며 발생하는 현상이다.
③ 아음속에서 충격파가 과도할 경우 날개가 동체에서 떨어져 나가는 현상을

말한다.
④ 두꺼운 날개를 사용한 비행기가 천음속으로 비행 시 발생한다.

14. 항공기 형상이 비행 안정성에 미치는 영향을 옳게 설명한 것은?
① 후퇴각(sweepback)을 갖는 주 날개에서는 측풍이 날개 익형에서 상대적인 공기속도를 변화시켜 항력 차이에 의한 복원 모멘트로 횡안정성이 개선된다.
② 고익(high wing) 항공기에서는 횡안정성을 저해하는 방향으로 동체 주위의 유동이 날개의 받음각을 변화시킨다.
③ 일정한 면적의 꼬리날개는 장착위치가 무게 중심에 가까울수록 수직 및 수평안정판이 비행 안정성에 기여하는 영향이 크다.
④ 상반각을 갖는 주 날개에서는 측풍이 좌측 및 우측 날개에서 받음각 차이로 양력의 차이를 발생시켜 횡안정성이 개선된다.

15. 무게 20,000kgf, 날개면적 80m²인 비행기가 양력계수 0.45 및 경사각 30° 상태로 정상선회(균형선회) 비행을 하는 경우 선회반경은 약 몇 m인가? (단, 공기밀도는 1.22kg/m³이다.)
① 1,820　　　② 2,000
③ 2,800　　　④ 3,000

16. 에어포일 코드 'NACA 0009'를 통해 알 수 있는 것은?
① 대칭 단면의 날개이다.
② 초음속 날개 단면이다.
③ 다이아몬드형 날개 단면이다.
④ 단면에 캠버가 있는 날개이다.

17. 일반적인 헬리콥터 비행 중 주 회전날개에 의한 필요마력의 요인으로 보기 어려운 것은?
① 유도속도에 의한 유도항력
② 공기의 점성에 의한 마찰력
③ 공기의 박리에 의한 압력항력
④ 경사 충격파 발생에 따른 조파 저항

18. 대기를 구성하는 공기에 대한 설명으로 틀린 것은?
① 공기의 점성계수는 물보다 작다.
② 공기는 압축성 유체로 볼 수 있다.
③ 공기의 온도는 고도가 높아짐에 따라서 항상 감소한다.
④ 동일한 압력조건에서 공기의 온도변화와 밀도변화는 반비례 관계에 있다.

19. 다음 중 항력발산 마하수가 높은 날개를 설계할 때 옳은 것은?
① 쳐든각을 크게 한다.
② 날개에 뒤젖힘각을 준다.
③ 두꺼운 날개를 사용한다.
④ 가로세로비가 큰 날개를 사용한다.

20. 상승 가속도 비행을 하고 있는 항공기에 작용하는 힘의 크기를 옳게 비교한 것은?
① 양력 > 중력, 추력 < 항력
② 양력 < 중력, 추력 > 항력
③ 양력 > 중력, 추력 > 항력
④ 양력 < 중력, 추력 < 항력

2과목

항공기관

21. 마하 0.85로 순항하는 비행기의 가스 터빈 엔진 흡입구에서 유속이 감속되는 원리에 대한 설명으로 옳은 것은?
① 압축기에 의하여 감속된다.
② 유동 일에 대하여 감속한다.
③ 단면적 확산으로 감속한다.
④ 충격파를 발생시켜 감속한다.

22. 가스 터빈 엔진에서 방빙장치가 필요 없는 곳은?
① 터빈 노즐
② 압축기 전방
③ 흡입 덕트 입구
④ 압축기의 입구 안내 깃

23. 왕복엔진에서 물 분사 장치에 대한 설명으로 틀린 것은?
① 물을 분사시키면 엔진이 더 큰 추력을 낼 수 있게 하는 앤티노크 기능을 가진다.
② 물과 소량의 알코올을 혼합시키는 이유는 배기가스의 압력을 증가시키기 위한 것이다.
③ 물 분사는 짧은 활주로에서 이륙할 때와 착륙을 시도한 후 복행할 필요가 있을 때 사용한다.
④ 물 분사가 없는 드라이(dry) 엔진은 작동 허용범위를 넘었을 때 디토네이션으로 출력에 제한이 있다.

24. 항공기 가스 터빈 엔진의 성능 평가에 사용되는 추력이 아닌 것은?
① 진추력 ② 총추력
③ 비추력 ④ 열추력

25. 가스 터빈 엔진의 연료조정장치(FCU)의 기능이 아닌 것은?
① 파워 레버의 위치에 따른 연료량을 적절히 조절한다.
② 연료 흐름에 따른 연료 필터의 계속 사용 여부를 조정한다.
③ 압축기 출구압력 변화에 따라 연료량을 적절히 조절한다.

④ 압축기 입구압력 변화에 따라 연료량을 적절히 조절한다.

26. 열역학에서 주어진 시간에 계(system)의 이전 상태와 관계없이 일정한 값을 갖는 계의 거시적인 특성을 나타내는 것을 무엇이라 하는가?
① 상태(state)
② 과정(process)
③ 상태량(property)
④ 검사체적(control volume)

27. 흡입공기를 사용하지 않는 제트엔진은?
① 로켓
② 램제트
③ 펄스제트
④ 터보 팬

28. 민간 항공기용 연료로서 ASTM에서 규정된 성질을 갖고 있는 가스 터빈 기관용 연료는?
① JP-2
② JP-3
③ JP-8
④ Jet-A

29. 왕복엔진의 마그네토 캠축과 엔진 크랭크축의 회전속도비를 옳게 나타낸 것은? (단, 캠의 로브 수와 극 수는 같고, n : 마그네토의 극수, N : 실린더 수이다.)
① $\dfrac{N+1}{2n}$
② $\dfrac{N}{n+1}$
③ $\dfrac{N}{2n}$
④ $\dfrac{N}{n}$

30. 왕복엔진의 피스톤 오일 링(oil ring)이 장착되는 그루브(groove)에 위치한 구멍의 주요 기능은?
① 피스톤의 무게를 경감해 준다.
② 윤활유의 양을 조절해 준다.
③ 피스톤 벽에 냉각 공기를 보내 준다.
④ 피스톤 내부 점검을 하기 위한 통로이다.

31. 왕복엔진의 마그네토 브레이커 포인트(breaker point)가 과도하게 소실되었다면 브레이커 포인트와 어떤 것을 교환해 주어야 하는가?
① 1차 코일
② 2차 코일
③ 회전자석
④ 콘덴서

32. 9개의 실린더로 이루어진 왕복엔진에서 실린더 직경 5in, 행정길이 6in일 경우 총 배기량은 약 몇 in^3인가?
① 118
② 508
③ 1,060
④ 4,240

33. 프로펠러 깃(propeller blade)에 작용하는 응력이 아닌 것은?
① 인장 응력
② 굽힘 응력
③ 비틀림 응력
④ 구심 응력

34. 가스 터빈 엔진의 추력 감소 요인이 아닌 것은?
① 대기 밀도 증가
② 연료조절장치 불량
③ 터빈 블레이드 파손
④ 이물질에 의한 압축기 로터 블레이드 오염

35. 다음 중 가스 터빈 엔진의 엔진압력비(EPR : engine pressure ratio)를 나타낸 식으로 옳은 것은?
① $\dfrac{터빈\ 출구\ 압력}{압축기\ 입구\ 압력}$
② $\dfrac{압축기\ 입구\ 압력}{터빈\ 출구\ 압력}$
③ $\dfrac{압축기\ 입구\ 압력}{압축기\ 출구\ 압력}$
④ $\dfrac{압축기\ 출구\ 압력}{압축기\ 입구\ 압력}$

36. 그림과 같은 브레이턴 사이클(Brayton cycle)의 P-V 선도에 대한 설명으로 틀

린 것은?

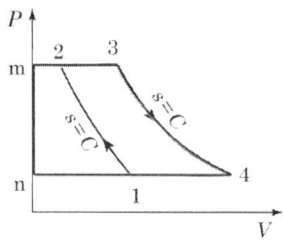

① 넓이 1-2-m-n-1은 압축일이다.
② 1개씩의 정압과정과 단열과정이 있다.
③ 넓이 1-2-3-4-1은 사이클의 참 일이다.
④ 넓이 3-4-n-m-3은 터빈의 팽창일이다.

37. 피스톤 핀과 크랭크축을 연결하는 막대이며, 피스톤의 왕복운동을 크랭크축으로 전달하는 일을 하는 엔진의 부품은 어느 것인가?
① 실린더 배럴　② 피스톤 링
③ 커넥팅 로드　④ 플라이 휠

38. 정속 프로펠러(constant-speed propeller)는 엔진 속도를 정속으로 유지하기 위해 프로펠러 피치를 자동으로 조정해 주도록 되어 있는데 이러한 기능은 어떤 장치에 의해 조정되는가?
① 3-way 밸브
② 조속기(governor)
③ 프로펠러 실린더
④ 프로펠러 허브 어셈블리

39. 민간용 가스 터빈 엔진의 공압 시동기에 대한 설명으로 틀린 것은?
① 시동 완료 후 발전기로서 작동한다.
② APU, GTC에서의 고압 공기를 사용한다.
③ 약 20% 전후 엔진 rpm 속도에서 분리된다.
④ 엔진에 사용되는 같은 종류의 오일로 윤활된다.

40. 왕복엔진을 장착한 비행기가 이륙한 후에도 최대 정격 이륙 출력으로 계속 비행하는 경우에 대한 설명으로 옳은 것은?
① 엔진이 과열되어 비행이 곤란해진다.
② 공기 흡입구가 결빙되어 출력이 저하된다.
③ 엔진의 최대 출력을 증가시키기 위한 방법으로 자주 이용한다.
④ 연료 소모가 많지만 1시간 이내에서 비행할 수 있다.

3과목　항공기체

41. 앞바퀴형 착륙장치의 장점으로 틀린 것은?
① 조종사의 시야가 좋다.
② 이·착륙 저항이 작고 착륙 성능이 양호하다.
③ 가스 터빈 엔진에서 배기가스 분출이 용이하다.
④ 고속에서 주 착륙장치의 제동력을 강하게 작동하면 전복의 위험이 크다.

42. 아이스박스 리벳인 2024(DD)를 아이스박스에 저온 보관하는 이유는?
① 리벳을 냉각시켜 경도를 높이기 위해
② 리벳의 열변화를 방지하여 길이의 오차를 줄이기 위해
③ 시효경화를 지연시켜 연화상태를 연장시키기 위해
④ 리벳을 냉각시켜 리베팅 시 판재를 함께 냉각시키기 위해

43. 외피(skin)에 주 하중이 걸리지 않는 구조 형식은?
① 모노코크 구조

② 트러스 구조
③ 세미모노코크 구조
④ 샌드위치 구조

44. 페일 세이프 구조 중 다경로 구조(redundant structure)에 대한 설명으로 옳은 것은?
① 단단한 보강재를 대어 해당량 이상의 하중을 보강재가 분담하는 구조이다.
② 여러 개의 부재로 되어 있고 각각의 부재는 하중을 고르게 분담하도록 되어 있는 구조이다.
③ 하나의 큰 부재를 사용하는 대신 2개 이상의 작은 부재를 결합하여 1개의 부재와 같은 또는 그 이상의 강도를 지닌 구조이다.
④ 규정된 하중은 모두 좌측 부재에서 담당하고 우측 부재는 예비 부재로 좌측 부재가 파괴된 후 그 부재를 대신하여 전체하중을 담당한다.

45. 알루미늄 합금판에 순수 알루미늄의 압연 코팅(coating)을 하는 알클래드(alclad)의 목적은?
① 공기 저항 감소
② 표면 부식 방지
③ 인장강도의 증대
④ 기체 전기 저항 감소

46. 그림과 같이 벽으로부터 0.8m 지점에 250N의 집중하중이 작용하는 1.0m 길이의 보에 대한 굽힘 모멘트 선도는?

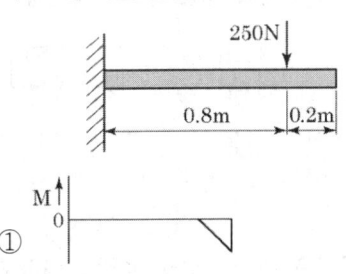

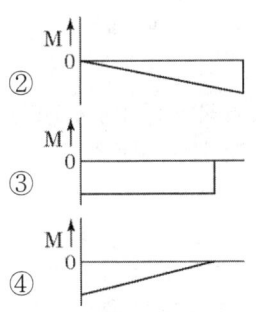

47. 양극처리(anodizing)에 대한 설명으로 옳은 것은?
① 알루미늄합금에 은도금을 하는 것이다.
② 강철에 순수한 탄소 피막을 입히는 것이다.
③ 크롬산이나 황산으로 알루미늄합금의 표면에 산화 피막을 만드는 것이다.
④ 알루미늄합금의 표면에 순수한 알루미늄 피막을 입히는 것이다.

48. 인장하중(P)을 받는 평판에 구멍이 있다면 구멍 주위에 생기는 응력분포를 옳게 나타낸 것은?

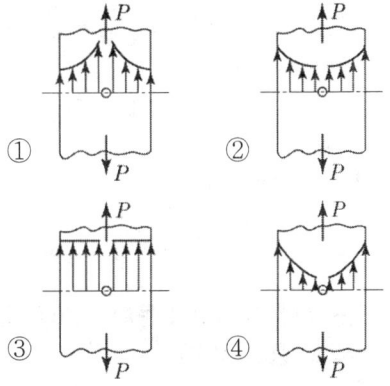

49. 두께가 40/1,000in, 길이가 2.75in인 2024 T3 알루미늄 판재를 AD 리벳으로 결합하려면 몇 개의 리벳이 필요한가? (단, 2024 T3 판재의 극한인장 응력은 60,000psi, AD리벳 1개당 전단강도는 388lb, 안전계수는 1.15이다.)
① 15　　　② 18

175

③ 20　　　　　④ 39

50. 항공기 기체 제작과 정비에 사용되는 특수 용접에 속하지 않는 것은?
① 전기 아크 용접
② 플라스마 용접
③ 금속 불활성가스 용접
④ 텅스텐 불활성가스 용접

51. 기계재료가 일정 온도에서 일정한 응력이 가해질 때 시간이 경과함에 따라 계속적으로 변형률이 증가하게 되는데 이와 같이 시간 경과에 따라 변하는 변형률을 나타내는 그래프는?
① 피로(fatigue) 곡선
② 크리프(creep) 곡선
③ 탄성(elasticity) 곡선
④ 천이(transition) 곡선

52. 섬유강화플라스틱(FRP)에 대한 설명으로 틀린 것은?
① 내식성, 진동에 대한 감쇠성이 크다.
② 항공기의 조종면에는 FRP 허니컴 구조가 사용된다.
③ 경도, 강성이 낮은데 비하여 강도비가 크다.
④ 인장강도, 내열성이 높으므로 엔진 마운트로 사용된다.

53. 최근 대형 항공기의 동체 구조에 대한 설명으로 틀린 것은?
① 날개, 꼬리날개 및 착륙장치의 장착점이 존재한다.
② 응력 분산이 용이한 세미모노코크 구조가 사용된다.
③ 동체의 주요 구조 부재는 정형재와 벌크헤드 및 외피로 구성된다.
④ 동체는 화물, 조종실, 장비품, 승객 등을 위한 공간으로 활용된다.

54. 그림과 같은 V-n 선도에서 실속 속도 (V_S) 상태로 수평 비행하고 있는 항공기의 하중배수(n_s)는?

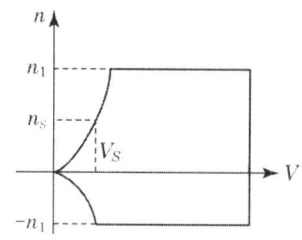

① 1　　　　　② 2
③ 3　　　　　④ 4

55. 항공기의 연료 계통에 대한 설명으로 틀린 것은?
① 연료 펌프로 가압 공급한다.
② 연료 탑재 위치는 항공기 평형에 영향을 준다.
③ 탑재하는 연료의 양은 비행거리 및 시간에 따라 달라진다.
④ 연료 탱크 내부에 수분 증발 장치가 마련되어 있다.

56. 항공기의 케이블 조종 계통과 비교하여 푸시풀 로드 조종 계통의 장점으로 옳은 것은?
① 마찰이 작다.
② 유격이 없다.
③ 관성력이 작다.
④ 계통의 무게가 가볍다.

57. 다음 그림과 같은 볼트의 명칭은?

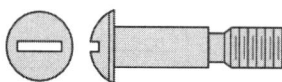

① 아이 볼트　　② 육각머리 볼트
③ 클레비스 볼트　④ 드릴머리 볼트

58. 판재를 굴곡작업하기 위한 그림과 같은 도

면에서 굴곡 접선의 교차 부분에 균열을 방지하기 위한 구멍의 명칭은?

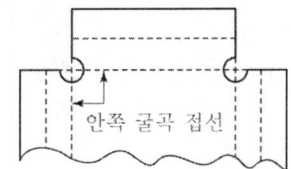

① lighting hole
② pilot hole
③ countersunk hole
④ relief hole

59. 판재 홀 가공 절차 중 리머 작업에 대한 설명으로 옳은 것은?
① 강을 리밍할 때 절삭유를 사용하지 않는다.
② 드릴로 뚫은 작은 구멍의 안쪽을 매끈하게 가공한다.
③ 홀 가공 시 드릴 작업보다 빠른 회전 속도로 작업한다.
④ 드릴로 뚫은 구멍의 안쪽의 부식을 제거한다.

60. 다음 중 재료가 탄성한도에서 단위 체적에 축적되는 변형에너지를 나타내는 식은? (단, σ : 응력, E : 탄성계수이다.)
① $\dfrac{\sigma^2}{2E}$ ② $\dfrac{E}{2\sigma^2}$
③ $\dfrac{\sigma}{2E^2}$ ④ $\dfrac{E}{2\sigma^3}$

4과목 항공장비

61. 유압계통의 압력 서지(pressure surge)를 완화하는 역할을 하는 장치는?
① 펌프(pump)
② 리저버(reservoir)
③ 릴리프 밸브(relief valve)
④ 어큐뮬레이터(accumulator)

62. 유압계통에서 유압관 파손 시 작동유의 과도한 누설을 방지하는 장치는?
① 유압 퓨즈 ② 흐름 평형기
③ 흐름 조절기 ④ 압력 조절기

63. 다음 중 화학적 방빙(anti-icing)방법을 주로 사용하는 곳은?
① 프로펠러
② 화장실
③ 피토 튜브
④ 실속 경고 탐지기

64. 다음 중 합성 작동유 계통에 사용되는 실(seal)은?
① 천연 고무
② 일반 고무
③ 부틸 합성 고무
④ 네오프렌 합성 고무

65. 레인 리펠런트(rain repellent)에 대한 설명으로 틀린 것은?
① 물방울이 퍼지는 것을 방지한다.
② 우천 시 항공기 이·착륙에 와이퍼(wiper)와 같이 사용한다.
③ 표면장력 변화를 위하여 특수 용액을 사용한다.
④ 강우량이 적을 때 사용하면 매우 효과적이다.

66. 액량계기와 유량계기에 관한 설명으로 옳은 것은?
① 액량계기는 대형기와 소형기에 차이 없이 대부분 동압식 계기이다.
② 액량계기는 연료탱크에서 기관으로 흐르는 연료의 유량을 지시한다.
③ 유량계기는 연료탱크에서 기관으로 흐

르는 연료의 유량을 시간당 부피 또는 무게단위로 나타낸다.
④ 유량계기는 직독식, 플로트식, 액압식 등이 있다.

67. 발전기의 무부하(no-load) 상태에서 전압을 결정하는 3가지 주요한 요소가 아닌 것은?
① 자장의 세기
② 회전자의 회전 방향
③ 자장을 끊는 회전자의 수
④ 회전자가 자장을 끊는 속도

68. 20HP의 펌프를 작동시키기 위해 몇 kW의 전동기가 필요한가? (단, 펌프의 효율은 80%이다.)
① 8
② 10
③ 12
④ 19

69. 다음 중 지향성 전파를 수신할 수 있는 안테나는 어느 것인가?
① loop
② sense
③ dipole
④ probe

70. 정전용량 20μF, 인덕턴스 0.01H, 저항 10Ω이 직렬로 연결된 교류회로가 공진이 일어났을 때 전원전압이 30V라면 전류는 몇 A인가?
① 2
② 3
③ 4
④ 5

71. 그림에서 편차(variation)를 옳게 나타낸 것은?

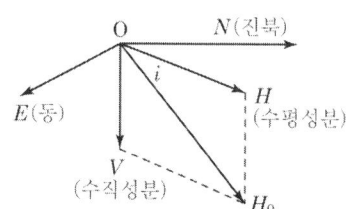

① N-O-H
② N-O-H_0
③ N-O-V
④ E-O-V

72. 객실 고도를 옳게 설명한 것은?
① 운항 중인 항공기 객실의 실제 고도를 해발 고도로 표현한 것
② 항공기 외부의 압력을 표준대기 상태의 압력에 해당되는 고도로 표현한 것
③ 항공기 내부의 압력을 표준대기 상태의 압력에 해당되는 고도로 표현한 것
④ 항공기 내부의 기온을 현재 비행 상태의 외기 온도에 해당되는 고도로 표현한 것

73. 다음 중 화재 진압 시 사용되는 소화제가 아닌 것은?
① 이산화탄소
② 물
③ 암모니아수
④ 하론1211

74. 속도계에만 표시되는 것으로 최대 착륙하중 시의 실속 속도에서 플랩(flap)을 내릴 수 있는 속도까지의 범위를 나타내는 색 표식의 색깔은?
① 녹색
② 황색
③ 청색
④ 백색

75. 자이로 섭동성을 나타낸 그림에서 자이로가 굵은 화살표 방향으로 회전하고 있을 때, 힘(F)을 가하면 실제로 힘을 받는 부분은?

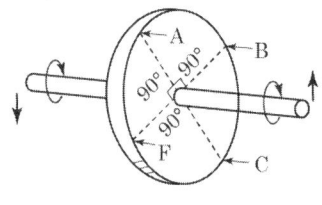

① F
② A
③ B
④ C

76. 활주로 진입로 상공을 통과하고 있다는 것

을 조종사에게 알리기 위한 지상장치는?
① 로컬라이저(localizer)
② 마커 비컨(marker beacon)
③ 대지 접근 경보장치(GPWS)
④ 글라이드 슬로프(glide slope)

77. 다음 중 니켈-카드뮴 축전지에 대한 설명으로 틀린 것은?
① 전해액은 질산계의 산성액이다.
② 진동이 심한 장소에 사용 가능하고, 부식성 가스를 거의 방출하지 않는다.
③ 고부하 특성이 좋고 큰 전류가 방전시 안정된 전압을 유지한다.
④ 한 개의 셀(cell)의 기전력은 무부하 상태에서 1.2~1.25V 정도이다.

78. 전방향 표지시설(VOR) 주파수의 범위로 가장 적절한 것은?
① 1.8~108kHz
② 18~118kHz
③ 108~118MHz
④ 130~165MHz

79. 발전기와 함께 장착되는 역전류 차단장치(reverse-current cut-out relay)의 설치 목적은?
① 발전기 전압의 파동을 방지한다.
② 발전기 전기자의 회전수를 조절한다.
③ 발전기 출력전류의 전압을 조절한다.
④ 축전지로부터 발전기로 전류가 흐르는 것을 방지한다.

80. SELCAL(selective calling)은 무엇을 호출하기 위한 장치인가?
① 항공기   ② 정비타워
③ 항공회사   ④ 관제기관

항공산업기사 2017년 1회 (3월 5일)

1과목 항공역학

01. 프로펠러의 깃각을 감소시키려는 경향을 갖는 요소로 옳은 것은?
① 추력에 의한 굽힘 모멘트
② 회전력에 의한 굽힘 모멘트
③ 원심력에 의한 비틀림 모멘트
④ 공기력에 의한 비틀림 모멘트

02. 날개의 양력분포가 타원 모양이고 양력계수가 1.2, 가로세로비가 6일 때 유도항력계수는 약 얼마인가?
① 0.012
② 0.076
③ 1.012
④ 1.076

03. 조종면에 발생되는 힌지 모멘트가 증가되는 경우로 옳은 것은?
① 조종면의 폭을 키운다.
② 비행기의 속도를 줄인다.
③ 항공기 주 날개의 무게를 늘린다.
④ 조종면의 평균 시위를 최대한 작게 한다.

04. 항공기의 조종성과 안정성에 대한 설명으로 옳은 것은?
① 전투기는 안정성이 커야 한다.
② 안정성이 커지면 조종성이 나빠진다.
③ 조종성이란 평형상태로 되돌아오는 정도를 의미한다.
④ 여객기의 경우 비행 성능을 좋게 하기 위해 조종성에 중점을 두어 설계해야 한다.

05. 비행기의 수직 꼬리날개 앞 동체에 붙어 있는 도살 핀(dorsal fin)의 가장 중요한 역할은?
① 구조 강도를 좋게 한다.
② 가로 안정성을 좋게 한다.
③ 방향 안정성을 좋게 한다.
④ 세로 안정성을 좋게 한다.

06. 다음 중 항공기의 양력(lift)에 영향을 가장 작게 미치는 요소는?
① 양력계수
② 공기 밀도
③ 항공기 속도
④ 공기 점성

07. 특정한 헬리콥터에서 회전날개(rotor blades)에 비틀림각을 주는 주된 이유는?
① 회전날개의 무게를 경감하기 위하여
② 회전날개의 회전속도를 증가시키기 위하여
③ 전진비행에서 발생하는 진동을 줄이기 위하여
④ 정지비행 시 균일한 유도속도의 분포를 얻기 위하여

08. 수직 충격파 전후의 유동 특성으로 틀린 것은?
① 충격파를 통과하는 흐름은 등엔트로피 흐름이다.
② 수직 충격파 뒤의 속도는 항상 아음속이다.
③ 충격파를 통과하게 되면 급격한 압력 상승이 일어난다.
④ 충격파는 실제적으로 압력의 불연속면이라 볼 수 있다.

09. 프로펠러 항공기의 항속거리를 최대로 하기 위한 조건으로 옳은 것은? (단, C_{Dp}는 유해항력계수, C_{Di}는 유도항력계수이다.)
① $C_{Dp}=C_{Di}$
② $C_{Dp}=2C_{Di}$
③ $C_{Dp}=3C_{Di}$
④ $3C_{Dp}=C_{Di}$

10. 무게 4,000kgf인 항공기가 선회경사각 60°로 경사선회하며 하중계수 1.5가 작용한다면 이 항공기의 양력은 몇 kgf인가?
① 2,000
② 4,000
③ 6,000
④ 8,000

11. 전리층이 존재하기 때문에 전파를 흡수, 반사하는 작용을 하여 통신에 영향을 주는 대기층은?
① 대류권
② 열권
③ 중간권
④ 성층권

12. 전진비행 중인 헬리콥터의 진행방향 변경은 어떻게 이루어지는가?
① 꼬리 회전날개를 경사시킨다.
② 꼬리 회전날개의 회전수를 변경시킨다.
③ 주 회전날개 깃의 피치각을 변경시킨다.
④ 주 회전날개 회전면을 원하는 방향으로 경사시킨다.

13. 무게 2,000kgf의 비행기가 5km 상공에서 급강하할 때 종극속도는 약 몇 m/s인가? (단, 항력계수 0.03, 날개하중 300kgf/m², 공기의 밀도 0.075kgf·s²/m⁴)
① 350
② 516.4
③ 620
④ 771.5

14. 100m/s로 비행하는 프로펠러 항공기에서 프로펠러를 통과하는 순간의 공기 속도가 120m/s가 되었다면 이 항공기의 프로펠러 효율은 약 얼마인가?
① 0.76
② 0.83
③ 0.91
④ 0.97

15. 비행기의 최대양력계수가 커질수록 이와 관계된 비행성능의 변화에 대한 설명으로 옳은 것은?
① 상승속도가 크고 착륙속도도 커진다.
② 상승속도는 작고 착륙속도는 커진다.
③ 선회반경이 크고 착륙속도는 작아진다.
④ 실속 속도가 작아지고 착륙속도도 작아진다.

16. 항공기 사고의 원인이 되기도 하는 스핀(spin)이 일어날 수 있는 조건으로 가장 옳은 것은?
① 기관이 멈추었을 때
② 받음각이 실속각보다 클 때
③ 한쪽 날개 플랩이 작동하지 않을 때
④ 항공기 착륙장치가 작동하지 않을 때

17. 항공기의 착륙거리를 줄이기 위한 방법이 아닌 것은?
① 추력을 크게 한다.
② 익면하중을 작게 한다.
③ 역추력장치를 사용한다.
④ 지면 마찰계수를 크게 한다.

18. 비행기의 세로안정성을 좋게 하기 위한 방법이 아닌 것은?
① 수직꼬리날개의 면적을 증가시킨다.
② 수평꼬리날개 부피계수를 증가시킨다.
③ 무게중심이 날개의 공기역학적 중심 앞에 위치하도록 한다.
④ 무게중심에 관한 피칭 모멘트계수가 받음각이 증가함에 따라 음(-)의 값을 갖도록 한다.

19. 직사각형 날개의 가로세로비를 나타낸 식으로 틀린 것은? (단, b : 날개의 길이, c : 날개의 시위, S : 날개의 면적이다.)

① $\dfrac{b}{c}$ ② $\dfrac{b^2}{S}$
③ $\dfrac{S}{c^2}$ ④ $\dfrac{c^2}{S}$

20. 다음 중 해면상 표준대기에서 정압(static pressure)의 값으로 틀린 것은?
① 0kg/m^2 ② 2116.2lb/ft^2
③ 29.92inHg ④ 1013.25mbar

2과목 항공기관

21. 엔진의 오일 탱크가 별도로 장치되어 있지 않고 스플래시(splash) 방식에 의해 윤활되는 오일계통을 무엇이라 하는가?
① hot tank system
② wet sump system
③ cold tank system
④ dry sump system

22. 왕복엔진 기화기의 혼합기 조절장치(mixture control system)에 대한 설명으로 틀린 것은?
① 고도에 따라 변하는 압력을 감지하여 점화시기를 조절한다.
② 고고도에서 혼합기가 너무 농후해지는 것을 방지한다.
③ 고고도에서 기압, 밀도, 온도가 감소하는 것을 보상하기 위해 사용된다.
④ 실린더가 과열되지 않는 출력 범위 내에서 희박한 혼합기를 사용함으로써 연료를 절약한다.

23. 왕복엔진에 장착된 피스톤 링(piston ring)의 역할이 아닌 것은?
① 피스톤의 진동에 의한 경화현상을 방지하는 기능
② 윤활유가 연소실로 유입되는 것을 방지하는 기능
③ 연소실 내의 압력을 유지하기 위한 밀폐 기능
④ 피스톤으로부터 실린더 벽으로 열을 전도하는 기능

24. 회전동력을 이용하여 프로펠러를 움직여 추진력을 얻는 엔진으로만 짝지어진 것은 어느 것인가?
① 터보 프롭 - 터보 팬
② 터보 샤프트 - 터보 팬
③ 터보 샤프트 - 터보 제트
④ 터보 프롭 - 터보 샤프트

25. 왕복엔진에서 저압점화계통을 사용할 때 단점은?
① 커패시턴스 ② 무게의 증대
③ 플래시 오버 ④ 고전압 코로나

26. 압축비가 8인 오토 사이클의 열효율은 약 얼마인가? (단, 공기의 비열비는 1.5이다.)
① 0.52 ② 0.56
③ 0.58 ④ 0.64

27. 가스 터빈 엔진의 터빈에서 공기압력과 속도의 변화에 대한 설명으로 옳은 것은?
① 압력과 속도 모두 감소한다.
② 압력과 속도 모두 증가한다.
③ 압력은 증가하고 속도는 감소한다.
④ 압력은 감소하고 속도는 증가한다.

28. [보기]에 나열된 왕복엔진의 종류는 어떤 특성으로 분류한 것인가?

[보기] V형, X형, 대향형, 성형

① 엔진의 크기
② 엔진의 장착 위치
③ 실린더의 회전 형태

④ 실린더의 배열

29. 비행 중 엔진고장 시 프로펠러를 페더링(feathering)시켜야 하는 이유로 옳은 것은?
① 엔진의 진동을 유발해 화재를 방지하기 위하여
② 풍차(windmill) 효과로 인해 추력을 얻기 위하여
③ 프로펠러 회전을 멈춰 추가적인 손상을 방지하기 위하여
④ 전면과 후면의 차압으로 프로펠러를 회전시키기 위하여

30. 가스 터빈 엔진에서 가스 발생기(gas generator)를 나열한 것은?
① compressor, combustion chamber, turbine
② compressor, combustion chamber, diffuser
③ inlet duct, combustion chamber, diffuser
④ compressor, combustion chamber, exhaust

31. 가스 터빈 엔진에서 연료계통의 여압 및 드레인 밸브(P&D valve)의 기능이 아닌 것은?
① 일정 압력까지 연료 흐름을 차단한다.
② 1차 연료와 2차 연료 흐름으로 분리한다.
③ 연료압력이 규정치 이상 넘지 않도록 조절한다.
④ 엔진정지 시 노즐에 남은 연료를 외부로 방출한다.

32. 2차 공기유량이 16,500lb/s이고 1차 공기유량이 3,000lb/s인 터보팬엔진에서 바이패스 비는?

① 6.3 : 1 ② 5.5 : 1
③ 4.3 : 1 ④ 3.7 : 1

33. 왕복엔진 배기 밸브(exhaust valve)의 냉각을 위해 밸브 속에 넣는 물질은?
① 스텔라이트 ② 취화물
③ 금속 나트륨 ④ 아닐린

34. 비가역 과정에서의 엔트로피 증가 및 에너지 전달의 방향성에 대한 이론을 확립한 법칙은?
① 열역학 제0법칙
② 열역학 제1법칙
③ 열역학 제2법칙
④ 열역학 제3법칙

35. 비행 중 프로펠러에 작용하는 힘의 종류가 아닌 것은?
① 원심력 ② 추력
③ 구심력 ④ 비틀림힘

36. 초기 압력과 체적이 각각 1,000N/cm^2, 1,000cm^{3}인 이상기체가 등온상태로 팽창하여 체적이 2,000cm^{3}이 되었다면, 이때 기체의 엔탈피 변화는 몇 J인가?
① 0 ② 5
③ 10 ④ 20

37. 가스 터빈 엔진의 시동 시 정상 작동 여부를 판단하는 데 중요한 계기는?
① 오일압력계기, 연소실 압력계기
② 오일압력계기, 배기가스 온도계기
③ 오일압력계기, 압축기 입구 공기온도계기
④ 오일압력계기, 압축기 입구 공기압력계기

38. 다음 중 초음속 전투기 엔진에 사용되는 수축-확산형 가변배기 노즐(VEN)의 출구

면적이 가장 큰 작동상태는?
① 전투 추력(military thrust)
② 순항 추력(cruising thrust)
③ 중간 추력(intermediate thrust)
④ 후기 연소 추력(afterburning thrust)

39. 왕복엔진을 장착하는 동안 마그네토 점화 스위치를 off 위치에 두는 이유는?
① 점화 스위치가 잘못 놓일 수 있는 가능성 때문에
② 엔진 장착 도중에 프로펠러를 돌리면 엔진이 시동될 가능성이 있기 때문에
③ 엔진시동 시 역화(back fire)를 방지하기 위하여
④ 엔진을 마운트(mount)에 완전히 장착시킨 후 마그네토 접지선을 점검하지 않기 위하여

40. 터빈 엔진(turbine engine)의 윤활유(lubrication oil)의 구비 조건이 아닌 것은 어느 것인가?
① 인화점이 낮을 것
② 점도지수가 클 것
③ 부식성이 없을 것
④ 산화 안정성이 높을 것

3과목   항공기체

41. AN 표준규격 재료기호 2024(DD) 리벳을 상온에 노출되고 10분 이내에 리베팅을 해야 하는 이유는?
① 시효경화가 되기 때문에
② 부식이 시작되기 때문에
③ 시효경화가 멈추기 때문에
④ 열팽창으로 지름이 커지기 때문에

42. 폭이 20cm, 두께가 2mm인 알루미늄판을 그림과 같이 직각으로 굽히려 할 때 필요한 알루미늄판의 세트 백(set back)은 몇 mm인가?

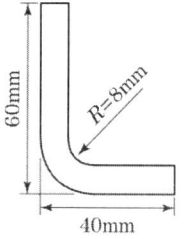

① 8   ② 10
③ 12   ④ 14

43. 구조재료에 발생하는 현상에 대한 설명으로 틀린 것은?
① 반복하중에 의하여 재료의 저항력이 증가하는 현상을 피로라 한다.
② 일정한 응력을 받는 재료가 일정한 온도에서 시간이 경과함에 따라 하중이 일정하더라도 변형률이 변하는 현상을 크리프라 한다.
③ 노치, 작은 구멍, 키, 홈 등과 같이 단면적의 급격한 변화가 있는 부분에 대단히 큰 응력이 발생하는 현상을 응력집중이라 한다.
④ 축방향의 압축력을 받는 부재 중 기둥이 압축하중에 의해 파괴되지 않고 휘어지면서 파단되어 더 이상 하중에 견디지 못하게 되는 현상을 좌굴이라 한다.

44. 셀프 로킹 너트(self locking nut) 사용에 대한 설명으로 틀린 것은?
① 규정토크값에 로킹 토크값을 더한 값을 적용한다.
② 볼트에 장착했을 때 너트면보다 2산 이상의 나사산이 나와 있어야 한다.
③ 볼트 지름이 1/4인치 이하이며 코터 핀 구멍이 있는 볼트에는 사용할 수 없다.

④ 회전부분의 너트가 연결부를 이루는 곳에 주로 사용된다.

45. 항공기의 자세 조종에 사용되는 1차 조종면으로 나열된 것은?
① 승강타, 방향타, 플랩
② 도움날개, 승강타, 방향타
③ 도움날개, 스포일러, 플랩
④ 도움날개, 방향타, 스포일러

46. 다음 중 리벳 작업에 대한 설명으로 옳은 것은?
① 리벳의 최소 연거리는 리벳지름의 2배 정도이다.
② 리벳의 피치는 열과 열 사이의 거리이다.
③ 리벳의 지름은 접합할 판재 중 제일 두꺼운 판재 두께의 2배 정도가 적당하다.
④ 리벳의 열은 판재의 인장력을 받는 방향으로 배열된 리벳의 집합이다.

47. 다음 중 2차원의 구조물에 미치는 힘을 해석할 때 정역학의 평형방정식($\Sigma F=0$, $\Sigma M=0$)은 총 몇 개가 되는가?
① 1   ② 2
③ 3   ④ 6

48. 경비행기의 방화벽(fire wall) 재료로 사용되는 18-8 스테인리스강(stainless steel)에 대한 설명으로 옳은 것은?
① Cr-Mo강으로서 열에 강하다.
② 18% Cr과 8% Ni를 갖는 내식강이다.
③ 1.8%의 탄소와 8%의 Cr을 갖는 특수강이다.
④ 1.8%의 Cr과 0.8%의 Ni를 갖는 내식강이다.

49. 세미모노코크 구조에서 동체가 비틀림에 의해 변형되는 것을 방지해 주며 날개, 착륙장치 등의 장착 부위로 사용되기도 하는 부재는?
① 프레임(frame)
② 세로대(longeron)
③ 스트링어(stringer)
④ 벌크헤드(bulkhead)

50. 다음 중 기체 구조의 고유진동수와 일치하는 진동수를 가지는 외부하중이 부가되면 하중의 크기가 아주 크지 않더라도 파괴가 일어날 수 있는 현상을 무엇이라 하는가?
① 피로   ② 공진
③ 크리프   ④ 항복

51. 올레오 스트럿(oleo strut) 착륙장치의 구성품 중 토크 링크(torque link)에 대한 설명으로 틀린 것은?
① 휠 얼라인먼트를 바르게 한다.
② 피스톤의 과도한 신장을 제한한다.
③ 피스톤과 실린더의 회전을 방지한다.
④ 올레오 스트럿의 전, 후 행정을 제한한다.

52. 단면적이 A이고, 길이가 L이며 탄성계수가 E인 부재에 인장하중 P가 작용하였을 때, 이 부재에 저장되는 탄성에너지로 옳은 것은?
① $\dfrac{PL^2}{2AE}$ ② $\dfrac{PL^2}{3AE}$
③ $\dfrac{P^2L}{2AE}$ ④ $\dfrac{P^2L}{3AE}$

53. 밀착된 구성품 사이에 작은 진폭의 상대운동이 일어날 때 발생하는 제한된 형태의 부식은?
① 점(pitting) 부식
② 피로(fatigue) 부식
③ 찰과(fretting) 부식

④ 이질금속 간(galvanic)의 부식

54. 조종간의 조종력을 케이블이나 푸시풀 로드를 대신하여 전기·전자적으로 변환된 신호 상태로 조종면의 유압 작동기를 움직이도록 전달하는 장치는?
① 트림 시스템(trim system)
② 인공감지장치(artificial feel system)
③ 플라이 바이 와이어 장치(fly by wire system)
④ 부스터 조종장치(booster control system)

55. 항공기에서 복합재료를 사용하는 주된 이유는?
① 무게당 강도가 높다.
② 재료를 구하기가 쉽다.
③ 재질 표면에 착색이 쉽다.
④ 재료의 가공 및 취급이 쉽다.

56. 그림과 같이 단면의 면적이 10cm²의 원형 강봉에 40kN의 인장하중이 작용하는 경우, 축의 수직인 면에 발생하는 수직응력은 약 몇 MPa인가?

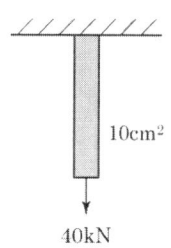

① 40 ② 50
③ 60 ④ 70

57. 앤티스키드(anti-skid) 기능 중 착륙 시 바퀴가 지면에 닿기 전에 조종사가 브레이크를 밟더라도 제동력이 발생하지 않도록 하여 착륙장치에 무리한 힘이 가해지지 않도록 하는 기능은?
① 페일 세이프 보호(fail safe protection)
② 터치 다운 보호(touch down protection)
③ 정상 스키드 컨트롤(normal skid control)
④ 로크된 휠 스키드 컨트롤(locked wheel skid control)

58. 트러스(truss) 구조 형식의 항공기에 없는 부재는?
① 리브(rib)
② 장선(brace wire)
③ 스파(spar)
④ 스트링어(stringer)

59. NAS 514 P 428-8 스크류에서 P가 의미하는 것은?
① 재질   ② 나사계열
③ 길이   ④ 머리의 홈

60. 탄성을 가진 고분자 물질인 합성고무가 아닌 것은?
① 부틸   ② 부나
③ 에폭시   ④ 실리콘

4과목   **항공장비**

61. 항공기에서 결심고도에 대한 설명으로 옳은 것은?
① 항공기 이륙 시 조종사가 이륙 여부를 결정하는 고도
② 항공기 착륙 시 조종사가 착륙 여부를 결정하는 고도
③ 항공기가 비행 중 긴급한 사항이 발생하여 착륙 여부를 결정하는 고도
④ 항공기의 착륙장치를 "Down" 할 것인가를 결정하는 고도

62. 계자가 8극인 단상교류 발전기가 115V, 400Hz 주파수를 만들기 위한 회전수는

몇 rpm인가?
① 4,000　② 6,000
③ 8,000　④ 10,000

63. 고도계에서 압력에 따른 탄성체의 휘어짐량이 압력 증가 때와 압력 감소 때가 일치하지 않는 현상의 오차는?
① 눈금 오차
② 온도 오차
③ 히스테리시스 오차
④ 밀도 오차

64. 조종실의 온도변화에 따른 속도계 지시 보상 방법으로 옳은 것은?
① 진대기속도를 이용한다.
② 등가대기속도를 이용한다.
③ 장착된 바이메탈(bimetal)을 이용한다.
④ 서멀 스위치에 의해서 전기적으로 실시된다.

65. 항공기에 사용되는 유압계통의 특징이 아닌 것은?
① 리저버와 리턴라인이 필요 없다.
② 단위중량에 비해 큰 힘을 얻는다.
③ 과부하에 대해서도 안전성이 높다.
④ 운동속도의 조절범위가 크고 무단변속을 할 수 있다.

66. 니켈-카드뮴 축전지의 특성에 대한 설명으로 옳은 것은?
① 양극은 카드뮴이고 음극은 수산화니켈이다.
② 방전 시 수분이 증발되므로 물을 보충해야 한다.
③ 충전 시 음극에서 산소가 발생되고, 양극에서 수소가 발생된다.
④ 전해액은 KOH이며 셀당 전압은 약 1.2~1.25V 정도이다.

67. 객실여압계통에서 주된 목적이 과도한 객실압력을 제거하기 위한 안전장치가 아닌 것은?
① 압력 릴리프 밸브
② 덤프 밸브
③ 부압 릴리프 밸브
④ 아웃 플로 밸브

68. 엔진에 화재가 발생되어 화재차단스위치(fire shutoff switch)를 작동시켰을 때 작동하는 소화 준비 과정으로 틀린 것은?
① 발전기의 발전을 정지한다.
② 작동유의 공급 밸브를 닫는다.
③ 엔진의 연료 흐름을 차단한다.
④ 화재탐지계통의 활동을 멈춘다.

69. 자이로를 이용한 계기가 아닌 것은?
① 수평지시계　② 방향지시계
③ 선회경사계　④ 제빙압력계

70. 활주로에 접근하는 비행기에 활주로 중심선을 제공해 주는 지상시설은?
① VOR
② glide slop
③ localizer
④ marker beacon

71. 자이로스코프(gyroscope)의 섭동성에 대한 설명으로 옳은 것은?
① 피치 축에서의 자세 변화가 롤(roll) 및 요(yaw)축을 변화시키는 현상
② 극 지역에서 자이로가 극 방향으로 기우는 현상
③ 외부에서 가해진 힘의 방향과 자이로 축의 방향에 직각인 방향으로 회전하려는 현상
④ 외력이 가해지지 않는 한 일정 방향을 유지하려는 현상

72. 자장 내 단일코일로 회전하는 발전기에서 중립면을 통과하는 코일에 전압이 유도되지 않는 이유로 옳은 것은?
① 자력선이 존재하지 않기 때문
② 자력선이 차단되지 않기 때문
③ 자력선의 밀도가 너무 높기 때문
④ 자력선이 잘못된 방향으로 차단되기 때문

73. 신호의 크기에 따라 반송파의 주파수를 변화시키는 변조방식은?
① FM ② AM
③ PM ④ PCM

74. 제빙 부츠의 이물질을 제거할 때 우선 사용하는 세척제는?
① 비눗물 ② 부동액
③ 테레빈 ④ 중성 솔벤트

75. 군용 항공기에서 지상국과 항공기까지의 거리와 방위를 제공하는 항법장치는?
① DME ② TCAS
③ VOR ④ TACAN

76. 유압작동 피스톤의 작동속도를 증가시키는 것으로 옳은 것은?
① 공급 유량 감소
② 펌프 회전수 증가
③ 작동 실린더의 직경 증가
④ 작동 실린더의 스트로크(stroke) 감소

77. 자기 컴퍼스의 자침이 수평면과 이루는 각을 무엇이라고 하는가?
① 지자기의 복각
② 지자기의 수평각
③ 지자기의 편각
④ 지자기의 수직각

78. 다용도 측정기기 멀티미터(multimeter)를 이용하여 전압, 전류 및 저항 측정 시 주의사항으로 틀린 것은?
① 전류계는 측정하고자 하는 회로에 직렬로, 전압계는 병렬로 연결한다.
② 저항계는 전원이 연결되어 있는 회로에 사용해서는 절대 안 된다.
③ 저항이 큰 회로에 전압계를 사용할 때는 저항이 작은 전압계를 사용하여 계기의 션트 작용을 방지해야 한다.
④ 전류계와 전압계를 사용할 때는 측정범위를 예상해야 하지만 그렇지 못할 때는 큰 측정 범위부터 시작하여 적합한 눈금에서 읽게 될 때까지 측정범위를 낮추어 간다.

79. 산소 계통에서 산소가 흐르는 방식의 종류가 아닌 것은?
① 희석 유량형 ② 압력형
③ 연속 유량형 ④ 요구 유량형

80. 그림과 같은 회로에서 저항 6Ω의 양단전압 E는 몇 V인가?

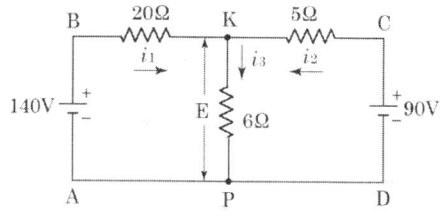

① 20 ② 60
③ 80 ④ 120

항공산업기사 2017년 2회 (5월 7일)

1과목 항공역학

01. 다음 중 정적 세로 안정성이 안정인 조건은? (단, 비행기가 nose down 시 음의 피칭 모멘트가 발생되며, C_m은 피칭 모멘트계수, α는 받음각이다.)
① $\dfrac{dC_m}{d\alpha}=0$ ② $\dfrac{dC_m}{d\alpha}\neq 0$
③ $\dfrac{dC_m}{d\alpha}>0$ ④ $\dfrac{dC_m}{d\alpha}<0$

02. 피토 정압관(pitot static tube)으로 측정하는 것은?
① 비행속도   ② 외기온도
③ 하중계수   ④ 선회반경

03. 150lbf의 항력을 받으며 200mph로 비행하는 비행기가 같은 자세로 400mph로 비행 시 작용하는 항력은 약 몇 lbf인가?
① 300   ② 400
③ 600   ④ 800

04. 다음 중 층류 날개골에 해당하는 계열은?
① 4자 계열 날개골
② 5자 계열 날개골
③ 6자 계열 날개골
④ 8자 계열 날개골

05. V속도로 비행하는 프로펠러 항공기의 프로펠러 유도속도가 $v=-\dfrac{V}{2}+\sqrt{(\dfrac{V}{2})^2+\dfrac{T}{2A\rho}}$ 라면 이 항공기가 정지하였을 때의 유도속도는? (단, T: 발생추력, A: 프로펠러 회전면적, ρ: 공기밀도이다.)
① $v=\left(\dfrac{T}{2A\rho}\right)^{\frac{1}{2}}$
② $v=\left(\left(\dfrac{V}{2}\right)^2+\dfrac{T}{2A\rho}\right)^{\frac{1}{2}}$
③ $v=\dfrac{T}{2A\rho}$
④ $v=-\dfrac{V}{2}+\left(\dfrac{T}{2A\rho}\right)^{\frac{1}{2}}$

06. 수직 꼬리날개가 실속하는 큰 옆미끄럼각에서도 방향안정성을 유지하기 위한 목적의 장치는?
① 윙렛(winglet)
② 도살 핀(dorsal fin)
③ 드루프 플랩(droop flap)
④ 쥬리 스트럿(jury strut)

07. 항공기 이륙거리를 줄이기 위한 방법이 아닌 것은?
① 항공기의 무게를 가볍게 한다.
② 플랩과 같은 고양력 장치를 사용한다.
③ 엔진의 추력을 증가하여 이륙 활주 중 가속도를 증가시킨다.
④ 바람을 등지고 이륙하여 바람의 저항을 줄인다.

08. 항공기 속도와 음속의 비를 나타낸 무차원 수는?
① 마하 수   ② 웨버 수
③ 하중배수   ④ 레이놀즈 수

09. 동체에 붙는 날개의 위치에 따라 쳐든각 효과의 크기가 달라지는데 그 효과가 큰 것에서 작은 순서로 나열된 것은?
① 높은 날개 → 중간 날개 → 낮은 날개
② 낮은 날개 → 중간 날개 → 높은 날개
③ 중간 날개 → 낮은 날개 → 높은 날개
④ 높은 날개 → 낮은 날개 → 중간 날개

10. 프로펠러의 진행률(advance ratio)을 옳게 설명한 것은?
① 추력과 토크와의 비이다.
② 프로펠러 기하학적 피치와 프로펠러 지름과의 비이다.
③ 프로펠러 유효피치와 프로펠러 지름과의 비이다.
④ 프로펠러 기하학적 피치와 프로펠러 유효피치와의 비이다.

11. 뒤젖힘각(sweep back angle)에 대한 설명으로 옳은 것은?
① 날개가 수평을 기준으로 위로 올라간 각
② 기체의 세로축과 날개의 시위선이 이루는 각
③ 날개 끝의 붙임각을 날개 뿌리의 붙임각보다 크거나 작게 한 각
④ 25%C(코드길이) 되는 점들을 날개 뿌리에서 날개 끝까지 연결한 직선과 기체의 가로축이 이루는 각

12. 헬리콥터의 동시 피치 제어간(collective pitch control lever)을 올리면 나타나는 현상에 대한 설명으로 옳은 것은?
① 피치가 커져 전진비행을 가능하게 한다.
② 피치가 커져 수직으로 상승할 수 있다.
③ 피치가 작아져 후진비행을 빠르게 한다.
④ 피치가 작아져 수직으로 상승할 수 있다.

13. 다음 그림과 같은 비행기의 운동에 대한 설명이 아닌 것은?

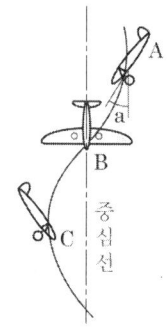

① 수평 스핀보다 낙하 속도가 크다.
② 옆미끄럼이 생긴다고 할 수 있다.
③ 자동 회전과 수직 강하가 조합된 비행이다.
④ 비행 중 가장 큰 하중배수는 상단점이다.

14. 지구 북반구에서 서에서 동으로 37m/s 정도의 속도로 부는 제트 기류가 발생하는 대기층은?
① 열권계면   ② 성층권계면
③ 중간권계면 ④ 대류권계면

15. 양항비가 10인 항공기가 고도 2,000m에서 활공 시 도달하는 활공거리는 몇 m인가?
① 10,000   ② 15,000
③ 20,000   ④ 40,000

16. 비행속도가 300m/s인 항공기가 상승각 10°로 상승비행을 할 때 상승률은 약 몇 m/s인가?
① 52   ② 150
③ 152   ④ 295

17. 정상선회하는 항공기의 선회각이 60°일 때 하중배수는?
① 0.5   ② 2.0
③ 2.5   ④ 3.0

18. 조종면의 앞전을 길게 하는 앞전 밸런스

(leading edge balance)의 주된 이용 목적은?
① 양력 증가
② 조종력 경감
③ 항력 감소
④ 항공기 속도 증가

19. 날개의 폭(span)이 20m, 평균 기하학적 시위의 길이가 2m인 타원날개에서 양력계수가 0.7일 때 유도항력계수는 약 얼마인가?
① 0.008
② 0.016
③ 1.56
④ 16

20. 원심력에 의해 양력이 회전날개에 수직으로 작용한 결과로서 헬리콥터 회전날개 깃 끝 경로면(tip path plane)과 회전날개 깃이 이루는 각을 의미하는 용어는?
① 경로각
② 깃각
③ 회전각
④ 코닝각

2과목 항공기관

21. 오일(oil)의 구비 조건으로 틀린 것은?
① 저인화점일 것
② 열전도율이 좋을 것
③ 화학적 안정성이 좋을 것
④ 양호한 유성(oilness)을 가질 것

22. 가스 터빈 엔진의 윤활계통에 대한 설명으로 옳은 것은?
① 윤활유 양은 비중을 이용하여 측정한다.
② 배유 윤활유에 함유된 공기를 분리시키는 것은 드웰 체임버(dwell chamber)이다.
③ 냉각기의 바이패스 밸브는 입구의 압력이 낮아지면 배유 펌프 입구로 보낸다.
④ 윤활유 펌프는 베인(vane)식이 주로 쓰인다.

23. 프로펠러 슬립(slip)에 대한 설명으로 옳은 것은?
① 프로펠러가 1분 회전 시 실제 전진거리
② 허브 중심으로부터 끝부분까지의 길이를 인치로 나타낸 거리
③ 블레이드 시위 앞전 25%를 연결한 선의 길이와 시위 길이를 나눈 값
④ 기하학적 피치와 유효피치의 차이를 기하학적 피치로 나눈 % 값

24. 이상기체에 대한 설명으로 틀린 것은?
① 엔탈피는 온도만의 함수이다.
② 내부에너지는 온도만의 함수이다.
③ 상태방정식에서 압력은 체적과 반비례 관계이다.
④ 비열비(specific heat ratio) 값은 항상 1이다.

25. 가스 터빈 엔진에서 펌프 출구 압력이 규정값 이상으로 높아지면 작동하는 밸브는?
① 릴리프 밸브
② 체크 밸브
③ 바이패스 밸브
④ 드레인 밸브

26. 성형 왕복엔진에서 마그네토(magneto)를 액세서리부(accessory section)에 부착하지 않고 엔진 전방 부분에 부착하는 주된 이유는?
① 무게중심의 이동이 쉽다.
② 공기에 의한 냉각효과를 높일 수 있다.
③ 엔진 회전력을 이용할 수 있기 때문이다.
④ 공기 저항을 줄여 엔진 회전의 효율을 높일 수 있다.

27. 왕복엔진과 비교하여 가스 터빈 엔진의 특징으로 틀린 것은?
① 단위추력당 중량비가 낮다.
② 대부분의 구성품이 회전운동으로 이루어져 진동이 많다.
③ 고도에 따라 출력을 유지하기 위한 과급기가 불필요하다.
④ 주요 구성품의 상호 마찰 부분이 없어서 윤활유 소비량이 적다.

28. 가스 터빈 엔진에서 사용하는 주 연료펌프의 형식으로 옳은 것은?
① 기어 펌프(gear pump)
② 베인 펌프(vain pump)
③ 루츠 펌프(roots pump)
④ 지로터 펌프(gerotor pump)

29. 내연기관의 이론 공기 사이클을 해석하는 데 가정한 내용으로 틀린 것은?
① 가열은 외부로부터 피스톤과 실린더를 가열하는 것으로 한다.
② 작동 사이클은 공기 표준 사이클에 대하여 계산한다.
③ 비열은 온도에 따라 변화하지 않는 것으로 한다.
④ 열해리는 일어나지 않는 것으로 하고 열손실은 없다고 가정한다.

30. 항공기 왕복엔진의 기본 성능 요소에 관한 설명으로 옳은 것은?
① 고도가 증가하면 제동마력이 증가한다.
② 엔진의 배기량을 증가시키기 위해서는 압축비를 줄인다.
③ 회전수가 증가하면 제동마력이 감소 후 증가한다.
④ 총 배기량은 엔진이 2회전하는 동안 전체 실린더가 배출한 배기가스 양이다.

31. 비행속도가 V[ft/s], 회전속도가 N[rpm] 인 프로펠러의 유효피치(effective pitch)를 옳게 표현한 것은?
① $V \times \dfrac{N}{60}$
② $V + \dfrac{60}{N}$
③ $V + \dfrac{N}{60}$
④ $V \times \dfrac{60}{N}$

32. 가스 터빈 엔진에서 RPM의 변화가 심할 때 원인이 아닌 것은?
① 배기가스 온도가 낮을 때
② 주 연료장치가 고장일 때
③ 연료 부스터 압력이 불안정할 때
④ 가변 스테이터 베인 리깅이 불량일 때

33. 항공기 왕복엔진에서 2중 마그네토 점화계통(dual magneto ignition system)을 사용하는 이유가 아닌 것은?
① 출력의 증가
② 점화 안전성
③ 불꽃의 지연
④ 디토네이션의 방지

34. 왕복엔진을 낮은 기온에서 시동하기 위해 오일 희석(oil dilution) 장치에서 사용하는 것은?
① alcohol
② propane
③ gasoline
④ kerosene

35. 항공기 왕복엔진의 마찰마력을 옳게 표현한 것은?
① 제동마력과 정격마력의 차
② 지시마력과 정격마력의 차
③ 지시마력과 제동마력의 차
④ 엔진의 용적 효율과 제동마력의 차

36. 속도 540km/h로 비행하는 항공기에 장착된 터보제트엔진이 196kg/s인 중량유량의 공기를 흡입하여 250m/s의 속도로 배기시킨다면 총 추력은 몇 kg인가?

① 4,000　② 5,000
③ 6,000　④ 7,000

37. 원심형 압축기에서 속도 에너지가 압력 에너지로 바뀌는 곳은?
① 임펠러(impeller)
② 디퓨져(diffuser)
③ 매니폴드(manifold)
④ 배기노즐(exhaust nozzle)

38. 수동식 혼합 제어장치(mixture control)를 사용하는 왕복엔진을 장착한 비행기가 순항 중일 때 일반적으로 혼합 제어장치의 조작 위치는?
① rich　② middle
③ lean　④ full rich

39. 항공기 기관용 윤활유의 점도지수(viscosity index)가 높다는 것은 무엇을 의미하는가?
① 온도변화에 따른 윤활유의 점도변화가 작다.
② 온도변화에 따른 윤활유의 점도변화가 크다.
③ 압력변화에 따른 윤활유의 점도변화가 작다.
④ 압력변화에 따른 윤활유의 점도변화가 크다.

40. 가스 터빈 엔진의 윤활계통에서 고온탱크 계통(hot tank type)에 대한 설명으로 옳은 것은?
① 윤활유는 노즐을 거치고 냉각기를 거쳐 탱크로 이동한다.
② 탱크의 윤활유는 연료가열기에 의하여 가열된다.
③ 윤활유는 배유 펌프에서 탱크로 곧바로 이동한다.
④ 냉각기가 배유 펌프와 탱크 사이에 위치하여 냉각된 윤활유가 탱크로 유입된다.

3과목　항공기체

41. 다음 중 주조종면이 아닌 것은?
① 러더(rudder)
② 에일러론(aileron)
③ 스포일러(spoiler)
④ 엘리베이터(elevator)

42. 항공기 소재로 사용되고 있는 알루미늄합금의 특성으로 틀린 것은?
① 비강도가 우수하다.
② 시효경화성이 있다.
③ 상온에서 기계적 성질이 우수하다.
④ 순수 알루미늄인 상태에서 큰 강도를 가진다.

43. 항공기 날개의 스팬 방향의 주요 구조부재로서 날개에 가해지는 공기력에 의한 굽힘 모멘트를 주로 담당하는 부재는?
① 리브(rib)
② 스파(spar)
③ 스킨(skin)
④ 스트링어(stringer)

44. 그림과 같은 응력-변형률 선도에서 극한 응력의 위치는? (단, σ는 응력, ε은 변형률을 나타낸다.)

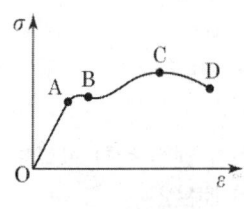

① A　② B
③ C　④ D

45. 항공기 조종계통에서 운동의 방향을 바꿔 주는 것이 아닌 것은?
① 풀리(pulley)
② 스토퍼(stopper)
③ 벨 크랭크(bell crank)
④ 토크 튜브(torque tube)

46. 항공기의 외피 수리에서 다음의 [조건]에 의하면 알루미늄 판재의 굽힘 허용값은 약 몇 in인가?

- 곡률 반지름(R) : 0.125in
- 굽힘 각도(°) : 90°
- 두께(T) : 0.050in

① 0.216
② 0.226
③ 0.236
④ 0.246

47. 다음 중 와셔의 사용방법에 대한 설명으로 옳은 것은?
① 볼트와 같은 재질을 사용하지 않는 것이 좋다.
② 기밀을 요구하는 부분에는 반드시 로크 와셔를 사용한다.
③ 와셔의 사용 개수는 로크 와셔 및 특수 와셔를 포함하여 최대 3개까지 허용한다.
④ 로크 와셔는 1, 2차 구조부, 부식되기 쉬운 곳에는 사용하지 않는다.

48. 특별한 지시가 없을 때 비상용 장치에 사용하는 CY(구리-카드뮴 도금) 안전결선의 지름은?
① 0.020in
② 0.025in
③ 0.030in
④ 0.032in

49. 항공기 엔진 장착 방식에 대한 설명으로 옳은 것은?
① 가스 터빈 엔진은 구조적인 이유로 동체 내부에 장착이 불가능하다.
② 동체에 엔진을 장착하려면 파일론(pylon)을 설치하여야 한다.
③ 날개에 엔진을 장착하면 날개의 공기 역학적 성능을 저하시킨다.
④ 왕복엔진 장착 부분에 설치된 나셀의 카울링은 진동 감소와 화재 시 탈출구로 사용된다.

50. 단단한 방부 페인트를 유연하게 하기 위해 솔벤트 유화 세척제와 혼합하여 일반 세척용으로 사용하며, 다른 보호제와 함께 바르거나 씻는 작업이 뒤따라야 하는 세척제는?
① 케로신
② 메틸에틸케톤
③ 메틸클로로포름
④ 지방족 나프타

51. 외경이 8cm, 내경이 7cm인 중공 원형 단면의 극관성 모멘트는 약 몇 cm^4인가?
① 166
② 252
③ 275
④ 402

52. 0.040in 두께의 알루미늄판 2장을 체결하기 위해 재질이 2117인 유니버설 헤드 리벳을 사용한다면 리벳의 규격으로 적당한 것은?
① MS 20426D4-6
② MS 20426AD4-4
③ MS 20470D4-6
④ MS 20470AD4-4

53. 그림과 같은 트러스(truss) 구조에 하중 P가 작용할 때, 내력이 작용하지 않는 부재는?(단, 각 단위 부재의 길이는 1m이다.)

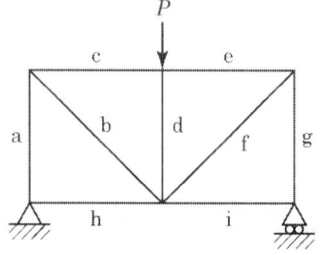

① 부재 a, h   ② 부재 h, i
③ 부재 a, g   ④ 부재 b, f

54. 온도가 약 700°F까지 올라가는 부위에 사용할 수 있는 안전결선 재료는?
① Cu 합금
② Ni-Cu 합금(모넬)
③ 5056 AL 합금
④ 탄소강(아연 도금)

55. 항공기 동체의 축방향으로 작용하는 인장력 및 압축력과 동체의 각 단면의 굽힘 모멘트를 담당하도록 되어 있는 항공기 구조재는?
① 링(ring)
② 스트링어(stringer)
③ 외피(skin)
④ 벌크헤드(bulkhead)

56. 항공기의 날개착륙장치의 트럭 형식에서 트럭 위치 작동기(truck position actuator)에 대한 설명으로 틀린 것은?
① 착륙장치를 접어들이거나 펼칠 때 사용되는 유압 작동기이다.
② 착륙장치가 접혀 들어갈 때 공간을 줄이기 위해서도 사용된다.
③ 항공기가 지상에서 수평으로 활주할 때에는 완충 스트럿과 트럭 빔이 수직이 되도록 댐퍼(damper)의 역할도 한다.
④ 바퀴가 지면으로부터 떨어지는 순간에 완충 스트럿과 트럭 빔을 특정한 각도로 유지시켜 주는 유압 작동기이다.

57. 무게 2,000kg인 항공기의 중심 위치가 기준선 후방 50cm에 위치하고 기준선 전방 80cm에 위치하고 있다. 기준선 전방 80cm에 위치한 화물 70kg을 기준선 후방 80cm 위치로 이동시켰을 때 새로운 중심 위치는?

① 기준선 후방 55.6cm
② 기준선 후방 60.6cm
③ 기준선 후방 65.6cm
④ 기준선 후방 70.6cm

58. 다음 중 아크 용접에 속하는 것은?
① 단접법   ② 테르밋 용접
③ 업셋 용접   ④ 원자 수소 용접

59. 이질 금속 간의 접촉 부식에서 알루미늄 합금의 경우 A군과 B군으로 구분하였을 때 군이 다른 것은?
① 2014   ② 2017
③ 2024   ④ 3003

60. 실속 속도 100mph인 비행기의 설계제한 하중배수가 4일 때, 이 비행기의 설계운용 속도는 몇 mph인가?
① 100   ② 150
③ 200   ④ 400

4과목 항공장비

61. 선회경사계가 그림과 같이 나타났다면 현재 항공기 비행 상태는?

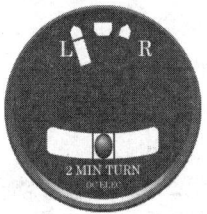

① 좌선회 균형   ② 좌선회 내활
③ 좌선회 외활   ④ 우선회 외활

62. 계기 착륙장치(instrument landing system)의 구성 장치가 아닌 것은?

① 로컬라이저(localizer)
② 마커 비컨(marker beacon)
③ 기상 레이더(weather rader)
④ 글라이드 슬로프(glide slope)

63. 압력 센서의 전압값을 기준 전압 5V의 10bit 분해능의 A/D 컨버터로 변환하려 한다면, 센서의 출력 전압이 2.5V일 때 출력되는 이상적인 디지털 값은?

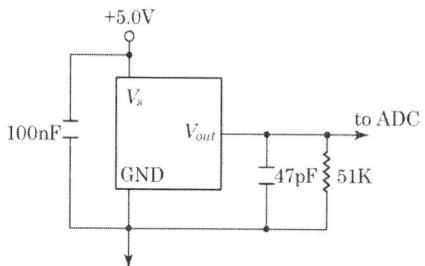

① 128
② 256
③ 512
④ 1,024

64. FAA에서 정한 여압장치를 갖춘 항공기의 제작 순항 고도에서의 객실 고도는 몇 ft 인가?
① 0
② 3,000
③ 8,000
④ 20,000

65. 교류발전기의 출력 주파수를 일정하게 유지하는 데 사용되는 것은?
① brushless
② magn-amp
③ carbon pile
④ constant speed drive

66. 자이로스코프의 섭동성을 이용한 계기는?
① 경사계
② 선회계
③ 정침의
④ 인공 수평의

67. 다음 중 종합 계기 PFD에서 지시되지 않는 것은?
① 승강 속도
② 날씨 정보
③ 비행 자세
④ 기압 고도

68. 항공기에서 사용된 물을 방출하는 드레인 마스트(drain mast)의 방빙 방법으로 옳은 것은?
① 마스트 주변에 알코올을 분사하여 방빙한다.
② 마스트 주변에 배기가스를 공급하여 방빙한다.
③ 마스트 주변의 파이프에 제빙부츠를 장착하여 방빙한다.
④ 항공기가 지상에 있을 때는 저전압, 비행 중에는 고전압을 공급하는 전기히터를 이용한다.

69. 서로 떨어진 2개의 송신소로부터 동기신호를 수신하고 신호의 시간차를 측정하여 자기 위치를 결정하는 장거리 쌍곡선 무선 항법은?
① VOR
② ADF
③ TACAN
④ LORAN C

70. 저항 루프형 화재탐지계통의 구성품이 아닌 것은?
① 타임 스위치
② 경고벨
③ 테스트 스위치
④ 경고등

71. 작동유 저장탱크에 관한 설명으로 옳은 것은?
① 배플은 불순물을 제거한다.
② 가압식과 비가압식이 있다.
③ 저장탱크의 압력은 사이트 게이지로 알 수 있다.
④ 용량은 축압기를 포함한 모든 계통이 필요로 하는 용량의 75% 이상이어야 한다.

72. 항공기에 사용되는 수평 철재 구조재에 의

해 지자기의 자장이 흩어져 생기는 오차는?
① 반원차 ② 와동오차
③ 불이차 ④ 사분원차

73. 그림과 같은 회로에서 합성저항은 몇 Ω인가?

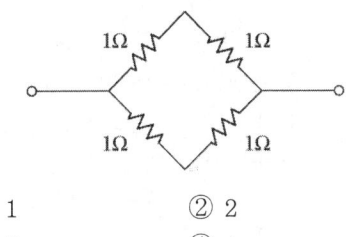

① 1 ② 2
③ 3 ④ 4

74. 온도 변화에 의한 전기저항의 변화를 측정하는 화재경고장치 형식은?
① 바이메탈(bimetal)식
② 서미스터(thermistor)식
③ 서모커플(thermocouple)식
④ 서멀 스위치(thermal switch)식

75. 주파수 300MHz의 파장은 몇 m인가?
① 1 ② 10
③ 100 ④ 1,000

76. 계기의 색표지 중 흰색 방사선이 의미하는 것은?
① 안전 운용 범위
② 최대 및 최소 운용 한계
③ 플랩 조작에 따른 항공기의 속도 범위
④ 유리판과 계기 케이스의 미끄럼방지 표시

77. 도선도표(導線圖表, wire chart)상에서 도선의 굵기를 정할 때 고려할 사항이 아닌 것은?
① 전류
② 주파수
③ 전선의 길이
④ 장착위치의 온도

78. 다음 중 작동유가 과도하게 흐르는 것을 방지하기 위한 장치는?
① 필터(filter)
② 우선 밸브(priority valve)
③ 유압 퓨즈(hydraulic fuse)
④ 바이패스 밸브(by-pass valve)

79. 1차 감시 레이더에 대한 설명으로 옳은 것은?
① 전파를 수신만 하는 레이더이다.
② 전파를 송신만 하는 레이더이다.
③ 송신한 전파가 물체(항공기)에 반사되어 되돌아오는 전파를 감지하는 방식이다.
④ 송신한 전파가 물체(항공기)에 닿으면 항공기는 이 전파를 수신하여 필요한 정보를 추가한 후 다시 송신하는 방식이다.

80. 항공기 버스(bus)에 대한 설명으로 틀린 것은?
① 로드 버스(load bus)는 전기 부하에 직접 전력을 공급한다.
② 대기 버스(standby bus)는 비상 전원을 확보하기 위한 것이다.
③ 필수 버스(essential bus)는 항공기 항법등, 점검등을 작동시키기 위한 전력을 공급한다.
④ 동기 버스(synchronizing bus)는 엔진에 의해 구동되는 발전기들을 병렬 운전하기 위한 것이다.

항공산업기사 2017년 3회 (9월 23일)

1과목 항공역학

01. 다음 중 방향안정성이 양(+)인 경우는? (단, β : 옆미끄럼각, C_n : 요잉 모멘트계수이다.)
① $\dfrac{dC_n}{d\beta}=0$ ② $\dfrac{dC_n}{d\beta}\neq 0$
③ $\dfrac{dC_n}{d\beta}>0$ ④ $\dfrac{dC_n}{d\beta}<0$

02. 일반적으로 고정 피치 프로펠러의 깃각은 어떤 속도에서 효율이 가장 좋도록 설정하는가?
① 이륙 ② 착륙
③ 순항 ④ 상승

03. 항공기 날개에 관한 설명으로 옳은 것은?
① 날개에서 발생하는 양력은 유도항력을 유발한다.
② 날개의 뒤처짐각은 임계마하수를 낮춘다.
③ 날개의 가로세로비는 날개폭을 넓이로 나눈 값이다.
④ 양력과 항력은 날개면적의 제곱에 비례한다.

04. 등가대기속도(V_e)와 진대기속도(V)에 대한 설명으로 옳은 것은? (단, 밀도비는 $\sigma=\dfrac{\rho}{\rho_o}$, P_t : 전압, P_s : 정압, ρ_o : 해면고도 밀도, ρ : 현재 고도 밀도이다.)

① 등가대기속도와 진대기속도의 관계는 $V_e=\sqrt{\dfrac{V}{\rho}}$ 이다.
② 등가대기속도는 고도에 따른 밀도변화를 고려한 속도이다.
③ 표준대기의 대류권에서 고도가 증가할수록 진대기속도가 등가대기속도보다 느리다.
④ 베르누이의 정리를 이용하여 등가대기속도를 나타내면 $V_e=\sqrt{\dfrac{(P_t-P_s)}{\rho_o}}$ 이다.

05. 조종면의 폭이 2배가 되면 조종력은 어떻게 되어야 하는가?
① 1/2로 감소 ② 변함없음
③ 2배 증가   ④ 4배 증가

06. 비행기가 날개를 내리거나 올려 비행기의 전후축(세로축 : longitudinal axis)을 중심으로 움직이는 것과 관련된 모멘트는?
① 옆놀이 모멘트(rolling moment)
② 빗놀이 모멘트(yawing moment)
③ 키놀이 모멘트(pitching moment)
④ 방향 모멘트(directional moment)

07. 항공기가 등속 수평 비행을 하기 위한 조건으로 옳은 것은? (단, L은 양력, D는 항력, T는 추력, W는 항공기 무게이다.)
① L=W, T>D   ② L=W, T=D
③ T=W, L>D   ④ T=W, L=D

08. 비행기 무게가 1,000kgf이고 경사각 30°,

100km/h의 속도로 정상선회를 하고 있을 때 양력은 약 몇 kgf인가?
① 500   ② 866
③ 1,155 ④ 2,000

09. 다음 중 압력계수(C_p)의 정의로 틀린 것은? (단, p_∞ : 자유흐름의 정압, p : 임의점의 정압, V : 임의점의 속도, V_∞ : 자유흐름의 속도, ρ : 밀도, q_∞ : 자유흐름의 동압이다.)

① $C_p = \dfrac{p - p_\infty}{q_\infty}$

② $C_p = 2V^2 - p_\infty \rho V_\infty$

③ $C_p = \dfrac{p - p_\infty}{\dfrac{1}{2}\rho V_\infty^{\,2}}$

④ $C_p = 1 - (\dfrac{V}{V_\infty})^2$

10. 고정익 항공기 추진에 사용되는 프로펠러에 대한 설명으로 옳은 것은?
① 일반적으로 지상활주 시와 같이 전진비가 낮은 경우에 프로펠러 효율은 최대가 된다.
② 전진비의 증가에 따라 피치각을 증가시켜야 한다.
③ 로터면에 대한 비틀림각을 블레이드 팁(tip) 방향으로 증가하도록 분포시킨다.
④ 프로펠러 지름이 큰 경우에는 회전수 변화로 추력을 증감시키는 방법이 일반적으로 사용된다.

11. 꼬리회전날개(tail rotor)가 필요한 헬리콥터는?
① 단일 회전날개 헬리콥터
② 직렬식 회전날개 헬리콥터
③ 병렬식 회전날개 헬리콥터
④ 동축 역회전식 회전날개 헬리콥터

12. 착륙접지 시 역추력을 발생시키는 비행기에 작용하는 순 감속력에 대한 식은? (단, 추력 : T, 항력 : D, 무게 : W, 양력 : L, 활주로 마찰계수 : μ이다.)
① T−D+μ(W−L)
② T+D+μ(W+L)
③ T−D+μ(W+L)
④ T+D+μ(W−L)

13. 레이놀즈 수(Reynolds number)에 대한 설명으로 틀린 것은?
① 단위는 cm^2/s이다.
② 동점성계수에 반비례한다.
③ 관성력과 점성력의 비를 나타낸다.
④ 임계 레이놀즈 수에서 천이현상이 일어난다.

14. 날개꼴(airfoil)의 정의로 옳은 것은?
① 날개의 단면
② 날개가 굽은 정도
③ 최대 두께를 연결한 선
④ 앞전과 뒷전을 연결한 선

15. 700ps짜리 2개의 엔진을 장착한 항공기가 대기속도 50m/s로 상승비행을 하고 있다면 이 항공기의 상승률은 몇 m/s인가? (단, 비행기의 중량은 5,000kgf, 항력은 1,000kgf, 프로펠러 효율은 0.8이다.)
① 3.4   ② 5.0
③ 6.0   ④ 6.8

16. 다음 중 수평 스핀(flat spin) 상태에서 받음각의 크기로 가장 적합한 것은?
① 약 5°   ② 10~20°
③ 약 60° ④ 약 95° 이상

17. 제트 비행기의 최대항속시간에 해당하는 속도는 다음 중 어느 조건에서 이루어지는가?

① 최대이용추력 ② 최소이용추력
③ 최대필요추력 ④ 최소필요추력

18. 전진하는 회전날개 깃에 작용하는 양력을 헬리콥터 전진속도(V)와 주 회전날개의 회전속도(v)로 옳게 설명한 것은?
① $(v-V)^2$에 비례한다.
② $(v+V)^2$에 비례한다.
③ $\left(\dfrac{v+V}{v-V}\right)^2$에 비례한다.
④ $\left(\dfrac{v-V}{v+V}\right)^2$에 비례한다.

19. 도움날개(aileron) 및 승강키(elevator)의 힌지 모멘트와 이들 조종면을 원하는 위치에 유지하기 위한 조종력과의 관계로 옳은 것은?
① 힌지 모멘트가 크면 조종력도 커야 한다.
② 힌지 모멘트가 커져도 필요한 조종력에는 변화가 없다.
③ 힌지 모멘트가 크면 조종력은 작아도 된다.
④ 아음속 항공기에서는 힌지 모멘트가 커질수록 필요한 조종력은 작아진다.

20. 국제 표준 대기의 평균 해발고도에서 특성 값을 틀리게 짝지은 것은?
① 온도 : 20℃
② 압력 : 1013hPa
③ 밀도 : 1.225kg/m³
④ 중력 가속도 : 9.8066m/s²

2과목 항공기관

21. 가스 터빈 엔진의 기본 구성 요소가 아닌 것은?
① 압축기 ② 터빈
③ 연소실 ④ 감속장치

22. 가스 터빈 엔진에 사용되는 연료의 구비 조건이 아닌 것은?
① 가격이 저렴할 것
② 어는점이 높을 것
③ 인화점이 높을 것
④ 연료의 중량당 발열량이 클 것

23. 오일 양이 매우 적은 상태에서 왕복엔진을 시동하였을 때, 조종사는 어떤 현상을 인지할 수 있는가?
① 정상 작동을 한다.
② 오일압력계기가 0을 지시한다.
③ 오일압력계기가 동요(fluctuation)한다.
④ 오일압력계기가 높은 압력을 지시한다.

24. 단(stage)당 압력비가 1.34인 9단 축류형 압축기의 출구 압력은 약 몇 psi인가? (단, 압축기 입구압력은 14.7psi이다.)
① 177 ② 205
③ 255 ④ 276

25. 이륙 시 정속 프로펠러에서 rpm과 피치각은 어떤 상태가 되어야 가장 효율적인가?
① 높은 rpm과 작은 피치각
② 높은 rpm과 큰 피치각
③ 낮은 rpm과 작은 피치각
④ 낮은 rpm과 큰 피치각

26. 오토사이클의 열효율을 옳게 나타낸 것은? (단, ε : 압축비, k : 비열비이다.)
① $1-\dfrac{1}{\varepsilon^{k-1}}$ ② $\dfrac{k-1}{\varepsilon^{k-1}}$

③ $1-\varepsilon^{\frac{1}{k-1}}$ ④ $\frac{1}{1-\varepsilon^{k-1}}$

27. 왕복엔진 부품 중 윤활유에서 열을 가장 많이 흡수하는 부품은?
① 피스톤
② 배기 밸브
③ 푸시로드
④ 프로펠러 감속 기어

28. 왕복엔진에서 마그네토(magneto)의 브레이커 어셈블리에서 접촉 부분은 일반적으로 어떤 재료로 되어 있는가?
① 은(silver)
② 구리(copper)
③ 코발트(covalt)
④ 백금(platinum)-이리듐(iridium)합금

29. 가스 터빈 엔진에서 압축기 실속(compressor stall)이 일어나는 경우는?
① 흡입 공기 압력이 높을 때
② 유입 공기 속도가 상대적으로 느릴 때
③ 항공기 속도가 터빈 회전속도에 비하여 너무 빠를 때
④ 흡입구로 들어오는 램 공기(ram-air)의 밀도가 높을 때

30. 가스 터빈 엔진 점화계통의 구성품이 아닌 것은?
① 익사이터(exciter)
② 이그나이터(igniter)
③ 점화 전선(ignition lead)
④ 임펄스 커플링(impulse coupling)

31. 다음 중 디토네이션(detonation)을 일으키는 요인은?
① 너무 늦은 점화시기
② 낮은 흡입공기 온도
③ 너무 낮은 옥탄가의 연료 사용
④ 너무 높은 옥탄가의 연료 사용

32. 항공기 왕복엔진의 벤투리 부분에서 실린더 흡입 공기량으로부터 생긴 부압에 의해 가솔린을 빨아내고 혼합기를 만드는 방식의 기화기는?
① 부자식 기화기
② 충동식 기화기
③ 경계 압력식 기화기
④ 압력 분사식 기화기

33. 다음 중 프로펠러 조속기의 파일럿(pilot) 밸브의 위치를 결정하는 데 직접적인 영향을 주는 것은?
① 플라이웨이트   ② 엔진오일 압력
③ 조종사의 위치   ④ 펌프오일 압력

34. 항공기 왕복엔진의 출력 증가를 위하여 장착하는 과급기 중 가장 많이 사용되는 형식은?
① 기어식(gear type)
② 베인식(vane type)
③ 루츠식(roots type)
④ 원심식(centrifugal type)

35. 엔진의 공기 흡입구에 얼음이 생기는 것을 방지하기 위한 방빙(anti icing) 방법으로 옳은 것은?
① 배기가스를 인렛 스트럿(inlet strut)에 보낸다.
② 압축기 통과 전의 청정한 공기를 인렛(inlet) 쪽으로 순환시킨다.
③ 압축기의 고온 블리드 공기를 흡입구(intake), 인렛 가이드 베인(inlet guide vane)으로 보낸다.
④ 더운 물을 엔진 인렛(inlet) 속으로 분사한다.

36. 가스 터빈 엔진의 오일 필터를 손상시키는

힘이 아닌 것은?
① 압력변화로 인한 피로 힘
② 흐름 체적으로 인한 압력 힘
③ 가열된 오일에 의한 압력 힘
④ 열순환(thermal cycling)으로 인한 피로 힘

37. 가스 터빈 엔진에서 사용되는 추력 증가 장치로만 짝지어진 것은?
① reverse thrust, afterburner
② afterburner, water-injection
③ afterburner, noise suppressor
④ reverse thrust, water-injection

38. 왕복엔진에서 밸브 오버랩의 주된 효과가 아닌 것은?
① 실린더 냉각효과를 높여준다.
② 실린더의 체적 효율을 높여준다.
③ 크랭크축의 마모를 감소시켜 준다.
④ 배기가스를 완전히 배출시키는 데 유리하다.

39. 항공기용 왕복엔진으로 사용하는 성형엔진에 대한 설명으로 옳은 것은?
① 단열 성형엔진은 실린더 수가 짝수로 구성되어 있다.
② 성형엔진의 2열은 짝수의 실린더 번호가 부여된다.
③ 성형엔진의 1열은 홀수의 실린더 번호가 부여된다.
④ 14기통 성형엔진의 크랭크 핀은 2개이다.

40. 비열비(k)에 대한 식으로 옳은 것은? (단, C_p : 정압비열, C_v : 정적비열이다.)
① $k = \dfrac{C_v}{C_p}$
② $k = \dfrac{C_p}{C_v}$
③ $k = 1 - \dfrac{C_p}{C_v}$
④ $k = \dfrac{C_p - 1}{C_v}$

3과목 항공기체

41. 구조부재의 일부분에 균열과 같은 결함이 잠재할 수 있다고 가정하고 기체의 안전한 사용 기간을 규정하여 안전성을 확보하는 설계 개념은?
① 정적강도설계
② 안전수명설계
③ 손상허용설계
④ 페일 세이프 설계

42. 부품 번호가 AN 470 AD 3-5인 리벳에서 "AD"는 무엇을 나타내는가?
① 리벳의 직경이 $\dfrac{3}{16}$ 인치이다.
② 리벳의 길이는 머리를 제외한 길이이다.
③ 리벳의 머리 모양이 유니버설 머리이다.
④ 리벳의 재질이 알루미늄 합금인 2117이다.

43. 다음 중 SAE 규격에 따른 합금강으로 탄소를 가장 많이 함유하고 있는 것은?
① 6150   ② 4130
③ 2330   ④ 1025

44. 항공기 엔진을 장착하거나 보호하기 위한 구조물이 아닌 것은?
① 킬빔   ② 나셀
③ 포드   ④ 카울링

45. 착륙장치(landing gear)에 사용되는 올레오 완충장치(oleo shock absorber)의 충격흡수 원리에 대한 설명으로 옳은 것은?
① 스트럿 실린더(strut cylinder)에 공급되는 공기의 마찰에너지를 이용하여 충격을 흡수한다.
② 헬리컬 스프링(helical spring)이 탄

성체의 탄성변형에너지 형식으로 충격을 흡수한다.
③ 공기의 압축성 효과에 의한 탄성에너지와 작동유 흐름 제한에 따른 에너지 손실에 의해 충격을 흡수한다.
④ 리프 스프링(leaf spring) 자체가 랜딩 스트럿(landing strut) 역할을 하여 충격을 굽힘에너지로 흡수한다.

46. 접개식 강착장치(retractable landing gear)에서 부주의로 인해 착륙장치가 접히는 것을 방지하기 위한 안전장치를 나열한 것은?
① down lock, safety pin, up lock
② down lock, up lock, ground lock
③ up lock, safety pin, ground lock
④ down lock, safety pin, ground lock

47. 티타늄합금의 성질에 대한 설명으로 옳은 것은?
① 열전도계수가 크다.
② 불순물이 들어가면 가공 후 자연경화를 일으켜 강도를 좋게 한다.
③ 티타늄은 고온에서 산소, 질소, 수소 등과 친화력이 매우 크고, 또한 이러한 가스를 흡수하면 강도가 매우 약해진다.
④ 합금원소로서 Cu가 포함되어 있어 취성을 감소시키는 역할을 한다.

48. 실속 속도가 90mph인 항공기를 120mph로 수평비행 중 조종간을 급히 당겨 최대 양력계수가 작용하는 상태라면 주날개에 작용하는 하중배수는 약 얼마인가?
① 1.5
② 1.78
③ 2.3
④ 2.57

49. 그림과 같이 100N의 힘(P)이 작용하는 구조물에서 지점 A의 반력(R_1)은 몇 N인가? (단, 구조물 ABC는 4분원이다.)

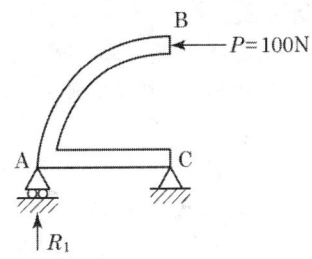

① 100
② 50
③ 25
④ 0

50. 항공기에 작용하는 하중에 대한 설명으로 옳은 것은?
① 구조물에 가해지는 힘을 응력이라 한다.
② 하중에는 탑재물의 중량, 공기력, 관성력, 지면반력, 충격력 등이 있다.
③ 구조물인 항공기는 하중을 지지하기 위한 외력으로 응력을 가진다.
④ 면적당 작용하는 내력의 크기를 하중이라 한다.

51. 숏 피닝(shot peening) 작업으로 나타나는 주된 효과는?
① 내부 균열 및 변형 방지
② 크롬 도금으로 인한 표면 부식 방지
③ 표면 강도 증가와 스트레스 부식 방지
④ 광택 감소로 인한 표면 마찰 증가와 내열성 증가

52. 표와 같은 항공기의 기본 자기무게에 대한 무게중심(C.G)의 위치는 몇 cm인가?

측정 항목	측정 무게(N)	거리(cm)
왼쪽 바퀴	3,200	135
오른쪽 바퀴	3,100	135
앞 바퀴	700	-45
연료	2,500	-10

① 176.4
② 187.6
③ 194.4
④ 201.6

53. 리브 너트(riv nut)를 사용하는 방법으로 옳은 것은?
① 금속면에 우포를 씌울 때 사용한다.
② 두꺼운 날개 표피에 리브를 붙일 때 사용한다.
③ 한쪽 면에서만 작업이 가능한 제빙장치 등을 설치할 때 사용한다.
④ 기관 마운트와 같은 중량물을 구조물에 부착할 때 사용한다.

54. [보기]에서 설명하는 작업의 명칭은?

- 플러시 헤드 리벳의 헤드를 감추기 위해 사용
- 리벳 헤드의 높이보다 판재의 두께가 얇은 경우 사용

① 디버링(deburing)
② 딤플링(dimpling)
③ 클램핑(clamping)
④ 카운터 싱킹(counter sinking)

55. 항공기 구조의 특정 위치를 쉽게 알 수 있도록 위치를 표시하는 것 중 기준 수평면과 일정거리를 두며 평행한 선은?
① 기준선(datum line)
② 버턱선(buttock line)
③ 동체 수위선(body water line)
④ 동체 위치선(body station line)

56. 항공기 기체 판재에 적용한 릴리프 홀(relief hole)의 주된 목적은?
① 무게 감소
② 강도 증가
③ 좌굴 방지
④ 응력 집중 방지

57. FRCM(Fiber Reinforced Composite Material)의 모재(matrix) 중 사용온도 범위가 가장 큰 것은?
① FRC(Fiber Reinforced Ceramic)
② FRP(Fiber Reinforced Plastic)
③ FRM(Fiber Reinforced Metallics)
④ C/C 복합체(Carbon-Carbon Composite Material)

58. 토크 렌치의 길이는 10인치이고, 5인치의 연장공구를 사용하여 작업을 하여 토크 렌치의 지시값이 300lb이라면 실제 너트에 가해진 토크는 몇 in-lb인가?
① 400
② 450
③ 500
④ 550

59. 리벳작업을 위한 구멍뚫기 작업에 대한 설명으로 옳은 것은?
① 드릴작업 전 리밍작업을 한다.
② 드릴작업 후 구멍의 버(burr)는 되도록 보존하도록 한다.
③ 구멍은 리벳 지름보다 약간 작게 한다.
④ 리밍작업 시 회전방향을 일정하게 하여 가공한다.

60. 항공기 조종장치의 종류가 아닌 것은?
① 동력 조종장치(power control system)
② 매뉴얼 조종장치(manual control system)
③ 부스터 조종장치(booster control system)
④ 수압식 조종장치(water pressure control system)

4과목 항공장비

61. 전원회로에서 전압계(voltmeter)와 전류계(ammeter)를 부하로 연결하는 방법으로 옳은 것은?
① 전압계와 전류계 모두 직렬 연결한다.
② 전압계와 전류계 모두 병렬 연결한다.
③ 전압계는 병렬, 전류계는 직렬 연결한다.
④ 전압계는 직렬, 전류계는 병렬 연결한다.

62. VOR국은 전파를 이용하여 방위 정보를 항공기에 송신하는데 이때 VOR국에서 관찰하는 항공기의 방위는?
① 진방위　② 상대방위
③ 자방위　④ 기수방위

63. 교류발전기의 정격이 115V, 1kVA, 역률이 0.866이라면 무효전력(reactive power)은 얼마인가? (단, 역률(power factor) 0.866은 cos30°에 해당된다.)
① 500W　② 866W
③ 500Var　④ 866Var

64. 열을 받게 되면 스테인리스강으로 된 케이스가 늘어나게 되므로, 금속 스트럿이 펴지면서 접촉점이 연결되어 회로를 형성시키는 화재경고장치는?
① 열전쌍식 화재경고장치
② 광전지식 화재경고장치
③ 열 스위치식 화재경고장치
④ 저항 루프형 화재경고장치

65. 왕복엔진의 실린더에 흡입되는 공기압을 아네로이드와 다이어프램을 사용하여 절대압력으로 측정하는 계기는?
① 윤활유 압력계
② 제빙 압력계
③ 증기압식 압력계
④ 흡입 압력계

66. 솔레노이드 코일의 자계세기를 조정하기 위한 요소가 아닌 것은?
① 철심의 투자율
② 전자석의 코일 수
③ 도체를 흐르는 전류
④ 솔레노이드 코일의 작동 시간

67. 공기순환 공기조화계통(air cycle air conditioning)에 대한 설명으로 틀린 것은?
① 냉매를 사용하여 공기를 냉각시킨다.
② 수분분리기는 압축공기로부터 수분을 제거하기 위해 사용된다.
③ 항공기 공기압 계통에 공기를 공급한다.
④ 항공기 객실에 압력을 가하기 위하여 엔진 추출 공기를 사용한다.

68. 수평의(vertical gyro)는 항공기에서 어떤 축의 자세를 감지하는가?
① 기수 방위
② 롤 및 피치
③ 롤 및 기수 방위
④ 피치 및 기수 방위

69. VHF 무전기의 교신 가능 거리에 대한 설명으로 옳은 것은?
① 장애물이 있을 때에는 100km 이내로 제한된다.
② 송신 출력을 높여도 가시거리 이내로 제한된다.
③ 항공기 운항속도를 늦추면 더 먼 거리까지 교신이 가능하다.
④ 안테나 성능 향상으로 장애물과 상관없이 100km 이상 교신이 가능하다.

70. 압력조절기에서 킥인(kick-in)과 킥아웃(kick-out) 상태는 어떤 밸브의 상호작용으로 하는가?
① 체크 밸브와 릴리프 밸브
② 체크 밸브와 바이패스 밸브
③ 흐름조절기와 릴리프 밸브
④ 흐름평형기와 바이패스 밸브

71. 항공기 속도에서 등가대기속도에서 대기밀도를 보정한 속도는?
① IAS　② CAS
③ TAS　④ EAS

72. 그림에서 압력계에 나타나는 압력은 몇

kgf/cm² 인가? (단, 단면적은 A측 2cm², B측 10cm² 이며, 작용하는 힘은 A측 50kgf, B측 250kgf이다.)

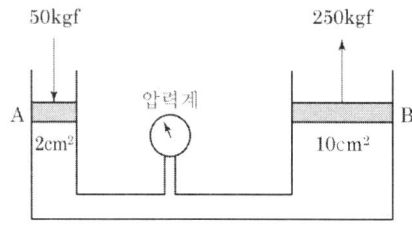

① 25 ② 50
③ 100 ④ 250

73. 자이로의 섭동 각속도를 나타낸 것으로 옳은 것은? (단, M : 외부력에 의한 모멘트, L : 각운동량이다.)

① $\dfrac{M}{L}$ ② $\dfrac{L}{M}$
③ $L-M$ ④ $M \times L$

74. 축전지 터미널(battery terminal)에 부식을 방지하기 위한 방법으로 가장 적합한 것은?

① 납땜을 한다.
② 증류수로 씻어낸다.
③ 페인트로 얇은 막을 만들어 준다.
④ 그리스(grease)로 얇은 막을 만들어 준다.

75. 교류발전기의 병렬운전 시 고려해야 할 사항이 아닌 것은?

① 위상 ② 전류
③ 전압 ④ 주파수

76. 압축공기 제빙부츠 계통의 팽창 순서를 제어하는 것은?

① 제빙장치 구조 ② 분배밸브
③ 흡입 안전밸브 ④ 진공펌프

77. 항공기가 산악 또는 지면과 충돌하는 것을 방지하는 장치는?

① air traffic control system
② inertial navigation system
③ distance measuring equipment
④ ground proximity warning system

78. 공압 계통에 대한 설명으로 옳은 것은?

① 유압과 비교하여 큰 힘을 얻을 수 없다.
② 공압 계통은 리저버(reservoir)가 필요하다.
③ 공기압은 비압축성이라 그대로의 힘이 잘 전달된다.
④ 공압 계통은 리턴 라인(return line)이 필요하다.

79. 자기나침반(magnetic compass)의 자차 수정 시기가 아닌 것은?

① 엔진교환 작업 후 수행한다.
② 지시에 이상이 있다고 의심이 갈 때 수행한다.
③ 철재 기체 구조재의 대수리 작업 후 수행한다.
④ 기체의 구조 부분을 검사할 때 항상 수행한다.

80. 항공기가 야간에 불시착했을 때 기내·외를 밝혀주는 비상용 조명(emergency light)은 최소 몇 분간 조명하여야 하는가?

① 10분 ② 30분
③ 60분 ④ 90분

항공산업기사 2018년 1회 (3월 4일)

1과목 항공역학

01. 무동력(power off) 비행 시 실속 속도와 동력(power on) 비행 시 실속 속도의 관계로 옳은 것은?
① 서로 동일하다.
② 비교할 수 없다.
③ 동력비행 시의 실속 속도가 더 크다.
④ 무동력비행 시의 실속 속도가 더 크다.

02. 날개의 길이(span)가 10m이고 넓이가 25m^2인 날개의 가로세로비(aspect ratio)는?
① 2 ② 4
③ 6 ④ 8

03. 헬리콥터의 제자리 비행 시 발생하는 전이성향 편류를 옳게 설명한 것은?
① 주로터가 회전할 때 토크를 상쇄하기 위해 미부로터가 수평추력을 발생시키는 것
② 단일로터 헬리콥터에서 주로터와 미부로터의 추력이 효과적인 균형을 이룰 때 헬리콥터가 옆으로 흐르는 현상
③ 종렬 로터와 동축 로터 시스템의 헬리콥터에서 토크를 방지하기 위한 로터가 상호 반대로 회전하는 것
④ 헬리콥터의 주로터 회전방향의 반대 방향으로 동체가 돌아가려는 성질

04. 유체흐름과 관련된 각 용어의 설명이 옳게 짝지어진 것은?
① 박리 : 층류에서 난류로 변하는 현상
② 층류 : 유체가 진동을 하면서 흐르는 흐름
③ 난류 : 유체 유동특성이 시간에 대해 일정한 정상류
④ 경계층 : 벽면에 가깝고 점성이 작용하는 유체의 층

05. 프로펠러의 역피치(reverse pitch)를 사용하는 주된 목적은?
① 후진비행을 위해서
② 추력의 증가를 위해서
③ 착륙 후의 제동을 위해서
④ 추력을 감소시키기 위해서

06. 임계마하수가 0.70인 직사각형 날개에서 임계마하수를 0.91로 높이기 위해서는 후퇴각을 약 몇 도(°)로 해야 하는가?
① 10° ② 20°
③ 30° ④ 40°

07. 비행기의 이륙활주거리를 짧게 하기 위한 방법이 아닌 것은?
① 엔진의 추력을 크게 한다.
② 비행기의 무게를 감소한다.
③ 슬랫(slat)과 플랩(flap)을 사용한다.
④ 항력을 줄이기 위해 작은 날개를 사용한다.

08. 항력계수가 0.02이며, 날개면적이 20m^2인 항공기가 150m/s로 등속도 비행을 하기 위해 필요한 추력은 약 몇 kgf인가? (단,

207

공기의 밀도는 0.125kgf·s²/m⁴이다.)
① 433   ② 563
③ 643   ④ 723

09. 항공기가 스핀 상태에서 회복하기 위해 주로 사용하는 조종면은?
① 러더   ② 에일러론
③ 스포일러   ④ 엘리베이터

10. 비행기의 방향 조종에서 방향키 부유각(float angle)에 대한 설명으로 옳은 것은?
① 방향키를 고정했을 때 공기력에 의해 방향키가 변위되는 각
② 방향키를 자유로 했을 때 공기력에 의해 방향키가 자유로이 변위되는 각
③ 방향키를 밀었을 때 공기력에 의해 방향키가 변위되는 각
④ 방향키를 당겼을 때 공기력에 의해 방향키가 변위되는 각

11. 해면고도에서 표준대기의 특성값으로 틀린 것은?
① 표준온도는 15°F이다.
② 밀도는 1.23kg/m³이다.
③ 대기압은 760mmHg이다.
④ 중력가속도는 32.2ft/s²이다.

12. 날개 끝 실속을 방지하는 보조장치 및 방법으로 틀린 것은?
① 경계층 펜스를 설치한다.
② 톱날 앞전 형태를 도입한다.
③ 날개의 후퇴각을 크게 한다.
④ 날개가 워시 아웃(wash out) 형상을 갖도록 한다.

13. 등속수평비행에서 경사각을 주어 선회하는 경우 동일 고도를 유지하기 위한 선회속도와 수평비행속도와의 관계로 옳은 것은? (단, V_L : 수평비행속도, V : 선회속도, ϕ : 경사각이다.)
① $V\dfrac{V_L}{\sqrt{\cos\phi}}$ ② $V=\dfrac{V_L}{\cos\phi}$
③ $V=\sqrt{\dfrac{V_L}{\cos\phi}}$ ④ $V=\dfrac{\sqrt{V_L}}{\cos\phi}$

14. 날개하중이 30kgf/m²이고, 무게가 1,000kgf인 비행기가 7,000m 상공에서 급강하하고 있을 때 항력계수가 0.1이라면 급강하 속도는 몇 m/s인가? (단, 공기의 밀도는 0.06kgf·s²/m⁴이다.)
① 100   ② $100\sqrt{3}$
③ 200   ④ $100\sqrt{5}$

15. 무게가 4,000kgf, 날개면적 30m²인 항공기가 최대양력계수 1.4로 착륙할 때 실속속도는 약 몇 m/s인가? (단, 공기의 밀도는 1/8kgf·s²/m⁴이다.)
① 10   ② 19
③ 30   ④ 39

16. 비행기가 트림(trim) 상태로 비행한다는 것은 비행기 무게중심 주위의 모멘트가 어떤 상태인 경우인가?
① "부(-)"인 경우
② "정(+)"인 경우
③ "영(0)"인 경우
④ "정"과 "영"인 경우

17. 비행기가 평형 상태에서 이탈된 후, 평형 상태와 이탈 상태를 반복하면서 그 변화의 진폭이 시간의 경과에 따라 발산하는 경우를 가장 옳게 설명한 것은?
① 정적으로 안정하고, 동적으로는 불안정하다.
② 정적으로 안정하고, 동적으로도 안정하다.
③ 정적으로 불안정하고, 동적으로는 안

정하다.
④ 정적으로 불안정하고, 동적으로도 불안정하다.

18. 태양이 방출하는 자외선에 의하여 대기가 전리되어 자유전자의 밀도가 커지는 대기권층은?
① 중간권　　② 열권
③ 성층권　　④ 극외권

19. 프로펠러에 작용하는 토크(torque)의 크기를 옳게 나타낸 것은? (단, ρ : 유체밀도, n : 프로펠러 회전수, C_q : 토크 계수, D : 프로펠러의 지름이다.)
① $C_q \rho n D$　　② $\dfrac{C_q D^2}{\rho n}$
③ $C_q \rho n^2 D^5$　　④ $\dfrac{\rho n}{C_q D^2}$

20. 헬리콥터에서 회전날개의 회전 위치에 따른 양력 비대칭 현상을 없애기 위한 방법은?
① 회전깃에 비틀림을 준다.
② 플래핑 힌지를 사용한다.
③ 꼬리 회전날개를 사용한다.
④ 리드-래그 힌지를 사용한다.

항공기관

21. 가스 터빈 엔진의 후기연소기가 작동 중일 때 배기노즐 단면적의 변화로 옳은 것은?
① 감소된다.
② 증가된다.
③ 변화 없다.
④ 증가 후 감소된다.

22. 왕복엔진에서 순환하는 오일에 열을 가하는 요인 중 가장 영향이 적은 것은?
① 연료펌프
② 로커암 베어링
③ 커넥팅 로드 베어링
④ 피스톤과 실린더 벽

23. 그림과 같은 P-V선도는 어떤 사이클을 나타낸 것인가?

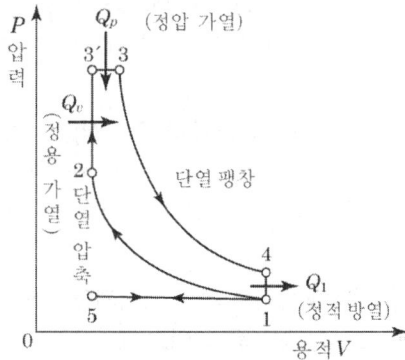

① 정압 사이클　② 정적 사이클
③ 합성 사이클　④ 카르노 사이클

24. 프로펠러의 평형작업에 관한 설명으로 틀린 것은?
① 2깃 프로펠러는 수직 또는 수평평형 검사 중 한 가지만 수행한 후 수정 작업한다.
② 동적 불평형은 프로펠러 깃 요소들의 중심이 동일한 회전면에서 벗어났을 때 발생한다.
③ 정적 불평형은 프로펠러의 무게중심이 회전축과 일치하지 않을 때 발생한다.
④ 깃의 회전궤도가 일정하지 못할 때에는 진동이 발생하므로 깃 끝 궤도검사를 실시한다.

25. 가스를 팽창 또는 압축시킬 때 주위와 열의 출입을 완전히 차단시킨 상태에서 변화하는 과정을 나타낸 식은? (단, P는 압력,

v는 비체적, T는 온도, k는 비열비이다.)
① Pv=일정　② Pv^k=일정
③ $\dfrac{P}{T}$=일정　④ $\dfrac{T}{v}$=일정

26. 제트엔진의 압축기에서 압축된 고온의 공기를 일부 우회시켜 압축기 흡입부의 방빙, 연료가열 및 항공기 여압과 제빙에 사용하는데 이 공기를 제어하는 장치는?
① 차단 밸브　② 섬프 밸브
③ 블리드 밸브　④ 점화가스 밸브

27. 항공기용 왕복엔진의 이상적인 사이클은?
① 오토 사이클　② 디젤 사이클
③ 카르노 사이클　④ 브레이턴 사이클

28. 체적을 일정하게 유지시키면서 단위질량을 단위온도로 높이는 데 필요한 열량은?
① 단열　② 비열비
③ 정압비열　④ 정적비열

29. 축류형 압축기에서 1단(stage)의 의미를 옳게 설명한 것은?
① 저압압축기(low compressor)를 말한다.
② 고압압축기(high compressor)를 말한다.
③ 1열의 로터(rotor)와 1열의 스테이터(stator)를 말한다.
④ 저압압축기(low compressor)와 고압압축기(high compressor)의 1쌍을 말한다.

30. 속도 1080km/h로 비행하는 항공기에 장착된 터보제트엔진이 294kg/s로 공기를 흡입하여 400m/s로 배기시킬 때 비추력은 약 얼마인가?
① 8.2　② 10.2
③ 12.2　④ 14.2

31. 왕복엔진의 밸브작동장치 중 유압 태핏(hydraulic tappet)의 장점이 아닌 것은?
① 밸브 개폐시기를 정확하게 한다.
② 밸브 작동기구의 충격과 소음을 방지한다.
③ 열팽창 변화에 의한 밸브간격을 항상 "0"으로 자동 조장한다.
④ 엔진 작동 시 열팽창을 작게 하여 실린더 헤드의 온도를 낮춘다.

32. 항공기 엔진의 오일 필터가 막혔다면 어떤 현상이 발생하는가?
① 엔진 윤활계통의 윤활 결핍현상이 온다.
② 높은 오일압력 때문에 필터가 파손된다.
③ 오일이 바이패스 밸브(bypass valve)를 통하여 흐른다.
④ 높은 오일압력으로 체크 밸브(check valve)가 작동하여 오일이 되돌아온다.

33. 정속 프로펠러(constant speed propeller)에 대한 설명으로 옳은 것은?
① 조속기에 의해서 자동적으로 피치를 조정할 수 있다.
② 3방향 선택밸브(3way valve)에 의해 피치가 변경된다.
③ 저 피치(low pitch)와 고 피치(high pitch)인 2개의 위치만을 선택할 수 있다.
④ 깃각(blade angle)이 하나로 고정되어 피치 변경이 불가능하다.

34. 가스 터빈 엔진의 연료계통에 사용되는 P&D 밸브(Pressurizing & Dump Valve)의 역할이 아닌 것은?
① 연료의 흐름을 1차 연료와 2차 연료로 분리시킨다.
② 엔진이 정지되었을 때 연료노즐에 남아 있는 연료를 외부로 방출한다.
③ 연료의 압력이 일정압력 이상이 될 때

까지 연료의 흐름을 차단한다.
④ 펌프 출구압력이 규정값 이상으로 높아지면 열려서 연료를 기어펌프 입구로 되돌려 보낸다.

35. 엔진 윤활유 탱크 내 설치된 호퍼(hopper)의 기능은?
① 엔진의 급가속 시 윤활유의 공급량을 증대시킨다.
② 엔진으로부터 배유된 윤활유의 온도를 측정한다.
③ 윤활유에 연료를 혼합하여 윤활유의 점도를 조정한다.
④ 시동 시 신속히 오일온도를 상승시키게 한다.

36. 왕복엔진의 크랭크 케이스 내부에 과도한 가스 압력이 형성되었을 경우 크랭크 케이스를 보호하기 위하여 설치된 장치는?
① 블리드(bleed) 장치
② 브레더(breather) 장치
③ 바이패스(by-pass) 장치
④ 스캐빈지(scavenge) 장치

37. 추진 시 공기를 흡입하지 않고 자체 내의 고체 또는 액체의 산화제와 연료를 사용하는 엔진은?
① 로켓   ② 램제트
③ 펄스제트   ④ 터보프롭

38. 항공기용 왕복엔진의 연료계통에서 베이퍼 록(vapor lock)의 원인이 아닌 것은?
① 연료 온도 상승
② 연료의 낮은 휘발성
③ 연료탱크 내부의 거품 발생
④ 연료에 작용되는 압력의 저하

39. 헬리콥터용 터보샤프트엔진을 시운전실에서 시험하였더니 24,000rpm에서 토크가 51kg·m이었다면 이때 엔진은 약 몇 마력(ps)인가? (단, 1ps=75kg·m/s이다.)
① 1,709   ② 2,105
③ 2,400   ④ 2,571

40. 왕복엔진의 작동 중에 안전을 위해 확인해야 하는 변수가 아닌 것은?
① 오일 압력   ② 흡기 압력
③ 연료 온도   ④ 실린더헤드 온도

3과목 항공기체

41. SAE 4130 합금강에서 숫자 4는 무엇을 의미하는가?
① 크롬   ② 몰리브덴강
③ 4%의 카본   ④ 0.04%의 카본

42. 세미모노코크(semi monocoque) 구조형식의 비행기 동체에서 표피가 주로 담당하는 하중은?
① 굽힘과 비틀림
② 인장력과 압축력
③ 비틀림과 전단력
④ 굽힘, 인장력 및 압축력

43. 그림과 같은 외팔보에 집중하중(P_1, P_2)이 작용할 때 벽 지점에서의 굽힘 모멘트를 옳게 나타낸 것은?

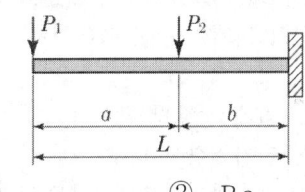

① 0   ② $-P_1 a$
③ $-P_1 L - P_2 b$ ④ $-P_1 b + P_2 b$

44. 판금작업 시 구부리는 판재에서 바깥면의 굽힘 연장선의 교차점과 굽힘 접선과의 거리를 무엇이라고 하는가?
① 세트 백(set back)
② 굽힘 각도(degree of bend)
③ 굽힘 여유(bend allowance)
④ 최소 반지름(minimum radius)

45. 그림과 같은 V-n 선도에서 n_1은 설계제한 하중배수, 점선 1-B는 돌풍하중 배수선도라면 옳게 짝지은 것은?

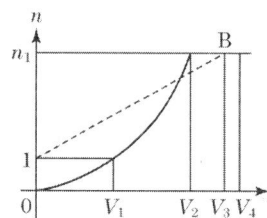

① V_1 - 실속 속도
② V_2 - 설계순항속도
③ V_3 - 설계급강하속도
④ V_4 - 설계운용속도

46. 양극산화처리 방법 중 사용 전압이 낮고, 소모전력량이 적으며, 약품 가격이 저렴하고 폐수처리도 비교적 쉬워 가장 경제적인 방법은?
① 수산법   ② 인산법
③ 황산법   ④ 크롬산법

47. 항공기의 고속화에 따라 기체재료가 알루미늄합금에서 티타늄합금으로 대체되어 있는데 티타늄합금과 비교한 알루미늄합금의 어떠한 단점 때문인가?
① 너무 무겁다.
② 열에 강하지 못하다.
③ 전기저항이 너무 크다.
④ 공기와의 마찰로 마모가 심하다.

48. 항공기의 연료계통에 대한 고려 사항으로 틀린 것은?
① 고도에 따른 공기와 연료의 특성변화를 고려해야 한다.
② 항공기의 운동자세와 무관하게 연료를 엔진으로 공급할 수 있어야 한다.
③ 연료의 소모량에 따라 변하는 항공기의 무게중심에 대한 균형을 유지하여야 한다.
④ 연료탱크가 주 날개에 장착된 항공기는 날개 끝부분의 연료부터 사용해야 한다.

49. 다음 중 용접 조인트(joint) 형식에 속하지 않는 것은?
① 랩 조인트(lap joint)
② 티 조인트(tee joint)
③ 버트 조인트(butt joint)
④ 더블 조인트(double joint)

50. 비행 중 발생하는 불균형 상태를 탭을 변위시킴으로써 정적 균형을 유지하여 정상 비행을 하도록 하는 장치는?
① 트림 탭(trim tab)
② 서보 탭(servo tab)
③ 스프링 탭(spring tab)
④ 밸런스 탭(balance tab)

51. 항공기 중량을 측정한 결과를 이용하여 날개 앞전으로부터 무게중심까지의 거리를 MAC(공력평균시위) 백분율로 표시하면 약 얼마인가?

[결과]
앞바퀴(nose landing gear) : 1,500kg
우측 주바퀴(main landing gear) : 3,500kg
좌측 주바퀴(main landing gear) : 3,400kg

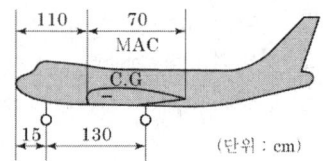

① 14.5% MAC ② 16.9% MAC
③ 21.7% MAC ④ 25.4% MAC

52. 비상구, 소화제 발사장치, 비상용 제동장치핸들, 스위치, 커버 등을 잘못 조작하는 것을 방지하고, 비상시 쉽게 제거할 수 있도록 하는 안전결선은?
① 고정 결선(lock wire)
② 전단 결선(shear wire)
③ 다선식 안전결선법 (multi wire method)
④ 복선식 안전결선법 (double twist method)

53. 다음과 같은 특징을 갖는 착륙장치의 형식은?

- 지상에서 항공기 동체의 수평 유지로 기내에서 승객들의 이동이 용이하다.
- 고속상태에서 항공기의 급제동이 가능하고 지상전복을 방지하여 안정성이 좋다.
- 조종자는 이·착륙 시 넓은 시야각을 갖는다.

① 고정식 착륙장치
② 앞바퀴식 착륙장치
③ 직렬식 착륙장치
④ 뒷바퀴식 착륙장치

54. 다음 중 응력을 설명한 것으로 옳은 것은?
① 단위체적당 무게이다.
② 단위체적당 질량이다.
③ 단위길이당 늘어난 길이이다.
④ 단위면적당 힘 또는 힘의 세기이다.

55. 항공기용 볼트의 부품번호가 AN 3 DD 5 A인 경우 "DD"를 가장 옳게 설명한 것은?
① 부식 저항용 강을 나타낸다.
② 카드뮴 도금한 강을 나타낸다.
③ 싱크에 드릴작업이 되지 않은 상태를 나타낸다.
④ 재질을 표시하는 것으로 2024 알루미늄 합금을 나타낸다.

56. 나셀(nacelle)에 대한 설명으로 옳은 것은?
① 기체의 인장하중을 담당한다.
② 엔진을 장착하여 하중을 담당하기 위한 구조물이다.
③ 기체에 장착된 엔진을 둘러싼 부분을 말한다.
④ 일반적으로 기체의 중심에 위치하여 날개구조를 보완한다.

57. 원형단면의 봉이 비틀림 하중을 받을 때 비틀림 모멘트에 대한 식으로 옳은 것은?
① 굽힘 응력×(단면계수÷단면의 반지름)
② 전단응력×(횡탄성계수÷단면의 반지름)
③ 전단변형도×(단면오차모멘트÷단면의 반지름)
④ 전단응력×(극관성 모멘트÷단면의 반지름)

58. 다음 중 평소에는 하중을 받지 않는 예비부재를 가지고 있는 구조형식은?
① 이중 구조
② 하중경감 구조
③ 대치 구조
④ 다중하중경로 구조

59. 다른 재질의 금속이 접촉하면 접촉전기와 수분에 의해 국부전류흐름이 발생하여 부식을 초래하게 되는 현상을 무엇이라고 하는가?
① galvanic corrosion

② bonding
③ anti-corrosion
④ age hardening

60. 항공기 기체수리 작업 시 리베팅 전에 임시 고정하는 데 사용하는 공구는?
① 시트 파스너 ② 딤플링
③ 캠-록 파스너 ④ 스퀴즈

4과목 항공장비

61. 화재감지계통에서 화재의 지시에 대한 설명으로 옳은 것은?
① 가청 알람 시스템과 경고등으로 화재를 확인할 수 있다.
② 화재가 진행하는 동안 발생 초기에만 지시해 준다.
③ 화재가 다시 발생할 때에는 다시 지시하지 않아야 한다.
④ 화재를 지시하지 않을 때 최대의 전력 소모가 되어야 한다.

62. 신호에 따라 반송파의 진폭을 변화시키는 변조방식은?
① FM 방식 ② AM 방식
③ PCM 방식 ④ PM 방식

63. 지상 무선국을 중심으로 하여 360도 전방향에 대해 비행 방향을 항공기에 지시할 수 있는 기능을 갖추고 있는 항법장치는?
① VOR ② M/B
③ LRRA ④ G/S

64. 항공기에서 직류를 교류로 변환시켜 주는 장치는?
① 정류기(rectifier)
② 인버터(inverter)
③ 컨버터(converter)
④ 변압기(transformer)

65. 항공기 날개 부위 중 리딩 에지(leading edge)에 발생하는 빙결을 방지 또는 제거하는 방법이 아닌 것은?
① 전기적인 열을 가해 제거
② 압축공기에 의해 팽창되는 장치로 제거
③ 엔진 압축기부에서 추출된 블리드(bleed) 공기로 제거
④ 드레인 마스트(drain mast)에 사용되는 물로 제거

66. 대형 항공기의 객실을 여압하기 위해 가장 고려하여야 할 문제는?
① 항공기의 최대운영속도
② 항공기의 최저운영실속 속도
③ 항공기의 내부와 외부의 압력 차
④ 항공기의 최저운영고도 이하에서 객실고도

67. 공함(pressure capsule)을 응용한 계기가 아닌 것은?
① 선회계 ② 고도계
③ 속도계 ④ 승강계

68. 그림과 같은 불평형 브리지회로에서 단자 A, B 간의 전위차를 구하고, A와 B 중 전위가 높은 쪽을 옳게 표시한 것은?

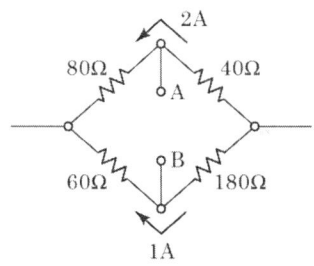

① 100V, A<B ② 220V, A<B
③ 100V, A>B ④ 220V, A>B

69. ND(navigation display)에 나타나지 않는 정보는?
① DME data
② ground speed
③ radio altitude
④ wind speed/direction

70. 다음 중 오리피스 체크 밸브에 대한 설명으로 옳은 것은?
① 유압 도관 내의 거품을 제거하는 밸브
② 유압 계통 내의 압력 상승을 막는 밸브
③ 일시적으로 작동유의 공급량을 증가시키는 밸브
④ 한 방향의 유량은 정상적으로 흐르게 하고 다른 방향의 유량은 작게 흐르도록 하는 밸브

71. 위성으로부터 전파를 수신하여 자신의 위치를 알아내는 계통으로서 처음에는 군사 목적으로 이용하였으나 민간 여객기, 자동차용으로도 실용화되어 사용 중인 것은?
① 로란(LORAN)
② 관성항법(INS)
③ 오메가(OMEGA)
④ 위성항법(GPS)

72. 유압계통에서 레저버(reservoir) 내에 있는 스탠드 파이프(stand pipe)의 주된 역할은?
① 벤트(vent) 역할을 한다.
② 비상시 작동유의 예비공급 역할을 한다.
③ 탱크 내의 거품이 생기는 것을 방지하는 역할을 한다.
④ 계통 내의 압력 유동을 감소시키는 역할을 한다.

73. 도체의 단면에 1시간 동안 10,800C의 전하가 흘렀다면 전류는 몇 A인가?
① 3   ② 18
③ 30   ④ 180

74. 무선통신장치에서 송신기(transmitter)의 기능에 대한 설명으로 틀린 것은?
① 신호를 증폭한다.
② 교류 반송파 주파수를 발생시킨다.
③ 입력정보신호를 반송파에 적재한다.
④ 가청신호를 음성신호로 변환시킨다.

75. D급 화재의 종류에 해당하는 것은?
① 기름에서 일어나는 화재
② 금속물질에서 일어나는 화재
③ 나무 및 종이에서 일어나는 화재
④ 전기가 원인이 되어 전기 계통에 일어나는 화재

76. 다음 중 항법계기에 속하지 않는 계기는?
① INS   ② CVR
③ DME   ④ TACAN

77. 계기착륙장치인 로컬라이저(localizer)에 대한 설명으로 틀린 것은?
① 수신기에서 90Hz, 150Hz 변조파 감도를 비교하여 진행방향을 알아낸다.
② 로컬라이저의 위치는 활주로의 진입단 반대쪽에 있다.
③ 활주로에 대하여 적절한 수직 방향의 각도 유지를 수행하는 장치이다.
④ 활주로에 접근하는 항공기에 활주로 중심선을 제공하는 지상시설이다.

78. 다음 중 황산납축전지 캡(cap)의 용도가 아닌 것은?
① 외부와 내부의 전선연결
② 전해액의 보충, 비중 측정
③ 충전 시 발생되는 가스배출

④ 배면비행 시 전해액의 누설방지

79. 교류와 직류 겸용이 가능하며, 인가되는 전류의 형식에 관계없이 항상 일정한 방향으로 구동될 수 있는 전동기는?
① induction motor
② universal motor
③ reversible motor
④ Synchronous motor

80. 버든 튜브식 오일압력계가 지시하는 압력은?
① 동압
② 대기압
③ 게이지압
④ 절대압

항공산업기사 2018년 2회 (4월 28일)

1과목 항공역학

01. 에어포일(airfoil)의 공력중심에 대한 설명으로 틀린 것은?
① 일반적으로 압력중심보다 뒤에 위치한다.
② 일반적으로 공력중심에 대한 피칭 모멘트계수는 음의 값이다.
③ 받음각이 변해도 피칭 모멘트가 일정한 기준점을 말한다.
④ 대부분의 아음속 에어포일은 앞전에서 시위선 길이의 1/4에 위치한다.

02. 헬리콥터 회전날개의 추력을 계산하는 데 사용되는 이론은?
① 엔진의 연료소비율에 따른 연소이론
② 로터 블레이드의 코닝각의 속도변화 이론
③ 로터 블레이드의 회전관성을 이용한 관성이론
④ 회전면 앞에서의 공기유동량과 회전면 뒤에서의 공기유동량의 차이를 운동량에 적용한 이론

03. 2,000m의 고도에서 활공기가 최대 양항비 8.5인 상태로 활공한다면 이 비행기가 도달할 수 있는 최대 수평거리는 몇 m인가?
① 25,500   ② 21,300
③ 17,000   ④ 12,300

04. 공기를 강체로 가정하여 프로펠러를 1회 전시킬 때 전진하는 거리를 무엇이라 하는가?
① 유효 피치   ② 기하학적 피치
③ 프로펠러 슬립   ④ 프로펠러 피치

05. 대기권을 높은 층에서부터 낮은 층의 순서로 나열한 것은?
① 대류권 → 열권 → 중간권 → 성층권 → 극외권
② 대류권 → 성층권 → 중간권 → 열권 → 극외권
③ 극외권 → 열권 → 중간권 → 성층권 → 대류권
④ 극외권 → 성층권 → 중간권 → 열권 → 대류권

06. 다음 중 정적 중립을 나타낸 것은?

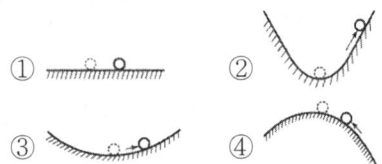

07. 이상기체의 온도(T), 밀도(ρ), 그리고 압력(P)과의 관계를 옳게 나타낸 식은? (단, V : 체적, v : 비체적, R : 기체상수이다.)
① $P=TV$ ② $Pv=RT$
③ $P=\dfrac{RT}{\rho}$ ④ $P=RV$

08. 층류와 난류에 대한 설명으로 옳은 것은?
① 층류는 난류보다 유속의 구배가 크다.
② 층류는 난류보다 경계층(boundary layer)이 두껍다.

③ 층류는 난류보다 박리(separation)가 되기 쉽다.
④ 난류에서 층류로 변하는 지역을 천이 지역(transition region)이라고 한다.

09. 다음 중 프로펠러에 의한 동력을 구하는 식으로 옳은 것은? (단, n : 프로펠러 회전수, D : 프로펠러의 직경, ρ : 유체밀도, C_P : 동력계수이다.)
① $C_P \rho n^3 D^5$
② $C_P \rho n^2 D^4$
③ $C_P \rho n^3 D^4$
④ $C_P \rho n^2 D^5$

10. 날개골의 모양에 따른 특성 중 캠버에 대한 설명으로 틀린 것은?
① 받음각이 0도일 때도 캠버가 있는 날개골은 양력을 발생한다.
② 캠버가 크면 양력은 증가하나 항력은 비례적으로 감소한다.
③ 두께나 앞전 반지름이 같아도 캠버가 다르면 받음각에 대한 양력과 항력의 차이가 생긴다.
④ 저속비행기는 캠버가 큰 날개골을 이용하고 고속비행기는 캠버가 작은 날개골을 사용한다.

11. 헬리콥터 회전날개의 조종장치 중 주기피치조종과 피치조종을 위해서 사용되는 장치는?
① 평형 탭(balance tab)
② 안정바(stabilizer bar)
③ 회전경사판(swash plate)
④ 트랜스미션(transmission)

12. 키돌이(loop) 비행 시 상단점에서의 하중배수를 0이라고 하면 이론적으로 하단점에서의 하중배수는 얼마인가?
① 0
② 1
③ 3
④ 6

13. 등속수평비행을 하기 위한 힘의 관계를 옳게 나열한 것은?
① 양력=무게, 추력>양력
② 양력>무게, 추력=항력
③ 양력>무게, 추력>항력
④ 양력=무게, 추력=항력

14. 비행기의 무게가 3,000kg, 경사각이 60°, 150km/h의 속도로 정상선회하고 있을 때 선회반지름은 약 몇 m인가?
① 102.3
② 200
③ 302.3
④ 500

15. 비행기의 동적 안정성이 (+)인 비행 상태에 대한 설명으로 옳은 것은?
① 진동수가 점차 감소한다.
② 진동수가 점차 증가한다.
③ 진폭이 점차로 증가한다.
④ 진폭이 점차로 감소한다.

16. 받음각이 클 때 기체 전체가 실속되고 그 결과 옆놀이와 빗놀이를 수반하여 나선을 그리면서 고도가 감소되는 비행 상태는?
① 스핀(spin) 상태
② 더치 롤(dutch roll) 상태
③ 크랩 방식(crab method)에 의한 비행 상태
④ 윙다운 방식(wing down method)에 의한 비행 상태

17. 제트항공기가 최대항속시간을 비행하기 위해 최대가 되어야 하는 것은? (단, C_L은 양력계수, C_D는 항력계수이다.)
① $(\dfrac{C_L^{\frac{3}{2}}}{C_D})$
② $(\dfrac{C_L}{C_D})$
③ $(\dfrac{C_L^{\frac{1}{2}}}{C_D})$
④ $(\dfrac{C_L}{C_D^{\frac{1}{2}}})$

18. 정지상태인 항공기가 가속도 2m/s²로 가속되었을 때, 30초 되었을 때 거리는 몇 m인가?
① 100　　　② 400
③ 900　　　④ 1,200

19. 항공기를 오른쪽으로 선회시킬 경우 가해주어야 할 힘은? (단, 오른쪽 방향을 양(+)으로 한다.)
① 양(+) 피칭 모멘트
② 음(-) 롤링 모멘트
③ 제로(0) 롤링 모멘트
④ 양(+) 롤링 모멘트

20. 레이놀즈 수(Reynolds number)를 나타내는 식으로 옳은 것은? (단, c : 날개의 시위길이, μ : 절대점성계수, ν : 동점성계수, ρ : 공기밀도, V : 공기속도이다.)
① $\dfrac{Vc}{\rho}$　　　② $\dfrac{Vc}{\nu}$
③ $\dfrac{Vc}{\mu}$　　　④ $\dfrac{Vc\nu}{\rho}$

2과목　항공기관

21. 가스 터빈 엔진에서 길이가 짧으며 구조가 간단하고, 연소효율이 좋은 연소실은?
① 캔형　　　② 터뷸러형
③ 애뉼러형　　　④ 실린더형

22. 가스 터빈 엔진 연료의 성질에 대한 설명으로 옳은 것은?
① 발열량은 연료를 구성하는 탄화수소와 그 외 화합물의 함유물에 의해서 결정된다.
② 가스 터빈 엔진 연료는 왕복 엔진보다 인화점이 낮다.
③ 유황분이 많으면 공해문제를 일으키지만 엔진 고온부품의 수명은 연장된다.
④ 연료 노즐에서의 분출량은 연료의 점도에는 영향을 받으나, 노즐의 형상에는 영향을 받지 않는다.

23. 항공기엔진의 오일 교환을 정해진 기간마다 해야 하는 주된 이유로 옳은 것은?
① 오일이 연료와 희석되어 피스톤을 부식시키기 때문
② 오일의 색이 점차 짙게 변하기 때문
③ 오일이 열과 산화에 노출되어 점성이 커지기 때문
④ 오일이 습기, 산, 미세한 찌꺼기로 인해 오염되기 때문

24. 왕복엔진용 윤활유의 점도에 관한 설명으로 틀린 것은?
① 점도는 윤활유의 흐름을 저항하는 유체마찰을 뜻한다.
② 일반적으로 겨울철에는 고점도 윤활유를 사용한다.
③ 윤활유의 점도를 알 수 있는 것으로 SUS가 사용된다.
④ 점도 변화율은 점도지수(viscosity index)로 나타낸다.

25. 왕복엔진 점화과정에서의 이상 연소가 아닌 것은?
① 역화　　　② 조기점화
③ 디토네이션　　　④ 블로우바이

26. 터빈 엔진을 사용하는 도중 배기가스온도(EGT)가 높게 나타났다면 다음 중 주된 원인은?
① 과도한 연료흐름
② 연료필터 막힘
③ 과도한 바이패스비

④ 오일압력의 상승

27. 가스 터빈 엔진에서 사용되는 시동기의 종류가 아닌 것은?
① 전기식 시동기(electric starter)
② 시동 발전기(starter generator)
③ 공기식 시동기(pneumatic starter)
④ 마그네토 시동기(magneto starter)

28. 4,500lbs의 엔진이 3분 동안 5ft의 높이로 끌어 올리는 데 필요한 동력은 몇 ft·lbs/min인가?
① 6,500   ② 7,500
③ 8,500   ④ 9,000

29. 가스 터빈 엔진에서 윤활유의 구비 조건이 아닌 것은?
① 유동점이 낮아야 한다.
② 부식성이 낮아야 한다.
③ 점도지수가 낮아야 한다.
④ 화학안정성이 높아야 한다.

30. 항공기 왕복엔진에서 마력의 크기에 대한 설명으로 옳은 것은?
① 가장 큰 값은 마찰마력이다.
② 가장 큰 값은 제동마력이다.
③ 가장 큰 값은 지시마력이다.
④ 마력들의 크기는 모두 같다.

31. 벨마우스(bellmouth) 흡입구에 대한 설명으로 틀린 것은?
① 헬리콥터 또는 터보프롭 항공기에 사용 가능하다.
② 흡입구는 공력 효율을 고려하여 확산형으로 제작한다.
③ 흡입구에 아주 얇은 경계층과 낮은 압력손실로 덕트 손실이 거의 없다.
④ 대부분 이물질 흡입방지를 위한 인렛 스크린을 설치한다.

32. 왕복엔진의 피스톤 지름이 16cm인 피스톤에 6,370kPa의 가스압력이 작용하면 피스톤에 미치는 힘은 약 몇 kN인가?
① 63   ② 98
③ 110   ④ 128

33. 왕복엔진의 점화계통에서 E-gap 각이란 마그네토의 폴(pole)의 중립위치로부터 어떤 지점까지의 각도를 말하는가?
① 접점이 열리는 지점
② 접점이 닫히는 지점
③ 1차 전류가 가장 낮은 점
④ 2차 전류가 가장 낮은 점

34. 왕복엔진의 평균유효압력에 대한 설명으로 옳은 것은?
① 사이클당 유효일을 행정길이로 나눈 값
② 사이클당 유효일을 행정체적으로 나눈 값
③ 행정길이를 사이클당 엔진의 유효일로 나눈 값
④ 행정체적을 사이클당 엔진의 유효일로 나눈 값

35. 일반적으로 왕복엔진의 배기가스 누설 여부를 점검하는 방법으로 옳은 것은?
① 배기가스온도(EGT)가 비정상적으로 올라가는지 살펴본다.
② 공기흡입관의 압력계기가 안정되지 않고 흔들리며 지시(fluctuating indication)하는지 살펴본다.
③ 엔진 카울 및 주변 부품 등에 심한 그을음(exhaust soot)이 묻어 있는지 검사한다.
④ 엔진 배기부분을 알칼리 용액 또는 샌드 블라스팅(sand blasting)으로 세척을 하고 정밀검사를 한다.

36. 그림과 같은 브레이턴 사이클의 P-V선도에서 각 과정과 명칭이 틀린 것은?

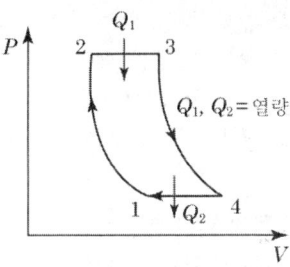

① 1 - 2 : 단열압축
② 2 - 3 : 정적수열
③ 3 - 4 : 단열팽창
④ 4 - 1 : 정압방열

37. 왕복엔진의 압력식 기화기에서 저속혼합 조정(idle mixture control)을 하는 동안 정확한 혼합비를 알 수 있는 계기는?
① 공기압력계기
② 연료유량계기
③ 연료압력계기
④ RPM 계기와 MAP 계기

38. 프로펠러 깃의 허브 중심으로부터 깃 끝까지의 길이가 R, 깃각이 β일 때 이 프로펠러의 기하학적 피치는?
① 2πRtanβ   ② 2πRsinβ
③ 2πRcosβ   ④ 2πRsecβ

39. 프로펠러를 [보기]와 같이 분류한 기준으로 가장 적합한 것은?

- 유형 A : 고정피치 프로펠러
- 유형 B : 지상조정피치 프로펠러
- 유형 C : 정속 프로펠러

① 프로펠러의 최대 회전 속도
② 프로펠러 지름의 최대 크기
③ 프로펠러 피치의 조정 방식
④ 프로펠러 유효피치의 크기

40. 제트엔진의 추력을 결정하는 압력비(EPR : Engine Pressure Ratio)의 정의는?
① 터빈입구압력/엔진입구압력
② 엔진입구압력/터빈입구압력
③ 터빈출구압력/엔진입구압력
④ 엔진입구압력/터빈출구압력

3과목 항공기체

41. 실속 속도가 120km/h인 수송기의 설계제한 하중배수가 4.4인 경우 이 수송기의 설계운용속도는 약 몇 km/h인가?
① 228   ② 252
③ 264   ④ 270

42. 키놀이 조종계통에서 승강키에 대한 설명으로 옳은 것은?
① 일반적으로 승강키의 조종은 페달에 의존한다.
② 세로축을 중심으로 하는 항공기 운동에 사용한다.
③ 일반적으로 수평 안정판의 뒷전에 장착되어 있다.
④ 수직축을 중심으로 좌·우로 회전하는 운동에 사용한다.

43. 세미모노코크(semi monocoque) 구조에 대한 설명으로 틀린 것은?
① 트러스 구조보다 복잡하다.
② 뼈대가 모든 하중을 담당한다.
③ 하중의 일부를 표피가 담당한다.
④ 프레임, 정형재, 링, 스트링거로 이루어져 있다.

44. 다음 중 착륙거리를 단축시키는 데 사용하는 보조 조종면은?

① 스태빌레이터(stabilator)
② 브레이크 브리딩(brake bleeding)
③ 플라이트 스포일러(flight spoiler)
④ 그라운드 스포일러(ground spoiler)

45. 항공기용 알루미늄합금 판재에 드릴작업을 할 때 가장 적합한 드릴각도, 작업속도, 작업압력을 옳게 나열한 것은?

① 118°, 고속회전, 손힘을 균일하게
② 140°, 저속회전, 매우 힘이게
③ 90°, 저속회전, 변화있게
④ 75°, 저속회전, 매우 세게

46. 항공기 날개구조에서 리브(rib)의 기능으로 옳은 것은?

① 날개 내부구조의 집중응력을 담당하는 골격이다.
② 날개에 걸리는 하중을 스킨에 분산시킨다.
③ 날개의 스팬(span)을 늘리기 위하여 사용되는 연장 부분이다.
④ 날개의 곡면상태를 만들어주며, 날개의 표면에 걸리는 하중을 스파에 전달시킨다.

47. AN426AD3-5 리벳의 부품번호에 대한 각 의미로 옳게 짝지어진 것은?

① 426 : 플러시 머리 리벳
② AD : 알루미늄 합금 2017T
③ 3 : 3/16인치의 직경
④ 5 : 5/32인치의 길이

48. 다음 중 토크 렌치의 형식이 아닌 것은?

① 빔식(beam type)
② 제한식(limit type)
③ 다이얼식(dial type)
④ 버니어식(vernier type)

49. 다음 중 대형 항공기 연료탱크 내 연료 분배계통의 구성품에 해당하지 않는 것은?

① 연료 차단 밸브
② 섬프 드레인 밸브
③ 부스트(승압) 펌프
④ 오버라이드 트랜스퍼 펌프

50. 다음과 같은 항공기 트러스 구조에서 부재 BD의 내력은 몇 kN인가?

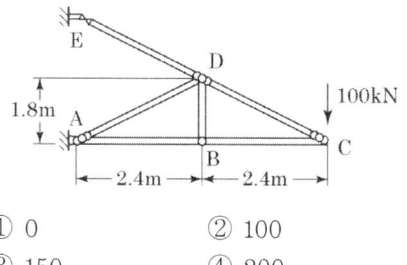

① 0
② 100
③ 150
④ 200

51. 그림과 같이 인장력 P를 받는 봉에 축적되는 탄성에너지에 관한 설명으로 틀린 것은?

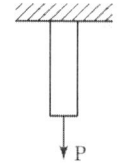

① 봉의 길이에 비례한다.
② 하중의 제곱에 비례한다.
③ 봉의 단면적에 비례한다.
④ 재료의 탄성계수에 반비례한다.

52. 항공기의 구조물에서 프레팅(fretting) 부식이 생기는 원인으로 가장 적합한 것은?

① 잘못된 열처리에 의해 발생
② 표면에 생성된 산화물에 의해 발생
③ 서로 다른 금속간의 접촉에 의해 발생
④ 서로 밀착된 부품 간에 아주 작은 진동에 의해 발생

53. 항공기엔진의 카울링에 대한 설명으로 옳은 것은?
① 엔진을 둘러싸고 있는 전체부분이다.
② 엔진과 기체를 차단하는 벽의 구조물이다.
③ 엔진의 추력을 기체에 전달하는 구조물이다.
④ 엔진이나 엔진에 부수되는 보기 주위를 쉽게 접근할 수 있도록 장탈·착하는 덮개이다.

54. 다음 중 복합재료인 수지용기의 라벨에 "pot life 30min, shelf life 12 Mo."라고 적혀 있다면 옳은 설명은?
① 수지가 선반에 보관된 기간이 12개월이다.
② 얇은 판재 두께의 12배의 넓이로 작업한다.
③ 수지를 촉매와 섞어 혼합시키면 30분 안에 사용하여 작업을 끝내야 한다.
④ 용기의 크기는 최소 12in 크기로 최소 30분 동안 혼합한다.

55. 다음 중 변형률에 대한 설명으로 틀린 것은?
① 변형률은 길이와 길이의 비이므로 차원은 없다.
② 변형률은 변화량과 본래의 치수와의 비를 말한다.
③ 변형률은 비례한계 내에서 응력과 정비례 관례에 있다.
④ 일반적으로 인장봉에서 가로변형률은 신장률을 나타내며, 축변형률은 폭의 증가를 나타낸다.

56. 두께 0.051in의 판을 1/4in 굴곡반경으로 90° 굽힌다면 굴곡허용량(bend allowance)은 약 몇 in인가?
① 0.342　② 0.433
③ 0.652　④ 0.833

57. 항공기의 중량과 균형(weight and balance) 조정을 수행하는 주된 목적은?
① 순항 시 수평비행을 위하여
② 항공기의 조종성 보장을 위하여
③ 효율적인 비행과 안전을 위하여
④ 갑작스러운 돌풍 등 예기치 않은 비행 조건에 대처하기 위하여

58. SAE 규격으로 표시한 합금강의 종류가 옳게 짝지어진 것은?
① 13XX : 망간강
② 23XX : 망간-크롬강
③ 51XX : 니켈-크롬-몰리브덴강
④ 61XX : 니켈-몰리브덴강

59. 강관의 용접작업 시 조인트 부위를 보강하는 방법이 아닌 것은?
① 평 거싯(flat gusset)
② 스카프 패치(scarf patch)
③ 손가락 판(finger straps)
④ 삽입 거싯(insert gusset)

60. 복합재료의 강화재 중 무색 투명하며 전기 부도체인 섬유로서 우수한 내열성 때문에 고온 부위의 재료로 사용하는 것은?
① 아라미드섬유　② 유리섬유
③ 알루미나섬유　④ 보론섬유

4과목　　항공장비

61. 항공기에서 고도 경고 장치(altitude alert system)의 주된 목적은?
① 지정된 비행 고도를 충실히 유지하기 위하여
② 착륙 장치를 내릴 수 있는 고도를 지시하기 위하여

③ 고양력 장치를 펼치기 위한 고도를 지시하기 위하여
④ 항공기가 상승 시 설정된 고도에 진입된 것을 지시하기 위하여

62. 교류회로에서 피상전력이 100kVA이고 유효전력은 80kW, 무효전력은 60kVar일 때 역률은 얼마인가?
① 0.60 ② 0.75
③ 0.80 ④ 1.25

63. 항공기의 자기컴퍼스가 270°(W)를 가리키고 있고, 편각은 6°40', 복각은 48°50'인 경우 항공기가 비행하는 실제 방향은?
① 221°10' ② 263°20'
③ 276°40' ④ 318°50'

64. 피토관 및 정압공에서 받은 공기압의 차압으로 속도계가 지시하는 속도를 무엇이라고 하는가?
① 지시대기속도(IAS)
② 진대기속도(TAS)
③ 등가대기속도(EAS)
④ 수정대기속도(CAS)

65. 지상 근무자가 다른 지상 근무자 또는 조종사와 통화할 수 있는 장치는?
① 객실(cabin) 인터폰
② 화물(freight) 인터폰
③ 서비스(service) 인터폰
④ 플라이트(flight) 인터폰

66. 엔진을 시동하여 아이들(idle)로 운전할 경우 발전기 전압이 축전지 전압보다 낮게 출력될 때 발생되는 현상은?
① 발전기와 축전지가 부하로부터 분리된다.
② 축전지는 부하로부터 분리되고, 발전기가 전체의 부하를 담당한다.
③ 발전기와 축전지가 병렬로 접속되어 전체 부하를 담당한다.
④ 역전류 차단기에 의해 발전기가 부하로부터 분리된다.

67. 유압계통에서 작동기의 작동방향을 결정하기 위해 사용되는 것은?
① 축압기(accumulator)
② 체크 밸브(check valve)
③ 선택 밸브(selector valve)
④ 압력 릴리프 밸브(pressure relief valve)

68. 서머커플형(thermocouple type) 화재탐지장치에 관한 설명으로 옳은 것은?
① 연기 감지에 의해 작동한다.
② 빛의 세기에 의해 작동한다.
③ 급격한 움직임에 의해 작동한다.
④ 온도상승에 의한 기전력 발생으로 작동한다.

69. 고도계의 오차 중 탄성 오차에 대한 설명으로 틀린 것은?
① 재료의 피로 현상에 의한 오차이다.
② 온도 변화에 의해서 탄성계수가 바뀔 때의 오차이다.
③ 확대장치의 가동부분, 연결 등에 의해 생기는 오차이다.
④ 압력 변화에 대응한 휘어짐이 회복되기까지의 시간적인 지연에 따른 지연 효과에 의한 오차이다.

70. 다음 중 엔진의 상태를 지시하는 엔진계기의 종류가 아닌 것은?
① RPM 계기
② ADI
③ EGT 계기
④ Fuel flowmeter

71. 엔진의 회전수와 관계없이 항상 일정한 회전수를 발전기축에 전달하는 장치는?
① 정속구동장치(C.S.D)
② 전압 조절기(voltage regulator)
③ 감쇠 변압기(damping transformer)
④ 계자 제어장치(field control relay)

72. 항공기 방화시스템에 대한 설명으로 옳은 것은?
① 방화시스템은 감지(detection), 소화(extinguishing), 탈출(evacuation) 시스템으로 구성되어 있다.
② 엔진의 화재감지에 사용되는 감지기(detector)는 주로 스모크 감지장치(smoke detector)이다.
③ 연속 저항 루프 화재 탐지기에는 키드 시스템(kidde system)과 펜왈 시스템(fenwal system)이 있다.
④ 항공기에서 화재가 감지되면 자동적으로 해당 소화 시스템(extinguishing system)이 작동되어 화재를 진압한다.

73. 자기 컴퍼스(magnetic compass)의 북선 오차에 대한 설명으로 틀린 것은?
① 항공기가 선회할 때 발생하는 오차이다.
② 항공기가 북극 지방을 비행할 때 컴퍼스 회전부가 기울어져 발생하는 오차이다.
③ 항공기가 북진하다 선회할 때 실제 선회각보다 작은 각이 지시된다.
④ 컴퍼스 회전부의 중심과 지지점이 일치하지 않기 때문에 발생한다.

74. 다음 중 붉은색을 띠며 인화점이 낮은 작동유는?
① 식물성유   ② 합성유
③ 광물성유   ④ 동물성유

75. 현대 항공기에서 사용되는 결빙 방지 방법이 아닌 것은?
① 화학물질 처리
② 발열소자를 사용한 가열
③ 팽창식 부츠를 활용한 제빙
④ 기계적 운동으로 인한 마찰열 발생

76. 객실여압(cabin pressurization)장치가 있는 항공기의 순항고도에서 적절한 객실 고도는?
① 6,000ft   ② 8,000ft
③ 10,000ft   ④ 12,000ft

77. 황산납 축전지(lead acid battery)의 충전 작용의 결과로 나타나는 현상은?
① 전해액 속의 황산의 양은 줄어든다.
② 물의 양은 증가하고 전해액은 묽어진다.
③ 내부 저항은 증가하고 단자 전압은 감소한다.
④ 양극판은 과산화납으로, 음극판은 해면상납이 된다.

78. 다음 중 자동착륙시스템(autoland system)의 종류가 아닌 것은?
① Dual system
② Triplex system
③ Dual-Dual system
④ Triplex-Triplex system

79. 항공기의 전기회로에 사용되는 스위치에 대한 설명으로 틀린 것은?
① 푸시 버튼 스위치는 접속방식에 따라 SPUT, SPWT, DPUT, DPWT가 있다.
② 항공기의 토글 스위치는 운동부분이 공기 중에 노출되지 않도록 케이스로 보호되어 있다.
③ 회선선택스위치는 한 회로만 개방하고 다른 회로는 동시에 닫히게 하는

역할을 한다.
④ 마이크로 스위치는 짧은 움직임으로 회로를 개폐시키는 것으로, 착륙장치와 플랩 등을 작동시키는 전동기의 작동을 제한하는 스위치로 사용된다.

80. 항공기 안테나에 대한 설명으로 옳은 것은?

① 첨단 항공기는 안테나가 필요 없다.
② 일반적으로 주파수가 높을수록 안테나의 길이가 짧아진다.
③ ADF는 주로 다이폴 안테나가 사용된다.
④ HF 통신용은 전리층 반사파를 이용하기 때문에 안테나가 필요 없다.

항공산업기사 2018년 4회 (9월 15일)

1과목 항공역학

01. 공기가 아음속의 흐름으로 풍동 내의 지점 1을 밀도 ρ, 속도 250m/s로 통과하는 지점 2를 밀도 $4/5\rho$인 상태로 지난다면 이때 속도는 약 몇 m/s인가? (단, 지점 2의 단면적은 지점 1의 1/2이다.)
① 155 ② 215
③ 465 ④ 625

02. 날개의 뒤젖힘각 효과(sweep back effect)에 대한 설명으로 옳은 것은?
① 방향안정과 가로안정 모두에 영향이 있다.
② 방향안정과 가로안정 모두에 영향이 없다.
③ 가로안정에는 영향이 있고, 방향안정에는 영향이 없다.
④ 방향안정에는 영향이 있고, 가로안정에는 영향이 없다.

03. 유도항력계수에 대한 설명으로 옳은 것은?
① 유도항력계수와 유도항력은 반비례한다.
② 유도항력계수는 비행기무게에 반비례한다.
③ 유도항력계수는 양력의 제곱에 반비례한다.
④ 날개의 가로세로비가 커지면 유도항력계수는 작아진다.

04. 중량이 2,000kgf인 항공기가 받음각 4°로 등속수평비행을 하고 있을 때 이 항공기에 작용하는 항력은 몇 kgf인가? (단, 받음각 4°일 때 양항비는 20이다.)
① 100 ② 200
③ 300 ④ 400

05. 프로펠러 깃의 받음각에 가장 큰 영향을 주는 2가지 요소는?
① 깃각과 인장력
② 굽힘 모멘트와 추력
③ 비행속도와 회전수
④ 원심력과 공기탄성력

06. 그림과 같은 날개(wing)의 테이퍼비 (taper ratio)는 얼마인가?

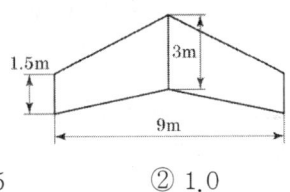

① 0.5 ② 1.0
③ 3.5 ④ 6.0

07. 그림과 같이 초음속 흐름에 쐐기형 에어포일 주위에 충격파와 팽창파가 생성될 때 각각의 흐름의 마하수(M)와 압력(P)에 대한 설명으로 옳은 것은?

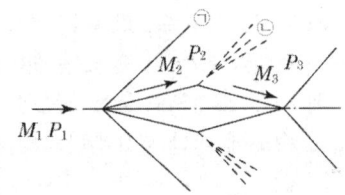

① ㉠은 충격파이며 $M_1 > M_2$, $P_1 < P_2$이다.

② ⓒ은 충격파이며 $M_2 < M_3$, $P_2 > P_3$이다.
③ ⓐ은 팽창파이며 $M_1 < M_2$, $P_1 > P_2$이다.
④ ⓒ은 팽창파이며 $M_2 > M_3$, $P_2 < P_3$이다.

08. 항공기가 선회경사각 30°로 정상선회할 때 작용하는 원심력이 3,000kgf이라면 비행기의 무게는 약 몇 kgf인가?
① 6,150
② 6,000
③ 5,800
④ 5,196

09. 수직강하와 함께 비행기의 자전(auto rotation)운동을 이루는 현상은?
① 스핀(spin) 현상
② 디프 실속(deep stall) 현상
③ 날개 드롭(wing drop) 현상
④ 가로방향 불안정(dutch roll) 현상

10. 항공기 총 중량 24,000kgf의 75%가 주(제동)바퀴에 작용한다면 마찰계수가 0.7일 때 주바퀴의 최소 제동력은 몇 kgf이어야 하는가?
① 5,250
② 6,300
③ 12,600
④ 25,200

11. 비행기의 세로안정을 향상시키는 방법이 아닌 것은?
① 꼬리날개효율을 높인다.
② 꼬리날개부피를 최대한 줄인다.
③ 무게중심의 위치를 공기역학적 중심 앞으로 위치시킨다.
④ 무게중심과 공기역학적 중심과의 수직거리를 양(+)의 값으로 한다.

12. 제트 비행기의 속도에 따른 추력변화 그래프 분석을 통해 알 수 있는 최대 항속거리에 대한 조건으로 옳은 것은?
① 속도에 대한 필요추력의 비가 최대인 값
② 속도에 대한 필요추력의 비가 최소인 값
③ 속도에 대한 이용추력의 비가 최대인 값
④ 속도에 대한 이용추력의 비가 최소인 값

13. 회전익장치가 하나뿐인 헬리콥터는 질량이 큰 동체가 하나의 점에 매달려 있는 것과 같아 한번 흔들리면 전후·좌우로 자연스럽게 진동운동을 하게 되는데 이런 현상을 무엇이라 하는가?
① 지면효과(ground effect)
② 시계추작동(pendular action)
③ 코리올리스 효과(coriolis effect)
④ 편류(drift or translating tendency)

14. 지구를 둘러싸고 있는 대기를 지표에서 고도가 높아지는 방향으로 순서대로 나열한 것은?
① 성층권, 대류권, 중간권, 열권, 외기권
② 대류권, 중간권, 열권, 성층권, 외기권
③ 성층권, 열권, 중간권, 대류권, 외기권
④ 대류권, 성층권, 중간권, 열권, 외기권

15. 일반적인 프로펠러의 깃뿌리에서 깃 끝으로 위치변화에 따른 깃각의 변화를 옳게 설명한 것은?
① 커진다.
② 작아진다.
③ 일정하다.
④ 종류에 따라 다르다.

16. 직경 20cm인 원형 배관이 직경 10cm인 원형 배관과 연결되어 있다. 직경 20cm인 원형 배관을 지난 공기가 직경 10cm인 원형 배관을 지나게 되면 유속의 변화는 어떻게 되는가?
① 2배로 증가한다.
② 1/2로 감소한다.

③ 4배로 증가한다.
④ 1/4로 감소한다.

17. 수평꼬리날개에 의한 모멘트의 크기를 가장 옳게 설명한 것은? (단, 양(+), 음(-)의 부호는 고려하지 않는다.)
① 수평꼬리날개의 면적이 클수록, 수평꼬리날개 주위의 동압이 작을수록 커진다.
② 수평꼬리날개의 면적이 클수록, 수평꼬리날개 주위의 동압이 클수록 커진다.
③ 수평고리날개의 면적이 작을수록, 수평꼬리날개 주위의 동압이 클수록 커진다.
④ 수평꼬리날개의 면적이 작을수록, 수평꼬리날개 주위의 동압이 작을수록 커진다.

18. 항공기엔진이 정지한 상태에서 수직강하하고 있을 때 도달할 수 있는 최대 속도인 종극속도 상태의 경우는?
① 항공기 양력과 항력이 같은 경우
② 항공기 양력의 수평분력과 항력의 수직분력이 같은 경우
③ 항공기 총중량과 항공기에 발생되는 항력이 같아지는 경우
④ 항공기 총중량과 항공기에 발생되는 양력이 같은 경우

19. 헬리콥터에서 양력 불균형이 일어나지 않도록 하는 주 회전날개 깃의 플래핑 작용의 결과로 나타나는 현상으로 옳은 것은?
① 후퇴하는 깃에는 최대상향 변위가 기수 전방에서 나타난다.
② 후퇴하는 깃에는 최대상향 변위가 기수 후방에서 나타난다.
③ 전진하는 깃에는 최대상향 변위가 기수 후방에서 나타난다.
④ 전진하는 깃에는 최대상향 변위가 기수 전방에서 나타난다.

20. 다음 중 양(+)의 가로안정성(lateral stability)에 기여하는 요소로 거리가 먼 것은?
① 저익(low wing)
② 상반각(dihedral angle)
③ 후퇴각(sweep back angle)
④ 수직꼬리날개(vertical tail)

2과목 항공기관

21. 가스 터빈 엔진의 압축기 블레이드 오염(dirty or contamination)으로 발생되는 현상이 아닌 것은?
① 연료소모율 증가
② 엔진 서지(surge)
③ 엔진 회전속도 증가
④ 배기가스 온도 증가

22. 왕복엔진의 크랭크 핀(crank pin)의 속이 비어 있는 이유가 아닌 것은?
① 윤활유의 통로 역할을 한다.
② 열팽창에 의한 파손을 방지한다.
③ 크랭크축의 전체 무게를 줄여준다.
④ 탄소 침전물 등 이물질을 모으는 슬러지 실(sludge chamber) 역할을 한다.

23. 제트엔진에서 착륙거리를 줄이기 위하여 사용하는 장치는?
① 베인   ② 방향타
③ 노즐   ④ 역추력 장치

24. 압축비가 8인 경우 오토 사이클(otto cycle)의 열효율은 약 몇 %인가?
① 48.9   ② 56.5
③ 78.2   ④ 94.5

25. 터보제트엔진의 추진효율이 1일 때는?
① 비행속도가 음속을 돌파할 때
② 비행속도와 배기가스 속도가 같을 때
③ 비행속도가 배기가스 속도보다 빠를 때
④ 비행속도가 배기가스 속도보다 늦을 때

26. 열역학에서 가역과정에 대한 설명으로 옳은 것은?
① 마찰과 같은 요인이 있어도 상관없다.
② 주위의 작은 변화에 의해서는 반대과정을 만들 수 없다.
③ 계와 주위가 항상 불균형 상태여야 한다.
④ 과정이 일어난 후에도 처음과 같은 에너지량을 갖는다.

27. 항공기 연료 "옥탄가 90"에 대한 설명으로 옳은 것은?
① 노말헵탄 10%에 세탄 90%의 혼합물과 같은 정도를 나타내는 가솔린이다.
② 연소 후에 발생하는 옥탄가스의 비율이 90% 정도를 차지하는 가솔린이다.
③ 연소 후에 발생하는 세탄가스의 비율이 10% 정도를 차지하는 가솔린이다.
④ 이소옥탄 90%에 노말헵탄 10%의 혼합물과 같은 정도를 나타내는 가솔린이다.

28. 윤활계통 중 오일 탱크의 오일을 베어링까지 공급해 주는 것은?
① 드레인계통(drain system)
② 가압계통(pressure system)
③ 브레더계통(breather system)
④ 스캐빈지계통(scavenge system)

29. 비행속도가 V, 회전속도가 n[rpm]인 프로펠러의 1회전 소요시간이 60/n초일 때 유효피치를 나타내는 식은?
① 60V/n
② 60n/V
③ nV/60
④ V/60

30. FADEC(full authority digital electronic control)에서 조절하는 것이 아닌 것은?
① 오일 압력
② 엔진 연료 유량
③ 압축기 가변 스테이터 각도
④ 실속 방지용 압축기 블리드 밸브

31. 왕복엔진의 고압 마그네토(magneto)에 대한 설명으로 틀린 것은?
① 콘덴서는 브레이커 포인트와 병렬로 연결되어 있다.
② 전기누설 가능성이 많은 고공용 항공기에 적합하다.
③ 1차 회로는 브레이커 포인트가 붙어 있을 때에만 폐회로를 형성한다.
④ 마그네토의 자기회로는 회전영구자석, 폴 슈(pole shoe) 및 철심으로 구성되어 있다.

32. 왕복엔진의 부자식 기화기에서 부자실(float chamber)의 연료 유면이 높아졌을 때 기화기에서 공급하는 혼합비는 어떻게 변하는가?
① 농후해진다.
② 희박해진다.
③ 변하지 않는다.
④ 출력이 증가하면 희박해진다.

33. 가스 터빈 엔진의 공압시동기(pneumatic)에 공급되는 고압공기 동력원이 아닌 것은?
① 지상동력장치(ground power unit)
② 보조동력장치(auxiliary power unit)
③ 다른 엔진의 배기가스(exhaust gas)
④ 다른 엔진의 블리드 공기(bleed air)

34. 왕복엔진에서 엔진오일의 기능이 아닌 것

은?
① 재생작용   ② 기밀작용
③ 윤활작용   ④ 냉각작용

35. 다음 중 고공에서 극초음속으로 비행할 경우 성능이 가장 좋은 엔진은?
① 터보팬엔진   ② 램제트엔진
③ 펄스제트엔진   ④ 터보제트엔진

36. 속도 1,080km/h로 비행하는 항공기에 장착된 터보제트엔진이 중량유량 294kgf/s로 공기를 흡입하여 400m/s로 배기분사 시킬 때 진추력은 몇 N인가?
① 1,000   ② 3,000
③ 29,400   ④ 108,000

37. 정속프로펠러의 블레이드 각이 증가하면 나타나는 현상은?
① 회전수가 감소한다.
② 엔진출력이 감소한다.
③ 진동과 소음이 심해진다.
④ 실속 속도가 감소하고 소음이 증가한다.

38. 겨울철 왕복엔진 작동(reciprocating engine operation in winter) 전 점검사항이 아닌 것은?
① 연료 가열(fuel heating)
② 섬프 드레인(sump drain)
③ 엔진 예열(engine preheat)
④ 결빙 방지제 첨가 (anti-icing fluid additive)

39. 항공용 왕복엔진의 효율과 마력에 대한 설명으로 틀린 것은?
① 지시마력은 지압선도로부터 구할 수 있다.
② 연료소비율(SFC)은 1마력당 1시간 동안의 연료소비량이다.
③ 기계효율은 지시마력과 이론마력의 비이다.
④ 축마력은 실제 크랭크축으로부터 측정한다.

40. 지시마력을 나타내는 식 $iHP = \dfrac{P_{mi}LANK}{75 \times 2 \times 60}$ 에서 N이 의미하는 것은? (단, P_{mi} : 지시평균 유효압력, L : 행정길이, A : 실린더 단면적, K : 실린더 수이다.)
① 축마력
② 기계효율
③ 제동평균 유효압력
④ 엔진의 분당 회전수

3과목   **항공기체**

41. 다음 AA(Aluminum Association) 규격의 알루미늄 합금 중 마그네슘 성분이 없거나 가장 적게 함유된 것은?
① 2024   ② 3003
③ 5052   ④ 7075

42. 다음 중 날개에 발생한 비틀림 하중을 감당하기에 가장 효과적인 것은?
① 스파   ② 스킨
③ 리브   ④ 토션 박스

43. 항공기 기체의 비틀림 강도를 높이기 위한 방법으로 틀린 것은?
① 기체의 길이를 증가시킨다.
② 기체 표피의 두께를 증가시킨다.
③ 표피소재의 전단계수를 증가시킨다.
④ 기체의 극단면 2차 모멘트를 증가시킨다.

44. 금속판재를 굽힘가공할 때 응력에 의해 영향을 받지 않는 부위를 무엇이라 하는가?
① 굽힘선(bend line)
② 몰드선(mold line)
③ 중립선(neural line)
④ 세트백 선(setback line)

45. 항공기가 비행 중 오른쪽으로 옆놀이 현상이 발생하였다면 지상 정비작업으로 옳은 것은?
① 왼쪽 보조날개 고정탭을 올린다.
② 방향타의 탭을 왼쪽으로 굽힌다.
③ 오른쪽 보조날개 고정탭을 올린다.
④ 방향타의 탭을 오른쪽으로 굽힌다.

46. 높이가 H이고, 폭이 B인 그림과 같은 직사각형의 무게중심을 원점으로 하는 X축에 대한 관성 모멘트는?

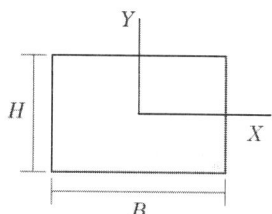

① $\dfrac{BH^3}{36}$
② $\dfrac{BH^3}{24}$
③ $\dfrac{BH^3}{12}$
④ $\dfrac{BH^3}{4}$

47. 경항공기에 사용되는 일반적인 고무완충식 착륙장치(landing gear)의 완충효율은 약 몇 %인가?
① 30   ② 50
③ 75   ④ 100

48. 2개의 알루미늄 판재를 리베팅하기 위해 구멍을 뚫으려할 때 판재가 움직이려 한다면 사용해야 하는 것은?
① 클레코   ② 리머
③ 버킹바   ④ 뉴매틱 해머

49. 다음 중 부식의 종류에 해당하지 않는 것은?
① 응력 부식   ② 표면 부식
③ 입자 간 부식   ④ 자장 부식

50. 알루미나(alumina)섬유의 특징으로 틀린 것은?
① 은백색으로 도체이다.
② 금속과 수지와의 친화력이 좋다.
③ 표면처리를 하지 않아도 FRP나 FRM으로 할 수 있다.
④ 내열성이 뛰어나 공기 중에서 1,300℃로 가열해도 취성을 갖지 않는다.

51. 샌드위치 구조의 특징에 대한 설명이 아닌 것은?
① 습기와 열에 강하다.
② 기존의 보강재보다 중량당 강도가 크다.
③ 같은 강성을 갖는 다른 구조보다 무게가 가볍다.
④ 조종면(control surface)이나 뒷전(trailing edge) 등에 사용된다.

52. 볼트 그립 길이와 볼트가 장착되는 재료의 두께에 관한 설명으로 옳은 것은?
① 볼트가 장착될 재료의 두께는 볼트 그립 길이의 2배여야 한다.
② 볼트 그립 길이는 가장 얇은 판 두께의 3배가 되어야 한다.
③ 볼트가 장착될 재료의 두께는 볼트 그립 길이에 볼트 직경의 길이를 합한 것과 같아야 한다.
④ 볼트 그립 길이는 볼트가 장착되는 재료의 두께와 같거나 약간 길어야 한다.

53. 항공기에 일반적으로 사용하는 리벳 중 순

수 알루미늄(99.45%)으로 구성된 리벳은?
① 1100　② 2017-T
③ 5056　④ 2117-T

54. 케이블 턴버클 안전결선방법에 대한 설명으로 옳은 것은?
① 배럴의 검사구멍에 핀을 꽂아 핀이 들어가지 않으면 양호한 것이다.
② 단선식 결선법은 턴버클 엔드에 최소 10회 감아 마무리한다.
③ 복선식 결선법은 케이블 직경이 1/8in 이상인 경우에 주로 사용한다.
④ 턴버클 엔드의 나사산이 배럴 밖으로 10개 이상 나오지 않도록 한다.

55. 조종 케이블이 작동 중에 최소의 마찰력으로 케이블과 접촉하여 직선운동을 하게 하며, 케이블을 작은 각도 이내의 범위에서 방향을 유도하는 것은?
① 풀리(pulley)
② 페어 리드(fair lead)
③ 벨 크랭크(bell crank)
④ 케이블 드럼(cable drum)

56. 그림과 같은 수송기의 V-n 선도에서 A와 D의 연결선은 무엇을 나타내는가?

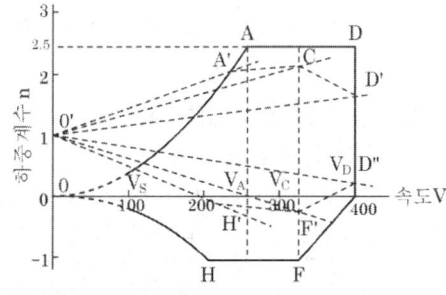

① 돌풍하중배수
② 양력계수
③ 설계 순항속도
④ 설계제한 하중배수

57. 항공기 나셀에 대한 설명으로 틀린 것은?
① 나셀의 구조는 세미모노코크구조 형식으로 세로부재와 수직부재로 구성되어 있다.
② 항공기 엔진을 동체에 장착하는 경우에도 나셀의 설치는 필요하다.
③ 나셀은 외피, 카울링, 구조부재, 방화벽, 엔진마운트로 구성되며 유선형이다.
④ 나셀은 안으로 통과하여 나가는 공기의 양을 조절하여 엔진의 냉각을 조절한다.

58. 다음 중 한쪽에서만 작업이 가능하도록 고안된 리벳이 아닌 것은?
① 리브 너트(riv nut)
② 체리 리벳(cherry rivet)
③ 폭발 리벳(explosive rivet)
④ 솔리드 섕크 리벳(solid shank rivet)

59. 엔진이 2대인 항공기의 엔진을 1,750kg의 모델에서 1,850kg의 모델로 교환하였으며, 엔진은 기준선에서 후방 40cm에 위치하였다. 엔진을 교환하기 전의 항공기 무게평형(weight and balance) 기록에는 항공기 무게 15,000kg, 무게중심은 기준선 후방 35cm에 위치하였다면, 새로운 엔진으로 교환 후 무게중심 위치는?
① 기준선 전방 약 32cm
② 기준선 전방 약 20cm
③ 기준선 후방 약 35cm
④ 기준선 후방 약 45cm

60. 그림과 같이 길이 2m인 외팔보에 2개의 집중하중 400kg, 200kg이 작용할 때 고정단에 생기는 최대 굽힘 모멘트의 크기는 약 몇 kg-m인가?

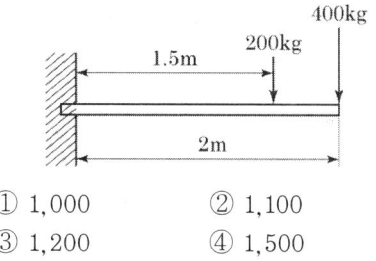

① 1,000　　② 1,100
③ 1,200　　④ 1,500

4과목　항공장비

61. 항공기에서 레인 리펠런트(rain repellent)를 사용하기 가장 적합한 때는?
① 많은 눈이 내릴 때
② 블리드 공기를 사용할 수 없을 때
③ 폭우가 내려 시야를 확보할 수 없을 때
④ 윈드실드(windshield)가 결빙되어 있을 때

62. 저주파 증폭기에서 수신기 전체의 성능을 판단할 때 활용되는 특성이 아닌 것은?
① 감도　　② 검출도
③ 충실도　④ 선택도

63. 다음 중 3상 교류를 사용하는 항공용 계기는?
① 데신(desyn)
② 오토신(autosyn)
③ 전기용량식 연료량계
④ 전자식 태코미터(tachometer)

64. 항공기 VHF 통신장치에 관한 설명으로 틀린 것은?
① 근거리 통신에 이용된다.
② VHF 통신 채널 간격은 30kHz이다.
③ 수신기에는 잡음을 없애는 스퀠치회로를 사용하기도 한다.
④ 국제적으로 규정된 항공 초단파 통신 주파수 대역은 108~136MHz이다.

65. 다음 중 일반적인 계기의 구성부가 아닌 것은?
① 수감부　② 지시부
③ 확대부　④ 압력부

66. 다음 중 전위차 및 기전력의 단위는?
① 볼트(V)　② 옴(Ω)
③ 패럿(F)　④ 암페어(A)

67. 자동조종항법장치에서 위치정보를 받아 자동적으로 항공기를 조종하여 목적지까지 비행시키는 기능은?
① 유도 기능　② 조종 기능
③ 안정화 기능　④ 방향탐지 기능

68. 유압계통에서 열팽창이 작은 작동유를 필요로 하는 1차적인 이유는?
① 고고도에서 증발감소를 위해서
② 화재를 최대한 방지하기 위해서
③ 고온일 때 과대압력 방지를 위해서
④ 작동유의 순환불능을 해소하기 위해서

69. 고도계 오차의 종류가 아닌 것은?
① 눈금 오차　② 밀도 오차
③ 온도 오차　④ 기계적 오차

70. 항공기의 조명계통(light system)에 대한 설명으로 옳은 것은?
① 객실(cabin)의 조명은 일반적으로 형광등(flood light)에 의해 직접 조명된다.
② 충돌방지등(anti-collision light)은 비행 중에만 점멸(flashing)된다.
③ 패슨 시트 벨트(fasten seat belt) 사인 라이트(sign light)는 항공기의 비행자세에 따라 자동으로 조종(On/Off

control)된다.

④ 조종실의 인테그랄 인스투르먼트 라이트(integral instrument light)는 포텐시오미터(potentiometer)에 의해 디밍 컨트롤(dimming control) 할 수 있다.

71. 계기의 지시속도가 일정할 때 기압이 낮아지면 진대기속도의 변화는?
① 감소한다.
② 증가한다.
③ 변화가 없다.
④ 변화는 일정하지 않다.

72. 다음 중 항공기에 사용되는 화재 탐지기가 아닌 것은?
① 저항 루프(loop)형 탐지기
② 바이메탈(bimetal)형 탐지기
③ 열전대(thermocouple)형 탐지기
④ 코일을 이용한 자기(magnetic)형 탐지기

73. 유압계통에 있는 축압기(accumulator)의 설치 위치로 가장 적합한 곳은?
① 공급라인(supply line)
② 귀환라인(return line)
③ 작업라인(working line)
④ 압력라인(pressure line)

74. 축전지에서 용량의 표시기호는?
① Ah ② Bh
③ Vh ④ Fh

75. 지자기의 3요소가 아닌 것은?
① 복각(dip)
② 편차(variation)
③ 자차(deviation)
④ 수평분력(horizontal component)

76. 기상 레이더(weather radar)에 대한 설명으로 틀린 것은?
① 반사파의 강함은 강우 또는 구름 속의 물방울 밀도에 반비례한다.
② 청천 난기류역은 기상 레이더에서 감지하지 못한다.
③ 영상은 반사파의 강약을 밝음 또는 색으로 구별한다.
④ 전파의 직진성, 등속성으로부터 물체의 방향과 거리를 알 수 있다.

77. 5A/50mV인 분류기 저항 양단에 걸리는 전압이 0.04V인 경우 이 회로의 전원버스에 흐르는 전류는 몇 A인가?
① 1 ② 2
③ 3 ④ 4

78. 다음 중 직류전동기가 아닌 것은?
① 유도전동기 ② 복권전동기
③ 분권전동기 ④ 직권전동기

79. 다음 중 회로 보호장치로 볼 수 없는 것은?
① 퓨즈 ② 계전기
③ 회로차단기 ④ 열보호장치

80. 미국연방항공국(FAA)의 규정에 명시된 항공기의 최대 객실고도는 약 몇 ft인가?
① 6,000 ② 7,000
③ 8,000 ④ 9,000

항공산업기사 2019년 1회 (3월 3일)

1과목 항공역학

01. 항공기의 세로 안정성(static longitudinal stability)을 좋게 하기 위한 방법으로 틀린 것은?
① 꼬리날개 면적을 크게 한다.
② 꼬리날개의 효율을 작게 한다.
③ 날개를 무게 중심보다 높은 위치에 둔다.
④ 무게 중심을 공기역학적 중심보다 전방에 위치시킨다.

02. 수평스핀과 수직스핀의 낙하속도와 회전 각속도 크기를 옳게 나타낸 것은?
① 낙하속도 : 수평스핀>수직스핀, 회전각속도 : 수평스핀>수직스핀
② 낙하속도 : 수평스핀<수직스핀, 회전각속도 : 수평스핀<수직스핀
③ 낙하속도 : 수평스핀>수직스핀, 회전각속도 : 수평스핀<수직스핀
④ 낙하속도 : 수평스핀<수직스핀, 회전각속도 : 수평스핀>수직스핀

03. 항공기 이륙거리를 짧게 하기 위한 방법으로 옳은 것은?
① 정풍(head wind)을 받으면서 이륙한다.
② 항공기 무게를 증가시켜 양력을 높인다.
③ 이륙 시 플랩이 항력증가의 요인이 되므로 플랩을 사용하지 않는다.
④ 엔진의 가속력을 가능한 한 최소가 되도록 하여 효율을 높인다.

04. 비행자세 각속도가 조종간 변위를 일정하게 유지할 수 있는 정상 상태 트림비행(steady trimmed flights)에 해당하지 않는 비행상태는?
① 루프 기동비행(loop maneuver)
② 하강각을 갖는 비정렬 선회비행(un-coordinated helical descent turn)
③ 상승각을 갖는 정렬 선회비행(coordinated helical climb turn)
④ 상승각 및 사이드 슬립각을 갖는 직선 비행

05. 비행기 날개 위에 생기는 난류의 발생 조건으로 가장 적합한 것은?
① 성층권을 비행할 때
② 레이놀즈 수가 0일 때
③ 레이놀즈 수가 아주 클 때
④ 비행기 속도가 아주 느릴 때

06. 헬리콥터 속도-고도선도(velocity-height diagram)와 관련된 설명으로 틀린 것은?
① 양력불균형이 심화되는 높은 고도에서의 전진비행 시 비행가능영역이 제한된다.
② 엔진 고장 시 안전한 착륙을 보장하기 위한 비행가능영역을 표시한 것이다.
③ 속도-고도선도는 항공기 중량, 비행 고도 및 대기온도 등에 따라 달라진다.
④ 속도-고도선도는 인증을 받은 후 비행 교범의 성능차트로 명시되어야 한다.

07. 국제표준대기의 특성값으로 옳게 짝지어진 것은?
① 압력=29.92mmHg
② 밀도=1.013kg/m³
③ 온도=288.15K
④ 음속=340.429ft/s

08. 프로펠러 항공기의 경우 항속거리를 최대로 하기 위한 조건으로 옳은 것은?
① 양항비가 최소인 상태로 비행한다.
② 양항비가 최대인 상태로 비행한다.
③ $\dfrac{C_L}{\sqrt{C_D}}$ 가 최대인 상태로 비행한다.
④ $\dfrac{\sqrt{C_L}}{C_D}$ 가 최대인 상태로 비행한다.

09. 에어포일 코드 'NACA 0009'를 통해 알 수 있는 것은?
① 대칭단면의 날개이다.
② 초음속 날개 단면이다.
③ 다이아몬드형 날개 단면이다.
④ 단면에 캠버가 있는 날개이다.

10. 항공기의 승강키(elevator) 조작은 어떤 축에 대한 운동을 하는가?
① 가로축(lateral axis)
② 수직축(vertical axis)
③ 방향축(directional axis)
④ 세로축(longitudinal axis)

11. 무게가 1,000lb이고 날개면적이 100ft²인 프로펠러 비행기가 고도 10,000ft에서 100mph의 속도, 받음각 3°로 수평정상비행할 때 필요마력은 약 몇 HP인가? (단, 밀도 0.001756slug/ft³, 양력 0.6, 항력 0.2이다.)
① 50.5   ② 100
③ 68.2   ④ 83.5

12. 대류권에서 고도가 상승함에 따라 공기의 밀도, 온도, 압력의 변화로 옳은 것은?
① 밀도, 압력, 온도 모두 증가한다.
② 밀도, 압력, 온도 모두 감소한다.
③ 밀도, 온도는 감소하고 압력은 증가한다.
④ 밀도는 증가하고 압력, 온도는 감소한다.

13. 회전원통 주위의 공기를 비회전운동을 시켜서 순환을 생기게 했다. 원통중심에서 1m 되는 점에서의 속도가 10m/s였을 때 보텍스(vortex)의 세기는 약 몇 m²/s인가?
① 62.83   ② 94.25
③ 125.66   ④ 157.08

14. 다음 중 프로펠러 효율을 높이는 방법으로 가장 옳은 것은?
① 저속과 고속에서 모두 큰 깃각을 사용한다.
② 저속과 고속에서 모두 작은 깃각을 사용한다.
③ 저속에서는 작은 깃각을 사용하고, 고속에서는 큰 깃각을 사용한다.
④ 저속에서는 큰 깃각을 사용하고, 고속에서는 작은 깃각을 사용한다.

15. 다음 중 비행기의 안정성과 조종성에 관한 설명으로 가장 옳은 것은?
① 안정성과 조종성은 정비례한다.
② 정적 안정성이 증가하면 조종성도 증가된다.
③ 비행기의 안정성을 최대로 키워야 조종성이 최대가 된다.
④ 조종성과 안정성을 동시에 만족시킬 수 없다.

16. 유체의 점성을 고려한 마찰력에 대한 설명

으로 옳은 것은?
① 마찰력은 유체의 속도에 반비례한다.
② 마찰력은 온도변화에 따라 그 값이 변한다.
③ 유체의 마찰력은 이상유체에서만 고려된다.
④ 마찰력은 유체의 종류에 관계없이 일정하다.

17. 프로펠러에 유입되는 합성속도의 방향이 프로펠러의 회전면과 이루는 각은?
① 받음각   ② 유도각
③ 유입각   ④ 깃각

18. 항공기에 쳐든각(dihedral angle)을 주는 주된 목적은?
① 익단 실속을 방지할 수 있다.
② 임계 마하수를 높일 수 있다.
③ 가로 안정성을 높일 수 있다.
④ 피칭 모멘트를 증가시킬 수 있다.

19. 항공기가 선회속도 20m/s, 선회각 45° 상태에서 선회비행을 하는 경우 선회반경은 몇 m인가?
① 20.4   ② 40.8
③ 57.7   ④ 80.5

20. 다음과 같은 [조건]에서 헬리콥터의 원판하중은 약 몇 kgf/m²인가?

| 헬리콥터의 총중량 : 800kgf |
| 엔진 출력 : 160HP |
| 회전날개의 반지름 : 2.8m |
| 회전날개 깃의 수 : 2개 |

① 25.5   ② 28.5
③ 30.5   ④ 32.5

2과목 항공기관

21. 가스 터빈 엔진에서 사용되는 윤활유 펌프에 대한 설명으로 틀린 것은?
① 배유펌프가 압력펌프보다 용량이 더 작다.
② 윤활유 펌프에는 베인형, 지로터형, 기어형이 사용된다.
③ 베인형 펌프는 다른 형식에 비해 무게가 가볍고 두께가 얇아 기계적 강도가 약하다.
④ 기어형 펌프는 기어 이와 펌프 내부 케이스 사이의 공간에 오일을 담아 회전시키는 원리로 작동한다.

22. 터보제트엔진과 비교한 터보팬엔진의 특징이 아닌 것은?
① 연료소비가 작다.
② 소음이 작다.
③ 엔진정비가 쉽다.
④ 배기속도가 작다.

23. 왕복엔진의 압축비가 너무 클 때 일어나는 현상이 아닌 것은?
① 후화
② 조기점화
③ 디토네이션
④ 과열현상과 출력의 감소

24. 왕복엔진의 피스톤 형식이 아닌 것은?
① 오목형(recessed type)
② 요철형(irregularly type)
③ 볼록형(dome or convex type)
④ 모서리 잘린 원뿔형(truncated cone type)

25. 열역학적 성질(property)을 세기 성질

(intensive property)과 크기 성질(extensive property)로 분류할 경우 크기 성질에 해당되는 것은?
① 체적 ② 온도
③ 밀도 ④ 압력

26. 왕복엔진의 마그네토 브레이커 포인트(breaker point)가 고착되었다면 발생하는 현상은?
① 마그네토의 작동이 불가능하다.
② 엔진 시동 시 역화가 발생한다.
③ 고속 회전 점화 시 과열현상이 발생한다.
④ 스위치를 Off해도 엔진이 정지하지 않는다.

27. 왕복엔진에서 과도한 오일소모(excessive oil consumption)와 점화플러그의 파울링(fouling) 원인은?
① 더러워진 오일 필터(oil filter) 때문
② 피스톤링(piston ring)의 마모 때문
③ 오일이 소기 펌프(scavenger pump)로 되돌아가기 때문
④ 캠 허브 베어링(cam hub bearing)의 과도한 간격 때문

28. 점화플러그를 구성하는 주요부분이 아닌 것은?
① 전극 ② 금속 셸(shell)
③ 보상 캠 ④ 세라믹 절연체

29. 오토 사이클의 열효율에 대한 설명으로 틀린 것은?
① 압축비가 증가하면 열효율도 증가한다.
② 동작유체의 비열비가 증가하면 열효율도 증가한다.
③ 압축비가 1이라면 열효율은 무한대가 된다.
④ 동작유체의 비열비가 1이라면 열효율

은 0이 된다.

30. 가스 터빈 엔진에서 연소실 입구압력은 절대압력 80inHg, 연소실 출구압력은 절대압력 77inHg이라면 연소실 압력손실계수는 얼마인가?
① 0.0375 ② 0.1375
③ 0.2375 ④ 0.3375

31. 정속 프로펠러를 장착한 항공기가 순항 시 프로펠러 회전수를 2,300rpm에 맞추고 출력을 1.2배 높이면 프로펠러 회전계가 지시하는 값은?
① 1,800rpm ② 2,300rpm
③ 2,700rpm ④ 4,600rpm

32. 가스 터빈 엔진 연료의 구비 조건이 아닌 것은?
① 인화점이 높아야 한다.
② 연료의 빙점이 높아야 한다.
③ 연료의 증기압이 낮아야 한다.
④ 대량생산이 가능하고 가격이 저렴해야 한다.

33. 항공기엔진에 사용하는 연료의 저발열량(LHV)에 대한 설명으로 옳은 것은?
① 연료 중 탄소만의 발열량을 말한다.
② 연소 효율이 가장 나쁠 때의 발열량이다.
③ 연소가스 중 물(H_2O)이 액상일 때 측정한 발열량이다.
④ 연소가스 중 물(H_2O)이 증기인 상태일 때 측정한 발열량이다.

34. 회전하는 프로펠러 깃(blade)의 선단(tip)이 앞으로 휘게(bend) 될 때의 원인과 힘은?
① 토크에 의한 굽힘(torque-bending)
② 추력에 의한 굽힘(thrust-bending)

③ 공력에 의한 비틀림
  (aerodynamic-twisting)
④ 원심력에 의한 비틀림
  (centrifugal-twisting)

35. 가스 터빈 엔진에서 후기연소기(after burner)에 대한 설명으로 틀린 것은?
① 후기연소기는 연료소모가 증가된다.
② 후기연소기의 화염 유지기는 튜브형 그리드와 스포크형이 있다.
③ 후기연소기를 장착하면 후기 연소 모드에서 약 100% 정도 추력 증가를 얻을 수 있다.
④ 후기연소기는 약 5%의 비교적 적은 비연소 배기가스와 연료가 섞여 점화된다.

36. 왕복엔진의 작동여부에 따른 흡입 매니폴드(intake manifold)의 압력계가 나타내는 압력으로 옳은 것은?
① 엔진정지 또는 작동 시 항상 대기압보다 높은 값을 나타낸다.
② 엔진정지 또는 작동 시 항상 대기압보다 낮은 값을 나타낸다.
③ 엔진정지 시 대기압보다 낮은 값을, 엔진작동 시 대기압보다 높은 값을 나타낸다.
④ 엔진정지 시 대기압과 같은 값을, 엔진작동 시 대기압보다 낮은 값을 나타낸다.

37. 제트엔진 부분에서 압력이 가장 높은 부위는?
① 터빈 출구   ② 터빈 입구
③ 압축기 입구 ④ 압축기 출구

38. 가스 터빈 엔진의 공기식 시동기를 작동시키는 공기 공급장치가 아닌 것은?
① APU
② GPU
③ D.C power supply
④ 시동이 완료된 다른 엔진의 압축공기

39. 가스 터빈 엔진에서 저압압축기의 압축비는 2 : 1, 고압압축기의 압축비는 10 : 1일 때의 엔진 전체의 압력비는 얼마인가?
① 5 : 1   ② 8 : 1
③ 12 : 1   ④ 20 : 1

40. 압축비가 일정할 때 열효율이 가장 좋은 순서대로 나열된 것은?
① 정적 사이클 > 정압 사이클 > 합성 사이클
② 정압 사이클 > 합성 사이클 > 정적 사이클
③ 정적 사이클 > 합성 사이클 > 정압 사이클
④ 정압 사이클 > 정적 사이클 > 합성 사이클

3과목 항공기체

41. 항공기 조종장치의 구성품에 대한 설명으로 틀린 것은?
① 풀리는 케이블의 방향을 바꿀 때 사용되며, 풀리의 베어링은 윤활이 필요없다.
② 턴버클은 케이블의 장력조절에 사용되며, 턴버클 배럴은 한쪽은 왼나사, 다른 쪽은 오른나사로 되어 있다.
③ 압력 시일(seal)은 케이블이 압력 벌크헤드를 통과하지 않는 곳에 사용되며, 케이블의 움직임을 방해한다면 기밀은 하지 않는다.
④ 페어리드는 케이블이 벌크헤드의 구멍이나 다른 금속이 지나는 곳에 사

용되며, 페놀수지 또는 부드러운 금속 재료를 사용한다.

42. 항공기 기체의 구조를 1차 구조와 2차 구조로 분류할 때 그 기준에 대한 설명으로 옳은 것은?
① 강도비의 크기에 따라 분류한다.
② 허용하중의 크기에 따라 구분한다.
③ 항공기 길이와의 상대적인 비교에 따라 구분한다.
④ 구조역학적 역할의 정도에 따라 구분한다.

43. 그림과 같은 일반적인 항공기의 V-n 선도에서 최대 속도는?

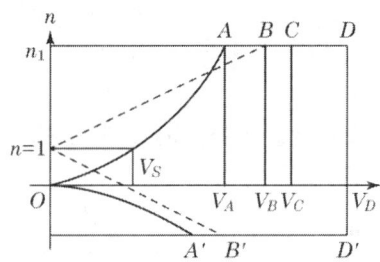

① 실속 속도
② 설계급강하속도
③ 설계운용속도
④ 설계돌풍운용속도

44. 조종케이블이나 푸시풀 로드(push-pull rod)를 대체하여 전기·전자적인 신호 및 데이터로 항공기 조종을 가능하게 하는 플라이 바이 와이어(fly-by-wire) 기능과 관련된 장치가 아닌 것은?
① 전기 모터
② 유압 작동기
③ 쿼드런트(quadrant)
④ 플라이트 컴퓨터(flight computer)

45. 양극산화처리 방법이 아닌 것은?
① 질산법   ② 황산법
③ 수산법   ④ 크롬산법

46. 비행기의 무게가 2,500kg이고 중심 위치는 기준선 후방 0.5m에 있다. 기준선 후방 4m에 위치한 15kg짜리 좌석을 2개 떼어내고 기준선 후방 4.5m에 17kg짜리 항법장비를 장착하였으며, 이에 따른 구조변경으로 기준선 후방 3m에 12.5kg의 무게증가 요인이 추가 발생하였다면 이 비행기의 새로운 무게중심 위치는?
① 기준선 전방 약 0.30m
② 기준선 전방 약 0.40m
③ 기준선 후방 약 0.50m
④ 기준선 후방 약 0.60m

47. 체결 전에 열처리가 요구는 리벳은?
① A : 1100   ② DD : 2024
③ KE : 7050   ④ M : MONEL

48. 두랄루민을 시작으로 개량된 고강도 알루미늄 합금으로 내식성보다도 강도를 중시하여 만들어진 것은?
① 1100   ② 2014
③ 3003   ④ 5056

49. 두께가 0.055in인 재료를 90° 굴곡에 굴곡반경 0.135in가 되도록 굴곡할 때 생기는 세트 백(set back)은 몇 inch인가?
① 0.167   ② 0.176
③ 0.190   ④ 0.195

50. 접개들이 착륙장치를 비상으로 내리는(down) 3가지 방법이 아닌 것은?
① 핸드 펌프로 유압을 만들어 내린다.
② 축압기에 저장된 공기압을 이용하여 내린다.
③ 핸들을 이용하여 기어의 업록(up-lock)을 풀었을 때 자중에 의하여 내린다.
④ 기어 핸들 밑에 있는 비상 스위치를

눌러서 기어를 내린다.

51. 항공기의 부품 연결이나 장착 시 볼트, 너트 등의 토크값을 맞추어 조여 주는 이유가 아닌 것은?
① 항공기에는 심한 진동이 있기 때문이다.
② 상승, 하강에 따른 심한 온도 차이를 견뎌야 하기 때문이다.
③ 조임 토크값이 부족하면 볼트, 너트에 이질 금속 간의 부식을 초래하기 때문이다.
④ 조임 토크값이 너무 크면 나사를 손상시키거나 볼트가 절단되기 때문이다.

52. 프로펠러항공기처럼 토크(torque)가 크지 않은 제트엔진항공기에서 2개 또는 3개의 콘 볼트(cone bolt)나 트러니언 마운트(trunnion mount)에 의해 엔진을 고정하는 장착 방법은?
① 링마운트방법(ring mount method)
② 포드마운트방법(pod mount method)
③ 베드마운트방법(bed mount method)
④ 피팅마운트방법(fitting mount method)

53. 원형 단면 봉이 비틀림에 의하여 단면에 발생하는 비틀림각을 옳게 나타낸 것은? (단, L : 봉의 길이, G : 전단탄성계수, R : 반지름, J : 극관성 모멘트, T : 비틀림 모멘트이다.)
① TL/GJ ② GJ/TL
③ TR/J ④ GR/TJ

54. 리벳의 배치와 관련된 용어의 설명으로 옳은 것은?
① 연거리는 열과 열 사이의 거리를 의미한다.
② 리벳의 피치는 같은 열에 있는 리벳의 중심 간 거리를 말한다.
③ 리벳의 횡단피치는 판재의 모서리와 이웃하는 리벳의 중심까지의 거리를 말한다.
④ 리벳의 열은 판재의 인장력을 받는 방향에 대하여 같은 방향으로 배열된 리벳들을 말한다.

55. 알루미늄 합금이 열처리 후에 시간이 지남에 따라 경도가 증가하는 특성을 무엇이라고 하는가?
① 시효 경화   ② 가공 경화
③ 변형 경화   ④ 열처리 강화

56. 블라인드 리벳(blind rivet)의 종류가 아닌 것은?
① 체리 리벳   ② 리브 너트
③ 폭발 리벳   ④ 유니버설 리벳

57. 그림과 같이 집중하중을 받는 보의 전단력 선도는?

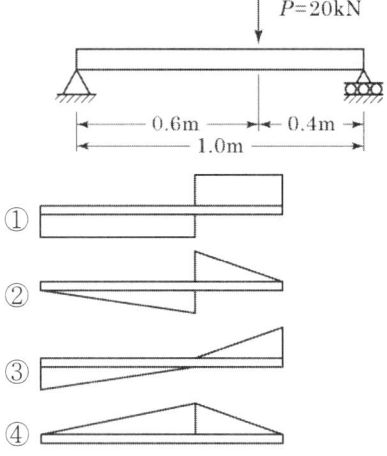

58. 항공기의 손상된 구조를 수리할 때 반드시 지켜야 할 기본 원칙으로 틀린 것은?
① 중량을 최소로 유지해야 한다.
② 원래의 강도를 유지하도록 한다.
③ 부식에 대한 보호 작업을 하도록 한다.

④ 수리부위 알림을 위한 윤곽변경을 한다.

59. 샌드위치 구조에 대한 설명으로 옳은 것은?
① 보온효과가 있어 습기에 강하다.
② 초기 단계 결함의 발견이 용이하다.
③ 강도비는 우수하나 피로하중에는 약하다.
④ 코어의 종류에는 허니컴형, 파형, 거품형 등이 있다.

60. 길이 1m, 지름 10cm인 원형 단면의 알루미늄합금 재질의 봉이 10N의 축하중을 받아 전체길이가 50㎛ 늘어났다면 이때 인장변형률을 나타내기 위한 단위는?
① ㎛/m ② N/m^2
③ N/m^3 ④ MPa

4과목 항공장비

61. 24V, 1/3HP인 전동기가 효율 75%로 작동하고 있다면, 이때 전류는 약 몇 A인가?
① 7.8 ② 13.8
③ 22.8 ④ 30.0

62. 방빙계통(anti-icing system)에 대한 설명으로 옳은 것은?
① 날개 앞전의 방빙은 공기역학적 특성을 유지하기 위해 사용된다.
② 날개의 방빙장치는 공기역학적 특성보다는 엔진이나 기체구조의 손상방지를 위해 필요하다.
③ 날개 앞전의 곡률 반경이 큰 곳은 램효과(ram effect)에 의해 결빙되기 쉽다.
④ 지상에서 날개의 방빙을 위해 가열공기(hot air)를 이용하는 날개의 방빙장치를 사용한다.

63. 종합전자계기에서 항공기의 착륙 결심고도가 표시되는 곳은?
① Navigation display
② Control display unit
③ Primary flight display
④ Flight control computer

64. 감도 20mA이고 내부 저항은 10Ω이며 200A까지 측정할 수 있는 전류계를 만들 때 분류기(shunt)는 약 몇 Ω으로 해야 하는가?
① 1 ② 0.1
③ 0.01 ④ 0.001

65. 조종사가 산소마스크를 착용하고 통신하려고 할 때 작동시켜야 하는 장치는?
① Public Address
② Flight Interphone
③ Tape Reproducer
④ Service Interphone

66. 서모커플(thermo couple)에 사용되는 금속 중 구리와 짝을 이루는 금속은?
① 백금(platinum)
② 티타늄(titanium)
③ 콘스탄탄(constantan)
④ 스테인리스강(stainless steel)

67. 유압계통에서 압력이 낮게 작용되면 중요한 기기에만 작동 유압을 공급하는 밸브는?
① 선택 밸브(selector valve)
② 릴리프 밸브(relief valve)
③ 유압 퓨즈(hydraulic fuse)
④ 우선순위밸브(priority valve)

68. 항공기에 사용되는 전기계기가 습도 등에 영향을 받지 않도록 내부 충전에 사용되는 가스는?
① 산소가스   ② 메탄가스
③ 수소가스   ④ 질소가스

69. 프레온 냉각장치의 작동 중 점검창에 거품이 보인다면 취해야 할 조치로 옳은 것은?
① 프레온을 보충한다.
② 장치에 물을 공급한다.
③ 장치의 흡입구를 청소한다.
④ 계통의 배관에 이물질을 제거한다.

70. 알칼리 축전지(Ni-Cd)의 전해액 점검사항으로 옳은 것은?
① 온도와 점도를 정기적으로 점검하여 일정 수준 이상 유지해야 한다.
② 비중은 측정할 필요가 없지만 액량은 측정하고 정확히 보존하여야 한다.
③ 일정한 온도와 염도를 유지해야 한다.
④ 비중과 색을 정기적으로 점검해야 한다.

71. 항공기엔진과 발전기 사이에 설치하여 엔진의 회전수와 관계없이 발전기를 일정하게 회전하게 하는 장치는?
① 교류발전기   ② 인버터
③ 정속구동장치 ④ 직류발전기

72. 자동비행 조종장치에서 오토 파일럿(auto pilot)을 연동(engage)하기 전에 필요한 조건이 아닌 것은?
① 이륙 후 연동한다.
② 충분한 조정(trim)을 취한 뒤 연동한다.
③ 항공기의 기수가 진북(true north)을 향한 후에 연동한다.
④ 항공기 자세(roll, pitch)가 있는 한계 내에서 연동한다.

73. 항공계기 중 각 변위의 빠르기(각속도)를 측정 또는 검출하는 계기는?
① 선회계   ② 인공 수평의
③ 승강계   ④ 자이로 콤파스

74. 작동유의 압력에너지를 기계적인 힘으로 변환시켜 직선운동 시키는 것은?
① 유압 밸브(hydraulic valve)
② 지로터 펌프(gerotor pump)
③ 작동 실린더(actuating cylinder)
④ 압력 조절기(pressure regulator)

75. 키르히호프의 제1법칙을 설명한 것으로 옳은 것은?
① 전기회로 내의 모든 전압강하의 합은 공급된 전압의 합과 같다.
② 전기회로에 들어가는 전류의 합과 그 회로로부터 나오는 전류의 합은 같다.
③ 직렬회로에서 전류의 값은 부하에 의해 결정된다.
④ 전기회로 내에서 전압강하는 가해진 전압과 같다.

76. 다음 중 VHF 계통의 구성품이 아닌 것은?
① 조정 패널   ② 안테나
③ 송·수신기   ④ 안테나 커플러

77. 안테나의 특성에 대한 설명으로 틀린 것은?
① 안테나 이득은 방향성으로 인해 파생되는 상대적 이득을 의미한다.
② 무지향성 안테나를 기준으로 하는 경우 안테나 이득을 dBi로 표현한다.
③ 지향성 안테나를 기준으로 안테나 이득을 계산할 때 dBd를 사용한다.
④ 안테나의 전압 정재파비는 정재파의 최소전압을 정재파의 최대전압으로 나눈 값이다.

78. 정상 운전되고 있는 발전기(generator)의 계자코일(field coil)이 단선될 경우 전압의 상태는?
① 변함없다.
② 약간 저하한다.
③ 약하게 발생한다.
④ 전혀 발생하지 않는다.

79. 전기저항식 온도계에 사용되는 온도 수감용 저항 재료의 특성이 아닌 것은?
① 저항값이 오랫동안 안정해야 한다.
② 온도 외의 조건에 대하여 영향을 받지 않아야 한다.
③ 온도에 따른 전기저항의 변화가 비례 관계에 있어야 한다.
④ 온도에 대한 저항값의 변화가 작아야 한다.

80. 다음 중 무선원조 항법장치가 아닌 것은?
① Inertial navigation system
② Automatic direction finder
③ Air traffic control system
④ Distance measuring equipment system

항공산업기사 2019년 2회 (4월 27일)

1과목 항공역학

01. 항공기의 스핀에 대한 설명으로 틀린 것은?
① 수직스핀은 수평스핀보다 회전 각속도가 크다.
② 스핀 중에는 일반적으로 옆미끄럼(side slip)이 발생한다.
③ 강하속도 및 옆놀이 각속도가 일정하게 유지되면서 강하하는 상태를 정상스핀이라 한다.
④ 스핀상태를 탈출하기 위하여 방향키를 스핀과 반대 방향으로 밀고, 동시에 승강키를 앞으로 밀어내야 한다.

02. 양력(lift)의 발생 원리를 직접적으로 설명할 수 있는 원리는?
① 관성의 법칙
② 베르누이의 정리
③ 파스칼의 정리
④ 에너지보존 법칙

03. 헬리콥터가 비행기처럼 고속으로 비행할 수 없는 이유로 틀린 것은?
① 후퇴하는 깃의 날개 끝 실속 때문에
② 후퇴하는 깃 뿌리의 역풍범위 때문에
③ 전진하는 깃 끝의 마하수의 영향 때문에
④ 전진하는 깃 끝의 항력이 감소하기 때문에

04. 밀도가 $0.1 kg \cdot s^2/m^4$인 대기를 120m/s의 속도로 비행할 때 동압은 몇 kg/m^2인가?
① 520 ② 720
③ 1,020 ④ 1,220

05. 날개 뿌리 시위 길이가 60cm이고 날개 끝 시위 길이가 40cm인 사다리꼴 날개의 한쪽 날개 길이가 150cm일 때 양쪽 날개 전체의 가로세로비는?
① 4 ② 5
③ 6 ④ 10

06. 관의 단면이 $10cm^2$인 곳에서 10m/s로 흐르는 비압축성 유체는 관의 단면이 $25cm^2$인 곳에서는 몇 m/s의 흐름 속도를 가지는가?
① 3 ② 4
③ 5 ④ 8

07. 평형상태에 있는 비행기가 교란을 받았을 때 처음의 상태로 돌아가려는 힘이 자체적으로 발생하게 되는 데, 이와 같은 정적안정상태에서 작용하는 힘을 무엇이라 하는가?
① 가속력 ② 기전력
③ 감쇠력 ④ 복원력

08. 고도가 높아질수록 온도가 높아지며, 오존층이 존재하는 대기의 층은?
① 열권 ② 성층권
③ 대류권 ④ 중간권

09. 프로펠러의 기하학적 피치비(geometric

pitch ratio)를 옳게 정의한 것은?

① $\dfrac{\text{프로펠러 지름}}{\text{기하학적 피치}}$ ② $\dfrac{\text{기하학적 피치}}{\text{유효 피치}}$

③ $\dfrac{\text{기하학적 피치}}{\text{프로펠러 지름}}$ ④ $\dfrac{\text{유효 피치}}{\text{기하학적 피치}}$

10. 양의 세로안정성을 갖는 일반형 비행기의 순항 중 트림 조건으로 옳은 것은? (단, 화살표는 힘의 방향, ⊕는 무게중심을 나타낸다.)

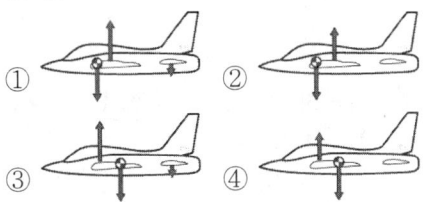

11. 공력평형장치 중 프리즈 밸런스(frise balance)가 주로 사용되는 조종면은?
① 방향키(rudder)
② 승강키(elevator)
③ 도움날개(aileron)
④ 도살 핀(dorsal fin)

12. 활공비행에서 활공각(θ)을 나타내는 식으로 옳은 것은? (단, C_L : 양력계수, C_D : 항력계수이다.)

① $\sin\theta = \dfrac{C_L}{C_D}$ ② $\sin\theta = \dfrac{C_D}{C_L}$

③ $\cos\theta = \dfrac{C_D}{C_L}$ ④ $\tan\theta = \dfrac{C_D}{C_L}$

13. 항공기의 이륙거리를 옳게 나타낸 것은? (단, S_G : 지상활주거리(ground run distance), S_R : 회전거리(rotation distance), S_T : 전이거리(transition distance), S_C : 상승거리(climb distance)이다.)
① $S_G+S_T+S_R$
② $S_G+S_T+S_C$
③ $S_G+S_R+S_T$
④ $S_G+S_R+S_T+S_C$

14. 프로펠러 비행기의 이용마력과 필요마력을 비교할 때 필요마력이 최소가 되는 비행속도는?
① 비행기의 최고속도
② 최저상승률일 때의 속도
③ 최대 항속거리를 위한 속도
④ 최대 항속시간을 위한 속도

15. 헬리콥터가 지상 가까이에 있을 때, 회전날개를 지난 흐름이 지면에 부딪혀 헬리콥터와 지면 사이에 존재하는 공기를 압축시켜 추력이 증가되는 현상을 무엇이라 하는가?
① 지면 효과 ② 페더링 효과
③ 실속 효과 ④ 플래핑 효과

16. 무게가 7,000kgf인 제트항공기가 양항비 3.5로 등속수평비행할 때 추력은 몇 kgf인가?
① 1,450 ② 2,000
③ 2,450 ④ 3,000

17. 프로펠러 항공기의 최대 항속거리 비행 조건으로 옳은 것은? (단, C_{DP} : 유해항력계수, C_{DI} : 유도항력계수이다.)
① $C_{DP}=C_{DI}$ ② $3C_{DP}=C_{DI}$
③ $C_{DP}=3C_{DI}$ ④ $C_{DP}=2C_{DI}$

18. 비행기의 동적 세로안정으로서 속도변화에 무관한 진동이며 진동주기는 0.5~5초가 되는 진동은 무엇인가?
① 장주기 운동
② 승강키 자유운동
③ 단주기 운동
④ 도움날개 자유운동

19. 선회각 ϕ로 정상선회비행하는 비행기의 하중배수를 나타낸 식은? (단, W는 항공기의 무게이다.)

① W cos φ ② W/cos φ
③ 1/cos φ ④ cos φ

20. 다음 중 가로세로비가 큰 날개라 할 때 갑자기 실속할 가능성이 가장 적은 날개골은?
① 캠버가 큰 날개골
② 두께가 얇은 날개골
③ 레이놀즈 수가 작은 날개골
④ 앞전 반지름이 작은 날개골

2과목 **항공기관**

21. 그림과 같은 브레이턴 사이클 선도의 각 단계와 가스 터빈 엔진의 작동 부위를 옳게 짝지은 것은?

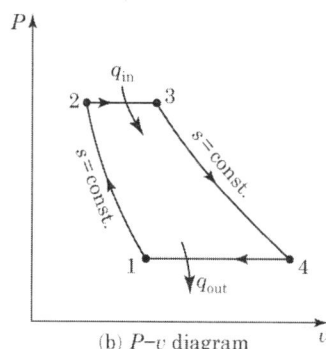
(b) $P\text{-}v$ diagram

① 1→2 : 디퓨저 ② 2→3 : 연소기
③ 3→4 : 배기구 ④ 4→1 : 압축기

22. 가스 터빈 엔진에서 배기노즐(exhaust nozzle)의 가장 중요한 기능은?
① 배기가스의 속도와 압력을 증가시킨다.
② 배기가스의 속도와 압력을 감소시킨다.
③ 배기가스의 속도를 증가시키고 압력을 감소시킨다.
④ 배기가스의 속도를 감소시키고 압력을 증가시킨다.

23. 완전 기체의 상태변화와 관계식을 짝지은 것으로 틀린 것은? (단, P : 압력, V : 체적, T : 온도, r : 비열비이다.)
① 등온변화 : $P_1 V_1 = P_2 V_2$
② 등압변화 : $\dfrac{T_1}{V_2} = \dfrac{T_2}{V_1}$
③ 등적변화 : $\dfrac{P_1}{T_1} = \dfrac{P_2}{T_2}$
④ 단열변화 : $\dfrac{T_2}{T_1} = \left(\dfrac{P_2}{P_1}\right)^{\frac{r-1}{r}}$

24. 왕복엔진의 윤활계통에서 엔진오일의 기능이 아닌 것은?
① 밀폐작용   ② 윤활작용
③ 보온작용   ④ 청결작용

25. 가스 터빈 엔진 점화기의 중심전극과 원주전극 사이의 간극에서 공기가 이온화되면 점화에 어떠한 영향을 주는가?
① 아무 변화가 없다.
② 불꽃방전이 잘 이루어진다.
③ 불꽃방전이 이루어지지 않는다.
④ 플러그가 손상된 것이므로 교환해 주어야 한다.

26. 터보제트엔진에서 비행속도 100ft/s, 진추력 10,000lbf일 때 추력마력은 몇 ft·lbf/s인가?
① 1,818   ② 2,828
③ 8,181   ④ 8,282

27. 가스 터빈 엔진에서 주로 사용하는 윤활계통의 형식은?
① dry sump, jet and spray
② dry sump, dip and splash
③ wet sump, spray and splash
④ wet sump, dip and pressure

28. 프로펠러의 회전면과 시위선이 이루는 각을 무엇이라 하는가?
① 깃각
② 붙임각
③ 회전각
④ 깃뿌리각

29. 가스 터빈 엔진의 축류압축기에서 발생하는 실속(stall) 현상 방지를 위해 사용하는 장치가 아닌 것은?
① 블리드 밸브(bleed valve)
② 다축식 구조(multi spool design)
③ 연료-오일 냉각기(fuel-oil cooler)
④ 가변 스테이터 베인(variable stator vane)

30. 가스 터빈 엔진의 압축기에서 축류식과 비교한 원심식의 특징이 아닌 것은?
① 경량이다.
② 구조가 간단하다.
③ 제작비가 저렴하다.
④ 단(스테이지)당 압축비가 작다.

31. 9기통 성형엔진에서 회전영구자석이 6극형이라면, 회전영구자석의 회전속도는 크랭크축 회전속도의 몇 배가 되는가?
① 3
② 1.5
③ 3/4
④ 2/3

32. 왕복엔진의 실린더 배열에 따른 종류가 아닌 것은?
① 성형 엔진
② 대향형 엔진
③ V형 엔진
④ 액냉식 엔진

33. 피스톤이 하사점에 있을 때 차압 시험기를 이용한 압축점검(compression check)을 하면 안 되는 이유는?
① 폭발의 위험성이 있기 때문에
② 최소한 1개의 밸브가 열려 있기 때문에
③ 과한 압력으로 게이지가 손상되기 때문에
④ 실린더 체적이 최대가 되어 부정확하기 때문에

34. 왕복엔진의 연료계통에서 증기폐색(vapor lock)에 대한 설명으로 옳은 것은?
① 연료 펌프의 고착을 말한다.
② 기화기(carburetor)에서의 연료 증발을 말한다.
③ 연료흐름도관에서 증기 기포가 형성되어 흐름을 방해하는 것을 말한다.
④ 연료계통에 수증기가 형성되는 것을 말한다.

35. 흡입 밸브와 배기 밸브의 팁 간극이 모두 너무 클 경우 발생하는 현상은?
① 점화시기가 느려진다.
② 오일 소모량이 감소한다.
③ 실린더의 온도가 낮아진다.
④ 실린더의 체적효율이 감소한다.

36. 가스 터빈 엔진의 연료 중 항공 가솔린의 증기압과 비슷한 값을 가지고 있으며 등유와 증기압이 낮은 가솔린의 합성연료이고, 군용으로 주로 많이 쓰이는 연료는?
① JP-4
② JP-6
③ 제트 A형
④ AV-GAS

37. 왕복엔진의 크랭크축에 다이내믹 댐퍼(dynamic damper)를 사용하는 주된 목적은?
① 커넥팅 로드의 왕복운동을 방지하기 위하여
② 크랭크축의 비틀림 진동을 감쇠하기 위하여
③ 크랭크축의 자이로 작용(gyroscopic action)을 방지하기 위하여
④ 항공기가 교란되었을 때 원위치로 복원시키기 위하여

38. 왕복엔진에서 로우텐션(low tension) 점화장치를 사용하는 경우의 장점은?
① 구조가 간단하여 엔진의 중량을 줄일 수 있다.
② 부스터 코일(booster coil)이 하나이므로 정비가 용이하다.
③ 점화플러그에 유기되는 전압이 낮아 정비 시 위험성이 적다.
④ 높은 고도 비행 시 하이텐션(high tension) 점화장치에서 발생되는 플래시오버(flash over)를 방지할 수 있다.

39. 프로펠러 날개의 루트 및 허브를 덮는 유선형의 커버로, 공기흐름을 매끄럽게 하여 엔진효율 및 냉각효과를 돕는 것은?
① 램(ram)
② 커프스(cuffs)
③ 거버너(governor)
④ 스피너(spinner)

40. 흡입공기를 사용하지 않는 제트엔진은?
① 로켓　　　② 램제트
③ 펄스제트　　④ 터보팬엔진

　　　　　　항공기체

41. 탄소강에 첨가되는 원소 중 연신율을 감소시키지 않고 인장강도와 경도를 증가시키는 것은?
① 탄소　　　② 규소
③ 인　　　　④ 망간

42. 항공기 무게를 계산하는 데 기초가 되는 자기무게(empty weight)에 포함되는 무게는?

① 고정 밸러스트
② 승객과 화물
③ 사용 가능 연료
④ 배출 가능 윤활유

43. 다음과 같은 단면에서 x, y축에 관한 단면상승 모멘트($I_{xy} = \int xy dA$)는 약 몇 cm^{4}인가?

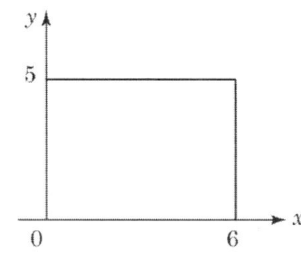

① 56　　　　② 152
③ 225　　　 ④ 900

44. 주날개(main wing)의 주요 구조 요소로 옳은 것은?
① 스파(spar), 리브(rib), 론저론(longeron)
② 스파, 리브, 스트링거(stringer)
③ 스파, 리브, 벌크헤드(bulkhead)
④ 스파, 리브, 스트링거, 론저론

45. 설계제한하중배수가 2.5인 비행기의 실속속도가 120km/h일 때 이 비행기의 설계운용속도는 약 몇 km/h인가?
① 150　　　　② 240
③ 190　　　　④ 300

46. 두 판재를 결합하는 리벳작업 시 리벳 직경의 크기는?
① 두 판재를 합한 두께의 3배 이상이어야 한다.
② 얇은 판재 두께의 3배 이상이어야 한다.
③ 두꺼운 판재 두께의 3배 이상이어야 한다.

④ 두 판재를 합한 두께의 1/2 이상이어야 한다.

47. 페일 세이프 구조 중 다경로구조(redundant structure)에 대한 설명으로 옳은 것은?
① 단단한 보강재를 대어 해당량 이상의 하중을 이 보강재가 분담하는 구조이다.
② 여러 개의 부재로 되어 있고 각각의 부재는 하중을 고르게 분담하도록 되어 있는 구조이다.
③ 하나의 큰 부재를 사용하는 대신 2개 이상의 작은 부재를 결합하여 1개 부재와 같은 또는 그 이상의 강도를 지닌 구조이다.
④ 규정된 하중은 모두 좌측 부재에서 담당하고 우측 부재는 예비 부재로 좌측 부재가 파괴된 후 그 부재를 대신하여 전체하중을 담당하는 구조이다.

48. 착륙장치(landing gear)가 내려올 때 속도를 감소시키는 밸브는?
① 셔틀 밸브
② 시퀀스 밸브
③ 릴리프 밸브
④ 오리피스 체크밸브

49. 일정한 응력(힘)을 받는 재료가 일정한 온도에서 시간이 경과함에 따라 변형률이 증가하는 현상을 무엇이라고 하는가?
① 크리프(creep)
② 항복(yield)
③ 파괴(fracture)
④ 피로굽힘(fatigue bending)

50. 항공기 부식을 예방하기 위한 표면처리 방법이 아닌 것은?
① 마스킹처리(masking)
② 알로다인처리(alodining)
③ 양극산화처리(anodizing)
④ 화학적피막처리(chemical conversion coating)

51. 그림과 같이 판재를 굽히기 위해서 Flat A의 길이는 약 몇 인치가 되어야 하는가?

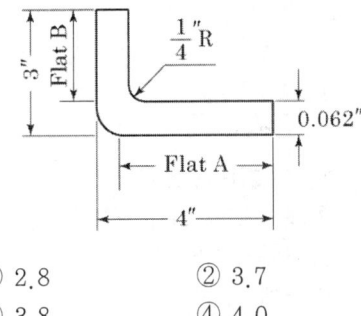

① 2.8   ② 3.7
③ 3.8   ④ 4.0

52. 복합소재의 결함탐지방법으로 적합하지 않은 것은?
① 와전류검사
② X-RAY 검사
③ 초음파검사
④ 탭 테스트(tap test)

53. 항공기엔진을 날개에 장착하기 위한 구조물로만 나열한 것은?
① 마운트, 나셀, 파일론
② 블래더, 나셀, 파일론
③ 인테그럴, 블래더, 파일론
④ 캔틸레버, 인테그럴, 나셀

54. 용접 작업에 사용되는 산소 · 아세틸렌 토치 팁(tip)의 재질로 가장 적절한 것은?
① 납 및 구리합금
② 구리 및 구리합금
③ 마그네슘 및 마그네슘합금
④ 알루미늄 및 알루미늄합금

55. 육각 볼트머리의 삼각형 속에 X가 새겨져 있다면 이것은 어떤 볼트인가?
   ① 표준 볼트   ② 정밀 공차 볼트
   ③ 내식성 볼트   ④ 내부 렌칭 볼트

56. 다음 중 크기와 방향이 변화하는 인장력과 압축력이 상호 연속적으로 반복되는 하중은?
   ① 교번하중   ② 정하중
   ③ 반복하중   ④ 충격하중

57. 항공기 기체 구조의 리깅(rigging)작업을 할 때 구조의 얼라인먼트(alignment) 점검 사항이 아닌 것은?
   ① 날개 상반각
   ② 수직 안정판 상반각
   ③ 수평 안정판 상반각
   ④ 착륙장치의 얼라인먼트

58. 연료탱크에 있는 벤트계통(vent system)의 주 역할로 옳은 것은?
   ① 연료탱크 내의 증기를 배출하여 발화를 방지한다.
   ② 비행자세의 변화에 따른 연료탱크 내의 연료유동을 방지한다.
   ③ 연료탱크 최하부에 위치하여 수분이나 잔류 연료를 제거한다.
   ④ 연료탱크 내·외부의 차압에 의한 탱크구조를 보호한다.

59. 너트의 부품번호 AN 310 D-5 R에서 문자 D가 의미하는 것은?
   ① 너트의 안전결선용 구멍
   ② 너트의 종류인 캐슬 너트
   ③ 사용 볼트의 직경을 표시
   ④ 너트의 재료인 알루미늄 합금 2017T

60. SAE 1035가 의미하는 금속재료는?
   ① 탄소강   ② 마그네슘강
   ③ 니켈강   ④ 몰리브덴강

4과목 항공장비

61. 12,000rpm으로 회전하고 있는 교류발전기로 400Hz의 교류를 발전하려면 몇 극(pole)으로 하여야 하는가?
   ① 4극   ② 8극
   ③ 12극   ④ 24극

62. 10mH의 인덕턴스에 60Hz, 100V의 전압을 가하면 약 몇 암페어(A)의 전류가 흐르는가?
   ① 15   ② 20
   ③ 25   ④ 26

63. 객실압력 조절에 직접적으로 영향을 주는 것은?
   ① 공압계통의 압력
   ② 슈퍼차저의 압축비
   ③ 터보 컴프레서 속도
   ④ 아웃플로 밸브의 개폐 속도

64. 다음 중 계기착륙장치의 구성품이 아닌 것은?
   ① 마커 비컨
   ② 관성항법장치
   ③ 로컬라이저
   ④ 글라이더 슬로프

65. 제빙부츠장치(de-icer boots system)에 대한 설명으로 옳은 것은?
   ① 날개 뒷전이나 안정판(stabilizer)에 장착된다.
   ② 조종사의 시계 확보를 위해 사용된다.
   ③ 코일에 전원을 공급할 때 발생하는 진동을 이용하여 제빙하는 장치이다.

④ 고압의 공기를 주기적으로 수축, 팽창시켜 제빙하는 장치이다.

66. 항공계기에 표시되어 있는 적색 방사선(red radiation)은 무엇을 의미하는가?
① 플랩 조작 속도 범위
② 계속운전범위(순항범위)
③ 최소, 최대운전 또는 운용한계
④ 연료와 공기 혼합기의 Auto-lean 시의 계속운전범위

67. 항공기에서 거리측정장치(DME)의 기능에 대한 설명으로 옳은 것은?
① 질문펄스에서 응답펄스에 대한 펄스 간 지체시간을 구하여 방위를 측정할 수 있다.
② 질문펄스에서 응답펄스에 대한 펄스 간 지체시간을 구하여 거리를 측정할 수 있다.
③ 응답펄스에서 질문펄스에 대한 시간차를 구하여 방위를 측정할 수 있다.
④ 응답펄스에서 선택된 주파수만을 계산하여 거리를 측정할 수 있다.

68. 통신장치에서 신호 입력이 없을 때 잡음을 제거하기 위한 회로는?
① AGC회로
② 스퀠치회로
③ 프리엠퍼시스회로
④ 디엠퍼시스회로

69. 화재탐지장치에 대한 설명으로 틀린 것은?
① 열전쌍(thermocouple)은 주변의 온도가 서서히 상승할 때 열전대의 열팽창으로 인해 전압을 발생시킨다.
② 광전기셀(photo-electric cell)은 공기 중의 연기로 빛을 굴절시켜 광전기셀에서 전류를 발생시킨다.
③ 서미스터(thermistor)는 저온에서는 저항이 높아지고, 온도가 상승하면 저항이 낮아지는 도체로 회로를 구성한다.
④ 열스위치(thermal switch)식은 2개 합금의 열팽창에 의해 전압을 발생시킨다.

70. 셀콜시스템(SELCAL system)에 대한 설명으로 틀린 것은?
① HF, VHF 시스템으로 송·수신된다.
② 양자 간 호출을 위한 화상시스템이다.
③ 일반적으로 코드는 4개의 코드로 만들어져 있다.
④ 지상에서 항공기를 호출하기 위한 장치이다.

71. 실린더에 흡입되는 공기와 연료 혼합기의 압력을 측정하는 왕복엔진계기는?
① 흡기 압력계   ② EPR 계기
③ 흡인 압력계   ④ 오일 압력계

72. 다음 중 자기 컴퍼스에서 발생하는 정적 오차의 종류가 아닌 것은?
① 북선 오차   ② 반원차
③ 사분원차   ④ 불이차

73. 다음 중 외기온도계가 활용되지 않는 것은?
① 외기 온도 측정
② 엔진의 출력 설정
③ 배기가스 온도 측정
④ 진대기 속도의 파악

74. 유압계통에서 압력조절기와 비슷한 역할을 하며 계통의 고장으로 인해 이상 압력이 발생되면 작동하는 장치는?
① 체크 밸브   ② 리저버
③ 릴리프 밸브   ④ 축압기

75. 4대의 교류발전기가 병렬운전을 하고 있을 경우 1대의 발전기가 고장나면 해당 발전기 계통의 전원은 어디에서 공급받는가?
① 전력이 공급되지 않는다.
② 배터리에서 전원을 공급받는다.
③ 비상시에 사용되는 버스에서 전원을 공급받는다.
④ 병렬운전하는 버스에서 전원을 공급받는다.

76. 조종실이나 객실에 설치되며 전기나 기름 화재에 사용되는 소화기는?
① 물 소화기
② 포말 소화기
③ 분말 소화기
④ 이산화탄소 소화기

77. 증기순환 냉각계통의 구성품 중 계통의 모든 습기를 제거해 주는 장치는?
① 증발기   ② 응축기
③ 리시버 건조기 ④ 압축기

78. 황산납 축전지(lead acid battery)의 과충전상태를 의심할 수 있는 증상이 아닌 것은?
① 전해액이 축전지 밖으로 흘러나오는 경우
② 축전지에 흰색 침전물이 너무 많이 묻어 있는 경우
③ 축전지 셀 케이스가 부풀어 오른 경우
④ 축전지 윗면 캡 주위에 약간의 탄산칼륨이 있는 경우

79. 교류에서 전압, 전류의 크기는 일반적으로 어느 값을 의미하는가?
① 최대값   ② 순시값
③ 실효값   ④ 평균값

80. 인공위성을 이용하여 3차원의 위치(위도, 경도, 고도), 항법에 필요한 항공기 속도 정보를 제공하는 것은?
① Inertial Navigation System
② Global Positioning System
③ Omega Navigation System
④ Tactical Air Navigation System

항공산업기사 2019년 4회 (9월 21일)

1과목 항공역학

01. 활공기에서 활공거리를 증가시키기 위한 방법으로 옳은 것은?
① 압력항력을 크게 한다.
② 형상항력을 최대로 한다.
③ 날개의 가로세로비를 크게 한다.
④ 표면 박리현상 방지를 위하여 표면을 적절히 거칠게 한다.

02. 비행기의 무게가 2,000kgf이고 선회 경사각이 30°, 150km/h의 속도로 정상 선회하고 있을 때 선회 반지름은 약 몇 m인가?
① 214   ② 256
③ 307   ④ 359

03. 베르누이의 정리에 대한 식과 설명으로 틀린 것은? (단, P_t : 전압, P : 정압, q : 동압, V : 속도, ρ : 밀도)
① $q = \frac{1}{2}\rho V^2$
② $P = P_t + q$
③ 정압은 항상 존재한다.
④ 이상유체 정상흐름에서 전압은 일정하다.

04. 프로펠러 비행기가 최대 항속거리를 비행하기 위한 조건은?
① 양항비 최소, 연료소비율 최소
② 양항비 최소, 연료소비율 최대
③ 양항비 최대, 연료소비율 최대
④ 양항비 최대, 연료소비율 최소

05. 폭이 3m, 길이가 6m인 평판이 20m/s 흐름 속에 있고, 층류 경계층이 평판의 전길이에 따라 존재한다고 가정할 때, 앞에서부터 3m인 곳의 경계층 두께는 약 몇 m인가? (단, 층류에서의 두께= $\frac{5.2x}{\sqrt{R_e}}$, 동점성계수 $0.1 \times 10^{-4} m^2/s$이다.)
① 0.52   ② 0.63
③ 0.0052 ④ 0.0063

06. 일반적인 헬리콥터 비행 중 주 회전날개에 의한 필요마력의 요인으로 보기 어려운 것은?
① 유도속도에 의한 유도항력
② 공기의 점성에 의한 마찰력
③ 공기의 박리에 의한 압력항력
④ 경사충격파 발생에 따른 조파저항

07. 그림과 같은 프로펠러 항공기의 이륙과정에서 이륙거리는?

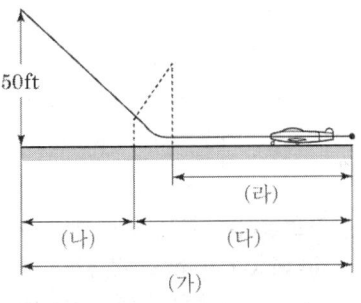

① (가)   ② (나)
③ (다)   ④ (라)

08. 비행기의 조종면을 작동하는 데 필요한 조종력을 옳게 설명한 것은?
① 중력가속도에 반비례한다.
② 힌지 모멘트에 반비례한다.
③ 비행속도의 제곱에 비례한다.
④ 조종면 폭의 제곱에 비례한다.

09. NACA 2412 에어포일의 양력에 관한 설명으로 옳은 것은?
① 받음각이 영도(0°)일 때 양의 양력계수를 갖는다.
② 받음각이 영도(0°)보다 작으면 양의 양력계수를 가질 수 없다.
③ 최대 양력계수의 크기는 레이놀즈 수에 무관하다.
④ 실속이 일어난 직후에 양력이 최대가 된다.

10. 비행기가 음속에 가까운 속도로 비행 시 속도를 증가시킬수록 기수가 내려가려는 현상은?
① 피치 업(pitch up)
② 턱 언더(tuck under)
③ 디프 실속(deep stall)
④ 역 빗놀이(adverse yaw)

11. 표준 대기의 기온, 압력, 밀도, 음속을 옳게 나열한 것은?
① 15℃, 750mmHg, 1.5kg/m³, 330m/s
② 15℃, 760mmHg, 1.2kg/m³, 340m/s
③ 18℃, 750mmHg, 1.5kg/m³, 340m/s
④ 18℃, 760mmHg, 1.2kg/m³, 330m/s

12. 프로펠러의 회전 깃단 마하수(rotational tip Mach number)를 옳게 나타낸 식은? (단, n : 프로펠러 회전수(rpm), D : 프로펠러 지름(m), a : 음속(m/s)이다.)
① $\dfrac{\pi n}{60 \times a}$
② $\dfrac{\pi n}{30 \times a}$
③ $\dfrac{\pi nD}{30 \times a}$
④ $\dfrac{\pi nD}{60 \times a}$

13. 헬리콥터는 제자리비행 시 균형을 맞추기 위해서 주 회전날개 회전면이 회전방향에 따라 동체의 좌측이나 우측으로 기울게 되는데 이는 어떤 성분의 역학적 평형을 맞추기 위해서인가? (단, x, y, z는 기체축(동체축) 정의를 따른다.)
① x축 모멘트의 평형
② x축 힘의 평형
③ y축 모멘트의 평형
④ y축 힘의 평형

14. 항공기의 방향 안정성이 주된 목적인 것은?
① 수직 안정판
② 주익의 상반각
③ 수평 안정판
④ 주익의 붙임각

15. 가로안정(lateral stability)에 대해서 영향을 미치는 것으로 가장 거리가 먼 것은?
① 수평 꼬리날개
② 주날개의 상반각
③ 수직 꼬리날개
④ 주날개의 뒤젖힘각

16. 프로펠러를 장착한 비행기에서 프로펠러 깃의 날개 단면에 대해 유입되는 합성속도의 크기를 옳게 표현한 식은? (단, V : 비행속도, r : 프로펠러 반지름, n : 프로펠러 회전수(rps)이다.)
① $\sqrt{V^2 - (\pi nr)^2}$
② $\sqrt{V^2 + (2\pi nr)^2}$
③ $\sqrt{V^2 + (\pi nr)^2}$
④ $\sqrt{V^2 - (2\pi nr)^2}$

17. 스팬(span)의 길이가 39ft, 시위(chord)의 길이가 6ft인 직사각형의 날개에서 양

력계수가 0.8일 때 유도받음각은 약 몇 도(°)인가? (단, 스팬 효율계수는 1이라 가정한다.)
① 1.5   ② 2.2
③ 3.0   ④ 3.9

18. 대기권의 구조를 낮은 고도에서부터 순서대로 나열한 것은?
① 대류권 → 성층권 → 열권 → 중간권
② 대류권 → 중간권 → 성층권 → 열권
③ 대류권 → 성층권 → 중간권 → 열권
④ 대류권 → 중간권 → 열권 → 성층권

19. 고정 날개 항공기의 자전운동(auto rotation)과 연관된 특수 비행성능은?
① 선회운동
② 스핀(spin) 운동
③ 키돌이(loop) 운동
④ 온 파일런(on pylon) 운동

20. 양력계수가 0.25인 날개면적 20m²의 항공기가 720km/h의 속도로 비행할 때 발생하는 양력은 몇 N인가? (단, 공기의 밀도는 1.23kg/m³이다.)
① 6,150   ② 10,000
③ 123,000   ④ 246,000

2과목　　항공기관

21. 부자식 기화기를 사용하는 왕복엔진에서 연료는 어느 곳을 통과할 때 분무화되는가?
① 기화기 입구
② 연료펌프 출구
③ 부자실(float chamber)
④ 기화기 벤투리(carburetor venturi)

22. 외부 과급기(external supercharger)를 장착한 왕복엔진의 흡기계통 내에서 압력이 가장 낮은 곳은?
① 과급기 입구   ② 흡입 다기관
③ 기화기 입구   ④ 스로틀밸브 앞

23. 소형 저속 항공기에 주로 사용되는 엔진은?
① 로켓   ② 터보팬엔진
③ 왕복엔진   ④ 터보제트엔진

24. 윤활유 시스템에서 고온 탱크형(hot tank system)에 대한 설명으로 옳은 것은?
① 고온의 소기오일(scavenge oil)이 냉각되어서 직접 탱크로 들어가는 방식
② 고온의 소기오일(scavenge oil)이 냉각되지 않고 직접 탱크로 들어가는 방식
③ 오일 냉각기가 소기계통에 있어 오일이 연료 가열기에 의해 가열되는 방식
④ 오일 냉각기가 소기계통에 있어 오일 탱크의 오일이 가열기에 의해 가열되는 방식

25. 정적비열 0.2kcal/(kg·K)인 이상기체 5kg이 일정 압력하에서 50kcal의 열을 받아 온도가 0℃에서 20℃까지 증가하였을 때 외부에 한 일은 몇 kcal인가?
① 4   ② 20
③ 30   ④ 70

26. 가스 터빈 엔진 연료조절장치(FCU)의 수감요소(sensing factor)가 아닌 것은?
① 엔진회전수(RPM)
② 압축기 입구 온도(CIT)
③ 추력레버위치(power lever angle)
④ 혼합기조정위치 (mixture control position)

27. 왕복엔진의 기계효율을 옳게 나타낸 것은?

① $\dfrac{제동마력}{지시마력}\times 100$ ② $\dfrac{이용마력}{제동마력}\times 100$
③ $\dfrac{지시마력}{제동마력}\times 100$ ④ $\dfrac{지시마력}{이용마력}\times 100$

28. 비행 중이나 지상에서 엔진이 작동하는 동안 조종사가 유압 또는 전기적으로 피치를 변경시킬 수 있는 프로펠러 형식은?
① 정속 프로펠러(constant-speed propeller)
② 고정 피치 프로펠러(fixed pitch propeller)
③ 조정 피치 프로펠러(adjustable pitch propeller)
④ 가변 피치 프로펠러(controllable pitch propeller)

29. 왕복엔진과 비교하여 가스 터빈 엔진의 점화장치로 고전압, 고에너지 점화장치를 사용하는 주된 이유는?
① 열손실을 줄이기 위해
② 사용연료의 기화성이 낮아 높은 에너지 공급을 위해
③ 엔진의 부피가 커 높은 열공급을 위해
④ 점화기 특정 규격에 맞추어 장착하기 위해

30. 프로펠러의 특정 부분을 나타내는 명칭이 아닌 것은?
① 허브(hub)   ② 네크(neck)
③ 로터(rotor) ④ 블레이드(blade)

31. 항공기 엔진에서 소기 펌프(scavenge pump)의 용량을 압력펌프(pressure pump)보다 크게 하는 이유는?
① 소기 펌프의 진동이 더욱 심하기 때문
② 소기되는 윤활유는 체적이 증가하기 때문
③ 압력 펌프보다 소기 펌프의 압력이 높기 때문
④ 윤활유가 저온이 되어 밀도가 증가하기 때문

32. 왕복엔진에서 시동을 위해 마그네토(magneto)에 고전압을 증가시키는 데 사용되는 장치는?
① 스로틀(throttle)
② 기화기(carburetor)
③ 과급기(supercharger)
④ 임펄스 커플링(impulse coupling)

33. 실린더 내경이 6in이고 행정(stroke)이 6in인 단기통 엔진의 배기량은 약 몇 in^3인가?
① 28   ② 169
③ 339   ④ 678

34. 가스 터빈 엔진에서 실속의 원인으로 볼 수 없는 것은?
① 압축기의 심한 손상 또는 오염
② 번개나 뇌우로 인한 엔진 흡입구 공기 온도의 급격한 증가
③ 가변 스테이터 베인(variable stator vane)의 각도 불일치
④ 연료조종장치와 연결되는 압축기 출구압력(CDP) 튜브의 절단

35. 압축기 입구에서 공기의 압력과 온도가 각각 1기압, 15℃이고, 출구에서 압력과 온도가 각각 7기압, 300℃일 때, 압축기의 단열효율은 몇 %인가? (단, 공기의 비열비는 1.4이다.)
① 70   ② 75
③ 80   ④ 85

36. 다음과 같은 특성을 가진 엔진은?

- 비행속도가 빠를수록 추진 효율이 좋다.
- 초음속 비행이 가능하다.

- 배기소음이 심하다.

① 터보팬엔진   ② 터보프롭엔진
③ 터보제트엔진 ④ 터보샤프트엔진

37. 브레이턴 사이클(Brayton cycle)의 열역학적인 변화에 대한 설명으로 옳은 것은?
① 2개의 정압과정과 2개의 단열과정으로 구성된다.
② 2개의 정적과정과 2개의 단열과정으로 구성된다.
③ 2개의 단열과정과 2개의 등온과정으로 구성된다.
④ 2개의 등온과정과 2개의 정적과정으로 구성된다.

38. 축류형 터빈에서 터빈의 반동도를 구하는 식은?
① $\frac{단당팽창}{터빈깃의 팽창} \times 100$
② $\frac{스테이터깃의 팽창}{단당팽창} \times 100$
③ $\frac{회전자깃에 의한 팽창}{단당팽창} \times 100$
④ $\frac{회전자깃에 의한 압력상승}{터빈깃의 팽창} \times 100$

39. 가스 터빈 엔진에서 배기 노즐의 주목적은?
① 난류를 얻기 위하여
② 배기가스의 속도를 증가시키기 위하여
③ 배기가스의 압력을 증가시키기 위하여
④ 최대 추력을 얻을 때 소음을 증가시키기 위하여

40. 왕복엔진 실린더에 있는 밸브 가이드(valve guide)의 마모로 발생할 수 있는 문제점은?
① 높은 오일 소모량
② 낮은 오일 압력
③ 낮은 오일 소모량
④ 높은 오일 압력

3과목 항공기체

41. 리벳작업에 대한 설명으로 틀린 것은?
① 리벳의 피치는 같은 열에 이웃하는 리벳중심 간의 거리로 최소한 리벳직경의 5배 이상은 되어야 한다.
② 열간 간격(횡단 피치)은 최소한 리벳직경의 2.5배 이상은 되어야 한다.
③ 리벳과 리벳구멍의 간격은 0.002~0.004in가 적당하다.
④ 판재의 모서리와 최외곽열의 중심까지의 거리는 리벳직경의 2~4배가 적당하다.

42. 항공기 판재 굽힘 작업 시 최소 굽힘반지름을 정하는 주된 목적은?
① 굽힘작업 시 발생하는 열을 최소화하기 위해
② 굽힘작업 시 낭비되는 재료를 최소화하기 위해
③ 판재와 굽힘작업으로 발생되는 내부 체적을 최대로 하기 위해
④ 굽힘반지름이 너무 작아 응력변형이 생겨 판재가 약화되는 현상을 막기 위해

43. 스크류의 식별 기호 AN507 C 428 R 8에서 C가 의미하는 것은?
① 직경   ② 재질
③ 길이   ④ 홈을 가진 머리

44. 지상 계류중인 항공기가 돌풍을 만나 조종면이 덜컹거리거나 그것에 의해 파손되지

않게 설비된 장치는?
① 스토퍼(stopper)
② 토크 튜브(torque tube)
③ 거스트 로크(gust lock)
④ 장력 조절기(tension regulator)

45. 한쪽의 길이를 짧게 하기 위해 주름지게 하는 판금가공 방법은?
① 범핑(bumping)
② 크림핑(crimping)
③ 수축가공(shrinking)
④ 신장가공(stretching)

46. 케이블 조종계통(cable control system)에서 7×19의 케이블을 옳게 설명한 것은?
① 19개의 와이어로 7번 감아 케이블을 만든 것이다.
② 7개의 와이어로 19번을 감아 케이블을 만든 것이다.
③ 19개의 와이어로 1개의 다발을 만들고, 이 다발 7개로 1개의 케이블을 만든 것이다.
④ 7개의 와이어로 1개의 다발을 만들고, 이 다발 19개로 1개의 케이블을 만든 것이다.

47. 그림과 같은 V-n 선도에서 항공기의 순항성능이 가장 효율적으로 얻어지도록 설계된 속도를 나타내는 지점은?

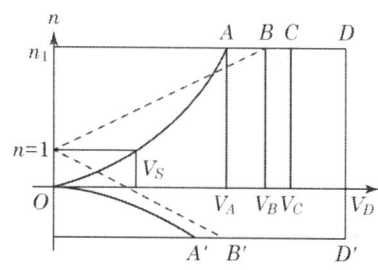

① V_A
② V_B
③ V_C
④ V_D

48. 세미모노코크 구조 형식의 날개에서 날개의 단면 모양을 형성하는 부재로 옳은 것은?
① 스파(spar), 표피(skin)
② 스트링거(stringer), 리브(rib)
③ 스트링거(stringer), 스파(spar)
④ 스트링거(stringer), 표피(skin)

49. 벤트 플로트 밸브, 화염차단장치, 서지탱크, 스캐빈지 펌프 등의 구성품이 포함된 계통은?
① 조종계통
② 착륙장치계통
③ 연료계통
④ 브레이크계통

50. 항공기의 무게중심이 기준선에서 90in에 있고 MAC의 앞전이 기준선에서 82in인 곳에 위치한다면 MAC가 32in인 경우 중심은 몇 %MAC인가?
① 15
② 20
③ 25
④ 35

51. 알루미늄의 표면에 인공적으로 얇은 산화피막을 형성하는 방법은?
① 주석 도금처리
② 파커라이징
③ 카드늄 도금처리
④ 아노다이징

52. 앤티스키드장치(anti-skid system)의 역할이 아닌 것은?
① 유압식 브레이크에서 작동유 누출을 방지하기 위한 것이다.
② 브레이크의 제동을 원활하게 하기 위한 것이다.
③ 항공기가 착륙 활주 중 활주속도에 비해 과도한 제동을 방지한다.
④ 항공기가 미끄러지지 않게 균형을 유지시켜 준다.

53. 다음 중 인공시효 경화처리로 강도를 높일 수 있는 알루미늄 합금은?

① 1100　　　② 2024
③ 3003　　　④ 5052

54. 두께가 0.01in인 판의 전단흐름이 30lb/in일 때 전단응력은 몇 lb/in²인가?
① 3,000　　　② 300
③ 30　　　　④ 0

55. 항공기의 무게중심 위치를 맞추기 위하여 항공기에 설치하는 모래주머니, 납봉, 납판 등을 무엇이라 하는가?
① 밸러스트(ballast)
② 유상하중(pay load)
③ 테어무게(tare weight)
④ 자기무게(empty weight)

56. 그림과 같은 단면에서 y축에 관한 단면의 1차 모멘트는 몇 cm³인가? (단, 점선은 단면의 중심선을 나타낸 것이다.)

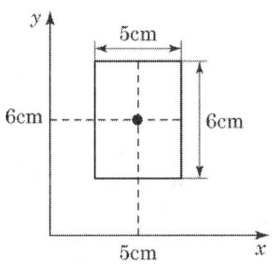

① 150　　　② 180
③ 200　　　④ 220

57. 기체구조의 형식 중 응력외피구조(stress skin structure)에 대한 설명으로 옳은 것은?
① 2개의 외판 사이에 벌집형, 거품형, 파(wave)형 등의 심을 넣고 고착시켜 샌드위치 모양으로 만든 구조이다.
② 하나의 구조요소가 파괴되더라도 나머지 구조가 그 기능을 담당해 주는 구조이다.
③ 목재 또는 강판으로 트러스(삼각형 구조)를 구성하고 그 위에 천 또는 얇은 금속판의 외피를 씌운 구조이다.
④ 외피가 항공기의 형태를 이루면서 항공기에 작용하는 하중의 일부를 외피가 담당하는 구조이다.

58. 다음 중 조종 케이블의 장력을 측정하는 기구는?
① 턴버클(turn bucker)
② 프로트랙터(protractor)
③ 케이블 리깅(cable rigging)
④ 케이블 텐션미터(cable tension meter)

59. 다음과 같은 특징을 갖는 강은?

- 크롬 몰리브덴강
- 0.30%의 탄소를 함유함
- 용접성을 향상시킨 강

① AA 1100　　　② SAE 4130
③ AA 5052　　　④ SAE 4340

60. 항공기 외부 세척방법에 해당하지 않는 것은?
① 습식 세척　　　② 연마
③ 건식 세척　　　④ 블라스팅

4과목　항공장비

61. 항공기 동체 상·하면에 장착되어 있는 충돌방지등(anti-collision light)의 색깔은?
① 녹색　　　② 청색
③ 적색　　　④ 흰색

62. 14,000ft 미만에서 비행할 경우 사용하고, 활주로에서 고도계가 활주로 표고를 지시하도록 하는 방식의 고도계 보정 방법은?

① QNH 보정　② QNE 보정
③ QFE 보정　④ QFG 보정

63. HF(high frequency) system에 대한 설명으로 옳은 것은?
① 항공기 대 항공기, 항공기 대 지상 간에 가시거리 음성통화를 위해 사용한다.
② 작동 주파수 범위는 118MHz~137MHz 이며, 채널별 간격은 8.33kHz이다.
③ 송신기는 발진부, 고주파 증폭부, 변조기 및 안테나로 이루어진다.
④ HF는 파장이 짧기 때문에 안테나의 길이가 짧아야 한다.

64. 싱크로 전기기기에 대한 설명으로 틀린 것은?
① 회전축의 위치를 측정 또는 제어하기 위해 사용되는 특수한 회전기이다.
② 각도검출 및 지시용으로는 2개의 싱크로 전기기기를 1조로 사용한다.
③ 구조는 고정자축에 1차권선, 회전자축에 2차권선을 갖는 회전변압기이고, 2차축에는 정현파 교류가 발생하도록 되어 있다.
④ 항공기에서는 컴퍼스계기에 VOR국이나 ADF국 방위를 지시하는 지시계기로서 사용되고 있다.

65. 유압계통에서 유량제어 또는 방향제어밸브에 속하지 않은 것은?
① 오리피스(orifice)
② 체크 밸브(check valve)
③ 릴리프 밸브(relief valve)
④ 선택 밸브(selector valve)

66. 다음 중 피토압에 영향을 받지 않는 계기는?
① 속도계　② 고도계
③ 승강계　④ 선회 경사계

67. 유압계통에서 축압기(accumulator)의 사용 목적은?
① 계통의 유압 누설 시 차단
② 계통의 과도한 압력 상승 방지
③ 계통의 결함 발생 시 유압 차단
④ 계통의 서지(surge) 완화 및 유압저장

68. 객실 내의 공기를 일정한 기압이 되도록 동체의 옆이나 끝부분 또는 날개의 필릿(fillet)을 통하여 공기를 외부로 배출시켜 주는 밸브는?
① 덤프 밸브(dump valve)
② 아웃플로 밸브(out-flow valve)
③ 압력 릴리프 밸브(cabin pressure valve)
④ 부압 릴리프 밸브(negative pressure valve)

69. 다음 중 시동 특성이 가장 좋은 직류전동기는?
① 션트전동기　② 직권전동기
③ 직·병렬 전동기④ 분권 전동기

70. 조종실 내의 온도와 열전대식(thermo-couple) 온도계에 대한 설명으로 옳은 것은?
① 조종실 내의 온도계는 열전대식 온도계가 사용되지 않는다.
② 조종실 내의 온도계로 사용되는 열전대식 온도계는 최고 100℃까지 측정이 가능하다.
③ 조종실 내의 온도가 높아지면서 열전대식 온도계의 지시값은 낮게 지시된다.
④ 조종실 내의 온도가 높아지면 열전대식 온도계의 지시값은 높게 지시된다.

71. 다음 중 방빙장치가 되어 있지 않은 곳은?
① 착륙장치 휠 웰
② 주날개 리딩 에지

③ 꼬리날개 리딩 에지
④ 엔진의 전방 카울링

72. 다음 중 전압을 높이거나 낮추는 데 사용되는 것은?
① 변압기　② 트랜스미터
③ 인버터　④ 전압 상승기

73. 관성항법장치(INS) 계통에서 얼라인먼트(alignment)는 무엇을 하는 것인가?
① 플랫폼(platform) 방향을 진북을 향하게 하고, 지구에 대해 수평이 되게 하는 것
② 조종사가 항공기 위치 정보를 입력하는 것
③ 플랫폼(platform)에 놓여진 3축의 가속도계가 검출한 가속도를 적분하여 위치나 속도를 계산하는 것
④ INS가 계산한 위치(위도)와 제어표시장치를 통해 입력한 항공기의 실제 위치를 일치시켜 주는 것

74. 지상접근경보장치(G.P.W.S)의 입력 소스가 아닌 것은?
① 전파고도계
② BELLOW G/S LIGHT
③ 플랩 오버라이드 스위치
④ 랜딩기어 및 플랩위치 스위치

75. 그림과 같은 델타(Δ) 결선에서 R_{ab}=5Ω, R_{bc}=4Ω, R_{ca}=3Ω일 때 등가인 Y결선 각 변의 저항은 약 몇 Ω인가?

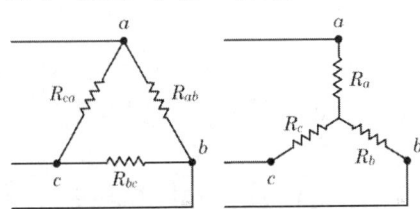

① R_a=1.00, R_b=1.25, R_c=1.67
② R_a=1.00, R_b=1.67, R_c=1.25
③ R_a=1.25, R_b=1.00, R_c=1.67
④ R_a=1.25, R_b=1.67, R_c=1.00

76. 화재탐지기에 요구되는 기능과 성능에 대한 설명으로 틀린 것은?
① 무게가 가볍고 설치가 용이할 것
② 화재가 시작, 진행 및 종료 시 계속 작동할 것
③ 화재 발생장소를 정확하고 신속하게 표시할 것
④ 화재가 지시하지 않을 때 최소전류가 소비될 것

77. 고주파 안테나에서 30MHz의 주파수에 파장(λ)은 몇 m인가?
① 25　② 20
③ 15　④ 10

78. 항공기용 회전식 인버터(rotary inverter)가 부하변동이 있어도 발전기의 출력 전압을 일정하게 하기 위한 방법은?
① 직류전원의 전압을 변화시킨다.
② 교류발전기의 전압을 변화시킨다.
③ 직류전동기의 분권 계자 전류를 제어한다.
④ 교류발전기의 회전 계자 전류를 제어한다.

79. 축전지의 충전 방법과 방법에 해당하는 다음의 설명이 옳게 짝지어진 것은?

A. 충전시간이 길면 과충전의 염려가 있다.
B. 충전이 진행됨에 따라 가스발생이 거의 없어지며 충전 능률도 우수해진다.
C. 충전 완료시간을 미리 예측할 수 있다.
D. 초기 과도한 전류로 극판 손상의 위험이 있다.

① 정전류 충전-A, B, 정전압 충전-C, D
② 정전류 충전-A, C, 정전압 충전-B, D
③ 정전류 충전-B, C, 정전압 충전-A, D

④ 정전류 충전-C, D, 정전압 충전-A, B

80. 지자기의 3요소 중 편각에 대한 설명으로 옳은 것은?
① 플럭스 밸브(flux valve)가 편각을 감지한다.
② 지자력의 지구수평에 대한 분력을 의미한다.
③ 지자기 자력선의 방향과 수평선 간의 각을 말하며, 양극으로 갈수록 90°에 가까워진다.
④ 지축과 지자기축이 서로 일치하지 않음으로써 발생되는 진방위와 자방위의 차이이다.

항공산업기사 2020년 1회, 2회 통합시행 (6월 21일)

1과목 항공역학

01. 다음 중 프로펠러의 효율(η)을 표현한 식으로 틀린 것은? (단, T : 추력, D : 지름, V : 비행속도, J : 진행률, n : 회전수, P : 동력, C_P : 동력계수, C_T : 추력계수 이다.)

① $\eta < 1$ ② $\eta = \dfrac{C_T}{C_P} J$

③ $\eta = \dfrac{P}{TV}$ ④ $\eta = \dfrac{C_T}{C_P} \dfrac{V}{nD}$

02. 평형상태로부터 벗어난 뒤에 다시 평형상태로 되돌아가려는 초기의 경향을 표현한 것은?
① 정적 중립 ② 양(+)의 정적안정
③ 정적 불안정 ④ 음(-)의 정적안정

03. 비행기가 등속도 수평비행을 하고 있다면 이 비행기에 작용하는 하중배수는?
① 0 ② 0.5
③ 1 ④ 1.8

04. 다음 중 비행기의 정적여유에 대한 정의로 옳은 것은? (단, 거리는 비행기의 동체중심선을 따라 nose에서부터 측정한 거리이다.)
① 정적여유=중립점까지의 거리-무게중심까지의 거리
② 정적여유=공력중심까지 거리-중립점까지의 거리
③ 정적여유=무게중심까지의 거리-공력중심까지 거리
④ 정적여유=무게중심까지의 거리-중립점까지의 거리

05. 헬리콥터에서 회전날개의 깃(blade)이 회전하면 회전면을 밑면으로 하는 원추의 모양을 만들게 되는데 이때 회전면과 원추모서리가 이루는 각은?
① 피치각(pitch angle)
② 코닝각(coning angle)
③ 받음각(angle of attack)
④ 플래핑각(flapping angle)

06. 라이트형제는 인류 최초의 유인동력비행을 성공하던 날 최고기록으로 59초 동안 이륙지점에서 260m지점까지 비행하였다. 당시 측정된 43km/h의 정풍을 고려한다면 대기속도는 약 몇 km/h인가?
① 27 ② 43
③ 59 ④ 80

07. [다음]과 같은 현상의 원인이 아닌 것은?

| 비행기가 하강 비행을 하는 동안 조종간을 당겨 기수를 올리려 할 때, 받음각과 각속도가 특정값을 넘게 되면 예상한 정도 이상으로 기수가 올라가고, 이를 회복할 수 없는 현상 |

① 쳐든각 효과의 감소
② 뒤젖힘 날개의 비틀림
③ 뒤젖힘 날개의 날개끝 실속
④ 날개의 풍압중심이 앞으로 이동

08. 헬리콥터의 전진비행 또는 원하는 방향으로의 비행을 위해 회전면을 기울여 주는 조종장치는?
① 사이클릭 조종레버
② 페달
③ 콜렉티브 조종레버
④ 피치 암

09. 비행기 무게 1500kgf, 날개면적이 30m^2인 비행기가 등속도 수평비행하고 있을 때 실속속도는 약 몇 km/h인가? (단, 최대양력계수 1.2, 밀도 $0.125\text{kgf} \cdot \text{s}^2/\text{m}^4$이다.)
① 87 ② 90
③ 93 ④ 101

10. 비행기 속도가 2배로 증가했을 때 조종력은 어떻게 변화하는가?
① $\frac{1}{2}$로 감소한다.
② $\frac{1}{4}$로 감소한다.
③ 2배로 증가한다.
④ 4배로 증가한다.

11. 항공기의 정적안정성이 작아지면 조종성 및 평형을 유지하는 것은 어떻게 변화하는가?
① 조종성은 감소되며, 평형유지도 어렵다.
② 조종성은 감소되며, 평형유지는 쉬워진다.
③ 조종성은 증가하며, 평형유지도 쉬워진다.
④ 조종성은 증가하나, 평형유지는 어려워진다.

12. 날개의 시위(chord)가 2m이고 공기의 유속이 360km/h일 때 레이놀즈수는 얼마인가? (단, 공기의 동점성계수는 0.1cm^2/s이고, 기준속도는 유속, 기준길이는 날개시위길이이다.)
① 2.0×10^7 ② 3.0×10^7
③ 4.0×10^7 ④ 7.2×10^7

13. 헬리콥터 날개의 지면효과에 대한 설명으로 옳은 것은?
① 헬리콥터 날개의 기류가 지면의 영향을 받아 회전면 아래의 항력이 증가되어 헬리콥터의 무게가 증가되는 현상
② 헬리콥터 날개의 기류가 지면의 영향을 받아 회전면 아래의 양력이 증가되어 헬리콥터의 무게가 증가되는 현상
③ 헬리콥터 날개의 후류가 지면에 영향을 주어 회전면 아래의 항력이 증가되고 양력이 감소되는 현상
④ 헬리콥터 날개의 후류가 지면에 영향을 주어 회전면 아래의 압력이 증가되어 양력의 증가를 일으키는 현상

14. 활공비행의 한 종류인 급강하 비행 시(활공각 90°) 비행기에 작용하는 힘을 나타낸 식으로 옳은 것은? (단, L=양력, D=항력, W=항공기 무게이다.)
① L=D ② D=0
③ D=W ④ D+W=0

15. 대기의 층과 각각의 층에 대한 설명이 틀린 것은?
① 대류권- 고도가 증가하면 온도가 감소한다.
② 성층권- 오존층이 존재한다.
③ 중간권- 고도가 증가하면 온도가 감소한다.
④ 열권- 고도는 약 50km이며, 온도는 일정하다.

16. 전중량이 4500kgf인 비행기가 400km/h의 속도, 선회반지름 300m로 원운동을

하고 있다면 이 비행기에 발생하는 원심력은 약 몇 kgf인가?
① 170 ② 18900
③ 185000 ④ 245000

17. 해면고도로부터의 실제 길이 차원에서 측정된 고도를 의미하는 것은?
① 압력고도 ② 기하학적 고도
③ 밀도고도 ④ 지구포텐셜고도

18. NACA 23012에서 날개골의 최대 두께는 얼마인가?
① 시위의 12% ② 시위의 15%
③ 시위의 20% ④ 시위의 30%

19. 일반적인 베르누이 방정식 $P_t = P + \frac{1}{2}\rho V^2$을 적용할 수 있는 가정으로 틀린 것은?
① 정상류 ② 압축성
③ 비점성 ④ 동일 유선상

20. 유도항력계수에 대한 설명으로 옳은 것은?
① 양항비에 비례한다.
② 가로세로비에 비례한다.
③ 속도의 제곱에 비례한다.
④ 양력계수의 제곱에 비례한다.

2과목 항공기관

21. 일반적인 가스터빈엔진에서 연료조정장치(fuel control unit)가 받는 주요 입력자료가 아닌 것은?
① 파워레버 위치
② 엔진오일 압력
③ 압축기 출구압력
④ 압축기 입구온도

22. 왕복엔진의 점화시기를 점검하기 위하여 타이밍 라이트(timing light)를 사용할 때, 마그네토 스위치는 어디에 위치시켜야 하는가?
① OFF ② LEFT
③ RIGHT ④ BOTH

23. 체적 $10cm^3$의 완전기체가 압력 760mmHg 상태에서 체적 $20cm^3$로 단열팽창하면 압력은 약 몇 mmHg로 변하는가? (단, 비열비는 1.4이다.)
① 217 ② 288
③ 302 ④ 364

24. 터보제트엔진의 추진효율에 대한 설명으로 옳은 것은?
① 추진효율은 배기가스속도가 클수록 커진다.
② 엔진의 내부를 통과한 1차 공기에 의하여 발생되는 추력과 2차 공기에 의하여 발생되는 추력의 합이다.
③ 엔진에 공급된 열에너지와 기계적 에너지로 바뀐 양의 비이다.
④ 공기가 엔진을 통과하면서 얻은 운동에너지에 의한 동력과 추진 동력의 비이다.

25. 왕복엔진의 분류 방법으로 옳은 것은?
① 연소실의 위치, 냉각방식에 의하여
② 냉각방식 및 실린더 배열에 의하여
③ 실린더 배열과 압축기의 위치에 의하여
④ 크랭크축의 위치와 프로펠러 깃의 수량에 의하여

26. 프로펠러 깃각(blade angle)은 에어포일의 시위선(chord line)과 무엇의 사이각으로 정의되는가?
① 회전면
② 상대풍

③ 프로펠러 추력 라인
④ 피치변화시 깃 회전 축

27. 왕복엔진 마그네토에 사용되는 콘덴서의 용량이 너무 작으면 발생하는 현상은?
① 점화플러그가 탄다.
② 브레이커 접점이 탄다.
③ 엔진시동이 빨리 걸린다.
④ 2차 권선에 고전류가 생긴다.

28. 항공기 제트엔진에서 축류식 압축기의 실속을 줄이기 위해 사용되는 부품이 아닌 것은?
① 블로우 밸브
② 가변 안내베인
③ 가변 정익베인
④ 다축식 압축기

29. 다음 중 가스터빈엔진 점화계통의 구성품이 아닌 것은?
① 익사이터(exciter)
② 이그나이터(igniter)
③ 점화 전선(ignition lead)
④ 임펄스 커플링(impulse coupling)

30. 왕복엔진 기화기의 혼합기 조절장치(mixture control system)에 대한 설명으로 틀린 것은?
① 고도에 따라 변하는 압력을 감지하여 점화시기를 조절한다.
② 고고도에서 기압, 밀도, 온도가 감소하는 것을 보상하기 위해 사용된다.
③ 고고도에서 혼합기가 너무 농후해지는 것을 방지한다.
④ 실린더가 과열되지 않는 출력 범위 내에서 희박한 혼합기를 사용하게 함으로써 연료를 절약한다.

31. 가스터빈엔진의 윤활계통에 대한 설명으로 틀린 것은?
① 가스터빈 윤활계통은 주로 건식 섬프형이다.
② 건식 섬프형은 탱크가 엔진 외부에 장착된다.
③ 가스터빈엔진은 왕복엔진에 비해 윤활유 소모량이 많아서 윤활유 탱크의 용량이 크다.
④ 주 윤활부분은 압축기와 터빈축의 베어링부, 액세서리 구동기어의 베어링부이다.

32. 수평 대향형 왕복엔진의 특징이 아닌 것은?
① 항공용에는 대부분 공랭식이 사용된다.
② 실린더가 크랭크 케이스 양쪽에 배열되어 있다.
③ 도립식 엔진이라 하며 직렬형 엔진보다 전면면적이 작다.
④ 실린더가 대칭으로 배열되어 진동이 적게 발생한다.

33. 열역학의 법칙 중 에너지 보존법칙은?
① 열역학 제0법칙
② 열역학 제1법칙
③ 열역학 제2법칙
④ 열역학 제3법칙

34. 정속 프로펠러(constant-speed propeller)는 프로펠러 회전속도를 정속으로 유지하기 위해 프로펠러 피치를 자동으로 조정해 주도록 되어 있는데 이러한 기능은 어떤 장치에 의해 조정되는가?
① 3-way 밸브
② 조속기(governor)
③ 프로펠러 실린더(propeller cylinder)
④ 프로펠러 허브 어셈블리(propeller hub assembly)

35. 항공기 가스터빈엔진의 역추력장치에 대한 설명으로 틀린 것은?
① 비상착륙 또는 이륙포기 시에 제동능

력을 향상시킨다.
② 항공기 착지 후 지상 아이들 속도에서 역추력 모드를 선택한다.
③ 역추력장치의 구동방법은 안전상 주로 전기가 사용되고 있다.
④ 캐스케이드 리버서(cascade reverser)와 클램셀 리버서(clamshell reverser) 등이 있다.

36. 실린더 내의 유입 혼합기 양을 증가시키며 실린더의 냉각을 촉진시키기 위한 밸브작동은?
① 흡입 밸브 래그 ② 배기 밸브 래그
③ 흡입 밸브 리드 ④ 배기 밸브 리드

37. 건식 윤활유 계통 내의 배유펌프 용량이 압력펌프 용량보다 큰 이유는?
① 윤활유를 엔진을 통하여 순환시켜 예열이 신속히 이루어지도록 하기 위해서
② 엔진이 마모되고 갭(gap)이 발생하면 윤활유 요구량이 커지기 때문
③ 윤활유에 거품이 생기고 열로 인해 팽창되어 배유되는 윤활유의 부피가 증가하기 때문
④ 엔진부품에 윤활이 적절하게 될 수 있도록 윤활유의 최대 압력을 제한하고 조절하기 위해서

38. 오토사이클 왕복엔진의 압축비가 8일 때, 이론적인 열효율은 얼마인가? (단, 가스의 비열비는 1.4이다.)
① 0.54 ② 0.56
③ 0.58 ④ 0.62

39. 다음 중 항공기 왕복엔진의 흡입계통에서 유입되는 공기량의 누설이 연료-공기비 (fuel-air ratio)에 가장 큰 영향을 미치는 경우는?
① 저속 상태일 때
② 고출력 상태일 때
③ 이륙출력 상태일 때
④ 연속사용 최대출력 상태일 때

40. 항공기 터보제트엔진을 시동하기 전에 점검해야 할 사항이 아닌 것은?
① 추력 측정
② 엔진의 흡입구
③ 엔진의 배기구
④ 연결부분 결합상태

3과목 항공기체

41. 그림과 같이 집중하중 P가 작용하는 단순지지보에서 지점 B에서의 반력 R_2는? (단, a>b이다.)

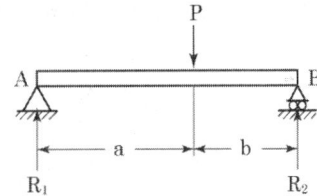

① P ② $\dfrac{1}{2}P$
③ $\dfrac{a}{a+b}P$ ④ $\dfrac{b}{a+b}P$

42. 판금성형작업 시 릴리프 홀(relief hole)의 지름치수는 몇 인치 이상의 범위에서 굽힘반지름의 치수로 하는가?
① $\dfrac{1}{32}$ ② $\dfrac{1}{16}$
③ $\dfrac{1}{8}$ ④ $\dfrac{1}{4}$

43. 그림과 같은 구조물에서 A단에서 작용하는 힘 200N이 300N으로 증가하면 케이

불 AB에 발생하는 장력은 약 몇 N이 증가하는가?

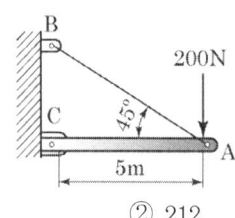

① 141　② 212
③ 242　④ 282

44. 리벳작업 시 리벳 성형머리(bucktail)의 일반적인 높이를 리벳 지름(D)으로 옳게 나타낸 것은?

① 0.5D　② 1D
③ 1.5D　④ 2D

45. 가로 5cm, 세로 6cm인 직사각형 단면의 중심이 그림과 같은 위치에 있을 때 x, y 축에 관한 단면의 상승모멘트 $I_{xy} = \int_A xy\,dA$는 몇 cm^4인가?

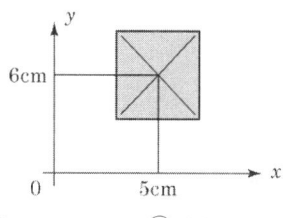

① 750　② 800
③ 850　④ 900

46. 항공기 조종계통은 대기온도 변화에 따라 케이블의 장력이 변하는데 이것을 방지하기 위하여 온도 변화에 관계없이 자동적으로 항상 일정한 케이블의 장력을 유지하는 역할을 하는 장치는?

① 턴버클(turn buckle)
② 푸시 풀 로드(push pull rod)
③ 케이블 장력 측정기(cable tension meter)
④ 케이블 장력 조절기(cable tension regulator)

47. 그림과 같은 응력변형률 선도에서 접선계수(tangent modulus)는? (단, $\overline{S_1 T}$는 점 S_1에서의 접선이다.)

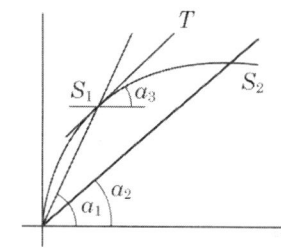

① $\tan \alpha_1$　② $\tan \alpha_2$
③ $\tan \alpha_3$　④ $\tan(\frac{\alpha_1}{\alpha_2})$

48. 민간 항공기에서 주로 사용하는 인테그랄 연료탱크(Integral fuel tank)의 가장 큰 장점은?

① 연료의 누설이 없다.
② 화재의 위험이 없다.
③ 연료의 공급이 쉽다.
④ 무게를 감소시킬 수 있다.

49. 비소모성 텅스텐 전극과 모재 사이에서 발생하는 아크열을 이용하여 비피복 용접봉을 용해시켜 용접하며 용접부위를 보호하기 위해 불활성가스를 사용하는 용접 방법은?

① TIG 용접　② 가스용접
③ MIG 용접　④ 플라즈마용접

50. 케이블 단자 연결방법 중 케이블 원래의 강도를 90% 보장하는 것은?

① 스웨이징 단자방법(swaging terminal method)
② 니코프레스 처리방법(nicopress process)
③ 5단 엮기 이음방법(5 tuck woven splice method)
④ 랩솔더 이음방법(wrap solder cable splice method)

51. 딤플링(dimpling) 작업 시 주의사항이 아닌 것은?
① 반대방향으로 다시 딤플링을 하지 않는다.
② 판을 2개 이상 겹쳐서 딤플링하지 않는다.
③ 스커드 판 위에서 미끄러지지 않게 스커드를 확실히 잡고 수평으로 유지한다.
④ 7000시리즈의 알루미늄합금은 홀 딤플링을 적용하지 않으면 균열을 일으킨다.

52. 항공기 동체에서 모노코크구조와 비교하여 세미모노코크구조의 차이점에 대한 설명으로 옳은 것은?
① 리브를 추가하였다.
② 벌크헤드를 제거하였다.
③ 외피를 금속으로 보강하였다.
④ 프레임과 세로대, 스트링어를 보강하였다.

53. 항공기용 볼트의 부품 번호가 "AN 6 DD H 7A"에서 숫자 '6'이 의미하는 것은?
① 볼트의 길이가 $\frac{6}{16}$ in이다.
② 볼트의 직경이 $\frac{6}{16}$ in이다.
③ 볼트의 길이가 $\frac{6}{8}$ in이다.
④ 볼트의 직경이 $\frac{6}{32}$ in이다.

54. 그림과 같은 항공기에서 무게중심의 위치는 기준선으로부터 약 몇 m인가? (단, 뒷바퀴는 총 2개이며, 개당 1000kgf이다.)

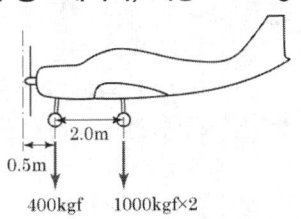

① 0.72 ② 1.50
③ 2.17 ④ 3.52

55. 금속표면에 접하는 물, 산, 알칼리 등의 매개체에 의해 금속이 화학적으로 침해되는 현상은?
① 침식 ② 부식
③ 찰식 ④ 마모

56. 페일 세이프 구조(fail safe structure) 방식으로만 나열한 것은?
① 리던던트구조, 더블구조, 백업구조, 로드드롭핑구조
② 모노코크구조, 더블구조, 백업구조, 로드드롭핑구조
③ 리던던트구조, 모노코크구조, 백업구조, 로드드롭핑구조
④ 리던던트구조, 더블구조, 백업구조, 모노코크구조

57. 알클래드(alclad)에 대한 설명으로 옳은 것은?
① 알루미늄 판의 표면을 변형 경화 처리한 것이다.
② 알루미늄 판의 표면에 순수 알루미늄을 입힌 것이다.
③ 알루미늄 판의 표면을 아연 크로메이트 처리한 것이다.
④ 알루미늄 판의 표면을 풀림 처리한 것이다.

58. 브레이크 페달(brake pedal)에 스펀지(sponge) 현상이 나타났을 때 조치 방법은?
① 공기를 보충한다.
② 계통을 블리딩(bleeding)한다.
③ 페달(pedal)을 반복해서 밟는다.
④ 작동유(MIL-H-5606)를 보충한다.

59. 고정익 항공기가 비행 중 날개 뿌리에서 가장 크게 발생하는 응력은?
① 굽힘응력　② 전단응력
③ 인장응력　④ 비틀림응력

60. 상품명이 케블라(Kevlar)라고 하며 가볍고 인장강도가 크며 유연성이 큰 섬유는?
① 아라미드섬유　② 보론섬유
③ 알루미나섬유　④ 유리섬유

4과목　항공장비

61. 최대값이 141.4V인 정현파 교류의 실효값은 약 몇 V인가?
① 90　② 100
③ 200　④ 300

62. 다음 중 항공기의 엔진계기만으로 짝지어진 것은?
① 회전속도계, 절대고도계, 승강계
② 기상레이더, 승강계, 대기온도계
③ 회전속도계, 연료유량계, 자기나침반
④ 연료유량계, 연료압력계, 윤활유압력계

63. 착륙장치의 경보회로에서 그림과 같이 바퀴가 완전히 올라가지도 내려가지도 않은 상태에서 스로틀 레버를 감소로 작동시키면 일어나는 현상은?

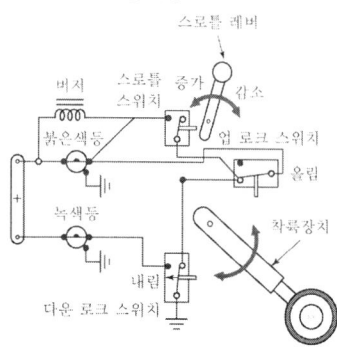

① 버저만 작동된다.
② 녹색등만 작동된다.
③ 버저와 붉은색등이 작동된다.
④ 녹색등과 붉은색등 모두 작동된다.

64. 항공기의 위치와 방빙(anti-icing) 또는 제빙(de-icing) 방식의 연결이 틀린 것은?
① 조종날개 - 열공압식, 열전기식
② 프로펠러 - 열전기식, 화학식
③ 기화기(carburetor) - 열전기식, 화학식
④ 윈드실드(windshield), 윈도우(window) - 열전기식, 열공압식

65. 다음 중 화재탐지장치에서 감지센서로 사용되지 않는 것은?
① 바이메탈(bimetal)
② 아네로이드(aneroid)
③ 공용염(eutectic salt)
④ 열전대(thermocouple)

66. SELCAL 시스템의 구성 장치가 아닌 것은?
① 해독장치　② 음성 제어 패널
③ 안테나 커플러　④ 통신 송·수신기

67. 3상 교류발전기와 관련된 장치에 대한 설명으로 틀린 것은?
① 교류발전기에서 역전류 차단기를 통해 전류가 역류하는 것을 방지한다.
② 엔진의 회전수에 관계없이 일정한 출력 주파수를 얻기 위해 정속구동장치가 이용된다.
③ 교류발전기에서 별도의 직류발전기를 설치하지 않고 변압기 정류기 장치(TR unit)에 의해 직류를 공급한다.
④ 3상 교류발전기는 자계권선에 공급되는 직류전류를 조절함으로써 전압조절이 이루어진다.

68. 자동착륙시스템과 관련하여 활주로까지 가시거리(RVR)가 최소 30m(150ft) 이상만 되면 착륙할 수 있는 국제민간항공기구의 활주로 시정등급은?
① CAT Ⅰ ② CAT Ⅱ
③ CAT ⅢA ④ CAT ⅢB

69. 시동 토크가 커서 항공기엔진의 시동장치에 가장 많이 사용되는 전동기는?
① 분권 전동기 ② 직권 전동기
③ 복권 전동기 ④ 분할 전동기

70. 항공기를 운항하기 위해 필요한 음성통신은 주로 어떤 장치를 이용하는가?
① GPS 통신장치 ② ADF 수신기
③ VOR 통신장치 ④ VHF 통신장치

71. 다음 중 자이로(gyro)의 강직성 또는 보전성에 대한 설명으로 옳은 것은?
① 외력을 가하지 않는 한 일정한 자세를 유지하려는 성질이다.
② 외력을 가하면 그 힘의 방향으로 자세가 변하려는 성질이다.
③ 외력을 가하면 그 힘과 직각방향으로 자세가 변하려는 성질이다.
④ 외력을 가하면 그 힘과 반대방향으로 자세가 변하려는 성질이다.

72. 전파고도계(radio altimeter)에 대한 설명으로 틀린 것은?
① 전파고도계는 지형과 항공기의 수직거리를 나타낸다.
② 항공기 착륙에 이용하는 전파고도계의 측정범위는 0~2500ft 정도이다.
③ 절대고도계라고도 하며 높은 고도용의 FM형과 낮은 고도용의 펄스형이 있다.
④ 항공기에서 지표를 향해 전파를 발사하여 그 반사파가 되돌아올 때까지의 시간을 측정하여 고도를 표시한다.

73. 매니폴드(manifold) 압력계에 대한 설명으로 옳은 것은?
① EPR 계기라 한다.
② 절대압력으로 측정한다.
③ 상대압력으로 측정한다.
④ 제트엔진에 주로 사용한다.

74. 화재탐지기가 갖추어야 할 사항으로 틀린 것은?
① 화재가 계속되는 동안에 계속 지시해야 한다.
② 조종실에서 화재탐지장치의 기능 시험이 가능해야 한다.
③ 과도한 진동과 온도변화에 견디어야 한다.
④ 화재탐지는 모든 구역이 하나의 계통으로 되어야 한다.

75. 압력제어밸브 중 릴리프 밸브의 역할로 옳은 것은?
① 불규칙한 배출 압력을 규정 범위로 조절한다.
② 계통의 압력보다 낮은 압력이 필요할 때 사용된다.
③ 항공기 비행자세에 의한 흔들림과 온도 상승으로 인하여 발생된 공기를 제거한다.
④ 계통 안의 압력을 규정값 이하로 제한하고, 과도한 압력으로 인하여 계통 안의 관이나 부품이 파손되는 것을 방지한다.

76. 유압계통에서 사용되는 체크밸브의 역할은?
① 역류방지 ② 기포방지
③ 압력조절 ④ 유압차단

77. 지자기 자력선의 방향과 지구 수평선이 이루는 각을 말하며 적도 부근에서는 거의 0도이고 양극으로 갈수록 90도에 가까워지는 것을 무엇이라 하는가?
   ① 복각　　　② 수평분력
   ③ 편각　　　④ 수직분력

78. 다음 중 항공기에서 이론상 가장 먼저 측정하게 되는 것은?
   ① CAS　　　② IAS
   ③ EAS　　　④ TAS

79. FAA에서 정한 여압장치를 갖춘 항공기의 제작 순항고도에서의 객실고도는 약 몇 ft인가?
   ① 0　　　② 3000
   ③ 8000　　　④ 20000

80. 다음 중 니켈-카드뮴 축전지에 대한 설명으로 틀린 것은?
   ① 전해액은 질산계의 산성액이다.
   ② 한 개 셀(cell)의 기전력은 무부하 상태에서 약 1.2~1.25V 정도이다.
   ③ 진동이 심한 장소에 사용 가능하고, 부식성 가스를 거의 방출하지 않는다.
   ④ 고부하 특성이 좋고 큰 전류 방전 시 안정된 전압을 유지한다.

항공산업기사 2020년 3회 (8월 23일)

1과목 항공역학

01. 이륙 시 활주거리를 감소시킬 수 있는 방법으로 옳은 것은?
① 플랩을 활용하여 최대양력계수를 증가시킨다.
② 양항비를 높여 항력을 증가시킨다.
③ 최소추력을 내어 가속력을 줄인다.
④ 양항비를 높여 실속속도를 증가시킨다.

02. 항공기 날개의 압력중심(center of pressure)에 대한 설명으로 옳은 것은?
① 날개 주변 유체의 박리점과 일치한다.
② 받음각이 변하더라도 피칭모멘트 값이 변하지 않는 점이다.
③ 받음각이 커짐에 따라 압력중심은 앞으로 이동한다.
④ 양력이 급격히 떨어지는 지점의 받음각을 말한다.

03. 키놀이 모멘트(pitching moment)에 대한 설명으로 옳은 것은?
① 프로펠러 깃의 각도 변경에 관련된 모멘트이다.
② 비행기의 수직축(상하축 : vertical axis)에 관한 모멘트이다.
③ 비행기의 세로축(전후축 : longitudinal axis)에 관한 모멘트이다.
④ 비행기의 가로축(좌우축 : lateral axis)에 관한 모멘트이다.

04. 헬리콥터 회전날개의 코닝각에 대한 설명으로 틀린 것은?
① 양력이 증가하면 코닝각은 증가한다.
② 무게가 증가하면 코닝각은 증가한다.
③ 회전날개의 회전속도가 증가하면 코닝각은 증가한다.
④ 헬리콥터의 전진속도가 증가하면 코닝각은 증가한다.

05. 수평비행의 실속속도가 71km/h인 항공기가 선회경사각 60°로 정상선회할 경우 실속속도는 약 몇 km/h인가?
① 80 ② 90
③ 100 ④ 110

06. 엔진고장 등으로 프로펠러의 페더링을 하기 위한 프로펠러의 깃각 상태는?
① 0°가 되게 한다.
② 45°가 되게 한다.
③ 90°가 되게 한다.
④ 프로펠러에 따라 지정된 고유값을 유지한다.

07. 지름이 20cm와 30cm로 연결된 관에서 지름 20cm 관에서의 속도가 2.4m/s일 때 30cm 관에서의 속도는 약 몇 m/s인가?
① 0.19 ② 1.07
③ 1.74 ④ 1.98

08. 양항비가 10인 항공기가 고도 2000m에서 활공비행 시 도달하는 활공거리는 몇 m인가?

① 10000 ② 15000
③ 20000 ④ 40000

09. 프로펠러 비행기가 최대 항속거리를 비행하기 위한 조건으로 옳은 것은? (단, C_L은 양력계수, C_D는 항력계수이다.)

① $\dfrac{C_L}{C_D}$가 최소일 때

② $\dfrac{C_L}{C_D}$가 최대일 때

③ $\dfrac{C_L^{\frac{3}{2}}}{C_D}$가 최대일 때

④ $\dfrac{C_L^{\frac{3}{2}}}{C_D}$가 최소일 때

10. 항공기 날개의 유도항력계수를 나타낸 식으로 옳은 것은? (단, AR : 날개의 가로세로비, C_L : 양력계수, e : 스팬(span) 효율계수이다.)

① $\dfrac{C_L^2}{\pi e AR}$ ② $\dfrac{C_L^3}{\pi e AR}$

③ $\dfrac{C_L}{\pi e AR}$ ④ $\sqrt{\dfrac{C_L}{\pi e AR}}$

11. 정상 수평 비행하는 항공기의 필요마력에 대한 설명으로 옳은 것은?

① 속도가 작을수록 필요마력은 크다.
② 항력이 작을수록 필요마력은 작다.
③ 날개하중이 작을수록 필요마력은 커진다.
④ 고도가 높을수록 밀도가 증가하여 필요마력은 커진다.

12. 그림과 같은 프로펠러 항공기의 비행속도에 따른 필요마력과 이용마력의 분포에 대한 설명으로 옳은 것은?

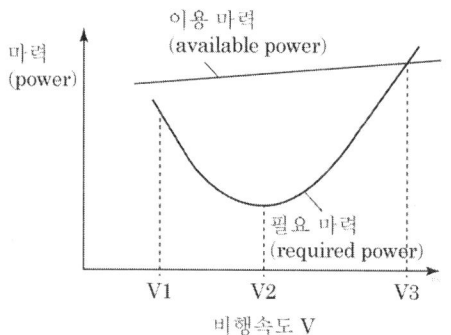

① 비행속도 V1에서 주어진 연료로 최대의 비행거리를 비행할 수 있다.
② 비행속도 V1 근처에서 필요마력이 감소하는 것은 유해항력의 증가에 기인한다.
③ 일반적으로 비행속도 V2에서 최대 양항비를 갖도록 항공기 형상을 설계한다.
④ 비행속도 V2에서 V3 방향으로 증가함에 따라 프로펠러 토크에 의한 롤모멘트(roll moment)가 증가한다.

13. 등속 수평비행에 대한 상승률을 나타내는 식이 아닌 것은? (단, V : 비행속도, γ : 상승각, W : 항공기 무게, T : 추력, D : 항력, P_a : 이용동력, P_r : 필요동력이다.)

① $\dfrac{P_a - P_r}{W}$ ② $\dfrac{\text{잉여동력}}{W}$

③ $\dfrac{(T-D)V}{W}$ ④ $\dfrac{V}{W}\sin\gamma$

14. 다음 중 항공기의 가로안정에 영향을 미치지 않는 것은?

① 동체   ② 쳐든각 효과
③ 도어(door)   ④ 수직꼬리날개

15. 날개면적이 150m^2, 스팬(span)이 25m인 비행기의 가로세로비(aspect ratio)는 약 얼마인가?

① 3.0   ② 4.17
③ 5.1   ④ 7.1

16. 음속을 구하는 식으로 옳은 것은? (단, K : 비열비, R : 공기의 기체상수, g : 중력가속도, T : 공기의 온도이다.)

① $\sqrt{KgRT}$
② $\sqrt{\dfrac{gRT}{K}}$
③ $\sqrt{\dfrac{RT}{gK}}$
④ $\sqrt{\dfrac{gKT}{R}}$

17. 헬리콥터의 주회전날개에 플래핑 힌지를 장착함으로써 얻을 수 있는 장점이 아닌 것은?
① 돌풍에 의한 영향을 제거할 수 있다.
② 지면효과를 발생시켜 양력을 증가시킬 수 있다.
③ 회전축을 기울이지 않고 회전면을 기울일 수 있다.
④ 주회전날개 깃 뿌리(root)에 걸린 굽힘 모멘트를 줄일 수 있다.

18. 항공기의 성능 등을 평가하기 위하여 표준대기를 국제적으로 통일하여 정한 기관의 명칭은?
① ICAO   ② ISO
③ EASA   ④ FAA

19. 비행기가 고속으로 비행할 때 날개 위에서 충격실속이 발생하는 시기는?
① 아음속에서 생긴다.
② 극초음속에서 생긴다.
③ 임계마하수에 도달한 후에 생긴다.
④ 임계마하수에 도달하기 전에 생긴다.

20. 날개 드롭(wing drop) 현상에 대한 설명으로 옳은 것은?
① 비행기의 어떤 한 축에 대한 변화가 생겼을 때 다른 축에도 변화를 일으키는 현상
② 음속비행 시 날개에 발생하는 충격실속에 의해 기수가 오히려 급격히 내려가는 현상
③ 하강비행 시 기수를 올리려 할 때, 받음각과 각속도가 특정 값을 넘게 되면 예상한 정도 이상으로 기수가 올라가는 현상
④ 비행기가 속도가 증가하여 천음속영역에 도달하게 되면 한쪽날개가 충격실속을 일으켜서 갑자기 양력을 상실하고 급격한 옆놀이(rolling)를 일으키는 현상

2과목　항공기관

21. 왕복엔진의 흡기밸브와 배기밸브를 작동시키는 관련 부품으로 볼 수 없는 것은?
① 캠(cam)
② 푸시 로드(push rod)
③ 로커 암(rocker arm)
④ 실린더 헤드(cylinder head)

22. 복식 연료 노즐에 대한 설명으로 틀린 것은?
① 1차 연료는 넓은 각도로 분사된다.
② 공기를 공급하여 미세하게 분사되도록 한다.
③ 2차 연료는 고속회전 시 1차 연료보다 멀리 분사된다.
④ 1차 연료는 노즐의 가장자리 구멍으로 분사되고, 2차 연료는 중심에 있는 작은 구멍을 통하여 분사된다.

23. 터빈엔진에서 과열시동(hot start)을 방지하기 위하여 확인해야 하는 계기는?
① 토크 미터   ② EGT 지시계
③ 출력 지시계   ④ RPM 지시계

24. 다음 중 주된 추진력을 발생하는 기체가

다른 것은?
① 램제트엔진 ② 터보팬엔진
③ 터보프롭엔진 ④ 터보제트엔진

25. 왕복엔진을 낮은 기온에서 시동하기 위해 오일희석(oil dilution) 장치에서 사용하는 것은?
① Alcohol ② Propane
③ Gasoline ④ Kerosene

26. 왕복엔진에 사용되는 고휘발성 연료가 너무 쉽게 증발하여 연료배관 내에서 기포가 형성되어 초래할 수 있는 현상은?
① 베이퍼 락(vapor lock)
② 임팩트 아이스(impact ice)
③ 하이드로릭 락(hydraulic lock)
④ 에바포레이션 아이스(evaporation ice)

27. 고열의 엔진 배기구 부분에 표시(marking)할 때 납이나 탄소 성분이 있는 필기구를 사용하면 안 되는 주된 이유는?
① 고열에 의해 열응력이 집중되어 균열을 발생시킨다.
② 고압에 의해 비틀림 응력이 집중되어 균열을 발생시킨다.
③ 고압에 의해 전단응력이 집중되어 균열을 발생시킨다.
④ 고열에 의해 전단응력이 집중되어 균열을 발생시킨다.

28. 가스터빈엔진에서 압축기 입구 온도가 200K, 압력이 1.0kgf/cm^2 이고, 압축기 출구압력이 10kgf/cm^2 일 때 압축기 출구 온도는 약 몇 K인가? (단, 공기 비열비는 1.4이다.)
① 184.14 ② 285.14
③ 386.14 ④ 487.14

29. 가스터빈엔진의 공기흡입 덕트(duct)에서 발생하는 램 회복점에 대한 설명으로 옳은 것은?
① 흡입구 내부의 압력이 대기압과 같아질 때의 항공기 속도
② 마찰압력 손실이 최소가 되는 항공기의 속도
③ 마찰압력 손실이 최대가 되는 항공기의 속도
④ 램 압력상승이 최대가 되는 항공기의 속도

30. 항공기용 엔진 중 터빈식 회전엔진이 아닌 것은?
① 램제트엔진
② 터보프롭엔진
③ 터보제트엔진
④ 터보샤프트엔진

31. 밀폐계(closed system)에서 열역학 제1법칙을 옳게 설명한 것은?
① 엔트로피는 절대로 줄어들지 않는다.
② 열과 에너지, 일은 상호 변환 가능하며 보존된다.
③ 열효율이 100%인 동력장치는 불가능하다.
④ 2개의 열원 사이에서 동력 사이클을 구성할 수 있다.

32. 이상기체의 등온과정에 대한 설명으로 옳은 것은?
① 단열과정과 같다.
② 일의 출입이 없다.
③ 엔트로피가 일정하다.
④ 내부에너지가 일정하다.

33. 속도 720km/h로 비행하는 항공기에 장착된 터보제트엔진이 300kgf/s로 공기를 흡입하여 400m/s의 속도로 배기시킨다면 이때 진추력은 몇 kgf인가? (단, 중력 가속도는 10m/s^{2}로 한다.)

① 3000　② 6000
③ 9000　④ 18000

34. 프로펠러 페더링(feathering)에 대한 설명으로 옳은 것은?
① 프로펠러 페더링은 엔진 축과 연결된 기어를 분리하는 방식이다.
② 비행 중 엔진정지 시 프로펠러 회전도 같이 멈추게 하여 엔진의 2차 손상을 방지한다.
③ 프로펠러 페더링을 하게 되면 항력이 증가하여 항공기 속도를 줄일 수 있다.
④ 프로펠러 페더링을 하게 되면 바람에 의해 프로펠러가 공회전하는 윈드 밀링(wind milling)이 발생하게 된다.

35. 가스터빈엔진의 흡입구에 형성된 얼음이 압축기 실속을 일으키는 이유는?
① 공기압력을 증가시키기 때문에
② 공기 전압력을 일정하게 하기 때문에
③ 형성된 얼음이 압축기로 흡입되어 로터를 파손시키기 때문에
④ 흡입 안내 깃으로 공기의 흐름이 원활하지 못하기 때문에

36. 왕복엔진의 연료-공기 혼합비(fuel-air ratio)에 영향을 주는 공기밀도 변화에 대한 설명으로 틀린 것은?
① 고도가 증가하면 공기밀도가 감소한다.
② 연료가 증가하면 공기밀도는 증가한다.
③ 온도가 증가하면 공기밀도는 감소한다.
④ 대기 압력이 증가하면 공기밀도는 증가한다.

37. 프로펠러에서 기하학적 피치(geometrical pitch)에 대한 설명으로 옳은 것은?
① 프로펠러를 1바퀴 회전시켜 실제로 전진한 거리이다.
② 프로펠러를 2바퀴 회전시켜 실제로 전진한 거리이다.
③ 프로펠러를 1바퀴 회전시켜 전진할 수 있는 이론적인 거리이다.
④ 프로펠러를 2바퀴 회전시켜 전진할 수 있는 이론적인 거리이다.

38. 왕복엔진의 마그네토에서 브레이커 포인트 간격이 커지면 발생되는 현상은?
① 점화가 늦어진다.
② 전압이 증가한다.
③ 점화가 빨라진다.
④ 점화불꽃이 강해진다.

39. 전기식 시동기(electrical starter)에서 클러치(clutch)의 작동 토크 값을 설정하는 장치는?
① Clutch Plate
② Clutch Housing Slip
③ Ratchet Adjust Regulator
④ Slip Torque Adjustment Unit

40. 왕복엔진의 액세서리(accessory) 부품이 아닌 것은?
① 시동기(starter)
② 하네스(harness)
③ 기화기(carburetor)
④ 블리드 밸브(bleed valve)

3과목　항공기체

41. 대형 항공기에 주로 사용하는 3중 슬롯 플랩을 구성하는 플랩이 아닌 것은?
① 상방플랩　② 전방플랩
③ 중앙플랩　④ 후방플랩

42. 항공기 엔진 장착 방식에 대한 설명으로 옳은 것은?

① 가스터빈 엔진은 구조적인 이유로 동체 내부에 장착이 불가능하다.
② 동체에 엔진을 장착하려면 파일론(pylon)을 설치하여야 한다.
③ 날개에 엔진을 장착하면 날개의 공기역학적인 성능을 저하시킨다.
④ 왕복엔진 장착부분에 설치된 나셀의 카울링은 진동감소와 화재 시 탈출구로 사용된다.

43. 복합재료(composite material)를 수리할 때 접착용 수지를 효과적으로 접착시키기(curing) 위하여 열을 가하는 장비가 아닌 것은?
① 오븐(oven)
② 가열건(heat gun)
③ 가열램프(heat lamp)
④ 진공백(vacuum bag)

44. 연료계통이 갖추어야 하는 조건으로 틀린 것은?
① 번개에 의한 연료발화가 발생하지 않도록 해야 한다.
② 각각의 엔진과 보조동력장치에 공급되는 연료에서 오염물질을 제거할 수 있어야 한다.
③ 계통에 저장된 연료를 안전하게 제거하거나 격리할 수 있어야 한다.
④ 고장 발생 시 감지가 유용하도록 한 계통 구성품의 고장 시 다른 연료계통의 고장으로 연결되어야 한다.

45. 티타늄 합금에 대한 설명으로 옳은 것은?
① 열전도 계수가 크다.
② 불순물이 들어가면 가공 후 자연경화를 일으켜 강도를 좋게 한다.
③ 티타늄은 고온에서 산소, 질소, 수소 등과 친화력이 매우 크고 또한 이러한 가스를 흡수하면 강도가 매우 약해진다.
④ 합금원소로서 Cu가 포함되어 있어 취성을 감소시키는 역할을 한다.

46. 다음 중 가스용접에 해당하는 것은?
① 산소-수소용접 ② MIG 용접
③ CO_2 용접 ④ TIG 용접

47. 단줄 유니버설 헤드 리벳(universal head rivet) 작업을 할 때 최소 끝거리 및 리벳의 최소 간격(pitch)의 기준으로 옳은 것은?
① 최소 끝거리는 리벳 직경의 2배 이상, 최소 간격은 리벳 직경의 3배
② 최소 끝거리는 리벳 직경의 2배 이상, 최소 간격은 리벳 길이의 3배
③ 최소 끝거리는 리벳 직경의 3배 이상, 최소 간격은 리벳 길이의 4배
④ 최소 끝거리는 리벳 직경의 2배 이상, 최소 간격은 리벳 직경의 3배

48. 다음 특징을 갖는 배열방식의 착륙장치는?

〈특징〉
• 주 착륙장치와 앞 착륙장치로 이루어져 있다.
• 빠른 착륙속도에서 제동 시 전복의 위험이 적다.
• 착륙 및 지상이동 시 조종사의 시계가 좋다.
• 착륙 활주 중 그라운드 루핑의 위험이 없다.

① 랜덤식 착륙장치
② 후륜식 착륙장치
③ 전륜식 착륙장치
④ 충격 흡수식 착륙장치

49. 조종간이나 방향키 페달의 움직임을 전기적인 신호로 변환하고 컴퓨터에 입력 후 전기 유압식 작동기를 통해 조종계통을 작동하는 조종 방식은?
① Cable control system

② Automatic pilot system
③ Fly-by-wire control system
④ Push pull rod control system

50. 그림과 같이 하중(W)이 작용하는 보를 무엇이라 하는가?

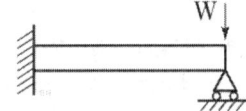

① 외팔보　　② 돌출보
③ 고정보　　④ 고정지지보

51. 비행기에 양력을 발생함이 없이 급강하할 때 날개는 비틀림 등의 하중을 받게 되며 이러한 하중에 항공기가 구조적으로 견딜 수 있는 설계상의 최대속도는?
① 설계 순항 속도
② 설계 급강하 속도
③ 설계 운용 속도
④ 설계 돌풍운용 속도

52. 실속속도가 90mph인 항공기가 120mph로 수평 비행 중 조종간을 급히 당겨 최대양력계수가 작용하는 상태라면 주 날개에 작용하는 하중배수는?
① 1.5　　② 1.78
③ 2.3　　④ 2.57

53. 항공기 외피용에 적합하며 플러시 헤드 리벳(flush head rivet)이라 부르는 것은?
① 납작머리 리벳(flat head rivet)
② 유니버설 리벳(universal rivet)
③ 둥근머리 리벳(round flush head rivet)
④ 접시머리 리벳(counter sunk head rivet)

54. 연료를 제외하고 화물, 승객 등이 적재된 항공기의 무게를 의미하는 것은?
① 최대 무게(maximum weight)
② 영 연료무게(zero fuel weight)
③ 기본 자기무게(basic empty weight)
④ 운항 빈 무게(operating empty weight)

55. 이질금속 간의 접촉부식에서 알루미늄 합금의 경우 A그룹과 B그룹으로 구분하였을 때 그룹이 다른 것은?
① 2014　　② 2017
③ 2024　　④ 5052

56. 너트의 부품 번호가 AN310D-5일 때 310은 무엇을 나타내는가?
① 너트계열　　② 너트지름
③ 너트길이　　④ 재질번호

57. 손상된 판재를 리벳에 의한 수리작업 시 리벳수를 결정하는 식으로 옳은 것은? (단, L : 판재의 손상된 길이, D : 리벳지름, t : 손상된 판의 두께, s : 안전계수, $\sigma_{\max}$: 판재의 최대인장 응력, $\tau_{\max}$: 판재의 최대전단 응력이다.)

① $s \times \dfrac{8tL\sigma_{\max}}{\pi D^2 \tau_{\max}}$　　② $s \times \dfrac{4tL\sigma_{\max}}{\pi D^2 \tau_{\max}}$

③ $s \times \dfrac{\pi D^2 \tau_{\max}}{4tL\sigma_{\max}}$　　④ $s \times \dfrac{\pi D^2 \tau_{\max}}{8tL\sigma_{\max}}$

58. 페일 세이프(fail safe) 구조 형식이 아닌 것은?
① 이중(double) 구조
② 대치(back-up) 구조
③ 다경로(redundant) 구조
④ 샌드위치(sandwich) 구조

59. 복합재료에서 모재(matrix)와 결합되는 강화재(reinforcing material)로 사용되지 않는 것은?
① 유리　　② 탄소
③ 에폭시　　④ 보론

60. 그림과 같은 평면응력 상태에서 한 요소가 $\sigma_x = 100\,\text{MPa}$, $\sigma_y = 20\,\text{MPa}$, $\tau_{xy} = 60\,\text{MPa}$의 응력을 받고 있을 때 최대 전단 응력은 약 몇 MPa인가?

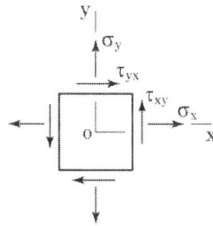

① 67.11   ② 72.11
③ 77.11   ④ 87.11

4과목 항공장비

61. 장거리 통신에 유리하나 잡음(noise)이나 페이딩(fading)이 많으며 태양 흑점의 활동으로 인한 전리층 산란으로 통신 불능이 가끔 발생되는 항공기 통신장치는?
① HF 통신장치   ② MF 통신장치
③ LF 통신장치   ④ VHF 통신장치

62. 항공기에 사용되는 전선의 굵기를 결정할 때 고려해야 할 사항이 아닌 것은?
① 도선 내 흐르는 전류의 크기
② 도선의 저항에 따른 전압강하
③ 도선에 발생하는 줄(Joule) 열
④ 도선과 연결된 축전지의 전해액 종류

63. 항공기 계기 중 압력 수감부를 이용한 것이 아닌 것은?
① 고도계   ② 방향지시계
③ 승강계   ④ 대기속도계

64. 니켈-카드뮴 축전지의 충·방전 시 설명으로 옳은 것은?
① 충·방전 시 전해액(KOH)의 비중은 변화하지 않는다.
② 방전 시 물이 발생되어 전해액의 비중이 줄어든다.
③ 충전 시 전해액의 수면높이가 낮아진다.
④ 방전 시 전해액의 수면높이가 높아진다.

65. 터보팬 항공기의 방빙(anti-icing)장치에 관한 설명으로 틀린 것은?
① 윈드실드는 내부 금속 피막에 전기를 통하여 방빙한다.
② 피토관의 방빙은 내부의 전기 가열기를 사용한다.
③ 날개 앞전의 방빙은 엔진 압축기의 고온 공기를 사용한다.
④ 엔진의 공기흡입장치의 방빙은 화학적 방빙계통을 사용한다.

66. 다음 중 화재 진압 시 사용되는 소화제가 아닌 것은?
① 물   ② 이산화탄소
③ 할론   ④ 암모니아

67. 항공계기에 요구되는 조건으로 옳은 것은?
① 기체의 유효 탑재량을 크게 하기 위해 경량이어야 한다.
② 계기의 소형화를 위하여 화면은 작게 하고, 본체는 장착이 쉽도록 크게 해야 한다.
③ 주위의 기압과 연동이 되도록 승강계, 고도계, 속도계의 수감부와 케이스는 누출이 되도록 해야 한다.
④ 항공기에서 발생하는 진동을 알 수 있도록 계기판에는 방진장치를 설치해서는 안 된다.

68. 비행 중에 비로부터 시계를 확보하기 위한 제우(rain protection) 시스템이 아닌 것은?

① Air curtain system
② Rain repellent system
③ Windshield wiper system
④ Windshield washer system

69. 그림과 같은 회로에서 5Ω 저항에 흐르는 전류값은 몇 A인가?

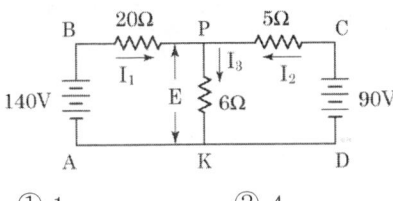

① 1　　　　② 4
③ 6　　　　④ 10

70. 자기컴퍼스의 조명을 위한 배선 시 지시오차를 줄이기 위한 방법으로 옳은 것은?
① 음(-)극선을 가능한 한 자기컴퍼스 가까이에 접지시킨다.
② 양(+)극선과 음(-)극선은 가능한 한 충분한 간격을 두고 음(-)극선에는 실드선을 사용한다.
③ 모든 전선은 실드선을 사용하여 오차의 원인을 제거한다.
④ 양(+)극선과 음(-)극선을 꼬아서 합치고 접지점을 자기컴퍼스에서 충분히 멀리 뗀다.

71. 계기 착륙 장치(Instrument Landing System)의 구성 장치가 아닌 것은?
① 로컬라이저(Localizer)
② 마커 비컨(Marker Beacon)
③ 기상레이더(Weather radar)
④ 글라이드 슬로프(Glide Slope)

72. 항공기가 산악 또는 지면과의 충돌 사고를 방지하는 데 사용되는 장비는?
① Air traffic control system
② Inertial navigation system
③ Distance measuring equipment
④ Ground proximity warning system

73. 객실여압장치를 가진 항공기 여압계통 설계 시 고려해야 하는 최소 객실고도는?
① 2,400ft　　② 8,000ft
③ 10,000ft　　④ 해면고도

74. CVR(Cockpit Voice Recorder)에 대한 설명으로 옳은 것은?
① HF 또는 VHF를 이용하여 통화를 한다.
② 항공기 사고원인 규명을 위해 사용되는 녹음장치이다.
③ 지상에 있는 정비사에게 경고하기 위한 장비이다.
④ 지상에서 항공기를 호출하기 위한 장치이다.

75. 자동조종장치(autopilot)의 구성 요소에 해당하지 않는 것은?
① 출력부(output elements)
② 전이부(transit elements)
③ 수감부(sensing elements)
④ 명령부(command elements)

76. 유압계통에서 기기의 실(seal)이 손상 또는 유압관의 파열로 작동유가 완전히 새어 나가는 것을 방지하기 위해 설치한 안전장치는?
① 유압 퓨즈(hydraulic fuse)
② 오리피스 밸브(orifice valve)
③ 분리 밸브(disconnect valve)
④ 흐름조절기(flow regulator)

77. 항공기 유압계통에서 축압기(accumulator)의 사용 목적으로 옳은 것은?
① 유압유 내 공기 저장
② 작동유의 누출을 차단
③ 계통 내 작동유의 방향 조정

④ 상시 계통 내 작동유 공급

78. 직류발전기에서 발생하는 전기자 반작용을 없애기 위한 것은?
① 보극(interpole)
② 직렬권선(series-winding)
③ 병렬권선(shunt-winding)
④ 회전자권선(armature coil)

79. 발전기 출력 제어회로에서 제너 다이오드(zener diode)의 사용 목적은?
① 정전류 제어
② 역류방지
③ 정전압 제어
④ 자기장 제어

80. 항공기 계기에서 플랩의 작동 범위를 표시하는 것은?
① 녹색 호선(green arc)
② 백색 호선(white arc)
③ 황색 호선(yellow arc)
④ 적색 방사선(red radiation)

항공산업기사 필기 과년도 정답 및 해설

2011년 1회 (3월 20일)

제1과목 : 항공역학

1. ③

해설 프로펠러가 회전할 때 프로펠러의 속도는 단위 시간에 도는 각도로 표시하는 것이 편리한데, 이 속도를 프로펠러 각속도라고 한다. 1초(sec) 동안의 프로펠러 회전수를 n이라고 하면, 프로펠러의 각속도는 $2\pi n$[rad/sec]이 된다.

2. ④

해설 파울러 플랩(fowler flap)은 플랩을 내리면 날개 뒷전과 플랩 앞전 사이에 틈을 만들면서 밑으로 구부러져 날개의 면적과 캠버(camber)를 증가시킴으로써 양력을 증가시키는 것이다. 최대 양력계수를 100% 정도 증가시킬 수 있으므로 성능이 가장 우수하다.

3. ①

해설 프로펠러 앞면에서 뒷면으로 갈수록 단면적은 점진적으로 감소하며, 따라서 프로펠러를 통과하는 공기흐름은 가속되어 속도가 증가한다.

4. ④

해설 날개에서 발생되는 양력과 항력은 날개골 이외에도 동압이나 날개의 면적 등에도 영향을 받기 때문에, 날개골의 특성만을 분석할 때는 공력계수인 양력계수와 항력계수를 이용한다. 공력계수는 날개골의 형태 이외에도 받음각, 마하 수(Mach number), 레이놀즈 수(Reynolds number) 등의 영향을 받는다.

비행경로각은 비행경로와 수평선이 이루는 각을 말하며, 양력계수와 항력계수 등의 공력계수에는 영향을 미치지 않는다.

5. ②

해설 • 수평비행 속도(V)

$$V = \sqrt{\frac{2W}{\rho C_L S}} = \sqrt{\frac{2 \times 22000}{0.125 \times 0.45 \times 80}}$$
$$= 98.9 \text{m/s}$$

$(\because \rho = 1.22 \text{kg/m}^3 = 0.125 \text{kgf} \cdot \text{s}^2/\text{m}^4)$

• 선회비행 속도(V_t)

$$V_t = \frac{V}{\sqrt{\cos\theta}} = \frac{98.9}{\sqrt{\cos 30°}} = 106.27 \text{m/s}$$

• 선회반경(R)

선회비행 속도를 V_t, 중력가속도를 g, 그리고 선회경사각을 θ라고 하면, 선회반경(R)은

$$R = \frac{V_t^2}{g\tan\theta} = \frac{106.27^2}{9.8 \times \tan 30°} = 1,996 \text{m}$$

6. ②

해설 주회전익장치가 하나뿐인 헬리콥터는 시계추의 구조와 같이 질량이 상당히 큰 동체가 하나의 점에 매달려 있는 것과 같다. 그래서 한번 흔들리면 시계추와 같이 전후 또는 좌우로 자연스럽게 진동운동을 하게 되는데 이를 시계추 작동(pendulum action)이라고 한다. 이런 현상은 과도하게 조종할수록 더욱 커지므로, 가급적 부드럽게 조종 조작을 하여야 한다.

7. ②

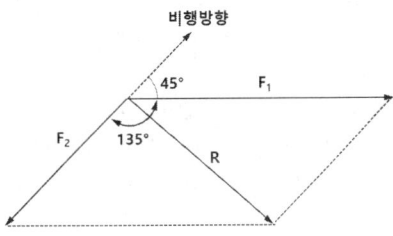

해설 비행기의 대기속도(F_2)는 비행방향의 반대방향으로 작용한다. 비행기가 북서쪽 방향(45°)으로 비행하고 있으므로, 동쪽으로 부는 제트기류의 속도 F_1과 F_2가 이루는 각도 θ는 135°이다. 따라서 합성속도를 R이라고 하면

$$R = \sqrt{F_1^2 + F_2^2 + 2F_1F_2\cos\theta}$$
$$= \sqrt{100^2 + 500^2 + (2 \times 100 \times 500 \times \cos 135°)}$$
$$= 435.1 \text{mi/h}$$

8. ③

해설 헬리콥터의 블로백(blowback) 현상이란 항공기 기수와 직후방 쪽에서 블레이드의 최대 상방 및 하방 플래핑 속도가 발생하여 회전면이 후방으

로 기울어지는 현상을 말한다. 이를 해소할 수 있는 역할을 하는 것이 주기적으로 피치를 변화시켜 블로백 현상을 해소하는 사이클릭 조종(cyclic feathering)이다.

9. ②

해설 항력 중, 양력을 발생시키지는 않지만 비행기의 운동을 방해하는 항력을 통틀어 유해항력(parasite drag)이라고 한다. 즉, 유도항력을 제외한 모든 항력을 유해항력이라 할 수 있다.

10. ①

해설 스핀(spin)이란 자동회전과 수직강하가 조합된 비행이다. 이 현상은 비행기가 실속각을 넘는 받음각인 상태에서만 발생하며, 비행기는 자전현상을 일으키고 동시에 기수를 내려 자전을 하면서 강하하게 된다. 문제의 왼쪽과 오른쪽 상부 그림은 수직 스핀을, 오른쪽 하부 그림은 수평 스핀을 나타낸다.

11. ③

해설 ICAO에서 정한 표준대기는 다음과 같다.
① 일반적인 기상현상이 발생되는 곳은 대류권이다.
② 대류권의 고도가 증가하면 온도는 낮아진다.
③ 표준대기 값으로 대류권의 최대 높이는 평균 11km(약 36,000ft) 정도이다.
④ 성층권의 기온은 높이에 관계없이 대체로 일정하지만 위층에서는 높아진다.

12. ④

해설 날개가 수평을 기준으로 위로 올라간 각을 상반각(또는 쳐든각)이라고 한다. 기하학적으로 날개의 상반각(쳐든각)은 옆미끄럼에 의한 옆놀이에 정적인 안정을 주게 된다. 그러므로 날개의 쳐든각은 가로안정에 가장 중요한 요소이다.

13. ②

해설 양항비를 구하는 식은 다음과 같다.
$$양항비 = 활공비 = \frac{수평활공거리}{활공고도}$$
$$= \frac{2,000}{1,000} = 2$$

14. ④

해설 수직꼬리날개는 비행기의 정적 방향 안정에 일차적으로 영향을 준다. 정적 방향 안정에 대한 수직꼬리날개의 영향의 크기는 꼬리날개 양력의 변화와 꼬리날개 모멘트 팔 길이에 의존하므로, 수직꼬리날개의 위치가 가장 중요한 요소가 된다.

15. ②

해설 프로펠러 항공기의 항속거리를 최대로 하기 위해서는 프로펠러 효율을 크게 하고, 연료 소비율을 작게 해야 하며, 양항비가 최대인 받음각으로 비행해야 한다.

16. ②

해설 프리즈 밸런스(frise balance)는 도움날개에 자주 사용하는 조종력 경감장치로서, 연동되는 도움날개에서 발생되는 힌지 모멘트가 서로 상쇄되도록 하여 조종력을 감소시키는 장치이다.

17. ②

해설 중립점(np: neutral point)이란 조종간을 중립에 놓았을 때 받음각이 변하더라도 항공기의 피칭 모멘트가 가장 작게 변하는 상태의 중심위치로 공력중심과 비슷한 성질을 갖는다.

18. ③

해설 4자리 숫자로 표시되는 NACA 4자 계열 날개골에서 첫 자리 숫자는 최대 캠버의 크기, 두 번째 숫자는 최대 캠버의 위치를 나타낸다. 따라서 첫 자리와 두 번째 자리의 숫자가 0인 NACA00XX 날개골은 캠버가 없는, 즉 아랫면과 윗면이 대칭인 대칭형 날개골을 나타낸다.

19. ④

해설 비행기가 수평 상태로부터 수직강하로 들어갈 때의 급강하 속도는 차차 증가하게 되어 끝에 가서는 일정한 속도에 가까워지며, 이 속도 이상 증가하지 않는다. 이때의 속도를 종극 속도 (terminal velocity)라고 한다.

20. ①

해설 이동 거리를 D, 걸린 시간을 t라고 하면, 평균 가속도 a는,
$$a = \frac{2D}{t^2} = \frac{2 \times 900}{30^2} = \frac{1800}{900} = 2\text{m/s}^2$$

제2과목 : 항공기관

21. ②

해설 왕복기관의 각 행정에서의 밸브의 위치는 다음과 같다.

밸브 행정	흡입밸브	배기밸브
흡입행정	열림	닫힘
압축행정	닫힘 (또는 닫히고 있음)	닫힘
팽창행정	닫힘	닫힘
배기행정	닫힘	열림

22. ③

해설 배기가스를 비행기의 앞쪽 방향으로 분사시킴으로써 항공기에 제동력을 주는 장치로서, 착륙 후의 비행기 제동에 사용된다. 항공기의 지상 접지 후 작동하며 항공기의 속도가 너무 느려질 때까지 사용하면 배기가스가 기관 흡입관으로 다시 흡입되어 압축기 실속을 일으킬 수 있으므로 항공기의 지상속도가 일정속도 이하가 되면 작동을 멈추어야 한다.

23. ④

해설 새로운 기관으로 교환 시 엔진 베어링이 건조한 상태에서 고속운전 시 엔진 구동 오일펌프로부터 윤활유가 도달되기 전에 마찰에 의해 베어링이 파손될 수 있기 때문에, 이를 방지하기 위하여 엔진 베어링을 사전에 프리 오일 링(pre-oiling)하여야 한다.

24. ③

해설 처음 상태의 압력을 P_1, 체적을 v_1, 온도를 T_1, 나중 상태의 압력을 P_2, 체적을 v_2, 온도를 T_2라고 하면, 이상기체의 상태방정식에 의하여
$$\frac{P_1 v_1}{T_1} = \frac{P_2 v_2}{T_2} \text{에서}$$
$$\therefore T_2 = \frac{P_2}{P_1} \cdot \frac{v_2}{v_1} \cdot T_1 = \frac{2P_1}{P_1} \cdot \frac{3v_1}{v_1} \cdot T_1$$
$$= 6T_1$$
$(\because P_2 = 2P_1, \ v_2 = 3v_1)$

25. ③

해설 조속기(governor)는 정속 프로펠러에서 프로펠러 블레이드의 루트각(피치각)을 자동적으로 조절하여 비행상태에 따라 프로펠러 회전속도를 항상 일정하게 유지한다.

26. ②

해설 오일 희석(oil dilution) 장치는 기관을 정지시키기 전에 가솔린(gasoline)을 오일 탱크에 분사하여 오일의 점성을 낮게 함으로써, 낮은 기온 중에 왕복기관의 시동을 용이하게 하는 장치이다.

27. ③

해설 마그네토의 회전자석이 중립위치를 약간 지나 1차 코일에 자기응력이 최대가 되는 위치를 E-gap 위치라 하며, 이 위치에서 브레이커 포인트를 열어 주면 2차 코일에는 매우 높은 전압이 유도된다.
회전자석의 중립위치로부터 브레이커 포인트가 열리는 순간의 회전자석의 회전각도를 크랭크축의 회전각도로 나타낸 각도를 E-gap 각도라고 한다. E-gap 각도는 마그네토의 형식에 따라 다르나 보통 5~17도, 4극 마그네토인 경우 12° 정도이며, 이때 접점이 떨어져야 마그네토가 가장 큰 전압을 얻을 수 있고, 가장 큰 점화 플러그의 전기 불꽃 강도를 얻을 수 있다.

28. ④

해설 부자실(float chamber) 내의 연료 유면은 부자(float)를 작동하는 니들 밸브(needle valve)와 밸브 시트(valve seat)에 의하여 거의 일정하게

유지된다. 부자와 연결되어 있는 니들 밸브는 부자가 떠오르면 닫혀서 부자실로 들어오는 연료를 차단하며, 연료의 유면이 내려가면 부자가 내려가서 니들 밸브가 열리면 연료를 공급하여 준다. 이 니들 밸브의 시트에 일종의 와셔인 심(shim)을 추가하거나 제거하여 부자의 높이를 조절할 수 있다.

니들 밸브 시트 아래에 심(shim)을 추가하면 낮은 부자의 높이에서 니들 밸브가 빨리 닫히기 때문에, 공급라인을 통해 부자실로 들어오는 연료도 빨리 차단되고 연료 유면은 낮아진다. 반대로 심을 제거하면 높은 부자의 높이에서 니들 밸브가 늦게 닫히기 때문에 부자실 내의 연료 유면은 높아진다.

29. ①

해설 흡입구에 얼음이 형성되면 기관으로 흡입되는 공기흐름을 방해하므로, 공기흡입 속도가 감소하여 압축기 깃의 받음각이 커진다. 압축기 깃의 받음각이 커지면 압축기의 압력비는 증가하지만, 너무 커지면 회전자 깃에서 압축기 실속이 발생할 수 있다.

30. ③

해설 가스 터빈 기관 시동 시 기관이 시동되어 자립회전속도에 도달하면 점화 스위치가 자동으로 off 되고, 이어서 시동기가 기관으로부터 자동적으로 분리된다. 따라서 문제의 그래프에서 시동기가 꺼지는 곳은 (ㄷ)이다.
(ㄱ) 위치에서 연료가 공급되면, 연료와 공기의 혼합가스가 (ㄴ) 위치에서 점화가 이루어져 불꽃이 발생하고 시동기는 엔진이 자립회전속도에 도달할 때까지 엔진을 계속 구동한다. 기관이 자립회전속도에 도달하면 (ㄷ) 위치에서 시동기는 off되고, throttle lever를 idle 위치에 놓으면 (ㄹ) 위치에서 기관은 완속 회전수(idle rpm)에 도달하게 된다.

31. ①

해설 등엔트로피 과정(isentropic process)이란 열역학에서 엔트로피가 일정하게 유지되는 이상적인 과정을 말한다. 단열과정에서 계의 마찰이 없고 열전달이나 물질 전달이 없으며, 과정이 가역이면 등엔트로피 과정이 된다.

32. ②

해설 가스 터빈 기관 시동 시 엔진 rpm(N1, N2), 엔진 오일 압력, 그리고 배기가스온도를 우선적으로 관찰하여야 한다. 특히 배기가스온도의 증가를 주의 깊게 살펴보아야 하며, 과열시동(hot start)의 징후가 나타나거나 과열시동이 발생하면 시동을 중지하여야 한다.

33. ③

해설 가스 터빈 기관은 압축기, 연소실 및 터빈의 3가지 주요 구성품으로 구성되어 있으며, 이들을 가스 터빈 기관의 가스 발생기(gas generator)라고 한다.

34. ①

해설 기하학적 피치와 유효 피치의 차이를 프로펠러의 슬립(slip)이라고 한다. 프로펠러의 슬립은 기하학적 피치와 유효 피치의 차이를 평균 기하학적 피치로 나누어 백분율(%)로 표시한다.

35. ①

해설 터보제트, 터보팬, 램제트 및 펄스제트 기관은 작은 양의 공기를 고속으로 분사시켜 추력을 얻는다. 이들 기관은 기관 내부에서 연소되어 가속된 공기를 항공기의 추력을 위해 사용한다. 즉, 기관의 추진체에 의해 발생되는 최종 기체와 기관 내부에 사용되는 기체는 동일하다.
왕복기관이나 터보프롭기관은 프로펠러가 많은 양의 공기를 비교적 저속으로 가속시켜 추력을 얻는다. 이들 엔진은 기관 내부에서 연소되어 얻어진 열에너지로 프로펠러를 회전시키고, 프로펠러의 회전에 의해 가속된 공기는 항공기의 추력을 위해 사용된다. 즉, 기관의 추진체에 의해 발생되는 최종 기체는 프로펠러에 의해 발생하는 기체로, 기관 내부에 사용되는 기체와 다르다.

36. ④

해설 가스 터빈 기관의 추력에 영향을 미치는 요소는 다음과 같다.

① 공기밀도 : 대기의 온도가 증가하면 밀도는 감소하고, 따라서 추력은 감소한다. 엔진 rpm이 증가하면 밀도는 증가하고, 따라서 추력은 증가한다.
② 비행속도 : 비행속도가 증가하면 추력은 어느 정도까지는 감소하다가 다시 증가한다.
③ 비행고도 : 고도가 높아지면 추력은 감소한다.

37. ②

해설 왕복기관에서 발생하는 역화 및 후화의 원인은 다음과 같다.
① 역화(back fire) : 혼합비가 너무 희박해지면 연소속도가 느려져 흡입행정에서 흡입밸브가 열렸을 때 실린더 안에 남아 있는 화염에 의하여 매니폴드나 기화기 안의 혼합가스로 인화될 수 있는데 이러한 현상을 역화라 한다.
② 후화(after fire) : 혼합비가 너무 농후해지면 연소속도가 느려져, 배기행정 후까지 연소가 진행되어 배기관을 통하여 불꽃이 배출되는데 이러한 현상을 후화 또는 후기연소라고 한다.

38. ②

해설 지시평균 유효압력을 P_{mi}, 행정길이를 L, 피스톤 단면적을 A, 기관의 분당 회전수를 N, 실린더 수를 K, 그리고 지시마력을 iHP라고 하면, 지시마력을 PS 단위로 구하는 관계식은 다음과 같다.

$$i\text{HP} = \frac{P_{mi} \cdot L \cdot A \cdot N \cdot K}{75 \times 2 \times 60}$$

(∵ 1PS = 75kgf · m/s)

39. ③

해설 문제의 그림은 카르노 사이클로 2개의 등온과정과 2개의 단열과정으로 구성되며, 열기관 사이클 중에서 이론적으로 열효율이 가장 좋은 사이클이다. 카르노 사이클은 등온 팽창과정, 단열 팽창과정, 등온 압축과정, 그리고 단열 압축과정으로 이루어진다.

40. ③

해설 가스 터빈 기관의 윤활계통에 대한 설명은 다음과 같다.
① 가스 터빈 기관의 윤활유 펌프는 기어형, 베인형과 제로터형 등이 사용된다. 윤활유 펌프는 기어형이 주로 쓰인다.
② 윤활유의 양을 측정 및 점검하는 것은 dip stick이다. Drip stick은 대형 항공기의 연료량을 측정하기 위해 사용되며, 연료탱크의 밑바닥 부분에 수직으로 설치되어 각 연료탱크에 있는 연료량을 확인할 수 있다.
③ 드웰 체임버(dwell chamber)는 윤활유 탱크의 하부에 설치되며, 배유되어 윤활유 탱크로 귀환되는 윤활유에 함유된 공기를 분리시키는 역할을 한다.
④ 연료 오일 냉각기의 바이패스 밸브(bypass valve)는 냉각기를 지나가는 윤활유의 양을 조절하여 윤활유의 온도를 일정하게 유지하는 역할을 한다. 냉각기의 바이패스 밸브는 입구의 윤활유 온도가 규정값보다 낮아져서 윤활유 압력이 높아지면 열려 윤활유가 냉각기를 거치지 않도록 바이패스시킨다.

제3과목 : 항공기체

41. ③

해설 블라인드 리벳(blind rivet)은 일반 리벳을 사용하기에 부적당한 곳이나, 리벳작업을 하는 반대쪽에 접근할 수가 없는 곳에 사용되는 리벳을 말한다. 블라인드 리벳에는 체리 리벳(cherry rivet), 리브 너트(riv nut)와 폭발 리벳(explosive rivet) 등이 있다.

42. ②

해설 알루미늄 합금의 성질은 다음과 같다.
① 강도는 구조용 강철과 같고, 단위 체적당 무게는 구조용 강철의 1/3 정도이다. 따라서 비강도(단위 무게당 강도)가 높다.
② 같은 하중에 대한 변형량이 구조용 강철의 3배 정도로 변형이 더 크다.
③ 구조용 강철의 제1변태점은 600℃ 정도인데, 알루미늄 합금은 300℃ 정도로 알루미늄 합

금의 제1변태점이 낮다.
④ 성형 가공성이 좋고, 상온에서 기계적 성질이 우수하다.
⑤ 시효 경화성을 가진다.

43. ③

해설 변형된 길이를 δ, 원래의 길이를 L이라고 하면, 변형률(ε)은
$$\varepsilon = \frac{\delta}{L} = \frac{0.05}{200} = 0.00025 = 25 \times 10^{-5}$$

44. ④

해설 리벳작업을 한 후에 성형된 리벳 머리를 벅 테일(buck tail)이라 하며, 벅 테일의 높이는 $0.5D$, 지름은 $1.5D$가 적당하다. ($\because D$=리벳 지름)

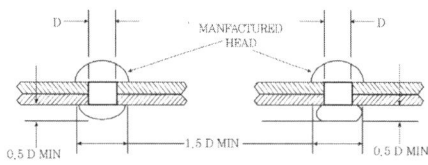

45. ①

해설 리브(rib)는 주조종면(승강키, 방향키, 보조날개와 안정판)과 부조종면(플랩) 등의 단면이 날개골(airfoil) 형태를 유지할 수 있도록 날개의 모양을 형성해 주며, 조종면의 외피에 작용하는 하중을 날개보(spar)에 전달하는 역할을 한다.

46. ④

해설 랜딩 기어를 올리기 위해 조종실의 랜딩 기어 조종핸들을 업(up) 위치로 움직일 때, 일반적으로 다음과 같은 3가지 조건이 충족되어야 랜딩 기어 조종핸들이 업(up)으로 올라갈 수 있다.
① 노스 기어가 중립 위치(중앙 위치)에 있어야 한다.
② 메인 기어가 완전히 뻗친 상태에서 수직을 유지해야 한다.
③ 메인 기어에 있는 안전 스위치가 공중(air)상태로 되어 있어야 한다.

47. ④

해설 우주왕복선이 대기권에 진입할 때는 공기로 인한 마찰로 인해 기체 표면의 온도가 1,100℃ 이상 올라가기 때문에 고온으로부터 기체 표면을 보호하기 위해 규소질 방열 타일을 사용한다.

48. ③

해설 항공기의 옆놀이 운동(rolling)을 담당하는 조종면은 보조날개이다. 비행 중 오른쪽으로 옆놀이 현상이 발생하였다면 오른쪽 보조날개 고정 탭(tab)을 올려야 한다.

49. ③

해설 각 구성품에 대한 설명은 다음과 같다.
① 나셀(nacelle) : 기체에 장착된 기관을 둘러싸고 있는 부분
② 방화벽(fire wall) : 기관의 고온과 기관 화재에 대비하여 기체와 기관을 차단하는 벽으로 기관 마운트와 기체 중간에 설치된다.
③ 기관 마운트(engine mount) : 기관은 보통 날개 또는 동체에 장착하는 데, 이 기관을 장착하기 위한 구조물을 기관 마운트라고 한다. 기관 마운트는 기관의 추력을 기체에 전달한다.
④ 카울링(cowling) : 기관이나 기관에 부수되는 보기 주위를 쉽게 접근할 수 있도록 장탈착하는 덮개

50. ②

해설 외피가 항공기의 형태를 이루면서 항공기에 작용하는 하중의 일부분을 담당하는 구조를 응력 외피 구조라고 한다. 응력 외피 구조에는 모노코크(monocoque)형과 세미 모노코크(semi-monocoque)형이 있다.
이에 반해 트러스(truss) 구조에서 외피는 기하학적 형태만을 유지하며, 항공기에 작용하는 모든 하중을 이 구조의 뼈대를 이루는 트러스(truss)가 담당한다.

51. ②

해설 스펀지(spongy) 현상이란 브레이크 장치 계통에서 공기가 작동유와 섞여 있을 때 공기의 압축성 효과로 인하여 브레이크 장치를 작동할 때 푹신푹

신하여 제동이 제대로 되지 않는 현상을 말한다. 따라서 스펀지 현상이 나타나면 브레이크 계통 내에서 공기를 빼내는 작업(블리딩, bleeding)을 하여야 한다.

52. ①

해설 항공기의 기체에 사용된 복합재 부분을 수리하는 방법은 다음과 같다.
① 볼트에 의한 패치(patch) 수리 : 손상부 바깥면에 금속판 등의 패치를 볼트로 고정해서 보강하는 방법으로, 일시적인 수리방법이다.
② 접착에 의한 패치(patch) 수리 : 손상부위에 금속판이나 사전에 경화시킨 복합재 등의 패치를 겹쳐 접착제로 접착하는 방법
③ 손상 부위를 제거한 뒤 수리 : 손상 부위를 절단하여 표면을 용제로 세척하고, 프리프레그(prepreg, 시트 형태의 탄소섬유 복합소재) 등을 이용하여 수리하는 방법

53. ④

해설 서로 다른 두 종류의 이질 금속이 접촉하여 전해질로 연결되면 전해작용에 의하여 한쪽의 금속에 부식이 촉진되는 것을 갈바닉 부식(galvanic corrosion), 또는 이질 금속 간 부식이라고 한다.

54. ③

해설 AN 볼트의 규격은 다음과 같다.

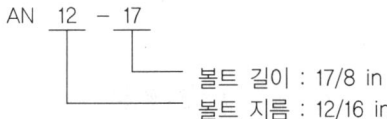

55. ①

해설 항공기가 아무리 급격한 조작을 하여도 구조상 안전한 속도를 설계운용속도(Design maneuvering speed)라고 한다. 문제의 그림과 같은 V-n 선도에서 설계운용속도를 나타내는 지점은 V_A이다.

56. ④

해설 그림과 같은 외팔보의 자유단에 집중하중이 작용할 때 최대 굽힘 모멘트는 고정단에서 발생하며, 최대 굽힘 모멘트(M_{max})의 크기는
$M_{max} = Pl = 500 \times 0.4 = 200 N \cdot m$이다.
집중하중이 작용하는 바깥쪽으로는 굽힘 모멘트가 작용하지 않는다.

57. ④

해설 전기 용접에서 비드의 결함형태에는 다음과 같은 종류가 있다.
① 오버랩(over lap) : 용융된 금속이 모재 상부까지 덮여진 상태
② 스패터(spatter) : 용접 시 조그마한 금속 알갱이가 튀어나와 모재에 묻혀 있는 상태
③ 언더컷(under cut) : 용접과정 중 모재가 함몰되어 용접이 덜 채워진 상태
④ 용입 부족 : 용융금속의 두께가 모재 두께보다 적게 용입이 된 상태
⑤ 기공(porosity) : 용접부 내부에 기포를 포함한 상태

58. ③

해설 항공기의 가장 앞부분을 기준선으로 하는 무게중심의 위치는 다음과 같다.
$$무게중심(CG) = \frac{총\ 모멘트}{총\ 무게}$$
$$= \frac{(350 \times 35) + (360 \times 35) + (75 \times 5)}{350 + 360 + 75}$$
$$= 32.1 in$$

59. ②

해설 일반적으로 두께가 얇고 연한 재료일수록 예각(각도의 크기가 90°보다 작은 각)으로 굴곡할 수 있으며, 굽힘 반지름을 작게 할 수 있다.

60. ③

해설 중공 원형의 외경을 d_2, 내경을 d_1이라고 하면, 중공 원형 단면의 극관성 모멘트(J)는
$$J = \frac{\pi(d_2^4 - d_1^4)}{32} = \frac{\pi(8^4 - 6^4)}{32} = 274.9 cm^4$$

제4과목 : 항공장비

61. ④

해설 글라이드 슬로프(glide slop)의 주파수는 로컬라이저(LOC, localizer) 주파수를 선택하면 자동으로 선택된다.

62. ④

해설 SSB(single side band, 단측파대) 통신방식은 단파 무선통신과 같이 한쪽 측파대만을 사용하는 통신방식이며, DSB(double side band, 양측파대) 통신방식에 비해 다음과 같은 장점이 있다.
① DSB 방식보다 송신전력이 적어도 되고, 송신기의 소비전력이 적게 든다.
② 점유 주파수 대역이 1/2로 줄어들어, 주파수 이용효율이 높다.
③ 변조전력이 적기 때문에 변조기(송신기)를 소형으로 제작할 수 있다.
④ 페이딩의 영향을 적게 받고, 수신기의 출력에 있어서 신호 대 잡음비(S/N)가 개선된다. 그러나 송신장치와 수신장치가 복잡하여, 가격이 비싸다는 단점이 있다.

63. ②

해설 직류 전동기(DC motor)의 종류는 다음과 같다.
① 분권식(shunt wound) : 일정한 회전속도가 요구되는 곳에 사용된다.
② 직권식(series wound) : 시동 토크가 커서 항공기의 시동용 전동기, 착륙장치, 플랩 등의 전동기로 사용된다.
③ 복권식(compound wound) : 분권식과 직권식의 중간 특성을 가진다.
④ 스플릿(split)식 : 회전방향을 반대로 할 수 있는 가역 전동기이다.

64. ④

해설 화재 탐지장치의 종류는 다음과 같다.
① 서머 커플형(thermo couple type) : 온도의 급격한 상승에 의하여 화재를 탐지하는 것
② 저항 루프형(resistance loop type) : 온도상승을 전기적으로 탐지하는 것
③ 서멀 스위치형(thermal switch type) : 온도상승을 바이메탈(bimetal)로 탐지하는 것
④ 광전지형(photo-electric type) : 연기로 인한 반사광으로 화재를 탐지하는 것

65. ②

해설 대형 항공기 공압계통에서 공통 매니폴드에 공급된 압축 공기 공급원의 종류는 다음과 같다.
① 터빈 기관의 압축기(compressor)
② 보조 동력 장치(APU)
③ 기관으로 구동되는 압축기(super charger)
④ 그라운드 뉴매틱 카트(ground pneumatic cart, 지상 압축공기 공급장치)

66. ④

해설 안정대 방식(stable platform type) 관성항법장치는 안정대 위에 가속도계를 설치하고, 가속도계에서 측정되는 운동 가속도를 적분하여 항공기의 속도와 위치를 구한다. 안정대는 외부의 회전운동을 차단하는 역할을 하여 비행체의 자세 변화에 관계없이 물리적으로 항상 일정한 기준 좌표계를 유지하도록 설계되어 있다.

67. ④

해설 드레인 마스트(drain mast)는 항공기에서 세척이나 조리용으로 사용된 물을 공중에서 방출하는 데 사용한다. 항공기 외부 온도의 저하에 의한 드레인 마스트 배출구의 막힘을 방지하기 위하여 항공기가 지상에 있을 때는 저전압, 비행 중에는 고전압을 공급하는 전기 히터를 이용하여 가열한다.

68. ①

해설 축전지의 충전 방법은 정전류 충전법과 정전압 충전법으로 구분할 수 있다.
① 정전류 충전 : 일정한 전류를 공급하여 충전하는 방식으로 충전 완료시간을 미리 예측할 수 있으나, 정전압 충전보다 충전시간이 길고 폭발의 위험성이 있다.
② 정전압 충전 : 일정한 전압으로 충전하는 방식으로 항공기 내에서는 이 방법으로 충전을 한다. 충전 소요시간이 짧지만, 초기 충전 시작단계에서 과도한 전류로 극판 손상의 위험이 있다.

69. ④

[해설] 계기의 색표지 중 흰색 방사선은 계기 유리판이 미끄러졌는지를 알기 위하여 유리판과 계기의 케이스에 걸쳐 표시한다.

70. ③

[해설] 위성 항법장치(GPS)는 인공위성에서 발사한 전파를 수신하여 관측점까지 소요시간을 측정함으로써 위치를 구하는 시스템이다. 위성 항법장치를 이용하여 항공기의 위치(위도, 경도)와 고도, 그리고 위성과 수신기 간의 시간차를 알기 위해서는 최소 4개의 위성을 필요로 한다.

71. ④

[해설] 교류 전원의 특징은 다음과 같다.
① 전압의 변화를 쉽게 할 수 있다.
② 브러시 없는 전동기를 사용할 수 있다.
③ 높은 전압으로 운영할 수 있어 큰 전류 흐름이 필요하지 않아 같은 용량에서 볼 때 전선의 무게를 줄일 수 있다.
④ 유도작용으로 무선통신설비에 잡음 등의 장애를 준다.

72. ④

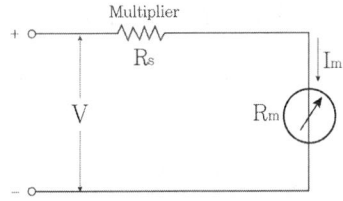

[해설] 위의 그림과 같이 배율기(multiplier)는 전압계와 직렬로 연결된다. 따라서 전압계로 측정할 수 있는 최대 전압을 V, 감도(전압계에 흐르는 전류)를 I_m, 그리고 전압계의 내부저항을 R_s 라고 하면, 배율기 저항 R_m 을 구하는 식은 다음과 같다.

$$R_m = \frac{V}{I_m} - R_s = \frac{50}{0.01} - 2 = 4998\,\Omega$$

73. ③

[해설] 공함(collapsible chamber)은 압력을 기계적 변위로 바꾸어 주는 장치이며, 아네로이드(aneroid), 다이어프램(diaphragm), 벨로즈(bellows), 부르동관(bourdon tube) 등이 공함으로 사용된다. 항공기에 사용하는 압력계기 중에는 공함을 응용한 것이 많으며, 피토 정압계통 계기인 고도계, 속도계와 승강계는 수감부로 공함을 이용하는 계기이다.

74. ④

[해설] 객실 여압계통의 아웃 플로 밸브(out flow valve)는 기체 밖으로 배출시킬 공기의 양을 조절함으로써 객실 고도에 맞도록 객실의 압력을 조절한다.

75. ③

[해설] 항공기 interphone system의 종류는 다음과 같다.
① 운항 승무원 상호간 통화 장치(flight interphone system) : 조종실 내에서 운항 승무원 상호간의 통화 연락을 위해 각종 통신이나 음성 신호를 각 운항 승무원석에 배분한다.
② 객실 인터폰 장치(cabin interphone system) : 조종실과 객실 승무원석 및 각 배치로 나누어진 객실 승무원 상호간의 통화 연락을 하기 위한 장치이다. 이것은 통화의 우선 순위를 부여하는 기능이 있다.
③ 승무원 상호간 통화 장치(service interphone system) : 지상에서 조종실과 정비, 점검상 필요한 기체 외부와의 통화 연락을 하기 위한 장치이다.

76. ②

[해설] 교류발전기의 병렬운전 시 어느 한쪽 발전기에 무리가 생기는 것을 피하기 위하여 발전기의 부하전류를 고르게 분배하려면 각 발전기의 전압, 주파수, 위상 등이 서로 일치하여야 한다.

77. ④

[해설] 보조동력장치(APU)의 오일계통에 다음과 같은 현상이 나타나면 보조동력장치는 정지하고 fault light가 점등된다.
① 오일량 부족

② 오일 온도 초과
③ 오일 압력 저하

78. ④

해설) 근접 스위치(proximity switch)는 기계적 접촉으로 인한 스위치의 손상을 방지하기 위하여 스위치와 피검출물과의 기계적 접촉을 없앤 구조의 스위치이다.
근접 스위치 내부에는 전기적으로 진동하고 있는 발진기(oscillator)가 장치되어 있으며, 감지기(sensor)는 이 진동을 감지하여 OFF 상태로 판단한다. 금속체가 발진기에 접근하면 금속체에는 발진기 코일(coil)로부터의 유도에 의한 와전류가 생긴다. 금속체가 0.8cm까지 접근하면 와전류로 인한 코일의 부하로 발진기의 진동이 멈추고, 감지기는 이것을 감지하여 ON 상태로 판단한다.

79. ②

해설) 유압 계통의 압력 제어장치인 디부스터 밸브(debooster valve)는 브레이크를 작동할 때에 일시적으로 브레이크 계통의 압력을 감소시키고 작동유의 공급량을 증가시켜 신속하게 제동되도록 하며, 브레이크를 풀 때에도 작동유의 귀환이 신속하게 이루어지도록 한다. 그리고 브레이크가 파열되었을 때에는 주계통 내의 작동유가 새지 않게 하는 역할도 한다.

80. ①

해설) 전기계통의 인버터(inverter)는 축전지의 직류를 공급받아 교류로 변환시키는 역할을 하는 장치이다. 인버터는 주전원이 직류인 항공기에서 교류를 얻기 위해 사용된다.

2011년 2회 (6월 12일)

제1과목 : 항공역학

1. ③

해설) 이륙거리를 짧게 하기 위한 조건은 다음과 같다.
① 비행기의 무게를 가볍게 한다.
② 정풍(맞바람)을 받으면서 이륙한다.
③ 기관의 추력이 크면 가속도가 커져서 이륙성능이 좋아진다.
④ 이륙 시 플랩과 같은 고양력 장치를 사용하여 최대 양력계수를 증가시킨다.

2. ①

해설) 마하수에 따른 속도의 범위는 다음과 같다.
① M 0.8 이하 : 아음속 영역
② 0.8<M<1.2 : 천음속 영역
③ 1.2<M<5.0 : 초음속 영역
④ M 5.0 이상 : 극초음속 영역

3. ②

해설) 정적 방향 안정성이 정적 가로 안정보다 훨씬 클 때 동적 불안정 현상인 나선형 발산운동이 나타나며, 외란이 주어지게 되면 항공기는 점차적으로 나선형 운동에 진입하게 된다.

4. ①

해설) 등속도 수평비행 시 항공기의 무게를 W, 양항비를 C_L/C_D이라고 하면, 추력 T는
$$T = W\frac{C_D}{C_L} = W\frac{1}{(C_L/C_D)}$$
$$= 6,000 \times \frac{1}{6} = 1,000 \text{kgf}$$

5. ②

해설) 물이나 공기 같은 유체에 잠긴 물체는 중력과 반대 방향인 윗방향으로의 힘을 유체로부터 받게 되는데 이 힘을 부력이라 한다. 물체가 유체 속으로 들어가면서 밀어내는 유체의 무게가 부력의 크기에 해당하며, 이 크기는 유체의 비중×물체가 밀어낸 유체의 체적으로 구할 수 있다.

6. ③

해설 타원형 날개는 날개 길이 방향의 유도속도가 일정하여 양력분포가 균일하며, 유도항력이 최소이다. 그러나 제작이 어렵고 속도가 빠른 비행기에는 적합하지 않아 현재는 거의 사용하지 않는다.

7. ①

해설 고속으로 비행하는 비행기의 날개가 공기역학적 힘, 관성력, 탄성력의 상호작용에 의하여 주기적으로 심한 진동을 일으키는 현상을 플러터(flutter)라고 한다.

8. ①

해설 깃의 반지름을 r, 깃각을 β라고 하면, 기하학적 피치 G_p는

$$G_p = 2\pi r \cdot \tan\beta$$
$$= (2 \times 3.14 \times 35) \times \tan 25°$$
$$= 102.5 \text{in}$$

9. ④

해설 주기적 피치 제어간은 주회전날개의 회전면을 원하는 방향으로 경사지게 하여 전진과 후진 및 옆으로의 비행을 가능하게 한다.

10. ④

해설 비행기의 무게중심이 날개의 공기역학적 중심보다 앞쪽에 위치할수록 세로안정성은 좋아진다. 그러나 안정과 조종은 서로 상반되는 성질을 나타내기 때문에 안정성이 증가하면 조종성은 감소한다.

11. ②

해설 항속거리
프로펠러 항공기의 항속거리를 최대로 하기 위해서는 프로펠러 효율을 크게 하고, 연료 소비율을 작게 해야 하며, 양항비가 최대인 받음각으로 비행해야 한다.

12. ①

해설 프로펠러 slip을 구하는 식은 다음과 같다.

프로펠러 슬립(slip)
$$= \frac{\text{기하학적 피치} - \text{유효 피치}}{\text{기하학적 피치}} \times 100(\%)$$

13. ③

해설 스핀(spin)이란 자동회전과 수직강하가 조합된 비행이다. 조종사가 스핀 비행을 하려면 조종간을 잡아당겨 비행기를 실속시킨 후 방향키 페달을 한쪽만 밟아주면 비행기는 자전을 하면서 강하하게 된다.

14. ④

해설 날개골의 명칭은 다음과 같다.
① 캠버(camber) : 시위선에서 평균 캠버선까지의 거리
② 앞전 반지름 : 앞전에서 평균 캠버선상에 중심을 두고 앞전 곡선에 내접하도록 그린 원의 반지름
③ 받음각(AOA : angle of attack) : 공기 흐름의 속도 방향과 날개골의 시위선이 만드는 사이각
④ 평균 캠버선 : 날개골 두께의 이등분점을 연결한 선

15. ③

해설 헬리콥터가 정지비행 상태에서 전진비행을 하면 속도가 증가함에 따라 회전날개의 효율을 저해하던 날개 끝 와류가 소멸되어 회전날개의 효율이 증가하게 된다. 이렇게 효율이 증대되어 얻어지는 추가적인 양력을 전이양력(translational lift)이라고 한다.

16. ④

해설 선회경사각을 θ라고 하면, 선회비행 시 하중배수 n은

$$n = \frac{1}{\cos\theta} = \frac{1}{\cos 60°} = 2$$

17. ③

해설 기본 날개골을 변형시키는 것 이외에 받음각이 클 때 흐름의 떨어짐을 직접 방지하는 방법을 경계층 제어라고 한다. 슬롯(slot)은 날개 앞전의

약간 안쪽 밑면에서 윗면으로 틈을 만들어, 큰 받음각일 때 밑면의 흐름을 윗면으로 유도하여 흐름의 떨어짐을 지연시킨다.

18. ④

해설 열권에는 전리층이 존재하기 때문에 전파를 흡수, 반사하는 작용을 하여 통신에 영향을 준다.

19. ②

해설 상승한도는 다음과 같이 구분할 수 있다.
① 절대상승한도 : 상승률이 0m/sec가 되는 고도
② 실용상승한도 : 상승률이 0.5m/sec가 되는 고도
③ 운용상승한도 : 상승률이 2.5m/sec가 되는 고도

20. ②

해설 공기력 중심은 날개 시위선(chord line)상의 점으로서 받음각이 변화하더라도 키놀이 모멘트(pitching moment) 값이 변화하지 않는 점을 말한다. 대부분의 날개골에 있어서 이 공기력 중심은 앞전에서부터 시위길이의 25%인 점에 위치한다.

제2과목 : 항공기관

21. ④

해설 문제의 그림은 가스 터빈 기관 각 부분에 대한 가스 흐름의 압력 변화를 나타낸 것이다.
가스 터빈 기관 내부에서 최고 압력상승은 압축기 바로 뒤에 있는 확산통로인 디퓨저에서 이루어진다. 디퓨저를 통과한 공기는 연소실을 지나면서 압력이 약간 감소하고 터빈 노즐의 수축통로를 지나면서 공기 속도는 가속되고, 압력은 급격히 떨어진다. 마지막으로, 배기 노즐의 출구에서의 압력은 대기압보다 약간 높거나 같은 상태로 대기 중으로 배출된다.

22. ④

해설 프로펠러 피치의 조정 방식에 따라 프로펠러를 분류하면 다음과 같다.
① 정속 프로펠러 : 비행속도나 기관 출력의 변화에 관계없이 프로펠러를 항상 일정한 속도로 유지하여, 가장 좋은 프로펠러 효율을 가지도록 한다.
② 고정 피치 프로펠러 : 순항 속도에서 프로펠러 효율이 가장 좋도록 깃각이 하나로 고정되어 피치 변경이 불가능한 프로펠러
③ 조정 피치 프로펠러 : 한 개 이상의 비행속도에서 최대의 효율을 얻을 수 있도록 지상에서 기관이 작동되지 않을 때 비행목적에 따라 피치의 조정이 가능한 프로펠러
④ 가변 피치 프로펠러 : 비행 중에 비행목적에 따라 조종사에 의해서, 또는 지상에서 엔진이 작동하는 동안 조종사가 유압 또는 전기적으로 피치를 변경시킬 수 있는 프로펠러

23. ④

해설 항공기 기관에서 소기되는 윤활유는 거품과 열에 의한 팽창으로 체적이 증가한다. 따라서 공급한 윤활유의 체적보다 더 많은 체적의 윤활유를 소기해야 하기 때문에 소기 펌프의 용량을 압력 펌프의 용량보다 크게 해야 한다.

24. ③

해설 문제의 그림은 고압 마그네토 점화계통의 회로를 나타낸다. 고압 마그네토 점화계통은 1차 코일 위에 수천번의 2차 코일을 감고 브레이커 포인트를 캠의 회전에 따라 주기적으로 열고 닫으면 2차 코일에 높은 전압이 유도된다. 유도된 전압은 배전기를 통해 실린더에 장착된 점화 플러그에 전달된다.

25. ③

해설 브레이턴 사이클(Brayton cycle)은 가스 터빈 기관의 이상적인 기본 사이클이다. 가솔린 기관의 이상적인 기본 사이클은 오토 사이클(Otto cycle)이다.

26. ①

해설 왕복기관에서 압력 분사식 기화기(pressure injection carburetor)는 유입 공기에 의한 임팩

트 압력 및 벤투리에 의한 부압의 차이로 유입 공기량을 측정하여, 연료펌프에 의해서 가압된 연료를 기화기의 스로틀 밸브 뒷부분이나 과급기의 입구에 분사노즐로써 분사시킨다.

27. ④

🔍 왕복기관 작동과정은 다음과 같다.
① 왕복기관은 4행정(흡입, 압축, 팽창, 배기행정) 5현상(흡입, 압축, 점화, 팽창, 배기) 사이클이다.
② 팽창행정에서 압축된 혼합가스가 점화되어 폭발하면 피스톤을 하사점으로 미는 큰 힘이 발생하고, 실제 일이 발생한다.
③ 4행정 기관은 크랭크축이 2회전하는 동안에 한 번의 폭발이 일어나며, 1사이클이 완료된다.
④ 왕복기관은 2개의 정적과정과 2개의 단열과정으로 1사이클이 완료된다. (단열 압축과정, 정적 연소과정, 단열 팽창과정, 정적 방열과정)

28. ②

🔍 프로펠러 깃 끝이 음속에 가깝게 되면 깃 끝 근처에서 실속이 발생하고 양력의 감소와 항력의 증가로 효율이 급격히 감소한다. 따라서 깃 끝 부분에서의 실속방지를 위하여 감속기어를 설치해 상대적으로 낮은 회전수로써 최대 엔진 출력을 낼 수 있게 한다.

29. ④

🔍 가스 터빈 기관 시동 시 시동기는 엔진이 자립회전속도에 도달할 때까지 엔진을 계속 구동한다. 자립회전속도(self-accelerating speed)란 터빈에서 발생되는 동력이 압축기를 스스로 회전시킬 수 있는 상태에서의 가스터빈 회전속도를 말한다.

30. ③

🔍 수축형 노즐에서 기관 압력비(EPR) 계기가 1.89 이상을 지시할 때 배기가스의 분출 속도는 마하 1에 달하고, 그 이상 압력비가 증가하더라도 배기가스의 분출속도는 증가하거나 감소하지 않고 일정하게 안정된다. 이 같은 상태를 초크(choke) 상태라고 하며, 마하 1이 되면 가스흐름은 대기로 열린 배기 노즐에서 초크된다. 가스가 초크된 오리피스(즉, 배기 노즐)를 빠져나갈 때는 동일한 크기의 흐름이 반경방향과 축방향으로 가속된다.

31. ④

🔍 왕복기관에서 압축비가 너무 크면 디토네이션과 조기점화가 발생할 수 있으며, 실린더 온도가 증가하는 과열현상과 출력감소의 원인이 된다.

🔍 성형기관이 지상에서 정지 상태로 어느 정도 있다가 하부 실린더에 오일이 축적된 상태에서 시동될 때 그 작동을 멈추게 하고, 계속 회전하려는 크랭크 축의 힘에 의하여 커넥팅 로드 등의 파손을 초래하는 현상을 하이드롤릭 로크(hydraulic lock)라고 한다. 이러한 하이드롤릭 로크는 실린더 속으로 과도한 오일이 흘러들어갈 때 발생한다.

32. ③

🔍 연료 가열기(fuel heater)는 연료가 결빙되어 얼음 결정이 형성되는 것을 방지하기 위해서 연료를 가열하여 어는점(빙점) 이상의 온도를 유지하도록 한다. 연료 가열기 작동검사에 대한 설명은 다음과 같다.
① 열의 공급원으로 엔진의 블리드 공기를 이용하는 경우, 연료 가열기를 작동하면 기관 압력비는 미세하게 떨어진다.
② 연료 가열기에 의하여 연료 온도가 상승하면 오일 냉각기 내의 연료 온도가 상승함에 따라 오일 온도도 미세하게 상승한다.
③ 연료 내에 형성된 얼음 결정이 필터를 막으면 연료는 바이패스되고, 필터 바이패스 등(filter bypass light)이 켜진다. 필터 바이패스 등이 켜지면 얼음 결정을 제거하기 위하여 연료 가열장치가 작동된다.
④ 연료 가열기 작동 여부는 계기판의 기관 압력비, 오일 온도, 연료 필터 상태로 확인 가능하다.

33. ②

🔍 실린더 압축점검(compression check)은 밸브,

피스톤 링, 그리고 피스톤의 압력누설 여부를 차압 시험기를 이용하여 측정하여 엔진의 압축능력을 점검하는 것이다. 압축 점검은 피스톤을 흡입 및 배기밸브가 모두 닫히는 압축행정 상사점에 위치시킨 상태에서 일정 압력의 공기를 실린더에 공급하여, 실린더 압력계에 지시된 압력이 허용한도 이내인지를 점검한다.

34. ③

해설 윤활계통의 윤활유 압력의 지시와 관련된 사항은 다음과 같다.
① 윤활유 공급관에 오물이 끼이거나 윤활유 공급관이 베어링 레이스와 접촉되고, 또는 베어링 쪽에 공급하는 윤활유 제트가 오므라들면 윤활유가 일정하게 흘러가지 못하고 막히므로 윤활유 압력이 규정값 이상으로 높게 지시될 수 있다.
② 릴리프 밸브는 기관의 내부로 들어가는 윤활유의 압력이 낮을 때는 닫혀 있다가 윤활유의 압력이 규정값 이상으로 높아지면 열린다. 릴리프 밸브가 열리면 윤활유가 펌프 입구로 되돌려 보내져 윤활유 압력을 일정하게 유지하게 된다. 릴리프 밸브 스프링이 파손되면 릴리프 밸브는 항상 열려 있게 되고, 기관에 공급되는 윤활유를 계속 펌프 입구로 되돌려 보내므로 윤활유 압력은 낮아진다.

35. ③

해설 매니폴드 압력계는 흡입 매니폴드 안의 압력을 지시한다. 왕복기관이 완전히 정지하였을 때 흡입 매니폴드(intake manifold) 압력계는 대기압력을 지시해야 한다.
기관이 작동 중일 때 과급기가 없는 기관에서는 매니폴드 압력이 대기압력보다 낮으며, 과급기가 있는 기관에서는 대기압력보다 높아질 수 있다.

36. ②

해설 왕복기관의 1사이클 동안에 이루어진 유효일을 행정체적으로 나눈 값을 평균 유효압력이라고 한다.

37. ②

해설 가스 터빈 기관에 사용되는 윤활유의 구비 조건은 다음과 같다.
① 인화점이 높아야 한다.
② 부식성이 없어야 한다.
③ 유동점과 점성이 어느 정도 낮아야 한다.
④ 산화 안정성과 열적 안정성이 커야 한다.
⑤ 기화성이 낮아야 한다.

38. ④

해설 원심식 압축기의 장점은 다음과 같다.
① 시동 시 요구되는 시동 파워가 낮다.
② 단당 큰 압력상승이 가능하다.
③ 축류식과 비교하여 구조가 간단하다.
④ 단 사이의 에너지 손실이 커서 다축 연결이 불리하다.

39. ③

해설 오토 사이클에서 상사점에서의 실린더 체적을 v_1, 하사점에서의 실린더 체적을 v_2라고 하면, 압축비 ε는
$$\varepsilon = \frac{v_1}{v_2} = \frac{5}{1} = 5$$

40. ①

해설 로켓은 연료와 산화제를 가지고 있으며, 고온 고압의 연소가스를 발생하고 이것을 분출시켜 그 반동력으로 전진하는 비행체를 말한다. 로켓과 제트기관의 차이점은 제트기관은 연료만 내장하고 연료를 연소시키는 데 필요한 산소는 공기 흡입기관으로 공급하는데, 로켓은 연료의 연소에 필요한 산화제를 내장하고 있어 다른 제트기관과는 다르게 공기 흡입기관을 가지고 있지 않다.

제3과목 : 항공기체

41. ③

해설 열처리란 철금속의 성질을 변화시키기 위해 일정한 온도, 시간에 따라 가열, 냉각하는 조작방법으로 열처리의 주된 목적은 다음과 같다.

① 기계적 성질을 개량한다. (강도, 경도, 인성, 전연성 등)
② 내마모성 및 내식성을 개선한다.
③ 응력 및 변형을 방지한다.
④ 절삭성 및 소성가공을 개선한다.

42. ④

해설 플라스틱(plastic)은 그 성질에 따라 열가소성 수지와 열경화성 수지로 분류할 수 있다.
① 열가소성 수지 : 열을 가해서 성형한 다음 다시 가열하면 연해지고 냉각하면 다시 원래의 상태로 굳어지는 수지(폴리염화비닐, 나일론, 폴리메탈 메타크릴레이트, 폴리에틸렌)
② 열경화성 수지 : 한번 열을 가해서 성형하면 다시 가열하더라도 연해지거나 용융되지 않는 성질을 가지고 있는 수지(에폭시 수지, 페놀 수지, 폴리우레탄 수지, 불포화 폴리에스테르)

43. ③

해설 항공기의 날개 윗면에 장착되는 스포일러(spoiler)는 2차 조종면으로 비행 중에 보조날개와 연동하여 옆놀이 보조장치로 사용되거나, 비행 중이나 지상에서 양쪽의 스포일러가 동시에 올라가서 항공기에 공기 저항을 주는 속도 제동장치(speed brake)로 사용된다.
이에 반해 동체에 부착된 스피드 브레이크는 펼쳐졌을 때 항력을 증가시켜 항공기의 속도를 감소시키는 속도 제동장치로서의 역할만을 한다.

44. ③

해설 문제의 그림은 페일 세이프(fail safe) 구조 중 다경로 하중 구조(redundant structure)를 나타낸다. 다경로 하중 구조는 많은 수의 부재로 하중을 분담하도록 하여, 일부 부재가 파괴될 경우 그 부재가 담당하던 하중을 분담할 수 있는 다른 부재가 있으므로 구조 전체로는 치명적인 결과를 가져오지 않는 구조이다.

45. ④

해설 쥬스 파스너(dzus fastener)의 머리에 있는 표식에는 몸체 지름, 머리 종류 및 파스너의 길이가 표시되어 있다. 우측 이미지와 같은 쥬스 파스너에서 각 표식의 의미는 다음과 같다.

① F : 머리 종류(flush head)
② 6½ : 몸체 지름 6.5/16인치 (인치의 1/16로 표시)
③ 50 : 파스너의 길이 50/100인치 (인치의 1/100로 표시)

46. ④

해설 항공기의 자기 무게(empty weight)는 비행기의 중량을 계산하는 데 있어서 기초가 되는 무게로 항공기 기체구조, 동력장치, 고정장치, 고정 밸러스트(ballast), 사용 불능의 연료, 배출 불능의 윤활유, 발동기 냉각액의 전량, 유압계통 작동유 전량의 무게가 포함된다. 그러나 승무원, 유상하중(승객과 화물), 사용가능의 연료, 배출 가능의 윤활유 등의 무게는 포함되지 않는다.

47. ①

해설 조종계통에서 사용되는 기구의 종류는 다음과 같다.
① 풀리(pulley) : 케이블을 인도하고, 케이블의 방향을 바꾸는 데 사용된다.
② 페어리드(fairlead) : 조종 케이블이 작동 중에 최소한의 마찰력으로 케이블과 접촉하여 직선 운동을 하게 하며, 케이블을 3° 이내의 범위에서 방향을 유도한다.
③ 벨 크랭크(bell crank) : 로드와 케이블의 운동방향을 전환한다.
④ 쿼드런트(quadrant) : 케이블의 직선운동을 토크 튜브(torque tube)의 회전운동으로 전환한다.

48. ②

해설 코터 핀(cotter pin) 작업 시 주의사항은 다음과 같다.
① 한번 사용한 코터 핀을 재사용해서는 안 된다.
② 코터 핀의 가닥을 구부릴 때는 주변 구조물의 손상을 방지하기 위하여 플라스틱 해머를 사용한다.

③ 볼트 위로 구부리는 가닥의 핀 끝은 볼트 지름보다 길어서는 안 되며, 아래로 구부리는 가닥의 핀 끝은 와셔 표면에 얹히지 않도록 해야 한다. 코터핀을 너트 둘레로 감아 구부리는 방법을 사용할 때는 너트 옆으로 가닥이 돌출되지 않도록 하여야 한다.
④ 핀 끝을 절단할 때는 안전사고를 방지하기 위해 핀 축에 직각으로 절단해야 한다.

49. ④

해설 리벳작업과 관련된 용어는 다음과 같다.
① 리벳 피치(pitch)는 같은 열(column)에 있는 리벳 중심 간의 거리를 말한다.
② 리벳 피치는 일반적으로 리벳 지름의 6배에서 8배가 적당하다.
③ 끝 거리(연거리)는 판재의 가장자리에서 첫 번째 리벳 구멍 중심까지의 거리로, 일반적으로 리벳 지름의 2~4배가 적당하다.

50. ④

해설 비행기가 양력을 발생함이 없이 급강하할 때에도 플랩 등과 같은 날개는 공탄성에 의한 비틀림을 받는다. V-n(비행속도-하중배수) 선도에서 설계 급강하 속도(design diving speed)는 플랩 등과 같은 날개가 이 비틀림에 견딜 수 있는 최대속도로 공탄성에 의한 비행기의 위험을 피하기 위해서 제한하는 속도이다.

51. ④

해설 항공기 파워 브레이크 시스템의 셔틀 밸브(shuttle valve)는 정상 브레이크 계통에 고장이 발생하였을 때 비상 브레이크 계통을 사용할 수 있도록 하는 밸브이다. 정상 유압 계통에 고장이 발생하여 계통 내의 유압이 낮아지면, 비상 계통의 유압이나 공기압이 계통에 공급된다.

52. ④

해설 모노코크 구조(monocoque structure)에서는 항공역학적 힘의 대부분을 표피(skin)가 담당하며, 표피가 응력을 담당하므로 응력 표피(stressed skin)라고 한다. 이에 반해 세미 모노코크 구조(Semimonocoque structure)는 외피가 항공기의 형태를 유지해 주면서 항공기에 작용하는 하중의 일부분을 담당하고, 나머지 하중은 뼈대가 담당한다.

53. ④

해설 텅스텐 불활성 가스(TIG) 용접은 비소모성 텅스텐 전극과 모재 사이에서 발생하는 아크열을 이용하여 비피복 용접봉을 용해시켜 용접하며 용접 부위를 보호하기 위해 불활성 가스를 사용하는 용접 방법이다.

금속 불활성 가스(MIG) 용접은 가느다란 금속 와이어인 비피복 용접 와이어를 공급하여 발생하는 아크열을 이용하여 금속 와이어를 용해시켜 용접하며 용접 부위를 보호하기 위해 불활성 가스를 사용하는 용접 방법이다.

54. ②

해설 원형 부재인 봉의 경우 비틀림에 의하여 단면에서 발생하는 전비틀림각 θ는 다음과 같은 식으로 나타낼 수 있다.
[단, T : 비틀림력, L : 부재의 길이, G : 전단계수(또는 전단탄성계수), J : 극단면 2차 모멘트(또는 극관성 모멘트)]

$$\therefore \theta = \frac{TL}{GJ}$$

부재의 길이와 비틀림각은 반비례하며, 부재의 길이가 길수록 비틀림각은 커진다.

55. ④

해설 기체 수리 방법은 다음과 같다.
① 클리닝 아웃(cleaning out) : 손상된 부분을 트리밍(trimming), 커팅(절단 작업, cutting) 또는 파일링(다듬질 작업, filing)을 하여 손상 부분을 완전히 제거하는 것을 말하며, 더 이상의 손상이 진전되는 것을 방지하는 처리 방법이다.
② 클린 업(clean up) : 판재 가장자리의 날카로운 부분을 제거하는 손상 처리를 말한다.

56. ②

• 두께가 0.062″, 굽힘 반지름이 1/4″(0.25″)인 판재의 경우, 굽힘 반지름을 R, 판재의 두께

를 T라고 하면, 세트 백(set back)은

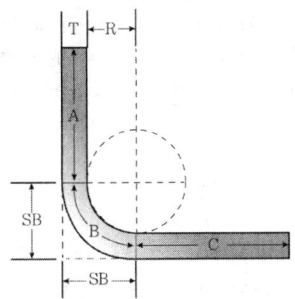

$$SB = K(R+T) = 1 \times (0.25 + 0.062)$$
$$= 0.312\text{in} \ (\because 굽힘 \ 각도 \ 90°인 \ 경우 \ K=1)$$

- 굽힘 여유(BA; bend allowance)는
$$BA = \frac{\theta}{360} \times 2\pi \left(R + \frac{1}{2}T\right)$$
$$= \frac{90}{360} \times 2\pi \left(0.25 + \frac{1}{2} \times 0.062\right)$$
$$= 0.44\text{in}$$

- 판재의 전체길이는 위의 그림에서 A, B(BA) 와 C의 길이를 전부 더하여 구할 수 있다.
$$\therefore 판재의 \ 전체길이 = A + B + C$$
$$= (3 - SB) + BA + (4 - SB)$$
$$= (3 - 0.312) + 0.44 + (4 - 0.312)$$
$$= 6.81\text{in}$$

57. ④

해설 문제의 그림과 같이 길이 l 전체에 등분포하중 q를 받고 있는 단순보에서 최대 굽힘 모멘트는 $\frac{l}{2}$ 지점에서 발생하며, 최대 굽힘 모멘트는 $M_{\max} = \frac{ql^2}{8}$ 이다.

58. ③

해설 인장 변형률이란 재료가 길이 방향으로 변형될 때에 생기는 변형률을 말한다. 원래의 길이를 L, 변형된 길이를 δ라고 하면 인장 변형률(ε)은
$$\varepsilon = \frac{\delta}{L} = \frac{0.025[\text{mm}]}{1[\text{m}]} = 0.025[\text{mm/m}]$$

59. ②

해설 조종장치 계통의 리깅(rigging)이란 조종장치를 작동시킴에 따라 조종면의 정확한 작동이 이루어지도록 하는 작업을 말한다. 항공기 리깅 시에는 조종 케이블의 장력을 조절하여 조종면이나 날개를 조절 또는 검사하기 전에, 조종면의 작동 범위 및 평형 상태를 맞추어 주어야 한다.

60. ②

해설 양극처리(anodizing)는 크롬산이나 황산으로 알루미늄 합금의 표면에 내식성이 있는 산화피막을 형성시키는 부식방지법이다.

제4과목 : 항공장비

61. ②

해설 Pitot-static과 temperature probe anti-icing system은 대부분 전기식 가열기(electrical heater)를 이용하여 감지기 또는 수감부의 결빙을 방지한다.

62. ④

해설 VHF 통신장치는 조종실에 설치되는 조정 패널 (control panel)을 비롯하여 장비실에 설치된 송·수신기(transceiver) 및 안테나로 구성된다.

안테나 커플러(antenna coupler)는 HF 통신장치의 구성품이다.

63. ③

해설 유압계통의 구성품인 축압기(accumulator)는 가압된 작동유를 저장하는 저장통으로서, 여러 개의 유압 기기가 동시에 사용될 때 동력 펌프를 돕고, 동력 펌프가 고장이 났을 때 저장된 작동유를 공급하여 제한된 유압 기기를 작동시킨다. 또, 압력 조절기가 너무 빈번하게 작동하는 것을 방지하며, 갑작스럽게 계통압력이 상승할 때 압력을 흡수하는 역할을 한다.

64. ③

해설
- 교류회로에서 저항을 R, 유도 리액턴스를 X_L, 그리고 용량 리액턴스를 X_C라고 하면, 임피던스 Z를 구하는 식은 아래와 같다. 공진이 일어났을 때 유도 리액턴스(X_L)와 용량

리액턴스(X_C)는 동일하며, 따라서 임피던스(Z)와 저항(R)은 동일하게 된다.
$$Z = \sqrt{R^2 + (X_L - X_C)^2} = R$$
(∵ 공진 상태일 때, $X_L = X_C$)
- 전압을 E, 임피던스를 Z라고 하면, 전류 I는
$$\therefore I = \frac{E}{Z} = \frac{20}{5} = 4A \quad (\because Z = R)$$

65. ④
해설 항공기 소화기의 소화제로 사용되는 질소는 소화 능력 면에서 특히 뛰어나며, 이산화탄소와 비슷하고 독성이 작다. 중량이 비교적 무겁기 때문에 밀폐된 장소에서 사용하면 이산화탄소와 비슷한 위험성이 있다. 질소를 액화하여 저장하는 데에는 -160℃로 유지해야 하므로 일부 군용기에서만 사용한다.

66. ③
해설 최근 항공기에서 많이 사용하는 축전지는 니켈-카드뮴 축전지이다. 축전지의 전압은 셀(cell)의 수로 결정되며, 일반적으로 니켈-카드뮴 축전지의 1셀당 기전력(전압)은 1.2~1.25V이다.

67. ③
해설 유압 작동유의 종류는 다음과 같다.
① 식물성유 : 아주까리 기름과 알코올의 혼합물로 구성되어 있으며, 색깔은 파란색이다. 구형 항공기에 사용되던 것으로, 부식성이 있고 산화성이 크기 때문에 현재에는 잘 사용되지 않는다.
② 광물성유 : 원유로 제조되며 색깔은 붉은색이다. 인화점이 낮아서 화재의 위험이 있기 때문에 현재 항공기의 유압 계통에는 사용하지 않으나 착륙장치의 완충기나 소형 항공기의 브레이크 계통에 사용하고 있다.
③ 합성유 : 합성유는 여러 가지 종류가 있는데, 그 중의 하나는 인산염과 에스테르의 혼합물로서 화학적으로 제조하며 색깔은 자주색이다. 이것은 인화점이 높아 내화성이 크므로 대부분의 항공기에 사용되고 있다.

68. ④
해설 관성 항법장치(INS)의 기본적인 센서는 자이로(gyroscope)와 가속도계(accelerometer)이다. 자이로와 가속도계는 운동 가속도를 측정하고 내장된 컴퓨터로 적분하여 항공기의 방향, 진행 속도 및 위치를 보낸다.

69. ④
해설 비상 조명계통(emergency light system)은 비상시에 승무원이나 승객의 비상탈출을 돕도록 하는 조명으로 비상 출구등, 비상탈출 조명등과 비상 구조등 등이 있다. 비상 조명계통은 다음과 같이 작동된다.
① 비상 조명계통은 비행 시와 지상에서 작동된다.
② 비행 시 비상 조명 스위치의 정상 위치는 armed 위치이다.
③ 비상 조명 스위치는 off, armed(또는 arm), on의 3 position toggle switch이다.
④ 항공기 주기(parking) 시, 항공기에 전기공급을 차단할 때는 비상 조명 스위치를 off에 선택해야 배터리의 방전을 방지할 수 있다.
⑤ On 위치에서는 전원상실에 관계없이 자체 배터리에서 전기가 공급되어 작동된다.

70. ②
해설 고도계에서 압력을 측정하는 수감부인 아네로이드는 구리 합금으로 만들어진다. 이러한 금속은 온도 변화에 의해 영향을 받으며 이로 인한 탄성 오차(elastic error)에는 다음과 같은 종류가 있다.
① 재료의 피로현상에 의한 오차
② 장시간 동일한 압력 유지, 휘어짐으로 생기는 크리프(creep) 현상에 의한 오차
③ 온도변화에 의해서 탄성계수가 바뀔 때의 오차
④ 압력변화에 따라 휘어짐과 원상 복귀까지의 시간지연에 따른 오차

71. ②
그림과 같은 Wheatstone bridge 회로가 평형이 되려면 다음과 같은 조건을 만족하여야 한다.
$$R_1 R_x = R_2 R_3$$
따라서 X의 저항 R_x는

$$\therefore R_x = \frac{R_2 R_3}{R_1} = \frac{2 \times 6}{3} = 4\Omega$$

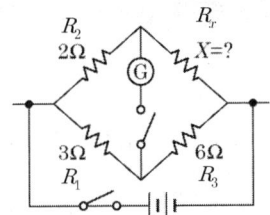

72. ②

해설 계기착륙장치(ILS) 마커 비컨(marker beacon)의 주파수와 등(light)의 색은 다음과 같다.

Marker	주파수	등(light)의 색
Inner marker	3,000Hz	백색(white)
Middle marker	1,300Hz	황색(amber)
Outer marker	400Hz	청색(blue)

73. ①

해설 고도계와 속도계에 사용되는 공함(collapsible chamber)은 다음과 같다.
① 고도계는 진공 공함인 아네로이드(aneroid)를 이용하여 고도를 측정한다. 아네로이드 공함 내부는 진공이며 외측에는 정압공에서 얻어진 정압이 작용한다.
② 속도계는 차압 공함인 다이어프램(diaphragm)을 이용하여 속도를 측정한다. 다이어프램 공함의 안쪽에는 전압이, 바깥쪽에는 정압이 각각 작용하며, 이 두 압력의 차압에 의하여 팽창 또는 수축되는 다이어프램의 변위량을 이용하여 속도를 측정한다.

74. ①

해설 오메가 항법(omega navigation)은 10~14kHz의 초장파(VLF)를 사용한 쌍곡선 항법이다. 이 항법은 지상원조 시설인 2개의 지상 송신국으로부터 발사되는 전파의 위상차를 측정해서 항공기의 위치를 결정한다.

75. ③

해설 객실고도(cabin altitude)는 승객들이 탑승하고 있는 객실 내 압력을 표준대기압을 기준으로 나타내는 기압고도이다. 미국연방항공국(FAA)의 규정에 명시된 고고도 비행 항공기의 최대 객실 고도는 8,000ft이다.

76. ④

해설 솔레노이드(solenoid)는 원통형의 절연물 위에 전선을 감아 코일 형태로 만든 것으로, 솔레노이드 코일 내부에 철심을 넣으면 코일에 전류가 흐를 때 전자석이 된다. 이러한 솔레노이드 코일의 자계세기는 단위 길이당 감긴 전자석의 코일 수가 많을수록, 그리고 전류의 세기가 클수록 커진다. 또 철심의 투자율이 높을수록 자계밀도가 커지고, 따라서 자계세기가 커진다.

77. ①

해설
- 레이더의 감지거리를 $R[\text{m}]$, 레이더가 감지하는 데 걸리는 시간을 $t[\text{sec}]$, 그리고 전파의 속도를 $C[\text{m/sec}]$라고 하면 이들 간의 관계식은 다음과 같다.

$$R = \frac{Ct}{2}$$

- 따라서 레이더가 감지하는 데 걸리는 시간은

$$\therefore t = \frac{2R}{C} = \frac{2 \times 20 \times 1852}{3 \times 10^8}$$
$$= 0.000247\text{s} = 247\mu s$$

[∵ 1해리(NM) = 1852m, 1s = 1,000,000μs, $C = 3 \times 10^8$m/sec]

78. ①

해설 교류 전동기(AC Motor)의 종류는 다음과 같다.
① 동기 전동기(synchronous motor) : 동기 전동기는 교류 발전기와 동조되는 회전수로 회전하는 것으로서, 항공기에서는 기관의 회전계에 이용한다.
② 유도 전동기(induction motor) : 교류에 대한 작동 특성이 좋기 때문에, 시동이나 계자 여자에 있어 특별한 조치가 필요하지 않고, 부하 감당 범위가 넓다.
③ 유니버설 전동기(universal motor, 만능 전동기) : 직류 전동기와 모양과 구조가 같고, 교류 및 직류 겸용으로 사용할 수 있는 전동기를 말한다.

79. ③

해설 전기계통의 인버터(inverter)는 축전지의 직류를 공급받아 교류로 변환시키는 역할을 하는 장치이다. 인버터는 주전원이 직류인 항공기에서 교류를 얻기 위해 사용되고, 교류가 주전원인 경우에는 비상 교류전원으로 사용된다.

80. ①

해설 항공기 계기의 종류는 다음과 같다.
① 비행 계기(flight instrument) : 항공기의 비행상태를 알기 위한 목적으로 고도, 속도, 자세 등을 지시하는 계기로서, 고도계, 대기 속도계, 승강계, 선회 경사계, 자이로 수평 지시계, 방향 자이로 지시계, 실속 탐지기, 마하계 등이 있다.
② 기관 계기(engine instrument) : 항공기에 장착된 기관의 상태를 알아내는 데 필요한 계기로서, 회전계, 연료 압력계, 연료량계, 윤활유 온도계, 연료 온도계, 배기가스 온도계, 엔진 압력비 계기 등이 있다.
③ 항법 계기(navigation instrument) : 항공기의 진로, 위치 및 방위 등을 알아내는 데 필요한 계기로서, 자기 컴퍼스, 자동 무선방향 탐지기, 전방향표지시설, 거리측정장치, 관성항법장치 등이 있다.

2011년 4회 (10월 2일)

제1과목 : 항공역학

1. ①

해설 비행 중 외부 영향으로 받음각이 증가함에 따라 항공기 기수를 내리려는 키놀이 모멘트(– 모멘트)가 발생하여 받음각을 감소시키는 경향을 보인다면 항공기는 정적 세로안정성이 있다고 할 수 있다.

2. ③

해설 옆놀이 커플링(roll coupling)을 줄이기 위해서는 정상비행 상태에서 바람축과의 경사를 최대한 줄여야 한다.

3. ③

해설
- 날개 길이를 b, 시위 길이를 c라고 하면, 삼각형 날개의 면적 S는
$$S = \frac{1}{2} \times b \times c = \frac{1}{2} \times 260 \times 100$$
$$= 13,000 \text{cm}^2$$

- 날개 길이를 b, 날개 면적을 S라고 하면, 가로세로비 AR은
$$AR = \frac{b}{c} = \frac{b \times b}{c \times b} = \frac{b^2}{S} = \frac{260^2}{13000} = 5.2$$

4. ③

해설 프로펠러의 단면에서 각 부분을 나타내는 용어는 다음과 같다.
① 받음각 : 깃각에서 유입각(피치각)을 뺀 각
② 피치각(유입각) : 합성속도와 회전면이 이루는 각
③ 깃각 : 회전면과 깃의 시위선이 이루는 각
④ 합성속도 : 비행속도와 깃의 선속도를 합한 속도

5. ④

해설 양력계수를 C_L, 스팬효율계수를 e, 그리고 가로세로비를 AR이라고 하면, 유도항력계수 C_{Di}는

$$C_{Di} = \frac{C_L^2}{\pi eAR} = \frac{1.2^2}{3.14 \times 0.8 \times 10} = 0.057$$

6. ②

해설 비행기의 기준축에 따른 조종면은 다음과 같다.

기준축	모멘트	안정	조종면
세로축 (X축)	옆놀이 모멘트 (rolling moment)	가로 안정	보조날개
가로축 (Y축)	키놀이 모멘트 (pitching moment)	세로 안정	승강키
수직축 (Z축)	빗놀이 모멘트 (yawing moment)	방향 안정	방향키

7. ②

해설 공기의 밀도를 ρ, 프로펠러의 회전면적을 A, 비행속도를 V, 그리고 프로펠러의 유도속도를 v 라고 하면, 프로펠러의 추력 T를 구하는 식은 다음과 같다.
$T = 2\rho A(V+v)v$

8. ④

해설 중간권에서는 높이에 따라 기온이 감소한다. 중간권과 열권의 경계면을 중간권 계면이라 하며, 그 높이는 약 80km로서 대기권에서는 이곳의 기온이 가장 낮다.

9. ③

해설 선회경사각을 ϕ, 수평비행 시의 실속 속도를 V_s라고 하면, 선회비행 시의 실속 속도 V_{ts}는
$V_{ts} = \frac{V_s}{\sqrt{\cos\theta}} = \frac{V_s}{\sqrt{\cos 60°}} = 113\text{km/h}$

10. ②

해설 항공기가 상승 비행하려면 여유마력이 있어야 한다. 따라서 이용마력이 필요마력보다 커야 한다. (여유마력=이용마력-필요마력)

11. ④

해설 무게중심의 위치는 세로안정성에 영향을 미치며, 방향 안정성에는 거의 영향을 주지 않는다.

12. ③

해설 버핏(buffet)이란 흐름이 날개에서 박리되면서 발생되는 후류가 날개나 꼬리날개를 진동시켜 발생되는 현상으로서, 이러한 버핏이 시작되면 실속이 일어나는 징조이다.

13. ②

해설 항력은 항공기 속도의 제곱에 비례한다.

14. ②

해설
- 이륙무게를 W_1, 연료무게를 W_f라고 하면, 착륙무게 W_2는
$W_2 = W_1 - W_f = 11300 - 5000$
$= 6,300\text{kg}$
- 프로펠러 효율을 η, 연료소비율을 c, 그리고 양항비를 $\frac{C_L}{C_D}$라고 하면, 프로펠러 비행기의 항속거리 R은
$R = \frac{540\eta}{c} \cdot \frac{C_L}{C_D} \cdot \frac{W_1 - W_2}{W_1 + W_2}$
$= \frac{540 \times 0.7}{0.25} \times 7.0 \times \frac{11300 - 6300}{11300 + 6300}$
$= 3006.8\text{km}$

15. ①

해설 비행기가 음속에 가까운 속도로 비행을 할 때 속도를 증가시키면 기수가 오히려 내려가는 경향이 생기므로 조종간을 당겨야 하는데, 이와 같이 기수가 내려가는 경향과 조종력의 역작용 현상을 턱 언더(tuck under)라 한다. 턱 언더는 고속 비행기에서 발생하는 불안정 현상이다.

16. ①

해설 등가대기속도(V_e)와 진대기속도(V)에 대한 설명은 다음과 같다.
① 고도가 증가할수록 밀도가 감소하므로 진대기속도가 등가대기속도보다 빠르다.
② 등가대기속도는 위치오차와 압축성효과를 고려한 속도이다.
③ 등가대기속도와 진대기속도의 관계는

$V = V_e \sqrt{\dfrac{1}{\sigma}}$ 이다.

④ 베르누이 정리를 이용하여 등가대기속도를 나타내면 $V_e = \sqrt{\dfrac{2(P_t - P_s)}{p_0}}$ 이다.

17. ③

해설 양력과 중력이 같으므로 수평비행, 추력과 항력이 동일하므로 등속비행을 한다. 즉, 수평 등속비행을 한다.

18. ④

해설 헬리콥터 주회전날개의 회전면을 회전방향에 따라 동체의 좌측이나 우측으로 기울이는 것은 가로축, 즉 y축 힘의 역학적 평형을 맞추기 위해서이다.

19. ④

해설 항공기의 이륙거리는 지상 활주거리에다 비행기가 안전한 비행상태의 고도까지 이륙하는 데 소요되는 상승거리를 합한 거리를 말한다.

20. ①

해설 항공기 속도와 음속(소리 속도)과의 비를 마하수라고 한다.

제2과목 : 항공기관

21. ③

해설 이소옥탄만으로 이루어진 표준연료의 앤티노크성을 옥탄가 100으로 하고, 노말헵탄만으로 이루어진 표준연료의 앤티노크성을 옥탄값 0으로 하여, 표준연료 속의 이소옥탄의 체적 비율(%)로 옥탄가를 표시한다. 따라서 "옥탄가 80"은 이소옥탄 80%에 노말헵탄 20%의 혼합물과 같은 정도를 나타내는 가솔린을 나타낸다.

22. ④

해설 윤활유 냉각기의 위치가 윤활유 탱크를 중심으로 어느 곳에 위치하는가에 따라 윤활 계통은 저온 탱크와 고온 탱크 두 가지 형태의 계통으로 분류된다. 윤활유 냉각기가 윤활유 탱크로 향하는 배유라인에 위치하면 저온 탱크 계통(cold tank type)이라 하고, 압력 펌프를 지나 윤활유가 공급되는 위치에 있는 경우는 고온 탱크 계통(hot tank type)이라고 한다. 따라서 저온 탱크 계통에서는 윤활유 냉각기가 배유 펌프와 윤활유 탱크 사이에 위치하여 냉각된 윤활유가 탱크로 유입된다.

23. ③

해설 문제의 그림은 정압 사이클을 나타낸다. 정압 사이클은 일정한 압력 상태에서 연소가 일어나는 열기관의 사이클이며, 디젤 기관의 기본 사이클로 디젤 사이클이라고도 한다.

24. ③

해설 성형 왕복기관에서 기관 정지 후 어느 정도 있다가 하부 실린더에 위치한 실린더에서 오일이 실린더 상부 쪽으로 스며들어 축적된 상태에서 시동될 때 그 작동을 멈추게 하고, 계속 회전하려는 크랭크 축의 힘에 의하여 커넥팅 로드 등의 파손을 초래하는 현상을 하이드롤릭 록(hydraulic lock)이라고 한다.

25. ①

해설 가스의 팽창은 고정자에서만 이루어지고 회전자 깃에서는 전혀 팽창이 이루어지지 않는 터빈을 충동 터빈(impulse turbine)이라고 한다. 충동 터빈에서는 팽창이 이루어지지 않으므로 회전자 깃에서 가스의 압력과 속도는 변하지 않고 흐름 방향만 바뀌게 된다. 이와 달리 회전자 깃에서 연소가스가 팽창하여 속도가 증가하고 압력이 감소하며, 또한 흐름 방향이 바뀌는 터빈을 반동 터빈이라고 한다.

26. ②

해설 열역학에서 문제의 대상이 되는 지정된 양의 물질이나 공간의 지정된 영역을 계(system)라고 한다. 계에 속하지 않는 부분은 주위(surrounding)라고 하며, 경계(boundary)에 의해 계와 구분된다.

27. ①

해설 ① 중력에 의하여 오일이 공급될 수 있도록 일반적으로 오일 탱크는 오일 펌프 입구보다 약간 높게 설치한다.
② 물이나 불순물을 제거하기 위해 탱크 밑바닥에는 윤활유 섬프 드레인 플러그(sump drain plug)가 있다.
③ 윤활유의 열팽창에 대비해서 10% 정도의 여유 팽창공간을 둔다.
④ 오일 탱크의 재질은 일반적으로 알루미늄 합금으로 만든다.

28. ④

해설 스피너(spinner)는 프로펠러 날개의 루트 및 허브를 덮는 유선형의 커버로 공기 흐름을 매끄럽게 하여 기관의 효율을 증가시키고 냉각 효과를 돕는다.

29. ②

해설 초음속기의 배기 노즐은 배기가스의 속도를 초음속으로 해야 하기 때문에 수축-확산형 배기 노즐이 사용된다. 아음속기의 배기 노즐로는 수축형 배기 노즐이 사용된다.

30. ①

해설 출력이 크게 요구되는 대형기관의 시동에 사용되는 공압 시동기를 작동시키는 고압공기는 항공기에 장착되어 있는 별도의 보조동력장치나 지상장비인 지상동력장비를 이용하여 공급된다. 또한 다발 항공기의 경우에는 시동된 다른 기관의 압축기 블리드 공기를 이용하기도 한다.

31. ④

해설 왕복기관을 시동할 때 기화기 혼합조정 레버를 "idle cut off" 위치에 놓고 primer로 시동한다. 혼합조정 레버를 "idle cut off" 위치에 놓으면 기화기에서 공급되는 연료는 완전히 차단되며, 시동 시에는 primer에 의해서 연료가 공급된다. 프라이머(primer)는 기관을 시동할 때에 흡입밸브 입구나 실린더 안에 연료 탱크로부터 프라이머 펌프를 통하여 직접 연료를 분사시켜 농후한 혼합가스를 만들어 줌으로써 시동을 쉽게 한다.

32. ①

해설 기관이 작동 중일 때 과급기가 없는 기관에서는 흡입계통의 압력이 대기압보다 낮으며, 과급기가 있는 기관에서는 대기압보다 높다. 따라서 압력의 차이로 인하여 흡입계통에서 공기의 누설이 발생할 수 있다.
흡입계통에 작은 양의 공기가 누설되면 기관이 높은 출력 상태에서는 엔진 작동에 뚜렷한 영향이 없다. 그러나 기관이 저속 상태일 때는 흡입되는 공기의 양이 적기 때문에 조금이라도 공기가 누설되면 혼합가스가 희박해지고 디토네이션 등이 발생할 수 있다. 어느 경우에서나 엔진 흡입계통은 공기 누설이 없어야 하며, 설정된 공연비가 변화하지 않도록 하여야 한다.

33. ③

해설 피스톤이 하사점에 있을 때의 실린더 체적과 상사점에 있을 때의 체적, 즉 연소체적(연소실 체적)과의 비를 실린더의 압축비라고 한다. 실린더 체적은 연소체적과 행정체적을 합하여 구할 수 있다. 연소체적을 V_C, 행정체적을 V_S라고 하면, 실린더의 압축비 ε을 구하는 관계식은 다음과 같다.

$$\varepsilon = \frac{\text{실린더 체적}}{\text{연소실 체적}} = \frac{V_C + V_S}{V_C} = 1 + \frac{V_S}{V_C}$$

34. ②

해설 행정거리와 실린더 단면적으로 곱한 체적을 행정체적이라고 한다. 행정거리를 L, 실린더의 단면적을 A, 그리고 실린더 수를 K라고 하면, 총 행정체적 V_S는

$$V_S = L \cdot A \cdot K$$
$$= (0.15 \times 100) \times \left(\frac{3.14 \times 16^2}{4}\right) \times 6$$
$$= 18086.4 \, cm^3 = 18.1 \, L$$
$$(\because 1L = 1{,}000 \, cm^3)$$

35. ③

해설 디젤 기관(diesel engine)은 실린더로 흡입된 공기가 피스톤에 의해 압축되어 최대압력이 되었을 때 연료를 직접 분사하여, 특별한 점화장치

없이 압축열에 의해 자연착화를 시키는 압축 점화 방법의 기관이다.

36. ②

[해설] 진추력 F_n을 발생하는 기관이 속도 V_a로 비행할 때, 기관의 동력을 마력으로 환산한 것을 추력마력이라고 한다. 진추력을 F_n[lbf], 비행속도를 V_a[ft/s]라고 하면, 추력마력(THP)을 구하는 관계식은 다음과 같다.

$$THP = \frac{F_n \times V_a}{550} \quad (\because 1HP = 550 lbf \cdot ft/s)$$

MKS 단위계를 사용하여 진추력을 F_n[kgf], 비행속도를 V_a[m/s]라고 하면, 추력마력(THP)을 구하는 관계식은 다음과 같다.

$$THP = \frac{F_n \times V_a}{75} \quad (\because 1HP = 75 kgf \cdot m/s)$$

37. ④

[해설] 터보 팬 기관은 아음속에서 효율이 좋고, 연료 소비율과 소음이 작기 때문에 민간 여객기에 널리 이용되는 가스 터빈 기관이다.

터보 제트 기관은 소형 경량으로 큰 추력을 낼 수 있기 때문에 주로 고속 군용기에 사용된다. 그러나 저속에서는 효율이 감소하고 연료 소비율이 증가한다. 또 고속으로 배기가스가 분사되기 때문에 소음이 심하다.

38. ④

[해설] 일반적인 프로펠러의 깃각(blade angle)에 대한 설명은 다음과 같다.
① 프로펠러의 깃각은 깃 뿌리(blade root)에서 깃 끝(blade tip)으로 갈수록 작아지도록 비틀어져 있다.
② 일반적으로 프로펠러의 깃각을 대표하여 표시할 때는 프로펠러 허브 중심에서부터 75% 되는 위치의 깃각을 말한다.

39. ②

[해설] 항공기 기관 점검 시 주기검사는 작동시간과 비행 사이클(이착륙) 수에 따라 결정된다. 항공기가 1번 이륙해서 착륙하는 것을 1사이클이라고 한다. 이러한 사이클 또는 기관의 작동시간으로 정비주기를 정하여 일정한 횟수의 사이클 또는 일정한 작동시간에 도달하면 결함 여부에 관계없이 해당 기관을 검사하는 방식을 주기검사라고 한다.

40. ①

[해설] 가스 터빈 기관의 연료조정장치에 대한 설명은 다음과 같다.
① 수감요소 중 기관회전수가 증가하면 흡입공기의 양이 증가하므로 일정한 혼합비를 유지하기 위하여 연료를 증가시킨다.
② 스로틀 레버 급가속 시 혼합비의 과농후로 인하여 압축기 실속을 일으킬 수 있다.
③ 연료조정장치는 유압기계식과 전자식이 주로 쓰인다.
④ 수감요소 중 압축기 출구압력이 증가하면 압축기 실속이 발생할 수 있으므로 연료를 감소시킨다.

제3과목 : 항공기체

41. ①

[해설] 일반적인 항공기 구조에서 알루미늄이나 복합소재는 항공기 날개의 스킨(skin), 날개보, 스트링거, 동체의 프레임과 기체 구조부분 등에 사용된다.

항공기의 랜딩 기어와 고강도 볼트 등은 강도가 높은 니켈-크롬-몰리브덴강을 주로 사용한다.

42. ①

[해설] 페일 세이프 구조(fail safe structure)는 한 구조물이 여러 개의 구조 요소로 결합되어 있어 어느 부분에서 피로파괴가 일어나거나 그 일부분에 구조적 결함이 발생해도 항공기 구조상 위험이나 파손을 보완할 수 있는 구조를 말하며, 다음과 같은 종류가 있다.
① 더블 구조(이중 구조, double structure) : 큰 부재 대신 2개 또는 그 이상의 소부재로 대치하는 것
② 백업 구조(대치 구조, back-up structure) :

주 부재가 전 하중을 지지하고 있는 경우, 주 부재가 파괴되었을 때 하중을 지탱해주는 예비적 부재를 가지고 있는 구조
③ 리던던트 구조(다경로 하중 구조, redundant structure) : 일부 부재가 파괴될 경우 그 부재가 담당하던 하중을 다른 부재가 분담할 수 있는 구조
④ 하중 경감 구조(load dropping structure) : 부재가 파손되기 시작할 때 다른 부재에 하중을 이동, 전달함으로써 부재의 완전 파단 또는 파괴를 방지하는 구조

43. ④

해설 푸아송 비(Poisson's ratio)란 단면이 균일한 봉이 인장하중을 받았을 때 축방향(세로방향) 변형률에 대한 가로방향 변형률의 비를 나타내며, ν로 표시한다.

$$\nu = \frac{\text{가로방향 변형률}}{\text{축방향 변형률}}$$

44. ②

해설 합성 고무 중 실리콘(silicone) 고무에 대한 특성은 다음과 같다.
① 내열성과 내한성이 우수하여 사용 온도범위가 넓다.
② 기후에 대한 저항성과 전기절연 특성이 매우 우수하다.
③ 강도가 낮고, 가격이 비싸다.

45. ②

해설 리벳작업 시 올바른 크기의 리벳 구멍을 뚫기 위한 작업의 순서는 다음과 같다.
① 드릴링(drilling) : 드릴로 알맞은 크기의 구멍을 뚫는다.
② 리밍(reaming) : 리머(reamer)를 사용하여 구멍을 정확한 크기로 확장시키고, 구멍의 표면을 매끄럽게 가공한다.
③ 버링(burring) : 드릴로 뚫은 구멍의 가장자리에서 버(burr, 절삭가공 등으로 구멍의 가장자리에 생기는 거스러미)를 제거한다.

46. ③

해설 용접의 종류는 크게 다음과 같이 분류할 수 있다.
① 가스 용접 : 아세틸렌 가스와 수소가스 등의 가연성 가스와 산소 또는 공기를 혼합시킨 혼합 가스에 의한 연소열을 이용하여 금속을 용융시켜 접합하는 용접법(산소·아세틸렌 가스 용접이 가장 널리 사용됨)
② 아크 용접 : 용접봉과 모재 사이에 전류를 통하여 아크(arc)를 발생시키고, 아크(arc)에 의한 고온을 이용하여 금속을 융해시켜 접합하는 용접
③ 특수 용접 : 항공기에 사용되는 특수 용접에는 다음과 같은 종류가 있다.
㉮ 플라스마 용접
㉯ 금속 불활성 가스 용접(MIG : metallic inert gas welding)
㉰ 텅스텐 불활성 가스 용접(TIG : tungsten inert gas welding)

47. ④

해설 볼트와 너트를 이용하여 재료를 체결할 경우에 볼트 그립(grip) 길이는 볼트가 장착되는 재료의 두께와 같거나 약간 길어야 한다. 길이가 맞지 않는 경우에는 와셔를 이용하여 길이를 조절한다. 여기에서 볼트의 그립(grip)이란 나사가 나 있지 않은 부분을 말한다.

48. ②

해설 항공기에 탑재한 장비나 화물이 이동하여 중심위치가 변화되었을 경우, 새로운 중심위치를 구하는 식은 다음과 같다.

중심위치(c.g)
$$= \frac{\text{총 모멘트} \pm \text{변화된 모멘트}}{\text{총 무게} \pm \text{변화된 무게}}$$
(∵ + : 무게 증가 시, − : 무게 감소 시)
$$= \frac{(2950 \times 300) - (50 \times 100) + (100 \times 500)}{2950 - 50 + 100}$$
$$= +310 \text{cm}$$

∴ +310cm 이므로 새로운 중심위치는 기준선 후방 310cm에 위치한다.

49. ④

해설 론저론(longeron, 세로대)은 동체나 나셀에서

앞·뒤 방향(길이 방향)으로 배치되며, 주요하중을 담당하는 부재이다. 굽힘에 잘 견디도록 부재를 Z자형 또는 모자 모양 등 다양한 단면의 모양으로 가공한다.

50. ③

해설 항공기의 카울링과 페어링을 장착하는 데 사용되는 일반적인 캠 록 파스너(cam lock fastener)는 스터드(stud assembly), 그로밋(grommet)과 리셉터클(receptacle)로 구성된다.

51. ③

해설 부식의 종류는 다음과 같다.
① 점(pitting) 부식 : 금속 표면 일부분의 부식 속도가 빨라져 국부적으로 깊은 홈을 발생시키는 부식
② 피로(fatigue) 부식 : 지속적으로 작용하는 응력으로 인한 부식
③ 찰과(fretting) 부식 : 서로 밀착된 구성품 사이에 작은 진폭의 상대운동이 일어날 때 접촉 표면에 발생하는 제한된 형태의 부식
④ 이질금속 간(galvanic)의 부식 : 서로 다른 재질의 두 금속이 접촉되어 있는 상태에서 전해작용에 의해 발생하는 부식

52. ③

해설 조종장치를 작동시킴에 따라 조종면의 정확한 작동이 이루어지도록 조종면의 작동 범위를 맞추어 주고, 조종 케이블의 장력을 정확하게 조절하는 것을 일반적으로 조종계통의 리깅(rigging)이라고 한다. 조종계통의 리깅(rigging) 시에는 프로트랙터(protractor), 텐션 미터(tension meter)와 케이블 리깅 텐션 차트(cable rigging tension charts) 등의 도구가 필요하다. 프로트랙터(protractor, 각도기)는 측정하고자 하는 조종면의 작동 범위를 측정하는 데 사용된다. 텐션 미터(tension meter, 장력 측정기)는 케이블의 장력(tension) 측정에 사용되며, 케이블 리깅 텐션 차트(cable rigging tension charts)는 온도 변화에 따른 장력의 변화를 보정하기 위하여 사용한다.

텐션 레귤레이터(tension regulator, 장력 조절기)는 온도 변화에 관계없이 자동으로 항상 일정한 케이블의 장력을 유지시켜 주는 조종계통의 장치이다.

53. ②

해설 강착장치(landing gear)에서 올레오 완충장치(oleo shock absorber)는 오늘날의 항공기에 가장 많이 사용되는 완충장치로서, 공기와 작동유를 사용하기 때문에 공기-오일 완충장치라고도 한다. 올레오 완충장치는 공기의 압축성 효과에 의한 탄성에너지와 작동유 흐름의 제한에 의한 에너지 손실에 의해 충격을 흡수하는 장치이다.

54. ③

해설 케이블 조종 계통에서 7×19 케이블은 19개의 와이어(wire)로 1개의 다발(strand)을 만들고, 이 다발 7개로 1개의 케이블을 만든 것으로 단면의 모양은 아래 그림과 같다. 이 케이블은 강도가 대단히 높고 유연성이 좋으며, 굽힘 응력에 대한 피로에 견디는 특성이 있기 때문에 항공기 주조종 계통에 사용된다.

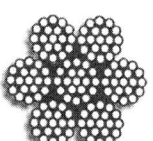

[7×19 케이블]

55. ④

해설 문제의 그림에서 보의 좌측단은 고정지점으로 고정되어 있으며, 우측단은 가동 힌지 지점으로 힌지 위에 지지되어 있다. 이러한 보를 일단고정 타단지지보라고 하며, 간단히 고정지지보라고도 한다.

56. ①

해설 문제의 하중배수선도에서 하중배수(n)의 값은 실속 속도(V_s)에 해당하는 하중배수를 나타낸다. 실속 속도에서 $L = W$이므로 하중배수(n)는 1이 된다.

57. ④

해설 와셔에는 평 와셔(plain washer), 스프링 고정와셔(lock washer), 이붙이 고정와셔(toothed lock washer), 탭 와셔(tap washer) 등이 있다. 문제의 그림에서 좌측 그림은 내치형(internal) 이붙이 고정와셔, 그리고 우측 그림은 외치형(external) 이붙이 고정와셔이다.

58. ③

해설 같은 열(column)에 있는 리벳 중심 간의 거리를 피치(pitch)라 한다.

59. ②

해설 숏 백(shot bag)은 복합 소재의 부품을 경화시킬 때 표면에 압력을 가하기 위하여 사용하는 것으로, 클램프로 고정할 수 없는 대형 윤곽의 곡선 표면에 사용할 때 효과적이다.

60. ①

해설 케이블 AB에 발생하는 장력을 T_1이라고 하면,

$T_1 \cdot \sin 45° = 200$

$\therefore T_1 = \dfrac{200}{\sin 45°} = 282.84\text{N}$

제4과목 : 항공장비

61. ①

해설 고도계의 탄성 오차는 일정한 온도에서 재료의 특성 때문에 생기는 탄성체 고유의 오차이며, 다음과 같은 종류가 있다.
① 히스테리시스(hysteresis) : 항공기가 상승할 때 어떤 고도에서 읽은 눈금과 하강할 때 같은 고도에서 읽은 눈금이 서로 다르게 되는 형상
② 편위(drift) : 어떤 고도에서 시간이 지남에 따라 지시값이 변하는 현상
③ 잔류효과(after effect) : 고도계에서 압력을 증가시켰다 다시 감소하거나, 반대로 압력을 감소시켰다 다시 증가하면 출발점을 전후한 위치에서 오차가 발생하는 현상을 말한다. 즉, 항공기가 상승하거나 하강하거나, 또는 하강하거나 상승할 때 원래의 값과 발생하는 차이 오차이다.

62. ④

해설 유압계통의 구성품인 축압기(accumulator)는 가압된 작동유를 저장하는 저장통으로서 다음과 같은 역할을 한다.
① 여러 개의 유압기기가 동시에 사용될 때 동력 펌프를 돕고, 동력펌프가 고장이 났을 때 저장된 작동유를 공급하여 제한된 유압기기를 작동시키는 비상용 압력원으로 사용한다.
② 계통 작동 시 압력 조절기가 너무 빈번하게 작동하는 것을 방지하며, 갑작스럽게 계통압력이 상승할 때 압력을 흡수하여 충격 완화 역할을 한다.
③ 유압계통의 서지(surge) 현상을 방지하여 펌프 출력 유압유의 맥동을 방지한다.

63. ①

해설 공기압 계통은 유압 계통과 같은 원리로 작동되지만 압력을 액체 대신 공기로 전달하는 점이 다르다. 유압 계통은 작동유를 저장할 수 있는 탱크와 귀환관이 필요하지만, 공기압 계통은 공기를 재활용하지 않고 대기 중으로 배출하므로 압축공기 저장탱크와 귀환관이 필요하지 않으며 유압 계통보다는 계통이 단순하다.

64. ②

해설 지자기의 3요소는 다음과 같다.
① 복각(dip 또는 inclination) : 지자기 자력선의 방향과 수평선 간의 각을 말하며, 지구 적도 부근에서는 거의 0이고 양극으로 갈수록 90°에 가까워진다.
② 편차(variation 또는 declination) : 지축과 지자기축이 서로 일치하지 않기 때문에, 지구 자오선(진자오선)과 자기 자오선 사이에 생기는 오차를 말한다.
③ 수평분력(horizontal component) : 지자력의 지구 수평선에 대한 분력을 말하는 것으로 복각이 적은 적도 부근에서 최대이고 양극에서는 0에 가깝다.

65. ①

해설 긴급 구조를 위한 비상 송신기(emergency transmitter)는 항공기의 조난 위치를 알리고자 구난 전파를 발신하는 장치로서 지정된 주파수로 약 48시간 동안 계속 구조 신호를 보낼 수 있게 되어 있으며, 바다에 뜬다.

66. ②

해설 항공기가 대형화함에 따라 계기의 지시부와 수감부 사이의 거리가 멀어지게 되었다. 따라서, 수감부의 기계적인 각 또는 직선변위를 전기적인 신호로 바꾸어 멀리 떨어진 조종석 지시부에 같은 크기의 변위를 나타내 줄 필요가 있게 되었다. 이때 사용하는 것이 원격지시 계기이며, 변환기(transmitter)에서의 입력 기계적 변위가 그대로 지시부에 나타나므로 싱크로 계기(synchronous instrument)라고 한다.

67. ③

해설 SSB(single side band, 단측파대) 통신방식은 단파 무선통신과 같이 한쪽 측파대만을 사용하는 통신방식이며, DSB(double side band, 양측파대) 통신방식에 비해 다음과 같은 장점이 있다.
① 페이딩의 영향을 적게 받고, 수신기의 출력에 있어서 신호 대 잡음비(S/N)가 DSB 방식보다 개선된다.
② DSB 방식보다 송신전력이 적어도 되고, 송신기의 소비전력이 적게 든다.
③ DSB 방식보다 점유 주파수 대역폭이 1/2로 줄어들어, 주파수 이용효율이 높다.
④ 변조전력이 적기 때문에 변조기(송신기)를 소형으로 제작할 수 있다.

그러나 송신장치와 수신장치의 회로구성이 DSB 방식보다 복잡하여, 제작 가격이 비싸다는 단점이 있다.

68. ①

해설 공함(collapsible chamber)은 압력을 기계적 변위로 바꾸어 주는 장치이다. 아네로이드(aneroid), 벨로즈(bellows), 다이어프램(diaphragm), 부르동관(bourdon tube) 등이 압력을 측정하는 공함으로 사용된다.

69. ③

해설 문제의 회로에 대한 설명은 다음과 같다.
① 교류회로에서 전력계는 유효전력을 측정하는 계기이다. 전력계가 800W를 지시하고 있으므로 유효전력은 800W이다.
② 전압을 E, 전류를 I라고 하면 피상전력은
피상전력 $= EI = 100 \times 10 = 1000$VA
$= 1$kVA
③ 위상각을 θ라고 하면,
유효전력[W]=피상전력[VA]$\times \cos\theta$
위상각$(\theta) = \cos^{-1} \times \dfrac{800}{1000} = 36.9°$
∴ 무효전력=피상전력$\times \sin\theta$
$= 1000 \times \sin 36.9° = 600.4$Var
④ 유효전력은 부하(저항)에서 흡수되어 실제로 소비한 전력을 말한다. 따라서 부하는 800W를 소비하고 있다.

70. ④

해설 일부 항공기에서는 교류 발전기를 직류 전동기로 구동시키는 방식을 사용하여 직류를 교류로 전환한다. 이와 같이 교류 발전기와 직류 전동기가 조합된 인버터(inverter)를 회전식 인버터라고 하며, 직류 전동기의 전기자에 교류 발전기의 회전계자를 연결하여 함께 회전하도록 한다. 이때 직류 전동기는 직권과 분권 계자를 모두 가진 복권형으로, 일단 필요한 회전수에 도달하면 직권계자는 사용하지 않고 분권계자 전류를 제어하여 속도를 제어한다.

71. ③

해설 지상 관제사는 공중 감시장치(ATC) 계통인 감시 레이더를 통해서 다음과 같은 정보를 얻을 수 있다.
① 1차 감시 레이더(PSR) : 항공기의 위치(방향 및 거리)를 측정한다.
② 2차 감시 레이더(SSR) : 지상국의 질문에 대하여 항공기의 SSR Transponder가 응답을 보내면 지상관제사는 항공기의 식별코드(편명), 방위, 거리 및 고도를 알 수 있게 되어 항공기를 쉽게 구별할 수 있다.

72. ④

해설 속도의 종류는 다음과 같다.
① 지시대기속도(indicated air speed : IAS) : 속도계에 표시되는 계기속도
② 수정대기속도(calibrated air speed : CAS) : 지시대기속도에서 전압, 정압 계통의 장착위치 및 계기 자체의 오차를 수정한 속도
③ 등가대기속도(equivalent air speed : EAS) : 수정대기속도에 공기의 압축성 효과를 수정한 속도
④ 진대기속도(True air speed : TAS) : 등가대기속도에서 고도 변화에 따른 공기의 밀도(외기온도)를 수정한 속도

73. ③

해설 전기계통의 인버터(inverter)는 비상시 사용되는 배터리의 DC 전원을 공급받아 AC로 전환시켜주는 장치이며, 주전원이 직류인 항공기에서 교류를 얻기 위해 사용된다. 인버터(inverter)에는 일반적으로 스태틱 인버터(static inverter, 정지식 인버터)와 로터리 인버터(rotary inverter, 회전식 인버터)의 두 가지 형태가 있다.

74. ②

해설 다이나모터(dynamotor)는 직류의 전압을 높이거나 낮출 때 사용되는 장치로, 발전기와 전동기를 결합한 것이다. 변압기(transformer)는 교류의 전압을 높이거나 낮출 때 사용되는 장치이다.

75. ③

해설 회로 보호장치(circuit protective device)의 종류는 다음과 같다.
① 퓨즈(fuse) : 규정 이상의 전류가 흐르면 녹아 끊어짐으로써 회로에 흐르는 전류를 차단시킨다.
② 서킷 브레이크(circuit breaker, 회로 차단기) : 미리 설정된 정격값 이상의 전류가 흐르면 회로를 차단하여 전류의 흐름을 막는 장치이다. 퓨즈는 일단 녹아 끊어지면 교환해야 하지만, 서킷 브레이크는 수동이나 자동으로 다시 접속시켜 재사용이 가능하다.
③ 열보호 장치(thermal protector) : 열 스위치(thermal switch)라고도 하며, 전동기를 보호하기 위하여 사용한다. 과부하가 걸려 전동기가 과열되면 자동으로 공급 전류가 끊어진다.

76. ②

해설 유압 계통에서 리저버(reservoir) 내의 배플(baffle)과 핀(fin)은 작동유가 심하게 흔들리거나 귀환되는 작동유에 의하여 소용돌이치는 불규칙한 동요로 작동유에 거품이 발생하거나, 펌프 안에 공기가 유입되는 것을 방지한다.

77. ③

해설 전기식 회전계는 기관에 의해 구동되는 회전계 발전기(tacho-generator)이므로, 별도의 교류 전원을 필요로 하지 않는다.

78. ④

해설 계기착륙장치(ILS : Instrument Landing System)를 구성하는 장치는 다음과 같다.
① 로컬라이저(localizer) : 정밀한 수평 방향의 접근 유도 신호를 제공한다.
② 글라이드 슬로프(glide slope) : 활주로에 대하여 적정한 강하각을 유지하기 위해 수직 방향의 유도(up-down)를 제공한다.
③ 마커 비컨(marker beacon) : 정점의 상공 통과를 조종사에게 알리기 위한 것으로, 직상공 통과는 활주로 끝으로부터의 일정 거리를 표시하기 위한 것이다.

79. ①

해설 기상 레이더(weather radar)는 번개를 동반한 구름의 형성이나 폭우가 내리는 지역을 미리 조종사에게 알려주어 그 지역으로의 비행을 피하는 데 활용된다. 기상용 레이더의 안테나는 상하좌우 빔의 폭이 모두 좁은 펜슬 빔(pencil beam) 형태의 빔 패턴을 사용한다. 펜슬 빔은 연필 끝처럼 가는 전파로 상하좌우 모든 방향에 대해 정확한 각도와 고도 정보를 알 수 있게 한다.

80. ④

해설 지상에 있는 항공기의 기체표면이 이미 결빙해

있을 때, 또는 외기 온도가 빙점을 약간 상회하는 적설이 있을 때는 제빙액을 분사하여 부착해 있는 얼음, 눈 등을 액체 상태로 만들어 제거한다. 이때 분사해 주는 제빙액은 에틸렌글리콜(ethylene glycol) 또는 프로필렌글리콜(propylene glycol)이며, 제빙액은 온수와 혼합하여 가압된 호스를 이용해 기체표면에 분사한다.

2012년 1회 (3월 4일)

제1과목 : 항공역학

1. ②

해설 제트류는 대류권 상부나 성층권에서 거의 수평방향으로 강하게 부는 띠모양의 바람이다. 제트류는 일종의 편서풍(서쪽에서 동쪽으로 부는 바람)으로 북반구에서 평균풍속은 초속 약 37m(겨울철에는 초속 50m, 여름에는 약해져서 초속 25m) 가량 된다.

2. ②

해설 강하각을 ϕ라고 하면, 성분 (A)의 크기는 양력 L과 같고 방향은 반대이다.
$L = A = W\cos\phi$

3. ①

해설 프로펠러 효율을 η, 기관출력을 BHP라고 하면, 프로펠러 비행기의 이용마력 P_a는
$P_a = \eta \times BHP = 0.85 \times 400 = 340\text{HP}$

4. ④

해설 조종력은 비행속도의 제곱에 비례하고, 조종면의 크기(조종면의 폭×조종면의 시위^2)에 비례한다. 따라서 속도가 2배 증가하면 조종력은 4배 증가한다.

5. ②

해설 스핀(spin)이란 자동회전과 수직강하가 조합된 비행이다. 이 현상은 비행기가 실속각을 넘는 받음각인 상태에서만 발생하며, 비행기는 자전현상을 일으키고 동시에 기수를 내려 자전을 하면서 강하하게 된다.

6. ③

해설
- 마찰계수를 μ, 주바퀴 작용 중량을 W, 그리고 양력을 L이라고 하면, 제동력 F는
$F = \mu(W-L)$
- 착륙 시 양력은 아주 작으므로 계산식에서 양력 L은 무시할 수 있다. 따라서 제동력 F는

$F = \mu W = 0.7 \times (24000 \times 0.75)$
$\quad = 12,600 \text{kgf}$

7. ④

해설 선회비행 시 슬립(slip)하는 이유는 다음과 같다.
① 외측으로 슬립(slip)하는 경우 : 경사각이 작고, 원심력이 구심력보다 클 때
② 내측으로 슬립(slip)하는 경우 : 경사각이 크고, 원심력이 구심력보다 작을 때

8. ④

해설 프로펠러 추력은 $T \propto$ (공기밀도)×(프로펠러 회전면의 넓이)×(프로펠러 깃의 선속도)^{2}이다. 따라서 프로펠러 추력은 공기밀도, 프로펠러 회전면의 넓이에 비례하고, 프로펠러 깃의 선속도의 제곱에 비례한다.

9. ③

해설 양항비(활공비) = $\dfrac{\text{수평활공거리}}{\text{활공고도}}$ 이므로,

∴ 수평활공거리 = 양항비×활공고도
$\quad = 10 \times 1500 = 15,000 \text{m}$

10. ③

해설 비행기의 가로안정성에 영향을 주는 요소는 다음과 같다.
① 날개는 비행기의 가로안정에서 가장 중요한 요소이다. 특히 날개의 처든각은 가로안정에 가장 중요한 요소이다.
② 동체만에 의한 가로안정에 대한 영향은 일반적으로 작지만, 날개와 동체, 그리고 꼬리날개의 조합에 의한 효과는 중요하다.
③ 수직꼬리날개가 클 경우 가로안정에 중요한 영향을 끼친다.

11. ④

해설 헬리콥터가 지면 가까이에서 정지비행을 하면 회전날개를 지난 공기의 하향흐름이 지면에 부딪혀 헬리콥터와 지면 사이에 존재하는 공기를 압축시켜 헬리콥터의 성능을 향상시키는 효과를 지면 효과라고 한다. 지면 효과가 발생하면 회전날개 깃의 유도속도가 감소되어 받음각이 더 커

지기 때문에 더 효율적이다. 즉, 유도항력이 감소하여 양력의 크기가 증가하며, 동일한 받음각에서 더 많은 중량을 지탱할 수 있다.

12. ④

해설
- 가로세로비를 AR, 시위 길이를 c, 그리고 날개 길이를 b라고 하면
$b = AR \times c = 8 \times 0.5 = 4\text{m}$
- 날개 면적을 S라고 하면
$S = bc = 4 \times 0.5 = 2\text{m}$
- 항공기 무게를 W, 공기밀도를 ρ, 그리고 최대 양력계수를 $C_{L\max}$이라고 하면, 비행 가능한 최소 속도(실속 속도) V_s는
$$\therefore V_s = \sqrt{\dfrac{2W}{\rho S C_{L\max}}} = \sqrt{\dfrac{2 \times 200}{0.125 \times 2 \times 1.4}}$$
$\quad = 33.81 \text{m/s}$
$(\because \rho = 1.225 \text{kg/m}^3 = 0.125 \text{kgf} \cdot \text{s}^2/\text{m}^4)$

13. ④

해설 초음속 흐름에서 충격파로 인하여 발생하는 항력을 조파항력(wave drag)이라 한다. 따라서 아음속 비행 시에는 조파항력이 발생하지 않는다.

14. ②

해설 정상 수평비행 상태에서 비행기에 작용하는 모든 힘의 합이 0이며, 피칭 모멘트, 롤링 모멘트 및 요잉 모멘트 계수가 0인 경우를 평형상태라고 한다.

15. ③

해설 비행기의 날개를 수직으로 자른 유선형의 단면을 날개골이라고 한다. 조종면(보조날개, 승강키 및 방향키 등), 프로펠러 깃 및 헬리콥터 로터 등의 단면은 날개골 형태를 가진다.

16. ①

해설 프로펠러 후류의 영향은 프로펠러의 회전속도가 빠르고, 비행속도가 느린 저속에서 커진다.

17. ②

해설 수평선과 날개의 시위선이 이루는 각도 = 수평

317

선과 항공기 진행방향이 이루는 각도(상승각)+ 항공기 진행방향과 날개의 시위선이 이루는 각도(받음각)=17°+3°=20°

18. ①

해설 대기속도를 $V[\text{cm/s}]$, 시위길이를 $L[\text{cm}]$, 그리고 동점성계수를 $\nu[\text{cm}^2/\text{s}]$라고 하면, 레이놀즈 수 Re는

$$Re = \frac{VL}{\nu} = \frac{\left(\frac{300 \times 1000 \times 100}{3600}\right) \times 200}{0.15}$$
$$= 1.1 \times 10^7$$

19. ①

해설 프로펠러의 효율은 기관으로부터 프로펠러에 전달된 축동력인 입력에 대한 출력의 비를 말한다. 프로펠러의 효율은 각종 기계요소의 마찰 등으로 인한 동력손실로 항상 1보다 작다.

$$\eta = \frac{TV}{P} = \frac{C_T}{C_P} \cdot \frac{V}{nD} \quad (\because \eta < 1)$$

여기서 $\frac{V}{nD}$를 진행률이라고 하고, J로 표시한다.

$$\eta = \frac{C_T}{C_P} J$$

20. ①

해설 비행기의 날개를 수직으로 자른 유선형의 단면을 날개골(airfoil)이라고 한다.

제2과목 : 항공기관

21. ③

해설 자분탐상검사는 금속재료를 자화시키고 재료의 표면에 미세한 자분을 뿌리면 결함이 있는 부위에 집중적으로 자분이 달라붙는 현상을 이용하여 결함을 검사한다. 따라서 자분탐상검사는 철 금속과 같이 자화시킬 수 있는 강자성체 금속으로 제작된 부품의 표면결함만을 검사할 수 있다.

22. ④

해설 프로펠러 비행기가 비행 중 기관에 고장이 발생되었을 때 정지된 프로펠러에 의한 공기 저항을 감소시키고, 프로펠러 회전에 따른 기관의 고장 확대를 방지하기 위해서 프로펠러 깃을 비행방향과 평행이 되도록 깃 각을 바꾸어 프로펠러의 회전을 멈추게 하는 조작을 페더링(feathering)이라고 한다.

23. ④

해설 연료가 파이프를 통하여 흐를 때 열을 받는 경우 연료의 기화성이 너무 좋으면 기화기에 이르기 전에 기화되어 기포가 발생하고, 이 기포가 연료 파이프에 차서 기화기에 이르는 통로를 폐쇄하는 현상을 증기폐쇄(vapor lock)라고 한다.

24. ④

해설 추력 비연료 소비율(TSFC)이란 기관이 1kg의 추력을 발생하기 위해 1시간 동안 소비하는 연료의 중량을 말한다. 따라서 추력 비연료 소비율이 작을수록 성능이 우수하고 효율이 좋으며, 경제적인 기관이라고 할 수 있다.

25. ②

해설 제트기관은 사용연료의 휘발성이 낮고, 연소실을 지나는 공기 흐름은 와류가 심하고 빠르기 때문에 혼합가스를 점화시키는 것이 왕복기관에 비하여 어렵다. 따라서 제트기관의 점화장치는 왕복기관에 비하여 고전압, 고에너지 점화장치를 사용한다.

26. ①

해설 연료 조정 장치(FCU)는 기관의 회전수(rpm), 압축기 출구압력 또는 연소실 압력, 압축기 입구 온도 및 출력 레버의 위치를 수감하여 대기상태의 변화에 관계없이 자동으로 기관으로 공급되는 연료량을 적절하게 제어하는 장치이다.

27. ③

해설 제트 기관 점화 계통은 다음과 같은 주요 구성품으로 이루어진다.

① 점화 익사이터(ignition exciter) : 점화플러그에서 고온고압의 강력한 전기불꽃을 일으키기 위해 항공기의 저전압을 고전압으로 바꾸어 주는 장치로 점화 유닛(ignition unit)이라고 한다.
② 점화 전선(ignition lead) : 점화 익사이터와 점화플러그를 접속하고 있는 고압 전선으로 점화 익사이터의 고전압을 점화플러그에 전달한다.
③ 이그나이터(igniter) : 점화 익사이터에서 만들어진 전기적 에너지를 혼합가스를 점화하는 데 필요한 열에너지로 변환시키는 장치이다.

28. ②

해설 공기 중의 습기 또는 수증기의 양이 증가할수록, 공기의 밀도는 감소한다. 따라서 일정한 RPM과 다기관 압력하에서는 기관출력이 감소한다.

29. ③

해설 오일필터가 막히면 바이패스 밸브(bypass valve)가 열리고, 오일이 필터를 거치지 않고 바이패스 밸브를 통하여 기관의 내부로 직접 공급된다.

30. ②

해설 실린더 배열방법에 따라 왕복기관을 분류하면 다음과 같다.
① 직렬형 또는 열형
② 대향형, 또는 수평대향형
③ V형
④ 성형 또는 방사형

31. ①

해설 용량형 점화장치에서 블리드 저항(bleed resister)은 점화장치(igniter)가 장착되지 않은 상태로 점화 익사이터(ignition exciter)를 작동시킬 때 전압이 과도하게 상승하여 열이 축적되는 것을 방지한다.

32. ③

해설 베어링의 용도는 다음과 같다.
① 평면 베어링(plain bearing) : 저출력 소형 항공기 왕복기관의 크랭크 축, 커넥팅 로드, 캠축 등에 사용
② 롤러 베어링(roller bearing) : 고출력 항공기의 크랭크 축을 지지하는 주베어링으로 사용
③ 볼 베어링(ball bearing) : 대형 성형 엔진과 가스 터빈 엔진의 추력 베어링으로 사용

33. ②

해설 왕복기관 배기계통의 목적 및 용도는 다음과 같다.
① 연소가스 내의 유해성분 밀도를 줄여 배기가스의 잠재적인 유해요소에 의한 피해를 막는다.
② 흡입 공기의 예열, 기내 난방이나 슈퍼 차저(super charger)의 구동 등에 사용된다.
③ 압력을 높이지 않고 속도를 증가시켜 가스를 배출한다.

34. ③

해설
- 질량을 m, 정적비열을 C_V, 나중 온도를 T_2, 처음 온도를 T_1이라고 하면, 내부에너지 U는
$U = mC_V(T_2 - T_1) = 5 \times 0.2 \times (20 - 0)$
$= 20\text{kcal}$
- 정압과정에서 열량의 변화는 정압과정에서 한 일에 내부에너지의 변화를 더한 값과 같다. 열량을 Q, 외부에 한 일을 W, 내부에너지를 U라고 하면 관계식은 다음과 같다.
$Q = U + W$
- 따라서 외부에 한 일(W)은
$\therefore W = Q - U = 50 - 20 = 30\text{kcal}$

35. ②

해설 실린더 수를 N, 회전 영구자석의 극 수를 n이라고 하면, 마그네토 캠 축의 회전속도와 크랭크 축의 회전속도비는 다음과 같다.
$$\frac{\text{마그네토의 회전속도}}{\text{크랭크축의 회전속도}} = \frac{N}{2n}$$

36. ②

해설 고도가 높아지면 나타나는 기관의 변화는 다음과 같다.

① 고도가 높아지면 압력과 온도가 감소한다. 그러나 온도의 변화율이 압력 변화율보다 작기 때문에 고도가 증가할수록 밀도는 감소하게 되고, 기관 출력은 감소한다.
② 고도가 높아지면 기압이 감소하여 점화계통에서 전류가 새어나가는 플래시 오버(flash over) 현상이 발생할 수 있다.
③ 기압감소로 연료 비등점이 낮아져 낮은 온도에서 연료가 기화함에 따라 증기폐쇄(vapor lock)가 발생할 수 있다.

37. ①

해설 엔탈피(enthalpy)는 에너지와 유사한 성질의 상태함수로서, 열량이나 에너지와 동일한 차원을 가지며 열량과 같은 단위를 쓴다.

38. ③

해설 프로펠러 방빙계통은 일반적으로 프로펠러 깃의 앞전을 따라 이소프로필 알코올(isopropyl alcohol)을 분사시켜 프로펠러를 방빙한다.

39. ④

해설 가스 터빈 기관의 고온부 구성품에 수리해야 할 부분을 표시할 때 일반적으로 분필(chalk), 특수 레이아웃 염료(layout dye)를 사용하거나 상업용 펠트 팁 기구(felt-tip applicator) 또는 특수 연필로 표시한다.
탄소, 구리, 아연, 납(lead)과 같은 축적물은 금속이 가열될 때 금속 내부로 들어가서 입자 간 부식을 일으킬 수 있기 때문에 이런 물질을 고온부 부품에 사용해서는 안 된다.

40. ②

해설 터빈 노즐(turbine nozzle)의 수축통로에서 압력이 감소되면서 배기가스의 속도가 급격히 증가하여, 이곳에서 배기가스의 속도가 가장 빨라진다. 터빈 회전자에서는 운동 에너지가 터빈의 회전력으로 바뀌므로 속도가 급격히 감소된다.

제3과목 : 항공기체

41. ②

해설 강관의 용접작업 시 조인트 부위를 보강하는 방법은 다음과 같다. 이러한 보강은 조인트 부위의 응력을 일부 경감시키고, 조인트의 강도를 증가시킨다.
① 평 거싯(flat gusset) : T 조인트나 클러스터 조인트에서 강관 사이에 3각형의 판을 용접 부착하는 방법
② 삽입 거싯(insert gusset) : 강관의 중앙에 삽입 거싯의 두께로 길게 홈을 판 다음 홈에 거싯을 끼우고, 강관과 삽입 거싯의 접촉부를 용접 부착하는 방법
③ 래퍼 거싯(wrapper gusset) : 조인트의 강관 사이를 보강재로 씌우는 방법
④ 손가락 판(finger straps) : 강관의 조인트에 손가락 모양의 덧붙임판을 용접 부착하는 방법

42. ④

해설 리브 너트(riv nut)는 속이 빈 블라인드 리벳(blind rivet)의 일종으로 한쪽 면에서만 작업이 가능한 곳에 사용되어, 날개의 앞전에 제빙장치를 설치하거나 기관 방화벽에 부품을 장착할 때 사용된다.

43. ②

해설 부재단면의 두께를 t, 전단응력을 τ 라고 하면 전단흐름(f)을 구하는 식은 $f = \tau t$ 이다. 따라서 전단응력(τ)은

$$\therefore \tau = \frac{f}{t} = \frac{\frac{3000}{10}}{4} = 75 \text{kgf/mm}^2$$

44. ③

해설 세미모노코크 구조(semimonocoque structure)는 외피가 항공기의 형태를 유지해 주면서 항공기에 작용하는 하중의 일부분을 담당하고, 나머지 하중은 골격이 담당하는 구조이다. 외피는 주로 전단응력을 담당하고 골격은 인장, 압축, 굽힘 등 모든 하중을 담당한다.

문항에서 ①과 ②는 모노코크 구조(monocoque structure), ④는 트러스 구조(truss structure)

에 대한 설명이다.

45. ③

해설 그라운드 스포일러(ground spoiler)는 양쪽의 스포일러가 동시에 대칭으로 올라가서 비행 중에 공기 제동장치의 역할을 하거나, 지상에서 속도 제동장치의 역할을 하여 착륙거리를 단축시키는 데 사용되는 보조 조종면이다. 이에 반해 비행 중에 필요에 따라 스피드 브레이크의 역할과 도움날개의 역할을 수행하는 보조 조종면을 플라이트 스포일러(flight spoiler)라고 한다.

46. ②

해설 $X-X'$축에 대한 단면 2차 모멘트를 구하기 위하여 먼저 x축에 대한 단면의 도심을 구한 다음, 각 단면의 도심에서의 단면 2차 모멘트를 구한다.

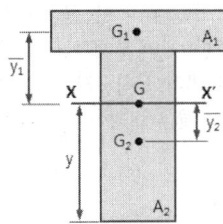

- 위의 그림과 같이 T자형 구조재를 A_1, A_2로 나누어, x축에 대한 단면의 도심(y)을 구하면

$$y = \frac{A_1 y_1 + A_2 y_2}{A_1 + A_2}$$

$$= \frac{(1 \times 6 \times 5.5) + (2 \times 5 \times 2.5)}{(1 \times 6) + (2 \times 5)} = 3.625\,\text{cm}$$

(∵ y_1 : 기준축으로부터 물체 A_1의 도심(G_1)까지의 거리, y_2 : 기준축으로부터 물체 A_2의 도심(G_2)까지의 거리)

- $X-X'$축에 대한 단면 2차 모멘트(I_x)

$$I_x = I_{x1} + I_{x2} = \left(\frac{b_1 h_1^3}{12} + A_1 \overline{y_1}^2\right) + \left(\frac{b_2 h_2^3}{12} + A_2 \overline{y_2}^2\right)$$

$$= \left(\frac{6 \times 1^3}{12} + 6 \times 1 \times 1.875^2\right)$$

$$+ \left(\frac{2 \times 5^3}{12} + 2 \times 5 \times 1.125^2\right) = 55.1\,\text{cm}^4$$

(∵ $\overline{y_1}$: 도심으로부터 물체 A_1의 도심(G_1)까지의 거리, $\overline{y_2}$: 도심으로부터 물체 A_2의 도심(G_2)까지의 거리)

47. ①

해설 NAS 볼트의 부품번호 "NAS 654 V 10 D"에서 문자 "D(drilled shank)"는 shank 부분에 hole이 있다는 것을 나타낸다. 참고로 "NAS 654 V 10 H"와 같이 부품번호의 문자 "H(drilled head)"는 head 부분에 hole이 있다는 것을 나타낸다.
Shank 부분에 hole이 있는 볼트의 경우, 캐슬 너트를 체결한 후에는 코터 핀을 hole에 삽입하여 너트를 고정시켜야 한다.

48. ③

해설 AN 스크류의 규격은 다음과 같으며, 스크류 종류를 나타내는 세 자리 숫자 다음의 문자는 스크류의 재질을 나타낸다.

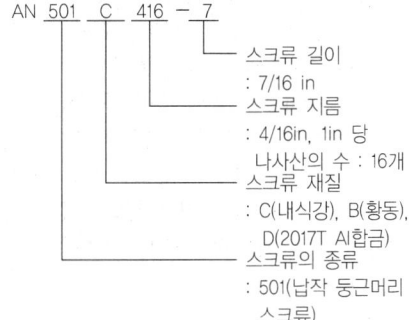

49. ④

해설 비행기의 기체축에 따른 운동 및 조종면은 다음과 같다.

기체축	운동	조종면
세로축	옆놀이 운동(rolling)	도움날개
가로축	키놀이 운동(pitching)	승강키
수직축	빗놀이 운동(yawing)	방향키

50. ②

해설 항공기의 리깅 체크(rigging check) 시 일반적으로 구조적 일치 상태 점검에 포함되는 항목은 다음과 같다.
① 날개 상반각과 취부각
② 수평안정판 상반각과 취부각

③ 수직안정판 수직상태
④ 좌우 대칭 점검

51. ④

해설 케이블(cable) 작업의 종류는 다음과 같다.
① 스웨징 케이블 작업(swaging cable splice) : 스웨징 케이블 단자를 케이블에 압착하여 조립하는 방법이다. 이음 부분의 강도는 케이블 강도의 100%까지 보장되며, 가장 많이 사용된다.
② 5단 엮기 케이블 작업(five-tuck woven cable splice) : 부싱이나 심블을 사용하여 케이블의 가락을 풀어서 엮은 다음 그 위에 와이어를 감아 씌우는 방법이다. 이와 같은 케이블 작업은 지름이 3/32인치 이상의 가요성 케이블(flexible cable)에 적용할 수가 있다.
③ 납땜 이음 케이블 작업(wrap-solder cable splice) : 케이블 부싱이나 심블 위로 구부려 돌린 다음에 와이어를 감아 스테아르산(stearic acid)의 땜납 용액에 담아 땜납 용액이 케이블 사이에 스며들게 하는 방법이다. 납땜 이음 케이블 작업은 직경 3/32인치 이하의 가요성 케이블(flexible cable)이나 1×19 케이블에 사용되고, 고열부분에서는 강도가 약해지기 때문에 사용이 제한된다.

52. ④

해설 열처리에 대한 종류는 다음과 같다.
① 풀림(annealing) : 높은 온도로 가열하여 유지한 다음 적절한 속도로 냉각하여 경도를 감소시키고, 가공성을 향상시키며, 냉각가공을 용이하게 할 수 있도록 원하는 미세조직을 얻는 열처리
② 뜨임(Tempering) : 담금질에 의해서 경화된 강을 공석온도 이하의 온도로 재가열하여 적절한 시간 동안 유지한 다음 공랭함으로써 연성과 인성을 동시에 향상시키고 잔류응력을 제거하며, 조직을 안정화시킬 목적으로 시행하는 열처리
③ 알로다이징(alodizing) : 크롬산 계열의 화학약품인 알로다인(alodine) 속에서 알루미늄에 산화피막을 입혀 내식성을 증가시키는 화학처리

④ 용체화처리(solution heat treatment) : 강의 합금성분을 고용체로 용해하는 온도 이상으로 가열하여 충분한 시간 유지하여 급랭하는 열처리이다. 열처리 강화형 알루미늄 합금을 500℃ 전후의 온도로 가열한 후 물에 담금질을 하면 합금성분이 기본적으로 녹아 들어가 유연한 상태가 얻어진다.

53. ④

해설 트러스 형식(truss type)은 강관 등으로 트러스를 구성하고 여기에 천외피 또는 얇은 금속판의 외피를 씌운 형식으로 소형 및 경비행기에 많이 사용된다. 항공기에 작용하는 모든 하중을 이 구조의 뼈대를 이루는 트러스가 담당하며, 외피는 기하학적 형태만을 유지하는 구조 형식이다.

54. ①

해설 트러스 구조에서 한 절점에 3개의 부재가 연결된 경우, 2개의 부재가 서로 일직선상에 있고 그 절점에 외력이 작용하지 않으면 일직선상에 있는 두 부재는 내력이 같고 다른 한 부재의 내력은 0이다.

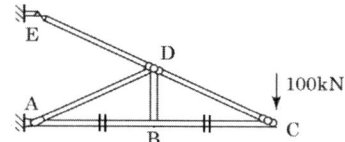

문제의 그림과 같이 3개의 부재가 연결된 절점 B에는 외력이 작용하지 않고, 2개의 부재 AB와 BC는 서로 일직선상에 있다. 따라서 부재 AB와 BC의 내력의 크기는 같고, 부재 BD의 내력은 0이다.

55. ④

해설 부식의 종류는 다음과 같다.
① 응력 부식(stress corrosion) : 강한 인장 응력을 받거나 냉간가공에 의한 내부 응력조직의 변화와 부식 환경 조건이 재료 내에 복합적으로 작용하여 발생하는 부식
② 표면 부식(surface corrosion) : 제품 전체의 표면에서 발생하여 부식 생성물인 침전물을 보이고, 홈이 나타나는 부식
③ 입자 간 부식, 입간 부식(intergranular cor-

rosion) : 금속 재료의 결정 입계에서 합금 성분의 불균일한 분포로 인하여 발생하는 부식

④ 이질 금속 간 부식(galvanic corrosion) : 서로 다른 두 가지의 금속이 접촉되어 있는 상태에서 전해작용에 의해 발생하는 부식

56. ④

해설 AN 리벳의 규격은 다음과 같다.

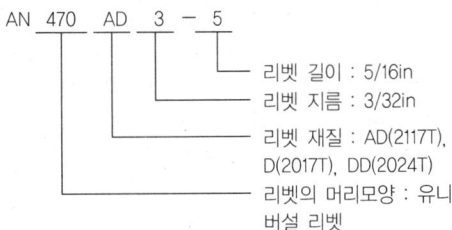

57. ④

해설 판재의 굽힘 가공은 정확한 치수를 얻기 위해 몇 가지의 설계 요소를 고려해야 한다. 직선 굽힘 가공을 할 때에 고려해야 할 요소는 세트 백(set back), 굽힘 여유(bend allowance), 최소 굽힘 반지름(minimum bend radius) 등이다.

58. ②

해설 문제의 그림과 같은 응력-변형률 곡선에서 각 위치별 내용은 다음과 같다.
① A : 탄성한계
② OA : 비례탄성범위
③ B : 항복점(yielding point)
④ G : 극한강도, 또는 인장강도
⑤ OD : 영구변형률

59. ④

해설 실속 속도 V_S인 비행기가 비행속도 V로 수평비행을 하다가 갑자기 조종간을 당겨서 급상승하는 경우 비행기에 걸리는 하중배수(n)는 다음과 같다.

$$n = \frac{V^2}{V_S^2} = \frac{150^2}{80^2} = 3.52$$

60. ②

해설 무게중심($C.G$)

$$= \frac{총\ 모멘트}{총\ 무게}$$

$$= \frac{(5000 \times 2.5) + (10000 \times 2 \times 12.5)}{5000 + (10000 \times 2)} = +10.5\text{m}$$

∴ +10.5m이므로 무게중심은 기준선으로부터 10.5m 떨어진 곳에 위치한다.

제4과목 : 항공장비

61. ④

해설 병렬회로에 대한 설명은 다음과 같다.
① 병렬회로에서 전체 저항을 구하는 식은 다음과 같다.

$$R = \frac{R_1 \times R_2 \times \cdots \times R_n}{R_1 + R_2 + \cdots + R_n}$$

㉮ 저항이 증가할수록 전체의 저항값은 감소한다. 따라서 1개의 저항을 제거하면 전체의 저항값은 증가한다.

㉯ 전체 저항은 각 저항의 어느 값보다 작다. 즉, 전체 저항은 가장 작은 1개의 저항값보다 더 작다.

② 병렬회로에서 전체 전류를 구하는 식은 다음과 같다.

$$I = I_1 + I_2 + \cdots + I_n$$

전체의 전류는 각 회로로 흐르는 전류의 합과 같다.

③ 병렬회로에서 각 저항에서의 전압은 항상 동일하다.

$$V = V_1 = V_2 = \cdots = V_n$$

병렬회로의 각 저항에서의 전압 강하는 전체 전압과 같다. 따라서 병렬로 접속되어 있는 저항 중에서 1개의 저항을 제거하여도 남아 있는 저항에 전압 강하는 변함이 없다.

62. ①

해설 유압계통 구성품의 역할은 다음과 같다.
① 작동실린더(actuating cylinder) : 가압된 작동유를 받아 압력에너지를 기계적인 힘으로 변환시켜 직선운동을 시킨다.
② 마스터 실린더(master cylinder) : 브레이크를 작동시키기 위해 필요한 유압을 발생시키

는 데 사용된다.
③ 유압 펌프(hydraulic pump) : 작동유에 압력을 가한다.
④ 축압기(accumulator) : 가압된 작동유를 저장하는 저장통으로서, 여러 개의 유압 기기가 동시에 사용될 때 동력 펌프를 돕고, 동력 펌프가 고장이 났을 때 저장된 작동유를 공급하여 제한된 유압 기기를 작동시킨다.

63. ①

해설 위성 항법 시스템(GPS : global positioning system)은 인공위성을 이용하여 통신, 항법, 감시 및 항공관제를 통합 관리하는 항공운항지원 시스템이다.

64. ③

해설 TCAS(공중충돌경고장치, Traffic Alert and Collision Avoidance System)는 항공기 충돌 방지 시스템으로 ATC 트랜스폰더(transponder)가 장착된 항공기와 항공기 간의 공중 충돌 가능성을 경고하여 주며, 항공기에 장착된 TCAS computer는 지상 ATC와 독립적으로 작동한다. ICAO는 TCAS를 ACAS(Airborne Collision Avoidance System)라고 한다.

65. ①

해설 자이로의 로터축(rotor shaft)은 공간에 대하여 일정한 방향을 유지해야 하지만, 여러 가지 원인으로 인하여 로터축의 편위(drift)가 발생한다. 자이로 로터축(rotor shaft)의 편위 원인으로는 다음과 같은 것을 들 수 있다.
① 각도 정보를 감지하기 위한 싱크로(synchro)에 의한 전자적 결합
② 짐발(gimbal)의 불균형 중량
③ 짐발 베어링(gimbal bearing)의 불균형
④ 지구의 자전

66. ②

해설 공압 계통에서 릴리프 밸브(relief valve)는 계통의 압력을 조절하여 계통의 파손을 막는 역할을 한다. 릴리프 밸브는 스프링의 힘으로 닫히고, 계통의 압력이 높아지면 밸브가 열려서 공기가 대기로 방출되어 압력을 조절한다. 계통의 압력 조정은 릴리프 밸브의 스크류(screw)를 드라이버로 돌려 릴리프 밸브 내의 스프링 장력을 조절함으로써 이루어진다.

67. ④

해설 자이로스코프의 섭동성(precession)이란 자이로가 회전하고 있을 때 외력이 가해지면 가해진 힘의 방향에서 로터 회전방향으로 90도 회전한 점에 힘이 작용하여 로터가 기울어지는 현상을 말한다. 이와 달리 문제의 보기 ②와 같이 외력이 가해지지 않는 한 일정 방향을 유지하려는 경향을 자이로스코프의 강직성(rigidity)이라고 한다.

68. ②

해설 비상장비는 항공기에 비상사태가 발생하였을 때 승객을 보호하고, 승객과 승무원이 무사히 탈출할 수 있도록 도와주는 역할을 한다. 항공기에 갖추어야 할 비상장비에는 구명동의(구명조끼), 음성신호발생기, 구명보트, 불꽃조난신호장비, 탈출용 미끄럼대, 휴대용 소화기, 손도끼, 메가폰, 구급의료용품 등이 있다.

69. ③

해설 대기의 전리층은 전파를 반사하거나 산란시키는 역할을 한다. 고도가 낮은 전리층부터 D층, E층 및 F층이라고 하는데 각 주파수대의 전파는 다음과 같은 전리층에서 반사된다.
① VLF(초장파), LF(장파)와 MF(중파) 주파수대의 전파는 보통 E층에서 반사된다.
② HF(단파) 주파수대의 전파는 F층에서 반사된다.
③ VHF(초단파) 및 이보다 높은 주파수대의 전파는 보통 전리층에서 반사되지 않는다.

70. ③

해설
- 주파수를 f, 교류발전기 계자의 극 수를 P, 그리고 분당 회전수(rpm)를 N이라고 하면, 이들 간의 관계식은 다음과 같다.
$$f = \frac{P}{2} \times \frac{N}{60}$$

- 따라서 교류발전기 계자의 극 수(P)는
$$\therefore P = \frac{120f}{N} = \frac{120 \times 400}{8000} = 6$$

71. ④

해설 INS에서 받은 자방위 및 VOR/ILS 수신장치에서 받은 비행 코스와의 관계를 그림으로 표시하는 계기는 수평 상태 지시계(HSI : horizontal situation indicator)이다.

72. ④

해설 미국연방항공국(FAA)의 규정에 명시된 고고도 비행 항공기의 최대 객실고도는 8,000ft이며, 여압장치가 되어 있는 항공기가 순항비행 시 객실고도는 대략 8,000ft로 계속 일정하게 유지한다.

73. ④

해설 항공기에서 화재경고에 대한 설명은 다음과 같다.
① 탐지장치는 온도 상승, 복사열, 연기, 일산화탄소 등을 이용한다.
② 화재가 발생하면 화재탐지기로부터의 신호는 조종실 내에 음향 경고를 발생하고, 적색등을 점등시킨다.
③ 화재탐지기의 고장을 예방하기 위하여 조종실에 기능 시험을 할 수 있도록 한다. 기능은 테스트 스위치(test switch)의 조작으로 행한다.
④ 동력장치에서는 화재 발생 시 동력 장치와 기체와의 공급 관계를 차단하는 화이어 셧오프 스위치(fire shutoff switch), 또는 화이어 셧오프 핸들(fire shutoff handle)을 설치한다.

74. ②

해설 항공계기의 일반적인 색표지는 다음과 같다.
① 적색 방사선(red radiation) : 최대 및 최소 운용한계(operating limit)
② 황색 호선(yellow arc) : 경고 내지 경고 범위, 일반적인 사용 범위부터 초과 금지 사이의 경계와 경고 범위
③ 녹색 호선(green arc) : 안전 운용 범위, 즉 계속 운전 범위를 나타내는 것으로서, 순항 운용 범위
④ 백색 호선(white arc) : 대기 속도계에서 플랩 조작에 따른 항공기의 속도 범위를 나타내는 것으로서, 최대 착륙중량 시의 실속 속도에서 플랩을 내릴 수 있는 최대 속도까지의 범위
⑤ 백색 방사선 : 계기 유리판의 slip 유무 표시

75. ①

해설 교류회로에서 저항을 R, 유도 리액턴스를 X_L, 그리고 용량 리액턴스를 X_C라고 하면, 임피던스 Z를 구하는 식은 다음과 같다.
$$Z = \sqrt{R^2 + (X_L - X_C)^2} = \sqrt{4^2 + (10-7)^2} = 5\,\Omega$$

76. ②

해설 선회계는 회전하는 자이로 축이 공간에서 일정한 방향을 계속 유지하는 성질을 이용한 것으로서 자이로의 각속도 성분만을 검출, 측정하여 항공기의 수직축에 대한 분당 선회율을 나타내는 계기이다. 이에 반해 수평의, 정침의 및 자이로 컴퍼스는 각변위 성분만을 검출, 측정하여 사용하는 계기이다.

77. ③

해설 납산 축전지(lead acid battery)의 충전상태는 전해액의 비중으로 측정할 수 있으며, 이것은 비중계(hydrometer)로 측정한다. 전해액의 비중은 온도에 따라 변하지만, 21~32℃(70~90℉)에서는 비중의 변화가 적기 때문에 고려하지 않아도 된다.

78. ③

해설 직류 전동기(DC motor)의 종류는 다음과 같다.
① 분권형(shunt wound) : 일정한 회전속도가 요구되는 곳에 사용된다.
② 복권형(compound wound) : 분권식과 직권식의 중간 특성을 가진다.
③ 직권형(series wound) : 정격 이상의 부하에서 시동 토크가 크게 발생하여 왕복기관 및 가스 터빈 기관의 시동기, 착륙장치, 플랩 등

의 전동기로 사용된다.
④ 스플릿(split)식 : 회전방향을 반대로 할 수 있는 가역 전동기이다.

79. ②

해설 항공기 안테나 및 레이돔의 방빙 시스템에 대한 설명은 다음과 같다.
① 항공기 안테나(antenna)의 모양은 wire type, fin type, pressure type 또는 기체 구조의 일부를 이용하는 방법 등 다양하고, 장착 위치도 다양하다. 이러한 안테나에는 구조상 기능 유지를 위해 또는 얼음의 박리에 의한 기관이나 기체의 손상을 방지하기 위해 필요한 경우 방빙 시스템을 갖추어야 한다.
② 레이돔(radome)은 형상, 재료, 램(ram) 효과에 따라 동결 조건이 다르기 때문에 방빙 시스템의 설치 여부를 각 항공기별로 시험 비행 등을 통해 결정한다.

80. ①

해설 무선 원조 항법장치는 지상의 무선항법 지원시설로부터 송신되는 전파를 이용하여 항공기의 운항에 필요한 자신의 위치, 방위, 거리 등의 정보를 획득하는 장치이다. 이러한 목적의 장치로는 자동방향탐지기(automatic direction finder), 항공교통관제장치(air traffic control system), 거리측정장치(distance measuring equipment system), 무지향 표지시설(non directional radio beacon), 전방향 표지시설(VHF omnidirectional range), 계기착륙시스템(instrument landing system) 등이 있다.
관성항법시스템(inertial navigation system)은 지상의 항행 지원시설이 없는 곳을 비행하는 경우 기내의 자이로(gyro)를 이용하여 현재 위치와 방향을 스스로 계산하여 비행하는 시스템으로서, 자율항법시스템이라고도 한다.

2012년 2회 (5월 20일)

제1과목 : 항공역학

1. ④

해설 안정과 조종은 서로 상반되는 성질을 나타내기 때문에, 안정성이 증가하면 조종성은 감소한다.

2. ③

해설 양력계수를 C_L, 공기밀도를 ρ, 비행속도를 V, 그리고 날개면적을 S라고 하면, 비행기 날개에 작용하는 양력(L)을 구하는 관계식은 $L = C_L \frac{1}{2} \rho V^2 S$이다. 식과 같이 양력은 공기 유속의 제곱에 비례한다.

3. ④

해설 비행기 날개에 작용하는 항력은 공기 유속의 제곱에 비례한다. 따라서 속도가 2배 증가하면 항력은 4배 증가한다.
200mph에서 작용하는 항력이 100[lbs]이므로, 400mph에서 작용하는 항력 D는
∴ $D = 100 \times 2^2 = 400[\text{lbs}]$

4. ③

해설 키돌이(loop) 비행이란 비행기를 옆에서 보았을 때 수평비행 자세에서 롤러코스터처럼 360도의 원을 그리며 한 바퀴 도는 비행을 말한다. 일반적으로 저속의 비행기에서는 키돌이 비행에 들어가기 전에 조종간을 밀어 비행기를 하강시켜 속도를 증가시킨 다음, 그 운동 에너지를 이용하여 키돌이에 들어간다.

5. ③

해설 비행기의 수직꼬리날개 앞에 도살 핀(dorsal fin)을 장착하여 수직꼬리날개가 실속하는 큰 옆미끄럼각에서도 방향 안정을 유지하는 효과를 얻기도 한다. 따라서 도살 핀이 손상되면 방향 안정이 가장 큰 영향을 받는다.

6. ①

해설 국제표준대기에서 평균해발고도의 온도는 15℃로 정한다.

7. ②

해설 비행기의 중량을 W, 경사각을 ϕ라고 하면 원심력 CF는
$CF = W\tan\phi = 3200 \times \tan 30°$
$\qquad = 1847.5\,\text{kgf}$

8. ②

해설 항력발산 마하수를 높게 하기 위한 방법은 다음과 같다.
① 얇은 날개를 사용하여 날개 표면에서의 속도 증가를 줄인다.
② 날개에 뒤젖힘각을 준다.
③ 가로세로비가 작은 날개를 사용한다.
④ 경계층을 제어한다.

9. ①

해설 피토관(pitot tube)에는 전압을 수감하는 피토공과 정압을 수감하는 정압공이 있다. 항공기는 피토관에서 측정한 전압과 정압의 차인 동압을 구하여 항공기 속도를 측정한다.

10. ④

해설 헬리콥터의 블로백(blowback) 현상이란 항공기 기수와 직후방 쪽에서 블레이드의 최대 상방 및 하방 플래핑 속도가 발생하여 회전면이 후방으로 기울어지는 현상을 말한다.

11. ①

해설 헬리콥터가 지상 가까이에 있을 경우 회전날개를 지난 흐름이 지면에 부딪혀 헬리콥터와 지면 사이에 존재하는 공기를 압축시켜 추력이 증가되는 현상을 지면 효과라 한다.

12. ③

해설 비행기가 옆미끄럼 상태에 들어갔을 때 정적 방향 안정은 비행기를 평형상태로 되돌리는 경향을 가지는 빗놀이 모멘트를 발생시키며, 다음과 같은 현상이 발생한다.

① 수직꼬리날개의 받음각은 증가한다.
② 수직꼬리날개에 옆미끄럼 힘이 발생된다.
③ 무게중심에 대한 빗놀이 모멘트가 발생하여, 비행기의 기수를 상대풍 방향으로 이동시키려는 힘이 발생한다.

13. ③

해설 비행기의 실제적인 이륙거리는 지상 활주거리에다 비행기가 안전한 비행상태의 고도까지 이륙하는 데 소요되는 상승거리를 합해서 말한다. 이 안전한 비행상태의 고도를 장애물 고도라 하는데, 이 고도는 프로펠러 비행기의 경우 15m(50ft), 제트 비행기는 10.7m(35ft)이다.

14. ②

해설 비행속도를 $V[\text{m/sec}]$, 프로펠러 회전속도를 n, 그리고 프로펠러 직경을 D라고 하면, 진행률 J는
$$J = \frac{V}{nD} = \frac{\left(\frac{720}{3.6}\right)}{\left(\frac{2400}{60}\right) \times 2} = 2.5$$

15. ①

해설 양력계수를 C_L, 항력계수를 C_D라고 하면, 제트 항공기가 최대 항속시간으로 비행하기 위해서는 $\dfrac{C_L}{C_D}$가 최대인 받음각으로 비행해야 한다.

16. ②

해설 회전하는 프로펠러 깃에는 공기력 비틀림 모멘트와 원심력 비틀림 모멘트가 발생한다. 공기력에 의한 비틀림 모멘트는 깃이 회전할 때 공기흐름에 대한 반작용으로 깃의 피치를 크게 하려는 방향, 즉 깃각을 증가시키려는 방향으로 작용한다. 원심력에 의한 비틀림 모멘트는 원심력이 작용하여 깃의 피치를 작게 하려는 방향, 즉 깃각을 감소시키려는 방향으로 작용한다.

17. ①

해설 압력중심(center of pressure)은 받음각이 변화하면 위치가 이동한다. 보통의 날개에서는 받음

각이 클 때 앞으로 이동하여 시위길이의 1/4 정도인 곳이 된다. 반대로, 받음각이 작을 때에는 시위 길이의 1/2 정도까지 이동되며 비행기가 급강하할 때에는 압력중심은 더 많이 후퇴한다.

18. ②
해설 비행속도를 V, 상승각을 θ라고 하면, 상승률 RC는
$$RC = V\sin\theta = 300 \times \sin 30° = 150 \text{m/s}$$

19. ④
해설 어떤 단면적을 통과하는 단위 시간당 유체의 질량은 단면적(S)×속도(V)×밀도(ρ)로 구할 수 있다. 이때 비압축성 유체에서는 밀도의 변화를 고려하지 않아도 되지만, 압축성 유체에서는 밀도 변화를 고려하여야 한다.

20. ④
해설 날개 길이를 b, 시위 길이를 c, 그리고 날개 면적을 S라고 하면, 가로세로비 AR은
$$AR = \frac{b}{c} = \frac{b \times b}{c \times b} = \frac{b^2}{S}$$
$$= \frac{b}{c} = \frac{b \times c}{c \times c} = \frac{S}{c^2}$$

제2과목 : 항공기관

21. ③
해설 문제의 그림은 카트리지형(cartridge type) 여과기이다. 이 여과기는 종이로 되어 있으며, 주기적으로 교환해 주어야 한다.

22. ④
해설 압축기, 연소실과 터빈을 기본 구성품으로 하는 터보제트 기관, 터보팬 기관, 터보샤프트 기관과 터보팬 기관을 터빈 형식기관이라고 한다.

23. ④
해설 열역학 법칙에 대한 설명은 다음과 같다.
① 열역학 제1법칙 : 에너지 보존법칙이라고도 한다. 에너지는 여러 가지 형태로 변환이 가능하며, 즉 일과 열은 서로 변화될 수 있으며 그 절대적인 양은 일정하다는 것을 나타낸다.
② 열역학 제2법칙 : 에너지 변화의 방향성과 비가역성을 나타낸다. 간단히 표현하면 열은 높은 온도의 물체에서 낮은 온도의 물체로 저절로 이동할 수 있지만, 그 반대로는 저절로 이동할 수 없다. 즉, 열과 일의 변환에는 변환될 수 있는 어떠한 방향이 있다는 것을 나타낸다.

24. ②
해설 터빈 노즐(turbine nozzle)은 터빈 스테이터(turbine stator)라고도 하며, 연소가스의 속도를 증가시키고 압력을 감소시킨다. 또 가스 흐름의 방향이 터빈 휠에 알맞은 각도를 이루게 하여 최대 효율 상태로 회전하도록 한다. 터빈 노즐은 기관 내에서 공기 흐름 속도가 가장 빠른 곳이다.

25. ①
해설 축류형 압축기의 단당 압력 상승 중 회전자(rotor)가 담당하는 압력상승의 백분율(%)을 압축기의 반동도라고 한다. 반동도를 구하는 식은 다음과 같다.
$$\text{반동도} = \frac{\text{로터에 의한 압력 상승}}{\text{단당 압력 상승}} \times 100(\%)$$

26. ②
해설 흡입행정 초기에는 흡입 및 배기밸브가 다 같이 열려 있게 되는데, 이 기간을 밸브 오버랩(valve overlap)이라 하고, 크랭크 축의 회전각도로 나타낸다. 따라서 밸브 오버랩은 상사점 전에서 흡입밸브가 미리 열린 각도(I.O)와 상사점 후에서 배기밸브가 늦게 닫힌 각도(E.C)를 더한 각도이다.
∴ 밸브 오버랩 = I.O + E.C = 25° + 15° = 40°

27. ③
해설 가스 터빈 기관을 시동하여 공회전(idle)에 도달하면 회전속도계(rpm), 오일압력계, 배기가스 온도계를 확인하여 기관의 정상 작동 여부를 점

검해야 한다. 대형 항공기는 진동감지 계기가 장착되어 있는 경우가 있으므로 이 계기를 이용해 진동을 점검한다.

28. ②
해설 부자식 기화기에서 이코노마이저 장치(economizer system)는 고출력 장치라고도 하며, 보통 저속과 순항속도에서는 이코노마이저 밸브가 닫혀 있다. 기관의 출력이 순항 출력 이상의 최대 출력일 때 이코노마이저 밸브가 열려서 추가 연료를 공급함으로써 농후 혼합비를 만들어 준다.

29. ①
해설 열기관 사이클 중에서 가장 효율이 좋은 이상 사이클은 카르노 사이클이지만 실제로는 제작이 불가능한 사이클이다. 열기관 사이클 중에서 압축비와 가열량이 일정할 때, 이론적인 열효율이 가장 높은 사이클은 오토 사이클이다.

30. ②
해설 2단 가변 피치 프로펠러는 조종사가 저피치와 고피치 2개의 위치만을 선택할 수 있는 프로펠러이다. 속도가 느린 경우에는 깃각을 작게(저피치)하고, 비행속도가 빨라짐에 따라 깃각을 크게(고피치) 해야 프로펠러 효율이 좋아진다.
따라서 이륙 및 착륙 시와 같은 저속 시에는 저피치(low pitch)를 사용하고, 강하 및 순항 시와 같은 고속 시에는 고피치(high pitch)를 사용해야 한다.

31. ③
해설 고정 피치 프로펠러는 블레이드 각(blade angle)이 하나로 고정되어 변경이 불가능한 프로펠러이다. 따라서 프로펠러 회전속도가 변하더라도 블레이드 각은 변하지 않으며, 프로펠러 회전속도가 증가하면 깃의 선속도가 증가하여, 블레이드 영각(blade of attack)이 증가한다.

32. ④
해설 피스톤 오일 링(oil ring)은 링 자체에 오일 조절 구멍이 있다. 오일 링에 의하여 피스톤 안쪽에 모여진 여분의 오일은 피스톤의 오일 링 홈에 있는 드릴 구멍을 통하여 흘려 보내, 실린더 벽의 유막 두께를 조절한다.

33. ④
해설 윤활유는 윤활작용, 기밀작용, 냉각작용, 청결작용 및 방청작용을 한다. 더불어 금속과 금속 사이에서 완충작용의 역할을 한다.
① 금속가루 및 미분 제거 - 청결작용
② 금속부품의 부식 방지 - 방청작용
③ 금속면 사이의 충격하중 완충 - 완충작용

34. ④
해설 기관흡입구 장치의 목적은 다음과 같다.
① 흡입공기의 속도 감소
　㉮ 움직이는 쐐기형(movable wedge) : 초음속 항공기의 흡입구에 충격파를 발생시켜 흡입공기의 속도를 감소시킨다.
　㉯ 움직이는 스파이크(movable spike) : 엔진의 흡입구 부분에 설치되는 원뿔 모양의 돌출부로 전후 방향으로 움직여서 흡입 공기의 속도를 감소시키고, 흡입구로의 공기 흐름을 억제한다.
② 흡입공기의 이물질 제거
　㉮ 와류 분산기(vortex dissipator) : 기관 흡입력으로 인해 지면의 모래, 작은 돌조각, 물 등이 기관으로 들어가는 것을 방지한다.
　㉯ 움직이는 베인(movable vane) : 기관 흡입구의 공기 방향을 급전환시켜 모래나 얼음 등을 제거한다.

35. ①
해설 제동마력과 지시마력과의 비를 기계효율이라고 한다. 제동마력을 bHP, 지시마력을 iHP라고 하면, 기계효율 η_m은

$$\eta_m = \frac{bHP}{iHP} = \frac{140}{200} = 0.7\,(70\%)$$

36. ②
해설 마그네토는 영구자석을 기관축에 의해 회전시키는 교류발전기의 한 종류이며 고전압으로 작동하기 때문에 기관 작동 시 마그네토 과열로 기능

이 상실될 수도 있다. 이를 방지하기 위하여 일부 항공기에서는 송풍관(blast tube)을 설치하여 마그네토를 냉각시키기도 한다.
성형엔진은 전방부분에 마그네토가 설치되는데, 마그네토를 전방부분에 설치하는 것은 흡입공기에 의해 냉각이 잘 되게 하기 위함이다.

37. ④

해설 점화스위치와 마그네토의 1차 회로를 연결하는 전선을 P-lead라고 한다. P-lead는 점화 스위치의 on/off를 마그네토에 전달하는 역할을 한다. 따라서 P-lead가 끊어지면 점화 스위치를 off에 놓아도 마그네토에 전달되지 않기 때문에 기관은 계속 작동한다.

38. ③

해설 가스 터빈 기관의 트림(trim) 작업은 제작회사에서 정한 정격에 맞도록 엔진을 조절하는 작업을 말하며, 연료제어장치의 기능을 파악하기 위하여 기관의 압력비와 팬의 회전수를 비교 분석한다. 연료제어장치는 정확한 공연비를 위해 조절해야 한다. 가변정익베인(VSV)은 압축기 출구압력을 위해, 그리고 사용연료의 비중은 공급연료의 공연비를 위해 조절해야 한다.

39. ①

해설 가스 터빈 기관 연료의 종류는 다음과 같다.
① 민간용 연료 : Jet A, Jet A-1, Jet B
② 군용 연료 : JP-4, JP-5, JP-6, JP-7, JP-8

40. ①

해설 역추력장치는 배기가스를 비행기의 앞쪽 방향으로 분사시킴으로써 항공기에 제동력을 주는 장치로서 착륙 후의 비행기 제동에 사용된다. 역추력장치를 작동시키면 배기도관 내부에 설치되어 있던 블록 도어(block door)가 배기 노즐 출구 쪽으로 이동되어 팬을 지난 공기(배기가스)를 막아주는 역할을 한다. 동시에 캐스케이드 베인(cascade vane)이 열려서 블록 도어에 가로막힌 공기(배기가스)는 비행기 앞쪽으로 분출되어 역추력을 발생시킨다.

제3과목 : 항공기체

41. ②

해설 나셀(nacelle)은 기체에 장착된 기관을 둘러싸고 있는 부분을 말하며, 공기 저항을 작게 하기 위하여 유선형으로 만든다.

42. ④

해설 항공기에 탑재한 장비나 화물이 이동하여 중심 위치가 변화되었을 경우, 새로운 중심위치를 구하는 식은 다음과 같다.
중심위치(C.G)
$$= \frac{\text{총 모멘트} \pm \text{변화된 모멘트}}{\text{총 무게} \pm \text{변화된 무게}}$$
(∵ + : 무게 증가 시, - : 무게 감소 시)
$$= \frac{(2500 \times 0.5) + (12.5 \times 3)}{2500 + 12.5} = +0.51 \text{m}$$
∴ +0.51m이므로 중심위치는 기준선 후방 약 0.51m에 위치한다.

43. ①

해설 입계부식(intergranular corrosion)은 금속 재료의 결정 입계에서 합금 성분의 불균일한 분포로 인하여 발생하는 부식이다. 주로 18-8 스테인리스강에서 발생하며 부적절한 열처리로 결정 립계가 큰 반응성을 갖게 되어 입계에 선택적으로 발생하는 국부적 부식이며, 입자 간 부식이라고도 한다.

44. ①

해설 모재(matrix)는 일종의 접착재료로서 강화섬유와 서로 결합됨으로써 강화섬유에 강도를 줄 뿐만 아니라, 외부의 하중을 강화섬유에 전달한다. 섬유 보강 복합재료(FRCM : fiber reinforced composite materials)에 사용되는 대표적인 모재는 다음과 같으며, 문제의 보기에서는 섬유 보강 세라믹(FRC)이 사용온도 범위가 가장 크다.
① FRC(fiber glass reinforced ceramic, 섬유 보강 세라믹) : 내열합금도 견디지 못하는 1,000℃ 이상의 높은 온도에 대한 내열성이 있다.
② FRM(fiber reinforced metallics, 섬유 보강

③ FRP(fiber reinforced plastic, 섬유 보강 플라스틱)

④ C/C 복합체(carbon-carbon composite material) : 보강 섬유뿐만 아니라 모재도 탄소를 사용한 것으로 내열성과 내마모성이 우수하다. 모재의 사용온도 범위는 대략 3,000℃이다.

각 모재별 사용온도 범위는 아래 그림과 같다.

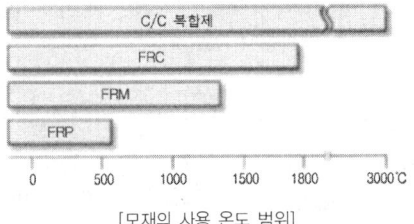

[모재의 사용 온도 범위]

45. ③

해설 더블 플레어(double flare) 방식은 지름이 3/8in 이하인 알루미늄 튜브에 적용하는 방식으로 그 이외에는 싱글 플레어(single flare) 방식을 적용한다. 이 방식은 심한 진동을 받는 곳이거나 계통의 압력이 높은 곳에 사용되며, 강재 튜브에는 이 방범을 사용하지 않는다.
① 강 튜브(steel tube)는 싱글 플레어링(single flaring)으로 제작한다.
② 더블 플레어 튜브(double flare tube)는 가공경화로 인해 전단작용에 대한 저항력이 크다.
③ 더블 플레어 튜브(double flare tube)는 싱글 플레어 튜브(single flare tube)보다 밀폐 특성이 좋다.
④ 더블 플레어 튜브(double flare tube)는 매끈하고 동심으로 제작이 용이하다.

46. ①

해설
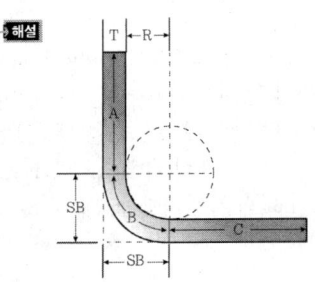

- 두께가 0.062″, 굽힘 반지름이 1/4″(0.25″)인 판재의 경우, 굽힘 반지름을 R, 판재의 두께를 T라고 하면, 세트 백(SB ; set back)은
$$SB = K(R+T) = 1 \times (0.25 + 0.062)$$
$$= 0.312 \text{in}$$
($\because$ 굽힘 각도 90°인 경우 K=1)

- 굽힘 여유(BA : bend allowance)는
$$BA = \frac{\theta}{360} \times 2\pi \left(R + \frac{1}{2}T\right)$$
$$= \frac{90}{360} \times 2\pi \left(0.25 + \frac{1}{2} \times 0.062\right) = 0.44 \text{in}$$

- 판재의 전체길이는 위의 그림에서 A, B(BA)와 C의 길이를 전부 더하여 구할 수 있다.
$\therefore$ 판재의 전체길이
$= A + B + C$
$= (3 - SB) + BA + (5 - SB)$
$= (3 - 0.312) + 0.44 + (5 - 0.312)$
$= 7.82 \text{in}$

47. ④

해설 크리프(creep)란 재료를 일정한 온도와 하중을 가한 상태에서 시간이 경과함에 따라 하중이 일정하더라도 변형률이 변화하는 현상을 말한다.

48. ③

해설 초고속기는 비행을 할 때 고속에 의해 항공기 표면이 고온이 되므로 열에 약한 알루미늄 합금은 재료로서 적당하지 않다.

49. ②

해설 원형 부재인 봉의 경우 비틀림에 의하여 단면에서 발생하는 전비틀림각 θ는 다음과 같은 식으로 나타낼 수 있다.
[단, T : 비틀림력, L : 부재의 길이, G : 전단계수(또는 전단탄성계수), J : 극단면 2차 모멘트(또는 극관성 모멘트)]
$$\therefore \theta = \frac{TL}{GJ}$$
부재의 길이와 비틀림각은 반비례하며, 부재의 길이가 길수록 비틀림각은 커진다.

50. ③

해설 구조 형식에 따른 브레이크의 종류는 다음과 같다.
① 슈(shoe)식 브레이크 : 소형 항공기에 주로 사용
② 싱글 디스크(single disk)식 브레이크 : 소형 항공기에 주로 사용
③ 멀티 디스크(multi disk)식 브레이크 : 큰 제동력이 필요한 대형 항공기에 주로 사용
④ 팽창 튜브(expander tube)식 브레이크 : 소형 항공기에 주로 사용

51. ③

해설 재질에 따른 알루미늄 리벳의 종류는 다음과 같다.
① A17ST(2117) - AD : 항공기 구조에 일반적으로 가장 많이 사용된다.
② 17ST(2017) - D : 2117 리벳보다 강한 강도가 요구되는 곳에 사용되며, 상온에 노출 후 1시간 이내에 사용해야 한다.
③ 24ST(2024) - DD : 2017T보다 강한 강도를 요구하는 항공기 주요 구조용으로 사용되고 열처리 후 냉장고에 보관하여 사용하며, 상온에 노출 후 10분에서 20분 이내에 사용해야 한다.
④ 2S(1100) - A : 순수한 알루미늄 리벳으로 열처리가 필요하다.

52. ④

해설 항공기 동체의 전단응력은 항공기 무게, 항공기 공기력 및 항공기 지면 반력에 의해 발생되며, 동체의 좌우측 중앙에서 동체의 전단응력은 최대가 된다.

53. ③

해설 금속, 목재, 섬유, 플라스틱 등의 표면을 세라믹으로 피복하여 저온이나 고온 열처리에 의해 금속 표면에 내열성, 내마모성과 내식성이 등이 좋은 비금속 무기질 코팅 막을 형성하는 것을 세라믹 코팅(ceramic coating)이라고 한다. 이러한 세라믹 코팅의 가장 큰 목적은 내열성과 내마모성을 좋게 하기 위한 것이다

54. ②

해설 날개의 주요 구조부재는 다음과 같다.
① 날개보(spar) : 일반적으로 날개의 전후방에 하나씩 설치되며, 날개에 작용하는 주요 하중을 담당하는 부재이다.
② 리브(rib) : 날개의 단면이 공기 역학적인 형태를 유지할 수 있도록 날개의 모양을 만들어 준다.
③ 스트링거(stringer, 세로지) : 날개의 굽힘강도를 크게 하고, 날개의 비틀림에 의한 좌굴을 방지한다.

55. ④

해설 스크류(screw)의 종류는 다음과 같다.
① 기계용 스크류(machine screw) : 일반 목적용으로 사용되며 저탄소강, 황동, 내식강, 알루미늄 합금 등으로 만들어진다. 평면머리와 둥근머리 와셔 헤드 형태가 있다.
② 구조용 스크류(structural screw) : 합금강으로 만들어지며 같은 크기의 볼트와 같은 전단강도를 갖고 있다. 볼트와 같은 명확한 그립을 가지고 있으나 머리의 형태가 다르다.
③ 자동 태핑 스크류(self tapping screw) : 스스로 나사를 만들면서 고정되며, 구조부의 일시적 결합용이나 비구조 부재의 영구 결합용으로 사용된다.

56. ②

해설 문제의 그림과 같은 V-n 선도에서 각 지점이 의미하는 속도는 다음과 같다.
① V_1 : 실속 속도
② V_2 : 설계운용속도
③ V_3 : 설계돌풍운용속도
④ V_4 : 설계급강하속도

57. ①

해설 블라인드 리벳(blind rivet)은 일반 리벳을 사용하기에 부적당한 곳이나, 리벳작업을 하는 반대쪽에 접근할 수가 없는 곳에 사용되는 리벳을 말한다. 블라인드 리벳에는 체리 리벳(cherry rivet), 리브 너트(riv nut)와 폭발 리벳(explosive rivet) 등이 있다.

58. ①

해설 트러니언(trunnion)은 항공기 착륙장치의 완충 스트럿(Shock strut)을 날개 구조재에 장착할 수 있도록 지지한다. 완충 스트럿의 힌지축 역할을 하며, 이를 회전축으로 하여 착륙장치가 펼쳐지거나 접어들여진다.

59. ②

해설
① 풀리(pulley) : 케이블을 인도하고, 케이블의 방향을 바꾸는 데 사용된다.
② 페어리드(fairlead) : 조종 케이블이 작동 중에 최소한의 마찰력으로 케이블과 접촉하여 직선 운동을 하게 하며, 케이블을 3° 정도의 작은 각도 이내의 범위에서 방향을 유도한다.
③ 벨 크랭크(bell crank) : 로드와 케이블의 운동방향을 전환한다.
④ 케이블 드럼(cable drum) : 주로 탭(tab) 조종계통에 많이 쓰이는데, 케이블 드럼은 탭을 작동시키기 위해서 웜 기어(warm gear)와 푸시-풀 로드를 작동시킨다.

60. ④

해설 문제의 그림과 같은 응력-변형률 곡선에서 각 위치별 내용은 다음과 같다.
① A : 탄성한계
② B : 항복점(yielding point)
③ C : 극한강도, 또는 인장강도
④ D : 파단점(파괴점)

제4과목 : 항공장비

61. ①

해설 항공기 나셀은 열 방빙 방식을 사용하여 결빙을 방지한다. 열 방빙 방식에는 전열선을 설치하여 결빙을 방지하는 전기적 방빙 방식, 가열공기의 덕트를 설치하고 이곳으로 가열공기를 통과하게 하여 결빙을 방지하는 고온 공기를 이용한 방빙 방식 등이 있다.

제빙 부츠 방식은 팽창 및 수축될 수 있는 고무 부츠(boots)를 부착시키고 공기압을 이용한 부츠의 팽창과 수축작용에 의해 결빙된 얼음을 제거하는 방식으로, 소형 항공기의 날개나 조종면의 앞전에 사용하는 제빙 방식이다.

62. ③

해설 그림과 같은 Wheatstone bridge 회로에서 a, b 간에 전류가 흐르지 않도록 하기 위해서는, 즉 평형이 되려면 다음과 같은 조건을 만족하여야 한다.

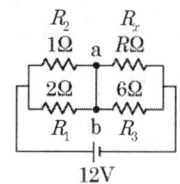

$R_1 R_x = R_2 R_3$
따라서 저항 R_x는
$$\therefore R_x = \frac{R_2 R_3}{R_1} = \frac{1 \times 6}{2} = 3\,\Omega$$

63. ②

해설 도체를 자기장이 있는 공간에 놓고 전류를 흘리면 도체에 작용하는 힘은 엄지손가락 방향으로 생긴다. 이것을 플레밍의 왼손 법칙이라고 하며, 전동기 원리에 적용한다. 반대로 플레밍의 오른손 법칙은 발전기 원리에 적용한다.

64. ④

해설 정속 구동 장치(constant speed drive : CSD)는 항공기 기관의 구동축과 발전기축 사이에 장착된다. 정속 구동 장치는 기관의 회전수에 관계없이 일정한 회전수를 발전기 축에 전달하여 교류 발전기의 출력 주파수를 항상 일정하게 만들어 준다.

65. ③

해설 항공기 고도의 종류는 다음과 같다.
① 절대고도 : 항공기로부터 그 당시 지형까지의 고도
② 진고도 : 해면상에서부터의 고도
③ 기압고도 : 표준대기압 해면(29.92inHg)으로

부터의 고도
따라서 진고도는 해면상에서부터의 고도이므로 해면상에서부터 지형의 고도(500m)와 절대고도(1,500m)를 합한 2,000m이다.

66. ③

[해설] 과열이나 화재에 의해 발생하는 연기를 감지하는 발연경보(smoke warning) 장치에는 광전기 연기 탐지기가 있다. 광전기 연기 탐지기는 광전 튜브(photo tube)를 감지센서로 사용한다. 화재로 발생한 연기가 광전기 연기 탐지기 내로 들어오고 연기에 의한 반사광이 광전 튜브에 비치면, 저항이 감소하여 광전 튜브에 전류가 흐르게 되고 발연경보 장치가 작동한다.

67. ③

[해설] 자기컴퍼스(magnetic compass)의 구조는 다음과 같다.
① 컴퍼스액은 케로신(kerosene)을 사용하며, 컴퍼스 카드의 흔들림을 방지하는 역할을 한다.
② 컴퍼스 카드에는 플로트가 설치되어 있어 피벗에 작용하는 중량을 경감시켜, 피벗의 마모 및 마찰에 의한 오차를 감소시킨다.
③ 외부의 진동, 충격을 줄이기 위해 케이스와 베어링 사이에 방진용 스프링이 들어 있다.
④ 자기 컴퍼스는 케이스, 자기보상장치, 컴퍼스 카드 및 확장실(expansion chamber) 등으로 구성되어 있다.

68. ①

[해설] 항공기에서 압력을 기계적인 변위로 변환시키는 데 사용되는 탄성 압력계의 수감부 형태에는 부르동관형(bourdon tube), 다이어프램형(diaphragm), 벨로즈형(bellows) 및 아네로이드형(aneroid)이 있다.

69. ④

[해설] 항공기의 화재탐지장치가 갖추어야 할 사항은 다음과 같다.
① 과도한 진동과 온도변화에 견디어야 한다.
② 화재가 계속되는 동안에 계속 지시해야 한다.
③ 조종석에서 화재탐지장치의 기능 시험을 할 수 있어야 한다.
④ 항공기 전원 계통으로부터 직접 전원을 공급 받고, 전력 소비가 적어야 한다.
⑤ 화재 발생 시에 조종실에 경고음과 경고등이 동시에 작동할 것
⑥ 화재탐지는 각 구역마다 독립된 계통을 설치할 것

70. ①

[해설] 브리지(bridge) 회로의 종류 및 용도는 다음과 같다.
① 윈 브리지(wein bridge) : 교류 브리지의 일종으로 전원의 주파수 측정에 사용된다.
② 맥스웰 브리지(maxwell bridge) : 교류 브리지의 일종으로 코일의 저항과 인덕턴스 측정에 사용된다.
③ 휘트스톤 브리지(wheatstone bridge) : 직류 브리지의 일종으로 미지의 저항을 측정하는 데에 사용된다.

71. ④

[해설] SELCAL(선택호출장치, selective calling system)은 지상에서 항공기를 호출하기 위한 장치로 각 항공기마다 SELCAL system에 사용되는 고유의 code를 가지고 있다. 이 code를 SELCAL Code라고 하며 일반적으로 4개의 code(문자)로 만들어져 있다. 이 code는 HF, VHF 시스템으로 송·수신되며, 지상에서 항공기를 호출하면 호출등의 점멸과 호출음에 의해 조종사가 이를 인지할 수 있게 된다.

72. ①

[해설] 축전지의 용량은 Ah(Ampere-hour)로 나타내는데, 이것은 축전지가 공급하는 전류값에다 공급할 수 있는 총 시간을 곱한 것이다.

73. ④

[해설] 전파 고도계(radio altimeter)는 항공기에서 지표를 향해 전파를 발사한 후 이 전파가 되돌아오기까지의 시간차를 측정하여 지면에 대한 항공기의 절대고도를 구하는 계기이다. 전파 고도계

는 모두 저고도용이며, 측정범위는 2,500ft 이하이다.
전파 고도계는 송수신기, 안테나, 그리고 고도지시계로 구성된다.

74. ①

해설 ACM(air cycle machine)은 냉각공기를 공급하는 장치이다. 압축기(cabin compressor)에서 나온 가압된 공기는 공기 열교환기를 지나면서 외부의 공기 온도와 거의 비슷한 온도로 일단 냉각된다. 냉각된 압축공기는 팽창터빈(냉각터빈)을 통과하면서 팽창되어 압력과 온도가 낮추어진 공기가 조화 계통에 공급된다.

75. ②

해설 공기 저장통은 공압 계통에 필요한 압축 공기를 저장하는 실린더이다. 스택 파이프(stack pipe)는 공압 계통에서 공기 저장통 안에 설치되어 제거되지 않은 수분이나 윤활유가 계통으로 섞여 나가지 않도록 한다.

76. ②

해설 정침의(DG : directional gyro)는 자이로의 강직성을 이용하여 항공기의 기수방위와 선회비행을 할 때 정확한 선회각을 지시하는 계기이며, 방향 자이로 지시계라고도 한다. 자이로는 지구의 자전에 의하여 회전자의 회전축이 기울어지게 된다. 이렇게 되면 방향 강직성이 감소하며, 극단적으로 회전축이 수직이 되면 방향 강직성은 발생하지 않는다. 따라서, 자이로의 섭동성을 이용한 자립장치를 사용하여 정침의(DG)의 자이로 축이 지표에 대하여 항상 수평을 유지하도록 한다.

77. ②

해설 TCAS(공중충돌 경보장치, Traffic Alert and Collision Avoidance System)는 항공기 충돌 방지 시스템으로 ATC 트랜스폰더(transponder)가 장착된 항공기와 항공기 간의 공중 충돌 가능성을 경고하여 준다. ICAO는 TCAS를 ACAS (Airborne Collision Avoidance System)라고 한다.

78. ③

해설 흡기압력계(manifold-pressure gage)는 왕복기관에서 흡입공기의 압력을 절대압력으로 지시하는 계기이다.
① 기관 정지 시 : 기관 정지 시 계기압력은 0이므로, 절대압력(대기압±계기압력)은 대기압과 같다. 따라서 기관 정지 시에는 그 당시 지형의 기압(대기압)을 지시한다.
② 항공기(기관)가 지상에서 작동 시 : 과급기가 설치되지 않은 경우, 흡입계통에서 공기 마찰로 인한 손실 때문에 그 당시 지형의 기압(대기압)보다 낮게 지시한다. 그러나 과급기가 설치된 경우에는 그 당시 지형의 기압(대기압)보다 높아질 수 있다.

[이 참고 내용은 저자의 일방적인 의견으로 한국산업인력공단의 의견과는 다를 수 있음을 알려드립니다.]
한국산업인력공단에서 제시한 답안은 ③번(그 당시 지형의 기압)이었다. 그러나 이 문제는 출제가 잘못되었으며, 정답이 없는 것 같다. 위의 설명과 같이 항공기가 지상에서 작동 시 흡기 압력계(manifold pressure gage)는 과급기의 설치 여부에 따라 그 당시 지형의 기압보다 낮게 지시할 수도, 또는 반대로 높게 지시할 수도 있기 때문이다. 따라서 이 문제의 답안에 대한 재심사가 필요하다고 본다.

79. ④

해설 유압계통의 흐름 방향 및 유량 제어장치의 역할은 다음과 같다.
① 흐름 조절기(flow regulator) : 흐름 제어밸브(flow control valve)라고도 하며, 계통의 압력 변화에 관계없이 작동유의 흐름을 일정하게 유지시킨다.
② 셔틀 밸브(shuttle valve) : 정상 유압 계통에 고장이 생겼을 때 비상계통을 사용할 수 있도록 하는 밸브이다.
③ 흐름 평형기 : 선택 밸브로부터 공급된 작동유가 2개 이상의 작동기가 동일하게 움직이게 하기 위하여 각 작동기에 공급되거나 작동기로부터 귀환되는 작동유의 유량을 같게 하는 장치이다.
④ 유압 퓨즈(hydraulic fuse) : 유압계통의 관

이나 호스가 파손되거나, 기기 내의 실(seal)에 손상이 생겼을 때 작동유의 과도한 누설을 방지하기 위한 장치이다.

80. ②

해설 항공기 interphone system의 종류는 다음과 같다.
① 객실 인터폰 장치(cabin interphone system) : 조종실 내에서 운항 승무원 상호 간의 통화 연락을 위해 각종 통신이나 음성 신호를 각 운항 승무원석에 배분한다.
② 운항 승무원 상호간 통화 장치(flight interphone system) : 비행 중에는 조종실 내의 운항 승무원 상호 간에 통화를 하며, 지상에서는 비행을 위하여 항공기 택싱(taxing)하는 동안 지상조업 요원과 조종실 내 운항 승무원 간에 통화하기 위한 시스템이다.
③ 승무원 상호간 통화 장치(service interphone system) : 지상에서 조종실과 정비, 점검상 필요한 기체 외부와의 통화 연락을 하기 위한 장치이다.

2012년 4회 (9월 15일)

제1과목 : 항공역학

1. ①

해설 음파의 전파속도(C)는 $C = \sqrt{kRT}$로 표시된다.
$P = \rho RT$이므로, 음파의 전파속도는
$C = \sqrt{\dfrac{kP}{\rho}} = \sqrt{\dfrac{dP}{d\rho}}$ 로 나타낼 수도 있다. (단, P : 압력, ρ : 밀도, R : 기체상수, T : 온도, k : 공기의 비열비이다.)

2. ③

해설 4자리 숫자로 표시되는 NACA 4자 계열 날개골에서 첫 자리 숫자는 최대 캠버의 크기, 두 번째 숫자는 최대 캠버의 위치를 나타낸다. 따라서 두 번째 자리의 숫자가 3인 NACA 2315는 최대 캠버가 앞전에서부터 시위길이의 30%(3×10) 정도에 위치하고 있는 날개골을 나타낸다.

3. ②

해설 비행 중 외부 영향으로 받음각이 증가함에 따라 항공기 기수를 내리려는 키놀이 모멘트(- 모멘트)가 발생하여 받음각을 감소시키는 경향을 보인다면 항공기는 정적 세로안정성이 있다고 할 수 있다. 따라서 정적 세로안정을 나타내기 위해서는 피칭 모멘트 계수(C_M)가 받음각(α)에 대한 기울기가 -값을 가져야 한다.

4. ④

해설 성층권 아래층의 기온은 높이에 관계없이 대체로 일정하지만 위층에서는 오존층이 있어서 자외선을 흡수하기 때문에 고도가 높아질수록 온도가 높아진다.

5. ①

해설 비항속거리(specific range)란 비행기가 단위 시간당 연료를 소비하는 동안에 비행할 수 있는 거리를 말한다.
비항속거리를 SFC라고 하면, SFC는

$$SFC = \frac{\text{단위시간당 비행거리}}{\text{단위시간당 연료소모량}} = \frac{\left(\frac{3600}{2}\right)}{\left(\frac{4000}{2}\right)}$$
$$= 0.9 \text{km/kgf} = 900 \text{m/kgf}$$

6. ②

<해설> 등속도 수평비행을 할 경우 추력과 양항비의 관계식은 다음과 같다.
$$T = W\frac{C_D}{C_L} = W\frac{1}{(C_L/C_D)}$$
따라서, 중량(W)이 일정하다면 추력은 양항비 $\frac{C_L}{C_D}$에 반비례한다.

7. ①

<해설> ① 프로펠러 추력(T)
  $T \propto$ (공기밀도)×(프로펠러 회전면의 넓이)
  ×(프로펠러 깃의 선속도)^2
  $\therefore T = C_t \rho n^2 D^4$ (C_t : 추력계수)
② 프로펠러에 작용하는 토크(Q)
  $Q = FL$
  여기서, 힘 F를 T로, 거리 L을 D로 하면
  $\therefore Q = C_q \rho n^2 D^5$ (C_q : 토크계수)

8. ②

<해설> 2단 가변 피치 프로펠러는 비행 중 저피치와 고피치 2개의 위치만을 선택할 수 있는 반면에 정속 프로펠러는 무한한 피치를 선택할 수 있다. 고정 피치 프로펠러와 조정 피치 프로펠러는 비행 중에 피치를 조정할 수 없다.

9. ①

<해설> 조종력을 경감하는 공력 평형장치에는 탭(tab)과 밸런스(balance)가 있다. 스포일러는 양력을 감소시키고 항력을 증가시키는 고항력 장치이다.

10. ③

<해설> 지면 효과는 헬리콥터가 지면 가까이에서 정지 비행을 할 때 영향을 주는 요소이다.

11. ④

<해설> 헬리콥터의 주회전날개는 전진 블레이드와 후진 블레이드의 상대속도 차이에 의해 양력 차이가 발생한다. 이에 따라 헬리콥터는 수평축에 대해 회전날개 깃이 위아래로 자유롭게 움직일 수 있도록 하여, 전진 블레이드와 후진 블레이드의 받음각을 변화시킴으로써 양력 차에 의한 효과를 상쇄시킨다. 이와 같은 운동을 플래핑 운동이라 한다.

12. ①

<해설> 공기가 아음속 흐름일 때는 이상유체로 간주할 수 있다. 이상유체의 정상흐름에서 단면적이 점차 증가하면 동압은 감소하고 정압은 증가하지만, 정압과 동압을 합한 전압은 항상 일정하다.

13. ③

<해설> 비행기 속도를 V, 상승각을 θ, 그리고 상승률을 RC라고 하면, $RC = V\sin\theta$
여기에서, $\sin\theta = \frac{RC}{V} = \frac{10}{\left(\frac{230}{3.6}\right)} = 0.157$
$\therefore$ 따라서, $\theta = \sin^{-1} \times 0.157 = 9.03°$

14. ④

<해설> 수평비행 시 실속 속도를 V_s, 선회경사각을 ϕ라고 하면, 선회 시 실속 속도 V_{ts}를 구하는 관계식은 다음과 같다.
$$V_{ts} = \frac{V_s}{\sqrt{\cos\phi}}$$
여기서, $\cos\phi < 1$이므로, 선회 시 실속 속도는 수평비행 시 실속 속도보다 커진다.

15. ②

<해설> 비행기의 수직꼬리날개 앞에 도살 핀(dorsal fin)을 장착하여 수직꼬리날개가 실속하는 큰 옆미끄럼각에서도 방향 안정을 유지하는 효과를 얻기도 한다.

16. ③

<해설> 양력계수를 C_L, 스팬효율계수를 e, 그리고 가

337

로세로비를 AR이라고 하면, 유도항력계수 C_{Di}를 구하는 관계식은 다음과 같다.

$$C_{Di} = \frac{C_L^2}{\pi e AR}$$

유도항력계수는 가로세로비에 반비례하므로, 다른 값은 변하지 않고 가로세로비만 4배로 증가하면 유도항력계수는 $\frac{1}{4}$로 감소한다.

17. ④

해설 이륙 시 활주거리를 짧게 하기 위한 조건은 다음과 같다.
① 기관의 추력이 크면 가속도가 커져서 이륙성능이 좋아진다.
② 날개하중($\frac{W}{S}$)을 작게 한다. 즉, 비행기의 무게를 가볍게 한다.
③ 고도가 낮은(밀도가 큰) 비행장에서 이륙하면 기관의 추력이 커져서 이륙성능이 좋아진다.
④ 이륙 시 플랩과 같은 고양력장치를 사용하여 최대 양력계수를 증가시킨다.

18. ①

해설 원통의 회전에 의해 생긴 순환이 선형 흐름과 조합될 경우 양력이 발생하게 되는데, 이러한 효과를 마그누스 효과(magnus effect)라고 한다.

19. ②

해설 받음각을 크게 하면 경계층 속을 흐르는 유체 입자가 뒤쪽으로 갈수록 점성마찰력으로 인하여 운동에너지는 감소하고, 뒤쪽에서 가해지는 압력이 계속 증가하면 유체 입자는 더 이상 날개골을 따라 흐르지 못하고 표면으로부터 떨어져 나가게 되는데 이러한 현상을 흐름의 떨어짐 또는 박리라 한다.

20. ①

해설 비행기가 실속 받음각보다 큰 받음각을 취했을 때 어떤 교란에 의하여 회전하는 경우 하강날개의 받음각은 상향날개의 받음각보다 커져 양력값이 작아지고, 반대로 상향날개는 양력값이 증가하여 계속 회전시키려는 힘이 발생하는데 이를 자전현상이라고 한다.

제2과목 : 항공기관

21. ②

해설 터보제트, 터보팬, 램제트 및 펄스제트 기관은 적은 양의 공기를 고속으로 분사시켜 추력을 얻는다. 이들 기관은 기관 내부에서 연소되어 가속된 공기를 항공기의 추력을 위해 사용한다. 즉, 기관의 추진체에 의해 발생되는 최종 기체와 기관 내부에 사용되는 기체는 동일하다.
왕복기관이나 터보프롭기관은 프로펠러가 많은 양의 공기를 비교적 저속으로 가속시켜 추력을 얻는다. 이들 엔진은 기관 내부에서 연소되어 얻어진 열에너지로 프로펠러를 회전시키고, 프로펠러의 회전에 의해 가속된 공기는 항공기의 추력을 위해 사용된다. 즉 기관의 추진체에 의해 발생되는 최종 기체는 프로펠러에 의해 발생하는 기체로, 기관 내부에 사용되는 기체와 다르다.

22. ①

해설 가변정익(variable stator vane)은 축류식 압축기의 고정자 깃의 붙임각을 변경할 수 있도록 하여, 기관을 시동할 때와 저속에서 가속과 감소 시 일어나는 압축기 출구의 공기 누적현상(choke 현상)을 방지한다. 즉, 흡입 공기 흐름량(흡입 속도)의 변화에 따라 공기의 흐름 방향과 속도를 변화시킴으로써 회전자 깃에 대한 받음각을 일정하게 유지하여 실속을 방지한다.

23. ②

해설 항공기 가스 터빈 기관의 연료로서 필요한 조건은 다음과 같다.
① 단위 중량당 발열량이 커야 한다.
② 연료계통 안의 부품들을 부식시키지 말아야 한다.
③ 어는점이 낮아야 한다. 즉 저온에서 동결되지 않아야 한다.
④ 연료의 증기압이 낮고, 화재발생을 방지하기

위하여 인화점이 높아야 한다.

24. ②
해설 완전가스의 열역학적인 상태변화는 다음과 같다.
① 정압변화 : 일정한 압력하에서의 기체의 상태 변화
② 정적변화 : 일정한 체적하에서의 기체의 상태 변화
③ 등온변화 : 일정한 온도하에서의 기체의 상태 변화
④ 단열변화 : 외부와 열전달이 이루어지지 않는 상태하에서 기체의 상태변화
⑤ 폴리토로픽 변화 : 모든 상태변화를 일반화시킨 일반적인 상태변화

25. ④
해설 프로펠러의 특정 부분을 나타내는 명칭은 다음과 같다.
① 허브(hub) : 프로펠러 blade가 부착되는 프로펠러의 중심부분
② 블레이드(blade) : 프로펠러 허브에 부착되는 날개골(airfoil) 모양의 단면을 갖는 깃
③ 넥(neck) : 둥근 단면을 갖는 프로펠러 뿌리(root) 부분으로 허브에 연결된다. 추력은 발생되지 않으며, 프로펠러 섕크(shank)라고도 한다.

26. ③
해설 직접연료 분사장치는 연료 분사펌프에서 높은 압력으로 가압된 연료를 각 실린더의 연소실 안이나 흡입 매니폴드 또는 흡입밸브 근처에 직접 분사한다.

27. ④
해설 흡입밸브는 실제로는 상사점 전에서 열리고, 하사점 후에서 닫히도록 조절되어 있다. 배기밸브는 실제로는 하사점 전에서 열리고, 상사점 후에서 닫히도록 조절되어 있다.

28. ③
해설 가스 터빈 기관 내부에서 압력이 가장 높은 곳은 압축기 바로 뒤에 있는 디퓨저(diffuser)이다.

29. ④
해설 압축기 안으로 유입된 다량의 공기에 포함된 이물질로 압축기 블레이드가 오염되면 압축기 블레이드의 공기역학적인 효율을 감소시키고, 결과적으로 불충분한 압축비와 높은 배기가스온도(EGT)를 유발한다.

30. ①
해설 가스 터빈 기관의 시동기(starter)는 일반적으로 기관 보기기어박스(accessory gear box)의 전면부에 장착되어 있다. 시동기가 회전하면 보기기어박스가 회전하고 각각 기어에 맞물린 연료 펌프, 유압펌프, 윤활유 펌프 등이 구동된다. 또는 기어의 회전력은 transfer gear box와 inlet gear box를 거쳐 기관의 압축기 축에 전달되어 시동 시에 기관의 N2 압축기를 회전시킨다.

31. ④
해설 오토 사이클의 각 과정에서 상태변화는 다음과 같다.
① 1 → 2 과정 : 단열 압축 과정
② 2 → 3 과정 : 정적 연소(가열) 과정
③ 3 → 4 과정 : 단열 팽창 과정
④ 4 → 1 과정 : 정적 방열 과정

32. ②
해설 마그네틱 칩 디텍터(magnetic chip detector)는 자석으로 오일탱크의 오일 섬프나 기어박스 하단의 드레인 플러그에 장착된다. 베어링이나 각종 기어의 마모가 발생하면 이 입자가 윤활유에 포함되며, 자성체의 금속 입자는 자석인 마그네틱 칩 디텍터에 달라붙는다. 이곳에서 금속 입자가 검출되었다면, 이렇게 검출된 입자를 분석하여 베어링이나 각종 기어 등의 이상 유무와 이상 발생 장소 등을 탐지한다.

33. ④
해설 연소실의 2차 공기는 주로 냉각작용을 담당하며, 연소되지 않은 많은 양의 2차 공기는 연소가스와 희석(혼합)되어 연소실 출구온도를 낮추어

준다. 2차 공기는 연소실로 유입되는 전체 공기의 약 75% 정도이다.

34. ①
해설 9개 실린더를 갖고 있는 성형기관은 1번 → 3번 → 5번 → 7번 → 9번 → 2번 → 4번 → 6번 → 8번 실린더 순으로 점화가 일어난다. 배전기 전극의 번호는 실린더 번호가 아니고, 점화순서를 나타낸다. 9개 실린더를 갖고 있는 성형기관에서 6번 전극의 점화 케이블은 6번째에 점화가 일어나는 실린더, 즉 2번 실린더에 연결시켜야 한다.

35. ②
해설 왕복기관을 작동할 때에는 다음과 같은 항목의 한계 수치를 점검하여야 한다.
① 엔진 오일 압력
② 엔진 오일 온도
③ 실린더 헤드 온도(CHT), 배기가스온도
④ 기관 회전수(rpm)
⑤ 매니폴드 압력(MAP), 흡기 압력이라고도 한다.

36. ③
해설 항공용 윤활유의 점도 측정에는 세이볼트 유니버설 점도계가 사용된다. 이 점도계는 일정 온도(54.5℃ 또는 98.8℃)로 윤활유를 가열해 놓고, 점도계 그릇에 들어 있는 60ml의 윤활유가 오리피스를 통하여 밑으로 흘러 내려가는 데 소요되는 시간을 초 단위로 측정하며, 이것을 세이볼트 유니버설 초(Saybolt universal second, SUS)라 하고 점도의 비교값으로 사용한다.

37. ③
해설 가스 터빈 기관의 저속 비행 시 추진효율이 좋은 순서는 터보프롭, 터보팬, 그리고 터보제트 엔진 순이다. 터보제트 엔진은 비행속도가 빠를수록 효율이 좋고, 저속에서는 효율이 감소한다.

38. ①
해설 프로펠러 깃각(blade angle)이란 에어포일 시위선(chord line)과 회전면이 이루는 사이각을 말

한다.

39. ①
해설 총 배기량은 기관이 2회전하는 동안 전체 실린더에서 배출한 배기가스의 양이다.

40. ③
해설 왕복기관에서 흡기압력이 증가하면 실린더 내의 충전 밀도가 증가하고, 연료/공기 혼합기의 무게가 증가한다.

제3과목 : 항공기체

41. ④
해설 항공기 기체 구조의 리깅(rigging) 작업 시 일반적으로 구조적 일치상태(alignment) 점검에 포함되는 사항은 다음과 같다.
① 날개 상반각과 취부각
② 수평안정판 상반각과 취부각
③ 수직안정판 수직상태
④ 좌우 대칭 점검

42. ④
해설 인티그럴 연료 탱크(integral fuel tank)는 날개의 내부 공간을 연료 탱크로 사용하는 것으로, 앞날개보와 뒷날개보 및 외피로 이루어진 공간을 밀폐재를 이용해서 완전히 밀폐시켜서 사용한다. 별도의 연료 탱크가 설치되지 않으므로 구조가 간단하고, 무게를 감소시킬 수 있다.

43. ③
해설 기준선에서 무게중심(C.G)까지의 거리를 H, 기준선에서 MAC 앞전까지의 거리를 X, 그리고 MAC의 길이를 C라고 할 때, 무게중심(C.G)의 위치를 MAC의 백분율(%)로 나타내면
$$C.G = \frac{H-X}{C} \times 100(\%) = \frac{190-160}{120} \times 100 = 25\%$$
따라서 무게중심(C.G)은 MAC(mean aerodynamic chord)의 앞전에서부터 25% 지점에 있다.

44. ②

해설 리벳작업을 한 후에 성형되는 리벳 성형머리의 폭(지름)은 $1.5D$, 높이는 $0.5D$가 적당하다.
(∵ D : 리벳 지름)

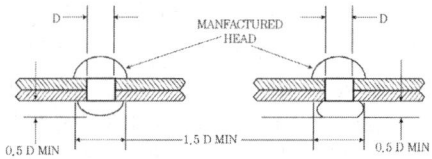

45. ②

해설 판재의 굽힘 각도를 θ, 곡률 반지름을 R, 그리고 두께를 T라고 하면, 굽힘 허용값(BA : bend allowance)은

$$BA = \frac{\theta}{360} \times 2\pi \left(R + \frac{1}{2}T\right)$$
$$= \frac{90}{360} \times 2\pi \left(0.125 + \frac{1}{2} \times 0.040\right)$$
$$= 0.228 \text{inch}$$

46. ③

해설 로크 볼트(lock bolt)는 고전단 리벳과 같은 높은 전단 응력을 받는 주요 구조 부분에 사용되는 부품으로, 고강도 볼트와 리벳의 특징을 결합한 것이다. 로크 볼트는 에어건(air gun) 공구로 고정 홈이 있는 핀에 고정 칼라(collar)를 압착시켜 고정시킨다. 따라서 일반 볼트나 리벳보다 쉽고 신속하게 장착할 수 있으며, 로크 와셔나 코터핀으로 안전장치를 할 필요가 없다.

47. ③

해설 알루미늄의 단점인 내식성 문제를 해결하기 위하여 알루미늄 판의 양면에 내식성이 좋은 순수 알루미늄 또는 알루미늄 합금판을 입힌 것을 알클래드(alclad)라고 한다.

48. ④

해설 항공기 재료에 사용되는 보기의 4가지 금속 중 비중이 제일 큰 것은 니켈이며, 니켈의 비중은 8.9로서 철강재료에 비하여 다소 무겁다. 다음으로 비중이 큰 것은 크롬(7.1), 티타늄(4.5), 그리고 알루미늄(2.7) 순이다.

49. ①

해설 풀리(pulley)는 케이블을 인도하고, 케이블의 방향을 바꾸는 데 사용된다. 풀리의 베어링은 밀봉되어 있어서 추가의 윤활이 필요하지 않다.

50. ②

해설 기준선으로부터 하중중심(무게중심)의 위치는
하중중심(CG)
$$= \frac{\text{총 모멘트}}{\text{총 무게}}$$
$$= \frac{(2000 \times 150) + (3000 \times 200)}{2000 + 3000}$$
$$= 180 \text{in}$$

51. ③

해설 유효하중(useful load)이란 총무게에서 자기무게를 뺀 무게를 말한다. 유효하중에는 승무원, 승객, 화물, 무장계통, 연료, 윤활유 등의 무게를 포함하며, 이를 유용하중이라고도 한다.

52. ④

해설 항공기에 하중이 가해지면 구조물인 항공기 내부에는 하중을 지지하기 위한 내력이 발생하는데, 단위 면적당 작용하는 내력의 크기를 응력(stress)이라고 한다.

53. ②

해설 어느 비행기의 설계 제한 하중배수(design limit load factor)가 n_1이라 함은, 그 비행기는 자중의 n_1배 되는 하중에 견디도록 설계, 제작되어야 하며 동시에 그 이상의 하중을 발생하는 비행은 금지한다는 것이다.
문제의 그림과 같은 $V-n$ 선도에서 GH선은 음(−)의 구조적인 한계를 나타내는 최소제한 하중배수이고, AD선은 양(+)의 구조적인 한계를 나타내는 최대제한 하중배수이다.

54. ①

해설 AN 볼트의 규격은 다음과 같다.

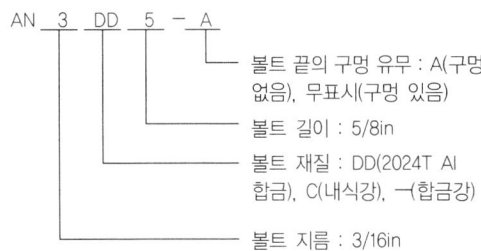

55. ④

해설 부식 현상 방지를 위한 세척작업 시 사용하는 솔벤트 세척제(solvent cleaner)의 종류는 다음과 같다.
① 케로신(kerosine, 등유) : 단단한 방부 페인트를 유연하게 하기 위하여 솔벤트 유화 세척제와 혼합하여 일반 세척용으로 사용
② 메틸에틸케톤(MEK : methylethylketone) : 금속 표면에 사용
③ 메틸클로로포름(methyl chloroform) : 일반 세척과 그리스 세척제로 사용
④ 지방족 나프타(aliphatic naphtha) : 페인트칠을 하기 직전에 표면을 세척하는 데 사용

56. ①

해설 스파(spar, 날개보)는 일반적으로 주 날개의 전후방에 하나씩 설치되며, 주 날개에 걸리는 굽힘 모멘트를 주로 담당하는 부재로서 작용하는 하중의 대부분을 담당한다.

57. ③

해설 텅스텐 불활성 가스(TIG) 용접의 불활성 가스로는 헬륨가스나 아르곤가스가 사용된다. 금속 불활성 가스(MIG) 용접의 불활성 가스로는 주로 아르곤가스를 사용하거나, 아르곤에 산소 또는 이산화탄소를 혼합한 가스를 이용하고 있다. 아스틸렌가스는 가스용접에 이용된다.

58. ②

해설 프로펠러 항공기처럼 토크(torque)가 크지 않은 제트기관 항공기에서는 일반적으로 2~3개의 콘 볼트(cone bolt)와 트러니언 마운트(trunnion mount)에 의해 기관을 고정하는 포드 마운트(pod mount) 방법을 사용한다.

59. ①

해설 항공기에 사용되는 완충장치의 형식은 다음과 같다.
① 고무 완충식 : 고무의 탄성을 이용
② 평판 스프링식(plate spring type) : 스프링 판의 탄성을 이용
③ 공기 압력식 : 공기의 압축성을 이용
④ 올레오식(oleo type) : 압축된 공기가 유압유와 결합되어 충격 하중을 분산시키는 작용을 하며, 대형 항공기에 사용된다.

60. ①

해설 복합재료 적층방식의 종류는 다음과 같다.
① 진공백 방식(vacuum bagging) : 복잡한 윤곽을 가진 복합 소재 부품에 균일한 압력을 가할 수 있으며, 비교적 대형 부품을 제작하는 데 적용
② 필라멘트 권선 방식(filament winding) : 강한 구조재를 제작하는 데에 사용
③ 압축 주형 방식(compression molding) : 암수의 주형을 이용하여 제작하는 방식
④ 유리 섬유 적층 방식(fiberglass lay-up) : 최초로 사용된 적층 방법으로 일반 목적용 항공기의 적층 구조재에 가장 광범위하게 사용

제4과목 : 항공장비

61. ①

해설 유압계통의 흐름 방향 및 유량 제어장치의 역할은 다음과 같다.
① 유압 퓨즈(hydraulic fuse) : 유압계통의 관이나 호스가 파손되거나, 기기 내의 실(seal)에 손상이 생겼을 때 작동유의 과도한 누설을 방지하기 위한 장치이다.
② 흐름 조절기(flow regulator) : 흐름 제어밸브(flow control valve)라고도 하며, 계통의 압력 변화에 관계없이 작동유의 흐름을 일정하게 유지시킨다.
③ 흐름 제한기(flow restrictor) : 유체의 흐름을 제한하여 작동속도를 늦추어 준다.

④ 유압관 분리 밸브(disconnected valve) : 유압펌프나 브레이크와 같은 유압기기를 장탈할 때, 작동유가 외부로 유출되는 것을 최소화하기 위하여 유압펌프에 연결되어 있는 유압관에 장착한다.

62. ④
해설 교류 전동기 중 유도전동기(induction motor)는 교류에 대한 작동 특성이 좋기 때문에 시동이나 계자 여자에 있어 특별한 조치가 필요하지 않고, 부하 감당 범위가 넓다. 또, 정확한 회전수를 요구하지 않을 때에는 비교적 큰 부하를 감당할 수 있다. 브러시와 정류자편이 필요 없고, 교류로 동작하도록 되어 있기 때문에 직류 전원은 사용할 수 없다.

63. ④
해설 HF 전파를 이용하여 통신하려면 파장이 길기 때문에 요구되는 안테나의 길이가 무척 길어지지만 항공기 구조와 고속성 때문에 큰 안테나를 장착하지 못하고 작은 안테나가 사용된다. 또한 주파수의 변화에 따라 파장의 실제적인 길이의 변화도 크므로, 송신기와 안테나 주파수의 전기적인 적정한 매칭(matching)이 이루어지도록 자동으로 작동하는 안테나 커플러(antenna coupler)가 부착되어 있다.

64. ③
해설 압력에는 절대 진공을 기준으로 측정하는 절대압력(absolute pressure)과 대기압을 기준으로 측정하는 계기압력(gauge pressure)이 있다. 밀폐식 공함인 아네로이드(aneroid)는 내부가 진공이므로 외부압력을 절대압력으로 측정하는 데 사용되는 반면, 개방식 공함인 다이어프램(diaphragm)은 내부로 통하는 구멍이 있어 차압측정이나 외부압력을 계기압력으로 측정하는 데 사용된다. 부르동관(bourdon tube)은 계기압력을 측정하는 데 유리하고, 벨로즈(bellows)는 직접 작동하는 계기로서 적합하다.

65. ③
해설 정류기(rectifier)는 교류전력에서 직류전력을 얻기 위해 정류작용에 중점을 두고 만들어진 전기적인 회로소자이다. 정류기는 한 방향으로만 전류를 통과시켜 교류를 직류로 바꾸는 기능을 하며, 최근에는 대부분의 항공기가 반도체의 실리콘 다이오드를 정류기로 사용하고 있다.

교류의 큰 전류에서 그것에 비례하는 작은 전류를 얻어 계기나 계전기 등에 공급하기 위해 사용되는 일종의 변압기와 같은 기능을 하는 장치는 변류기(current transformer)이다.

66. ②
해설 선회경사계는 1개의 케이스 안에 선회계와 경사계가 들어 있는 계기이다. 선회계는 항공기의 수직축에 대한 분당 선회율을 나타내는 계기이며, 지시 방법에는 2분 선회지시(2 MIN Turn)와 4분 선회지시(4 MIN Turn)의 두 가지 종류가 있다. 표준형인 2분 선회지시 선회계의 경우 바늘이 한 눈금만큼 움직였을 때는 180°/min, 두 눈금만큼 움직였을 때는 360°/min의 선회 각속도를 나타낸다. 항공기가 좌측으로 선회할 경우 바늘은 좌측(L)으로, 항공기가 우측으로 선회할 경우 바늘은 우측(R)으로 움직인다.

경사계(inclinometer)의 볼(ball)은 선회 시 경사각과 선회율의 관계를 보여 준다. 선회하는 항공기의 경사각과 선회율이 균형을 이루어 정상 선회하는 경우 볼은 중앙에 위치한다. 선회할 때 선회 방향의 반대 방향으로 항공기가 밀리는 것을 외활(skid)이라고 하며, 경사계의 볼은 원심력이 증가하여 선회 방향(선회계 바늘의 방향)의 반대 방향으로 움직인다. 이와 반대로 선회 방향(선회계 바늘의 방향)과 같은 방향으로 항공기가 미끄러지는 것을 내활(slip)이라고 하며, 경사계의 볼은 선회 방향과 같은 방향으로 움직인다.

문제의 선회경사계 그림에서 선회계의 바늘은 좌측(L)을 지시하고 있고, 경사계(inclinometer)의 볼(ball)은 선회 방향(바늘의 방향)과 반대 방향으로 기울어져 있으므로 비행 상태는 좌선회 외활(skid)이다.

67. ②
해설 비상시에 조종실에서 산소 마스크를 착용하고도 통신장치의 사용이 필요하기 때문에 승무원용

343

산소 마스크에는 마이크로폰(microphone)이 장비되어 있다. 마스크에 있는 누름 통화 스위치를 누르면 운항 승무원 상호간 통화장치(flight interphone system)가 작동하여 운항 승무원끼리의 통화와 통신 및 항법 시스템의 음성 신호를 청취할 수 있고, 마이크로폰을 통하여 송화할 수도 있다.

68. ③

해설 압력조절기(pressure regulator)는 불규칙한 배출 압력을 규정 범위로 조절하고, 계통에서 압력이 요구되지 않을 때에는 펌프에 부하가 걸리지 않도록 하는 장치로서 다음과 같은 두 가지 상태로 구분할 수 있다.
① Kick-out 상태 : 계통의 압력이 규정값에 도달한 상태이며, 귀환관에 연결된 바이패스 밸브가 열리고 체크밸브가 닫히는 과정으로 작동유는 귀환관을 통하여 레저버로 귀환된다.
② Kick-in 상태 : 계통의 압력이 규정값보다 낮을 때의 상태이며, 귀환관에 연결된 바이패스 밸브가 닫히고 체크밸브가 열리는 과정으로 작동유는 계통으로 공급된다.

69. ③

해설 금속과 같은 도체의 경우에는 온도가 올라가면 전기 저항이 증가한다. 그러나 서미스터(thermistor)는 온도의 증가에 따라 저항이 감소하는 성질을 갖고 있다.

70. ③

해설 피상전력에 대한 유효전력의 비를 역률(power factor)이라고 한다.
역률 = $\dfrac{\text{유효전력}}{\text{피상전력}} = \dfrac{600}{1000} = 0.6$

71. ①

해설 교류발전기 계자의 극 수를 P, 분당 회전수(rpm)를 N이라고 하면, 주파수 f는
$f = \dfrac{P}{2} \times \dfrac{N}{60} = \dfrac{4}{2} \times \dfrac{1800}{60} = 60\,\text{Hz}$

72. ①

해설 편차(variation)는 지구의 자북과 지리상의 북극이 일치하지 않기 때문에 자기 자오선과 지구 자오선(진자오선) 사이에 생기는 오차를 말한다. 따라서 편차는 진북(TH)과 자북(MH)이 이루는 각도이며, 문제의 그림에서 편차는 ∠NOH이다. 이러한 편차의 값은 지표면상의 각 지점마다 다르다. 문제의 그림에서 ∠NOHO는 지자기 자력선의 방향과 수평선 간의 각을 나타내는 복각(dip)이다.

73. ②

해설 비상장비는 항공기에 비상사태가 발생하였을 때 승객을 보호하고, 승객과 승무원이 무사히 탈출할 수 있도록 도와주는 역할을 한다. 항공기에 갖추어야 할 비상장비에는 구명 동의(구명 조끼), 음성신호발생기, 구명 보트, 불꽃조난신호 장비, 탈출용 미끄럼대, 휴대용 소화기, 손도끼, 메가폰, 구급의료용품 등이 있다.
※ GTC(gas turbine compressor)는 가스 터빈 기관 항공기의 시동 시 압축공기를 공급하는 시동 지원장비이다.

74. ①

해설 복각(dip 또는 inclination)은 지자기 자력선의 방향과 지구 수평선이 이루는 각을 말한다. 복각은 지구 적도 부근에서는 거의 0°이고, 양극으로 갈수록, 즉 위도가 커질수록 90°에 가까워진다. 이러한 지자기의 복각으로 인하여 컴퍼스 카드가 수평을 유지하지 못하고 위도에 따라 기울어지며, 양극에 가까이 가면 강한 자력으로 인해 나침반은 거의 작동을 하지 못할 정도로 기울어진다.

75. ④

해설 자동 착륙 시스템(autoland system)은 지상의 ILS 신호를 받아 강하 중에 항공기의 피치, 롤을 조종하여 항공기를 착륙 때까지 자동으로 유도하는 장치이다. 자동 착륙 시스템의 종류에는 주로 다음과 같은 3가지 종류가 사용된다.
① Dual system
② Triplex System
③ Dual-dual System

76. ③

해설 발전기가 처음 발전을 시작할 때에는 잔류자기에 의존한다. 잔류자기가 전혀 남아 있지 않아 발전을 시작하지 못할 때에는 배터리와 같은 외부 전원으로부터 계자코일에 잠시 동안 정방향의 전류를 가해 주는데, 이와 같이 하는 것을 계자 플래싱(field flashing)이라 한다.

77. ②

해설 항공기의 방빙(anti-icing)장치는 가열공기의 덕트를 설치하고 이곳으로 가열공기를 통과시키거나 전열선을 설치하여 결빙을 방지한다. 항공기 주 날개와 꼬리날개의 리딩 에지(leading edge) 부분의 결빙은 날개의 공기 역학적인 성능에 영향을 미치고, 박리된 얼음이 뒤쪽에 있는 꼬리날개나 기관에 손상을 줄 수 있으므로 방빙을 하여야 한다. 또한 기관의 앞 카울링(cowling), 나셀(nacelle), 공기 흡입구(air intake) 등의 결빙은 기관의 출력을 저하시키고, 박리된 얼음이 기관에 손상을 주기 때문에 방빙을 하여야 한다.

78. ③

해설 유압계통의 구성품인 축압기(accumulator)는 가압된 작동유를 저장하는 저장통으로서 다음과 같은 역할을 한다.
① 계통의 작동과 pump의 가압에서 오는 유압계통의 pressure surge를 완화시킨다.
② 여러 개의 유압기기가 동시에 사용될 때 동력펌프를 돕고, 동력펌프가 고장이 났을 때 저장된 작동유를 공급하여 제한된 유압기기를 작동시키는 비상용 압력원으로 사용한다.
③ 동력펌프가 고장이 났을 때 저장된 작동유를 공급하여 제한된 유압기기를 작동시키는 비상용 압력원으로 사용한다.

79. ②

해설 최근의 대형 항공기는 대부분 교류 전원 공급방식을 채택하고 있다. 항공기에서 사용하고 있는 교류 전력은 3상 115/200V 400Hz이며, 선간전압이 높은 Y결선 방식을 주로 사용한다.

80. ②

해설 고도계의 보정(setting) 방식은 다음과 같다.

구분	QNH	QNE	QFE
고도계 설정	해면기압으로 설정	표준 대 기 압 (29.92inHg)으로 설정	활주로면의 기압으로 설정
고도계 지시	진고도	기압고도	절대고도
비고	활주로상에서 고도계는 활주로의 표고를 지시한다. 관제탑에서 불러주는 setting이다.	29.92inHg의 표준 대 기 압 고도에서 고도계는 0ft를 지시한다.	지정된 임의의 지형면(주로 활주로면)으로부터의 고도이며, 활주로상에서 고도계는 0ft를 지시한다.

[이 참고 내용은 저자의 일방적인 의견으로 한국산업인력공단의 의견과는 다를 수 있음을 알려드립니다.]
이 문제는 "QNE 방식으로 보정하기 위하여 고도계의 기압 눈금판을 관제탑에서 불러주는 해면기압으로 맞춰 놓았을 경우"라고 하였으므로 출제가 잘못된 문제인 것 같다. 왜냐하면 위의 표와 같이 QNE 방식으로 보정하기 위해서는 기압 눈금판을 표준대기압으로 맞추어야 하고, 해면기압으로 맞추는 것은 QNH 방식이기 때문이다. 하지만 결과적으로는 고도계의 기압 눈금판을 해면기압으로 맞춰 놓았으므로 고도계가 나타내는 고도는 진고도로 보아야 할 것 같다.

2013년 1회 (3월 10일)

제1과목 : 항공역학

1. ③

해설 유체의 연속 방정식에 관한 설명은 다음과 같다.
① 마하수 0.3 이하의 아음속 흐름은 비압축성 유체로 가정하며, 밀도 변화가 아주 작으므로 밀도 변화는 없다고 간주한다.
② 아음속의 일정한 유체 흐름에서 단면적이 작아지면 유체 속도는 증가한다.

2. ④

해설 양력계수를 C_L, 항력계수를 C_D라고 하면, 제트 항공기가 최대 항속거리를 비행하기 위해서는 $\dfrac{C_L^{\frac{1}{2}}}{C_D}$가 최대인 받음각으로, 프로펠러 항공기가 최대 항속거리를 비행하기 위해서는 $\dfrac{C_L}{C_D}$가 최대인 받음각으로 비행해야 한다.

3. ①

해설 문제의 그림에서 ①은 시위선, ②는 아랫면, ③은 최대 두께, 그리고 ④는 평균캠버선을 나타낸다.

4. ①

해설 프로펠러의 추력을 T라고 하면,
$T \propto$ (공기밀도)×(프로펠러 회전면의 넓이) ×(프로펠러 깃의 선속도)^2
$T = C_t \rho n^2 D^4$

5. ②

해설 항공기의 세로 안정성을 좋게 하기 위한 방법은 다음과 같다.
① 무게중심을 날개의 공기역학적 중심보다 앞에 위치시킨다.
② 날개를 무게중심보다 높은 위치에 둔다.
③ 수평꼬리날개 부피(tail volume) 값을 크게 한다. 즉 수평꼬리날개 면적을 크게 하든지 무게중심에서 수평꼬리날개의 압력중심까지의 거리를 길게 한다.
④ 꼬리날개의 효율을 크게 한다.

6. ④

해설 항공기를 오른쪽으로 선회시킬 경우 오른쪽 날개를 아래로 내려가게 해야 한다. 단, 오른쪽 날개를 아래로 내리는 모멘트를 양(+)의 롤링 모멘트로 정의한다.

7. ②

해설 비행기의 X, Y, Z 축에 작용하는 모든 힘의 합이 0이며, 키놀이, 옆놀이 및 빗놀이 모멘트의 합이 0인 경우를 평형상태(균형상태)라고 한다.

8. ③

해설 비행속도가 느릴 때에는 프로펠러의 깃각을 작게 하고, 비행속도가 빨라짐에 따라 깃각을 크게 해야 프로펠러 효율을 높일 수 있다

9. ④

해설 • 비행기의 무게를 W, 밀도를 ρ, 날개면적을 S, 그리고 최대 양력계수를 $C_{L\max}$라고 하면, 실속 속도 V_s는
$$V_s = \sqrt{\dfrac{2W}{\rho S C_{L\max}}} = \sqrt{\dfrac{2 \times 1500}{0.125 \times 40 \times 1.5}}$$
$= 20 \text{m/s}$

• 문제의 단서에서, 착륙속도는 실속 속도의 1.2배로 한다고 하였으므로,
∴ 착륙속도 = 실속속도×1.2
$= 20 \times 1.2 = 24 \text{m/s}$

10. ③

해설 조종력은 비행속도의 제곱에 비례하고, 조종면의 크기(조종면의 폭×조종면의 시위^2)에 비례한다. 따라서 비행속도가 빠르고 조종면의 크기가 클수록 필요한 조종력은 증가한다.

11. ④

해설 헬리콥터의 무게를 헬리콥터의 회전날개에 의해 만들어지는 회전면의 면적으로 나눈 값을 원

판하중(disk loading) 또는 회전면 하중이라고 한다.
헬리콥터 무게를 W, 회전면의 면적을 A, 그리고 주회전날개 반지름을 R이라고 하면, 원판하중 DL은

$$DL = \frac{W}{A} = \frac{W}{\pi R^2}$$

12. ②

해설 이용마력과 필요마력과의 차를 잉여마력 또는 여유마력이라고 하며, 비행기의 상승률과 하강률을 결정하는 데 중요한 요소가 된다. 상승률은 여유마력의 크기에 비례한다.

13. ②

해설 비행속도를 V, 중력가속도를 g, 그리고 선회경사각을 θ라고 하면, 선회반경(R)은

$$R = \frac{V^2}{g\tan\theta} = \frac{\left(\frac{150}{3.6}\right)^2}{9.8 \times \tan 30°} = 306.8\text{m}$$

14. ③

해설 양력계수를 C_L, 공기밀도를 ρ, 비행속도를 V, 그리고 날개면적을 S라고 하면, 양력 L은

$$L = C_L \frac{1}{2}\rho V^2 S = 0.5 \times \frac{1}{2} \times \frac{1}{2} \times 100^2 \times 40$$
$$= 50,000\text{kgf}$$

15. ①

해설 음속에 가장 직접적인 영향을 주는 물리적인 요소는 온도이며, 음속은 절대온도의 제곱근에 비례한다.

16. ④

해설 옆놀이 각속도가 큰 초음속 전투기가 받음각이 커지면 큰 관성 커플링을 일으켜 받음각과 옆미끄럼각을 계속 증가시켜서 발산하게 되는데 이러한 현상을 옆놀이 커플링(roll coupling)이라 한다.

17. ①

해설 국제표준대기에서 해면상 표준대기의 정압(압력)은 다음과 같이 정한다.
P_0=29.92inHg=760mmHg=10222.3kg/m²
  =1013.25mbar=2116.21695lb/ft²

18. ③

해설
- $P_a = \frac{TV}{75} = \eta \times BHP$에서

  효율을 η, 기관출력(제동마력)을 BHP, 그리고 비행속도를 V라고 하면, 추력 T는

  $$T = \frac{75 \times \eta \times BHP}{V} = \frac{75 \times 0.5 \times 200}{\left(\frac{270}{3.6}\right)}$$
  $$= 100\text{kgf}$$

- 등속도 순항비행 시 $T = W\left(\frac{C_D}{C_L}\right)$이므로,

  양항비 $\frac{C_L}{C_D}$는

  $$\therefore \frac{C_L}{C_D} = \frac{W}{T} = \frac{1500}{100} = 15$$

19. ①

해설 항력발산 마하수를 높게 하기 위한 방법은 다음과 같다.
① 얇은 날개를 사용하여 날개 표면에서의 속도 증가를 줄인다.
② 날개에 후퇴각(뒤젖힘각)을 준다.
③ 가로세로비가 작은 날개를 사용한다.
④ 경계층을 제어한다.

20. ②

해설
- 이동 거리를 D, 걸린 시간을 t라고 하면, 평균가속도 a는,
  $$a = \frac{2D}{t^2} = \frac{2 \times 900}{30^2} = \frac{1800}{900} = 2\text{m/s}^2$$

- 평균 이륙속도를 v라고 하면,
  $$\therefore v = at = 2 \times 30 = 60\text{m/s}$$

제2과목 : 항공기관

21. ④

해설 열역학에서 가역과정이란 계가 한 과정을 진행

한 다음 반대로 그 과정을 따라 처음 상태로 되돌아올 수 있는 과정을 말하며, 이상적 과정이라고도 한다.
① 마찰과 같은 열손실의 요인이 없어야 한다.
② 계와 주위가 항상 열역학적 균형 상태가 유지되어야 한다.
③ 반대과정을 만들기 위해서는 계가 주위와 작은 변화를 일으켜야 한다.

22. ④

해설 교류 고전압 축전기 방전 점화계통에서 트리거 변압기(trigger transformer)는 고전압 펄스를 형성하여 이그나이터(igniter)에 공급한다.

23. ①

해설 프로펠러 깃을 한 바퀴 회전시켜 프로펠러가 앞으로 전진할 수 있는 이론적인 거리를 기하학적 피치(geometric pitch)라고 한다.
허브 중심으로부터 깃 끝까지의 길이를 R, 깃각을 β라고 하면, 기하학적 피치(GP)를 구하는 식은 다음과 같다.
$$\therefore GP = 2\pi R \tan\beta$$

24. ②

해설 왕복기관에서 발생되는 진동의 원인으로는 다음과 같은 요소를 들 수 있다.
① 토크(출력)의 변동
② 크랭크 축의 비틀림 진동
③ 왕복 관성력과 회전 관성력의 불균형
④ 각 실린더의 출력 불균형

25. ③

해설 터보제트기관에서 비추력을 증가시키기 위해서는 열효율을 증가시켜야 하며, 이론 열효율은 압력비가 커지면 증가한다. 그러나 압력비가 커지면 열효율은 증가하는 반면 터빈입구 온도가 높아지기 때문에 압력비를 증가시키는 것은 제한을 받게 된다. 따라서, 비추력을 증가(열효율 증가)시키기 위해서는 터빈입구 온도가 높더라도 고열에 견딜 수 있는 터빈 재료의 개발과 터빈 냉각방법의 개선이 필요하다.

26. ③

해설 1열 성형 기관의 점화 순서는 1번 실린더가 점화된 후 항상 실린더를 하나씩 건너서 점화가 이루어진다. 따라서 9개의 실린더를 갖는 성형 기관은 1번 → 3번 → 5번 → 7번 → 9번 → 2번 → 4번 → 6번 → 8번 실린더 순으로 점화가 일어난다.

27. ④

해설 연료 흐름 트랜스미터(fuel flow transmitter)는 기관으로 공급되는 연료의 양을 감지하여 전기적인 신호로 변환한 다음, 조종석의 연료 유량계에 전달하여 연료 소비율을 PPH 단위로 지시할 수 있도록 한다.

28. ③

해설 내연 기관은 연료를 기관 내부에서 직접 연소시켜 열에너지를 기계적 에너지로 변환시키는 장치이다. 내연 기관의 종류를 크게 나누면 왕복기관(가솔린 기관, 디젤 기관), 회전기관, 가스 터빈 기관으로 나눌 수 있다.

외연 기관은 증기기관이나 증기 터빈 기관 등과 같이 연료를 기관 외부에서 연소시켜서 발생한 열에너지를 이용하는 기관이다.

29. ①

해설 행정거리와 실린더 단면적으로 곱한 체적을 행정체적이라고 한다. 행정거리를 L, 피스톤의 지름을 D, 실린더 수를 K라고 하면, 총행정체적 V_S는

$$V_S = L \cdot \left(\frac{\pi D^2}{4}\right) \cdot K$$
$$= (0.15 \times 100) \times \left(\frac{\pi \times 16^2}{4}\right) \times 6$$
$$= 18095.6\,cm^3 \; (\because 1L = 1{,}000\,cm^3)$$

30. ②

해설 정속 프로펠러의 조속기(governor)는 프로펠러의 깃각을 자동으로 조절하여 비행속도나 기관 출력의 변화에 관계없이 프로펠러를 항상 일정한 속도로 유지한다. 따라서 출력을 1.2배 높이

더라도 정속 프로펠러는 프로펠러 회전수를 항상 2,300rpm으로 유지하고, 회전계는 2,300rpm을 지시한다.

31. ①
해설 마그네토 1차 코일에서 발생되는 전압의 크기는 고정자 철심에 감겨 있는 코일의 권수, 자속의 강도 및 회전자의 회전속도(자속의 변화)에 의하여 결정된다. 왕복기관의 회전속도가 증가하면 마그네토 회전자의 회전속도가 증가하고 전압은 증가한다.

32. ②
해설 가스 터빈 기관에서 고온의 연소가스에 직접 노출되는 부분, 즉 연소실, 터빈 및 배기부분을 핫 섹션(hot section)이라고 한다. 핫 섹션은 고온에 의한 큰 열응력을 받기 때문에 구조 부분에 내열성이 뛰어난 니켈, 코발트 등의 내열 합금 재질이 사용된다.
가변 스테이터 베인은 압축기 부분에 장착되며, 공기흡입 부분과 압축기 부분은 콜드 섹션(cold section)에 속한다.

33. ③
해설 가스 터빈 기관에서 사용하는 합성오일의 색은 초기에는 무색(straw-color)이지만 오래 사용할수록 오일에 첨가된 산화 방지제가 산소와 접촉하면서 어두운 색깔로 변색된다. 색이 어두워지는 것은 오일의 품질 변화가 아니라, 공기에 포함된 산소를 산화 방지제가 흡수하기 때문에 일어나는 현상이다.

34. ①
해설 가스 터빈 기관의 배기가스온도는 너무 높기 때문에 이를 직접 측정하는 것은 불가능하다. 따라서 온도가 비교적 낮은 저압 터빈 입구에 몇 개의 열전대(thermocouple)를 장착하여 배기가스 온도를 측정한다.

35. ①
해설 엔탈피(enthalpy)는 온도변화에만 관계되는 함수이다. 따라서 등온상태로 팽창하였다면 온도의 변화는 없으므로 엔탈피의 변화도 없다.

36. ④
해설 오일 계통은 엔진 부품의 운동이나 회전으로 인하여 발생되는 마찰과 열에 의한 영향을 최소화하기 위하여 오일을 공급하여 윤활과 냉각작용을 한다.
터보제트기관은 압축기와 터빈의 축을 지지하고 있는 메인 베어링, 보기들을 구동하는 기어와 그 축의 베어링에 오일을 공급한다. 왕복기관은 각 실린더와 피스톤, 크랭크 축과 각 베어링, 보기들을 구동하는 기어와 그 축의 베어링 및 밸브 작동기구 등에 오일을 공급한다. 왕복기관이 부품 간의 마찰부분이 많고 윤활부도 더 많기 때문에 터보제트기관이 회전수가 매우 빠르고 작동 온도 범위는 크지만, 터보제트기관의 오일 소비량이 왕복기관에 비해 상대적으로 상당히 적다.

37. ④
해설 오일 펌프 릴리프 밸브(relief valve)는 오일 펌프 출구 압력이 규정값 이상으로 높아지면 열려서 펌프 입구로 오일을 되돌려 보내 오일 펌프 출구 압력을 일정하게 유지하게 된다.

38. ②
해설 연료가 연료라인을 지나갈 때 열을 받으면 증발하여 기포가 생기기 쉽고, 이 기포가 연료라인에 차서 연료의 흐름을 방해할 때가 있다. 이러한 현상을 베이퍼 로크(vapor lock)라 하며, 베이퍼 로크의 원인을 들면 다음과 같다.
① 연료 온도 상승
② 연료의 높은 휘발성
③ 연료에 작용하는 압력의 저하 : 압력이 저하하면 비등점이 낮아져 낮은 온도에서 연료가 기화한다.
④ 연료 탱크 내부 슬로싱(sloshing, 파동) : 연료의 흐름이 지나치게 불규칙적이면 연료에 기포가 형성될 수 있다.

39. ③
해설 니들 밸브와 시트(seat) 사이에 와셔(washer)를 첨가하면 플로트실 유면이 하강하고, 와셔를 제거하면 유면이 상승한다. 또한 와셔를 제거하면 유면이 상승하여 공급 연료가 증가하기 때문에 혼합비는 농후해진다.

40. ②

해설 기어식(gear type) 오일 펌프에서 오일은 기어가 회전하면 기어와 하우징(housing) 사이로 들어간 다음 압력이 증가되어 펌프 출구로 배출된다. 이때 기어의 끝부분과 하우징면 간의 간격을 사이드 클리어런스(side clearance)라고 한다. 이 간격이 크면 클수록 펌프 출구에서 압력이 낮은 입구 쪽으로 되돌아가는 오일의 양이 많아지기 때문에 오일 압력은 낮아진다.

제3과목 : 항공기체

41. ②

해설 한계 하중은 설계상 항공기가 감당할 수 있는 최대 하중으로, 비행 중에 생길 수 있는 최대하중을 제한 하중(limit load)이라 한다. 설계 하중(극한 하중)은 한계 하중(제한 하중)에 안전 계수를 곱하여 나타내며, 이때 안전 계수는 특별한 경우를 제외하고는 1.5로 정한다.
설계 하중＝한계 하중×안전계수(1.5)

42. ④

해설 철강 재료의 표면을 경화시키는 방법에는 담금질법, 질화법, 침탄법, 그리고 물리적 표면 경화 방법인 숏피닝(shot peening) 등이 있다.

아노다이징(anodizing)은 부식을 방지하기 위해 알루미늄 합금면에 전기 화학적으로 얇은 산화 알루미늄 피막을 입히는 부식 방지방법이다.

43. ③

해설 평형 방정식에 관계되는 보의 지지점과 반력은 다음과 같다.
① 롤러 지지점(roller support) : 수평방향으로는 자유롭게 움직일 수 있으나, 수직방향으로는 구속되어 있으므로 수직반력만 발생한다.
② 힌지 지지점(hinge support) : 수직 및 수직 방향으로 구속되어 있어, 수직반력과 수평반력 등 2개의 반력이 발생한다.
③ 고정 지지점(fixed support) : 수직 및 수평 반력과 동시에 저항 회전 모멘트 등 3개의 반력이 생긴다.

44. ①

해설 구리 합금에는 황동과 청동이 있다. 황동(brass)은 구리에 아연을 40% 이하로 첨가한 합금이고, 청동(bronze)은 구리와 주석이 기본 조성인 합금이다.

45. ④

해설 조종 컬럼이나 조종간에서 힘을 케이블 장치에 전달하는 조종 계통의 장치는 다음과 같다.
① 풀리(pulley) : 케이블을 인도하고, 케이블의 방향을 바꾸는 데 사용된다.
② 페어리드(fairlead) : 조종 케이블이 작동 중에 최소한의 마찰력으로 케이블과 접촉하여 직선 운동을 하게 하며, 케이블을 3° 이내의 범위에서 방향을 유도한다.
③ 벨 크랭크(bell crank) : 로드와 케이블의 운동방향을 전환한다.
④ 쿼드런트(quadrant) : 케이블의 직선운동을 토크 튜브(torque tube)의 회전운동으로 전환하여, 조종 컬럼(control column)이나 조종간의 힘을 케이블 장치에 전달한다.

46. ②

해설
- 두께가 $0.062''$, 굽힘 반지름이 $1/4''(0.25'')$인 판재의 경우, 굽힘 반지름을 R, 판재의 두께를 T라고 하면, 세트 백(set back)은
$SB = K(R+T) = 1 \times (0.25 + 0.062)$
$\qquad = 0.312\,\text{in}$
(∵굽힘 각도 90°인 경우 $K=1$)
- 판재 Flat A의 길이는 밑면의 길이 $4''$에서 SB를 제외하여 구할 수 있다.
∴판재 Flat A의 길이
$= 4 - SB = 4 - 0.312 = 3.7\,\text{inch}$

47. ④

해설 케이블 조종 계통에서 7×7 케이블은 7개의 와이어(wire)로 1개의 가닥(strand)을 만들고, 이 가닥 7개를 1개의 가닥으로 만든 케이블로 단면의 모양은 아래 그림과 같다. 이 케이블은 7×19 케이블 보다는 유연성이 없지만 마찰에 대해 보다 강한 저항성이 있다.

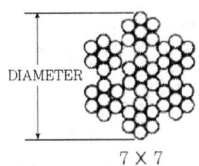

[7×7 케이블]

48. ①

해설 접개 들이식 착륙 장치는 고장이 발생하였을 때 착륙 장치를 다운(down)시키는 비상 장치를 갖추고 있다. 조종석의 emergency release handle을 작동시키면 전기적 신호가 잠금장치를 풀고 자중에 의해 착륙 장치가 착륙 위치로 내려온다. 착륙 장치를 업(up)시키는 비상 장치는 별도로 갖추고 있지는 않다.

49. ②

해설 스파(spar, 날개보)는 일반적으로 주 날개의 전후방에 하나씩 설치되며, 주 날개에 걸리는 굽힘모멘트를 주로 담당하는 날개의 주 구조이다. 스파의 세 가지 기본적인 형태는 다음과 같다.
① 단스파(mono-spar) : 1개의 스파가 날개 길이 방향으로 세로 부재를 연결
② 다중스파(multi-spar) : 여러 개의 세로 부재가 날개의 구조물로 사용
③ 박스 빔(box beam) : 2개의 주 세로 부재를 사용하고, 파형판을 벌크헤드와 외피 사이에 설치

50. ②

해설 페일 세이프 구조(fail safe structure)에는 다음과 같은 종류가 있다.
① 다경로 하중 구조 : 일부 부재가 파괴될 경우 그 부재가 담당하던 하중을 다른 부재가 분담할 수 있는 구조
② 이중 구조 : 큰 부재 대신 2개 또는 그 이상의 소부재로 대치하는 것
③ 대치 구조 : 주 부재가 전 하중을 지지하고 있는 경우, 주 부재가 파괴되었을 때 하중을 지탱해주는 예비적 부재를 가지고 있는 구조
④ 하중 경감 구조 : 부재가 파손되기 시작할 때 다른 부재에 하중을 이동, 전달함으로써 부재의 완전 파단 또는 파괴를 방지하는 구조

51. ④

해설 판재 성형 작업의 종류는 다음과 같다.
① 굽힘 가공(folding) : 판재를 구부리는 작업
② 절단 가공(shearing) : 판재를 필요한 치수로 자르는 작업
③ 플랜지(flange) 가공 : 판재의 끝을 접어 성형하는 작업
④ 범핑 가공(bumping, 타출 가공) : 금속의 늘어나는 성질을 이용하여 곡면 용기를 만드는 작업으로, 성형 블록이나 모래주머니를 사용하는 두 가지 가공 방법이 많이 사용된다.

52. ③

해설 양극 산화 처리(anodizing)는 금속 표면에 내식성이 있는 산화피막을 형성시키는 부식 처리 방법이며, 다음과 같은 종류가 있다.
① 황산법 : 사용 전압이 낮고 소모 전력량이 적으며, 약품 가격이 저렴하고 폐수 처리도 비교적 쉬워 가장 경제적인 방법이다. 현재 황산법이 주로 사용되고 있다.
② 수산법 : 경도가 큰 피막을 얻을 수 있고 내식성도 우수하지만, 약품값이 비싸고 전력비가 많이 든다.
③ 크롬산법 : 항공기용 부품 재료의 방식 처리에 적합하며, 피막의 두께가 얇다.

53. ③

해설 항공기의 이착륙 중이나 지상활주(taxi) 중 랜딩 기어 노스 휠(nose wheel)의 이상 진동을 막는 시미 댐퍼(shimmy damper)에는 베인(Vane) 타입, 피스톤(Piston) 타입 및 스티어 댐퍼(Steer damper) 타입이 주로 사용된다.

54. ①

해설 기체 수리 방법은 다음과 같다.
① 클리닝 아웃(cleaning out) : 손상된 부분을 트리밍(trimming), 커팅(절단 작업, cutting) 또는 파일링(다듬질 작업, filing)을 하여 손상 부분을 완전히 제거하는 것을 말하며, 더 이상의 손상이 진전되는 것을 방지하는 처리 방법이다.
② 클린 업(clean up) : 판재 가장자리의 날카로운 부분을 제거하는 손상 처리를 말한다.

55. ①

해설 문제의 $V-n$ 선도에서 하중배수(n_s)의 값은 실속 속도(V_S)에 해당하는 하중배수를 나타낸다. 실속 속도에서 $L=W$이므로 항공기의 하중배수(n_s)는 1이 된다.

56. ①

해설 구조물의 a-b 구간에 작용하는 하중을 P, 단면적을 A라고 하면, 작용하는 응력(σ)은
$\sigma = \dfrac{P}{A} = \dfrac{100}{20} = 5\text{kN/cm}^2$

57. ④

해설 인터널 렌칭 볼트(internal wrenching bolt)는 고강도강으로 제작되며, 비교적 큰 인장과 전단 하중이 작용하는 부분에 사용된다.

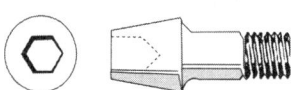

[인터널 렌칭 볼트]

58. ③

해설 응력 변형률 선도의 각 계수(tangent modulus)는 다음과 같다.
① 접선 계수(tangent modulus), $\tan \alpha_3$: 어떤 특정 응력에서 응력 변형률 선도의 기울기
② 시컨트 계수(secant modulus), $\tan \alpha_2$: 응력 변형률 선도상의 임의의 점에서 응력을 변형률로 나눈 값
③ 탄성계수(modulus of elasticity), $\tan \alpha_1$: 응력 변형률 선도의 초기 직선부분의 기울기로 재료의 강성(stiffness)을 나타낸다.

59. ②

해설 응력을 알고 있을 때 손상된 판재의 리벳에 의한 수리 작업 시 필요한 리벳의 수(N)를 구하는 공식은 다음과 같다. 여기에서 1.15는 특별 계수(안전 계수)이다.

$N = 1.15 \times \dfrac{tL\sigma_{\max}}{\left(\dfrac{\pi D^2}{4}\right)\tau_{\max}}$

여기서, L : 판재의 손상된 길이
D : 리벳 지름
t : 손상된 판재의 두께
$\sigma_{\max}$: 판재의 최대 인장 응력
$\tau_{\max}$: 리벳의 최대 전단 응력

60. ④

해설 동체의 주요 구조재는 다음과 같다.
① 벌크헤드(bulkhead) : 동체가 비틀림 하중에 의해 변형되는 것을 막아 주며, 동체에 작용하는 집중 하중을 외피로 전달하여 분산시킨다.
② 스트링어(stringer, 세로지)와 세로대 : 동체의 세로 방향 모양을 형성하며, 길이 방향으로 작용하는 휨 모멘트와 동체 축방향의 인장력과 압축력을 담당한다.
③ 프레임(frame) : 축 하중과 휨 하중에 견디도록 설계 제작된다.
④ 외피(skin) : 거의 알루미늄 합금판으로 구성되며, 동체에 작용하는 전단력과 비틀림 하중을 담당한다.

제4과목 : 항공장비

61. ③

해설 레이더(radar)를 1차 감시 레이더와 2차 감시 레이더로 구분하면 다음과 같다.
① 1차 감시 레이더 : 송신한 전파가 물체(항공기)에 반사되어 되돌아오는 전파를 스크린에 표시하는 방식이다. 물체(항공기)에서 반사되어온 전파를 계산하여 거리 및 방위정보를

지상의 관제사에게 제공하여 항공기를 유도할 수 있게 한다.
② 2차 감시 레이더 : 지상설비인 질문기(interrogator)로부터 질문신호를 발사하면 항공기의 응답기(transponder)가 질문신호에 대응하는 응답 신호를 지상설비로 반송하는 시스템을 말한다.

62. ①

해설 항공기에 외부 전원이 접속되고 외부 전원에 이상이 없으면 조종실의 Ground Power Available 표시등인 'AVAIL' 표시등이 켜진다. 더불어 외부 전원이 접속되는 외부 전원 리셉터클 상부에 위치하고 있는 'AC CONNECTED' 표시등과 'POWER NOT IN USE' 표시등이 켜진다. 'AC CONNECTED' 표시등은 외부 전원 리셉터클에 외부 전원이 연결되었다는 것을 나타내며, 'POWER NOT IN USE' 표시등은 외부 전원이 항공기 계통에서 사용되고 있지 않다는 것을 나타낸다.

63. ③

해설 항공기 특정 부분이 결빙되었을 때 발생하는 현상은 다음과 같다.
① 안테나에 결빙이 생기면 전파수신에 장애를 일으킬 수 있다.
② Pitot system에 결빙이 발생하면 동정압 계통 계기 지시를 방해할 수 있다.
③ 항공기 날개에 결빙이 발생하면 항력 및 중량은 증가하고, 양력은 감소한다. 그 결과 실속속도는 증가하고 항공기의 비행 성능은 저하된다.

64. ④

해설 제트 기관의 배기가스 온도계는 배기가스 온도가 평균 온도를 지시하도록 열전쌍을 서로 병렬로 연결한다.

65. ④

해설 이전에는 도플러 레이더에 의해 대지속도를 알수 있었지만 현재는 관성항법장치(INS)에 의해 매우 정확한 대지속도를 얻을 수 있다. 관성항법장치(INS : inertial navigation system)는 지상의 항행 지원시설이 없는 곳을 비행하는 경우, 기내의 자이로(gyro)를 이용하여 현재 위치, 방위와 자세 등의 정보를 지속적으로 얻으며 비행하는 시스템으로서 자율항법장치라고도 한다. 관성항법장치에 의해서 얻어진 정보를 미리 프로그램되어 있는 항법 데이터로 컴퓨터 처리해 조종사에게 필요한 항공기의 현재 위치(위도 및 경도)를 비롯해 대지속도(ground speed), 진방위, 비행진로, 편류수정각, 목적지까지의 거리 및 도착 시간 등과 같은 정보를 구할 수 있다.

66. ④

해설 축전지 터미널(battery terminal)의 재질은 납으로 공기 중의 산소와 반응하거나, 축전지에서 발생하는 황산가스에 의해 부식이 될 수 있다. 이를 방지하기 위해서는 그리스(grease)를 발라 얇은 막을 만들어 준다.

67. ④

해설 유압계통의 구성품인 축압기(accumulator)는 가압된 작동유를 저장하는 저장통으로서 다음과 같은 역할을 한다.
① 계통의 작동과 pump의 가압에서 오는 유압계통의 pressure surge를 완화시킨다.
② 여러 개의 유압기기가 동시에 사용될 때 동력펌프를 돕고, 동력펌프가 고장이 났을 때 저장된 작동유를 공급하여 제한된 유압기기를 작동시키는 비상용 압력원으로 사용한다.
③ 동력펌프가 고장이 났을 때 저장된 작동유를 공급하여 제한된 유압기기를 작동시키는 비상용 압력원으로 사용한다.

68. ①

해설 자기 컴퍼스의 동적 오차에는 다음과 같은 종류가 있다.
① 와동 오차(turbulence error) : 컴퍼스액의 와동과 가동부의 관성으로 컴퍼스 카드가 불규칙적으로 움직이기 때문에 발생하는 오차
② 북선 오차(northern turning error) : 항공기가 선회비행을 할 때 나타나는 지시 오차
③ 가속도 오차(acceleration 또는 deceleration

353

error) : 항공기가 가속도 비행을 할 때 나타나는 지시 오차

69. ④

해설 그림과 같은 Wheatstone bridge 회로가 평형이 되려면 다음과 같은 조건을 만족하여야 한다.

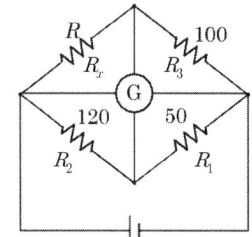

$R_1 R_x = R_2 R_3$
따라서 저항 R_x는
$$\therefore R_x = \frac{R_2 R_3}{R_1} = \frac{120 \times 100}{50} = 240\,\Omega$$

70. ①

해설 객실 여압계통의 outflow valve는 기체 밖으로 배출시킬 공기의 양을 조절함으로써 객실 고도에 맞도록 객실의 압력을 조절한다.

71. ③

해설 공함(collapsible chamber)은 압력을 기계적 변위로 바꾸어 주는 장치이며, 아네로이드(aneroid), 다이어프램(diaphragm), 벨로즈(bellows), 부르동관(bourdon tube) 등이 공함으로 사용된다.

72. ②

해설 항법장치를 장거리 항법장치와 단거리 항법장치로 구분하면 장거리 항법장치에는 INS(관성 항법장치), 오메가(omega), 도플러 항법, LORAN A와 위성 항법장치(GPS) 등이 있다. 단거리 항법장치에는 ADF(자동방향탐지기), VOR(전방향표지시설), DME(거리측정시설)와 TACAN(전술항행표지시설) 등이 있다.

・지문항법(pilotage)은 항법 종류 중의 하나로 조종사가 시계비행 상태에서 육안으로 확인되는 도로, 철도나 해안선과 같은 지상 목표물을 이용하여 비행하는 항법을 말한다.

73. ③

해설 트랜스폰더(transponder)는 표준대기압인 29.92 inHg로 설정되어 있다. 따라서 자동고도보고 능력이 있는 항공교통관제(ATC) 트랜스폰더에서 Mode C의 질문에 대해 항공기는 비행 고도를 기압고도로 응답한다.

74. ②

해설 전기계통의 인버터(inverter)는 축전지의 직류를 공급받아 교류로 변환시키는 역할을 하는 장치이다. 인버터는 주전원이 직류인 항공기에서 교류를 얻기 위해 사용된다.

75. ①

해설 항공기에서 화재탐지를 위한 장치가 설치되어 있는 곳은 다음과 같다.
① 화재 및 과열 탐지기 : 동력장치(기관), 보조동력장치
② 연기 탐지기 : 화물실, 화장실, 전기・전자 장비실
③ 과열 탐지기 : 랜딩기어 휠 웰(wheel well), 날개 앞전, 전기・전자 장비실

76. ①

해설 루프 안테나(loop antenna)는 절연된 구리선을 사각형 또는 원형으로 감은 지향성 안테나이며, 소형 라디오의 수신 안테나 또는 방향 탐지용 안테나로 많이 사용된다. 루프 안테나의 지향성은 루프면에 평행인 방향으로 최대이고, 직각 방향으로는 최소의 지향성을 가지기 때문에 이 안테나를 수신기에 접속하여 회전시킴으로써 방향 탐지를 할 수 있다.

77. ②

해설 계기착륙장치(ILS)는 현재 가장 널리 사용되는 착륙 및 유도 보조장치 중의 하나이며, 다음과 같은 장치로 구성된다.
① 마커 비컨(marker beacon) : 정점의 상공 통과를 조종사에게 알리기 위한 것으로, 직상공 통과는 활주로 끝으로부터의 일정 거리를 표시하기 위한 것이다.
② 로컬라이저(localizer) : 정밀한 수평 방향의

접근 유도 신호를 제공한다.
③ 글라이더 슬로프(glide slope) : 활주로에 대하여 적정한 강하각을 유지하기 위해 수직방향의 유도(up-down)를 제공한다.

78. ②

해설 회전계 발전기(tacho-generator)는 일종의 3상 교류발전기로 기관의 회전수를 감지하여 전기 신호로 변환한 후 지시계로 보내며, 지시계는 전기 신호를 동기 전동기에 의해 회전수로 나타낸다. 3개의 선 중 임의의 2개선이 바뀌어 연결되면 회전 자기장의 방향이 반대가 된다. 따라서 회전자가 반대 방향으로 회전하고, 지시계는 반대로 지시한다.

79. ②

해설 유압계통의 압력 릴리프 밸브(relief valve)는 작동유에 의한 계통 내의 압력을 규정값 이하로 제한하여 과도한 압력으로 인하여 계통 내의 관이나 부품이 파손되는 것을 방지하는 장치이다. 따라서 이러한 압력 릴리프 밸브의 조절이 잘못되어 있으면 유압계통에 과도한 압력이 걸리는 원인이 될 수 있다.

80. ③

해설 문제에 제시된 그림의 착륙 장치 경보 회로는 녹색 및 적색 경고등과 버저로 구성되어 있으며, 다음과 같이 작동한다.
① 바퀴가 완전히 올라가지도 내려가지도 않는 상태에서 스로틀 레버를 줄인 경우 : 스로틀 스위치가 버저와 적색 경고등 회로를 형성하여 버저와 적색등이 작동된다.
② 바퀴가 완전히 올라가지도 내려가지도 않는 상태 : 업 로크 스위치(up lock switch)와 다운 로크 스위치에 의해 버저와 적색등이 작동된다.
③ 바퀴가 완전히 올라간 상태 : 업 로크 스위치(up lock switch)가 적색 경고등 회로를 차단하여 아무 등도 작동되지 않는다.
④ 바퀴가 완전히 내려간 상태 : 다운 로크 스위치(down lock switch)가 녹색 경고등 회로를 형성하여 녹색등이 작동된다.

2013년 2회 (6월 2일)

제1과목 : 항공역학

1. ①

해설 동점성계수(ν)는 점성계수(μ)를 밀도(ρ)로 나눈 값으로, 단위는 m^2/s, cm^2/s 등으로 표시한다. 특히 cm^2/s를 스토크스(stokes)라고도 한다.

2. ①

해설 수평 등속도 비행 시 항공기의 중량을 W, 양항비를 C_L/C_D이라고 하면, 추력 T는
$$T = W\frac{C_D}{C_L} = W\frac{1}{(C_L/C_D)} = 900 \times \frac{1}{3}$$
$$= 300 kgf$$

3. ④

해설 실제 기관의 크랭크 축에서 나오는 동력을 제동마력(brake horsepower)이라고 한다. 프로펠러는 기관으로부터 이 제동마력을 받아 추력을 발생시킨다.

4. ③

해설 꼬리날개 부피(tail volume)를 구하는 식은 다음과 같으며, 수평꼬리날개 부피(tail volume) 값이 클수록 세로안정성이 좋아진다.
• 꼬리날개 부피=수평꼬리날개 면적×무게중심에서 수평꼬리날개의 압력중심까지의 거리
따라서 세로안정성을 좋게 하기 위해서는 수평꼬리날개 면적을 크게 하든지, 무게중심에서 수평꼬리날개의 압력중심까지의 거리를 크게 해야 한다.

5. ③

해설 장주기 운동이란 외부의 영향을 받아 키놀이 진동 시 키놀이 자세, 비행속도, 그리고 비행고도에 상당한 변화가 있지만 받음각은 거의 일정하고 수직방향의 가속도는 거의 변하지 않는 주기 운동이다.

6. ④

해설 인터널 밸런스(internal balance, 내부 밸런스)는 플랩 앞전이 시일(seal)로 밀폐되어 있어서 플랩 상·하면의 압력차에 의해서 오버행 밸런스(over hang balance)와 같은 역할을 한다. 오버행 밸런스는 조종면의 앞전을 길게 하여 그 부분에 작용하는 공기력이 힌지 모멘트를 감소시키는 방향으로 작용하여 조종력을 감소시키는 장치이다.

7. ④

해설 수평 스핀은 기체 세로축이 거의 수평에 가깝고 각속도는 점점 빨라지며, 회전반경이 작은 나선을 그리며 낙하하게 된다. 수평 스핀은 낙하속도가 수직 스핀보다 작지만, 회전각속도는 수직 스핀보다 더 크다. 따라서 수평 스핀은 수직 스핀보다 실속회복이 어렵다.

8. ②

해설 일정 고도에서 정상수평 비행 시 문제의 그림과 같은 마력곡선에 대한 설명은 다음과 같다.
① 수평비행이 가능한 최소속도인 실속 속도는 30mph이다.
② 여유마력이 0이 되는 속도가 해당 비행기의 최대속도이다. 따라서 문제의 그림에서 최대속도는 이용마력(HPav)과 필요마력(HPreq)이 같아지는 550mph이다.
③ 300mph에서 잉여마력(이용마력-필요마력)은 17hp(22hp-5hp)이다.
④ 문제의 그림은 프로펠러 비행기의 전형적인 마력곡선이다. 제트비행기의 전형적인 마력곡선은 원점에서 시작하여 오른쪽 위를 향하는 직선으로 나타난다.

9. ②

해설 비행기가 음속에 가까운 속도로 비행을 할 때 속도를 증가시킬수록 기수가 오히려 내려가는 경향이 생기므로 조종간을 당겨야 하는데, 이와 같이 기수가 내려가는 경향과 조종력의 역작용 현상을 턱 언더(tuck under)라 한다. 턱 언더는 고속 비행기에서 발생하는 불안정 현상이다.

10. ③

해설 대기속도(airspeed)는 비행기와 대기와의 상대속도를 의미하며, 바람을 고려한 대기속도는 다음 식과 같이 구할 수 있다.
- 비행기의 이동 거리를 S, 소요 시간을 t라고 하면, 비행기의 평균 속도 v는
$$v = \frac{S}{t} = \frac{260}{59} = 4.4\,\text{m/s} = 15.8\,\text{km/h}$$
$$(\because 1\,\text{m/s} = 3.6\,\text{km/h})$$
∴ 대기속도 = 비행기 속도 ± 풍속
$$(\because +: 정풍, -: 배풍)$$
$$= 15.8 + 43 = 58.8\,\text{km/h}$$

11. ②

해설 주회전날개의 플래핑 힌지(flapping hinge)가 없으면 전진비행이 불가능하다. 주회전날개의 리드-래그 힌지(lead-lag hinge)는 힌지를 축으로 블레이드가 전후 방향으로 움직일 수 있도록 하여 코리올리 힘(Coriolis force)으로 인해 발생하는 기하학적 불균형을 해소한다. 이러한 리드-래그 힌지가 없다면 블레이드의 익근에 무리한 힘을 주고, 심한 진동을 일으키게 된다.

12. ①

해설 프로펠러의 유효피치(실용피치)와 프로펠러 지름과의 비를 진행비(advance ratio)라고 한다. 비행속도를 V, 프로펠러 회전속도를 n, 그리고 프로펠러 지름을 D라고 하면, 진행률 J를 구하는 식은 다음과 같다.
$$J = \frac{V}{nD}$$

13. ①

해설 날개골의 형태에 따라 다른 값을 가지는 항력을 형상항력(profile drag)이라고 한다. 형상항력은 압력항력과 공기가 점성을 가지기 때문에 생기는 마찰항력으로 구성된다.

14. ④

해설 날개 길이를 b, 날개 시위를 c, 그리고 날개 면적을 s라고 하면, 가로세로비 AR은

$$AR = \frac{b}{c} = \frac{b \times b}{c \times b} = \frac{b^2}{s}$$
$$= \frac{b}{c} = \frac{b \times c}{c \times c} = \frac{s}{c^2}$$

15. ①

해설 밀도 변화가 아주 작아서 무시할 수 있는 유체를 비압축성 유체라고 한다. 대부분의 액체 및 마하 0.3 이하의 저속으로 흐르는 기체는 비압축성 유체라고 가정한다.

16. ②

해설 이상유체의 정상흐름에서 동일한 유선상의 정압과 동압을 합한 값은 일정한데, 이 압력을 전압(total pressure)이라고 한다.
정압(P)+동압(q)= 전압(P_t)= 일정

17. ③

해설 항공기 무게를 W, 공기밀도를 ρ, 그리고 최대 양력계수를 $C_{L\max}$이라고 하면, 비행 가능한 실속 속도(stall speed) V_s를 구하는 식은 다음과 같다.

$$V_s = \sqrt{\frac{2W}{\rho S C_{L\max}}} = \sqrt{\frac{2}{\rho C_{L\max}} \frac{W}{S}}$$

- 따라서 날개하중($\frac{W}{S}$)이 증가하고, 최대 양력계수($C_{L\max}$)가 감소하면 실속 속도는 증가한다. 또 비행 고도가 증가하면 밀도(ρ)가 감소하고, 실속 속도는 증가한다.

18. ③

해설 활공비행의 한 종류인 급강하 비행 시(활공각 90°) 속도는 차차 증가하다가, 비행기에 작용하는 항력(D)과 항공기 무게(W)가 평형이 되면 더 이상 증가하지 않고 일정해진다.

19. ④

해설 회전날개 반지름을 r, 회전축으로부터 거리가 r인 지점의 법선방향의 속도를 V_r, 그리고 각속도를 ω라고 하면, 회전축으로부터 거리가 r인 지점의 코리올리(Coriolis) 가속도 a'를 수식으로 나타내면 다음과 같다.
$a' = 2V_r \omega$

20. ②

해설 항공기의 임계 마하수(Critical mach number)에 대한 설명은 다음과 같다.
① 보통 임계 마하수는 0.8 전후이지만 항공기 형상에 따라 더 커질 수도, 반대로 작아질 수도 있다.
② 비행기가 비행할 때 최초로 충격파가 발생될 때의 마하수이다. 즉 날개 윗면에서 최대 속도가 마하수 1이 될 때 날개 앞쪽에서의 흐름의 마하수이다.
③ 일반적으로 항력발산(drag divergence) 마하수는 임계 마하수보다 값이 크다.
④ 임계 마하수(Critical mach number)는 고속으로 비행하는 비행기에서 아주 중요한 설계 요소이다.

제2과목 : 항공기관

21. ③

해설 제동마력과 지시마력과의 비를 기계효율이라고 한다. 제동마력을 bHP, 지시마력을 iHP라고 하면, 기계효율 η_m은
$$\eta_m = \frac{b\text{HP}}{i\text{HP}} = \frac{64}{80} = 0.8\,(80\%)$$

22. ③

해설 매니폴드 압력계는 흡입 매니폴드 안의 흡기압력을 지시한다. 왕복기관이 완전히 장시하였을 때 흡입 매니폴드(intake manifold) 압력계는 대기압을 지시해야 한다. 기관이 작동 중일 때 과급기를 장착하지 않은 왕복기관에서는 매니폴드 압력이 대기압보다 낮으며, 과급기를 장착한 기관에서는 대기압보다 높아질 수 있다. 따라서 과급기(supercharger)를 장착하지 않은 왕복기관의 경우, 표준 해면상(sea level)에서 최대 흡기압력은 대기압과 동일한 29.92inHg이다.

23. ②

해설 가스 터빈 기관에서 배기가스의 온도가 높아지고, RPM의 변화가 심해지는 원인은 다음과 같다.
① 주연료장치가 고장일 때
② 가변 정익 베인 리깅(rigging)이 불량할 때
③ 연료 부스터(fuel booster) 압력이 불안정할 때
④ 가변 바이패스 밸브의 스케줄이 부정확할 때

24. ④

해설 점화계통 작동 중 고주파의 전자파가 무선 송수신을 방해하지 않도록 전자파 영향을 줄이고, 사용 중 접촉에 의한 마멸 단선을 방지하기 위해 고압 점화 케이블을 유연한 금속제 관 속에 넣어 느슨하게 장착한다.

25. ④

해설 압력비를 γ_p, 비열비를 k라고 하면, 브레이턴 사이클의 이론 열효율(η_{th})은 다음과 같다.
$$\eta_{th} = 1 - \gamma_p^{\frac{1-k}{k}} = 1 - \left(\frac{1}{\gamma_p}\right)^{\frac{k-1}{k}}$$

26. ④

해설 왕복기관 항공기가 고고도에서 비행하면 고도 증가에 따른 공기밀도의 감소로 인하여 혼합비가 농후상태로 된다. 이와 같이 혼합비가 농후해지는 것을 방지하기 위하여 고고도에서 비행 시 조종사는 연료/공기 혼합비를 조정하여야 한다.

27. ④

해설 왕복기관에서 노크현상(knocking)을 일으키는 요소는 다음과 같다.
① 높은 압축비
② 연료의 낮은 옥탄가
③ 과도한 실린더의 온도
④ 희박한 연료-공기 혼합비
⑤ 높은 흡입공기 온도

28. ①

해설 가스 터빈 기관은 오일을 저장하는 외부 오일탱크를 설치하여, 오일이 엔진을 순환한 뒤 배유펌프에 의해 오일탱크로 되돌아오는 건식 섬프(dry sump) 윤활계통을 주로 사용한다. 또한 오일펌프에 의해 가압된 고압의 윤활유를 분무하여 윤활을 하는 압력분사식(pressure jet spray type) 윤활방법을 주로 사용한다.

29. ②

해설 조속기(governor)는 정속 프로펠러(constant-speed propeller)에서 프로펠러 블레이드의 루트각(피치각)을 자동으로 조정하여 비행상태에 따라 프로펠러 회전속도를 항상 정속(on-speed)으로 유지한다.

30. ③

해설 가스 터빈 기관의 연료계통에서 여압 및 드레인 밸브(pressure and drain valve : P&D valve)의 역할은 다음과 같다.
① 연료의 압력이 일정 압력 이상이 될 때까지 연료의 흐름을 차단한다.
② 연료 매니폴드로 가는 연료의 흐름을 1차 연료와 2차 연료로 분배한다.
③ 기관이 정지되었을 때 매니폴드나 연료 노즐에 남아 있는 연료를 외부로 방출한다.

문제 보기 ③의 연료 압력이 규정치 이상 넘지 않도록 조절하는 것은 릴리프 밸브(relief valve)의 역할이다.

31. ②

해설 왕복기관의 오일 냉각기 흐름조절 밸브(oil cooler flow control valve)는 냉각기를 지나가는 오일의 양을 조절하여 오일의 온도를 일정하게 유지하는 역할을 한다. 냉각기의 흐름조절 밸브는 기관으로부터 나오는 오일의 온도가 너무 낮아져서 오일 압력이 높아지면 열려 윤활유가 냉각기를 거치지 않도록 바이패스시킨다.

32. ③

해설 프로펠러 비행기가 비행 중 기관에 고장이 발생되었을 때 정지된 프로펠러에 의한 공기 저항을 감소시키고, 프로펠러 회전에 따른 기관의 추가적인 손상을 방지하기 위해서 프로펠러 깃을 비행방향과 평행이 되도록 깃 각을 바꾸어 프로펠

러의 회전을 멈추게 하는 조작을 페더링(feathering)이라고 한다.

33. ①
해설 가스 터빈 기관의 추력에 영향을 미치는 요소는 다음과 같다.
① 비행고도 : 고도가 높아지면 추력은 감소한다.
② 공기밀도 : 대기의 온도가 증가하면 밀도는 감소하고, 따라서 추력은 감소한다. 기관 RPM이 증가하면 밀도는 증가하고, 따라서 추력은 증가한다.
③ 비행속도 : 비행속도가 증가하면 추력은 어느 정도까지는 감소하다가 다시 증가한다.

34. ①
해설 왕복기관의 부자식 기화기에서 부자실(float chamber)의 연료 유면이 높아지면 공급 연료가 증가하기 때문에 기화기에서 공급하는 혼합비는 농후해진다. 반대로 연료 유면이 낮아지면 공급 연료가 감소하기 때문에 혼합비는 희박해진다.

35. ③
해설 단당 압력 상승 중 회전자(rotor)가 담당하는 압력상승의 백분율(%)을 압축기의 반동도라고 한다. 회전자 깃 입구의 압력을 P_1, 회전자 깃 출구(고정자 깃 입구)의 압력을 P_2, 고정자 깃 출구의 압력을 P_3라고 하면, 반동도를 구하는 식은 다음과 같다.

$$\text{반동도} = \frac{\text{회전자 깃에 의한 압력 상승}}{\text{단당 압력 상승}}$$

$$= \frac{P_2 - P_1}{P_3 - P_1} = \frac{1.3P_1 - P_1}{1.6P_1 - P_1}$$

$$= \frac{P_1(1.3-1)}{P_1(1.6-1)} = \frac{0.3}{0.6} = 0.5$$

(한 열의 회전자 깃과 한 열의 고정자 깃을 합친 것이 1단이므로, 단당 압력 상승은 고정자 깃 출구의 압력 P_3에서 회전자 깃 입구의 압력 P_1을 뺀 값이다.)

36. ③
해설 가스 터빈식 시동계통은 동력 터빈을 가진 독립된 소형 가스 터빈 기관으로 외부의 동력 없이 기관을 시동시킨다. 원심식 압축기, 연소실, 터빈으로 이루어져 있으며, 독립된 연료 조정장치, 시동기, 윤활계통 및 점화계통도 별도로 가지고 있다. 이 시동기는 기관을 오랜 시간 동안 공회전시킬 수 있고 출력이 높은 반면, 구조가 복잡하다는 결점이 있다.

37. ②
해설 왕복 기관과 비교한 가스 터빈 기관의 특징은 다음과 같다.
① 연료의 연소가 연속적으로 진행되므로 기관의 중량당 출력이 크다. 즉, 단위추력당 중량비가 낮다.
② 대부분의 구성품이 왕복운동 부분이 없이 회전운동으로 이루어져 진동이 작고, 높은 회전수를 얻을 수 있다.
③ 고도에 따라 출력을 유지하기 위한 과급기가 불필요하다.
④ 롤러 베어링 또는 볼 베어링을 주로 사용하므로 윤활유의 소모량이 적다.
⑤ 소음이 크고, 연료소모량이 많다.

38. ②
해설 일반적으로 윤활계통은 가압 계통, 스캐빈지 계통 및 브레더 계통으로 구성된다.
① 가압 계통(pressure system) : 오일 탱크의 오일을 오일 펌프로 가압하여 윤활이 필요한 베어링, 보기들을 구동하는 기어 등에 공급한다.
② 스캐빈지 계통(scavenge system) : 기관의 각종 부품을 윤활한 뒤 섬프(sump)에 모인 오일을 배유 펌프로 오일 탱크로 되돌려 보낸다.
③ 브레더 계통(breather system) : 비행 중 고도 변화, 즉 대기압이 변하더라도 기관에 알맞은 윤활유의 양을 공급하고, 배유 펌프가 기능을 충분히 발휘하도록 항상 섬프 내부의 압력을 대기압과 일정한 차압이 유지되도록 한다.

39. ①

해설 로켓(rocket)은 연료와 산화제를 가지고 있으며, 고온 고압의 연소가스를 발생하고 이것을 분출시켜 그 반동력으로 전진하는 비행체를 말한다. 로켓과 제트기관의 차이점은 제트기관은 연료만 내장하고 연료를 연소시키는 데 필요한 산소는 공기 흡입기관으로 공급하는데, 로켓은 연료의 연소에 필요한 산화제를 내장하고 있어 다른 제트기관과는 다르게 흡입공기를 사용하지 않기 때문에 공기 흡입기관을 가지고 있지 않다.

40. ④

해설 브레이턴 사이클(Brayton cycle)의 이상적인 기본 사이클 과정은 아래 그림과 같다.

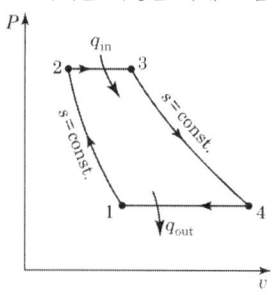

① 1→2 과정 : 단열압축 과정(압축기)
② 2→3 과정 : 등압가열 과정(연소기)
③ 3→4 과정 : 단열팽창 과정(터빈)
④ 4→1 과정 : 등압방열 과정(배기구)

제3과목 : 항공기체

41. ②

해설 토크 렌치에 연장공구를 사용하여 볼트 등을 조이려는 경우, 토크 렌치의 지시값은 다음과 같은 식을 적용하여 구할 수 있다.
실제 필요한 토크값을 TA, 토크 렌치의 유효길이를 L, 그리고 연장공구의 유효길이를 A라고 하면, 토크 렌치의 토크 지시값(TW)은

$$\therefore TW = \frac{TA \times L}{L+A} = \frac{1500 \times 16}{16+4} = 1200 \text{in-lb}$$

42. ④

해설 항공기 엔진을 항공기에 장착하거나 보호하기 위한 구조물에는 나셀(포드), 카울링 등이 있다.

킬 빔(keel beam)은 동체와 주날개의 결합 부분에 사용하는 구조 부재로 이착륙 시에 작용하는 압축하중을 담당한다.
① 나셀(nacelle) : 기체에 장착된 기관을 둘러싸고 있는 부분을 말하며, 포드(pod)라고도 한다.
② 카울링(cowling) : 기관이나 기관에 부수되는 보기 주위를 쉽게 접근할 수 있도록 장탈착하는 덮개

43. ④

해설 판금 성형의 접기가공(folding)에서 스프링백(spring back)이란 판재를 굽혔다가 놓으면 변형이 남아 있는 상태에서 약간 원래의 위치로 되돌아가는 현상을 말한다. 이러한 스프링백의 양은 굽힘 반지름과 굽힘 각이 클수록, 그리고 재질이 단단할수록 커진다.

44. ④

해설 항공기 날개를 구성하는 주요부재는 다음과 같다.
① 날개보(spar) : 일반적으로 날개의 전후방에 하나씩 설치되며, 날개에 작용하는 주요 하중을 담당하는 부재이다.
② 리브(rib) : 날개의 단면이 공기 역학적인 형태를 유지할 수 있도록 날개의 모양을 만들어 준다.
③ 스트링거(stringer, 세로지) : 날개의 굽힘강도를 크게 하고, 날개의 비틀림에 의한 좌굴을 방지한다.
④ 외피(skin) : 날개의 공기 역학적인 형태를 유지하면서 날개에 작용하는 하중의 일부분을 담당한다.

45. ①

해설 타이어와 휠이 조립된 이후에 어느 특정 부분이 무겁거나 가벼울 때 밸런스 웨이트(balance weight)를 추가하여 정적 및 동적 균형을 맞추는 것을 밸런싱(balancing)이라고 한다. 밸런스가 맞지 않으면 진동이 발생하고, 타이어의 과도한 이상 마모가 발생할 수 있다.

46. ②

해설 알루미늄 합금을 특성에 따라 구분하면 다음과 같다.
① 내식 알루미늄 합금 : 강도보다는 내식성을 중요시하여 만들어진 알루미늄 합금(1100, 3003, 5056, 6061, 6063, 알크래드 판)
② 고강도 알루미늄 합금 : 두랄루민을 시작으로 개량을 거듭하여 현재 항공기에서 가장 많이 사용되고 있는 합금으로 내식성보다는 강도를 중시하여 만들어진 알루미늄 합금(2014, 2017, 2024, 7075)

47. ②

해설 트러스(truss) 구조는 강관 등으로 트러스를 구성하고 여기에 천외피 또는 얇은 금속판의 외피를 씌운 형식으로, 제작비용이 적게 들기 때문에 소형 및 경비행기에 많이 사용된다. 항공기에 작용하는 모든 하중을 이 구조의 뼈대를 이루는 트러스가 담당하며, 외피는 기하학적 형태를 유지하고 공기력의 전달만을 하는 구조 형식이다.

48. ③

해설 하중과 침강거리(stroke)와의 관계를 표시하는 선을 완충곡선이라고 한다. 위의 그림에서 완충장치의 성능을 나타내는 완충효율은 흡수 에너지량을 나타내는 면적 $0AS_10$와 완충곡선($0A$)을 내포하는 최소 정사각형 $0P_1AS_10$의 비로서 정의된다.

$$완충효율 = \frac{면적\ 0AS_10}{면적\ 0P_1AS_10} \times 100(\%)$$

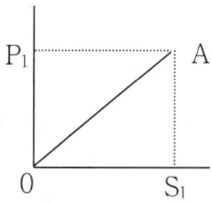

위의 그림에서 면적 $0P_1AS_10$는 정사각형이므로, 이를 이등분하는 완충곡선에 의한 완충효율은 50%이다.

49. ④

해설 티타늄 합금의 제1변태점은 882℃ 정도인데, 알루미늄 합금은 300℃ 정도로 알루미늄 합금의 온도에 대한 제1변태점이 비교적 낮다. 초음속 항공기는 기체표면과 공기와의 마찰에 의해 항공기 표면이 고온이 되므로, 열에 약한 알루미늄 합금에서 티타늄 합금으로 대체되고 있다.

50. ②

해설 AN 볼트의 부품번호에서 각 문자 및 숫자가 의미하는 것은 다음과 같다.

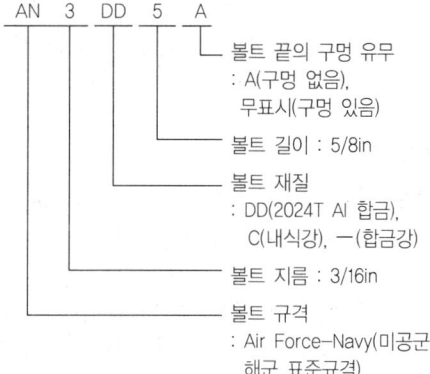

위의 설명과 같이 부품번호의 마지막 문자는 볼트(나사) 끝에 구멍이 있는지의 여부를 나타내며, 문제의 부품번호에서 A는 볼트 끝에 구멍이 없다는 것을 의미한다. 따라서 정답 '나사 끝에 구멍이 있음을 의미한다'는 의미는 '볼트 끝에 구멍이 있다'라는 의미가 아니라 '볼트 끝에 구멍이 있는지의 여부를 의미한다'라는 의미로 해석해야 한다.

51. ③

해설 리벳작업을 위한 구멍뚫기 작업방법은 다음과 같다.
① 드릴작업 후 리밍작업(reaming)을 한다.
② 리벳 구멍은 리벳 직경보다 0.002~0.004in (0.05~0.1mm) 정도 크게 하여야 한다.
③ 리밍작업 시 회전방향을 일정하게 하여 가공하며, 이를 반대 방향으로 회전시켜 구멍에서 빼내지 말아야 한다.
④ 드릴작업 후 구멍의 버(burr)는 되도록 제거하도록 한다.

이 문제는 출제오류 문항으로, 해설에서 설명한 바와 같이 전부 틀린 보기이며 정답이 없다.

52. ①

해설 산소 아세틸렌 가스 용접에서 산소 아세틸렌 불꽃의 형태는 산소와 아세틸렌의 혼합비에 따라 다음과 같이 구분할 수 있으며, 각 불꽃의 용도는 다음과 같다.
① 중성불꽃(표준 불꽃) : 연강, 주철, 니크롬강, 구리, 아연 도금 철판, 아연 주강 및 고탄소강 등에 사용
② 탄화불꽃(아세틸렌 과잉 불꽃) : 알루미늄과 알루미늄 합금, 스테인리스강 등에 사용
③ 산화불꽃(산소 과잉 불꽃) : 활동 및 청동의 용접에 사용

53. ②

해설 조종면이 평형상태를 벗어나는 경우에는 과소평형인 상태와 과대평형인 상태의 두 가지가 있다. 조종면을 평형대에 장착하였을 때, 수평위치에서 조종면의 뒷전이 밑으로 내려가는 것을 과소평형(under balance)이라 하며, 조종면의 뒷전이 올라가는 것을 과대평형(over balance)이라 한다. 조종면의 앞전이 무거운, 즉 조종면의 뒷전이 올라가는 과대평형 상태를 유지해야 효율적인 비행을 할 수 있다.

54. ③

해설 턴 버클(turn buckle)은 케이블의 직경이 1/8in 이상인 경우에는 복선식(이중결선법) 안전결선을, 1/8in 이하인 경우에는 단선식(단선결선법) 안전결선을 주로 사용한다. 턴 버클 고정 작업시에는 배럴의 검사구멍(inspection hole)에 핀(pin)을 꽂았을 때 핀이 들어가지 않으면서, 턴 버클 엔드(turn buckle end)의 나사산(thread)이 턴 버클 배럴의 밖으로 3개 이상 나와 있지 않으면 양호한 것이다.

55. ①

해설 부재단면의 두께를 t, 전단응력을 τ라고 하면 전단흐름(f)을 구하는 식은 $f = \tau t$이다. 따라서 전단응력(τ)은

$$\therefore \tau = \frac{f}{t} = \frac{30}{0.01} = 3{,}000 \, \text{lb/in}$$

56. ③

해설 테어 무게(tare weight)란 항공기의 중량을 측정할 때에 사용하는 촉(chock), 블록(block), 지지대(stand) 및 잭(jack)과 같은 보조장치의 무게를 말한다.

57. ④

해설 어느 비행기의 설계제한 하중배수(design limit load factor)가 n_1이라 함은, 그 비행기는 자중의 n_1배 되는 하중에 견디도록 설계, 제작되어야 하며 동시에 그 이상의 하중을 발생하는 비행은 금지한다는 것이다.
문제의 그림과 같은 $V-n$ 선도에서 F와 H의 연결선은 음(−)의 구조적인 한계를 나타내는 최소 설계제한 하중배수이고, A와 D의 연결선은 양(+)의 구조적인 한계를 나타내는 최대 설계제한 하중배수이다.

58. ③

해설 크리프(creep)란 일정한 응력을 받는 재료가 일정한 온도와 하중을 가한 상태에서 시간이 경과함에 따라 하중이 일정하더라도 변형률이 변화하는 현상을 말한다.

59. ①

해설 케이블 조종 계통(cable control system)에서 풀리(pulley)는 케이블을 인도하고, 케이블의 방향을 바꾸는 안내기수로 사용된다. 풀리의 베어링은 밀봉되어 있어서 추가의 윤활이 필요하지 않다.

60. ①

해설 알로다인(alodine) 처리란 화학적 피막 처리 방법의 하나로 알루미늄 합금의 표면에 0.00001∼0.00005in의 크로메이트 처리(chromate treatment)를 하여 내식성과 도장 작업의 접착 효과를 증진시키는 부식방지 처리방법이다. 크로메이트 처리란 알로다인이라는 크롬산염 또는 중크롬산염을 주성분으로 하는 용액 속에 알루미늄을 넣어 방청 피막(크롬산염 피막)을 입히는 공정을 말한다.

제4과목 : 항공장비

61. ④

해설 유압계통에 사용되는 작동유의 기능은 다음과 같다.
① 동력전달 : 동력을 전달한다.
② 윤활작용 : 움직이는 기계요소를 윤활시킨다.
③ 밀봉작용 : 필요한 요소 사이를 밀봉한다.
④ 냉각작용 : 열을 흡수한다.

62. ①

해설 계기착륙장치(ILS : Instrument Landing System)의 로컬라이저(localizer)는 활주로에 접근하는 비행기에 수평 방향의 접근 유도신호, 즉 활주로 중심선을 제공해 준다. 일반적으로 지상 로컬라이저 안테나는 계기 진입 활주로의 진입단 반대쪽에 있는 활주로 중심선 연장선상에 활주로에서 1,000ft 이상 떨어진 곳에 설치된다.
따라서 문제의 그림과 같이 항공기가 활주로의 우측으로 진입하는 경우, 로컬라이저 안테나는 일반적으로 진입단 반대쪽 활주로 중심선 연장선상에 활주로에서 떨어진 ㉮의 위치에 설치된다.

63. ④

해설 발전기가 처음 발전을 시작할 때에는 잔류자기에 의존한다. 잔류자기가 전혀 남아 있지 않아 발전을 시작하지 못할 때에는 축전지와 같은 외부 전원으로부터 계자코일에 잠시 동안 정방향의 전류를 가해 주는데, 이와 같이 하는 것을 계자 플래싱(field flashing)이라 한다.

64. ①

해설 객실 여압계통의 아웃 플로 밸브(out flow valve)는 기체 밖으로 배출시키는 공기의 양을 조절함으로써 객실 고도에 맞도록 객실의 압력을 조절한다. 객실의 고도에 상승률이 클 때는 객실 안의 공기 배출이 적게 되도록 하기 위하여 아웃 플로 밸브를 보다 빨리 닫고, 상승률이 작을 때는 공기 배출이 빨리 되도록 하기 위하여 아웃 플로 밸브를 보다 천천히 닫아야 한다.

65. ③

해설 싱크로(synchro) 전기기기는 회전자측에 1차권선, 고정자측에 2차권선을 갖는 회전변압기이고, 2차측에는 1차측 회전자의 회전에 따라서 정현파 교류가 발생하도록 되어 있다.

66. ③

해설 원격지시 컴퍼스(remote indicating compass)는 지시오차를 줄이기 위해 수감부를 자기의 영향이 작은 날개 끝이나 꼬리 부분에 장치하고, 지시부만을 조종석에 설치한 컴퍼스를 말하며 다음과 같은 종류가 있다.
① 자이로신 컴퍼스(gyrosyn compass) : 수감부인 플럭스 밸브(flux valve)에서 지자기의 방향을 탐지하여, 토크 모터(torque motor)로 보내지며 다시 토크 모터는 자이로가 섭동하도록 한다. 그러면 오토신 수감부의 회전자가 회전함으로써, 오토신 지시부의 회전자가 회전하여 항공기의 기수 방위를 지시하게 된다.
② 마그네신 컴퍼스(magnesyn compass) : 지자기의 수감 영구자석을 포함한 가동부의 축에 마그네신 변환기(magnesyn transmitter)의 회전자(rotor)를 연결하여 자기 영향이 적은 날개 끝이나 꼬리 부분에 설치하고, 지시부만을 계기판에 설치한다.
③ 자이로 플럭스 게이트 컴퍼스(gyro flux-gate compass) : 이 컴퍼스의 원리는 자이로신 컴퍼스와 유사하며, 다만 지자기 수감부와 방위의 지시방법이 다르다. 수감부인 플럭스-게이트의 수평안정은 자이로를 이용하여 얻으며, 항공기 기수 방위가 변하면 변한 만큼의 오차 전기 신호가 발생하여 이 신호가 원격적으로 항공기의 기수 방위를 지시하게 된다.

67. ②

해설 공기압식 제빙 계통은 날개나 조종면의 앞전에 팽창 및 수축될 수 있는 고무 부츠(boots)를 부착시키고, 가압된 공기와 진공상태의 공기를 교대로 가하여 해당 부분에 결빙된 얼음을 부츠의 팽창과 수축작용에 의하여 제거하는 장치이다. 제빙 부츠 가까이에 부착되어 있는 분배 밸브

(distributor valve)는 비행 중 제빙기 부츠를 팽창시키기 위해 팽창 순서대로 공기 압력을 가해준다.

68. ④

해설 피토 정압계통의 계기에는 고도계, 승강계, 대기 속도계를 기본으로 이외에 마하계, 진대기 속도계가 포함되기도 한다.
피토 정압계통의 피토 정압관에는 전압을 수감하는 피토공과 정압을 수감하는 정압공이 있다. 속도계(진대기 속도계, 마하계)는 피토공과 정압공에 연결되어 두 압력의 차인 동압(dynamic pressure)에 의해서 작동되며, 고도계와 승강계는 정압공에만 연결되어 정압에 의해서 작동된다.

69. ③

해설 비상조명계통(emergency light system)은 비상 시에 승무원이나 승객의 비상탈출을 돕도록 하는 조명으로 비상 출구등, 비상탈출 조명등과 비상 구조등 등이 있다. 비상조명계통은 다음과 같이 작동된다.
① 비상조명계통은 비행 시와 지상에서 작동된다.
② 항공기 주기(parking) 시, 항공기에 전기공급을 차단할 때는 비상조명 스위치를 off에 선택해야 배터리의 방전을 방지할 수 있다.
③ On 위치에서는 전원상실에 관계없이 자체 배터리에서 전기가 공급되어 작동된다.
④ 비상조명 스위치는 off, armed(또는 arm), on의 3 position toggle switch이다.
⑤ 비행 시 비상조명 스위치의 정상 위치는 armed 위치이다.

70. ②

해설 • 100V, 1000W 전열기에서 전압을 E, 전력을 P라고 하면, 저항(R)은
$$R = \frac{E^2}{P} = \frac{100^2}{1000} = 10\,\Omega$$
• 따라서 저항 10Ω의 전열기에 80V의 전압(E)을 가하면, 전력 P는
$$P = \frac{E^2}{R} = \frac{80^2}{10} = 640\text{W}$$

71. ①

해설 그림과 같은 Wheatstone bridge 회로가 평형이 되려면 다음과 같은 조건을 만족하여야 한다.

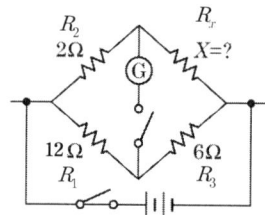

$R_1 R_x = R_2 R_3$
따라서, 저항 R_x는
$$\therefore R_x = \frac{R_2 R_3}{R_1} = \frac{2 \times 6}{12} = 1\,\Omega$$

72. ②

해설 유압계통에서 필터 내에 있는 바이패스 릴리프 밸브(bypass relief valve)는 필터 엘리먼트(filter element)가 막힐 경우, 유압유가 필터를 거치지 않고 직접 계통에 공급되도록 한다.

73. ②

해설 에어쇼(Airshow)란 항공사가 승객의 편안하고 즐거운 여행을 위하여 비행에 관련된 각종 정보(항공기 위치, 고도, 속도, 시간, 목적지까지의 시간과 거리 등)를 항공기 기내 시스템을 통해 승객에게 서비스하는 비디오 정보 시스템이다. 에어쇼는 항공기의 ADS(Air Data System), FMS(Flight Management System)과 INS(Inertial Navigation System)로부터 제공되는 정보(속도, 고도, 위치, 시간 등)를 처리하여 그래픽 화면(graphic image)으로 승객에게 제공한다.

74. ④

해설 지상접근경보장치(GPWS : Ground Proximity Warning System)는 항공기가 하강하다가 지상으로 과도하게 접근하여 위험한 상태에 도달하였을 때 조종사에게 시각 및 청각경고를 제공하여 산악 또는 지면과의 충돌 사고를 방지하여 주는 장비이다.

75. ③

해설 고도계의 탄성 오차는 일정한 온도에서 재료의 특성 때문에 생기는 탄성체 고유의 오차이며, 다음과 같은 종류가 있다.
① 히스테리시스(hysteresis) : 항공기가 상승할 때 어떤 고도에서 읽은 눈금과 하강할 때 같은 고도에서 읽은 눈금이 서로 다르게 되는 형상
② 편위(drift) : 어떤 고도에서 시간이 지남에 따라 지시값이 변하는 현상
③ 잔류효과(after effect) : 고도계에서 압력을 증가시켰다 다시 감소하거나, 반대로 압력을 감소시켰다 다시 증가하면 출발점을 전후한 위치에서 오차가 발생하는 현상을 말한다. 즉 항공기가 상승하거나 하강하거나, 또는 하강하거나 상승할 때 원래의 값과 발생하는 차이 오차이다.

76. ①

해설 거리측정시설(DME)은 항공기에 탑재된 질문기(interrogator)가 송신한 질문 펄스에 대하여 지상에 설치된 응답기(transponder)로부터 응답 펄스가 도달하는 전파 지연시간을 계산하여 항공기까지의 경사거리(slant range) 정보를 제공한다. DME 주파수 할당에 대한 설명은 다음과 같다.
① 질문과 응답 주파수의 채널 간의 간격은 1MHz 단위로 할당한다.
② 962~1,213MHz까지의 UHF 주파수로 채널번호 1~126까지의 채널 중에서 할당한다.
③ 저채널에서는 상공(기상 송신주파수)에서 지상(지상 송신주파수)보다 주파수가 높고, 고채널에서는 지상에서 상공보다 주파수가 높다.
④ 상공(기상 송신주파수)에서 지상(지상 송신주파수), 지상에서 상공의 주파수 차이는 63MHz이다.

77. ①

해설 발전기와 함께 장착되는 역전류 차단기(reverse current cut-out relay)는 발전기의 출력 쪽과 축전지 사이에 장착하여, 발전기의 출력 전압이 낮을 때에 축전지에서 역전류 차단기를 통해 발전기로 전류가 역류하는 것을 방지하는 장치이다.

78. ④

해설 RMI(Radio magnetic indicator)는 컴퍼스 시스템에서 받은 자방위와 VOR 또는 ADF에서 받은 무선 방위를 조합하여 VOR 방위와 ADF 방위를 지시한다.

79. ③

해설 p형 반도체와 n형 반도체를 접합한 것에 반대 방향의 전압을 가하면 전압이 작을 때는 전류가 흐르지 않지만, 전압을 증가하면 어떤 전압에서 갑자기 전류가 흐르기 시작하며 이때의 전압을 제너 전압이라고 부른다. 제너 전압은 전류의 크기에 거의 관계가 없는 어떤 다이오드 특유의 일정한 전압으로, 이러한 것을 이용하여 일정 전압을 얻을 수가 있다. 발전기 출력 제어 회로에서 정전압제어에 사용되는 이와 같은 다이오드를 제너 다이오드(zener diode) 또는 정전압 다이오드라고 한다.

80. ②

해설 열스위치식(thermal switch type) 화재탐지장치는 여러 개의 열스위치와 한 개의 경고등으로 구성된다. 스위치 부분이 가열되면 바이메탈(bimetal)이 작동하여 스위치가 닫히고 전기적 회로를 구성하여 화재나 과열상태를 지시한다. 이들 스위치는 서로 병렬로 연결되어 있고 화재가 탐지되면 직렬로 연결된 경고등에 불이 켜진다.

2013년 4회 (9월 28일)

제1과목 : 항공역학

1. ②

해설 레이놀즈 수(Reynolds number)란 동압으로 인한 관성력과 점성에 의한 마찰력(점성력)의 비로서, 유체 속에서 운동하는 물체에 작용하는 점성력의 특성을 나타내는 무차원수이다.

2. ④

해설 유체 흐름과 관련된 용어의 설명은 다음과 같다.
① 박리 : 유체 입자가 표면으로부터 떨어져 나가는 현상
② 층류 : 유체 유동 특성이 시간에 대해 일정한 정상류
③ 난류 : 유체가 진동을 하면서 흐르는 흐름
④ 천이 : 층류에서 난류로 변하는 현상

3. ③

해설 수평면 내에서 일정한 선회 반지름을 가지고 원운동을 하는 비행을 정상선회라고 한다. 정상 선회비행을 하기 위해서는 원심력과 구심력의 크기가 같아야 한다.

4. ④

해설 날개 길이를 b, 날개 면적을 S라고 하면, 가로세로비 AR은
$$AR = \frac{b}{c} = \frac{b^2}{S} = \frac{32^2}{96} = 10.7$$

5. ③

해설 정상 수평비행 상태에서 비행기 무게 중심 주위의 피칭 모멘트, 롤링 모멘트 및 요잉 모멘트가 0인 경우를 트림(trim) 상태라고 한다.

6. ③

해설 물체에 작용하는 공기력 R을 구하는 관계식은 다음과 같다.
$$R \propto \rho V^2 S$$
일반적으로 물체에 작용하는 공기력은 공기의 밀도와 속도의 제곱에 비례하고, 물체의 면적에 비례한다.

7. ①

해설 밀도를 ρ, 날개하중을 $\frac{W}{S}$, 그리고 항력계수를 C_D라고 하면, 급강하속도 V_D는
$$V_D = \sqrt{\frac{2W}{\rho S C_D}} = \sqrt{\frac{2}{\rho} \frac{W}{S} \frac{1}{C_D}}$$
$$= \sqrt{\frac{2}{0.06} \times 30 \times \frac{1}{0.1}} = 100 \text{m/s}$$

8. ③

해설 항공기의 비항속거리와 비항속시간에 대한 설명은 다음과 같다.
① 비항속거리(specific range)란 비행기가 단위 시간당 연료를 소비하는 동안에 비행할 수 있는 거리를 말한다.
$$\text{비항속거리} = \frac{\text{단위시간당 비행거리}(ds)}{\text{단위시간당 연료소모량}(dQ)}$$
② 비항속시간(specific endurance)란 비행기가 단위 시간당 연료를 소비하는 동안에 비행할 수 있는 시간을 말한다.
$$\text{비항속시간} = \frac{\text{단위시간당 비행시간}(dt)}{\text{단위시간당 연료소모량}(dQ)}$$

9. ②

해설 정상 수평비행 상태에서 비행기에 작용하는 모든 힘의 합이 0이며, 피칭 모멘트, 롤링 모멘트 및 요잉 모멘트 계수가 0인 경우를 평형상태라고 한다.

10. ②

해설 비행속도를 $V[\text{ft/min}]$, 프로펠러 회전속도를 n, 그리고 프로펠러 직경을 $D[\text{ft}]$라고 하면, 진행률 J는
$$J = \frac{V}{nD} = \frac{\left(\frac{80 \times 5280}{60}\right)}{2800 \times 6.7} = 0.375$$
($\because$ 1mile=5,280ft)

11. ①

해설 NACA 0018 날개골은 캠버가 없는, 즉 아랫면과 윗면이 대칭인 대칭형 날개골을 나타낸다. 대칭형 날개골도 받음각을 가지면 날개골 윗면과 아랫면의 압력에 차이가 발생하고, 흐름 방향의 수직으로 양력이 발생한다. 흐름 방향의 아래로는 중력이 작용한다.

12. ①

해설 비행기의 세로안정에 가장 큰 영향을 미치는 것은 수평꼬리날개이다. 수직꼬리날개는 옆놀이 모멘트를 발생시켜 가로안정에 중요한 영향을 미치며, 도살 핀은 방향 안정에 중요한 영향을 미친다.

13. ②

해설 초음속 흐름의 쐐기형 에어포일의 경우, 문제의 그림 ㉠에는 충격파가 발생한다. 충격파를 지난 공기흐름은 속도는 급격히 감소($M_1 > M_2$)하고, 압력은 급격히 증가($P_1 < P_2$)한다. 그리고 그림 ㉡에는 팽창파가 발생한다. 팽창파를 지난 공기 흐름은 속도는 증가($M_2 < M_3$)하고, 압력은 감소($P_2 > P_3$)한다.

14. ④

해설 헬리콥터는 다음의 세 가지 이유 때문에 최대속도 부근에서 필요마력이 급상승하며, 비행기와 같은 고속으로 비행할 수 없다.
① 후퇴하는 깃의 날개 끝 실속
② 후퇴하는 깃 뿌리의 역풍범위 증가
③ 전진하는 깃 끝의 마하수 영향(충격실속 영향)

15. ①

해설 스핀(spin)이란 자동회전과 수직강하가 조합된 비행이다. 이 현상은 비행기가 실속각을 넘는 받음각인 상태에서만 발생하며, 비행기는 자전현상을 일으키고 동시에 기수를 내려 자전을 하면서 강하하게 된다.

16. ④

해설 ① 프로펠러 추력(T)

$T \propto$ (공기밀도)×(프로펠러 회전면의 넓이) ×(프로펠러 깃의 선속도)^2
- $T = C_t \rho n^2 D^4$ (C_t : 추력계수)

② 프로펠러에 작용하는 토크(Q)
$Q = FL$, 여기에서 힘 F를 T로, 거리 L을 D로 하면
- $Q = C_q \rho n^2 D^5$ (C_q : 토크계수)

③ 프로펠러 축 동력(P)
$P = Qn$
- $P = C_p \rho n^3 D^5$ (C_p : 동력계수)

따라서, 동력계수 C_p는

$$\therefore C_p = \frac{P}{\rho n^3 D^5}$$

17. ③

해설 프로펠러 비행기의 항속거리(R)를 나타내는 식은 다음과 같다.

$$R = \frac{V \cdot B}{C \cdot P}$$

(단, B : 연료탑재량, V : 순항속도, P : 순항 중의 기관의 출력, C : 마력당 1시간에 소비하는 연료량이다.)

18. ②

해설 항력을 D, 비행속도를 V, 그리고 필요마력을 P_r이라고 하면, P_r을 구하는 관계식은

$$P_r = \frac{DV}{75}$$ 이다.

① 속도가 작을수록 필요마력은 작다.
② 항력이 작을수록 필요마력은 작다.
③ 날개하중이 작을수록 필요마력은 작아진다.
④ 고도가 높을수록 밀도가 감소하여 속도가 증가하므로, 필요마력은 커진다.

19. ①

해설 동일한 압력 조건에서 공기의 온도가 증가하면 밀도는 작아진다. 여름철에 활주로 온도가 증가함에 따라 공기의 밀도는 감소하고, 따라서 기관의 추력이 감소하면 이륙활주거리가 겨울에 비해 여름철이 더 길어진다.

20. ④

해설 초음속 흐름에서 충격파로 인하여 발생하는 항력을 조파항력(조파저항)이라고 한다. 따라서 일반적인 헬리콥터의 헬리콥터 비행 중 주 회전 날개에서 초음속 흐름이 발생하지 않으므로 조파항력(조파저항)도 발생하지 않는다.

제2과목 : 항공기관

21. ①

해설 공기 및 연료의 유입 운동량을 고려하지 않았을 때의 추력, 즉 항공기가 정지되어 있을 때의 추력을 총추력(F_g)이라고 한다. 흡입공기의 중량유량을 W_a[kg/s], 배기가스 속도를 V_j[m/s]라고 하면, 총추력(F_g)을 구하는 식은 다음과 같다.

$F_g = W_a \cdot V_j = (40 \times 0.2) \times 500$
$\quad\quad = 4{,}000\,\text{N} = 4\text{kN}$

22. ②

해설 가스 터빈 기관의 트리밍(trimming) 작업은 정해진 회전수에서 제작회사에서 정한 정격 출력을 낼 수 있도록 연료조절장치와 각종 기구를 조정하는 작업을 말한다. 연료조절장치의 기능을 파악하기 위하여 기관의 압력비와 팬의 회전수를 비교 분석하고, 정확한 공연비를 위해 연료조절장치를 조정한다.

23. ①

해설 가스 터빈 기관 사이클의 P-V 선도에서 각 도형이 의미하는 일은 다음과 같다.
① 도형 ABCDA : 압축기가 공기를 압축하기 위하여 소비한 일
 (B → C 과정 : 단열 압축과정)
② 도형 AFEDA : 터빈이 공기를 팽창시켜 얻은 일(E → F 과정 : 단열 팽창과정)
③ 도형 BCEFB : 기관이 한 순일
 (도형 ABCDA-도형 ABCDA=도형 BCEFB)

24. ④

해설 가스 터빈 기관에서 압축기 입구의 공기 속도는 마하 0.5 전후의 아음속이 압축효율이 가장 좋다.

25. ④

해설 배기가스를 비행기의 앞쪽 방향으로 분사시킴으로써 항공기에 제동력을 주는 장치로서, 착륙 후의 비행기 제동에 사용된다. 항공기의 지상 접지 후 작동하며 항공기의 속도가 너무 느려질 때까지 사용하면 배기가스가 기관 흡입관으로 다시 흡입되어 압축 실속을 일으킬 수 있으므로 항공기의 지상속도가 일정속도 이하가 되면 작동을 멈추어야 한다.

26. ①

해설 왕복 기관의 이상적인 기본 사이클은 오토 사이클(Otto cycle)이다. 브레이턴 사이클(Brayton cycle)은 가스 터빈 기관의 이상적인 기본 사이클이다.

27. ④

해설 왕복기관의 압력식 기화기에서 저속 혼합조정을 하는 동안 정확한 혼합비는 조종석에 있는 혼합비 조절 레버를 조작하여 점검한다. 혼합비 조절 레버를 천천히 완속 차단(idle cutoff) 위치로 움직인 다음 RPM 계기와 MAP 계기를 관찰한다. 정확하게 혼합비가 조절되었다면 엔진이 점화를 멈추는 순간에 rpm 및 매니폴드 압력이 약간 상승한다. 이어서 혼합기 조절 레버를 rich 위치로 놓아서 엔진이 완전히 정지하는 것을 방지한다.

28. ④

해설 프로펠러의 깃 트랙(blade track)이란 프로펠러 블레이드가 회전할 때 선단(tip)의 궤적을 말한다.

29. ③

해설 마그네토 낙차(drop) 점검은 점화계통의 이상 유무를 판단하기 위하여 하는 점검으로, 점화 스위치를 left, 그리고 right 위치로 놓고 좌우 rpm 낙차(drop)의 차이가 규정된 한계 이내인지를 확인한다. 이때 오래 점검하면 타지 않은 탄소가 작동되지 않는 점화 플러그에 축적되어

오염(fouling)되기 때문 2~3초 이내에 점검을 완료하여야 한다.

30. ②

해설 항공기 기관에서 배유되는 윤활유는 거품과 열에 의한 팽창으로 윤활유의 양이 증가한다. 따라서 공급한 윤활유의 양보다 더 많은 양의 윤활유를 배유해야 하기 때문에 배유 펌프(소기 펌프)의 용량을 압력 펌프의 용량보다 크게 해야 한다.

31. ②

해설 피스톤이 하사점에 있을 때의 실린더 체적과 상사점에 있을 때의 체적, 즉 연소실 체적과의 비를 실린더의 압축비(ε)라고 하며, 압축비(ε)를 구하는 관계식은 다음과 같다.

$$\varepsilon = \frac{\text{실린더 체적}}{\text{연소실 체적}} = \frac{\text{실린더 체적}}{\text{실린더 체적} - \text{행정 체적}}$$
$$= \frac{80}{80-70} = \frac{8}{1} \, (8:1)$$

32. ③

해설 보일-샤를의 법칙을 따르는 이상적인 가상의 기체를 이상기체(ideal gas)라고 하며, 완전기체라고도 한다. 이상기체는 다음과 같은 조건을 충족시키는 기체이다.
① 분자 간 상호작용이 없다.
② 단원자 분자이다. 따라서, 비열비는 약 1.67이다.
③ 내부에너지와 엔탈피는 밀도와는 관계없는 온도만의 함수이다.

33. ②

해설 정속 프로펠러를 장착한 왕복기관을 시동할 때, 프로펠러 제어 레버(propeller control lever)는 high RPM에 위치시킨다. High RPM에서는 저피치(low pitch) 상태가 되며, 따라서 프로펠러에 걸리는 하중을 최소화하여 용이한 시동이 가능하게 된다.

34. ①

해설 가스 터빈 기관의 윤활계통은 엔진의 회전으로 인하여 발생되는 마찰과 열에 의한 영향을 최소화하기 위하여 압축기 축과 터빈의 축을 지지하고 있는 메인 베어링과 액세서리들을 구동하는 기어와 그 축의 베어링에 윤활유를 공급하여 윤활과 냉각작용을 한다. 가스 터빈 기관은 회전수가 매우 빠르고 작동온도 범위가 크지만 윤활유의 소모량은 상당히 적다.

35. ③

해설 왕복기관의 점화스위치는 마그네토의 1차 회로에 연결되어 있다. 따라서 점화 스위치를 "OFF" 위치에 두면 1차 회로의 자장이 소멸되어 1차 코일에는 고압이 유기되지 않으며 마그네토의 작동은 정지된다.

36. ④

해설 스웰 가이드 베인(swirl guide vane)은 연소실 앞부분의 연료 노즐 둘레에 위치하고 있다. 스웰 가이드 베인은 연소실로 유입되는 공기의 흐름에 적당한 소용돌이를 주어 유입속도를 감소시키면서, 공기와 연료가 잘 섞이도록 하여 화염전파속도가 증가되도록 한다.

37. ③

해설 터보프롭기관에서 프로펠러 구동축 및 압축기와 직접 연결된 터빈을 고정터빈, 압축기와 분리 가능한 터빈을 프리터빈(자유터빈, free turbine)이라고 한다. 자유 동력 터빈(free power turbine) 방식은 지상에서 프로펠러의 회전속도를 매우 낮게 유지할 수 있으며, 기관 시동이 용이하고, 프로펠러 등에서 발생하는 진동이 기관 내부로 전달되지 않는 장점이 있다.

38. ②

해설 왕복기관을 분류하는 방법에는 여러 가지가 있으나, 냉각 방식 및 실린더 배열방법에 의한 분류 방법이 가장 널리 이용되고 있다.

39. ③

해설 복식 노즐에서 1차 연료와 2차 연료는 다음과 같이 분사된다.
① 1차 연료 : 시동할 때 연료의 점화를 쉽게 하

기 위하여 넓은 각도로 이그나이터에 가깝게 분사된다.
② 2차 연료 : 연소실 벽면에 직접 연료가 닿지 않고 연소실 안에서 균등하게 연소되도록 비교적 좁은 각도로 멀리 분사된다.

40. ①

해설 고도가 높아지면 압력이 감소한다. 따라서 기온의 변화가 없고 과급기가 없다면, 고도가 증가할수록 밀도는 감소하게 되고 기관 출력은 감소한다. 과급기를 사용하면 어느 고도까지는 출력의 감소를 작게 하여 비행고도를 높일 수 있다.

제3과목 : 항공기체

41. ④

해설 호스(hose)에 압력이 가해지면 수축되므로 호스 길이에 5~8%의 여유를 준다.

42. ①

해설 재료에 가해지는 힘이 제거되면 물체가 원래의 상태로 돌아가려는 성질을 탄성(elasticity)이라고 한다. 이에 반해 재료에 가해지는 힘을 제거하여도 변형을 그대로 유지하려는 성질을 소성(plasticity)이라고 한다.

43. ②

해설 플랩은 항공기 날개에 장착되는 위치에 따라 앞전 플랩과 뒷전 플랩으로 구분된다.
① 앞전 플랩(leading edge flap) : 크루거 플랩(kruger flap), 슬롯(slot)과 슬랫(slat), 그리고 드루프 앞전 플랩(drooped leading edge flap) 등은 날개의 앞전에 장착된다.
② 뒷전 플랩(trailing edge flap) : 스플릿 플랩(split flap), 슬롯 플랩(slotted flap), 플레인 플랩(plain flap), 파울러 플랩(fowler flap) 등은 날개의 뒷전에 장착된다.

44. ②

해설 리벳의 재질 기호 및 머리 모양은 다음과 같다.

리벳의 종류	재질 기호	리벳머리의 모양
1100	A	무표시
2117T	AD	오목한 점
2017T	D	한 개의 볼록한 점
2024T	DD	두 개의 볼록한 점 두 개의 볼록한 띠 (dash)
5056		돌출된 +표시

45. ②

해설 알루미늄 합금의 특성은 다음과 같으며, 2017과 2024는 대표적인 인공시효경화 처리 합금이다.
① 1100 : 순도 99% 이상의 순수 알루미늄으로 내식성이 우수하지만, 구조재로 사용하기에는 강도가 약하다.
② 2017 : 흔히 두랄루민(duralumin)이라고 부르며, 용체화 온도에서 수냉 처리하여 실온에 방치해 두면 시효경화하여 인장 강도가 높아진다.
③ 2024 : 초두랄루민(super duralumin)이라고 부르며, 용체화 온도에서 수냉 처리하여 실온에 방치해 두면 시효경화하여 인장 강도가 높아진다.
④ 3003 : 순수 알루미늄의 내식성을 저하시키지 않고 강도를 높인 합금

46. ③

해설 판재의 가공 시 2개 이상의 굽힘이 교차하는 장소는 안쪽 굴곡 접선(굽힘 접선)의 교점에 응력이 집중하여 교점에 균열이 일어난다. 따라서, 굽힘가공에 앞서서 응력 집중이 일어나는 굴곡 접선의 교차부분에 균열을 방지하기 위한 응력 제거 구멍을 뚫는다. 이것을 일반적으로 릴리프 홀(relief hole)이라고 한다.

47. ④

해설 페일 세이프 구조(fail safe structure)란 한 구조물이 여러 개의 구조요소로 결합되어 있어 항공기 일부의 부재가 파손되거나, 그 일부분에 구조적 결함이 발생해도 항공기 구조상 안전성을 보장하기 위한 구조를 말한다.

48. ③

해설 하중배수(load factor)에 대한 설명은 다음과 같다.
① 수평비행을 할 때 $L=W$이므로 하중배수 (n)는 1이 된다.
② 하중배수 선도에서 속도는 등가대기 속도(EAS)를 말한다.
③ 구조역학적으로 안전한 조작범위를 제시한 것이다.
④ 하중배수는 현재 작용하는 하중을 정하중으로 나눈 값이다. 즉, 항공기 날개에 걸리는 실제 하중의 크기를 기본 하중(비행기 중량)으로 나눈 수치이다.

49. ③

해설 문제의 그림에서 전체 단면의 높이를 h, 폭을 b라고 하면, X축에 관한 단면 2차 모멘트(I_x)는
$$I_x = \frac{bh^3}{3} = \frac{5 \times 6^3}{3} = 360\text{cm}^4$$

50. ④

해설 트라이 사이클 기어(tricycle gear)는 앞바퀴형(nose gear type)이라고도 한다. 세발 자전거와 같은 형태로서, 주바퀴(main gear)의 앞에 항공기의 방향 조절 기능을 가진 앞바퀴(nose gear)가 설치된 것으로 다음과 같은 특징을 가지고 있다.
① 이·착륙 및 지상 활주 중에 조종사에게 좋은 시야를 제공한다.
② 기어의 배열은 노스 기어(nose gear)와 메인 기어(main gear)로 되어 있다.
③ 지상전복의 위험이 적어 빠른 착륙속도에서 강한 브레이크를 사용할 수 있다.
④ 항공기 중력 중심이 메인 기어 전방으로 움직여 그라운드 루핑(ground looping, 지상전복)을 방지한다.
⑤ 이륙 시 저항이 적고, 착륙 성능이 좋다.

51. ③

해설 굽힘 허용값(굽힘 여유)은 금속 판재를 구부릴 때 필요한 길이를 말한다. 굽힘 허용값은 굽힘각도(θ), 곡률반지름(굽힘반지름, R) 및 재질의 두께(T) 등의 요소에 따라 결정된다.
굽힘 허용값(BA : bend allowance)을 구하는 식은 다음과 같다.
$$BA = \frac{\theta}{360} \times 2\pi \left(R + \frac{1}{2}T\right)$$

52. ②

해설 유효하중(useful load)이란 항공기의 최대총무게에서 자기무게를 뺀 무게를 말한다. 승무원, 승객, 화물, 무장계통, 연료, 윤활유 등의 무게를 포함하며, 유용하중이라고도 한다.

53. ④

해설 모노코크 구조는 하중의 대부분을 외피가 담당하며, 내부에 응력을 담당하기 위한 보강재가 없다. 이에 반해 세미모노코크 구조는 프레임(frame)과 세로대(longeron), 스트링거(stringer)를 보강하여 골격을 만들고 그 위에 외피를 얇게 입힌 구조이다. 외피는 항공기에 작용하는 하중의 일부분을 담당하고 나머지 하중은 세로대와 스트링거와 같은 골격이 담당한다.

54. ①

해설 벨 크랭크(bell crank)는 일반적으로 "L"자 형태이며, 회전운동을 이용하여 로드와 케이블과 같은 직선운동의 방향을 90° 변환시킨다.

55. ①

해설 TIG(텅스텐 불활성 가스) 용접은 비소모성 텅스텐 전극과 모재 사이에서 발생하는 아크열을 이용하여 비피복 용접봉을 용해시켜 용접하며 용접 부위를 보호하기 위해 불활성 가스를 사용하는 용접 방법이다.

MIG(금속 불활성 가스) 용접은 가느다란 금속 와이어인 비피복 용접 와이어를 공급하여 발생하는 아크열을 이용하여 금속 와이어를 용해시켜 용접하며 용접 부위를 보호하기 위해 불활성 가스를 사용하는 용접 방법이다.

56. ①

해설 리벳 작업 시 끝거리와 간격은 다음과 같이 하여 리벳을 배치한다.

① 끝거리(연거리) : 판재의 모서리와 이웃하는 리벳의 중심까지의 거리를 의미하며, 최소 끝거리는 리벳 직경의 2배이다.(접시머리 리벳의 경우 리벳 직경의 2.5배)
② 간격(pitch) : 같은 열에 있는 리벳 중심 간의 거리를 의미하며, 최소 간격은 리벳 직경의 3배로 한다.

57. ④

해설 앞바퀴형(nose gear type) 착륙장치는 세발 자전거와 같은 형태로서, 주바퀴(main gear)의 앞에 항공기의 방향 조절 기능을 가진 앞바퀴(nose gear)가 설치된 것으로 다음과 같은 특징을 가지고 있다.
① 이·착륙 및 지상 활주 중에 조종사에게 좋은 시야를 제공한다.
② 이·착륙 시 저항이 작고, 착륙 성능이 양호하다.
③ 가스 터빈 기관에서 배기가스의 분출을 용이하게 한다.
④ 항공기 무게 중심이 주 바퀴의 앞쪽에 있으므로 뒷바퀴형에 비하여 지상전복(ground loop)의 위험이 적다.

58. ③

해설 입계 부식(intergranular corrosion)은 금속 재료의 결정 입계에서 합금 성분의 불균일한 분포로 인하여 발생하는 부식이다. 주로 18-8 스테인리스강에서 발생하며 부적절한 열처리로 결정 립계가 큰 반응성을 갖게 되어 입자의 경계에서 발생하여 항공기에 치명적인 손상을 줄 수 있는 국부적 부식이며, 입자 간 부식이라고도 한다.

59. ②

해설 고장력강은 인장 강도와 내구성이 높아서 구조재나 부품 등에 사용되며 종류는 다음과 같다.
① 니켈강 : 탄소강에 니켈이 2~5% 함유된 것을 주로 사용하며, 강도가 크고 내마멸성 및 내식성이 우수하여 고온에서 사용하는 재료에 적합하다.
② 니켈-크롬강 : 고장력강으로 니켈강에 크롬이 0.8~1.5% 함유된 것으로, 강도를 요하는 봉재나 판재, 그리고 기계 동력을 전달하는 축, 기어, 캠, 피스톤 등에 널리 사용되는 것
③ 크롬강 : 탄소강에 크롬이 1~2% 함유된 것으로 내마멸성이 좋아 내연 기관의 부품이나 기어, 밸브 등으로 사용된다.
④ 니켈-크롬-몰리브덴강 : 니켈-크롬강에 약간의 몰리브덴을 첨가한 강으로, 왕복기관의 크랭크 축이나 항공기의 착륙 장치, 고강도 볼트 등에 사용된다.

60. ①

해설 자기 무게(empty weight)는 비행기의 중량을 계산하는 데 있어서 기초가 되는 무게로 운항에 필요한 승무원, 장비품, 식료품의 무게를 포함한다. 그러나 승객, 화물, 연료 및 오일의 무게는 포함하지 않는다. 따라서 문제의 항공기 무게 측정 결과에는 오일의 무게가 포함되어 있으므로 오일의 무게와 모멘트를 제외하여야 한다.

$$\therefore 무게중심(CG) = \frac{총모멘트}{총무게}$$

$$= \frac{(617 \times 68) + (614 \times 68) + (152 \times -26) - (60 \times -30)}{617 + 614 + 152 - 60}$$

$$= 61.64 \text{in}$$

(∵ 오일 무게 = $8 \times 7.5 = 60 \text{lbs}$)

제4과목 : 항공장비

61. ①

해설 방빙(anti-icing) 계통은 방빙 방법에 따라 다음과 같이 구분할 수 있다.
① 화학적 방빙 방법 : 결빙의 우려가 있는 부분에 이소프로필알코올을 분사해서 어는점을 낮게하여 결빙을 방지하는 방법이다. 주로 프로펠러 깃이나 윈드 실드 또는 기화기의 방빙에 사용하는데, 때로는 주날개와 꼬리날개의 방빙에 사용할 때도 있다.
② 열적 방빙 방법 : 일반적으로 날개 앞전의 방빙을 위하여 날개 앞쪽 내부에 가열공기의 덕트를 설치하여 날개 내부로 가열공기를 통과시키거나, 전열선을 날개 앞전 내부에 설치하여 결빙을 방지하는 방법이다.

62. ②

해설 진대기속도(True air speed : TAS)란 등가대기속도에서 고도 변화에 따른 공기의 밀도(외기온도)를 수정한 속도를 말한다. 한국산업인력공단에서 제시한 답안은 ②번(변화가 없다)이었다.

[이 참고 내용은 저자의 일방적인 의견으로 한국산업인력공단의 의견과는 다를 수 있음을 알려드립니다.]
공기밀도는 고도변화 및 온도에 의한 요인뿐만 아니라 기압에 의해서도 변한다. 압력이 낮아지거나 온도가 증가하면 공기 밀도가 감소하고, 항력이 작아지기 때문에 항공기는 더 빨리 비행할 수 있다. 따라서 동일한 출력에서 계기의 지시속도(IAS)가 일정할 때, 기압이 낮아지거나 기온이 증가하면 진대기속도(TAS)는 증가한다. 따라서 이 문제의 답안에 대한 재심사가 필요하다고 본다.

63. ④

해설 자세계(ADI : attitude director indicator)는 비행자세 지시계라고도 하며, 조종사 계기판의 가장 보기 쉬운 앞면 중앙에 장착되어 있다. 자세계는 일반적으로 롤(roll) 자세, 피치(pitch) 자세, 요(yaw) 변화율 및 미끄러짐(slip)의 4가지 요소로 현재의 비행 자세를 표시한다.

64. ④

해설 납산축전지(lead acid battery)의 극판(plate)은 과산화납(PbO_2)으로 된 양극판과 납(Pb)으로 된 음극판으로 이루어져 있다.
양극판은 음극판보다 작용이 활발하여 쉽게 파손되므로 화학적인 평형을 고려하여 음극판을 한 개 더 많이 둔다. 따라서 각각의 양극판은 항상 두 개의 음극판 사이에 배치되며, 각 셀의 끝 단에 있는 판은 음극판이다.

65. ④

해설 무선항법장치는 지상의 무선항법 지원시설로부터 송신되는 전파를 이용하여 항공기의 운항에 필요한 자신의 위치, 방위, 거리 등의 정보를 획득하는 장치이다. 이러한 무선통신 방식의 장치로는 자동방향탐지기(automatic direction finder), 항공교통관제장치(air traffic control system), 거리측정장치(distance measuring equipment system), 무지향표지시설(non directional radio beacon), 전방향표지시설(VHF omnidirectional range), 계기착륙시스템(instrument landing system) 등이 있다.

66. ①

해설 항공계기에 요구되는 조건은 다음과 같다.
① 기체의 유효 탑재량을 크게 하기 위해 가능한 한 경량이어야 한다.
② 계기의 소형화를 위하여 화면은 작게 하고, 동일한 본체 내에 많은 기능을 넣어 주어진 면적을 유효하게 이용하여야 한다.
③ 계기는 그 주위의 기압이 크게 바뀌므로 승강계, 고도계, 속도계의 수감부와 케이스는 누출(leakage)이 되지 않도록 해야 한다.
④ 계기판에는 방진장치를 설치해 기관의 진동이 영향을 미치지 않도록 하여야 한다.

67. ①

해설 회전하고 있는 자이로에 힘을 가했을 때 외부력에 의한 모멘트를 M, 자이로 로터의 각 운동량을 L이라고 하면, 섭동 각속도(Ω)를 구하는 관계식은 다음과 같다.
$$\Omega = \frac{M}{L}$$
식과 같이 섭동 각속도 Ω는 외부력에 의한 모멘트 M에 비례하고, 자이로 로터의 각 운동량 L에 반비례한다.

68. ①

해설 저항 루프형 화재 탐지 계통(resistance loop type fire detector system)은 전기 저항이 온도에 의해 변화하는 세라믹(ceramic)이나, 일정 온도에 달하면 급격하게 전기 저항이 떨어지는 공융 염(eutectic salt)을 이용하여 온도 상승을 전기적으로 탐지한다.
저항 루프형 중 키드 시스템(kidde system)은 온도가 증가하면 전기 저항이 감소하여 화재를 감지하는 서미스터(thermistor), 조종석의 화재경고등을 작동시키는 경고계전기(warning relay) 및 조종석의 화재경고등 등으로 구성된다.

69. ②

해설 문제의 그림은 전기식 회전계(electrical tachometer)의 회로를 나타내며, 회전계 발전기와 회전계 지시기로 구성된다. 회전계 발전기는 영구자석과 3상 권선이 설비된 스테이터(stator)로 구성된 3상 교류 발전기이며, 기관의 회전속도에 비례한 주파수의 3상 교류 전압을 발생시킨다. 회전계 지시기는 3상 권선이 설비된 스테이터(stator)와 영구자석으로 구성된 3상 동기 전동기이며, 회전계 발전기에 비례하는 속도로 회전하여 기관의 회전속도를 지시한다.

70. ②

해설 교류 주파수를 f[Hz], 인덕턴스를 L[H]이라고 하면, 코일의 리액턴스 X_L을 구하는 식은 다음과 같다.
$X_L = 2\pi f L = 2\pi \times 100 \times 0.01 = 2\pi\,\Omega$

71. ④

해설 교류 유도전동기의 가장 큰 장점은 브러시(brush)나 정류자편이 필요 없다는 것이다. 브러시나 정류자편이 없으면 마멸이 없기 때문에 유지 보수비가 적게 든다. 또 아크(arc)가 발생하지 않기 때문에 고공 비행을 할 때도 우수한 기능을 발휘하며, 브러시와 정류자편 간의 저항 및 전도율의 변화가 없으므로 출력 파형이 불안정해질 염려가 없다.

72. ③

해설 전기자의 코어(core)는 와전류의 순환을 방지하기 위하여 얇은 철판을 겹쳐서 만든다.

73. ③

해설 객실 압력 조절기(cabin pressure regulator)는 아웃 플로 밸브(out flow valve)의 위치를 조절하여, 객실 압력이 등압 영역에서는 설정값을 유지하고 차압 영역에서는 미리 설정한 차압이 유지되도록 하는 역할을 한다. 따라서 객실 압력 조절 시 객실 압력 조절기에 영향을 받는 것은 아웃 플로 밸브의 개폐이다.

74. ③

해설 지상접근경보장치(GPWS : Ground Proximity Warning System)는 항공기가 하강하다가 지상으로 과도하게 접근하여 위험한 상태에 도달하였을 때 조종사에게 시각 및 청각경고를 제공하여 지상 충돌을 방지하여 주는 장비이다.

75. ③

해설 화재 탐지장치의 종류 및 감지센서로 사용하는 것은 다음과 같다.
① 서멀 스위치형(thermal switch type) : 온도 상승을 바이메탈(bimetal)로 탐지하는 것
② 서머커플형(thermocouple type) : 온도의 급격한 상승을 열전대(thermocouple)로 탐지하는 것
③ 저항 루프형(resistance loop type) : 온도에 의해 전기 저항이 변하는 세라믹(ceramic)이나, 일정 온도에 달하면 급격하게 전기 저항이 떨어지는 융점이 낮은 공융 염(eutectic salt, 소금)을 이용하여 온도 상승을 전기적으로 탐지하는 것
④ 광전지형(photo-electric type) : 연기로 인한 반사광을 광전지로 탐지하는 것

76. ③

해설 계기착륙장치(instrument landing system)에서 항공기 지시기의 지침은 다음과 같이 지시한다.
① 항공기가 글라이드 슬롭(glide slop) 위쪽에 위치하고 있을 때는 지시기의 지침이 아래로 흔들리고, 아래쪽에 위치하고 있을 때는 지시기의 지침이 위로 흔들린다.
② 항공기가 로컬라이저 코스(localizer course)의 좌측에 위치하고 있을 때는 지시기의 지침이 우측으로 흔들리고, 우측에 위치하고 있을 때는 지시기의 지침이 좌측으로 흔들린다.

77. ①

해설 축압기(accumulator)는 가압된 작동유를 저장하는 저장통으로서 유압계통의 구성품이다.

78. ②

해설 유압계통의 구성품인 축압기(accumulator)는 가압된 작동유를 저장하는 저장통으로서, 유압장치의 작동기가 동작하고 있지 않은 상태에서 계통 작동유의 압력이 고르지 못할 때 압력에 대한 완충작용과 동시에 압력조절기의 작동 빈도를 낮추는 역할을 한다.

79. ④

해설 전류를 I, 저항을 R이라고 하면, 전압(E)을 구하는 식은 다음과 같다.
$E = IR = 9 \times 4 = 36\,\Omega$

80. ②

해설 항공기 안테나에 대한 설명은 다음과 같다.
① 최근의 첨단 항공기는 정밀도가 높은 항법을 필요로 하고 이용하는 주파수도 광범위하기 때문에 안테나 수가 많아지고 안테나의 형태도 다양해졌다.
② 일반적으로 주파수가 높아질수록 안테나의 크기는 작아진다.
③ 지상국의 VHF 통신용 안테나의 기본은 1/4 파장의 다이폴 안테나(dipole antenna)이다. 항공기에 탑재하는 VHF 통신용 안테나는 1/4파장 접지형 안테나의 하나인 블레이드형(blade type) 안테나가 주로 사용된다.
④ 지상국의 HF 통신용 안테나는 전파장 또는 반파장의 다이폴 안테나를 기본으로 하며, 항공기의 HF 통신용 안테나는 기체 전체나 일부를 공진시키는 방식을 사용한다.

2014년 1회 (3월 2일)

제1과목 : 항공역학

1. ①

해설 전진하는 회전날개 깃과 후퇴하는 회전날개 깃에 작용하는 전진속도와 회전속도는 다음과 같다.
① 전진하는 회전날개 깃에는 헬리콥터의 전진속도(V)와 주회전날개의 회전속도(v)를 합한 속도가 작용한다. 따라서 양력은 이 두 속도를 합한 값의 제곱, $(v+V)^2$에 비례한다.
② 후퇴하는 회전날개 깃에는 헬리콥터의 전진속도에서 주 회전날개의 회전속도를 뺀 속도가 작용한다. 따라서 양력은 이 두 속도를 뺀 값의 제곱, $(V-v)^2$에 비례한다.

2. ③

해설 층류 흐름 상태에서 레이놀즈 수가 증가하면 난류 흐름 상태로 변화하는 현상을 천이(transition) 현상이라고 한다.

3. ①

해설 항공기 무게를 W, 공기밀도를 ρ, 그리고 항력계수를 C_D라고 하면, 낙하속도 V_d를 구하는 식은 다음과 같다.

$$V_d = \sqrt{\frac{2D}{\rho S C_D}} = \sqrt{\frac{2 \times 100}{0.1 \times \left(\frac{3.14 \times 7^2}{4}\right) \times 1.3}}$$

$= 6.3\,\mathrm{m/s}$

∵ 일정속도로 강하하고 있으므로 항력(D)과 무게(W)는 같다.

4. ②

해설 비행기의 중량을 W, 경사각을 ϕ라고 하면, 원심력 CF는
$CF = W\tan\phi = 500 \times \tan 30° = 288.7\,\mathrm{kg}$

5. ④

해설 헬리콥터 무게를 W, 회전날개 반지름을 R이라고 하면, 원판하중 DL은

$$DL = \frac{W}{A} = \frac{W}{\pi R^2} = \frac{800}{3.14 \times 2.8^2}$$
$$= 32.49 \text{kgf/m}^3$$

6. ①

해설 항공기의 이륙거리는 지상 활주거리에다 비행기가 안전한 비행상태의 고도까지 이륙하는 데 소요되는 상승거리를 합한 거리를 말한다.

7. ③

해설 필요마력(P_r)을 구하는 관계식은
$$P_r = \frac{DV}{75} = \frac{1}{150} C_D \rho V^3 S \text{이다.}$$
따라서, 필요마력(동력)은 속도의 세제곱에 비례한다.

8. ②

해설 원심력에 의해 프로펠러 깃에 작용하는 힘은 다음과 같다.
① 원심력과 인장 응력 : 원심력은 프로펠러의 회전에 의해 발생하며 이 원심력에 의해 인장응력이 발생한다.
② 원심력과 비틀림 모멘트 : 회전하는 프로펠러 깃의 원심력에 의해 비틀림 모멘트가 발생한다.

9. ①

해설 대류권에서는 높이 올라갈수록 고도에 따라 기온이 감소하므로 대기의 순환이 일어난다. 또한 이러한 대기의 순환과 대류권에 존재하는 수증기로 인하여 구름, 비, 눈 등의 기상현상이 일어난다.

10. ④

해설 이륙활주거리를 짧게 하기 위한 조건은 다음과 같다.
① 비행기의 무게를 가볍게 한다.
② 정풍(맞바람)을 받으면서 이륙한다.
③ 기관의 추력이 크면 가속도가 커져서 이륙성능이 좋아진다.
④ 이륙 시 플랩과 같은 고양력 장치를 사용하여 최대 양력계수를 증가시킨다.

11. ②

해설 비행속도를 V_1, 프로펠러를 통과하는 공기속도를 V_2라고 하면, 프로펠러 효율은
$$\text{프로펠러 효율} = \frac{\text{출력}}{\text{입력}} (\%) = \frac{V_1}{V_2} \times 100$$
$$= \frac{100}{120} \times 100 = 83.3\%$$

12. ②

해설 비행기가 음속에 가까운 속도로 비행을 할 때 속도를 증가시키면 기수가 오히려 내려가는 경향이 생기므로 조종간을 당겨야 하는데, 이와 같이 기수가 내려가는 경향과 조종력의 역작용 현상을 턱 언더(tuck under)라 한다. 턱 언더는 고속 비행기에서 발생하는 불안정 현상이다.

13. ④

해설 도살 핀(dorsal fin)은 수직꼬리날개 앞에 장착되어 수직꼬리날개가 실속하는 큰 옆미끄럼각에서도 방향 안정을 유지하는 역할을 한다. 벤트랄 핀(ventral fin)은 비행기 동체 후방 하부에 장착되어 비행기의 방향 안정성을 증가시킨다. 이러한 도살 핀과 벤트럴 핀은 방향 안정성을 증가시켜 다음과 같은 동적 가로 불안정성 요소의 방지에 효과적이다.
① 방향 불안정의 발생을 방지하기 위한 요 댐핑(yaw damping) 증가에 효과적이다.
② 방향 안전성을 증가시켜 나선 발산을 감쇠시킨다.
③ 가로 방향 불안정(더치롤) 특성을 저해시킬 수 있다.

14. ③

해설 날개 윗면에서 최대 속도가 마하수 1이 될 때 날개 앞쪽에서의 흐름의 마하수를 임계 마하수(critical Mach number)라고 한다. 임계 마하수에 도달하면 항공기 날개 윗면에 충격파가 발생하고, 이에 따라 충격실속이 발생할 수 있다.

15. ①

해설 비행기의 세로안정을 좋게 하기 위한 방법은 다음과 같다.

① 무게중심을 날개의 공기역학적 중심보다 앞에 위치시킨다.
② 날개를 무게중심보다 높은 위치에 둔다.
③ 수평꼬리날개 부피(tail volume) 값을 크게 한다. 즉, 수평꼬리날개 면적을 크게 하든지 무게중심에서 수평꼬리날개의 압력중심까지의 거리를 길게 한다.
④ 꼬리날개의 효율을 크게 한다.
⑤ 받음각이 증가함에 따라 항공기 기수를 내리려는 피칭 모멘트(- 모멘트)의 값을 갖도록 한다.

16. ③

해설 활공거리는 양항비에 비례한다. 즉, 멀리 활공하려면 양력이 크고 항력이 작아야 한다. 날개의 가로세로비가 커지면 유도항력이 감소하여 양력이 증가하므로 활공거리는 증가한다.

17. ④

해설 받음각이 변화하면 날개면의 압력분포가 변화하여 압력중심이 이동하므로 공기력 모멘트는 변화한다. 그러나 날개골의 어떤 한 점은 받음각이 변하더라도 키놀이 모멘트의 크기가 변하지 않는 점이 있는데, 이 점을 공기력 중심이라고 한다.

18. ③

해설 레이놀즈 수에 대한 설명은 다음과 같다.
① 레이놀즈 수(Reynolds number)란 동압으로 인한 관성력과 점성에 의한 마찰력(점성력)의 비를 나타내는 무차원수로서, 레이놀즈 수가 크다는 것은 관성력이 점성에 의한 마찰력보다 크다는 것을 의미한다.
② 대기속도를 V, 시위길이를 L, 동점성계수를 ν라고 하면, 레이놀즈 수(Re)를 구하는 관계식은 $Re = \dfrac{VL}{\nu}$이다. 따라서, 유체의 속도가 빠를수록 레이놀즈 수는 커진다.

19. ②

해설 수평꼬리날개가 없는 전익기가 델타익기인 경우 승강키와 도움날개를 결합시킨 엘레본(elevon)이 2축에 대한 회전운동을 담당한다. 양 날개의 엘레본을 같은 방향으로 움직이면 승강키의 역할을 하고, 서로 다른 방향으로 움직이면 도움날개의 역할을 한다.

20. ④

해설 프로펠러 항공기가 최대 항속시간으로 비행하기 위해서는 $\left(\dfrac{C_L^{\frac{3}{2}}}{C_D}\right)$가 최대인 받음각으로 비행해야 한다.

제2과목 : 항공기관

21. ③

해설 처음 상태의 압력을 P_1, 부피(체적)를 v_1, 나중 상태의 압력을 P_2, 부피(체적)를 v_2라고 하면, 등온과정에서의 압력과 체적의 관계는 다음과 같다.
$P_1 v_1 = P_2 v_2$
$\therefore v_2 = v_1\left(\dfrac{P_1}{P_2}\right) = 20 \times \dfrac{1}{5} = 4$
(∵ 표준상태 압력=1기압)

22. ④

해설 부자식 기화기에서 가속 펌프(acceleration pump)는 기관의 출력을 증가시키기 위하여 스로틀(throttle)이 갑자기 열릴 때 부가적인 연료를 강제적으로 분출시켜 적당한 혼합가스가 유지될 수 있도록 한다.

23. ③

해설 지시마력을 나타내는 식에서 N은 기관의 분당 회전수(rpm)를 의미한다.

24. ②

해설 보정캠(compensated cam)을 가진 성형기관에서 보정캠의 회전수(rpm)는 크랭크 축 회전속도의 $\dfrac{1}{2}$이 되며, 보정 캠의 로브(lobe) 수는 실린더 수와 같다.
따라서 9기통 성형기관의 회전속도가 100rpm인 경우 보정캠의 회전수(rpm)는 50rpm이 되며, 보정 캠 로브 수는 9개이다. 보정 캠 로브가 브레이커 포인트를 여므로, 분당 브레이커 포인트의 열림 및 닫힘 횟수는 450회(9개×50rpm)이다.

25. ④

해설 프로펠러가 저속 회전상태가 되면 플라이웨이트의 회전이 느려지고 원심력이 작아져 안쪽으로 오므라든다. 이때 파일럿 밸브(pilot valve)는 밑으로 내려가 열리는 위치가 되며, 가압된 윤활유가 프로펠러의 피치 조절 실린더에 공급되어 실린더를 앞으로 밀어내므로 저피치가 된다.
프로펠러가 과속 회전상태가 되면 플라이웨이트의 회전이 빨라지고 원심력이 커져 바깥쪽으로 벌어진다. 이때 파일럿 밸브는 위로 올라가 가압된 윤활유가 프로펠러의 피치 조절 실린더에서 배출되므로 고피치가 된다.

26. ②

해설 브레이턴 사이클 선도의 각 단계와 가스 터빈 기관의 작동 부위는 다음과 같다.
① 1→2 과정 : 단열 압축과정(압축기)
② 2→3 과정 : 정압 가열과정(연소기)
③ 3→4 과정 : 단열 팽창과정(터빈)
④ 4→1 과정 : 정압 방열과정(배기구)

27. ③

해설 원심형 압축기의 장점 및 단점은 다음과 같다.
① 원심형 압축기의 장점은 다음과 같다.
   ㉮ 단당 압력비가 높다.
   ㉯ 무게가 가볍고, 시동출력이 낮다.
   ㉰ 축류형 압축기와 비교해 제작이 쉽고, 가격이 싸다.
② 원심형 압축기의 단점은 다음과 같다.
   ㉮ 동일 추력에 비해 전면면적이 넓기 때문에 항력이 크다.
   ㉯ 단 사이의 에너지 손실이 크기 때문에 2단 이상은 실용적이지 못하다.

28. ①

해설 왕복기관에서 디토네이션(detonation)을 발생시키는 과도한 온도와 압력의 원인은 다음과 같다.
① 높은 흡입공기 온도
② 연료의 낮은 옥탄가
③ 희박한 연료-공기 혼합비
④ 높은 압축비

29. ④

해설 흡입공기의 온도가 높으면 디토네이션과 엔진 고장의 원인이 될 수 있다. 따라서 결빙 상태의 위험이 있을 때에만 기화기 공기 히터를 "Hot" 위치에 놓고, 결빙 상태의 위험이 없을 때에는 "Cold(Normal)" 위치에 놓아야 한다. 엔진을 시동할 때에는 기화기 공기 히터를 사용해서는 안 된다.

30. ①

해설 회전하는 프로펠러 깃에는 원심력 비틀림 모멘트와 공기력 비틀림 모멘트가 발생한다. 원심력에 의한 비틀림 모멘트는 원심력이 작용하여 깃의 피치를 작게 하려는 방향, 즉 피치각을 감소시키려는 방향으로 작용한다.
공기력에 의한 비틀림 모멘트는 깃이 회전할 때 공기흐름에 대한 반작용으로 깃의 피치를 크게 하려는 방향, 즉 피치각을 증가시키려는 방향으로 작용한다.

31. ③

해설 고도가 높아지면 압력이 감소하여 밀도가 감소하고, 온도가 감소하여 밀도는 증가한다. 그러나 온도의 변화율이 압력 변화율보다 작기 때문에 고도가 증가할수록 밀도는 감소하게 되고, 기관 출력은 감소한다. 따라서 회전수가 일정할 경우, 대기온도 15℃인 해면에서 작동할 때 추력이 가장 크다.

32. ①

해설 가스 터빈 기관의 연료계통에서 여압 및 드레인 밸브(pressure and drain valve ; P&D valve)의 역할은 다음과 같다.
① 연료 매니폴드로 가는 연료의 흐름을 1차 연료와 2차 연료로 분배한다.

② 기관이 정지되었을 때 매니폴드나 연료 노즐에 남아 있는 연료를 외부로 방출한다.
③ 연료의 압력이 일정 압력 이상이 될 때까지 연료의 흐름을 차단한다.

33. ④

해설 오일의 점성은 윤활유의 흐름을 저항하는 유체 마찰로서 정의된다. 즉, 점성이 크면 유동이나 흐름이 느리고, 점성이 작으면 유동이나 흐름이 훨씬 더 자유롭다.

34. ②

해설 후기 연소기는 배기도관 안에 연료를 분사시켜 터빈을 통과한 고온의 배기가스와 2차 연소영역에서 나온 연소 가능한 공기와 연료를 혼합한 것을 다시 연소시켜 추력을 증가시키는 장치이다. 후기 연소기를 사용하여 총 추력의 약 50%까지 추력이 증가하지만, 3~5배 정도로 연료 소모가 증가한다.

35. ②

해설 크랭크축이 회전하면서 무게의 평형을 유지하려면 크랭크 핀 반대편에 평형추(counter weight)를 달아야 하는데, 이 평형추는 크랭크축에 정적 평형을 주는 역할을 한다.

크랭크축의 동적 안정 및 크랭크축의 변형이나 비틀림 진동을 막아주기 위해서 다이내믹 댐퍼(dynamic damper)를 사용한다. 다이내믹 댐퍼는 일종의 진자의 원리를 이용한 것이다.

36. ①

해설 왕복엔진 실린더에 있는 밸브 가이드(valve guide)는 밸브 스템(valve stem)을 지지하고 안내하는 역할을 한다. 밸브 가이드가 마모되면 윤활유가 밸브 가이드를 거쳐 실린더로 스며들어 갈 수 있으므로 오일 소모량이 증가한다.

37. ④

해설 왕복기관을 분류하는 방법에는 여러 가지 있으나, 실린더 배열 형태 및 냉각 방식에 의한 분류 방법이 가장 널리 이용되고 있다. 실린더 배열 형태에 따른 왕복기관의 종류에는 V형, X형, 대향형, 성형 및 열형 등이 있다.

38. ②

해설 부품의 결함을 나타내는 용어는 다음과 같다.
① Nick(찍힘) : 외측의 강한 모서리에 의해 예리하게 눌린 곳
② Dent(패임) : 끝이 둥근 물체에 의해 표면에 발생된 작고 둥근 모양의 움푹 눌린 자국
③ Tear(찢겨짐) : 과잉의 진동이나 다른 응력에 의해 모재 금속이 찢겨지는 경우
④ Wear(마모) : 오래된 재료를 상대적으로 늦게 교체함으로써 닳음. 이것은 종종 눈으로 판독하기 어렵다.

39. ③

해설 제트기관을 시동할 때에 배기가스온도(EGT)가 규정된 한계치 이상으로 증가하는 현상을 과열 시동(hot start)이라 한다. 이 현상은 연료-공기 혼합비를 조정하는 연료조정장치의 고장 및 이로 인한 연료의 과다 공급, 결빙 및 압축기 입구부에서 공기 흐름의 제한 등에 의하여 발생한다.

시동기에 공급되는 동력이 충분하지 못하면 결핍 시동(hung start)의 원인이 될 수 있다.

40. ①

해설 최근 아음속기의 비행속도가 마하 0.8~0.9이기 때문에, 아음속기의 공기흡입구는 흡입속도를 줄이기 위하여 확산형 덕트(divergent inlet duct)를 사용한다. 확산형 덕트는 통로의 넓이를 앞에서 뒤로 갈수록 점점 넓게 만들어 공기를 확산시켜 속도를 감소시킨다.

제3과목 : 항공기체

41. ④

해설 항공기의 총무게(gross weight)란 특정 항공기에 인가된 최대하중으로 형식증명서(type certificate)에 기재되어 있다. 총무게에는 최대 이륙무게, 최대 착륙무게 등이 있다.

42. ③

해설 토크 렌치에 연장공구를 사용하여 볼트 등을 조이려는 경우, 토크 렌치의 지시값은 다음과 같은 식을 적용하여 구할 수 있다.
실제 필요한 토크값을 TA, 토크 렌치의 유효길이를 L, 그리고 연장공구의 유효길이를 A라고 하면, 토크 렌치의 지시값(TW)은

$$\therefore TW = \frac{TA \times L}{L+A} = \frac{1000 \times 20}{20+10}$$
$$= 666.7 \text{ in-lbs}$$

43. ①

해설 인장시험은 재료의 기계적 성질을 평가하는 시험법 중 가장 대표적인 방법으로, 정해진 규격으로 만든 재료 시험편을 인장 시험기에 장착한 후 서서히 인장시켜 시험한다. 항복점, 인장강도, 연신율, 단면수축률, 탄성한도, 비례한도 등을 측정할 수 있다.

44. ②

해설 금속은 크게 철금속과 비철금속으로 분류할 수 있다. 철금속은 철 및 철을 주성분으로 하는 탄소강, 합금강 등을, 비철금속은 철 및 철을 주성분으로 한 합금(철강 재료) 이외의 모든 금속을 가리키는 말이다. 비철금속에는 알루미늄, 마그네슘, 티타늄, 구리 및 그 합금 등이 있다.
항공기에 사용하는 비금속 재료에는 플라스틱, 고무, 섬유 등이 있다.

45. ④

해설 세미모노코크(semimonocoque) 구조 형식에서 프레임(frame) 및 벌크헤드(bulkhead) 부재는 동체의 형태를 만들며, 동체가 비틀림 하중에 의해 변형되는 것을 방지하는 역할을 한다. 벌크헤드(bulkhead)는 프레임(frame)과 유사한 모양의 부재로 보통 동체 앞뒤에 하나씩 배치된다.

46. ②

해설 세미모노코크(semi-monocoque) 구조 형식 날개는 표피(spar), 스파(spar, 날개보)와 리브(rib)로 구성된다.
스파는 일반적으로 날개의 전후방에 하나씩 설치하며, 날개에 걸리는 굽힘하중을 담당한다.
리브는 날개 단면이 공기 역학적인 날개골(airfoil)을 유지하도록 날개의 모양을 형성해 주며, 날개 외피에 작용하는 하중을 스파에 전달하는 역할을 한다.

47. ③

해설 가스용접기에서 가스용기와 토치를 연결하는 호스는 이중 호스로 되어 있다. 이 호스를 연결 시 서로 다른 가스로 연결되는 것을 방지하기 위하여 산소 호스는 녹색(또는 초록색), 아세틸렌가스 호스는 빨간색으로 표시하여 구별한다.

48. ①

해설 y축에 관한 단면의 면적중심을 $\overline{x}$, 단면적을 A라고 하면, y축에 관한 단면의 1차 모멘트(Q_y)는
$Q_y = \overline{x}A = 5 \times (5 \times 6) = 150 \text{cm}^3$

49. ①

해설 SAE에 의한 합금강(특수강)의 분류는 네 자리 숫자로 되어 있으며 첫째 자리의 수는 합금강(특수강)의 종류, 둘째 자리의 수는 합금원소의 함유량, 그리고 끝의 두 숫자는 탄소의 함유량을 100분의 1퍼센트(%) 단위로 표시한다. 첫째 자리의 수에 따른 주요 합금강의 종류는 다음과 같다.

합금 번호	종류	합금 번호	종류
1×××	탄소강	4×××	몰리브덴강
2×××	니켈강	5×××	크롬강
3×××	니켈-크롬강	6×××	크롬-바나듐강

따라서, SAE 6150 합금강에서 첫째 자리의 숫자 "6"은 크롬-바나듐강을 의미한다.

50. ①

해설 판금 작업과 관련된 용어는 다음과 같다.
① 세트 백(set back) : 구부리는 판재에서 바깥면의 굽힘 연장선의 교차점과 굽힘 접선과의 거리
② 굽힘여유(bend allowance) : 판재를 구부릴

때 정확한 수직으로 구부릴 수 없기 때문에 구부려지는 부분에 생기는 여유길이
③ 최소 반지름 : 판재가 본래의 강도를 유지한 상태로 최소 예각으로 구부릴 수 있도록 허용된 최소의 굽힘 반지름

51. ③

[해설] 굽힘가공에 앞서서 응력 집중이 일어나는 교점에 응력 제거 구멍을 뚫으며, 이것을 일반적으로 릴리프 홀(relief hole)이라고 한다. 릴리프 홀의 크기는 판재의 두께에 따라 다르지만 1/8in 이상의 범위에서 굽힘 반지름의 치수를 릴리프 홀의 지름 치수로 한다.

52. ④

[해설] 접개식 강착장치(retractable landing gear)에서 부주의로 인해 착륙장치가 접히는 것을 방지하기 위한 안전장치에는 down lock, safety switch 및 ground lock이 있다. 문제 보기의 safety pin은 safety switch의 오류로 보인다.
① Down lock : 착륙기어를 down 위치로 안전하게 잠가준다
② Safety switch(안전 스위치) : 착륙장치의 strut가 지상압축 시 안전 스위치가 열리고 이륙 시 항공기의 무게가 strut에 작용되지 않으면 안전 스위치를 닫아준다. 안전 스위치가 닫히면 회로에 DC 28V 전류가 흘러 솔레노이드가 자화됨으로써 선택 밸브를 풀리게 해주어 기어 핸들을 들어올리는 위치로 선택할 수 있게 해준다.
③ Ground lock : 항공기가 지상에 있을 때 착륙장치가 접히는 것을 방지한다. Ground Lock은 일종의 safety pin으로 착륙장치 지지부 구조물의 구멍에 삽입한다.

53. ②

[해설] 기준선으로부터 무게중심의 위치는
$$무게중심(CG) = \frac{총 \ 모멘트}{총 \ 무게}$$
$$= \frac{(170 \times 1) + (540 \times 2.9)}{170 + 540} = 2.45m$$

54. ④

[해설] AN 볼트의 규격은 다음과 같다.

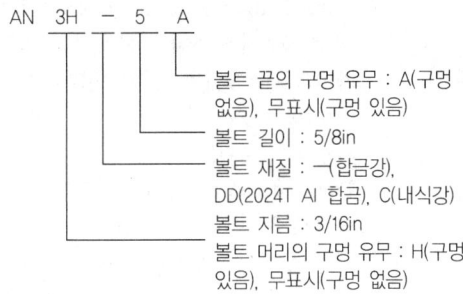

55. ①

[해설] 비행기의 어떤 수평속도에서 갑자기 조종간을 조작하여 최대 양력계수 상태로 상승비행을 할 때 하중배수가 n_1이 되었다면, 이때의 속도를 설계운용속도(Design maneuvering speed) VA라 한다. V-n 선도에서 설계운용속도는 조종사가 아무리 급격한 조작을 하여도 구조상 안전하여 항공기 기체가 파괴되지 않는 속도이다. 문제의 V-n 선도에서 설계운용속도에 해당하는 비행상황은 "A" 지점이다.

56. ②

[해설] 리벳 작업 시 끝거리와 간격은 다음과 같이 하여 리벳을 배치한다.
① 연거리 : 판재의 모서리와 이웃하는 리벳의 중심까지의 거리를 의미하며, 최소 연거리는 리벳 직경의 2배이다. (접시머리 리벳의 경우 리벳 직경의 2.5배)
② 리벳간격(pitch) : 같은 열에 있는 리벳 중심 간의 거리를 의미하며, 최소 리벳간격은 리벳 직경의 3배로 한다.

57. ③

[해설] 페일 세이프 구조(fail safe structure)는 한 구조물이 여러 개의 구조요소로 결합되어 있어 항공기 일부 구조물이 파손되거나, 그 일부분에 구조적 결함이 발생해도 항공기 전체 구조물의 안전을 보장하기 위한 구조를 말한다.

58. ③

[해설] 조종계통을 작동하는 조종방식의 종류는 다음과

같다.
① Manual flight control system(수동 조종방식) : 조종사가 가하는 힘과 조작 범위를 기계적으로 조종면에 전달하는 방식으로 cable control system과 push-pull rod control system이 있다.
② Powered control system(동력 조종방식) : 유압 등의 동력을 이용하는 조종방식
③ Fly-by-wire control system(플라이 바이 와이어 조종방식) : 조종간이나 방향키 페달의 움직임을 전기적인 신호로 변환하여 컴퓨터에 입력시키고, 이 컴퓨터에 의해서 전기 또는 유압식 작동기(actuator)를 동작하게 함으로써 조종계통을 작동하는 조종방식
④ Automatic pilot system(자동 조종방식) : 자이로(gyro)에 의해서 검출된 변위량을 기계식 또는 전자식에 의하여 조종 신호로 바꾸어 자동으로 조종하도록 하는 방식

59. ④

해설 서로 다른 두 종류의 이질 금속이 접촉한 곳에 습기가 침투하여 전해질이 형성될 때 전지현상에 의하여 양극이 되는 부분에 발생하는 부식을 이질금속 간 부식, 또는 갈바닉 부식(galvanic corrosion)이라고 한다.

60. ②

해설 항공기 기체 구조의 리깅(rigging) 작업 시 구조의 얼라인먼트(alignment) 점검 사항은 다음과 같다.
① 날개 상반각과 취부각
② 수평안정판 상반각과 취부각
③ 수직안정판 수직상태
④ 좌우 대칭 점검
⑤ 착륙장치의 얼라인먼트(alignment)

제4과목 : 항공장비

61. ②

해설 HF 전파를 이용하여 통신하려면 파장이 길기 때문에 요구되는 안테나의 길이가 무척 길어지지만 항공기 구조와 고속성 때문에 큰 안테나를 장착하지 못하고 작은 안테나가 사용된다. 또한 주파수의 변화에 따라 파장의 실제적인 길이의 변화도 크므로, 송수신 장치와 안테나 주파수의 전기적인 적정한 매칭(matching)이 이루어지도록 자동으로 작동하는 안테나 커플러(antenna coupler)가 부착되어 있다.

62. ①

해설 항공기 결빙을 막거나 조절하는 데 사용되는 방빙 방법에는 가열공기의 덕트를 설치하고 이곳으로 가열공기를 통과하게 하여 결빙을 방지하는 고온공기를 이용한 방법, 전열선을 설치하여 결빙을 방지하는 전기적 열에 의한 가열 방법 등이 있다.
제빙 부츠(boots) 방식은 공기가 주입되는 고무 부츠를 부착시키고 공기압을 이용한 부츠의 팽창과 수축작용에 의해 결빙된 얼음을 제거하는 방식으로, 소형 항공기의 날개나 조종면의 앞전에 사용하는 제빙 방식이다.

63. ④

해설 서로 다른 두 종류의 금속을 접합하여 온도계기로 사용하는 열전대(thermocouple)에 대한 설명은 다음과 같다.
① 열전대에 사용하는 금속은 크로멜(chromel)과 알루멜(alumel), 철과 콘스탄탄 및 구리-콘스탄탄 등이 있다.
② 열전대는 브리지 회로를 구성할 수 없다.
③ 출력에 나타나는 전압은 두 접합점 사이의 온도 차이에 비례한다.
④ 바이메탈(bimetal)을 이용하여 냉점 온도만큼 지시계 접합부 온도를 보정한다.

64. ①

해설 주파수를 f [Hz], 빛의 속도를 C [m/sec]라고 하면, 파장(λ)을 구하는 식은 다음과 같다.
$$\lambda = \frac{C}{f} = \frac{3 \times 10^8}{60 \times 10^6} = 5\,\text{m}$$
($\because C = 3 \times 10^8 \text{m/sec}$, $1\text{MHz} = 10^6 \text{Hz}$)

65. ③

해설 정류기(rectifier)는 전류 흐름 방향을 한쪽으로만 흐르게 함으로써 교류를 직류로 변환시키는 장치이다. 최근에는 대부분의 항공기는 반도체의 정류기를 사용하고 있다.

66. ②
해설 계산에 의하면 교류의 실효값은 최댓값의 0.707배에 해당한다. 따라서 교류의 최댓값을 E_m이라고 하면, 실효값 E를 구하는 식은 다음과 같다.
$E = 0.707 E_m = 0.707 \times 141.4 = 99.97\,\text{V}$

67. ①
해설 항공기 유압회로에서 필터(filter)에 부착되어 있는 차압지시계(differential pressure indicator)는 필터 엘리먼트(element)가 오염되어 있는 상태를 알리기 위한 지시계이다.
필터 엘리먼트에 이물질이 있어서 필터 입구와 출구의 차압이 허용 범위를 초과하면 차압지시계의 적색 지시 버튼(red indicator button)이 튀어나와 필터의 오염 상태를 알려준다.

68. ③
해설 다용도 측정기기인 멀티미터(multimeter)를 이용하여 전압을 측정 시, 저항이 큰 회로에 전압계를 사용할 때는 저항이 큰 전압계를 사용하여 계기의 션트 작용을 방지해야 한다.

69. ③
해설 전기계통의 인버터(inverter)는 배터리의 직류를 공급받아 교류로 변환시키는 역할을 하는 장치이다. 인버터는 주전원이 직류인 항공기에서 교류를 얻기 위해 사용된다.

70. ②
해설 위성 통신을 하기 위해 전파를 지구에서 인공위성으로 보내는 것을 상향 링크(uplink)라고 하고, 인공위성에서 지구로 보내는 것을 하향 링크(downlink)라고 한다. 위성 통신용 전파는 간섭을 피하기 위하여 상향 링크 주파수와 하향 링크 주파수를 다르게 사용하고 있다.

71. ④
해설 자기 컴퍼스의 조명과 연결된 배선은 점등 시 전류에 의한 자장으로 자차가 발생할 수 있다. 따라서 조명을 위한 배선 시 자차로 인한 지시오차를 줄여 주기 위하여, +선과 −선을 꼬아서 합치고 접지점을 자기컴퍼스에서 충분히 멀리 뗀다.

72. ④
해설 여압장치가 되어 있는 항공기가 순항 시 자동으로 객실고도는 대략 8,000ft로 계속 일정하게 유지되며, 자동조절장치가 고장났을 경우 조종사는 수동으로 객실의 압력을 조절할 수 있다. 규정된 객실고도를 초과한 경우 다음과 같은 조치가 취해진다.
① 객실고도가 10,000ft를 초과한 경우 : 객실압력 경고 혼(horn)이 울려 조종사가 수동으로 조치를 취하도록 경고하여 준다.
② 객실고도가 14,000ft를 초과한 경우 : 천장 내 또는 좌석 등받이 뒤에 넣어져 있는 승객 산소 공급계통의 산소마스크가 자동으로 승객의 눈 앞에 나타난다.

73. ①
해설 자이로신 컴퍼스(gyrosyn compass)는 자기 컴퍼스의 지자기 탐지능력과 방향 지시 자이로의 강직성이 합해진 것으로, 자차가 거의 없고 동적 오차도 없으므로 안정된 자방위의 지시를 얻을 수 있다. 이 컴퍼스의 자방위판(컴퍼스 카드)은 수감부인 플럭스 밸브(flux valve)에서 지자기의 방향을 탐지하여 전기신호로 변환하여 보내는 신호에 의해 구동된다.

74. ①
해설 자장항법장치(independent position determining)는 지상 항법 보조시설의 도움없이 독립적으로 작동되어 항공기의 위치 정보를 제공하는 장치이며, 여기에 포함되는 장치는 다음과 같다.
① INS(관성항법장치)
② Weather radar
③ GPWS(지상접근경보장치)
④ Radio altimeter(전파 고도계)

⑤ 도플러 항법장치

75. ③

해설 속도의 종류는 다음과 같다.
① 지시대기속도(indicated air speed : IAS) : 전압(total pressure)과 정압(static pressure)의 차이를 감지하고, 해면고도에서의 밀도를 도입하여 이를 기준으로 계기에 지시하는 속도
② 수정대기속도(calibrated air speed : CAS) : 지시대기속도에서 전압, 정압 계통의 장착위치 및 계기 자체의 오차를 수정한 속도
③ 등가대기속도(equivalent air speed : EAS) : 수정대기속도에 공기의 압축성 효과를 수정한 속도
④ 진대기속도(True air speed : TAS) : 등가대기속도에서 고도 변화에 따른 공기의 밀도(외기온도)를 수정한 속도

76. ③

해설 펌프는 방출 용량에 따라 다음과 같이 구분할 수 있다.
① 일정 용량 펌프 : 요구되는 압력에 관계없이 펌프의 회전수에 따라 고정된 양을 공급한다.(제로터형, 기어형, 베인형 펌프)
② 가변 용량 펌프 : 계통에 요구되는 압력에 따라 펌프의 회전수와 관계없이 적절한 양을 계통에 공급한다.(피스톤형 펌프)

77. ④

해설 정속 구동 장치(constant speed drive : CSD)는 항공기 기관의 구동축과 발전기축 사이에 장착된다. 정속 구동 장치는 기관의 회전수에 관계없이 일정한 회전수를 발전기 축에 전달하여 교류 발전기의 출력 주파수를 항상 일정하게 유지시켜 준다.

78. ②

해설 일산화탄소(CO)는 불완전 연소에 의해 생성되는 무색, 무취의 가스이다. 배기가스를 히터로 사용하는 난방계통에서 부품의 결함, 가스킷의 누설 등이 발생하면 일산화탄소가 누설될 수 있다. 따라서 배기가스를 히터로 사용하는 난방계통에서 부품의 결함을 검사하는 방법으로 가장 효율적인 것은 주기적으로 일산화탄소 감지시험을 하는 것이다.

79. ④

해설 전자식 객실온도 조절기에서 혼합 밸브는 더운 공기와 찬 공기를 적정 온도로 혼합하여 공기분배장치를 통해 객실로 분배한다.

80. ②

해설 통신위성시스템에서 지구국은 위성에 탑재된 중계기를 통하여 다른 지구국과 접속하고 기존의 지상 통신망과 연결하는 기능을 한다. 지구국의 일반적인 구성은 다음과 같다.
① 안테나계
② 송·수신계
③ 변·복조계
④ 감시 제어계
⑤ 전원계

2014년 2회 (5월 25일)

제1과목 : 항공역학

1. ①

[해설] 프로펠러 항공기가 최대 항속거리를 비행하기 위해서는 양항비($\frac{C_L}{C_D}$)가 최대인 받음각으로 비행해야 한다. 유해항력계수(C_{Dp})와 유도항력계수(C_{Di})가 같을 때 항력이 최소가 되고, 양항비가 최대가 되어 최대항속거리를 얻을 수 있다.

2. ③

[해설] 프로펠러 효율은 기관으로부터 프로펠러에 전달된 축 동력인 입력에 대한 출력의 비이며 관계식은 다음과 같다.

$$\eta_p = \frac{출력}{축동력} = \frac{TV}{P} = \frac{C_t}{C_p} \cdot \frac{V}{nD}$$

여기에서, C_t는 추력계수, C_p는 동력계수, $\frac{V}{nD}$는 진행률이다. 따라서 프로펠러 효율은 축 동력에 반비례하고, 추력계수와 진행률에 비례한다.

3. ②

[해설] 밀도를 ρ, 대기속도를 V라고 하면, 동압 q를 구하는 식은 다음과 같다.

$$q = \frac{1}{2}\rho V^2 = \frac{1}{2} \times 0.1 \times 120^2 = 720 \text{kg/m}^2$$

4. ③

[해설] 헬리콥터는 비행 중 엔진이 고장나면 로터가 엔진과 분리되어 자동회전하여 천천히 하강하여 안전하게 착륙할 수 있는데 이러한 비행을 자전강하(auto-rotation)라고 한다.

5. ④

[해설] 동력계수를 C_p, 밀도를 ρ, 회전수를 n, 그리고 프로펠러 지름을 D라고 하면, 프로펠러 축 동력(P)은

$$P = C_p \rho n^3 D^5$$

∴ 따라서,

$$C_p = \frac{P}{\rho n^3 D^5} = \frac{550 \times 400}{0.002378 \times \left(\frac{3000}{60}\right)^3 \times 6^5}$$

$$= 0.095 \ (\because 1\text{HP} = 550 \text{ft} \cdot \text{lb/s})$$

6. ④

[해설] 사이클릭 조종 레버를 원하는 방향으로 기울이면 회전면이 경사지게 되어 전진비행 또는 원하는 방향으로 비행할 수 있다.

7. ②

[해설] 턱 언더에 의한 조종력의 역작용은 조종사에 의해서 수정하기가 어렵기 때문에, 제트 수송기에서는 조종계통에 마하 트리머(mach trimmer)를 설치하여 자동적으로 턱 언더 현상을 수정할 수 있게 한다.

8. ①

[해설] 레이놀즈 수(Reynolds number)에 대한 설명은 다음과 같다.
① 레이놀즈 수란 동압으로 인한 관성력과 점성에 의한 마찰력(점성력)의 비를 나타내는 무차원수이다.
② 대기속도를 V, 시위길이를 L, 동점성계수를 ν라고 하면, 레이놀즈 수(Re)를 구하는 관계식은 $Re = \frac{VL}{\nu}$이다. 따라서, 레이놀즈 수는 동점성계수에 반비례한다.
③ 천이현상이 일어나는 레이놀즈 수를 임계 레이놀즈 수라고 한다.

9. ①

[해설] 날개모양에 따른 실속특성은 다음과 같다.
① 직사각형 날개 : 날개 끝에서부터 실속이 일어난다.
② 타원형 날개 : 스팬(span) 방향으로 균일하게 실속이 일어난다.
③ 뒤젖힘 날개 : 날개 끝에서부터 실속이 일어난다.
④ 테이퍼형 날개 : 테이퍼비가 작아질수록 날개 끝에서부터 실속이 일어난다.

10. ④

해설 비행기가 실속 받음각보다 큰 받음각을 취했을 때 어떤 교란에 의하여 회전하는 경우 하강날개의 받음각은 상향날개의 받음각보다 커져 양력 값이 작아지고 반대로 상향날개는 양력값이 증가하여 계속 회전시키려는 힘이 발생하는데, 이를 자동회전(자전, auto-rotation)이라고 한다.

11. ④

해설 양력계수를 C_L, 스팬효율계수를 e, 그리고 가로세로비를 AR이라고 하면, 유도항력계수 C_{Di}를 구하는 관계식은 다음과 같다.

$$C_{Di} = \frac{C_L^2}{\pi e AR}$$

유도항력계수는 양력계수의 제곱에 비례하고, 가로세로비에 반비례한다. 따라서 가로세로비가 커지면 유도항력계수는 작아진다.

12. ②

해설 층류와 난류에 대한 설명은 다음과 같다.
① 천이(transition) 현상이란 층류 흐름 상태에서 레이놀즈 수가 증가하면 흐름이 불안정한 상태로 되는 현상으로 천이 형상이 발생하면 흐름이 부분적으로 혼합되고 불규칙적인 현상을 나타낸다.
② 난류 유체 입자들은 층류에 비해 마찰력이 크지만, 층류에서보다 점성 마찰력과 높아지는 뒤쪽 압력에 잘 견디기 때문에 박리는 난류보다 층류에서 쉽게 일어난다.

13. ③

해설 양력계수가 가장 클 때의 속도가 실속 속도인 최소 속도(V_{min})가 된다. 공기 무게를 W, 공기밀도를 ρ, 날개면적을 S, 그리고 최대 양력계수를 C_{Lmax}이라고 하면, 비행 가능한 최소 속도(실속 속도) V_s를 구하는 식은 다음과 같다.

$$V_s = \sqrt{\frac{2W}{\rho S C_{Lmax}}}$$

14. ②

해설 비행속도를 V, 중력가속도를 g, 그리고 선회경사각을 θ라고 하면, 선회반경 R은

$$R = \frac{V^2}{g \tan \theta} = \frac{\left(\frac{100}{3.6}\right)^2}{9.8 \times \tan 30°} = 136.37 \text{m}$$

15. ③

해설 양항비(활공비) $= \dfrac{\text{수평활공거리}}{\text{활공고도}}$ 이므로,

∴ 수평활공거리 $=$ 양항비 $\times$ 활공고도
$= 10 \times 2000 = 20,000 \text{m}$

16. ③

해설 비행기의 수직꼬리날개 앞에 도살 핀(dorsal fin)을 장착하여 수직꼬리날개가 실속하는 큰 옆미끄럼각에서도 방향 안정을 유지하는 효과를 얻기도 한다. 따라서 도살 핀이 손상되면 방향 안정성이 감소한다.

17. ①

해설 • 추력을 T, 비행속도를 V, 기관출력을 BHP, 그리고 프로펠러 효율을 η라고 하면, 프로펠러 비행기의 이용마력 P_a는

$$P_a = \frac{TV}{75} = BHP \times \eta \text{ 이므로}$$

$$T = \frac{75 \times 0.8 \times 250}{\left(\frac{180}{3.6}\right)} = 300 \text{kgf}$$

• 등속도 수평비행 시 항공기의 무게를 W, 양항비를 C_L/C_D라고 하면, 추력 T는

$$T = W \frac{C_D}{C_L} \text{ 이므로}$$

$$\therefore \frac{C_L}{C_D} = \frac{W}{T} = \frac{1500}{300} = 5$$

18. ①

해설 뒤젖힘 날개의 장점은 다음과 같다.
① 임계 마하수를 증가시킨다.
② 방향 안정성이 증가한다.
③ 항력 발산 마하수가 증가한다.

19. ④

해설 방향키 부유각(rudder float angle)이란 방향키

를 자유로 하였을 때 공기력에 의해 방향키가 자유로이 변위되는 각을 말한다.

20. ②

해설 날개가 수평을 기준으로 위로 올라간 각을 상반각(또는 쳐든각)이라고 한다. 기하학적으로 주날개의 상반각(쳐든각)은 옆미끄럼에 의한 옆놀이에 정적인 안정을 주게 된다. 그러므로 주날개의 상반각은 항공기의 가로안정성을 높이는 데 가장 중요한 요소이다.

제2과목 : 항공기관

21. ③

해설 항공기 왕복엔진에서 지시마력이란 지시선도에서 나타난 지시평균 유효압력에 의해 얻어진 마력을 말하며, 제동마력, 지시마력과 마찰마력의 관계는 다음과 같다.
제동마력(bHP)
　　= 지시마력(iHP) − 마찰마력(fHP)
따라서, 지시마력이 가장 큰 값을 갖는다.

22. ②

해설 왕복기관은 각 실린더 벽과 피스톤, 크랭크 축과 커넥팅 로드의 각 베어링, 로커 암 베어링 등 밸브 작동기구와 같이 고열을 받는 구성품에 오일을 공급하여 윤활과 냉각 작용을 한다. 그리고 연료펌프 등의 액세서리들을 구동하는 기어와 그 축의 베어링 등에 오일을 공급한다. 연료펌프는 열을 받는 구성품이 아니며 상대적으로 오일의 온도에 가장 작은 영향을 미친다.

23. ④

해설 역추력장치의 조작은 스로틀 또는 엔진 파워 레버(power lever)가 idle 위치에 있을 때 파워 레버에 부착되어 있는 역추력 레버를 뒤쪽으로 당겨서 작동시키면 역추력 카울이 엔진 후방으로 전개되면서 작동된다.

24. ④

해설 터보프롭 기관은 기관과 프로펠러 사이에 감속기어를 장착하여 프로펠러를 회전시켜 추진력을 얻는 가스 터빈 기관이다. 터보프롭 기관은 터보제트 기관에 프로펠러를 장착한 형태로 만들어졌지만, 추력의 대부분인 75% 정도를 프로펠러에서 얻고, 나머지는 배기 노즐에서 얻는다.

25. ①

해설 왕복기관은 각 실린더 벽과 피스톤, 그리고 밸브 가이드와 같은 밸브 작동기구의 윤활과 냉각작용을 위하여 오일을 공급한다. 실린더 벽, 피스톤 링 및 밸브 가이드의 마모 증가로 공급한 오일이 실린더로 스며들어가면 오일 소모량이 많아지고, 점화 플러그가 더러워질 수 있다.

26. ②

해설 왕복기관의 발달에 따라 높은 앤티노크성이 필요하게 됨으로써 연료에 자연발화가 잘 일어나지 않게 하는 앤티노크제를 섞어 인공적으로 앤티노크성을 향상시키는 방법을 쓰게 되었다. 이 앤티노크(anti-knock)제는 연료에 약간의 4에틸납을 섞어 앤티노크성을 높인 것이다.

27. ④

해설 간극체적을 V_C, 행정체적을 V_S라고 하면, 실린더의 압축비 ε를 구하는 관계식은 다음과 같다.
$$\varepsilon = \frac{\text{실린더 체적}}{\text{연소실 체적}} = \frac{V_C + V_S}{V_C} = 1 + \frac{V_S}{V_C}$$

28. ②

해설 배기가스속도를 V_j, 비행속도를 V_a라고 하면, 비추력 F_s는
$$F_s = \frac{V_j - V_a}{g} = \frac{400 - \left(\frac{1080}{3.6}\right)}{9.8} = 10.2$$

29. ③

해설 초음속기의 배기 노즐은 배기가스의 속도를 초음속으로 해야 하기 때문에 수축-확산형 노즐이 사용된다. 아음속기의 배기 노즐로는 수축형 노즐이 사용된다.

30. ④

해설 프로펠러 깃의 스테이션 넘버(station number)는 허브의 중앙으로부터 깃을 따라 위치를 표시한 것으로, 일반적으로 허브의 중앙에서 6인치 간격으로 깃 끝(blade tip)까지 나누어 표시한다. 따라서 프로펠러 허브(hub)의 중앙은 스테이션 넘버 "0"이고, 허브에서 깃 끝(tip)으로 갈수록 스테이션 넘버는 증가한다.

31. ③

해설 지시선도(indicator diagram)에서 나타난 지시평균 유효압력을 이용하여 얻어진 마력을 지시마력이라 한다. 지시마력은 실린더 안에 있는 연소가스가 피스톤에 작용하여 얻어진 동력이다.

32. ②

해설 윤활유 냉각기는 과거에는 공기 냉각방식을 사용했지만, 요즈음에는 연료를 이용하여 윤활유를 냉각시키는 연료/오일 냉각기를 많이 사용한다. 연료/오일 냉각기는 오일이 가지고 있는 열을 연료에 전달시켜, 오일을 냉각시키는 동시에 연료를 가열한다.

33. ①

해설 고압 마그네토는 항공기가 높은 고도에서 운용될 때는 플래시 오버(flash over)현상이 자주 발생한다. 따라서 전기누설 가능성이 많은 고공용 항공기에는 고압 마그네토가 적합하지 않다.

34. ③

해설 브레이턴 사이클의 P-V 선도에서 각 과정의 특징은 다음과 같다.
① 1→2 단열 압축과정 : 공기를 단열 압축하는 과정으로 온도는 증가한다.
② 2→3 정압 가열과정 : 압축된 공기를 점화시켜 연소가 이루어지는 과정으로 온도는 증가한다.
③ 3→4 단열 팽창과정 : 고압의 공기를 터빈에서 팽창시키는 과정으로, 가역 단열과정이므로 엔트로피는 일정하다.
④ 4→1 정압 방열과정 : 압력이 일정한 상태에서 열을 방출하는 과정으로, 열을 방출하므로 엔트로피는 감소한다.

35. ①

해설 흡입 매니폴드의 압력계는 매니폴드 안의 압력을 지시한다. 기관 정지 시에는 대기압과 같은 값을 나타낸다. 기관이 작동하면 과급기가 없는 기관에서는 대기압보다 낮은 값을 나타내며, 과급기가 있는 기관에서는 대기압보다 높은 값을 나타낼 수 있다.

36. ④

해설 프로펠러가 저속 회전상태가 되면 플라이웨이트의 회전이 느려지고 원심력이 작아져 안쪽으로 오므라든다. 이때 파일럿 밸브(pilot valve)는 밑으로 내려가 열리는 위치가 되며, 가압된 윤활유가 프로펠러의 피치 조절 실린더에 공급되어 실린더를 앞으로 밀어내므로 저피치가 된다. 프로펠러가 과속 회전상태가 되면 플라이웨이트의 회전이 빨라지고 원심력이 커져 바깥쪽으로 벌어진다. 이때 파일럿 밸브는 위로 올라가 가압된 윤활유가 프로펠러의 피치 조절 실린더에서 배출되므로 고피치가 된다.

37. ②

해설 연료필터는 연료 중의 불순물을 걸러 내기 위하여 사용된다. 연료필터는 보통 기관연료 펌프의 앞뒤에 하나씩 사용되며, 여과기 필터가 막혀서 연료가 잘 흐르지 못할 때에 기관에 연료를 계속 공급하기 위하여 규정된 압력차에서 열리는 바이패스 밸브가 함께 사용된다.

38. ①

해설 터빈 깃의 냉각방법은 다음과 같다.
① 대류 냉각 : 터빈 깃의 내부를 중공으로 제작하여 이곳으로 차가운 공기가 지나가게 함으로써 냉각시킨다.
② 충돌 냉각 : 터빈 깃의 내부에 작은 공기통로를 설치하여, 이 통로에서 터빈 깃의 앞전 안쪽을 향하여 냉각공기를 충돌시켜 깃을 냉각시키는 방법
③ 공기막 냉각 : 터빈 깃의 표면에 작은 구멍을 뚫어 이 작은 구멍을 통하여 찬 공기가 나오

게 한다.
④ 침출 냉각 : 터빈 깃을 다공성 재료로 만들어 차가운 공기가 터빈 깃을 통하여 스며 나오게 함으로써 터빈 깃을 냉각한다.

39. ③
해설
① 열역학 제1법칙 : 에너지 보존법칙이라고도 한다. 에너지는 여러 가지 형태로 변환이 가능하며, 즉 일과 열은 서로 변화될 수 있으며 그 절대적인 양은 일정하다는 것을 나타낸다.
② 열역학 제2법칙 : 비가역 과정에서의 엔트로피 증가 및 에너지 전달의 방향성을 나타낸다. 간단히 표현하면 열은 높은 온도의 물체에서 낮은 온도의 물체로 저절로 이동할 수 있지만, 그 반대로는 저절로 이동할 수 없다. 즉, 열과 일의 변환에는 변환될 수 있는 어떠한 방향이 있다는 것을 나타낸다.

40. ①
해설 가스 터빈 기관의 정상 시동 시 일반적인 시동 절차는 다음과 같다.
① Starter "ON" : 시동기가 압축기를 회전시킨다.
② Ignition "ON" : 이그나이터(igniter)에서 스파크(spark)가 이루어진다.
③ Fuel "ON" : 연료가 공급되고, 연료와 공기가 연소되어 불꽃이 발생한다.
④ Ignition "OFF" : 기관이 자립회전속도에 도달하면 점화 스위치가 자동으로 off된다.
⑤ Starter "Cut-Off" : 시동기가 기관으로부터 자동적으로 분리된다.

제3과목 : 항공기체

41. ②
해설 변형된 길이를 δ, 원래의 길이를 L이라고 하면, 인장변형률(ε)은
$\varepsilon = \dfrac{\delta}{L} = \dfrac{0.4}{200} = 0.002 = 20 \times 10^{-4}$

42. ③

해설 항공기의 고속화에 따라 마찰에 의해 항공기 표면이 고온이 되므로 열에 약한 알루미늄 합금에서 티타늄 합금으로 대체되고 있다.

43. ④
해설 클레비스 볼트(clevis bolt)의 머리 형태는 둥글고, 머리에 스크류 드라이버를 사용하도록 홈이 파여 있다. 이 볼트는 전단 하중만 걸리고 인장 하중이 작용하지 않는 부분에 사용되며, 조종계통의 장착용 핀 등으로 자주 사용된다.

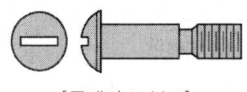

[클레비스 볼트]

44. ②
해설 거스트 로크(gust lock)는 지상 계류 중인 항공기가 돌풍으로 인해 조종면이 심하게 움직이거나 파손되지 않도록 하거나, 항공기 지상 이동 시 충격에 의한 손상을 방지하기 위하여 주로 소형 항공기에서 조종면을 고정시키는 장치이다. 거스트 로크 장치는 조종석의 조종간을 고정시키는 내부 고정장치, 완충장치인 조종면 스누버(snubber), 그리고 조종면을 고정하는 외부 조종면 고정장치로 구성되어 있다. 동력 조종장치 항공기는 유압 실린더의 댐퍼 작용으로 거스트 로크 장치가 반드시 필요하지는 않다.

45. ③
해설 세미 모노코크 구조(semi-monocoque structure)는 스트링어(stringer), 세로대(longeron), 벌크헤드(bulkhead), 프레임(frame) 및 외피(skin) 등의 부재로 이루어진다. 세미 모노코크 구조는 외피가 항공기의 형태를 유지해 주면서 항공기에 작용하는 하중의 일부분을 담당하고, 나머지 하중은 골격이 담당한다.

문제의 보기에서 ①은 트러스 형식(truss type), 보기 ②는 모노코크 형식(monocoque type)의 동체구조에 대한 설명이다.

46. ②
해설 케이블 조종계통에 대한 설명은 다음과 같다.

① 케이블은 왕복으로 설치하여야 한다.
② 케이블 장력이 커지면 풀리(pulley)에 큰 반력이 생기고 마찰력이 커져 조종성이 떨어진다.
③ 케이블 풀리 간격이 조작하는 거리보다 길어지는 것이 조종성 안정에 좋다.
④ 케이블은 비행 중에 진동되기 때문에 로드(rod)보다 큰 공간을 필요로 한다.

47. ③

해설 문제의 그림과 같은 판재 가공을 위한 레이아웃에서 각 위치별 내용은 다음과 같다.
① A : 세트 백(set back)
② B : 굽힘 반지름
③ C : 성형점(mold point)-판재 외형선의 연장선이 만나는 지점

48. ③

해설 인성(toughness)이란 취성(brittleness)의 반대되는 성질로 충격에 잘 견디며, 찢어지거나 파괴가 되지 않는 질긴 성질을 말한다.

49. ①

해설 가스 중에 아크를 발생시키면 가스는 이온화되어 원자 상태가 되고, 이때 다량의 열이 발생한다. 플라스마 용접(plasma welding)이란 이 아크와 가스의 혼합물을 용접의 열원으로 이용하는 용접 방법이다.

50. ②

해설 • 중심위치$(C.G) = \dfrac{\text{총 모멘트}}{\text{총 무게}}$

$= \dfrac{(10000 \times 100)+(20000 \times 2 \times 500)}{10000+(20000 \times 2)}$

$= +420 \text{cm}$

• 기준선에서 무게중심(C.G)까지의 거리를 H, 기준선에서 MAC 앞전까지의 거리를 X, 그리고 MAC의 길이를 C라고 할 때, 무게중심(C.G)의 위치를 MAC의 백분율(%)로 나타내면

$C.G = \dfrac{H-X}{C} \times 100(\%) = \dfrac{420-370}{200} \times 100$

$= 25\%$

∴ 따라서, 무게중심(C.G)은 MAC(mean aerodynamic chord)의 앞전에서부터 25% 지점에 있다.

51. ④

해설 문제의 그림과 같은 구조물에서 B-C 구간의 내력을 구하기 위해 자유물체도를 그리면 다음과 같다.

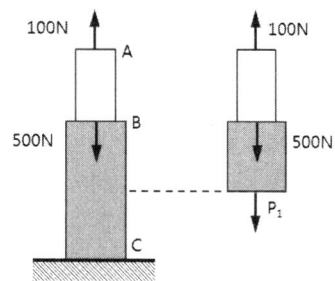

위의 구조물에서 A 지점에는 인장하중 100N, B 지점에는 압축하중 500N이 작용하고 있다. B-C 구간의 내력을 P_1이라고 하면,

∴ $P_1 = +100 - 500 = -400 \text{N}$

(∵ 인장은 +, 압축은 − 부호로 한다)

52. ①

해설 SAE에 의한 합금강(특수강)의 분류는 네 자리 숫자로 되어 있으며 첫째 자리의 수는 합금강(특수강)의 종류, 둘째 자리의 수는 합금원소의 함유량을 나타낸다. 주요 합금강의 종류는 다음과 같다.

합금 번호	종류	합금 번호	종류
1×××	탄소강	4×××	몰리브덴강
13××	망간강	5×××	크롬강
2×××	니켈강	52××	중크롬강
23××	3% 니켈 함유	6×××	크롬-바나듐강
3×××	니켈-크롬강	7×××	텅스텐
32××	1.75% 니켈, 1% 크롬		

53. ④

해설 그림과 같은 길이 l인 캔틸레버보(외팔보)의 자유단에 집중력 P가 작용할 때 최대 굽힘 모멘트는

고정단에서 발생하며, 최대 굽힘 모멘트(M_{max})의 크기는 $M_{max} = Pl$이다.

54. ①

해설 리벳작업을 한 후에 성형된 리벳 머리를 성형머리(buck tail)이라 하며, 성형머리의 높이는 0.5D이고, 지름은 1.5D가 적당하다. (∵ D = 리벳지름)

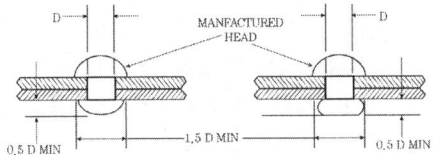

55. ④

해설 복합재료(composite material)란 2가지 이상의 재료를 일체화(결합)하여 각각의 재료보다 더 우수한 성질을 갖도록 한 합성재료를 의미한다.

56. ②

해설 이질 금속 간 부식(galvanic corrosion)은 서로 다른 두 가지의 금속이 접촉되어 있는 상태에서 전해작용에 의해 발생하는 부식이다. 아래 표에서 같은 그룹의 금속은 서로 부식이 잘 일어나지 않으므로 조합해서 사용해도 가능하다. 그러나 다른 그룹의 금속과 조합해서 사용하면 부식이 쉽게 일어나므로 주의해야 한다.
문제의 보기 ①은 그룹 Ⅲ, 보기 ③과 ④는 그룹 Ⅳ의 금속으로 같은 그룹의 금속이지만, 보기 ②는 서로 다른 그룹의 금속이므로 조합해서 사용하면 부식이 잘 일어날 수 있다.

그룹	해당 금속
그룹 Ⅰ	마그네슘과 마그네슘 합금, 알루미늄 합금 1100, 5052, 5056, 6063, 5356, 6061
그룹 Ⅱ	카드뮴, 아연, 알루미늄과 알루미늄 합금(그룹 Ⅰ의 알루미늄 합금을 포함한다.)
그룹 Ⅲ	철, 납, 주석, 이것들의 합금(내식강은 제외)
그룹 Ⅳ	크롬, 니켈, 티타늄, 은, 내식강(스테인레스강 등), 그래파이트(Graphite), 구리와 구리 합금, 텅스텐

57. ④

해설 응력 외피형 날개의 주요 구조부재는 다음과 같다.
① 스파(spar, 날개보) : 일반적으로 날개의 전후방에 하나씩 설치되며, 날개에 작용하는 주요 하중을 담당하는 부재이다.
② 리브(rib) : 날개의 단면이 공기 역학적인 형태를 유지할 수 있도록 날개의 모양을 만들어 준다.
③ 스트링거(stringer, 세로지) : 날개의 굽힘강도를 크게 하고, 날개의 비틀림에 의한 좌굴을 방지한다.
④ 스킨(skin) : 공기 역학적인 형태를 유지해주면서 항공기에 작용하는 하중의 일부분을 담당한다.

58. ①

해설 항공기에 사용되는 완충장치의 형식은 다음과 같다.
① 올레오식(oleo type) : 압축된 공기가 유압유와 결합되어 충격 하중을 분산시키는 작용을 하며, 완충효율이 우수하여 대형기의 착륙장치에 많이 사용된다.
② 공기 압력식 : 공기의 압축성을 이용
③ 평판 스프링식(plate spring type) : 스프링판의 탄성을 이용
④ 고무 완충식 : 고무의 탄성을 이용

59. ③

해설 둥근머리 리벳(AN 430, AN 435, MS 20435)은 항공기 표면에는 공기역학적으로 저항이 많으므로 사용하지 않고, 항공기 내부의 구조부에 사용된다.

60. ①

해설 페일 세이프 구조(fail safe structure)는 한 구조물이 여러 개의 구조요소로 결합되어 있어 어

느 부분에서 피로파괴가 일어나거나 그 일부분에 구조적 결함이 발생해도 항공기 구조상 위험이나 파손을 보완할 수 있는 구조를 말하며, 다음과 같은 종류가 있다.
① 이중구조(double structure) : 큰 부재 대신에 2개 또는 그 이상의 작은 부재를 결합시켜 하나의 부재와 같은 강도를 가지게 한 것
② 대치구조(back-up structure) : 주 부재가 전 하중을 지지하고 있는 경우, 주 부재가 파괴되었을 때 하중을 지탱해주는 예비적 부재를 가지고 있는 구조
③ 예비구조(redundant structure) : 일부 부재가 파괴될 경우 그 부재가 담당하던 하중을 다른 부재가 분담할 수 있는 구조
④ 하중 경감 구조(load dropping structure) : 부재가 파손되기 시작할 때 다른 부재에 하중을 이동, 전달함으로써 부재의 완전 파단 또는 파괴를 방지하는 구조

제4과목 : 항공장비

61. ①

해설 고도계 보정 방식의 종류는 다음과 같다.
① QNE 방식 : 해상비행 등에서 항공기의 고도 간격의 유지를 위하여 기압눈금을 해면의 표준 대기압인 29.92inHg에 맞추어 표준 기압면으로부터 고도를 지시하게 하는 방식이며, 이때 고도계가 지시하는 고도는 기압고도이다.
② QNH 방식 : 그 당시의 해면기압을 맞추는 것으로 활주로에서 고도계가 활주로 표고를 가리키도록 하는 방식이며 해면으로부터의 기압고도, 즉 진고도를 지시한다.
③ QFE 방식 : 활주로 위에서 고도계가 0을 지시하도록 기압 눈금판에 비행장의 기압을 맞추는 방식으로 그 지형으로부터 고도, 즉 절대고도를 지시한다.

62. ③

해설 항공기에 사용되는 유압계통의 장점은 다음과 같다.
① 원격조정이 용이하다.
② 과부하에 대해서도 안정성이 높다.
③ 운동속도의 조절 범위가 크고 무단변속을 할 수 있다.
④ 단위중량에 비해 큰 힘을 얻는다.
⑤ 속도나 방향의 제어가 용이하다.

63. ②

해설 비상장비는 항공기에 비상사태가 발생하였을 때 승객을 보호하고, 승객과 승무원이 무사히 탈출할 수 있도록 도와주는 역할을 한다. 항공기에 갖추어야 할 비상장비에는 구명동의(구명조끼), 비상신호용 장비(음성신호발생기, 불꽃조난신호장비), 구명보트, 탈출용 미끄럼대, 휴대용 소화기, 손도끼, 메가폰, 구급의료용품 등이 있다.

64. ④

해설 단거리 전파 고도계(LRRA : Low Range Radio Altimeter)에 대한 설명은 다음과 같다.
① 항공기에서 지표를 향해 전파를 발사하여 이 전파가 되돌아오기까지의 시간차를 측정하여 지상과 항공기 사이의 수직거리를 측정한다.
② 저고도 측정에 사용한다.
③ 지면에 대한 항공기의 절대고도를 지시한다.
④ 전파 고도계라고 하며, 항공기가 착륙할 때 고도 정보를 얻는 데에도 사용된다.

65. ③

해설 자동 방향 탐지기(ADF : automatic direction finder)는 190~1750kHz대의 전파를 사용하여 무선국으로부터의 전파 도래 방향을 알아 항공기의 방위를 시각 또는 청각 장치를 통해서 알아내는 장비이다. 자동 방향 탐지기는 일반적으로 지상에는 무지향성 표지 시설이 있고, 항공기에는 안테나(루프 안테나, 감도 안테나), 수신기, 전파 자방위 지시계(RMI) 등으로 구성되는 수신 장치가 있다.

66. ②

해설 계기착륙장치(ILS : Instrument Landing System)를 구성하는 장치는 다음과 같다.
① 로컬라이저(localizer) : 정밀한 수평 방향의 접근 유도 신호를 제공한다.

② 마커 비컨(marker beacon) : 정점의 상공 통과를 조종사에게 알리기 위한 것으로, 직상공 통과는 활주로 끝으로부터의 일정 거리를 표시하기 위한 것이다.
③ 글라이드 슬로프(glide slope) : 활주로에 대하여 적정한 강하각을 유지하기 위해 수직방향의 유도(up-down)를 제공한다.

67. ③
해설 유량계기(Flowmeter)는 기관이 1시간 동안 소모하는 연료의 양을 PPH(pound per hour) 단위로 지시한다. 따라서 연료의 양을 W_f [lb], 연료 소비율을 c [lb/h]라고 하면 연료가 모두 소비되는 시간(H)을 구하는 식은 다음과 같다.

$$H = \frac{W_f}{c} = \frac{150}{75} = 2시간$$

68. ④
해설 납산 축전지(lead acid battery)의 전해액은 묽은 황산(H_2SO_4)이며, 알칼리 축전지(alkaline storage battery)의 전해액은 묽은 수산화칼륨 용액이다.

69. ①
해설 항공기에 충전된 정전기는 코로나 방전(corona discharge)을 일으킴으로써 무선 통신기에 잡음 방해를 발생시킨다. 정전기 방전장치(static discharger)는 기체에 충전된 방전기를 공중에 방전시켜 무선 수신기의 간섭 현상을 줄여주기 위한 목적으로, 보통 날개 끝이나 날개 뒷전의 가장자리 및 꼬리날개 부분의 끝에 장착한다. 비닐이 씌워진 방전장치는 비닐 커버에서 1inch는 나와 있어야 하며, null-field 방전장치의 저항은 0.1Ω을 초과해서는 안 된다.

70. ①
해설 유압계통의 구성품인 축압기(accumulator)는 가압된 작동유를 저장하는 저장통으로서 다음과 같은 역할을 한다.
① 유압장치의 작용과 펌프의 가압에서 발생하는 유압계통의 압력 서지(pressure surge)를 완화시킨다.
② 여러 개의 유압기기가 동시에 사용될 때 동력펌프를 돕고, 동력펌프가 고장이 났을 때 저장된 작동유를 공급하여 제한된 유압기기를 작동시키는 비상용 압력원으로 사용한다.
③ 동력펌프가 고장이 났을 때 저장된 작동유를 공급하여 제한된 유압기기를 작동시키는 비상용 압력원으로 사용한다.

71. ②
해설 모든 부품을 항공기 구조에 전기적으로 연결하기 위해 조종면 등의 가동 부분과 기체를 접지선으로 접촉시키는 것을 본딩(bonding)이라고 한다. 본딩은 고전압 정전기의 방전을 도와 스파크 현상을 방지하고, 정전기에 의한 무선 잡음을 방지하는 역할을 한다.

72. ③
해설 A/D 컨버터(ADC)는 아날로그 전압 신호를 받아서 디지털 신호로 변환하는 장치이다. 10bit 분해능의 A/D 컨버터는 기준 전압을 1,024 (2^{10})개의 디지털 신호로 분해할 수 있다는 것을 의미하며, 받아들인 전압 신호를 내부에서 처리하여 0~1,024의 디지털 값으로 변환한다.
따라서 기준 전압 5V의 10bit 분해능의 A/D 컨버터는 출력 전압이 0V일 때는 0, 5V일 때는 기준 전압과 동일하므로 1,024의 디지털 값으로 출력된다. 그리고 출력 전압이 2.5V이면 5V일 때의 1/2인 512(1,024÷2)의 디지털 값으로 출력된다.

73. ②
해설 도플러 레이더(doppler radar)는 지상의 항행원조시설 없이 장거리를 항행할 수 있게 하는 반자동식의 자립항법장치이다. 도플러 레이더는 레이더 신호를 감지하여 항공기의 대지속도와 비행거리를 계산하고, 항공기의 나침반을 이용하여 편류각을 연속적으로 구한다.

74. ④
해설 그림과 같은 회로에서 B와 C 단자 사이가 단선되었다면 해당 단자 사이에는 전류가 흐르지 못하여 회로는 직렬회로를 이루게 된다. 따라서 총

저항 R은
$R = R_{AB} + R_{AC} = 150 + 50 = 200\,\Omega$

75. ④

해설 피토압(pitot pressure)을 이용하는 피토 정압 계통의 계기에는 속도계, 고도계 및 승강계가 있다. 선회 경사계는 자이로를 이용한 계기이다.

76. ①

해설 객실 여압계통의 객실 압력 안전밸브에는 다음과 같은 밸브가 있다.
① 부압 릴리프 밸브(negative pressure relief valve) : 대기압이 객실 안의 기압보다 높을 경우 대기의 공기가 객실로 자유롭게 들어오도록 되어 있는 밸브로 진공밸브라고도 한다.
② 객실 압력 릴리프 밸브(cabin pressure relief valve) : 아웃 플로 밸브에 고장이 생겼거나 다른 원인에 의하여 객실의 차압이 규정값 이상으로 되면, 객실 안의 공기를 외부로 배출시킴으로써 규정된 차압을 초과하지 못하도록 한다.

77. ④

해설 광전 연기 탐지기(photo electric smoke detector)는 광전 튜브(photo tube)를 감지센서로 사용하며, 과열이나 화재로 인해 발생하는 연기를 감지하면 작동된다. 화재로 인한 연기가 광전 연기 탐지기 내로 들어오고 연기에 의한 반사광이 광전 튜브에 비치면, 저항이 감소하여 광전 튜브에 전류가 흐르게 되고 발연경보 장치가 작동한다.

78. ①

해설 지자기의 요소 중 복각(dip 또는 inclination)은 지자기 자력선의 방향과 지구 수평선이 이루는 각을 말한다. 복각은 지구 적도 부근에서는 거의 0°이고, 양극으로 갈수록, 즉 위도가 커질수록 90°에 가까워진다.

79. ④

해설 직류발전기의 전기자 권선에서 발생하는 교류를 브러시(brush)와 정류자(commutator)에 의하여 직류로 변환하는 작용을 정류작용이라고 한다.

80. ③

해설 제빙 부츠(deicing boots)를 취급할 때에 주의해야 할 사항은 다음과 같다.
① 제빙 부츠 위에서 연료 호스를 끌지 않는다.
② 부츠 위에 공구나 정비에 필요한 공구를 놓지 않는다.
③ 가솔린, 오일, 그리스, 오염물질, 그리고 그밖에 부츠의 고무를 열화시킬 수 있는 물이나 액체는 접촉시키지 않는다.
④ 부츠에 흠집이나 열화가 확인되면 가능한 한 빨리 수리하거나 표면을 다시 코팅(coating)한다.
⑤ 부츠를 저장하는 경우, 천이나 종이로 덮어 둔다.

2014년 4회 (9월 20일)

제1과목 : 항공역학

1. ③

해설 비행속도를 V, 중력가속도를 g, 그리고 선회 경사각을 θ라고 하면, 선회반경 R을 구하는 관계식은 다음과 같다.

$$R = \frac{V^2}{g\tan\theta}$$

따라서 선회반경을 최소로 하기 위해서는 선회속도를 작게 하거나, 경사각을 크게 해야 한다.

2. ①

해설 높은 받음각에서 후방 부위의 압력 증가로 인해 역압력 구배에 의한 유동 박리로 날개에서 와류(vortex)가 발생하며, 추가적인 압력 감소의 주요 요인이 된다.

3. ④

해설 날개 면적을 S, 평균공력시위를 c라고 하면, 가로세로비 AR은

$$AR = \frac{b}{c} = \frac{b \times c}{c \times c} = \frac{S}{c^2} = \frac{100}{5^2} = 4$$

4. ③

해설 역피치 프로펠러는 착륙 후 프로펠러 피치를 역으로 하여 착륙거리를 단축시킬 수 있는 프로펠러로, 역피치는 주로 착륙 후에 제동을 위해서 사용한다.

5. ③

해설 공기의 밀도를 ρ, 프로펠러 디스크의 면적을 A, 비행속도를 V, 그리고 프로펠러의 유도속도를 v라고 하면, 추력 T는

$$\begin{aligned}T &= 2\rho A(V+v)v \\ &= 2 \times 0.125 \times 2 \times (100+20) \times 20 \\ &= 1200\,\text{kgf} \quad (\because v = 120-100 = 20\,\text{m/s})\end{aligned}$$

6. ③

해설 이륙거리를 줄이기 위한 방법은 다음과 같다.

① 비행기의 무게를 가볍게 한다.
② 정풍(맞바람)을 받으면서 이륙한다.
③ 기관의 추력이 크면 가속도가 커져서 이륙성능이 좋아진다.
④ 이륙 시 플랩과 같은 고양력 장치를 사용하여 최대 양력계수를 증가시킨다.

7. ②

해설 항공기 무게를 W, 공기밀도를 ρ, 그리고 최대 양력계수를 $C_{L\max}$라고 하면, 비행 가능한 최소 속도(실속 속도) V_s는

$$\begin{aligned}V_s &= \sqrt{\frac{2W}{\rho S C_{L\max}}} = \sqrt{\frac{2 \times 2500}{0.125 \times 10 \times 1.6}} \\ &= 50\,\text{m/s}\end{aligned}$$

8. ①

해설 날개의 뒤젖힘각 효과(sweepback effect)는 가로안정에 큰 영향을 미친다. 뒤젖힘각 효과는 방향 안정에도 영향을 미치지만 다른 구성 요소들에 의한 것보다는 상대적으로 약하다.

9. ④

해설 키돌이(loop) 비행이란 비행기를 옆에서 보았을 때 수평비행 자세에서 롤러코스터처럼 360도의 원을 그리며 한 바퀴 도는 비행을 말한다.
키돌이 비행의 하중배수는 하단점에서 가장 크고, 상단점에서 가장 작다. 그 이유는 상단점에서는 항공기의 중량이 원심력과 거의 같아지고 양력이 적기 때문이다. 상단점에서의 양력은 적으므로 하중배수를 0이라고 하면, 이론적으로 하단점에서의 하중배수는 6이 된다.

10. ③

해설 파울러 플랩(fowler flap)은 플랩을 내리면 날개 뒷전과 플랩 앞전 사이에 틈을 만들면서 밑으로 구부려져 날개의 면적과 캠버(camber)를 증가시킴으로써 양력을 증가시키는 플랩이다. 최대 양력계수를 100% 정도 증가시킬 수 있으므로 성능이 가장 우수하다.

11. ②

해설 국제표준대기에서 해면고도의 온도는 15℃로 정한다.

12. ④

해설 양항비(활공비)= $\dfrac{수평활공거리}{활공고도}$ 이므로,

∴ 수평활공거리=양항비×활공고도
= 8 × 600 = 4,800m

13. ①

해설 동점성계수(ν)는 점성계수(μ)를 밀도(ρ)로 나눈 값으로, 단위는 m²/s이다.

$\nu = \dfrac{\mu}{\rho}\,[\text{m}^2/\text{s}]$

14. ④

해설 헬리콥터가 지면 가까이에서 정지비행을 하면 회전날개를 지난 공기의 후류가 지면에 부딪혀 헬리콥터와 지면 사이에 존재하는 공기를 압축시켜 헬리콥터의 성능을 향상시키는 효과를 지면 효과라고 한다.

15. ①

해설 날개가 수평을 기준으로 위로 올라간 각을 상반각(또는, 쳐든각)이라고 한다. 기하학적으로 날개의 상반각(쳐든각)은 옆미끄럼에 의한 옆놀이에 정적인 안정을 주게 된다. 이러한 쳐든각 효과는 날개가 동체에 높게 장착된 높은 날개 비행기일수록 더 커진다.
중간 날개는 쳐든각 효과가 거의 없으며, 낮은 날개는 음(-)의 상반각 효과를 갖는다.

16. ②

해설 양력계수를 C_L, 항력계수를 C_D라고 하면, 제트 항공기가 최대 항속거리를 비행하기 위해서는 $\dfrac{C_L^{\frac{1}{2}}}{C_D}$ 가 최대인 받음각으로, 프로펠러 항공기가 최대 항속거리를 비행하기 위해서는 $\dfrac{C_L}{C_D}$ 가 최대인 받음각으로 비행해야 한다.

17. ④

해설 헬리콥터 주회전날개의 회전면을 회전방향에 따라 동체의 좌측이나 우측으로 기울이는 것은 가로축, 즉 y축 힘의 역학적 평형을 맞추기 위해서이다.

18. ②

해설 앞전 밸런스(Leading edge balance)는 조종면의 앞전을 길게 하여, 그 부분에 작용하는 공기력이 힌지 모멘트를 감소시키는 방향으로 작용하게 함으로써 조종력을 경감시키는 장치이다.

19. ①

해설 양의 세로안정성을 가지는 일반형 비행기는 무게중심이 날개의 공기역학적 중심보다 앞쪽에 위치하며, 항공기 기수를 내리려는 키놀이 모멘트(- 모멘트)가 발생한다. 따라서 수평꼬리날개가 하향 양력을 발생시켜 항공기 기수를 올리려는 키놀이 모멘트(+ 모멘트)를 발생시켜야 균형을 이룰 수 있다.

20. ②

해설 경계층에 대한 설명은 다음과 같다.
① 경계층은 층류와 난류 모두에서 존재한다.
② 경계층(boundary layer)이란 유체의 점성의 영향이 뚜렷한 벽 가까운 구역의 가상적인 층이다.
③ 앞전 부근에 형성된 경계층은 층류 경계층이며, 임계 레이놀즈 수 이상에서 난류 상태로 되고 이 구역을 난류 경계층이라 한다.
④ 유체는 점성으로 인해 표면의 영향으로 흐름의 속도에 영향을 받으며, 자유 흐름속도의 99%에 해당하는 속도에 도달하는 곳을 경계층의 경계로 한다.

제2과목 : 항공기관

21. ②

해설 가스 터빈 기관에 사용되는 시동기의 종류는 전기식 시동기와 공기식 시동기로 분류할 수 있다.

① 전기식 시동기 : 전동기식, 시동-발전기식 시동기
② 공기식 시동기 : 공기 터빈식, 가스 터빈식 및 공기 충돌식

22. ④

해설 램(ram) 회복점이란 흡입구 내부(압축기 입구)에서의 정압 상승이 도관 안에서 마찰로 인한 압력강하와 같아지는 항공기 속도를 말한다. 즉, 흡입구 내부(압축기 입구)의 정압이 대기압과 같아지는 항공기 속도를 말하며, 램 회복점이 낮을수록 좋은 공기흡입 덕트(duct)이다.

23. ③

해설 문제의 그림은 터보축기관을 나타낸다. 터보축기관은 출력을 100% 축 동력으로 발생시킬 수 있도록 설계된 가스 터빈 기관으로, 대부분의 경우 부하(헬리콥터의 경우 로터)는 압축기를 구동시키지 않는 출력 전용 터빈(동력 터빈)에 의해 구동된다. 문제의 그림에서 터보축기관의 각 구성품은 다음과 같다.
 I : 흡입구(Inlet), C : 압축기(Compressor),
 B : 연소실(Burner), CT : 압축기(Compressor Turbine), PT : 동력 터빈(Power Turbine),
 L : 부하(Load)

24. ①

해설 열기관에서 연료의 연소에 의해 공급되는 열량과 열기관의 유효한 순 일(net work)과의 비를 열기관의 열효율이라고 한다.

$$\eta_{th} = \frac{일}{공급열량}$$
$$= \frac{공급열량 - 방출열량}{공급열량} = 1 - \frac{방출열량}{공급열량}$$

25. ②

해설 터빈 기관에서 배기가스온도(EGT)가 규정된 한계치 이상으로 증가하는 현상은 연료-공기 혼합비를 조정하는 연료조정장치의 고장 및 이로 인한 과도한 연료 흐름, 결빙 및 압축기 입구부에서 공기 흐름의 제한 등에 의하여 발생한다.

26. ②

해설 열역학 제1법칙은 에너지 보존법칙이라고도 한다. 열과 일 사이의 에너지 전환과 보존을 말하는 것은 열역학 제1법칙이다.

27. ①

해설 연료계통에 사용되는 릴리프 밸브(relief valve)는 연료펌프의 출구 압력이 규정치 이상으로 높아지면 열려서 펌프 입구로 연료를 되돌려 보내 연료펌프 출구 압력을 일정하게 유지하게 된다.

28. ③

해설 저압 점화 계통의 마그네토는 낮은 전압의 전기를 일으키며, 배전기 회전자를 통해 각 실린더 근처에 설치된 변압기에 보내진다. 변압기에 전달된 낮은 전압의 전기는 변압 코일(transformer coil)에서 높은 전압으로 승압되어 스파크 플러그에 전달된다. 따라서 코일의 수가 증가하여 무게가 증대하고 가격이 비싸다는 단점은 있지만, 플래시 오버나 고전압 코로나와 같은 전기 누전이나 방전의 위험성은 적다.

29. ②

해설 크랭크 축의 크랭크 핀(crank pin)은 커넥팅 로드의 큰 끝(rod big end 또는 rod large end를 의미)이 연결되는 부분이다. 크랭크 핀은 무게를 감소시키고 윤활유의 통로 역할을 하며, 불순물질의 저장소(슬러지 체임버, sludge chamber) 역할도 할 수 있도록 중앙이 비어 있는 형태로 되어 있다.

30. ③

해설 오일 필터에 작용하는 힘은 다음과 같다.
① 고주파수(압력변화)로 인한 피로 힘
② 흐름체적으로 인한 압력 힘
③ 오일이 찬 상태에서 발생하는 압력 힘
④ 열순환(thermal cycling)으로 인한 피로 힘

31. ④

해설 왕복기관의 출력에 가장 큰 영향을 미치는 압력은 다기관 압력(매니폴드 압력, MAP)이다. 다기

관 압력이 증가하면 실린더 내의 공기 밀도가 증가하고, 따라서 출력이 증가한다.

32. ④

해설 이코노마이저 장치(economizer system)는 보통 밸브로 되어 있으며, 기관의 출력이 순항 출력 이상의 높은 출력일 때 열려서 추가 연료를 공급하여 농후 혼합비가 되도록 도와준다.

33. ③

해설 프로펠러는 깃각을 역피치, 즉 부(negative)의 깃각으로 회전시켜 프로펠러의 역추력을 발생시킨다. 역추력은 착륙 후 착륙거리를 단축시키기 위하여 사용된다.

34. ①

해설 왕복기관의 진동을 감소시키려면 실린더 수를 증가시키거나 크랭크 축에 평형추(counter weight)를 적절히 부착시키고, 고무판 등을 사용하여 진동을 흡수시켜야 한다. 피스톤의 상하 왕복운동에 의하여 발생하는 관성력으로 인한 진동을 감소시키기 위해서는 무게를 적게 해야 한다.

35. ①

해설 오토 사이클에서 V_1은 하사점에서의 실린더 체적을 나타낸다. V_2는 상사점에서의 실린더 체적, 즉 연소실 체적을 나타내며 압축비 ε을 구하는 관계식은 다음과 같다.
$$\varepsilon = \frac{\text{실린더 체적}}{\text{연소실 체적}} = \frac{V_1}{V_2}$$

36. ①

해설 스로틀(throttle)을 증가시키면 보다 많은 연료-공기 혼합가스가 엔진으로 공급된다. 따라서 기관의 흡기 압력(MAP)은 증가하고, 기관의 출력(HP)도 증가한다.
기관의 출력이 증가하면 정속 프로펠러의 조속기(governor)는 프로펠러 블레이드의 각도를 증가시킨다. 따라서 블레이드의 부하(load)가 증가하여 기관 출력이 증가하더라도 회전수(RPM)는 변하지 않는다.

37. ③

해설 가변정익(variable stator vane)은 축류식 압축기의 고정자 깃의 붙임각을 변경할 수 있도록 하여, 기관을 시동할 때와 저속에서 가속과 감소 시 일어나는 압축기 출구의 공기 누적현상(choke 현상)을 방지한다. 즉, 유입공기 흐름량의 변화에 따라 흐름 방향과 속도를 변화시킴으로써, 로터에 대한 유입공기의 받음각을 일정하게 유지하여 실속을 방지한다.

38. ④

해설 단위 면적에 가해지는 힘의 크기는 작용하는 압력에 단위 면적을 곱하여 구할 수 있다. 따라서 압력을 P, 지름을 D라고 하면, 작용하는 힘(F)은
$$F = \text{압력} \times \text{면적} = P \times \frac{\pi D^2}{4}$$
$$= 65 \times \frac{3.14 \times 16^2}{4} = 13062.4 \text{kgf} = 13 \text{ton}$$

39. ②

해설 압축기의 단 수가 n, 단당 압력비가 γ_s인 압축기의 압력비 γ는
$\gamma = \gamma_s^n = 1.8^3 = 5.83$

40. ④

해설 모든 기관은 로커 아암(rocker arm)과 밸브 스템(valve stem) 끝 사이에 조금의 간격을 갖고 있다. 이 간격을 팁 간극(밸브 간격)이라고 한다. 팁 간극이 너무 작으면 밸브가 빨리 열리고 늦게 닫혀 밸브가 열려 있는 시간이 길어지며, 팁 간극이 너무 크면 밸브가 늦게 열리고 빨리 닫히므로 실린더의 체적효율이 감소한다.

제3과목 : 항공기체

41. ③

해설 보에 하중이 작용하면 보에는 굽힘응력(중립축

을 기준으로 하단에는 인장응력, 상단에는 압축 응력이 작용)이 발생한다. 굽힘 모멘트를 M, 단면의 관성 모멘트를 I, 단면계수를 Z, 중립축으로부터 양과 음의 방향으로 맨 끝 요소까지의 거리를 c 라고 하면, 보에 작용하는 굽힘응력(최대 인장 및 압축응력) σ를 구하는 식은 다음과 같다.

$$\sigma = \frac{M}{Z} = \frac{Mc}{I} \quad (\because Z = \frac{I}{c})$$

42. ④

해설 용접 조인트(joint)의 형식에는 아래 그림과 같이 lap joint(겹치기 이음), tee joint(T형 이음), 맞대기 이음(butt joint), corner joint(모서리 이음) 등이 있다.

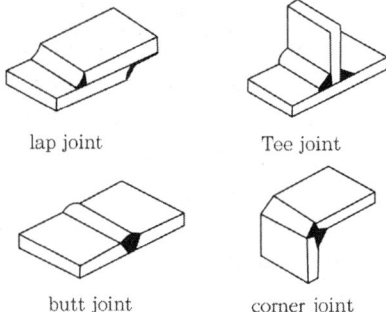

43. ①

해설 클레비스 볼트(clevis bolt)의 머리 형태는 둥글고, 머리에 스크류 드라이버나 십자 드라이버를 사용하도록 홈이 파여 있다. 이 볼트는 전단 하중만 걸리고 인장 하중이 작용하지 않는 부분에 사용되며, 조종계통에 기계적인 핀의 역할로 자주 사용된다.

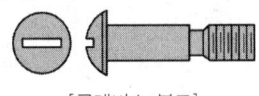

[클레비스 볼트]

44. ③

해설 슬랫(slat)은 날개 앞전에 설치되는 고양력 장치이다. 슬랫은 날개의 가동 장치에서 날개 앞전부분의 일부를 앞으로 밀어내어 날개 본체와 간격을 만들어 높은 압력의 공기를 날개의 윗면으로 유도하여, 날개의 윗면을 따라 흐르는 기류의 떨어짐을 막고 실속 받음각을 증가시키는 동시에 최대 양력을 증대시킨다.

45. ④

해설 강화재로 사용되는 복합섬유의 종류는 다음과 같다.
① 알루미나 섬유 : 약 1,300℃로 가열하여도 물성이 유지되는 우수한 내열 특성 때문에 고온 부위의 재료로 사용된다.
② 탄소 섬유(carbon fiber) : 사용 온도의 변동이 크더라도 치수의 안전성이 우수하고, 강도와 견고성이 크기 때문에 항공기의 1차 구조재 제작에 사용된다. 그러나 취성이 크고 가격이 비싸다.
③ 아라미드 섬유(aramid fiber) : 가볍고 인장강도와 유연성이 크며, 높은 응력과 진동을 받는 항공기 부품 제작에 이상적이다.
④ 보론 섬유(boron fiber) : 첨단 복합재료로서 가장 오래 전부터 실용화를 시도한 섬유이며 가격이 비교적 비싸고, 여러 종류의 실용 금속과 화학 반응성이 커서 취급이 어렵다.

46. ③

해설 항공기의 날개 윗면에 장착되는 스포일러(spoiler)는 2차 조종면으로서 비행 중에 보조날개와 연동하여 옆놀이 보조장치로 사용되거나, 비행 중이나 지상에서 양쪽의 스포일러가 동시에 올라가서 항공기에 공기 저항을 주는 속도 제동장치(speed brake)로 사용된다.

47. ①

해설 아래 그림과 같은 일반적인 항공기의 V-n 선도에서 최대 속도는 설계급강하속도(V_D : design diving speed)이다. 설계급강하속도는 플랩 등과 같은 날개가 비틀림에 견딜 수 있는 최대속도로 공탄성에 의한 비행기의 위험을 피하기 위해서 제한하는 속도이다. V-n 선도에서 속도를 빠른 순서대로 나열하면, 설계급강하속도(V_D) > 설계순항속도(V_C) > 설계돌풍운용속도(V_B) > 설계운용속도(V_A) > 실속 속도(V_S) 순이다.

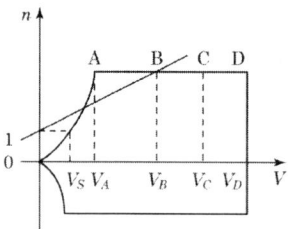

48. ①

해설 페어리드(fair lead)는 조종 케이블이 작동 중에 최소한의 마찰력으로 케이블과 접촉하여 직선 운동을 하게 하며, 케이블을 3° 이내의 범위에서 방향을 유도한다.

49. ①

해설 아이스박스 리벳인 2024(DD) 리벳은 열처리 후 시효경화를 지연시켜 연화상태를 연장시키기 위하여 아이스박스에 저온 보관하여 사용하며, 상온에 노출 후 10분에서 20분 이내에 사용해야 한다.

50. ③

해설 문제의 그림에서 전체 단면의 높이를 H, 폭을 B라고 하면, 무게중심을 원점으로 하는 X축에 관한 관성 모멘트(I_x)를 구하는 식은 다음과 같다.

$$I_x = \frac{BH^3}{12}$$

51. ④

해설 응력 외피형 구조의 날개에서 스파(spar, 날개보)는 일반적으로 날개의 전후방에 하나씩 설치된다. 스파는 날개에 걸리는 굽힘 하중을 주로 담당하는 부재로서, 작용하는 하중의 대부분을 담당한다.

52. ①

해설 티타늄은 스테인리스강에 비해 여러 사용조건에서 내식성이 우수하며, 특히 해수에 대한 내식성은 백금과 거의 비슷한 정도의 큰 내식성을 가진다.

53. ④

해설 항공기 기체 구조의 설계 개념은 초기 안전수명설계에서 페일세이프설계로, 이후 손상허용설계로 변화하였다.

① 안전수명설계(safe life design) : 피로시험 중 전체의 피로시험에 의해 기체 구조의 수명을 결정하는 것으로 항공기의 수명기간(service life) 동안 탐지 가능한 균열이 없이 예상되는 반복하중을 견딜 수 있도록 하는 설계 개념

② 페일 세이프 설계(fail safe design) : 구조의 일부분이 피로 파괴되거나 파손되더라도 나머지 구조가 작용하는 하중에 견딜 수 있도록 함으로써 치명적인 파괴나 과도한 변형을 방지할 수 있도록 하는 설계 개념

③ 손상허용설계(fail safe design) : 항공기를 장시간 운용할 때 발생할 수 있는 구조 부재의 피로 균열이나 혹은 제작 동안의 부재 결함이 어떤 크기에 도달하기 전까지는 발견될 수 없기 때문에, 구조부재의 일부분에 균열과 같은 결함이 잠재할 수 있다고 가정하고 기체의 안전한 사용 기간을 규정하여 안전성을 확보하는 설계 개념

54. ②

해설 볼트머리의 식별 표시에 따른 볼트의 재질 및 용도는 아래 그림과 같다. 아래 그림과 같이 볼트머리의 △ 표시는 정밀공차볼트를 나타낸다.

합금강	알루미늄 합금	정밀공차볼트 (△표시가 없는 것도 있음)
정밀공차볼트 (합금강)	내식강	합금강

[비고] AN 이외의 MS, NAS에는 적용되지 않음
[볼트(bolt)의 식별 표시]

55. ②

해설 양극처리(anodizing)는 금속 표면에 내식성이 있는 산화피막을 형성시키는 방법이다. 알루미늄을 양극으로 해서 크롬산 용액에 넣어 전류를 흘려 보내면 금속 표면이 수산화물 또는 산화물로 변화되고 고착되어, 부식에 대한 저항성을 향상시킨다. 그리고 알루미늄 합금에 이 처리를 하면 페인트칠을 하기 좋은 표면이 형성된다.

56. ②

해설 항공기에 새로운 장치를 장착하여 중심위치가 변화되었을 경우, 새로운 중심위치를 구하는 식은 다음과 같다.

중심위치($C.G$)

$$= \frac{\text{총 모멘트} \pm \text{변화된 모멘트}}{\text{총 무게} \pm \text{변화된 무게}}$$

(∵ + : 무게 증가 시, − : 무게 감소 시)

$$= \frac{30500 + 900}{1220 + 80} = +24.2 \text{in}$$

57. ②

해설 착륙 장치는 지상 활주 중 지면과 타이어 사이의 마찰에 의한 타이어 밑면의 가로축 방향의 변형과 바퀴의 선회축 둘레의 진동과의 합성된 진동이 좌우 방향으로 발생하는데, 이러한 불안정한 공진현상을 시미(shimmy)라 한다. 시미 댐퍼(shimmy damper)는 이와 같은 시미 현상을 감쇠, 방지하는 역할을 한다.

58. ③

해설 리벳의 직경(D)은 접합하여야 할 판재 중에 두꺼운 판재 두께(t)의 3배 정도가 적당하다. 따라서 $D = 3t = 3 \times 0.040 = 0.12$인치

∴ 0.12인치는 3.84/32인치이므로, 가장 적절한 리벳의 직경은 4/32인치이다.

59. ④

해설 리벳 건(rivet gun)으로 리벳팅을 하는 경우 건에 리벳세트를 사용하여 리벳의 머리에 대고, 버킹 바(bucking bar)는 리벳 머리의 반대편에 대고 리벳팅을 하여 벅 테일(buck tail)을 성형하기 위해 사용된다.

60. ②

해설 실속 속도 V_s인 비행기가 비행 속도 V로 수평 비행을 하다가 갑자기 조종간을 당겨서 급상승하는 경우 비행기에 걸리는 하중 배수(n)는 다음과 같다.

$$n = \frac{V^2}{V_s^2} = \frac{120^2}{90^2} = 1.78$$

제4과목 : 항공장비

61. ②

해설 연료 유량계(flowmeter)는 기관이 1시간 동안 소모하는 연료의 양을 시간당 부피 단위 GPH(gallon per hour) 또는 무게 단위 PPH(pound per hour)로 지시하는 계기이다. 연료 유량계의 종류는 다음과 같다.

① 차압식 유량계(differential pressure type flowmeter) : 연료가 통과하는 튜브의 중간에 오리피스를 설치하여, 오리피스 앞부분과 뒷부분의 압력차를 측정함으로써 유량을 알 수 있다.

② 베인식 유량계(vane type flowmeter) : 유량계 입구에 연료가 들어오면 베인은 연료의 질량과 속도에 비례하는 동압을 받아 회전하게 된다. 이때 베인의 각변위를 오토신(autosyn)의 변환기에 의하여 전기신호로 바꾸어 지시계에 전달하여 유량을 지시한다.

③ 동기 전동기식 유량계(synchronous motor flowmeter) : 연료의 유량이 많은 제트기관에 사용하는 질량 유량계로서, 연료에 일정한 각속도를 준다. 이때의 각 운동량을 측정하여 연료의 유량을 무게의 단위로 지시할 수 있도록 한다.

62. ①

해설 Proximity switch(근접 스위치)는 기계적 접촉으로 인한 switch의 손상을 방지하기 위하여 switch와 피검출물과의 기계적 접촉을 없앤 구조의 switch이다. Proximity switch는 착륙장치 up/down의 작동상태 표시, 도어의 open/close 지시, 플랩의 작동상태 표시 등에 사용된다.

문제의 보기 ②는 limit switch, 보기 ③은 rotary selector switch, 그리고 보기 ④는 toggle switch에 대한 설명이다.

63. ①

해설
- 저항을 R, 전압을 E라고 할 때, 저항에 흐르는 전류를 I_R이라고 하면
$$I_R = \frac{E}{R} = \frac{120}{30} = 4\text{A}$$
- 리액턴스를 Z, 전압을 E라고 할 때, 리액턴스에 흐르는 전류를 I_Z라고 하면
$$I_Z = \frac{E}{Z} = \frac{120}{40} = 3\text{A}$$
- 교류 병렬회로이므로 전전류 I 는
$$\therefore I = \sqrt{I_R^2 + I_Z^2} = \sqrt{4^2 + 3^2} = 5\text{A}$$

64. ③

해설 전기적인 방빙방식은 직접 전기 가열기로 가열하여 얼음 형성을 방지하는 방법으로, 전기적인 방빙을 사용하는 부분은 다음과 같다.
① 감지기 : 정압공(static port), 피토 튜브(pitot tube), 실속 감지기, 전 공기온도 감지기 및 기관 압력 감지기 등
② 프로펠러의 앞전
③ 조종실 윈드실드(windshield)와 윈도(window)
④ 물 배출구
⑤ 화장실 서비스 포트(service port)
⑥ 안테나

65. ①

해설 객실 압력이 감소하면 객실여압조종 계통에서 등압 미터링 밸브가 열려 대기의 공기가 객실로 들어온다.

66. ④

해설 전력 증폭회로는 동작점의 위치에 따라 A, B, AB 및 C급 등으로 구분할 수 있다. C급 전력 증폭회로는 출력 파형의 찌그러짐(왜곡)이 심하지만, 능률(전력 효율)이 가장 커서 큰 출력을 얻을 수 있다. 그러나 고조파(harmonics) 성분이 많이 포함되어 있어 저주파 증폭회로로는 부적당하며, 높은 주파수를 얻기 위한 주파수 체배 증폭회로나 고주파 증폭회로 등에 사용된다.

67. ②

해설 공기 구동 교류발전기(air driven generator)는 대형 항공기에서 주로 비상전원으로 사용하는 발전기이다. 이 발전기는 유압펌프를 구동시켜 모든 발전기가 정지된 경우라도 유압을 사용할 수 있도록 하며, 프로펠러의 피치를 거버너(governor)로 조절해서 정주파수의 발전을 하는 발전기이다.

68. ④

해설 계기착륙장치(ILS) 마커 비컨(marker beacon)의 주파수와 등(light)의 색은 다음과 같다.

Marker	주파수	등(light)의 색
Inner marker	3,000Hz	백색(white)
Middle marker	1,300Hz	황색(amber)
Outer marker	400Hz	청색(blue)

69. ③

해설 변압기는 얇은 규소 강판을 성층(주-겹쳐서 층을 이룸)하여 만든 철심에 2개의 권선을 감아 놓은 것이다. 변압기에 성층 철심을 사용하는 이유는 이러한 성층 철심이 자기력선을 잘 통과시켜, 와전류 손실을 감소시키기 때문이다.

70. ③

해설 자이로(gyro)의 섭동성이란 자이로가 회전하고 있을 때 외력이 가해지면 가해진 힘의 방향에서 로터 회전방향으로 90도 회전한 점에 힘이 작용하여 로터가 기울어지는 현상을 말한다. 이러한 섭동성은 가해진 힘의 크기에 비례하고, 로터의 회전속도에 반비례한다.

71. ③

해설 유압계통에서 각 밸브의 역할은 다음과 같다.
① 체크 밸브(check valve) : 한쪽 방향으로만 작동유의 흐름을 허용하고, 반대 방향의 흐름은 제한한다.
② 릴리프 밸브(relief valve) : 작동유에 의한

계통 내의 압력을 규정값 이하로 제한하여 과도한 압력으로 인하여 계통 내의 관이나 부품이 파손되는 것을 방지한다.
③ 선택 밸브(selector valve) : 유압작동 실린더의 움직임의 방향(운동 방향)을 제어한다.
④ 프라이오리티 밸브(priority valve) : 작동유의 압력이 일정 압력 이하로 떨어지면 유로를 막아 작동기구의 중요도에 따라 우선 필요한 계통만을 작동시키는 기능을 한다.

72. ②

해설 항공기에 장착된 고정용 ELT(비상 위치 송신기 : emergency locator transmitter)는 항공기의 조난 위치를 알리고자 구난 전파를 발신하는 장치이다. 121.5MHz, 243MHz와 406.0MHz의 지정된 주파수로 약 48시간 동안 계속 구조 신호를 보낼 수 있게 되어 있으며, 바다에 뜬다.

73. ④

해설 SELCAL(선택호출장치, selective calling system)은 지상에서 항공기를 호출하기 위한 장치로, 각 항공기마다 SELCAL system에 사용되는 고유의 code를 가지고 있다. 이 code를 SELCAL Code라고 하며 일반적으로 4개의 code(문자)로 만들어져 있다. 이 code는 지상에 설치된 해당 지역의 송신소나 트랜스폰더의 HF, VHF 시스템으로 송신되며, 지상에서 항공기를 호출하면 호출등의 점멸과 호출음에 의해 조종사가 이를 인지할 수 있게 된다.

74. ①

해설 공함은 압력을 기계적 변위로 바꾸어 주는 장치이며, 아네로이드(aneroid), 다이어프램(diaphragm), 벨로즈(bellows), 부르동관(bourdon tube) 등이 공함으로 사용된다. 항공기의 피토 정압계통 계기인 고도계, 속도계와 승강계는 수감부로 공함을 응용한 계기이다. 선회계는 자이로를 이용한 계기이다.

75. ④

해설 항공용 HF(단파) 통신장치는 항공기가 대양이나 지상 설비를 설치할 수 없는 사막, 정글 등의 상공을 비행할 때 지상이나 다른 항공기와의 통신에 이용된다.

76. ②

해설 직류 전동기(DC motor)의 종류는 다음과 같다.
① 분권 전동기(shunt wound) : 일정한 회전속도가 요구되는 곳에 사용된다.
② 직권 전동기(series wound) : 시동 토크가 크고 압력이 과대하게 되지 않으므로 시동 운전 시 가장 좋은 전동기이다. 항공기의 시동용 전동기, 착륙장치, 플랩 등의 전동기로 사용된다.
③ 복권 전동기(compound wound) : 분권식과 직권식의 중간 특성을 가지는 전동기로서, 화동복권 전동기가 있다.
④ 스플릿(split)식 : 회전방향을 반대로 할 수 있는 가역 전동기이다.

77. ③

해설 자기 컴퍼스의 정적 오차에는 다음과 같이 반원차, 사분원차 및 불이차의 3가지가 있으며 이들의 합을 자차(deviation)라고 한다.
① 반원차(semicircular deviation) : 항공기에 사용되고 있는 수평 철재 및 전류에 의해서 생기는 오차
② 사분원차(quadrant deviation) : 항공기에 사용되고 있는 수평 철재에 의해서 생기는 오차
③ 불이차(constant deviation) : 모든 자방위에서 일정한 크기로 나타나는 오차로서, 컴퍼스 자체의 제작상 오차 또는 장착 잘못에 의한 오차

자기 컴퍼스의 동적 오차에는 와동 오차, 북선 오차 및 가속도 오차가 있다.

78. ①

해설 자동조종장치(auto pilot system)의 역할을 요약하면 다음과 같은 3가지의 기능으로 분류할 수 있다.
① 유도 기능 : 자동조종 항법장치에서 위치정보를 받아 자동적으로 항공기를 조종하여 목적지까지 비행시키는 기능

② 조종 기능 : 항공기를 상승, 하강 또는 선회시 키거나, 일정한 고도 상승률/하강률, 기수 방위, 속도 등을 유지하는 기능
③ 안정화 기능 : 마하 트림(mach trim), 요 댐퍼(yaw damper) 등으로 항공기의 자세를 자동적으로 보정하여 항공기를 안정화하는 기능

79. ④

해설 공기조화 계통의 냉각계통 중 공기 순환 냉각방식에서 기관으로부터 블리드(bleed)된 뜨거운 공기는 열교환기를 통과하면서 외부의 공기 온도와 거의 비슷한 온도로 냉각된다.

80. ②

해설 화재감지계통(fire detector system)에 대한 설명은 다음과 같다.
① 감지기의 꼬임, 눌림 등은 허용범위 이내이면 수정하려고 해서는 안 된다. 꼬임이나 눌림 등을 수정하려고 힘을 가하게 되면 파손을 초래할 수 있다.
② 감지기 접속부에 cooper crush gasket을 사용한 경우, 감지기의 접속부를 분리했을 때에는 반드시 cooper crush gasket을 교환해야 한다.
③ 감지기의 절연저항은 전기저항계(ohmmeter)로 점검한다.
④ 이온화식 연기 탐지기(Ionization smoke detector)는 연기로 인한 이온 밀도의 변화를 감지하여 과열이나 화재에 의해 발생하는 연기를 감지하는 장치이다. 이 탐지기에는 방사성 물질인 americium-241이 내장되어 있으므로 수리를 위해 기내에서 탐지기를 분해해서는 안 된다.

2015년 1회 (3월 8일)

제1과목 : 항공역학

1. ②

해설 비행기의 기준축에 대한 안정은 다음과 같다.

기준축	모멘트	안정	조종면
세로축 (X축)	옆놀이 모멘트 (rolling moment)	가로 안정	보조날개
가로축 (Y축)	키놀이 모멘트 (pitching moment)	세로 안정	승강키
수직축 (Z축)	빗놀이 모멘트 (yawing moment)	방향 안정	방향키

2. ②

해설 비행기의 무게를 W, 밀도를 ρ, 실속 속도를 V_s, 그리고 날개면적을 S라고 하면, 최대 양력계수 $C_{L\max}$는

$$C_{L\max} = \frac{2W}{\rho V^2 S} = \frac{2 \times 2500}{0.125 \times \left(\frac{100}{3.6}\right)^2 \times 30}$$
$$= 1.73$$

3. ④

해설 받음각이 실속각 이상이 되면 경계층 속을 흐르는 유체 입자가 뒤쪽으로 갈수록 점성마찰력으로 인하여 운동에너지는 감소하고, 뒤쪽에서 가해지는 압력이 계속 증가하면 유체 입자는 더 이상 날개골을 따라 흐르지 못하고 앞전 근처로부터 박리된다. 이러한 현상이 생기면 날개에서 발생하는 양력이 비행기 무게를 떠받칠 만큼 크지 못해서 비행기가 떨어지는 경우가 발생하는데, 이러한 현상을 실속(stall)이라 한다.

4. ②

해설 대기속도를 $V[\text{cm/s}]$, 시위길이를 $L[\text{cm}]$, 그리고 동점성계수를 $\nu[\text{cm}^2/\text{s}]$라고 하면, 레이놀즈 수 Re는

$$Re = \frac{VL}{\nu} = \frac{\left(\frac{360 \times 1000 \times 100}{3600}\right) \times (6 \times 100)}{0.3}$$
$$= 2 \times 10^7$$

5. ①

해설 헬리콥터의 정지비행(hovering)이란 전후좌우의 방향으로 이동하지 않고 일정한 고도를 유지하며 공중에 떠 있는 상태를 말하며, 양력과 무게가 같아야 한다. 자전강하란 엔진이 고장났을 때 로터가 엔진과 분리되어 자동회전하여 천천히 하강하는 것을 말하며, 양력보다 무게가 커야 한다.

6. ①

해설 아래 그림과 같이 프로펠러 깃에 발생하는 양력의 수직방향 성분은 추력으로 작용하고, 프로펠러 깃에 발생하는 항력의 수직방향 성분은 추력의 반대방향으로 작용하다. 따라서 미소양력을 dL, 미소항력을 dD, 그리고 유효 유입각을 α라고 하면, 미소추력 dT를 구하는 관계식은 다음과 같다.

$$dT = dL\cos\alpha - dD\sin\alpha$$

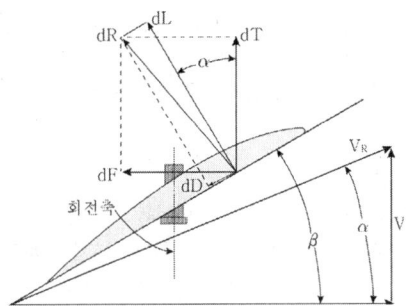

7. ②

해설 국제표준대기에서 표준해면고도의 특성값은 다음과 같이 정한다.
① 온도 t_0=15℃
② 압력 P_0=29.92inHg=760mmHg
   =1013.25mbar
   =2116.216951lb/ft²
③ 밀도 ρ_0=1.225kg/m³
④ 음속 a_0=340.43m/s

8. ③

해설 동적 안정성은 다음과 같이 구분한다.
① 양(+)의 동적 안정 : 운동의 진폭이 시간이 지남에 따라 감소되는 것
② 음(−)의 동적 안정 : 운동의 진폭이 시간이 지남에 따라 커지는 것
③ 동적 중립 : 운동의 진폭이 시간이 경과되어도 변화가 없는 것

9. ①

해설 최대 상승률은 이용마력과 필요마력과의 차, 즉 여유마력이 최대가 되는 속도 250MPh에서 얻어지며, 이때의 이용마력은 27HP이고 필요마력은 10HP이다.
따라서 이때의 이용마력을 P_a, 필요마력을 P_r이라고 하면, 상승률($R.C$)은

$$R.C = \frac{550}{W}(P_a - P_r) = \frac{550}{500} \times (27-10)$$
$$= 18.7\text{ft/s} = 1,122\text{ft/min}$$

10. ③

해설 수직꼬리날개는 비행기의 정적 방향 안정에 일차적으로 영향을 준다. 정적 방향 안정에 대한 수직꼬리날개의 영향의 크기는 꼬리날개 양력의 변화와 꼬리날개 모멘트 팔 길이에 의존하므로, 수직꼬리날개의 위치가 가장 중요한 요소가 된다.

11. ①

해설 항공기 속도(V)와 음속(C)과의 비를 마하수라고 한다.

$$M_a = \frac{V}{C}$$

음속은 절대온도의 제곱근에 비례한다. 따라서 공기의 온도가 상승하면 음속이 증가하므로 마하수는 작아진다.

12. ④

해설 실제유체와 이상유체의 구분은 다음과 같다.
① 실제유체 또는 점성유체 : 점성의 영향을 고려하여 흐름을 해석하는 경우의 유체
② 이상유체 또는 비점성유체 : 점성을 영향을 고려하지 않은 유체

13. ④

해설 동력계수를 C_p, 공기의 밀도를 ρ, 프로펠러 회

전수를 n, 그리고 프로펠러 지름을 D라고 하면 프로펠러 축 동력(P)을 구하는 관계식은 다음과 같다.
$$P = C_p \rho n^3 D^5$$
따라서 프로펠러에 흡수되는 동력은 프로펠러 회전수(n)의 3제곱에 비례하고, 프로펠러 지름(D)의 5제곱에 비례한다.

14. ③

해설 조종면의 힌지 모멘트 계수를 C_h, 동압을 q, 조종면의 폭을 b, 그리고 조종면의 평균시위를 $\overline{C}$라고 하면, 조종면의 힌지 모멘트 H를 구하는 관계식은 다음과 같다.
$$H = C_h \cdot q \cdot b \cdot \overline{C}^2$$
따라서, 조종력을 결정하는 요소는 조종면의 힌지 모멘트 계수(C_h), 조종면의 크기(b, $\overline{C}$), 그리고 동압(q)에 영향을 주는 비행기의 속도이다.

15. ③

해설 정상선회에 대한 설명은 다음과 같다.
① 선회비행 속도를 V, 중력가속도를 g, 선회 경사각을 θ라고 하면, 선회반경 R을 구하는 관계식은 다음과 같다.
$$R = \frac{V^2}{g \tan \theta}$$
따라서, 선회반경은 경사각이 크면 작아지고, 속도가 클수록 커진다.
② 선회경사각을 θ라고 하면, 선회비행 시의 하중배수(n)를 구하는 관계식은 다음과 같다.
$$하중배수 = \frac{1}{\cos \theta}$$
따라서, 경사각이 클수록 하중배수는 커진다.
③ 선회경사각을 θ, 수평비행 시의 실속 속도를 V_s라고 하면, 선회비행 시의 실속 속도 V_{ts}를 구하는 관계식은 다음과 같다.
$$V_{ts} = \frac{V_s}{\sqrt{\cos 60°}}$$
따라서, 선회 시 실속 속도는 수평비행 실속 속도보다 커진다.

16. ④

해설 헬리콥터의 회전날개의 회전에 의하여 발생하는 추력은 운동량 이론(momentum theory)에 의하여 계산한다. 운동량 이론이란 회전면 앞과 회전면 뒤의 공기 유동량의 차이에 의해서 만들어지는 회전면에서의 운동량 차이를 이용하여 추력을 구하는 방법이다.

17. ④

해설 비행기는 착륙 시 지면 부근의 돌풍에 의한 자세 교란을 방지하기 위하여 활주로 15m 높이에서 실속 속도의 1.3배의 속도로 강하한다.

18. ③

해설 양력계수를 C_L, 항력계수를 C_D라고 하면, 제트 항공기가 최대 항속거리를 비행하기 위해서는 $\dfrac{C_L^{\frac{1}{2}}}{C_D}$가 최대인 받음각으로, 프로펠러 항공기가 최대 항속거리를 비행하기 위해서는 $\dfrac{C_L}{C_D}$가 최대인 받음각으로 비행해야 한다.

19. ①

해설 스핀(spin)이란 자동회전과 수직강하가 조합된 비행이다. 이 현상은 비행기가 실속각을 넘는 받음각인 상태에서만 발생하며, 비행기는 자전현상을 일으키고 동시에 기수를 내려 자전을 하면서 강하하게 된다. 문제에서 왼쪽과 오른쪽 상부 그림은 수직 스핀을, 오른쪽 하부 그림은 수평 스핀을 나타낸다.

20. ②

해설
- 날개 뿌리 시위길이를 C_r, 날개 끝 시위길이를 C_t, 그리고 날개 길이를 b라고 하면, 사다리꼴 날개의 면적(S)은
$$\begin{aligned} S &= \frac{1}{2}(C_r + C_t)b \\ &= \frac{1}{2} \times (60 + 40) \times (150 \times 2) \\ &= 15{,}000 \text{cm}^2 \end{aligned}$$
- 날개 면적을 S, 날개 길이를 b, 그리고 평균 시위길이를 C_m이라고 하면

$$S = b\,C_m$$

∴ 따라서, $C_m = \dfrac{S}{b} = \dfrac{15000}{300} = 50\text{cm}$

제2과목 : 항공기관

21. ②

[해설] 처음 상태의 압력을 P_1, 체적을 v_1, 나중 상태의 압력을 P_2, 체적을 v_2라고 하면, 단열과정에서의 압력과 체적의 관계는 다음과 같다.

$$P_1 v_1^k = P_2 v_2^k$$

$$\therefore P_2 = P_1 \left(\dfrac{v_1}{v_2}\right)^k = 760 \times \left(\dfrac{10}{20}\right)^{1.4}$$
$$= 288\,\text{mmHg}$$

22. ④

[해설] 마그네토의 회전자석은 충분한 회전수(rpm) 이상으로 회전하여야 점화 플러그에서 불꽃을 발생시킬 수 있다. 이때 마그네토가 점화에 유효한 고전압을 발생할 수 있는 최소 회전속도를 커밍-인 스피드(coming-in speed)라고 한다.

23. ②

[해설] 흡입행정 초기에는 흡입 및 배기밸브가 다 같이 열려 있게 되는데, 이 기간을 밸브 오버랩(valve overlap)이라 하고, 크랭크 축의 회전각도로 나타낸다. 따라서 밸브 오버랩은 상사점 전에서 흡입밸브가 미리 열린 각도(I.O)와 상사점 후에서 배기밸브가 늦게 닫힌 각도(E.C)를 더한 각도이다.

∴ 밸브 오버랩 $= I.O + E.C = 30° + 15° = 45°$

24. ②

[해설] 가스 터빈 기관의 효율이 높을수록 연료 소비율이 작아져 같은 적재 연료에서 항공거리를 길게 하거나, 유상하중을 증가시킬 수 있다.

활공비행(gliding flight)이란 엔진 추력이 없는 무동력 상태에서 행하는 비행으로 활공거리는 양항비에 비례하며, 기관의 효율과는 관계가 없다.

25. ①

[해설] 팬 블레이드(fan blade)는 보통의 압축기 블레이드에 비해 크고 길기 때문에 작동 중에 공기흐름에 의한 블레이드의 굽힘현상과 진동이 발생할 수 있다. 이를 방지하기 위하여 팬 블레이드 중간에 원형 링을 형성하게 지지대가 설치되어 있으며, 이를 미드 스팬 슈라우드(mid span shroud)라고 한다. 미드 스팬 슈라우드는 지지대의 상호 마찰로 인한 마모현상을 줄이기 위해 주기적으로 코팅을 하여야 하며, 유입되는 공기의 흐름을 방해하여 공기역학적인 항력을 증가시킨다.

26. ①

[해설] 온도변화에 의한 점도의 변화를 점도지수(viscosity index)라 하며, 윤활유의 점도지수가 높다는 것은 온도 변화에 따른 윤활유의 점도 변화가 작다는 것을 의미한다.

27. ①

[해설] 가스 터빈 기관의 장점과 단점은 다음과 같다.
① 가스 터빈 기관의 장점은 다음과 같다.
　㉮ 연료의 연소가 연속적으로 진행되므로 기관의 중량당 출력이 크다.
　㉯ 왕복운동 부분이 없어 진동이 작고, 높은 회전수를 얻을 수 있다.
　㉰ 회전운동 부분만 있으므로 추운 기후에도 시동이 쉽고, 윤활유의 소모량이 적다.
② 가스 터빈 기관의 단점은 다음과 같다.
　㉮ 소음이 크다.
　㉯ 연료소모량이 많다.

28. ③

[해설] 프로펠러 깃 끝이 음속에 가깝게 되면 깃 끝 근처에서 실속이 발생하고 양력의 감소와 항력의 증가로 효율이 급격히 감소한다. 따라서 깃 끝 부분에서의 실속방지를 위하여 감속기어를 설치해 프로펠러의 회전속도를 낮추어 깃 끝 속도를 음속의 90% 이하로 제한한다.

29. ①

[해설] 프로펠러가 과속상태(over speed)가 되면 플라

이웨이트(flyweight)의 회전이 빨라지고 원심력이 커져 밖으로 벌어진다. 이때 파일럿 밸브(pilot valve)는 위로 올라가 가압된 윤활유가 프로펠러의 피치 조절 실린더에서 배출되므로 고피치가 된다.

30. ③

해설 실린더를 떼어낼 때 피스톤 행정을 압축 상사점 위치에 맞춘다. 그 이유는 흡입밸브와 배기밸브가 닫혀 있는 상태이기 때문에 로커 암의 움직임이 자유로워 로커 암의 핀을 빼기 쉽고, 피스톤이 크랭크 케이스로부터 나와 있으므로 실린더를 떼어낼 때 안전하게 작업할 수 있기 때문이다.

31. ④

해설 압축기의 손상, 터빈의 변형 또는 손상, 또는 설계 rpm 이상과 이하에서 기관이 작동할 경우 압축기 실속이 발생할 수 있다.

기관 시동용 블리드 공기의 낮은 압력은 결핍시동(hung start)의 원인이 될 수 있다.

32. ③

해설 팽창행정에서 압축된 혼합가스가 점화되어 폭발하면 크랭크축의 회전방향이 상사점을 지나 크랭크 각 10° 근처에서 실린더의 압력이 최고가 되면서, 피스톤을 하사점으로 미는 큰 힘이 발생한다. 이 팽창행정에서 왕복기관의 동력을 얻게 된다.

33. ④

해설 가스 터빈 기관 시동 시 시동기는 엔진이 자립회전속도에 도달할 때까지 엔진을 계속 구동한다. 자립회전속도(self-accelerating speed)란 터빈에서 발생되는 동력이 시동기의 도움 없이 압축기를 스스로 회전시킬 수 있는 상태에서의 가스터빈 회전속도를 말한다.

34. ②

해설 윤활유 여과기에 대한 설명은 다음과 같다.
① 카트리지형 여과기는 종이로 되어 있으며 주기적으로 교환해 주어야 한다. 스크린형, 스크린-디스크형 여과기는 강철망으로 되어 있어 세척 후 재사용이 가능하다.
② 체크 밸브(check valve)는 기관 정지 시 윤활유의 역류를 방지하는 역할을 한다.
③ 바이패스 밸브는 오일 필터가 막히면 열려서, 오일이 필터를 거치지 않고 기관의 내부로 직접 공급되도록 한다.

35. ④

해설 일부 대형기관의 오일 탱크 안에는 호퍼 탱크(hopper tank)가 설치되어 있어서, 윤활유가 호퍼 탱크에서 흘러나와 기관으로 들어가서 윤활된 후 다시 호퍼 탱크로 되돌아온다. 이것은 탱크 내 일부 윤활유를 기관을 통하여 순환시켜 시동 시 오일의 온도 상승을 도움으로써 예열이 급속히 이루어지게 해 준다.

36. ②

해설 단열상태에서 팽창일을 할 때에는 외부로 일을 하기 때문에 에너지가 유출되고, 내부 에너지가 감소하기 때문에 온도가 내려간다. 단열상태에서 압축일을 할 때에는 외부에서 에너지를 공급받아 내부 에너지가 증가하기 때문에 온도가 증가한다.

37. ④

해설 완속 장치(idle system)는 기관을 완속 운전할 때 주 노즐에서 연료가 분출될 수 없을 때에도 연료가 공급되어 혼합가스가 이루어지도록 하는 장치로서, 완속 운전 시에는 완속 분출 노즐(idle discharge nozzle)에서 연료가 분출된다.

38. ③

해설 가스 터빈 기관의 연소실에는 연료 노즐, 선회깃(swirl guide vane), 점화플러그 등의 부품이 부착되어 있다. 가변정익(variable stator vane)은 축류식 압축기의 부품이다.

39. ①

해설 제동 열효율(brake thermal efficiency)이란 기관의 제동마력과 단위 시간당 기관이 소비한 연료 에너지와의 비를 말한다.

40. ②

해설 항공기용 가스 터빈 기관에 주로 사용되는 연료는 다음과 같다.
① 민간용 연료 : Jet A, Jet A-1, Jet B
② 군용 연료 : JP-4, JP-5, JP-6, JP-7, JP-8

제3과목 : 항공기체

41. ③

해설 복합재료에서 모재(matrix)와 결합되는 강화재(reinforcing material)로 사용되는 강화섬유의 종류에는 유리 섬유, 탄소·흑연 섬유, 보론 섬유, 아라미드 섬유, 세라믹 섬유 등이 있다.

42. ④

해설 주 동력장치가 고장난 경우 비상으로 접개들이 착륙장치를 내리는(down) 3가지 방법은 다음과 같다.
① 핸드 펌프를 수동으로 작동하여 유압을 만들어 내린다.
② 축압기에 저장된 공기압을 이용하여 내린다.
③ 핸들을 이용하여 기어의 업(up) 래크를 풀고, 자중 및 공기부하에 의하여 착륙장치가 내려가도록 한다.

43. ④

해설 조종석 조종간의 작동에 따른 조종면의 움직임은 다음과 같다.
① 조종간을 뒤로 당기면 승강타(elevator)가 올라가서 기수는 올라가고, 조종간을 앞으로 밀면 승강타가 내려가서 기수는 내려간다.
② 조종간을 왼쪽으로 움직이면 왼쪽의 보조날개가 올라가고 오른쪽 보조날개는 내려가서 항공기는 왼쪽으로 선회하고, 조종간을 오른쪽으로 움직이면 왼쪽의 보조날개가 내려가서 항공기는 오른쪽으로 선회한다.

44. ④

해설 판재를 절단하는 가공 작업에는 다음과 같은 작업이 있다.
① 펀칭(punching) : 소재로부터 정해진 형상을 절단해내고 남은 재료를 제품으로 사용하는 작업
② 블랭킹(blanking) : 소재로부터 정해진 형상을 절단해내어 그것을 제품으로 사용하는 작업
③ 트리밍(trimming) : 성형된 제품의 불규칙한 가장자리를 절단하는 작업

45. ①

해설 양극처리(anodizing)는 크롬산이나 황산으로 알루미늄 합금의 표면에 내식성이 있는 산화피막을 형성시키는 부식방지법이다.
부식방지 처리를 한 리벳의 보호막은 양극처리의 경우 진주색, 크롬산아연 도금을 한 경우 노란색, 그리고 금속도료로 도장을 한 경우 은회색으로 구별할 수 있다.

46. ②

해설 용접작업에 사용되는 산소·아세틸렌 토치 팁(tip)은 열전도도가 높아서 과열을 방지할 수 있는 구리 또는 구리합금을 사용한다.

47. ②

해설
- 원기둥의 지름을 d라고 하면, 원기둥의 회전 반지름 k는
$$k = \frac{d}{4} = \frac{4}{4} = 1\text{cm}$$
- 원기둥의 길이 L과 회전 반지름을 k와의 비를 세장비(slenderness ratio)라고 한다. 세장비를 λ라고 하면
$$\therefore \lambda = \frac{L}{k} = \frac{200}{1} = 200$$

48. ②

해설 항공기의 무게를 나타내는 용어는 다음과 같다.
① 최대 무게(maximum weight) : 공인된 항공기의 최대 무게로 최대 이륙무게, 최대 착륙무게 등이 있다.
② 영 연료 무게(zero fuel weight) : 항공기 무게에서 탑재된 연료를 제외한 적재된 항공기의 최대 무게

③ 기본 자기 무게(basic empty weight) : 승무원, 승객 등의 유용하중, 사용 가능한 연료, 배출 가능한 윤활유의 무게를 포함하지 않는 항공기 무게
④ 운항 빈 무게(operating empty weight) : 기본 자기 무게에 운항에 필요한 승무원, 장비품, 식료품을 포함한 무게이다.

49. ④

해설 샌드위치(sandwich) 구조는 상하 외피 사이에 벌집형, 거품형 또는 파형의 심을 넣은 다음 접착재로 고정시킨 구조이다. 날개, 꼬리날개 또는 조종면 등의 끝부분에서 구조 골격의 설치가 곤란한 곳이나, 동체 마루판(floor) 등에 많이 사용된다.
샌드위치 구조는 응력 외피형 구조에 비하여 면적당 무게가 가볍고, 굽힘하중이나 피로하중에 강하다. 따라서 강도와 강성을 크게 하면서 항공기의 중량을 감소시킬 수 있다는 이점이 있다.

50. ①

해설 설계운용속도란 항공기의 안전운항을 담당하는 기관에서 항공기를 사용 목적이나 소요 비행 상태의 정도에 따라 분류하여 정하는 하중배수와 같은 값이 될 때의 속도를 말한다. 따라서 설계운용속도 이하의 속도에서는 항공기가 어떤 조작을 해도 하중배수가 설계제한하중배수에 미치지 못하며 구조상 안전하다.

51. ①

해설 접시머리 리벳(flush head rivet)의 리벳 작업 시 끝거리와 간격은 다음과 같이 하여 리벳을 배치한다. 플러시 머리(flush head) 리벳은 접시머리 리벳이다.
① 끝거리 : 판재의 모서리와 이웃하는 리벳의 중심까지의 거리를 의미하며, 최소 끝거리는 리벳 직경의 2배이다.(접시머리 리벳의 경우 리벳 직경의 2.5배)
② 리벳간격(pitch) : 같은 열에 있는 리벳 중심 간의 거리를 의미하며, 최소 리벳간격은 리벳 직경의 3배로 한다.

52. ③

해설 부식을 발생시키는 요소는 다음과 같다.
① 동절기에 활주로의 동결을 방지하기 위하여 뿌린 염산 성분
② 해면상의 대기와 공업단지 등의 공기에 포함된 염분
③ 소금과 다른 오염물질이 포함된 물
④ 공기 중의 소금이나 기타 화학성분
⑤ 수은(mercury)
⑥ 연료 탱크 내의 유기물

53. ③

해설 기준선에서 무게중심($C.G$)까지의 거리를 H, 기준선에서 MAC 앞전까지의 거리를 X, 그리고 MAC의 길이를 C 라고 할 때, 무게중심($C.G$)의 위치를 MAC의 백분율(%)로 나타내면
$$C.G = \frac{H-X}{C} \times 100(\%) = \frac{90-82}{32} \times 100$$
$$= 25\%$$
따라서 무게중심($C.G$)은 MAC(mean aerodynamic chord)의 앞전에서부터 25% 지점에 있다.

54. ①

해설 진공백을 이용한 항공기의 복합재료 수리를 위해 먼저 복합소재의 분리 부분에 패치 작업을 한다. 그 위에 이형 필름(release film)인 필 플라이(peel ply)를 대고 블리더(bleeder)나 브리더(breather)를 덮는다. 그 다음에 배깅 필름(bagging film)을 대고 각 모서리마다 밀봉 테이프로 부착한다.
① 필 플라이(peel ply) : 나일론이나 폴리에스테르로 된 이형 재료(release material)의 천
② 블리더(bleeder) : 흡착재료로서 복합소재의 모서리나 표면상에 남아 있는 여분의 수지를 흡수한다.
③ 브리더(breather) : 솜같이 생긴 재료로서 복합소재 표면으로부터 진공밸브로 공기가 흘러갈 수 있게 만들어 주는 재료

55. ①

해설 문제의 그림은 응력 스킨 구조의 대표적인 형식 중 하나인 세미 모노코크 구조(semi-monocoque structure)를 나타내며 벌크헤드(bulkhead), 프레임(frame), 세로대(longeron), 스트링어(stringer), 외피(skin) 등의 부재로 이루어진다. 세미 모노코크 구조는 외피가 항공기의 형태를 유지해 주면서 항공기에 작용하는 하중의 일부분을 담당하고, 나머지 하중은 골조 구조가 담당한다.

외피가 두꺼워져 미사일의 구조에 적합한 것은 모노코크 구조(monocoque structure)이다.

56. ②

해설 티타늄 합금의 제1변태점은 882℃ 정도인데, 알루미늄 합금은 300℃ 정도로 알루미늄 합금의 온도에 대한 제1변태점이 비교적 낮다. 항공기의 고속화에 따라 마찰에 의해 항공기 표면이 고온이 되므로, 열에 약한 알루미늄 합금에서 티타늄 합금으로 대체되고 있다.

57. ④

해설 페어리드(fairlead)는 조종 케이블이 작동 중에 최소한의 마찰력으로 케이블과 접촉하여 직선 운동을 하게 하며, 케이블을 작은 각도(3° 이내)의 범위에서 방향을 유도한다.

케이블의 직선운동을 토크 튜브(torque tube)의 회전운동으로 바꿔주는 장치는 쿼드런트(quadrant)이다.

58. ③

해설 단순보의 길이를 L, 작용하는 등분포하중을 q라고 하면, 최대 전단력(F_{max})은

$$\therefore F_{max} = \frac{qL}{2}$$

59. ②

해설 아이스박스 리벳인 2024(DD) 리벳은 열처리 후 시효경화를 지연시켜 연화상태를 연장시키기 위하여 저온 상태의 아이스박스에 보관하여 사용하며, 상온에 노출 후 10분에서 20분 이내에 사용해야 한다.

60. ③

해설 항공기 기체는 크게 동체, 주날개, 꼬리날개, 나셀(nacelle)과 기관 마운트, 조종장치, 착륙장치로 구분할 수 있다.

꼬리날개는 동체의 뒷부분에 위치하며, 항공기의 안정을 유지하고 비행방향을 변화시키는 역할을 한다. 꼬리날개는 수평 꼬리날개와 수직 꼬리날개로 구성되며 수평 꼬리날개는 수평안정판과 승강키, 그리고 수직 꼬리날개는 수직안정판과 방향키와 같은 구조물을 포함하고 있다.

제4과목 : 항공장비

61. ④

해설 황산납 축전지(lead acid battery)의 과충전상태를 의심할 수 있는 증상 및 원인은 다음과 같다.

증상	원인
전해액이 축전지 밖으로 흘러나오는 경우	• 과충전되어 전해액에 기포가 많이 발생된 경우 • 전해액면이 규정 위치보다 높은 경우
축전지에 흰색 침전물(탄산칼륨)이 너무 많이 묻어 있는 경우	• 축전지가 과충전 상태인 경우 • 온도가 너무 높거나, 전해액 높이가 너무 높은 경우
축전지 셀의 케이스가 구부러졌거나 찌그러진 경우	• 축전지가 과충전 상태인 경우 • 열에 의한 변형

정상적인 기화작용에 의하여 축전지 윗면 캡 주위에는 항상 약간의 탄산칼륨이 있을 수 있다.

62. ②

해설 외력이 가해지지 않는 한 자이로가 우주 공간에 대하여 그 자세를 계속적으로 유지하려는 성질을 자이로스코프의 강직성(rigidity)이라고 한다. 이와 달리 자이로스코프의 섭동성(precession)이란 자이로가 회전하고 있을 때 외력이 가해지면 가해진 힘의 방향에서 로터 회전방향으로 90도 회전한 점에 힘이 작용하여 로터가 기울어지는 현상을 말한다.

63. ①

해설 항공기 조리실이나 화장실에서 사용한 물의 배출구는 전기식으로 가열하여 결빙에 의한 막힘을 방지한다. 결빙방지를 위해 사용하는 가열기 전원은 항공기가 지상에 있을 때는 저전압, 공중에서는 고전압을 항상 공급하여 과열 방지와 방빙 기능을 유지한다.

64. ③

해설 고도 경고 장치(altitude alert system)는 조종사가 설정한 고도와 항공기의 고도를 비교하여, 운항 중 목표 고도로 설정한 고도에 진입하거나 벗어났을 때 경보를 냄으로써 조종사의 실수를 방지하기 위한 장치이다.

65. ①

해설 고도계에서 발생되는 오차의 종류는 다음과 같다.
① 기계 오차(기계적 오차) : 계기 각 부분의 마찰, 기구의 불평형, 가속도 및 진동 등에 의하여 바늘이 일정하게 지시하지 못하여 생기는 오차
② 온도 오차 : 온도변화에 의한 오차
③ 탄성 오차 : 일정한 온도에서 재료의 특성 때문에 생기는 탄성체 고유의 오차
④ 눈금 오차 : 일정한 온도에서 진동을 가하여 얻어낸 기계적 오차

66. ③

해설 유압계통에서 릴리프 밸브(relief valve)는 압력조절기와 비슷하게 계통 내의 압력이 규정값 이상으로 되는 것을 방지하는 역할을 한다. 릴리프 밸브는 압력조절기보다 약간 높게 조절되어 있어 그 이상의 압력이 되면 작동되어 작동유를 저장 탱크 쪽으로 되돌려 압력을 낮추어 준다.

67. ②

해설 항공기 계기의 분류는 다음과 같다.
① 비행계기(flight instrument) : 항공기의 비행상태를 알기 위한 목적으로 고도, 속도, 자세 등을 지시하는 계기로서, 고도계, 속도계(대기속도계), 승강계, 선회경사계, 자이로 수평지시계, 방향 자이로 지시계, 실속 탐지기, 마하계 등이 있다.
② 기관계기(engine instrument) : 항공기에 장착된 기관의 상태를 알아내는 데 필요한 계기로서, 회전계, 연료 압력계, 연료량계, 윤활유 온도계, 연료 온도계, 배기가스 온도계, 엔진 압력비 계기 등이 있다.
③ 항법계기(navigation instrument) : 항공기의 진로, 위치 및 방위 등을 알아내는 데 필요한 계기로서, 자기 컴퍼스, 자동 무선방향 탐지기, 전방향표지시설, 거리측정장치, 관성항법장치 등이 있다.

68. ②

해설 항공계기의 구비 조건은 다음과 같다.
① 정확성 : 모든 작동상태 및 환경에 대해 정확성이 있어야 한다.
② 소형화 : 계기의 정밀도에 영향을 미치지 않는 범위 내에서 될 수 있는 대로 작아야 한다.
③ 내구성 : 계기의 기능을 오랫동안 유지할 수 있어야 한다.
④ 경량화 : 항공기의 자중을 작게 하기 위하여 가능한 한 가벼워야 한다.

69. ③

해설 객실고도(cabin altitude)는 승객들이 탑승하고 있는 객실 내 압력을 표준대기압을 기준으로 나타내는 기압고도이다. 미국연방항공국(FAA)의 규정에 명시된 항공기의 최대 객실고도는 8,000ft이다.

70. ④

해설 항공기 interphone system의 종류는 다음과 같다.
① 운항 승무원 상호간 통화 장치(flight interphone system) : 조종실 내에서 운항 승무원 상호간의 통화 연락을 위해 각종 통신이나 음성 신호를 각 운항 승무원석에 배분한다.
② 객실 인터폰 장치(cabin interphone system) : 조종실과 객실 승무원석 및 각 배치로 나누어진 객실 승무원 상호간의 통화 연락을 하기 위한 장치이다. 이것은 통화의 우선 순위를 부여하는 기능이 있다.
③ 승무원 상호간 통화 장치(service interphone system) : 비행 중에는 조종실과 객실 승무

원석 및 갤리(galley) 간의 통화 연락을 하기 위한 장치이다. 또 지상에서는 조종실과 정비, 점검상 필요한 기체 외부의 지상근무자와 통화 연락을 하거나, 조종실 사이의 통화 연락을 하기 위한 장치이다.

71. ③

해설 화재탐지기로 사용하는 장치의 종류는 다음과 같다.

① 유닛식 탐지기(unit type detector) : 특정한 온도 이상에서 두 접점 사이에 있는 물질이 열로 인하여 녹으면 두 접점이 접촉하여 회로를 구성시켜 화재를 탐지
② 연기 탐지기 : 화재로 인한 연기를 탐지
③ 일산화탄소 감지기 : 객실과 조종실의 일산화탄소의 가스 탐지
④ 저항 루프 탐지기 : 내부가 절연체 세라믹(ceramic)으로 채워진 저항 루프의 온도 변화에 따른 전기 저항의 변화로 화재를 탐지
⑤ 열 스위치식(thermal switch) 탐지기 : 특정한 온도에서 바이메탈(bimetal)이 작동하여 전기적 회로를 구성시켜 주는 탐지기
⑥ 열전쌍(thermocouple) 탐지기 : 서로 다른 종류의 특정한 두 금속이 서로 접합하여 있으며, 두 금속 사이에 특정한 온도가 되면 열에 의한 기전력이 발생하여 과열 상태 탐지
⑦ 가스식 탐지기 : 온도가 상승하면 관 내에 들어 있는 가스가 팽창하여 압력이 증가하면 탐지기가 작동됨

72. ①

해설 계기 착륙 장치(ILS : Instrument Landing System)를 구성하는 장치는 다음과 같다.

① 로컬라이저(localizer) : 활주로에 접근하는 항공기에 수평 방향의 접근 유도신호, 즉 활주로 중심을 알려준다.
② 글라이드 슬로프(glide slope) : 활주로에 대하여 적정한 강하각을 유지하기 위해 수직 방향의 유도(up-down)를 제공한다.
③ 마커 비컨(marker beacon) : 정점의 상공 통과를 조종사에게 알리기 위한 것으로, 직상공 통과는 활주로 끝으로부터 일정 거리를 표시하기 위한 것이다.

73. ①

해설
- A 피스톤에 일정한 힘(F_1)을 가하면 유체에는 가한 힘을 단면적(A_1)으로 나눈 값의 압력이 작용하게 되고, 실린더가 유체역학적으로 서로 연결되어 있을 경우, 파스칼의 원리에 의하여 B 피스톤에도 동일한 압력이 작용한다. 따라서 A 피스톤(하첨자 1)과 B 피스톤(하첨자 2)에 작용하는 압력을 관계식으로 나타내면 다음과 같다.

$$\frac{F_1}{A_1} = \frac{F_2}{A_2}$$

- B 피스톤에 발생되는 힘(F_2)은

$$\therefore F_2 = F_1 \times \left(\frac{A_2}{A_1}\right) = 20 \times \left(\frac{10}{2}\right) = 100\,\text{lbs}$$

74. ③

해설 소형 항공기의 12V 직류전원계통에 대한 설명은 다음과 같다.

① 직류발전기는 전압 조정기(volt regulator)가 있어 엔진의 회전수가 변하거나 부하가 변동해도 전원전압을 14V로 유지한다.
② 배터리와 직류발전기는 마이너스(-) 단자를 직접 기체에 연결하는 접지귀환방식(ground return system)으로 연결된다.
③ 메인 버스와 배터리 버스에 연결된 전류계는 배터리 충전 시 플러스(+)를 지시하고, 배터리가 부하에 전류를 공급하고 있을 때는 (-)를 지시한다.
④ 배터리는 엔진 시동기(starter)의 전원으로 사용된다.

75. ②

해설 변압기(transformer)는 교류의 전압을 높이거나 낮출 때 사용되는 장치이다.

76. ④

해설 관성항법시스템(INS : inertial navigation system)은 지상의 항행 지원시설이 없는 곳을 비행하는 경우 기내의 자이로(gyro)를 이용하여 현재 위치와 방향을 스스로 계산하여 비행하는 시스템으로서, 자립항법 시스템(inertial navigation system)에 해당한다.

77. ④

[해설] 화재탐지기는 정비작업 또는 장비취급이 간단하여야 한다. 또 중량이 가볍고 장착이 용이해야 한다.

78. ①

[해설] 주파수가 낮을수록, 즉 파장이 길수록 감쇠가 적으므로 지상파(ground wave)가 잘 전파된다. 따라서 지상파(ground wave)가 가장 잘 전파되는 것은 초장파(VLF)이고, 다음이 장파(LF)이다. 장파는 대부분의 에너지가 지상파에 의해서 전달되기 때문에 낮과 밤이나 계절에 따른 변화가 없으며, 안정된 세기로 전달된다.

79. ②

[해설] 그림과 같은 Wheatstone bridge 회로에서 a, b 간에 전류가 흐르지 않도록 하기 위해서는, 즉 평형이 되려면 다음과 같은 조건을 만족하여야 한다.

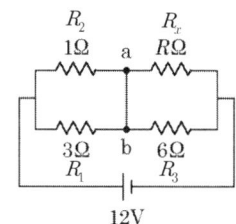

$R_1 R_x = R_2 R_3$

따라서, 저항 R_x는

$\therefore R_x = \dfrac{R_2 R_3}{R_1} = \dfrac{1 \times 6}{3} = 2\,\Omega$

80. ④

[해설] 항공기 부품의 이용목적과 이에 적합한 전선이나 케이블의 종류는 다음과 같다.

이용 목적	전선 또는 케이블의 종류
화재경보장치의 센서 등 온도가 높은 곳	니켈 도금 도선에 유리와 테프론을 절연한 전선
배기온도측정을 위한 크로멜, 알루멜 서모 커플	크로멜, 알루멜을 도체로 한 전선
음성신호나 미약한 신호 전송	전선 주위를 구리망으로 덮은 실드 케이블
기내 영상신호나 무선신호 전송	고주파 전송용 동축 케이블

2015년 2회 (5월 3일)

제1과목 : 항공역학

1. ③

[해설] 비행 중 외부 영향으로 받음각이 증가함에 따라 항공기 기수를 내리려는 키놀이 모멘트(- 모멘트)가 발생하여 받음각을 감소시키는 경향을 보인다면 항공기는 정적 세로안정성이 있다고 할 수 있다.
따라서 받음각이 증가함에 따라 키놀이 모멘트 계수가 감소하는 비행기 3이 가장 안정한 비행기이다. 비행기 1과 2는 불안정한 비행기이며, 받음각이 변하여도 키놀이 모멘트 계수가 변하지 않는 비행기 4는 정적 중립 상태이다.

2. ③

[해설] 이용동력과 필요동력의 차를 잉여동력(여유동력)이라고 한다.
잉여동력(P_E) = 이용동력(P_A) − 필요동력(P_R)
∴ 따라서, 잉여동력(P_E) + 필요동력(P_R)
= 이용동력(P_A)

3. ③

[해설] 수직꼬리날개(또는 수직안정판)는 비행기의 정적 방향 안정에 일차적으로 영향을 준다. 정적 방향 안정에 대한 수직꼬리날개의 영향의 크기는 꼬리날개 양력의 변화와 꼬리날개 모멘트 팔 길이에 의존하므로, 수직꼬리날개의 위치가 가장 중요한 요소가 된다.

4. ②

[해설] 헬리콥터가 전진비행 시 나타나는 효과는 다음과 같다.
① 헬리콥터의 주회전날개는 전진 블레이드와 후진 블레이드의 상대속도 차이에 의해 회전날개 회전면의 앞부분과 뒷부분의 양항비가 달라진다.
② 회전면 뒷부분의 양력이 앞부분보다 더 커져서 헬리콥터는 앞으로 기울어지고 앞으로 전진하게 된다.

③ 회전날개 항공기가 전진비행 시 전이양력을 받고 비행할 때에는 꼬리회전날개의 공기역학적인 효과가 커진다. 꼬리회전날개의 추력이 증가하면 헬리콥터는 왼쪽 방향으로 옆놀이 힘이 발생한다.

④ 헬리콥터가 정지비행 상태에서 전진비행을 하면 속도가 증가함에 따라 회전날개의 효율을 저해하던 날개 끝 와류가 소멸되어 회전날개의 효율이 증가하게 된다. 이렇게 효율이 증대되어 얻어지는 추가적인 양력을 유효 전이양력(translational lift)이라고 한다.

5. ①

해설 프로펠러 효율을 η, 기관출력을 BHP라고 하면, 프로펠러 비행기의 이용마력 P_a는
$P_a = \eta \times BHP = 0.8 \times 800 = 640PS$

6. ②

해설 대기권은 높이에 따른 기온 변화를 기준으로 아래층에서부터 대류권, 성층권, 중간권, 열권, 극외권으로 구분된다.

7. ②

해설 날개 뒤쪽 공기의 하향 흐름에 의해 날개의 유효 받음각이 작아지면 날개의 양력이 뒤로 기울어져 그 힘의 수평 방향의 성분이 항력으로 작용한다. 이것은 유도속도 때문에 생기는 항력이므로 유도항력이라 한다.

8. ③

해설 중립점(NP : neutral point)이란 조종간을 중립에 놓았을 때 받음각이 변하더라도 항공기의 피칭 모멘트가 0인 상태의 중심위치로 공력중심과 비슷한 성질을 갖는다.

9. ④

해설 양항비(활공비) = $\dfrac{수평활공거리}{활공고도}$ 이므로,

∴ 수평활공거리 = 양향비 × 활공고도
  = $8 \times 2500 = 20,000m$

10. ④

해설 정상 수평선회하는 항공기에 작용하는 원심력과 구심력에 대한 설명은 다음과 같다.
① 원심력은 구심력의 반대방향으로 작용하는 가상적인 힘이다.
② 정상 선회비행을 하기 위해서는 원심력과 구심력의 크기가 같아야 한다. 정상 선회비행 시 양력을 L, 경사각을 θ라고 하면 구심력을 구하는 관계식은 다음과 같다.
구심력 = 원심력 = $L \sin\theta$
따라서, 구심력은 양력의 수평성분이다.

11. ①

해설 비행속도를 V[m/sec], 프로펠러 회전속도를 n, 그리고 프로펠러 직경을 D라고 하면, 진행률 J는

$$J = \dfrac{V}{nD} = \dfrac{\left(\dfrac{360}{3.6}\right)}{\left(\dfrac{1800}{60}\right) \times 2} = 1.67$$

12. ④

해설 대기속도를 V[cm/s], 앞전으로부터의 거리를 L[cm], 그리고 동점성계수를 ν[cm²/s]라고 하면, 앞전으로부터 0.3m 떨어진 곳의 레이놀즈 수 Re는

$Re = \dfrac{VL}{\nu}$

$= \dfrac{\left(\dfrac{360 \times 1000 \times 100}{3600}\right) \times (0.3 \times 100)}{0.15}$

$= 2 \times 10^6$

13. ①

해설 문제의 그림에서 전진속도 없이 자동회전하는 헬리콥터 깃의 풍속은 B에서 빠르고 A, C 쪽으로 갈수록 느려진다. 한편 기체 강하에 의한 풍속은 A, B와 C 모두 같기 때문에 깃에 닿는 바람의 방향, 즉 받음각은 깃의 반경 위치에 따라 달라진다. 이 때문에 깃에 작용하는 합력이 B 영역(프로펠러 영역)에서는 후방으로 기울어 회전날개의 회전력을 감소시키는 방향으로 작용한다. A 영역(자동회전 영역)에서는 합력이 전방으로

기울어 회전날개의 회전력을 증가시키는 방향으로 작용한다. 한편 C 영역은 받음각이 커져서 실속이 발생하는 실속영역이며, D 영역은 헬리콥터 깃을 벗어난 부분으로 헬리콥터의 자동회전 성능에 영향을 주지 않는 영역이다.

14. ②

해설 같은 받음각에 대해서는 캠버가 큰 날개일수록 큰 양력을 얻을 수 있으며, 최대 양력계수도 커진다. 그러나 캠버가 크면 항력도 증가하므로 저속 비행기에서는 캠버가 큰 날개골을 사용하고, 고속 비행기에서는 속도를 빠르게 하기 위해서 항력이 작아야 되므로 캠버가 작은 날개골을 사용한다.

15. ④

해설 키돌이(loop) 비행이란 비행기를 옆에서 보았을 때 수평비행 자세에서 롤러코스터처럼 360도의 원을 그리며 한 바퀴 도는 비행을 말한다. 일반적으로 키돌이 비행에 들어가기 전에 조종간을 밀어 비행기를 하강시켜 속도를 증가시킨 다음, 조종간을 당겨 수직 상승 및 배면 비행 그리고 수직 강하에 이어 수평자세로 돌아온다.

16. ③

해설 비행기가 수평비행이나 급강하로 속도를 증가하여 천음속 영역에 도달하게 되면, 한쪽 날개가 충격실속을 일으켜서 갑자기 양력을 상실하여 급격한 옆놀이를 일으키는 현상을 날개 드롭(wing drop)이라고 한다.

17. ②

해설 항공기 속도를 V[m/sec], 음속을 C라고 하면, 마하수 Ma는

$$Ma = \frac{V}{C} = \frac{\left(\frac{1000}{3.6}\right)}{300} = 0.93$$

18. ①

해설 비행기가 하강비행을 하는 동안 조종간을 당겨 기수를 올리려 할 때, 받음각과 각속도가 특정값을 넘게 되면 예상한 정도 이상으로 기수가 올라가는데, 이를 피치 업(pitch up)이라고 한다. 피치 업의 원인은 다음과 같다.
① 뒤젖힘 날개의 날개 끝 실속
② 뒤젖힘 날개의 비틀림
③ 날개의 풍압 중심이 앞으로 이동
④ 승강키 효율 감소

19. ①

해설 이륙거리를 짧게 하기 위한 조건은 다음과 같다.
① 항공기의 무게를 가볍게 한다.
② 정풍(맞바람)을 받으면서 이륙한다.
③ 기관의 추력이 크면 가속도가 커져서 이륙성능이 좋아진다.
④ 이륙 시 플랩과 같은 고양력 장치를 사용하여 최대 양력계수를 증가시킨다.

20. ④

해설 NACA 0018 날개골은 캠버가 없는, 즉 아랫면과 윗면이 대칭인 대칭형 날개골을 나타낸다. 대칭형 날개골은 받음각이 0°일 경우 양력이 발생하지 않지만, 받음각을 가지면 날개골 윗면과 아랫면의 압력에 차이가 발생하고 흐름 방향의 수직으로 양력이 발생한다.

제2과목 : 항공기관

21. ③

해설 애뉼러형(annular type) 연소실은 구조가 간단하고 길이가 짧다. 그리고 연소정지 현상이 거의 없고 출구 온도분포가 균일하며, 연소 효율이 좋다. 그러나 정비가 불편한 것이 단점이다.

22. ④

해설 이소옥탄만으로 이루어진 표준연료의 앤티노크성을 옥탄가 100으로 하고, 노말헵탄만으로 이루어진 표준연료의 앤티노크성을 옥탄값 0으로 하여, 표준연료 속의 이소옥탄의 체적 비율(%)로 옥탄가를 표시한다.
따라서 "옥탄가 90"은 이속옥탄 90%에 노말헵탄 10%의 혼합물과 같은 정도를 나타내는 가솔린을 나타낸다.

23. ④

해설 부자식 기화기에서 이코노마이저 장치(economizer system)는 고출력 장치라고도 하며, 보통 저속과 순항속도에서는 이코노마이저 밸브가 닫혀 있다. 기관의 출력이 순항 출력 이상의 최대 출력일 때 이코노마이저 밸브가 열려서 추가 연료를 공급함으로써 농후 혼합비를 만들어 준다. 따라서 이코노마이저 밸브가 닫힌 위치로 고착되었다면 순항속도 이상에서 추가 연료를 공급하지 못하므로 혼합비는 희박해지고 디토네이션이 발생하게 된다.

24. ④

해설 흡입구에 얼음이 형성되면 공기 통로를 가로막아 통로의 면적을 작게 만들기 때문에, 공기흡입 속도가 감소하여 압축기 깃의 받음각이 커진다. 압축기 깃의 받음각이 커지면 압축기의 압력비는 증가하지만, 너무 커지면 회전자 깃에서 압축기 실속이 발생할 수 있다.

25. ②

해설 기어 펌프의 구동 기어(drive gear)는 기관의 동력을 전달받아 회전하고 아이들 기어(idle gear)는 구동 기어에 맞물려 자연스럽게 반대 방향으로 회전한다.

26. ①

해설 단열상태에서 팽창시키면 외부로 일을 하기 때문에 에너지가 유출되고, 내부 에너지가 감소하기 때문에 온도는 감소한다.

27. ②

해설 캠 로브의 수를 n이라고 하면, 크랭크 축의 속도에 대한 캠판의 속도를 구하는 관계식은 다음과 같다.

$$\text{캠판 회전속도} = \frac{1}{2n} \times \text{크랭크축 회전속도}$$
$$= \frac{1}{2 \times 3} \times 2400 = 400 \text{rpm}$$

28. ①

해설 제작회사에서 정해 놓은 정격추력에 해당하는 기관의 압력비(EPR)가 얻어지도록 주기적으로 기관의 여러 가지 작동상태를 조정하는 것을 기관 트리밍(engine trimming)이라고 한다. 현재 생산되는 대부분의 기관은 추력을 나타내는 작동변수로서 기관 압력비를 사용하며, 기관 압력비는 추력에 비례한다.

29. ②

해설 가스 터빈 기관의 연료 가열기(fuel heater)에 대한 설명은 다음과 같다.
① 연료 가열기는 연료가 결빙되어 얼음 결정이 형성되는 것을 방지하기 위하여 연료를 가열하여 연료의 온도를 빙점 이상으로 유지한다.
② 연료 가열기는 오일이 가지고 있는 열을 연료에 전달시켜, 오일의 온도를 감소시킨다.
③ 열의 공급원으로 압축기 블리드 공기(bleed air)를 사용한다.

30. ②

해설 오토 사이클에서 상사점에서의 실린더 체적을 v_1, 하사점에서의 실린더 체적을 v_2라고 하면, 압축비 ε은

$$\varepsilon = \frac{v_1}{v_2} = \frac{8}{2} = 4 \, (4:1)$$

31. ④

해설 교류 고전압 축전기 방전 점화계통에서 트리거 변압기(trigger transformer)는 고전압 펄스를 형성하여 이그나이터(igniter)에 공급한다.

32. ①

해설 토크에 의한 굽힘력은 공기 저항에 의해 생기는 것으로 프로펠러 깃 선단(tip)을 회전방향의 반대방향으로 처지게(lag) 하는 힘이다.

33. ③

해설 브레이커 포인트에 병렬로 연결되어 있는 콘덴서는 브레이커 포인트에 생기는 아크(arc)로 인한 소손을 방지하고, 1차 코일에 잔류되어 있는 전류를 신속히 흡수 제거한다.

34. ④

[해설] 가스 터빈 기관의 연소 효율이란 공기의 실제 증가된 에너지(엔탈피)와 공급된 열량과의 비를 말한다.

35. ③

[해설] 왕복기관 항공기가 고고도에서 비행하면 고도 증가에 따른 공기밀도의 감소로 인하여 혼합비가 농후상태로 된다. 이와 같은 혼합비 과농후를 방지하기 위해 고고도 비행 시 연료/공기 혼합비를 조절하여야 한다.

36. ①

[해설] 각 보기의 그림을 실린더 배열방법에 따라 분류하면 다음과 같다.
① 그림 ㉮ : 대향형 기관
② 그림 ㉯ : 직렬형 기관
③ 그림 ㉰ : V형 기관
④ 그림 ㉱ : 성형 기관

37. ②

[해설] 왕복기관의 오일탱크에 대한 설명은 다음과 같다.
① 물이나 불순물을 제거하기 위해 탱크 밑바닥에는 윤활유 섬프 드레인 플러그(sump drain plug)가 있다.
② 중력에 의하여 오일이 공급될 수 있도록 일반적으로 오일탱크는 오일펌프 입구보다 약간 높게 설치한다.
③ 오일탱크의 재질은 일반적으로 알루미늄 합금으로 만든다.
④ 윤활유의 열팽창에 대비해서 10% 정도의 여유 팽창공간을 둔다.

38. ③

[해설] 프로펠러 거버너(governor)는 플라이웨이트(fly weight), 파일럿 밸브(pilot valve) 및 카운터 밸런스(또는 카운터 웨이트라고도 한다) 등으로 구성된다.

39. ③

[해설] 왕복기관 시동 후 베어링 및 그 밖의 윤활이 필요한 부분에 윤활유의 공급이 불충분한 상태에서 기관을 고출력으로 작동하면 기관의 손상을 초래할 수 있다. 따라서 기관 시동 후 바로 오일 압력 계기를 확인해야 한다.

40. ①

[해설] 로켓(rocket)은 외부의 공기를 흡입하지 않고, 기관 자체 내에 저장된 고체 또는 액체의 산화제와 연료를 필요에 따라 펌프나 압축공기의 압력에 의해 연소실로 보내어 연소시킨다.

제3과목 : 항공기체

41. ④

[해설] 나사(thread)의 표시법은 다음과 같다.

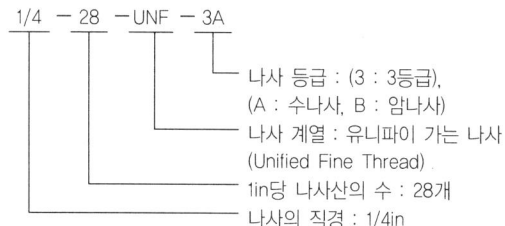

42. ②

[해설] 항공기가 수평 비행을 하다가 갑자기 조종간을 조작하여 최대 양력계수 상태로 상승비행을 할 때 큰 날개에 작용하는 하중배수가 그 항공기의 설계제한하중과 같게 되었다면, 이때의 수평 속도를 설계 운용 속도(Design maneuvering speed : VA)라고 한다. V-n 선도에서 설계운용속도는 조종사가 아무리 급격한 조작을 하여도 구조상 안전하여 항공기 기체가 파괴되지 않는 속도이다.

43. ②

[해설] 항공기의 유용 하중(useful load)이란 총무게에서 자기무게를 뺀 무게를 말하며 승무원, 승객, 화물, 무장계통, 연료, 윤활유 등의 무게를 포함한다.

44. ③

해설 기준선으로부터 하중중심(무게중심)의 위치는
하중중심(C.G)
$$= \frac{\text{총 모멘트}}{\text{총 무게}}$$
$$= \frac{(2000 \times 150)+(3000 \times 200)}{2000+3000} = 180\text{in}$$
∴ 따라서 하중중심은 기준선에서부터 180″ 지점, 보의 우측 끝에서부터는 20″ 지점에 위치한다.

45. ④

해설 1차 조종면(primary control surface)의 종류 및 목적은 아래와 같다. 이·착륙 거리를 단축시키는 역할을 하는 조종면은 플랩(flap)이며, 플랩은 2차 조종면이다.
① 방향키(rudder) : 방향을 조종
② 도움날개(aileron) : 가로 운동을 조종
③ 승강키(elevator) : 상승과 하강을 조종

46. ③

해설 탄소강을 이루는 5대 원소는 탄소(C), 규소(Si), 망간(Mn), 인(P), 그리고 황(S)이다.

47. ④

해설 알루미늄 합금의 부식 방지법은 다음과 같다.
① 클래딩(cladding) : 알루미늄 판의 양면에 내식성이 좋은 순수 알루미늄 또는 알루미늄 합금판을 입혀서 내식성을 갖게 하는 것으로 알클래드(alclad)라고도 한다.
② 양극처리(anodizing) : 금속 표면에 내식성이 있는 산화피막을 형성시키는 방법이다.
③ 알로다이징(alodizing) : 크롬산 계열의 화학약품인 알로다인(alodine) 속에서 알루미늄에 산화피막을 입혀 내식성을 증가시키는 화학처리
④ 도금 : 전기화학적으로 이질 금속을 알루미늄 합금의 표면에 코팅(coating)하는 것

용체화 처리(solutioning)는 알루미늄합금을 규정된 시간 동안 적정 온도까지 가열시킨 후 용액으로 담금질하는 열처리이다.

48. ①

해설 턴 버클(turn buckle)은 케이블의 지름이 1/8in 이상인 경우에는 이중결선법(복선식) 안전결선을, 1/8in 이하인 경우에는 단선결선법(단선식) 안전결선을 한다. 턴 버클 고정 작업 시에는 배럴의 검사구멍(inspection hole)에 핀(pin)을 꽂았을 때 핀이 들어가면 안 되며, 턴 버클 엔드(turn buckle end)의 나사산(thread)이 턴 버클 배럴의 밖으로 3개 이상 나와 있으면 안 된다.

49. ①

해설 서로 다른 재질의 금속이 접촉하면 접촉 전기와 수분에 의해 전해질이 형성될 때 국부 전류 흐름이 발생하여 부식을 초래하게 되는 현상을 이질 금속 간 부식, 또는 갈바닉 부식(galvanic corrosion)이라고 한다.

50. ①

해설 인터널 렌칭 볼트(internal wrenching bolt)는 고강도강으로 제작되며, 볼트 머리에는 L 렌치(allen wrench)를 사용할 수 있도록 홈이 파여 있다. 인터널 렌칭 볼트 사용 시 주의사항은 다음과 같다.
① 볼트를 풀고 죌 때는 L 렌치(allen wrench)를 사용한다.
② 카운터 싱크 와셔를 사용할 때는 와셔의 방향에 주의하여야 한다.
③ MS와 NAS의 인터널 렌칭 볼트의 호환은 MS 볼트는 피로강도가 크기 때문에 NAS를 MS로 교환하는 것이 가능하다. MS를 NAS로 교환하는 것은 불가능하다.
④ 너트의 아래는 충격에 강한 고강도 와셔를 사용한다.

51. ④

해설 푸시 풀 로드(push-pull rod) 조종계통과 비교하여 케이블(cable) 조종계통의 특징은 다음과 같다.
① 방향 전환이 자유롭다.
② 다른 조종계통에 비해 무게가 가볍다.
③ 구조가 간단하여 가공 및 정비가 쉽다.
④ 케이블의 접촉이 많아 마찰이 크고, 마모가

많다.
⑤ 큰 장력이 필요하며, 케이블이 늘어난다.

52. ③

해설 페일 세이프 구조(fail safe structure)란 한 구조물이 여러 개의 구조요소로 결합되어 있어 반복하중을 받은 항공기의 주구조부가 파괴되더라도 남은 구조에 의해 치명적 파괴 또는 구조 변형을 방지하도록 설계하여 항공기 구조상 안전성을 보장하기 위한 구조를 말한다.

53. ②

해설 모노코크 구조(monocoque structure)의 항공기에서는 동체에 가해지는 대부분의 하중을 외피(skin)가 담당하며, 내부에 응력을 담당하기 위한 별도의 보강재가 없다.

54. ③

해설 항공기의 주날개 양쪽에 기관을 장착하는 경우의 특성은 다음과 같다.
① 동체에 흐르는 난기류의 영향이 적다.
② 공기의 저항이 심해지며 1개 기관이 고장날 경우 추력 비대칭 현상이 심하다.
③ 치명적 고장 또는 비행착륙 등으로 과도한 충격을 받을 경우 항공기에서 이탈될 수 있다.
④ 정비 접근성은 좋으나, 비행 중 날개에 대한 굽힘하중이 크다.

55. ③

해설 인장 변형률이란 재료가 길이 방향으로 변형될 때에 생기는 변형률을 말한다. 원래의 길이를 L, 변형된 길이를 δ라고 하면 인장 변형률(ε)은
$$\varepsilon = \frac{\delta}{L} = \frac{5\mu m}{1m} = 5\mu m/m$$

56. ④

해설 굴곡반경을 R, 판재의 두께를 T라고 하면, 세트 백(set back)은
$$SB = K(R+T) = 1 \times (0.125 + 0.051)$$
$$= 0.176 in$$
(∵ 굽힘 각도 90°인 경우 $K=1$)

57. ②

해설 가스용접기에서 사용하는 산소 용기는 녹색, 아세틸렌가스 용기는 황색으로 표시하여 구별한다. 용기에 호스를 연결 시 서로 다른 가스로 연결되는 것을 방지하기 위하여 산소 호스는 녹색(또는 초록색), 아세틸렌가스 호스는 빨간색으로 표시하여 구별한다.

58. ①

해설 아이스박스 리벳인 2024(DD) 리벳은 열처리 후 시효경화를 지연시켜 연화상태를 연장시키기 위하여 아이스박스에 저온 보관하여 사용하며, 상온에 노출 후 10분에서 20분 이내에 사용해야 한다.

59. ④

해설 올레오식 완충 장치의 올레오 쇼크 스트럿(oleo shock strut) 내부 위쪽에는 압축공기가 들어 있고, 아래쪽에는 오일(작동유)이 들어 있다. 항공기가 착륙할 때 지면의 충격에 의해 스트럿이 압축될 때 안쪽 실린더가 바깥쪽 실린더로 밀려 올라가면서, 오일이 메터링 핀(metering pin) 사이를 통과해서 압축 공기실로 밀려 들어간다. 이때 메터링 핀(metering pin)의 오일 흐름 제한과 압축 공기의 압축성에 의해 충격이 흡수된다.

60. ①

해설 항공기에 탑재한 장비나 화물이 이동하여 중심 위치가 변화되었을 경우, 새로운 중심위치를 구하는 식은 다음과 같다.
중심위치($C.G$)
$$= \frac{\text{총 모멘트} \pm \text{변화된 모멘트}}{\text{총 무게} \pm \text{변화된 무게}}$$
(∵ + : 무게 증가 시, − : 무게 감소 시)
$$= \frac{(2950 \times 300) - (50 \times 200) + (100 \times 250)}{2950 - 50 + 100}$$
$$= +300 cm$$
∴ +300cm 이므로 중심위치는 기준선 후방 300cm에 위치한다.

제4과목 : 항공장비

61. ③

해설
- 1개의 저항값이 R_s인 열전쌍 N개가 병렬로 연결된 경우, 열전쌍의 저항을 R_2라고 하면
$$R_2 = \frac{R_s}{N} = \frac{0.79}{6} = 0.132\,\Omega$$
- 저항을 R(전선의 저항 R_1, 열전쌍의 저항 R_2), 계기의 내부 저항을 r, 그리고 기전력을 E라고 하면, 회로에 흐르는 전체 전류 I는
$$I = \frac{E}{R+r} = \frac{E}{(R_1+R_2)+r}$$
$$= \frac{20.64}{(24.87+0.132)+23} = 0.430\,\mathrm{mA}$$

62. ②

해설 열전쌍(thermocouple) 화재탐지장치는 서로 다른 종류의 특정한 두 금속이 서로 접합하여 있으며, 두 금속 사이에 특정한 온도가 되면 열에 의한 기전력이 발생한다. 이 기전력을 이용하여 화재나 과열 상태를 지시한다.

63. ②

해설 신호의 크기에 따라 반송파를 변화시키는 변조방식의 종류는 다음과 같다.
① 진폭 변조(AM, amplitude modulation) : 신호파에 따라 반송파의 진폭을 변화시키는 변조방식
② 주파수 변조(FM, frequency modulation) : 신호파에 따라 반송파의 주파수를 변화시키는 변조방식

64. ①

해설 일반적으로 파장이 매우 짧고 높은 주파수의 전자파는 전리층에서 반사되지 않고 직진한다. 또, 지표파는 감쇠가 심하여 공간파에 비하여 상대적으로 약하다. 따라서 VHF 전파는 가시거리 통신에만 유효하다.

65. ①

해설 유압계통에서 사용되는 체크 밸브(check valve)는 역류를 방지하는 역할을 한다. 즉, 한쪽 방향으로만 작동유의 흐름을 허용하고, 반대 방향의 흐름은 제한한다.

66. ④

해설 소형 항공기의 직류 전원계통에서 메인 버스(main bus)와 축전지 버스 사이에는 전류계가 접속되어 있다. 발전기의 출력 전압에 의해서 축전지가 충전되면 전류계는 "+"를 지시하고, 축전지가 부하에 전류를 공급하고 있을 때는 "-"를 지시한다.

67. ③

해설 항공기 고도의 종류는 다음과 같다.
① 절대고도 : 항공기로부터 그 당시 지형까지의 고도
② 진고도 : 해면상에서부터의 고도
③ 기압고도 : 표준대기압 해면(29.92inHg)으로부터의 고도

따라서 진고도는 해면상에서부터의 고도이므로 해면상에서부터 지형의 고도(500m)와 절대고도(1,000m)를 합한 1,500m이다.

68. ①

해설 피토 정압계통의 계기에는 고도계, 승강계, 대기 속도계를 기본으로 이외에 마하계, 진대기 속도계가 포함되기도 한다.
피토 정압계통의 피토 정압관에는 전압을 수감하는 피토공과 정압을 수감하는 정압공이 있다. 속도계(진대기 속도계, 마하계)는 피토공과 정압공에 연결되어 두 압력의 차인 동압(dynamic pressure)에 의해서 작동되며, 고도계와 승강계는 정압공에만 연결되어 정압에 의해서 작동된다.

69. ③

해설 축압기(accumulator)의 종류는 다음과 같다.
① 피스톤(piston)형 : 다른 종류와 비교해서 구조가 간단하여 공간을 적게 차지하고, 튼튼하기 때문에 현재의 항공기에 많이 사용된다.
② 다이어프램(diaphragm)형 축압기
③ 블래더(bladder)형

70. ③

[해설] 항공기 주전원장치에서 일반적인 교류 전류의 주파수인 50Hz/60Hz 대신 400Hz를 사용하는 이유는 주파수를 높이게 되면 전력이 도선의 바깥쪽이 아닌 중심으로 흐르기 때문에 도선의 굵기를 가늘게 할 수 있고, 따라서 전선의 무게를 줄일 수 있기 때문이다.

71. ②

[해설] 램 효과(ram effect)란 항공기 속도의 증가에 따라 유입되는 공기의 압력이 증가하는 현상을 말한다. 항공기 동체의 앞부분에는 기상 레이더와 컴퓨터가 내장되는데 이 부분은 nose radome이라고 하며, 램 효과(ram effect)에 의해 공기의 압력이 증가하면 온도가 증가하기 때문에 별도의 방빙이나 제빙이 필요하지는 않다. 윈드 실드(Wind shield), 물 배출구(drain mast) 및 엔진 공기 흡입구(engine inlet) 부분은 방빙을 하여야 한다.

72. ①

[해설] 승강계(VSI : vertical speed indicator)는 항공기의 수직방향 속도를 분당 피트(ft/min) 단위로 지시하는 계기로서, 항공기의 상승률과 하강률을 나타낸다.

73. ④

[해설] 항공기 충돌 방지등(anti-collision light)은 동체 상하면에 장착되어 있으며, 매분 40~100회로 적색광을 점멸시켜 해당 항공기의 위치를 알려서 충돌을 회피하려는 목적으로 사용된다.

74. ④

[해설] 병렬운전을 하는 직류 발전기에서 1대의 직류 발전기가 역극성 발전을 할 경우 역극성 검출회로가 작동한다. 역극성 검출회로는 발전을 멈추기 위해 필드 릴레이(field relay)를 작동시켜, 발전기를 메인 버스에서 분리시킨다. 필드 릴레이는 한번 작동하면 리셋(reset)될 때까지 trip 상태를 유지한다.

75. ②

[해설] 자이로신 컴퍼스(gyrosyn compass)의 플럭스 밸브(flux valve)는 지자기의 방향을 탐지하기 위한 자기탐지장치이다. 따라서 플럭스 밸브를 장·탈착 시에는 자차로 인한 지시오차를 줄이기 위하여 장착용 나사와 사용 공구 모두 비자성체인 것을 사용해야 한다. 또 보관이나 운송 시에는 비자성체 용기를 이용하고, 자성체로부터 멀리하여야 한다.

76. ②

[해설] 자동 방향 탐지기(ADF : automatic direction finder)는 190~1750kHz대의 전파를 사용하여 지상에 설치한 무지향성 무선 표시국으로부터 송신되는 전파의 도래 방향을 알아 항공기의 방위를 계기상에 지시하는 장비이다.

77. ④

[해설] 항공기의 니켈-카드뮴 축전지가 완전히 충전된 상태에서 1셀(cell)의 기전력은 무부하에서 1.3~1.4V이지만, 부하가 가해지면 1.2V가 된다.

78. ④

[해설] 객실 압력 조절기(cabin pressure regulator)는 아웃 플로 밸브(out flow valve)의 위치를 조절하여, 객실 압력이 등압 영역에서는 설정값을 유지하고 차압 영역에서는 미리 설정한 차압이 유지되도록 조절하는 역할을 한다. 따라서 객실 압력 조절에 직접적으로 영향을 주는 것은 아웃 플로 밸브의 개폐 속도이다.

79. ③

[해설] 비행장에 설치된 컴퍼스 로즈(compass rose)는 항공기 내에 설치된 자기 컴퍼스의 자차 수정에 사용된다. 컴퍼스 로즈(compass rose)의 중심에 항공기를 위치시킨 후 항공기를 회전시키면서 컴퍼스 로즈와 자기 컴퍼스와의 오차각을 측정하여, 자기 보상 장치의 조절 나사를 비자성 드라이버로 돌려가면서 자차를 수정한다.

80. ③

[해설] 여러 가지의 정보를 하나의 계기에 지시하는 종

합 전자계기는 항공기를 제작하는 회사에 따라 다르지만 일반적으로 다음과 같이 구성된다.
① 주비행 표시장치(primary flight display : PFD) : 표시되는 화면은 비행자세 지시부, 속도 지시부, 기압고도 지시부, 자동 비행모드 지시부, 전파고도 지시부, 승강 속도 지시부 등으로 나누어져 있다. 항공기의 착륙 결심 고도는 기압고도 지시부에 표시된다.
② 항법 표시장치(navigation display : ND)
③ 기관 지시와 승무원 경고계통(engine indication and crew alerting system : EICAS)

2015년 4회 (9월 19일)

제1과목 : 항공역학

1. ③

해설 양력계수를 C_L, 스팬효율계수를 e, 그리고 가로세로비를 AR이라고 하면, 유도항력계수 C_{Di}를 구하는 관계식은 다음과 같다.

$$C_{Di} = \frac{C_L^2}{\pi e AR}$$

유도항력계수는 양력계수의 제곱에 비례하고, 가로세로비에 반비례한다. 따라서 가로세로비가 커지면 유도항력계수는 작아진다.

2. ①

해설 양력계수를 C_L, 항력계수를 C_D라고 하면, 제트 항공기가 최대 항속거리를 비행하기 위해서는 $\dfrac{C_L^{\frac{1}{2}}}{C_D}$ 가 최대인 받음각으로, 프로펠러 항공기가 최대 항속거리를 비행하기 위해서는 $\dfrac{C_L}{C_D}$ 가 최대인 받음각으로 비행해야 한다.

3. ②

해설 문제의 그림에서 각 그래프가 나타내는 마력은 다음과 같다.
① a : 주 로터의 요구마력
② b : 주 로터의 항력에 의한 형상마력
③ c : 테일 로터의 요구마력
④ d : 동체의 저항에 의한 유해마력

4. ②

해설 회전날개의 회전면을 회전원판(rotor disk), 또는 날개 끝 경로면이라 하고, 이 회전면과 원추의 모서리가 이루는 각을 원추각 또는 코닝 각(coning angle)이라고 한다.

5. ④

해설 무게중심의 위치는 세로안정성에 영향을 미치며, 방향 안정성에는 거의 영향을 주지 않는다.

6. ③

해설 수직 꼬리날개가 클 경우 옆미끄럼에 의한 힘은 옆놀이 모멘트를 발생시켜 가로 안정(옆놀이 안정)에 대해 중요한 영향을 끼친다.

7. ①

해설 비행기가 하강비행을 하는 동안 조종간을 당겨 기수를 올리려 할 때, 받음각과 각속도가 특정값을 넘게 되면 예상한 정도 이상으로 기수가 올라가는데, 이를 피치 업(pitch up)이라고 한다.

8. ②

해설 유도속도란 프로펠러에 의해 순수하게 가속된 공기속도를 말하며, 프로펠러 깃을 통과하는 공기의 속도는 항공기의 비행속도에 프로펠러에 의해 가속된 유도속도를 더한 속도가 된다. 따라서 유도속도는

∴ 유도속도=프로펠러 깃을 통과하는 공기 속도 −항공기 비행속도

9. ④

해설 양항비(활공비)=$\dfrac{수평활공거리}{활공고도}$ 이므로,

∴ 수평활공거리 = 양항비 × 활공고도
= $20 \times 2000 = 40{,}000$m

10. ②

해설 비행기의 전압을 P_{t1}, 날개상의 한 점의 전압을 P_{t2}라고 하면, 정상흐름이라고 가정하는 경우 베르누이 정리에 의해 두 지점의 전압은 동일하다고 할 수 있다.

$P_{t1} = P_{t2} = P_1 + \dfrac{1}{2}\rho V_1^2 = P_2 + \dfrac{1}{2}\rho V_2^2$,

$101000 + \dfrac{1}{2} \times 1.23 \times \left(\dfrac{360}{3.6}\right)^2$

$= 100000 + \dfrac{1}{2} \times 1.23 \times V_2^2$

($\because 100\,\text{kPa} = 100{,}000\,\text{N/m}^2$)

∴ $V_2 = 107.82\,\text{m/s}$

11. ③

해설 이륙과 착륙에 대한 비행 성능의 설명은 다음과 같다.

① 착륙 활주 시에는 착륙거리를 줄이기 위하여 스포일러 등을 사용하여 항력을 크게 한다.
② 비행기의 실제적인 이륙거리는 지상 활주거리에다 비행기가 안전한 비행상태의 고도까지 이륙하는 데 소요되는 상승거리를 합해서 말한다. 이 안전한 비행상태의 고도를 장애물 고도라 한다.
③ 이륙할 때 항력은 속도의 제곱에 비례한다. 따라서 속도를 증가시키면 항력은 증가한다.

12. ①

해설 비행기의 중량을 W, 경사각을 ϕ라고 하면 원심력 CF는
$CF = W\tan\phi = 3200 \times \tan 15° = 857.4\,\text{kgf}$

13. ①

해설 비행기의 속도를 증가시키면 양력이 증가하여 비행기는 상승하게 된다. 따라서 수평비행을 유지하기 위해서는 비행기의 받음각을 감소시켜 양력을 감소시켜야 한다.

14. ③

해설 성층권 아래층의 기온은 높이에 관계없이 대체로 일정하지만 위층에서는 오존층이 있어서 자외선을 흡수하기 때문에 고도가 높아질수록 온도가 높아진다.

15. ④

해설 수평꼬리날개의 체적계수란 주날개에 대한 수평꼬리날개의 체적비를 말한다. 무게중심과 수평꼬리날개의 공기역학적 중심까지의 거리를 L_H, 수평꼬리날개의 면적을 S_H, 주날개의 시위 길이를 c_W, 그리고 주날개의 면적을 S_H라고 하면 수평꼬리날개의 체적계수 V_H를 구하는 관계식은 다음과 같다.

$V_H = \dfrac{L_H S_H}{c_W S_W}$

따라서, 수평꼬리날개의 체적계수는 수평꼬리날개의 시위길이와는 관계가 없다.

16. ②

해설 양력계수를 C_L, 공기밀도를 ρ, 비행속도를 V, 그리고 날개면적을 S라고 하면, 비행기 날개에 작용하는 양력(L)을 구하는 관계식은
$L = C_L \frac{1}{2} \rho V^2 S$이다.
따라서 양력은 날개의 면적에 비례하며, 날개의 면적을 최소로 하면 양력은 최소가 된다.

17. ④

해설 비행기가 수평 상태로부터 수직강하로 들어갈 때의 급강하 속도는 차차 증가하게 되어 끝에 가서는 일정한 속도에 가까워지며, 이 속도 이상 증가하지 않는다. 이때의 속도를 종극 속도(terminal velocity)라고 한다.

18. ①

해설
- 비열비를 γ, 기체상수를 R, 그리고 기온을 T(K)라고 하면, 음속 C는
$C = \sqrt{\gamma R T} = \sqrt{1.4 \times 287 \times (20 + 273.15)}$
$= 343.2 \, m/s$
- 항공기 속도를 V, 음속을 C라고 하면, 마하수 Ma는
$Ma = \frac{V}{C} = \frac{240}{343.2} = 0.699$

19. ④

해설 공기 흐름의 속도 방향, 즉 항공기의 진행방향과 날개골의 시위선이 만드는 사이각을 받음각(angle of attack)이라고 한다.

20. ③

해설 주기 피치 조종장치는 주회전날개의 회전면을 원하는 방향으로 경사지게 하여 전진과 후진 및 옆으로의 비행을 가능하게 한다.

제2과목 : 항공기관

21. ③

해설 터보 제트 기관은 후기 연소기(after burner)를 장착할 때에는 초음속 비행이 가능하므로 주로 고속 군용기에 사용되고 있다. 이 기관은 비행속도가 빠를수록 효율이 좋지만 저속에서는 효율이 감소하고 연료 소비율이 증가하며, 배기가스가 고속으로 분사되므로 배기소음이 심한 결점이 있다.

22. ①

해설 정상 작동 중인 왕복기관에서 점화는 피스톤이 압축행정 상사점에 도달하기 전에 일어난다.

23. ②

해설 캔형(can type) 연소실은 압축기의 구동축 주위에 독립된 원통형의 연소실을 같은 간격으로 배치한 형식이다. 이 형식의 연소실은 연소실이 독립되어 있으므로 장탈과 장착이 가장 편리하다.

24. ①

해설 엔탈피(enthalpy)는 에너지와 유사한 성질의 상태함수로서, 열량이나 에너지와 동일한 차원을 가지며 열량과 같은 단위를 쓴다.

25. ③

해설 프로펠러를 항공기에 장착하는 위치에 따라 크게 트랙터식(tractor type, 견인식이라고도 한다)과 추진식(pusher type)으로 분류한다. 트랙터식은 프로펠러가 항공기 앞부분이나 날개에 부착되어 프로펠러가 비행기를 끌고 가는 형식으로 대부분의 항공기는 견인식이다. 추진식은 프로펠러가 항공기 뒤쪽의 지지구조나 날개 끝에 부착되어 비행기를 밀고 가는 형식이다.

26. ②

해설 제트 기관 점화 계통은 다음과 같은 주요 구성품으로 이루어지며, 마그네토는 왕복기관 점화계통에 사용된다.
① 점화 익사이터(ignition exciter) : 점화플러그에서 고온고압의 강력한 전기불꽃을 일으키기 위해 항공기의 저전압을 고전압으로 바꾸어 주는 장치로 점화 유닛(ignition unit)이라고 한다.
② 하이텐션 리드 라인(high-tension lead line)

: 점화 익사이터와 점화플러그를 접속하고 있는 고압 전선으로 점화 익사이터의 고전압을 점화플러그에 전달한다.
③ 점화플러그(igniter plug) : 점화 익사이터에서 만들어진 전기적 에너지를 혼합가스를 점화하는 데 필요한 열에너지로 변환시키는 장치이다.

27. ④

해설 배기관에서 공기가 분사되는 끝부분을 특히 배기 노즐이라고 하며, 아음속기의 배기 노즐로는 수축형 배기 노즐이 사용된다. 배기 노즐은 배기가스의 속도를 증가시키고 압력을 감소시킨다.

28. ④

해설 프로펠러 비행기가 비행 중 기관에 고장이 발생한 경우 기관을 정지시켜 프로펠러에 의한 공기저항을 감소시키고, 프로펠러 회전에 따른 기관의 고장 확대를 방지하기 위해서 프로펠러 깃각을 비행방향과 평행이 되도록 바꾸어 프로펠러의 회전을 멈추게 하는 조작을 페더링(feathering)이라고 한다.

29. ②

해설 가스 터빈 기관에 사용되고 있는 윤활계통의 구성품은 윤활유 탱크, 압력 펌프, 소기 펌프, 윤활유 여과기 및 윤활유 냉각기 등이 있다. 조속기(governor)는 프로펠러 계통의 구성품이다.

30. ①

해설 끝단에 슈라우드(shroud)가 있는 구조의 터빈 깃은 바깥쪽 둘레에 슈라우드 팁(shrouded tip) 부분이 링(ring)과 같은 형태를 이루고 있어, 터빈 깃의 진동 억제 특성이 우수하다. 또 깃 팁(tip)에서 가스 누설 손실이 적기 때문에 공기 역학적 성능이 우수하고, 터빈 깃의 효율이 높다. 그러나 이러한 터빈 깃은 슈라우드의 무게가 추가되기 때문에 원심력으로 인하여 늘어남(growth)과 크리프(creep)의 원인이 되기도 한다.

31. ④

해설 • 총발열량(Q)을 구하기 위해서는, 먼저 총마력을 구하여야 한다.
정미마력=총마력×열효율이므로,
총마력= $\dfrac{50}{0.25}$ =200PS
• 총마력을 시간당 일의 단위로 환산하면
$200 \times 75 \times 3600 = 54,000,000$ kgf·m/h
($\because$ 1PS = 75kgf·m/s)
• 일을 발열량으로 환산하면
$\dfrac{54000000}{427} = 126463.7$ kcal/h
($\because$ 1kcal = 427kgf·m)

32. ②

해설 기관에서 축방향과 동시에 반경방향의 하중을 지지할 수 있는 추력 베어링으로는 볼 베어링(ball bearing)을 사용한다.

33. ①

해설 가스 터빈 기관 내에서 가스의 특성 변화에 대한 설명은 다음과 같다.
① 연소실 뒷부분에서는 냉각작용을 하는 공기와 연소가스가 혼합되기 때문에, 연소실의 온도보다 이를 통과한 터빈의 가스 온도가 더 낮다.
② 항공기 속도가 증가하면 압축기 입구 압력은 대기압보다 높아진다.
③ 터빈 노즐의 수축 통로에서 압력이 감소되면서 배기가스의 속도가 급격히 증가한다.

34. ④

해설 제트기관을 시동할 때에 배기가스온도(EGT)의 온도가 높을 경우, 이 현상은 연료-공기 혼합비를 조정하는 연료조정장치의 고장 및 이로 인한 연료의 과다 공급이 원인임을 예상할 수 있다.

35. ①

해설 처음 상태의 압력을 P_1, 체적을 v_1, 온도를 T_1, 나중 상태의 압력을 P_2, 체적을 v_2, 온도를 T_2 라고 하면, 이상기체의 상태방정식에 의하여
$\dfrac{P_1 v_1}{T_1} = \dfrac{P_2 v_2}{T_2}$ 에서

$$\therefore T_2 = T_1 \cdot \frac{P_2 v_2}{P_1 v_1} = (300+273) \times \frac{5 \times 0.56}{7 \times 0.7}$$
$$= 327.4K = 54.4℃ \quad (\because K = ℃ + 273)$$

36. ②

[해설] 혼합비가 너무 희박해지면 연소속도가 느려져 흡입행정에서 흡입밸브가 열렸을 때 실린더 안에 남아 있는 화염에 의하여 매니폴드나 기화기 안의 혼합가스로 인화될 수 있는데 이러한 현상을 역화(back fire)라 한다.

37. ③

[해설] 배기밸브 제작 시 축에 중공을 만들고 중공의 내부에 금속 나트륨을 삽입한 밸브도 있다. 금속 나트륨은 비교적 낮은 온도에서 액체 상태로 녹아 밸브 스템의 공간을 왕복하면서 밸브 헤드의 열을 신속히 밸브 축에 전달하여 냉각효과를 증대시키는 역할을 한다.

38. ③

[해설] 부자식 기화기에서 이코노마이저 장치(economizer system)는 출력 증강 장치로 보통 저속과 순항 속도에서는 이코노마이저 밸브가 닫혀 있다. 기관의 출력이 순항 출력 이상의 최대 출력일 때 이코노마이저 밸브가 열려서 추가 연료를 공급함으로써 농후 혼합비를 만들어 준다.

39. ④

[해설] 윤활유 펌프에는 윤활유 압력 펌프(pressure pump)와 소기 펌프(scavenge pump)가 있다. 소기 펌프(scavenge pump)는 기관의 각종 부품을 윤활시킨 뒤 윤활 부위를 빠져 나와 섬프에 모인 윤활유를 오일탱크로 되돌려 보내는 역할을 한다. 압력 펌프(pressure pump)는 탱크로부터 기관으로 윤활유를 압송시키는 역할을 하며, 문제의 보기 ①, ②, ③은 압력 펌프의 역할이다.

40. ③

[해설] 마그네토(magneto)의 배전기 블록(distributor block)에 전기누전 점검 시 사용하는 기기는 harness tester이다. Harness tester는 harness에 있는 각 케이블 주위의 절연상태 또는 절연효과를 측정하여 케이블의 상태를 점검한다.

제3과목 : 항공기체

41. ①

[해설] 굴곡반경을 R, 판재의 두께를 T라고 하면, 세트 백(set back)은
$SB = K(R+T)$
$\therefore$ 굴곡 각도 90°일 때 굴곡 각도에 따른 상수 K는 1이므로, $SB = R + T$

42. ②

[해설] 어느 비행기의 설계 제한 하중배수(design limit load factor)가 n_1이라 함은, 그 비행기는 자중의 n_1배 되는 하중에 견디도록 설계, 제작되어야 하며, 동시에 그 이상의 하중을 발생하는 비행은 금지한다는 것이다.
문제의 그림과 같은 $V-n$ 선도에서 GH선은 음(−)의 구조적인 한계를 나타내는 최소 제한 하중배수이고, AD선은 양(+)의 구조적인 한계를 나타내는 최대 제한 하중배수이다.

43. ③

[해설] 비행기가 아무리 급격한 조작을 하여도 구조 역학적으로 안전한 속도를 설계 운용 속도(design maneuvering speed)라고 한다. 실속 속도를 V_S, 설계 제한 하중배수를 n_1이라고 하면 설계 운용속도 V_A를 구하는 식은 다음과 같다.
$$\therefore V_A = \sqrt{n_1} V_S = \sqrt{2.5} \times 120$$
$$= 189.7 km/h$$

44. ④

[해설] 그림과 같이 길이 L인 외팔보에 집중하중(P_1, P_2)이 작용할 때 최대 굽힘 모멘트는 벽 지점에서 발생한다. 굽힘 모멘트(M_{max})는 2개의 집중하중이 작용할 때의 모멘트를 각각 고려하여야 하며, 반시계 방향으로 회전하는 모멘트는 음(−)으로 가정한다. 따라서 최대 굽힘 모멘트의 크기는 $M_{max} = -P_1 L - P_2 b$이다.

45. ①

해설 판의 전단강도를 τ, 전단면 면적을 A라고 하면, 판을 전단 가공할 때 필요한 전단력 F는
$F = \tau A = 3600 \times (10 + 10 + 5 + 5) \times 0.1$
$= 10,800 \text{kgf}$
($\because$ 전단면 면적 $A = 4$변의 합 $\times$ 판의 두께)

46. ②

해설 SAE 4130 크롬-몰리브덴(chrome-molybdenum)강은 용접성을 향상시킨 강으로, 착륙장치의 다리 부분, 엔진 마운트, 엔진 부품, 항공기 볼트 등과 같이 고강도를 필요로 하는 부분에 사용된다. SAE 4130 규격의 의미는 다음과 같다.

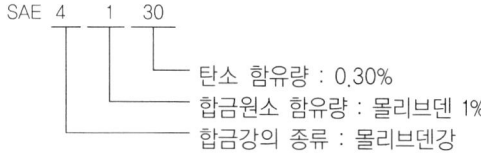

47. ③

해설 스크류(screw)의 종류는 다음과 같다.
① 머신 스크류(machine screw, 기계용 스크류) : 일반 목적용으로 사용되며 저탄소강, 황동, 내식강, 알루미늄 합금 등으로 만들어진다. 평면머리와 둥근머리 와셔 헤드 형태가 있다.
② 구조용 스크류(structural screw) : 합금강으로 만들어지며 같은 크기의 볼트와 같은 전단 강도를 갖고 있다. 볼트와 같은 명확한 그립을 가지고 있으나 머리의 형태가 다르다.
③ 셀프 태핑 스크류(self tapping screw, 자동 태핑 스크류) : 스스로 나사를 만들면서 고정되며, 구조부의 일시적 결합용이나 비구조 부재의 영구 결합용으로 사용된다.

48. ②

해설 항공기에 사용되는 완충장치의 형식 및 완충효율은 다음과 같다.

형식	완충방법	완충효율
고무 완충식	고무의 탄성을 이용	50%
평판 스프링식(plate spring type)	스프링판의 탄성을 이용	50%
공기 압력식	공기의 압축성을 이용	47%
올레오식 (oleo type)	압축된 공기가 유압유와 결합되어 충격하중 분산	70~80%

49. ③

해설 표면 처리의 종류는 다음과 같다.
① 카드뮴(Cd) 도금 : 도금은 화학적 또는 전기화학적인 방법에 의해 금속 표면에 다른 금속의 막을 형성시켜 부식을 방지한다. 카드뮴 도금은 합금강의 표면 처리에 적합하다.
② 침탄 : 저탄소강 표면에 탄소를 침투시켜서 표면을 경화시키는 방법이다.
③ 양극 산화처리(anodizing)는 금속 표면에 내식성이 있는 산화피막을 형성시켜 부식을 방지하는 방법이다. 양극 산화처리는 알루미늄 이외에도 마그네슘, 티타늄 등에도 이용되고 있으나, 주로 알루미늄에 사용된다.
④ 인산염 피막 : 주로 철강재료의 표면에 흑갈색의 인산염 피막을 형성시켜 부식을 방지하는 방법이다.

50. ①

해설 2개의 알루미늄 판재를 리베팅하기 위해 구멍을 뚫으려 할 때 판재가 움직이려 한다면, 아래 그림과 같은 클레코(cleco)를 사용하여 판재를 임시로 고정시킨 후 구멍을 뚫는다.

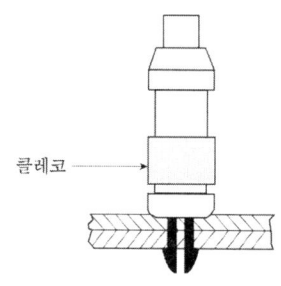

51. ①

해설 항공기의 자기무게(empty weight)는 항공기 무게를 계산하는 데 있어서 기초가 되는 무게로 항공기 기체구조, 동력장치, 고정장치, 고정 밸러스트(ballast), 사용 불능의 연료, 배출 불능의 윤활유, 발동기 냉각액의 전량, 유압계통 작동유 전량의 무게가 포함된다. 그러나 승무원, 유상하중(승객과 화물), 사용 가능의 연료, 배출 가능의 윤활유 등의 무게는 포함되지 않는다.

52. ①

해설 나셀(nacelle)은 날개의 파일론에 장착된 기관을 둘러싸고 있는 구조물을 말한다. 항공기 기관은 나셀에 장착된 전방 및 후방 기관 마운트(engine mount)에 의해 항공기 날개 하부의 파일론(pylon)에 장착된다. 기관 마운트는 엔진을 기체의 파일론에 장착하는 지지부로 엔진의 추력을 기체에 전달하는 역할을 한다.

53. ③

해설 키놀이 조종 계통에서 승강키(elevator)에 대한 설명은 다음과 같다.
① 일반적으로 승강키의 조종은 조종간(control stick) 또는 조종 핸들(control handle)에 의존한다.
② 가로축을 중심으로 하는 항공기의 키놀이 운동(pitching)에 사용한다.
③ 일반적으로 수평 안정판의 뒷전에 장착되어 있다.

54. ②

해설 케이블 조종 계통의 턴버클 배럴(barrel) 양쪽 끝에 있는 구멍은 턴버클이 풀리지 않도록 안전결선(safety wire)을 하기 위한 것이다.

55. ④

해설 미국 규격협회(ASTM : American society of testing materials)에서는 4자리 숫자의 합금 종별기호 다음에 질별기호를 붙여서 가공 상태, 열처리 방법 등을 표시한다. 알루미늄 합금의 질별기호는 다음과 같다.

질별 기호	가공 상태와 열처리 방법
F	제품 그대로인 것(즉, 압연, 압출, 주조한 상태 그대로인 것)
O	풀림(annealing) 처리를 한 것
H	가공 경화한 것
W	담금질 처리 후 경화가 진행 중인 것
T	F, O, H 이외의 열처리를 받은 것 - T2 : 풀림을 한 것 - T3 : 용액 열처리 후 냉간 가공한 것 - T4 : 용액 열처리 후 자연시효한 것 - T5 : 용액 열처리를 생략하고 뜨임 처리만을 받은 것 - T6 : 용액 열처리 후 인공시효한 것 - T7 : 용액 열처리 후 안정화 처리를 받은 재질 - T8 : 용액 열처리 후 상온 가공경화, 다음에 뜨임된 것 - T9 : 용액 열처리 후 뜨임처리, 그 다음에 자연시효한 것 - T10 : 용액 열처리를 생략하고 풀림한 다음 자연시효한 것

56. ④

해설 벌크헤드(bulkhead)는 보통 동체 앞뒤에 하나씩 배치된다. 동체 앞의 벌크헤드는 방화벽으로 이용되기도 하고, 여압식 동체에서는 객실 내의 압력을 유지하기 위한 압력 벌크헤드(pressure bulkhead)로 이용되기도 한다. 또 동체 중간에 벌크헤드의 변화형인 링 모양의 정형재를 배치하여, 날개나 착륙장치 등의 장착 부위로 사용하기도 한다. 이것들은 동체가 비틀림 하중에 의해 변형되는 것을 막아 동체의 형상을 유지하여 주며, 동체에 작용하는 집중 하중을 외피로 전달하여 분산시키기도 한다.

57. ④

해설 항공기 세척은 크게 알칼리 세척법과 솔벤트 세척법으로 구분된다.
① 알칼리 세척법 : 알칼리 세제인 농축 액체 세제로는 계면활성제가 세제 용도로 많이 사용된다. 알칼리 세제는 작업 시에 위험성이 없고, 효과가 좋아서 광범위하게 활용된다.

② 솔벤트 세척법 : 세척제로는 건식 세척용 솔벤트를 사용하며, 추운 날씨일 때나 항공기의 오염이 심하여 알칼리 세제로는 세척이 불가능할 경우에 사용한다.

58. ④

해설 세미모노코크(semi monocoque) 구조의 항공기에서 동체의 주 구조물은 다음과 같다.
① 프레임(frame) : 축 하중과 휨 하중에 견디도록 설계 제작된다.
② 외피(skin) : 거의 알루미늄 합금판으로 구성되며, 동체에 작용하는 비틀림과 전단력 하중을 주로 담당한다.
③ 스트링어(stringer, 세로지)와 세로대 : 동체의 세로 방향 모양을 형성하며, 길이 방향으로 작용하는 휨 모멘트와 동체 축방향의 인장력과 압축력을 담당한다.
④ 벌크헤드(bulkhead) : 동체가 비틀림 하중에 의해 변형되는 것을 막아 주며, 동체에 작용하는 집중 하중을 외피로 전달하여 분산시킨다.

59. ③

해설 리벳작업 시 올바른 크기의 리벳 구멍을 뚫기 위한 작업의 순서는 다음과 같다.
① 드릴링(drilling) : 드릴로 알맞은 크기의 구멍을 뚫는다. 필요한 경우 카운터 싱킹(countersinking) 작업을 한다.
② 리밍(reaming) : 리머(reamer)를 사용하여 구멍을 정확한 크기로 확장시키고, 구멍의 표면을 매끄럽게 가공한다.
③ 디버링(deburring) : 드릴로 뚫은 구멍의 가장자리에서 버(burr, 절삭가공 등으로 구멍의 가장자리에 생기는 거스러미)를 제거한다.

60. ②

해설 항공기가 착륙 후에 지상 활주를 할 때, 바퀴의 빠른 회전에 대하여 무리한 제동을 가하면 바퀴가 회전을 멈추기 때문에 지면에 대하여 미끄럼이 생기는데 이러한 현상을 스키드(skid)라 하며, 스키드를 방지하는 장치가 앤티-스키드 시스템(anti-skid system)이다. 이러한 앤티-스키드 시스템은 고속에서 작동하며 브레이크 효율을 증가시킨다.

제4과목 : 항공장비

61. ④

해설 화재탐지장치의 종류는 다음과 같다.
① 서모 커플형(thermo couple type) : 온도의 급격한 상승에 의하여 화재를 탐지하는 것
② 저항 루프형(resistance loop type) : 온도상승을 전기적으로 탐지하는 것
③ 서멀 스위치형(thermal switch type) : 온도상승을 바이메탈(bimetal)로 탐지하는 것
④ 광전지형(photo-electric type) : 연기로 인한 반사광으로 화재를 탐지하는 것

62. ①

해설 관성 항법장치(inertial navigation system)는 지상의 항행 지원시설이 없는 곳을 비행하는 경우, 기내의 자이로(gyro)를 이용하여 현재 위치, 방위와 자세 등의 항법 데이터를 지속적으로 얻으며 비행하는 시스템으로서 자율 항법장치라고도 한다. 따라서 관성 항법장치는 다른 항법장치와 달리 지상 보조시설과 전문 항법사가 필요하지 않다.

63. ③

해설 엔진 화재 탐지 및 소화장비에 대한 설명은 다음과 같다.
① 화재탐지회로는 신뢰성을 높이기 위해 이중으로 되어 있다.
② 엔진의 화재는 연료나 오일 등에 기인하는 것 외에, 압축기에서 블리드(bleed)된 고온 공기가 덕트의 파손에 의해 주위를 과열시키는 것으로도 발생한다.
③ T류(transport category) 항공기의 경우 화재의 탐지 및 소화장비의 구비가 의무화되어 있다.

64. ②

해설 회전계 발전기(tacho-generator)는 일종의 3상 교류발전기로 기관의 회전수를 감지하여 전기 신호로 변환한 후 지시계로 보내며, 지시계는 전기 신호를 동기 전동기에 의해 회전수로 나타낸다. 3개의 선 중 임의의 2개 선을 바꾸어 연결하

면 회전 자기장의 방향이 반대가 된다. 따라서 회전자가 반대 방향으로 회전하고, 지시계는 반대로 지시한다.

65. ②

해설 직류전동기(DC motor)의 종류는 다음과 같다.
① 션트(shunt wound, 분권) 전동기 : 일정한 회전속도가 요구되는 곳에 사용된다.
② 직권(series wound) 전동기 : 시동 토크가 커서 시동 특성이 가장 좋은 직류 전동기로 항공기의 시동용 전동기, 착륙장치, 플랩 등의 전동기로 사용된다.
③ 복권(compound wound) 전동기 : 분권식과 직권식의 중간 특성을 가진다.
④ 스플릿(split) 전동기 : 회전방향을 반대로 할 수 있는 가역 전동기이다.

66. ①

해설 항공기의 객실 여압(pressurization) 장치는 객실 안의 기압을 인체에 불편함이나 해가 없도록 조절한다. 대부분의 대형 항공기에서 객실고도는 8,000ft를 기준으로 하며, 최대 운용 고도에서 일정한 객실 고도를 유지할 능력이 있어야 한다. 항공기가 얼마나 높은 비행고도도 비행할 수 있느냐 하는 것은 최대 허용 객실 차압을 얼마로 설계했느냐에 따라 다르다. 객실 차압(cabin differential pressure)은 항공기 동체 내부와 동체 외부에 작용하는 공기압력의 차이를 말하며, 차압이 크면 클수록 동체에 더 큰 응력이 작용한다. 항공기 여압 시 객실 차압에 의해 동체구조에 작용하는 응력을 고려하여, 항공기 기체 구조의 자재를 선택하고 항공기를 제작하여야 한다.

67. ④

해설 무선통신장치에서 송신기(transmitter)를 구성하는 회로는 증폭부, 발진부, 변조부 및 각 회로를 동작시키기 위한 전원부 등으로 구성된다. 각 회로의 기능은 다음과 같다.
① 증폭부 : 원하는 출력을 얻기 위해 신호를 증폭한다.
② 발진부 : 전송하고자 하는 신호를 운반하기 위한 교류 반송파 주파수를 발생시킨다.
③ 변조부 : 입력정보신호를 반송파에 적재한다.

68. ①

해설 자동조종장치는 조종사가 항공기에 지시하고 결과를 볼 수 있는 입력 장치와 지시 계기, 현재의 자세와 변화율을 측정하는 센서, 컴퓨터 및 컴퓨터에서 계산된 조종면 변화를 실제로 만드는 서보 장치 등으로 구성되어 있다.
자동조종장치에서 센서(sensor)의 역할을 하는 것에는 수직 자이로, 요 각속도 자이로, 고도 센서 및 VOR/ILS 신호 등이 있다.

69. ①

해설
- 회로 내의 접합점 P에 키르히호프의 제1법칙을 적용하면,
  $I_1 + I_2 + (-I_3) = 0$ ················ ①
- 폐회로 BPKA와 KPCD에 각각 화살표를 따라 시계 방향으로 전압의 상승을 구하여 키르히호프의 제2법칙을 적용하면,
  $-20I_1 - 6I_3 + 140 = 0$ ············ ②
  $6I_3 + 5I_2 - 90 = 0$ ··············· ③
- 위의 식 ①, ②, ③을 3원 연립 방정식으로 하여 각각의 전류를 구하면,
  $\therefore I_1 = 4A,\ I_2 = 6A,\ I_3 = 10A$

70. ③

해설 유압 계통에서 열팽창이 작은 작동유를 필요로 하는 1차적인 이유는 고온일 때 작동유가 팽창하여, 과대 압력이 발생하는 것을 방지하기 위한 것이다. 따라서 작동유는 열팽창계수가 작아야 한다.

71. ④

해설 일반적인 공기식 제빙(de-icing) 계통은 날개나 조종면의 앞전에 팽창 및 수축될 수 있는 고무부츠(boots)를 부착시키고, 가압된 공기와 진공상태의 공기를 교대로 가하여 해당 부분에 결빙된 얼음을 부츠의 팽창과 수축작용에 의하여 제거하는 장치이다. 솔레노이드 밸브(solenoid valve)는 타이머에 따라 제빙 부츠 가까이에 부착되어 있는 분배밸브(distribution valve)를 작동시켜 제빙 부츠의 팽창순서를 제어한다.

72. ③

해설 유압 계통에서 저장소(reservoir)에 작동유를 보급할 때 이물질을 걸러내기 위하여 대부분의 주입구에 여과기가 장착되어 있다. 이런 여과기는 강철망으로 되어 있는 스크린형 여과기이며, 모양이 손가락 모양이어서 손가락 거르개(finger strainer)라고 부른다.

73. ④

해설 헤드업 디스플레이(HUD : head up display)는 고휘도 음극선관 콤바이너(combiner)라고 부르는 특수한 거울을 사용하여 1차적인 비행 정보, 선택한 다른 시스템이나 무장 계통의 정보를 조종사의 시선 방향에서 바로 볼 수 있도록 만든 장치이다. 전투 조종사에게 조종의 편의성을 제공하기 위해 고안되었지만, 여객기나 수송기에서도 이착륙과 같이 주의력의 집중이 필요한 비행 상황에 사용된다.

74. ④

해설 피토 정압계통의 계기는 대기속도계, 승강계, 기압고도계를 기본으로 하며, 항공기의 비행 중 피토 튜브(pitot tube)로부터 얻는 정보에 의해 작동된다.
피토 정압계통의 피토 튜브에는 전압을 수감하는 피토공과 정압을 수감하는 정압공이 있다. 대기속도계는 피토공과 정압공에 연결되어 두 압력의 차인 동압(dynamic pressure)에 의해서 작동되며, 승강계와 기압고도계는 정압공에만 연결되어 정압에 의해서 작동된다.

75. ②

해설 속도의 종류에는 지시대기속도(IAS), 수정대기속도(CAS), 등가대기속도(EAS) 및 진대기속도(TAS)가 있다. 이와 같은 속도들을 간추려 도식화하면 다음과 같으며, 이론상 가장 먼저 측정하게 되는 것은 지시대기속도(IAS)이다.

IAS → CAS → EAS → TAS
피토관 장착 위치 및   공기의 압축성   고도변화에 따른
계기자체의 오차 수정   효과 고려   공기밀도 수정

76. ③

해설 • 확대하고자 하는 전압을 V, 전압계의 지시값을 V_a라고 하면, 배율기(multiplier)의 배율 m은
$$m = \frac{V}{V_a} = \frac{50}{5} = 10$$

• 전압계의 내부저항을 R_s, 배율을 m이라고 하면, 배율기 저항 R_m을 구하는 식은 다음과 같다.
$$R_m = R_s(m-1) = 5 \times (10-1) = 45\,\Omega$$

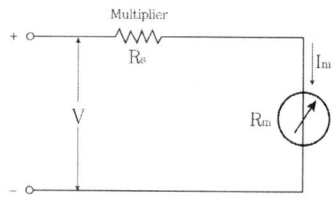

77. ①

해설 다이폴 안테나(dipole antenna)는 가장 기본적인 안테나로 수평 길이가 파장의 약 1/2이고, 그 중심에서 고주파 전력을 공급하는 형태인 반파장 안테나이다.

78. ③

해설 24V 납산 축전지의 충전에 필요한 외부 전압은 전압 강하를 고려하여 더 높은 전압인 약 28V이어야 한다. 따라서 24V 납산 축전지를 장착한 항공기가 비행 중 모선(main bus)에 걸리는 전압은 28V이다.

79. ②

해설 고도계 보정 방식의 종류는 다음과 같다.
① QNH 방식 : 그 당시의 해면기압을 맞추는 것으로 활주로에서 고도계가 활주로 표고를 가리키도록 하는 방식이며 해면으로부터의 기압 고도, 즉 진고도를 지시한다.
② QNE 방식 : 해상비행 등에서 항공기의 고도 간격의 유지를 위하여 기압눈금을 해면의 표준 대기압인 29.92inHg에 맞추어 표준 기압면으로부터 고도를 지시하게 하는 방식이며, 이때 고도계가 지시하는 고도는 압력 고도(기압 고도)이다.

③ QFE 방식 : 활주로 위에서 고도계가 0을 지시하도록 기압 눈금판에 비행장의 기압을 맞추는 방식으로 그 지형으로부터 고도, 즉 절대 고도를 지시한다.

80. ②

해설 자이로는 외력이 가해지지 않으면 회전자의 축방향이 항상 우주 공간에 대하여 일정한 방향을 유지하려는 성질을 가진다. 이러한 성질을 자이로의 강직성(rigidity)이라고 하며, 강직성의 강도에 영향을 미치는 요소는 다음과 같다.
① 회전자의 질량이 클수록 강하다.
② 회전자의 회전속도가 클수록 강하다.
③ 회전자의 질량 관성 모멘트가 클수록 강하다.
④ 회전자의 질량이 회전축에서 멀리 분포할수록 강하다.

2016년 1회 (3월 6일)

제1과목 : 항공역학

1. ②

해설 선회비행 속도를 V_t, 중력가속도를 g, 그리고 선회경사각을 θ라고 하면, 선회반경(R)은
$$R = \frac{V_t^2}{g \tan \theta} = \frac{20^2}{9.8 \times \tan 45°} = 40.81\text{m}$$

2. ③

해설 정상흐름의 베르누이 방정식에 대한 설명은 다음과 같다.
① 동압은 유체가 갖는 속도로 인해 속도의 방향으로 나타나는 압력이며, 그 값은 속도의 제곱에 비례한다.
② 베르누이 정리는 정상흐름의 경우에 정압과 동압을 합한 결과가 항상 일정하다는 것을 나타낸다.

3. ②

해설
• 스팬(span) 길이를 b, 시위 길이를 c라고 하면, 가로세로비 AR은
$$AR = \frac{b}{c} = \frac{39}{6} = 6.5$$
• 양력계수를 C_L, 스팬효율계수를 e, 그리고 가로세로비를 AR이라고 하면, 유도받음각 α_i는
$$\therefore \alpha_i = \frac{C_L}{\pi e AR} = \frac{0.8}{3.14 \times 1 \times 6.5}$$
$$= 0.039 \text{rad} = 0.039 \times \frac{180}{\pi} = 2.24°$$
$$(\because 1 \text{[rad]} = \frac{180}{\pi}[°])$$

4. ④

해설 수평 스핀은 기체 세로축이 거의 수평에 가깝고 각속도는 점점 빨라지며, 회전반경이 작은 나선을 그리며 낙하하게 된다. 수평 스핀은 낙하속도가 수직 스핀보다 작지만, 회전 각속도는 수직 스핀보다 더 크다. 따라서 수평 스핀은 수직 스

핀보다 실속회복이 어렵다.

5. ②

해설 수평비행 시 항공기의 중량(W)과 양력(L)은 동일하다. 따라서 양력계수를 C_L, 공기밀도를 ρ, 비행속도를 V, 그리고 날개면적을 S라고 하면, 항공기의 중량 W는

$$W = L = C_L \frac{1}{2} \rho V^2 S$$
$$= 0.6 \times \frac{1}{2} \times 0.125 \times \left(\frac{400}{3.6}\right)^2 \times 100$$
$$= 46296.3 \text{kgf}$$

6. ③

해설 날개골의 형태에 따라 다른 값을 가지는 항력을 형상항력이라고 한다. 형상항력은 압력항력과 공기가 점성을 가지기 때문에 생기는 표면마찰 항력으로 구성된다.

7. ③

해설 국제민간항공기구(ICAO)에서는 항공기의 성능 등을 평가하기 위하여 항공기의 설계, 운용에 기준이 되는 대기상태를 정하여 국제적으로 통일하였다. 이것을 국제표준대기, 또는 표준대기라 한다.

8. ③

해설 프로펠러 항공기의 항속거리를 최대로 하기 위해서는 프로펠러 효율을 크게 하고, 연료 소비율을 작게 해야 하며, 양항비가 최대인 받음각으로 비행해야 한다.
날개의 가로세로비가 커지면 유도항력이 감소하여 양력이 증가하므로 항속거리는 증가한다.

9. ②

해설 상승률($R.C$)을 구하는 관계식은 다음과 같다.
$$R.C = V \sin\gamma$$
$$= \frac{\text{이용추력}(T_A) - \text{필요추력}(T_R)}{W}$$
$$= \frac{\text{잉여동력}}{W}$$
(∵ 잉여동력 = 이용추력 − 필요추력)

10. ③

해설 • 이동 거리를 D, 걸린 시간을 t라고 하면, 평균 비행속도 v는
$$v = \frac{D}{t} = \frac{260}{59} = 4.4 \text{m/s} = 15.8 \text{km/h}$$
• 따라서, 대기속도는
∴ 대기속도 = 비행속도 + 정풍속도
= 15.8 + 43 = 58.8 km/h

11. ①

해설 장주기 운동이란 외부의 영향을 받아 키놀이 모멘트가 변화된 경우, 키놀이 자세, 비행속도, 그리고 비행고도에 상당한 변화가 있지만 받음각은 거의 일정한 진동이다. 진동주기가 상당히 길며 대개 20초에서 100초 사이의 값을 가진다.

12. ①

해설 5자 계열 날개골은 다섯 자리 숫자로 표시되는 날개골로 각 숫자의 의미는 다음과 같다.
(예) NACA 23015
2 : 최대 캠버의 크기가 시위의 2%이다.
3 : 최대 캠버의 위치가 앞전에서부터 시위의 15% 뒤에 있다.
0 : 평균 캠버선의 뒤쪽 반이 직선이다.(1이면 뒤쪽 반이 곡선임을 뜻한다)
15 : 최대 두께의 크기가 시위의 15%이다.

13. ②

해설 비행속도를 V, 기체유동속도를 V_1, 그리고 순수 유도속도를 ω라고 하면, 프로펠러의 이상적인 효율 η를 구하는 관계식은 다음과 같다.
$$\eta = \frac{V}{V_1} = \frac{V}{V+\omega} \quad (\because V_1 = V+\omega)$$

14. ①

해설 헬리콥터의 주회전날개는 전진깃과 후진깃의 상대속도 차이에 의해 양력 차이가 발생한다. 이에 따라 헬리콥터의 플래핑 힌지는 전진깃의 피치각을 감소시켜 받음각을 작게 하고, 후퇴깃의 피치각은 크게 하여 받음각을 크게 함으로써 양력 분포의 평형을 이루어 양력 불균형을 해소한다.

15. ③

해설 정적 중립이란 평형상태에서 벗어난 물체가 원래의 평형상태로 되돌아오지도 않고 평형상태에서 벗어난 방향으로도 이동하지 않고, 이동된 상태에서 새로운 평형상태가 되는 경우를 말한다.

16. ①

해설 헬리콥터 속도가 초과금지속도에 이르면 동체의 심한 진동과 함께, 후진 블레이드의 날개 끝 실속으로 인해 양력이 감소하고 후진 블레이드 방향으로 헬리콥터가 경사지게 된다. 따라서 기수가 상향되는 경향을 보이며 정상 비행이 불가능해진다.

17. ②

해설 프로펠러의 회전에 의해 프로펠러 깃이 허브 중심에서 밖으로 빠져 나가려는 원심력이 발생하며, 이 원심력에 의해 프로펠러 깃에는 인장응력이 발생한다.

18. ④

해설 비행기의 기준축에 따른 조종면은 다음과 같다.

기준축	운동	안정	조종면
세로축 (X축)	옆놀이 (rolling)	가로 안정	도움날개 (aileron)
가로축 (Y축)	키놀이 (pitching)	세로 안정	승강키 (elevator)
수직축 (Z축)	빗놀이 (yawing)	방향 안정	방향키 (rudder)

19. ④

해설 국제표준대기에서 해면고도의 온도는 15℃이며, 고도 11km까지는 기온이 일정한 비율(6.5℃/km)로 감소한다고 가정한다. 따라서 고도 10km 상공의 온도(T)는
∴ $T = 15 - (6.5 \times 10) = -50$℃

20. ①

해설 더치 롤(dutch roll)은 가로 방향 불안정 상태를 말하며, 가로 진동과 방향 진동이 결합된 것으로서 대개 동적으로는 안정하지만 진동하는 성질 때문에 문제가 된다. 이러한 운동은 바람직하지 않으며 정적 방향 안정보다 처든각 효과가 클 때 일어난다.

제2과목 : 항공기관

21. ④

해설 외부 과급기(super charger)는 일종의 압축기로 흡입된 공기를 압축시켜 많은 양의 공기를 실린더로 보내어 큰 출력을 내도록 하는 장치이다. 과급기를 지나는 공기는 압축되어 압력이 증가하기 때문에 흡입 다기관을 거쳐 기화기에 공급되는 공기는 외부 대기압보다 상당히 높아지게 된다. 따라서 과급기 입구의 공기 압력이 가장 낮다.

22. ④

해설 가변 스테이터 깃(variable stator vane)은 축류식 압축기의 전단부에 설치된다. 가변 스테이터 깃은 흡입 공기의 양과 유입 속도의 변화에 따라 공기의 흐름 방향과 속도를 변화시킴으로써 로터에 대한 받음각을 일정하게 유지하여 압축기 실속을 방지하는 역할을 한다. 따라서 압축기의 RPM이 일정하게 유지된다면 가변 스테이터 깃의 받음각은 공기흐름 속도의 변화에 따라 자동으로 변한다.

23. ③

해설 마그네토의 접점(breaker point) 간격이 커지면 정해진 위치(회전자석이 중립위치를 지나 자기응력이 최대가 되는 위치)보다 빨리 접점이 떨어지게 되므로 점화가 일찍 발생하고, 불꽃의 강도가 약해진다.

24. ①

해설 연료가 파이프를 통하여 흐를 때 열을 받는 경우 연료의 기화성이 너무 좋으면 기화기에 이르기 전에 기화되어 기포가 발생하고, 이 기포가 연료 파이프에 차서 기화기에 이르는 통로를 폐쇄하는 현상을 베이퍼 로크(vapor lock, 증기폐쇄)라고 한다.

25. ①

해설 시동 시에는 1차 연료만 분사되고, 아이들(idle) 회전 속도 이상이 되면 1차 연료와 2차 연료가 함께 분사된다. 연료 노즐에 압축 공기를 공급하여 연료가 더욱 미세하게 분사되는 것을 도와주는 연료 노즐도 있다. 복식 노즐에서 1차 연료와 2차 연료는 다음과 같은 각도로 분사된다.
  ① 1차 연료 : 시동할 때 연료의 점화를 쉽게 하기 위하여 넓은 각도로 이그나이터에 가깝게 분사된다.
  ② 2차 연료 : 연소실 벽면에 직접 연료가 닿지 않고 연소실 안에서 균등하게 연소되도록 비교적 좁은 각도로 멀리 분사된다.

26. ②

해설 압축비가 동일할 때 사이클의 이론 열효율이 가장 높은 순서로 나열하면 정적 사이클(오토 사이클), 합성 사이클(사바테 사이클), 그리고 정압 사이클(디젤 사이클) 순이다.

27. ③

해설 이코노마이저 장치(economizer system)는 보통 밸브로 되어 있으며, 기관의 출력이 순항 출력 이상의 높은 출력일 때 열려서 추가 연료를 공급하여 농후 혼합비가 되도록 도와준다.

28. ④

해설 가스 터빈 기관에 사용되는 오일의 구비 조건은 다음과 같다.
  ① 유동점과 점성이 어느 정도 낮아야 한다.
  ② 인화점이 높아야 한다.
  ③ 화학 안정성과 열적 안정성이 커야 한다.
  ④ 공기와 오일의 분리성이 좋아야 한다.
  ⑤ 부식성이 없어야 한다.

29. ①

해설 제동평균 유효압력을 P_{mb}, 행정길이를 L, 피스톤 단면적을 A, 기관의 분당 회전수를 N, 실린더 수를 K, 그리고 제동마력을 bHP라고 하면, 제동마력을 PS 단위로 구하는 관계식은 다음과 같다.

$$bHP = \frac{P_{mb} \cdot L \cdot A \cdot N \cdot K}{75 \times 2 \times 60}$$

$$= \frac{8 \times 0.16 \times \left(\frac{3.14 \times 16^2}{4}\right) \times 2400 \times 6}{9000}$$

$$= 411.6 \, PS$$

$(\because 1PS = 75 kgf \cdot m/s)$

30. ②

해설 프로펠러에 작용하는 힘과 응력은 다음과 같다.
  ① 추력으로 인한 굽힘력
  ② 프로펠러 회전으로 인한 원심력과 인장 응력
  ③ 프로펠러 회전으로 인한 비틀림 힘과 비틀림 응력

31. ③

해설 터보 팬 엔진은 터빈에 의해 구동되는 여러 개의 깃(fan)을 갖는 일종의 프로펠러 기관으로 많은 양의 공기를 비교적 느린 속도로 분사시킨다. 터보 팬 엔진은 배기가스의 평균 분사속도가 느리므로 수축형 배기 노즐을 통해 빠른 속도로 배기가스를 가속시킨다.

32. ①

해설 압축기, 연소실과 터빈을 기본 구성품으로 하는 터보제트 기관, 터보팬 기관, 터보샤프트 기관과 터보팬 기관을 터빈식 회전 엔진이라고 한다.

33. ②

해설 기어식(gear type) 오일 펌프에서 오일은 기어가 회전하면 기어와 하우징(housing) 사이로 들어간 다음 압력이 증가되어 펌프 출구로 배출된다. 이때 기어의 끝부분과 하우징면 간의 간격을 사이드 클리어런스(side clearance)라고 한다. 이 간격이 크면 클수록 펌프 출구에서 압력이 낮은 입구 쪽으로 되돌아가는 오일의 양이 많아지기 때문에 오일 압력은 낮아진다.

34. ④

해설 문제의 그림은 후기연소기를 장착한 가스 터빈 사이클이다. 후기연소기는 터빈을 통과하며 단열 팽창된 배기가스에 다시 연료를 공급(4 → 5

과정, Q_{in})하여 재연소시키고, 단열 팽창(5 → 6 과정, W_{out})시킴으로써 추력을 증가시킨다.

35. ③

해설 추력비 연료 소비율(thrust specific fuel consumption)이란 기관이 단위 추력(1kg)의 추력을 발생하기 위하여 1시간 동안 소비하는 연료의 중량을 말한다. 따라서 추력비 연료 소비율이 작을수록 성능이 우수하고 효율이 좋으며, 경제적인 기관이라고 할 수 있다.

36. ①

해설 가스 터빈 기관 흡입 덕트의 결빙 방지를 위해 압축기 뒷부분의 고온, 고압의 블리드 공기(bleed air)를 흡입 덕트 립(lip) 부분에 공급하여 가열함으로써 얼음이 얼어붙는 것을 방지한다.

37. ③

해설 최근 아음속기의 비행속도가 마하 0.8~0.9이기 때문에, 아음속기의 공기흡입구는 흡입속도를 줄이기 위하여 확산형 덕트(divergent inlet duct)를 사용한다. 확산형 덕트는 통로의 넓이를 앞에서 뒤로 갈수록 점점 넓게 만들어 공기를 확산시켜 흡입공기 속도를 낮추고 압력을 높여준다.

38. ④

해설 뉴턴의 제2법칙은 물체에 작용하는 힘은 질량과 가속도의 곱에 비례한다는 것이며, 질량을 m, 가속도를 a, 그리고 힘을 F라고 하고 다음과 같은 식으로 나타낼 수 있다.
$F = ma$
제트 엔진의 추력은 엔진으로 들어온 공기가 엔진 밖으로 배출되는 시간 동안에 공기의 속도 변화가 추력을 발생시킨다. 따라서 제트 엔진의 추력도 뉴턴의 제2법칙을 이용하여 질량 m은 엔진을 통과하는 공기의 전체적인 양으로, 가속도 a는 엔진 입구를 통과하여 배기되는 동안 흡입 공기의 속도의 차로 표현하여 나타낼 수 있다.

39. ②

해설 프로펠러 깃각(blade angle)이란 프로펠러의 회전면과 블레이드의 시위선(chord line)이 이루는 사이각을 말한다.

40. ②

해설 연소실 체적을 V_C, 행정체적(배기량)을 V_S라고 하면, 실린더의 압축비 ε을 구하는 관계식은 다음과 같다.
$$\varepsilon = \frac{\text{실린더 체적}}{\text{연소실 체적}} = \frac{V_C + V_S}{V_C} = 1 + \frac{V_S}{V_C}$$
따라서,
$$\therefore V_C = \frac{V_S}{(\varepsilon - 1)} = \frac{1500}{8.5 - 1} = 200 \text{cc}$$

제3과목 : 항공기체

41. ②

해설 항공기의 조종면을 구분하면 다음과 같다.
① 주 조종면(1차 조종면) : 방향키(rudder), 승강키(elevator), 도움날개(aileron),
② 부 조종면(2차 조종면) : 고양력 장치, 스포일러, 탭(tab) 등

42. ①

해설 크리프(creep)란 재료를 일정한 온도와 하중을 가한 상태에서 시간이 경과함에 따라 하중이 일정하더라도 변형률이 변화하는 현상을 말한다.

43. ③

해설 엔진 마운트와 나셀에 대한 설명은 다음과 같다.
① 나셀은 외피, 카울링, 구조부재, 방화벽, 엔진 마운트로 구성된다.
② 착륙거리를 단축하기 위하여 나셀에 장착된 역추진장치를 사용한다.
③ 엔진 마운트를 동체에 장착하면 공기역학적 성능이 양호하며, 날개에 장착하는 방식보다 착륙장치를 짧게 할 수 있다.
④ 엔진 마운트는 엔진을 기체에 장착하는 지지부로 엔진의 추력을 기체에 전달하는 역할을 한다.

44. ②

[해설] 복합재료로 제작된 항공기 부품은 층(fly)의 분리, 내부 손상, 습기와 부식 등의 결함에 대해 검사한다. 이러한 결함을 발견하기 위해 육안검사, 초음파검사, 방사선검사, 음향방출검사, 동전 두드리기 검사 등이 사용된다.

와전류탐상검사는 금속 등의 도체에 와전류를 발생시키는 코일을 접근시킬 때, 결함에 의해 변형되는 와전류를 이용하여 결함을 검출하는 방법으로, 본질적으로 전기적인 전도성이 없는 복합재료에는 적용할 수 없다.

45. ③

[해설] 페일 세이프 구조(Fail safe structure)에는 다음과 같은 종류가 있다.
① 이중(double) 구조 : 큰 부재 대신 2개 또는 그 이상의 소부재로 대치하는 것
② 대치(back-up) 구조 : 주 부재가 전 하중을 지지하고 있는 경우, 주 부재가 파괴되었을 때 하중을 지탱해주는 예비적 부재를 가지고 있는 구조
③ 다경로 하중(redundant load) 구조 : 일부 부재가 파괴될 경우 그 부재가 담당하던 하중을 다른 부재가 분담할 수 있는 구조
④ 하중 경감 구조 : 부재가 파손되기 시작할 때 다른 부재에 하중을 이동, 전달함으로써 부재의 완전 파단 또는 파괴를 방지하는 구조

46. ①

[해설] 텅스텐 불활성 가스(TIG) 용접의 불활성 가스로는 헬륨가스나 아르곤가스가 사용된다. 금속 불활성 가스(MIG) 용접의 불활성 가스로는 주로 아르곤가스를 사용하거나, 아르곤에 산소 또는 이산화탄소를 혼합한 가스를 이용하고 있다. 아스틸렌가스는 가스용접에 이용된다.

47. ③

[해설] 타이어 트레드(tire tread)는 타이어 바깥 원주의 직접 노면과 접하는 부분으로, 내구성과 강인성을 갖기 위해 합성 고무 성분으로 만들어졌다. 주행 중 열을 발산하며 절손의 확대를 방지하고, 노면과의 접지력을 증가시켜 제동효과를 증대시키기 위해 홈이 파여져 있다.

48. ④

[해설] 단면법을 이용하여 내력을 구하기 위해 트러스 구조의 단면을 절단한 자유물체도를 그리면 다음 그림과 같다.

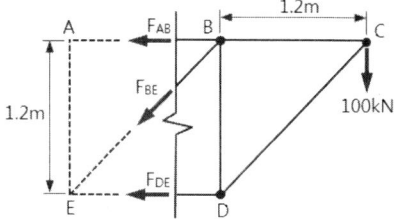

부재 DE의 내력 F_{DE}를 구하기 위해 모멘트의 기준점을 질점 B로 설정하고, 평형방정식의 모멘트식을 적용하면
$\Sigma M_B = 0$;
$(100 \times 1.2) + (F_{DE} \times 1.2) = 0$
$\therefore F_{DE} = -100 \text{kN}$

F_{AB}와 F_{BC}는 기준점인 질점 B에 작용하기 때문에 F_{AB}와 F_{BC}로 인한 모멘트는 없다.

49. ①

[해설] 코터 핀(cotter pin)을 장착 및 제거할 때 주의사항은 다음과 같다.
① 한번 사용한 코터 핀을 재사용해서는 안 된다.
② 코터 핀의 가닥을 구부릴 때는 주변 구조물의 손상을 방지하기 위하여 플라스틱 해머를 사용한다.
③ 볼트 위로 구부리는 가닥의 핀 끝은 볼트 지름보다 길어서는 안 되며, 아래로 구부리는 가닥의 핀 끝은 와셔 표면에 얹히지 않도록 해야 한다. 코터핀을 너트 둘레로 감아 구부리는 방법을 사용할 때는 너트 옆으로 가닥이 돌출되지 않도록 하여야 한다.
④ 핀 끝을 절단할 때는 안전사고를 방지하기 위해 핀 축에 직각으로 절단해야 한다.

50. ④

[해설] 항공기는 제작회사에 의해 결정된 기본적인 무게중심(C.G)을 가지고 있다. 기본적인 무게중심

이란 연료, 윤활유, 승무원, 승객, 장비, 화물 등을 탑재하기 전의 자기무게 상태에서 구한 무게중심이다. 그러나 이러한 무게중심은 연료나 승객, 화물 등을 탑재하면 이동되며, 비행 중 연료 소모량에 따라서도 이동되므로 항공기 앞뒤의 무게중심 범위가 정해져야 한다.

51. ②

해설 드릴 작업은 경질재료나 얇은 판인 경우에는 저속으로 작업하는 것이 좋으며, 연질이나 두꺼운 판에는 고속으로 작업하는 것이 바람직하다. 문제의 보기에서는 알루미늄이 강도가 가장 약한 연질의 재료이므로, 재질의 두께와 구멍(hole) 치수가 같을 때 가장 빠른 드릴 회전을 해야 하는 재료는 알루미늄이다. 다음에 구리, 공구강 그리고 스테인리스강 순이다.

52. ③

해설 날개보(spar)는 일반적으로 항공기 주 날개의 전후방에 하나씩 설치되며, 주 날개에 걸리는 굽힘 모멘트(bending)를 주로 담당하는 날개의 주 구조이다.

53. ①

해설 SAE 규격에 따른 합금강(특수강)의 분류는 네 자리 숫자로 되어 있으며 첫째 자리의 수는 합금강(특수강)의 종류, 둘째 자리의 수는 합금원소의 함유량, 그리고 끝의 두 숫자는 탄소의 함유량을 100분의 1퍼센트(%) 단위로 표시한다. 따라서 문제의 보기에서 끝의 두 숫자가 가장 큰 4050이 탄소를 가장 많이 함유하고 있으며, 탄소의 함유량은 50/100, 즉 0.5%이다.

54. ④

해설 복합소재의 장점은 다음과 같다.
① 무게당 강도 비율이 높다.
② 복잡한 형태나 공기 역학적인 곡선 형상의 제작이 쉽다.
③ 제작이 단순해지고, 비용이 절감된다.
④ 유연성이 크고 진동과 부식에 강하고 피로응력이 좋다.

55. ③

해설 리벳의 길이는 접합할 판재의 두께에 머리를 성형하기 위해 돌출되는 부분의 리벳 길이를 합하여야 한다. 이때 돌출되는 리벳 길이는 일반적으로 리벳 지름의 1.5배로 선정한다.
따라서 판재의 두께를 G, 리벳의 직경을 D라고 하면, 최소한의 리벳 길이는
∴ 리벳길이 $= G + 1.5D$
$$= (0.0625 \times 2) + (1.5 \times \frac{1}{8})$$
$$= 0.3125 \text{in} \quad (\frac{5}{16} \text{in})$$

56. ①

해설 항공기에 사용하는 와셔에는 평 와셔(plain washer)와 고정 와셔(lock washer) 등이 있다. 와셔는 볼트의 머리나 너트 쪽에 부착되어 구조물이나 장착 부품의 힘을 분산시킨다. 또는 볼트나 너트를 조일 때 구조물과 장착 부품을 보호하고, 구조물과 장착 부품의 조임면의 부식을 방지한다.
고정 와셔(lock washer)는 이러한 역할 이외에도 볼트나 너트를 조일 때 풀림을 방지하는 로크(lock) 역할을 한다.

57. ④

해설 서로 다른 두 종류의 이질 금속이 접촉하여 전해질로 연결되면 전해작용에 의하여 한쪽의 금속에 부식이 촉진되는 것을 동전기 부식, 또는 이질 금속 간 부식이라고 한다.

58. ③

해설 비행기의 조종간을 앞으로 밀면 승강키(elevator)가 내려가서 기수가 내려간다. 또 조종간을 오른쪽으로 움직이면 오른쪽 도움날개는 올라가서 양력이 감소하고, 왼쪽 도움날개는 내려가서 양력이 증가하므로 항공기는 오른쪽으로 선회한다.

59. ③

해설 하중배수(load factor)에 대한 설명은 다음과 같다.
① 수평비행을 할 때 $L = W$이므로 하중배수

(n)는 1이 된다.
② 하중배수 선도에서 속도는 등가대기속도(EAS)를 말한다.
③ 구조역학적으로 안전한 조작범위를 제시한 것이다.
④ 하중배수는 현재 작용하는 하중을 정하중으로 나눈 값이다. 즉, 항공기 날개에 걸리는 실제 하중의 크기를 기본 하중(비행기 중량)으로 나눈 수치이다.

60. ④

해설 문제의 그림에서 y축에 관한 전체 단면의 높이를 h, 폭을 b라고 하면, y축에 관한 단면의 2차 모멘트(관성 모멘트) I_y는

$$I_y = \frac{bh^3}{3} = \frac{6 \times 5^3}{3} = 250 \text{cm}^4$$

제4과목 : 항공장비

61. ①, ④

해설 항공기가 추락하여 해저에 가라앉은 경우, 비행기록장치(DFDR) 또는 조종실 음성기록장치(CVR)에 장착된 수중위치표지(ULD : Under Water Locating Device)가 수분감지기에 의해 작동된다. 이 장치가 작동되면 항공기의 위치를 탐지할 수 있도록 매초마다 37.5kHz로 pulse tone 신호를 송신한다. 수중위치표지는 물속에 있을 때만 작동이 가능하며, 물속에서 최소 30일 이상 작동되도록 설계되어 있다.

이 문제는 출제 오류 문항이다. 한국산업인력공단에서 제시한 초기 가답안은 ④번이었으나, 추후 심사과정에서 확정답안은 ①, ④번 모두 정답으로 변경되었다.

62. ②

해설 유압계통의 릴리프 밸브(relief valve)는 작동유에 의한 계통 내의 압력을 규정값 이하로 제한하여 과도한 압력으로 인하여 계통 내의 관이나 부품이 파손되는 것을 방지하는 장치이다.

63. ①

해설 항공기 interphone system의 종류는 다음과 같다.
① 운항 승무원 상호간 통화 장치(flight interphone system) : 조종실 내에서 운항 승무원 상호간의 통화 연락을 위해 각종 통신이나 음성 신호를 각 운항 승무원석에 배분한다.
② 객실 인터폰 장치(cabin interphone system) : 조종실과 객실 승무원석 및 각 배치로 나누어진 객실 승무원 상호간의 통화 연락을 하기 위한 장치이다. 이것은 통화의 우선 순위를 부여하는 기능이 있다.
③ 승무원 상호간 통화 장치(service interphone system) : 지상에서 조종실과 정비, 점검상 필요한 기체 외부와의 통화 연락을 하기 위한 장치이다.

64. ③

해설 대형 항공기 공압계통에서 공통 매니폴드에 공급된 압축 공기 공급원의 종류는 다음과 같다.
① 터빈 기관의 압축기(compressor)
② 보조동력장치(APU)
③ 기관으로 구동되는 압축기(super charger)
④ 그라운드 뉴매틱 카트(ground pneumatic cart, 지상 압축공기 공급장치)

65. ④

해설 항공기 계기의 종류는 다음과 같다.
① 비행 계기(flight instrument) : 항공기의 비행상태를 알기 위한 목적으로 고도, 속도, 자세 등을 지시하는 계기로서, 고도계, 대기 속도계, 승강계, 선회경사계, 자이로 수평지시계, 방향 자이로지시계, 실속 탐지기, 마하계 등이 있다.
② 엔진 계기(engine instrument) : 항공기에 장착된 기관의 상태를 알아내는 데 필요한 계기로서, 회전계, 연료압력계, 연료량계, 오일압력계, 오일온도계, 연료온도계, 배기가스 온도계, 엔진 압력비 계기 등이 있다.
③ 항법 계기(navigation instrument) : 항공기의 진로, 위치 및 방위 등을 알아내는 데 필요한 계기로서, 자기 컴퍼스, 자동 무선방향 탐지기, 전방향표지시설, 거리측정장치, 관성 항법장치 등이 있다.

66. ③

• 직렬회로에서 각 저항에서의 전류는 동일하므로

$$I_1 = I_2 = \frac{V_2}{R_2} = \frac{10}{5} = 2\text{A}$$

• 따라서 전체 전압 V는

$$\therefore V = V_1 + V_2 = (I_1 R_1) + V_2$$
$$= (2 \times 10) + 10 = 30\text{V}$$

67. ④

Air-Cycle Air Conditioning System(공기 순환식 공기조화 계통)에서 압축기(cabin compressor)로부터 얻어진 압축 공기는 1차, 2차 열교환기를 지나면서 외부의 공기 온도와 거의 비슷한 온도로 일단 냉각된다. 냉각된 압축공기는 팽창터빈(expansion turbine)을 통과하면서 팽창되어 가장 마지막으로 냉각이 일어나며, 이 공기는 공기조화 계통에 공급되어 냉방에 사용된다.

68. ①

그로울러 시험기(growler tester)는 발전기 전기자(armature)의 단락 회로 시험, 단선 회로 시험과 접지 시험을 하는 데 사용하는 시험기이다.

69. ②

축전지로부터 발전기로 전류가 역류하지 않도록 하기 위해서 항공기에서 사용되는 축전지의 전압은 발전기의 출력 전압보다 낮아야 한다.

70. ①

공기압식 제빙 계통은 날개나 조종면의 앞전에 팽창 및 수축될 수 있는 고무부츠(boots)를 부착시키고, 가압된 공기와 진공상태의 공기를 교대로 가하여 해당 부분에 결빙된 얼음을 부츠의 팽창과 수축작용에 의하여 제거하는 장치이다. 제빙부츠의 팽창순서는 제빙부츠 가까이에 부착되어 있는 분배 밸브(distributor valve)로 조절한다.

71. ④

저주파수, 큰 진폭의 충격을 흡수하여 항공 계기를 보호하기 위하여 충격 마운트(shock mount)를 장착한다.

72. ③

레인 리펠런트(rain repellent)는 표면 장력이 작은 특수 용액인 화학 액체로서 윈드 실드(wind shield)에 부착된 물방울이나 눈을 제거하는 방우제이다. 강우량이 적어서 건조한 윈드 실드 표면에 레인 리펠런트(rain repellent)를 분사하면 유리가 뿌옇게 되어 시계가 제한되므로 건조한 윈드 실드에는 사용할 수 없다.

73. ④

도선의 고유 저항은 변함이 없는 경우, 도선의 저항은 도선의 길이 L에 비례하고, 단면적 A에 반비례한다.

$$R \propto \frac{L}{A}$$

따라서 도선의 단면적을 1/2로 줄이고, 길이를 2배로 늘리면 도선의 저항은 아래와 같이 4배 증가한다.

$$\therefore R \propto \frac{2L}{\frac{1}{2}A} = 4\frac{L}{A}$$

74. ④

속도계, 승강계와 고도계에 사용되는 공함(collapsible chamber)은 다음과 같다.

① 속도계는 차압 공함인 다이어프램(diaphragm)을 이용하여 속도를 측정한다. 다이어프램 공함의 안쪽에는 전압이, 바깥쪽에는 정압이 각각 작용하며, 이 두 압력의 차압에 의하여 팽창 또는 수축되는 다이어프램의 변위량을 이용하여 속도를 측정한다.

② 승강계는 차압 공함인 아네로이드(aneroid)를 이용하여 상승률과 하강률을 측정한다. 작은 구멍이 뚫린 아네로이드 안쪽에는 정압이 모세관을 통해 수시로 변하는 정압이 각각 작용하며, 이 두 압력의 차압에 의하여 팽창 또는 수축되는 아네로이드의 변위량을 이용하여 수직방향의 속도를 측정한다.

③ 고도계는 진공 공함인 아네로이드(aneroid)

를 이용하여 고도를 측정한다. 아네로이드 공함 내부는 진공이며 외측에는 정압공에서 얻어진 정압이 작용한다.

75. ①

해설 변압정류기(transformer rectifier)는 교류를 직류로 변환시켜 직류 전원을 공급(source)하는 장치이다. 변압정류기는 전압을 낮추기 위한 전압기와 교류를 직류로 변환하는 정류기를 포함하고 있다.

76. ②

해설 공함(collapsible chamber)은 압력 측정에 사용하는 장치로 압력을 기계적 변위로 바꾸어 주는 역할을 한다. 공함으로는 벨로즈(bellows), 아네로이드(aneroid), 부르동 튜브(bourdon tube)와 다이어프램(diaphragm) 등이 사용된다.

77. ①

해설 전리층(ionosphere)에 대한 설명은 다음과 같다.
① 태양에서 발사된 복사선 및 복사 미립자에 의해 지구 외측 대기가 전리된 영역으로 전파를 반사하거나 산란시키는 역할을 한다.
② 전리층의 전자 밀도 분포상태는 전파의 흡수 또는 굴절, 반사에 영향을 미친다.
③ 전리층의 높이나 정도는 시각, 계절에 따라 변한다.
④ D층은 주간에만 나타나 단파대에 영향이 나타나며, D층에서는 전파가 흡수된다.

78. ③

해설 화재방지 계통(fire protection system)에서 소화제 분사 방법에는 핸들로 케이블을 잡아당겨서 기계적으로 방출하는 방법과 전기적으로 방출하는 방법이 있다. 전기적으로 소화제를 방출하기 위한 소화제 방출 스위치는 기체의 배터리 전원을 공급받는다. Fire shutoff switch를 당기면 소화제 방출 스위치가 작동 상태(arming)로 되어 selector valve가 열리고, 방출 스위치를 누르면 폭약에 점화되어 소화제가 방출된다.

79. ②

해설 착륙 및 유도 보조장치인 계기착륙장치(ILS : Instrument Landing System)는 다음과 같은 장치로 구성된다.
① 마커 비컨(marker beacon) : 정점의 상공 통과를 조종사에게 알리기 위한 것으로, 직상공 통과는 활주로 끝으로부터의 일정 거리를 표시하기 위한 것이다.
② 로컬라이저(localizer) : 정밀한 수평 방향의 접근 유도 신호를 제공한다.
③ 글라이더 슬로프(glide slope) : 활주로에 대하여 적정한 강하각을 유지하기 위해 수직 방향의 유도(up-down)를 제공한다.

80. ②

해설 지상 관제사는 항공교통관제(ATC : air traffic control) 감시레이더를 통해서 다음과 같은 정보를 얻을 수 있지만, 상승률이나 하강률의 정보는 제공되지 않는다.
① 1차 감시 레이더(PSR) : 항공기의 위치(방향 및 거리)를 측정한다.
② 2차 감시 레이더(SSR) : 지상국의 질문에 대하여 항공기의 SSR Transponder가 응답을 보내면 지상관제사는 항공기의 식별코드(편명), 방위, 고도 및 거리를 알 수 있게 되어 항공기를 쉽게 구별할 수 있다.

2016년 2회 (5월 8일)

제1과목 : 항공역학

1. ②

[해설] 제트 항공기가 항속거리를 최대로 하기 위해서는 $\dfrac{C_L^{\frac{1}{2}}}{C_D}$ 가 최대인 받음각으로, 프로펠러 항공기가 항속거리를 최대로 하기 위해서는 양항비 $(\dfrac{C_L}{C_D})$ 가 최대인 받음각으로 비행해야 한다.

2. ④

[해설] 키돌이(loop) 비행이란 비행기를 옆에서 보았을 때 수평비행 자세에서 롤러코스터처럼 360도의 원을 그리며 한 바퀴 도는 비행을 말한다.
키돌이 비행의 하중배수는 하단점에서 가장 크고, 상단점에서 가장 작다. 그 이유는 상단점에서는 항공기의 중량이 원심력과 거의 같아지고 양력이 적기 때문이다. 상단점에서의 양력은 적으므로 하중배수를 0이라고 하면, 이론적으로 하단점에서의 하중배수는 6이 된다.

3. ①

[해설] 날개는 다른 구성 요소들에 의한 것보다 정적 방향 안정에 대한 영향이 상대적으로 약하지만, 뒤젖힘 날개는 뒤젖힘 정도에 따라 정적 방향 안정에 영향을 끼친다. 따라서 뒤젖힘 날개는 직사각형 날개보다 방향 안정성이 크다.

4. ④

[해설] 마하수는 속도와 음속과의 비이다. 따라서 프로펠러 회전 깃단 마하수는,
프로펠러 회전 깃단 마하수
$= \dfrac{\text{프로펠러 깃의 선속도}}{\text{음속}}$
$= \dfrac{\frac{\pi n D}{60}}{a} = \dfrac{\pi n D}{60 \times a}$

5. ②

[해설] 4자리 숫자로 표시되는 NACA 4자 계열 날개골에서 첫 자리 숫자는 최대 캠버의 크기, 두 번째 숫자는 최대 캠버의 위치를 나타낸다. 따라서 첫 자리와 두 번째 자리의 숫자가 0인 NACA00XX 날개골은 캠버가 없는, 즉 아랫면과 윗면이 대칭인 대칭형 날개골을 나타낸다.

6. ③

[해설] 양력계수를 C_L, 공기밀도를 ρ, 비행속도를 V, 그리고 날개면적을 S라고 하면, 양력 L은
$L = C_L \dfrac{1}{2} \rho V^2 S$
$= 0.25 \times \dfrac{1}{2} \times 1.23 \times \left(\dfrac{720}{3.6}\right)^2 \times 20$
$= 123,000 \text{N}$

7. ①

[해설] 국제표준대기에서 고도 11km까지는 기온이 일정한 비율(6.5℃/km)로 감소한다고 가정한다. 따라서 해면에서의 온도가 20℃일 때, 고도 5km 상공의 온도(T)는
∴ $T = 20 - (6.5 \times 5) = -12.5$℃

8. ②

[해설] 문제의 그림은 평형상태로부터 벗어난 뒤에 변위가 다시 평형상태로 되돌아가려는 경향을 보이므로 정적으로는 안정특성을 갖는다. 그러나 운동의 변위가 시간이 지남에 따라 커지므로 동적으로는 불안정특성을 갖는다. 따라서 문제의 그림은 정적 안정, 동적 불안정 특성을 나타낸다.

9. ①

[해설] 비행기가 하강비행을 하는 동안 조종간을 당겨 기수를 올리려 할 때, 받음각과 각속도가 특정값을 넘게 되면 예상한 정도 이상으로 기수가 올라가는데, 이를 피치 업(pitch up)이라고 한다. 피치 업의 원인은 다음과 같다.
① 뒤젖힘 날개의 날개 끝 실속
② 뒤젖힘 날개의 비틀림
③ 날개의 풍압 중심이 앞으로 이동
④ 승강키 효율 감소

10. ③

해설 항력을 D, 비행속도를 V라고 하면, 필요마력 P_r은

$$P_r = \frac{DV}{75} = \frac{1}{150}C_D\rho V^3 S$$

$$= \frac{1}{150} \times 0.02 \times 0.070 \times 150^3 \times 100$$

$$= 3,150 \text{PS}$$

11. ④

해설 프로펠러를 통과한 후의 프로펠러 유도속도(V_2)는 프로펠러를 통과할 때의 유도속도(V_1)의 2배가 된다. 따라서 V_2와 V_1의 관계식은 $V_2 = 2V_1$으로 나타낼 수 있다.

12. ③

해설 단일 로터 헬리콥터는 주 회전날개와 꼬리 회전날개로 구성된다. 주 회전날개의 회전으로 헬리콥터의 동체에 회전날개의 회전 방향과 반대 방향으로의 회전력(torque)이 발생한다. 따라서 단일 로터 헬리콥터는 이러한 회전력을 상쇄하기 위하여 꼬리 회전날개를 달아 동체가 돌아가는 것을 방지해 주어야 하며, 이러한 꼬리 회전날개를 반 토크 로터(anti torque rotor)라고 한다.

13. ③

해설 대류권과 성층권의 계면을 대류권 계면이라 하며 그 높이는 평균 11km 정도이다. 이 고도 부근에서는 대기가 안정되어 구름이 없고 기온이 낮으며, 공기가 희박하여 항력이 적기 때문에 제트기의 순항고도로 적합하다.
성층권 상부로 올라갈수록 온도는 증가하고, 공기의 밀도와 압력이 급격히 감소하여 프로펠러나 터보제트기관의 효율은 감소한다. 따라서 프로펠러나 터보제트기관을 장착한 항공기는 대류권과 하부 성층권에서 비행한다.

14. ③

해설 항공기의 이륙거리는 지상 활주거리에다 비행기가 안전한 비행상태의 고도까지 이륙하는 데 소요되는 상승거리를 합한 거리를 말한다.
여기에 지상 활주로에서 공중으로 상승하기 위한 중간단계인 회전 및 전이(또는 전환) 거리를 추가하여 이륙거리를 더 구체화하기도 하며, 이를 식으로 나타내면 다음과 같다.
∴ 이륙거리=지상활주거리+회전거리+전이거리+상승거리

① 지상활주거리(ground run distance) : 바퀴가 활주로 노면에 접지한 후 회전거리까지 활주하는 거리
② 회전거리(rotation distance) : 지상활주 후 조종사가 조종간을 당겨 기수 올림(nose-up) 상태에서 부양할 때까지의 거리
③ 전이거리(transition distance) : 부양 지점에서 직선 상승비행을 시작하는 거리까지의 곡선 비행경로
④ 상승거리(climb distance) : 직선 상승비행을 시작하는 고도에서부터 장애물 고도까지 직선 상승하는 거리. 따라서 전이거리와 상승거리는 비행경로가 곡선이냐 직선이냐에 따라 달라질 수 있다.

자유활주거리(free roll distance)는 착륙거리에 포함되며, 바퀴가 활주로 노면에 접지한 후 브레이크를 이용하여 완전히 정지할 때까지의 거리를 말한다.

15. ④

해설 일반적으로 헬리콥터는 꼬리회전날개의 피치각을 변화시켜, 꼬리회전날개에 의한 추력을 변경시킴으로써 기수 방향을 전환시킨다.

16. ④

해설 날개 길이를 b, 시위 길이를 c, 그리고 날개 면적을 S라고 하면, 가로세로비 AR은

$$AR = \frac{b}{c} = \frac{b \times b}{c \times b} = \frac{b^2}{S}$$

$$= \frac{b}{c} = \frac{b \times c}{c \times c} = \frac{S}{c^2}$$

17. ①

해설 운항 중인 항공기에서 조종면의 조종효과를 발생시키기 위해서 주로 변화시키는 것은 날개골

의 캠버이다. 고양력 장치인 뒷전 플랩과 같은 공력 보조장치는 날개의 뒷전을 구부려 캠버를 증가시킴으로 해서 양력을 증가시키고, 받음각도 증가하는 조종효과를 발생시킨다.

18. ②

[해설] 침하속도(활공속도)를 V, 침하각(활공각)을 θ라고 하면, 침하속도(활공속도)를 구하는 관계식은 다음과 같다.

$$\therefore 침하속도 = V\sin\theta = 100 \times \sin 45° = 70.7\text{km/h}$$

19. ④

[해설] 레이놀즈 수(Reynolds number)에 대한 설명은 다음과 같다.

① 레이놀즈 수란 동압으로 인한 관성력과 점성에 의한 마찰력(점성력)의 비를 나타내는 무차원수로서, 레이놀즈 수가 작다는 것은 점성에 의한 마찰이 관성력보다 크다는 것을 의미한다.

② 대기속도를 V, 시위길이를 L, 그리고 동점성계수를 ν라고 하면, 레이놀즈 수(Re)를 구하는 관계식은 $Re = \dfrac{VL}{\nu}$이다. 따라서, 유체의 속도가 빠를수록 레이놀즈 수는 커진다.

20. ①

[해설] 비행속도를 V, 중력가속도를 g, 그리고 선회각을 θ라고 하면, 선회반지름 R을 구하는 관계식은 다음과 같다.

$$R = \dfrac{V^2}{g\tan\theta}$$

따라서 선회반지름을 최소로 하기 위해서는 선회속도를 작게 하거나, 선회각을 크게 해야 한다.

제2과목 : 항공기관

21. ①

[해설] 가스 터빈 기관의 고열부 배기구 부분에 표시를 할 때 일반적으로 분필(chalk), 특수 레이아웃 염료(layout dye)를 사용하거나 상업용 펠트 팁 기구(felt-tip applicator) 또는 특수 연필로 표시한다.

납(lead)이나 탄소(carbon) 성분이 있는 필기구는 금속이 가열될 때 고열에 의해 열응력이 집중되어 균열을 발생시킬 수 있기 때문에 고온부 부품에 사용해서는 안 된다.

22. ②

[해설] 프로펠러를 크랭크축에 고정하는 장착방식은 일반적으로 다음과 같은 3가지 종류가 있다.

① 플랜지식(flange type) : 프로펠러 축의 한쪽 끝에 있는 플랜지에 프로펠러를 볼트로 장착하여 고정하는 방식

② 테이퍼식(taper type) : 프로펠러가 키(key)로 고정되며 프로펠러 축에 경사지고 길쭉한 홈이 가공되어 있다. 경사진 축에 프로펠러를 장착하고, 프로펠러 축 끝단에서 고정 너트를 장착하여 고정하는 방식

③ 스플라인식(spline type) : 성형 엔진에 사용되며 축 끝의 나사부에 리테이닝 너트가 장착되고 리테이닝 링으로 허브(hub)를 크랭크축에 고정하는 방식

23. ④

[해설] 열역학 제1법칙과 관련하여 밀폐계가 사이클을 이룰 때 외부에서 열을 공급하면 그 에너지 일부는 계의 내부 에너지로 저장되고, 일부는 주위에 대한 일로 소비된다. 즉, 가해진 열의 일부는 내부 에너지를 증가시키고, 나머지 열은 외부에 대한 기계적인 일을 수행한다. 따라서 열전달량은 이루어진 일과 정비례 관계를 가진다.

24. ②

[해설] 왕복엔진에서 기화기 빙결(carburetor icing)이 일어나면 흡입 압력이 감소한다. 흡입 압력이 감소하면 흡입 밀도가 감소하고, 출력 손실이 발생하여 엔진 회전수는 감소한다.

25. ①

[해설] 프로펠러 동조기(propeller synchronizer)는 다발 프로펠러 항공기에서 각 프로펠러의 회전속

도를 자동적으로 조절하고, 모든 프로펠러를 같은 회전속도로 회전하도록 한다.

26. ④

해설 브레이턴 사이클 선도의 각 과정은 다음과 같다.
① 1→2 과정 : 단열 압축과정
② 2→3 과정 : 정압 가열(연소)과정
③ 3→4 과정 : 단열 팽창과정
④ 4→1 과정 : 정압 방열(방출)과정

27. ①

해설 왕복기관을 작동할 때에는 다음과 같은 변수의 한계 수치를 주의 깊게 관찰하며 점검하여야 한다.
① 엔진 오일 압력
② 엔진 오일 온도
③ 실린더 헤드 온도(CHT), 배기가스온도
④ 기관 회전수(rpm)
⑤ 흡기 매니폴드 압력(MAP), 흡기 압력이라고도 한다.
N1 및 N2는 가스 터빈 기관의 저압 및 고압 압축기의 회전수를 나타내며, 가스 터빈 기관 작동 중 점검해야 할 변수 중의 하나이다.

28. ③

해설 연료의 옥탄가는 표준연료 속의 이소옥탄이 차지하는 체적 비율(%)을 말한다. 옥탄가가 높을수록, 즉 이소옥탄이 많이 함유되어 있을수록 디토네이션이 잘 일어나지 않는 연료라는 것을 의미한다. 따라서 옥탄가가 높을수록 엔진의 압축비를 더 높게 할 수 있으며, 엔진의 효율이 좋아진다. 그러나 옥탄가가 규정치보다 높은 연료를 사용하면 엔진 내부의 부식을 촉진시킨다.

29. ①

해설 가스 터빈 엔진용 연료의 첨가제에는 빙결 방지제, 미생물 살균제, 정전기 방지제, 부식 방지제, 산화 방지제 등이 있다.

30. ④

해설 추력 F_n을 발생하는 기관이 속도 V_a로 비행할 때, 기관의 동력을 마력으로 환산한 것을 추력마

력이라고 한다. 진추력을 F_n[lbf], 비행속도를 V_a[ft/s]라고 하면, 추력마력(THP)을 구하는 관계식은 다음과 같다.

$$THP = \frac{F_n \times V_a}{550} = \frac{2340 \times (400 \times 1.467)}{550}$$
$$= 2496.6 HP$$
$$(\because 1 mph = 1.467 ft/s,$$
$$1 HP = 550 lbf \cdot ft/s)$$

진추력을 F_n[kgf], 비행속도를 V_a[m/s]라고 하면, 추력마력(THP)을 구하는 관계식은 다음과 같다.

$$THP = \frac{F_n \times V_a}{75} \quad (\because 1 HP = 75 kgf \cdot m/s)$$

31. ③

해설 기온이 낮으면 공기밀도가 높다. 공기밀도가 높으면 실린더 내의 충전 밀도가 증가하고, 연료/공기 혼합기의 무게가 증가하기 때문에 출력이 증가한다. 따라서 항공기 왕복엔진은 기온이 가장 낮은 계절인 겨울에 가장 큰 출력을 발생시킨다.

32. ②

해설 가스 터빈 엔진은 윤활유의 누설을 방지하기 위하여 대부분의 베어링 하우징에 시일(seal)이 설치되며, 압축기로부터 추출된 블리드 공기(bleed air)를 사용하여 베어링 시일의 섬프를 가압시킨다. 즉, 섬프로 가압되어 들어가는 공기는 시일을 통하는 반대 방향으로 유입시켜 윤활유의 누설을 최소화하는 것이다.

33. ①

해설 가스 터빈 기관의 저속 비행 시 추진효율이 낮은 것에서 높은 순으로 나열하면 터보제트, 터보팬, 그리고 터보프롭 엔진 순이다. 터보제트 엔진은 비행속도가 빠를수록 효율이 좋고, 저속에서는 효율이 감소한다.

34. ③

해설 단당 압력 상승 중 회전자(rotor)가 담당하는 압력상승의 백분율(%)을 압축기의 반동도라고 한

다. 회전자 깃 입구의 압력을 P_1, 회전자 깃 출구(고정자 깃 입구)의 압력을 P_2, 고정자 깃 출구의 압력을 P_3라고 하면, 반동도를 구하는 식은 다음과 같다.

반동도 = $\dfrac{\text{회전자 깃에 의한 압력 상승}}{\text{단당 압력 상승}}$

$= \dfrac{P_2 - P_1}{P_3 - P_1} = \dfrac{1.3P_1 - P_1}{1.6P_1 - P_1} = \dfrac{P_1(1.3-1)}{P_1(1.6-1)}$

$= \dfrac{0.3}{0.6} = 0.5$

(∵ 한 열의 회전자 깃과 한 열의 고정자 깃을 합친 것이 1단이므로, 단당 압력 상승은 고정자 깃 출구의 압력 P_3에서 회전자 깃 입구의 압력 P_1을 뺀 값이다.)

35. ③

해설 내연기관은 연료를 기관 내부에서 직접 연소시켜 열에너지를 기계적 에너지로 변환시키는 장치이다. 내연기관의 종류를 크게 나누면 왕복기관(가솔린 기관, 디젤 기관), 회전기관, 가스 터빈 기관으로 나눌 수 있다.
외연기관은 증기 기관이나 증기 터빈 기관 등과 같이 연료를 기관 외부에서 연소시켜서 발생한 열에너지를 이용하는 기관이다.

36. ②

해설 각 베어링의 용도는 다음과 같다.
① 볼 베어링(ball bearing) : 대형 성형엔진과 가스터빈엔진의 축 베어링(추력 베어링) 또는 소형 발전기의 아마추어 베어링으로 사용
② 롤러 베어링(roller bearing) : 고출력 항공기의 크랭크 축을 지지하는 주베어링으로 사용
③ 평면 베어링(plain bearing) : 왕복기관의 크랭크 축, 커넥팅 로드, 캠축 등에 사용

37. ④

해설 가스 터빈 기관의 트리밍(trimming) 작업은 정해진 회전수에서 제작회사에서 정한 정격 출력을 낼 수 있도록 연료조절장치와 각종 기구를 조정하는 작업을 말한다. 연료조절장치의 기능을 파악하기 위하여 기관의 압력비와 팬의 회전수를 비교 분석하고, 정확한 공연비를 위해 연료조절장치를 조정한다.

38. ④

해설 최근 아음속기의 비행속도가 마하 0.8~0.9이기 때문에, 아음속기의 공기 흡입 덕트는 흡입속도를 줄이기 위하여 확산형 덕트(divergent inlet duct)를 사용한다. 확산형 덕트는 통로의 넓이를 앞에서 뒤로 갈수록 점점 넓게 만들어 공기를 확산시켜 속도를 감소시킨다.

39. ③

해설 왕복기관의 점화스위치는 마그네토의 1차 회로에 연결되어 있다. 따라서 점화 스위치를 "OFF" 위치에 두면 1차 회로의 자장이 소멸하게 되어 1차 코일에는 고압이 유기되지 않으며 마그네토의 작동은 정지된다.

40. ②

해설 가스 터빈 엔진은 사용 연료의 기화성이 낮고, 연소실을 지나는 공기 흐름은 와류가 심하고 빠르기 때문에 혼합가스를 점화시키는 것이 왕복기관에 비하여 어렵다. 따라서 제트기관의 점화장치는 왕복기관에 비하여 고전압, 고에너지 점화장치를 사용한다.

제3과목 : 항공기체

41. ②

해설 대형 항공기에서 리브(rib)는 주조종면(엘리베이터, 러더, 에일러론)과 부조종면(플랩) 등의 단면이 날개골(airfoil) 형태를 유지할 수 있도록 날개의 모양을 형성해 주며, 조종면의 외피에 작용하는 하중을 날개보(spar)에 전달하는 역할을 한다.

42. ①

해설 문제의 그림과 같은 구조물에서 a-b 구간에 작용하는 응력을 구하기 위해 자유물체도를 그리면 다음과 같다.

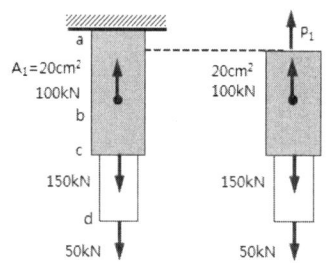

- 응력을 구하기 위하여 먼저 a-b 구간에 작용하는 내력을 구한다. 위의 구조물에서 b 지점에는 압축하중 100kN, c 지점에는 인장하중 150kN, 그리고 d 지점에는 50kN이 작용하고 있다. a-b 구간의 내력을 P_1이라고 하면,
$P_1 = -100 + 150 + 50 = +100\text{kN}$
(∵ 인장은 +, 압축은 − 부호로 한다)
- a-b 구간의 단면적을 A_1, 작용하는 내력을 P_1이라고 하면, 응력(σ)은
$$\therefore \sigma = \frac{P_1}{A_1} = \frac{100}{20} = 5\,\text{kN/cm}^2$$

43. ④

해설 항공기의 구조부재 용접작업 시에는 모재의 재질을 정확히 파악하는 것이 중요하다. 모재의 재질 변화를 최우선적으로 고려하여 용접 방식과 용접봉의 종류를 정하고, 모재의 두께, 형상 등에 따라 적당한 용접봉의 굵기와 토치 팁의 크기 등을 결정한다.

44. ④

해설 문제의 그림과 같은 일반적인 응력-변형률 곡선에서 각 위치별 내용은 다음과 같다.
① A : 탄성한계
② OA : 비례탄성범위
③ B : 항복점(yielding point)
④ G : 극한강도, 또는 인장강도
⑤ OD : 영구변형률

45. ③

해설 조종면을 수리하여 힌지 라인 후방의 무게가 증가하여 조종면의 무게 균형(mass balance)이 맞지 않으면 플러터(flutter) 발생의 원인이 될 수 있다. 조종면 플러터(control surface flutter)란 조종면의 무게 균형이 맞지 않을 경우 비행기의 속도가 빨라지면 날개가 공기의 힘에 의해 진동을 일으키는 현상을 말한다.

46. ③

해설 연료탱크에 있는 벤트계통(vent system)은 연료탱크 내부 압력을 항상 대기압으로 유지하여 연료탱크 내·외부의 차압에 의한 탱크구조를 보호하고, 불필요한 응력의 발생을 방지한다.

문제의 보기에서 보기 ②는 플래퍼 밸브(flapper valve), 보기 ④는 배출 밸브(drain valve)의 역할이다.

47. ④

해설 페일 세이프 구조(Fail safe structure)에는 다음과 같은 종류가 있다.
① 대치 구조 : 주 부재가 전 하중을 담당하고 있는 경우, 하중을 담당하는 부재가 파괴되었을 때 그 하중을 예비부재가 전체하중을 담당하도록 설계된 방식
② 다경로 하중 구조 : 일부 부재가 파괴될 경우 그 부재가 담당하던 하중을 다른 부재가 분담하도록 설계된 방식
③ 이중 구조 : 큰 부재 대신 2개 또는 그 이상의 소부재로 대치하도록 설계된 방식
④ 하중 경감 구조 : 부재가 파손되기 시작할 때 다른 부재에 하중을 이동, 전달함으로써 부재의 완전 파단 또는 파괴를 방지하도록 설계된 방식

48. ①

해설 유상하중(useful load)이란 항공기 최대총무게에서 자기무게를 뺀 무게를 말한다. 유상하중에는 승무원, 승객, 화물, 무장계통, 연료, 윤활유 등의 무게를 포함하며, 이를 유효하중이라고도 한다.

49. ②

해설 항공기의 기체 구조 수리 시에 고려하여야 할 내용은 다음과 같다.
① 수리를 위하여 대치할 재료의 두께는 원래 두께와 같거나 한 치수 위의 것을 사용한다.

② 사용 리벳 수는 같은 재질로 기체의 강도를 고려하여 중량 증가를 최소로 하기 위해 최소한의 수를 사용한다.
③ 판재나 리벳을 대체할 경우 강도를 환산하여 더 큰 두께의 판재나 리벳을 사용하는 것이 아니라면 강도가 더 낮은 재료로 만든 판재나 리벳으로 대체하여 사용할 수 없다. 예를 들어 같은 두께의 재료로서 17ST(2017-T)의 판재나 리벳을 강도가 더 낮은 A17ST(2117-T)로 대체하여 사용할 수 없다.
④ 수리 부분의 원래 재료와의 접촉면에는 재료의 성분에 따라 부식방지를 위하여 정해진 방식으로 표면처리를 한다.

50. ②

해설 동체 위치선(FS : fuselage station)은 기준이 되는 0점, 또는 기준선으로부터의 거리를 in, 또는 cm 단위로 나타낸다. 기준선은 기수 또는 기수로부터 일정한 거리에 위치한 상상의 수직면으로 설정된다.
예를 들어 "fuselage station 137"은 동체 위치선이 기준선으로부터 137inch 후방에 있다는 것을 의미하며, "fuselage station -137"은 기준선으로부터 137inch 전방에 있다는 것을 의미한다.

51. ④

해설 각 리벳의 용도는 다음과 같다.
① 납작머리 리벳(flat head rivet) : 항공기 내부의 구조부에 사용된다.
② 둥근머리 리벳(round head rivet) : 항공기 표면에는 공기역학적으로 저항이 많으므로 사용하지 못하고, 항공기 내부의 구조부에 사용된다.
③ 접시머리 리벳(countersink head rivet) : 항공기 외피용으로 사용된다.
④ 유니버설 머리 리벳(universal head rivet) : 브래지어 리벳과 비슷하나 머리 부분의 강도가 더 강하다. 따라서 항공기 기체 내부와 항공기 외부 구조부에 모두 사용할 수 있다.

52. ②

해설 드릴 작업은 경질재료나 얇은 판인 경우에는 드릴날의 각도가 118°인 것을 사용하여 저속으로 작업하는 것이 좋으며, 연질이나 두꺼운 판에는 드릴 각도가 90°인 드릴날을 사용하여 고속으로 작업하는 것이 바람직하다.
문제의 보기에서는 알루미늄이 강도가 가장 약한 연질의 재료이므로, 가장 빠른 드릴 회전을 해야 하는 재료는 알루미늄이다.

53. ④

해설 양극 산화 처리(anodizing)는 금속 표면에 내식성이 있는 산화피막을 형성시키는 부식 처리 방법이며, 다음과 같은 종류가 있다.
① 수산법 : 경도가 큰 피막을 얻을 수 있고 내식성도 우수하지만, 약품값이 비싸고 전력비가 많이 든다.
② 크롬산법 : 항공기용 부품 재료의 방식 처리에 적합하며, 피막의 두께가 얇다.
③ 황산법 : 사용 전압이 낮고 소모 전력량이 적으며, 약품 가격이 저렴하고 폐수 처리도 비교적 쉬워 가장 경제적인 방법이다. 현재 황산법이 주로 사용되고 있다.

54. ②

해설 비행기가 아무리 급격한 조작을 하여도 구조 역학적으로 안전한 속도를 설계운용속도(Design maneuvering speed)라고 한다. 실속 속도를 V_S, 설계 제한하중배수를 n_1이라고 하면 설계 운용속도 V_A를 구하는 식은 다음과 같다.
∴ $V_A = \sqrt{n_1}\, V_S = \sqrt{4} \times 80 = 160\,\text{mph}$

55. ③

해설 최소 굽힘 반지름이란 판재가 본래의 강도를 유지한 상태로 최소 예각으로 구부릴 수 있도록 허용된 최소의 굽힘 반지름을 말한다. 굽힘 반지름이 너무 작으면 응력과 변형에 의해 판재가 약해져서 균열이 생기게 된다.

56. ①

해설 알루미늄합금과 구조용 강과의 기계적 성질에 대한 설명은 다음과 같다.
① 동일한 하중에 대한 알루미늄 합금의 변형량은 구조용 강철에 비해 약 3배 많다.

② 알루미늄 합금의 제1변태점은 300℃ 정도인데 구조용 강철은 600℃ 정도로, 알루미늄 합금은 구조용 강철에 비해 제1변태점이 약 300℃ 정도가 낮다.
③ 구조용 강철의 탄성계수는 알루미늄 합금의 탄성계수의 약 3배 정도이다.
④ 제1변태점 이상에서 알루미늄 합금은 기계적 성질이 현저히 저하된다.

57. ③

해설 알루미나 섬유(alumina fiber)는 유리섬유와 같이 무색 투명하며, 전기 부도체인 섬유이다. 약 1,300℃로 가열하여도 물성이 유지되는 우수한 내열 특성 때문에 고온 부위의 재료로 사용된다.

58. ③

해설 하중배수(load factor)에 대한 설명은 다음과 같다.
① 양력을 L, 항공기 무게를 W라고 하면 하중배수(n)를 구하는 식은 다음과 같다.
$$n = \frac{L}{W}$$
등속수평비행을 할 때 $L = W$이므로 하중배수(n)는 1이 된다.
② 양력은 비행속도의 제곱에 비례한다. 따라서 하중배수는 비행속도의 제곱에 비례한다.
③ 선회비행 시 경사각이 클수록 하중배수는 커진다.
④ 하중배수는 기체에 작용하는 하중을 항공기의 무게로 나눈 값이다.

59. ③

해설 하중과 침강거리(stroke)와의 관계를 표시하는 선을 완충곡선이라고 한다. 위의 그림에서 완충장치의 성능을 나타내는 완충효율은 흡수 에너지량을 나타내는 면적 $0AS_10$와 완충곡선(OA)을 내포하는 최소 정사각형 $0P_1AS_10$의 비로서 정의된다.

완충효율 = $\dfrac{\text{면적 } 0AS_10}{\text{면적 } 0P_1AS_10} \times 100(\%)$

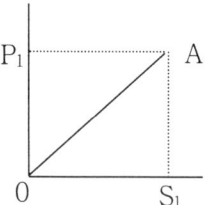

위의 그림에서 면적 $0P_1AS_10$는 정사각형이므로, 이를 이등분하는 완충곡선에 의한 완충효율은 50%이다.

60. ①

해설 각 너트(nut)의 용도는 다음과 같다.
① 윙 너트(wing nut, 나비 너트) : 손가락 힘으로 조일 수 있는 곳으로 조립과 분해가 빈번한 곳에 사용
② 체크 너트(check nut) : 다른 너트나 조종 로드 끝부분의 풀림 방지용 고정 너트로 사용
③ 플레인 너트(plain nut, 평 너트) : 비구조 부재의 체결용으로서 인장하중을 받는 곳에 사용
④ 캐슬 너트(castle nut) : 육각머리 볼트 중에서 섕크(shank)에 구멍이 나 있는 볼트나 아이 볼트(eye bolt) 및 스터드 볼트(stud bolt) 등과 함께 사용

제4과목 : 항공장비

61. ④

해설 Passenger entertainment system(승객 환대장치)는 객실의 개별 승객에게 영화, 음악 등 오락 프로그램을 제공하는 장치이다.

62. ④

해설
- 교류 주파수를 $f[\text{Hz}]$, 인덕턴스를 $L[\text{H}]$이라고 하면, 리액턴스(X_L)를 구하는 식은 다음과 같다.
$X_L = 2\pi f L = 2\pi \times 60 \times 0.01 = 3.768\,\Omega$
$[\because 1\text{mH} = 0.001\text{H}]$
- 전압을 E, 코일의 리액턴스를 X_L이라고 하면, 전류 I를 구하는 식은 다음과 같다.

$$\therefore I = \frac{E}{X_L} = \frac{100}{3.768} = 26.54\text{A}$$

63. ④

해설 항공계기의 색표지(color marking)와 그 의미는 다음과 같다.
① 푸른색 호선(blue arc) : 기화기를 장비한 왕복기관에 관계되는 기관 계기에 표시하는 것으로, 연료-공기 혼합비가 오토 린(auto lean)일 때의 상용 안전 운용 범위를 나타낸다.
② 노란색 호선(yellow arc) : 경계 및 경고 범위
③ 붉은색 방사선(red radiation) : 최대 및 최소 운용한계
④ 흰색 호선(white arc) : 플랩을 조작할 수 있는 속도 범위 표시

64. ③

해설
- 기전력을 E, 내부 저항을 r, 그리고 저항을 R이라고 하면, 회로에 흐르는 전류 I를 구하는 식은 다음과 같다.

  $$I = \frac{E}{R+r}$$

- $R = \frac{E}{I} - r = \frac{28}{0.01} - 4 = 2,796\,\Omega$

  [$\because 1\text{mA} = 0.001\text{A}$]

$\therefore$ 따라서 약 $2,800\,\Omega$의 직렬저항을 이용하여야 한다.

65. ②

해설 광전지는 빛을 받으면 전압이 발생한다. 광전연기탐지기(photo-electric smoke detector)는 이것을 이용하여 화재가 발생할 경우에 나타나는 연기의 반사광을 감지하여 화재를 탐지한다.

66. ③

해설 유압계통의 구성품인 축압기(accumulator)는 가압된 작동유를 저장하는 저장통으로서 다음과 같은 역할을 한다.
① 계통 작동 시 압력 조절기가 너무 빈번하게 작동되는 것을 방지한다.
② 갑작스럽게 계통압력이 상승할 때 이 압력을 흡수하여 충격 완화 역할을 한다.
③ 동력펌프가 고장이 났을 때 저장된 작동유를 공급하여 최소한의 작동 실린더를 제한된 횟수만큼 작동시킬 수 있는 작동유를 저장한다.
④ 유압계통의 서지(surge) 현상을 방지하여 펌프 출력 유압유의 맥동을 방지한다.

작동유 압력계통의 호스가 파손되거나 손상되어 작동유가 누설되는 것을 방지하는 장치는 유압 퓨즈(hydraulic fuse)이다.

67. ③

해설 HF 전파는 전리층의 반사로 원거리까지 전달되는 성질이 있으므로, HF 통신은 항공기와 타 항공기 상호간 및 항공기와 지상 간의 장거리 통신에 이용된다.

68. ②

해설 직류 발전기가 처음 발전을 시작할 때에는 잔류자기에 의존한다. 잔류자기가 전혀 남아 있지 않아 발전을 시작하지 못할 때에는 배터리와 같은 외부 전원으로부터 계자권선에 잠시 동안 정방향의 직류전원을 공급해 주면 잔류자기가 회복된다. 이와 같이 하는 것을 계자 플래싱(field flashing)이라 한다.

69. ②

해설 기본적인 에어 사이클(air cycle, 공기 순환) 냉각계통의 주요 구성품은 압축기, 열교환기 및 터빈이다. 압축기(cabin compressor)에서 가압된 공기는 공기 열교환기를 지나면서 외부의 공기 온도와 거의 비슷한 온도로 일단 냉각된다. 냉각된 압축공기는 냉각 터빈을 통과하면서 터빈의 임펠러를 돌리게 되는데, 터빈을 회전시키는 일을 하게 됨으로써 이 공기는 압력과 온도가 감소되어 공기조화계통에 공급된다.

70. ③

해설 자동 비행 조종장치에서 오토 파일럿(auto pilot)을 연동(engage)하기 전에 다음의 조건이 필요하다.
① 이륙 후에 연동한다.

② 충분한 조정(trim)을 취한 뒤 연동한다.
③ 항공기의 자세(roll, pitch)가 있는 한계 내에서 연동한다.

71. ②, ③, ④

[해설] 고도계에서 발생되는 오차와 발생 요인은 다음과 같다.
① 탄성 오차 : 탄성체 재료의 특성에 의해서 생기는 오차
② 온도 오차 : 온도 변화에 의한 팽창과 수축에 의해서는 생기는 오차
③ 눈금 오차 : 섹터 기어(sector gear)와 피니언 기어(pinion gear)의 불균일에 의한 오차
④ 기계적 오차 : 확대장치의 가동부분, 연결, 기어의 맞물림 등의 모양, 백래시(backlash), 마찰 등에 의해 생기는 오차

이 문제는 출제 오류 문항이다. 한국산업인력공단에서 제시한 초기 가답안은 ①번이었으나, 추후 심사과정에서 확정답안은 ①번을 제외한 ②, ③, ④번이 모두 정답으로 변경되었다.
따라서 ①번이 정답이 되기 위해서는 문제가 "고도계에서 발생되는 오차와 발생 요인이 틀리게 짝지어진 것은?"으로 변경되어야 할 것 같다.

72. ①

[해설] 싱크로 계기의 종류 중 마그네신(magnesyn)에 대한 설명은 다음과 같다.
① 교류전압이 고정자에 가해진다. (오토신은 교류전압이 회전자에 가해진다)
② 오토신(autosyn)보다 작고 가볍지만, 토크가 약하고 정밀도가 다소 떨어진다.
③ 오토신(autosyn)의 회전자를 강력한 영구자석으로 바꾼 것이다. (오토신은 회전자로 전자석을 사용한다)

73. ④

[해설] 제우(rain protection) 시스템은 비행 중에 비가 내릴 경우 윈드실드(windshield)에 부착된 빗물을 제거하여 시계를 확보하기 위한 것이다. 제우 시스템의 종류는 다음과 같다.
① 공기 커튼 장치(air curtain system) : 압축 공기를 이용하여 윈드실드에 공기 커튼을 만들어 부착한 물방울 등을 날려 보내거나 건조시켜 부착을 막는 방법
② 레인 리펠런트 장치(rain repellent system, 방우제 장치) : 윈드실드에 표면장력이 작은 화학 액체를 분사하여 피막을 만들어 물방울을 구현 형상인 채로 공기 흐름 속으로 날아가 버리게 한다.
③ 윈드실드 와이퍼 장치(windshield wiper system) : 와이퍼 블레이드를 적절한 압력으로 누르면서 움직이게 하여 물방울을 기계적으로 제거한다.

74. ①

[해설] 항공기에서 화재탐지를 위한 장치가 설치되어 있는 곳은 다음과 같다.
① 화재 및 과열 탐지기 : 동력장치(기관), 보조 동력장치
② 연기 탐지기 : 화물실, 화장실, 전기·전자 장비실
③ 과열 탐지기 : 랜딩기어 휠 웰(wheel well), 날개 앞전, 전기·전자 장비실

75. ①

[해설] 전기계통의 인버터(inverter)는 직류 전원을 공급받아 교류 전원으로 바꿔주는 장치이며, 주전원이 직류인 항공기에서 교류를 얻기 위해 사용된다. 인버터(inverter)에는 일반적으로 스태틱 인버터(static inverter, 정지식 인버터)와 로터리 인버터(rotary inverter, 회전식 인버터)의 두 가지 형태가 있다.

76. ①

[해설] 수평 상태 지시계(HSI : horizontal situation indicator)가 지시하는 내용은 다음과 같다.
① 현재 비행 상태에서의 기수 방위(heading)
② 비행 코스(course)와의 관계
③ DME 지상 스테이션(station)까지의 거리
④ 현재의 기수 방위와 선택한 기수 방위와의 차이

77. ④

[해설] 유압계통에서 각 구성품의 역할은 다음과 같다.
① 선택 밸브(selector valve) : 유압작동 실린

더의 움직임의 방향(운동 방향)을 제어한다.
② 릴리프 밸브(relief valve) : 작동유에 의한 계통 내의 압력을 규정값 이하로 제한하여 과도한 압력으로 인하여 계통 내의 관이나 부품이 파손되는 것을 방지한다.
③ 유압 퓨즈(hydraulic fuse) : 유압계통의 관이나 호스가 파손되거나, 기기 내의 실(seal)에 손상이 생겼을 때 작동유의 과도한 누설을 방지하기 위한 장치이다.
④ 우선 순위 밸브(priority valve) : 작동유의 압력이 낮게 작동되면 유로를 막아 작동기구의 중요도에 따라 중요한 기기에만 유압을 공급하여 우선 필요한 계통만을 작동시키는 기능을 한다.

78. ③

[해설] 항공기 내 승객 안내시스템에서 기내 방송 장치는 승객에게 여러 가지 안내를 하기 위한 방송 시스템이다. 또 비상 사태가 발생한 경우 긴급 방송에도 이용되는 중요한 시스템으로 다음과 같이 우선 순위가 설정되어 있다.
① 제1 순위 : 조종실(cockpit)에서의 방송
② 제2 순위 : 객실(cabin) 승무원이 행하는 방송
③ 제3 순위 : 음악(music) 방송

79. ②

[해설] 오토신(autosyn)은 교류로 작동하는 원격지시계기이다. Transmitter와 indicator의 스테이터(stator)는 3상으로 Δ 또는 Y결선으로 되어 있으며, 로터(rotor)는 400Hz 교류 전자석으로 되어 있다. 오토신은 스테이터와 로터 사이에서 발생되는 전류와 자장 발생에 의해 동조되는 방식의 계기이다.

80. ②

[해설] 직류 직권 전동기의 속도를 제어하기 위한 방법에는 저항제어, 계자제어 및 전압제어 방식이 있다. 이중에 저항제어 방식은 전동기의 전기자와 직렬로 가변 저항기(rheostat)를 장착하여, 전기자에 걸리는 전압을 조절함으로써 전동기의 속도를 제어하는 방식이다.

2016년 4회 (10월 1일)

제1과목 : 항공역학

1. ④

[해설] 비행기의 무게중심이 날개의 공기역학적 중심보다 앞쪽에 위치할수록 세로안정성은 좋아진다. 안정과 조종은 서로 상반되는 성질을 나타내기 때문에 안정성이 증가하면 조종성은 감소한다.

2. ①

[해설] 이륙 시 활주거리를 짧게 하기 위한 조건은 다음과 같다.
① 기관의 추력이 크면 가속도가 커져서 이륙성능이 좋아진다.
② 날개하중($\frac{W}{S}$)을 작게 한다. 즉, 비행기의 무게를 가볍게 한다.
③ 이륙 시 플랩과 같은 고양력 장치를 사용하여 최대 양력계수를 증가시킨다.
④ 고도가 낮은(밀도가 큰) 비행장에서 이륙하면 기관의 추력이 커져서 이륙성능이 좋아진다.

3. ④

[해설] 동력은 단위 시간 동안에 하는 일로 정의되며, 일은 물체에 힘이 작용하여 어떤 거리를 움직였을 경우 힘과 거리를 곱한 값으로 나타낸다. 따라서 프로펠러의 추력 T, 비행속도 V로 비행하는 항공기의 프로펠러가 항공기에 가해 준 소요 동력은 프로펠러의 추력×비행속도로 정의된다.

4. ④

[해설] 헬리콥터의 구동계통에서 자유회전장치(free wheeling unit)는 기관 구동축과 변속기 사이에 설치되어 기관이 정지되거나, 기관의 회전수가 주회전날개의 회전수보다 느릴 때 주회전날개와 기관의 구동축을 분리시켜 헬리콥터의 자동회전비행이 가능하도록 한다.

5. ②

해설 플랩의 변위에 따른 양력계수의 변화량 또는 조종면의 변위에 따른 모멘트계수의 변화량을 조종면의 효율 변수(flap or control effectiveness parameter)라고 한다.

6. ①

해설 비행기의 동적 가로운동은 가로운동과 방향운동의 효과를 결합한 상호 작용을 고려해야 한다. 자유 비행상태인 항공기가 옆미끄럼에 놓이면 가로 운동과 방향 운동이 복합되어 옆놀이 모멘트와 빗놀이 모멘트를 일으키며, 이러한 상호작용은 항공기의 방향 발산(방향 불안정), 나선 발산(나선 불안정) 및 더치 롤(가로방향 불안정)로 이어질 수 있다.

7. ②

해설 항공기 속도를 V[m/sec], 음속을 C라고 하면, 마하수 Ma는
$$Ma = \frac{V}{C} = \frac{825}{331.2} = 2.49$$

8. ③

해설 비행기의 양력을 L, 비행기의 무게를 W라고 하면 하중배수(n)를 구하는 관계식은 다음과 같다.
$$n = \frac{L}{W}$$
비행기가 등속도 수평비행 시에는 $W = L$이므로, 하중배수는 1이 된다.

9. ③

해설 레이놀즈 수가 증가하면 유체의 흐름 상태가 층류에서 난류로 변화하는 현상을 천이(transition) 현상이라고 한다.

10. ①

해설 수평 등속도 비행 시 항공기의 무게를 W, 양항비를 C_L/C_D라고 하면, 추력 T는
$$T = W\frac{C_D}{C_L} = W\frac{1}{(C_L/C_D)} = 900 \times \frac{1}{3}$$
$$= 300 \text{kgf}$$

11. ②

해설 양력계수를 C_L, 스팬효율계수를 e, 그리고 가로세로비를 AR이라고 하면, 유도항력계수 C_{Di}를 구하는 관계식은 다음과 같다.
$$C_{Di} = \frac{C_L^2}{\pi e AR}$$
유도항력계수는 가로세로비에 반비례하므로, 다른 값은 변하지 않고 가로세로비만 2배로 증가하면 유도항력계수는 $\frac{1}{2}$로 감소한다.

12. ②

해설 1초(sec) 동안의 프로펠러 회전수를 n이라고 하면, 프로펠러의 각속도는 $2\pi n$[rad/sec]이 된다.
각속도 = $2\pi n$
$$= 2 \times \pi \times \left(\frac{500}{60}\right) = 52.3 \text{rad/sec}$$

13. ③

해설 비행기가 수평비행이나 급강하로 속도를 증가하여 천음속 영역에 도달하게 되면, 한쪽 날개가 충격실속을 일으켜서 갑자기 양력을 상실하여 급격한 옆놀이를 일으키는 현상을 날개 드롭(wing drop)이라고 한다. 날개 드롭은 비교적 두꺼운 날개를 사용한 비행기가 천음속으로 비행할 때 발생한다.

14. ④

해설 항공기 형상이 비행 안정성에 미치는 영향은 다음과 같다.
① 후퇴각(sweepback)을 갖는 주 날개에서는 측풍이 날개 익형에서 상대적인 공기속도를 변화시켜 양력 차이에 의한 복원 모멘트로 횡안정성이 개선된다.
② 고익(high wing) 항공기에서는 횡안정성에 기여하는 방향으로 동체 주위의 유동이 날개의 받음각을 변화시킨다.
③ 일정한 면적의 꼬리날개는 장착위치가 무게중심에 멀수록 수직 및 수평안정판이 비행 안정성에 기여하는 영향이 크다.

15. ①

해설
- 정상선회는 수평면 내에서 원운동을 하는 비행을 말하며, 비행기의 무게(W)와 양력(L)이 같아야 한다. 따라서 양력계수를 C_L, 공기밀도를 ρ, 비행속도를 V, 그리고 날개면적을 S라고 하면, 정상선회 시 비행기의 무게(W)와 양력(L)의 관계식은 다음과 같다.

$$W = L = C_L \frac{1}{2} \rho V^2 S$$

여기에서

$$V = \sqrt{\frac{2W}{C_L \rho S}} = \sqrt{\frac{2 \times 2000}{0.45 \times \left(\frac{1.22}{9.8}\right) \times 80}}$$
$$= 94.5 \text{m/s}$$

- 수평비행 시의 실속 속도를 V_s, 경사각을 θ라고 하면, 선회비행 시의 실속 속도 V_{ts}는

$$V_{ts} = \frac{V_s}{\sqrt{\cos\theta}} = \frac{94.5}{\sqrt{\cos 30°}} = 101.5 \text{m/s}$$

- 선회 반지름 R은

$$\therefore R = \frac{V_{ts}^2}{g \tan\theta} = \frac{101.5^2}{9.8 \times \tan 30°} = 1820.8 \text{m}$$

16. ①

해설 4자리 숫자로 표시되는 NACA 4자 계열 날개골에서 첫 자리 숫자는 최대 캠버의 크기, 두 번째 숫자는 최대 캠버의 위치를 나타낸다. 따라서 첫 자리와 두 번째 자리의 숫자가 0인 NACA00XX 날개골은 캠버가 없는, 즉 아랫면과 윗면이 대칭인 대칭 단면의 날개골을 나타낸다.

17. ④

해설 헬리콥터의 경우는 회전날개를 포함한 기체가 필요로 하는 일을 필요마력이라 한다. 이 필요마력은 유도항력마력(Pi), 형상항력마력(Po), 유해항력마력(Pp), 상승마력(Pclimb) 및 간섭마력(Pi)으로 구성되어 있다.

① 유도항력마력(Pi : induced drag power) : 회전면에서 가속되는 공기 흐름으로 인해 발생하는 유도속도에 의한 유도항력을 이기기 위해 필요한 마력
② 형상항력마력(Po : profile drag power) : 회전날개 깃이 형상항력(공기의 점성에 의한 마찰력, 공기의 박리에 의한 압력항력)을 이겨서 회전하는 데 필요한 마력
③ 유해항력마력(Pp : parasite drag power) : 양력을 발생하는 주 회전날개 이외의 부분에 생기는 항력을 이겨서 기체를 비행시키는 데 필요한 마력
④ 상승마력(Pclimb : power for climbing) : 상승에 필요한 마력
⑤ 간섭마력(Pi : power of interference) : 2개 이상의 주 회전날개를 갖는 기체에는 서로 간섭 영향으로 항력이 증가한다. 이 간섭항력을 이기는 마력을 간섭마력이라 한다.

18. ③

해설 대기를 구성하는 공기에 대한 설명은 다음과 같다.
① 기본적으로 기체의 점성계수는 작고, 액체의 점성계수는 크다. 따라서 공기의 점성계수는 물보다 작다.
② 압력이나 흐름의 속도 변화에 대하여 유체의 밀도 변화를 고려해야 하는 유체를 압축성 유체라고 한다. 따라서 공기를 포함한 대부분의 기체는 압축성 유체로 볼 수 있다.
③ 성층권 아래층의 기온은 고도에 관계없이 대체로 일정하지만, 위층에서는 고도가 높아짐에 따라 기온이 높아진다.
④ 동일한 압력 조건에서 공기의 온도가 증가하면 밀도는 작아진다. 따라서 공기의 온도변화와 밀도변화는 반비례 관계에 있다.

19. ②

해설 항력발산 마하수를 높게 하기 위한 방법은 다음과 같다.
① 얇은 날개를 사용하여 날개 표면에서의 속도 증가를 줄인다.
② 날개에 뒤젖힘각을 준다.
③ 가로세로비가 작은 날개를 사용한다.
④ 경계층을 제어한다.

20. ③

해설 비행기에 작용하는 힘에 따른 비행상태는 다음과 같다.
- 상승비행 : 양력(L) > 중력(W),

하강비행 : 양력(L)<중력(W)
- 가속비행 : 추력(T)>항력(D),
  감속비행 : 추력(T)<항력(D)

따라서, 상승 가속도 비행을 하고 있는 항공기에 작용하는 힘의 관계식은 양력(L)>중력(W), 추력(T)>항력(D)이다.

제2과목 : 항공기관

21. ③

해설 압축기 입구의 공기 속도는 마하 0.5 전후가 압축효율이 가장 좋기 때문에 마하 0.85로 비행하는 항공기의 공기흡입구는 흡입속도를 줄이기 위하여 확산형 덕트(divergent inlet duct)를 사용하여야 한다. 확산형 덕트는 통로의 단면적을 앞에서 뒤로 갈수록 점점 확산시켜 흡입속도를 감소시킨다.

22. ①

해설 가스 터빈 기관의 방빙 장치는 압축기 뒷부분의 고온, 고압의 블리드 공기(bleed air)를 흡입 덕트 입구, 압축기 전방 부분이나 압축기의 입구 안내 깃(inlet guide vane)의 내부로 통과시켜 가열함으로써 얼음이 얼어붙는 것을 방지한다. 터빈 노즐은 고열을 받는 핫 섹션으로 냉각을 하여야 한다.

23. ②

해설 디토네이션이 발생하면 폭발적인 연소에 의해 생긴 충격파가 기관 진동을 일으키고, 실린더 내부의 온도가 급격히 상승하며 피스톤, 밸브, 커넥팅 로드 등이 손상을 받기도 한다. 이를 방지하기 위하여 물과 알코올에다 오일을 섞은 액체를 흡기관에 분사하여 혼합가스의 온도를 낮추어 디토네이션을 방지하고 출력을 증가시켜 주는 디토네이션 방지 물분사 장치를 사용한다. 이때 물과 소량의 알코올을 혼합시키는 이유는 빙점을 낮추어 물이 어는 것을 방지하기 위한 것이다.

24. ④

해설 가스 터빈 엔진의 성능 평가에 사용되는 추력은 다음과 같다.
① 진추력 : 기관이 비행 중 발생시키는 추력
② 총추력 : 공기 및 연료의 유입 운동량을 고려하지 않았을 때의 추력, 즉 항공기가 정지되어 있을 때의 추력
③ 비추력 : 기관으로 흡입되는 단위공기 유량에 대한 진추력

25. ②

해설 가스 터빈 엔진의 연료조정장치(FCU)는 기관의 회전수(rpm), 압축기 출구압력 또는 압축기 입구압력(연소실 압력), 압축기 입구온도 및 파워 레버의 위치를 수감하여 대기상태의 변화에 관계없이 자동으로 기관으로 공급되는 연료량을 적절하게 조절하는 장치이다.

26. ③

해설 열역학에서 주어진 시간에 계의 이전 상태와 관계없이 일정한 값을 가지며 정량화할 수 있는 계의 거시적인 특성을 나타내는 것을 상태량(property)이라고 한다. 상태량의 예로는 질량, 체적, 밀도, 압력, 온도 등을 들 수 있다.

27. ①

해설 로켓(rocket)은 연료와 산화제를 가지고 있으며, 고온 고압의 연소가스를 발생하고 이것을 분출시켜 그 반동력으로 전진하는 비행체를 말한다. 로켓과 제트기관의 차이점은 제트기관은 연료만 내장하고 연료를 연소시키는 데 필요한 산소는 공기 흡입기관으로 공급하는데, 로켓은 연료의 연소에 필요한 산화제를 내장하고 있어 다른 제트기관과는 다르게 흡입공기를 사용하지 않기 때문에 공기 흡입기관을 가지고 있지 않다.

28. ④

해설 가스 터빈 기관 연료의 종류는 다음과 같다.
① 민간용 연료 : Jet A, Jet A-1, Jet B
② 군용 연료 : JP-4, JP-5, JP-6, JP-7, JP-8

29. ③

해설 실린더 수를 N, 회전 영구자석의 극 수를 n이라고 하면, 마그네토 캠 축의 회전속도와 크랭크축의 회전속도비는 다음과 같다.

$$\frac{\text{마그네토의 회전속도}}{\text{크랭크축의 회전속도}} = \frac{N}{2n}$$

30. ②

해설 피스톤 오일 링(oil ring)은 링 자체에 오일 조절 구멍이 있다. 오일 링에 의하여 피스톤 안쪽에 모여진 여분의 오일을 피스톤의 오일 링이 장착되는 그루브(groove)에 위치한 드릴 구멍을 통하여 흘러 보내, 실린더 벽의 윤활유의 양을 조절해 준다.

31. ④

해설 마그네토 브레이커 포인트에 병렬로 연결되어 있는 콘덴서는 브레이커 포인트에 생기는 아크(arc)로 인한 소실을 방지하고, 1차 코일에 잔류되어 있는 전류를 신속히 흡수 제거하는 역할을 한다. 따라서 브레이커 포인트가 과도하게 소실되었다면 브레이커 포인트와 콘덴서를 교환해주어야 한다.

32. ③

해설 행정길이를 L, 실린더 단면적을 A, 실린더 수를 K라고 하면, 총 배기량을 구하는 관계식은 다음과 같다.

$$\text{총 배기량} = LAK = 6 \times \left(\frac{3.14 \times 5^2}{4}\right) \times 9$$
$$= 1059.7\,\text{in}^3$$

33. ④

해설 프로펠러 깃에 작용하는 힘과 응력은 다음과 같다.
① 추력으로 인한 굽힘응력
② 프로펠러 회전으로 인한 원심력과 인장응력
③ 프로펠러 회전으로 인한 비틀림력과 비틀림응력

34. ①

해설 대기 밀도가 증가하면 흡입공기의 질량이 증가하기 때문에 가스 터빈 엔진의 추력은 증가한다.

35. ①

해설 엔진압력비(EPR)란 터빈 출구 압력과 압축기 입구 압력의 비를 말하며, 엔진압력비는 보통 추력에 직접 비례한다.

$$\text{엔진압력비} = \frac{\text{터빈 출구 압력}}{\text{압축기 입구 압력}}$$

36. ②

해설 브레이턴 사이클(Brayton cycle)은 단열압축, 정압가열, 단열팽창 및 정압방열의 2개의 정압과정과 2개의 단열과정으로 이루어진다.

37. ③

해설 커넥팅 로드(Connecting rod)는 피스톤 핀과 크랭크축을 연결하며, 피스톤의 왕복운동을 크랭크축의 회전운동으로 바꾸어 주기 위하여 힘을 전달하는 부분이다.

38. ②

해설 조속기(governor)는 정속 프로펠러에서 프로펠러 블레이드의 피치를 자동으로 조정하여 비행상태에 따라 프로펠러 회전속도를 항상 일정하게 유지한다.

39. ①

해설 가스 터빈 엔진 시동기는 크게 전기식과 공압식 시동기로 구분할 수 있다. 전기식 시동기 중 시동-발전기식 시동기는 기관을 시동시킬 때에는 시동기 역할을 하고, 기관이 자립 회전속도에 이르면 발전기 역할을 한다. 공압 시동기는 기관을 시동할 때 시동기 역할만을 한다.

40. ①

해설 최대 정격 이륙 출력은 항공기가 이륙을 할 때 기관이 낼 수 있는 최대의 마력으로 안전 작동과 기관의 수명 연장을 위해 사용시간을 1~5분으로 제한한다. 사용시간을 초과하면 엔진이 과열되어 비행이 곤란해질 수 있다.

제3과목 : 항공기체

41. ④

해설 앞바퀴형(nose gear type) 착륙장치는 세발 자전거와 같은 형태로서, 주바퀴(main gear)의 앞에 항공기의 방향 조절 기능을 가진 앞바퀴(nose gear)가 설치된 것으로 다음과 같은 특징을 가지고 있다.
① 이·착륙 및 지상 활주 중에 조종사에게 좋은 시야를 제공한다.
② 이·착륙 시 저항이 작고, 착륙 성능이 양호하다.
③ 가스 터빈 기관에서 배기가스의 분출을 용이하게 한다.
④ 항공기 무게 중심이 주 바퀴의 앞쪽에 있으므로 뒷바퀴형에 비하여 지상전복(ground loop)의 위험이 적다.

42. ③

해설 아이스박스 리벳인 2024(DD) 리벳은 열처리 후 시효경화를 지연시켜 연화상태를 연장시키기 위하여 아이스박스에 저온 보관하여 사용하며, 상온에 노출 후 10분에서 20분 이내에 사용해야 한다.

43. ②

해설 외피가 항공기의 형태를 이루면서 항공기에 작용하는 하중의 일부분을 담당하는 구조를 응력 외피 구조라고 한다. 응력 외피 구조에는 모노코크(monocoque)형과 세미 모노코크(semi-monocoque)형이 있다.
이에 반해 트러스(truss) 구조에서는 항공기에 작용하는 모든 하중을 이 구조의 뼈대를 이루는 트러스(truss)가 담당한다. 외피에는 주 하중이 걸리지 않으며, 기하학적 형태만 유지하는 역할을 한다.

44. ②

해설 페일 세이프(fail safe) 구조 중 다경로 구조(redundant structure)는 여러 개의 부재로 되어 있고 각각의 부재는 하중을 고르게 분담하도록 하여, 일부 부재가 파괴될 경우 그 부재가 담당하던 하중을 분담할 수 있는 다른 부재가 있으므로 구조 전체로는 치명적인 결과를 가져오지 않는 구조이다.

45. ②

해설 알루미늄의 단점인 내식성 문제를 해결하기 위하여 알루미늄판의 양면에 내식성이 좋은 순수 알루미늄 또는 알루미늄 합금판을 입혀, 표면 부식을 방지하는 것을 알클래드(alclad)라고 한다.

46. ④

해설 그림과 같은 외팔보의 자유단에 집중하중이 작용할 때 최대 굽힘 모멘트는 고정단에서 발생하며, 최대 굽힘 모멘트(M_{max})의 크기는
$M_{max} = Pl = 250 \times 0.8 = 200 N \cdot m$이다.
집중하중이 작용하는 바깥쪽으로는 굽힘 모멘트가 작용하지 않는다.

47. ③

해설 양극처리(anodizing)는 크롬산이나 황산으로 알루미늄 합금의 표면에 내식성이 있는 산화피막을 형성시키는 부식방지법이다.

48. ①

해설 균일한 단면에 인장하중이 작용하면 그 단면에 발생하는 응력은 일정하다. 반면에 부재의 작은 구멍, 노치, 키 등으로 단면적의 급격한 변화가 있는 부분에 국부적으로 큰 응력이 발생하게 되는데 이런 현상을 응력집중이라고 한다. 문제의 보기 ①번 그림과 같이 중앙에 구멍이 있는 평판에 인장하중이 작용하면 구멍 주변에 응력집중이 생겨 구멍 주변에 최대응력이 발생하며, 구멍에서 멀어질수록 응력은 감소한다.

49. ③

해설 판재의 두께를 T, 판재의 길이(폭)를 L, 그리고 판재의 극한인장 응력을 σ_{max}, 리벳 1개당 전단강도를 τ_{max}라고 할 때, 리벳작업에 필요한 리벳의 수 N을 구하는 식은 다음과 같다. 여기서 1.15는 안전계수이다.
$$\therefore N = 1.15 \times \frac{TL\sigma_{max}}{\tau_{max}}$$

$$= 1.15 \times \frac{\frac{40}{1000} \times 2.75 \times 60000}{388} = 19.6$$

50. ①

해설 항공기 기체 제작과 정비에 사용되는 특수용접에는 다음과 같은 종류가 있다.
① 플라스마 용접
② 금속 불활성 가스 용접(MIG : metallic inert gas welding)
③ 텅스텐 불활성 가스 용접(TIG : tungsten inert gas welding)

51. ②

해설 시간 경과에 따라 변하는 재료의 변형률을 나타내는 그래프를 크리프(creep) 곡선이라고 한다. 크리프 곡선의 처음 부분을 크리프의 제1단계 또는 초기 단계라 하는데, 이것은 탄성 범위 내의 변형으로서 하중을 제거하면 원래의 상태로 돌아온다. 제2단계는 변형률이 일정하게 증가하고, 제3단계에서는 변형률이 급격히 증가하여 결국 파단이 생긴다. 전형적인 크리프(creep) 곡선은 아래 그림과 같다.

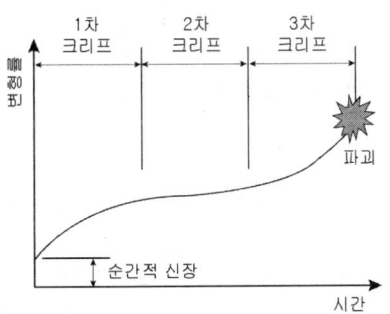

52. ④

해설 섬유강화플라스틱(FRP)은 내열성이 높지만, 충분한 강도를 가지지 못하고 취성이 강하기 때문에 엔진 마운트로 사용되지는 않는다. FRP는 유리섬유와 함께 주로 2차 구조재의 제작에 사용된다.

53. ③

해설 동체의 주요 구조재는 다음과 같다.

① 벌크헤드(bulkhead) : 동체가 비틀림 하중에 의해 변형되는 것을 막아 주며, 동체에 작용하는 집중 하중을 외피로 전달하여 분산시킨다.
② 스트링어(stringer, 세로지)와 세로대 : 동체의 세로 방향 모양을 형성하며, 길이 방향으로 작용하는 휨 모멘트와 동체 축방향의 인장력과 압축력을 담당한다.
③ 프레임(frame) : 축 하중과 휨 하중에 견디도록 설계 제작된다.
④ 외피(skin) : 거의 알루미늄 합금판으로 구성되며, 동체에 작용하는 전단력과 비틀림 하중을 담당한다.

54. ①

해설 문제의 $V-n$ 선도에서 하중배수(n_s)의 값은 실속 속도(V_S)에 해당하는 하중배수를 나타낸다. 실속 속도에서 $L=W$이므로 항공기의 하중배수(n_s)는 1이 된다.

55. ④

해설 연료 탱크 내부의 밑면에는 침전된 오염물질과 수분을 배출하는 배수조(sump)가 있다. 비행 전 점검 시 배수조에 설치된 배출 밸브(drain valve)를 열어 오염물질과 수분을 제거할 수 있다.

56. ①

해설 푸시풀 로드(push-pull rod) 조종계통의 장점과 단점은 다음과 같다.
① 푸시풀 로드(push-pull rod) 조종계통의 장점
  ㉮ 마찰이 작다.
  ㉯ 늘어나지 않는다.(강성이 높다)
② 푸시풀 로드(push-pull rod) 조종계통의 단점
  ㉮ 계통의 무게가 무겁다.
  ㉯ 관성력이 크다.
  ㉰ 유격(느슨함)이 있다.
  ㉱ 가격이 비싸다.

57. ③

해설 문제에 제시된 그림은 클레비스 볼트(clevis bolt)이다. 클레비스 볼트는 머리 형태가 둥글고, 머리에 스크류 드라이버를 사용하도록 홈이 파여 있다. 이 볼트는 전단 하중만 걸리고 인장 하중이 작용하지 않는 부분에 사용되며, 조종계통의 장착용 핀 등으로 자주 사용된다.

58. ④

해설 판재의 가공 시 2개 이상의 굽힘이 교차하는 장소는 안쪽 굴곡 접선(굽힘 접선)의 교점에 응력이 집중하여 교점에 균열이 일어난다. 따라서, 굽힘가공에 앞서서 응력 집중이 일어나는 굴곡 접선의 교차부분에 균열을 방지하기 위한 응력 제거 구멍을 뚫는다. 이것을 일반적으로 릴리프 홀(relief hole)이라고 한다.

59. ②

해설 리머 작업(reaming)은 리머(reamer)를 사용하여 드릴로 뚫은 작은 구멍을 정확한 크기로 확장시키고, 구멍의 안쪽을 매끈하게 가공하는 작업이다.
① 강을 리밍할 때는 적절한 윤활제나 냉각제를 사용한다.
② 홀 가공 시 절삭속도는 드릴의 1/3 정도로 드릴 작업보다 느린 회전속도로 작업한다.

60. ①

해설 응력을 σ, 탄성계수를 E라고 하면, 탄성한도에서 하중을 작용 시 단위 체적에 축적되는 탄성 변형에너지(u)를 나타내는 식은 다음과 같다.
$$u = \frac{\sigma^2}{2E}[\text{kg} \cdot \text{cm}/\text{cm}^3]$$

제4과목 : 항공장비

61. ④

해설 유압계통의 구성품인 어큐뮬레이터(accumulator, 축압기)는 가압된 작동유를 저장하는 저장통으로서 다음과 같은 역할을 한다.
① 계통의 작동과 펌프의 가압에서 오는 유압계통의 압력 서지(pressure surge)를 완화시킨다.
② 여러 개의 유압기기가 동시에 사용될 때 동력펌프를 돕고, 동력펌프가 고장이 났을 때 저장된 작동유를 공급하여 제한된 유압기기를 작동시키는 비상용 압력원으로 사용한다.
③ 동력펌프가 고장이 났을 때 저장된 작동유를 공급하여 제한된 유압기기를 작동시키는 비상용 압력원으로 사용한다.

62. ①

해설 유압 퓨즈(hydraulic fuse)는 유압계통의 유압관이나 호스가 파손되거나, 기기 내의 실(seal)에 손상이 생겼을 때 작동유가 과도하게 흘러서 누설되는 것을 방지하기 위한 장치이다.

63. ①

해설 방빙(anti-icing) 계통은 방빙 방법에 따라 다음과 같이 구분할 수 있다.
① 화학적 방빙 방법 : 결빙의 우려가 있는 부분에 이소프로필알코올을 분사, 어는점을 낮게 하여 결빙을 방지하는 방법이다. 주로 프로펠러 깃이나 윈드실드 또는 기화기의 방빙에 사용하는데, 때로는 주날개와 꼬리날개의 방빙에 사용할 때도 있다.
② 열적 방빙 방법 : 일반적으로 날개 앞전의 방빙을 위하여 날개 앞쪽 내부에 가열공기의 덕트를 설치하여 날개 내부로 가열공기를 통과시키거나, 전열선을 날개 앞전 내부에 설치하여 결빙을 방지하는 방법이다.

64. ③

해설 작동유는 각각의 구성 성분이 다르기 때문에 서로 섞어 사용할 수 없으며, 실(seal)도 다른 종류의 작동유에 사용해서는 안 된다. 작동유의 종류에 따라 사용되는 실(seal)은 다음과 같다.
① 식물성 작동유 : 천연 고무 실
② 광물성 작동유 : 네오프렌 합성 고무 실
③ 합성 작동유 : 부틸 합성 고무 실

65. ④

해설 윈드실드에 부착된 물방울이나 눈을 제거하여 시계를 확보하기 위한 물방울 제거제인 레인 리펠런트(rain repellent)의 특징은 다음과 같다.
① 윈드실드에 표면 장력이 작은 특수 용액인 화학 액체를 분사한다. 이 액체는 윈드실드에 피막을 만들어 물방울이 퍼지는 것을 방지하고, 구형 형상인 채로 공기 흐름 속으로 날아가 버리게 한다.
② 시야가 전혀 보이지 않는 심한 비가 내릴 때, 이·착륙에 와이퍼(wiper)와 함께 사용하면 효과가 더욱 좋다.
③ 강우량이 적거나 건조한 유리 표면에 레인 리펠런트를 분사하면 오히려 시야를 방해하거나, 유리에 달라붙게 되므로 사용이 금지되어 있다.

66. ③

해설 액량계기와 유량계기에 대한 설명은 다음과 같다.
① 액량계기는 항공기에 사용되는 연료, 윤활유, 작동유 및 방빙액 등의 양을 부피나 무게로 측정하여 지시하는 계기로서 액량을 부피로 나타낼 때에는 갤런(gallon)으로 표시하고, 무게로 나타낼 때는 파운드(pound)로 표시한다.
② 액량계기는 소형기에 사용되는 직독식과, 수감부와 지시부 간의 거리가 먼 대형 항공기에 사용하는 원격 지시방식이 있다.
③ 유량계기는 기관이 1시간 동안 소모하는 연료의 양, 즉 연료탱크에서 기관으로 흐르는 연료의 유량(rate of flow)을 시간당 부피 단위, 즉 GPH(gallon per hour), 또는 무게 단위 PPH(pound per hour)로 지시한다.
④ 유량계기에는 차압식(differential pressure type), 베인식(vane type)과 동기 전동기식(synchronous motor type) 등이 있다.

67. ②

해설 발전기의 무부하(no-load) 상태에서 전압을 결정하는 3가지 주요한 요소는 다음과 같다.
① 자장의 세기
② 단위 시간당 자장을 끊는 회전자의 수
③ 회전자가 자장을 끊는 속도, 즉, 회전자의 회전 속도

68. ④

해설
- 전동기의 입력에 대한 출력의 비를 전동기의 효율이라고 한다.

  전동기의 효율 = $\dfrac{출력}{입력}$

- 따라서 전동기의 입력은,

  $\therefore$ 입력 = $\dfrac{전동기의\ 출력}{전동기의\ 효율}$ = $\dfrac{20 \times 0.746}{0.8}$
  = 18.65 kW ($\because$ 1 HP = 0.746 kW)

69. ①

해설 루프 안테나(loop antenna)는 절연된 구리선을 사각형 또는 원형으로 감은 지향성 안테나이며, 소형 라디오의 수신 안테나 또는 방향 탐지용 안테나로 많이 사용된다. 루프 안테나의 지향성은 루프면에 평행인 방향으로 최대이고, 직각 방향으로는 최소의 지향성을 가지기 때문에 이 안테나를 수신기에 접속하여 회전시킴으로써 방향 탐지를 할 수 있다.

70. ②

해설
- 교류회로에서 저항을 R, 유도 리액턴스를 X_L, 그리고 용량 리액턴스를 X_C라고 하면, 임피던스 Z를 구하는 식은 아래와 같다. 공진이 일어났을 때 유도 리액턴스(X_L)와 용량 리액턴스(X_C)는 동일하며, 따라서 임피던스(Z)와 저항(R)은 동일하게 된다.

  $Z = \sqrt{R^2 + (X_L - X_C)^2} = R$
  ($\because$ 공진 상태일 때, $X_L = X_C$)

- 전압을 E, 임피던스를 Z라고 하면, 전류 I는

  $\therefore I = \dfrac{E}{Z} = \dfrac{30}{10} = 3\text{A}$ ($\because Z = R$)

71. ①

해설 편차(variation)는 자기 자오선과 지구 자오선(진자오선) 사이에 생기는 오차를 말하며, 편차의 크기는 진북(TH)과 자북(MH)이 이루는 각도이다. 문제의 그림에서 편차는 ∠N-O-H 이며, ∠N-O-HO는 지자기 자력선의 방향과 수평선 간의 각을 나타내는 복각(dip)이다.

72. ③

해설 객실 고도(cabin altitude)는 승객들이 탑승하고 있는 항공기 내부, 즉 객실의 압력을 표준대기 상태의 압력에 해당되는 고도로 나타내는 기압고도이다.

73. ③

해설 화재 진압 시 사용되는 소화제의 종류는 다음과 같다.
① 물 : A급 화재에만 사용되고, B급과 C급 화재에서의 사용은 금지되어 있다.
② 이산화탄소 : 일반적으로 B급과 C급 화재에 유효하며, 화학적인 화재로서 산소를 발생하는 화재나 D급 화재에는 효과가 없다.
③ 프레온가스 : 할로겐계(halogen type) 소화제의 일종으로, 소화 능력이 뛰어나 B급과 C급 화재에 유효하다. 이 소화제를 이용한 소화기가 하론 1211, 하론 1301 소화기이며, 인체에 거의 무해하다.
④ 분말 소화제(dry chemical) : 이산화탄소나 트륨이고, 상온에서는 안정되어 있지만, 가열되면 분해하여 이산화탄소를 발생한다. 휴대용 분말 소화기로 사용되며, 일반적으로 B급과 C급, D급 화재에 유효하다.
⑤ 질소 : 질소는 소화 능력면에서 특히 뛰어나며, 이산화탄소와 비슷하고 독성이 작다. 질소를 액체 상태로 저장하는 데에는 −160℃로 유지해야 하므로, 일부 군용기에서만 사용한다.

74. ④

해설 백색 호선(white arc) 색 표식은 대기 속도계에만 표시된다. 이 색 표식은 플랩 조작에 따른 항공기의 속도 범위를 나타내는 것으로서, 최대 착륙하중 시의 실속 속도에서 플랩(flap)을 내릴 수 있는 최대 속도까지의 범위를 표시한다.

75. ②

해설 자이로가 회전하고 있을 때 회전자의 앞면에 힘을 가하면 힘을 가한 점에서 회전자의 회전방향으로 90° 진행된 점에 힘이 작용된 것과 같이 회전축은 움직인다. 이러한 운동을 자이로의 섭동성(precession)이라고 한다.

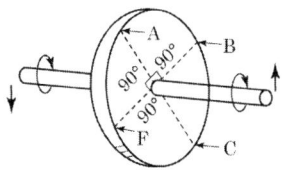

문제의 그림에서 좌측 부분에 힘(F)을 가하면 자이로의 섭동성에 의하여 실제로는 회전자의 회전방향으로 90° 진행된 점인 (A)가 힘을 받는다.

76. ②

해설 계기착륙장치(ILS : Instrument Landing System)를 구성하는 장치는 다음과 같다.
① 로컬라이저(localizer) : 활주로에 접근하는 항공기에 수평 방향의 접근 유도신호, 즉 활주로 중심을 알려준다.
② 마커 비컨(marker beacon) : 활주로 진입로 상공 통과를 조종사에게 알리기 위한 지상장치로, 진입로 상공 통과는 활주로 끝으로부터의 일정 거리를 표시하기 위한 것이다.
③ 글라이드 슬로프(glide slope) : 활주로에 대하여 적정한 강하각을 유지하기 위해 수직 방향의 유도(up-down)를 제공한다.

77. ①

해설 납산 축전지(lead acid battery)의 전해액은 산성 용액인 황산(H_2SO_4)이며, 알칼리 축전지(alkaline storage battery)의 전해액은 알칼리 용액인 수산화칼륨이다.

78. ③

해설 전 방향 표지시설(VOR)은 유효거리 내에 있는 모든 항공기에 VOR 지상국에 대한 자기 방위를 연속적으로 지시해 주기 때문에 항공로의 주요 지점에 VOR 지상국을 설치하여 정확한 항로를 구할 수 있게 한다. 사용 주파수 범위는 108∼118MHz이다.

79. ④

해설 발전기와 함께 장착되는 역전류 차단기(reverse current cut-out relay)는 발전기의 출력 쪽과 축전지 사이에 장착하여, 발전기의 출력 전압이 낮을 때에 축전지로부터 발전기로 전류가 역류하는 것을 방지하는 장치이다. 또, 발전기의 출력전압이 축전지의 전압보다 높은 정상적인 상태에서는 회로를 형성시켜 버스(bus)를 통하여 부하에 전류를 공급하는 동시에, 축전지의 충전을 진행시킨다.

80. ①

해설 SELCAL(선택호출장치, selective calling system)은 지상에서 특정한 항공기를 호출하기 위한 장치로 각 항공기마다 고유의 code를 가지고 있다. 이 code를 SELCAL Code라고 하며 일반적으로 4개의 문자로 만들어져 있다. 이 code는 어느 항공기를 호출할 때 사용이 되며 HF, VHF 시스템으로 송·수신된다.

2017년 1회 (3월 5일)

제1과목 : 항공역학

1. ③

해설 회전하는 프로펠러 깃에는 공기력 비틀림 모멘트와 원심력 비틀림 모멘트가 발생한다. 공기력에 의한 비틀림 모멘트는 깃이 회전할 때 공기흐름에 대한 반작용으로 깃의 피치를 크게 하려는 방향, 즉 깃각을 증가시키려는 방향으로 작용한다. 원심력에 의한 비틀림 모멘트는 원심력이 작용하여 깃의 피치를 작게 하려는 방향, 즉 깃각을 감소시키려는 방향으로 작용한다.

2. ②

해설
- 타원 모양 날개의 스팬효율계수(e)는 1이다.
- 양력계수를 C_L, 스팬효율계수를 e, 그리고 가로세로비를 AR이라고 하면, 유도항력계수 C_{Di}는

$$C_{Di} = \frac{C_L^2}{\pi e AR} = \frac{1.2^2}{3.14 \times 1 \times 6} = 0.076$$

(∵ 타원날개 $e = 1$)

3. ①

해설 조종면의 힌지 모멘트 계수를 C_h, 동압을 q, 조종면의 폭을 b, 그리고 조종면의 평균시위를 $\overline{C}$라고 하면, 조종면의 힌지 모멘트 H를 구하는 관계식은 다음과 같다.

$H = C_h \cdot q \cdot b \cdot \overline{C^2}$

따라서 조종면의 폭, 조종면의 평균시위를 크게 하면 조종면의 힌지 모멘트는 증가한다. 또 비행기의 속도가 증가하면 동압이 증가하고 힌지 모멘트는 증가한다.

4. ②

해설 항공기의 조종성과 안정성에 대한 설명은 다음과 같다.

① 전투기의 경우 기동성을 좋게 하기 위해 조종성이 커야 한다.
② 안정과 조종은 서로 상반되는 성질을 나타내기 때문에 안정성이 증가하면 조종성은 감소

한다.
③ 안정성이란 평형상태로 되돌아오는 정도를 의미한다.
④ 여객기의 경우 비행 성능을 좋게 하기 위해 안정성에 중점을 두어 설계해야 한다.

5. ③

[해설] 비행기의 수직꼬리날개 앞 동체에 도살 핀(dorsal fin)을 장착하여 수직꼬리날개가 실속하는 큰 옆미끄럼각에서도 방향 안정을 유지하는 효과를 얻기도 한다. 따라서 도살 핀이 손상되면 방향 안정이 가장 큰 영향을 받는다.

6. ④

[해설] 비행기 날개에 작용하는 양력(L)을 구하는 관계식은 $L = C_L \frac{1}{2} \rho V^2 S$이다. 따라서 양력은 양력계수 C_L, 공기밀도 ρ와 날개면적 S에 비례하고, 항공기 속도 V의 제곱에 비례한다.

7. ④

[해설] 정지비행 시 회전날개 깃에서 균일한 유도속도의 분포를 얻음으로써 일정한 양력을 발생시키기 위해 깃 끝부분은 비틀림각을 작게 하고, 깃 뿌리부분은 비틀림각을 크게 해 준다.

8. ①

[해설] 흐름의 속도가 음속보다 빠르면 공기 입자들은 물체 가까운 곳까지 도달한 후에 흐름 방향을 급격히 변화하게 되며, 이 흐름의 급격한 변화로 인하여 충격파가 발생한다. 충격파는 실제적으로 압력의 불연속면이라 볼 수 있으며, 충격파가 표면에 수직으로 생기면 수직 충격파가 된다. 초음속 흐름이 수직 충격파를 통과하게 되면 속도는 급격히 감소하여 항상 아음속 흐름이 되고, 압력, 온도와 밀도는 급격히 상승한다. 또한 충격파를 통과한 흐름은 엔트로피가 증가하므로 등엔트로피 과정(가역이면서 단열인 과정)으로 가정할 수 없다.

9. ①

[해설] 프로펠러 항공기가 최대 항속거리를 비행하기 위해서는 양항비($\frac{C_L}{C_D}$)가 최대인 받음각으로 비행해야 한다. 유해항력계수(C_{D_p})와 유도항력계수(C_{D_i})가 같을 때 항력이 최소가 되고, 양항비가 최대가 되어 최대항속거리를 얻을 수 있다.

10. ③

[해설]
- 비행기의 양력을 L, 비행기의 무게를 W라고 하면 하중배수(n)를 구하는 관계식은 다음과 같다.
$$n = \frac{L}{W}$$
- 따라서 $\therefore$
$L = nW = 1.5 \times 4{,}000 = 6{,}000 \text{kgf}$

11. ②

[해설] 대기권 중 열권의 특징은 다음과 같다.
① 고도가 높아짐에 따라 온도가 계속 높아지며 공기는 매우 희박하다.
② 전리층이 있어서 전파를 흡수, 반사하는 작용을 하여 통신에 영향을 끼친다.

12. ④

[해설] 주기 피치 조종장치는 주회전날개의 회전면을 원하는 방향으로 경사지게 하여, 전진비행 중인 헬리콥터의 진행방향을 변경할 수 있도록 한다.

13. ②

[해설] 항공기 무게를 W, 밀도를 ρ, 날개하중을 $\frac{W}{S}$, 항력계수를 C_D라고 하면, 종극 속도(V_D)는
$$V_D = \sqrt{\frac{2}{\rho} \frac{W}{S} \frac{1}{C_D}} = \sqrt{\frac{2}{0.075} \times 300 \times \frac{1}{0.03}}$$
$= 516.39 \text{m/s}$

14. ②

[해설] 비행속도를 V_1, 프로펠러를 통과하는 공기속도를 V_2라고 하면, 프로펠러 효율은
프로펠러 효율 $= \frac{출력}{입력} = \frac{V_1}{V_2} = \frac{100}{120} = 0.83$

15. ④

해설 항공기 무게를 W, 공기밀도를 ρ, 그리고 최대 양력계수를 $C_{L\max}$이라고 하면 실속 속도 V_s를 구하는 관계식은 다음과 같다.

$$V_s = \sqrt{\frac{2W}{\rho S C_{L\max}}}$$

식과 같이 실속 속도는 최대 양력계수($C_{L\max}$)에 반비례하므로 최대 양력계수가 커지면 실속 속도는 작아지고, 따라서 착륙속도도 작아진다.

16. ②

해설 스핀(spin)이란 자동회전과 수직강하가 조합된 비행이다. 이 현상은 비행기의 받음각이 실속각을 넘는 상태에서만 발생하며, 비행기는 자전현상을 일으키고 동시에 기수를 내려 자전을 하면서 강하하게 된다.

17. ①

해설 착륙거리를 짧게 하기 위한 조건은 다음과 같다. 기관의 추력이 크면 이륙거리가 짧아진다.
① 비행기의 착륙무게가 가벼워야 지상 활주거리가 짧게 된다. 따라서 익면하중(S/W)을 작게 하여야 한다.
② 접지속도가 작을수록 착륙거리가 짧게 된다.
③ 착륙 활주 중에 항력을 크게 해야 한다.
④ 역추력장치를 사용하여 추력을 감소시키고, 지면마찰계수를 크게 한다.

18. ①

해설 비행기의 세로안정을 좋게 하기 위한 방법은 다음과 같다.
① 무게중심을 날개의 공기역학적 중심보다 앞에 위치시킨다.
② 날개를 무게중심보다 높은 위치에 둔다.
③ 수평꼬리날개 부피(tail volume) 계수를 증가시킨다. 즉, 수평꼬리날개 면적을 크게 하든지 무게중심에서 수평꼬리날개의 압력중심까지의 거리를 길게 한다.
④ 꼬리날개의 효율을 크게 한다.
⑤ 받음각이 증가함에 따라 항공기 기수를 내리려는 피칭 모멘트(- 모멘트)의 값을 갖도록 한다.

19. ④

해설 날개 길이를 b, 시위 길이를 c, 그리고 날개 면적을 S라고 하면, 가로세로비 AR은

$$AR = \frac{b}{c} = \frac{b \times b}{c \times b} = \frac{b^2}{S}$$

$$= \frac{b}{c} = \frac{b \times c}{c \times c} = \frac{S}{c^2}$$

20. ①

해설 국제표준대기에서 해면상 표준대기의 정압(압력)은 다음과 같이 정한다.
P_0 = 29.92inHg = 760mmHg = 10222.3kg/m^2
= 1013.25mbar = 2116.21695lb/ft^2

제2과목 : 항공기관

21. ②

해설 엔진의 오일탱크가 별도로 장치되어 있지 않고, 엔진 내부의 크랭크 케이스가 오일 저장소 역할을 하는 오일계통을 습식 섬프 계통(wet sump system)이라고 한다. 이런 계통은 주로 스플래시 방식과 가압 방식의 복합 방식에 의하여 윤활이 이루어진다.
이와는 반대로 별도의 오일을 저장하는 외부 오일 탱크를 설치하여 오일이 엔진을 순환한 뒤 오일 탱크로 되돌아오는 오일계통을 건식 섬프 계통(dry sump system)이라고 한다.

22. ①

해설 기화기의 혼합기 조절장치(mixture control unit)는 해당 출력에 적합한 혼합비가 되도록 연료량을 조절하거나, 고도 증가에 따른 공기밀도의 감소로 인하여 혼합비가 너무 농후해지는 것을 방지한다.

23. ①

해설 피스톤 링(piston ring)의 역할은 다음과 같다.
① 압축링 : 실린더 벽에 밀착되어 연소실 내의 압력을 유지하기 위한 밀폐 기능과 피스톤의 열을 실린더 벽에 전도하는 기능을 한다.

465

② 오일 링 : 실린더 벽에 윤활유를 공급하거나 제거하여 윤활유가 연소실로 유입되는 것을 방지하는 기능을 한다.

24. ④

해설 터보 프롭 엔진과 터보 샤프트 엔진은 회전동력을 이용하여 프로펠러를 움직여 추진력을 얻는 엔진이라는 점에서 공통점을 가지고 있다.
터보 프롭 엔진은 터빈에서 팽창된 가스의 회전동력으로 프로펠러를 구동하여 추력을 얻는다. 터보 샤프트 엔진은 터보 프롭 엔진과 같으나 별도의 자유터빈을 장착한 것이 다른 점이다. 별도로 설치한 축(shaft)의 기계적인 회전동력으로 프로펠러(로터)를 구동하여 전체 추력을 얻으며, 배기가스에 의하여 배기 노즐에서 얻어지는 추력은 없다.

25. ②

해설 저압 점화계통의 마그네토는 낮은 전압의 전기를 일으키며, 배전기 회전자를 통해 각 실린더 근처에 설치된 변압기에 보내진다. 변압기에 전달된 낮은 전압의 전기는 변압 코일(transformer coil)에서 높은 전압으로 승압되어 스파크 플러그에 전달된다. 따라서 코일의 수가 증가하여 무게가 증대하고 가격이 비싸다는 단점은 있지만, 플래시 오버나 고전압 코로나와 같은 전기 누전이나 방전의 위험성은 적다.

26. ④

해설 압축비를 ε, 비열비를 k 라고 하면, 오토 사이클의 열효율(η_{th})을 구하는 공식은 다음과 같다.

$$\eta_{th} = 1 - \left(\frac{1}{\varepsilon}\right)^{k-1} = 1 - \left(\frac{1}{8}\right)^{1.5-1} = 0.646$$

27. ④

해설 터빈은 연소실에서 연소된 고온, 고압의 연소가스를 팽창시켜 회전동력을 얻는다. 터빈을 지나면서 팽창되는 공기의 압력은 감소하고 속도는 증가한다.

28. ④

해설 왕복기관을 분류하는 방법에는 여러 가지가 있으나, 실린더 배열 형태 및 냉각 방식에 의한 분류 방법이 가장 널리 이용되고 있다. 실린더 배열 형태에 따른 왕복기관의 종류에는 V형, X형, 대향형, 성형 및 열형 등이 있다.

29. ③

해설 프로펠러 비행기가 비행 중 기관에 고장이 발생되었을 때 정지된 프로펠러에 의한 공기 저항을 감소시키고, 프로펠러 회전에 따른 기관의 고장 확대를 방지하기 위해서 프로펠러 깃을 비행방향과 평행이 되도록 깃 각을 바꾸어 프로펠러의 회전을 멈추게 하는 조작을 페더링(feathering)이라고 한다.

30. ①

해설 가스 터빈 엔진은 압축기(compressor), 연소실(combustion chamber) 및 터빈(turbine)의 3가지 주요 구성품으로 구성되어 있으며, 이들을 가스 터빈 기관의 가스 발생기(gas generator)라고 한다.

31. ③

해설 가스 터빈 기관의 연료계통에서 여압 및 드레인 밸브(pressure and drain valve : P&D valve)의 기능은 다음과 같다.
① 연료의 압력이 일정 압력 이상이 될 때까지 연료의 흐름을 차단한다.
② 연료 매니폴드로 가는 연료의 흐름을 1차연료와 2차연료로 분리한다.
③ 엔진이 정지되었을 때 매니폴드나 연료 노즐에 남아 있는 연료를 외부로 방출한다.

32. ②

해설 터보팬엔진에서 1차 공기유량(W_P)과 2차 공기유량(W_S)의 비를 바이패스비(by-pass ratio)라 하고, BPR로 표시한다.

$$BPR = \frac{W_S}{W_P} = \frac{16500}{3000} = 5.5\,(5.5 : 1)$$

33. ③

해설 배기밸브 제작 시 축에 중공을 만들고 중공의 내부에 금속 나트륨을 삽입한 밸브도 있다. 금속 나트륨은 비교적 낮은 온도에서 액체 상태로 녹아 밸브 스템의 공간을 왕복하면서 밸브 헤드의 열을 신속히 밸브 축에 전달하여 냉각효과를 증대시키는 역할을 한다.

34. ③

해설 열역학 제2법칙은 에너지 전달의 방향성과 비가역성을 나타낸다. 간단히 표현하면 열은 높은 온도의 물체에서 낮은 온도의 물체로 저절로 이동할 수 있지만, 그 반대로는 저절로 이동할 수 없다. 즉, 열과 일의 변환에는 변환될 수 있는 어떠한 방향이 있다는 것을 나타낸다.

35. ③

해설 프로펠러에 작용하는 힘과 응력은 다음과 같다.
① 추력으로 인한 굽힘력
② 프로펠러 회전으로 인한 원심력과 인장 응력
③ 프로펠러 회전으로 인한 비틀림 힘과 비틀림 응력

36. ①

해설 엔탈피(enthalpy)는 온도변화에만 관계되는 함수이다. 따라서 등온상태로 팽창하였다면 온도의 변화는 없으므로 엔탈피의 변화도 없다.

37. ②

해설 가스 터빈 엔진 시동 시 정상 작동 여부를 판단하기 위하여 엔진 rpm(N1, N2)계기, 오일압력계기, 그리고 배기가스온도(EGT) 계기를 우선적으로 관찰하여야 한다. 특히 배기가스온도의 증가를 주의 깊게 살펴보아야 하며, 과열시동(hot start)의 징후가 나타나거나 과열시동이 발생하면 시동을 중지하여야 한다.

38. ④

해설 초음속 전투기의 배기 노즐은 배기가스의 속도를 초음속으로 해야 하기 때문에 수축-확산형 배기 노즐이 사용된다. 기관의 출력이 높을수록 배기 노즐 안으로 흐르는 배기가스의 양이 증가함에 따라 배기 노즐의 출구 면적을 증가시켜야 한다. 후기 연소기를 작동할 때의 기관 출력이 가장 높으며, 따라서 후기 연소 추력에서 가변배기 노즐(VEN)의 출구 면적이 가장 커진다.

39. ②

해설 왕복기관의 점화스위치는 마그네토의 1차 회로에 연결되어 있다. 따라서 점화 스위치를 "off" 위치에 두면 1차 회로의 자장이 소멸되어 1차 코일에는 고압이 유기되지 않으며 마그네토의 작동은 정지된다. 엔진 장착 도중에 프로펠러를 돌리면 엔진이 시동될 가능성이 있기 때문에 엔진을 장착하는 동안 마그네토 점화 스위치를 "off" 위치에 두어야 한다.

40. ①

해설 터빈 엔진에 사용되는 윤활유의 구비 조건은 다음과 같다.
① 인화점이 높아야 한다.
② 부식성이 없어야 한다.
③ 유동점과 점성이 어느 정도 낮아야 한다.
④ 산화 안정성과 열적 안정성이 커야 한다.
⑤ 기화성이 낮아야 한다.

제3과목 : 항공기체

41. ①

해설 아이스박스 리벳인 2024(DD) 리벳은 열처리 후 시효경화를 지연시켜 연화상태를 연장시키기 위하여 냉장고에 저온 보관하여 사용한다. 리벳이 상온에 노출되면 시효경화가 되기 때문에 냉장고에서 꺼내면 10분에서 20분 이내에 리베팅을 해야 한다.

42. ②

해설 굴곡반경을 R, 판재의 두께를 T라고 하면, 세트 백(set back)은
$SB = K(R+T) = 1 \times (8+2) = 10\,\mathrm{mm}$
(∵ 굽힘 각도 90°인 경우 K=1)

43. ①

해설 반복하중에 의하여 재료의 저항력이 감소하는

현상을 피로(fatigue)라 한다.

44. ④

해설 셀프 로킹 너트(self locking nut, 자동 고정 너트)는 과도한 진동에도 쉽게 풀리지 않는 강도를 요하는 연결부에 사용하며, 회전하는 부분에는 사용할 수 없다.

45. ②

해설 항공기의 자세 조종에 사용되는 조종면을 구분하면 다음과 같다.
① 1차 조종면(주조종면) : 도움날개(aileron), 승강타(elevator), 방향타(rudder)
② 2차 조종면(부조종면) : 고양력 장치, 스포일러, 탭(tab) 등

46. ①

해설 ① 리벳 피치(pitch)는 같은 열(column)에 있는 리벳 중심 간의 거리를 말한다.
② 리벳의 지름은 접합할 판재 중 제일 두꺼운 판재 두께의 3배 정도가 적당하다.
③ 리벳의 열(row)은 판재의 인장력을 받는 방향에 대하여 직각방향으로 배열된 리벳의 집합이다.

47. ③

해설 2차원의 구조물이 평형상태에 있다면 구조물에 작용하는 힘과 모멘트는 0이다. 이때 구조물에 미치는 힘을 해석할 때 정역학 평형조건은 다음과 같은 3개의 평형방정식으로 나타낼 수 있다.
∴ $\Sigma F_x = 0$, $\Sigma F_y = 0$, $\Sigma M_z = 0$

48. ②

해설 18-8 스테인리스강(stainless steel)은 철에 크롬이 18%, 니켈이 8% 함유된 크롬-니켈강이다. 내식성이 좋은 내식강으로 경항공기의 방화벽(fire wall) 등의 재료로 사용된다.

49. ④

해설 세미모노코크 구조에서 벌크헤드(bulkhead)는 동체가 비틀림 하중에 의해 변형되는 것을 막아 주며, 동체에 작용하는 집중 하중을 외피로 전달하여 분산시킨다. 또 동체 중간에 벌크헤드의 변화형인 링 모양의 정형재(former)를 배치하여 날개나 착륙장치 등의 장착 부위로 사용하기도 한다.

50. ②

해설 ① 피로(fatigue) : 반복하중에 의하여 재료의 저항력이 감소하는 현상
② 공진(resonance) : 기체 구조의 고유진동수와 일치하는 진동수를 가지는 외부하중이 부가되면 하중의 크기가 아주 크지 않더라도 파괴가 일어날 수 있는 현상
③ 크리프(creep) : 재료를 일정한 온도와 하중을 가한 상태에서 시간이 경과함에 따라 하중이 일정하더라도 변형률이 변화하는 현상

51. ④

해설 토크 링크(torque link)는 두 개의 A자 모양의 구조로서, 이를 토션 링크(torsion link)라고도 한다. 토크 링크의 윗부분은 완충 스트럿에 연결되고, 아랫부분은 올레오 피스톤과 축으로 연결된다. 토크 링크의 역할은 다음과 같다.
① 휠 얼라인먼트(wheel alignment)를 바르게 한다. 즉, 바퀴가 정확하게 정렬해 있도록 한다.
② 피스톤의 과도한 신장을 제어한다.
③ 스트럿(strut)의 축을 중심으로 안쪽 피스톤과 실린더가 회전하는 것을 방지한다.
④ 올레오 스트럿(oleo strut)의 상하 행정을 제한한다.

52. ③

해설 단면적을 A, 길이를 L, 탄성계수를 E, 그리고 인장하중을 P라고 할 때 부재에 저장되는 탄성 에너지(U)를 구하는 공식은 다음과 같다.
$$U = \frac{P^2 L}{2AE}$$

53. ③

해설 부식의 종류는 다음과 같다.
① 점(pitting) 부식 : 금속 표면 일부분의 부식

속도가 빨라져 국부적으로 깊은 홈을 발생시키는 부식

② 피로(fatigue) 부식 : 지속적으로 작용하는 응력으로 인한 부식

③ 찰과(fretting) 부식 : 서로 밀착된 구성품 사이에 작은 진폭의 상대운동이 일어날 때 접촉 표면에 발생하는 제한된 형태의 부식

④ 이질금속 간(galvanic)의 부식 : 서로 다른 재질의 두 금속이 접촉되어 있는 상태에서 전해작용에 의해 발생하는 부식

54. ③

해설 플라이 바이 와이어 장치(fly-by-wire control system)는 조종간의 조종력을 케이블이나 푸시풀 로드를 대신하여 전기·전자적인 신호로 변환하여 컴퓨터에 입력시키고, 이 컴퓨터에 의해서 조종면의 전기 또는 유압식 작동기(actuator)를 움직이도록 함으로써 조종계통을 작동하는 장치이다.

55. ①

해설 복합재료의 장점은 다음과 같다.
① 무게당 강도가 높다.
② 복잡한 형태나 공기 역학적인 곡선 형상의 제작이 쉽다.
③ 제작이 단순해지고, 비용이 절감된다.
④ 유연성이 크고 진동과 부식에 강하고 피로응력이 좋다.

56. ①

해설 인장하중을 $P[N]$, 단면적을 $A[m^2]$라고 하면, 수직응력 $\sigma[Pa]$는

$$\sigma = \frac{P}{A} = \frac{40 \times 1000}{10 \times \left(\frac{1}{100}\right)^2} = 40{,}000{,}000 \text{Pa}$$

$= 40\text{MPa}$ ($\because 1\text{MPa} = 1{,}000{,}000\text{Pa}$)

57. ②

해설 앤티스키드(anti-skid) 기능 중 터치 다운 보호(touch down protection) 기능은 착륙 시 바퀴가 지면에 닿기 전에 조종사가 브레이크를 밟더라도 제동력이 발생하지 않도록 한다. 이것은 항공기가 활주로에 닿을 때 바퀴가 고정되는 것을 방지하여 착륙장치에 무리한 힘이 가해지지 않도록 하는 기능을 한다.

58. ④

해설 트러스 구조형 날개는 소형 경항공기에 주로 이용되는 구조 형식으로 스파(spar, 날개보)와 리브(rib) 및 장선(brace wire)으로 되어 있다. 이 강도 부재 위에 외피로서 얇은 금속판이나 합판 또는 우포를 씌워 항공 역학적인 형태를 유지할 수 있도록 한다.

59. ③

해설 NAS 스크루의 규격은 다음과 같다.

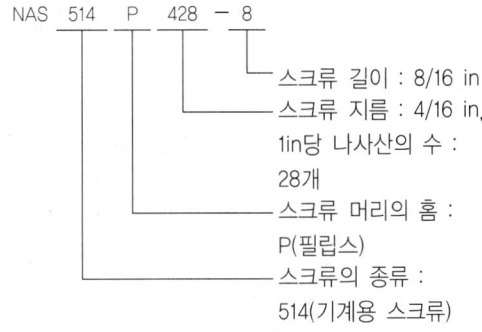

60. ③

해설 비금속 재료인 고무는 크게 천연고무와 합성고무로 분류할 수 있다. 합성고무에는 부틸(butyl) 고무, 부나 고무, 실리콘 고무, 니트릴 고무 및 네오프렌 고무 등이 있다.

제4과목 : 항공장비

61. ②

해설 결심고도(decision height)란 항공기 착륙 시 계기접근 중 조종사가 착륙여부(접근의 계속 진행 또는 실패접근의 수행)를 결정해야 하는 고도를 말한다.

62. ②

해설 • 주파수를 f, 교류발전기 계자의 극 수를 P,

그리고 분당 회전수(rpm)를 N이라고 하면, 이들 간의 관계식은 다음과 같다.

$$f = \frac{P}{2} \times \frac{N}{60}$$

- 따라서 교류발전기 계자의 회전수(N)는,

$$\therefore N = \frac{120f}{P} = \frac{120 \times 400}{8} = 6,000 \text{rpm}$$

63. ③

해설 히스테리시스 오차(hysteresis error)는 탄성오차의 일종으로 고도계 등에서 볼 수 있는 오차이다. 이 오차는 고도계에서 압력에 따른 탄성체의 휘어짐량이 압력 증가 때와 압력 감소 때가 일치하지 않는 현상, 즉 항공기가 상승하는 도중 어떤 고도에서 읽은 눈금과 하강할 때 같은 고도에서 읽은 눈금이 서로 다른 현상을 말한다.

64. ③

해설 온도변화에 따라 기계적인 연결부의 수축이나 팽창, 수감부나 스프링의 탄성률 변화에 의하여 속도계에는 온도 오차가 발생한다. 이를 감소시키기 위하여 바이메탈식(bimetal) 온도 보상장치가 속도계 내부에 설치되어 있어서 자동으로 온도 오차를 수정한다.

65. ①

해설 항공기에 사용되는 유압계통의 특징은 다음과 같다.
① 작동유를 저장하기 위한 리저버(reservoir)와 리턴라인(return line, 귀환관)이 필요하다.
② 단위중량에 비해 큰 힘을 얻는다.
③ 과부하에 대해서도 안정성이 높다.
④ 운동속도의 조절범위가 크고 무단변속을 할 수 있다.
⑤ 원격조정이 용이하다.
⑥ 속도나 방향의 제어가 용이하다.

66. ④

해설 니켈-카드뮴 축전지의 양극은 수산화니켈[Ni(OH)$_3$]이고, 음극은 카드뮴(Cd)이다. 전해액은 묽은 수산화칼륨(KOH) 수용액이며, 셀당 전압은 약 1.2~1.25V 정도이다.

67. ④

해설 객실여압계통에서 주된 목적이 과도한 객실 압력을 제거하기 위한 안전장치인 객실 압력 안전밸브는 다음과 같다.
① 압력 릴리프 밸브(pressure relief valve) : 아웃 플로 밸브에 고장이 생겼거나 다른 원인에 의하여 객실의 차압이 규정값 이상으로 되면, 객실 안의 공기를 외부로 배출시킴으로써 규정된 차압을 초과하지 못하도록 한다.
② 덤프 밸브(dump valve) : 조종석에서 작동시키는데, 조종석의 스위치를 램 공기 위치에 놓으면 솔레노이드 밸브가 열려서 객실 공기를 대기로 배출시키도록 하기 때문에, 언제든지 승무원의 의사에 따라 객실 안의 기압을 바깥 공기의 대기압과 같게 할 수가 있다.
③ 부압 릴리프 밸브(negative pressure relief valve) : 진공 밸브라고도 하며, 대기압이 객실 안의 기압보다 높은 경우에는 대기의 공기가 객실로 자유롭게 들어오도록 되어 있는 밸브이다.

68. ④

해설 엔진에 화재가 발생되면 패널에 있는 빨간색 화재 경고 표시등이 켜진다. 화재차단스위치(fire shutoff switch)를 작동시키면 엔진으로의 연료 흐름이 차단된다. 동시에 발전기의 발전을 정지시키고, 공기 및 작동유의 공급 밸브를 닫아서 발화를 촉진시킬 수 있는 계통을 차단시킨 다음 엔진에 소화제가 분사된다.

69. ④

해설 자이로의 강직성과 섭동성을 이용하는 계기는 다음과 같다.
① 수평지시계 : 자이로의 강직성과 섭동성을 이용하여 항공기의 자세(pitch, roll) 지시
② 방향지시계 : 자이로의 강직성을 이용하여 항공기의 기수방위와 선회비행을 할 때 정확한 선회각을 지시
③ 선회경사계 ; 선회 경사계는 1개의 케이스 안에 선회계와 경사계가 들어 있는 계기인데, 이 중에서 선회계만이 자이로의 섭동성을 이용한 계기이다.

70. ③

해설 계기 착륙 장치(ILS : Instrument Landing System)를 구성하는 장치는 다음과 같다.
① 로컬라이저(localizer) : 활주로에 접근하는 비행기에 수평 방향의 접근 유도신호, 즉 활주로 중심선을 제공해 준다.
② 글라이드 슬로프(glide slope) : 활주로에 대하여 적정한 강하각을 유지하기 위해 수직 방향의 유도(up-down)를 제공한다.
③ 마커 비컨(marker beacon) : 정점의 상공 통과를 조종사에게 알리기 위한 것으로, 직상공 통과는 활주로 끝으로부터의 일정 거리를 표시하기 위한 것이다.

71. ③

해설 자이로스코프의 섭동성(precession)이란 자이로가 회전하고 있을 때 외력이 가해지면 외부에서 가해진 힘의 방향과 자이로 축의 방향에 직각인 방향으로 회전하려는 현상을 말한다. 이와 달리 문제의 보기 ④와 같이 외력이 가해지지 않는 한 일정 방향을 유지하려는 현상을 자이로스코프의 강직성(rigidity)이라고 한다.

72. ②

해설 자장 내 단일코일로 회전하는 발전기에서 로터가 회전함에 따라 스테이터 코일의 자력선을 차단함으로써 전압이 유도된다. 따라서 자력선이 차단되지 않으면 중립면을 통과하는 코일에 전압이 유도되지 않는다.

73. ①

해설 신호의 크기에 따라 반송파를 변화시키는 변조방식의 종류는 다음과 같다.
① AM(진폭 변조, amplitude modulation) : 신호의 크기에 따라 반송파의 진폭을 변화시키는 변조방식
② FM(주파수 변조, frequency modulation) : 신호의 크기에 따라 반송파의 주파수를 변화시키는 변조방식

74. ①

해설 제빙 부츠에 묻어 있는 윤활유, 연료, 그리스 등의 이물질을 제거할 때에는 묽은 비눗물이나 물을 사용하여 제거해야 한다. 제거해야 할 이물질이 윤활유나 그리스인 경우에는 나프타로 씻어낸 다음에 비누와 물로 깨끗이 세척한다.

75. ④

해설 전술항행장치(TACAN, tactical air navigation)는 지상국에서 항공기까지의 거리와 방위를 제공하는 항법장치이며, 원래 군용 근거리 항법장치로 개발되었다.

76. ②

해설
- 작동 실린더의 단면적을 A, 피스톤의 작동속도를 V라고 할 때, 피스톤의 공급 유량(Q)을 구하는 식은 다음과 같다.
  $Q = AV$
- 단위 시간당 작동 실린더의 스트로크(stroke, 피스톤의 행정거리)를 피스톤의 작동속도라고 한다. 실린더의 스트로크를 L, 시간을 t라고 하면, 피스톤의 작동속도 V는
  $$V = \frac{L}{t} = \frac{Q}{A}$$
  ∴따라서 피스톤의 작동속도는 스트로크(L)와 공급 유량(Q)에 비례하고, 실린더의 단면적과 직경에 반비례한다.

펌프의 회전수가 증가하면 유압작동 피스톤의 작동속도는 증가한다.

77. ①

해설 지자기의 복각(dip)이란 지자기 자력선의 방향과 수평면 간의 각, 즉 자기 컴퍼스의 자침이 수평면과 이루는 각을 말한다. 복각은 지구 적도 부근에서는 거의 0이고 양극으로 갈수록 90°에 가까워진다.

78. ③

해설 다용도 측정기기인 멀티미터(multimeter)를 이용하여 전압을 측정 시, 저항이 큰 회로에 전압계를 사용할 때는 저항이 큰 전압계를 사용하여 계기의 션트 작용을 방지해야 한다.

79. ①

해설 산소 계통에서 산소가 흐르는 방식의 종류는 다음과 같다.
① 압력형(pressure demand type) : 산소 분압을 유지하는 데 필요한 압력을 산소 마스크에 가하여 산소를 폐 내부에 가압 공급하는 방식
② 연속 유량형(continuous flow type) : 연속적으로 산소가 공급되는 방식
③ 요구 유량형(demand diluter type) : 호흡시 흡입할 때만 산소가 흘러 공급되는 형식

80. ②

해설
- 회로 내의 접합점 P에 키르히호프의 제1법칙을 적용하면,
 $I_1 + I_2 + (-I_3) = 0$ ················ ①
- 폐회로 BKPA와 CKPD에 각각 화살표를 따라 시계 방향으로 전압의 상승을 구하여 키르히호프의 제2법칙을 적용하면,
 $-20I_1 - 6I_3 + 140 = 0$ ········ ②
 $6I_3 + 5I_2 - 90 = 0$ ················ ③
- 위의 식 ①, ②, ③을 3원 연립 방정식으로 하여 전류 I_3를 구하면,
 $I_3 = 10A$
- 따라서 저항 6Ω의 양단전압 E는
 $\therefore E = I_3 R = 10 \times 6 = 60V$

2017년 2회 (5월 7일)

제1과목 : 항공역학

1. ④

해설 비행 중 외부 영향으로 받음각이 증가함에 따라 항공기 기수를 내리려는 피칭 모멘트(- 모멘트)가 발생하여 받음각을 감소시키는 경향을 보인다면 항공기는 정적 세로안정성이 있다고 할 수 있다.
따라서 받음각(α)이 증가할수록 피칭 모멘트계수(C_m)가 작아져서 기울기가 음(-)이 될 때 즉, $\dfrac{dC_m}{d\alpha} < 0$인 경우 항공기는 정적 세로 안정성을 가진다. 반대로 받음각이 증가할수록 피칭모멘트 계수가 커져서 기울기가 $\dfrac{dC_m}{d\alpha} > 0$인 경우 항공기는 정적 세로 불안정이 된다. 그리고 받음각이 증가하더라도 피칭 모멘트계수의 변화가 없으면, 즉 기울기가 $\dfrac{dC_m}{d\alpha} = 0$인 경우 항공기는 정적 세로 중립이 된다.

2. ①

해설 피토 정압관(pitot static tube)에는 전압을 수감하는 피토공과 정압을 수감하는 정압공이 있다. 항공기는 피토 정압관에서 측정한 전압과 정압의 차인 동압을 구하여 비행속도를 측정한다.

3. ③

해설 비행기 날개에 작용하는 항력은 공기 유속의 제곱에 비례한다. 따라서 속도가 2배 증가하면 항력은 4배 증가한다.
200mph에서 작용하는 항력이 150lbs이므로, 400mph에서 작용하는 항력은
$\therefore 150 \times 2^2 = 600$lbs

4. ③

해설 6자 계열 날개골은 최대 두께 위치를 중앙 부근에 놓이도록 하여 설계 양력계수 부근에서 항력계수가 작아지도록 한 날개골이다. 받음각이 작

을 때 앞부분의 흐름이 층류를 유지하므로 층류날개꼴(laminar flow airfoil)이라고도 한다.

5. ①

해설 발생추력을 T, 프로펠러 회전면적을 A, 그리고 공기밀도를 ρ라고 하면, 항공기가 정지하였을 때의 유도속도, 즉 $V=0$일 때의 유도속도(v)를 구하는 관계식은 다음과 같다.
$v = \sqrt{\dfrac{T}{2\rho A}}$ 이다.

6. ②

해설 비행기의 수직꼬리날개 앞에 도살 핀(dorsal fin)을 장착하여 수직꼬리날개가 실속하는 큰 옆미끄럼각에서도 방향 안정성을 유지하는 효과를 얻기도 한다. 따라서 도살 핀이 손상되면 방향 안정이 가장 큰 영향을 받는다.

7. ④

해설 이륙거리를 줄이기 하기 위한 조건은 다음과 같다.
① 항공기의 무게를 가볍게 한다.
② 이륙 시 플랩과 같은 고양력 장치를 사용하여 최대 양력계수를 증가시킨다.
③ 엔진의 추력이 크면 가속도가 커져서 이륙성능이 좋아진다.
④ 바람을 맞으면서(정풍) 이륙한다.

8. ①

해설 항공기 속도와 음속(소리 속도)과의 비를 마하수라고 한다.

9. ①

해설 날개가 수평을 기준으로 위로 올라간 각을 상반각(또는, 쳐든각)이라고 한다. 기하학적으로 날개의 상반각(쳐든각)은 옆미끄럼에 의한 옆놀이에 정적인 안정을 주게 된다. 이러한 쳐든각 효과는 날개가 동체에 높게 장착된 높은 날개 비행기일수록 더 커진다.
중간 날개는 쳐든각 효과가 거의 없으며, 낮은 날개는 - 상반각 효과를 갖는다.

10. ③

해설 프로펠러의 유효피치(실용피치)와 프로펠러 지름과의 비를 진행률(advance ratio)라고 한다. 프로펠러 효율은 진행률에 비례한다.

11. ④

해설 ① 날개가 수평을 기준으로 위로 올라간 각을 쳐든각이라고 한다.
② 기체의 세로축과 날개의 시위선이 이루는 각을 붙임각이라고 한다.
③ 날개 끝의 붙임각과 날개 뿌리의 붙임각을 서로 다르게 하는 것을 기하학적 비틀림이라고 한다.
④ 날개의 앞전에서 시위 길이의 25%($25\%\,C$)되는 점들을 날개 뿌리에서 날개 끝까지 연결한 직선과 기체의 가로축이 이루는 각을 뒤젖힘각(sweep back angle)이라고 한다.

12. ②

해설 헬리콥터의 수직방향 조종은 동시 피치 제어간(collective pitch control lever)을 위아래로 변화시켜 이루어진다. 동시 피치 제어간을 올리면 주회전날개의 피치가 커져 헬리콥터는 수직으로 상승하며, 동시 피치 제어간을 내리면 주회전날개의 피치가 작아져 헬리콥터는 수직으로 하강한다.

13. ④

해설 스핀(spin)이란 자동회전과 수직강하가 조합된 비행을 말하며, 문제의 그림에서 스핀 형태는 수직 스핀이다. 수직 스핀은 수평 스핀보다 낙하속도가 크지만, 회전 각속도는 수평 스핀보다 더 작다.
수직 스핀 형태에서는 기본 세로축과 비행기의 진행방향과는 일치하지 않는다. 즉 비행기는 스핀 중에 일반적으로 옆미끄럼(side slip)이 생긴다고 할 수 있다.

14. ④

해설 제트기류는 대류권 계면에서 거의 수평방향으로 강하게 부는 띠모양의 바람이다. 제트기류는 일종의 편서풍(서쪽에서 동쪽으로 부는 바람)으로 북반구에서 평균풍속은 초속 약 37m(겨울철에는 초속 50m, 여름에는 약해져서 초속 25m) 가량 된다.

15. ③

해설 양항비(활공비) = $\dfrac{\text{수평활공거리}}{\text{활공고도}}$ 이므로,

∴ 수평활공거리 = 양항비 × 활공고도
= 10 × 2,000 = 20,000m

16. ①

해설 비행속도를 V, 상승각을 θ라고 하면, 상승률 RC는
$RC = V\sin\theta = 300 \times \sin 10° = 52.1\text{m/s}$

17. ②

해설 선회경사각을 θ라고 하면, 선회비행 시 하중배수 n은
$n = \dfrac{1}{\cos\theta} = \dfrac{1}{\cos 60°} = 2$

18. ②

해설 앞전 밸런스(Leading edge balance)는 조종면의 앞전을 길게 하여, 그 부분에 작용하는 공기력이 힌지 모멘트를 감소시키는 방향으로 작용하게 함으로써 조종력을 경감시키는 장치이다.

19. ②

해설
- 날개의 폭을 b, 평균 기하학적 시위 길이를 c라고 하면, 가로세로비(AR)는
$AR = \dfrac{b}{c} = \dfrac{20}{2} = 10$
- 양력계수를 C_L, 스팬효율계수를 e, 그리고 가로세로비를 AR이라고 하면, 유도항력계수 C_{Di}는
$C_{Di} = \dfrac{C_L^2}{\pi e AR} = \dfrac{0.7^2}{3.14 \times 1 \times 10} = 0.016$
(∵ 타원날개 $e = 1$)

20. ④

해설 회전날개의 회전면을 회전원판(rotor disk), 또는 회전날개 깃 끝 경로면이라 하고, 이 회전면과 회전날개 깃이 이루는 각을 원추각 또는 코닝각(coning angle)이라고 한다.

제2과목 : 항공기관

21. ①

해설 오일(oil)의 구비 조건은 다음과 같다.
① 인화점이 높아야(고인화점) 한다.
② 열전도율이 좋아야 한다.
③ 유동점과 점성이 어느 정도 낮아야 한다.
④ 화학적 안정성과 열적 안정성이 커야 한다.
⑤ 양호한 유성(oiliness)을 가질 것. 유성이란 오일이 금속면에 부착되는 성질을 말한다.

22. ②

해설 가스 터빈 기관의 윤활계통에 대한 설명은 다음과 같다.
① 윤활유의 양은 dip stick을 이용하여 측정한다.
② 드웰 체임버(dwell chamber)는 윤활유 탱크의 하부에 설치되며, 배유되어 윤활유 탱크로 귀환되는 윤활유에 함유된 공기를 분리시키는 역할을 한다.
③ 연료 오일 냉각기의 바이패스 밸브(bypass valve)는 냉각기를 지나가는 윤활유의 양을 조절하여 윤활유의 온도를 일정하게 유지하는 역할을 한다. 냉각기의 바이패스 밸브는 입구의 윤활유 온도가 규정값보다 낮아져서 윤활유 압력이 높아지면 열려 윤활유가 냉각기를 거치지 않도록 바이패스시킨다.
④ 가스 터빈 기관의 윤활유 펌프는 기어식, 베인식과 제로터식 등이 사용된다. 윤활유 펌프는 기어식이 주로 쓰인다.

23. ④

해설 기하학적 피치와 유효피치의 차를 프로펠러의 슬립(slip)이라고 하며, 기하학적 피치와 유효피치의 차를 평균 기하학적 피치로 나누어 백분율(%)로 표시한다.

24. ④

해설 보일-샤를의 법칙을 따르는 이상적인 가상의 기체를 이상기체(ideal gas)라고 하며, 완전기체라고도 한다. 이상기체는 다음과 같은 조건을 충족시키는 기체이다.
① 내부 에너지와 엔탈피는 밀도와는 관계없는 온도만의 함수이다.
② 상태 방정식에서 압력은 체적과 반비례 관계이다.
③ 단원자 분자이다. 따라서, 비열비는 약 1.67이다.
③ 분자 간 상호작용이 없다.

25. ①
해설 릴리프 밸브(relief valve)는 펌프 출구 압력이 낮을 때는 닫혀 있다가 압력이 규정값 이상으로 높아지면 열린다. 릴리프 밸브가 열리면 윤활유가 펌프 입구로 되돌려 보내져 윤활유 압력을 일정하게 유지하게 된다.

26. ②
해설 마그네토는 영구자석을 기관축에 의해 회전시키는 교류발전기의 한 종류이며 고전압으로 작동하기 때문에 기관 작동 시 마그네토 과열로 기능이 상실될 수도 있다. 이를 방지하기 위하여 일부 항공기에서는 송풍관(blast tube)을 설치하여 마그네토를 냉각시키기도 한다.
성형 왕복엔진은 전방부분에 마그네토가 설치되는데, 마그네토를 전방부분에 설치하는 것은 흡입공기에 의해 냉각이 잘 되게 하기 위함이다.

27. ②
해설 왕복엔진과 비교하여 가스 터빈 엔진의 특징은 다음과 같다.
① 기관의 단위추력당 중량비가 낮다.
② 왕복운동 부분이 없으며, 대부분의 구성품이 회전운동으로 이루어져 진동이 적다.
③ 높은 회전수를 얻을 수 있어서 고도에 따라 출력을 유지하기 위한 과급기가 불필요하다.
④ 주요 구성품이 회전운동으로 이루어져 상호 마찰 부분이 없어서 윤활유 소비량이 적다.
⑤ 추운 기후에도 시동이 쉽다.

28. ①
해설 가스 터빈 엔진의 주 연료 펌프는 일반적으로 원심 펌프(centrifugal pump), 기어 펌프(gear pump) 및 피스톤 펌프(piston pump)를 주로 사용하며 기관에 의하여 구동된다.

29. ①
해설 내연기관은 실린더 내부에서 연료를 가열하여 열에너지를 기계적 에너지로 변환시킨다. 내연기관의 이론 공기 사이클을 해석할 때 가정조건은 다음과 같다.
① 동작유체의 공급열량은 외부에서 공급된다.
② 작동 사이클은 공기 표준 사이클에 대하여 계산한다.
③ 비열은 온도에 따라 변화하지 않는 것으로 가정한다.
④ 열해리는 일어나지 않는 것으로 하고 열손실은 없다고 가정한다.
⑤ 팽창행정과 압축행정은 단열과정으로 가정한다.

30. ④
해설 왕복엔진의 기본 성능 요소에 관한 설명은 다음과 같다.
① 고도가 증가하면 밀도는 감소하게 되고 제동마력이 감소한다.
② 엔진의 배기량을 증가시키기 위해서는 압축비를 높인다.
③ 회전수가 증가하면 제동마력이 증가한다.

31. ④
해설 유효피치란 공기 중에서 프로펠러가 1회전할 때 실제로 전진하는 거리로서, 항공기의 진행거리이다. 비행속도를 $V[\text{ft/s}]$, 프로펠러 회전속도를 $N[\text{rpm}]$이라고 하면, 유효피치를 구하는 관계식은 다음과 같다.

유효피치 $= V \times \dfrac{60}{N}$

32. ①
해설 가스 터빈 엔진에서 배기가스의 온도가 높아지고, RPM의 변화가 심해지는 원인은 다음과 같다.
① 주 연료장치가 고장일 때
② 연료 부스터(fuel booster) 압력이 불안정할 때
③ 가변 스테이터 베인 리깅(rigging)이 불량할 때
④ 가변 바이패스 밸브의 스케줄이 부정확할 때

33. ③

해설 2중 마그네토 점화계통은 별도의 독립된 2개의 점화계통으로 되어 있어서, 하나의 계통에 고장이 발생해도 다른 한쪽의 계통만으로 점화가 이루어지므로 점화가 안정적이다. 정상 작동 시에는 2개의 점화플러그에서 불꽃이 발생하므로 혼합가스를 빠르게 완전한 연소가 이루어질 수 있어 디토네이션을 방지하고, 효율적인 연소가 이루어지므로 출력을 증가시킬 수 있다.

34. ③

해설 오일 희석(oil dilution) 장치는 기관을 정지시키기 전에 가솔린(gasoline)을 오일 탱크에 분사하여 오일의 점성을 낮게 함으로써, 낮은 기온 중에 왕복기관의 시동을 용이하게 하는 장치이다.

35. ③

해설 항공기 왕복엔진에서 지시마력이란 지시선도에서 나타난 지시평균 유효압력에 의해 얻어진 마력을 말하며, 지시마력, 제동마력과 마찰마력의 관계는 다음과 같다.
지시마력(iHP)=제동마력(bHP)-마찰마력(fHP)
따라서, 마찰마력은 지시마력(iHP)과 제동마력(bHP)의 차이다.

36. ②

해설 흡입공기의 중량유량을 $W_a[\text{kg/s}]$, 배기가스 속도를 $V_j[\text{m/s}]$, 총 추력을 F_g라고 하면, 총 추력(F_g)을 구하는 식은 다음과 같다.
$$F_g = \frac{W_a}{g}V_j = \frac{196}{9.8} \times 250 = 5{,}000\text{kg}$$
$$(\because g = 9.8\text{m/s}^2)$$

37. ②

해설 원심형 압축기는 중심부분에서 공기를 흡입한 다음 임펠러의 회전에 의한 원심력으로 공기를 원주방향으로 가속시킨다. 임펠러에 의해 증가된 공기의 운동 에너지는 디퓨저(diffuser)에서 속도 에너지가 압력 에너지로 바뀌어, 속도는 감소하고 압력이 증가한다.

38. ③

해설 이륙할 때에는 기관이 최대 출력을 내므로, 실린더 각 부분의 온도가 높아진다. 이 때문에 혼합 제어장치(mixture control)를 농후(rinch) 위치로 하여 더 많은 액체연료를 실린더에 공급함으로써 연료의 기화열 흡수에 의하여 실린더를 냉각시킨다.
순항할 때에는 비연료 소비율을 최소로 하는 비교적 희박한(lean) 혼합비로 작동시킨다.

39. ①

해설 온도변화에 의한 점도의 변화를 점도지수(viscosity index)라 하며, 윤활유의 점도지수가 높다는 것은 온도 변화에 따른 윤활유의 점도 변화가 작다는 것을 의미한다.

40. ③

해설 윤활유 냉각기의 위치가 윤활유 탱크를 중심으로 어느 곳에 위치하는가에 따라 윤활계통은 저온탱크와 고온탱크 두 가지 형태의 계통으로 분류된다. 윤활유 냉각기가 윤활유 탱크로 향하는 배유라인에 위치하면 저온 탱크 계통(cold tank type)이라 하고, 압력 펌프를 지나 윤활유가 공급되는 위치에 있는 경우는 고온 탱크 계통(hot tank type)이라고 한다.
따라서 저온 탱크 계통에서는 윤활유 냉각기가 배유 펌프와 윤활유 탱크 사이에 위치하여, 윤활유는 냉각기를 거쳐 냉각된 윤활유가 탱크로 유입된다. 고온 탱크 계통에서는 배유펌프에 의해 배유된 윤활유가 윤활유 냉각기를 거치지 않고 탱크로 곧바로 이동한다.

제3과목 : 항공기체

41. ③

해설 항공기의 조종면을 구분하면 다음과 같다.
① 주조종면(1차 조종면) : 에일러론(aileron), 엘리베이터(elevator), 러더(rudder)
② 부조종면(2차 부조종면) : 스포일러(spoiler), 고양력 장치, 탭(tab) 등

42. ④

해설 알루미늄 합금의 성질은 다음과 같다. 순수 알루미늄은 내식성은 우수하지만 구조용으로 사용하기에는 강도가 약하다.
① 강도는 구조용 강철과 같고, 단위 체적당 무게는 구조용 강철의 1/3 정도이다. 따라서 비강도(단위 무게당 강도)가 우수하다.
② 시효경화성이 있다.
③ 상온에서 기계적 성질이 우수하고, 성형 가공성이 좋다.
④ 같은 하중에 대한 변형량이 구조용 강철의 3배 정도로 변형이 더 크다.
⑤ 구조용 강철의 제1변태점은 600℃ 정도인데, 알루미늄 합금은 300℃ 정도로 알루미늄 합금의 제1변태점이 낮다.

43. ②

해설 항공기 날개의 스파(spar, 날개보)는 스팬 방향(길이 방향)의 주요 구조 부재로서 일반적으로 주 날개의 전후방에 하나씩 설치된다. 스파는 날개에 가해지는 공기력에 의한 굽힘 모멘트를 주로 담당하는 부재로서 작용하는 하중의 대부분을 담당한다.

44. ③

해설 문제의 그림과 같은 응력-변형률 곡선에서 각 위치별 내용은 다음과 같다.
① A : 탄성한계
② B : 항복점(yielding point)
③ C : 극한응력, 또는 인장강도
④ D : 파단점(파괴점)

45. ②

해설 항공기 조종계통에서 스토퍼(stopper)는 주조종면(aileron, elevator 및 rudder)의 운동범위를 제한하는 역할을 한다. 스토퍼는 조절식 또는 고정식으로 보통 3개의 주조종면의 각 2곳에 장착된다. 한 곳은 조종실의 조종장치가 있는 곳에, 다른 한 곳은 구조부의 조종면이 있는 곳에 각각 장착된다.

46. ③

해설 판재의 굽힘 각도를 θ, 곡률 반지름을 R, 그리고 두께를 T라고 하면, 굽힘 허용값(BA : bend allowance)은

$$BA = \frac{\theta}{360} \times 2\pi \left(R + \frac{1}{2}T\right)$$
$$= \frac{90}{360} \times 2\pi \left(0.125 + \frac{1}{2} \times 0.050\right)$$
$$= 0.236 \text{inch}$$

47. ④

해설 와셔의 사용방법은 다음과 같다.
① 원칙적으로 볼트와 같은 재질의 와셔를 사용한다.
② 기밀을 요하는 부분에는 로크 와셔를 사용하지 않는다.
③ 와셔의 사용 개수는 최대 3개까지 허용된다. 이때 로크 와셔 및 특수 와셔는 사용 개수에 포함되지 않는다.
④ 로크 와셔는 1차, 2차 구조부, 부식되기 쉬운 곳에는 사용하지 않는다.

48. ①

해설 특별한 지시가 없을 때 비상용 장치에는 지름 0.020in의 CY(구리-카드뮴 도금) 안전결선을 사용한다. 일반 목적에 사용되는 안전결선용 와이어의 지름은 0.032in이다.

49. ③

해설 항공기엔진 장착 방식에 대한 설명은 다음과 같다.
① 전투기의 가스터빈엔진은 일반적으로 동체 내부에 장착한다.
② 항공기의 날개에 엔진을 장착하려면 날개 앞

전 하부에 파일론(pylon)을 설치하여야 한다.
③ 날개에 엔진을 장착하면 정비 접근성은 좋으나, 날개의 공기역학적 성능을 저하시키고 비행 중 날개에 대한 굽힘하중이 커진다.
④ 왕복엔진 장착 부분에 설치된 나셀의 카울링은 냉각 공기를 흡입하여 엔진을 냉각시키고, 기화기에 공기를 공급하는 역할을 한다.

50. ①

해설 부식 현상 방지를 위한 세척작업 시 사용하는 솔벤트 세척제(solvent cleaner)의 종류는 다음과 같다.
① 케로신(kerosine, 등유) : 단단한 방부 페인트를 유연하게 하기 위하여 솔벤트 유화 세척제와 혼합하여 일반 세척용으로 사용하며, 다른 보호제와 함께 바르거나 씻는 작업이 뒤따라야 한다.
② 메틸에틸케톤(MEK : methylethylketone) : 금속 표면에 사용
③ 메틸클로로포름(methyl chloroform) : 일반 세척과 그리스 세척제로 사용
④ 지방족 나프타(aliphatic naphta) : 페인트칠을 하기 직전에 표면을 세척하는 데 사용

51. ①

해설 중공 원형의 외경을 d_2, 내경을 d_1이라고 하면, 중공 원형 단면의 극관성 모멘트(J)는

$$J = \frac{\pi(d_2^4 - d_1^4)}{32} = \frac{\pi(8^4 - 7^4)}{32} = 166.4 \text{cm}^4$$

52. ④

해설 MS 리벳의 규격은 다음과 같다. 따라서 재질이 2117인 유니버설 헤드 리벳의 규격은 MS 20470AD-4이다.

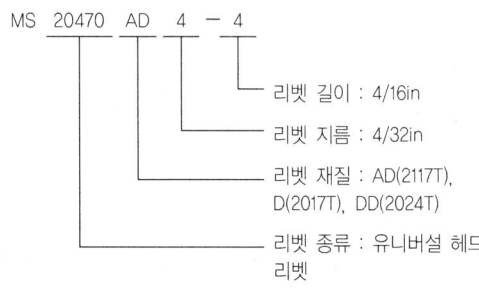

53. ②

해설 문제의 그림과 같은 트러스 구조에 하중 P가 작용할 때의 자유물체도를 그리면 다음 그림과 같다.

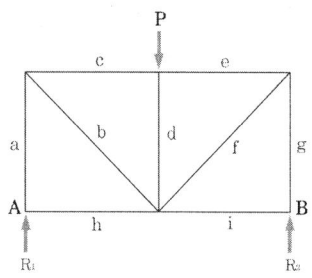

위의 그림과 같은 트러스 구조에서 절점 A에는 부재 a, 부재 h, 그리고 힌지 지점 A에서의 반력 R_1의 3개 부재가 연결되어 있다. 이때 부재 a와 반력 R_1은 서로 일직선상에 있으므로 내력의 크기는 같고, 다른 한 부재 h의 내력은 0이다. 절점 B에는 부재 g, 부재 i, 그리고 롤러 지점 B에서의 반력 R_2의 3개 부재가 연결되어 있다. 이때 부재 g와 반력 R_2는 서로 일직선상에 있으므로 내력의 크기는 같고, 다른 한 부재 i의 내력은 0이다.

∴ 따라서 위의 그림과 같은 트러스 구조에서 하중 P가 작용할 때, 내력이 작용하지 않는 부재는 h와 i 부재이다.

내력이 작용하지 않는 부재(무력부재)를 판별하는 방법은 다음과 같다.
- 한 절점에 두 개의 부재가 연결된 경우 : 절점에 하중이 작용하지 않으면, 그 두 부재는 무력부재이다.
- 한 절점에 세 개의 부재(외력, 반력 포함)가 연결된 경우 : 두 개의 부재(외력, 반력 포함)가 일직선상에 있다면, 나머지 한 부재는 무력부재이다.

54. ②

해설 안전결선의 종류와 용도는 다음과 같다.

종류	용도
Ni-Cu 합금(모넬)	온도가 약 700°F까지 올라가는 부위
인코넬	온도가 약 1500°F까지 올라가는 부위
CY(구리-카드뮴 도금)	비상 장치용(직경 0.020in)

55. ②

해설 항공기 동체의 스트링어(stringer, 세로지)와 세로대는 동체의 세로 방향 모양을 형성하며, 동체의 축방향으로 작용하는 인장력과 압축력 및 동체의 각 단면의 굽힘 모멘트를 담당한다.

56. ①

해설 트럭 위치 작동기(truck position actuator)는 바퀴가 지면으로부터 떨어지는 순간에 완충 스트럿과 트럭 빔을 특정한 각도로 유지시켜 주는 유압 작동기인데, 착륙 장치가 접혀 들어갈 때 공간을 줄이기 위해서 사용된다. 또 항공기가 지상에서 수평으로 활주할 때에는 완충 스트럿과 트럭 빔이 수직이 되도록 댐퍼(damper)의 역할도 한다.

착륙장치를 접어들이거나 펼칠 때 사용되는 유압 작동기는 날개 착륙장치 작동기(wing gear actuator)이다.

57. ①

해설 항공기에 탑재한 화물이 이동하여 중심위치가 변화되었을 경우, 새로운 중심위치를 구하는 식은 다음과 같다. (여기에서 기준선의 부호는 화물의 위치가 기준선 후방에 있으면 +, 전방에 있으면 －로 표시한다)

중심위치($C.G$)

$$= \frac{\text{총 모멘트} \pm \text{변화된 모멘트}}{\text{총 무게}}$$

(∵ ＋ : 무게 증가 시, － : 무게 감소 시)

$$= \frac{(200 \times 50) - (70 \times -80) + (70 \times +80)}{2000}$$

$$= +55.6\text{cm}$$

∴ ＋55.6cm 이므로 새로운 중심위치는 기준선 후방 55.6cm에 위치한다.

58. ④

해설 원자 수소 용접은 아크 용접의 일종으로, 2개의 텅스텐 전극 사이에서 아크를 발생시키고 그 속에 수소를 불어넣어 용접하는 방법이다.

아크 용접에는 불활성 가스 용접, 금속 불활성 가스(MIG) 용접, 텅스텐 불활성 가스(TIG) 용접, 서브머지드 용접(submerged welding) 및 원자 수소 용접 등이 있다.

59. ④

해설 이질 금속 간의 접촉 부식(galvanic corrosion)이란 서로 다른 두 가지의 금속이 접촉되어 있는 상태에서 전해작용에 의해 발생하는 부식이다. 알루미늄 합금의 경우 A군과 B군으로 구분하며, 완전한 이질 금속으로 취급하게 된다. A군과 B군에 속하는 알루미늄 합금은 다음과 같다.
- A군 : 1100, 3003, 5052, 6061
- B군 : 2014, 2017, 2024, 7075

60. ③

해설 비행기가 아무리 급격한 조작을 하여도 구조 역학적으로 안전한 속도를 설계운용속도(Design maneuvering speed)라고 한다. 실속 속도를 V_S, 설계제한 하중배수를 n_1이라고 하면 설계운용속도 V_A를 구하는 식은 다음과 같다.

∴ $V_A = \sqrt{n_1}\, V_S = \sqrt{4} \times 100 = 200\text{km/h}$

제4과목 : 항공장비

61. ①

해설 선회경사계는 1개의 케이스 안에 선회계와 경사계가 들어 있는 계기이다. 선회계는 항공기의 수직축에 대한 분당 선회율을 나타내는 계기이며, 지시 방법에는 2분 선회지시(2 MIN Turn)와 4분 선회지시(4 MIN Turn)의 두 가지 종류가 있다. 아래 그림과 같이 표준형인 2분 선회지시 선회계의 경우 바늘이 한 눈금만큼 움직였을 때는 180°/min, 두 눈금만큼 움직였을 때는 360°/min]의 선회 각속도를 나타낸다. 항공기가 좌측으로 선회할 경우 바늘은 좌측(L)으로, 항공기가 우측으로 선회할 경우 바늘은 우측(R)으로 움직인다. 경사계(inclinometer)의 볼(ball)은 선회 시 경사각과 선회율의 관계를 보여 준다. 선회하는 항공기의 경사각과 선회율이 균형을 이루어 정상 선회하는 경우 볼은 중앙에 위치한다. 선회할 때 선회 방향의 반대 방향으로 항공기가 밀리는 것을 외활(skid)이라고 하며, 경사계의 볼은 원심력이 증가하여 선회 방향(선회계 바늘의 방향)

의 반대 방향으로 움직인다. 이와 반대로 선회 방향(선회계 바늘의 방향)과 같은 방향으로 항공기가 미끄러지는 것을 내활(slip)이라고 하며, 경사계의 볼은 선회 방향과 같은 방향으로 움직인다.

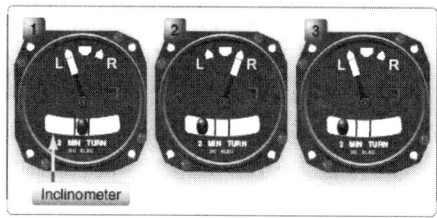

위의 그림 ①은 선회계의 바늘이 좌측(L)을 지시하고 있으며, 경사계(inclinometer)의 볼은 중앙에 위치하고 있으므로 항공기 비행 상태는 좌선회 균형이다. 그림 ②에서 선회계 바늘은 우측(R)을 지시하고 있고, 경사계의 볼은 선회 방향(바늘의 방향)과 반대 방향으로 기울어져 있으므로 비행 상태는 우선회 외활이다. 그림 ③에서 선회계 바늘은 좌측(L)을 지시하고 있고, 경사계의 볼은 선회 방향(바늘의 방향)과 같은 방향으로 기울어져 있으므로 비행 상태는 좌선회 내활이다.

62. ③

해설 계기 착륙장치(ILS : Instrument Landing System)의 구성 장치는 다음과 같다.
① 로컬라이저(localizer) : 정밀한 수평 방향의 접근 유도 신호를 제공한다.
② 마커 비컨(marker beacon) : 정점의 상공 통과를 조종사에게 알리기 위한 것으로, 직상공 통과는 활주로 끝으로부터의 일정 거리를 표시하기 위한 것이다.
③ 글라이드 슬로프(glide slope) : 활주로에 대하여 적정한 강하각을 유지하기 위해 수직 방향의 유도(up-down)를 제공한다.

63. ③

해설 A/D 컨버터(ADC)는 아날로그 전압 신호를 받아서 디지털 신호로 변환하는 장치이다. 10bit 분해능의 A/D 컨버터는 기준 전압을 1,024 (2¹⁰)개의 디지털 신호로 분해할 수 있다는 것을 의미하며, 받아들인 전압 신호를 내부에서 처리하여 0~1,024의 디지털 값으로 변환한다.
따라서 기준 전압 5V의 10bit 분해능의 A/D 컨버터는 출력 전압이 0V일 때는 0, 5V일 때는 기준 전압과 동일하므로 1,024의 디지털 값으로 출력된다. 그리고 출력 전압이 2.5V이면 5V일 때의 1/2인 512(1,024÷2)의 디지털 값으로 출력된다.

64. ③

해설 객실고도(cabin altitude)는 승객들이 탑승하고 있는 객실 내 압력을 표준대기압을 기준으로 나타내는 기압고도이다. 미국연방항공국(FAA)의 규정에 명시된 여압장치를 갖춘 항공기의 제작 순항 고도에서의 객실 고도는 8,000ft이다.

65. ④

해설 정속 구동장치(constant speed drive : CSD)는 항공기 기관의 구동축과 발전기축 사이에 장착된다. 정속 구동장치는 기관의 회전수에 관계없이 일정한 회전수를 발전기 축에 전달하여 교류 발전기의 출력 주파수를 항상 일정하게 유지하여 준다.

66. ②

해설 자이로스코프의 강직성과 섭동성을 이용한 계기는 다음과 같다.
① 선회경사계 : 선회 경사계는 1개의 케이스 안에 선회계와 경사계가 들어 있는 계기인데, 이 중에서 선회계만이 자이로스코프의 섭동성을 이용한 계기이다.
② 수평지시계 : 자이로스코프의 강직성과 섭동성을 이용하여 항공기의 자세(pitch, roll) 지시
③ 방향지시계 : 자이로스코프의 강직성을 이용하여 항공기의 기수방위와 선회비행을 할 때 정확한 선회각을 지시

67. ②

해설 여러 가지의 정보를 하나의 계기에 지시하는 종합 전자계기는 항공기를 제작하는 회사에 따라 다르지만 일반적으로 다음과 같이 구성된다.
① 주비행 표시장치(primary flight display,

PFD) : 표시되는 화면은 비행 자세 지시부, 속도 지시부, 기압 고도 지시부, 자동 비행모드 지시부, 전파고도 지시부, 승강 속도 지시부 등으로 나누어져 있다.
② 항법 표시장치(navigation display, ND)
③ 기관 지시와 승무원 경고계통(engine indication and crew alerting system, EICAS)

68. ④

드레인 마스트(drain mast)는 항공기에서 세척이나 조리용으로 사용된 물을 공중에서 방출하는 데 사용한다. 항공기 외부 온도의 저하에 의한 드레인 마스트 배출구의 막힘을 방지하기 위하여 항공기가 지상에 있을 때는 저전압, 비행 중에는 고전압을 공급하는 전기 히터를 이용하여 가열한다.

69. ④

LORAN(long range navigation)은 미리 위치를 알고 있는 서로 떨어진 2개의 송신소로부터 동기신호를 수신하고, 신호의 시간 차를 측정하여 자기 위치를 결정하는 장거리 항법이다. LORAN은 대표적인 쌍곡선 무선항법으로, 현재 실용화되고 있는 것으로는 LORAN A와 LORAN C가 있다.

70. ①

저항 루프형 화재 탐지계통(resistance loop type fire detector system)은 전기 저항이 온도에 의해 변화하는 세라믹(ceramic)이나, 일정 온도에 달하면 급격하게 전기 저항이 떨어지는 공융 염(eutectic salt)을 이용하여 온도 상승을 전기적으로 탐지한다.
저항 루프형 중 펜왈 시스템(fenwal system)은 공융염제와 니켈 와이어 중심 도선으로 채워진 가느다란 인코넬 관(inconel tube)을 탐지기로 사용한다. 이 시스템은 탐지기의 작동 여부를 테스트할 수 있는 테스트 스위치, 화재가 탐지된 경우 작동되는 조종석 경고등 및 경고벨 등으로 구성된다.

71. ②

작동유 저장탱크에 관한 설명은 다음과 같다.
① 리저버(reservoir) 내의 배플(baffle)은 작동유가 심하게 흔들리거나 귀환되는 작동유에 의하여 소용돌이치는 불규칙한 동요로 작동유에 거품이 발생하거나, 펌프 안에 공기가 유입되는 것을 방지한다.
② 저장탱크에는 가압식과 비가압식이 있다. 저고도에서 비행하는 항공기는 비가압식을 사용하고, 높은 고도에서 비행하는 항공기는 저장탱크를 기관의 블리드(bleed) 공기로 가압하는 가압식 저장탱크를 사용한다.
③ 저장탱크의 작동유의 양은 사이트 게이지(sight gage)로 알 수 있다.
④ 저장탱크의 용량은 축압기를 포함한 모든 계통이 필요로 하는 용량의 120% 이상이어야 한다.

72. ④

자기 컴퍼스의 오차 중 정적 오차의 종류는 다음과 같다.
① 반원차(semicircular deviation) : 항공기에 사용되고 있는 영구자석(자화되어 영구자석이 된 강재 포함)에 의해서 생기는 오차
② 사분원차(quadrant deviation) : 항공기에 사용되고 있는 수평 철재 구조재에 의해 지자기의 자장이 흩어져 생기는 오차
③ 불이차(constant deviation) : 모든 자방위에서 일정한 크기로 나타나는 오차로서, 컴퍼스 자체의 제작상 오차 또는 장착 잘못에 의한 오차

73. ①

문제의 회로를 바꾸어 그리면 아래 그림과 같다.

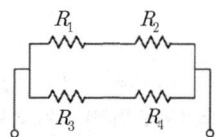

따라서, 회로의 합성저항 R은
$$R = \frac{(R_1+R_2)(R_3+R_4)}{(R_1+R_2)+(R_3+R_4)}$$
$$= \frac{(1+1)\times(1+1)}{(1+1)+(1+1)} = 1\,\Omega$$

74. ②

해설 화재경고장치의 형식은 다음과 같다.
① 바이메탈(bimetal)식 : 온도상승을 바이메탈(bimetal)로 측정하는 것
② 서미스터(thermistor)식 : 온도 변화에 의한 전기 저항의 변화를 측정하는 것
③ 서모커플형(thermo couple)식 : 온도의 급격한 상승에 의하여 화재를 측정하는 것
④ 서멀 스위치형(thermal switch type) : 온도 상승을 바이메탈(bimetal)로 탐지하는 것

75. ①

해설 주파수를 f[Hz], 빛의 속도를 C[m/sec]라고 하면, 파장(λ)을 구하는 식은 다음과 같다.
$$\lambda = \frac{C}{f} = \frac{3 \times 10^8}{300 \times 10^6} = 1\text{m}$$
($\because C = 3 \times 10^8$ m/sec, 1MHz $= 10^6$ Hz)

76. ④

해설 계기의 색표지 중 흰색 방사선은 계기 유리판이 미끄러졌는지를 알기 위하여 유리판과 계기의 케이스에 걸쳐 표시한다.

77. ②

해설 도선도표(wire chart)상에서 도선의 굵기를 정할 때에는 도선 내에 흐를 전류의 크기와 그 도선의 저항에 따른 전압강하를 고려하여야 한다. 도선의 저항은 도선의 길이와 온도에 비례하므로, 도선의 저항에 따른 전압강하를 고려하여 도선의 굵기를 정할 때에는 전선의 길이와 장착위치의 온도를 고려하여야 한다.

78. ③

해설 유압 퓨즈(hydraulic fuse)는 유압계통의 관이나 호스가 파손되거나, 기기 내의 실(seal)에 손상이 생겼을 때 작동유가 과도하게 흘러서 누설되는 것을 방지하기 위한 장치이다.

79. ③

해설 레이더(radar)를 1차 감시 레이더와 2차 감시 레이더로 구분하면 다음과 같다.
① 1차 감시 레이더 : 송신한 전파가 물체(항공기)에 반사되어 되돌아오는 전파를 감지하는 방식이다. 물체(항공기)에서 반사되어온 전파를 계산하여 거리 및 방위정보를 지상의 관제사에게 제공하여 항공기를 유도할 수 있게 한다.
② 2차 감시 레이더 : 지상설비인 질문기(interrogator)로부터 질문신호를 발사하면 항공기의 응답기(transponder)가 질문신호에 대응하는 응답 신호를 지상설비로 반송하는 시스템을 말한다.

80. ③

해설 전력 공급을 원활하게 하기 위한 각종 항공기 버스(bus)는 다음과 같은 3가지 종류로 구분할 수 있다.
① 로드 버스(load bus) : 전기 부하에 직접 전력을 공급한다.
② 대기 버스(standby bus) : 주전원으로 전력을 공급할 수 없는 경우에 비상 전원을 확보하기 위한 것이다.
③ 동기 버스(synchronizing bus) : 엔진에 의해 구동되는 발전기들을 병렬 운전하기 위한 것이다.

2017년 3회 (9월 23일)

제1과목 : 항공역학

1. ③

[해설] 비행 중 상대풍이 우측으로부터 오면($+\beta$), 우측으로 요잉 모멘트(+ 모멘트)가 발생하여 기수가 상대풍 쪽으로 향하는 경향을 보인다면 항공기는 정적 방향 안정성이 있다고 할 수 있다. 따라서 옆미끄럼(β)이 증가할수록 요잉 모멘트 계수(C_n)가 커져서 기울기가 양(+)이 될 때, 즉 $\dfrac{dC_n}{d\beta} > 0$인 경우 항공기는 정적 방향 안정성을 가지며, 방향 안정성은 양(+)이 된다. 반대로 옆미끄럼이 증가할수록 요잉 모멘트계수가 작아져서 기울기가 $\dfrac{dC_n}{d\beta} < 0$인 경우 항공기는 정적 방향 불안정이 된다. 그리고 옆미끄럼이 증가하더라도 요잉 모멘트계수의 변화가 없으면, 즉 기울기가 $\dfrac{dC_n}{d\beta} = 0$인 경우 항공기는 정적 방향 중립이 된다.

2. ③

[해설] 고정 피치 프로펠러는 피치가 고정되어 피치 변경이 불가능한 프로펠러로 순항 속도에서 프로펠러 효율이 가장 좋도록 깃각이 하나로 고정된다.

3. ①

[해설]
① 날개에서 발생하는 양력은 유도항력을 유발한다. 즉 날개가 양력을 생성할 때 유도항력이 같이 발생하며, 유도항력은 양력이 생성되는 한 항상 존재한다.
② 날개의 뒤처짐각은 임계 마하수를 증가시킨다.
③ 날개의 가로세로비는 날개 폭(b)을 시위(c)로 나눈 값이다.
④ 양력과 항력은 날개 면적에 비례한다.

4. 전항 정답

[해설] 등가대기속도(V_e)와 진대기속도(V)에 대한 설명은 다음과 같다.
① 등가대기속도와 진대기속도의 관계는 $V = V_e\sqrt{\dfrac{1}{\sigma}}$ 이다.
② 등가대기속도는 위치오차와 압축성 효과를 고려한 속도이다.
③ 표준대기의 대류권에서 고도가 증가할수록 밀도가 감소하므로, 진대기속도가 등가대기속도보다 빠르다.
④ 베르누이 정리를 이용하여 등가대기속도를 나타내면 $V_e = \sqrt{\dfrac{2(P_t - P_s)}{\rho_0}}$ 이다.

이 문제는 출제 오류 문항으로, 한국산업인력공단에서 제시한 초기 가답안은 ②번이었다. 그러나 추후 심사과정에서 확정 답안은 전항 정답 (①, ②, ③, ④)으로 변경되었다.

5. ③

[해설] 조종력은 비행속도의 제곱에 비례하고, 조종면의 크기(조종면의 폭×조종면의 시위^2)에 비례한다. 따라서 조종면의 폭이 2배 증가하면 조종력은 2배 증가한다.

6. ①

[해설] 비행기의 기준축에 따른 모멘트는 다음과 같다.

기준축	모멘트	안정	조종면
전후축 (세로축)	옆놀이 모멘트 (rolling moment)	가로 안정	보조 날개
좌우축 (가로축)	키놀이 모멘트 (pitching moment)	세로 안정	승강키
상하축 (수직축)	빗놀이 모멘트 (yawing moment)	방향 안정	방향키

7. ②

[해설] 비행기에 작용하는 힘에 따른 비행상태는 다음과 같다.
- 상승비행 : 양력(L)>중력(W), 하강비행 : 양력(L)<중력(W)
- 가속비행 : 추력(L)>항력(W), 감속비행 : 추력(L)<항력(W)

따라서 등속 수평 비행을 하려면, 양력(L)=중력(W)이고, 추력(T)=항력(D)이어야 한다.

8. ③

해설
- 정상선회 시 경사각을 ϕ라고 하면, 양력(L)과 비행기 무게(W)와의 관계식은 다음과 같다.
$$L\cos\phi = W$$
- 따라서, $\therefore L = \dfrac{W}{\cos\phi} = \dfrac{1000}{\cos 30°} = 1154.7\,\text{kgf}$

9. ②

해설 항공기 주위의 압력분포를 보여주는 압력계수는 정압과 동압의 비를 나타낸다. p_∞를 자유흐름의 정압, p를 임의점의 정압, V를 임의점의 속도, V_∞를 자유흐름의 속도, q_∞를 자유흐름의 동압, 그리고 ρ를 밀도라고 하면 압력계수를 구하는 관계식은 다음과 같다.
$$C_p = \dfrac{p - p_\infty}{\dfrac{1}{2}\rho V_\infty^{\,2}} = \dfrac{p - p_\infty}{q_\infty} = 1 - \left(\dfrac{V}{V_\infty}\right)^2$$

10. ②

해설 고정익 항공기 추진에 사용되는 프로펠러에 대한 설명은 다음과 같다.
① 일반적으로 지상활주 시와 같이 전진비(또는 진행률이라고도 한다)가 낮은 경우에 프로펠러 효율은 최소가 된다.
② 전진비의 증가에 따라 피치각을 증가시켜야 프로펠러 효율이 좋아진다.
③ 로터면에 대한 비틀림각을 블레이드 팁(tip) 방향으로 갈수록 감소하도록 분포시킨다.
④ 프로펠러 지름이 큰 경우에는 깃각 변화로 추력을 증감시키는 방법이 일반적으로 사용된다.

11. ①

해설 단일 회전날개 헬리콥터는 주 회전날개와 꼬리 회전날개로 구성된다. 주 회전날개의 회전으로 헬리콥터의 동체에 회전날개의 회전 방향과 반대 방향으로의 회전력(torque)이 발생한다. 따라서 단일 회전날개 헬리콥터는 이러한 회전력을 상쇄하기 위하여 꼬리 회전날개를 달아 동체가 돌아가는 것을 방지해 주어야 한다.

12. ④

해설 착륙접지 시 비행기에 작용하는 순 감속력을 구하는 관계식은 다음과 같다.
① 추력을 T, 항력을 D, 무게를 W, 양력을 L, 그리고 활주로 마찰계수를 μ라고 하면 역추력을 발생시키지 않는 비행기에 작용하는 순 감속력을 구하는 관계식은 다음과 같다.
$$-T + D + \mu(W - L)$$
② 역추력을 발생시키는 비행기의 경우 추력이 감속력으로 작용하므로, 순 감속력을 구하는 관계식은 다음과 같다.
$$\therefore T + D + \mu(W - L)$$

13. ①

해설 레이놀즈 수(Reynolds number)란 동압으로 인한 관성력과 점성에 의한 마찰력(점성력)의 비로서, 유체 속에서 운동하는 물체에 작용하는 점성력의 특성을 나타내는 무차원수이다. 레이놀즈 수는 무차원수이므로, 단위가 없다.

14. ①

해설 비행기의 날개를 수직으로 자른 유선형의 단면을 날개골(airfoil)이라고 한다.

15. ④

해설
- 제동마력을 BHP, 프로펠러 효율을 η라고 하면, 이용마력(P_a)은
$$P_a = BHP \times \eta = (700 \times 2) \times 0.8 = 1120\,\text{ps}$$
- 항력을 D, 항공기 속도를 V라고 하면, 필요마력(P_r)은
$$P_r = \dfrac{DV}{75} = \dfrac{1000 \times 50}{75} = 666.7\,\text{ps}$$
- 비행기의 중량을 W라고 하면, 상승률 RC는
$$\therefore RC = \dfrac{75(P_a - P_r)}{W}$$
$$= \dfrac{75 \times (1120 - 666.7)}{5000} = 6.79\,\text{m/s}$$

16. ③

해설 수평 스핀은 기체 세로축이 거의 수평에 가깝고 각속도는 점점 빨라지며, 회전반경이 작은 나선을 그리며 낙하하게 된다. 수평 스핀은 낙하속도가 수직 스핀보다 작지만, 회전 각속도는 수직 스핀보다 더 크다. 따라서 수평 스핀은 수직 스핀보다 실속 회복이 어렵다.
비행기의 받음각은 수직 스핀 시 20~40° 정도이며, 수평 스핀 시에는 수직 스핀 상태보다 증가하여 60° 가까이 된다.

17. ④

해설 제트 항공기가 최대 항속시간으로 비행하기 위해서는 양항비($\frac{C_L}{C_D}$)가 최대인 받음각으로 비행해야 한다. 최대의 양항비가 얻어지는 속도는 필요추력이 최소가 되는 지점이다. 따라서 제트 항공기가 최대 항속시간으로 비행하기 위해서는 필요추력이 최소(최소필요추력)가 되는 속도로 비행하여야 한다.

18. ②

해설 전진하는 회전날개와 후퇴하는 회전날개 깃에 작용하는 전진속도와 회전속도는 다음과 같다.
① 전진하는 회전날개 깃에는 헬리콥터의 전진속도(V)와 주 회전날개의 회전속도(v)를 합한 속도가 작용한다. 따라서 양력은 이 두 속도를 합한 값의 제곱, $(V+v)^2$에 비례한다.
② 후퇴하는 회전날개 깃에는 헬리콥터의 전진속도(V)에서 주 회전날개의 회전속도(v)를 뺀 속도가 작용한다. 따라서 양력은 이 두 속도를 뺀 값의 제곱, $(V-v)^2$에 비례한다.

19. ①

해설 조종력은 힌지 모멘트에 비례하며, 힌지 모멘트는 비행속도 및 조종면의 평균 시위의 제곱에 비례한다. 또 조종면의 폭에 비례한다. 따라서 힌지 모멘트가 커지면 필요한 조종력도 커야 한다.

20. ①

해설 국제표준대기에서 평균해발고도의 온도는 15℃

로 정한다.

제2과목 : 항공기관

21. ④

해설 가스 터빈 기관은 압축기, 연소실 및 터빈의 3가지 주요 구성품으로 구성되어 있으며, 이들을 가스 터빈 기관의 가스 발생기(gas generator)라고 한다.

22. ②

해설 가스 터빈 엔진에 사용되는 연료의 구비 조건은 다음과 같다.
① 대량생산이 가능하고 가격이 저렴해야 한다.
② 어는점이 낮아야 한다.
③ 화재발생을 방지하기 위하여 인화점이 높아야 한다.
④ 단위 중량당 발열량이 커야 한다.
⑤ 연료의 증기압이 낮아야 한다.

23. ③

해설 오일 양이 매우 적은 상태에서 왕복엔진을 시동하면, 오일의 불규칙적인 흐름으로 인하여 오일 흐름에 파동이 일어나고, 오일압력계기는 동요(fluctuation)한다. 오일압력계기의 동요(fluctuation)란 계기의 바늘(needle)이 안정되지 않고, 흔들리며 지시하는 것을 말한다.

24. ②

해설
- 압축기의 단 수가 n, 단당 압력비가 γ_s인 압축기의 압력비 γ는
$\gamma = \gamma_s^n = 1.34^9 = 13.93$
- 압축기 입구 압력을 P_1, 압축기 출구 압력을 P_2라고 하면, 압축기의 압력비 γ는
$\gamma = \frac{P_2}{P_1}$
$\therefore P_2 = \gamma P_1 = 13.93 \times 14.7 = 204.7 \text{psi}$

485

25. ①

해설 정속 프로펠러에서 속도가 느린 경우에는 깃각을 작게(저피치)하고, 비행속도가 빨라짐에 따라 깃각을 크게(고피치) 해야 프로펠러 효율이 좋아진다. 따라서 이륙 및 착륙 시와 같은 저속 시에는 높은 rpm과 작은 피치각으로 작동해야 가장 효율적이다.

26. ①

해설 압축비를 ε, 비열비를 k라고 하면, 오토 사이클의 열효율(η_{th})을 구하는 식은 다음과 같다.

$$\eta_{th} = 1 - \frac{1}{\varepsilon^{k-1}} = 1 - \left(\frac{1}{\varepsilon}\right)^{k-1}$$

27. ①

해설 왕복엔진에서 가장 온도가 높은 부품은 연소가 이루어지는 부분인 실린더로 최고온도는 약 2,000℃에 달한다. 따라서 실린더 내에서 왕복운동을 하는 피스톤도 고온을 받으며, 윤활유에서 열을 가장 많이 흡수한다.

28. ④

해설 백금(platinum)-이리듐(iridium) 합금은 열과 마모에 강하므로 마그네토의 브레이커 어셈블리의 접촉 부분인 브레이커 포인트에 사용한다.

29. ②

해설 유입 공기 속도가 압축기의 회전속도보다 상대적으로 느리면 회전자 깃의 받음각이 커지고 압축기 실속(compressor stall)이 일어난다.

30. ④

해설 가스 터빈 엔진 점화계통은 다음과 같은 주요 구성품으로 이루어진다.
① 점화 익사이터(ignition exciter) : 이그나이터에서 고온고압의 강력한 전기불꽃을 일으키기 위해 항공기의 저전압을 고전압으로 바꾸어 주는 장치로 점화 유닛(ignition unit)이라고 한다.
② 점화 전선(ignition lead) : 점화 익사이터와 점화플러그를 접속하고 있는 고압 전선으로 점화 익사이터의 고전압을 점화플러그에 전달한다.
③ 이그나이터(igniter) : 점화 익사이터에서 만들어진 전기적 에너지를 혼합가스를 점화하는 데 필요한 열에너지로 변환시키는 장치이다.

임펄스 커플링은 왕복엔진 시동 시 마그네토의 회전 영구자석의 회전속도를 순간적으로 가속시켜 고전압을 발생시키는 구성품이다.

31. ③

해설 왕복기관에서 디토네이션(detonation)을 일으키는 요인은 다음과 같다.
① 높은 흡입공기 온도
② 연료의 낮은 옥탄가
③ 희박한 연료-공기 혼합비
④ 높은 압축비

32. ①

해설 항공기 왕복엔진의 부자식 기화기(float type carburetor)는 벤투리 부분에서 실린더 흡입 공기량으로부터 생긴 부압에 의해 가솔린을 빨아내고 혼합기를 만드는 방식의 기화기이다.

33. ①

해설 프로펠러가 저속 회전상태가 되면 플라이웨이트의 회전이 느려지고 원심력이 작아져 안쪽으로 오므라든다. 이때 파일럿 밸브(pilot valve)는 밑으로 내려가 열리는 위치가 되며, 가압된 윤활유가 프로펠러의 피치 조절 실린더에 공급되어 실린더를 앞으로 밀어내므로 저피치가 된다.
프로펠러가 과속 회전상태가 되면 플라이웨이트의 회전이 빨라지고 원심력이 커져 바깥쪽으로 벌어진다. 이때 파일럿 밸브는 위로 올라가 가압된 윤활유가 프로펠러의 피치 조절 실린더에서 배출되므로 고피치가 된다.

34. ④

해설 과급기에는 원심식(centrifugal type), 루츠식(roots type) 및 베인식(vane type) 과급기가 있으며, 이 중에 원심식 과급기가 가장 많이 사용된다.

35. ③

해설 엔진의 공기 흡입구에 얼음이 생기는 것을 방지하기 위하여 압축기 뒷부분의 고온, 고압의 블리드 공기(bleed air)를 흡입구 입구, 압축기 전방 부분이나 압축기의 인렛 가이드 베인(inlet guide vane)으로 보내어 가열한다.

36. ③

해설 오일 필터에 작용하는 힘은 다음과 같다.
① 압력변화(고주파수)로 인한 피로 힘
② 흐름체적으로 인한 압력 힘
③ 오일이 찬 상태에서 발생하는 압력 힘
④ 열순환(thermal cycling)으로 인한 피로 힘

37. ②

해설 가스 터빈 엔진에 사용되는 추력 증가장치에는 후기연소기와 물분사장치가 있다.
① 후기연소기(afterburner) : 배기도관 안에 연료를 분사시켜 터빈을 통과한 고온의 배기 가스와 2차 연소영역에서 나온 연소 가능한 공기와 연료를 혼합한 것을 다시 연소시켜 추력을 증가시키는 장치
② 물분사장치(water-injection) : 압축기 입구와 출구의 디퓨저 부분에 물이나 물-알코올의 혼합물을 분사함으로써 이륙할 때 출력을 증가시키는 장치

38. ③

해설 흡입행정 초기에는 흡입 및 배기밸브가 다 같이 열려 있게 되는데, 이 기간을 밸브 오버랩(valve overlap)이라 한다. 밸브 오버랩을 줌으로써 더 많은 혼합가스를 흡입하여 실린더의 체적효율을 높이고, 배기가스를 완전히 배출시키고 실린더의 냉각효과도 높여준다.

39. ④

해설 성형 엔진에 대한 설명은 다음과 같다.
① 단열 성형엔진은 실린더 수가 홀수로 구성되어 있다.
② 성형엔진의 2열은 홀수의 실린더 번호가 부여된다.
③ 성형엔진의 1열은 짝수의 실린더 번호가 부여된다.
④ 2열 성형엔진의 크랭크 핀은 2개이다. 14기통 성형엔진은 2열 성형엔진이다.

40. ②

해설 비열비(k)는 정압비열(C_p)과 정적비열(C_v)의 비이다.

$$비열비(k) = \frac{정압비열(C_p)}{정적비열(C_v)}$$

제3과목 : 항공기체

41. ③

해설 기체 구조의 설계 개념 종류는 다음과 같다.
① 안전수명설계(safe life design) : 피로시험 중 전체의 피로시험에 의해 기체 구조의 수명을 결정하는 것으로 항공기의 수명기간(service life) 동안 탐지 가능한 균열이 없이 예상되는 반복하중을 견딜 수 있도록 하는 설계 개념
② 손상허용설계(fail safe design) : 항공기를 장시간 운용할 때 발생할 수 있는 구조 부재의 피로 균열이나 혹은 제작 동안의 부재 결함이 어떤 크기에 도달하기 전까지는 발견될 수 없기 때문에, 구조부재의 일부분에 균열과 같은 결함이 잠재할 수 있다고 가정하고 기체의 안전한 사용 기간을 규정하여 안전성을 확보하는 설계 개념
③ 페일 세이프 설계(fail safe design) : 구조의 일부분이 피로로 파괴되거나 파손되더라도 나머지 구조가 작용하는 하중에 견딜 수 있도록 함으로써 치명적인 파괴나 과도한 변형을 방지할 수 있도록 하는 설계 개념

42. ④

해설 AN 리벳의 규격은 다음과 같다.

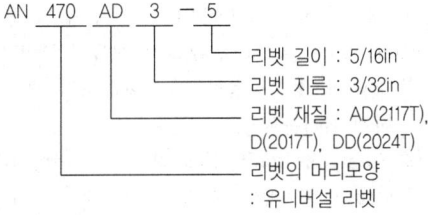

487

43. ①

해설 SAE 규격에 따른 합금강(특수강)의 분류는 네 자리 숫자로 되어 있으며 첫째 자리의 수는 합금강(특수강)의 종류, 둘째 자리의 수는 합금원소의 함유량, 그리고 끝의 두 숫자는 탄소의 함유량을 100분의 1퍼센트(%) 단위로 표시한다. 따라서 문제의 보기에서 끝의 두 숫자가 가장 큰 6150이 탄소를 가장 많이 함유하고 있으며, 탄소의 함유량은 50/100, 즉 0.5%이다.

44. ①

해설 항공기 엔진을 항공기에 장착하거나 보호하기 위한 구조물에는 나셀(포드), 카울링 등이 있다. 킬빔(keel beam)은 동체와 주날개의 결합 부분에 사용하는 구조 부재로 이착륙 시에 작용하는 압축하중을 담당한다.
① 나셀(nacelle) : 기체에 장착된 기관을 둘러싸고 있는 부분을 말하며, 포드(pod)라고도 한다.
② 카울링(cowling) : 기관이나 기관에 부수되는 보기 주위를 쉽게 접근할 수 있도록 장탈착하는 덮개

45. ③

해설 강착장치(landing gear)에서 올레오 완충장치(oleo shock absorber)는 오늘날의 항공기에 가장 많이 사용되는 완충장치로서, 공기와 작동유를 사용하기 때문에 공기-오일 완충장치라고도 한다. 올레오 완충장치는 공기의 압축성 효과에 의한 탄성에너지와 작동유 흐름의 제한에 의한 에너지 손실에 의해 충격을 흡수하는 장치이다.

46. ④

해설 접개식 강착장치(retractable landing gear)에서 부주의로 인해 착륙장치가 접히는 것을 방지하기 위한 안전장치에는 down lock, safety switch 및 ground lock이 있다. 문제 보기의 safety pin은 safety switch의 오류로 보인다.
① Down lock : 착륙기어를 down 위치로 안전하게 잠가준다
② Safety switch(안전 스위치) : 착륙장치의 strut가 지상압축 시 안전 스위치가 열리고 이륙 시 항공기의 무게가 strut에 작용되지 않으면 안전 스위치를 닫아준다. 안전 스위치가 닫히면 회로에 DC 28V 전류가 흘러 솔레노이드가 자화됨으로써 선택밸브를 풀리게 해주어 기어핸들을 들어올리는 위치로 선택할 수 있게 해준다.
③ Ground lock : 항공기가 지상에 있을 때 착륙장치가 접히는 것을 방지한다. Ground Lock은 일종의 safety pin으로 착륙장치 지지부 구조물의 구멍에 삽입한다.

47. ③

해설 티타늄합금의 성질은 다음과 같다.
① 열전도계수가 낮다.
② 티타늄 합금에 불순물이 들어가면 가공 후 강도가 현저히 감소한다.
③ 티타늄은 고온에서 산소, 질소, 수소 등과 친화력이 매우 크고, 또한 이러한 가스를 흡수하면 취성을 갖게 되어 강도가 매우 약해진다.

48. ②

해설 실속 속도 V_S인 비행기가 비행속도 V로 수평비행을 하다가 갑자기 조종간을 당겨서 급상승하는 경우 비행기에 걸리는 하중배수(n)는 다음과 같다.
$$n = \frac{V^2}{V_S^2} = \frac{120^2}{90^2} = 1.78$$

49. ①

해설 지점 A의 반력 R_1을 구하기 위해 모멘트의 기준점을 힌지 지지점 C로 설정하고, 평형방정식의 모멘트식을 적용하면
$\Sigma M_C = 0$;
$(R_1 \times r) - (P \times r) = (R_1 \times r) - (100 \times r) = 0$
($\because r = $ 수직거리)
$\therefore R_1 = 100\,\text{N}$

구조물 ABC는 4분원이므로 수직거리(r)는 동일하다.

50. ②

해설 항공기에 작용하는 하중에 대한 설명은 다음과 같다.
① 구조물에 가해지는 힘을 하중이라 한다.
② 항공기에 하중이 가해지면 구조물인 항공기는 하중을 지지하기 위한 내력으로 응력을 가진다.
③ 단위 면적당 작용하는 내력의 크기를 응력(stress)이라고 한다.

51. ③

해설 숏 피닝(shot peening)이란 작은 구형의 금속입자를 고속으로 금속 부품의 표면에 충돌시켜 물리적으로 금속 표면을 경화시키는 일종의 냉간 가공이다. 숏 피닝은 금속의 표면을 경화시켜 강도를 증가시키고, 스트레스 부식(stress corrosion, 응력 부식)을 방지하는 역할을 한다.

52. ②

해설 항공기의 자기무게(empty weight)는 항공기 무게를 계산하는 데 있어서 기초가 되는 무게로 승무원, 유상하중(승객과 화물), 사용 가능의 연료, 배출 가능의 윤활유 등의 무게는 포함되지 않는다. 따라서 문제의 표에서 기본 자기무게에 대한 무게중심의 위치를 구하기 위해서는 연료의 무게를 제하여야 한다.

$$\therefore 무게중심(CG) = \frac{총\ 모멘트}{총\ 무게}$$

$$= \frac{(3200 \times 135) + (3100 \times 135) + (700 \times -45) - (2500 \times -10)}{3200 + 3100 + 700 - 2500}$$

$$= 187.56 cm$$

53. ③

해설 리브 너트(riv nut)는 속이 빈 블라인드 리벳(blind rivet)의 일종으로 한쪽 면에서만 작업이 가능한 곳에 사용되어, 날개의 앞전에 제빙장치를 설치하거나 기관 방화벽에 부품을 장착할 때 사용된다.

54. ②

해설 카운터 싱킹(counter sinking)과 딤플링(dimpling)은 플러시 헤드 리벳의 헤드를 감추기 위해 판재의 리벳 구멍 언저리를 원추모양으로 가공하는 작업이다. 카운터 싱킹은 리벳 헤드의 높이보다 결합해야 할 판재의 두께가 두꺼운 경우에만 적용할 수 있으며, 리벳 헤드의 높이보다 판재의 두께가 얇은 경우에는 딤플링을 하여야 한다.

55. ③

해설 항공기 구조의 특정 위치를 쉽게 알 수 있도록 위치를 표시하는 선에는 다음과 같은 종류가 있다.
① 동체 수위선(body water line) : 기준 수평면과 일정거리를 두며 평행한 선
② 동체 위치선(body station line) : 기준 수직면과 일정거리를 두며 평행한 선
③ 기준선(datum line) : 항공기의 특정 위치를 측정하는 기준이 되는 가상의 선이다.
④ 버턱선(buttock line) : 항공기 세로축을 기준으로 평행하게 좌우로 측정된 거리

56. ④

해설 판재의 가공 시 2개 이상의 굽힘이 교차하는 장소는 안쪽 굴곡 접선(굽힘 접선)의 교점에 응력이 집중하여 교점에 균열이 일어난다. 따라서, 굽힘가공에 앞서서 응력 집중이 일어나는 굴곡 접선의 교차부분에 균열을 방지하기 위한 응력 제거 구멍을 뚫는다. 이것을 일반적으로 릴리프 홀(relief hole)이라고 한다.

57. ④

해설 모재(matrix)는 일종의 접착재료로서 강화섬유와 서로 결합됨으로써 강화섬유에 강도를 줄 뿐만 아니라, 외부의 하중을 강화섬유에 전달한다. 섬유 보강 복합재(FRCM : fiber reinforced composite materials)에 사용되는 모재는 다음과 같으며, C/C 복합체가 사용온도 범위가 가장 크다.
① FRC(fiber glass reinforced ceramic, 섬유 보강 세라믹)
② FRM(fiber reinforced metallics, 섬유 보강 금속)
③ FRP(fiber reinforced plastic, 섬유 보강 플라스틱)
④ C/C 복합체(carbon-carbon composite material) : 보강 섬유뿐만 아니라 모재도 탄소

를 사용한 것으로 내열성과 내마모성이 우수하다. 모재의 사용온도 범위는 대략 3,000℃이다.

각 모재별 사용온도 범위는 아래 그림과 같다.

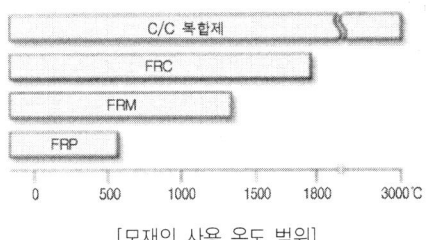

[모재의 사용 온도 범위]

58. ②

해설 토크 렌치에 연장공구를 사용하여 볼트 등을 조이려는 경우 토크 렌치의 지시값은 다음과 같은 식을 적용하여 구할 수 있다.

- 실제 가해진 토크를 TA, 토크 렌치의 유효길이를 L, 그리고 연장공구의 유효길이를 A라고 하면, 토크 렌치의 지시값(TW)을 구하는 관계식은 다음과 같다.

$$TW = \frac{TA \times L}{L+A}$$

- 따라서 실제 너트에 가해진 토크 TA는

$$\therefore TA = \frac{TW \times (L+A)}{L} = \frac{300 \times (5+10)}{10}$$
$$= 450 \text{in-lb}$$

59. ④

해설 리벳작업을 위한 구멍뚫기 작업방법은 다음과 같다.
① 드릴작업 후 리밍작업(reaming)을 한다.
② 드릴작업 후 구멍의 버(burr)는 되도록 제거하도록 한다.
③ 구멍은 리벳 지름과 적절한 간격(0.002~0.004in)을 유지해야 한다.
④ 리밍작업 시 회전방향을 일정하게 하여 가공하며, 이를 반대 방향으로 회전시켜 구멍에서 빼내지 말아야 한다.

60. ④

해설 항공기 조종계통을 작동하는 조종장치의 종류는 다음과 같다.

① 동력 조종장치(powered control system : 동력을 이용한 조종방식으로, 특히 유압의 힘을 이용한 동력 조종장치를 부스터 조종장치(booster control system)라고 한다.
② 매뉴얼 조종장치(manual flight control system, 수동 조종장치) : 조종사가 가하는 힘과 조작 범위를 기계적으로 조종면에 전달하는 방식으로 cable control system과 push-pull rod control system이 있다.
③ 플라이 바이 와이어 조종장치(fly-by-wire control system) : 조종간이나 방향키 페달의 움직임을 전기적인 신호로 변환하여 컴퓨터에 입력시키고, 이 컴퓨터에 의해서 전기 또는 유압식 작동기(actuator)를 동작하게 함으로써 조종계통을 작동하는 조종방식
④ 자동 조종장치(automatic pilot system) : 자이로(gyro)에 의해서 검출된 변위량을 기계식 또는 전자식에 의하여 조종 신호로 바꾸어 자동으로 조종하도록 하는 방식

제4과목 : 항공장비

61. ③

해설 전원회로에서 전압계(voltmeter)와 전류계(ammeter)를 부하와 연결할 때에 전압계는 부하와 병렬, 전류계는 직렬로 연결해야 한다.

62. ③

해설 전방향표지시설(VOR)은 VOR 지상 무선국을 중심으로 하여 360도 전방향에 대한 비행 방향을 자방위로 항공기에 지시하는 항법장치이다. VOR국은 전파를 이용하여 방위 정보를 항공기에 송신하는데 이때 VOR국에서 관찰하는 항공기의 방위는 자방위이다.

63. ③

해설 교류 발전기의 위상각을 θ라고 하면, 무효전력을 구하는 식은 다음과 같다.

무효전력 = 피상전력 $\times \sin\theta$
$= 1000 \times \sin 30°$
$= 500 \text{Var}$

($\because$ 1kVA = 1,000VA)

64. ③

해설 열 스위치식(thermal switch type) 화재경고장치는 낮은 열팽창률의 니켈-철 합금인 금속 스트럿(strut)이 서로 휘어져 있어 평상시에는 접촉점이 떨어져 있다. 화재가 발생하여 화재경고장치가 열을 받게 되면 열팽창률이 높은 스테인리스강으로 된 케이스가 늘어나게 되므로, 금속 스트럿이 펴지면서 접촉점이 연결되어 화재경고장치의 회로를 형성시킨다.

65. ④

해설 흡입 압력계(manifold pressure indicator)는 왕복엔진의 실린더에 흡입되는 공기의 압력을 inHg 단위의 절대압력으로 측정한다. 흡입 압력계는 아네로이드(aneroid)와 다이어프램(diaphragm)의 2개의 공함으로 되어 있다.

66. ④

해설 솔레노이드(solenoid)는 원통형의 절연물 위에 전선을 감아 코일 형태로 만든 것으로, 솔레노이드 코일 내부에 철심을 넣으면 코일에 전류가 흐를 때 전자석이 된다. 이러한 솔레노이드 코일의 자계세기는 단위 길이당 감긴 전자석의 코일 수가 많을수록, 그리고 전류의 세기가 클수록 커진다. 또 철심의 투자율이 높을수록 자계밀도가 커지고, 따라서 자계세기가 커진다.

67. ①

해설 공기순환 공기조화계통(air cycle air conditioning)은 열교환기를 사용하여 공기를 냉각시킨다. 냉매인 프레온 가스를 사용하여 공기를 냉각시키는 계통은 증기순환 공기조화계통이다.

68. ②

해설 수평의(vertical gyro)는 자이로의 강직성과 섭동성을 이용하여 항공기의 롤(roll) 및 피치(pitch) 자세를 감지한다.

69. ②

해설 VHF 통신은 가시거리 통신에서만 유효하므로, VHF 무전기의 송신 출력을 높여도 교신 가능 거리는 가시거리 이내로 제한된다.

70. ②

해설 압력조절기(pressure regulator)는 불규칙한 배출 압력을 규정 범위로 조절하고, 계통에서 압력이 요구되지 않을 때에는 펌프에 부하가 걸리지 않도록 하는 장치이다. 압력조절기는 체크 밸브(check valve)와 바이패스 밸브(bypass valve)의 작용에 따라 다음과 같은 두 가지 상태로 구분할 수 있다.
① 킥아웃(kick-out) 상태 : 계통의 압력이 규정값에 도달한 상태이며, 귀환관에 연결된 바이패스 밸브가 열리고 체크 밸브가 닫히는 과정으로 작동유는 귀환관을 통하여 리저버로 귀환된다.
② 킥인(kick-in) 상태 : 계통의 압력이 규정값보다 낮을 때의 상태이며, 귀환관에 연결된 바이패스 밸브가 닫히고 체크 밸브가 열리는 과정으로 작동유는 계통으로 공급된다.

71. ③

해설 속도의 종류는 다음과 같다.
① 지시대기속도(indicated air speed : IAS) : 속도계에 표시되는 계기속도
② 수정대기속도(calibrated air speed : CAS) : 지시대기속도에서 전압, 정압 계통의 장착위치 및 계기 자체의 오차를 보정한 속도
③ 등가대기속도(equivalent air speed : EAS) : 수정대기속도에 공기의 압축성 효과를 보정한 속도
④ 진대기속도(True air speed : TAS) : 등가대기속도에서 고도 변화에 따른 대기 밀도(외기온도)를 보정한 속도

72. ①

해설 A 피스톤에 일정한 힘(F_1)을 가하면 유체에는 가한 힘을 단면적(A_1)으로 나눈 값의 압력이 작용하게 되고, 파스칼의 원리에 의하여 B 피스톤에도 동일한 압력이 작용한다. 따라서 압력계에 나타나는 압력(P)을 관계식으로 나타내면 다음과 같다.

$$P = \frac{F_1}{A_1} = \frac{F_2}{A_2}$$

$$\therefore P = \frac{F_1}{A_1} = \frac{50}{2} = 25\,\text{kgf/cm}^2$$

73. ①

해설 회전하고 있는 자이로에 힘을 가했을 때 외부력에 의한 모멘트를 M, 그리고 자이로 로터의 각 운동량을 L이라고 하면, 섭동 각속도(Ω)를 구하는 관계식은 다음과 같다.

$$\Omega = \frac{M}{L}$$

식과 같이 섭동 각속도(Ω)는 외부력에 의한 모멘트 M에 비례하고, 자이로 로터의 각 운동량 L에 반비례한다.

74. ④

해설 축전지 터미널(battery terminal)의 재질은 납으로 공기 중의 산소와 반응하거나, 축전지에서 발생하는 황산가스에 의해 부식이 될 수 있다. 이를 방지하기 위해서는 그리스(grease)를 발라 얇은 막을 만들어 준다.

75. ②

해설 교류발전기의 병렬운전 시 어느 한쪽 발전기에 무리가 생기는 것을 피하기 위하여 발전기의 부하전류를 고르게 분배하려면 각 발전기의 전압, 주파수, 위상 등이 서로 일치하여야 한다.

76. ②

해설 압축공기 제빙부츠 계통은 날개나 조종면의 앞전에 팽창 및 수축될 수 있는 고무부츠(boots)를 부착시키고, 가압된 공기와 진공상태의 공기를 교대로 가하여 해당 부분에 결빙된 얼음을 부츠의 팽창과 수축작용에 의하여 제거하는 장치이다. 제빙부츠의 팽창순서는 제빙부츠 가까이에 부착되어 있는 분배밸브(distributor valve) 또는 솔레노이드(solenoid)로 작동되는 밸브로 제어된다.

77. ④

해설 지상접근경보장치(GPWS : Ground Proximity Warning System)는 항공기가 산악 또는 지면에 과도하게 접근하여 위험한 상태에 도달하였을 때 조종사에게 시각 및 청각경고를 제공하여 충돌하는 것을 방지하여 주는 장치이다.

78. ①

해설 공압 계통에 대한 설명은 다음과 같다.
① 공기압은 압축성이 매우 높아서 그대로의 힘이 잘 전달되지 않으므로, 유압과 비교하여 큰 힘을 얻을 수 없다.
② 공압 계통은 공기를 재활용하지 않고 대기 중으로 배출하므로 리저버(reservoir)와 리턴 라인(return line, 귀환관)이 필요하지 않다.

79. ④

해설 자기 나침반(magnetic compass)의 자차 수정 시기는 다음과 같다.
① 엔진교환 작업 후
② 지시에 이상이 있다고 의심이 갈 때
③ 철재 기체 구조재의 대수리 작업 후
④ 전기기기 교환 작업 후

80. ①

해설 항공기가 야간에 불시착했을 때 항공기 내부와 외부를 밝혀주는 비상용 조명(emergency light)은 통상의 전원과는 별도로 비상 전원에 의해 작동할 수 있게 되어 있다. 밝기는 책을 읽을 수 있을 정도이고, 최소 10분 이상 조명하여야 한다.

2018년 1회 (3월 4일)

제1과목 : 항공역학

1. ④

[해설] 동력 실속은 상승 비행 단계에서 상승각을 크게 하기 위하여 기수를 지나치게 올리는 경우 발생할 수 있다. 무동력(power off) 비행 시의 실속속도가 동력 비행(power on) 시의 실속속도보다 더 크다.

2. ②

[해설] 날개 길이를 b, 날개 넓이를 S라고 하면, 가로세로비 AR은
$AR = \dfrac{b^2}{S} = \dfrac{10^2}{25} = 4$

3. ②

[해설] 단일로터 헬리콥터의 제자리 비행 시 주로터는 반시계 방향으로 회전하고 토크 작용으로 기체는 시계방향으로 회전하려고 한다. 토크 작용을 억제하기 위해 미부로터에 의해 추력을 동체 우측으로 작용시켜 기수방향을 유지하는데, 주로터와 미부로터의 복합 추력이 균형을 이루면 헬리콥터는 전체가 옆으로 흐르게(편류) 된다. 이를 전이성향 편류라고 한다.

4. ④

[해설] 유체 흐름과 관련된 용어의 설명은 다음과 같다.
① 박리 : 유체 입자가 표면으로부터 떨어져 나가는 현상
② 층류 : 유체 유동 특성이 시간에 대해 일정한 정상류
③ 난류 : 유체가 진동을 하면서 흐르는 흐름
④ 천이 : 층류에서 난류로 변하는 현상

5. ③

[해설] 역피치 프로펠러는 착륙 후 프로펠러 피치를 역으로 하여 착륙거리를 단축시킬 수 있는 프로펠러로, 역피치는 주로 착륙 후에 제동을 위해서 사용한다.

6. ④

[해설] 직사각형 날개의 임계 마하수를 V_1, 후퇴각 λ를 갖는 뒤젖힘 날개의 임계 마하수를 V_2라고 하면, V_1과 V_2의 관계는 다음과 같은 관계식으로 나타낼 수 있다.
$V_2 = \dfrac{V_1}{\cos \lambda}$, 따라서 $\cos \lambda = \dfrac{V_1}{V_2}$
$\therefore \lambda = \cos^{-1}\left(\dfrac{V_1}{V_2}\right) = \cos^{-1}\left(\dfrac{0.7}{0.91}\right) = 39.7°$

7. ④

[해설] 이륙활주거리를 짧게 하기 위한 조건은 다음과 같다.
① 기관의 추력이 크면 가속도가 커져서 이륙성능이 좋아진다.
② 익면하중(W/S)을 작게 한다. 즉 비행기의 무게(W)를 가볍게 하고, 날개의 면적(S)을 크게 한다.
③ 이륙 시 슬랫, 플랩과 같은 고양력 장치를 사용하여 최대 양력계수를 증가시킨다.

8. ②

[해설] 등속도 비행을 하기 위한 추력(T)과 항력(D)의 관계식은 다음과 같다.
$T = D = C_D \dfrac{1}{2} \rho V^2 S$
$\therefore T = C_D \dfrac{1}{2} \rho V^2 S$
$= 0.02 \times \dfrac{1}{2} \times 0.125 \times 150^2 \times 20$
$= 562.5 \text{kgf}$

9. ①

[해설] 스핀(spin)이란 자동회전과 수직강하가 조합된 비행이다. 스핀에서 비행기를 탈출시키기 위해서는 방향키(rudder)를 스핀과 반대방향으로 밀고, 동시에 승강키(elevator)를 밀면 비행기는 급강하 자세로 들어간다. 이때 도움날개(aileron)는 실속상태에 놓여 있기 때문에 전혀 역할을 하지 못한다.

10. ②

해설 방향키 부유각(rudder float angle)이란 방향키를 자유로 하였을 때 공기력에 의해 방향키가 자유로이 변위되는 각을 말한다.

11. ①

해설 국제표준대기에서 해면고도의 표준온도는 15℃로 정한다.

12. ③

해설 날개 끝 실속을 방지하는 보조장치 및 방법에 대한 설명은 다음과 같다.
① 뒤젖힘 날개에서는 경계층 펜스(fence)를 설치하여, 큰 받음각에서 공기 흐름이 날개 끝 방향으로 흐르는 것을 막아준다.
② 날개의 앞전에 톱니 모양의 앞전 형태를 도입하여, 큰 받음각에서의 와류가 난류 경계층을 발생하도록 한다.
③ 날개의 후퇴각을 너무 크게 하지 않는다.
④ 날개 끝으로 감에 따라 받음각이 작아지도록 날개에 앞내림(wash out) 형상을 갖도록 한다.
⑤ 날개 끝부분에 두께비, 앞전 반지름, 캠버 등이 큰 날개골을 사용한다. 이것을 공력적 비틀림이라고 한다. 또 날개 뿌리부분에 역 캠버인 날개골을 사용하기도 한다.

13. ①

해설 경사각을 ϕ, 선회속도를 V, 수평비행속도를 V_L이라고 하면, 등속수평비행에서 경사각을 주어 선회하는 경우 동일 고도를 유지하기 위한 관계식은 다음과 같다.
$$V = \frac{V_L}{\sqrt{\cos\phi}}$$

14. ①

해설 밀도를 ρ, 날개하중을 $\frac{W}{S}$, 그리고 항력계수를 C_D라고 하면, 급강하속도 V_D는
$$V_D = \sqrt{\frac{2W}{\rho S C_D}} = \sqrt{\frac{2}{\rho}\frac{W}{S}\frac{1}{C_D}}$$
$$= \sqrt{\frac{2}{0.06} \times 30 \times \frac{1}{0.1}} = 100\text{m/s}$$

15. ④

해설 항공기 무게를 W, 공기밀도를 ρ, 그리고 최대 양력계수를 $C_{L\max}$이라고 하면, 실속 속도 V_s는
$$V_s = \sqrt{\frac{2W}{\rho S C_{L\max}}} = \sqrt{\frac{2 \times 4000}{\frac{1}{8} \times 30 \times 1.4}}$$
$$= 39\text{m/s}$$

16. ③

해설 정상 수평비행 상태에서 비행기 무게 중심 주위의 피칭 모멘트, 롤링 모멘트 및 요잉 모멘트가 0인 경우를 트림(trim) 상태라고 한다.

17. ①

해설 평형상태로부터 이탈된 후 평형상태와 이탈상태를 반복하는 것은 다시 평형상태로 되돌아가려는 경향을 보이는 것이므로 정적으로는 안정특성을 갖는다. 그러나 운동의 변위가 시간의 경과에 따라 발산(진폭이 커짐)하는 경우 동적으로는 불안정특성을 갖는다. 따라서 이러한 경향은 정적으로 안정하고 동적으로는 불안정하다고 할 수 있다.

18. ②

해설 열권에는 태양이 방출하는 자외선에 의하여 대기가 전리되어 자유전자의 밀도가 커지는 층이 있는데 이 층을 전리층이라 하며 전파를 흡수 반사하는 작용을 하여 통신에 영향을 끼친다.

19. ③

해설 프로펠러에 작용하는 토크(Q)
$Q = FL$
여기서 힘 F를 T로, 거리 L을 D로 하면
$\therefore Q = C_q \rho n^2 D^5$ (C_q : 토크계수)

20. ②

해설 헬리콥터의 주회전날개는 전진깃과 후진깃의 상대속도 차이에 의해 양력 차이가 발생한다. 이에 따라 헬리콥터의 플래핑 힌지는 전진깃의 피치각은 감소시켜 받음각을 작게 하고, 후퇴깃의 피

치각은 크게 하여 받음각을 크게 함으로써 양력 분포의 평형을 이루어 회전 위치에 따른 양력 비대칭 현상을 제거된다.

제2과목 : 항공기관

21. ②

해설 후기연소기를 장착한 항공기의 배기 노즐은 수축-확산형 가변 배기 노즐이 사용된다. 후기연소기가 작동할 때는 배기 노즐 출구의 단면적이 증가하여 터빈의 과열이나 터빈 뒤쪽의 압력이 과도하게 높아지는 것을 방지한다.

22. ①

해설 왕복엔진은 각 피스톤과 실린더 벽, 크랭크 축과 커넥팅 로드의 각 베어링, 보기들을 구동하는 기어 및 로커암과 같은 밸브 작동기구 및 베어링 등에 오일을 공급하여 윤활과 냉각작용을 한다. 연료펌프는 별도로 오일을 공급하여 냉각을 하지 않으므로 오일에 열을 가하는 요인이 아니다.

23. ③

해설 문제의 그림은 오토 사이클과 디젤 사이클을 합성한 합성 사이클의 P-V 선도이며, 고속 디젤엔진의 기본 사이클이다. 합성 사이클의 가열과정은 정적(정용) 가열과정과 정압 가열과정이 동시에 이루어지며, 사바테 사이클(Sabate cycle)이라고도 한다.

24. ①

해설 프로펠러의 평형 검사를 할 때에 2깃 프로펠러는 수직 및 수직평형 검사를 모두 수행한 후 수정 작업을 하여야 한다. 3깃 프로펠러는 수평평형 검사만을 수행하여 수정 작업을 한다.

25. ②

해설 주위와 열의 출입을 완전히 차단시킨 상태에서 변화하는 과정을 단열과정이라 한다. 압력을 P, 비체적을 v, 온도를 T, 비열비를 k라고 하면, 단열과정에서 압력, 비체적, 온도, 비열비와의 관계는 다음과 같다.

$Pv^k = $ 일정
$Tv^{k-1} = $ 일정

26. ③

해설 압축기에 설치된 블리드 밸브(bleed valve)는 엔진과 항공기에 여러 가지 목적을 위하여 공급되는 압축기의 공기를 제어한다. 블리드 밸브를 통하여 배출된 압축기의 고압 고온의 공기는 압축기 흡입부의 방빙, 연료가열 및 항공기 여압과 제빙에 사용한다.

27. ①

해설 왕복엔진의 이상적인 기본 사이클은 오토 사이클(Otto cycle)이다. 브레이턴 사이클(Brayton cycle)은 가스 터빈 기관의 이상적인 기본 사이클이다.

28. ④

해설 비열이란 단위질량 1kg의 물질을 단위온도 1℃ 높이는 데 필요한 열량을 말하며, 정적비열은 체적을 일정하게 유지시키면서 단위질량을 단위온도로 높이는 데 필요한 열량을 말한다.
정압비열은 압력을 일정하게 유지시키면서 단위질량을 단위온도로 높이는 데 필요한 열량을 말한다.

29. ③

해설 축류형 압축기에서 1열의 회전자(rotor)와 1열의 고정자(stator)를 합하여 1단이라고 하는데, 축류형 압축기는 여러 개의 단으로 이루어진다.

30. ②

해설 배기가스속도를 V_j, 비행속도를 V_a, 비추력을 F_s라고 하면, 비추력 F_s는

$$F_s = \frac{V_j - V_a}{g} = \frac{400 - \left(\frac{1080}{3.6}\right)}{9.8} = 10.2$$

31. ④

해설 수평 대향형 기관에서 유압 태핏(hydraulic tappet)은 윤활유 압력에 의하여 자동적으로 열

팽창 변화에 의한 밸브간격을 항상 0으로 유지하여 준다. 밸브간격이 없으므로 밸브 개폐시기를 정확하게 할 수 있으며, 밸브 작동기구의 충격과 소음을 방지할 수 있다.

32. ③
해설 오일필터가 막히면 바이패스 밸브(bypass valve)가 열리고, 오일이 필터를 거치지 않고 바이패스 밸브를 통하여 기관의 내부로 흐른다.

33. ①
해설 정속 프로펠러(constant speed propeller)는 조속기에 의해 자동적으로 피치(깃각)를 조정하여 비행속도나 기관 출력의 변화에 관계없이 프로펠러를 항상 일정한 속도로 유지한다. 조속기의 파일럿 밸브(pilot valve) 위치에 따라 저피치와 고피치 사이에서 피치를 자동으로 변경하여 가장 좋은 프로펠러 효율을 가지도록 한다.

34. ④
해설 가스 터빈 엔진의 연료계통에서 여압 및 드레인 밸브(P&D valve : pressure and drain valve)의 역할은 다음과 같다.
① 연료 매니폴드로 가는 연료의 흐름을 1차연료와 2차연료로 분배한다.
② 기관이 정지되었을 때 매니폴드나 연료 노즐에 남아 있는 연료를 외부로 방출한다.
③ 연료의 압력이 일정 압력 이상이 될 때까지 연료의 흐름을 차단한다.

문제 보기 ④의 펌프 출구압력이 규정값 이상으로 높아지면 열려서 연료를 기어펌프 입구로 되돌려 보내는 역할을 하는 것은 릴리프 밸브(relief valve)이다.

35. ④
해설 일부 대형 엔진의 윤활유 탱크 내에는 호퍼 탱크(hopper tank)가 설치되어 있어서, 윤활유가 호퍼 탱크에서 흘러나와 엔진으로 들어가서 윤활된 후 다시 호퍼 탱크로 되돌아온다. 이것은 탱크 내 일부 윤활유를 엔진을 통하여 순환시켜 시동 시 신속히 오일온도를 상승시켜, 엔진 예열이 급속히 이루어지게 해 준다.

36. ②
해설 왕복엔진의 피스톤과 실린더 벽 사이에서 누설된 공기가 크랭크 케이스 내부에 과도한 가스 압력을 형성하면 크랭크 케이스가 파손될 수 있다. 크랭크 케이스의 브레더(breather) 장치는 과도한 가스 압력을 대기 중으로 배출하여 크랭크 케이스를 보호하고, 항상 일정한 압력을 유지한다.

37. ①
해설 로켓(rocket)은 외부의 공기를 흡입하지 않고, 기관 자체 내에 저장된 고체 또는 액체의 산화제와 연료를 필요에 따라 펌프나 압축공기의 압력에 의해 연소실로 보내어 연소시킨다.

38. ②
해설 왕복엔진의 연료계통에서 연료가 연료라인을 지나갈 때 열을 받으면 증발하여 기포가 생기기 쉽고, 이 기포가 연료라인에 차서 연료의 흐름을 방해할 때가 있다. 이러한 현상을 베이퍼 록(vapor lock)이라 하며, 베이퍼 록의 원인을 들면 다음과 같다.
① 연료 온도 상승
② 연료의 높은 휘발성
③ 연료탱크 내부의 거품 발생
④ 연료에 작용하는 압력의 저하 : 압력이 저하하면 비등점이 낮아져 낮은 온도에서 연료가 기화한다.

39. ①
해설 터보 샤프트 엔진의 토크를 $Q[\text{kg} \cdot \text{m}]$, 각속도를 $\omega[\text{rad/rev}]$, 그리고 회전수를 $N[\text{rev/min}]$이라고 할 때, 토크에 의한 일률을 마력(HP) 단위로 구하는 관계식은 다음과 같다.

$$HP = \frac{Q\omega N}{75} = \frac{51 \times 2\pi \times \frac{24000}{60}}{75}$$
$$= 1,709\text{ps} \quad (\because 1\text{ps} = 75\text{kg} \cdot \text{m/s})$$

40. ③
해설 왕복엔진의 작동 중에는 안전을 위해 다음과 같은 변수의 한계 수치를 확인하여야 한다.
① 엔진 오일 압력

② 엔진 오일 온도
③ 실린더헤드 온도(CHT), 배기가스 온도
④ 기관 회전수(rpm)
⑤ 흡기 압력, 매니폴드 압력(MAP)이라고도 한다.

제3과목 : 항공기체

41. ②

해설 SAE 4130 크롬-몰리브덴(chrome-molybdenum) 강은 용접성을 향상시킨 강으로, 착륙장치의 다리 부분, 엔진 마운트, 엔진 부품, 항공기 볼트 등과 같이 고강도를 필요로 하는 부분에 사용된다. SAE 4130 규격의 의미는 다음과 같다.

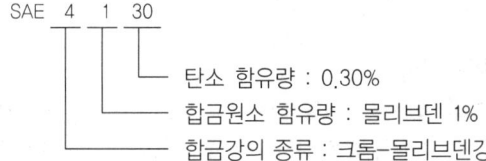

42. ③

해설 세미모노코크(semi monocoque) 구조 형식 비행기 동체의 주요 구조재는 다음과 같다.
① 벌크헤드(bulkhead) : 동체가 비틀림 하중에 의해 변형되는 것을 막아 주며, 동체에 작용하는 집중 하중을 외피로 전달하여 분산시킨다.
② 스트링어(stringer, 세로지)와 세로대 : 동체의 세로 방향 모양을 형성하며, 길이 방향으로 작용하는 휨 모멘트와 동체 축방향의 인장력과 압축력을 담당한다.
③ 프레임(frame) : 축 하중과 휨 하중에 견디도록 설계 제작된다.
④ 표피(skin) : 거의 알루미늄 합금판으로 구성되며, 동체에 작용하는 비틀림과 전단력 하중을 주로 담당한다.

43. ③

해설 그림과 같은 길이 L인 외팔보에 집중하중(P_1, P_2)이 작용할 때 최대 굽힘 모멘트는 벽 지점에서 발생한다. 굽힘 모멘트(M_{max})는 2개의 집중하중이 작용할 때의 모멘트를 각각 고려하여야 하며, 반시계 방향으로 회전하는 모멘트는 음(-)으로 가정한다. 따라서 최대 굽힘 모멘트의 크기는 $M_{max} = -P_1 L - P_2 b$이다.

44. ①

해설 판금 작업과 관련된 용어는 다음과 같다.
① 세트 백(set back) : 구부리는 판재에서 바깥면의 굽힘 연장선의 교차점과 굽힘 접선과의 거리
② 굽힘여유(bend allowance) : 판재를 구부릴 때 정확한 수직으로 구부릴 수 없기 때문에 구부려지는 부분에 생기는 여유길이
③ 최소 반지름 : 판재가 본래의 강도를 유지한 상태로 최소 예각으로 구부릴 수 있도록 허용된 최소의 굽힘 반지름

45. ①

해설 문제의 그림과 같은 V-n 선도에서 각 지점이 의미하는 속도는 다음과 같다.
① V_1 : 실속 속도
② V_2 : 설계운용속도
③ V_3 : 설계돌풍운용속도
④ V_4 : 설계급강하속도

46. ③

해설 양극 산화 처리(anodizing)는 금속 표면에 내식성이 있는 산화피막을 형성시키는 부식 처리 방법이며, 다음과 같은 종류가 있다.
① 황산법 : 사용 전압이 낮고 소모 전력량이 적으며, 약품 가격이 저렴하고 폐수 처리도 비교적 쉬워 가장 경제적인 방법이다. 현재 황산법이 주로 사용되고 있다.
② 수산법 : 경도가 큰 피막을 얻을 수 있고 내식성도 우수하지만, 약품값이 비싸고 전력비가 많이 든다.
③ 크롬산법 : 항공기용 부품 재료의 방식 처리에 적합하며, 피막의 두께가 얇다.

47. ②

해설 항공기의 고속화에 따라 마찰에 의해 항공기 표면이 고온이 되므로 열에 약한 알루미늄 합금에

서 티타늄 합금으로 대체되고 있다.

48. ④

해설 날개 끝부분의 연료를 먼저 사용하면 날개가 가벼워져 갑작스런 기류 변화나 이착륙 시 날개가 움직임으로써 금속피로가 누적될 수 있기 때문에 연료탱크가 주 날개에 장착된 항공기는 날개 안쪽 부분의 연료부터 사용해야 한다.

49. ④

해설 용접 조인트(joint)의 형식에는 아래 그림과 같이 lap joint(겹치기 이음), tee joint(T형 이음), 맞대기 이음(butt joint), corner joint(모서리 이음) 등이 있다.

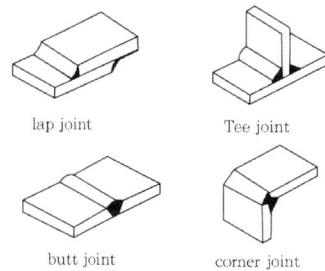

50. ①

해설 트림 탭(trim tab)은 조종면의 힌지 모멘트를 감소시켜 조종사의 조종력을 0으로 조종해 주는 역할을 한다. 비행 중 항공기가 불균형 상태일 때 트림 탭을 변위시킴으로써 정적 균형을 유지하여 정상 상태로 만들어 주는 장치이다.

51. ②

해설
- 중심위치 $(C.G) = \dfrac{\text{총 모멘트}}{\text{총 무게}}$

$$= \dfrac{(1500 \times 15) + (3500 \times 145) + (3400 \times 145)}{1500 + 3500 + 3400}$$

$$= +121.79 \text{ in}$$

- 기준선에서 무게중심($C.G$)까지의 거리를 H, 기준선에서 MAC 앞전까지의 거리를 X, 그리고 MAC의 길이를 C라고 할 때, 무게중심 ($C.G$)의 위치를 MAC의 백분율(%)로 나타내면

$$C.G = \dfrac{H-X}{C} \times 100 \, (\%)$$

$$= \dfrac{121.79 - 110}{70} \times 100 = 16.84\%$$

∴ 따라서, 무게중심($C.G$)은 MAC(mean aero dynamic chord)의 앞전에서부터 약 16.925% 지점에 있다.

52. ②

해설 항공기에 사용되는 안전결선의 종류는 다음과 같다.
① 고정 결선(lock wire) : 나사 부품을 조이는 방향으로 당겨 확실히 고정시키기 위하여 사용
② 전단 결선(shear wire) : 비상구, 소화제 발사장치, 비상용 제동장치 핸들, 스위치, 커버 등을 잘못 조작하는 것을 방지하고, 비상시에 쉽게 제거할 수 있도록 하는 목적으로 사용

53. ②

해설 앞바퀴식 착륙장치(nose gear type)는 세발 자전거와 같은 형태로서, 주바퀴(main gear)의 앞에 항공기의 방향 조절 기능을 가진 앞바퀴(nose gear)가 설치된 것으로 다음과 같은 특징을 가지고 있다.
① 지상에서 항공기 동체의 수평 유지로 기내에서 승객들의 이동이 용이하다.
② 항공기 중력 중심이 메인 기어 전방으로 움직여 지상전복(ground looping)을 방지하여 안정성이 좋다.
③ 지상전복의 위험이 적어 빠른 착륙속도에서 급제동이 가능하다.
④ 이·착륙 및 지상 활주 중에 조종사에게 넓은 시야각을 제공한다.
⑤ 이륙 시 저항이 작고, 착륙 성능이 좋다.

54. ④

해설 항공기에 하중이 가해지면 구조물인 항공기 내부에는 하중을 지지하기 위한 내력이 발생하는데, 단위 면적당 작용하는 힘(내력) 또는 힘(내력)의 세기를 응력(stress)이라고 한다.

55. ④

해설 AN 볼트의 규격은 다음과 같다.

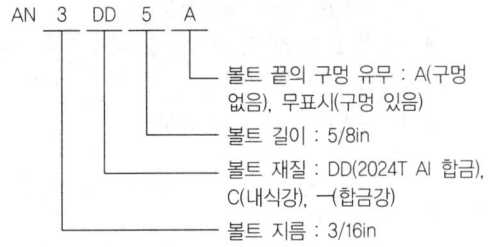

56. ③

해설 나셀(nacelle)은 기체에 장착된 기관을 둘러싸고 있는 부분을 말하며, 공기 저항을 작게 하기 위하여 유선형으로 만든다.

57. ④

해설 반지름 R인 원형 단면의 봉 끝에 짝힘 F가 작용하면 봉에는 비틀림이 발생한다. 전단응력을 τ_{max}, 극관성 모멘트를 J라고 하면, 이때 비틀림 모멘트, 즉 토크 T는 다음과 같은 식으로 나타낼 수 있다.

$$\therefore T = \tau_{max} \times \left(\frac{J}{R}\right)$$

58. ③

해설 페일 세이프 구조(Fail safe structure)에는 다음과 같은 종류가 있다.
① 이중 구조 : 큰 부재 대신 2개 또는 그 이상의 소부재로 대치하는 것
② 하중경감 구조 : 부재가 파손되기 시작할 때 다른 부재에 하중을 이동, 전달함으로써 부재의 완전 파단 또는 파괴를 방지하는 구조
③ 대치 구조 : 주 부재가 전 하중을 지지하고 있는 경우, 평소에는 하중을 받지 않다가 주 부재가 파괴되었을 때 하중을 지탱해주는 예비 부재를 가지고 있는 구조
④ 다중하중경로 구조 : 일부 부재가 파괴될 경우 그 부재가 담당하던 하중을 다른 부재가 분담할 수 있는 구조

59. ①

해설 서로 다른 재질의 금속이 접촉하면 접촉전기와 수분에 의해 전해질이 형성될 때 국부전류 흐름이 발생하여 부식을 초래하게 되는 현상을 이질금속간 부식, 또는 갈바닉 부식(galvanic corrosion)이라고 한다.

60. ①

해설 시트 파스너(sheet fastener)는 항공기 기체수리 작업 시 리베팅 전에 구멍이 뚫린 판재를 임시로 고정하여 서로 어긋나지 않도록 하기 위하여 사용하는 공구이다. 클레코(cleco)라고 하는 시트 파스너는 가장 일반적으로 사용되는 판재 고정 공구이다.

제4과목 : 항공장비

61. ①

해설 화재감지계통에서 화재의 지시에 대한 설명은 다음과 같다.
① 화재가 발생하면 조종실 내의 가청 알람 시스템에 의해 음향 경고가 울리고, 적색 경고등이 켜져서 화재를 확인할 수 있다.
② 화재가 진행되는 동안 계속해서 지시해 준다.
③ 화재가 다시 발생할 때에는 동일한 방법에 의하여 다시 지시해야 한다.
④ 화재를 지시하지 않을 때 최소의 전력 소모가 되어야 한다.

62. ②

해설 신호의 크기에 따라 반송파를 변화시키는 변조 방식의 종류는 다음과 같다.
① AM 방식(amplitude modulation, 진폭 변조) : 신호에 따라 반송파의 진폭을 변화시키는 변조방식
② FM 방식(frequency modulation, 주파수 변조) : 신호에 따라 반송파의 주파수를 변화시키는 변조방식

63. ①

해설 전방향표지시설(VOR)은 지상 무선국을 중심으로 하여 360도 전방향에 대한 비행 방향을 항공기에 지시할 수 있는 기능을 갖추고 있는 항법장치이다.

64. ②

[해설] 전기계통의 인버터(inverter)는 축전지의 직류를 공급받아 교류로 변환시키는 역할을 하는 장치이다. 인버터는 주전원이 직류인 항공기에서 교류를 얻기 위해 사용된다.

65. ④

[해설] 항공기 날개 부위 중 리딩 에지(leading edge)의 방빙 또는 제빙 방법은 다음과 같다.
① 열적 방빙 방법 : 전열선을 설치하여 전기적인 열을 가해 결빙을 방지/제거하는 전기적 방법과 가열공기의 덕트를 설치하고 이곳으로 엔진 압축기부에서 추출된 블리드(bleed) 가열공기를 통과하게 하여 결빙을 방지/제거하는 방법 등이 있다.
② 제빙 부츠 방식 : 팽창 및 수축될 수 있는 고무 부츠(boots)를 부착시키고 압축공기에 의한 부츠의 팽창과 수축작용에 의해 결빙된 얼음을 제거하는 방법

66. ③

[해설] 비행고도와 객실고도의 차이로 인하여 기체 내부와 외부에는 다른 압력이 작용하게 되며, 이 압력차를 차압(differential pressure)이라고 한다. 비행기 구조가 견딜 수 있는 차압은 비행기를 설계할 때에 정해지게 된다. 따라서 객실을 여압할 때는 비행기 구조가 견딜 수 있는 항공기 내부와 외부의 압력 차를 고려하여야 한다.

67. ①

[해설] 공함은 압력을 기계적 변위로 바꾸어 주는 장치이며, 아네로이드(aneroid), 다이어프램(diaphragm), 벨로즈(bellows), 부르동관(bourdon tube) 등이 공함으로 사용된다. 항공기의 피토 정압계통 계기인 고도계, 속도계와 승강계는 수감부로 공함을 응용한 계기이다. 선회계는 자이로를 이용한 계기이다.

68. ③

[해설]
• 그림과 같은 불평형 브리지회로에서 단자 A의 전압을 V_A라고 하면,

$V_A = I_1 R_2 = 2 \times 80 = 160 \text{V}$

• 그림과 같은 불평형 브리지회로에서 단자 B의 전압을 V_B라고 하면,

$V_B = I_2 R_4 = 1 \times 60 = 60 \text{V}$

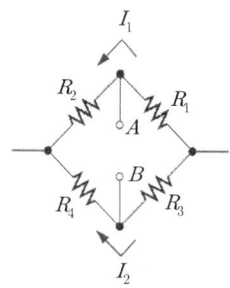

• 따라서 단자 A와 B 중 전위가 높은 쪽은 A이며, 두 단자 간의 전위차(V_{TH})는 다음과 같다.

$\therefore V_{TH} = V_A - V_B = 160 - 60 = 100 \text{V}$
$(\because V_A > V_B)$

69. ③

[해설] 여러 가지의 정보를 하나의 계기에 지시하는 종합 전자계기는 항공기를 제작하는 회사에 따라 다르지만 일반적으로 다음과 같이 구성된다.
① 주비행 표시장치(primary flight display, PFD) : 비행자세 지시부, 속도 지시부, 기압고도 지시부, 자동 비행모드 지시부, 전파고도(radio altitude) 지시부, 승강 속도 지시부 등
② 항법 표시장치(navigation display, ND) : DME data, ground speed, wind speed/direction, 현재의 위치, Heading, 비행 방향, 비행예정 course 등
③ 기관 지시와 승무원 경고계통(engine indication and crew alerting system, EICAS)

70. ④

[해설] 오리피스 체크 밸브(orifice check valve)는 오리피스와 체크 밸브의 기능을 합친 밸브로 한 방향의 유량은 정상적으로 흐르게 하고, 다른 방향의 유량은 작게 흐르도록 제한한다.

71. ④

[해설] 위성항법(GPS : global positioning system)은

인공위성에서 발사한 전파를 수신하여 관측점까지 소요시간을 측정함으로써 자신의 위치를 알아내는 시스템이다. 위성항법은 처음에는 군사적인 목적으로 이용하였으나, 경제성 및 유용성으로 인해 민간 여객기, 자동차용으로도 실용화되어 보편화된 항법 시스템으로 자리잡고 있다.

72. ②

해설 유압계통에서 레저버(reservoir) 내에 있는 스탠드 파이프(stand pipe)는 비상시 작동유의 예비공급 역할을 한다. 정상 유압계통은 펌프 연결구에 연결되어 스탠드 파이프의 상면에 있는 작동유를 공급받는다. 정상 유압계통이 파손되어 작동유가 누출되더라도 스탠드 파이프 높이만큼의 작동유가 비상펌프 연결구를 통해 공급되어 비상 유압계통을 작동시킨다.

73. ①

해설 도체의 단면에 흐른 전하량을 $Q[C]$, 시간을 $t[s]$라고 하면 전류(I)를 구하는 식은 다음과 같다.

$$I = \frac{Q}{t} = \frac{10800}{3600} = 3A$$

74. ④

해설 무선통신장치에서 송신기(transmitter)를 구성하는 회로는 증폭부, 변조부, 발진부 및 각 회로를 동작시키기 위한 전원부 등으로 구성된다. 각 회로의 기능은 다음과 같다.
① 증폭부 : 원하는 출력을 얻기 위해 신호를 증폭한다.
② 변조부 : 입력정보신호를 반송파에 적재한다.
③ 발진부 : 전송하고자 하는 신호를 운반하기 위한 교류 반송파 주파수를 발생시킨다.

75. ②

해설 화재의 등급을 구분하면 다음과 같다.

구분	화재의 명칭	설명
A급 화재	일반 화재	종이, 나무, 의류, 가구, 실내 장식품 등 보통의 가연성 물질에서 일어나는 화재
B급 화재	기름 화재	연료, 그리스, 솔벤트, 페인트와 같은 가연성 기름에서 일어나는 화재
C급 화재	전기 화재	전기기기, 전기부품, 전기용품 등 전기가 원인이 되어 전기계통에 일어나는 화재
D급 화재	금속 화재	마그네슘, 분말 금속, 두랄루민과 같은 금속물질에서 발생되는 화재

76. ②

해설 항법계기(navigation instrument)는 항공기의 진로, 위치 및 방위 등을 알아내는 데 필요한 계기이다. 항법계기에는 자기 컴퍼스, 자동 무선방향 탐지기(ADF), 전방향표지시설(VOR), 거리측정장치(DME), 전술항행장치(TACAN), 관성항법장치(INS) 등이 있다.
CVR(cockpit voice recorder)은 승무원의 목소리를 포함하여 조종실 내의 모든 소리를 기록하는 조종실 음성기록장치이다.

77. ③

해설 계기착륙장치(ILS : Instrument Landing System)에서 로컬라이저(localizer)는 활주로에 접근하는 항공기에 대하여 수평 방향의 접근 유도신호인 활주로중심선을 제공하는 장치이다. 활주로에 대하여 적절한 수직 방향의 각도 유지를 수행하는 장치는 글라이드 슬로프(glide slope)이다.

78. ①

해설 황산납 축전지의 셀에는 양과 음의 터미널 포스트(terminal post) 중앙에 캡(cap)이 있으며 용도는 다음과 같다.
① 캡을 열고 전해액에 증류수를 보충하거나, 전해액의 비중을 측정한다.
② 충전할 때 발생하는 가스가 배출될 수 있도록 배출구의 역할을 한다.
③ 수평비행 시에는 납추(lead weight)가 열려서 가스가 배출되도록 하고, 배면비행 시에는 납추가 구멍을 막아 전해액의 누설을 방지한다.

79. ②

해설 교류전동기(AC Motor)의 종류는 다음과 같다.

① 유도전동기(induction motor) : 교류에 대한 작동 특성이 좋기 때문에, 시동이나 계자 여자에 있어 특별한 조치가 필요하지 않고, 부하 감당 범위가 넓다.
② 유니버설 전동기(universal motor, 만능 전동기) : 교류 및 직류 겸용이 가능하며, 인가되는 전류의 형식에 관계없이 항상 일정한 방향으로 구동될 수 있다.
③ 동기전동기(synchronous motor) : 동기전동기는 교류발전기와 동조되는 회전수로 회전하는 것으로서, 항공기에서는 기관의 회전계에 이용한다.

80. ③

해설 버든 튜브식(bourdon tube type) 오일 압력계는 가장 많이 쓰이고 있는 압력계이다. 버든 튜브는 속이 비어 있는 타원형의 단면을 가진 금속관이 둥글게 구부려져 있으며, 한쪽 내부에 압력이 가해지면 버든 튜브가 팽창하여 게이지압(gauge pressure)을 측정한다.

2018년 2회 (4월 28일)

제1과목 : 항공역학

1. ①

해설 에어포일(airfoil)의 공력중심에 대한 설명은 다음과 같다.
① 일반적으로 공력중심이 압력중심보다 앞에 위치한다.
② 외부 영향으로 받음각이 증가하면 항공기 기수를 내리려는 음의 키놀이 모멘트가 발생하여야 항공기는 정적 세로안정성을 갖는다. 따라서, 일반적으로 공력중심에 대한 피칭 모멘트계수는 음의 값이다.
③ 공력중심이란 받음각이 변해도 피칭 모멘트가 일정한 기준점을 말한다.
④ 대부분의 아음속 에어포일은 앞전에서 시위선 길이의 1/4에 위치한다.

2. ④

해설 헬리콥터의 회전날개의 회전에 의하여 발생하는 추력은 운동량 이론(momentum theory)에 의하여 계산한다. 운동량 이론이란 회전면 앞에서의 공기유동량과 회전면 뒤에서의 공기유동량의 차이에 의해서 만들어지는 회전면에서의 운동량 차이를 이용하여 추력을 구하는 방법이다.

3. ③

해설 최대 수평거리를 구하는 식은 다음과 같다.
최대 수평거리=양항비×활공고도
$= 8.5 \times 2000 = 17,000 \text{m}$

4. ②

해설 기하학적 피치(geometric pitch)란 공기를 강체로 가정하여 프로펠러 깃을 한 바퀴 회전시켜 프로펠러가 앞으로 전진할 수 있는 이론적인 거리를 말한다.

5. ③

해설 대기권은 높이에 따른 기온 변화를 기준으로 높은 층에서부터 낮은 층의 순서로 나열하면 극외권, 열권, 중간권, 성층권, 대류권으로 구분된다.

6. ①

해설 정적 중립이란 평형상태에서 벗어난 물체가 원래의 평형상태로 되돌아오지도 않고 평형상태에서 벗어난 방향으로도 이동하지 않고, 이동된 상태에서 새로운 평형상태가 되는 경우를 말한다. 따라서 정적 중립을 나타낸 것은 그림 ①이다.

문제의 그림 ②와 ③은 정적 안정, 그리고 그림 ④는 정적 불안정을 나타낸다.

7. ②

해설 이상기체(ideal gas)란 실제로는 존재하지 않는 이상적인 기체로서 다음과 같은 이상기체 상태 방정식을 만족하는 기체이다.
$Pv = RT$
여기서, P는 압력, v는 비체적, R은 기체상수(gas constant), 그리고 T는 절대온도이다.

8. ③

해설 층류와 난류에 대한 설명은 다음과 같다.
① 난류는 층류보다 유속의 구배가 크다.
② 난류는 층류보다 경계층(boundary layer)이 두껍다.
③ 층류는 난류보다 박리(separation)가 되기 쉽다.
④ 층류에서 난류로 변하는 지역을 천이지역(transition region)이라고 한다.

9. ①

해설 동력계수를 C_p, 밀도를 ρ, 프로펠러 회전수를 n, 그리고 프로펠러 직경을 D라고 하면, 프로펠러에 의한 동력(P)을 구하는 식은 다음과 같다.
$P = C_p \rho n^3 D^5$

10. ②

해설 같은 받음각에 대해서는 캠버가 큰 날개일수록 큰 양력을 얻을 수 있으며, 최대 양력계수도 커진다. 그러나 캠버가 크면 양력이 증가하나 항력도 비례적으로 증가하므로, 저속비행기는 캠버가 큰 날개골을 이용하고 고속비행기는 캠버가 작은 날개골을 사용한다.

11. ③

해설 헬리콥터 회전날개의 조종장치 중 주기 피치조종과 동시 피치조종은 회전경사판(swash plate)과 연동되어 이루어진다.
주기 피치(cyclic pitch) 제어간을 밀거나 당기면 회전경사판이 앞이나 뒤로 경사지고, 따라서 회전날개의 회전면이 앞이나 뒤로 경사지게 되어 헬리콥터는 전진 또는 후진 비행을 한다. 동시 피치(collective pitch) 제어간을 위나 아래로 움직이면 회전경사판이 위나 아래로 움직여 피치를 증가 또는 감소시키고, 헬리콥터는 상승 또는 하강 비행을 한다.

12. ④

해설 키돌이(loop) 비행이란 비행기를 옆에서 보았을 때 수평비행 자세에서 롤러코스터처럼 360도의 원을 그리며 한 바퀴 도는 비행을 말한다. 키돌이 비행의 하중배수는 하단점에서 가장 크고, 상단점에서 가장 작다. 그 이유는 상단점에서는 항공기의 중량이 원심력과 거의 같아지고 양력이 적기 때문이다. 상단점에서의 양력은 적으므로 하중배수를 0이라고 하면, 이론적으로 하단점에서의 하중배수는 6이 된다.

13. ④

해설 비행기에 작용하는 힘에 따른 비행상태는 다음과 같다.
- 상승비행 : 양력(L)>무게(W),
  하강비행 : 양력(L)<무게(W)
- 가속비행 : 추력(T)>항력(D),
  감속비행 : 추력(T)<항력(D)

따라서 등속수평비행을 하려면, 양력(L)=무게(W)이고, 추력(T)=항력(D)이어야 한다.

14. ①

해설 선회속도를 V_t[m/s²], 경사각을 θ라고 하면, 선회반지름 R[m]은

$$\therefore R = \frac{V_t^2}{g \cdot \tan\theta} = \frac{\left(\frac{150}{3.6}\right)^2}{9.8 \times \tan 60°} = 102.3 \text{ m}$$

15. ④

해설 동적 안정성은 다음과 같이 구분한다.
① 양(+)의 동적 안정 : 운동의 진폭이 시간이 지남에 따라 점차로 감소하는 것
② 음(-)의 동적 안정 : 운동의 진폭이 시간이 지남에 따라 점차로 증가하는 것
③ 동적 중립 : 운동의 진폭이 시간이 경과되어도 변화가 없는 것

16. ①

해설 스핀(spin) 상태란 자동회전과 수직강하가 조합된 비행 상태이다. 이 현상은 비행기가 실속각을 넘는 받음각인 상태에서 기체 전체가 실속되고, 그 결과 비행기는 옆놀이와 빗놀이를 수반하여 나선을 그리면서 고도가 감소하게 된다.

17. ②

해설 양력계수를 C_L, 항력계수를 C_D라고 하면, 제트항공기가 최대 항속시간으로 비행하기 위해서는 $\left(\dfrac{C_L}{C_D}\right)$가 최대인 받음각으로 비행해야 한다.

18. ③

해설 가속도를 a, 걸린 시간을 t라고 하면, 이동 거리 D는

$$D = \dfrac{at^2}{2} = \dfrac{2 \times 30^2}{2} = \dfrac{2 \times 900}{2} = 900\text{m}$$

19. ④

해설 항공기를 오른쪽으로 선회시킬 경우 양(+)의 롤링 모멘트(옆놀이 모멘트)를 가해주어야 한다. 단, 오른쪽 방향을 양(+)의 롤링 모멘트로 정의한다.

20. ②

해설 레이놀즈 수(Reynolds number)란 동압으로 인한 관성력과 점성에 의한 마찰력(점성력)의 비를 나타내는 무차원수이며, 레이놀즈 수를 나타내는 식은 다음과 같다.

$$R_e = \dfrac{\rho V c}{\mu} = \dfrac{Vc}{\nu}$$

(여기에서, ρ : 공기밀도, V : 공기속도, c : 시위길이, μ : 절대점성계수, ν : 동점성계수이다.)

제2과목 : 항공기관

21. ③

해설 가스 터빈 엔진에서 애뉼러형(annular type) 연소실은 구조가 간단하고 길이가 짧다. 그리고 연소 정지 현상이 거의 없고 출구 온도분포가 균일하며, 연소 효율이 좋다. 그러나 정비가 불편한 것이 단점이다.

22. ①

해설 가스 터빈 엔진 연료의 성질은 다음과 같다.
① 발열량은 연료를 구성하는 탄화수소와 그 외 화합물의 함유물에 의해서 결정된다.
② 가스 터빈 엔진에 사용하는 연료는 등유계 연료로서 왕복엔진에 사용하는 가솔린보다 인화점이 높다.
③ 연료에 유황분이 많으면 공해문제를 일으키며, 황화작용에 의해 엔진 고온부품에 부식을 유발하여 수명을 단축시킨다.
④ 연료 노즐에서의 분출량은 연료의 점도와 노즐의 형상에 영향을 받는다.

23. ④

해설 사용 중인 항공기엔진의 오일은 습기, 산, 탄소 및 미세한 찌꺼기 등에 오염되어 윤활 능력이 저하된다. 따라서 정해진 기간마다 오일을 교환해야 한다.

24. ②

해설 왕복엔진용 윤활유의 점도는 윤활유의 흐름을 저항하는 유체마찰을 뜻한다. 점도가 낮을수록 윤활유의 유동이나 흐름이 자유롭고 빠르며, 점도가 높을수록 유동이나 흐름이 느려진다. 일반적으로 온도가 내려가면 윤활유의 점도는 올라가므로, 겨울철에는 엔진의 시동성과 난기 운전 중의 각 부의 윤활 때문에 점도가 낮은 저점도 윤활유를 사용해야 한다. 반대로 따뜻한 날씨에는 고점도의 윤활유를 사용해야 한다.

25. ④

해설 왕복엔진 점화과정에서 발생하는 이상 연소현상의 종류는 다음과 같다.
① 디토네이션(detonation) : 점화된 혼합가스가 팽창하면서 아직 연소되지 않은 부분에 고온, 고압을 전달하여 자연발화 온도로 올려줌으로써 많은 양의 미연소 가스가 동시에 자연 발화하는 현상
② 조기점화(preignition) : 정상적인 불꽃 점화가 일어나기 전에 밸브, 피스톤, 점화플러그와 같이 뜨거운 부품에 의해 비정상적인 점화가 일어나는 현상
③ 역화(back fire) : 혼합비가 너무 희박해지면 연소속도가 느려져 흡입행정에서 흡입밸브가 열렸을 때 실린더 안에 남아 있는 화염에 의하여 매니폴드나 기화기 안의 혼합가스로 인화되는 현상
④ 후화(after fire) : 혼합비가 너무 농후해지면 연소속도가 느려져, 배기행정 후까지 연소가 진행되어 배기관을 통하여 불꽃이 배출되는 현상

26. ①

해설 터빈 기관에서 배기가스온도(EGT)가 규정된 한계치 이상으로 증가하는 현상은 연료-공기 혼합비를 조정하는 연료조정장치의 고장 및 이로 인한 과도한 연료흐름, 결빙 및 압축기 입구부에서 공기 흐름의 제한 등에 의하여 발생한다.

27. ④

해설 가스 터빈 기관에 사용되는 시동기의 종류는 전기식 시동기와 공기식 시동기로 분류할 수 있다.
① 전기식 시동기(electric starter) : 전동기식, 시동 발전기식 시동기
② 공기식 시동기(pneumatic starter) : 공기 터빈식, 가스 터빈식 및 공기 충돌식

28. ②

해설 동력(power)이란 단위 시간에 할 수 있는 일의 능력을 말하며, 일의 크기는 물체에 작용하는 힘과 힘의 방향으로 움직인 거리와의 곱으로 표시된다. 따라서 힘을 F, 거리를 L, 그리고 시간을 t라고 하면, 동력 P를 구하는 식은 다음과 같다.

$$P = \frac{W}{t} = \frac{FL}{t}$$
$$= \frac{4500 \times 5}{3} = 7{,}500\,\text{ft}\cdot\text{lbs/min}$$

29. ③

해설 가스 터빈 기관에 사용되는 윤활유의 구비 조건은 다음과 같다.
① 인화점이 높아야 한다.
② 부식성이 낮아야 한다.
③ 유동점과 점성이 어느 정도 낮아야 한다.
④ 온도 변화에 따라 점도의 변화가 작아야 한다. 즉, 점도지수(viscosity index)가 높아야 한다.
⑤ 화학 안정성과 열적 안정성이 커야 한다.
⑥ 기화성이 낮아야 한다.

30. ③

해설 항공기 왕복엔진에서 지시마력이란 지시선도에서 나타난 지시평균 유효압력에 의해 얻어진 마력을 말하며, 제동마력, 지시마력과 마찰마력의 관계는 다음과 같다.
제동마력(bHP)
 =지시마력(iHP)-마찰마력(fHP)
따라서 지시마력이 가장 큰 값을 갖는다.

31. ②

해설 벨 마우스(bell mouth) 흡입구는 시운전실에서 성능을 시험하는 엔진에 주로 사용되며, 헬리콥터 또는 터보프롭 항공기에도 사용이 가능하다. 흡입구는 공력 효율을 고려하여 수축형으로 제작하며, 흡입구에 아주 얇은 경계층과 낮은 압력 손실로 덕트 손실이 거의 없다. 대부분 흡입구에는 이물질 흡입방지를 위한 인렛 스크린(inlet screen)을 설치한다.

32. ④

해설 단위 면적에 가해지는 힘의 크기는 작용하는 압력에 단위 면적을 곱하여 구할 수 있다. 따라서 압력을 $P[\text{kPa}]$, 지름을 $D[\text{m}]$라고 하면, 작용하는 힘(F)은

$$\therefore F = 압력 \times 면적 = P \times \frac{\pi D^2}{4}$$
$$= 6370 \times \frac{3.14 \times 0.16^2}{4} = 128\,\text{kN}$$

33. ①

해설 왕복엔진의 점화계통에서 마그네토의 폴(pole)의 중립위치로부터 브레이커 접점이 열리는 지점까지의 회전자석의 회전각도를 크랭크축의 회전각도로 나타낸 각도를 E-gap 각도라고 한다. 마그네토의 회전자석이 중립위치를 약간 지나 1차 코일에 자기응력이 최대가 되는 위치를 E-gap 위치라 하며, 이 위치에서 브레이커 접점을 열어주면 2차 코일에는 매우 높은 전압이 유도된다.

34. ②

해설 왕복기관의 1사이클 동안에 이루어진 유효일을 행정체적으로 나눈 값을 평균 유효압력이라고 한다.

35. ③

해설 왕복엔진의 각 실린더에서 배출되는 배기가스는 배기도관을 거쳐 배기구를 통해 대기로 배출된다. 그런데 배기계통 부품의 결함, 개스킷에서의 누설 등으로 배기도관에서 배기가스가 누설되면 기관을 둘러싸고 있는 덮개인 엔진 카울(engine cowl)을 통해 외부 대기로 배출된다. 따라서 엔진 카울 및 주변 부품 등에 심한 그을음(exhaust soot)이 묻어 있는지 검사하는 방법으로 배기가스 누설 여부를 점검할 수 있다.

36. ②

해설 문제의 그림과 브레이턴 사이클의 P-V 선도에서 각 과정은 다음과 같다.
① 1→2 과정 : 단열압축 과정
② 2→3 과정 : 정압가열 과정
③ 3→4 과정 : 단열팽창 과정
④ 4→1 과정 : 정압방열 과정

37. ④

해설 왕복기관의 압력식 기화기에서 저속 혼합조정을 하는 동안 정확한 혼합비는 조종석에 있는 혼합비 조절 레버를 조작하여 점검한다. 혼합비 조절 레버를 천천히 완속 차단(idle cutoff) 위치로 움직인 다음 RPM 계기와 MAP 계기를 관찰한다. 정확하게 혼합비가 조절되었다면 엔진이 점화를 멈추는 순간에 rpm 및 매니폴드 압력이 약간 상승한다. 이어서 혼합기 조절 레버를 rich 위치로 놓아서 엔진이 완전히 정지하는 것을 방지한다.

38. ①

해설 프로펠러 깃을 한 바퀴 회전시켜 프로펠러가 앞으로 전진할 수 있는 이론적인 거리를 기하학적 피치(geometric pitch)라고 한다.
프로펠러 깃의 허브 중심으로부터 깃 끝까지의 길이를 R, 깃각을 β라고 하면, 기하학적 피치(GP)를 구하는 식은 다음과 같다.
$\therefore GP = 2\pi R \tan \beta$

39. ③

해설 프로펠러 피치의 조정 방식에 따라 프로펠러를 분류하면 다음과 같다.
① 고정 피치 프로펠러 : 순항 속도에서 프로펠러 효율이 가장 좋도록 깃각이 하나로 고정되어 피치 변경이 불가능한 프로펠러
② 지상조정 피치 프로펠러 : 한 개 이상의 비행 속도에서 최대의 효율을 얻을 수 있도록 지상에서 기관이 작동되지 않을 때 비행목적에 따라 피치의 조정이 가능한 프로펠러
③ 가변 피치 프로펠러 : 공중에서 비행목적에 따라 조종사에 의해 피치 변경이 가능한 프로펠러
　㉮ 2단 가변 프로펠러 : 조종사가 저피치와 고피치인 2개의 위치만을 선택할 수 있는 프로펠러
　㉯ 정속 프로펠러 : 비행속도나 기관 출력의 변화에 관계없이 프로펠러를 항상 일정한 속도로 유지하여, 가장 좋은 프로펠러 효율을 가지도록 한다.

40. ③

해설 제트엔진의 압력비(EPR : Engine Pressure Ratio)란 터빈 출구 압력과 엔진 입구 압력(압축기 입구 압력)의 비를 말하며, 압력비는 보통 엔진의 추력에 직접 비례한다.

$$엔진압력비 = \frac{터빈출구압력}{엔진입구압력}$$

제3과목 : 항공기체

41. ②

해설 비행기가 아무리 급격한 조작을 하여도 구조 역학적으로 안전한 속도를 설계운용속도(Design maneuvering speed)라고 한다. 실속 속도를 V_S, 설계제한 하중배수를 n_1이라고 하면 설계 운용속도 V_A를 구하는 식은 다음과 같다.

$$\therefore V_A = \sqrt{n_1}\, V_S = \sqrt{4.4} \times 120$$
$$= 251.7 \text{km/h}$$

42. ③

해설 키놀이 조종 계통에서 승강키(elevator)에 대한 설명은 다음과 같다.
① 일반적으로 승강키의 조종은 조종간(control stick) 또는 조종 핸들(control handle)에 의존한다.
② 가로축을 중심으로 하는 항공기의 키놀이 운동(pitching)에 사용한다.
③ 일반적으로 수평 안정판의 뒷전에 장착되어 있다.

43. ②

해설 세미모노코크 구조(semi monocoque structure)는 표피가 항공기의 형태를 유지해 주면서 항공기에 작용하는 하중의 일부분을 담당하고, 나머지 하중은 뼈대가 담당하는 구조이다. 프레임(frame), 링(ring) 모양의 정형재(former), 스트링거(stringer), 세로대(longeron), 프레임(frame) 및 외피(skin) 등의 부재로 이루어지며, 트러스 구조보다 복잡하다.

44. ④

해설 그라운드 스포일러(ground spoiler)는 양쪽의 스포일러가 동시에 대칭으로 올라가서 비행 중에 공기 제동장치의 역할을 하거나, 지상에서 속도 제동장치의 역할을 하여 착륙거리를 단축시키는 데 사용되는 보조 조종면이다. 이에 반해 비행 중에 필요에 따라 스피드 브레이크의 역할과 도움날개의 역할을 수행하는 보조 조종면을 플라이트 스포일러(flight spoiler)라고 한다.

45. ①

해설 항공기의 리벳 작업에는 공기 드릴을 사용하고, 드릴의 날끝 각도는 주로 118°인 것을 사용한다. 알루미늄합금 판재와 같은 연질재료는 드릴을 고속으로 하고 손에 힘을 균일하게 가하여 작업하는 것이 바람직하다. 경질재료는 드릴을 저속으로 하고 손에 매우 힘을 가하여 작업하는 것이 바람직하다.

46. ④

해설 항공기 날개구조에서 리브(rib)는 주조종면과 부조종면 등의 단면이 날개골(airfoil) 형태를 유지할 수 있도록 날개의 곡면상태를 만들어 주며, 날개의 표면에 걸리는 하중을 스파(spar, 날개보)에 전달하는 역할을 한다.

47. ①

해설 AN 리벳의 부품번호에 대한 각 의미는 다음과 같다.

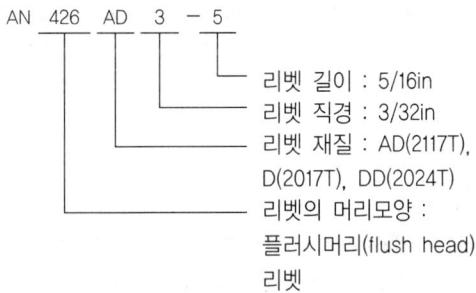

플러시 머리(flush head) 리벳은 접시머리(countersunk head) 리벳이다.

48. ④

해설 토크 렌치(torque wrench)의 형식은 다음과 같다.
① 빔식(beam type) : 힘을 가하면 빔(beam)이 휘어져 빔에 설치된 눈금판에 지시바늘로 토크값이 지시된다.

② 제한식(limit type) : 설정한 제한 토크값에 도달하면 더 이상 토크가 가해지지 않고 신호음이 들린다.
③ 다이얼식(dial type) : 핸들 부분에 힘을 가하면 다이얼에 가해진 토크값이 지시된다.

49. ②

해설 대형 항공기 연료탱크 내 연료 분배계통은 부스트(승압) 펌프, 오버라이드 트랜스퍼 펌프, 분사(eject) 펌프, 크로스피드 밸브 및 연료 차단 밸브로 구성된다.

50. ①

해설 트러스 구조에서 한 절점에 3개의 부재가 연결된 경우, 2개의 부재가 서로 일직선상에 있고 그 절점에 외력이 작용하지 않으면 일직선상에 있는 두 부재는 내력이 같고 다른 한 부재의 내력은 0이다.

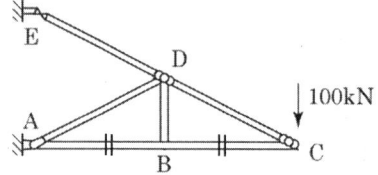

문제의 그림과 같이 3개의 부재가 연결된 절점 B에는 외력이 작용하지 않고, 2개의 부재 AB와 BC는 서로 일직선상에 있다. 따라서 부재 AB와 BC의 내력의 크기는 같고, 부재 BD의 내력은 0이다.

51. ③

해설 단면적을 A, 길이를 L, 그리고 탄성계수를 E라고 할 때, 인장력(하중) P를 받는 봉에 축적되는 탄성에너지(U)를 구하는 공식은 다음과 같다.

$$U = \frac{P^2 L}{2AE}$$

따라서 탄성에너지는 인장하중의 제곱과 봉의 길이에 비례하고, 봉의 단면적과 재료의 탄성계수에 반비례한다.

52. ④

해설 항공기 구조물에서 프레팅(fretting) 부식이란 서로 밀착된 부품 간에 아주 작은 진폭의 상대운동이 일어날 때 접촉 표면에 발생하는 제한된 형태의 부식을 말한다.

53. ④

해설 항공기엔진의 카울링(cowling)이란 엔진이나 엔진에 부수되는 보기 주위를 쉽게 접근할 수 있도록 장탈착하는 덮개를 말한다.

문제의 보기에서 ①은 나셀, ②는 방화벽, 그리고 ③은 기관 마운트(engine mount)에 대한 설명이다.

54. ③

해설 수지용기에 표시된 lifetime(사용시한)의 의미는 다음과 같다.
① Pot life 또는 Working life(사용가능시간) : 수지를 촉매와 섞어 혼합시킨 후 사용이 가능한 시간
  (예) "pot life 30min" : 수지를 촉매와 섞어 혼합시켰다면 30분 안에 사용하여 작업을 끝내야 한다.
② Shelf life(저장가능기간) : 제품이 개봉되지 않은 저장용기(container) 안에서 양호한 상태로 보존이 가능한 기간(대략 12개월 정도가 일반적이다.)

55. ④

해설 변형률(strain)은 변화량과 본래의 치수와의 비를 말하며, 본래의 치수(원래의 길이)를 L, 변화량(변형된 길이)을 δ라고 하면 변형률(ε)을 구하는 식은 다음과 같다.

$$\varepsilon = \frac{\delta}{L}$$

일반적으로 인장봉에서 축변형률(세로변형률)은 신장률을 나타내며, 가로변형률(횡변형률)은 폭의 증가를 나타낸다.

56. ②

해설 판재의 굽힘 각도를 θ, 굴곡반경을 R, 그리고 두께를 T라고 하면, 굴곡허용량(BA : bend allowance)은

$$BA = \frac{\theta}{360} \times 2\pi \left(R + \frac{1}{2}T\right)$$
$$= \frac{90}{360} \times 2\pi \left(\frac{1}{4} + \frac{1}{2} \times 0.05\right) = 0.432 \text{in}$$

57. ③

해설 항공기의 중량과 균형(weight and balance) 조정을 수행하는 주된 목적은 효율적인 비행과 안전에 있다. 중량과 균형이 맞지 않으면 상승한계, 기동성, 상승률, 속도, 그리고 연료소비율 등의 면에서 항공기의 효율을 저하시키며, 비상사태가 발생하는 경우에 대비한 안전 여유를 감소시킨다.

58. ①

해설 SAE에 의한 합금강(특수강)의 분류는 네 자리 숫자로 되어 있으며 첫째 자리의 수는 합금강(특수강)의 종류, 둘째 자리의 수는 합금원소의 함유량을 나타낸다. 주요 합금강의 종류는 다음과 같다.

합금 번호	종류	합금 번호	종류
1×××	탄소강	4×××	몰리브덴강
13××	망간강	5×××	크롬강
2×××	니켈강	52××	중크롬강
23××	3% 니켈 함유	6×××	크롬-바나듐강
3×××	니켈-크롬강	7×××	텅스텐
32××	1.75% 니켈, 1% 크롬		

59. ②

해설 강관의 용접작업 시 조인트 부위를 보강하는 방법은 다음과 같다. 이러한 보강은 조인트 부위의 응력을 일부 경감시키고, 조인트의 강도를 증가시킨다.
① 평 거싯(flat gusset) : T 조인트나 클러스터 조인트에서 강관 사이에 3각형의 판을 용접 부착하는 방법
② 삽입 거싯(insert gusset) : 강관의 중앙에 삽입 거싯의 두께로 길게 홈을 판 다음 홈에 거싯을 끼우고, 강관과 삽입 거싯의 접촉부를 용접 부착하는 방법
③ 랩퍼 거싯(wrapper gusset) : 조인트의 강관 사이를 보강재로 씌우는 방법
④ 손가락 판(finger straps) : 강관의 조인트에 손가락 모양의 덧붙임판을 용접 부착하는 방법

60. ③

해설 알루미나 섬유(alumina fiber)는 유리섬유와 같이 무색 투명하며, 전기 부도체인 섬유이다. 약 1,300℃로 가열하여도 물성이 유지되는 우수한 내열 특성 때문에 고온 부위의 재료로 사용된다.

제4과목 : 항공장비

61. ①

해설 고도 경고 장치(altitude alert system)는 조종사가 설정한 고도와 항공기의 고도를 비교하여, 운항 중 목표 고도로 설정한 고도에 진입하거나 벗어났을 때 경보를 냄으로써 조종사가 지정된 비행 고도를 충실히 유지할 수 있도록 한다.

62. ③

해설 피상전력에 대한 유효전력의 비를 역률(power factor)이라고 한다.
$$역률 = \frac{유효전력}{피상전력} = \frac{80}{100} = 0.8$$

63. ②

해설 편차(variation)는 지구의 자북과 지리상의 북극이 일치하지 않기 때문에 자기 자오선과 지구 자오선(진자오선) 사이에 생기는 오차를 말한다. 편차는 자기컴퍼스가 가리키는 자북(MH)과 진북(TH)이 이루는 각도이며, 이 각도를 편각이라고 한다. 이때 자북이 진북의 동쪽에 있는 경우를 동편차, 자북이 진북의 서쪽에 있는 경우를 서편차라고 한다.
따라서 항공기의 자기컴퍼스가 가리키는 자방위와 편각을 알 때, 항공기가 비행하는 실제 방향인 진방위를 구하는 식은 다음과 같다.

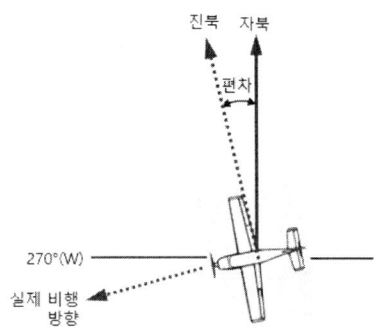

진방위 = 자방위 ± 편각
(∵ + : 동편차인 경우, − : 서편차인 경우)
= 270° − 6°40′ = 263°20′

※ [이 참고 내용은 저자의 일방적인 의견으로 한국산업인력공단의 의견과는 다를 수 있음을 알려드립니다.]

이 문제는 출제가 잘못되었으며, ②번과 ③번 모두 정답이 될 수 있을 것 같다. 왜냐하면 편차에는 동편차와 서편차가 있으며 이에 따라 답이 달라질 수 있는데, 문제에서는 동편차인지 서편차인지를 제시하지 않았기 때문이다. 편차는 동편차와 서편차를 언급하여 구분하거나, 편차에 W 또는 E를 첨부하여 이를 구분하여야 한다.(예를 들면, 서편차인 경우 6°40′ W). 문제에서 제시한 270°(W)의 W가 서편차임을 나타내는 것은 아니며, 이는 단지 자기컴퍼스가 가리키는 방향이 서쪽(West)이라는 것을 나타내는 것일 뿐이다. 이 문제에 대한 재심사가 필요하다고 본다.

64. ①

해설 속도의 종류는 다음과 같다.
① 지시대기속도(indicated air speed : IAS) : 피토관 및 정압공에서 받은 공기압의 차압을 감지하여 속도계가 지시하는 속도
② 수정대기속도(calibrated air speed : CAS) : 지시대기속도에서 전압, 정압 계통의 장착위치 및 계기 자체의 오차를 수정한 속도
③ 등가대기속도(equivalent air speed : EAS) : 수정대기속도에 공기의 압축성 효과를 수정한 속도
④ 진대기속도(True air speed : TAS) : 등가대기속도에서 고도 변화에 따른 공기의 밀도(외기온도)를 수정한 속도

65. ③

해설 항공기 interphone system의 종류는 다음과 같다.
① 플라이트 인터폰 장치(flight interphone system) : 조종실 내에서 운항 승무원 상호간의 통화 연락을 위해 각종 통신이나 음성 신호를 각 운항 승무원석에 배분한다.
② 객실 인터폰 장치(cabin interphone system) : 조종실과 객실 승무원석 및 각 배치로 나누어진 객실 승무원 상호간의 통화 연락을 하기 위한 장치이다. 이것은 통화의 우선 순위를 부여하는 기능이 있다.
③ 서비스 인터폰 장치(service interphone system) : 비행 중에는 조종실과 객실 승무원석 및 갤리(galley) 간의 통화 연락을 하기 위한 장치이다. 또 지상에서는 조종실과 정비, 점검상 필요한 기체 외부의 지상 근무자가 다른 지상 근무자와 통화 연락을 하거나, 조종실의 조종사와 통화 연락을 하기 위한 장치이다.

66. ③

해설 발전기와 함께 장착되는 역전류 차단기(reverse current cut-out relay)는 발전기의 출력 쪽과 축전지 사이에 장착된다. 역전류 차단기는 엔진을 시동하여 아이들(idle)로 운전할 경우 발전기의 출력 전압이 축전지 전압보다 낮게 출력될 때 발전기를 부하로부터 분리하여 축전지로부터 발전기로 전류가 역류하는 것을 방지한다. 또, 발전기의 출력전압이 축전지의 전압보다 높은 정상적인 상태에서는 회로를 형성시켜 버스(bus)를 통하여 부하에 전류를 공급하는 동시에, 축전지의 충전을 진행시킨다.

67. ③

해설 유압계통에서 각 밸브의 역할은 다음과 같다.
① 체크 밸브(check valve) : 한쪽 방향으로만 작동유의 흐름을 허용하고, 반대 방향의 흐름은 제한한다.
② 선택 밸브(selector valve) : 작동기의 작동방향(운동방향)을 결정한다.
③ 압력 릴리프 밸브(pressure relief valve) : 작동유에 의한 계통 내의 압력을 규정값 이

하로 제한하여 과도한 압력으로 인하여 계통 내의 관이나 부품이 파손되는 것을 방지한다.

68. ④

[해설] 서머커플형(thermocouple type) 화재탐지장치는 서로 다른 종류의 특정한 두 금속이 서로 접합하여 있으며, 두 금속 사이에 온도가 상승하여 특정한 온도가 되면 열에 의한 기전력이 발생하여 과열 상태를 탐지한다.

69. ③

[해설] 고도계에서 압력을 측정하는 수감부인 아네로이드는 구리 합금으로 만들어진다. 이러한 금속은 온도 변화에 의해 영향을 받으며 이로 인한 탄성 오차(elastic error)에는 다음과 같은 종류가 있다.
① 재료의 피로현상에 의한 오차
② 온도변화에 의해서 탄성계수가 바뀔 때의 오차
③ 압력 변화에 대응한 휘어짐이 회복되기까지의 시간적인 지연에 따른 지연 효과에 의한 오차
④ 장시간 동일한 압력 유지, 휘어짐으로 생기는 크리프(creep) 현상에 의한 오차

※ 문제의 보기 ③ 확대장치의 가동부분, 연결, 기어의 맞물림 등의 모양, 백래시(backlash), 마찰 등에 의해 생기는 오차는 기계적 오차이다.

70. ②

[해설] 항공기 계기 중 엔진계기(engine instrument)는 항공기에 장착된 엔진의 상태를 지시하는 데 필요한 계기로서, 회전계(RPM 계기), 배기가스 온도계(EGT 계기), 연료량계(Fuel flowmeter), 연료압력계, 오일압력계, 오일온도계, 연료온도계 및 엔진 압력비 계기 등이 있다.

71. ①

[해설] 정속구동장치(constant speed drive : CSD)는 항공기 기관의 구동축과 발전기축 사이에 장착된다. 정속구동장치는 엔진의 회전수와 관계없이 항상 일정한 회전수를 발전기 축에 전달하여 교류발전기의 출력 주파수를 항상 일정하게 만들어 준다.

72. ③

[해설] 항공기 방화시스템에 대한 설명은 다음과 같다.
① 방화시스템은 화재 감지(detection) 및 소화(extinguishing) 시스템으로 구성되어 있다.
② 스모크 감지장치(smoke detector)는 주로 화물실, 화장실과 전기·전자 장비실에 사용된다.
③ 연속 저항 루프 화재 탐지기에는 키드(kidde) 시스템과 펜왈(fenwal) 시스템이 있다.
④ 소화 시스템 작동에는 핸들로 케이블을 잡아 당겨서 기계적으로 방출하는 방법과 전기적으로 방출하는 방법이 있다. 전기적으로 소화제를 방출하기 위한 소화제 방출 스위치는 기체의 배터리 전원을 공급받는다. Fire shutoff switch를 당기면 소화제 방출 스위치가 작동 상태(arming)로 되어 selector valve가 열리고, 방출 스위치를 누르면 폭약에 점화되어 소화제가 방출된다.

73. ②

[해설] 자기 컴퍼스(magnetic compass) 회전부의 중심과 지지점이 일치하지 않기 때문에 항공기가 북진하고 있는 상태에서 동쪽 또는 서쪽으로 선회하게 되면 컴퍼스 카드는 항공기의 선회방향과 같은 방향으로 회전하게 되므로, 선회 중에는 실제 선회각보다 작은 각을 지시하고 선회가 끝나면 실제 선회각보다 큰 각을 지시한다. 북선오차는 선회 때 어느 방위에서도 나타나지만 북진하다가 동 또는 서로 선회할 때 오차가 가장 크므로 북선오차(northern turning error)라 하며, 선회할 때에 나타난다 하여 선회 오차라고도 한다.

※ 자기 컴퍼스의 가속도 오차(acceleration 또는 deceleration error)는 항공기가 가속도 비행 시에 나타나는 지시 오차로서, 컴퍼스 회전부가 기울어져 발생하는 오차이다. 가속도 오차는 북반구에서 기수가 동서의 진로에서 최대로 나타나며, 가속할 때에는 북으로 가려는 오차가 생기고 감속할 때에는 남으로 가려는 오차가 발생하는데 남북방향에서는 이러한 오차가 거의 나타나지 않으므로, 동서 오차라고도 한다.

74. ③

[해설] 유압 작동유의 종류는 다음과 같다.
① 광물성유 : 원유로 제조되며 색깔은 붉은색이다. 인화점이 낮아서 화재의 위험이 있기 때문에 현재 항공기의 유압 계통에는 사용하지 않으나 착륙장치의 완충기나 소형 항공기의 브레이크 계통에 사용하고 있다.
② 합성유 : 합성유는 여러 가지 종류가 있는데, 그 중의 하나는 인산염과 에스테르의 혼합물로서 화학적으로 제조하며 색깔은 자주색이다. 이것은 인화점이 높아 내화성이 크므로 대부분의 항공기에 사용되고 있다.
③ 식물성유 : 아주까리 기름과 알코올의 혼합물로 구성되어 있으며, 색깔은 파란색이다. 구형 항공기에 사용되던 것으로, 부식성이 있고 산화성이 크기 때문에 현재에는 잘 사용되지 않는다.

75. ④

[해설] 현대 항공기에서 사용되는 결빙 방지 방법은 다음과 같다.
① 화학물질 처리 : 결빙의 우려가 있는 부분에 이소프로필 알코올과 같은 방빙제를 분사해서 어는점을 낮게 하여 결빙을 방지하는 방법이다.
② 발열소자를 이용한 가열 : 전기 가열기(heater)와 같은 발열소자를 이용하여 결빙을 막는 방법으로 피토 튜브(pitot tube), 정압공, 프로펠러 및 공기 흡입구와 같이 비교적 작은 부분에 사용된다. 때로는 날개 앞전의 결빙을 방지하기 위해 사용되기도 한다.
③ 팽창식 부츠(boots)를 활용한 제빙 : 공기가 주입되는 고무 부츠를 부착시키고 공기압을 이용한 부츠의 팽창과 수축작용에 의해 결빙된 얼음을 제거하는 방식으로, 소형 항공기의 날개나 조종면의 앞전에 사용하는 제빙방식이다.

76. ②

[해설] 미국연방항공국(FAA)의 규정에 명시된 고고도 비행 항공기의 최대 객실고도는 8,000ft이며, 객실여압(cabin pressurization) 장치가 되어 있는 항공기가 순항비행 시 객실고도는 대략 8,000ft로 계속 일정하게 유지한다.

77. ④

[해설] 황산납 축전지(lead acid battery)의 충전 작용의 결과로 나타나는 현상은 다음과 같다.
① 황산납이 용해되면서 황산이 다시 생성되므로 전해액 속의 황산의 양은 늘어난다.
② 전해액의 물은 묽은 황산으로 되돌아가므로 물의 양은 감소하고 전해액은 진해진다.
③ 화학 반응이 강해져서 내부 저항은 감소하고 단자 전압은 증가한다.
④ 양극판의 황산납($PbSO_4$)은 과산화납(PbO_2)으로, 음극판의 황산납은 해면상납(Pb)이 된다.

78. ④

[해설] 자동착륙시스템(autoland system)은 지상의 ILS 신호를 받아 강하 중에 항공기의 피치, 롤을 조종하여 항공기를 착륙 때까지 자동으로 유도하는 장치이다. 자동착륙시스템의 종류에는 주로 다음과 같은 3가지 종류가 사용된다.
① Dual system
② Triplex System
③ Dual-dual System

79. ①

[해설] 토글 스위치(toggle switch)는 항공기에서 가장 많이 사용되는 스위치로서 운동부분이 공기 중에 노출되지 않도록 케이스로 보호되어 있다. 토글 스위치는 접속방식에 따라, SPST, SPDT, DPST, DPDT 등으로 나눌 수 있는데, S는 single, P는 pole, D는 double, T는 throw를 의미한다.

80. ②

[해설] 항공기 안테나에 대한 설명은 다음과 같다.
① 최근의 첨단 항공기는 정밀도가 높은 항법을 필요로 하고 이용하는 주파수도 광범위하기 때문에 안테나 수가 많아지고 안테나의 형태도 다양해졌다.
② 일반적으로 주파수가 높아질수록 안테나의 길이는 짧아진다.

③ 시속 약 300마일 이하로 운항하는 항공기의 HF와 LF/MF 자동 방향 탐지기(ADF)에 요구되는 센스 안테나(sense antenna)에는 일반적으로 와이어 안테나를 사용한다.
④ 지상국의 HF 통신용 안테나는 전파장 또는 반파장의 다이폴 안테나를 기본으로 하며, 항공기의 HF 통신용 안테나는 기체 전체나 일부를 공진시키는 방식을 사용한다.

2018년 4회 (9월 15일)

제1과목 : 항공역학

1. ④

>해설
- 풍동의 단면적을 A, 속도를 V, 그리고 밀도를 ρ라고 하면 지점 1과 지점 2를 지나는 흐름에서의 연속방정식은 다음과 같다.
$$A_1 V_1 \rho_1 = A_2 V_2 \rho_2 = 일정$$
- 따라서 지점 2를 지나는 흐름의 속도 V_2는
$$\therefore V_2 = \frac{A_1 V_1 \rho_1}{A_2 \rho_2} = \frac{A_1 \times 250 \times \rho_1}{\left(\frac{1}{2} A_1\right) \times \left(\frac{4}{5} \rho_1\right)}$$
$$= 625 \text{m/s}$$

2. ①

>해설 날개의 뒤젖힘각 효과(sweepback effect)는 방향 안정과 가로안정 모두에 영향을 미친다. 뒤젖힘각 효과(sweepback effect)는 가로안정에 큰 영향을 미치며, 방향 안정에도 영향을 미치지만 다른 구성 요소들에 의한 것보다는 상대적으로 약하다.

3. ④

>해설
- 유도항력계수를 C_{Di}, 공기밀도를 ρ, 비행기 속도를 V, 그리고 날개면적을 S라고 하면, 유도항력(D_i)을 구하는 식은 다음과 같다.
$$D_i = C_{Di} \frac{1}{2} \rho V^2 S$$
따라서 유도항력계수와 유도항력은 비례한다.
- 양력계수를 C_L, 스팬효율계수를 e, 그리고 가로세로비를 AR이라고 하면, 유도항력계수 C_{Di}를 구하는 관계식은 다음과 같다.
$$C_{Di} = \frac{C_L^2}{\pi e AR}$$
따라서 유도항력계수는 가로세로비에 반비례하므로, 날개의 가로세로비가 커지면 유도항력계수는 작아진다.

4. ①

>해설 • 항공기 중량을 W, 추력을 T, 그리고 양항비

를 $\dfrac{C_L}{C_D}$ 라고 하면, 등속수평 비행을 하고 있을 때 관계식은 다음과 같다.

$$\dfrac{W}{T} = \dfrac{C_L}{C_D}$$

따라서, $T = \dfrac{W}{\left(\dfrac{C_L}{C_D}\right)} = \dfrac{2000}{20} = 100\,\text{kgf}$

∴ 등속수평 비행인 경우 항공기에 작용하는 항력과 추력은 같다. 따라서 작용하는 항력은 100kgf이다.

5. ③

해설 프로펠러 깃의 유입각(피치각)이란 비행속도와 깃의 선속도를 합하여 하나의 합성속도로 만든 다음 이것과 회전면이 이루는 각을 말하며, 받음 각이란 깃각에서 유입각을 뺀 각을 말한다. 비행 속도와 깃의 선속도가 변하면 유입각이 변하고, 유입각이 변하면 받음각이 변한다.
따라서 깃의 선속도는 프로펠러의 회전수에 따라 변하므로, 프로펠러 깃의 받음각에 영향을 주는 요소는 비행속도와 프로펠러 회전수이다.

6. ①

해설 날개 뿌리의 시위 길이를 C_r, 날개 끝의 시위길이를 C_t라고 하면, 날개의 테이퍼 비(taper ratio) λ를 구하는 식은 다음과 같다.

$$\lambda = \dfrac{C_t}{C_r} = \dfrac{1.5}{3} = 0.5$$

7. ①

해설 문제의 그림과 같이 균일하게 초음속으로 흐르는 공기 흐름 중에 다이아몬드형 날개골을 놓았을 때 앞전의 위와 아래의 ㉠에는 경사 충격파가 발생하고, 두께가 가장 큰 부분인 ㉡에서 흐름이 꺾이면서 팽창파가 발생한다.
경사 충격파를 지나는 마하수는 항상 앞의 마하수보다 작고, 압력은 증가한다. 반대로 팽창파를 유체가 통과할 경우 마하수는 증가하고 압력은 감소한다. ($M_1 > M_2 < M_3$, $P_1 < P_2 > P_3$)

8. ④

해설 항공기의 무게를 W, 선회경사각을 ϕ라고 하면, 정상선회할 때 원심력 CF를 구하는 식은 다음과 같다.
$CF = W\tan\phi$
따라서, 항공기의 무게 W는

$$\therefore W = \dfrac{CF}{\tan\phi} = \dfrac{3000}{\tan 30°} = 5196.2\,\text{kgf}$$

9. ①

해설 스핀(spin) 현상이란 수직강하와 함께 비행기의 자동회전(자전)운동이 조합된 비행이다. 이 현상은 비행기가 실속각을 넘는 받음각인 상태에서만 발생하며, 비행기는 자전현상을 일으키고 동시에 기수를 내려 자전을 하면서 강하하게 된다.

10. ③

해설
- 마찰계수를 μ, 주바퀴 작용 중량을 W, 그리고 양력을 L이라고 하면, 제동력 F는
  $F = \mu(W - L)$
- 착륙 시 양력은 아주 작으므로 계산식에서 양력 L은 무시할 수 있다. 따라서 제동력 F는
  $F = \mu W$
  $= 0.7 \times (24000 \times 0.75) = 12{,}600\,\text{kgf}$

11. ②

해설 비행기의 세로안정을 향상시키기 위한 방법은 다음과 같다.
① 무게중심의 위치를 날개의 공기역학적 중심 보다 앞에 위치시킨다.
② 날개를 무게중심보다 높은 위치에 둔다. 즉 무게중심과 공기역학적 중심과의 수직거리를 양(+)의 값으로 한다.
③ 수평꼬리날개 부피(tail volume) 값을 크게 한다. 즉, 수평꼬리날개 면적을 크게 하든지 무게중심에서 수평꼬리날개의 압력중심까지의 거리를 길게 한다.
④ 꼬리날개의 효율을 높인다.
⑤ 받음각이 증가함에 따라 항공기 기수를 내리려는 피칭 모멘트(- 모멘트)의 값을 갖도록 한다.

12. ②

해설 속도에 대한 필요추력의 비가 최소인 값으로 비행할 때 연료소비가 가장 작아지고, 최대 항속거리를 얻을 수 있다.

13. ②

해설 주회전익장치가 하나뿐인 헬리콥터는 시계추의 구조와 같이 질량이 상당히 큰 동체가 하나의 점에 매달려 있는 것과 같다. 그래서 한번 흔들리면 시계추와 같이 전후 또는 좌우로 자연스럽게 진동운동을 하게 되는데 이를 시계추 작동(pendulum action)이라고 한다. 이런 현상은 과도하게 조종할수록 더욱 커지므로, 가급적 부드럽게 조종 조작을 하여야 한다.

14. ④

해설 지구를 둘러싸고 있는 대기는 기온 변화를 기준으로 지표에서 고도가 높아지는 방향으로 대류권, 성층권, 중간권, 열권, 외기권(극외권)으로 구분된다.

15. ②

해설 기하학적 피치란 깃을 한 바퀴 회전시켜 프로펠러가 앞으로 전진할 수 있는 이론적 거리를 말한다. 프로펠러의 깃각은 깃의 전 길이에 걸쳐 기하학적 피치를 같게 하기 위해서 일반적으로 깃 뿌리에서 깃 끝으로 갈수록 작아지도록 비틀어져 있다.

16. ③

해설
- 직경 20cm인 원형 배관의 단면적을 A_1, 속도를 V_1, 그리고 직경 10cm인 원형 배관의 단면적을 A_2, 속도를 V_2라고 하면 원형 배관을 지나는 흐름에서의 연속방정식은 다음과 같다.
$A_1 V_1 = A_2 V_2 =$ 일정
- 따라서 직경 10cm 원형 배관을 지나는 유속 V_2는

$$\therefore V_2 = \frac{A_1}{A_2} V_1 = \frac{\left(\frac{\pi}{4} \times 20^2\right)}{\left(\frac{\pi}{4} \times 10^2\right)} V_1 = 4V_1$$

17. ②

해설 수평꼬리날개의 힌지 모멘트 계수를 C_h, 동압을 q, 수평꼬리날개의 폭을 b, 그리고 평균시위를 $\overline{C}$라고 하면, 수평꼬리날개의 힌지 모멘트 H를 구하는 관계식은 다음과 같다.
$H = C_h \cdot q \cdot b \cdot \overline{C}^2$
따라서, 수평꼬리날개에 의한 모멘트는 수평꼬리날개의 면적(b, $\overline{C}$)이 클수록, 그리고 수평꼬리날개 주위의 동압(q)이 클수록 커진다.

18. ③

해설 항공기엔진이 정지한 상태에서 수직강하하고 있을 때의 속도는 차차 증가하다가 항공기 총중량(W)과 항공기에 발생되는 항력(D)이 같아지는 경우 최대속도에 도달하고 이 속도 이상 증가하지 않는다. 이때의 최대속도를 종극 속도(terminal velocity)라고 한다.

19. ④

해설 헬리콥터의 주 회전날개는 전진하는 깃과 후퇴하는 깃의 상대속도 차이에 의해 양력 차이가 발생한다. 이에 따라 헬리콥터는 수평축에 대해 회전날개 깃이 위아래로 자유롭게 움직일 수 있도록 하여, 전진하는 깃과 후퇴하는 깃의 받음각을 변화시킴으로써 양력 불균형이 일어나지 않도록 한다. 이와 같은 운동을 플래핑 운동이라 한다. 주 회전날개 깃의 플래핑 작용의 결과 전진하는 깃은 양력에 의해 위로 플래핑되어 받음각이 감소하게 되고, 최대상향 변위가 기수 전방에서 나타난다. 반대로 후퇴하는 깃은 아래로 플래핑되어 받음각이 증가하게 되고, 최대하향 변위가 기수 후방에서 나타난다.

20. ①

해설 비행기의 양(+)의 가로안정성(lateral stability), 즉 가로안정에 기여하는 요소는 다음과 같다.
① 날개는 비행기의 가로안정에서 가장 중요한 요소이다. 특히 날개의 상반각(쳐든각)은 가로안정에 가장 중요한 요소이다.
② 날개의 후퇴각(sweep back angle)도 가로안정에 큰 영향을 미친다.

③ 수직꼬리날개가 클 경우 가로안정에 중요한 영향을 끼친다.

※ 날개가 동체에 낮게 장착된 저익(low wing)은 음(-)의 가로안정성, 즉 가로불안정에 기여하는 요소이다.

제2과목 : 항공기관

21. ③

해설 압축기 안으로 유입된 다량의 공기에 포함된 이물질로 압축기 블레이드가 오염되면 압축기 블레이드의 공기역학적인 효율을 감소시키고, 결과적으로 연료소모율 증가, 엔진 서지(surge), 불충분한 압축비와 높은 배기가스 온도(EGT)를 유발한다.

22. ②

해설 크랭크 축의 크랭크 핀(crank pin)은 커넥팅 로드의 큰 끝이 연결되는 부분이다. 크랭크 핀은 크랭크 축의 전체 무게를 줄여주고 윤활유의 통로역할을 하며, 탄소 침전물 등 이물질을 모으는 저장소(슬러지 실, sludge chamber) 역할도 할 수 있도록 중앙이 비어 있는 형태로 되어 있다.

23. ④

해설 역추력 장치는 제트엔진에서 배기가스를 비행기의 앞쪽 방향으로 분사시킴으로써 항공기에 제동력을 주는 장치로서 착륙거리를 줄이기 위하여 사용된다.

24. ②

해설 압축비를 ε, 비열비를 k라고 하면, 오토 사이클의 열효율(η_{th})을 구하는 공식은 다음과 같다.

$$\eta_{th} = 1 - \left(\frac{1}{\varepsilon}\right)^{k-1} = 1 - \left(\frac{1}{8}\right)^{1.4-1}$$
$$= 0.565 \quad (\because k = 1.4)$$

25. ②

해설 터보제트엔진의 추진효율(Propulsive efficiency) 이란 공기가 기관을 통과하면서 얻은 운동 에너지에 의한 동력(P_k)과 추력동력(P_t)의 비를 말한다. 비행속도를 V_a, 배기가스 속도를 V_j, 그리고 추진효율을 η_p라고 하면 이들 간의 관계식은 다음과 같다.

$$\eta_p = \frac{2V_a}{V_j + V_a} = \frac{2}{1 + \frac{V_j}{V_a}}$$

위의 식에서 비행속도가 0일 때에는 추진효율도 0이 된다. 비행속도와 배기가스의 속도가 같은 경우에 추진효율이 1(100%)이 되어 최대효율이 되지만, 이때에는 추력이 0이 되어 의미가 없어진다.

26. ④

해설 가역과정이란 계가 한 과정을 진행한 다음 반대로 그 과정을 따라 처음 상태로 되돌아올 수 있는 과정을 말하며, 따라서 과정이 일어난 후에도 처음과 같은 에너지량을 갖는다. 이를 이상적 과정이라고도 한다.
① 마찰과 같은 열손실의 요인이 없어야 한다.
② 계와 주위가 항상 열역학적 균형 상태가 유지되어야 한다.
③ 반대과정을 만들기 위해서는 계가 주위와 작은 변화를 일으켜야 한다.

27. ④

해설 이소옥탄만으로 이루어진 표준연료의 앤티노크성을 옥탄가 100으로 하고, 노말헵탄만으로 이루어진 표준연료의 앤티노크성을 옥탄값 0으로 하여, 표준연료 속의 이소옥탄의 체적 비율(%)로 옥탄가를 표시한다.
따라서 "옥탄가 90"은 이속옥탄 90%에 노말헵탄 10%의 혼합물과 같은 정도를 나타내는 가솔린을 나타낸다.

28. ②

해설 일반적으로 윤활계통은 다음과 같은 계통으로 구성된다.
① 가압 계통(pressure system) : 오일탱크의 오일을 오일펌프로 가압하여 윤활이 필요한 베어링, 보기들을 구동하는 기어 등에 공급한다.

② 스캐빈지 계통(scavenge system) : 기관의 각종 부품을 윤활한 뒤 섬프(sump)에 모인 오일을 배유 펌프로 오일 탱크로 되돌려 보낸다.

③ 브레더 계통(breather system) : 비행 중 고도 변화, 즉 대기압이 변하더라도 기관에 알맞은 윤활유의 양을 공급하고, 배유 펌프가 기능을 충분히 발휘하도록 항상 섬프 내부의 압력을 대기압과 일정한 차압이 유지되도록 한다.

29. ①

해설 유효피치란 공기 중에서 프로펠러가 1회전할 때 실제로 전진하는 거리로서, 항공기의 진행거리이다. 비행속도를 V, 프로펠러 회전속도를 n[rpm]이라고 하면, 유효피치를 구하는 관계식은 다음과 같다.

$$\text{유효피치} = V \times \frac{60}{n} = \frac{60V}{n}$$

30. ①

해설 연료조정장치는 모든 기관 작동조건에 대응하여 기관을 적절하게 제어하는 장치이다. 전자식 연료조정장치인 FADEC(full authority digital electronic control)은 다량의 신호(엔진의 작동상태 및 항공기 계통의 변수 신호)를 받아 기관의 작동한계에 맞도록 엔진 연료 유량을 조절하여 연소실에 공급한다. 더불어 압축기 가변 스테이터 각도, 실속 방지용 압축기 블리드 밸브(bleed valve) 등 엔진제어계통의 모든 구성품을 종합적으로 조절한다.

31. ②

해설 왕복엔진의 고압 마그네토(magneto)는 항공기가 높은 고도에서 운용될 때는 플래시 오버(flash over)현상이 자주 발생한다. 따라서 전기 누설 가능성이 많은 고공용 항공기에는 고압 마그네토가 적합하지 않다.

32. ①

해설 왕복엔진의 부자식 기화기에서 부자실(float chamber)의 연료 유면이 높아지면 공급 연료가 증가하기 때문에 기화기에서 공급하는 혼합비는 농후해진다. 반대로 연료 유면이 낮아지면 공급 연료가 감소하기 때문에 혼합비는 희박해진다.

33. ③

해설 출력이 크게 요구되는 가스터빈엔진의 시동에 사용되는 공압시동기를 작동시키는 고압공기는 항공기에 장착되어 있는 별도의 보조동력장치(auxiliary power unit)나 지상장비인 지상동력장치(ground power unit)를 이용하여 공급된다. 또한 다발 항공기의 경우에는 시동된 다른 엔진의 압축기 블리드 공기(bleed air)를 이용하기도 한다.

34. ①

해설 왕복엔진에서 엔진오일은 윤활작용, 기밀작용, 냉각작용, 청결작용 및 방청작용을 한다.

35. ②

해설 비행기의 속도가 마하 3~4 정도에 달하면 램 압력을 이용하여 충분한 압축 압력을 얻을 수 있기 때문에 압축기와 터빈이 불필요하다. 램제트엔진은 이 원리를 응용하여 초음속 비행 전용으로 개발되었으며, 공기입구, 연료 노즐, 연소실, 배기 노즐만으로 이루어진 간단한 원통형의 구조이다.
램제트엔진은 고공에서 극초음속으로 비행할 경우 성능이 좋지만, 저속일 때에는 효율이 나쁘므로 초음속의 사용속도에 도달할 때까지 다른 기관을 사용하여 추력을 얻어야 한다.

36. ③

해설 엔진이 비행 중 발생시키는 추력을 진추력(net thrust)이라고 한다. 흡입공기의 중량유량을 W_a[kgf/s], 중력가속도를 g, 비행속도를 V_a[m/s], 그리고 배기가스속도를 V_j[m/s]라고 하면, 진추력 F_n을 구하는 식은 다음과 같다.

$$F_n = W_a(V_j - V_a) = 294 \times (400 - \frac{1080}{3.6})$$
$$= 29,400 \text{N}$$

37. ①

해설 정속 프로펠러의 조속기(governor)는 프로펠러 블레이드의 깃각을 자동적으로 조절하여 비행상태에 따라 프로펠러 회전수를 항상 일정하게 유지한다. 프로펠러의 회전수가 증가하면 조속기는 프로펠러의 블레이드 각을 증가시킨다. 깃각이 증가하면 깃에 작용하는 부하(load)가 증가하여 회전수는 감소하고, 원래의 회전수로 되돌아간다.

38. ①

해설 겨울철 왕복엔진을 작동하기 전에 점검사항은 다음과 같다.
① 섬프 드레인(sump drain) : 드레인 플러그 또는 밸브를 열고 계통 내에 물이나 침전물이 있는지 점검한다.
② 엔진 예열 : 외기온도가 +10°F(−12.2℃) 또는 그 이하일 때 가열된 공기로 엔진, 윤활유와 보기 부품을 사전 가열한다.
③ 결빙 방지제 첨가 : 연료의 결빙을 방지하기 위한 첨가제를 연료에 첨가한다.

39. ③

해설 제동마력과 지시마력과의 비를 기계효율이라고 한다. 제동마력을 $b\text{HP}$, 지시마력을 $i\text{HP}$라고 하면, 기계효율 η_m은

$$\eta_m = \frac{b\text{HP}}{i\text{HP}}$$

40. ④

해설 지시마력을 나타내는 식에서 N은 엔진의 분당 회전수(rpm)를 의미한다.

제3과목 : 항공기체

41. ②

해설 보기에 제시된 각 알루미늄 합금의 특성은 다음과 같다. AA(Aluminum Association) 규격의 알루미늄 합금 중 1100, 2011, 3003 및 2025 합금에는 마그네슘 성분이 첨가되어 있지 않다.
① 2024 : 알루미늄에 구리 4%, 마그네슘 1.5%를 첨가한 합금으로, 초두랄루민(super duralumin)이라고도 부른다.
② 3003 : 망간을 1.0~1.5% 함유시켜 순수 알루미늄의 내식성을 저하시키지 않고 강도를 높인 합금이다.
③ 5052 : 마그네슘 2.5%와 소량의 크롬을 첨가한 합금으로 내식성, 성형가공성 및 용접성 등이 좋고 피로강도가 높다.
④ 7075 : 아연 5.6%와 마그네슘 2.5%를 첨가한 알루미늄-아연-마그네슘계 합금으로 알루미늄 합금 중에 가장 강하다.

42. ④

해설 토션 박스(torsion box)는 항공기 날개의 전방 날개보(spar)와 후방 날개보 사이의 공간을 박스의 형태로 제작한 구조이며, 주로 날개에 발생한 비틀림 하중을 담당한다.

43. ①

해설 항공기 기체의 비틀림에 의하여 단면에서 발생하는 전비틀림각이 작을수록 비틀림 강도가 높다고 할 수 있다. 따라서 비틀림 강도를 높이기 위해서는 전비틀림각이 작아야 한다.
비틀림력을 T, 부재의 길이를 L, 전단계수를 G, 그리고 극단면 2차 모멘트를 J라고 하면 전비틀림각 θ를 구하는 관계식은 다음과 같다.

$$\therefore \theta = \frac{TL}{GJ}$$

위의 식과 같이 부재의 길이와 비틀림각은 반비례하며, 부재의 길이가 길수록 비틀림각은 커진다. 따라서 기체의 비틀림 강도를 높이기 위해서는 기체의 길이를 감소시켜야 한다.

44. ③

해설 금속판재를 굽힘 가공하면 굽힘의 바깥쪽은 늘어나고 안쪽으로 압축되어 오므라진다. 그러나 이 중간의 어떤 지점에는 응력에 영향을 받지 않는 부위가 존재한다. 즉, 판재를 굽힘 가공하여도 치수가 변화하지 않는 부분이 있으며, 이 부위를 중립선(neutral line)이라고 한다.

45. ③

해설 항공기의 옆놀이 운동(rolling)을 담당하는 조종

면은 보조날개이다. 비행 중 오른쪽으로 옆놀이 현상이 발생하였다면 오른쪽 보조날개 고정 탭(tab)을 올려야 한다.

46. ③

해설 문제의 그림에서 전체 단면의 높이를 H, 폭을 B라고 하면, 직사각형의 무게중심을 원점으로 하는 X축에 대한 관성 모멘트(I_x)를 구하는 식은 다음과 같다.

$$I_x = \frac{BH^3}{12}$$

47. ②

해설 항공기에 사용되는 완충장치의 형식 및 완충효율은 다음과 같다.

형식	완충방법	완충효율
고무 완충식	고무의 탄성을 이용	50%
평판 스프링식 (plate spring type)	스프링 판의 탄성을 이용	50%
공기 압력식	공기의 압축성을 이용	47%
올레오식 (oleo type)	압축된 공기가 유압유와 결합되어 충격 하중 분산	70~80%

48. ①

해설 2개의 알루미늄 판재를 리베팅하기 위해 구멍을 뚫으려 할 때 판재가 움직이려 한다면, 아래 그림과 같은 클레코(cleco)를 사용하여 판재를 임시로 고정시킨 후 구멍을 뚫는다.

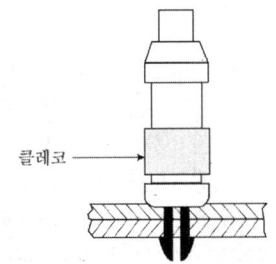

49. ④

해설 부식의 종류는 다음과 같다.
① 응력 부식(stress corrosion) : 강한 인장 응력을 받거나 냉간가공에 의한 내부 응력조직의 변화와 부식 환경 조건이 재료 내에 복합적으로 작용하여 발생하는 부식
② 표면 부식(surface corrosion) : 제품 전체의 표면에서 발생하여 부식 생성물인 침전물을 보이고, 홈이 나타나는 부식
③ 입자 간 부식, 입간 부식(intergranular corrosion) : 금속 재료의 결정 입계에서 합금 성분의 불균일한 분포로 인하여 발생하는 부식
④ 이질 금속 간 부식(galvanic corrosion) : 서로 다른 두 가지의 금속이 접촉되어 있는 상태에서 전해작용에 의해 발생하는 부식

50. ①

해설 알루미나 섬유(alumina fiber)는 유리섬유와 같이 무색 투명하며, 부도체인 섬유이다.

51. ①

해설 샌드위치(sandwich) 구조는 상하 외피 사이에 벌집형, 거품형 또는 파형의 심을 넣은 다음 접착재로 고정시킨 구조이다. 조종면이나 구조 골격의 설치가 곤란한 뒷전(trailing edge), 동체 마루판(floor) 등에 많이 사용된다.
샌드위치 구조는 응력 외피형 구조에 비하여 면적당 무게가 가볍고, 굽힘하중이나 피로하중에 강하다. 따라서, 강도와 강성을 크게 하면서 항공기의 중량을 감소시킬 수 있다는 이점이 있다. 그러나 내부 심재의 상태를 외부에서 볼 수 없기 때문에 손상 상태의 파악이 어려우며, 습기와 열에 취약하다.

52. ④

해설 볼트와 너트를 이용하여 재료를 체결할 경우에 볼트 그립(grip) 길이는 볼트가 장착되는 재료의 두께와 같거나 약간 길어야 한다. 길이가 맞지 않는 경우에는 와셔를 이용하여 길이를 조절한다. 여기에서 볼트의 그립(grip)이란 나사가 나 있지 않은 부분을 말한다.

53. ①

해설 항공기에 일반적으로 사용하는 1100 리벳은 순수한 알루미늄(99.45%)으로 구성된 리벳으로서

열처리가 필요하다. 구조용으로 사용하기에는 강도가 약해서 비구조용 리벳으로 사용된다.

54. ③

해설 턴 버클(turn buckle)은 케이블의 직경이 1/8in 이상인 경우에는 복선식(이중결선법) 안전결선을, 1/8in 이하인 경우에는 단선식(단선결선법) 안전결선을 주로 사용한다. 턴 버클 고정 작업 시에는 배럴의 검사구멍(inspection hole)에 핀(pin)을 꽂았을 때 핀이 들어가지 않고, 턴 버클 엔드(turn buckle end)의 나사산(thread)이 턴 버클 배럴의 밖으로 3개 이상 나와 있지 않으면 양호한 것이다.

55. ②

해설 페어리드(fairlead)는 조종 케이블이 작동 중에 최소한의 마찰력으로 케이블과 접촉하여 직선운동을 하게 하며, 케이블을 작은 각도(3° 이내)의 범위에서 방향을 유도한다.

56. ④

해설 어느 비행기의 설계제한 하중배수(design limit load factor)가 n_1이라 함은, 그 비행기는 자중의 n_1배 되는 하중에 견디도록 설계, 제작되어야 하며 동시에 그 이상의 하중을 발생하는 비행은 금지한다는 것이다.
문제의 그림과 같은 $V-n$ 선도에서 F와 H의 연결선은 음(-)의 구조적인 한계를 나타내는 최소 설계제한 하중배수이고, A와 D의 연결선은 양(+)의 구조적인 한계를 나타내는 최대 설계제한 하중배수이다.

57. ②

해설 항공기 나셀(nacelle)은 날개 하부의 파일론에 장착된 기관을 둘러싸고 있는 유선형의 구조물을 말한다. 항공기 기관은 나셀에 장착된 전방 및 후방 기관 마운트(engine mount)에 의해 항공기 날개 하부의 파일론(pylon)에 장착된다. 항공기 엔진을 동체에 장착하는 경우에는 나셀을 설치할 필요가 없다.

58. ④

해설 블라인드 리벳(blind rivet)은 일반 리벳을 사용하기에 부적당한 곳이나, 리벳작업을 하는 반대쪽에 접근할 수가 없어서 한쪽에서만 작업이 가능한 곳에 사용되는 리벳을 말한다. 블라인드 리벳에는 리브 너트(riv nut), 체리 리벳(cherry rivet)과 폭발 리벳(explosive rivet) 등이 있다.

59. ③

해설 중심위치($C.G$)

$$= \frac{\text{총 모멘트} \pm \text{변화된 모멘트}}{\text{총 무게} \pm \text{변화된 무게}}$$

(∵ + : 무게 증가 시, - : 무게 감소 시)

$$= \frac{(15000 \times 35 + 1750 \times 40) + (100 \times 40)}{(15000 + 1750) + 100}$$

$$= +35.55\text{cm}$$

∴ $+35.55$cm 이므로 새로운 중심위치는 기준선 후방 약 35.55cm 에 위치한다.

60. ②

해설 문제의 그림과 같이 길이 L인 외팔보에 2개의 집중하중이 작용할 때 고정단에 생기는 최대 굽힘 모멘트는 집중하중 P_1과 P_2가 각각 l_1과 l_2에 작용할 때의 모멘트를 고려하여야 한다. 따라서 최대 굽힘 모멘트의 크기(M_{max})는

$$M_{max} = P_1 l_1 + P_2 l_2$$
$$= (400 \times 2) + (200 \times 1.5)$$
$$= 1,100 \text{kg} \cdot \text{m}$$

제4과목 : 항공장비

61. ③

해설 레인 리펠런트(rain repellent)는 윈드실드에 표면 장력이 작은 특수 용액인 화학 액체를 분사하여 피막을 만들어 물방울을 구형 형상인 채로 공기 흐름 속으로 날아가 버리게 한다. 레인 리펠런트는 시야가 전혀 보이지 않는 심한 비가 내릴 때 와이퍼와 함께 사용하면 효과가 더욱 좋다.

62. ②

해설 수신기의 저주파 증폭기는 복조부에서 얻어진 신호를 전압 증폭 및 전력 증폭하여 스피커 또는

헤드폰 등을 구동시키는 회로이다. 수신기 전체의 성능을 판단할 때 활용되는 4가지의 특성은 다음과 같다.
① 감도(sensitivity) : 얼마나 미약한 전파를 수신할 수 있는가 하는 정도를 표시하는 양
② 선택도(selectivity) : 희망 신호 이외의 신호를 어느 정도 분리할 수 있는가 하는 분리 능력을 표시하는 양
③ 충실도(fidelity) : 전파된 통신 내용을 수신하였을 때 본래의 신호를 어느 정도 정확하게 재생시키는가 하는 능력을 표시하는 양
④ 안정도(stability) : 일정 진폭, 일정 주파수의 신호 입력을 가하였을 때 시간에 따라 같은 상태를 유지할 수 있는 능력

63. ②

해설 오토신(autosyn)은 3상 교류를 사용하는 원격지시 계기이다. Transmitter와 indicator의 스테이터(stator)는 3상으로 Δ 또는 Y결선으로 되어 있으며, 로터(rotor)는 400Hz 교류 전자석으로 되어 있다.

64. ②

해설 항공기 VHF 통신장치에 대한 설명은 다음과 같다.
① 주파수 118.0~136.9MHz의 주파수 대역을 사용한 통신장치로 근거리 통신에 이용된다.
② VHF 통신 주파수의 채널 간격은 25kHz이다.
③ 수신기에는 잡음을 없애는 스퀠치회로를 사용하기도 한다.
④ 국제적으로 규정된 항공 초단파 통신주파수 대역은 108~136MHz이다.

65. ④

해설 일반적인 계기는 다음과 같은 수감부, 확대부 및 지시부로 구성된다.
① 수감부(sensing element) : 압력이나 온도 등을 직접 수감해서 기계적 또는 전기적인 변화를 가져오게 하는 부분으로, 압력수감에는 공함(collapsible chamber), 즉 aneroid, diaphragm, bellows 및 bourdon관 등이 사용된다.
② 확대부(enlarging element) : 수감부가 수감한 변화는 그 값이 작기 때문에 bell crank, sector, pinion gear 또는 chain을 이용하여 확대시키는 부분
③ 지시부(indicating element) : 확대부에서 확대된 변위 및 변화를 지시시키는 부분으로, 눈금이 매겨진 다이얼과 바늘(needle, pointer)로 구성된다.

66. ①

해설 두 점 사이의 전기 에너지의 차이를 전위차, 기전력 또는 전압이라고 하며, 단위로는 볼트(V : Volt)를 사용한다.

67. ①

해설 자동조종장치(auto pilot system)의 역할을 요약하면 다음과 같은 3가지의 기능으로 분류할 수 있다.
① 유도 기능 : 자동조종 항법장치에서 위치정보를 받아 자동적으로 항공기를 조종하여 목적지까지 비행시키는 기능
② 조종 기능 : 항공기를 상승, 하강 또는 선회시키거나, 일정한 고도 상승률/하강률, 기수 방위, 속도 등을 유지하는 기능
③ 안정화 기능 : 마하 트림(mach trim), 요 댐퍼(yaw damper) 등으로 항공기의 자세를 자동적으로 보정하여 항공기를 안정화하는 기능

68. ③

해설 유압 계통에서 열팽창이 작은 작동유를 필요로 하는 1차적인 이유는 고온일 때 작동유가 팽창하여, 과대 압력이 발생하는 것을 방지하기 위한 것이다. 따라서 작동유는 열팽창계수가 작아야 한다.

69. ②

해설 고도계에서 발생되는 오차의 종류는 다음과 같다.
① 눈금 오차 : 일정한 온도에서 진동을 가하여 얻어낸 기계적 오차
② 온도 오차 : 온도변화에 의한 오차

③ 기계적 오차(기계 오차) : 계기 각 부분의 마찰, 기구의 불평형, 가속도 및 진동 등에 의하여 바늘이 일정하게 지시하지 못하여 생기는 오차
④ 탄성 오차 : 일정한 온도에서 재료의 특성 때문에 생기는 탄성체 고유의 오차

70. ④

해설 항공기의 조명계통(light system)에 대한 설명은 다음과 같다.
① 객실(cabin)의 조명은 전체적으로 간접 조명이며, 각종 종류의 조명을 사용하고 있다.
② 충돌방지등(anti-collision light)은 비행 중인 경우, 비행장의 이동지역에서 이동하거나 엔진이 작동 중인 경우에는 항상 점멸(flashing)하여야 한다.
③ 패슨 시트 벨트(fasten seat belt) 사인 라이트(sign light)는 조종실에서 조작한다.
④ 조종실의 인테그럴 인스투르먼트 라이트(integral instrument light)는 포텐쇼미터(potentiometer)에 의해 디밍 컨트롤(dimming control) 할 수 있다.

71. ③

해설 진대기속도(True air speed : TAS)란 등가대기속도에서 고도 변화에 따른 공기의 밀도(외기온도)를 수정한 속도를 말한다. 한국산업인력공단에서 제시한 답안은 ③번(변화가 없다)이었다.

[이 참고 내용은 저자의 일방적인 의견으로 한국산업인력공단의 의견과는 다를 수 있음을 알려드립니다.]
공기밀도는 고도변화 및 온도에 의한 요인뿐만 아니라 기압에 의해서도 변한다. 압력이 낮아지거나 온도가 증가하면 공기 밀도가 감소하고, 항력이 작아지기 때문에 항공기는 더 빨리 비행할 수 있다. 따라서 동일한 출력에서 계기의 지시속도(IAS)가 일정할 때, 기압이 낮아지거나 기온이 증가하면 진대기속도(TAS)는 증가한다. 따라서 이 문제의 답안에 대한 재심사가 필요하다고 본다.

72. ④

해설 항공기에 사용되는 화재 탐지기의 종류는 다음과 같다.
① 저항 루프형(resistance loop type) : 온도상승을 전기적으로 탐지하는 것
② 바이메탈형(bimetal type) 또는 서멀 스위치형(thermal switch type) : 온도상승을 바이메탈(bimetal)로 탐지하는 것
③ 열전대형(thermocouple type) : 온도의 급격한 상승에 의하여 화재를 탐지하는 것
④ 광전지형(photo-electric type) : 연기로 인한 반사광으로 화재를 탐지하는 것

73. ④

해설 유압계통은 레저버(reservoir)의 작동유를 펌프까지 공급하는 공급라인(supply line), 펌프에서 작동유를 가압하여 작동 실린더까지 공급하는 압력라인(pressure line), 그리고 작동 실린더로부터 레저버로 작동유가 되돌아오는 귀환라인(return line)으로 구성된다. 유압계통의 축압기(accumulator)는 여러 개의 유압 기기가 동시에 사용될 때 동력 펌프를 돕고, 동력 펌프가 고장이 났을 때 저장된 작동유를 공급하여 제한된 유압 기기를 작동시키기 위하여 가압된 작동유를 저장하는 저장통으로서 압력라인에 설치된다.

74. ①

해설 축전지의 용량은 Ah(Ampere-hour)로 표시하는데, 이것은 축전지가 공급하는 전류값에다 공급할 수 있는 총 시간을 곱한 것이다.

75. ③

해설 지자기의 3요소는 다음과 같다.
① 복각(dip 또는 inclination) : 지자기 자력선의 방향과 수평선 간의 각을 말하며, 지구 적도 부근에서는 거의 0이고 양극으로 갈수록 90°에 가까워진다.
② 편차(variation 또는 declination) : 지축과 지자기축이 서로 일치하지 않기 때문에, 지구 자오선(진자오선)과 자기 자오선 사이에 생기는 오차를 말한다.
③ 수평분력(horizontal component) : 지자력의 지구 수평선에 대한 분력을 말하는 것으

로 복각이 작은 적도 부근에서 최대이고 양극에서는 0에 가깝다.

76. ①

[해설] 기상 레이더(weather radar)는 번개를 동반한 구름의 형성이나 폭우가 내리는 지역을 미리 조종사에게 알려주어 그 지역으로의 비행을 피하는 데 활용된다. 기상용 레이더의 안테나가 구름이나 비에 대해 반사되기 쉬운 주파수대의 펄스를 발사하고, 이 전파가 강우 또는 구름과 충돌하면 강우나 구름 중의 물방울 밀도에 비례하는 강도의 반사파가 지시기에 표시된다.

77. ④

[해설] • 분류기의 전류를 I_s, 분류기의 전압을 V_s [V]라고 하면, 분류기의 저항 R_s는

$$R_s = \frac{V_s}{I_s} = \frac{0.05}{5} = 0.01\,\Omega$$

[∵ 1mV = 0.001V]

• 분류기 저항 양단에 걸리는 전압을 V, 분류기의 저항을 R_s라고 하면, 전류 I는

$$\therefore I = \frac{V}{R_s} = \frac{0.04}{0.01} = 4\text{A}$$

78. ①

[해설] 직류전동기(DC motor)의 종류는 다음과 같다.
① 분권식(shunt wound) : 일정한 회전속도가 요구되는 곳에 사용된다.
② 직권식(series wound) : 시동 토크가 커서 항공기의 시동용 전동기, 착륙장치, 플랩 등의 전동기로 사용된다.
③ 복권식(compound wound) : 분권식과 직권식의 중간 특성을 가진다.
④ 스플릿(split)식 : 회전방향을 반대로 할 수 있는 가역 전동기이다.

79. ②

[해설] 회로보호장치(circuit protective device)의 종류는 다음과 같다.
① 퓨즈(fuse) : 규정 이상의 전류가 흐르면 녹아 끊어짐으로써 회로에 흐르는 전류를 차단시킨다.
② 회로차단기(circuit breaker) : 미리 설정된 정격값 이상의 전류가 흐르면 회로를 차단하여 전류의 흐름을 막는 장치이다. 퓨즈는 일단 녹아 끊어지면 교환해야 하지만, 회로차단기는 수동이나 자동으로 다시 접속시켜 재사용이 가능하다.
③ 열보호장치(thermal protector) : 열 스위치(thermal switch)라고도 하며, 전동기를 보호하기 위하여 사용한다. 과부하가 걸려 전동기가 과열되면 자동으로 공급 전류가 끊어진다.

80. ③

[해설] 객실고도(cabin altitude)는 승객들이 탑승하고 있는 객실 내 압력을 표준대기압을 기준으로 나타내는 기압고도이다. 미국연방항공국(FAA)의 규정에 명시된 고고도 비행 항공기의 최대 객실고도는 8,000ft이다.

2019년 1회 (3월 3일)

제1과목 : 항공역학

1. ②

해설 항공기의 세로 안정성(static longitudinal sta- bility)을 좋게 하기 위한 방법은 다음과 같다.
① 무게중심을 날개의 공기역학적 중심보다 전방에 위치시킨다.
② 날개를 무게중심보다 높은 위치에 둔다.
③ 수평꼬리날개 부피(tail volume) 값을 크게 한다. 즉 수평꼬리날개 면적을 크게 하든지 무게중심에서 수평꼬리날개의 압력중심까지의 거리를 길게 한다.
④ 꼬리날개의 효율을 크게 한다.
⑤ 받음각이 증가함에 따라 항공기 기수를 내리려는 피칭 모멘트(− 모멘트)의 값을 갖도록 한다.

2. ④

해설 수평 스핀은 기체 세로축이 거의 수평에 가깝고 각속도는 점점 빨라지며, 회전반경이 작은 나선을 그리며 낙하하게 된다. 낙하속도는 수평 스핀이 수직 스핀보다 작지만, 회전각속도는 수평 스핀이 수직 스핀보다 더 크다. 따라서 수평 스핀은 수직 스핀보다 실속회복이 어렵다.

3. ①

해설 이륙거리를 짧게 하기 위한 조건은 다음과 같다.
① 정풍(맞바람, head wind)을 받으면서 이륙한다.
② 항공기의 무게를 가볍게 한다.
③ 이륙 시 플랩과 같은 고양력 장치를 사용하여 최대 양력계수를 증가시킨다.
④ 엔진의 추력이 크면 가속도가 커져서 이륙성능이 좋아진다.

4. ①

해설 루프 기동비행(loop maneuver)이란 비행기를 옆에서 보았을 때 수평비행 자세에서 롤러코스터처럼 360도의 원을 그리며 한 바퀴 도는 비행을 말한다. 일반적으로 루프에 들어가기 전에 조종간을 밀어 비행기를 하강시켜 속도를 증가시킨 다음, 조종간을 당겨 수직상승 및 배면비행 그리고 수직 강하에 이어 수평자세로 돌아온다. 이러한 루프 기동비행은 수평선회비행과 비슷한 운동을 하지만 항공기 속도 및 회전 반지름은 일정하지 않고 시시각각 변화하며, 조종간 변위를 일정하게 유지할 수 있는 정상 상태 트림비행(steady trimmed flights)에 해당하지 않는다.

5. ③

해설 난류(turbulent flow)란 유체의 입자들이 매우 불규칙하게 완전 혼합된 상태로 흐르는 흐름을 말한다. 층류 흐름 상태에서 레이놀즈 수가 증가하면 천이현상이 발생하여 흐름이 부분적으로 혼합되고 불규칙적인 현상을 나타내며, 레이놀즈 수가 더 커지면 난류로 천이된다.

6. ①

해설 헬리콥터의 속도-고도선도(velocity-height diagram)는 엔진이 정지한 경우에 자동회전으로 안전한 착륙을 할 수 있는 비행가능역을 고도와 속도 관계로 나타낸 것이다. 아래 그림과 같은 속도-고도선도에서 A와 B구역은 비행금지구역을 나타내며, A의 경우는 자동회전을 하기 위한 고도는 있으나 전진속도가 충분하지 못한 구역이다. B의 경우는 전진속도는 충분하나 고도가 너무 낮아서 자동회전으로 들어가기 위한 시간적 여유가 없는 비행금지구역이다.

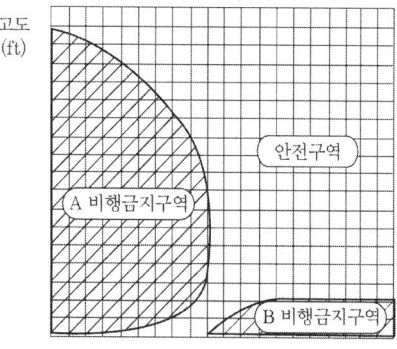

[속도-고도선도(velocity-height diagram)]

7. ③

해설 국제표준대기에서 표준해면고도의 특성값은 다음과 같이 정한다.
① 압력 P_0=29.92inHg=760mmHg
　　　　　=1013.25mbar
② 밀도 ρ_0=1.225kg/m^3
③ 온도 t_0=15℃=288.15K
④ 음속 a_0=340.429m/s

8. ②

해설 프로펠러 항공기의 경우 항속거리를 최대로 하기 위해서는 프로펠러 효율을 크게 하고, 연료 소비율을 작게 해야 하며, 양항비가 최대인 상태로 비행해야 한다.

9. ①

해설 4자리 숫자로 표시되는 NACA 4자 계열 에어포일(airfoil) 코드에서 첫 자리 숫자는 최대 캠버의 크기, 두 번째 숫자는 최대 캠버의 위치를 나타낸다. 따라서 첫 자리와 두 번째 자리의 숫자가 0인 'NACA 00XX' 날개골은 캠버가 없는, 즉 아랫면과 윗면이 대칭인 대칭단면의 날개를 나타낸다.

10. ①

해설 비행기의 기준축에 따른 조종면은 다음과 같다.

기준축	모멘트	안정	조종면
세로축 (X축)	옆놀이 모멘트 (rolling moment)	가로 안정	보조 날개
가로축 (Y축)	키놀이 모멘트 (pitching moment)	세로 안정	승강키
수직축 (Z축)	빗놀이 모멘트 (yawing moment)	방향 안정	방향키

11. 전항 정답

해설 항력계수를 C_D, 밀도를 ρ, 비행속도를 V[ft/s], 그리고 날개면적을 S라고 하면, 필요마력 P_r은
$$P_r = \frac{DV}{550} = \frac{1}{1100} C_D \rho V^3 S$$
$$= \frac{1}{1100} \times 0.2 \times 0.001756 \times (100 \times 1.47)^3$$
$$\times 100 = 1014.2\,\text{HP}$$
$$(\because 1\,\text{mph} = 1.47\,\text{ft/s})$$

이 문제는 출제 오류 문항으로, 한국산업인력공단에서 제시한 초기 가답안은 ④번이었다. 그러나 추후 심사과정에서 확정 답안은 전항 정답(①, ②, ③, ④)으로 변경되었다.

12. ②

해설 대류권에서는 1km 올라갈 때마다 기온이 약 6.5℃씩 낮아진다. 또한 고도가 상승함에 따라 압력 및 밀도도 감소한다.

13. ①

해설 순환 속도를 V, 원통중심에서의 거리(반지름)를 r이라고 하면, 보텍스의 세기(Γ)를 구하는 식은 다음과 같다.
$$\Gamma = 2\pi Vr = 2\pi \times 10 \times 1 = 62.83\,\text{m}^2/\text{s}$$

14. ③

해설 비행속도가 느린 경우에는 깃각을 작게(저피치) 하고, 비행속도가 빨라짐에 따라 깃각을 크게(고피치) 해야 프로펠러 효율이 좋아진다. 따라서 이륙 및 착륙 시와 같은 저속에서는 작은 깃각(저피치)을 사용하고, 강하 및 순항 시와 같은 고속에서는 큰 깃각(고피치)을 사용한다.

15. ④

해설 안정과 조종은 서로 상반되는 성질을 나타내기 때문에, 안정성이 증가하면 조종성은 감소한다. 따라서 비행기이 조종성과 안정성을 동시에 만족시킬 수는 없다.

16. ②

해설 유체의 점성을 고려한 마찰력에 대한 설명은 다음과 같다.
① 두 지점 사이에 작용하는 유체의 점성계수를 μ, 단면적을 S, 두 지점 사이의 거리를 h, 그리고 유체의 속도를 V라고 하면, 마찰력 F를 구하는 식은 다음과 같다.
$$F = \mu S \frac{V}{h}$$

따라서 마찰력은 점성계수, 물체의 단면적, 그리고 유체의 속도에 비례한다.
② 점성계수는 온도에 따라 그 값이 변한다. 따라서 마찰력은 온도변화에 따라 그 값이 변한다.
③ 이상유체란 점성의 영향을 고려하지 않은 유체를 말한다. 따라서 유체의 마찰력은 실체유체에서만 고려된다.
④ 모든 유체는 고유의 점성계수를 갖는다. 따라서 마찰력은 유체의 종류에 따라 달라진다.

17. ③

해설 비행속도와 깃의 선속도를 합하여 하나의 합성속도로 만든 다음, 프로펠러에 유입되는 이 합성속도의 방향이 프로펠러의 회전면과 이루는 각을 유입각(또는 피치각)이라고 한다.

18. ③

해설 날개가 수평을 기준으로 위로 올라간 각을 쳐든각(dihedral)이라고 한다. 기하학적으로 주날개의 쳐든각은 옆미끄럼에 의한 옆놀이에 정적인 안정을 주게 된다. 그러므로 주날개의 쳐든각은 항공기의 가로 안정성을 높이는 데 가장 중요한 요소이다.

19. ②

해설 선회속도를 V_t, 중력가속도를 g, 그리고 선회각을 θ라고 하면, 선회반경(R)은
$$R = \frac{V_t^2}{g\tan\theta} = \frac{20^2}{9.8 \times \tan 45°} = 40.82\text{m}$$

20. ④

해설 헬리콥터 총중량을 W, 회전날개 반지름을 R이라고 하면, 원판하중 DL은
$$DL = \frac{W}{A} = \frac{W}{\pi R^2} = \frac{800}{3.14 \times 2.8^2}$$
$$= 32.49\text{kgf/m}^3$$

제2과목 : 항공기관

---

21. ①

해설 가스 터빈 엔진에서 배유되는 윤활유는 거품과 열에 의한 팽창으로 양이 증가한다. 따라서 공급한 윤활유의 양보다 더 많은 양의 윤활유를 배유해야 하기 때문에 배유펌프(소기펌프)가 압력펌프보다 용량이 더 커야 한다.

22. ③

해설 터보 팬 엔진은 바이패스 공기 및 연소가스를 배기 노즐로 분사함으로써 추력을 얻지만, 터보제트엔진에 비해 많은 양의 공기를 비교적 느린 속도로 분사시킨다. 그러므로 배기가스의 평균 분사속도는 낮지만, 아음속에서 효율이 좋고, 연료 소비율이 작으며, 소음이 작기 때문에 대형 여객기뿐만 아니라 군용기에도 널리 사용되고 있다.

23. ①

해설 왕복엔진에서 압축비가 너무 크면 디토네이션과 조기점화가 발생할 수 있으며, 실린더 온도가 증가하는 과열현상과 출력감소의 원인이 된다.

24. ②

해설 왕복엔진의 피스톤 형식은 아래 그림과 같이 사용된 피스톤 헤드 모양에 따라 평형(flat type), 오목형(recessed type), 컵형(cup, concave), 볼록형(dome, convex type) 및 모서리 잘린 원뿔형(truncated cone type)으로 분류된다.

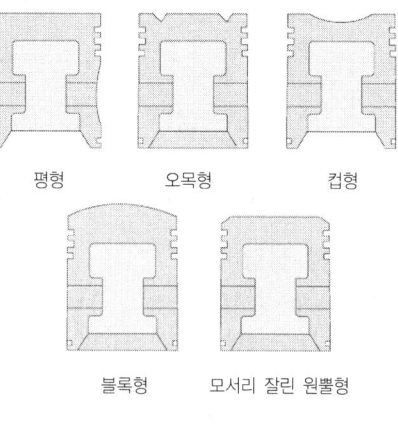

[피스톤의 형식]

25. ①

해설 열역학적 성질(property)이란 물질의 상태를 결정할 수 있는 측정 가능한 물리적 변수를 말하며, 다음과 같이 분류할 수 있다.
① 크기 성질(종량적 성질) : 물질의 질량에 비례하여 그 크기가 변하는 성질(예 : 체적)
② 세기 성질(강성적 성질) : 물질의 질량에 무관한 성질(예 : 온도, 밀도, 압력 등)

26. ①

해설 마그네토 점화계통은 캠의 회전에 따라 브레이커 포인트(breaker point)가 열릴 때 2차코일에 높은 전압이 유도되고, 유도된 전압은 배전기를 통해 실린더에 장착된 점화 플러그에 전달된다. 마그네토 브레이커 포인트가 고착되어 열리지 않으면 높은 전압이 유도되지 않고, 따라서 마그네토의 작동은 불가능해진다.

27. ②

해설 왕복엔진은 각 실린더 벽과 피스톤의 윤활과 냉각작용을 위하여 오일을 공급한다. 피스톤 링(piston ring)의 마모 증가로 공급한 오일이 실린더로 스며들어가면 오일 소모량이 많아지고, 점화플러그의 팁에 연소되지 않은 탄소가 모여 점화플러그의 파울링(fouling)을 초래하게 된다.

28. ③

해설 점화플러그는 전극(중심전극, 접지전극), 세라믹 절연체 및 금속 셀(shell)의 주요부분으로 구성되어 있다.

29. ③

해설 압축비를 ε, 비열비를 k 라고 하면, 오토사이클의 열효율(η_{th})을 구하는 공식은 다음과 같다.

$$\eta_{th} = 1 - \left(\frac{1}{\varepsilon}\right)^{k-1}$$

오토 사이클의 열효율은 이론적으로 볼 때 압축비만의 함수이며, 압축비가 증가하면 열효율도 증가한다. 또한 동작유체의 비열비가 증가하면 열효율이 증가한다.
위의 식과 같이 압축비가 1이거나, 동작유체의 비열비가 1이라면 열효율은 0이 된다.

30. ①

해설 연소실 입구압력에 대한 연소실 입구와 출구의 전 압력차를 압력손실이라고 한다.
연소실 압력손실
$$= \frac{\text{연소실 입구압력} - \text{연소실 출구압력}}{\text{연소실 입구압력}}$$
$$= \frac{80-77}{80} = 0.0375$$

31. ②

해설 정속 프로펠러의 조속기(governor)는 프로펠러의 깃각을 자동으로 조절하여 비행속도나 기관출력의 변화에 관계없이 프로펠러를 항상 일정한 속도로 유지한다. 따라서 출력을 1.2배 높이더라도 정속 프로펠러는 프로펠러 회전수를 항상 2,300rpm으로 유지하고, 회전계는 2,300rpm을 지시한다.

32. ②

해설 가스 터빈 엔진에 사용되는 연료의 구비 조건은 다음과 같다.
① 화재발생을 방지하기 위하여 인화점이 높아야 한다.
② 빙점(어는점)이 낮아야 한다.
③ 연료의 증기압이 낮아야 한다.
④ 대량생산이 가능하고 가격이 저렴해야 한다.
⑤ 단위 중량당 발열량이 커야 한다.

33. ④

해설 연료가 산소와 화학 반응하여 연소한 후 열을 발생하여 온도가 높아졌다가 원래의 온도로 냉각시키면 외부로 열을 내보낸다. 이 열을 연료의 연소열 또는 발열량이라 한다. 발열량을 정적 상태로 연소시켜 측정한 경우를 정적 발열량이라 한다. 또, 연소 생성물 중 물(H_2O)이 액체상태일 때 측정한 발열량을 고발열량, 증기인 상태일 때 측정한 발열량을 저발열량(LVH : Lower Heating Value)이라 한다.
엔진의 열효율을 계산할 때에 사용하는 연료의 발열량은 정압 저발열량을 사용한다. 그 이유는 연료가 연소하는 과정 중 왕복엔진에서는 정적 연소과정이지만, 실제로 연소가 일어나는 순간은 정압상태에서 연소가 일어나고 생성된 물은 증기 상태로 기관을 떠나기 때문이다.

34. ②

해설 프로펠러 깃에 작용하는 힘과 응력은 다음과 같다.
① 추력에 의한 굽힘(thrust-bending) : 프로펠러 깃의 선단(tip)을 앞으로 휘게 하려는 굽힘 응력 발생
② 공력에 의한 비틀림(aerodynamic-twisting) : 깃이 회전할 때 공기흐름에 대한 반작용으로 깃의 피치를 크게 하려는 비틀림 모멘트 발생
③ 원심력에 의한 비틀림(centrifugal-twisting) : 프로펠러 회전으로 인한 원심력이 작용하여 깃의 피치를 작게 하려는 비틀림 모멘트 발생

35. ③, ④

해설 가스 터빈 엔진의 후기연소기(after burner)에 대한 설명은 다음과 같다.
① 후기연소기는 배기도관 안에 연료를 분사시켜 터빈을 통과한 고온의 배기가스와 2차 연소영역에서 나온 연소 가능한 공기와 연료를 혼합한 것을 다시 연소시켜 추력을 증가시키는 장치이다.
② 후기연소기의 화염 유지기는 튜브형 그리드(tubular grid)와 스포크형(spoke-shaped)이 있다.
③ 후기연소기를 장착하면 후기 연소 모드에서 약 100% 정도의 추력 증가를 얻을 수 있는 반면, 연료소모가 3~5배 정도 증가된다.
④ 후기연소기는 약 65~75%의 비연소 배기가스와 연료가 섞여 점화된다.

※ 이 문제는 출제 오류 문항으로, 한국산업인력공단에서 제시한 초기 가답안은 ④번이었다. 그러나 추후 심사과정에서 확정 답안이 복수 정답(③, ④)으로 변경되었다.

36. ④

해설 왕복엔진의 흡입 매니폴드(intake manifold)의 압력계는 흡입 매니폴드 안의 압력을 지시한다. 엔진이 완전히 정지하였을 때 흡입 매니폴드 압력계는 대기압과 같은 값을 나타낸다.
엔진이 작동 중일 때 과급기가 없는 엔진에서는 매니폴드 압력이 대기압보다 낮은 값을 나타내며, 과급기가 있는 엔진에서는 대기압보다 높아질 수 있다.

37. ④

해설 제트엔진 부분에서 압력이 가장 높은 부위는 압축기 출구의 디퓨저(diffuser)이다.

38. ③

해설 출력이 크게 요구되는 대형 가스 터빈 엔진의 시동에 사용되는 공기식 시동기를 작동시키는 고압공기는 항공기에 장착되어 있는 별도의 보조동력장치(APU)나 지상 장비인 지상 동력장비(GPU)를 이용하여 공급된다. 또한 다발 항공기의 경우에는 시동이 완료된 다른 엔진의 압축기 블리드 공기를 이용하기도 한다.

39. ④

해설 저압압축기의 압축비를 γ_1, 고압압축기의 압축비를 γ_2라고 하면, 엔진 전체의 압력비 γ는 다음과 같다.
$\gamma = \gamma_1 \times \gamma_2 = 2 \times 10 = 20$

40. ③

해설 압축비가 일정할 때 사이클의 열효율이 가장 좋은 순서로 나열하면 정적 사이클(오토 사이클), 합성 사이클(사바테 사이클), 그리고 정압 사이클(디젤 사이클) 순이다.

제3과목 : 항공기체

41. ③

해설 여압장치 항공기는 비행조종 계통과 기관조종 계통 등의 조종을 위하여 사용되는 각종 케이블이 여압실 벽의 압력 벌크헤드를 통과하여 움직

이게 되어 있는데, 이 틈새를 통하여 여압 공기가 새어나오는 것을 방지하기 위해 압력 시일(pressure seal)이 사용된다. 압력 시일은 케이블이 압력 벌크헤드를 통과하는 곳에 사용되며, 케이블의 움직임을 방해하지 않을 정도의 기밀을 유지하여야 한다.

42. ①

해설 항공기 기체의 구조는 구조역학적인 역할의 정도에 따라 1차 구조와 2차 구조로 분류한다.
① 1차 구조(primary structure) : 항공기 기체의 중요한 하중을 담당하며, 비행 중 파손되면 심각한 결과를 가져오게 하는 구조 부분이다.(날개의 날개보, 리브, 외피, 그리고 동체의 벌크헤드, 세로대, 프레임, 스트링어 등)
② 2차 구조(secondary structure) : 비교적 적은 하중을 담당하며, 파손되면 항공 역학적인 성능 저하를 초래하지만 곧바로 사고로 연결되지는 않는 구조 부분이다.(2개의 날개보를 가지는 날개의 앞전 부분 등)

43. ②

해설 문제의 그림과 같은 일반적인 항공기의 V-n 선도에서 최대 속도는 설계급강하속도(VD : design diving speed)이다. 설계급강하속도는 플랩 등과 같은 날개가 비틀림에 견딜 수 있는 최대속도로 공탄성에 의한 비행기의 위험을 피하기 위해서 제한하는 속도이다.

44. ③

해설 플라이 바이 와이어(fly-by-wire) 조종장치는 조종간이나 방향키 페달의 움직임을 전기 · 전자적인 신호 및 데이터로 변환하여 플라이트 컴퓨터(flight computer)에 입력시키고, 이 컴퓨터에 의해서 전기 모터 또는 유압 작동기(actuator)를 동작하게 함으로써 조종계통을 작동시킨다.

쿼드런트(quadrant)는 케이블 조종계통 및 푸시풀 로드(push-pull rod) 조종계통에 사용되는 장치이다.

45. ①

해설 양극산화처리(anodizing)는 금속 표면에 내식성이 있는 산화피막을 형성시키는 부식 처리 방법이며, 다음과 같은 종류가 있다.
① 황산법 : 사용 전압이 낮고 소모 전력량이 적으며, 약품 가격이 저렴하고 폐수 처리도 비교적 쉬워 가장 경제적인 방법이다. 현재 황산법이 주로 사용되고 있다.
② 수산법 : 경도가 큰 피막을 얻을 수 있고 내식성도 우수하지만, 약품값이 비싸고 전력비가 많이 든다.
③ 크롬산법 : 항공기용 부품 재료의 방식 처리에 적합하며, 피막의 두께가 얇다.

46. ③

해설 중심위치($C.G$)
$$= \frac{\text{총 모멘트} \pm \text{변화된 모멘트}}{\text{총 무게} \pm \text{변화된 무게}}$$
(∵ + : 무게 증가 시, − : 무게 감소 시)
$$= \frac{(2500 \times 0.5) + (12.5 \times 3)}{2500 + 12.5} = +0.51\text{m}$$
∴ +0.51m이므로 새로운 중심위치는 기준선 후방 약 0.50m에 위치한다.

47. ②

해설 아이스박스 리벳인 2024(DD) 리벳은 열처리 후 시효경화를 지연시켜 연화상태를 연장하기 위하여 아이스박스에 저온 보관하여 사용하며, 상온에 노출 후 10분에서 20분 이내에 사용해야 한다.

48. ②

해설 알루미늄 합금을 특성에 따라 구분하면 다음과 같다.
① 고강도 알루미늄 합금 : 두랄루민을 시작으로 개량을 거듭하여 현재 항공기에서 가장 많이 사용되고 있는 합금으로 내식성보다는 강도를 중시하여 만들어진 알루미늄 합금(2014, 2017, 2024, 7075)
② 내식 알루미늄 합금 : 강도보다는 내식성을 중요시하여 만들어진 알루미늄 합금(1100, 3003, 5056, 6061, 6063, 알클래드판)

49. ③

해설 굴곡반경을 R, 판재의 두께를 T라고 하면, 세트 백(set back)은
$$SB = K(R+T)$$
$$= 1 \times (0.135 + 0.055)$$
$$= 0.190 \text{in} \ (\because 굽힘\ 각도\ 90°인\ 경우\ K=1)$$

50. ④

해설 주 동력장치가 고장난 경우 접개들이 착륙장치를 비상으로 내리는(down) 3가지 방법은 다음과 같다.
① 핸드펌프를 수동으로 작동하여 유압을 만들어 내린다.
② 축압기에 저장된 공기압을 이용하여 내린다.
③ 핸들을 이용하여 기어의 업록(up-lock)을 풀고, 자중 및 공기부하에 의하여 착륙장치가 내려가도록 한다.

51. ③

해설 항공기는 비행 중에 심한 진동이나 급격한 온도 변화를 받으므로 부품의 체결에 사용되는 볼트나 너트 등의 조임 정도는 매우 중요하다.
조임 토크 값이 너무 크면 볼트, 너트에 큰 하중이 걸려 나사를 손상시키거나 볼트가 절단되기도 한다. 반대로 조임 토크 값이 부족하면 볼트, 너트의 피로 현상을 촉진시키거나 볼트, 너트 등의 마모를 초래하게 된다.

52. ②

해설 프로펠러 항공기처럼 토크(torque)가 크지 않은 제트엔진 항공기에서는 일반적으로 2~3개의 콘 볼트(cone bolt)와 트러니언 마운트(trunnion mount)에 의해 엔진을 고정하는 포드 마운트(pod mount) 방법을 사용한다.

53. ①

해설 원형 단면 봉의 경우 비틀림에 의하여 단면에서 발생하는 비틀림각 θ는 다음과 같은 식으로 나타낼 수 있다.
[단, T : 비틀림 모멘트, L : 봉의 길이, G : 전단탄성계수(또는 전단계수), J : 극관성 모멘트(또는 극단면 2차 모멘트)]

$$\therefore \theta = \frac{TL}{GJ}$$

54. ②

해설 리벳의 배치와 관련된 용어는 다음과 같다.
① 연거리 : 판재의 가장자리에서 첫 번째 리벳 구멍 중심까지의 거리를 의미하며 끝거리라고도 한다.
② 피치(pitch) : 같은 열(column)에 있는 리벳의 중심 간 거리를 말한다.
③ 횡단 피치 : 열과 열 사이의 거리를 의미하며 열간 간격이라고도 한다.
④ 열(row) : 판재의 인장력을 받는 방향에 대하여 직각방향으로 배열된 리벳의 집합을 말한다.

55. ①

해설 알루미늄 합금은 시효 경화성을 가지고 있다. 시효 경화(age hardening)란 열처리 후 시간이 지남에 따라 합금의 강도와 경도가 증가하는 특성을 말한다. 시효 경화에는 상온에 그대로 방치하는 상온 시효(자연 시효라고도 함)와 상온보다 높은 100~200℃에서 처리하는 인공 시효가 있다.

56. ④

해설 블라인드 리벳(blind rivet)은 일반 리벳을 사용하기에 부적당한 곳이나, 리벳작업을 하는 반대쪽에 접근할 수가 없는 곳에 사용되는 리벳을 말한다. 블라인드 리벳에는 체리 리벳(cherry rivet), 리브 너트(riv nut)와 폭발 리벳(explosive rivet) 등이 있다.

57. ①

해설 문제의 그림과 같이 1개의 집중하중을 받는 단순지지보의 전단력 선도는 문제의 그림 ①과 같이 나타낸다.
문제의 보기 ④는 그림과 같이 1개의 집중하중을 받는 단순지지보의 굽힘 모멘트 선도를 나타낸다.

58. ④

해설 항공기의 손상된 구조를 수리할 때 반드시 지켜야 할 4가지 기본 원칙은 다음과 같다.
① 중량을 최소로 유지해야 한다.
② 원래의 강도를 유지하도록 한다.
③ 부식에 대한 보호 작업을 하도록 한다.
④ 본래의 윤곽과 표면의 매끄러움을 유지해야 한다.

59. ④

해설 샌드위치(sandwich) 구조는 2장의 외판 사이에 무게가 가벼운 심재(core)를 넣어 접착제로 접착시킨 구조로 다음과 같은 특징이 있다.
① 습기와 열에 약하다.
② 내부 심재의 상태를 외부에서 볼 수 없기 때문에 초기 단계 결함의 발견이 어렵다.
③ 강도비가 우수하고, 굽힘하중이나 피로하중에 강하다.
④ 코어(core, 심재)의 종류에는 허니컴형(honeycomb type, 벌집형), 파형(wave type)과 거품형(foam type) 등이 있다.

60. ①

해설 인장변형률이란 재료가 길이 방향으로 변형될 때에 생기는 변형률을 말한다. 원래의 길이를 L, 변형된 길이를 δ라고 하면 인장변형률(ε)은
$$\varepsilon = \frac{\delta}{L} = \frac{50\,\mu m}{1m} = 50\,\mu m/m$$

제4과목 : 항공장비

61. ①

해설
- 전동기의 동력을 P_i, 전동기의 출력 전력을 P_o라고 하면, 전동기 효율(η)을 구하는 식은 다음과 같다.
$$\eta = \frac{P_o}{P_i}$$
따라서, 전동기의 출력 전력 P_o를 구하면,
$$P_o = \eta P_i = 0.75 \times \left(746 \times \frac{1}{3}\right)$$
$$= 186.5W\ [\because 1HP = 746W]$$
- 전동기의 전력을 P_o, 전압을 E라고 하면, 전류 I를 구하는 식은 다음과 같다.
$$\therefore I = \frac{P_o}{E} = \frac{186.5}{24} = 7.78A$$

62. ①

해설 방빙계통(anti-icing system)에 대한 설명은 다음과 같다.
① 날개 앞전의 방빙은 공기역학적 특성을 유지하고, 떨어져 나간 얼음이 뒤쪽에 있는 꼬리날개나 엔진에 손상을 주는 것을 방지하기 위해 사용된다.
② 날개 앞전의 곡률 반경이 큰 곳은 램 효과(ram effect)에 의해 결빙되기 어렵다.
③ 가열공기(hot air)의 온도가 높기 때문에 날개의 과열을 막기 위해 지상에서는 가열공기를 사용하지 않는다.

63. ③

해설 여러 가지의 정보를 하나의 계기에 지시하는 종합전자계기는 항공기를 제작하는 회사에 따라 다르지만 일반적으로 다음과 같이 구성된다.
① 주비행 표시장치(primary flight display, PFD) : 표시되는 화면은 비행자세 지시부, 속도 지시부, 기압고도 지시부, 자동 비행모드 지시부, 전파고도 지시부, 승강 속도 지시부 등으로 나누어져 있다. 항공기의 착륙 결심고도는 기압고도 지시부에 표시된다.
② 항법 표시장치(navigation display, ND)
③ 기관 지시와 승무원 경고계통(engine indication and crew alerting system, EICAS)

64. ④

해설 전류계 감도를 I_m [A], 전류계 내부저항을 R_o, 그리고 측정할 수 있는 전류를 I라고 하면, 분류기(shunt) 저항 R_s를 구하는 식은 다음과 같다.
$$R_s = \frac{I_m R_o}{I - I_m} = \frac{0.02 \times 10}{200 - 0.02} = 0.001\,\Omega$$
$$[\because 1mA = 0.001A]$$

65. ②

해설 비상시에 조종실에서 산소 마스크를 착용하고도

통신장치의 사용이 필요하기 때문에 승무원용 산소 마스크에는 마이크로폰(microphone)이 장비되어 있다. 마스크에 있는 누름 통화 스위치를 누르면 운항 승무원 상호간 통화장치(flight inter-phone system)가 작동하여 운항 승무원끼리의 통화와 통신 및 항법 시스템의 음성 신호를 청취할 수 있고, 마이크로폰을 통하여 송화할 수도 있다.

66. ③

해설 열기전력이 생기게 하는 2개의 금속으로 접합된 서모 커플(thermo couple)에 일반적으로 사용되는 금속은 다음과 같다.
① 구리-콘스탄탄(constantan) : 최고 300℃까지 측정 가능하며 왕복기관 실린더 헤드 온도를 측정하는 데 사용된다.
② 철-콘스탄탄 : 최고 800℃까지 측정 가능하다.
③ 크로멜-알루멜 : 최고 1,400℃까지 측정 가능하며 가스 터빈 기관 배기가스 온도를 측정하는 데 사용된다.

67. ④

해설 유압계통에서 각 구성품의 역할은 다음과 같다.
① 선택 밸브(selector valve) : 유압작동 실린더의 움직임의 방향(운동 방향)을 제어한다.
② 릴리프 밸브(relief valve) : 작동유에 의한 계통 내의 압력을 규정값 이하로 제한하여 과도한 압력으로 인하여 계통 내의 관이나 부품이 파손되는 것을 방지한다.
③ 유압 퓨즈(hydraulic fuse) : 유압계통의 관이나 호스가 파손되거나, 기기 내의 실(seal)에 손상이 생겼을 때 작동유의 과도한 누설을 방지하기 위한 장치이다.
④ 우선순위밸브(priority valve) : 작동유의 압력이 낮게 작동되면 유로를 막아 작동기구의 중요도에 따라 중요한 기기에만 작동 유압을 공급하여 우선 필요한 계통만을 작동시키는 기능을 한다.

68. ④

해설 항공계기는 방습처리를 하고, 특히 전기계기가 습도 등에 영향을 받지 않도록 내부에는 불활성 가스인 질소 가스를 충전시켜야 한다.

69. ①

해설 프레온 냉각장치(freon cooling system)의 작동 중 점검창에서 관찰해서 프레온 냉각액이 정상적으로 흐르고 있다면 프레온이 충분히 들어가고 있다고 생각해도 좋다. 만약 점검창에서 거품이 보이면 프레온이 적으므로 장치에 프레온을 공급할 필요가 있다.

70. ②

해설 알칼리 축전지(Ni-Cd)는 충전과 방전 시 전해액의 비중은 변하지 않지만, 방전하면 많은 양의 전해액을 극판이 흡수하므로 전해액의 수면이 내려가고 충전하면 수면이 높아진다. 따라서 알칼리 축전지의 전해액 점검 시 비중은 측정할 필요가 없지만, 전해액의 액량은 측정하고 정확히 보존해야 한다.

71. ③

해설 정속구동장치(constant speed drive : CSD)는 항공기 엔진의 구동축과 발전기축 사이에 설치된다. 정속구동장치는 엔진의 회전수와 관계없이 항상 일정한 회전수를 발전기 축에 전달하여 발전기를 일정하게 회전하게 함으로써 교류발전기의 출력 주파수를 항상 일정하게 만들어 준다.

72. ③

해설 자동비행조종장치에서 오토 파일럿(auto pilot)을 연동(engage)하기 전에 다음의 조건이 필요하다.
① 이륙 후에 연동한다.
② 충분한 조정(trim)을 취한 뒤 연동한다.
③ 항공기의 자세(roll, pitch)가 있는 한계 내에서 연동한다.

73. ①

해설 선회계는 회전하는 자이로 축이 공간에서 일정한 방향을 계속 유지하는 성질을 이용한 것으로서 자이로의 각 변위의 빠르기(각속도) 성분만을 검출, 측정하여 항공기의 수직축에 대한 분당 선회율을 나타내는 계기이다. 이에 반해 수평의, 정침의 및 자이로 컴퍼스는 각변위의 크기 성분만을 검출, 측정하여 사용하는 계기이다.

74. ③

해설 유압계통 구성품 중 작동 실린더(actuating cylinder)는 가압된 작동유를 받아 압력에너지를 기계적인 힘으로 변환시켜 직선운동을 시킨다.

75. ②

해설 키르히호프의 제1법칙과 제2법칙은 다음과 같다.
① 키르히호프 제1법칙 : 전기회로에 들어가는 전류의 합과 그 회로로부터 나오는 전류의 합은 같다.
② 키르히호프 제2법칙 : 전기회로 내의 모든 전압강하의 합은 공급된 전압의 합과 같다.

76. ④

해설 VHF 계통 통신장치는 조종실에 설치되는 조정 패널(control panel)을 비롯하여 장비실에 설치된 송·수신기(transceiver) 및 안테나로 구성된다.

안테나 커플러(antenna coupler)는 HF 계통 통신장치의 구성품이다.

77. ④

해설 정재파(standing wave)란 안테나의 전송선로에서 입사파와 반사파가 서로 중첩되어 발생하는 파형이다. 안테나의 전압 정재파비(VSWR : Voltage Standing Wave Ratio)는 정재파의 최대 전압을 정재파의 최소 전압으로 나눈 값이다. 최대 전압을 V_{max}, 최소 전압을 V_{min}이라고 하면, 전압 정재파비(VSWR)는

$$\text{VSWR} = \frac{V_{max}}{V_{min}}$$

78. ③

해설 정상 운전되고 있는 발전기(generator)의 계자 코일(field coil)이 단선될 경우 저항이 너무 높아져서 전압이 약하게 발생한다. 반대로 계자코일이 단락될 경우 저항이 너무 낮아진다.

79. ④

해설 일반적으로 금속은 온도가 증가하면 저항이 증가한다. 이때 온도에 따라 변화하는 전류를 측정하여 온도를 알 수 있다. 전기저항식 온도계는 이러한 원리를 응용한 것으로서, 온도 수감용 저항 재료는 다음과 같은 특성을 가지고 있어야 한다.
① 저항값이 오랫동안 안정되어야 하고, 온도 외의 다른 조건에 대하여 영향을 받지 않아야 한다.
② 온도에 따른 전기저항의 변화가 비례관계에 있어야 한다. 즉 일정한 온도에 일정하게 저항값이 변화하여야 한다.
③ 온도에 대한 저항값의 변화가 커야 한다.

80. ①

해설 무선원조 항법장치는 지상의 무선항법 지원시설로부터 송신되는 전파를 이용하여 항공기의 운항에 필요한 자신의 위치, 방위, 거리 등의 정보를 획득하는 장치이다. 이러한 목적의 장치로는 자동방향탐지기(automatic direction finder), 항공교통관제장치(air traffic control system), 거리측정장치(distance measuring equipment system), 무지향 표지시설(non directional radio beacon), 전방향 표지시설(VHF omnidirectional range), 계기착륙시스템(instrument landing system) 등이 있다.

관성항법시스템(inertial navigation system)은 지상의 항행 지원시설이 없는 곳을 비행하는 경우 기내의 자이로(gyro)를 이용하여 현재 위치와 방향을 스스로 계산하여 비행하는 시스템으로서, 자율항법시스템이라고도 한다.

2019년 2회 (4월 27일)

제1과목 : 항공역학

1. ①

해설 스핀(spin)이란 자동회전과 수직강하가 조합된 비행을 말한다. 수직 스핀은 수평 스핀보다 낙하 속도가 크지만, 수평 스핀보다 회전 각속도는 더 작다.

2. ②

해설 양력(lift)의 발생을 직접적으로 설명할 수 있는 원리는 베르누이의 정리이다. 베르누이 정리는 정상흐름의 경우에 정압과 동압을 합한 결과가 항상 일정하다는 것을 나타낸다. 따라서 어느 한 점에서 흐름의 속도가 빨라지면 그곳에서의 정압은 감소하고, 속도가 느려지면 정압은 증가하게 된다.
항공기 에어포일(airfoil)에 베르누이 정리를 적용하면 공기흐름 속도가 빠른 날개의 윗면에서는 정압이 감소하고, 속도가 느린 날개의 아랫면에서는 정압이 증가한다. 이 날개 윗면과 아랫면의 압력의 차이가 항공기를 위로 상승시키려는 힘인 양력을 발생시킨다.

3. ④

해설 헬리콥터는 다음의 세 가지 이유 때문에 최대 속도 부근에서 필요마력이 급상승하며, 비행기처럼 고속으로 비행할 수 없다.
① 후퇴하는 깃의 날개 끝 실속
② 후퇴하는 깃 뿌리의 역풍범위 증가
③ 전진하는 깃 끝의 마하수 영향(충격실속 영향)

4. ②

해설 밀도를 ρ, 대기속도를 V라고 하면, 동압 q를 구하는 식은 다음과 같다.
$$q = \frac{1}{2}\rho V^2 = \frac{1}{2} \times 0.1 \times 120^2 = 720 \text{kg/m}^2$$

5. ③

해설
- 날개 뿌리 시위 길이를 C_r, 날개 끝 시위 길이를 C_t, 그리고 날개 길이를 b라고 하면, 사다리꼴 날개의 면적(S)은
$$S = \frac{1}{2}(C_r + C_t)b$$
$$= \frac{1}{2} \times (60+40) \times (150 \times 2)$$
$$= 15,000 \text{cm}^2$$

- 날개 길이를 b, 날개 면적을 S라고 하면, 가로세로비 AR은
$$\therefore AR = \frac{b}{c} = \frac{b \times b}{c \times b} = \frac{b^2}{S} = \frac{(150 \times 2)^2}{15000} = 6$$

6. ②

해설
- 관의 단면이 10cm^2인 곳의 단면적을 A_1, 속도를 V_1, 그리고 단면 25cm^2인 곳의 단면적을 A_2, 속도를 V_2라고 하면 관을 지나는 흐름에서의 연속방정식은 다음과 같다.
$$A_1 V_1 = A_2 V_2 = 일정$$

- 따라서 단면 25cm^2인 관을 지나는 흐름 속도 V_2는
$$\therefore V_2 = \frac{A_1}{A_2} V_1 = \frac{10}{25} \times 10 = 4 \text{m/s}$$

7. ④

해설 평형상태에 있는 비행기가 교란을 받아 평형상태로부터 벗어난 뒤에 어떤 형태로든 움직여서 처음의 상태로 돌아가려는 힘이 자체적으로 발생하게 되는데 이를 복원력이라고 한다.

8. ②

해설 성층권 아래층의 기온은 높이에 관계없이 대체로 일정하지만 위층에서는 오존층이 있어서 자외선을 흡수하기 때문에 고도가 높아질수록 온도가 높아진다.

9. ③

해설 프로펠러의 기하학적 피치(geometric pitch)란 공기를 강체로 가정하여 프로펠러 깃을 한 바퀴 회전시켜 프로펠러가 앞으로 전진할 수 있는 이론적인 거리를 말한다. 이 기하학적 피치와 프로

펠러 지름과의 비를 기하학적 피치비(geometric pitch ratio)라고 한다.

기하학적 피치비 = $\dfrac{\text{기하학적 피치}}{\text{프로펠러 지름}}$

10. ①

[해설] 양(+)의 세로안정성을 갖는 일반형 비행기는 무게중심이 날개의 공기 역학적 중심보다 앞에 위치하며, 항공기 기수를 아래로 내리려는 키놀이 모멘트가 발생하여 받음각을 감소시키려는 경향을 보인다. 따라서 순항 비행 중 트림 조건(trim condition)을 유지하기 위해서는 수평꼬리날개에는 아래로 향하는 힘이 작용하여 기수를 올리려는 키놀이 모멘트가 발생하여야 한다.

11. ③

[해설] 프리즈 밸런스(frise balance)는 도움날개(aileron)에 주로 사용하는 공력평형장치로서, 연동되는 도움날개에서 발생되는 힌지 모멘트가 서로 상쇄되도록 하여 조종력을 감소시킨다.

12. ④

[해설] 양력계수를 C_L, 항력계수를 C_D라고 하면 활공비행에서 활공각(θ)을 나타내는 식은 다음과 같다.

$\tan\theta = \dfrac{C_D}{C_L}$

13. ④

[해설] 항공기의 이륙거리는 지상 활주거리에다 비행기가 안전한 비행상태의 고도까지 이륙하는 데 소요되는 상승거리를 합한 거리를 말한다. 여기에 지상 활주로에서 공중으로 상승하기 위한 중간단계인 회전 및 전이(또는 전환) 거리를 추가하여 이륙거리를 더 구체화하기도 하며, 이를 식으로 나타내면 다음과 같다.

∴ 이륙거리 = 지상활주거리(S_G) + 회전거리(S_R) + 전이거리(S_T) + 상승거리(S_C)

① 지상활주거리(ground run distance) : 바퀴가 활주로 노면에 접지한 후 회전거리까지 활주하는 거리
② 회전거리(rotation distance) : 지상활주 후 조종사가 조종간을 당겨 기수 올림(nose-up) 상태에서 부양할 때까지의 거리
③ 전이거리(transition distance) : 부양 지점에서 직선 상승비행을 시작하는 거리까지의 곡선 비행경로
④ 상승거리(climb distance) : 직선 상승비행을 시작하는 고도에서부터 장애물 고도까지 직선 상승하는 거리. 따라서 전이거리와 상승거리는 비행경로가 곡선이냐 직선이냐에 따라 달라질 수 있다.

14. ④

[해설] 프로펠러 비행기는 필요마력이 최소가 되는 속도로 비행할 때 연료소비가 가장 작아진다. 따라서 필요마력이 최소가 되는 비행속도가 최대항속시간을 얻기 위한 속도가 된다.

15. ①

[해설] 헬리콥터가 지면 가까이에서 정지비행을 하면 회전날개를 지난 공기의 하향흐름이 지면에 부딪혀 헬리콥터와 지면 사이에 존재하는 공기를 압축시켜 헬리콥터의 추력이 증가되는 현상을 지면 효과라고 한다. 지면 효과가 발생하면 회전날개 깃의 유도속도가 감소되어 받음각이 더 커지기 때문에 더 효율적이다. 즉 유도항력이 감소하여 양력의 크기가 증가하며, 동일한 받음각에서 더 많은 중량을 지탱할 수 있다.

16. ②

[해설] 등속도 수평비행 시 항공기의 무게를 W, 양항비를 C_L/C_D라고 하면, 추력 T는

$T = W\dfrac{C_D}{C_L} = W\dfrac{1}{(C_L/C_D)} = 7000 \times \dfrac{1}{3.5}$
$= 2,000\text{kgf}$

17. ①

[해설] 프로펠러 항공기가 최대 항속거리를 비행하기 위해서는 양항비($\dfrac{C_L}{C_D}$)가 최대인 받음각으로 비행해야 한다. 유해항력계수(C_{DP})와 유도항력계수(C_{DI})가 같을 때 항력이 최소가 되고, 양항비

가 최대가 되어 최대 항속거리를 얻을 수 있다.

18. ③

해설 비행기의 동적 세로안정과 관련된 운동은 다음과 같다.
① 단주기 운동 : 상대적으로 주기가 아주 짧은 운동으로 속도변화에 무관한 진동이며 진동주기는 0.5초에서 5초 사이이다.
② 장주기 운동 : 주기가 매우 긴 진동으로 키놀이 자세, 비행속도, 그리고 비행고도에 상당한 변화가 있지만 받음각은 거의 일정하다. 진동주기가 상당히 길며 대개 20초에서 100초 사이의 값을 가진다.
③ 승강키 자유 운동 : 승강키를 자유롭게 하였을 때 발생되는 아주 짧은 주기의 진동을 말한다.

19. ③

해설 선회각을 θ라고 하면, 정상선회비행 시의 하중배수(n)를 구하는 관계식은 다음과 같다.
하중배수 = $\dfrac{1}{\cos\theta}$

20. ①

해설 실속각을 넘어서면 양력이 급격히 감소하는 특성을 가진 날개골은 갑자기 실속할 가능성이 있으므로 나쁜 실속 특성을 보이는 경향이 있다. 갑자기 실속할 가능성이 큰 날개골은 다음과 같다.
① 두께가 얇은 날개골
② 같은 면적인 경우 가로세로비가 큰 날개골, 즉 시위 길이가 짧아서 레이놀즈 수가 작은 날개골
③ 앞전 반지름이 작은 날개골
④ 캠버가 작은 날개골

제2과목 : 항공기관

21. ②

해설 브레이턴 사이클(Brayton cycle) 선도의 각 단계와 가스 터빈 엔진의 작동 부위는 다음과 같다.
① 1→2 과정 : 단열압축 과정(압축기)
② 2→3 과정 : 등압가열 과정(연소기)
③ 3→4 과정 : 단열팽창 과정(터빈)
④ 4→1 과정 : 등압방열 과정(배기구)

22. ③

해설 가스 터빈 엔진 배기관에서 배기가스가 분사되는 끝부분을 특히 배기 노즐(exhaust nozzle)이라고 한다. 배기 노즐은 배기가스의 속도를 증가시키고 압력을 감소시켜 추력을 얻는다.

23. ②

해설 등압변화란 압력이 일정하게 유지되면서 진행되는 작동유체의 상태변화를 말한다. 완전기체에서 등압변화 시 상태변화의 관계식은 다음과 같다.
$\dfrac{V_1}{T_1} = \dfrac{V_2}{T_2}$ ($\because V$: 체적, T : 온도)

24. ③

해설 왕복엔진의 윤활계통에서 엔진오일의 기능은 다음과 같다.
① 윤활작용 : 작동하는 부품 사이에서 마찰을 줄여 준다.
② 냉각작용 : 기관 작동 중에 발생하는 여러 부품의 열을 냉각시켜 준다.
③ 밀폐작용 : 실린더 벽과 피스톤 링 사이의 공간을 메워서 연소실을 밀폐하여 연소 가스가 피스톤 링을 지나 흐르는 것을 방지한다.
④ 청결작용 : 기관이 작동할 때 생기는 여러 가지 불순물과 이물질을 윤활유 여과기까지 운반하여 걸러 냄으로써 기관을 청결하게 한다.

25. ②

해설 가스 터빈 엔진 점화기(igniter)의 중심전극에는 매우 큰 전기 에너지가 공급되어 전극 사이를 흐르게 된다. 이 전기 에너지는 중심전극과 원주전극 사이의 간극에서 공기가 완전히 이온화될 때까지 증가되며, 전극 사이가 완전히 이온화되면 방전이 일어나 점화불꽃이 발생한다.

26. ①

해설 진추력 F_n을 발생하는 기관이 속도 V_a로 비행할 때, 기관의 동력을 마력으로 환산한 것을 추력마력이라고 한다. 진추력을 F_n[lbf], 비행속도를 V_a[ft/s]라고 하면, 추력마력(THP)을 구하는 관계식은 다음과 같다.

$$THP = \frac{F_n \times V_a}{550} = \frac{10000 \times 100}{550}$$
$$= 1818.2 \text{ lb} \cdot \text{ft/s}$$
$$(\because 1\text{HP} = 550 \text{lbf} \cdot \text{ft/s})$$

27. ①

해설 가스 터빈 엔진은 오일을 저장하는 외부 오일탱크를 설치하여, 오일이 엔진을 순환한 뒤 배유펌프에 의해 오일탱크로 되돌아오는 건식 섬프(dry sump) 윤활계통을 주로 사용한다. 또한 오일펌프에 의해 가압된 고압의 윤활유를 분무하여 윤활을 하는 압력분사식(pressure jet and spray type) 윤활방법을 주로 사용한다.

28. ①

해설 프로펠러 깃각(blade angle)이란 프로펠러의 회전면과 에어포일 시위선(chord line)이 이루는 사이각을 말한다.

29. ③

해설 가스 터빈 엔진의 축류압축기에서 발생하는 실속(stall) 현상을 방지하기 위해 사용하는 장치는 다음과 같다.
① 다축식 구조(multi spool design) : 압축기를 분할하여 그 각각을 서로 기계적으로 독립된 축으로 하여 각각의 터빈으로 구동하는 방식
② 가변 스테이터 베인(variable stator vane) : 축류식 압축기의 고정자 깃의 붙임각을 변경시킬 수 있도록 하여, 공기의 흐름 방향과 속도를 변화시킴으로써 회전속도가 변하는 데 따라 회전자 깃의 받음각을 일정하게 하는 방식
③ 블리드 밸브(bleed valve) : 압축기 뒤쪽에 설치하여 기관을 저속 회전시킬 때에 자동적으로 밸브가 열려 누적된 공기를 배출시키는 방식

30. ④

해설 ① 원심식 압축기의 장점은 다음과 같다.
  ㉮ 단(stage)당 압축비가 높다.
  ㉯ 무게가 가볍고, 시동출력이 낮다.
  ㉰ 축류형 압축기와 비교해 구조가 간단하고, 제작비가 저렴하다.
② 원심식 압축기의 단점은 다음과 같다.
  ㉮ 동일 추력에 비해 전면면적이 넓기 때문에 항력이 크다.
  ㉯ 단 사이의 에너지 손실이 크기 때문에 2단 이상은 실용적이지 못하다.

31. ③

해설
- 실린더 수를 N, 회전영구자석의 극 수를 n이라고 하면, 회전영구자석의 회전속도와 크랭크축의 회전속도비의 관계식은 다음과 같다.

$$\frac{\text{회전영구자석의 회전속도}}{\text{크랭크축의 회전속도}} = \frac{N}{2n}$$

- 따라서 회전영구자석의 회전속도는
  $\therefore$ 회전영구자석의 회전속도

$$= \text{크랭크축의 회전속도} \times \frac{N}{2n}$$
$$= \text{크랭크축의 회전속도} \times \left(\frac{9}{2 \times 6}\right)$$
$$= \text{크랭크축의 회전속도} \times \frac{3}{4}$$

32. ④

해설 실린더 배열방법에 따라 왕복엔진을 분류하면 다음과 같다.
① 직렬형 엔진   ② 대향형 엔진
③ V형 엔진   ④ 성형 엔진

33. ②

해설 실린더 압축점검은 밸브, 피스톤 링, 그리고 피스톤의 압력누설 여부를 차압 시험기를 이용하여 측정해서 엔진의 압축능력을 점검한다.
압축점검(compression check)은 피스톤을 흡입 및 배기밸브가 모두 닫히는 압축행정 상사점에 위치시킨 상태에서 일정 압력의 공기를 실린더에 공급하여, 실린더 압력계에 지시된 압력이 허용한도 이내인지를 점검한다. 피스톤이 하사점에 있을 때에는 최소한 1개의 밸브가 열려 있기

때문에 압축점검을 하면 안 된다.

34. ③
[해설] 연료가 도관을 통하여 흐를 때 열을 받는 경우 연료의 기화성이 너무 좋으면 기화기에 이르기 전에 기화되어 증기 기포가 형성되고, 이 기포가 연료흐름도관에 차서 연료의 흐름을 방해하는 현상을 증기폐쇄(vapor lock)라고 한다.

35. ④
[해설] 모든 기관은 로커 암(rocker arm)과 밸브 스템(valve stem) 끝 사이에 조금의 간격을 갖고 있다. 이 간격을 팁 간극(밸브 간극)이라고 한다. 팁 간극이 너무 작으면 밸브가 빨리 열리고 늦게 닫혀 밸브가 열려 있는 시간이 길어지며, 팁 간극이 너무 크면 밸브가 늦게 열리고 빨리 닫히므로 실린더의 체적효율이 감소한다.

36. ①
[해설] 군용 가스 터빈 엔진 연료의 종류는 다음과 같다.
① JP-4 : 항공 가솔린의 증기압과 비슷한 값을 가지며 등유와 낮은 증기압의 가솔린과의 합성연료이고, 군용으로 주로 많이 쓰인다.
② JP-5 : 높은 인화점의 등유계 연료로서 주로 함재기에 많이 사용된다.
③ JP-6 : 현대 초음속 항공기에서 높은 온도에 적응하기 위하여 개발되었다.

37. ②
[해설] 다이내믹 댐퍼(dynamic damper)는 일종의 진자의 원리를 이용한 것으로 크랭크축의 동적 안정 및 크랭크축의 변형이나 비틀림 진동을 감소하기 위하여 크랭크축에 사용한다.

38. ④
[해설] 왕복엔진에서 로우 텐션(low tension, 저압) 점화장치의 마그네토는 낮은 전압의 전기를 일으키며, 배전기 회전자를 통해 각 실린더 근처에 설치된 변압기에 보내진다. 변압기에 전달된 낮은 전압의 전기는 변압 코일(transformer coil)에서 높은 전압으로 승압되어 스파크 플러그에 전달된다. 따라서 코일의 수가 증가하여 무게가 증대하고 가격이 비싸다는 단점은 있지만, 높은 고도에서 비행 시 플래시 오버(flash over)나 고전압 코로나와 같은 전기 누전이나 방전을 방지할 수 있다.

39. ④
[해설] 스피너(spinner)는 프로펠러 날개의 루트 및 허브를 덮는 유선형의 커버로 공기 흐름을 매끄럽게 하여 엔진의 효율을 증가시키고 냉각효과를 돕는다.

40. ①
[해설] 로켓은 연료와 산화제를 가지고 있으며, 고온 고압의 연소가스를 발생하고 이것을 분출시켜 그 반동력으로 전진하는 비행체를 말한다. 로켓과 제트기관의 차이점은 제트기관은 연료만 내장하고 연료를 연소시키는 데 필요한 산소는 공기 흡입기관으로 공급하는데, 로켓은 연료의 연소에 필요한 산화제를 내장하고 있어 다른 제트기관과는 다르게 흡입공기를 사용하지 않는다.

제3과목 : 항공기체

41. ④
[해설] 탄소강에 첨가되는 원소의 영향은 다음과 같다.
① 탄소(C) : 탄소 함유량이 많아질수록 인장강도와 경도는 급격히 증가하지만 연신율과 충격강도는 감소하며, 또한 용접성도 떨어진다.
② 규소(Si) : 용융 금속의 유동성을 좋게 하여 부품을 주조 방법으로 제작하기가 쉽지만, 단접성과 냉간 가공성을 해치고, 충격 감도를 감소시킨다.
③ 망간(Mn) : 연신율을 감소시키지 않고 인장강도와 경도를 증가시킨다.
④ 인(P) : 함유량이 증가할수록 인장강도와 경도는 다소 증가시키지만, 연신율과 충격 저항을 감소시킨다.
⑤ 황(S) : 철과 화합하여 산화철을 만들고, 이

것은 고온 가공 시에 균열을 일으키고 충격 저항을 감소시킨다.

42. ①

해설 항공기의 자기무게(empty weight)는 항공기 무게를 계산하는 데 있어서 기초가 되는 무게로 항공기 기체구조, 동력장치, 고정장치, 고정 밸러스트(ballast), 사용 불능의 연료, 배출 불능의 윤활유, 발동기 냉각액의 전량, 유압계통 작동유 전량의 무게가 포함된다. 그러나 승무원, 유상하중(승객과 화물), 사용 가능의 연료, 배출 가능의 윤활유 등의 무게는 포함되지 않는다.

43. ③

해설 문제의 그림에서 전체 단면의 높이를 h, 폭을 b라고 하면 x, y축에 관한 단면 상승 모멘트(I_{xy})는

$$I_{xy} = \frac{b^2 h^2}{4} = \frac{6^2 \times 5^2}{4} = 225 \text{cm}^4$$

44. ②

해설 주날개(main wing)의 주요 구조 요소는 다음과 같다.
① 스파(spar, 날개보) : 일반적으로 날개의 전후방에 하나씩 설치되며, 날개에 작용하는 주요 하중을 담당하는 부재이다.
② 리브(rib) : 날개의 단면이 공기 역학적인 형태를 유지할 수 있도록 날개의 모양을 만들어 준다.
③ 스트링거(stringer, 세로지) : 날개의 굽힘강도를 크게 하고, 날개의 비틀림에 의한 좌굴을 방지한다.
④ 스킨(skin) : 공기 역학적인 형태를 유지해 주면서 항공기에 작용하는 하중의 일부분을 담당한다.

45. ③

해설 비행기가 아무리 급격한 조작을 하여도 구조 역학적으로 안전한 속도를 설계운용속도(design maneuvering speed)라고 한다. 실속 속도를 V_S, 설계제한하중배수를 n_1이라고 하면 설계운용속도 V_A를 구하는 식은 다음과 같다.

$$\therefore V_A = \sqrt{n_1}\, V_S = \sqrt{2.5} \times 120 = 189.7 \text{km/h}$$

46. ③

해설 두 판재를 결합하는 리벳작업 시 리벳 직경의 크기는 접합하여야 할 판재 중에 두꺼운 판재 두께의 3배 이상이어야 한다.

47. ②

해설 페일 세이프(fail safe) 구조 중 다경로 구조(redundant structure)는 여러 개의 부재로 하중을 분담하도록 하여, 각각의 부재가 하중을 고르게 분담하도록 되어 있는 구조이다. 다경로구조는 일부 부재가 파괴될 경우 그 부재가 담당하던 하중을 분담할 수 있는 다른 부재가 있으므로 구조 전체로는 치명적인 결과를 가져오지 않는다.

48. ④

해설 오리피스 체크 밸브(orifice check valve)는 오리피스와 체크 밸브의 기능을 합한 것인데, 한 방향으로는 정상적으로 작동유가 흐르도록 하고 다른 방향으로는 흐름을 제한하는 역할을 한다. 예를 들면, 착륙장치(landing)를 올릴 때에는 작동유를 자유롭게 흐르도록 하여 빨리 올라가도록 하고, 내릴 때에는 작동유가 오리피스를 통과하여 착륙장치가 천천히 내려오게 함으로써 구조적인 손상을 방지한다.

49. ①

해설 크리프(creep)란 일정한 응력(힘)을 받는 재료가 일정한 온도를 가한 상태에서 시간이 경과함에 따라 응력(힘)이 일정하더라도 변형률이 변화하는 현상을 말한다.

50. ①

해설 항공기 부식을 예방하기 위한 표면처리 방법에는 다음과 같은 종류가 있다.
① 양극산화처리(anodizing) : 전해액에서 금속을 양극으로 하고 전류를 통하여 양극에서 발생하는 산소에 의하여 알루미늄과 같은 금속 표면에 산화 피막을 형성하는 부식방지 처리

방법
② 알로다인처리(dlodining) : 양극산화처리와 다르게 화학적으로 알루미늄 합금의 표면에 크로메이트 처리(chromate treatment)를 하여 내식성과 도장작업의 접착 효과를 증진시키기 위한 부식방지 처리 방법
③ 화학적 피막처리(chemical conversion coating) : 금속에 보호 피막을 만들거나 도료의 밀착성을 좋게 하기 위하여 용액을 사용해서 화학적으로 금속표면에 산화피막이나 무기염의 얇은 막을 만드는 방법이다. 알루미늄 합금에 대한 알로다인처리, 마그네슘 합금에 대한 중크롬산염 처리 또는 강에 대한 인산염 처리 등이 대표적인 화학적 피막처리 방법이다.

◎ 마스킹(masking) 처리란 양극산화 처리를 하지 않아야 하는 부분에 반응용액이 작용하지 않도록 비활성인 알루미늄 테이프, 납 테이프 또는 그 밖의 마스크 재료로 차단하는 작업을 말한다.

51. ②

- 판재의 굽힘 반지름 R이 $1/4''(0.25'')$, 두께 T가 $0.062''$인 판재의 세트 백(SB : set back)은
$SB = K(R+T) = 1 \times (0.25 + 0.062)$
$= 0.312 \text{in}$
($\because$ 굽힘 각도 $90°$인 경우 $K=1$)
- 판재 Flat A의 길이는 밑면의 길이 $4''$에서 SB를 제외하여 구할 수 있다.
$\therefore$ 판재 Flat A의 길이$= 4 - SB = 4 - SB$
$= 4 - 0.312 = 3.7\text{in}$

52. ①

복합소재로 제작된 항공기 부품은 층(fly)의 분리, 내부 손상, 습기와 부식 등의 결함에 대해 검사한다. 이러한 결함을 탐지하기 위해 육안검사, X-RAY 검사, 초음파검사, 탭 테스트(tap test) 및 음향방출검사 등이 사용된다.

◎ 와전류검사는 금속 등의 도체에 와전류를 발생시키는 코일을 접근시킬 때, 결함에 의해 변형되는 와전류를 이용하여 결함을 검출하는 방법으로, 본질적으로 전기적인 전도성이 없는 복합소재에는 적용할 수 없다.

53. ①

나셀(nacelle)은 날개의 파일론에 장착된 기관을 둘러싸고 있는 유선형의 구조물을 말한다. 항공기 기관은 나셀에 장착된 전방 및 후방 기관 마운트(engine mount)에 의해 항공기 날개 하부의 파일론(pylon)에 장착된다. 기관 마운트는 엔진을 기체의 파일론에 장착하는 지지부로 엔진의 추력을 기체에 전달하는 역할을 한다.

54. ②

용접 작업에 사용되는 산소·아세틸렌 토치 팁(tip)은 열전도도가 높아서 과열을 방지할 수 있는 구리 또는 구리합금을 사용한다.

55. ②

볼트머리의 식별 표시에 따른 볼트의 재질 및 용도는 아래 그림과 같다. 아래 그림과 같이 볼트머리의 삼각형 속에 ×가 새겨져 있는 △ 표시는 정밀공차볼트를 나타낸다.

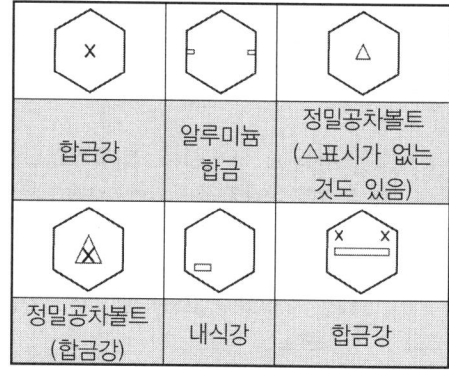

[비고] AN 이외의 MS, NAS에는 적용되지 않음
[볼트(bolt)의 식별 표시]

56. ①

하중의 종류는 다음과 같다.
① 정하중(static load) : 정지상태에서 힘이 가해져 변화하지 않는 하중, 또는 서서히 변화하는 하중
② 동하중(dynamic load) : 하중의 크기가 수시로 변화하는 하중
  ㉮ 충격하중(impulsive load) : 비교적 짧은 시간에 급격히 작용하는 하중
  ㉯ 반복하중(repeated load) : 주기적으로 반

복하여 작용하는 하중
ⓒ 교번하중(alternate load) : 하중의 크기와 방향이 변화하는 인장력과 압축력이 상호 연속적으로 반복되는 하중
ⓓ 이동하중

57. ②

[해설] 항공기 기체 구조의 리깅(rigging) 작업을 할 때 구조의 얼라인먼트(alignment) 점검 사항은 다음과 같다.
① 날개 상반각과 취부각
② 수평 안정판 상반각과 취부각
③ 수직 안정판 수직상태
④ 좌우 대칭 점검
⑤ 착륙장치의 얼라인먼트(alignment)

58. ④

[해설] 연료탱크에 있는 벤트계통(vent system)은 연료탱크 내부 압력을 항상 대기압으로 유지하여 연료탱크 내·외부의 차압에 의한 탱크구조를 보호하고, 불필요한 응력의 발생을 방지한다.
· 문제의 보기에서 보기 ②는 플래퍼 밸브(flapper valve), 보기 ③은 배출 밸브(drain valve)의 역할이다.

59. ④

[해설] AN 너트의 부품번호에서 각 문자 및 숫자가 의미하는 것은 다음과 같다.

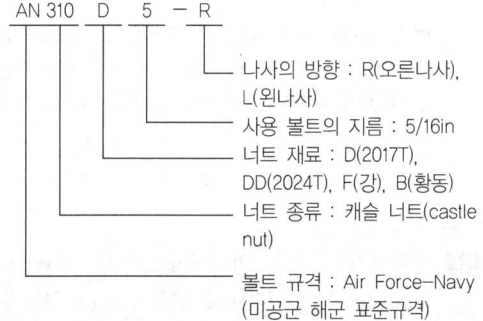

60. ①

[해설] SAE에 의한 합금강(특수강)의 분류는 네 자리 숫자로 되어 있으며 첫째 자리의 수는 합금강(특수강)의 종류, 둘째 자리의 수는 합금원소의 함유량, 그리고 끝의 두 숫자는 탄소의 함유량을 100분의 1퍼센트(%) 단위로 표시한다. 첫째 자리의 수에 따른 주요 합금강의 종류는 다음과 같다.

합금번호	종류	합금번호	종류
1×××	탄소강	4×××	몰리브덴강
2×××	니켈강	5×××	크롬강
3×××	니칼크롬강	6×××	크롬-바나듐강

따라서, SAE 1035 합금강에서 첫째 자리의 숫자 "1"은 탄소강을 의미한다.

제4과목 : 항공장비

61. ①

[해설]
· 주파수를 f, 교류발전기 계자의 극 수를 P, 그리고 분당 회전수(rpm)를 N이라고 하면, 이들 간의 관계식은 다음과 같다.
$$f = \frac{P}{2} \times \frac{N}{60}$$
· 따라서 교류발전기 계자의 극 수(P)는,
$$\therefore P = \frac{120f}{N} = \frac{120 \times 400}{12000} = 4$$

62. ④

[해설]
· 교류 주파수를 f[Hz], 인덕턴스를 L[H]이라고 하면, 리액턴스(X_L)를 구하는 식은 다음과 같다.
$$X_L = 2\pi f L = 2\pi \times 60 \times 0.01$$
$$= 3.768\,\Omega \quad [\because 1\text{mH} = 0.001\text{H}]$$
· 전압을 E, 코일의 리액턴스를 X_L이라고 하면, 전류 I를 구하는 식은 다음과 같다.
$$\therefore I = \frac{E}{X_L} = \frac{100}{3.768} = 26.54\text{A}$$

63. ④

[해설] 객실 압력 조절기(cabin pressure regulator)는 아웃 플로 밸브(out flow valve)의 위치를 조절하여, 객실 압력이 등압 영역에서는 설정값을 유지하고 차압 영역에서는 미리 설정한 차압이 유지되도록 조절하는 역할을 한다. 따라서 객실 압

력 조절에 직접적으로 영향을 주는 것은 아웃 플로 밸브의 개폐 속도이다.

64. ②

해설 계기착륙장치(ILS : Instrument Landing System)를 구성하는 장치는 다음과 같다.
① 마커 비컨(marker beacon) : 정점의 상공 통과를 조종사에게 알리기 위한 것으로, 직상공 통과는 활주로 끝으로부터의 일정 거리를 표시하기 위한 것이다.
② 로컬라이저(localizer) : 정밀한 수평 방향의 접근 유도 신호를 제공한다.
③ 글라이더 슬로프(glide slope) : 활주로에 대하여 적정한 강하각을 유지하기 위해 수직 방향의 유도(up-down)를 제공한다.

65. ④

해설 공기식 제빙(de-icing) 계통의 제빙부츠장치(de-icer boots system)는 날개나 조종면의 앞전에 팽창 및 수축될 수 있는 고무부츠(boots)를 장착하고, 가압된 고압의 공기와 진공상태의 공기를 교대로 가하여 부츠의 수축과 팽창작용에 의해 해당 부분에 결빙된 얼음을 제거하는 장치이다.

66. ③

해설 항공계기의 일반적인 색표지는 다음과 같다.
① 적색 방사선(red radiation) : 최소 및 최대 운전한계 또는 운용한계(operating limit)
② 황색 호선(yellow arc) : 경고 내지 경고 범위. 일반적인 사용 범위부터 초과 금지 사이의 경계와 경고 범위
③ 녹색 호선(green arc) : 안전 운용 범위, 즉 계속 운전 범위를 나타내는 것으로서, 순항 운용 범위
④ 백색 호선(white arc) : 대기 속도계에서 플랩 조작에 따른 항공기의 속도 범위를 나타내는 것으로서, 최대 착륙중량 시의 실속 속도에서 플랩을 내릴 수 있는 최대 속도까지의 범위
⑤ 백색 방사선 : 계기 유리판의 slip 유무 표시

67. ②

해설 항공기에서 거리측정장치(DME)는 항공기에 탑재된 질문기(interrogator)가 송신한 질문펄스에 대하여 지상에 설치된 응답기(transponder)로부터 응답펄스가 도달하는 펄스 간 지체시간(지연시간)을 구하여 항공기까지의 경사거리(slant range)를 측정한다.

68. ②

해설 초단파 수신기는 수신 신호가 없을 때에는 백색 잡음에 의해 '싸' 하는 소리가 크게 들린다. 이 잡음은 전파가 들어오면서 없어지지만 대기하는 입장에서 계속 잡음이 들리면 매우 귀찮을 것이다. 이를 방지하기 위해 신호 입력이 없을 때 스퀠치(squelch) 회로는 저주파 증폭부의 이득을 떨어뜨려 잡음을 제거한다.

69. ①

해설 열전쌍(thermocouple) 화재탐지장치는 서로 다른 종류의 특정한 두 금속이 서로 접합하여 있으며, 두 금속 사이에 특정한 온도차가 생기면 열에 의한 기전력이 발생한다. 이 기전력을 이용하여 화재나 과열 상태를 지시한다.

70. ②

해설 셀콜 시스템(SELCAL system, 선택호출장치)은 지상에서 항공기를 호출하기 위한 장치로 각 항공기마다 SELCAL system에 사용되는 고유의 code를 가지고 있다. 이 code를 SELCAL Code라고 하며 일반적으로 4개의 code(문자)로 만들어져 있다. 이 code는 HF, VHF 시스템으로 송·수신되며, 지상에서 항공기를 호출하면 호출등의 점멸과 호출음에 의해 조종사가 이를 인지할 수 있게 된다.

71. ①

해설 왕복엔진의 흡기 압력계(manifold pressure indicator)는 실린더에 흡입되는 공기와 연료 혼합기의 압력을 inHg 단위의 절대압력으로 측정한다.

72. ①

해설 자기 컴퍼스의 정적 오차에는 다음과 같이 반원

차, 사분원차 및 불이차의 3가지가 있으며 이들의 합을 자차(deviation)라고 한다.
① 반원차(semicircular deviation) : 항공기에 사용되고 있는 수평 철재 및 전류에 의해서 생기는 오차
② 사분원차(quadrant deviation) : 항공기에 사용되고 있는 수평 철재에 의해서 생기는 오차
③ 불이차(constant deviation) : 모든 자방위에서 일정한 크기로 나타나는 오차로서, 컴퍼스 자체의 제작상 오차 또는 장착 잘못에 의한 오차

자기 컴퍼스의 동적 오차에는 와동 오차, 북선 오차 및 가속도 오차가 있다.

73. ③

해설 외기온도계가 측정한 외기 온도(OAT : Outside Air Temperature)는 엔진의 출력 설정, 결빙 방지, 연료 내의 수분 동결방지 등의 목적으로 활용된다. 또 고속 항공기에서는 항법상에 필요한 진대기 속도를 파악하는 계산에 활용된다.

74. ③

해설 유압계통에서 릴리프 밸브(relief valve)는 압력조절기와 비슷하게 계통 내의 압력이 규정값 이상으로 되는 것을 방지하는 역할을 한다. 릴리프 밸브는 압력조절기보다 약간 높게 조절되어 있어 계통의 고장으로 인해 이상 압력이 발생되면 작동되어 작동유를 저장 탱크 쪽으로 되돌려 압력을 낮추어 준다.

75. ④

해설 2대 이상의 교류발전기가 병렬로 운전할 때 각 발전기는 교류 버스(AC bus)에 접속되어 각 계통에 전원을 공급한다. 이때 1대의 발전기가 고장나면 해당 발전기 계통의 전원은 병렬운전하는 버스에서 전원을 공급받는다.

76. 전항 정답

해설 일반적으로 항공기에 사용되는 소화기의 종류는 다음과 같다.
① 물 소화기 : 객실에 설치되어 일반 화재에 사용하며, 전기나 기름 화재에는 사용이 금지되어 있다.
② 이산화탄소 소화기 : 조종실이나 객실에 설치되어 일반 화재, 전기 화재 및 기름 화재에 사용된다.
③ 분말(dry chemical) 소화기 : 전기 화재 및 기름 화재에 사용된다. 시계를 방해하고, 주변 기기의 전기 접점에 비전도성의 분말이 부착될 가능성이 있기 때문에 조종실에서 사용해서는 안 된다.
④ 프레온 소화기 : 조종실이나 객실에 설치되어 일반 화재, 전기 화재 및 기름 화재에 사용되고 소화 능력도 강하다.

이 문제는 출제 오류 문항으로, 한국산업인력공단에서 제시한 초기 가답안은 ④번이었다. 그러나 추후 심사과정에서 확정 답안은 전항 정답(①, ②, ③, ④)으로 변경되었다.

77. ③

해설 증기순환 냉각계통(vapor cycle cooling system)은 냉매인 프레온 가스를 사용하여 공기를 냉각시킨다. 냉각은 압축기-응축기-리시버 건조기-증발기, 그리고 다시 압축기로 이어지는 하나의 순환 사이클을 통해 이루어진다. 각 구성품의 기능은 다음과 같다.
① 압축기(compressor) : 냉매를 압축시켜 압력이 증가된 냉매가 계통을 거쳐 순환되도록 한다.
② 응축기(condenser) : 주위에 열을 방출한다.
③ 리시버 건조기(receiver drier) : 계통의 모든 습기를 제거하고, 여과기의 역할을 한다.
④ 증발기(evaporator) : 기화하면서 주위의 열을 흡수하여 객실 공기를 냉각시킨다.

78. ④

해설 황산납 축전지(lead acid battery)의 과충전상태를 의심할 수 있는 증상 및 원인은 다음과 같다.

증상	원인
전해액이 축전지 밖으로 흘러나오는 경우	• 과충전되어 전해액에 기포가 많이 발생된 경우 • 전해액면이 규정 위치보다 높은 경우

축전지에 흰색 침전물 (탄산칼륨)이 너무 많이 묻어 있는 경우	• 축전지가 과충전 상태인 경우 • 온도가 너무 높거나, 전해액 높이가 너무 높은 경우
축전지 셀의 케이스가 부풀어 오르거나, 찌그러진 경우	• 축전지가 과충전 상태인 경우 • 열에 의한 변형

※ 정상적인 기화작용에 의하여 축전지 윗면 캡 주위에는 항상 약간의 탄산칼륨이 있을 수 있다.

79. ③

해설 교류의 전압 및 전류의 크기는 실효값으로 표시하는 것이 일반적이지만, 교류의 이론을 연구하거나 정류기 등의 특성을 취급할 경우에는 평균값을 사용한다. 실효값(effective value)이란 교류의 값을 실제 효과와 똑같은 역할을 하는 직류의 값으로 정의한 것을 말한다.

80. ②

해설 위성 항법장치(GPS : Global Positioning System)는 인공위성에서 발사한 전파를 수신하여 관측점까지 소요시간을 측정함으로써 위치를 구하는 시스템이다. 인공위성을 이용하여 항공기의 3차원 위치(위도, 경도, 고도), 그리고 항법에 필요한 항공기 속도 정보를 제공한다.

2019년 4회 (9월 21일)

제1과목 : 항공역학

1. ③

해설 활공거리는 양항비에 비례한다. 즉 멀리 활공하려면 양력이 크고 항력이 작아야 한다. 활공기 날개의 가로세로비가 커지면 유도항력이 감소하여 양력이 증가하므로 활공거리는 증가한다.

2. ③

해설 선회속도를 $V_t [\text{m/s}^2]$, 선회 경사각을 θ라고 하면, 선회반지름 $R[\text{m}]$은

$$\therefore R = \frac{V_t^2}{g \cdot \tan\theta} = \frac{\left(\frac{150}{3.6}\right)^2}{9.8 \times \tan 30°} = 306.8\text{m}$$

3. ②

해설 베르누이 정리는 정상흐름의 경우에 정압과 동압을 합한 결과가 항상 일정하다는 것을 나타낸다. 이를 식으로 나타내면 다음과 같다.

$$P_t(\text{전압}) = P(\text{정압}) + q(\text{동압}, \frac{1}{2}\rho V^2) = \text{일정}$$

4. ④

해설 프로펠러 항공기가 최대항속거리를 비행하기 위해서는 프로펠러 효율을 크게 하고, 연료소비율을 최소로 해야 하며, 양항비가 최대인 받음각으로 비행해야 한다.

5. ④

해설
• 흐름 속도를 V, 동점성계수를 ν라고 하면, 앞에서부터의 거리 x인 곳의 레이놀즈 수 Re는 다음과 같다.

$$Re = \frac{Vx}{\nu} = \frac{20 \times 3}{0.1 \times 10^{-4}} = 6.0 \times 10^6$$

• 레이놀즈 수를 Re라고 하면, 앞에서부터의 거리 x인 곳의 층류 경계층 두께 δ는 다음과 같다.

$$\therefore \delta = \frac{5.2x}{\sqrt{R_e}} = \frac{5.2 \times 3}{\sqrt{6.0 \times 10^6}} = 0.0063\text{m}$$

6. ④

해설 헬리콥터의 경우는 회전날개를 포함한 기체가 필요로 하는 일을 필요마력이라 한다. 일반적인 헬리콥터 비행 중 주 회전날개에 의한 필요마력의 요인은 다음과 같다.
① 유도항력마력(P_i : induced drag power) : 회전면에서 가속되는 공기 흐름으로 인해 발생하는 유도속도에 의한 유도항력을 이기기 위해 필요한 마력
② 형상항력마력(P_0 : profile drag power) : 회전날개 깃이 형상항력(공기의 점성에 의한 마찰력, 공기의 박리에 의한 압력항력)을 이겨서 회전하는데 필요한 마력

7. ①

해설 항공기의 실제적인 이륙거리는 지상 활주거리에다 항공기가 안전한 비행상태의 고도까지 이륙하는 데 소요되는 상승거리를 합해서 말한다. 이 안전한 비행상태의 고도를 장애물 고도라 하는데, 이 고도는 프로펠러 비행기의 경우 15m (50ft), 제트 비행기는 10.7m(35ft)이다.

8. ③

해설 비행기의 조종면을 작동하는 데 필요한 조종력은 조종면의 힌지 모멘트와 조종면의 크기(조종면의 폭×조종면의 시위^2)에 비례한다. 또 비행속도의 제곱에 비례한다.

9. ①

해설 4자리 숫자로 표시되는 NACA 4자 계열 에어포일에서 첫 자리 숫자는 최대 캠버의 크기, 두 번째 숫자는 최대 캠버의 위치를 나타낸다. 따라서 NACA 2412 에어포일은 최대 캠버의 크기가 시위의 2%인 에어포일이다.
NACA 2412와 같이 캠버가 있는 에어포일의 양력에 관한 설명은 다음과 같다.
① 캠버가 0인 날개꼴은 받음각이 0도(0°) 일 때 양력계수도 0이 되지만, 캠버가 있는 경우에는 양력계수가 0보다 크다. 즉 받음각이 영도(0°)일 때 양의 양력계수를 갖는다.
② 받음각이 영도(0°)보다 작아도 양의 양력계수를 가질 수 있다.
③ 같은 모양의 에어포일이라도 레이놀즈 수가 커지면 큰 받음각에도 쉽게 흐름의 떨어짐이 생기지 않으므로 최대 양력계수는 증가한다. 따라서 최대 양력계수의 크기는 레이놀즈 수에 비례한다.
④ 실속이 일어나기 직전에 양력이 최대가 된다. 실속이 일어나면 양력은 급격히 감소하고 항력은 급격히 증가한다.

10. ②

해설 비행기가 음속에 가까운 속도로 비행을 할 때 속도를 증가시키면 기수가 오히려 내려가는 경향이 생기므로 조종간을 당겨야 하는데, 이와 같이 기수가 내려가는 경향과 조종력의 역작용 현상을 턱 언더(tuck under)라 한다. 턱 언더는 고속 비행기에서 발생하는 불안정 현상이다.

11. ②

해설 국제표준대기에서 표준해면고도의 특성값은 다음과 같이 정한다.
① 온도 t_0=15℃
② 압력 P_0=760mmHg=29.92inHg
  =1013.25mbar
③ 밀도 ρ_0=1.225kg/m^3
④ 음속 a_0=340.43m/s

12. ④

해설
• 프로펠러 회전 시 프로펠러 회전수를 n, 프로펠러 지름을 D라고 하면, 프로펠러의 깃단 속도 V_T[m/s]는

$$V_T = \frac{\pi n D}{60} \text{[m/s]}$$

• 프로펠러 깃단 속도를 V_T, 음속을 a라고 할 때, 깃단 속도를 마하수(Ma)로 나타내면

$$\therefore Ma = \frac{V_T}{a} = \frac{\left(\frac{\pi n D}{60}\right)}{a} = \frac{\pi n D}{60 \times a}$$

13. ④

해설 헬리콥터 주회전날개의 회전면을 회전방향에 따라 동체의 좌측이나 우측으로 기울이는 것은 가로축, 즉 y축 힘의 역학적 평형을 맞추기 위해서

이다.

14. ①

해설 수직 안정판은 항공기의 정적 방향 안정성에 일차적으로 영향을 준다. 정적 방향 안정에 대한 수직 안정판의 영향의 크기는 안정판 양력의 변화와 안정판 모멘트 팔 길이에 의존하므로, 수직 안정판의 위치가 가장 중요한 요소가 된다.

15. ①

해설 비행기의 가로안정에 대해서 영향을 미치는 요소는 다음과 같다.
① 날개는 비행기의 가로안정에서 가장 중요한 요소이다. 특히 주날개의 상반각(쳐든각)은 가로안정에 가장 중요한 요소이다.
② 주날개의 뒤젖힘각(sweep back angle)도 가로안정에 큰 영향을 미친다.
③ 수직 꼬리날개가 클 경우 가로안정에 중요한 영향을 끼친다.

수평 꼬리날개는 세로안정에 대해서 영향을 미치는 요소이다.

16. ②

해설 • 프로펠러 깃의 날개 단면에 대해 유입되는 합성속도의 크기는 아래 그림과 같이 비행속도와 깃의 회전에 의한 선속도를 합한 속도이다.

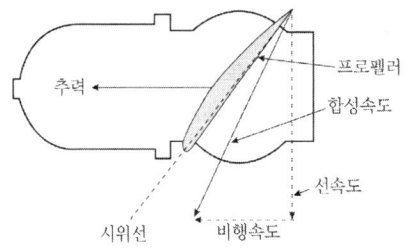

비행속도를 V, 프로펠러 반지름을 r, 그리고 프로펠러 회전수를 n이라고 하면, 합성속도와의 관계식은 다음과 같다.
합성속도^2=비행속도$(v)^2$+선속도$(2\pi nr)^2$
• 따라서 프로펠러의 합성속도를 V_R이라고 하면,
$$\therefore V_R = \sqrt{V^2+(2\pi nr)^2}$$

17. ②

해설 • 스팬(span) 길이를 b, 시위 길이를 c라고 하면, 가로세로비 AR은
$$AR = \frac{b}{c} = \frac{39}{6} = 6.5$$
• 양력계수를 C_L, 스팬효율계수를 e, 그리고 가로세로비를 AR이라고 하면, 유도받음각 α_i는
$$\therefore \alpha_i = \frac{C_L}{\pi eAR} = \frac{0.8}{3.14 \times 1 \times 6.5}$$
$$= 0.039\text{rad} = 0.039 \times \frac{180}{\pi}$$
$$= 2.24° \quad (\because 1\text{rad} = \frac{180}{\pi}[°])$$

18. ③

해설 대기권은 높이에 따른 기온 변화를 기준으로 낮은 고도에서부터 대류권, 성층권, 중간권, 열권, 극외권으로 구분된다.

19. ②

해설 스핀(spin) 운동이란 고정 날개 항공기에서 자전운동(auto rotation)과 수직강하가 조합된 비행이다. 이 현상은 비행기가 실속각을 넘는 받음각인 상태에서만 발생하며, 비행기는 자전현상을 일으키고 동시에 기수를 내려 자전을 하면서 강하하게 된다.

20. ③

해설 양력계수를 C_L, 공기밀도를 ρ, 비행속도를 V, 그리고 날개면적을 S라고 하면, 양력 L은
$$L = C_L \frac{1}{2} \rho V^2 S$$
$$= 0.25 \times \frac{1}{2} \times 1.23 \times \left(\frac{720}{3.6}\right)^2 \times 20$$
$$= 123,000\text{N}$$

제2과목 : 항공기관

21. ④

해설 부자식 기화기에서 연료분사노즐은 일반적으로

기화기 벤투리(carburetor venturi)의 목 부분에 위치한다. 공기가 좁은 벤투리를 통해 지날 때 속도가 증가하고 압력은 감소하여, 벤투리의 목 부분에서 부압을 만들어 낸다. 벤투리 목 부분의 부압과 부자실과의 압력 차이로 인해 연료는 연료분사노즐에서 작은 미립자의 형태로 공기 중에 빠르게 분무된다.

22. ①

해설 외부 과급기(super charger)는 일종의 압축기로 흡입된 공기를 압축시켜 많은 양의 공기를 실린더로 보내어 큰 출력을 내도록 하는 장치이다. 과급기를 지나는 공기는 압축되어 압력이 증가하기 때문에 흡입 다기관을 거쳐 기화기에 공급되는 공기는 외부 대기압보다 상당히 높아지게 된다. 따라서 흡기계통 내에서는 과급기 입구의 공기 압력이 가장 낮다.

23. ③

해설 항공기 엔진은 크게 왕복엔진과 가스 터빈 엔진으로 구분할 수 있다. 왕복엔진은 저고도 저속에서 효율이 좋고, 가스 터빈 엔진은 고고도 고속에서 효율이 좋다. 따라서 소형 저속 항공기에는 주로 왕복엔진이 사용된다.

24. ②

해설 오일 냉각기의 위치가 오일탱크를 중심으로 어느 곳에 위치하는가에 따라 윤활유 시스템은 저온 탱크와 고온 탱크 두 가지 형태의 계통으로 분류된다. 오일 냉각기가 오일탱크로 향하는 배유라인에 위치하면 저온 탱크형(cold tank type)이라 하고, 압력펌프를 지나 윤활유가 공급되는 위치에 있는 경우는 고온 탱크형(hot tank type)이라고 한다.
따라서 저온 탱크형에서는 오일 냉각기가 소기펌프와 오일탱크 사이에 위치하여 냉각된 윤활유가 탱크로 유입된다. 반대로 고온 탱크형에서는 냉각되지 않은 고온의 소기 오일(scavenge oil)이 직접 탱크로 유입된다.

25. ③

해설
- 질량을 m, 정적비열을 C_V, 나중 온도를 T_2, 처음 온도를 T_1이라고 하면, 내부에너지 U는
$$U = mC_V(T_2 - T_1) = 5 \times 0.2 \times (20-0)$$
$$= 20\,\text{kcal}$$
- 정압과정에서 열량의 변화는 정압과정에서 한 일에 내부에너지의 변화를 더한 값과 같다. 열량을 Q, 외부에 한 일을 W, 내부에너지를 U라고 하면 관계식은 다음과 같다.
$$Q = U + W$$
- 따라서 외부에 한 일(W)은
$$\therefore W = Q - U = 50 - 20 = 30\,\text{kcal}$$

26. ④

해설 가스 터빈 엔진 연료조절장치(FCU)의 수감부분은 기관의 작동상태를 수감해서 이 신호들을 종합 계산하여 유량조절부분으로 보낸다. 수감부분이 수감하는 기관의 주요 수감요소(sensing factor)는 엔진 회전수(RPM), 압축기 출구 압력(CDP) 또는 연소실 압력, 압축기 입구 온도(CIT) 및 추력 레버의 위치(PLA : power lever angle) 등이다.

27. ①

해설 왕복엔진의 제동마력과 지시마력과의 비를 기계효율이라고 한다. 제동마력을 $b\text{HP}$, 지시마력을 $i\text{HP}$라고 하면, 기계효율 η_m은
$$\eta_m = \frac{b\text{HP}}{i\text{HP}} \times 100\,(\%)$$

28. ④

해설 프로펠러 피치의 조정 방식에 따라 프로펠러를 분류하면 다음과 같다.
① 정속 프로펠러 : 비행속도나 기관 출력의 변화에 관계없이 프로펠러를 항상 일정한 속도로 유지하여, 가장 좋은 프로펠러 효율을 가지도록 한다.
② 고정 피치 프로펠러 : 순항 속도에서 프로펠러 효율이 가장 좋도록 깃각이 하나로 고정되어 피치 변경이 불가능한 프로펠러
③ 조정 피치 프로펠러 : 한 개 이상의 비행속도에서 최대의 효율을 얻을 수 있도록 지상에서 기관이 작동되지 않을 때 비행목적에 따라 피치의 조정이 가능한 프로펠러

④ 가변 피치 프로펠러 : 비행 중에 비행목적에 따라 조종사에 의해서, 또는 지상에서 엔진이 작동하는 동안 조종사가 유압 또는 전기적으로 피치를 변경시킬 수 있는 프로펠러

29. ②

해설 가스 터빈 엔진은 사용연료의 기화성이 낮고, 연소실을 지나는 공기 흐름은 와류가 심하고 빠르기 때문에 혼합가스를 점화시키는 것이 왕복엔진에 비하여 어렵다. 따라서 가스 터빈 엔진의 점화장치는 높은 에너지를 공급하기 위해 왕복엔진에 비하여 고전압, 고에너지 점화장치를 사용한다.

30. ③

해설 프로펠러의 특정 부분을 나타내는 명칭은 다음과 같다.
① 허브(hub) : 프로펠러 blade가 부착되는 프로펠러의 중심부분
② 네크(neck) : 둥근 단면을 갖는 프로펠러 뿌리(root) 부분으로 허브에 연결된다. 추력은 발생되지 않으며, 프로펠러 섕크(shank)라고도 한다.
③ 블레이드(blade) : 프로펠러 허브에 부착되는 날개골(airfoil) 모양의 단면을 갖는 깃

31. ②

해설 항공기 엔진에서 소기되는 윤활유는 거품과 열에 의한 팽창으로 체적이 증가한다. 따라서 공급한 윤활유의 양보다 더 많은 양의 윤활유를 소기해야 하기 때문에 소기펌프(배유펌프)가 압력펌프보다 용량이 더 커야 한다.

32. ④

해설 임펄스 커플링(impulse coupling)은 왕복엔진에서 시동을 위해 마그네토의 회전 영구자석의 회전속도를 순간적으로 가속시켜 마그네토(magneto)에 고전압을 증가시키는 장치이다.

33. ②

해설 행정 길이를 L, 실린더 내경을 A라고 하면, 단기통 엔진의 배기량을 구하는 관계식은 다음과 같다.

배기량 $= LA = 6 \times \left(\dfrac{3.14 \times 6^2}{4} \right) = 169.6 \text{in}^3$

34. ④

해설 가스 터빈 엔진에서 축류 압축기 실속의 원인은 다음과 같다.
① 압축기의 심한 손상 또는 오염
② 번개나 뇌우로 인한 엔진 흡입구 공기 온도의 급격한 증가
③ 가변 스테이터 베인(variable stator vane)의 각도 불일치
④ 엔진으로 유입되는 공기 흐름의 난류
⑤ 급격한 엔진 가속과 감속
⑥ 터빈의 손상

35. ②

해설
- 압축기 입구 압력을 P_1, 압축기 출구 압력을 P_2라고 하면, 압축기의 압력비 γ는

$$\gamma = \dfrac{P_2}{P_1} = \dfrac{7}{1} = 7$$

- 압축기 입구온도를 $T_1[\text{K}]$, 비열비를 k라고 하면, 이상적인 단열압축 후의 압축기 출구온도 $T_{2i}[\text{K}]$를 구하는 식은 다음과 같다. 여기에서 온도는 모두 절대온도(K)를 사용한다.

$$T_{2i} = T_1 \cdot \gamma^{\frac{k-1}{k}} = (15+273) \times 7^{\frac{1.4-1}{1.4}}$$
$$= 502.2\,\text{K} \quad (\because \text{K} = \text{℃} + 273,\ k = 1.4)$$

- 이상적 압축에 필요한 일과 실제 압축에 필요한 일과의 비를 단열효율이라고 한다. 실제 압축기 출구온도를 T_2, 단열효율을 η_c라고 하면

$$\eta_c = \dfrac{T_{2i} - T_1}{T_2 - T_1} = \dfrac{502.2 - (15+273)}{(300+273) - (15+273)}$$
$$= 0.752\,(75.2\%) \quad (\because \text{K} = \text{℃} + 273)$$

36. ③

해설 터보제트엔진은 후기 연소기(after burner)를 장착할 때에는 초음속 비행이 가능하므로 주로 고속 군용기에 사용되고 있다. 이 기관은 비행속도가 빠를수록 효율이 좋지만 저속에서는 효율이 감소하고 연료 소비율이 증가하며, 배기가스가 고속으로 분사되므로 배기소음이 심한 결점

이 있다.

37. ①

해설 브레이턴 사이클(Brayton cycle)은 단열압축, 정압가열, 단열팽창 및 정압방열의 2개의 정압과정과 2개의 단열과정으로 이루어진다.

38. ③

해설 연소실에서 연소된 고온, 고압의 공기는 터빈을 통하여 팽창하면서 터빈을 회전시킨다. 이때 팽창은 고정자와 회전자깃에서 동시에 이루어지고, 터빈의 단당 팽창 중 회전자깃에 의한 팽창의 백분율(%)을 터빈의 반동도라고 한다. 반동도를 구하는 식은 다음과 같다.

반동도 = $\dfrac{\text{회전자깃에 의한 팽창}}{\text{단당 팽창}} \times 100(\%)$

39. ②

해설 가스 터빈 엔진 배기관에서 배기가스가 분사되는 끝부분을 특히 배기 노즐(exhaust nozzle)이라고 한다. 배기 노즐은 배기가스의 속도를 증가시키고 압력을 감소시켜 추력을 얻는다.

40. ①

해설 왕복엔진 실린더에 있는 밸브 가이드(valve guide)는 밸브 스템(valve stem)을 지지하고 안내하는 역할을 한다. 밸브 가이드가 마모되면 윤활유가 밸브 가이드를 거쳐 실린더로 스며들어 갈 수 있으므로 오일 소모량이 증가한다.

제3과목 : 항공기체

41. ①

해설 리벳의 피치(pitch)는 같은 열(column)에 있는 이웃하는 리벳중심 간의 거리를 말한다. 리벳의 피치는 리벳직경의 6~8배로 하며, 최소한 리벳직경의 3배 이상은 되어야 한다.

42. ④

해설 최소 굽힘반지름이란 판재가 본래의 강도를 유지한 상태로 최소 예각으로 구부릴 수 있도록 허용된 최소의 굽힘반지름을 말한다. 항공기 판재 굽힘 작업 시 굽힘반지름이 너무 작으면 응력과 변형에 의해 판재가 약해져서 균열이 생기게 된다. 일반적으로 허용되는 최소 굽힘반지름은 두께의 3배 정도이다.

43. ②

해설 AN 스크류의 식별 기호는 다음과 같으며, 스크류 종류를 나타내는 세 자리 숫자 다음의 문자는 스크류의 재질을 나타낸다.

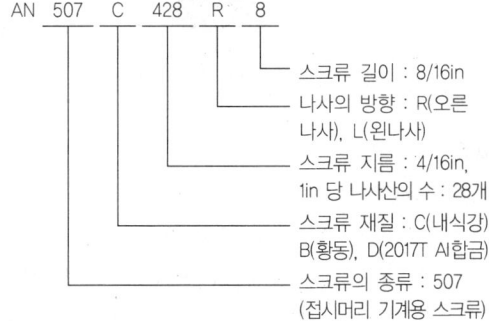

44. ③

해설 거스트 로크(gust lock)는 지상 계류 중인 항공기가 돌풍으로 인해 조종면이 심하게 덜컹거리거나 그것에 의해 파손되지 않도록 하거나, 항공기 지상 이동 시 충격에 의한 손상을 방지하기 위하여 주로 소형 항공기에서 조종면을 고정시키는 장치이다.

45. ②

해설 판금가공 방법의 종류는 다음과 같다.
① 범핑(bumping) : 가운데가 움푹 들어간 구형면을 가공하는 방법
② 크림핑(crimping) : 한쪽의 길이를 짧게 하기 위해 주름지게 가공하는 방법
③ 수축가공(shrinking) : 재료의 한쪽 길이를 압축시켜 짧게 함으로써 재료를 구부리는 가공 방법
④ 신장가공(stretching) : 재료의 한쪽 길이를 늘려서 길게 함으로써 재료를 구부리는 가공 방법

46. ③

해설 케이블 조종계통(cable control system)에서 7×19 케이블은 19개의 와이어(wire)로 1개의 다발(strand)을 만들고, 이 다발 7개로 1개의 케이블을 만든 것으로 단면의 모양은 아래 그림과 같다. 이 케이블은 강도가 대단히 높고 유연성이 좋으며, 굽힘 응력에 대한 피로에 견디는 특성이 있기 때문에 항공기 주조종 계통에 사용된다.

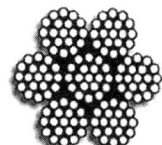

[7×19 케이블]

47. ③

해설 문제의 그림과 같은 V-n 선도에서 각 지점의 속도는 실속 속도(V_S), 설계운용속도(V_A), 설계돌풍운용속도(V_B), 설계순항속도(V_C) 및 설계급강하속도(V_D)를 나타낸다. 이 중에서 항공기의 순항 성능이 가장 효율적으로 얻어지도록 설계된 속도를 나타내는 지점은 V_C의 설계순항속도이다.

48. ②

해설 세미모노코크 구조 형식의 날개에서 날개의 단면 모양을 형성하는 부재는 다음과 같다.
① 스파(spar) : 일반적으로 날개의 전후방에 하나씩 설치하며, 날개에 작용하는 하중의 대부분을 담당한다.
② 리브(rib) : 날개 단면이 공기 역학적인 날개골(airfoil)을 유지하도록 날개 단면의 모양을 형성해 준다.
③ 스트링거(stringr) : 날개의 길이 방향으로 리브 주위에 배치되며, 날개의 휨 강도나 비틀림 강도를 증가시켜 준다.
※ 표피는 날개의 공기 역학적인 외형을 유지하면서 날개에 작용하는 하중의 일부분을 담당한다.

49. ③

해설 벤트 플로트 밸브, 화염차단장치, 서지탱크와 스캐빈지 펌프는 연료계통의 구성품이다.

① 벤트 플로트 밸브(vent float valve) : 기체 자세의 변화나 연료의 증가에 따라 연료의 유면이 플로트(float)에 이르면 닫혀서 연료가 서지탱크(surge tank)로 유출되는 것을 제한한다.
② 화염차단장치(flame arrester) : 외부의 화염이 서지탱크로 인화되는 것을 막아준다.
③ 서지탱크(surge tank) : 연료를 저장하지는 않으며, 연료 보급 시나 벤트(vent) 중에 유출되는 연료를 일시적으로 보관하는 목적으로 사용되는 탱크이다.
④ 스캐빈지 펌프(scavenge pump) : 연료 탱크의 낮은 부위에 고여 있는 수분을 제거한다.

50. ③

해설 기준선에서 무게중심($C.G$)까지의 거리를 H, 기준선에서 MAC 앞전까지의 거리를 X, 그리고 MAC의 길이를 C 라고 할 때, 무게중심($C.G$)의 위치를 MAC의 백분율(%)로 나타내면

$$C.G = \frac{H-X}{C} \times 100(\%) = \frac{90-82}{32} \times 100$$
$$= 25\%$$

따라서 무게중심($C.G$)은 MAC(mean aerodynamic chord)의 앞전에서부터 25% 지점에 있다.

51. ④

해설 아노다이징(anodizing)은 알루미늄 합금의 표면에 인공적으로 얇은 산화 알루미늄 피막을 형성하여 부식을 방지하는 방법이다.

52. ①

해설 항공기가 착륙 후에 지상 활주를 할 때, 활주속도에 비해 과도한 제동을 가하면 바퀴가 회전을 멈추기 때문에 지면에 대하여 미끄럼이 생기는데 이러한 현상을 스키드(skid)라 한다. 항공기가 미끄러지지 않게 균형을 유지하여 스키드를 방지하는 장치가 앤티-스키드 시스템(anti-skid system)이며, 이러한 앤티-스키드 시스템은 브레이크 효율을 증가시켜 브레이크의 제동을 원활하게 하기 위한 시스템이다.

53. ②

해설 알루미늄 합금의 특성은 다음과 같으며, 2017과 2024는 대표적인 인공시효 경화처리 합금이다.
① 1100 : 순도 99% 이상의 순수 알루미늄으로 내식성이 우수하지만, 구조재로 사용하기에는 강도가 약하다.
② 2024 : 초두랄루민(super duralumin)이라고 부르며, 용체화 온도에서 수냉 처리하여 실온에 방치해 두면 인공시효 경화처리되어 인장 강도가 높아진다.
③ 3003 : 순수 알루미늄의 내식성을 저하시키지 않고 강도를 높인 합금
④ 5052 : 내식성, 성형성 및 용접성이 좋은 알루미늄 합금으로 알맞은 정적 강도가 요구되는 곳에 사용된다.

54. ①
해설 부재단면의 두께를 t, 전단응력을 τ라고 하면 전단흐름(f)을 구하는 식은 $f = \tau t$이다. 따라서 전단응력(τ)은
$$\therefore \tau = \frac{f}{t} = \frac{30}{0.01} = 3{,}000\text{lb/in}^2$$

55. ①
해설 항공기의 무게중심 위치를 맞추기 위하여 항공기에 설치하는 모래주머니, 납봉 및 납판 등을 밸러스트(ballast)라고 한다. 밸러스트는 항공기의 맨 앞이나 뒤에 설치하며, 고정 밸러스트와 임시 밸러스트가 있다. 고정 밸러스트는 납봉이나 납판을 항공기 구조물에 볼트로 고정시키며, 임시 밸러스트는 납봉을 넣은 주머니나 모래주머니를 무게 변화에 따라 조건에 맞도록 사용한다.

56. ①
해설 y축에 관한 단면의 면적중심을 $\bar{x}$, 단면적을 A라고 하면, y축에 관한 단면의 1차 모멘트(Q_y)는
$$Q_y = \bar{x}A = 5 \times (5 \times 6) = 150\text{cm}^3$$

57. ④
해설 기체구조의 형식 중 외피가 항공기의 형태를 이루면서 항공기에 작용하는 하중의 일부분을 담당하는 구조를 응력외피구조(stress skin structure)라고 한다. 응력외피구조에는 모노코크(monocoque)형과 세미 모노코크(semi-monocoque)형이 있다.
※ 문제의 보기 ①은 샌드위치 구조(sandwich structure), 보기 ②는 페일 세이프 구조(fail safe structure), 그리고 보기 ③은 트러스 구조(truss structure)에 대한 설명이다.

58. ④
해설 조종 케이블의 장력은 턴버클의 길이를 조절하여 조절한다. 조종 케이블의 장력(tension)은 케이블 텐션미터(tension meter, 장력 측정기)를 사용해 측정한다.

59. ②
해설 SAE 4130 크롬-몰리브덴(chrome-molybdenum)강은 용접성을 향상시킨 강으로, 착륙장치의 다리 부분, 엔진 마운트, 엔진 부품, 항공기 볼트 등과 같이 고강도를 필요로 하는 부분에 사용된다. SAE 4130 규격의 의미는 다음과 같다.

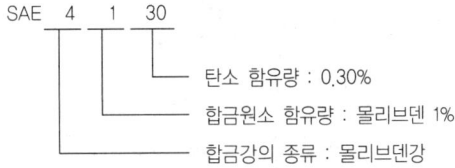

60. ④
해설 항공기 외부 세척에는 외부 세척과 내부 세척이 있다.
① 외부 세척
　㉮ 습식 세척 : 기체 표면에 물을 뿌린 다음 세제를 분무기로 뿌리거나 걸레 등을 이용하여 바르고, 고압으로 분출되는 물로 씻어내는 세척방법
　㉯ 건식 세척 : 건식 세척제를 분무기나 걸레 또는 헝겊으로 바른 다음, 깨끗한 마른 헝겊으로 문질러 닦는 세척방법
　㉰ 연마(광택내기) : 비행기의 표면에 광택을 재생시키기 위하여 표면을 먼저 세척한 다음에 하는 세척작업이다. 페인트된

부분에는 광택용 왁스를 이용하며, 페인트가 안 된 부분에는 광택제로 광을 낸다.
② 내부 세척

제4과목 : 항공장비

61. ③

해설 충돌방지등(anti-collision light)은 해당 항공기의 위치를 알려서 충돌을 회피하려는 목적으로 사용된다. 이 등은 동체 상·하면에 장착되며, 매분 40~100회로 적색광을 점멸한다.

62. ①

해설 고도계 보정 방법의 종류는 다음과 같다.
① QNH 보정 : 14,000ft 미만에서 비행할 경우 사용하고, 활주로에서 고도계가 활주로 표고를 지시하도록 하는 보정 방법이다. QNH 방식은 해면으로부터의 기압고도, 즉 진고도를 지시한다.
② QNE 보정 : 해상비행등에서 항공기의 고도 간격의 유지를 위하여 기압눈금을 해면의 표준 대기압인 29.92inHg에 맞추어 표준 기압면으로부터 고도를 지시하게 하는 방식이며, 이때 고도계가 지시하는 고도는 기압고도이다.
③ QFE 보정 : 활주로 위에서 고도계가 0을 지시하도록 기압 눈금판에 비행장의 기압을 맞추는 방식으로 그 지형으로부터 고도, 즉 절대고도를 지시한다.

63. ③

해설 HF(high frequency) 통신 system에 대한 설명은 다음과 같다.
① 항공기 대 항공기, 항공기 대 지상 간에 장거리 통신을 위해 사용한다.
② 작동 주파수 범위는 2MHz~25MHz이며, 6개의 비상채널과 최소 249 사용자 채널까지 수용할 수 있다.
③ 송신기는 발진부, 고주파 증폭부, 변조기 및 안테나로 이루어진다.
④ HF는 파장이 길기 때문에 안테나의 길이가 길어야 한다.

64. ③

해설 싱크로(synchro) 전기기기는 회전자축에 1차권선, 고정자축에 2차권선을 갖는 회전변압기이고, 2차축에는 1차축 회전자의 회전에 따라서 정현파 교류가 발생하도록 되어 있다.

65. ③

해설 유압계통에서 유량제어 또는 방향제어밸브에는 선택 밸브, 오리피스(orifice)와 각종 체크 밸브, 시퀀스 밸브(sequence valve), 셔틀 밸브(shuttle valve), 흐름 조절기 및 유압 퓨즈(fuse) 등이 있다.

릴리프 밸브(relief valve)는 계통 내의 압력을 규정값 이하로 제한하여 과도한 압력으로 인하여 계통 내의 관이나 부품이 파손되는 것을 방지하는 압력조절밸브에 속한다.

66. ④

해설 피토압(pitot pressure)을 이용하는 피토 정압계통의 계기에는 속도계, 고도계 및 승강계가 있다. 선회 경사계는 자이로를 이용한 계기이다.

67. ④

해설 유압계통의 구성품인 축압기(accumulator)는 가압된 작동유를 저장하는 저장통으로서 다음과 같은 역할을 한다.
① 계통의 작동과 pump의 가압에서 오는 유압계통의 압력 서지(pressure surge)를 완화시킨다.
② 여러 개의 유압기기가 동시에 사용될 때 동력펌프를 돕고, 동력펌프가 고장이 났을 때 저장된 작동유를 공급하여 제한된 유압기기를 작동시키는 비상용 유압을 저장한다.
③ 동력펌프가 고장이 났을 때 저장된 작동유를 공급하여 제한된 유압기기를 작동시키는 비상용 압력원으로 사용한다.

68. ②

해설 객실 여압계통의 아웃 플로 밸브(out flow valve)는 기체 밖으로 배출시킬 공기의 양을 조절함으로써 객실 고도에 맞도록 객실 내의 공기를 일정한 기압으로 조절한다. 아웃 플로 밸브에서 배출된 객실의 공기는 동체의 옆이나 끝부분 또는 날개의 필릿(fillet)에 있는 구멍을 통해서 외부로 배출된다.

69. ②

해설 직류 전동기(DC motor)의 종류는 다음과 같다.
① 직권(series wound) 전동기 : 시동 토크가 커서 시동특성이 가장 좋은 직류 전동기로 항공기의 시동용 전동기, 착륙장치, 플랩 등의 전동기로 사용된다.
② 션트(shunt wound, 분권) 전동기 : 일정한 회전속도가 요구되는 곳에 사용된다.
③ 복권(compound wound) 전동기 : 분권식과 직권식의 중간 특성을 가진다.
④ 스플릿(split) 전동기 : 회전방향을 반대로 할 수 있는 가역 전동기이다.

70. ①

해설 일반적으로 열전대식(thermo-couple) 온도계는 왕복기관의 실린더 헤드 온도(CHT)를 측정하거나, 가스 터빈 기관의 배기가스온도(EGT)를 측정하는 데 사용된다.

71. ①

해설 항공기의 방빙(anti-icing)장치는 가열공기의 덕트를 설치하고 이곳으로 가열공기를 통과시키거나 전열선을 설치하여 결빙을 방지한다. 항공기 주날개와 꼬리날개의 리딩 에지(leading edge) 부분의 결빙은 날개의 공기 역학적인 성능에 영향을 미치고, 박리된 얼음이 뒤쪽에 있는 꼬리날개나 기관에 손상을 줄 수 있으므로 방빙을 하여야 한다. 또한 엔진의 전방 카울링(cowling), 나셀(nacelle), 공기 흡입구(air intake) 등의 결빙은 기관의 출력을 저하시키고, 박리된 얼음이 기관에 손상을 주기 때문에 방빙을 하여야 한다.

72. ①

해설 변압기(transformer)는 교류의 전압을 높이거나 낮출 때 사용되는 장치이다. 다이나모터(dynamotor)는 직류의 전압을 높이거나 낮출 때 사용되는 장치로, 발전기와 전동기를 결합한 것이다.

73. ①

해설 관성항법장치(INS)는 가속도를 검출하는 가속도계를 플랫폼(platform) 위에 설치하고 얻어진 가속도를 적분하여 위치를 산출한다.
조종사가 INS의 스위치를 ON(STBY)하고 항공기 위치를 입력하면 INS는 조종사가 입력한 위치 정보 또는 자전의 가속도를 감지하여, 플랫폼 방향을 진북을 향하게 하고 지구에 대해 수평이 되게 한다. 관성항법장치 계통에서 최초에 이와 같이 플랫폼을 설정하는 것을 얼라인먼트(alignment)라고 한다.

74. ②

해설 지상접근경보장치(GPWS)는 항공기가 산악 또는 지면에 과도하게 접근하여 위험한 상태에 도달하였을 때 조종사에게 시각 및 청각경고를 제공하여 충돌하는 것을 방지하여 주는 장치이다. 이 장치의 입력 소스에는 전파고도계, ADC(Air Data Computer), 기압 고도계 및 속도, G/S 수신기, 랜딩기어 스위치, 플랩 위치 스위치 및 플랩 오버라이드 스위치(옵션) 등이 있다.

75. ④

해설 문제의 그림과 같은 델타(Δ) 결선에서 등가인 Y결선으로 변환할 때, 각 변의 저항 R_a, R_b와 R_c를 구하는 식은 다음과 같다.

- $R_a = \dfrac{R_{ab} \times R_{ca}}{R_{ab} + R_{bc} + R_{ca}} = \dfrac{5 \times 3}{5+4+3} = 1.25\,\Omega$
- $R_b = \dfrac{R_{ab} \times R_{bc}}{R_{ab} + R_{bc} + R_{ca}} = \dfrac{5 \times 4}{5+4+3} = 1.67\,\Omega$
- $R_c = \dfrac{R_{bc} \times R_{ca}}{R_{ab} + R_{bc} + R_{ca}} = \dfrac{4 \times 3}{5+4+3} = 1.00\,\Omega$

76. ②

해설 화재탐지기에 요구되는 기능과 성능에 대한 설명은 다음과 같다.
① 무게가 가볍고 설치가 용이할 것
② 화재가 계속 진행하고 있을 때는 계속 작동

하고, 종료된 후에는 정확하게 작동이 정지될 것
③ 화재 발생장소를 정확하고 신속하게 표시할 것
④ 항공기의 전원에서 직접 전원을 공급받고, 화재가 지시하지 않을 때 최소전류가 소비될 것

77. ④

해설 주파수를 f[Hz], 빛의 속도를 C[m/sec]라고 하면, 파장(λ)을 구하는 식은 다음과 같다.

$$\lambda = \frac{C}{f} = \frac{3 \times 10^8}{30 \times 10^6} = 10\,\text{m}$$

($\because C = 3 \times 10^8$ m/sec, 1 MHz $= 10^6$ Hz)

78. ③

해설 항공기용 회전식 인버터(rotary inverter)는 직류 전동기로 단상 또는 3상의 교류 발전기를 회전시켜 교류를 얻는 장치이다. 발전기의 부하 변동이 있어도 회전수를 일정하게 유지하기 위해 원심 거버너와 카본 파일(carbon pile)을 조합한 장치로 직류전동기의 분권 계자 전류를 제어하여 일정한 회전을 얻는다. 또 부하 변동이 있어도 발전기의 출력 전압을 일정하게 하기 위해 교류 출력을 정류한 뒤 카본 파일을 가하여 교류발전기의 회전 계자 전류를 제어한다.

79. ②

해설 축전지의 충전 방법은 정전류 충전법과 정전압 충전법으로 구분할 수 있다.
① 정전류 충전 : 일정한 전류를 공급하여 충전하는 방식으로 충전 완료시간을 미리 예측할 수 있으나, 정전압 충전보다 충전시간이 길고 폭발의 위험성이 있다.
② 정전압 충전 : 일정한 전압으로 충전하는 방식으로 항공기 내에서는 이 방법으로 충전을 한다. 이 충전방법은 충전이 진행됨에 따라 가스발생이 거의 없어지며 충전 능률도 우수해진다. 충전 소요시간이 짧지만, 초기 충전 시작단계에서 과도한 전류로 극판 손상의 위험이 있다.

80. ④

해설 지자기의 3요소는 다음과 같다.
① 편각(variation 또는 declination) : 지축과 지자기축이 서로 일치하지 않기 때문에, 진 방위(진자오선)와 자방위(자기 자오선) 사이에 생기는 오차를 말한다.
② 복각(dip 또는 inclination) : 지자기 자력선의 방향과 수평선 간의 각을 말하며, 지구 적도 부근에서는 거의 0이고 양극으로 갈수록 90°에 가까워진다.
③ 수평분력(horizontal component) : 지자력의 지구 수평선에 대한 분력을 말하는 것으로 복각이 작은 적도 부근에서 최대이고 양극에서는 0에 가깝다.

2020년 1회, 2회 (6월 21일) - 통합시행

제1과목 : 항공역학

1. ③

[해설] 프로펠러의 효율은 기관으로부터 프로펠러에 전달된 축동력인 입력에 대한 출력의 비를 말한다. 프로펠러의 효율은 각종 기계요소의 마찰 등으로 인한 동력손실로 항상 1보다 작다.
추력을 T, 프로펠러의 지름을 D, 비행속도를 V, 진행률을 J, 프로펠러의 회전수를 n, 프로펠러의 동력을 P, 프로펠러의 동력계수를 C_P, 추력계수를 C_T라고 하면 프로펠러의 효율을 구하는 관계식은 다음과 같다. 여기서 $\frac{V}{nD}$를 진행률이라고 하고, J로 표시한다.

$$\eta = \frac{TV}{P} = \frac{C_T}{C_P} \cdot \frac{V}{nD} = \frac{C_T}{C_P} \cdot J \quad (\because \eta < 1)$$

2. ②

[해설] 정적안정(static stability)을 구분하면 다음과 같다.
① 양(+)의 정적안정 : 평형상태로부터 벗어난 뒤에 원래의 평형상태로 되돌아가려는 초기의 경향
② 음(-)의 정적안정 : 평형상태에서 벗어난 물체가 원래의 평형상태로부터 더 멀어지려는 경향
③ 정적중립 : 평형상태에서 벗어난 물체가 원래의 평형상태로 되돌아오지도 않고 평형상태에서 벗어난 방향으로도 이동하지 않는 경우

3. ③

[해설] 비행기의 양력을 L, 비행기의 무게를 W라고 하면 하중배수(n)를 구하는 관계식은 다음과 같다.

$$n = \frac{L}{W}$$

비행기가 등속도 수평비행을 하고 있다면 $W=L$이므로, 비행기에 작용하는 하중배수는 1이 된다.

4. ①

[해설] 비행기의 정적여유(static margin)는 항공기의 세로 운동에 대한 안정성을 결정하는 중요한 요소이다. 정적 여유는 중립점까지의 거리에서 무게중심까지의 거리를 제외한 거리를 의미하며, 그 크기는 무게중심에서 중립점까지의 거리를 시위로 나눈 값으로 나타낸다.

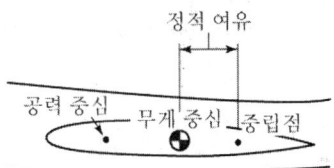

5. ②

[해설] 헬리콥터에서 회전날개의 회전면을 회전원판(rotor disk), 또는 날개 끝 경로면이라 하고, 이 회전면과 원추의 모서리가 이루는 각을 원추각 또는 코닝각(coning angle)이라고 한다.

6. ③

[해설] 대기속도(airspeed)는 비행기와 대기와의 상대속도를 의미하며, 바람을 고려한 대기속도는 다음 식과 같이 구할 수 있다.
• 비행기의 이동 거리를 S, 소요 시간을 t라고 하면, 비행기의 평균 속도 v는

$$v = \frac{S}{t} = \frac{260}{59} = 4.4\text{m/s} = 15.8\text{km/h}$$

$(\because 1\text{m/s} = 3.6\text{km/h})$

∴ 대기속도 = 비행기 속도 ± 풍속
  ($\because +$: 정풍, $-$: 배풍)
  $= 15.8 + 43 = 58.8\text{km/h}$

7. ①

[해설] 비행기가 하강비행을 하는 동안 조종간을 당겨 기수를 올리려 할 때, 받음각과 각속도가 특정값을 넘게 되면 예상한 정도 이상으로 기수가 올라가는데, 이를 피치 업(pitch up)이라고 한다. 피치 업의 원인은 다음과 같다.
① 뒤젖힘 날개의 날개끝 실속
② 뒤젖힘 날개의 비틀림
③ 날개의 풍압 중심이 앞으로 이동
④ 승강키 효율 감소

8. ①

해설 사이클릭 조종 레버를 원하는 방향으로 기울이면 회전면이 경사지게 되어 전진비행 또는 원하는 방향으로 비행할 수 있다.

9. ③

해설 비행기의 무게를 W, 밀도를 ρ, 날개면적을 S, 그리고 최대양력계수를 C_{Lmax} 라고 하면, 실속속도 V_s는

$$V_s = \sqrt{\frac{2W}{\rho S C_{Lmax}}} = \sqrt{\frac{2 \times 1500}{0.125 \times 30 \times 1.2}}$$
$$= 25.8 \text{m/s} = 93 \text{km/h}$$
$$(\because 1\text{m/s} = 3.6\text{km/h})$$

10. ④

해설 조종력은 비행속도의 제곱에 비례하고, 조종면의 크기에 비례한다. 따라서 속도가 2배 증가하면 조종력은 4배로 증가한다.

11. ④

해설 안정과 조종은 서로 상반되는 성질을 나타내기 때문에 항공기의 안정성(정적, 동적)이 커지면 조종성은 감소하나 평형유지는 쉬워진다. 반대로 안정성이 작아지면 조종성은 증가하나, 평형유지는 어려워진다.

12. ①

해설 대기속도를 $V(\text{cm/s})$, 시위길이를 $L(\text{cm})$, 그리고 동점성계수를 $\nu(\text{cm}^2/\text{s})$라고 하면, 레이놀즈 수 Re는

$$Re = \frac{VL}{\nu} = \frac{\left(\frac{360 \times 1000 \times 100}{3600}\right) \times 200}{0.1}$$
$$= 2.0 \times 10^7$$

13. ④

해설 헬리콥터가 지면 가까이에서 정지비행을 하면 회전날개를 지난 공기의 후류가 지면에 부딪혀 헬리콥터와 지면 사이에 존재하는 공기를 압축시켜 압력이 증가되어 헬리콥터의 성능을 향상시키는 효과를 지면효과라고 한다. 지면효과가 발생하면 회전날개 깃의 유도속도가 감소되어 받음각이 더 커지기 때문에 더 효율적이다. 즉, 유도항력이 감소하여 양력의 크기가 증가하며, 동일한 받음각에서 더 많은 중량을 지탱할 수 있다.

14. ③

해설 활공비행의 한 종류인 급강하 비행 시(활공각 90°) 속도는 차차 증가하다가, 비행기에 작용하는 항력(D)과 항공기 무게(W)가 평형이 되면 더 이상 증가하지 않고 일정해진다. 급강하 비행 시 비행기에 작용하는 힘은 다음과 같다.
D(항력) = W(무게)

15. ④

해설 열권과 극외권의 경계면을 열권 계면이라 하며, 그 고도는 약 500km이다. 대기권 중 열권의 특징은 다음과 같다.
① 고도가 높아짐에 따라 온도가 계속 높아지며 공기는 매우 희박하다.
② 전리층이 있어서 전파를 흡수, 반사하는 작용을 하여 통신에 영향을 끼친다.

16. ②

해설 전중량을 W, 선회속도를 $V_t(\text{m/s})$, 그리고 선회 반지름을 $R(\text{m})$이라고 하면, 선회비행 시 원심력(CF)을 구하는 식은 다음과 같다.

$$CF = \frac{W}{g} \cdot \frac{V_t^2}{R} = \frac{4500}{9.8} \times \frac{\left(\frac{400 \times 1000}{3600}\right)^2}{300}$$
$$= 18896.4 \text{kgf}$$
$$(\because g = 9.8 \text{m/s}^2)$$

17. ②

해설 중력 가속도가 일정하다는 가정하에 해면고도로부터의 실제 길이 차원에서 측정된 고도를 기하학적 고도(geometrical height)라고 한다.

18. ①

해설 5자 계열 날개골은 다섯 자리 숫자로 표시되는 날개골로 각 숫자의 의미는 다음과 같다.
(예) NACA 23012

2 : 최대 캠버의 크기가 시위의 2%이다.
3 : 최대 캠버의 위치가 앞전에서부터 시위의 15% 뒤에 있다.
0 : 평균 캠버선의 뒤쪽 반이 직선이다.(1이면 뒤쪽 반이 곡선임을 뜻한다)
12 : 최대 두께의 크기가 시위의 12%이다.

19. ②

해설 베르누이 방정식에서 이상유체의 정상흐름(정상류)인 경우 동일한 유선상의 정압과 동압을 합한 값이 일정하며, 이 압력을 전압(total pressure)이라 한다. 베르누이 방정식은 비압축성, 비점성인 이상유체에서만 성립한다. 정압을 P, 밀도를 ρ, 유체의 속도를 V, 그리고 전압을 P_t라고 하면 베르누이 방정식은 다음과 같다.

$$P_t = P + \frac{1}{2}\rho V^2 = 일정$$

20. ④

해설 양력계수를 C_L, 스팬효율계수를 e, 그리고 가로세로비를 AR이라고 하면, 유도항력계수 C_{Di}를 구하는 관계식은 다음과 같다.

$$C_{Di} = \frac{C_L^2}{\pi e AR}$$

따라서 유도항력계수는 양력계수의 제곱에 비례하고, 가로세로비에 반비례한다.

제2과목 : 항공기관

21. ②

해설 가스터빈엔진에서 연료조정장치(FCU : fuel control unit)는 기관의 회전수(rpm), 압축기 출구압력 또는 연소실 압력, 압축기 입구온도 및 파워 레버(power lever)의 위치와 같은 입력자료를 받아 대기상태의 변화에 관계없이 자동으로 기관으로 공급되는 연료량을 적절하게 제어하는 장치이다.

22. ④

해설 타이밍 라이트(timing light)는 브레이커 포인트가 열리는 순간을 시각 및 청각으로 알 수 있도록 하여 주는 장치로 왕복엔진의 점화시기를 점검하기 위하여 사용된다. 타이밍 라이트의 검은색 도선은 기관에 접지시키고, 붉은색 도선은 브레이커 포인트에 연결하며 브레이커 포인트가 열리는 순간에 불이 들어오게 된다.
타이밍 라이트(timing light)를 사용할 때, 마그네토 스위치는 "BOTH" 위치에 위치시켜야 한다. 그렇게 하지 않으면 타이밍 라이트는 브레이커 포인트의 열림(open)을 지시하지 않는다.

23. ②

해설 압력을 P, 체적을 v, 그리고 비열비를 k라고 하면 단열과정의 압력과 체적의 관계는 다음과 같다.

- $P_1 v_1^k = P_2 v_2^k$

따라서 단열팽창 후의 압력 P_2는

$$\therefore P_2 = P_1 \cdot \left(\frac{v_1}{v_2}\right)^k = 760 \times \left(\frac{10}{20}\right)^{1.4}$$
$$= 287.9 \, \mathrm{mmHg}$$

24. ④

해설 터보제트엔진의 추진효율(Propulsive efficiency)이란 공기가 엔진을 통과하면서 얻은 운동에너지에 의한 동력(P_k)과 추진동력(P_t)의 비를 말한다.

25. ②

해설 왕복엔진을 분류하는 방법에는 여러 가지가 있으나, 일반적으로 냉각방식 및 실린더 배열에 의한 분류 방법이 가장 널리 이용되고 있다.
왕복엔진은 냉각방식에 따라 공랭식과 액랭식, 그리고 실린더 배열방법에 따라 직렬형, 수평대향형, 성형, V형, 방사형 등으로 분류한다.

26. ①

해설 프로펠러 깃각(blade angle)이란 에어포일의 시위선(chord line)과 회전면이 이루는 사이각을 말한다.

27. ②

해설 마그네토 브레이커 접점(point)에 병렬로 연결되어 있는 콘덴서는 브레이커 접점에 생기는 아크(arc)로 인한 소손을 방지하고, 1차 코일에 잔류되어 있는 전류를 신속히 흡수 제거하는 역할을 한다. 따라서 마그네토에 사용되는 콘덴서의 용량이 너무 작으면 브레이커 접점이 탈 수 있다.

28. ①

해설 제트엔진의 축류식 압축기에서 발생하는 실속(stall) 현상을 방지하기 위해 사용하는 장치는 다음과 같다.
① 다축식(multi spool) 압축기 : 압축기를 분할하여 그 각각을 서로 기계적으로 독립된 축으로 하여 각각의 터빈으로 구동하는 방식
② 가변 정익 베인(variable stator vane) : 축류식 압축기의 고정자 깃의 붙임각을 변경시킬 수 있도록 하여, 공기의 흐름 방향과 속도를 변화시킴으로써 회전속도가 변하는 데 따라 회전자 깃의 받음각을 일정하게 하는 방식
③ 블리드 밸브(bleed valve) : 압축기 뒤쪽에 설치하여 기관을 저속 회전시킬 때에 자동적으로 밸브가 열려 누적된 공기를 배출시키는 방식
④ 가변 안내 베인(variable inlet guide vane) : 축류식 압축기 입구에서 엔진의 상태에 따라 적절한 공기 유입을 유도하기 위하여 가변적으로 작동되는 깃
⑤ 가변 바이패스 밸브(variable bypass valve) : 압축기 중간 단계에 부착되어 있으며, 엔진의 상태에 따라 적절한 공기를 배출함으로써 실속을 예방한다. 주로 저속에서는 열리고 고속에서는 닫힌다.

29. ④

해설 가스터빈엔진의 점화계통은 다음과 같은 주요 구성품으로 이루어진다.
① 점화 익사이터(ignition exciter) : 점화플러그에서 고온고압의 강력한 전기불꽃을 일으키기 위해 항공기의 저전압을 고전압으로 바꾸어 주는 장치로 점화 유닛(ignition unit)이라고 한다.
② 점화 전선(ignition lead) : 점화 익사이터와 점화플러그를 접속하고 있는 고압 전선으로 점화 익사이터의 고전압을 점화플러그에 전달한다.
③ 이그나이터(igniter) : 점화 익사이터에서 만들어진 전기적 에너지를 혼합가스를 점화하는 데 필요한 열에너지로 변환시키는 장치이다.

30. ①

해설 왕복엔진 기화기의 혼합기 조절장치(mixture control unit)는 해당 출력에 적합한 혼합비가 되도록 연료량을 조절한다. 혼합기 조절장치는 고고도에서 기압, 밀도, 온도가 감소하는 것을 보상하여 혼합기가 너무 농후해지는 것을 방지하고, 실린더가 과열되지 않는 출력 범위 내에서 희박한 혼합기를 사용하게 함으로써 연료를 절약한다.

31. ③

해설 가스터빈 윤활계통은 주로 건식 섬프형으로 윤활유 탱크가 엔진 외부에 장착된다. 주 윤활부분은 압축기와 터빈축의 베어링부, 액세서리 구동기어의 베어링부와 같은 회전운동 부분만 있으므로 왕복엔진에 비해 윤활유 소모량이 적어서 윤활유 탱크의 용량이 작다.

32. ③

해설 직렬형 엔진은 실린더가 크랭크축과 평행하게 1열로 배열되어 있는데, 특히 크랭크축의 아래쪽에 실린더가 배치되어 있는 것을 도립 직렬형 엔진이라고 한다. 직렬형 엔진은 수평 대향형 엔진보다 전면면적이 작아서 공기 흐름을 유선형으로 하여 항력이 적게 된다.

33. ②

해설 열역학 법칙에 대한 설명은 다음과 같다.
① 열역학 제1법칙 : 에너지 보존법칙이라고도 한다. 에너지는 여러 가지 형태로 변환이 가능하며, 즉 일과 열은 서로 변화될 수 있으며 그 절대적인 양은 일정하다는 것을 나타낸다.
② 열역학 제2법칙 : 에너지 변화의 방향성과 비

가역성을 나타낸다. 간단히 표현하면 열은 높은 온도의 물체에서 낮은 온도의 물체로 저절로 이동할 수 있지만, 그 반대로는 저절로 이동할 수 없다. 즉, 열과 일의 변환에는 변환될 수 있는 어떠한 방향이 있다는 것을 나타낸다.

34. ②

해설 정속 프로펠러에서 조속기(governor)는 프로펠러 블레이드의 피치각을 자동적으로 조절하여 비행상태에 따라 프로펠러 회전속도를 항상 일정하게 유지한다.

35. ③

해설 가스터빈엔진의 역추력장치는 배기가스를 비행기의 앞쪽 방향으로 분사시킴으로써 항공기에 제동력을 주는 장치로서, 착륙 시 착륙거리를 짧게 하기 위해 착륙 후의 비행기 제동에 사용된다. 또한 비상 착륙 시나 이륙 포기 시 제동능력 및 방향 전환능력을 향상시킨다. 역추력 모드는 착지 후 추력을 감소하여 스로틀 또는 엔진 파워 레버(power lever)가 아이들(idle) 위치에 있을 때 파워레버에 부착되어 있는 역추력 레버를 뒤쪽으로 당겨서 작동시킨다.
구동방법으로 주로 공압 또는 유압이 상업용 항공기에 사용되고 있으며, 캐스케이드 리버서(cascade reverser)와 클램셸 리버서(clamshell reverser) 등이 있다.

36. ③

해설 실제 기관에서 흡입밸브가 열리는 것은 상사점에서 이루어지는 것이 아니라, 상사점 전에서 열린다. 흡입밸브의 열림을 상사점 전 10~20°로 하는 것은 배기가스의 배출 관성을 이용하여 유입 혼합기 양을 증가시켜, 실린더의 냉각을 촉진시키기 위한 것이다. 이렇게 흡입밸브가 상사점 전에 열리는 것을 흡입밸브 리드(valve lead, 앞섬)라고 한다.

37. ③

해설 가스터빈엔진에서 배유되는 윤활유는 거품과 열에 의한 팽창으로 부피가 증가한다. 따라서 공급한 윤활유의 양보다 더 많은 양의 윤활유를 배유해야 하기 때문에 배유펌프(소기펌프) 용량이 압력펌프 용량보다 더 커야 한다.

38. ②

해설 압축비를 ε, 비열비를 k라고 하면, 오토 사이클의 열효율(η_{th})을 구하는 공식은 다음과 같다.

$$\eta_{th} = 1 - \left(\frac{1}{\varepsilon}\right)^{k-1} = 1 - \left(\frac{1}{8}\right)^{1.4-1} = 0.565$$

39. ①

해설 엔진이 작동 중일 때 과급기가 없는 엔진에서는 흡입계통의 압력이 대기압보다 낮으며, 과급기가 있는 엔진에서는 대기압보다 높다. 따라서 압력의 차이로 인하여 흡입계통에서 공기의 누설이 발생할 수 있다.
흡입계통에 적은 양의 공기가 누설되면 높은 출력 상태에서는 엔진 작동에 뚜렷한 영향이 없다. 그러나 엔진이 저속 상태일 때는 흡입되는 공기의 양이 적기 때문에 공기가 조금이라도 누설되면 혼합가스가 희박해지고 디토네이션 등이 발생할 수 있다. 어느 경우에서나 엔진 흡입계통은 공기 누설이 없어야 하며, 설정된 공연비가 변화하지 않도록 하여야 한다.

40. ①

해설 항공기 터보제트엔진을 시동하기 전에는 엔진의 흡입구, 엔진의 배기구, 그리고 연결부분의 결합상태를 점검하여야 한다. 특히 엔진의 흡입구 및 주변에 장애물이 없는지, 작업 시에 사용된 공구, 장비 및 안전장치를 제거하였는지를 반드시 재확인하여야 한다.

제3과목 : 항공기체

41. ③

해설 단순 지지보에서 문제의 그림과 같이 하나의 집중하중 P가 작용하는 경우, 지점 A에서의 반력 R_1과 지점 B에서의 반력 R_2는 다음과 같다.

$$R_1 = \frac{a}{a+b}P, \quad R_2 = \frac{b}{a+b}P$$

42. ③

해설 굽힘가공에 앞서서 응력 집중이 일어나는 교점에 응력 제거 구멍을 뚫으며, 이것을 일반적으로 릴리프 홀(relief hole)이라고 한다. 릴리프 홀의 크기는 판재의 두께에 따라 다르지만 1/8in 이상의 범위에서 굽힘 반지름의 치수를 릴리프 홀의 지름 치수로 한다.

43. ①

해설 케이블 AB에 발생하는 장력을 T_1, 구조물의 A 단에 작용하는 증가된 힘을 F_1이라고 하면,
$T_1 \cdot \sin 45° = F_1$
$\therefore T_1 = \dfrac{F_1}{\sin 45°} = \dfrac{(300-200)}{\sin 45°} = 141.1\text{N}$

44. ①

해설 리벳작업을 한 후에 성형되는 리벳 성형머리의 폭(지름)은 $1.5D$, 높이는 $0.5D$가 적당하다. (∵ D = 리벳 지름)

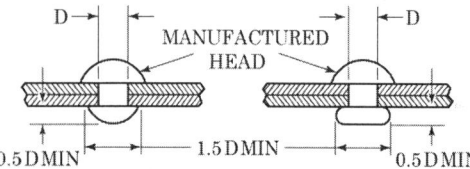

45. ④

해설 문제의 그림에서 단면적을 A, y축에서 도심까지의 거리를 $\overline{x}$, x축에서 도심까지의 거리를 $\overline{y}$라고 하면 x, y축에 관한 단면의 상승 모멘트(I_{xy})는
$I_{xy} = A \cdot \overline{x} \cdot \overline{y} = (5 \times 6) \times 5 \times 6 = 900\text{cm}^4$

46. ④

해설 케이블 장력 조절기(cable tension regulator)는 온도 변화에 관계없이 자동으로 항상 일정한 케이블의 장력을 유지시켜 주는 역할을 하는 조종계통의 장치이다.

47. ③

해설 응력 변형률 선도의 각 계수(tangent modulus)는 다음과 같다.

① 접선 계수(tangent modulus), $\tan \alpha_3$: 어떤 특정 응력에서 응력 변형률 선도의 기울기
② 시컨트 계수(secant modulus), $\tan \alpha_2$: 응력 변형률 선도상의 임의의 점에서 응력을 변형률로 나눈 값
③ 탄성계수(modulus of elasticity), $\tan \alpha_1$: 응력 변형률 선도의 초기 직선부분의 기울기로 재료의 강성(stiffness)을 나타낸다.

48. ④

해설 인테그럴 연료 탱크(integral fuel tank)는 날개의 내부 공간을 연료 탱크로 사용하는 것으로, 앞날개보와 뒷날개보 및 외피로 이루어진 공간을 밀폐재를 이용해서 완전히 밀폐시켜서 사용한다. 별도의 연료 탱크가 설치되지 않으므로 구조가 간단하고, 무게를 감소시킬 수 있다는 점이 가장 큰 장점이다.

49. ①

해설 텅스텐 불활성 가스(TIG) 용접은 비소모성 텅스텐 전극과 모재 사이에서 발생하는 아크열을 이용하여 비피복 용접봉을 용해시켜 용접하며 용접 부위를 보호하기 위해 불활성 가스를 사용하는 용접 방법이다.

금속 불활성 가스(MIG) 용접은 가느다란 금속 와이어인 비피복 용접 와이어를 공급하여 발생하는 아크열을 이용하여 금속 와이어를 용해시켜 용접하며 용접 부위를 보호하기 위해 불활성 가스를 사용하는 용접 방법이다.

50. ④

해설 케이블(cable) 단자 연결방법의 종류는 다음과 같다.
① 스웨이징 단자방법(swaging terminal method) : 스웨이징 케이블 단자를 케이블에 압착하여 조립하는 방법이다. 이음 부분의 강도는 케이블 강도의 100%까지 보장되며, 가장 많이 사용된다.
② 5단 엮기 이음방법(five-tuck woven splice method) : 부싱이나 심블을 사용하여 케이블의 가락을 풀어서 엮은 다음 그 위에 와이어를 감아 씌우는 방법이다. 이와 같은 이음방

법은 지름이 3/32인치 이상의 가요성 케이블 (flexible cable)에 적용할 수가 있다. 이음 부분의 강도는 케이블 강도의 75% 정도이다.

③ 랩 솔더 이음방법(wrap-solder cable splice method, 납땜 이음 방법) : 케이블 부싱이나 심블 위로 구부려 돌린 다음에 와이어를 감아 스테아르산(stearic acid)의 땜납 용액에 담아 땜납 용액이 케이블 사이에 스며들게 하는 방법이다. 이러한 이음 방법은 직경 3/32인치 이하의 가요성 케이블(flexible cable)이나 1×19 케이블에 사용되고, 이음 부분의 강도가 케이블 강도의 90%까지 보장되지만, 고온 부분에서는 강도가 약해지기 때문에 사용하지 못한다.

51. ③

해설 판재의 두께가 0.04in 이하로 얇아서 카운터싱크 작업이 불가능할 때에는 딤플링(dimpling) 작업으로 한다. 딤플링 작업을 할 때에는 7000시리즈의 알루미늄 합금이나 마그네슘 합금 및 그 밖의 티탄 합금은 균열을 방지하기 위하여 모두 열을 가해서 하는 딤플링 방법을 적용해야 한다. 판을 2개 이상 겹쳐서 동시에 딤플링하는 방법은 가능한 한 삼가야 하며, 반대 방향으로 다시 딤플링해서는 안 된다.

52. ④

해설 항공기 동체에서 모노코크 구조는 하중의 대부분을 외피가 담당하며, 내부에 응력을 담당하기 위한 보강재가 없다. 이에 반해 세미모노코크 구조는 프레임(frame)과 세로대(longeron), 스트링거(stringer)를 보강하여 골격을 만들고 그 위에 외피를 얇게 입힌 구조이다. 외피는 항공기에 작용하는 하중의 일부분을 담당하고 나머지 하중은 세로대와 스트링거와 같은 골격이 담당한다.

53. ②

해설 AN 볼트의 규격은 다음과 같다.

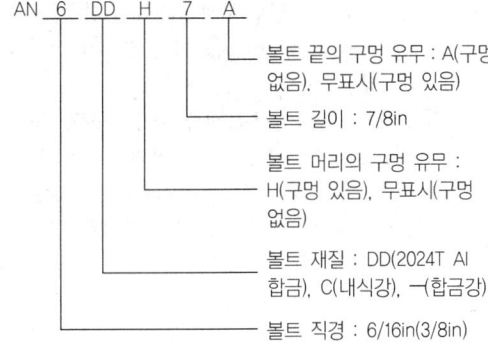

54. ③

해설 문제의 그림과 같은 항공기에서 기준선으로부터 무게중심의 위치를 구하는 식은 다음과 같다.

무게중심(c.g)
$$= \frac{총 모멘트}{총 무게}$$
$$= \frac{(400 \times 0.5) + (1000 \times 2 \times 2.5)}{400 + (1000 \times 2)} = +2.17\text{m}$$

∴ +2.17m이므로 무게중심은 기준선으로부터 2.17m 떨어진 곳에 위치한다.

55. ②

해설 금속표면에 접하는 물, 산, 알칼리 등의 매개체에 의해 금속이 화학적으로 침해되거나 전기 화학적 반응에 의해 재료의 성질이 변화 또는 퇴화되는 현상을 부식(corrosion)이라고 한다.

56. ①

해설 페일 세이프 구조(fail safe structure)는 한 구조물이 여러 개의 구조요소로 결합되어 있어 어느 부분에서 피로파괴가 일어나거나 그 일부분에 구조적 결함이 발생해도 항공기 구조상 위험이나 파손을 보완할 수 있는 구조를 말하며, 다음과 같은 종류가 있다.

① 더블 구조(이중 구조, double structure) : 큰 부재 대신 2개 또는 그 이상의 소부재로 대치하는 것

② 백업 구조(대치 구조, back-up structure) : 주 부재가 전 하중을 지지하고 있는 경우, 주 부재가 파괴되었을 때 하중을 지탱해주는 예비적 부재를 가지고 있는 구조

③ 리던던트 구조(다경로 하중 구조, redundant

structure) : 일부 부재가 파괴될 경우 그 부재가 담당하던 하중을 다른 부재가 분담할 수 있는 구조
④ 로드 드롭핑 구조(하중 경감 구조, load dropping structure) : 부재가 파손되기 시작할 때 다른 부재에 하중을 이동, 전달함으로써 부재의 완전 파단 또는 파괴를 방지하는 구조

57. ②

[해설] 알루미늄의 단점인 내식성 문제를 해결하기 위하여 알루미늄 판의 양 표면에 내식성이 좋은 순수 알루미늄 또는 알루미늄 합금판을 입힌 것을 알클래드(alclad)라고 한다.

58. ②

[해설] 스펀지(spongy) 현상이란 브레이크 장치 계통에서 공기가 작동유와 섞여 있을 때 공기의 압축성 효과로 인하여 브레이크 페달을 밟을 때 푹신푹신하여 제동이 제대로 되지 않는 현상을 말한다. 따라서 스펀지 현상이 나타나면 브레이크 계통 내에서 공기를 빼내는 작업(블리딩, bleeding)을 하여야 한다.

59. ②

[해설] 비행 중에 고정익 항공기 날개에는 양력이 작용하므로 날개에는 휨 모멘트가 작용한다. 그러므로 날개 윗부분에는 압축응력, 아랫부분에는 인장 응력이 발생한다. 또, 무게와 양력에 의하여 날개 뿌리의 단면에서는 전단하중이 작용하게 되므로 전단응력이 발생한다.

60. ①

[해설] 강화재로 사용되는 복합섬유의 종류는 다음과 같다.
① 아라미드 섬유(aramid fiber) : 케블라(Kevlar)라고 하며, 가볍고 인장 강도가 크고 유연성이 크다는 장점을 가지고 있다. 높은 응력과 진동을 받는 항공기 부품 제작에 이상적인 재료이다.
② 보론 섬유(boron fiber) : 첨단 복합재료로서 가장 오래 전부터 실용화를 시도한 섬유이다. 뛰어난 압축강도와 경도를 가지고 있지만, 취급이 어렵고 가격이 비싸다.
③ 알루미나 섬유 : 약 1,300℃로 가열하여도 물성이 유지되는 우수한 내열 특성 때문에 고온 부위의 재료로 사용된다.
④ 유리 섬유(fiber glass) : 융해된 이산화규소의 가는 가닥으로 만들어진 섬유로서, 전기 절연성이 뛰어나고 내수성, 내산성 등 화학적 내구성이 좋다. 가격도 저렴하여 널리 쓰이지만 다른 강화섬유보다 기계적 강도가 낮아 2차 구조물에 사용된다.

제4과목 : 항공장비

61. ②

[해설] 계산에 의하면 교류의 실효값은 최대값의 0.707배에 해당한다. 따라서 교류의 최대값을 E_m이라고 하면, 실효값 E를 구하는 식은 다음과 같다.
$E = 0.707 E_m = 0.707 \times 141.4 = 99.97 \text{ V}$

62. ④

[해설] 항공기 계기 중 엔진계기(engine instrument)는 항공기에 장착된 엔진의 상태를 지시하는 데 필요한 계기로서, 회전계(RPM 계기), 배기가스 온도계(EGT 계기), 연료유량계(Fuel flowmeter), 연료압력계, 윤활유압력계, 윤활유온도계, 연료온도계 및 엔진 압력비 계기 등이 있다.

63. ③

[해설] 문제에 제시된 그림의 착륙장치 경보회로는 녹색 및 붉은색 경고등과 버저로 구성되어 있으며, 다음과 같이 작동한다.
① 바퀴가 완전히 올라가지도 내려가지도 않는 상태에서 스로틀 레버를 감소시킨 경우 : 스로틀 스위치가 버저와 적색 경고등 회로를 형성하여 버저와 붉은색등이 작동된다.
② 바퀴가 완전히 올라가지도 내려가지도 않는 상태 : 업 로크 스위치(up lock switch)와 다운 로크 스위치에 의해 버저와 붉은색등이 작동된다.
③ 바퀴가 완전히 올라간 상태 : 업 로크 스위치

(up lock switch)가 붉은색 경고등 회로를 차단하여 아무 등도 작동되지 않는다.
④ 바퀴가 완전히 내려간 상태 : 다운 로크 스위치(down lock switch)가 녹색 경고등 회로를 형성하여 녹색등이 작동된다.

64. ③

해설 방빙(anti-icing) 또는 제빙(de-icing) 계통은 방빙 방법에 따라 다음과 같이 구분할 수 있다.
① 화학식 : 결빙의 우려가 있는 부분에 이소프로필 알코올을 분사해서 어는점을 낮게 하여 결빙을 방지하는 방법이다. 주로 프로펠러 깃이나 기화기의 방빙에 사용하는데, 때로는 주날개와 꼬리날개의 방빙에 사용할 때도 있다.
② 열적 방빙 : 일반적으로 조종날개 앞전의 방빙을 위하여 조종날개 앞쪽 내부에 가열공기의 덕트를 설치하여 조종날개 내부로 가열공기를 통과시키는 열공압식이나, 전열선을 조종날개나 프로펠러의 앞전 내부에 설치하여 결빙을 방지하는 열전기식을 사용한다. 윈드실드(windshield)와 윈도우(window)도 열전기식과 열공압식의 열적 방빙방법을 사용하여 방빙 또는 제빙을 한다.

65. ②

해설 화재탐지장치의 종류 및 감지센서로 사용하는 것은 다음과 같다.
① 서멀 스위치형(thermal switch type) : 온도 상승을 바이메탈(bimetal)로 탐지하는 것
② 서머커플형(thermocouple type) : 온도의 급격한 상승을 열전대(thermocouple)로 탐지하는 것
③ 저항 루프형(resistance loop type) : 온도에 의해 전기 저항이 변하는 세라믹(ceramic)이나, 일정 온도에 달하면 급격하게 전기 저항이 떨어지는 융점이 낮은 공융염(eutectic salt, 소금)을 이용하여 온도 상승을 전기적으로 탐지하는 것
④ 광전지형(photo-electric type) : 연기로 인한 반사광을 광전지로 탐지하는 것

66. ③

해설 SELCAL(선택호출장치, selective calling) system은 지상에서 항공기를 호출하기 위한 장치이며, 통신 송·수신기, 해독장치, 그리고 음성제어패널로 구성된다.
지상국에서 항공기를 호출하면 항공기에 장착된 통신 송·수신기를 통하여 수신되며, 수신된 부호 코드는 기상부호 해독장치를 통하여 해석된다. 코드가 일치된 것이 확인되면 수신 시스템의 음성제어패널에 호출 라이트를 점등하며, 승무원에게 오디오로 알려준다.

67. ①

해설 직류 발전기와 함께 장착되는 역전류 차단기(reverse current cut-out relay)는 발전기의 출력 쪽과 축전지 사이에 장착되어, 발전기의 출력 전압이 낮을 때에 축전지에서 역전류 차단기를 통해 발전기로 전류가 역류하는 것을 방지하는 장치로 직류 발전기의 보조장치이다.

68. [전항정답]

해설 국제민간항공기구에서 정의하고 있는 자동착륙 시스템과 관련한 활주로 시정등급 분류는 다음과 같다.

카테고리	결심고도	활주로까지 가시거리 (RVR)
I	60m(200ft)	800m(2,600ft)
II	30m(100ft)	400m(1,200ft)
IIIA	0	200m(700ft)
IIIB	0	30m(150ft)
IIIC	0	0

69. ②

해설 직류 전동기(DC motor)의 종류는 다음과 같다.
① 분권 전동기(shunt wound) : 일정한 회전속도가 요구되는 곳에 사용된다.
② 직권 전동기(series wound) : 시동 토크가 크고 압력이 과대하게 되지 않으므로 시동 운전 시 가장 좋은 전동기이다. 항공기 엔진의 시동장치에 가장 많이 사용되며, 착륙장치와 플랩 등의 전동기로도 사용된다.
③ 복권 전동기(compound wound) : 분권식과 직권식의 중간 특성을 가지는 전동기로서,

화동복권 전동기가 있다.
④ 스플릿(split)식 : 회전방향을 반대로 할 수 있는 가역 전동기이다.

70. ④

해설 항공기 VHF 통신장치는 주파수 118.0~136.9 MHz의 주파수 대역을 사용한 통신장치로 근거리 통신에 이용된다. 항공기를 운항하기 위해 필요한 음성통신은 주로 VHF 통신장치를 이용한다.

71. ①

해설 외력이 가해지지 않는 한 자이로가 우주 공간에 대하여 일정한 자세를 계속적으로 유지하려는 성질을 자이로스코프의 강직성(rigidity) 또는 보전성이라고 한다. 이와 달리 자이로스코프의 섭동성(precession)이란 자이로가 회전하고 있을 때 외력이 가해지면 가해진 힘의 방향에서 로터 회전방향으로 90도 회전한 점에 힘이 작용하여 로터가 기울어지는 현상을 말한다.

72. ③

해설 전파 고도계(radio altimeter)는 항공기에서 지표를 향해 전파를 발사한 후 이 전파가 되돌아오기까지의 시간차를 측정하여, 지형과 항공기의 수직거리를 절대고도로 나타내는 계기이며, 절대 고도계라고도 한다. 전파 고도계는 모두 낮은 고도용으로 측정범위는 0~2,500ft 이하이며, 종류는 다음과 같다.
① FM형 전파 고도계 : 0~75m까지의 낮은 고도를 측정하는 데에 이용되며, 주로 활주로에 접근, 착륙 시에 이용된다.
② 펄스형 전파 고도계 : 낮은 고도를 측정하는 데에 이용되며, 기상에서 아래쪽으로 발사한 펄스가 지표면에서 반사되어 다시 기상 수신기에 도달하는 시간에 의해 항공기와 지표면 사이의 거리(고도)를 구한다.

73. ②

해설 왕복기관에 사용되는 매니폴드(manifold) 압력계는 흡입 매니폴드 안의 압력을 절대압력으로 지시한다.

74. ④

해설 항공기의 화재탐지장치가 갖추어야 할 사항은 다음과 같다.
① 과도한 진동과 온도변화에 견디어야 한다.
② 화재가 계속되는 동안에 계속 지시해야 한다.
③ 조종실에서 화재탐지장치의 기능 시험을 할 수 있어야 한다.
④ 항공기 전원 계통으로부터 직접 전원을 공급받고, 전력 소비가 적어야 한다.
⑤ 화재 발생 시에 조종실에 경고음과 경고등이 동시에 작동할 것
⑥ 화재탐지는 각 구역마다 독립된 계통을 설치할 것

75. ④

해설 유압계통의 압력제어밸브 중 릴리프 밸브(relief valve)는 작동유에 의한 계통 내의 압력을 규정값 이하로 제한하여 과도한 압력으로 인하여 계통 내의 관이나 부품이 파손되는 것을 방지하는 장치이다.

76. ①

해설 유압계통에서 사용되는 체크 밸브(check valve)는 역류를 방지하는 역할을 한다. 즉, 한쪽 방향으로만 작동유의 흐름을 허용하고, 반대 방향의 흐름은 제한한다.

77. ①

해설 지자기의 3요소는 다음과 같다.
① 복각(dip 또는 inclination) : 지자기 자력선의 방향과 수평선 간의 각을 말하며, 지구 적도 부근에서는 거의 0이고 양극으로 갈수록 90°에 가까워진다.
② 편차(variation 또는 declination) : 지축과 지자기축이 서로 일치하지 않기 때문에, 지구 자오선(진자오선)과 자기 자오선 사이에 생기는 오차를 말한다.
③ 수평분력(horizontal component) : 지자력의 지구 수평선에 대한 분력을 말하는 것으로 복각이 작은 적도 부근에서 최대이고 양극에서는 0에 가깝다.

78. ②

해설 속도의 종류에는 지시대기속도(IAS), 수정대기속도(CAS), 등가대기속도(EAS) 및 진대기속도(TAS)가 있다. 이와 같은 속도들을 간추려 도식화하면 다음과 같으며, 이론상 가장 먼저 측정하게 되는 것은 지시대기속도(IAS)이다.

IAS → CAS → EAS → TAS
피토관 장착 위치 및   공기의 압축성   고도변화에 따른
계기자체의 오차 수정   효과 고려   공기밀도 수정

79. ③

해설 객실고도(cabin altitude)는 승객들이 탑승하고 있는 객실 내 압력을 표준대기압을 기준으로 나타내는 기압고도이다. 미국연방항공국(FAA)의 규정에 명시된 여압장치를 갖춘 항공기의 제작 순항고도에서의 최대 객실고도는 8,000ft이다.

80. ①

해설 니켈-카드뮴 축전지의 양극은 수산화니켈[$Ni(OH)_3$]이고, 음극은 카드뮴(Cd)이다. 전해액은 묽은 수산화칼륨(KOH)으로 칼륨계의 알칼리성 수용액이며, 한 개 셀(cell)의 기전력은 무부하 상태에서 약 1.2~1.25V 정도이다.

2020년 3회 (8월 23일)

제1과목 : 항공역학

1. ①

해설 이륙 시 활주거리를 짧게 하기 위한 조건은 다음과 같다.
① 기관의 추력이 크면 가속도가 커져서 이륙성능이 좋아진다.
② 날개하중($\frac{W}{S}$)을 작게 한다. 즉, 비행기의 무게를 가볍게 한다.
③ 고도가 낮은(밀도가 큰) 비행장에서 이륙하면 기관의 추력이 커져서 이륙성능이 좋아진다.
④ 이륙 시 플랩과 같은 고양력장치를 사용하여 최대 양력계수를 증가시킨다.

2. ③

해설 날개에 발생하는 압력이 작용하는 합력점을 압력중심(center of pressure)이라 한다. 압력중심은 받음각이 변화하면 위치가 이동한다. 보통의 날개에서는 받음각이 클 때 앞으로 이동하여 시위길이의 1/4 정도인 곳이 된다.

3. ④

해설 비행기의 기준축에 따른 조종면은 다음과 같다.

기준축	모멘트
세로축(전후축)	옆놀이 모멘트 (rolling moment)
가로축(좌우축)	키놀이 모멘트 (pitching moment)
수직축(상하축)	빗놀이 모멘트 (yawing moment)

4. ④

해설 회전날개의 깃은 양력이 만드는 모멘트와 원심력이 만드는 모멘트가 평형이 될 때까지 위로 들려, 회전면을 밑면으로 하는 뒤집어진 원추모양을 만들게 된다. 여기서, 회전날개의 회전면과 원추의 모서리가 이루는 각을 원추각 또는 코닝각(coning angle)이라고 한다.

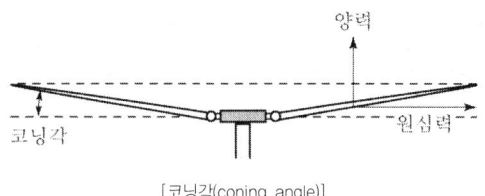

[코닝각(coning angle)]

5. ③

> **해설** 선회경사각을 ϕ, 수평비행 시의 실속속도를 V_s라고 하면, 선회비행 시의 실속속도 V_{ts}는
> $$V_{ts} = \frac{V_s}{\sqrt{\cos\theta}} = \frac{71}{\sqrt{\cos 60°}} = 100.4 \text{km/h}$$

6. ③

> **해설** 프로펠러 비행기가 비행 중 기관에 고장이 발생되었을 때 정지된 프로펠러에 의한 공기 저항을 감소시키고, 프로펠러 회전에 따른 기관의 고장 확대를 방지하기 위해서 프로펠러 깃을 비행방향과 평행(약 90°의 깃각)이 되도록 하여 프로펠러의 회전을 멈추게 하는 조작을 페더링(feathering)이라고 한다.

7. ②

> **해설** 지름 20cm인 관의 면적을 A_1, 속도를 V_1, 그리고 지름 30cm인 관의 면적을 A_2, 속도를 V_2라고 하면, 비압축성 흐름에서의 연속방정식은 다음과 같다.
> $A_1 V_1 = A_2 V_2 =$ 일정
> 따라서 지름 30cm 관에서의 속도 V_2는
> - $V_2 = \dfrac{A_1}{A_2} V_1 = \dfrac{\pi/4 \times d_1^2}{\pi/4 \times d_2^2} \times V_1$
> $\quad = \dfrac{\pi/4 \times 0.2^2}{\pi/4 \times 0.3^2} \times 2.4 = 1.07 \text{m/s}$

8. ③

> **해설** 양항비를 구하는 식은 다음과 같다.
> 양항비=활공비= $\dfrac{활공거리}{활공고도}$
> 따라서 활공거리는
> - 활공거리=양항비×활공고도
> $\quad\quad\quad\, = 10 \times 2000 = 20,000 \text{m}$

9. ②

> **해설** 양력계수를 C_L, 항력계수를 C_D라고 하면, 프로펠러 비행기가 최대 항속거리를 비행하기 위해서는 양항비($\dfrac{C_L}{C_D}$)가 최대인 받음각으로 비행해야 한다.

10. ①

> **해설** 양력계수를 C_L, 스팬효율계수를 e, 그리고 가로세로비를 AR이라고 하면, 유도항력계수(C_{Di})를 구하는 식은 다음과 같다.
> $$C_{Di} = \frac{C_L^2}{\pi e AR}$$

11. ②

> **해설** 항력을 D, 비행속도를 V, 그리고 필요마력을 P_r이라고 하면, P_r을 구하는 관계식은
> $P_r = \dfrac{DV}{75}$ 이다.
> ① 속도가 작을수록 필요마력은 작다.
> ② 항력이 작을수록 필요마력은 작다.
> ③ 날개하중이 작을수록 필요마력은 작아진다.
> ④ 고도가 높을수록 밀도가 감소하여 속도가 증가하므로, 필요마력은 커진다.

12. ④

> **해설** 토크 효과(torque effect)란 프로펠러가 한쪽 방향으로 회전함에 따라 그와 동일한 회전 모멘트가 반대쪽 방향으로 동체에 적용되는 것을 말한다. 비행속도가 증가함에 따라 프로펠러 토크에 의한 롤 모멘트(roll moment)는 증가한다.

13. ④

> **해설** 비행속도를 V, 상승각을 γ, 항공기 무게를 W, 추력을 T, 항력을 D, 이용동력을 P_a, 그리고 필요동력을 P_r이라고 하면 상승률($R.C$)을 구하는 관계식은 다음과 같다.
> $$R.C = V\sin\gamma = \frac{(T-D)V}{W} = \frac{P_a - P_r}{W} = \frac{잉여동력}{W}$$
> (∵ 잉여동력=이용동력-필요동력)

14. ③

해설 항공기의 가로안정에 영향을 주는 요소는 다음과 같다.
① 날개는 비행기의 가로안정에서 가장 중요한 요소이다. 특히 날개의 쳐든각은 가로안정에 가장 중요한 요소이다.
② 동체만에 의한 가로안정에 대한 영향은 일반적으로 작지만, 날개와 동체, 그리고 꼬리날개의 조합에 의한 효과는 중요하다.
③ 수직꼬리날개가 클 경우 가로안정에 중요한 영향을 끼친다.

15. ②

해설 날개 길이(스팬, span)를 b, 날개 면적을 S라고 하면, 가로세로비 AR은
- $AR = \dfrac{b}{c} = \dfrac{b^2}{S} = \dfrac{25^2}{150} = 4.17$

16. ①

해설 비열비를 K, 중력가속도를 g, 공기의 기체상수를 R, 그리고 온도를 $T(K)$라고 하면, 음속 C를 구하는 관계식은 다음과 같다.
$C = \sqrt{KgRT}$

17. ②

해설 주회전날개의 플래핑 힌지(flapping hinge)는 수평축에 대해 회전날개 깃이 위아래로 자유롭게 움직일 수 있도록 하여 전진하는 깃과 후퇴하는 깃의 양력차에 의한 효과를 상쇄시킨다. 플래핑 힌지를 장착함으로써 얻을 수 있는 장점은 다음과 같다.
① 돌풍에 의한 영향을 제거할 수 있다.
② 회전축을 기울이지 않고 회전면을 기울일 수 있다.
③ 주회전날개 깃 뿌리(root)에 걸린 굽힘 모멘트를 줄일 수 있다.

18. ①

해설 국제민간항공기구(ICAO)에서는 항공기의 성능 등을 평가하기 위하여 항공기의 설계, 운용에 기준이 되는 대기상태를 정하여 국제적으로 통일하였다. 이것을 국제표준대기, 또는 표준대기라 한다.

19. ③

해설 날개 윗면에서 최대 속도가 마하수 1이 될 때 날개 앞쪽에서의 흐름의 마하수를 임계 마하수(critical Mach number)라고 한다. 임계 마하수에 도달하면 항공기 날개 윗면에 충격파가 발생하고, 이에 따라 충격실속이 발생할 수 있다.

20. ④

해설 비행기가 수평비행이나 급강하로 속도를 증가하여 천음속 영역에 도달하게 되면, 한쪽 날개가 충격실속을 일으켜서 갑자기 양력을 상실하여 급격한 옆놀이를 일으키는 현상을 날개 드롭(wing drop)이라고 한다.

제2과목 : 항공기관

21. ④

해설 왕복엔진의 밸브기구는 크랭크 축의 1/2 회전속도로 회전하는 캠(cam) 축에 의하여 태핏(tappet), 푸시 로드(push rod)와 로커 암(rocker arm)을 거쳐 밸브가 열리고 닫히게 된다.

22. ④

해설 복식 연료노즐에 압축공기를 공급하는 것은 연료가 더욱 미세하게 분사되는 것을 도와주며, 연료는 다음과 같이 분사된다.
① 1차 연료 : 시동할 때 연료의 점화를 쉽게 하기 위하여 노즐 중심에 작은 구멍을 통하여 넓은 각도로 이그나이터에 가깝게 분사된다.
② 2차 연료 : 고속 회전 작동 시 노즐 가장자리의 큰 구멍을 통해 비교적 좁은 각도로 멀리 분사된다.

23. ②

해설 터빈엔진을 시동할 때에 배기가스온도(EGT)가 규정된 한계치 값 이상으로 증가하는 현상을 과열시동(hot start)이라 한다. 따라서 과열시동을 방지하기 위해서 EGT 지시계를 주의 깊게 살펴

보아야 한다.

24. ③

해설 터보제트, 터보팬, 램제트 및 펄스제트 엔진은 적은 양의 공기를 고속으로 분사시켜 추력을 얻는다. 이들 기관은 기관 내부에서 연소되어 가속된 공기를 항공기의 추력을 위해 사용한다. 즉, 기관의 추진체에 의해 발생되는 최종 기체와 기관 내부에 사용되는 기체는 동일하다.
왕복엔진이나 터보프롭엔진은 프로펠러가 많은 양의 공기를 비교적 저속으로 가속시켜 추력을 얻는다. 이들 엔진은 기관 내부에서 연소되어 얻어진 열에너지로 프로펠러를 회전시키고, 프로펠러의 회전에 의해 가속된 공기는 항공기의 추력을 위해 사용된다. 즉, 엔진의 추진체에 의해 발생되는 최종 기체는 프로펠러에 의해 발생하는 기체로, 엔진 내부에 사용되는 기체와 다르다.

25. ③

해설 오일희석(oil dilution) 장치는 기관을 정지시키기 전에 가솔린(gasoline)을 오일 탱크에 분사하여 오일의 점성을 낮게 함으로써, 낮은 기온 중에 왕복엔진의 시동을 용이하게 하는 장치이다.

26. ①

해설 왕복엔진의 고휘발성 연료가 연료라인을 지나갈 때 열을 받으면 너무 쉽게 증발하여 기포가 형성되기 쉽고, 이 기포가 연료배관에 차서 연료의 흐름을 방해할 때가 있다. 이러한 현상을 베이퍼락(vapor lock)이라 한다.

27. ①

해설 납(lead)이나 탄소(carbon) 성분이 있는 필기구는 금속이 가열될 때 고열에 의해 열응력이 집중되어 균열을 발생시킬 수 있기 때문에 고온부 부품에 사용해서는 안된다.
가스터빈기관의 고열부 배기구 부분에 표시를 할 때는 일반적으로 분필(chalk), 특수 레이아웃 염료(layout dye)를 사용하거나 상업용 펠트 팁 기구(felt-tip applicator) 또는 특수 연필로 표시한다.

28. ③

해설
- 압축기 입구 압력을 P_1, 압축기 출구 압력을 P_2라고 하면, 압축기의 압력비 γ는
$$\gamma = \frac{P_2}{P_1} = \frac{10}{1} = 10$$
- 압축기 입구온도를 $T_1[K]$, 비열비를 k라고 하면, 이상적인 단열압축 후의 압축기 출구온도 $T_{2i}[K]$를 구하는 식은 다음과 같다. 여기에서 온도는 모두 절대온도(K)를 사용한다.
$$T_{2i} = T_1 \cdot \gamma^{\frac{k-1}{k}} = 200 \times 10^{\frac{1.4-1}{1.4}}$$
$$= 386.14 \text{ K}$$
$(\because k = 1.4)$

29. ①

해설 램(ram) 회복점이란 흡입구 내부(압축기 입구)의 정압이 대기압과 같아지는 항공기 속도를 말하며, 램 회복점이 낮을수록 좋은 공기흡입 덕트(duct)이다.

30. ①

해설 압축기, 연소실과 터빈을 기본 구성품으로 하는 터보제트엔진, 터보팬엔진, 터보샤프트엔진과 터보팬엔진을 터빈식 회전엔진이라고 한다.

31. ②

해설 열역학 제1법칙은 에너지 보존법칙이라고도 한다. 에너지는 여러 가지 형태로 변환이 가능하며, 밀폐계에서 열과 에너지 그리고 일은 서로 변화될 수 있으며 그 절대적인 양은 일정하다는 것을 나타낸다.

32. ④

해설 등온과정이란 온도가 일정하게 유지되면서 진행되는 작동유체의 상태변화를 말한다. 등온과정에서는 온도 변화가 없으므로 내부에너지는 변화하지 않고 일정하다.

33. ②

해설 엔진이 비행 중 발생시키는 추력을 진추력(net thrust)이라고 한다. 흡입공기의 중량유량을

W_a, 중력가속도를 g, 비행속도를 V_a[m/s], 그리고 배기가스속도를 V_j[m/s]라고 하면, 진추력 F_n을 구하는 식은 다음과 같다.

- $F_n = \dfrac{W_a}{g}(V_j - V_a) = \dfrac{300}{10} \times (400 - \dfrac{720}{3.6})$
  $= 6000 \text{kgf/s}$

34. ②

[해설] 프로펠러 비행기가 비행 중 기관에 고장이 발생되었을 때 정지된 프로펠러에 의한 공기 저항을 감소시키고, 프로펠러 회전에 따른 엔진의 2차 손상을 방지하기 위해서 프로펠러 깃을 비행방향과 평행(약 90°의 깃각)이 되도록 하여 프로펠러의 회전을 멈추게 하는 조작을 페더링(feathering)이라고 한다.

35. ④

[해설] 가스터빈엔진의 흡입구에 얼음이 형성되면 엔진으로 유입되는 공기 흐름이 원활하지 못하기 때문에 속도 벡터를 감소시켜 받음각이 커지고 압축기 실속을 일으킨다.

36. ②

[해설] 공기밀도는 고도변화 및 온도에 의한 요인뿐만 아니라 대기 압력에 의해서도 변한다. 대기 압력이 증가하거나 온도가 감소하면 공기 밀도가 증가하고, 고도가 증가하면 공기밀도는 감소한다.

37. ③

[해설] 프로펠러 깃을 한 바퀴 회전시켜 프로펠러가 앞으로 전진할 수 있는 이론적인 거리를 기하학적 피치(geometric pitch)라고 한다. 이에 반해 공기 중에서 프로펠러가 1회전할 때 실제로 전진하는 거리를 유효 피치(effective pitch)라고 한다.

38. ③

[해설] 마그네토에서 브레이커 포인트의 간격이 커지면 정해진 위치보다 접점이 빨리 떨어지게 되므로 점화가 빨라지고 불꽃의 강도는 약해진다. 반대로 간격이 작아지면 접점이 늦게 떨어지게 되므로 점화가 늦어지고 불꽃의 강도는 강해진다.

39. ④

[해설] 전기식 시동기는 시동기가 엔진 구동에 과다한 토크가 공급되는 것을 막아준다. 클러치(clutch)의 작동 토크 값은 Slip Torque Adjustment Unit을 조절하여 설정한다.

40. ④

[해설] 블리드 밸브(bleed valve)는 가스터빈엔진의 액세서리(accessory)이며, 압축기에 설치되며 저속에서 열려 압축기 실속을 방지하는 역할을 한다.

제3과목 : 항공기체

41. ①

[해설] 3중 슬롯 플랩(triple slotted flap)은 파울러 플랩을 변형시켜 공기역학적인 표면 기능을 향상시킨 플랩이다. 이 플랩은 아래 그림과 같이 전방 플랩(fore flap), 중앙 플랩(mid flap) 및 후방 플랩(aft flap)으로 구성되어 있다.

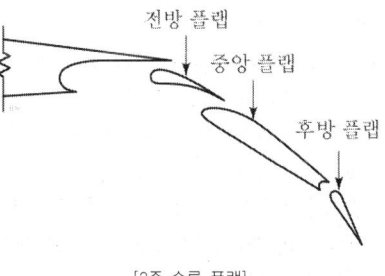

[3중 슬롯 플랩]

42. ③

[해설] 항공기엔진 장착 방식에 대한 설명은 다음과 같다.
① 전투기의 가스터빈엔진은 일반적으로 동체 내부에 장착한다.
② 항공기의 날개에 엔진을 장착하려면 날개 앞전 하부에 파일론(pylon)을 설치하여야 한다.
③ 날개에 엔진을 장착하면 정비 접근성은 좋으나, 날개의 공기역학적 성능을 저하시키고

비행 중 날개에 대한 굽힘하중이 커진다.
④ 왕복엔진 장착 부분에 설치된 나셀의 카울링은 냉각공기를 흡입하여 엔진을 냉각시키고, 기화기에 공기를 공급하는 역할을 한다.

43. ④

해설 진공백(vacuum bagging)은 복합재료를 수리할 때 복잡한 윤곽을 가진 복합 소재 부품에 균일한 압력을 가하는 데 가장 효과적인 장비이다.

44. ④

해설 각각의 연료계통은 독립성을 유지하여 고장 발생시 한 계통 구성품의 고장이 다른 연료계통의 고장으로 연결되지 않도록 구성되어야 한다.

45. ③

해설 티타늄 합금의 성질은 다음과 같다.
① 열전도 계수가 낮다.
② 티타늄 합금에 불순물이 들어가면 가공 후 강도가 현저히 감소한다.
③ 티타늄은 고온에서 산소, 질소, 수소 등과 친화력이 매우 크고, 또한 이러한 가스를 흡수하면 취성을 갖게 되어 강도가 매우 약해진다.

46. ①

해설 가스 용접은 아세틸렌 가스와 수소 가스 등의 가연성 가스와 산소 또는 공기를 혼합시킨 혼합 가스에 의한 연소열을 이용하여 금속을 용융시켜 접합하는 용접법이다. 산소-아세틸렌용접, 산소-수소용접 방식 등이 있으며, 그 밖에 가연성 가스로는 천연가스, 도시가스, 액화석유가스(LPG) 등이 이용된다.

47. ①

해설 둥글 유니버설 헤드 리벳(universal head rivet)의 리벳 작업 시 끝거리와 리벳 간격은 다음과 같다.
① 끝거리 : 판재의 모서리와 이웃하는 리벳의 중심까지의 거리를 의미하며, 최소 끝거리는 리벳 직경의 2배 이상이다.(접시머리 리벳의 경우 리벳 직경의 2.5배)
② 리벳 간격(pitch) : 같은 열에 있는 리벳 중심 간의 거리를 의미하며, 최소 리벳 간격은 리벳 직경의 3배로 한다.

48. ③

해설 전륜식 착륙장치(nose gear type)는 세발 자전거와 같은 형태로서, 주 착륙장치(main gear)의 앞에 항공기의 방향 조절 기능을 가진 앞 착륙장치(nose gear)가 설치된 것으로 다음과 같은 특징을 가지고 있다.
① 이·착륙 및 지상 활주 중에 조종사에게 좋은 시야를 제공한다.
② 지상전복의 위험이 적어 빠른 착륙속도에서 강한 브레이크를 사용할 수 있다.
③ 항공기 중력 중심이 메인 기어 전방으로 움직여 그라운드 루핑(ground looping, 지상전복)을 방지한다.
④ 이륙 시 저항이 적고, 착륙 성능이 좋다.

49. ③

해설 조종계통을 작동하는 조종방식의 종류는 다음과 같다.
① Manual flight control system(수동 조종방식) : 조종사가 가하는 힘과 조작 범위를 기계적으로 조종면에 전달하는 방식으로 cable control system과 push-pull rod control system이 있다.
② Powered control system(동력 조종방식) : 유압 등의 동력을 이용하는 조종방식
③ Fly-by-wire control system(플라이 바이 와이어 조종방식) : 조종간이나 방향키 페달의 움직임을 전기적인 신호로 변환하여 컴퓨터에 입력시키고, 이 컴퓨터에 의해서 전기 또는 유압식 작동기(actuator)를 동작하게 함으로써 조종계통을 작동하는 조종방식
④ Automatic pilot system(자동 조종방식) : 자이로(gyro)에 의해서 검출된 변위량을 기계식 또는 전자식에 의하여 조종 신호로 바꾸어 자동으로 조종하도록 하는 방식

50. ④

해설 문제의 그림에서 보의 좌측단은 고정지점으로 고정되어 있으며, 우측단은 가동 힌지 지점으로 힌지 위에 지지되어 있다. 이러한 보를 일단고정

타단지지보라고 하며, 간단히 고정지지보라고도 한다.

51. ②

[해설] 비행기가 양력을 발생함이 없이 급강하할 때에도 플랩 등과 같은 날개는 공탄성에 의한 비틀림을 받는다. V-n(비행속도-하중배수) 선도에서 설계 급강하 속도(design diving speed)는 플랩 등과 같은 날개가 이 비틀림에 견딜 수 있는 최대속도로 공탄성에 의한 비행기의 위험을 피하기 위해서 제한하는 속도이다.

52. ②

[해설] 실속속도 V_S인 비행기가 비행속도 V로 수평비행을 하다가 갑자기 조종간을 당겨서 급상승하는 경우 비행기에 걸리는 하중배수(n)는 다음과 같다.

- $n = \dfrac{V^2}{V_S^2} = \dfrac{120^2}{90^2} = 1.78$

53. ④

[해설] 아래 그림과 같은 접시머리 리벳(counter sunk head rivet)은 항공기 외피용으로 적합하며, 플러시 헤드 리벳(flush head rivet)이라고 부른다.

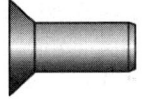

[접시머리 리벳]

54. ②

[해설] 항공기의 무게를 나타내는 용어는 다음과 같다.
① 최대 무게(maximum weight) : 공인된 항공기의 최대 무게로 최대 이륙무게, 최대 착륙무게 등이 있다.
② 영 연료 무게(zero fuel weight) : 항공기 무게에서 탑재된 연료를 제외한 적재된 항공기의 최대 무게
③ 기본 자기 무게(basic empty weight) : 승무원, 승객 등의 유용하중, 사용 가능한 연료, 배출 가능한 윤활유의 무게를 포함하지 않는 항공기 무게
④ 운항 빈 무게(operating empty weight) : 기본 자기 무게에 운항에 필요한 승무원, 장비품, 식료품을 포함한 무게이다.

55. ④

[해설] 이질 금속 간의 접촉부식(galvanic corrosion)이란 서로 다른 두 가지의 금속이 접촉되어 있는 상태에서 전해작용에 의해 발생하는 부식이다. 알루미늄 합금의 경우 A군과 B군으로 구분하며, 완전한 이질금속으로 취급하게 된다. A군과 B군에 속하는 알루미늄 합금은 다음과 같다.
- A군 : 1100, 3003, 5052, 6061
- B군 : 2014, 2017, 2024, 7075

56. ①

[해설] AN 너트의 부품번호에서 각 문자 및 숫자가 의미하는 것은 다음과 같다.

57. ②

[해설] 응력을 알고 있을 때 손상된 판재의 리벳에 의한 수리 작업 시 필요한 리벳의 수(N)를 구하는 공식은 다음과 같다.

$N = s \times \dfrac{4tL\,\sigma_{\max}}{\pi D^2\,\tau_{\max}}$

여기서, L : 판재의 손상된 길이
D : 리벳 지름
t : 손상된 판재의 두께
s : 안전계수
$\sigma_{\max}$: 판재의 최대인장응력
$\tau_{\max}$: 리벳의 최대전단응력

58. ④

[해설] 페일 세이프 구조(fail safe structure)는 한 구조물이 여러 개의 구조 요소로 결합되어 있어 어느 부분에서 피로파괴가 일어나거나 그 일부분

에 구조적 결함이 발생해도 항공기 구조상 위험이나 파손을 보완할 수 있는 구조를 말하며, 다음과 같은 종류가 있다.
① 이중 구조(double structure) : 큰 부재 대신 2개 또는 그 이상의 소부재로 대치하는 것
② 대치 구조(back-up structure) : 주 부재가 전 하중을 지지하고 있는 경우, 주 부재가 파괴되었을 때 하중을 지탱해주는 예비적 부재를 가지고 있는 구조
③ 다경로 구조(redundant structure) : 일부 부재가 파괴될 경우 그 부재가 담당하던 하중을 다른 부재가 분담할 수 있는 구조
④ 하중 경감 구조(load dropping structure) : 부재가 파손되기 시작할 때 다른 부재에 하중을 이동, 전달함으로써 부재의 완전 파단 또는 파괴를 방지하는 구조

59. ③

해설 복합재료에서 모재(matrix)와 결합되는 강화재(reinforcing material)로 사용되는 강화섬유의 종류에는 유리 섬유, 탄소・흑연 섬유, 보론 섬유, 아라미드 섬유, 세라믹 섬유 등이 있다.

60. ②

해설 그림과 같은 평면응력 상태에서 한 요소가 σ_x, σ_y, τ_{xy}의 응력을 받고 있을 때, 최대전단응력 τ_{max}을 구하는 식은 다음과 같다.

- $\tau_{max} = \sqrt{\left(\dfrac{\sigma_x - \sigma_y}{2}\right)^2 + \tau_{xy}^2}$
  $= \sqrt{\left(\dfrac{100-20}{2}\right)^2 + 60^2} = 72.11 \text{MPa}$

제4과목 : 항공장비

61. ①

해설 HF 전파는 전리층의 반사로 원거리까지 전달되는 성질이 있으므로, HF 통신장치는 항공기와 타 항공기 상호간 및 항공기와 지상 간의 장거리 통신에 이용된다. 그러나 잡음(noise)이나 페이딩(fading)이 많으며, 태양 흑점의 활동으로 인한 전리층 산란으로 통신 불능이 가끔 발생되기도 한다.

62. ④

해설 항공기에서 사용되는 전선의 굵기를 정할 때에는 도선 내에 흐르는 전류의 크기와 그 도선의 저항에 따른 전압강하, 그리고 도선에 발생하는 줄(Joule) 열을 고려하여야 한다.

63. ②

해설 항공기에 사용하는 압력계기 중에는 공함을 응용한 것이 많으며, 피토 정압계통 계기인 고도계, 대기속도계와 승강계는 압력 수감부로 공함을 이용하는 계기이다. 방향지시계는 자이로의 강직성을 이용하여 항공기의 기수방위와 선회비행을 할 때 정확한 선회각을 지시하는 계기이다.

64. ①

해설 니켈-카드뮴(Ni-Cd) 축전지는 충전과 방전 시 전해액의 비중은 변하지 않지만, 방전하면 많은 양의 전해액을 극판이 흡수하므로 전해액의 수면이 내려가고 충전하면 수면이 높아진다.

65. ④

해설 엔진의 공기흡입장치는 압축기 뒷부분의 고온, 고압의 블리드 공기(bleed air)를 흡입 덕트 입구, 압축기 전방 부분이나 압축기의 입구 안내깃(inlet guide vane)의 내부로 통과시켜 가열함으로써 얼음이 얼어붙는 것을 방지하는 열적 방빙계통을 사용한다.

66. ④

해설 화재 진압 시 사용되는 소화제의 종류는 다음과 같다.
① 물 : A급 화재에만 사용되고, B급과 C급 화재에서의 사용은 금지되어 있다.
② 이산화탄소 : 일반적으로 B급과 C급 화재에 유효하며, 화학적인 화재로서 산소를 발생하는 화재나 D급 화재에는 효과가 없다.
③ 할론 : 할로겐계(halogen type) 소화제의 일종으로, 소화 능력이 뛰어나 B급과 C급 화재에 유효하다.

④ 분말 소화제(dry chemical) : 이산화탄소 나트륨이고 상온에서는 안정되어 있지만, 가열되면 분해하여 이산화탄소를 발생한다.
⑤ 질소 : 질소는 소화 능력면에서 특히 뛰어나며, 이산화탄소와 비슷하고 독성이 작다.

67. ①

해설 항공계기에 요구되는 조건은 다음과 같다.
① 기체의 유효 탑재량을 크게 하기 위해 가능한 한 경량이어야 한다.
② 계기의 소형화를 위하여 화면은 작게 하고, 동일한 본체 내에 많은 기능을 넣어 주어진 면적을 유효하게 이용하여야 한다.
③ 계기는 그 주위의 기압이 크게 바뀌므로 승강계, 고도계, 속도계의 수감부와 케이스는 누출(leakage)이 되지 않도록 해야 한다.
④ 계기판에는 방진장치를 설치해 기관의 진동이 영향을 미치지 않도록 하여야 한다.

68. ④

해설 제우(rain protection) 시스템은 비행 중에 비가 내릴 경우 윈드실드(windshield)에 부착된 빗물을 제거하여 시계를 확보하기 위한 것이다. 제우 시스템의 종류는 다음과 같다.
① 공기 커튼 장치(air curtain system) : 압축 공기를 이용하여 윈드실드에 공기 커튼을 만들어 부착한 물방울 등을 날려 보내거나 건조시켜 부착을 막는 방법
② 레인 리펠런트 장치(rain repellent system, 방우제 장치) : 윈드실드에 표면장력이 작은 화학 액체를 분사하여 피막을 만들어 물방울을 구현 형상인 채로 공기 흐름 속으로 날아가 버리게 한다.
③ 윈드실드 와이퍼 장치(windshield wiper system) : 와이퍼 블레이드를 적절한 압력으로 누르면서 움직이게 하여 물방울을 기계적으로 제거한다.

69. ③

해설
• 회로 내의 접합점 P에 키르히호프의 제1법칙을 적용하면,
$I_1 + I_2 + (-I_3) = 0$ ·················· ①

• 폐회로 BPKA와 KPCD에 각각 화살표를 따라 시계 방향으로 전압의 상승을 구하여 키르히호프의 제2법칙을 적용하면,
$-20I_1 - 6I_3 + 140 = 0$ ·················· ②
$6I_3 + 5I_2 - 90 = 0$ ·················· ③

• 위의 식 ①, ②, ③을 3원 연립 방정식으로 하여 각각의 전류를 구하면,
$I_1 = 4A$, $I_2 = 6A$, $I_3 = 10A$ 이다.
∴ 따라서 5Ω 저항에 흐르는 전류 : $I_2 = 6A$

70. ④

해설 자기 컴퍼스의 조명과 연결된 배선은 점등 시 전류에 의한 자장으로 자차가 발생할 수 있다. 따라서 조명을 위한 배선 시 자차로 인한 지시오차를 줄여 주기 위하여, 양(+)극선과 음(-)극선을 꼬아서 합치고 접지점을 자기컴퍼스에서 충분히 멀리 뗀다.

71. ③

해설 계기착륙장치(ILS : Instrument Landing System)를 구성하는 장치는 다음과 같다.
① 로컬라이저(localizer) : 정밀한 수평 방향의 접근 유도 신호를 제공한다.
② 글라이드 슬로프(glide slope) : 활주로에 대하여 적정한 강하각을 유지하기 위해 수직 방향의 유도(up-down)를 제공한다.
③ 마커 비컨(marker beacon) : 정점의 상공 통과를 조종사에게 알리기 위한 것으로, 직상공 통과는 활주로 끝으로부터의 일정 거리를 표시하기 위한 것이다.

72. ④

해설 지상접근경보장치(GPWS : Ground Proximity Warning System)는 항공기가 하강하다가 지상으로 과도하게 접근하여 위험한 상태에 도달하였을 때 조종사에게 시각 및 청각경고를 제공하여, 산악 또는 지면과의 충돌 사고를 방지하여 주는 장비이다.

73. ②

해설 객실고도(cabin altitude)는 승객들이 탑승하고 있는 객실 내 압력을 표준대기압을 기준으로 나

타내는 기압고도이다. 미국연방항공국(FAA)의 규정에 명시된 객실여압장치를 가진 항공기 여압계통 설계 시 고려해야 하는 최소 객실고도는 8,000ft이다.

74. ②
해설 CVR(cockpit voice recorder)은 항공기 사고발생 시 사고원인 규명을 위해 승무원의 목소리를 포함하여 조종실 내의 모든 소리를 기록하는 조종실 음성기록장치이다.

75. ②
해설 대부분의 자동조종장치(autopilot)는 크게 다음과 같은 4개의 기본 구성 요소로 이루어진다.
① 수감부(sensing elements) : 항공기의 움직임을 감지하는 부분
② 컴퓨터부(computing elements) : 수감부에서 받은 데이터를 해석하여 출력부로 보내는 기능
③ 출력부(output elements) : 항공기 조종면을 작동하는 기능
④ 명령부(command elements) : 조종사가 항공기에 지시를 하는 부분

76. ①
해설 유압계통에서 유압 퓨즈(hydraulic fuse)는 유압계통의 관이나 호스가 파손되거나, 기기 내의 실(seal)에 손상이 생겼을 때 작동유의 완전히 새어나가는 것을 방지하기 위한 장치이다.

77. ④
해설 유압계통의 구성품인 축압기(accumulator)는 가압된 작동유를 저장하는 저장통으로서, 여러 개의 유압 기기가 동시에 사용될 때 동력 펌프를 돕고, 동력 펌프가 고장이 났을 때 저장된 작동유를 공급하여 제한된 유압 기기를 작동시킨다.

78. ①
해설 직류발전기에서 외부에 부하를 연결하면 전기자 코일에 전류가 흐르고, 이로 인한 전기자 반작용으로 자장이 기울어지는 편류가 발생한다. 이 편류를 교정하기 위해 보극(interpole)을 설치한다.

79. ③
해설 p형 반도체와 n형 반도체를 접합한 것에 반대방향의 전압을 가하면 전압이 작을 때는 전류가 흐르지 않지만, 전압을 증가하면 어떤 전압에서 갑자기 전류가 흐르기 시작하며 이때의 전압을 제너 전압이라고 부른다. 제너 전압은 전류의 크기에 거의 관계가 없는 어떤 다이오드 특유의 일정 전압으로, 이러한 것을 이용하여 일정 전압을 얻을 수가 있다. 발전기 출력 제어회로에서 정전압 제어에 사용되는 이와 같은 다이오드를 제너 다이오드(zener diode) 또는 정전압 다이오드라고 한다.

80. ②
해설 항공계기의 일반적인 색표지는 다음과 같다.
① 녹색 호선(green arc) : 안전 운용 범위, 즉 계속 운전 범위를 나타내는 것으로서, 순항 운용 범위
② 백색 호선(white arc) : 대기 속도계에서 플랩 조작에 따른 항공기의 속도 범위를 나타내는 것으로서, 최대 착륙 중량 시의 실속속도에서 플랩을 내릴 수 있는 최대 속도까지의 범위
③ 황색 호선(yellow arc) : 경고 내지 경고 범위, 일반적인 사용 범위부터 초과 금지 사이의 경계와 경고 범위
④ 적색 방사선(red radiation) : 최대 및 최소 운용한계(operating limit)

항공산업기사 필기 CBT 대비 모의고사

항공산업기사 CBT 대비 모의고사 1회

항공역학

01. 그림과 같은 압력구배가 없는 점성흐름을 고찰할 때 작용힘(F)과 비례하지 않는 요소는?

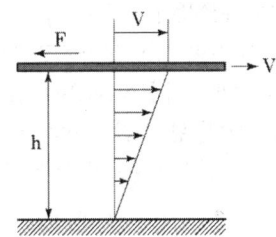

① 점성계수(μ)
② 물체의 속도(V)
③ 작용면적(S)
④ 거리(높이)(h)

02. 항공기에서 사용되는 실용상승 한도(Service ceiling)란 상승률이 얼마가 되는 고도인가?
① 0.1m/sec   ② 0.5m/sec
③ 1m/sec   ④ 1.5m/sec

03. 비행기가 무동력으로 하강하는 것에 대응하는 헬리콥터가 갖고 있는 가장 큰 특징은?
① 수직상승
② 자전하강(Autorotation)
③ 플래핑(Flapping)
④ 리드-래그(Lead-lag)

04. 그림에서 날개의 가로세로비를 계산 시 이용되는 것은?

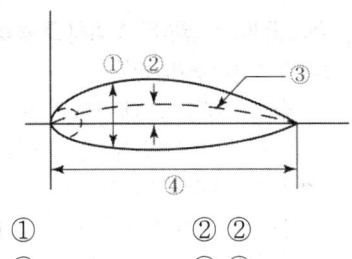

① ①   ② ②
③ ③   ④ ④

05. 비행기에 사용되는 프로펠러를 설계할 때 만족시키지 않아도 되는 성능은?
① 이륙성능   ② 상승성능
③ 순항성능   ④ 착륙성능

06. 날개면적이 $100m^2$인 비행기가 400km/h의 속도로 수평 비행하는 경우에 이 항공기의 중량은 얼마 정도 되는가?
(단, 이때의 양력계수는 0.6이며, 공기밀도는 $0.125kg \cdot sec^2/m^4$이다.)
① 46300kg   ② 60000kg
③ 15600kg   ④ 23300kg

07. 수평등속도 비행을 하는 중에 속도를 증가시키고 그 상태에서 수평비행을 하기 위해서는 받음각은 어떻게 변화시켜야 하는가?
① 감소시킨다.
② 증가시킨다.
③ 변화를 시키지 않는다.
④ 받음각과는 무관하다.

577

08. 이륙중량이 1,500kg, 엔진출력 250HP인 비행기가 해면 고도를 80%의 출력으로 180km/h로 순항 비행할 때 양항비($\frac{C_L}{C_D}$)는?
① 5.25　　② 5.0
③ 6.0　　④ 6.25

09. 헬리콥터에서 콜렉티브 피치 조종(collective pitch control)이란?
① 메인 로우터 브레이드의 회전각에 따라 받음각을 조절하는 조작
② 메인 로우터 브레이드가 전진 회전 시 받음각을 감소시키는 조작
③ 메인 로우터 브레이드의 양력을 증가, 감소시키는 조작
④ 로우터 브레이드 회전축을 운동하고자 하는 방향으로 기울이는 조작

10. 가장 큰 쳐든각(dihedral angle)을 필요로 하는 경우는?
① 날개가 동체의 상부에 위치하는 경우
② 날개가 동체의 상부로부터 약 25% 위치에 있는 경우
③ 날개가 동체의 중심부에 위치하는 경우
④ 날개가 동체의 하부에 위치하는 경우

11. 최대 양항비가 12인 항공기가 고도 2,400m에서 활공을 시작했다. 최대 수평도달거리는?
① 14,400m　　② 24,000m
③ 28,800m　　④ 48,000m

12. 날개의 시위길이가 3m, 공기의 흐름속도가 360km/h, 공기의 동점성계수가 0.3 cm²/sec일 때 Reynolds Number는? (단, 기준속도는 공기흐름속도이고, 기준길이는 시위길이이다.)

① 1×10^7　　② 2×10^7
③ 1×10^8　　④ 2×10^8

13. 정적 안정성이 가장 좋은 c.g와 a.c의 위치에 관하여 다음 중 올바르게 설명한 것은?
① c.g가 a.c의 앞에 있어야 한다.
② c.g와 a.c는 일치해야 한다.
③ c.g는 a.c의 뒤에 있어야 한다.
④ 서로 관련이 없다.

14. 비행기의 스핀(SPIN) 비행과 가장 관련이 깊은 현상은?
① 자전현상(AUTOROTATION)
② 날개드롭현상(WING DROP)
③ 가로방향 불안정 현상(DUTCH ROLL)
④ 딥 실속현상(DEEP STALL)

15. 선회(Turns) 비행 시 외측으로 Slip하는 이유는?
① 경사각이 작고 구심력이 원심력보다 클 때
② 경사각이 크고 구심력이 원심력보다 작을 때
③ 경사각이 크고 구심력보다 클 때
④ 경사각은 작고 원심력이 구심력보다 클 때

16. 헬리콥터에서 세로축에 대한 움직임(Rolling : 횡요)은 무엇에 의해서 움직이게 되는가?
① 트림 피치 콘트롤레버 (trim pitch control lever)
② 콜렉티브 피치 콘트롤 (collective pitch control lever)
③ 테일 로우터 피치 콘트롤 (tail rotor pitch control)
④ 사이클릭 피치 콘트롤 (cyclic pitch control lever)

17. 항공기의 중량이 일정한 경우에 항공기의 추력과 양항비(lift-drag ratio)와는 어떠한 관계가 있는가?
① 추력은 양항비에 비례한다.
② 추력은 양항비에 반비례한다.
③ 추력은 양항비의 제곱에 비례한다.
④ 추력은 양항비의 제곱에 반비례한다.

18. 헬리콥터가 빠르게 날 수 없는 이유를 설명한 내용 중 틀린 것은?
① 후퇴하는 깃(retreating blade)에서의 실속
② 후퇴하는 깃(retreating blade)에서의 역풍지역(reverse flow region)
③ 전진하는 깃 끝의 항력 감소
④ 전진하는 깃 끝의 속도 증가

19. 헬리콥터 회전날개(Rotor Blade)에 적용되는 기본 힌지(Hinge)로 가장 올바른 것은?
① 플래핑 힌지(Flapping), 페더링 힌지(Feathering), 전단 힌지(Shear)
② 플래핑 힌지, 페더링 힌지, 항력 힌지(Lead-Lag)
③ 페더링 힌지, 항력 힌지, 전단 힌지
④ 플래핑 힌지, 항력 힌지, 경사(Slope) 힌지

20. Airfoil의 머물음점(stagnation point)이란 어떠한 점을 의미하는가?
① 속도가 0이 되는 점을 말한다.
② 압력이 0이 되는 점을 말한다.
③ 속도, 압력이 동시에 0이 되는 점을 말한다.
④ 마하수가 1이 되는 점을 말한다.

2과목 항공기관

21. 다음은 내연기관의 이론 공기 사이클을 해석하는데 가정되는 사항들이다. 잘못된 것은?
① 작동사이클은 공기 표준 사이클에 대하여 계산한다.
② 가열은 외부로부터 피스톤과 실린더를 가열하는 것으로 생각한다.
③ 비열은 온도에 따라 변화하지 않는 것으로 본다.
④ 열해리는 일어나지 않는 것으로 하고 열손실은 없다고 생각한다.

22. 해면고도(sea level)에서 1슬러그(slug)의 질량은 어느 정도의 무게인가?
① 32.2lb   ② 1lb
③ 375lb   ④ 33,000lb

23. 초기 압력 및 체적이 각각 $P=50N/cm^2$, $V=0.03m^3$인 상태에서 정압과정으로 $V=0.3m^3$이 되었다. 이때 하여진 일의 양은 얼마인가?
① 50kJ   ② 135kJ
③ 150kJ   ④ 175kJ

24. 정속 프로펠러에서 프로펠러 피치 레버(Propeller Pitch Lever)를 조작했는데 프로펠러가 피치 변경이 되지 않는 결함이 발생했다면 가장 큰 원인은 무엇이라 추정하는가?
① 조속기(Governor)의 릴리프 밸브가 고착되었다.
② 파일럿 밸브(Pilot Valve)의 틈새가 과도하게 크다.
③ 조속기(Governor) 스피더 스프링(Speeder Spring)이 파손되었다.

④ 페더링 스프링(Feathering Spring)이 마모되었다.

25. 터보제트 엔진의 고속성능의 우수성, 터보 프롭의 우수성을 결합하여 제작한 Engine은?
① Turbofan Engine
② Turboshaft Engine
③ Ramjet Engine
④ Rocket Engine

26. 터보팬 엔진의 팬 트림 밸런스에 관하여 올바른 것은?
① 엔진의 출력 조정이다.
② 정기적으로 행하는 팬의 균형시험이다.
③ 팬 브레이드를 교환하여야 한다.
④ 밸런스 웨이트로 수정한다.

27. 가스터빈 기관(Turbine Engine)에서 사용되는 여과기의 필터(filter)는 종이로 되어 있다. 이 종이 필터가 걸러낼 수 있는 최소 입자의 크기는 얼마인가?
① $10 \sim 20\mu$
② $50 \sim 100\mu$
③ $300 \sim 400\mu$
④ $500 \sim 600\mu$

28. 터빈엔진 압력비가 커지면 열효율은 증가하는 장점이 있는 반면 단점도 있어 압력비 증가를 제한시킨다. 이 단점은 어느 것인가?
① 압축기 입구온도 증가
② 압축기 출구온도 증가
③ 압축기 실속 가능성 증가
④ 연소실 입구온도 증가

29. 터보제트 엔진의 연소실에서 압력강하(손실)의 요인은?
① 가스의 누설 때문에
② 유체의 마찰손실과 가열에 의한 가스의 가속으로 인한 압력손실
③ 압력이 증가한다.
④ 연료량이 많기 때문에

30. 왕복기관의 밸브 간격에 대한 설명 내용으로 틀린 것은?
① 냉간 간격은 기관이 작동하고 있지 않을 때의 밸브 간격이며, 검사 간격이라고도 한다.
② 밸브 간격이 너무 좁으면 흡입효율이 나쁘며, 완전배기가 되지 않는다.
③ 밸브 간격은 보통 열간 간격이 1.52mm~1.78mm가 적합하고, 냉간 간격은 0.25mm 정도이다.
④ 열간 간격이 큰 이유는 기관작동 시 실린더 쪽이 푸시로드 쪽보다 더 뜨겁고 열팽창이 크기 때문이다.

31. 가스터빈 연소실의 공기흡입구부에 있는 선회 베인(SWIRL VANE)에 대하여 가장 올바르게 설명한 것은?
① 캔형 연소실에는 없다.
② 연소 영역을 길게 한다.
③ 1차 공기에 선회를 준다.
④ 연료노즐 부근의 공기속도를 빠르게 한다.

32. 회전하고 있는 프로펠러에 사람이 접근하게 되면 치명적인 상해를 입을 수 있는데, 이를 방지하기 위한 방법으로 가장 올바른 것은?
① 블레이드 팁(Blade Tip)에 위험표식(Warning Strip)을 해준다.
② 프로펠러의 전체를 밝은 색상으로 칠해준다.
③ 프로펠러의 돔(Dome)에 위험표식(Warning Strip)을 해준다.
④ 블레이드의 허브(Hub)에 눈(Eye)의 모양을 그려 놓는다.

33. 압축기 실속(compressor stall)이 일어나는 경우로 가장 올바른 것은?
① 항공기 속도가 압축기 rpm에 비하여 너무 작을 때
② 항공기 속도가 터빈 rpm에 비하여 너무 클 때
③ Ram-air 압력이 압축기 압력에 비하여 너무 높을 때
④ 항공기 속도와 압축기 압력이 같을 때

34. 실린더의 내벽을 경화(hardening)시키는 방법은?
① nitriding   ② shot peening
③ Ni plating   ④ Zn plating

35. 압력분사식 기화기에서 자동혼합가스 조절장치의 Bellow가 파열되었다면, 어떤 현상이 발생하는가?
① 혼합비가 보다 희박해진다.
② 낮은 고도에서 농후한 혼합비가 된다.
③ 높은 고도에서 농후한 혼합비가 된다.
④ 낮은 고도에서 희박한 혼합비가 된다.

36. 가스 터빈 엔진에 사용되는 연료는 다음 중 어느 것과 가장 근사한가?
① 등유
② 자동차용 가솔린
③ 원유
④ 고옥탄가의 항공용 연료

37. 압력강하가 가장 적은 연소실의 형식은?
① 앤뉼라형(annular type)
② 캔뉼라형(canular type)
③ 캔형(can type)
④ 역류캔형(counter flow can type)

38. 가스 터빈 기관(Gas Turbine Engine)에 있어서 크림프(Crimp) 현상의 영향이 가장 큰 것은 어느 부분인가?
① 연소실
② 터빈 노즐 가이드 베인
   (Turbine Nozzle Guide Vane)
③ 터빈 블레이드(Turbine Blade)
④ 터빈 디스크(Turbine Disk)

39. 2포지션 프로펠러의 깃각을 증가시키는 힘은?
① 엔진오일 압력   ② 스프링
③ 원심력   ④ 거버너 오일압력

40. 제트 엔진에서 TCCS란 무엇을 의미하는가?
① 엔진의 추력을 자동적으로 제어해 주는 계통을 말한다.
② 터빈 블레이드와 터빈 케이스 사이의 간극을 최소가 되게 해주는 계통이다.
③ 주로 중·소형의 터보 팬 엔진에 많이 사용한다.
④ TCCS는 Thrust Case Cooling System의 약자이다.

3과목 항공기체

41. 판금성형에 대한 설명 내용으로 가장 관계가 먼 것은?
① 굴곡허용량(bend allowance)은 평판을 구부릴 때 필요한 길이를 뜻한다.
② 굴곡 중심선은 정중앙에 위치한다.
③ set back은 성형점과 굴곡 접선과의 거리이다.
④ set back은 $\tan\frac{\theta}{2} = K$로 구하기도 한다.(단, θ는 굴곡 각도이다.)

42. 가열하면 화학반응이 진행되어 그 온도에서 고체화하며, 냉각 후에는 가열전과 다

른 구조로 되고, 여러 번 가열해도 연화하지 않는 수지는?
① 열가소성 수지 ② 열경화성 수지
③ 염화비닐 수지 ④ 아크릴 수지

43. 공력 탄성학적 현상을 방지하기 위한 목적으로 행하는 시험은?
① 목형시험   ② 풍동시험
③ 진동시험   ④ 피로시험

44. 소형 항공기의 앞 착륙장치(nose landing gear)실의 문은 어떤 힘에 의하여 열리고 닫히게 되는가?
① 유압 계통의 힘으로
② 전기적인 힘으로
③ 링크(link) 기구에 의하여 기계적으로
④ 전기 유압식으로

45. 보조날개(Aileron)의 설명이 잘못된 것은?
① 비행기를 오른쪽이나 왼쪽으로 움직인다.
② 보조날개는 통상 날개의 바깥쪽에 붙어 있다.
③ 대형 비행기는 보조날개가 좌, 우에 각각 2개씩 있다.
④ 오른쪽 보조날개와 왼쪽 보조날개는 같은 방향으로 움직인다.

46. 항공기 타이어의 형식 Ⅷ타이어는 높은 이륙속도를 갖는 고성능 항공기의 타이어로 사용되는데, 타이어 표면에 49×19-20, 32 R2(B747)로 표시되어 있다면 이것의 의미는?
① 외경 49inch, 폭 19inch, 휠 직경 20inch, 32PLY, 2회 재생
② 외경 49inch, 내경 19inch, 폭 20inch, 넓이 32inch, 2회 재생
③ 외경 49inch, 내경 19inch, 폭 20inch, 32PLY, 휠의 종류
④ 외경 49inch, 내경 19inch, 휠 직경 20inch, 32PLY, 2회 재생

47. 인터널 렌칭 볼트(Internal Wrenching Bolt) 사용상의 주의사항으로 가장 올바른 내용은?
① 카운터 싱크와셔를 사용할 때는 와셔의 방향은 무시해도 좋다.
② MS와 NAS의 인터털 렌칭 볼트의 호환은 NAS를 MS로 교환이 가능하다.
③ 너트의 아래는 충격에 강한 연질의 와셔를 사용한다.
④ 이 볼트에는 연질의 너트를 사용한다.

48. 등분포하중 q를 받는 길이 L이 되는 단순 지지보의 최대 처짐은 얼마인가? (단, E는 재료의 탄성계수이고, I는 보 단면의 단면 2차 모멘트이다.)
① $\dfrac{qL^4}{48EI}$ ② $\dfrac{qL^4}{8EI}$
③ $\dfrac{5qL^4}{384EI}$ ④ $\dfrac{qL^4}{192EI}$

49. 착륙기어(Landing gear)가 내려올 때 속도를 감소시키는 밸브는?
① ORIFICE CHECK VALVE
② SEQUENCE VALVE
③ SHUTTLE VALVE
④ RELIEF VALVE

50. 폭이 20cm, 두께가 8mm인 알루미늄판을 그림과 같이 구부리고자 한다. 필요한 알루미늄판의 set back은 얼마인가?

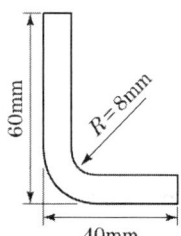

① 12mm ② 16mm
③ 18mm ④ 20mm

51. 착륙장치 계통에 대한 설명 중 가장 거리가 먼 내용은?
① 트럭형식의 착륙장치는 바퀴수가 4개 이상인 경우로서 이를 보기형식이라고도 한다.
② 브레이크 시스템은 지상 활주 시 방향을 바꿀 때도 사용할 수 있다.
③ Anti-skid system은 저속에서 작동하며, 브레이크 효율을 감소시킨다.
④ Shimmy damper는 앞 착륙장치의 진동을 감쇠시키는 장치이다.

52. 재료의 탄성계수 E와 포아송의 비 ν 및 체적탄성계수 K 간의 관계가 올바르게 된 것은?
① $K = E(1-2\nu)$ ② $K = \dfrac{E}{3(1-2\nu)}$
③ $K = \dfrac{E}{1-2\nu}$ ④ $K = \dfrac{E}{2\nu}+1$

53. 합금조직 중 화학적으로 결합하여 성분 금속과 다른 성질을 가지는 것은?
① 공정 ② 공석
③ 고용체 ④ 금속 간 화합물

54. 항공기의 무게중심을 구할 때 사용되는 최소연료량은 기관의 어떤 출력과 관계가 있는가?
① 최대 이륙출력 ② 최대 연속출력
③ 지시 출력 ④ 제동 유효출력

55. 프래인 체크 너트는 어느 것인가?
① AN310 ② AN315
③ AN316 ④ AN350

56. 항공기 조종 계통의 케이블(cable)의 장력은 신축과 온도 변화에 따른 주기적 점검 조절을 해야 한다. 무엇으로 조절하는가?
① 케이블 장력 조절기(cable tension regulator)
② 턴버클(turnbuckle)
③ 케이블 드럼(cable drum)
④ 케이블 장력계(cable tensionmeter)

57. Hi-shear rivet를 사용하여 알루미늄 합금으로 된 구조재를 조립하려고 한다. 다음 중 가장 올바른 내용은?
① 높은 전단응력이 작용하는 곳에 정밀 공차를 두고 riveting 하여야 한다.
② 3개의 알루미늄 합금 rivet가 담당하는 응력치보다 1개의 Hi-shear rivet의 담당하는 값이 적어야 한다.
③ 금이 가는 것을 방지하기 위해 830°F 내지 860°F로 가열 사용한다.
④ 그립(grip) 길이가 섕크(shunk)의 직경보다 적은 곳에 사용된다.

58. 다음 보 중에서 부정정보는?
① 연속보 ② 단순 지지보
③ 내다지보 ④ 외팔보

59. 변형률에 대한 설명 중 옳지 않은 것은?
① 변형률은 변화량과 본래의 치수와의 비를 말한다.
② 변형률은 탄성한계 내에서 응력과는 아무런 관계가 없다.
③ 변형률은 탄성한계 내에서 응력과 정비례 관계에 있다.
④ 변형률은 길이와 길이와의 비이므로 차원은 없다.

60. 승강타의 트림 탭을 내리면 항공기는 어떻게 되는가?
① 항공기의 기수가 올라간다.
② 왼쪽으로 선회한다.

③ 오른쪽으로 선회한다.
④ 피칭운동을 한다.

4과목 항공장비

61. 방빙이 되지 않는 곳은?
① Static Pressure Port
② Angle Of Attack Sensor
③ Pitot Tube
④ Glide Slope Antenna

62. 항공계기의 색표지(color marking)에서 붉은색 방사선은?
① 사용범위의 최대를 표시
② 경계 및 경고범위를 표시
③ 안전운용범위를 표시
④ 최대 및 최소 운용한계를 표시

63. 제동장치 계통의 작동점검에서 페이딩(fading) 현상이란?
① 제동장치 계통에 공기가 차 있어서 제동력을 제거하여도 제동장치가 원상태로 회복이 잘 안 되는 현상
② 제동 라이닝에 기름이 묻어 제동상태가 원활하게 이루어지지 않는 현상
③ 제동장치의 작동기구가 파열되어 제동이 안 되는 현상
④ 제동장치가 가열되어 제동 라이닝이 소실됨으로써 미끄러지는 상태가 발생하여 제동효과가 감소되는 현상

64. 서로 떨어진 두 개의 송신소로부터 동기신호를 수신하여 두 송신소에서 오는 신호의 시간차를 측정하여 자기위치를 결정하여 항행하는 무선 항법은?
① LORAN(Long Range Navigation)
② TACAN(Tactical Air Navigation)
③ VOR(VHF Omni Range)
④ ADF(Automatic Direction Finder)

65. 항공기 착륙장치가 완전하게 접혀 격납이 완료되었을 때 착륙장치 인디케이터(indicator)는 어떻게 지시하는가?
① 적색 지시램프가 들어온다.
② 녹색 지시램프가 들어온다.
③ 백색 지시램프가 들어온다.
④ 어떤 램프도 들어오지 않는다.

66. 항공기 유압회로에서 필터(Filter)에 부착되어 있는 차압 지시계(Differential Pressure Indicator)의 주목적은?
① 필터 엘레먼트(Element)가 오염되어 있는 상태를 알기 위한 지시계이다.
② 필터 출력회로에 압력이 높아질 경우 압력차를 알기 위한 지시계이다.
③ 필터 출력회로에서 귀환되어 유압의 압력차를 지시하기 위한 지시계이다.
④ 필터 입력회로에 유압의 압력차를 지시하기 위한 지시계이다.

67. 도플러 항법장치를 갖고 있는 항공기가 정상 장거리 비행을 하기 위해서는 도플러 레이더에서 얻어진 정보만으로는 지구에 대한 상대 관계가 확실치 않으므로 기수방위의 정보를 얻기 위하여 다음과 같은 장치를 하게 되는데 이 장치와 가장 관계되는 것은?
① 자동 방향 탐지기(ADF)
② 자이로 콤파스(Gyro Compass)
③ 초단파 전 방향 표시기(VOR)
④ 무지향성 표시 시설(NDB)

68. 알칼리 축전지의 전해액 점검으로 옳은 것은?
① 비중과 액량은 측정할 필요가 없다.
② 비중과 액량은 때때로 측정할 필요가 있다.

③ 비중은 측정할 필요가 없지만 액량은 측정하고 정확히 보존하여야 한다.
④ 비중은 정해진 점검일시에 매회 점검할 필요가 있다.

69. 20HP의 펌프를 쓰자면 몇 kW의 전동기가 필요한가? (단, 펌프의 효율은 80%이다.)
① 12kW
② 19kW
③ 10kW
④ 8kW

70. voice record(음성녹음장치) control panel의 erase switch의 기능인 것은?
① switch 1초 push 시 지워짐
② switch 2초 이상 push 시 지워짐
③ switch push 시 VU meter 바늘이 청색까지 갔다 옴
④ switch push 시 VU meter 바늘이 조금 움직임

71. 자기계기에서 불이차의 발생 원인으로 가장 적합한 것은?
① COMPASS의 중심선과 기축선이 서로 평행일 때
② MAGNETIC BAR의 축선과 COMPASS CARD의 남북선이 서로 일치할 때
③ PIVOT와 LUBBER'S LINE을 연결한 선과 기축선이 서로 평행일 때
④ COMPASS의 중심선과 기축선이 서로 평행하지 않을 때

72. 전원회로에 전압계(VM), 전류계(AM)를 연결하는 방법으로 가장 올바른 것은?
① VM는 병렬, AM는 직렬
② VM는 직렬, AM는 병렬
③ VM와 AM을 직렬
④ VM와 AM을 병렬

73. 12,000rpm으로 회전하고 있는 교류 발전기로 400Hz의 교류를 발전하려면 몇 극(pole)으로 하여야 하는가?
① 4극
② 8극
③ 12극
④ 24극

74. 공기냉각장치(Air cycle cooling sys.)에서 공기의 냉각은?
① 프리쿨러(Precooler)에 의하여 냉각된다.
② 엔진 압축기에서의 Bleed air는 1, 2차 열교환기와 쿨링 터빈(Cooling turbine)을 지나면서 냉각된다.
③ 1, 2차 열교환기에 의하여 냉각된다.
④ 프레온(Freon)의 응축에 의하여 냉각된다.

75. 작동유 저장탱크에 관한 내용 중 가장 올바른 것은?
① 재질은 일반적으로 알루미늄 합금이나 마그네슘 합금으로 되어 있다.
② 저장탱크의 압력은 사이트 게이지로 알 수 있다.
③ 배플은 불순물을 제거한다.
④ 저장탱크의 용량은 축압기를 포함한 모든 계통이 필요로 하는 용량의 75% 이상이어야 한다.

76. 수평상태지시기(HSI)의 전방향표지 편위(VOR DEVIATION)의 1 눈금(DOT) 편위 각도는?
① 2도
② 5도
③ 7도
④ 10도

77. 항공기 장비 냉각계통(Equipment Cooling System)에 대한 설명 내용으로 가장 올바른 것은?
① 차가운 공기를 불어 넣어준다.
② 바깥공기(RAM AIR)를 사용한다.
③ 압축기로 부터 압축공기가 공급된다.
④ 객실 내의 공기를 사용한다.

78. 항공기의 공압(Pneumatic) 계통에서 수분 제거기의 역할을 가장 올바르게 설명한 것은?

① 압축기에 들어오는 공기의 수분을 제거한다.
② 압축기에서 압축되어 계통으로 가기 전의 공기의 수분 및 오일을 제거한다.
③ 계통에서 작용하고 돌아오는 공기의 수분을 제거한다.
④ 압축기 입구의 공기와 돌아오는 공기의 수분을 제거한다.

79. 항공기 유체계통을 연결 시 신속분리 커플링(Quick-disconnect coupling)을 사용하는 가장 큰 목적은?

① 유체계통 배관의 길이를 감소시킬 수 있다.
② 유체의 압력이 상승할 경우 안전율(Safety factor)을 증가시킬 수 있다.
③ 유체의 손실이나 공기혼입이 없이 배관을 신속하게 분리할 수 있다.
④ 유체의 흐름을 여러 방향으로 손실 없이 분배할 수 있다.

80. 피토 정압관에서 측정되는 것은?
① 정압과 동압의 차
② 정압
③ 동압
④ 전압

항공산업기사 CBT 대비 모의고사 2회

항공역학

01. 그림과 같이 상대적으로 갑작스런 실속이 일어나는 특성을 갖는 날개골은?

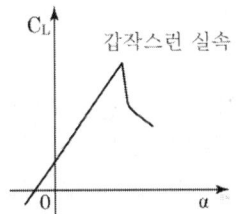

① 두께가 두꺼운 날개골
② 앞전 반지름이 큰 날개골
③ 캠버가 큰 날개골
④ 레이놀즈 수가 작은 날개골

02. 압력중심에 가장 큰 영향을 끼치는 요소는 어느 것인가?
① 양력　　② 받음각
③ 항력　　④ 추력

03. 비행기가 상승하면서 선회비행을 하는 경우는?
① 양력의 수직분력이 중량보다 커야 한다.
② 양력의 수직분력이 중량보다 작아야 한다.
③ 양력의 수직분력과 중량이 같아야 한다.
④ 양력과 수직분력에 관계없다.

04. 프로펠러의 수(B)와 반지름(R) 및 평균공력시위(c)가 주어질 때, 프로펠러의 디스크 면적에 대한 전체 깃 면적의 비인 고형비(σ)는 다음 중에 어떻게 정의되는가?
① $\sigma = c/2\pi RB$　　② $\sigma = Bc/2\pi R$
③ $\sigma = c/\pi RB$　　④ $\sigma = Bc/\pi R$

05. 비행기의 항력을 표시하는 것 중에 등가유해면적(f)이라 하는 것은?
① 항력계수가 1.28이 되는 평판이다.
② 항력계수가 1이 되는 가상 평판의 면적이다.
③ 항력계수가 0이 되는 평판의 면적이다.
④ 항력계수가 1.5가 되는 가상 평판의 면적이다.

06. 정지 충격파 전후의 유동 특성이 아닌 것은?
① 충격파를 통과하게 되면 흐름은 압축을 받게 된다.
② 충격파 전의 압력과 밀도는 충격파 후보다 항상 크다.
③ 충격파를 통과할 때 속도에너지의 일부가 열로 변환된다.
④ 충격파는 실제적으로 압력의 불연속이라 볼 수 있다.

07. 날개의 쳐든각을 가지고 있는 비행기가 왼쪽으로 옆미끄럼을 하게 되면?
① 왼쪽 날개 및 오른쪽 날개의 받음각이 동시에 증가한다.
② 왼쪽 날개 및 오른쪽 날개의 받음각이 동시에 감소한다.
③ 왼쪽 날개의 받음각은 증가하고 오른쪽 날개의 받음각은 감소한다.
④ 왼쪽 날개의 받음각은 감소하고 오른

쪽 날개의 받음각은 증가한다.

08. 어떤 활공기가 1km 상공을 활공각 30°로 활공하고 있다. 이 활공기의 대기속도가 100km/h일 때 침하속도는?
① 5km   ② 20km
③ 25km ④ 50km

09. 조정피치 프로펠러에 대한 설명으로 가장 올바른 것은?
① 지상에서 피치를 조정한다.
② 비행 중 조종사가 피치를 조정한다.
③ 기관의 회전속도가 유지되도록 자동으로 피치가 조정된다.
④ 피치가 일정하도록 기관의 회전속도가 조정된다.

10. 다음의 진술 내용 중 가장 올바른 것은?
① 조종면을 조작하기 위한 조종력은 힌지 모멘트의 크기에 관계가 있다.
② 조종면에 변위를 주게 되어도 그 윗면과 아랫면 또는 좌측면과 우측면의 압력분포에는 영향을 미치지 않는다.
③ 힌지 모멘트는 항상 비행기의 조종을 용이하게 하는데 도움을 준다.
④ 힌지 모멘트는 힌지모멘트 계수, 동압 그리고 조종면의 크기에 반비례한다.

11. 항공기의 활공각을 θ라고 할 때 $\tan\theta$의 특성으로 가장 올바른 것은?
① 양항비와 비례한다.
② 양항비와 반비례한다.
③ 고도와 반비례한다.
④ 활공속도와 반비례한다.

12. 형상항력에 대한 설명으로 가장 거리가 먼 것은?
① 이상유체에는 나타나지 않는 항력이다.
② 공기가 점성을 가지기 때문에 생기는 항력이다.
③ 날개골의 형태에 따라 다른 값을 가지는 항력이다.
④ 날개표면에 유도항력에 의해 발생한다.

13. 고도 약 2,300m에서 비행기가 825m/sec로 비행할 때 마하수는? (단, 음속 $C = C_0\sqrt{\dfrac{273+T℃}{273}}$, $C_O = 330$[m/sec])
① 2.0   ② 2.5
③ 3.0   ④ 3.5

14. 항공기 날개에 상반각을 주게 되면 다음과 같은 특성을 갖게 한다. 가장 올바른 내용은?
① 유도저항을 적게 하고 방향 안정성을 좋게 한다.
② 옆 미끄럼을 방지하고 가로 안정성을 좋게 한다.
③ 익단 실속을 방지하고 세로 안정성을 좋게 한다.
④ 선회성능을 향상시키나 가로 안정성을 해친다.

15. 제트기의 항속거리를 최대로 하기 위한 조건 중 가장 올바른 것은?
① 비연료 소비율을 크게 한다.
② $\left(\dfrac{C_L^{1/2}}{C_D}\right)_{MAX}$ 인 상태로 비행한다.
③ 추력을 최대로 비행한다.
④ 하중계수를 최대로 비행한다.

16. 압력중심(Center of Pressure)에 관한 설명으로 가장 거리가 먼 것은?
① 날개에 압력이 작용하는 합력점이다.
② 압력중심의 위치는 앞전으로부터 압력중심까지의 거리와 시위 길이와의 비(%)로 나타낸다.

③ 보통의 날개에서 받음각이 커지면 압력중심은 뒤로 이동한다.
④ 압력중심 이동이 크면 비행기의 안정성에 좋지 않다.

17. 프로펠러의 피치 분포(pitch distribution)를 가장 올바르게 설명한 것은?
① 프로펠러 허브로부터 깃 끝까지의 피치각의 점진적인 변화
② 프로펠러 허브로부터 깃 끝까지의 슬립각의 점진적인 변화
③ 프로펠러 허브로부터 깃 끝까지의 받음각의 점진적인 변화
④ 프로펠러 허브로부터 깃 끝까지의 깃각의 점진적인 변화

18. 수평선회에 대한 설명으로 가장 올바른 것은?
① 경사각이 크면 선회속도를 작게 해야 한다.
② 선회 시 실속속도는 수평비행 실속속도보다 작다.
③ 선회반경은 속도가 클수록 작아진다.
④ 경사각이 크면 선회반경은 작아진다.

19. 유압식 정속 프로펠러(hydraulic constant speed propeller)에서 카운터 웨이터가 달린 경우 저피치가 되게 하는 힘은 무엇인가?
① 카운터 웨이터의 원심력
② 카운터 웨이터의 원심력 원심비틀림 모멘트
③ 스피더 스프링의 장력
④ 조속기 오일압력

20. 경계층에서 흐름의 떨어짐을 적극적으로 이용하여 설계하는 항공기 날개는 어느 것인가?
① 삼각형   ② 테이퍼형
③ 타원형   ④ 직사각형

2과목 항공기관

21. 터보 팬 엔진에서 운항 중 새(bird)와 충격되어 엔진에 손상이 예상될 때 가장 적당한 검사방법은?
① 트랜드 모니터링 검사
② 시각 검사
③ 보어스코프 검사
④ 초음파 검사

22. 터빈 블레이드 끝(Blade Tip)과 터빈 케이스 안쪽의 에어 씰(Air Seal)과의 간격을 줄여주기 위해서 터빈 케이스 외부를 냉각시켜준다. 여기에 사용되는 냉각 공기는?
① 압축기 배출공기
② 연소실 냉각공기
③ 팬 압축공기
④ 외부공기

23. 지상에서 작동 중인 항공기 왕복기관의 카울 플랩(cowl flap)의 위치로 가장 올바른 것은?
① 완전 닫힘   ② 완전 열림
③ 1/3 열림   ④ 1/3 닫힘

24. 왕복기관의 경우 밸브 개폐시기로서 흡기 밸브가 상사점 이전 30°에서 열리고 하사점 이후 60°에서 닫히며, 배기밸브가 하사점 이전 60°에서 열리고 상사점 이후 15°에서 닫히는 경우 밸브 오버랩(valve over lap)은 몇 도인가?
① 15°   ② 45°
③ 60°   ④ 75°

25. 왕복엔진의 체적효율에 영향을 미치지 않는 것은?
① 실린더 헤드 온도(cylinder head temperature)
② 엔진회전수(engine RPM)
③ 연료/공기비(fuel/air ratio)
④ 기화기 공기온도(carburetor air temperature)

26. 고점성 오일의 사용은 무엇을 초래하는가?
① 소기펌프의 고장 ② 압력펌프의 고장
③ 낮은 오일압력 ④ 높은 오일압력

27. 프로펠러가 고속으로 회전할 때 발생하는 응력(stress) 중 추력(thrust)에 의해서 발생되는 것은?
① 인장 응력 ② 전단 응력
③ 비틀림 응력 ④ 굽힘 응력

28. 터보팬(turbo-fan) 제트기관의 1차 공기량이 50kgf/sec, 2차 공기량 60kgf/sec, 1차 공기 배기속도 170m/sec, 2차 공기 배기속도 100m/sec이었다. 이 기관의 바이패스 비(bypass ratio)는 얼마인가?
① 0.59 ② 0.83
③ 1.2 ④ 1.7

29. "열은 외부의 도움 없이는 스스로 저온에서 고온으로 이동하지 않는다."는 누구의 주장인가?
① Clausius 주장 ② Kelvin 주장
③ Carnot 주장 ④ Boltzman 주장

30. 브리더 공기(Breather Air)로부터 공기와 오일을 분리하기 위해 기어박스(Gear Box) 내에 설치되어 있는 것은?
① Deoiler ② Oil Separate
③ Air Separate ④ Deairer

31. 물질의 질량에 가해지는 힘의 크기를 식으로 나타낸 것은? (단, F=힘, m=질량, a=가속도)
① $F \propto ma$ ② $F \propto \dfrac{m}{a}$
③ $F \propto m(1+a)$ ④ $F \propto \dfrac{a}{m}$

32. 프로펠러의 깃 각(Blade Angle)에 대해서 가장 올바르게 설명한 것은?
① 깃(Blade)의 전 길이에 걸쳐 일정하다.
② 깃 뿌리(Blade Root)에서 깃 끝(Blade Tip)으로 갈수록 작아진다.
③ 깃 뿌리(Blade Root)에서 깃 끝(Blade Tip)으로 갈수록 커진다.
④ 일반적으로 프로펠러 중심에서 60% 되는 위치의 각도를 말한다.

33. 터빈 깃(vane)이 압축기 깃보다 더 많은 결함(damage)이 나타난다. 이는 터빈 깃이 압축기 깃보다 더 많은 무엇을 받기 때문인가?
① 열응력
② 연소실 내의 응력
③ 추력간극(clearance)
④ 진동과 다른 응력

34. 연료의 퍼포먼스 수(Performance number) 115란 무엇을 의미하는가?
① 옥탄가 100의 연료를 사용할 때보다 4에칠연을 첨가하여 기관의 출력을 15% 증가하여 노크현상을 일으키지 않는 연료
② 옥탄가 100의 연료에 질량비로서 4에칠연을 15% 더 첨가한 연료
③ 옥탄가 100의 연료에 체적비로서 4에칠연을 15% 더 첨가한 연료
④ 옥탄가 115에 해당하는 내폭성을 갖는 연료

35. 가스 터빈 기관(Gas Turbine Engine)의 연소용 공기량은 연소실(Combustion chamber)을 통과하는 총 공기량의 몇 % 정도인가?
① 25　② 50
③ 75　④ 100

36. 근래 기화기의 자동연료흐름 메터링 기구는 다음 어느 것에 의하여 작동되는가?
① 기화기를 통과하는 공기의 질량과 속도
② 기화기를 통과하는 공기의 속도
③ 기화기를 통하여 움직이는 공기의 질량
④ 드로틀 위치

37. 열역학적 성질(thermodynamic property)이 아닌 것은?
① 온도
② 압력
③ 엔탈피(Enthalpy)
④ 열

38. 터보제트 기관에서 추력비 연료소비율을 계산하는 공식은 어느 것인가? (단, W_f : 연료의 중량유량(pph), F_n : 기관의 진추력)
① $TSFC = \dfrac{W_f \times 3,600}{F_n}$
② $TSFC = \dfrac{W_f \times 36,000}{F_n}$
③ $TSFC = \dfrac{W_f \times 360,000}{F_n}$
④ $TSFC = \dfrac{W_f \times 3,600,000}{F_n}$

39. 다음 중 어느 캠링(cam ring)이 가장 천천히 회전하겠는가?
① 5 cylinder 엔진에 사용된 2 lobe cam ring
② 7 cylinder 엔진에 사용된 3 lobe cam ring
③ 9 cylinder 엔진에 사용된 4 lobe cam ring
④ 위 모두 같은 속도로 회전한다.

40. 제트 기관의 터빈 반동도가 0%일 때의 설명으로 가장 올바른 것은?
① 단당압력 상승이 모두 터빈에서 일어난다.
② 단당압력 상승이 모두 정익(터빈 노즐)에서 일어난다.
③ 단당압력 강하가 모두 터빈에서 일어난다.
④ 단당압력 강하가 모두 정익에서 일어난다.

3과목　항공기체

41. 굴곡반경(Radius of bend)을 R, 판의 두께를 T라 하면 중립선(neutral line)의 반경은 대략 어느 정도인가?
① R+(1/2)T　② R+T
③ 2R+(1/2)T　④ R+2T

42. 2차 조종면(secondary control surface)인 밸런스 탭(balance tab)을 가장 올바르게 설명한 것은?
① 1차 조종면에 조종계통이 연결되지 않고 조종계통이 2차 조종면 즉 탭(tab)에 연결되어 작동되는 tab을 말한다.
② 조종계통은 1차 조종면에 연결되어 있으나 1차 조종면과 2차 조종면이 spring을 통해 연결되어 있어 2차 조종면은 1차 조종면과 반대 방향으로 작동하는 tab이다.

③ 조종계통이 1차 조종면에 연결되어 있고 1차 조종면과 2차 조종면이 직접 연결되어 있어 1차 조종면과 2차 조종면은 서로 반대 방향으로 작동한다.
④ 1차 조종면에 의한 비행조종 시 조종 특성을 수정하기 위해 작동하는 Tab을 말한다.

43. 페일 세이프 구조의 백업 구조를 가장 올바르게 설명한 것은?
① 많은 부재로 되어 있고 각각의 부재는 하중을 고르게 되도록 되어 있는 구조
② 하나의 큰 부재를 사용하는 대신 2개 이상의 작은 부재를 결합하여 1개의 부재와 같은 또는 그 이상의 강도를 지닌 구조
③ 규정된 하중은 모두 좌측 부재에서 담당하고 우측 부재는 예비 부재로, 좌측 부재가 파괴된 후 그 부재를 대신하여 전체하중을 담당한다.
④ 단단한 보강재를 대어 해당량 이상의 하중을 이 보강재가 분담하는 구조

44. AN 501 B – 416 – 7의 B는 스크류의 무엇을 식별하는가?
① 2017 – T 알루미늄 합금이다.
② 황동이다.
③ 부식 저항 강이다.
④ 머리에 구멍이 있다.

45. 조종간을 후방 좌측으로 움직이면 우측 보조익과 승강타는 어떻게 움직이나?
① 보조날개는 아래로 승강타는 위로
② 보조날개는 아래로 승강타도 아래로
③ 보조날개는 위로 승강타도 위로
④ 보조날개는 위로 승강타는 아래로

46. V-n 선도에서의 n을 바르게 나타낸 것은? (단, L : 양력, D : 항력, T : 추력, W : 무게)
① L/W ② W/L
③ T/D ④ D/T

47. 합금강 SAE 6150에서 첫째 자리의 숫자는 무엇을 표시하는가?
① 1%의 Chrominum 함유량
② 0.1%의 Carbon 함유량
③ 1%의 Nickel 함유량
④ 0.1%의 Mangans 함유량

48. 드릴작업 후 드릴구멍 가장자리에 남은 칩을 효과적으로 제거하기 위한 방법을 가장 올바르게 설명한 것은?
① 리벳 작업 시 자동적으로 제거되므로 제거할 필요가 없다.
② 줄을 사용하여 갈아서 제거한다.
③ 드릴구멍 크기의 한배 또는 두 배 크기의 드릴을 사용하여 손으로 돌려 제거한다.
④ 같은 크기의 드릴을 사용하여 반대 방향에서 뚫어 제거한다.

49. 너트(Nut)의 일반적인 설명 중 가장 올바른 내용은?
① 평 너트(Plain Hexagon Airframe Nut)는 인장하중을 받는 곳에 사용한다.
② 잼 너트(Hexagon Jam Nut)는 맨손으로 조일 수 있는 곳에서 조립부를 빈번하게 장탈 혹은 장착하는데 적합하게 만들어져 있다.
③ 나비 너트(Plain Wing Nut)는 평 너트, 세트 스크류 끝부분의 나사가 있는 로드에 장착되어 고정하는 역할을 한다.
④ 구조용 캐슬 너트(Plain Castellated Airframe Nut)는 홈이 없이 사용된다.

50. 항공기 수리용 도면에서 은선(Hidden Lines)은 무엇을 가리키는가?

```
------------
HIDDEN LINES(은선)
```

① 눈에 안 보이는 끝(edge) 또는 윤곽선을 가리킨다.
② 물체의 어떤 면부분이 도면상에서 보이지 않는 것을 가리킨다.
③ 물체의 교차되는 부분 또는 없어진 부분과 관계되는 부분을 가리킨다.
④ 한 물체의 단면도 상에 노출된 표면을 가리킨다.

51. 수송유형 비행기의 제한하중 배수가 (+)방향으로 2.5이며 항공기의 안전율은 1.5로 하였을 때 종극하중배수는 얼마인가?
① 5.25　　② 3.75
③ 1.67　　④ 0.6

52. 성형 후 수축률이 적으며 우수한 기계적 강도와 접착 강도를 가져 항공기 구조물용 접착제나 도료의 재료로 사용되는 열경화성 수지는?
① 폴리에틸렌 수지　② 페놀 수지
③ 에폭시 수지　　　④ 폴리우레탄 수지

53. 조종면의 평형(Balancing)에서 동적 평형(Dynamic balance)이란?
① 물체가 자체의 무게중심으로 지지되고 있는 상태
② 조종면을 어느 위치에 돌려놓거나 회전 모멘트가 영(Zero)으로 평형되는 상태
③ 조종면을 평형대 위에 장착하였을 때 수평위치에서 조종면의 뒷전이 밑으로 내려가는 상태
④ 조종면을 평형대 위에 장착하였을 때 수평위치에서 조종면의 뒷전이 위로 올라가는 상태

54. 마그네슘 합금의 규격은 일반적으로 다음과 같은 ASTM의 기호를 사용하고 있다. 설명 내용이 틀린 것은?

$$\frac{AZ}{①} \frac{92}{②} \frac{A}{③} - \frac{T_6}{④}$$

① ①은 함유원소
② ②는 합금원소의 중량 %
③ ③은 용도
④ ④는 열처리 기호

55. MS20470D5-2 리벳에 대한 설명 중 가장 올바른 것은?
① 유니버설 머리 리벳으로 2017 알루미늄 재질이며, 지름 5/32″, 길이 2/16″이다.
② 둥근머리 리벳으로 재질은 2024이며, 지름 5/16″, 길이는 2/16″이다.
③ 납작머리 리벳으로 재질은 2017이며, 지름은 5/32″, 길이는 2/16″이다.
④ 브레이져 머리 리벳으로 재질은 2024이며, 지름 5/16″, 길이 2/16″이다.

56. 판금 작업 시 일반적으로 사용하는 전개도 작성 방법은?
① 평행선법, 삼각형법, 방사선법
② 평행선법, 삼각형법, 투상도법
③ 삼각형법, 투상도법, 방사선법
④ 평행선법, 투상도법, 사각형법

57. 비금속 재료인 플라스틱 가운데 투명도가 가장 높아서 항공기용 창문 유리, 객실 내부의 전등 덮개 등에 사용되며, 일명 플랙시 글라스라고도 하는 것은?
① 네오프렌
② 폴리메틸메타크릴레이트
③ 폴리염화비닐
④ 에폭시 수지

58. 기계적 확장 리벳(Mechanically expand rivet) 중에서 진동으로 리벳이 헐거워서 이탈되는 것을 방지하기 위하여 기계적 고정 칼라(Collar)를 갖고 있는 리벳은?
① 기계고정식 블라인드 리벳
② 마찰고정식 블라인드 리벳
③ 리브 넛트
④ 폭발 리벳

59. 다음 비파괴검사법 중에서 큰 하중을 받는 알루미늄 합금 구조물의 내부검사에 이용할 수 있는 검사법은?
① 다이체크 검사 (dye penetrant inspection)
② 자이글로 검사(zyglo inspection)
③ 자기탐상 검사 (magnetic particle inspection)
④ 방사선투과 검사 (radiograph inspection)

60. 노스 스트럿(Nose strut) 내부에 있는 센터링 캠(Centering cam)의 작동 목적을 가장 올바르게 설명한 것은?
① 착륙 후에 노스 휠(Nose wheel)을 중립으로 하여 준다.
② 이륙 후에 노스 휠을 중립으로 하여 준다.
③ 내부 피스톤에 묻은 오물을 제거해 준다.
④ 노스 휠 스티어링(steering)이 작동하지 않을 때 중립 위치로 하여 준다.

항공장비

61. 14,000ft 미만에서 비행할 경우 사용하고, 비행도중 관제탑 등에서 보내준 기압 정보에 따라서 기압 셋트를 수정하면서 고도 setting을 하는 방법은?
① QNH setting
② QNE setting
③ QFE setting
④ QFG setting

62. Auto Flight Control System의 유도 기능에 속하지 않는 것은?
① DME에 의한 유도
② VOR에 의한 유도
③ ILS에 의한 유도
④ INS에 의한 유도

63. Air Cycle Cooling System에서 turbine의 주역할은?
① compressor에서 압축된 공기가 turbine에서 팽창압력과 온도가 낮아지게 한다.
② turbine에서 공기를 고압, 고온으로 만들어 compressor에 보낸다.
③ cooling fan을 동작시킨다.
④ heat exchanger용 냉각공기를 끌어들이는 fan을 동작시킨다.

64. 계기의 T형 배치에서 중심이 되는 것은?
① 자세지시계   ② 속도계
③ 고도계   ④ 방위지시계

65. 열전쌍식 온도계에 사용되는 재료가 아닌 것은?
① 철-콘스탄탄   ② 구리-콘스탄탄
③ 크로멜-알루멜 ④ 카본-바이메탈

66. 결빙 감지기의 종류가 아닌 것은?
① 가변저항 이용
② 압력 차이 이용
③ 기계적 항력 이용
④ 고유 진동 이용

67. 대형 항공기 공압계통에서 공통 매니폴드(Manifold)에 공급되는 공기의 온도조절

은 어느 것에 의해 이루어지는가?
① 팬 에어(Fan Air)
② 열교환기(Heat Exchanger)
③ 램 에어(Ram Air)
④ 브리딩 에어(Bleeding Air)

68. Rain Protection System 설명 중 틀린 것은?
① 전면의 시야를 비나 눈으로부터 흐려짐을 방지한다.
② 윈드실드 와이퍼(Windshield Wiper)가 장착되어 있다.
③ Rain Repellent System이 장착되어 있다.
④ 윈드실드(Windshield) 내부의 김 서림을 방지한다.

69. 항공기에 장착되어 있는 플라이트 인터폰(Flight Interphone)의 주목적은?
① 운항 중에 승무원 상호 간의 통화와 통신 항법계통의 오디오 신호를 승무원에게 분배, 청취하기 위하여
② 비행 중에 항공기 내에서 유선통신을 사용하기 위하여
③ 비행 중에 운항 승무원과 객실 승무원의 상호통화와 기타 오디오 신호를 승무원에게 분배, 청취하기 위하여
④ 비행 중에 조종실과 지상 무선시설의 상호통화 및 오디오 신호를 청취하기 위하여

70. 자차 수정 시 자차의 허용범위는?
① ±10°   ② ±12°
③ ±14°   ④ ±16°

71. 유압 및 공압부품을 일정 기간 이상 저장하면 안 되는 가장 큰 이유는 무엇인가?
① 부품의 구성품이 부식되기 때문
② 부품의 구성품이 노쇄되기 때문
③ 부품 내의 seal이 그 기간 이상 지나면 노화되기 때문
④ 법에 정하여 놓았기 때문

72. Ni-Cd 축전지의 취급 방법과 가장 관계가 먼 것은?
① 전해액인 수산화칼륨은 부식성이 매우 크므로 취급 시 보안경, 고무장갑, 고무 앞치마 등을 착용한다.
② 수산화칼륨의 중화제로는 아세트산, 레몬주스가 있다.
③ 전해액을 만들 때는 수산화칼륨에 물을 조금씩 떨어뜨려 섞어야 한다.
④ 완전히 충전된 후 3~4시간이 지나기 전에 물을 첨가해서는 안 된다.

73. 항공기의 항행 라이트(Navigation Light)에 대한 설명 중 옳은 것은?
① 좌측 날개 끝 라이트(Left Wing Tip Light) – 녹색
② 우측 날개 끝 라이트(Right Wing Tip Light) – 적색
③ 꼬리날개 라이트(Tail Light) – 백색
④ 충돌 방지 라이트(Anti-Collision Light) – 청색

74. 대류권파의 페이딩(Fading) 현상이 가장 심한 주파수는?
① LF   ② IF
③ VHF   ④ MF

75. 기압 세트를 29.92inHg로 하고 14,000ft 이상의 고고도 비행을 할 때의 고도 setting방법은?
① QNH setting   ② QNE setting
③ QFE setting   ④ QFF setting

76. 유압회로의 열화작용이란?
① 회로 내에 공기의 혼입으로 기름의 온

도가 상승하는 것
② 회로 내에 기름을 장시간 사용함으로써 온도가 상승하는 것
③ 회로 내에 기름이 부족하여 온도가 상승하는 것
④ 회로 내에 기름이 과대하여 온도가 상승하는 것

77. 항공기 유압회로와 가장 관계가 먼 것은?
① 공급라인(line)
② 압력라인
③ 작업 및 귀환라인
④ 점검라인

78. 유압장치와 공압장치를 비교할 때 공압장치에서 필요 없는 부품은?
① check valve
② relief valve
③ reducing valve
④ accumulator

79. 여압장치의 차압은 다음 어느 것에 의해 제한을 받는가?
① 인체의 내성
② 가압장치의 용량
③ 객실 내의 산소함유량
④ 기체구조의 강도

80. 유압계통에 사용되는 압력조절기에 대한 설명 내용으로 가장 거리가 먼 것은?
① 압력조절기에는 평형식(balanced type)과 선택식(selective type)이 있다.
② kick-in 상태에서는 귀환관에 연결된 바이패스 밸브가 닫히고 체크밸브가 열리는 과정이다.
③ kick-out는 계통의 압력이 규정값보다 낮을 때의 상태이다.
④ kick-in 압력과 kick-out 압력의 차를 작동범위라 한다.

항공산업기사 CBT 대비 모의고사 3회

1과목 항공역학

01. 헬리콥터에서 회전날개의 깃(blade)은 회전하면 회전면을 밑면으로 하는 원추의 모양을 만들게 된다. 이때 이 회전면과 원추 모서리가 이루는 각을 무슨 각이라 하는가?
① 받음각(angle of attack)
② 코닝각(coning angle)
③ 피치각(pitch angle)
④ 플래핑각(flapping angle)

02. 고정피치 프로펠러를 장착한 항공기의 비행속도가 증가하는 경우에 가장 올바른 내용은?
① 깃각이 증가한다.
② 깃의 받음각이 증가한다.
③ 깃각이 감소한다.
④ 깃의 받음각이 감소한다.

03. 비행기 무게가 1000kg이고 경사각이 30°로 100km/h의 속도로 정상선회를 하고 있을 때 양력은 얼마인가?
(단, cos30°=0.866이다.)
① 11.55kg   ② 115.5kg
③ 1155kg   ④ 2155kg

04. 활공 비행에서 활공각을 θ라고 할 때 활공각을 나타내는 식은? (L=양력, W=비행기 무게, D=항력)
① $\sin\theta = L/D$ ② $\cos\theta = W/L$
③ $\tan\theta = L/D$ ④ $\tan\theta = D/L$

05. 날개의 길이가 50feet, 시위가 6feet인 비행기가 비행 시 양력계수가 0.6일 때 유도항력 계수를 구하면? (단, 날개의 효율계수 e=1이라고 가정한다.)
① 0.0105   ② 0.0138
③ 0.0210   ④ 0.0272

06. 다음 중 비행기 조종면에 매스 밸런스(Mass balance)를 하는 가장 큰 목적은?
① 조종면의 진동 방지
② 기수 올림 모멘트 방지
③ 조종면 효과 증대
④ 힌지 모멘트 감소

07. 피치 업(pitch up)의 원인이 아닌 것은?
① 뒤젖힘 날개의 날개끝 실속
② 뒤젖힘 날개의 비틀림
③ 쳐든각 효과의 감소
④ 날개의 풍압중심이 앞으로 이동

08. 비행기의 안정과 조종, 그리고 운동의 문제를 다루는데 있어서, 기준이 되는 좌표축은 비행기의 어느 것을 원점으로 하는가?
① 공기력 중심   ② 공기역학적 중심
③ 무게 중심   ④ 기하학적 중심

09. 비행기의 세로운동의 주요 변수 요인이 아닌 것은?
① 비행기의 키놀이 자세
② 공기밀도
③ 받음각
④ 비행속도

10. 비행기의 가로안정에 날개가 가장 중요한 요소이다. 가로안정을 유지시키는 가장 좋은 방법은?
① 날개의 캠버를 크게 한다.
② 날개에 쳐든각(dihedral angle)을 준다.
③ 날개의 시위선을 최대로 한다.
④ 밸런스 탭(balance tab)을 장착한다.

11. 항공기에 발생하는 항력(drag)에는 여러 가지 종류의 항력이 있다. 아음속 비행 시에 발생하지 않는 항력은?
① 유도항력 ② 마찰항력
③ 압력항력 ④ 조파항력

12. 조종면은 무엇을 변화시켜 효과를 발생시키는가?
① 날개골의 면적 ② 날개골의 두께
③ 날개골의 캠버 ④ 날개골의 길이

13. NACA 4자 계열의 Airfoil을 표기한 내용으로 틀린 것은?

NACA2412

① 최대 캠버가 시위의 2%이다.
② 최대 두께가 시위의 12%이다.
③ 앞 두 자리가 00인 경우 대칭인 Airfoil을 의미한다.
④ 최대 캠버의 위치가 앞전으로부터 시위의 4% 앞에 있다

14. 정적안정과 동적안정에 대한 설명으로 가장 올바른 것은?
① 동적안정 시 (+)이면 정적안정은 반드시 (+)이다.
② 동적안정 시 (-)이면 정적안정은 반드시 (-)이다.
③ 정적안정 시 (+)이면 동적안정은 반드시 (-)이다.
④ 정적안정 시 (-)이면 동적안정은 반드시 (+)이다.

15. 프로펠러의 동력계수 C_P는? (단, P : 동력, n : 초당 회전수, D : 직경, ρ : 밀도, V : 비행속도)
① $P/(n^3D^4)$ ② $P/(n^3D^5)$
③ $P/(\rho n^3D^4)$ ④ $P/(\rho n^3D^5)$

16. 임계 레이놀즈 수에 대한 설명 내용으로 가장 관계가 먼 것은?
① 층류에서 난류로 바뀔 때의 레이놀즈 수
② 층류에서 또 다른 형태의 층류로 바뀔 때의 레이놀즈 수
③ 난류에서 층류로 바뀔 때의 레이놀즈 수
④ 유동 중 천이현상이 일어날 때의 레이놀즈 수

17. 일반적으로 초음속 영역을 나타낸 것은?
① M<0.75 ② 0.75<M<1.20
③ 1.20<M<5.0 ④ M>5.0

18. 프로펠러의 효율이 80%인 항공기가 그 기관의 최대출력이 800마력인 경우 이 비행기가 수평 최대속도에서 낼 수 있는 최대 이용마력은?
① 640PS ② 760PS
③ 800PS ④ 880PS

19. 항공기 피칭 모멘트(Pitching Moment)가 서서히 증가하는 경향이 있다. 이 같은 현상은?
① 세로 안정성(Langitudinal stability)의 감소
② 가로 안정성(Lateral stability)의 증대
③ 가로 안정성의 감소
④ 세로 안정성의 증대

20. 음속에 가까운 속도로 비행 시 속도를 증가시킬수록 기수가 오히려 내려가는 경향이 생겨 조종간을 당겨야 하는 현상은?
① 더치롤(duch roll)
② 내리흐름(down wash) 현상
③ 턱 언더(tuck under) 현상
④ 나선 불안정(spiral divergence)

2과목 항공기관

21. 가스터빈기관의 용량형 점화계통에서 높은 에너지의 점화 불꽃을 일으키는데 사용하는 것은?
① 유도 코일   ② 콘덴서
③ 바이브레이터   ④ 점화 계전기

22. 왕복기관에서 흡기압력이 증가할 때 일어나는 현상으로 가장 올바른 것은?
① 충진 체적이 증가한다.
② 충진 체적이 감소한다.
③ 충진 밀도가 증가한다.
④ 연료, 공기 혼합기의 무게가 감소한다.

23. 가스터빈기관의 연료조절장치의 수감부분에서 수감하는 주요 작동 변수가 아닌 것은?
① 기관의 회전수
② 압축기 입구온도
③ 연료펌프의 출구압력
④ 동력 레버의 위치

24. 콜드 점화플러그(cold spark plug)를 높은 압축의 왕복기관에 사용할 경우 가장 올바른 설명은?
① 조기점화(pre-ignition)가 일어난다.
② 정상적으로 작동한다.
③ 점화플러그(ignition plug)가 파울링(fouling)된다.
④ 이상폭발(detonation)이 일어난다.

25. 열역학 제2법칙을 설명한 내용으로 틀린 것은?
① 에너지 전환에 대한 조건을 주는 법칙이다.
② 열과 기계적 일 사이의 에너지 전환을 말한다.
③ 열은 그 자체만으로는 저온 물체로부터 고온 물체로 이동할 수 없다.
④ 자연계에 아무 변화를 남기지 않고 어느 열원의 열을 계속하여 일로 바꿀 수는 없다.

26. 항공기 왕복엔진이 매우 낮은 오일의 양을 가지고 시동되었을 때 조종사는 어떤 현상을 인지할 수 있는가?
① 높은 오일 압력
② 오일 압력이 없다.
③ 오일 압력의 동요
④ 아무것도 인지할 수 없다.

27. 고정피치(fixed-pitch) 프로펠러의 깃각(blade angle)은?
① 선단(tip)에서 가장 크다.
② 허브(hub)에서 선단까지 일정하다.
③ 선단에서 가장 작다.
④ 허브로부터 거리에 따라 비례해서 증가한다.

28. 기화기(carburetor)의 흡기온도가 증가하면 정미 평균 유효압력(brake mean effective pressure)은?
① 변화가 없다
② 증가한다.
③ 감소한다.
④ 감소 후 증가한다.

29. 마그네토 브레이커 포인트캠(magneto breaker point cam) 축의 회전속도(r)를 나타낸 식은? (단, n : 마그네토의 극수, N : 실린더 수이다.)

① $r = \dfrac{N}{n}$ ② $r = \dfrac{N}{n+1}$
③ $r = \dfrac{N}{2n}$ ④ $r = \dfrac{N+1}{2n}$

30. 속도 540km/h로 비행하는 항공기에 장착된 터보제트기관이 196kg/s인 중량 유량의 공기를 흡입하여 250m/s의 속도로 배기시킨다. 총추력은?

① 4000kg ② 5000kg
③ 6000kg ④ 7000kg

31. 섭씨 15℃는 화씨 절대온도로는 몇 도인가?

① 59°K ② 59°R
③ 518.4°K ④ 518.4°R

32. 그림은 어느 기관의 이론 공기사이클이다. 어느 기관인가? (단, Q는 열의 출입량, W는 일의 출입량, 첨자 in은 들어오는 상태, 첨자 out는 나가는 상태를 표시한다.)

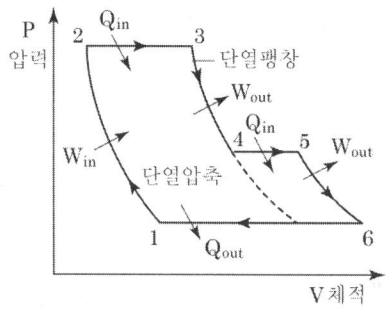

① 과급기를 장착한 오토사이클
② 과급기를 장착한 디젤사이클
③ 후기연소기(After burner)를 장착한 가스 터빈 사이클
④ 2단압축 브레이톤 사이클

33. 항공기의 고도 변화에 따라 왕복기관의 기화기에서 공급하는 연료의 양은 AMCU에 의해 조절된다. 다른 조건이 동일할 경우 다음 중 옳은 것은?

① 고도가 증가하면 연료량은 감소한다.
② 고도가 증가하면 연료량은 증가한다.
③ 고도가 증가하면 연료량은 증가했다가 감소한다.
④ 고도가 증가하면 연료량은 변화가 없다.

34. 제트엔진의 연료소비율(TSFC)의 정의로 가장 옳은 것은?

① 엔진의 단위시간당 단위추력을 내는데 소비한 연료량이다.
② 엔진이 단위거리를 비행하는데 소비한 연료량이다.
③ 엔진이 단위시간 동안에 소비한 연료량이다.
④ 엔진이 단위추력을 내는데 소비한 연료량이다.

35. 카르노 사이클(Carnot's Cycle)에서 절대온도 $T_1=359K$, $T_2=223K$라고 가정할 때 열효율은 얼마인가?

① 0.18 ② 0.28
③ 0.38 ④ 0.48

36. 터보제트 엔진의 통상적인 오일계통의 형(type)은?

① wet sump, spray, and splash
② wet sump, dip, and pressure
③ dry sump, pressure, and spray
④ dry sump, dip, and splash

37. 차압 시험기(differential pressure tester)를 이용하여 압축점검(compression check)을 수행할 때 피스톤이 하사점에 있을 때 하면 안 되는 가장 큰 이유는?

① 너무 위험하기 때문에

② 최소한 한 개의 밸브가 열려있기 때문에
③ 게이지(gage)가 손상되므로
④ 실린더 체적이 최대가 되어 부정확하므로

38. SOAP(Spectrometic Oil Analysis Program)에 대한 설명 내용으로 가장 올바른 것은?
① 오일형의 카본 발생량으로 오일의 품질 저하를 비교한다.
② 오일의 산성도를 측정하고 오일의 품질 저하 상황을 비교한다.
③ 오일 중에 포함된 미량의 금속원소에 의해 오일의 품질 저하 상황을 비교한다.
④ 오일 중에 포함되는 미량의 금속원소에 의해 이상상태를 비교한다.

39. 축류식 압축기의 1단당 압력비가 1.6이고, 회전자 깃에 의한 압력 상승비가 1.3이다. 압축기의 반동도(ϕ_c)를 구하면?
① ϕ_c=0.2 ② ϕ_c=0.3
③ ϕ_c=0.5 ④ ϕ_c=0.6

40. 피스톤의 지름이 16cm인 피스톤에 65 kgf/cm² 의 가스압력이 작용하면 피스톤에 미치는 힘은 얼마인가?
① 10.06t ② 11.06t
③ 12.06t ④ 13.06t

3과목   **항공기체**

41. 항공기의 주 조종면의 구성으로 가장 올바른 것은?
① 승강타, 보조날개, 플랩
② 승강타, 방향타, 플랩
③ 승강타, 방향타, 보조날개
④ 승강타, 방향타, 스포일러

42. 그림은 어떤 비행기 완충장치의 완충곡선이다. 완충효율은 몇 %인가?

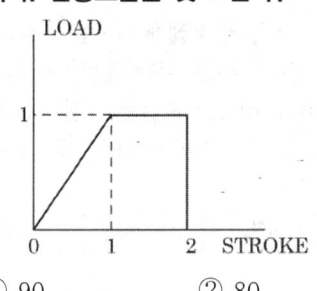

① 90 ② 80
③ 75 ④ 50

43. 0.0625in 두께의 알루미늄판을 접합하기 위해 1/8in 직경의 유니버설 리벳을 사용하려고 한다. 최소한 리벳의 길이는 얼마가 되어야 하는가?
① 5/16in ② 1/8in
③ 3/16in ④ 3/8in

44. 비행기체의 각 부분을 전기적으로 연결하는 것을 bonding이라고 한다. 다음 중 bonding과 관계없는 것은?
① 기체 각 부 사이의 spark 방지
② 전기 접지회로의 저항 감소
③ 기체 각 부 사이의 전위차 감소
④ 기상 축전지의 전해액 유출방지

45. 타이어 휠(Tire-wheel)에 부착되어 있는 퓨즈 플러그(Fuse Plug)를 가장 올바르게 설명한 것은?
① 타이어 내의 공기압력을 조절한다.
② 제동장치의 과도한 사용으로 타이어 면에 과도한 열이 발생하여 타이어 내부의 공기압력 및 온도가 과도하게 높아졌을 때 퓨즈 플러그가 녹아 공기압력이 빠져나가 Tire가 터지는 것을 방지한다.

③ 타이어 교환 시 공기압력을 빼기 위한 것이다.
④ 타이어 내부의 온도를 조절하는 것이다.

46. 항공기 무게 측정에서 다음과 같이 나타났다. 자기 무게의 무게중심(Empty Weight Center of Gravity)은? (단, 8G/L(G/L당 7.5lbs)의 oil이 −30의 거리에 보급되어 있다.)

무게점	순무게(lbs)	거리(in)
좌측 주바퀴	617	68
우측 주바퀴	614	68
앞바퀴	152	−26

① 61.64 ② 51.64
③ 57.67 ④ 66.14

47. 그림은 수송기의 V-n 선도를 나타낸 것이다. 이 그림에서 A와 D의 연결선은 무엇을 나타내는가?

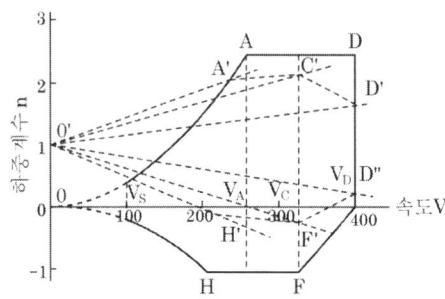

① 양력계수
② 돌풍하중계수
③ 설계상 주어진 한계 하중계수
④ 설계 순항속도

48. 반 모노코큐(Semi-monocoque) 구조형식에 있어서 날개의 구조는?
① 론저론(Longeron), 스트링거(Stringer), 벌크헤드(Bulkhead), 외피(Skin)
② 스트링거(Stringer), 리브(Rib), 외피
③ 스파(Spar), 리브, 스트링거, 외피
④ 플랩(Flap), 에일러론(Aileron), 스포일러(Spoiler)

49. 와셔(washer)의 취급에 대한 내용 중 가장 올바른 것은?
① 탭 와셔, 프리로드 지시 와셔는 1회에 한하여 재사용할 수 있다.
② 락크 와셔는 2차 구조부에 사용해서는 안 된다.
③ 클램프 장착 시는 반드시 평와셔를 붙여 사용한다.
④ 와셔는 원칙적으로 볼트와 같은 재질로 사용할 필요가 없다.

50. 가격이 비교적 비싸고 화학 반응성이 커서 취급에 어려움이 있으나 기계적 특성이 다른 강화섬유에 비해 뛰어나므로 주로 전투기 등의 동체나 날개 부품 제작에 사용되는 것은?
① 아라미드 섬유 ② 알루미나 섬유
③ 탄소 섬유   ④ 보론 섬유

51. 봉의 단면적 A, 길이 L, 재료의 탄성계수 E, 이에 작용하는 인장력 P일 때 늘어난 길이 δ는?

① $\delta = \dfrac{PE}{AL}$ ② $\delta = \dfrac{P^2 L}{AE}$

③ $\delta = \dfrac{P^2 E}{AL}$ ④ $\delta = \dfrac{PL}{AE}$

52. 스포일러(Spoiler)의 설명이 잘못된 것은?
① 날개 윗면 혹은 밑면에 좌우 대칭 위치에서 돌출되는 일종의 공기 저항판이다.
② 날개 위에서 뻗치면 그 후방에서 공기 흐름에 박리가 생기고 크게 압력이 줄고 항력이 증가한다.
③ 날개 위에서 뻗치면 그 후방에서 공기 흐름에 박리가 생기고 크게 압력이 줄고 항력이 감소한다.

④ 플라이트 스포일러 혹은 그라운드 스포일러라고 한다.

53. 그림에서 MAC(Mean Aerodynamic Chord, 평균공력시위)의 백분율로 C.G(Center of Gravity)를 구하면?

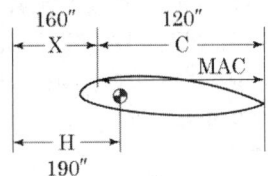

① 20% ② 15%
③ 30% ④ 25%

54. 페일 세이프(fail-safe) 구조 형식에 속하지 않는 것은?
① 다경로 하중(redundant) 구조
② 샌드위치(sandwich) 구조
③ 이중(double) 구조
④ 대치(back-up) 구조

55. 모노코크 구조를 가장 올바르게 설명한 것은?
① 비틀림 응력은 동체 스트링거가 담당한다.
② Hydro-Press로 가공한 벌크헤드, 포머와 스킨이 Riveting되어 있다.
③ 동체 밑부분에는 압축력이 걸려 주로 스킨이 담당한다.
④ 인장력은 스킨이 받는다.

56. 다음 중 열가소성 수지는?
① 폴리에틸렌 수지
② 페놀 수지
③ 에폭시 수지
④ 폴리우레탄 수지

57. NAS 654 V 10 D 볼트에 너트를 고정시키는데 필요한 것은?

① 코터 핀 ② 안전 결선
③ 로크 와셔 ④ 특수 와셔

58. 한 개의 리베트(rivet)로 두 개의 평판을 그림과 같이 연결했다. 만약 리베트의 지름이 15mm이고, 하중 P가 500kg일 때 리베트에 생기는 응력은 몇 kg/cm^2 인가?

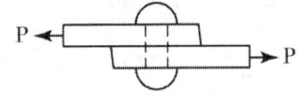

① 282.94 ② 141.47
③ 42.44 ④ 2.83

59. 다음은 플렉시블(Flexible) 호스의 조립과 교환에 관한 설명 내용이다. 가장 관계가 먼 내용은?
① 피팅의 안지름은 장착할 호스의 안지름과 같다.
② 호스에 소켓을 돌려 끼운 후 튜브 어셈블리가 제대로 배열되었는지를 확인하기 위해 1바퀴를 더 돌려준다.
③ 플레어리스 튜브 어셈블리를 장착할 때는 튜브를 제자리에 놓고 배열상태를 점검한다.
④ 플렉시블 호스에 쓰이는 슬리브형 끝피팅은 분리 가능하며, 사용할 수 있다고 판단되면 다시 사용해도 된다.

60. Skin과 Skin 사이에 Core를 끼워서 제작한 판의 구조는?
① 이중 구조(double structure)
② 응력 외피 구조
  (stressed skin structure)
③ 샌드위치 구조(sandwich structure)
④ 페일-세이프 구조
  (fail-safe structure)

4과목 항공장비

61. 다음 그림은 자이로의 섭동성을 나타낸 것이다. 자이로가 굵은 화살표 방향으로 회전하고 있을 때, F의 힘을 가하면 실제로 힘을 받는 부분은?

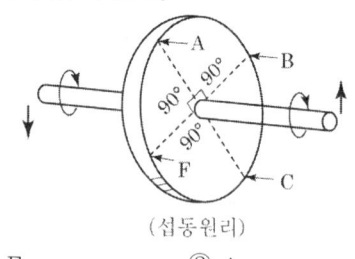

〈섭동원리〉

① F   ② A
③ B   ④ C

62. 도선도표(導線圖表, wire chart) 상에서 도선의 굵기를 정하는데 있어 고려되지 않아도 되는 것은?
① 전선의 길이
② 전류
③ 전선의 주위상태
④ 배전전압

63. 대기속도계에 대한 설명 중 틀린 것은?
① 밀폐된 케이스 안에 다이어프램이 들어 있다.
② 계기의 눈금은 속도에 비례한다.
③ 속도의 단위는 Knot 또는 MPH이다.
④ 난류 등에 의한 취부오차가 발생한다.

64. 전리층의 반사파를 이용하여 장거리 통신을 할 수 있는 방식은?
① HF   ② VHF
③ UHF   ④ SHF

65. 비상조명계통(Emergency Light System)에 대한 설명으로 가장 올바른 것은?

① 비행 시 비상조명스위치(Emergency Light Control Switch)의 정상위치(Normal Position)는 On Position이다.
② 비상조명계통은 비행 시에만 작동된다.
③ 비상조명스위치는 Off, Test, Arm, On의 4 Position Toggle Switch이다.
④ 항공기에 전기공급을 차단할 때는 비상조명스위치를 Off에 선택해야 배터리의 방전을 방지할 수 있다.

66. 그림의 교류회로에서 임피던스를 구한 값은?

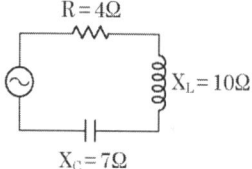

① 5Ω   ② 7Ω
③ 10Ω   ④ 17Ω

67. 절대고도(absolute altitude)란?
① 해면상으로부터의 고도
② 표준대기 해면(29.92inHg)으로부터의 고도
③ 표준대기의 밀도에 상당하는 고도
④ 지상으로부터 항공기까지의 거리

68. External Power를 Control 및 Protection 기능을 하는 Part는?
① GCU   ② ELCU
③ BPCU   ④ TRU

69. Windshield의 제우장치로서 적합한 방법이 아닌 것은?
① 화학물질을 분사하는 방법
② Window Wiper를 사용하는 방법
③ 공기로 불어내는 방법
④ 전열기를 사용하는 방법

70. 버든 튜브(Burdon Tube)를 사용할 수 있는 계기는?
① 고도계
② 속도계
③ 승강계
④ 증기압식 온도계

71. 기압눈금을 표준대기인 29.92inHg에 맞추어 기압고도를 얻을 수 있는 고도 지시법은?
① QFE 방식   ② QNH 방식
③ QNE 방식   ④ QHE 방식

72. 계기착륙장치(ILS) 계통을 설명한 내용 중 가장 관계가 먼 것은?
① 제어 스위치를 어프로치(approach) 모드로 선택하면 초단파 전 방위 표시기(VOR) 안테나에서 레이돔(Radome) 안에 있는 로컬라이저(Localizer) 안테나로 전환되어 로컬라이저 빔을 수신한다.
② 로컬라이저 주파수만 선택하면 글라이드 슬롭(Glideslop), 거리측정장치(DME)가 함께 동조된다.
③ 착륙기어가 내려졌을 때 레이돔의 글라이드 슬롭 캡쳐(Capture) 안테나에서 노스 기어 도어에 위치한 트랙(Track) 안테나로 전환되어 글라이드 슬롭 빔을 수신한다.
④ 마커 비콘(Maker Beacon) 수신장치는 같은 주파수를 수신하고 활주로 끝을 나타내기 위하여 청색, 주황색, 백색의 표시등을 켜지게 한다.

73. 대형 항공기 공압계통에서 공통 매니폴드(Manifold)에 공급되는 공기 공급원의 종류 중 틀리는 것은?
① 전기 모터로 구동되는 압축기 (Electric Motor Compressor)
② 터빈 엔진의 압축기(Compressor)
③ 엔진으로 구동되는 압축기 (Super Charger)
④ 그라운드 뉴메틱 카트 (Ground Pneumatic Cart)

74. P.A 계통의 우선순위가 맞는 것은?
① 기내 안내방송 – 운항승무원 안내방송 – 재생 안내방송 – 기내음악
② 운항승무원 안내방송 – 기내 안내방송 – 기내음악 – 재생 안내방송
③ 운항승무원 안내방송 – 기내 안내방송 – 재생 안내방송 – 기내음악
④ 운항승무원 안내방송 – 재생 안내방송 – 기내 안내방송 – 기내음악

75. 압력계에 대한 설명 내용 중 가장 관계가 먼 것은?
① 오일 압력계 – 버든 튜브식 압력계로 게이지 압력을 지시
② 흡기 압력계 – 다이어프램형 압력계로 절대압력을 지시
③ 흡입 압력계 – 공함식 압력계로 2곳의 압력의 차를 지시
④ EPR계 – 벨로우관식 압력계로 2개의 압력의 비를 지시

76. 조종실에서 교신하는 통신 및 대화 내용, 엔진 등 백 그라운드 노이즈(Back Ground Noise)가 기록되는 장치는?
① 비행기록장치(FDR)
② 음성기록장치(CVR)
③ 음성관리장치(OMU)
④ 플라이트 인터폰

77. 합성유(Skydrol Hydraulic Fluid)를 사용하는 계통을 세척할 때 사용하는 용액은?
① 등유(Kerosene)
② 납사(Naphtha)
③ 염화에틸렌(Trichlorethylene)

④ 알콜(Alcohol)

78. 니켈-카드뮴 축전지의 셀당 전압은?
① 1~2V   ② 1.2~1.25V
③ 2~4V   ④ 3~4V

79. 항공계기의 색표식 중 적색 방사선(Red radiation)은 무엇을 나타내는가?
① 최소, 최대운전 또는 운용한계
② 계속 운전 범위(순항범위)
③ 경계 및 경고 범위
④ 연료와 공기혼합기의 Auto-lean시의 계속 운전 범위

80. 광전형 연기감지기(Photo electric smoke detector)에 대한 설명 내용으로 가장 관계가 먼 것은?
① 연기감지기 내부는 빛의 반사가 없도록 무광 흑색 페인트로 칠해져 있다.
② 연기감지기 내부로 들어오는 연기는 항공기 내·외의 기압차에 의한다.
③ 화재의 발생은 연기감지기 내의 포토-셀에서 감지하게 되어있다.
④ 장기간 사용으로 이물질이 약간 있더라도 작동에는 이상이 없다.

항공산업기사 CBT 대비 모의고사 4회

1과목 항공역학

01. "비압축성이란 공기의 ( ) 변화를 무시할 수 있다는 것이다." ( ) 안에 알맞은 것은?
① 밀도 ② 온도
③ 압력 ④ 점성력

02. 다음의 고양력장치 중에서 성능이 가장 좋은 것은?
① Fowler flap ② Split flap
③ Zap flap ④ Plain flap

03. 비행기가 200mile/h로 비행 시 100lbs의 항력이 작용하였다. 만일 이 비행기가 같은 자세로 300mile/h로 비행 시 작용하는 항력을 구하면?
① 225lbs ② 230lbs
③ 235lbs ④ 240lbs

04. 프로펠러의 진행비(advance ratio)를 올바르게 나타낸 것은? (단, V : 속도, n : 프로펠러 회전속도, D : 프로펠러 지름)
① $J = \dfrac{V}{nD}$ ② $J = \dfrac{nD}{V}$
③ $J = \dfrac{n}{VD}$ ④ $J = \dfrac{D}{Vn}$

05. 어느 비행기의 날개면적이 100m²이고 스팬(span)이 25m이다. 이 비행기의 가로세로비(Aspect Ratio)는 얼마인가?
① 4.0 ② 5.1
③ 6.25 ④ 7.63

06. 프로펠러 깃은 뿌리에서 깃끝까지 일정하지 않고 깃끝으로 갈수록 깃각이 작아지도록 비틀려 있다. 그 이유로 가장 올바른 것은?
① 깃의 전 길이에 걸쳐 기하학적인 피치를 같게 하기 위하여
② 깃의 전 길이에 걸쳐 유효 피치를 같게 하기 위하여
③ 깃의 전 길이에 걸쳐 프로펠러 슬립을 같게 하기 위하여
④ 깃끝 실속을 줄이기 위하여

07. 비행기의 무게가 3000kg이고, 경사각이 30°로 150km/h의 속도로 정상 선회하고 있을 때 선회 반지름(m)은?
① 306.8 ② 324.3
③ 567.0 ④ 721.6

08. 그림과 같은 활공기의 양·항력 곡선에 대한 설명 중 가장 올바른 것은?

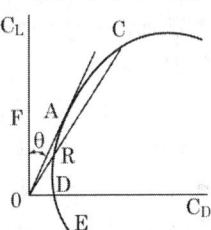

① 최장거리 활공비행은 A점 받음각으로 활공하면 좋다.
② 최장거리 활공비행은 C점 받음각으로 활공하면 좋다.
③ 수평 활공비행은 D점 받음각으로 이루어진다.

④ 수직 활공비행은 F점 받음각으로 이루어진다.

09. 음속에 가장 영향을 크게 주는 요소는 어느 것인가?
① 습도　② 기압
③ 점성　④ 온도

10. 고도 1500m에서 M=0.7로 비행하는 항공기가 있다. 고도 12000m에서 같은 속도로 비행할 때 마하수는?
(단, 이때 a=335m/s : 고도 1500m에서 a=295m/s : 고도 12000m에서)
① 약 0.6　② 약 0.7
③ 약 0.8　④ 약 0.9

11. 레이놀즈 수는 유동현상에 있어서 관성력과 마찰력이 어떤 비로 작용하는가를 나타내는 무차원량이다. 다음 식에서 옳은 것은? (단, c : 날개의 시위길이, ν : 동점성계수, V : 공기속도, ρ : 공기밀도, μ : 절대점성계수)
① $\dfrac{Vc\nu}{\rho}$　② $\dfrac{Vc}{\rho}$
③ $\dfrac{Vc}{\mu}$　④ $\dfrac{Vc}{\nu}$

12. 지구의 대기는 4개의 기류층으로 되어 있다. 지구에서 가장 가까운 층부터의 기류층 순서는?
① 성층권, 대류권, 중간권, 외기권
② 대류권, 성층권, 중간권, 외기권
③ 대류권, 중간권, 성층권, 외기권
④ 성층권, 중간권, 대류권, 외기권

13. 비행 중 항공기가 항력과 추력이 같으면 어떻게 되는가?
① 감속전진 비행한다.
② 가속전진 비행한다.
③ 정지한다.
④ 등속도 비행을 한다.

14. 항공기에 쳐든각(dihedral angle)을 주는 가장 큰 이유는 무엇인가?
① 임계 마하수를 높일 수 있다.
② 익단 실속을 방지할 수 있다.
③ Pitching moment에 대한 안정성을 준다.
④ Rolling과 Yawing moment에 대한 안정성을 준다.

15. 비행기의 날개에 사용되는 Airfoil(에어포일)의 요구 조건으로 적합한 것은?
① 강도를 위해 두꺼울수록 좋다.
② C_L 특히 C_{Lmax}가 클 것
③ C_D 특히 C_{Dmax}가 클 것
④ 앞전 반경은 클수록 좋다.

16. 비행기의 평형상태를 뜻하는 것이 아닌 것은?
① 작용하는 모든 힘의 합이 무게중심에서 "0"인 상태
② 속도변화가 없는 상태
③ 비행기의 기관이 추력을 일정하게 내는 상태
④ 비행기의 회전 모멘트 성분들이 없는 상태

17. 어떤 원통관 내 비압축성 흐름에서 입구(A)의 지름이 5cm이고, 출구(B)의 지름이 10cm일 때 A를 지나는 유체속도가 5m/sec이다. B를 지나는 유체의 속도는 얼마인가? (단, ρ는 일정)
① 5m/sec　② 2.5m/sec
③ 1.25m/sec　④ 0.25m/sec

18. 항력계수가 0.02이며, 날개면적이 $20m^2$ 인 항공기가 150m/sec로 등속도 비행을 하기 위해 필요한 추력은 약 몇 kgf인가? (단, 공기의 밀도는 $0.125kgf \cdot sec^2/m^4$)
① 430
② 560
③ 640
④ 720

19. 날개의 순환이론에 대한 설명으로 가장 올바른 내용은?
① 날개의 앞쪽에는 출발 와류로 인한 빗올림 흐름이 있다.
② 속박 와류로 인하여 날개에 양력이 발생한다.
③ 날개를 지나는 흐름은 윗면에서는 정(+)압이고, 아랫면에서는 부(−)압이다.
④ 날개끝 와류의 중심축은 흐름방향에 직각이다.

20. 비행기가 하강비행을 하는 동안 조종간을 당겨 기수를 올리려 할 때, 받음각과 각속도가 특정값을 넘게 되면 예상한 정도 이상으로 기수가 올라가게 되는 현상은?
① 스핀(spin)
② 더치롤(Duch roll)
③ 버페팅(buffeting)
④ 피치 업(pitch up)

항공기관

21. 1마력[PS]은 몇 kg · m/sec인가?
① 860
② 632.5
③ 550
④ 75

22. 가역 카르노 사이클의 열효율 η_c는 어느 것인가? (단, T_1=고열원 절대온도, T_2=저열원 절대온도)

① $\eta_c = 1 - \dfrac{T_2}{T_1}$
② $\eta_c = 1 - \dfrac{T_1}{T_2}$
③ $\eta_c = \dfrac{T_2}{T_1} - 1$
④ $\eta_c = \dfrac{T_1}{T_2} - 1$

23. 가스터빈기관의 기어(Gear)형 윤활유 펌프에 관한 내용이다. 가장 올바른 것은?
① 배유펌프가 압력펌프보다 용량이 더 크다.
② 압력펌프가 배유펌프보다 용량이 더 크다.
③ 압력펌프와 배유펌프는 용량이 꼭 같다.
④ 압력펌프와 배유펌프는 용량과는 무관하다.

24. 압력강하가 가장 적은 연소실의 형식은?
① 앤뉼라형(annular type)
② 캔뉼라형(canular type)
③ 캔형(can type)
④ 역류캔형(counter flow can type)

25. 터빈엔진 시동 시 결핍 시동(Hung start)은 엔진의 어떤 상태를 말하는가?
① 엔진의 배기가스 온도가 규정치를 넘은 상태다.
② 엔진이 완속 회전(Idle RPM)에 도달하지 못하고 걸린 상태이다.
③ 엔진의 완속 회전(Idle RPM)이 규정치를 넘은 상태이다.
④ 엔진의 압력비가 규정치를 초과한 상태이다.

26. 프로펠러 중 저피치와 고피치 사이에서 피치각을 취하며 항상 일정한 회전속도로 유지하여 가장 좋은 프로펠러 효율을 갖게 하는 것은?
① 고정 피치 프로펠러
② 조종 피치 프로펠러
③ 정속 프로펠러

④ 가변 피치 프로펠러

27. 윤활유 시스템에서 고온탱크형(Hot Tank System)이란?
① 고온의 스캐빈지 오일이 냉각되어서 직접 탱크로 들어가는 방식
② 고온의 스캐빈지 오일이 냉각되지 않고 직접 탱크로 들어가는 방식
③ 오일 냉각기가 Scavenge System에 있어 오일이 연료 가열기에 의한 가열방식
④ 오일 냉각기가 Scavenge System에 있어 오일탱크의 오일이 가열기에 의한 가열방식

28. 터빈 엔진에서 오염된 압축기 브레이드는 특히 무엇을 초래하는가?
① Low R.P.M   ② High R.P.M
③ Low E.G.T   ④ High E.G.T

29. 이상기체의 상태방정식은 Pv=RT이다. 이것에 관한 설명 내용으로 틀린 것은?
① P : 기체의 절대압력(kg/m^2)
② v : 비체적(m^3/kg)
③ R : 기체상수($kg \cdot m/kg \cdot K$)
④ T : 절대온도(R)

30. 왕복기관의 흡입 및 배기밸브가 실제로 열리고 닫히는 시기로 가장 올바른 것은?
① 흡입밸브 : 열림/상사점, 닫힘/하사점
  배기밸브 : 열림/하사점, 닫힘/상사점
② 흡입밸브 : 열림/상사점 전
      닫힘/하사점 전
  배기밸브 : 열림/하사점 후
      닫힘/상사점 후
③ 흡입밸브 : 열림/상사점 전
      닫힘/하사점 전
  배기밸브 : 열림/하사점 전
      닫힘/상사점 후

④ 흡입밸브 : 열림/상사점 전
      닫힘/하사점 후
  배기밸브 : 열림/하사점 전
      닫힘/상사점 후

31. 터보제트엔진의 추진 효율에 대한 설명 중 가장 올바른 것은?
① 추진 효율은 배기구 속도가 클수록 커진다.
② 추진 효율은 기관의 내부를 통과한 1차 공기에 의하여 발생되는 추력과 2차 공기에 의하여 발생되는 추력의 합이다.
③ 추진 효율은 기관에 공급된 열에너지와 기계적 에너지로 바꿔진 양의 비이다.
④ 추진 효율은 공기가 기관을 통과하면 얻는 운동에너지에 의한 동력과 추진 동력의 비이다.

32. 마그네토(Magneto)의 브레이커 포인트는 일반적으로 어떤 재료로 되어 있는가?
① 은(silver)
② 구리(copper)
③ 백금(Platinum) – 이리듐(Iridium) 합금
④ 코발트(Cobalt)

33. 계(system)와 주위(surrounding)가 열교환(heat transfer)을 하는 방법이 아닌 것은?
① 전도(conduction)
② 탄화(pyrolysis)
③ 복사(radiation)
④ 대류(convection)

34. FADEC(Full Authority Digital Electronic Control)이라는 엔진제어기능 중 잘못된 것은?
① 엔진 연료 유량
② 압축기 가변 스테이터 각도

③ 실속 방지용 압축기 블리드 밸브
④ 오일 압력

35. 실린더 체적이 80in³, 피스톤 행정체적이 70in³이라면 압축비는 얼마인가?
① 10 : 1 ② 9 : 1
③ 8 : 1   ④ 7 : 1

36. 마그네토에서 접점(breaker point) 간격이 커지면 어떤 현상을 초래하겠는가?
① 점화(spark)가 늦게 되고 강도가 높아진다.
② 점화가 일찍 발생하고 강도가 약해진다.
③ 점화가 늦게 되고 강도가 약해진다.
④ 점화가 일찍 발생하고 강도가 높아진다.

37. 제트 엔진에서 배기노즐(exhaust nozzle)의 가장 중요한 기능은? (단, 노즐에서의 유속은 초음속이다.)
① 배기가스의 속도와 압력을 증가시킨다.
② 배기가스의 속도를 증가시키고 압력을 감소시킨다.
③ 배기가스의 속도와 압력을 감소시킨다.
④ 배기가스의 속도를 감소시키고 압력을 증가시킨다.

38. 제트 엔진에서 사용하는 연료펌프 형식이 아닌 것은?
① 스프레이 펌프 ② 원심력 펌프
③ 기어 펌프   ④ 플런저 펌프

39. 압력식 기화기에서 농후(enrichment) 밸브는 다음 중 어느 압력에 의하여 열려지는가?
① 공기압   ② 수압
③ 연료압   ④ 벤츄리 공기압

40. 피스톤의 지름이 16cm, 행정길이가 0.16m, 실린더 수가 6개인 기관의 총 행정 체적은 약 몇 L인가?
① 17.29 ② 18.29
③ 19.29 ④ 20.29

항공기체

41. 그림에서와 같이 길이 2m인 외팔보에 2개의 집중하중 300kg, 100kg이 작용할 때 고정단에 생기는 최대 굽힘 모멘트의 크기는 얼마인가?

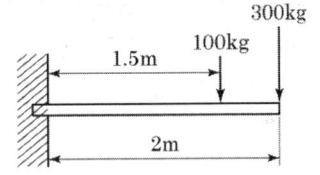

① 400kg-m   ② 650kg-m
③ 750kg-m   ④ 800kg-m

42. 다음은 너트(Nut)의 일반적인 설명이다. 틀린 것은?
① 평 너트(Plain Hexagon Airframe Nut)는 장착 부품과 상대운동을 하는 볼트에 사용한다.
② 나비 너트(Plain Wing Nut)는 맨손으로 조일 수 있는 곳에서 조립부를 빈번하게 장탈 혹은 장착하는데 적합하게 만들어져 있다.
③ 잼 너트(Hexagon Jam Nut)는 평 너트, 세트 스크류 끝부분의 나사가 있는 로드에 장착되어 고정하는 역할을 한다.
④ 구조용 캐슬 너트(Plain Castellated Airframe Nut)는 인장용의 홈이 있는 너트이다.

43. 일정 온도에서 시간에 따라 재료의 변형률이 변화하는 것을 무엇이라 하는가?
① Strain   ② Buckling
③ Fatigue ④ Creep

44. 일정한 단면을 갖는 보에서 분포하중 q와 처짐 y와의 관계식으로 가장 올바른 것은? (단, E는 탄성계수이고, I는 관성 모멘트이다.)
① $EI\dfrac{dy}{dx} = q$ ② $EI\dfrac{d^2y}{dx^2} = q$
③ $EI\dfrac{d^3y}{dx^3} = q$ ④ $EI\dfrac{d^4y}{dx^4} = q$

45. 키놀이 조종 계통에서 승강키에 대한 설명으로 가장 올바른 것은?
① 보통 수평 안정판의 뒷전에 장착되어 있다.
② 수직축을 중심으로 좌·우로 회전하는 운동에 사용
③ 보통 승강키의 조종은 페달에 의존한다.
④ 세로축을 중심으로 하는 항공기 운동에 사용

46. 알루미나 섬유의 특징으로 틀린 것은?
① 내열성이 뛰어나 공기 중에서 1300℃로 가열해도 취성을 갖지 않는다.
② 표면처리를 하지 않아도 FRP나 FRM으로 할 수 있다.
③ 전기, 광학적 특징은 은백색으로 전기의 도체이다.
④ 금속과 수지와의 친화력이 좋다.

47. 두께가 3mm인 알루미늄판과 두께가 2mm인 알루미늄판을 리벳으로 접하고자 한다. 리벳은 얼마로 하면 되는가?
① 15mm   ② 9mm
③ 6mm   ④ 5mm

48. 2017 알루미늄 리벳의 다른 재질 표시방법은?
① DD   ② AD
③ A   ④ D

49. 너트(Nut)의 일반적인 식별방법이 아닌 것은?
① 머리 모양에 식별기호나 문자가 있다.
② 금속 특유의 광택으로 식별할 수 있다.
③ 내부에 삽입된 파이버(Fiber) 또는 나일론의 색으로 식별한다.
④ 구조 및 나사 등으로 식별한다.

50. 엔진이 2대인 항공기의 엔진을 1750kg의 모델에서 1850kg의 모델로 교환하였으며, 엔진의 위치는 기준선에서 40cm에 위치하였다. 엔진을 교환하기 전의 항공기 무게평형(Weight and Balance) 기록에는 항공기 무게 15000kg, 무게중심은 기준선 후방 35cm에 위치하였다면, 새로운 엔진으로 교환 후 무게중심 위치는?
① 기준선 전방 32cm
② 기준선 전방 20cm
③ 기준선 후방 35cm
④ 기준선 후방 45cm

51. 하이드로릭 모터(Hydraulic Motor)로 스크루 잭(Screw Jack)을 회전시켜 작동되는 조종면은?
① 도움날개(Aileron)
② 수평 안정판(Horizontal Stabilizer)
③ 탭(Tab)
④ 스피드 브레이크(Speed Brake)

52. 전단응력만 작용하는 곳에 사용되고 그립(Grip) 길이가 생크의 직경보다 적은 곳에 사용하여서는 안 되는 Rivet는?
① 폭발 리벳(Explosive Rivet)
② 블라인드 리벳(Blind Rivet)

③ 하이쉐어 리벳(Hi Shear Rivet)
④ 기계적 확장 리벳(Mechanically Expand Rivet)

53. 알루미늄 판재의 굽힘 허용값을 구하면?

| 곡률 반지름(R) : 0.125inch |
| 굽힘각도(θ) : 90° |
| 두께(T) : 0.040inch |

① 0.228인치 ② 0.259인치
③ 0.342인치 ④ 0.456인치

54. 스크류(Screw)의 식별부호 NAS 144 DH-22에서 DH는 무엇을 가리키는가?
① 재질   ② 머리모양
③ 드릴헤드   ④ 길이

55. 단면적이 A, 길이가 ℓ인 beam에 축방향으로 힘 P가 작용할 때 변위 δ는?
① $\delta = \dfrac{P^2\ell}{2EA}$ ② $\delta = \dfrac{P\ell}{2EA}$
③ $\delta = \dfrac{P\ell}{2A}$ ④ $\delta = \dfrac{P\ell}{EA}$

56. 밀착된 구성품 사이에 작은 진폭의 상대운동이 일어날 때에 발생하는 제한된 형태의 부식은 무엇인가?
① 점(Pitting) 부식
② 찰과(Fretting) 부식
③ 피로(Fatigue) 부식
④ 동전기(Galvanic) 부식

57. 재료의 변형은 하중에 의하여 어느 작은 범위에서는 응력과 변형율의 비례관계가 $\sigma = E\varepsilon$로 성립된다. 이것을 무엇이라 하는가?
① 탄성계수   ② 후크의 법칙
③ 영률   ④ 응력-변형률

58. 고정 지지점(Fixed support)에 대한 내용으로 가장 올바른 것은?
① 수직 반력만 생긴다.
② 저항 회전 모멘트 반력만 생긴다.
③ 수직 및 수평반력이 생긴다.
④ 수직 및 수평반력과 동시에 저항 회전 모멘트 등 3개의 반력이 생긴다.

59. 안전결선 작업을 신속하고, 일관성있게 하거나 와이어(wire)를 절단하는 데에도 사용할 수 있는 공구는?
① diagonal cutter
② wire twister
③ interlocking plier
④ cannon plier

60. V-n 선도에 대한 설명으로 잘못된 것은?
① 정부기관에서 항공기의 유형에 따라 정한다.
② 제작회사에서 항공기 설계 시 정한다.
③ 제작자에게 구조상 안전하게 설계, 제작을 지시한다.
④ 사용자에게 구조상 안전운항 범위를 제시한다.

4과목 항공장비

61. 그림과 같은 회로에서 저항 6Ω의 양단전압 E를 구하면?

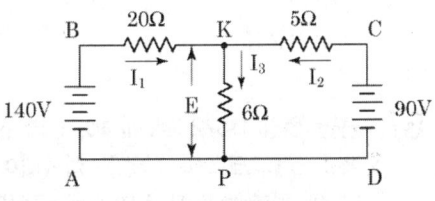

① 20V   ② 40V
③ 60V   ④ 80V

62. 다음 값 중에서 온도가 올라가면 감소되는 것은?
① 일반 금속의 전기저항
② Thermistor 내로 흐르는 전류
③ 연료의 유전율
④ 연료탱크 내의 유면의 높이

63. 항공기에 쓰이는 3상 교류는 주파수가 400Hz이고 극수가 8이면 계자의 회전수는 몇 rpm이 되어야 하는가?
① 2000　② 4000
③ 6000　④ 8000

64. 활주로에 대하여 수직면 내의 정확한 진입각을 지시하여 항공기를 착지점으로 유도하는 장치는?
① 관성항법장치(INS)
② 로컬라이저(Localizer)
③ 글라이드 슬로프(Glide Slop)
④ 마커 비컨(Marker Beacon)

65. 항공기 기관의 구동축과 발전기축 사이에 장착하여 주파수를 일정하게 하여 주는 장치를 무엇이라 하는가?
① 정속구동장치
② 변속구동장치
③ 출력구동장치
④ 주파수구동장치

66. 항법장비 중에서 지상의 무선국이 없어도 되는 것은?
① ADF　② VOR
③ LORAN　④ INS

67. 전원 전압 115/200V에 $10\mu F$ 의 콘덴서, $250\mu H$ 의 코일이 직렬로 접속되어 있을 때 이 회로의 공진 주파수를 구하면?
① 0.04Hz　② 25.0Hz
③ 100.7Hz　④ 2500.0Hz

68. 자이로에 대한 설명으로 틀린 것은?
① 강직성은 자이로 로우터의 질량이 커질수록 강하다.
② 강직성은 자이로 로우터의 회전이 빠를수록 강하다.
③ 섭동성은 가해진 힘의 크기에 반비례하고 로우터의 회전속도에 비례한다.
④ 자이로를 이용한 계기로는 선회경사계, 방향자이로지시계, 자이로 수평지시계가 있다.

69. 델린저 현상의 원인은 어느 것인가?
① 흑점의 증가
② 자기람
③ 태풍
④ 태양 표면의 폭발

70. 자기계기에서 불이차의 발생 원인으로 가장 올바른 것은?
① Compass의 중심선과 기축선이 서로 평행일 때
② Magnetic Bar의 축선과 Compass Card의 남북선이 서로 일치할 때
③ Pivot와 Lubber's Line을 연결한 선과 기축선이 서로 평행일 때
④ Compass의 중심선과 기축선이 서로 평행하지 않을 때

71. 시동 토크가 크고 입력이 과대하게 되지 않으므로 시동 운전 시 가장 좋은 전동기는?
① 분권 전동기
② 직권 전동기
③ 복권 전동기
④ 화동 복권 전동기

72. 다음은 탄성 오차에 대한 설명이다. 틀린 것은?
① 백래시(backlash)에 의한 오차

② 온도변화에 의해서 탄성계수가 바뀔 때의 오차
③ 크리프(creep) 현상에 의한 오차
④ 재료의 피로현상에 의한 오차

73. 위성통신장치에서 지상국 시스템의 송신계에 가장 적합한 증폭기는?
① 저잡음 증폭기
② 저출력 증폭기
③ 고출력 증폭기
④ 전자 냉각증폭기

74. 직류 발전기의 계자 플래싱(field flashing)이란?
① 계자코일에 배터리로부터 역전류를 가하는 행위
② 계자코일에 발전기로부터 역전류를 가하는 행위
③ 계자코일에 배터리로부터 정의 방향 전류를 가하는 행위
④ 계자코일에 발전기로부터 정의 방향 전류를 가하는 행위

75. 단면적이 $1.0cm^2$, 길이 25cm인 어떤 도선의 전기저항이 15Ω이었다면 도선재료의 고유저항은 몇 Ω·cm인가?
① 0.4　　　② 0.5
③ 0.6　　　④ 0.8

76. 열전대(thermocouple)는 서로 다른 종류의 금속을 접합하여 온도계기로 쓰이는데, 이의 사용을 가장 올바르게 기술한 것은?
① 사용하는 금속은 동과 철이다.
② 브리지 회로를 만들어 전압을 공급한다.
③ 출력에 나타나는 전압은 온도에 반비례한다.
④ 지시계의 접합부의 온도를 바이메탈로 냉점 보정한다.

77. 표류 중에 위치를 알려주기 위한 긴급신호장치(Emergency Signal Equipment)가 아닌 것은?
① FM Radio　　② Radio Beacon
③ Megaphone　④ 백색광탄

78. 작동유(Hydraulic fluid)의 구비 조건으로 가장 관계가 먼 것은?
① 점도가 높을 것
② 열전도율이 좋을 것
③ 화학적 안정성이 좋을 것
④ 부식성이 적을 것

79. 지자기의 요소 중 지자기 자력선의 방향과 수평선 간의 각을 의미하는 요소는?
① 편각　　　② 복각
③ 수직분력　④ 수평분력

80. 항공기에서 거리측정장치(DME)의 기능을 가장 올바르게 설명한 내용은?
① 질문펄스에서 응답펄스에 대한 펄스간에 지체시간을 구하여 방위를 측정할 수 있다.
② 질문펄스에서 응답펄스에 대한 펄스간에 지체시간을 구하여 거리를 측정할 수 있다.
③ 응답펄스에서 질문펄스에 대한 시간차를 구하여 방위를 측정할 수 있다.
④ 응답펄스에서 선택된 주파수만을 계산하여 거리를 측정할 수 있다.

항공산업기사 필기 CBT 대비 모의고사 정답 및 해설

CBT 대비 모의고사 1회

제1과목 : 항공역학

1. ④

해설 압력구배가 없는 점성흐름을 고찰할 때 두 지점 사이에 작용하는 유체의 점성계수를 μ, 작용면적을 S, 두 지점 사이의 거리를 h, 그리고 물체의 속도를 V라고 하면, 작용하는 마찰력 F를 구하는 식은 다음과 같다.

$$F = \mu S \frac{V}{h}$$

따라서 작용힘은 점성계수, 작용면적, 그리고 물체의 속도에 비례하고, 두 지점 사이의 거리에 반비례한다.

2. ②

해설 상승 한도는 다음과 같이 구분할 수 있다.
  ① 절대상승 한도 : 상승률이 0m/sec가 되는 고도
  ② 실용상승 한도 : 상승률이 0.5m/sec가 되는 고도
  ③ 운용상승 한도 : 상승률이 2.5m/sec가 되는 고도

3. ②

해설 헬리콥터는 비행 중 엔진이 고장나면 로터가 엔진과 분리되어 자동회전하여 천천히 하강하여 안전하게 착륙할 수 있는데 이러한 비행을 자전하강(auto-rotation)이라고 한다.

4. ④

해설 날개 길이를 b, 시위 길이를 c라고 하면, 가로세로비(AR)를 구하는 식은 다음과 같다.

$$AR = \frac{b}{c}$$

따라서 문제의 그림에서 가로세로비를 계산 시 이용되는 것은 보기 ④의 시위 길이이다.

5. ④

해설 비행기에 사용되는 프로펠러를 설계할 때 만족시켜야 할 성능은 이륙성능, 상승성능과 순항성능이다.

6. ①

해설 수평비행 시 항공기의 중량(W)과 양력(L)은 동일하다. 따라서 양력계수를 C_L, 공기밀도를 ρ, 비행속도를 V, 그리고 날개면적을 S라고 하면, 항공기의 중량 W는

$$W = L = C_L \frac{1}{2} \rho V^2 S$$

$$= 0.6 \times \frac{1}{2} \times 0.125 \times \left(\frac{400}{3.6}\right)^2 \times 100$$

$$= 46296.3 \text{kg}$$

7. ①

해설 비행기의 속도를 증가시키면 양력이 증가하여 비행기는 상승하게 된다. 따라서 수평비행을 유지하기 위해서는 비행기의 받음각을 감소시켜 양력을 감소시켜야 한다.

8. ②

해설
• $P_a = \dfrac{TV}{75} = \eta \times BHP$에서

효율을 η, 기관출력(제동마력)을 BHP, 그리고 비행속도를 V라고 하면, 추력 T는

$$T = \frac{75 \times \eta \times BHP}{V} = \frac{75 \times 0.8 \times 250}{\left(\dfrac{180}{3.6}\right)}$$

$$= 300 \text{kgf}$$

• 순항비행 시 $T = W \cdot \left(\dfrac{C_D}{C_L}\right)$이므로,

양항비 $\dfrac{C_L}{C_D}$는

$$\therefore \frac{C_L}{C_D} = \frac{W}{T} = \frac{1500}{300} = 5.0$$

9. ③

해설 헬리콥터의 수직방향 조종은 콜렉티브 피치 조종 레버(collective pitch control lever)를 위·아래로 변화시켜 이루어진다. 콜렉티브 피치 조종 레버를 올리면 주회전날개의 피치가 커져 양력이 증가하므로 헬리콥터는 상승하며, 콜렉티브 피치 조종 레버를 내리면 주회전날개의 피치

가 작아져 양력이 감소하므로 헬리콥터는 하강한다.

10. ④

> **해설** 날개가 동체의 하부에 위치하는 저익(low wing)은 음(-)의 가로안정성, 즉 가로불안정에 기여하는 요소이다. 기하학적으로 날개의 쳐든각(상반각)은 옆미끄럼에 의한 옆놀이에 정적인 안정을 주어 가로안정성을 좋게 하므로, 날개가 동체의 하부에 위치하는 경우 큰 쳐든각(dihedral angle)을 필요로 한다.

11. ③

> **해설** 양항비(활공비) = $\dfrac{수평\ 도달거리}{활공고도}$ 이므로,
> ∴ 수평 도달거리 = 양항비 × 활공고도
> $= 12 \times 2,400 = 28,800\text{m}$

12. ①

> **해설** 공기의 흐름속도를 $V[\text{cm/s}]$, 시위길이를 $L[\text{cm}]$, 그리고 동점성계수를 $\nu[\text{cm}^2/\text{s}]$라고 하면, 레이놀즈 수(Reynolds Number) Re는
> $$Re = \frac{VL}{\nu} = \frac{\left(\dfrac{360 \times 1000 \times 100}{3600}\right) \times (3 \times 100)}{0.3}$$
> $= 1 \times 10^7$

13. ①

> **해설** 항공기의 세로 안정성을 좋게 하기 위해서는 무게중심(c.g)이 날개의 공기역학적 중심(a.c)보다 앞에 위치하여야 한다.

14. ①

> **해설** 스핀(spin)이란 자동회전과 수직강하가 조합된 비행이다. 이 현상은 비행기가 실속각을 넘는 받음각인 상태에서만 발생하며, 비행기는 자전현상을 일으키고 동시에 기수를 내려 자전을 하면서 강하하게 된다.

15. ④

> **해설** 선회비행 시 슬립(slip)하는 이유는 다음과 같다.

① 외측으로 슬립하는 경우 : 경사각이 작고, 원심력이 구심력보다 클 때
② 내측으로 슬립하는 경우 : 경사각이 크고, 원심력이 구심력보다 작을 때

16. ④

> **해설** 헬리콥터에서 세로축에 대한 움직임(Rolling)은 사이클릭 피치 콘트롤에 의해 이루어진다.

17. ②

> **해설** 등속도 수평비행을 할 경우 추력과 양항비의 관계식은 다음과 같다.
> $$T = W\frac{C_D}{C_L} = W\frac{1}{(C_L/C_D)}$$
> 따라서, 중량(W)이 일정하다면 추력은 양항비 $\left(\dfrac{C_L}{C_D}\right)$에 반비례한다.

18. ③

> **해설** 헬리콥터는 다음의 세 가지 이유 때문에 최대속도 부근에서 필요마력이 급상승하며, 비행기와 같은 고속으로 비행할 수 없다.
> ① 후퇴하는 깃의 날개 끝 실속
> ② 후퇴하는 깃 뿌리의 역풍범위 증가
> ③ 전진하는 깃 끝의 마하수 영향(충격실속으로 인한 항력 증가)

19. ②

> **해설** 헬리콥터 회전날개에 적용되는 기본 힌지는 다음과 같다.
> ① 플래핑 힌지(flapping hinge) : 수평축에 대해 회전날개 깃이 위아래로 자유롭게 움직일 수 있도록 되어 있으며, 전진하는 깃과 후퇴하는 깃의 양력차에 의한 효과를 상쇄시킨다. 이와 같은 운동을 플래핑 운동이라 한다.
> ② 페더링 힌지(feathering hinge) : 깃의 피치각을 변경할 수 있도록 설치된 힌지로 회전각에 따라 피치각을 변경할 때 사용한다.
> ③ 항력 힌지(lead-lag hinge) : 회전날개가 회전할 때 회전면 내에서 앞뒤 방향으로 움직일 수 있도록 되어 있으며, 이와 같은 운동을

리드-래그 운동이라 한다.

20. ①

해설 머물음점(stagnation point)이란 공기가 항공기 날개에 부딪혀 날개골 앞전에서 흐름의 속도가 0이 되는 점을 말하며 정체점이라고 한다. 이 지점에서 압력은 전압과 같아져 최대가 된다.

제2과목 : 항공기관

21. ②

해설 내연기관은 실린더 내부에서 연료를 가열하여 열에너지를 기계적 에너지로 변환시킨다. 내연기관의 이론 공기 사이클을 해석할 때 가정조건은 다음과 같다.
① 동작유체의 공급열량은 외부에서 공급된다.
② 작동 사이클은 공기 표준 사이클에 대하여 계산한다.
③ 비열은 온도에 따라 변화하지 않는 것으로 가정한다.
④ 열해리는 일어나지 않는 것으로 하고 열손실은 없다고 가정한다.
⑤ 팽창행정과 압축행정은 단열과정으로 가정한다.

22. ①

해설 슬러그(slug)
질량의 단위이며, 1lbf의 힘에 의해 $1ft/s^2$의 가속도가 생기는 질량으로 정의된다. 1slug는 약 32.174lb가 되며, SI에서는 약 14.59kg에 해당한다.

23. ②

해설 압력을 $P(N/m^2)$, 체적의 변화량을 $dv(m^3)$라고 하면, 일(W)의 양은
$W = Pdv = P(v_2 - v_1)$
$= (50 \times 10000) \times (0.3 - 0.03)$
$= 135000J = 135kJ \quad (\because 1J = 1,000J)$

24. ③

해설 정속 프로펠러는 프로펠러 피치 레버를 조작하면 조속기 스피더 스프링(speeder spring)의 장력이 변화하여 프로펠러 피치가 변경된다. 따라서 조속기의 스피더 스프링이 파손되면 프로펠러 피치 레버를 조작해도 피치 변경이 되지 않는다.

25. ①

해설 터보팬 엔진(turbofan engine)은 터빈에 의해 구동되는 여러 개의 깃(fan)을 갖는 일종의 프로펠러 기관으로 많은 양의 공기를 비교적 느린 속도로 분사시킨다. 터보팬 엔진은 터보제트 엔진의 고속성능의 우수성과 터보프롭 엔진의 우수성을 결합하여 제작한 엔진이다.

26. ④

해설 터보팬 엔진의 팬에 무게의 불균형이 있으면 팬이 회전할 때 진동이 발생하게 된다. 팬 트림 밸런스는 불균형을 없애기 위하여 팬에 밸런스 웨이트(balance weight)를 장착하여 평형을 유지한다.

27. ②

해설 가스터빈 기관에서 사용되는 카트리지형(cartridge type) 연료 여과기의 필터는 종이로 되어 있다. 종이 필터가 걸러낼 수 있는 최대 입자의 크기는 50~100μ 정도이며, 주기적으로 교환해 주어야 한다.

28. ③

해설 압축기 깃의 받음각이 커지면 비행기 날개에서와 비슷하게 압축기의 압력비는 증가하지만, 너무 커지면 회전자 깃에서 실속이 발생하여 압력비가 급격히 떨어지고, 기관은 출력이 감소하여 작동이 불가능해진다. 이와 같은 현상을 압축기 실속이라 한다.

29. ②

해설 연소실 입구와 출구의 전 압력차를 압력강하(손실)라 하며, 이것은 마찰에 의하여 나타나는 형

상손실과 연소에 의한 가열팽창손실 등을 합쳐서 보통 연소실 입구 전압력의 5% 정도이다.

30. ②

해설 모든 기관은 로커 암(rocker arm)과 밸브 스템(valve stem) 끝 사이에 조금의 간격을 갖고 있다. 이 간격을 밸브 간격이라고 한다. 밸브 간격이 너무 작으면 밸브가 빨리 열리고 늦게 닫혀 밸브가 열려 있는 시간이 길어지며, 밸브 간격이 너무 크면 밸브가 늦게 열리고 빨리 닫히므로 실린더의 흡입효율(체적효율)이 감소하며, 완전배기가 되지 않는다.

31. ③

해설 선회 베인(swirl vane)은 연소실 앞부분의 연료 노즐 둘레에 위치하고 있다. 선회 베인은 연소실로 유입되는 1차 공기의 흐름에 적당한 선회(소용돌이)를 주어 유입속도를 감소시키면서, 공기와 연료가 잘 섞이도록 하여 화염전파속도가 증가되도록 한다.

32. ①

해설 회전하고 있는 프로펠러에 접근하는 것을 방지하기 위해 프로펠러의 블레이드 팁(tip)에 특별한 색으로 위험표식(warning strip)을 하여 회전범위나 회전여부를 나타낸다.

33. ①

해설 항공기 속도(유입공기 속도)가 압축기의 회전속도(rpm)보다 상대적으로 느리면 회전자 깃의 받음각이 커지고 압축기 실속(compressor stall)이 일어난다.

34. ①

해설 실린더 동체는 강철로 만든 실린더 라이너(cylinder liner)를 끼우고, 내벽을 경화시키기 위해 질화처리(nitriding)를 하거나 크롬 도금(chrome plating)을 하기도 한다.

35. ③

해설 압력분사식 기화기에서 자동혼합가스 조절장치는 공기 밀도의 변화에 따라 연료량을 자동으로 조절한다. Bellow가 파열되면 연료량을 자동으로 조절하지 못하게 되고, 고도의 증가로 공기 밀도가 감소하고 공기의 유량은 감소해도 연료의 유량은 변하지 않기 때문에 혼합비는 농후해진다.

36. ①

해설 가스 터빈 엔진에 사용되는 연료는 보통 제트 연료로 불리는 증류 연료로서, 등유(kerosene) 계열의 탄화수소 화합물이며, 가솔린보다 약간 더 많은 탄소와 황이 포함되어 있다.

37. ①

해설 가스 터빈 엔진 연소실에서 압력강하(압력손실)란 연소실 입구와 출구의 전 압력차를 압력손실이라 하며, 이것은 마찰에 의하여 나타나는 형상손실과 연소에 의한 가열팽창손실 등을 합쳐서 보통 연소실 입구 전압력의 5% 정도이다. 압력강하가 가장 적은 연소실은 애뉼라형(annular type)이다.

38. ③

해설 가스 터빈 기관의 크리프 현상의 영향이 가장 큰 것은 고온도와 고속 회전으로 인한 원심력을 받는 터빈 블레이드(turbine blade)이다.

39. ③

해설 2포지션 프로펠러가 저속 회전상태가 되면 플라이웨이트의 회전이 느려지고 원심력이 작아져 안쪽으로 오므라든다. 이때 파일럿 밸브(pilot valve)는 밑으로 내려가 열리는 위치가 되며, 가압된 윤활유가 프로펠러의 피치 조절 실린더에 공급되어 실린더를 앞으로 밀어내므로 저피치가 된다.
프로펠러가 과속 회전상태가 되면 플라이웨이트의 회전이 빨라지고 원심력이 커져 바깥쪽으로 벌어진다. 이때 파일럿 밸브는 위로 올라가 가압된 윤활유가 프로펠러의 피치 조절 실린더에서 배출되므로 고피치가 되어 깃각이 증가된다.

40. ②

[해설] 터빈 케이스 냉각장치(TCCS ; turbine case cooling system)는 대형 가스 터빈 기관의 작동 중 터빈 블레이드와 터빈 케이스 사이의 팁 간극(clearance)을 최소가 되게 유지하여 터빈 효율을 증대시키는 역할을 한다. 이 장치는 터빈 케이스 외부에 공기 매니폴드(manifold)를 설치하고, 이 매니폴드로부터 냉각공기를 터빈 케이스 외부 표면에 분사하여 블레이드 팁 간극을 적정하게 보정한다. 일반적으로 냉각공기에는 팬 부분의 압축공기가 주로 이용되고 있다.

제3과목 : 항공기체

41. ②

[해설] 판재를 구부리면 굽힘의 바깥쪽은 늘어나고 안쪽으로 압축되어 오므라진다. 그러나 이 중간의 어떤 지점에서는 영향을 받지 않는 부분이 존재한다. 즉, 판재를 굽힘 가공하여도 치수가 변화하지 않는 부분이 있다. 이것을 굴곡 중심선(neutral line)이라 한다. 이 중심선의 위치는 보통 굴곡반경의 내측에서 판 두께의 0.445배인 위치에 있다고 추정되고 있으나, 얇은 판의 경우는 판 두께의 중앙에 있다고 계산해도 오차는 매우 적으므로 실제로 지장은 없다.

42. ②

[해설] 플라스틱(plastic)은 그 성질에 따라 열가소성 수지와 열경화성 수지로 분류할 수 있다.
① 열가소성 수지 : 열을 가해서 성형한 다음 다시 가열하면 연화되고 냉각하면 다시 원래의 상태로 굳어지는 수지(폴리염화비닐, 나일론, 폴리메틸메타크릴레이트, 폴리에틸렌)
② 열경화성 수지 : 한번 열을 가해서 성형하면 다시 가열하더라도 연화되거나 용융되지 않는 성질을 가지고 있는 수지(에폭시 수지, 페놀 수지, 폴리우레탄 수지, 불포화 폴리에스테르)

43. ③

[해설] 지상진동시험은 동특성 데이터를 활용하여 항공기 외부장착물의 공력 탄성학적 적합성을 검토하기 위하여 수행된다.

44. ③

[해설] 소형 항공기의 앞 착륙장치(nose landing gear) 실의 문은 착륙장치와 기계식으로 연동되어 작동되며, 기계식은 링크(link) 기구에 의하여 기계적으로 열리고 닫히게 된다. 대형 항공기의 앞 착륙장치실의 문은 착륙장치와 유압식으로 연동되어 작동된다.

45. ④

[해설] 보조날개(aileron)는 가로 운동을 조종하며, 오른쪽 보조날개와 왼쪽 보조날개는 반대 방향으로 움직인다.

46. ①

[해설] 항공기 타이어 표면의 표시 49×19-20, 32 R2(B747)는 외경 49inch, 폭 19inch, 휠 직경 20inch, 32PLY, 2회 재생한 B747 타이어를 나타낸다.

47. ②

[해설] 인터널 렌칭 볼트(internal wrenching bolt)는 고강도강으로 제작되며, 볼트 머리에는 L 렌치(allen wrench)를 사용할 수 있도록 홈이 파여 있다. 인터널 렌칭 볼트 사용 시 주의사항은 다음과 같다.
① 볼트를 풀고 죌 때는 L 렌치(allen wrench)를 사용한다.
② 카운터 싱크 와셔를 사용할 때는 와셔의 방향에 주의하여야 한다.
③ MS와 NAS의 인터널 렌칭 볼트의 호환은 MS 볼트는 피로강도가 크기 때문에 NAS를 MS로 교환하는 것이 가능하다. MS를 NAS로 교환하는 것은 불가능하다.
④ 너트의 아래는 충격에 강한 고강도 와셔를 사용한다.
⑤ 이 볼트에는 고강도 너트를 사용한다.

48. ③

해설 등분포하중 q를 받는 길이 L되는 단순지지보의 최대 처짐은 보의 중앙에서 일어난다.

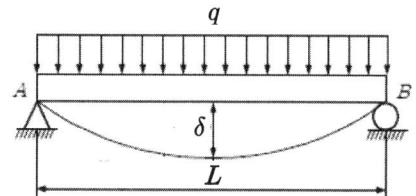

재료의 탄성계수를 E, 보 단면의 단면 2차 모멘트를 I라고 하면 단순지지보의 최대 처짐 ($\delta_{\max}$)은 다음과 같다.

$$\delta_{\max} = \frac{5qL^4}{384EI}$$

49. ①

해설 오리피스 체크 밸브(orifice check valve)는 오리피스와 체크 밸브의 기능을 합한 것인데, 한 방향으로는 정상적으로 작동유가 흐르도록 하고 다른 방향으로는 흐름을 제한하는 역할을 한다. 예를 들면, 착륙기어(landing gear)를 올릴 때에는 작동유를 자유롭게 흐르도록 하여 빨리 올라가도록 하고, 내릴 때에는 작동유가 오리피스를 통과하여 착륙기어가 천천히 내려오게 함으로써 구조적인 손상을 방지한다.

50. ②

해설 굴곡반경을 R, 판재의 두께를 T라고 하면, 세트 백(set back)은
$SB = K(R+T) = 1 \times (8+8) = 16\text{mm}$
($\because$ 굽힘 각도 90°인 경우 $K=1$)

51. ③

해설 항공기가 착륙 후에 지상 활주를 할 때, 활주속도에 비해 과도한 제동을 가하면 바퀴가 회전을 멈추기 때문에 지면에 대하여 미끄럼이 생기는데 이러한 현상을 스키드(skid)라 한다. 항공기가 미끄러지지 않게 균형을 유지하여 스키드를 방지하는 장치가 앤티-스키드 시스템(anti-skid system)이며, 이러한 앤티-스키드 시스템은 고속에서 작동하며, 브레이크 효율을 증가시켜 브레이크의 제동을 원활하게 하기 위한 시스템이다.

52. ②

해설 재료의 (종)탄성계수를 E, 체적탄성계수를 k라고 하면, 포아송의 비 ν를 활용하여 다음과 같이 나타낼 수 있다.

$$K = \frac{E}{3(1-2\nu)}$$

53. ④

해설 합금의 조직은 융합상태에 따라 다르며, 대표적인 합금의 조직에는 공정, 고용체, 금속 간 화합물 등이 있다.
① 공정 : 2개의 성분 금속이 용융된 상태에서 서로 균일한 액체를 형성하며, 응고 후에는 성분 금속이 각각 결정으로 분리되어 두가지 성분의 금속이 기계적으로 혼합된 조직을 가진 합금을 말한다.
② 고용체 : 용융 상태에서 한 성분의 금속 중에 다른 금속이 혼합되어 합금이 되었거나, 고체 상태에서 균일한 합금 상태가 되어 각 성분 금속을 기계적인 방법으로 구분할 수 없는 조직을 가진 합금을 말한다.
③ 금속 간 화합물 : 금속과 금속 사이의 친화력이 클 때에는 화학적으로 결합하여 성분 금속과 다른 성질을 가지며, 이러한 독립된 화합물로 만들어진 조직의 합금을 말한다.

54. ②

해설 항공기의 무게와 평형 계산에 있어서 최소 연료량은 최대 연속출력으로 30분을 작동하는데 필요한 연료의 양보다 적다. 이 적은 연료가 항공기 평형에 반대 영향을 미칠 때 계산에 사용되는 최대 연료량이다.

55. ③

해설 AN316 프레인 체크 너트(plain check nut)는 평너트, 세트 스크루(Set Screw), 나사산을 낸 로드 엔드(Rod end), 기타 장치에서 풀림 방지를 위한 고정장치로 사용한다.

AN316

56. ②

해설 항공기 조종 계통 케이블(cable)의 장력은 턴버클(turnbuckle)의 길이를 조절하여 조절한다.

57. ①

해설 고전단 리벳(hi-shear rivet)은 특수 리벳이며, 나사가 없는 볼트라고도 볼 수 있다. 고전단 리벳은 높은 전단강도가 요구되는 곳에 사용되며, 그립의 길이가 몸체의 지름보다 큰 곳에 사용해야 한다. 알루미늄 합금으로 된 구조재를 조립할 때에는 높은 전단응력이 작용하는 곳에 정밀공차를 두고 riveting 하여야 한다.

58. ①

해설 부정정보는 정역학적 평형방정식만으로 내력과 반력을 구할 수 없는 구조물을 뜻한다. 부정정보의 종류에는 고정보, 고정 지지보, 연속보 등이 있다.

59. ②

해설 변형률(strain)은 변화량과 본래의 치수와의 비를 말하며, 길이와 길이와의 비이므로 차원은 없다. 변형률은 탄성한계 내에서 응력과 정비례 관계에 있다.

60. ①

해설 승강타의 트림 탭(trim tab)을 내리면 반대로 승강타는 올라간다. 따라서 비행기는 상승비행을 하고, 항공기의 기수는 올라간다.

제4과목 : 항공장비

61. ④

해설 감지기는 직접 전기 가열기로 가열하여 얼음 형성을 방지하며, 전기적인 방빙을 사용하는 감지기 부분은 정압공(static pressure port), 받음각 감지기(Angle of attack sensor), 피토 튜브(pitot tube), 실속 감지기, 전 공기온도 감지기 및 기관 압력 감지기 등이다.

62. ④

해설 항공계기의 색표지(color marking)와 그 의미는 다음과 같다.
① 푸른색 호선(blue arc) : 기화기를 장비한 왕복기관에 관계되는 기관 계기에 표시하는 것으로서, 연료-공기 혼합비가 오토 린(auto lean)일 때의 상용 안전 운용 범위를 나타낸다.
② 노란색 호선(yellow arc) : 경계 및 경고 범위
③ 붉은색 방사선(red radiation) : 최대 및 최소 운용한계
④ 흰색 호선(white arc) : 플랩을 조작할 수 있는 속도 범위 표시

63. ④

해설 제동장치 계통의 작동점검에서 페이딩(fading) 현상이란 제동장치가 가열되어 제동 라이닝이 소실됨으로써 미끄러지는 상태가 발생하여 제동 효과가 감소되는 현상을 말한다.

64. ①

해설 LORAN(Long Range Navigation)은 서로 떨어진 2개의 송신소로부터 동기신호를 수신하고 신호의 시간차를 측정하여 자기 위치를 결정하는 장거리 쌍곡선 무선 항법이다.

65. ④

해설 착륙장치 인디케이터(indicator)의 지시는 다음과 같다.
① 바퀴가 완전히 올라가지도 내려가지도 않는 상태에서 스로틀 레버를 줄인 경우 : 버저와 적색 지시램프가 들어온다.
② 바퀴가 완전히 올라가지도 내려가지도 않는 상태 : 버저와 적색 지시램프가 들어온다.
③ 바퀴가 완전히 올라간 상태 : 어떤 램프도 들어오지 않는다.
④ 바퀴가 완전히 내려간 상태 : 녹색 지시램프가 들어온다.

66. ①

해설 항공기 유압회로에서 필터에 부착되어 있는 차압지시계는 필터 엘리먼트가 오염되어 있는 상태를 알기 위한 지시계이다.
필터 엘리먼트에 이물질이 있어서 필터 입구와 출구의 차압이 허용 범위를 초과하면 차압지시계의 적색 지시 버튼(red indicator button)이 튀어나와 필터의 오염 상태를 알려준다.

67. ②

해설 도플러 항법장치를 갖고 있는 항공기가 정상 장거리 비행을 하기 위해서는 도플러 레이더에서 얻어진 정보만으로는 지구에 대한 상대 관계가 확실하지 않으므로 기수방위의 정보를 얻기 위하여 자이로 콤파스(Gyro compass)를 사용한다. 자이로 콤파스의 플럭스 밸브(flux valve)는 지자기의 방향을 탐지하기 위한 자기탐지장치이다.

68. ③

해설 알칼리 축전지(Ni-Cd)는 충전과 방전 시 전해액의 비중은 변하지 않지만, 방전하면 많은 양의 전해액을 극판이 흡수하므로 전해액의 수면이 내려가고 충전하면 수면이 높아진다. 따라서 알칼리 축전지의 전해액 점검 시 비중은 측정할 필요가 없지만, 전해액의 액량은 측정하고 정확히 보존하여야 한다.

69. ②

해설
• 전동기의 입력에 대한 출력의 비를 전동기의 효율이라고 한다.

$$전동기의\ 효율 = \frac{출력}{입력}$$

• 따라서 전동기의 입력은,

$$\therefore 입력 = \frac{전동기의\ 출력}{전동기의\ 효율} = \frac{20 \times 0.746}{0.8}$$
$$= 18.65\,\text{kW}\ (\because 1\,\text{HP} = 0.746\,\text{kW})$$

70. ②

해설 음성녹음장치(voice record)는 승무원의 목소리를 포함하여 소종실에서 발생하는 모든 소리를 저장한다. 항공기가 목적지에 도착하여 control panel의 erase switch를 2초 이상 누르면 (push) 수 초 사이에 지금까지의 기록을 지우는 기능이 갖추어져 있다.

71. ④

해설 자기계기의 정적 오차인 불이차(constant deviation)는 모든 자방위에서 일정한 크기로 나타나는 오차로서, 컴퍼스 자체의 제작상 오차 또는 장착 잘못에 의한 오차이다. Compass의 중심선과 기축선이 서로 평행하지 않을 때 불이차가 발생할 수 있다.

72. ①

해설 전원회로에서 전압계(voltmeter)와 전류계(ammeter)를 부하와 연결할 때에 전압계는 부하와 병렬, 전류계는 직렬로 연결해야 한다.

73. ①

해설
• 주파수를 f, 교류발전기 계자의 극수를 P, 그리고 분당 회전수(rpm)를 N이라고 하면, 이들 간의 관계식은 다음과 같다.

$$f = \frac{P}{2} \times \frac{N}{60}$$

• 따라서 교류발전기 계자의 극수(P)는

$$\therefore P = \frac{120f}{N} = \frac{120 \times 400}{12000} = 4$$

74. ②

해설 공기냉각장치(air cycle cooling system)는 냉각공기를 공급하는 장치이다. 엔진 압축기에서의 bleed air는 1, 2차 열교환기를 지나면서 외부의 공기 온도와 거의 비슷한 온도로 일단 냉각된다. 냉각된 압축공기는 팽창 터빈(냉각 터빈)을 지나면서 팽창되어 압력과 온도가 낮추어진 공기가 조화계통에 공급된다.

75. ①

해설 작동유 저장탱크는 일반적으로 알루미늄 합금이나 마그네슘 합금으로 되어 있으며, 저장탱크에 관한 설명은 다음과 같다.
① 리저버(reservoir) 내의 배플(baffle)은 작동유가 심하게 흔들리거나 귀환되는 작동유에 의하여 소용돌이치는 불규칙한 동요로 작동

유에 거품이 발생하거나, 펌프 안에 공기가 유입되는 것을 방지한다.
② 저장탱크에는 가압식과 비가압식이 있다. 저고도에서 비행하는 항공기는 비가압식을 사용하고, 높은 고도에서 비행하는 항공기는 저장탱크를 기관의 블리드(bleed) 공기로 가압하는 가압식 저장탱크를 사용한다.
③ 저장탱크의 작동유의 양은 사이트 게이지(sight gage)로 알 수 있다.
④ 저장탱크의 용량은 축압기를 포함한 모든 계통이 필요로 하는 용량의 120% 이상이어야 한다.

76. ②

[해설] 수평상태지시기(HSI)는 비행기의 비행경로(course)에 관한 종합적인 지시를 하는 계기로서 자기 컴퍼스에서 받은 자방위와 VOR이나 INS에서 받은 비행경로와의 관계를 나타낸다. 수평상태지시기(HSI)의 전방향표지(VOR)의 1 눈금(Dot)은 각도 5도의 편위(deviation)를 나타낸다.

77. ④

[해설] 항공기에는 많은 전자장비들이 장착되어 있고 작동에 따른 발열량으로 온도가 높아져서 고장이 발생하는 것을 방지하기 위하여 항공기 장비 냉각계통(equipment cooling system)이 설치된다. 장비 냉각계통의 공급 팬(supply fan)은 기내 객실에서 냉각 공기를 끌어오며 비행계기 패널에 냉각공기를 공급한다.

78. ②

[해설] 공압계통에서 수분 제거기(water separator)는 공기에 포함되어 있는 수분이나 오일을 제거하기 위한 장치이다. 이 장치는 압축기에서 압축되어 계통으로 가기 전의 공기의 수분 및 오일을 제거한다.

79. ③

[해설] 항공기의 펌프 등 유체계통 압력 기기를 장탈할 때 신속분리 커플링은 유체의 손실이나 공기혼입이 없이 배관을 신속하게 분리할 수 있도록 한다.

80. ③

[해설] 피토 정압계통의 피토 정압관(pitot tube)에는 전압을 수감하는 피토공과 정압을 수감하는 정압공이 있다. 피토 정압관은 전압과 정압의 차이인 동압을 이용하여 항공기 속도를 측정한다.

CBT 대비 모의고사 2회

제1과목 : 항공역학

1. ④

해설 실속각을 넘어서면 양력이 급격히 감소하는 특성을 가진 날개골은 갑자기 실속할 가능성이 있으므로 나쁜 실속 특성을 보이는 경향이 있다. 갑작스런 실속이 일어나는 특성을 갖는 날개골은 다음과 같다.
① 두께가 얇은 날개골
② 같은 면적인 경우 가로세로비가 큰 날개골, 즉 시위 길이가 짧아서 레이놀즈 수가 작은 날개골
③ 앞전 반지름이 작은 날개골
④ 캠버가 작은 날개골

2. ②

해설 압력중심(center of pressure)은 받음각이 변화하면 위치가 이동한다. 보통의 날개에서는 받음각이 클 때 앞으로 이동하여 시위 길이의 1/4 정도인 곳이 된다. 반대로 받음각이 작을 때에는 시위 길이의 1/2 정도까지 이동되며 비행기가 급강하할 때에는 압력중심은 더 많이 후퇴한다.

3. ①

해설 선회비행을 하는 경우 비행기가 상승하기 위해서는 양력의 수직분력이 중량보다 커야 한다. 양력의 수직분력이 중량보다 작으면 비행기는 하강하면서 선회비행을 하게 된다.

4. ④

해설 프로펠러의 고형비(solidity ratio)란 프로펠러의 디스크(disc, 원판) 면적에 대한 전체 깃 면적의 비를 말한다. 프로펠러의 수를 B, 반지름을 R, 그리고 평균공력시위를 c라고 하면 고형비(σ)를 구하는 식은 다음과 같다.

$$\sigma = \frac{\text{프로펠러 전체 깃 면적}}{\text{프로펠러 디스크 면적}} = \frac{BRc}{\pi R^2} = \frac{Bc}{\pi R}$$

5. ②

해설 등가유해면적이란 헬리콥터의 항력 특성을 항력계수 1이고 투영면적이 1평방미터인 가상 물체와 비교하는 매개변수이다.

6. ②

해설 흐름의 속도가 음속보다 빠르면 공기 입자들은 물체 가까운 곳까지 도달한 후에 흐름 방향을 급격히 변화하게 되며, 이 흐름의 급격한 변화로 인하여 충격파가 발생한다. 충격파는 실제적으로 압력의 불연속면이라 볼 수 있으며, 충격파가 표면에 수직으로 생기면 수직 충격파가 된다. 초음속 흐름이 수직 충격파를 통과하게 되면 흐름은 압축을 받게 되고, 압력과 밀도는 급격히 상승한다. 또한 속도에너지의 일부가 열로 변환되어 온도가 증가한다.

7. ③

해설 날개의 쳐든각을 가지고 있는 비행기가 왼쪽으로 옆미끄럼을 하게 되면 상대풍이 왼쪽에서 불어오는 것처럼 되어 상대풍 쪽의 왼쪽 날개는 받음각이 증가하여 양력이 증가한다. 이에 반해 반대쪽의 오른쪽 날개는 받음각이 감소하여 양력이 감소된다.

8. ④

해설 침하속도(활공속도)를 V, 침하각(활공각)을 θ라고 하면, 침하속도(활공속도)를 구하는 관계식은 다음과 같다.

∴ 침하속도 $= V\sin\theta = 100 \times \sin 30°$
$= 50 \text{km/h}$

9. ①

해설 조정피치 프로펠러는 한 개 이상의 비행속도에서 최대의 효율을 얻을 수 있도록 지상에서 기관이 작동되지 않을 때 비행 목적에 따라 피치의 조정이 가능한 프로펠러이다.

10. ①

해설 조종면은 힌지축을 중심으로 위·아래로 또는 좌·우로 변위하도록 되어 있다. 조종면이 변위하면 캠버가 변하여 조종면의 압력분포에 차이

가 생기게 된다. 이로 인하여 힌지축에 힌지 모
멘트가 발생한다. 조종면을 조작하기 위한 조종
력은 힌지 모멘트의 크기와 관계가 있으며, 힌지
모멘트는 힌지 모멘트 계수, 동압 그리고 조종면
의 크기에 비례한다. 그러므로 고속, 대형 비행
기에서는 조종력이 대단히 커야 하므로 공력평
형 장치 및 태브 등을 이용하여 조종력을 경감시
켜야 한다.

11. ②

해설 양력계수를 C_L, 항력계수를 C_D라고 하면 활공
비행에서 활공각(θ)을 나타내는 식은 다음과 같
다.

$$\tan\theta = \frac{C_D}{C_L}$$

따라서, $\tan\theta$ 는 양항비($\frac{C_L}{C_D}$)에 반비례한다.

12. ④

해설 날개골의 형태에 따라 다른 값을 가지는 항력을
형상항력이라고 한다. 형상항력은 압력항력과
공기가 점성을 가지기 때문에 생기는 표면마찰
항력으로 구성된다. 따라서 이상유체에는 나타
나지 않으며, 날개골의 형태에 따라 다른 값을
가지게 된다.

13. ②

해설
- 국제표준대기에서 해면고도의 온도는 15℃이
  며, 고도 11km까지는 기온이 일정한 비율(6.
  5℃/km)로 감소한다고 가정한다. 따라서 고
  도 2,300m 상공의 온도(T)는
  $T = 15 - (6.5 \times 2.3) = 0.05℃$
- 해면고도에서의 음속을 C_0, 대기온도를 T,
  그리고 고도 2,300m에서의 음속을 C라고 하
  면

$$C = C_0\sqrt{\frac{273 + T℃}{273}}$$

$$= 330 \times \sqrt{\frac{273 + 0.05}{273}} = 330.03 \text{m/sec}$$

- 항공기 속도를 V[m/sec], 음속을 C라고 하
  면, 마하수 Ma는

$$\therefore Ma = \frac{V}{C} = \frac{825}{330.03} = 2.5$$

14. ②

해설 날개가 수평을 기준으로 위로 올라간 각을 상반
각(또는 처든각)이라고 한다. 기하학적으로 날
개의 상반각(처든각)은 옆미끄럼에 의한 옆놀이
에 정적인 안정을 주어 옆미끄럼을 방지한다. 그
러므로 날개의 처든각은 가로안정에 가장 중요
한 요소이다.

15. ②

해설 양력계수를 C_L, 항력계수를 C_D라고 하면, 제
트 항공기가 최대 항속거리를 비행하기 위해서

는 $\frac{C_L^{\frac{1}{2}}}{C_D}$ 가 최대인 받음각으로 비행해야 한다.

16. ③

해설 날개에 발생하는 압력이 작용하는 합력점을 압
력중심(center of pressure)이라 한다. 압력중
심은 받음각이 변화하면 위치가 이동한다. 보통
의 날개에서는 받음각이 클 때 압력중심은 앞으
로 이동하여 시위길이의 1/4 정도인 곳이 된다.
압력중심의 위치는 앞전으로부터 압력중심까지
의 거리와 시위 길이와의 비(%)로 나타내며, 압
력중심의 이동이 크면 비행기의 안정성에 좋지
않다.

17. ④

해설 기하학적 피치란 깃을 한 바퀴 회전시켜 프로펠
러가 앞으로 전진할 수 있는 이론적 거리를 말한
다. 프로펠러의 깃각은 깃의 전 길이에 걸쳐 기
하학적 피치를 같게 하기 위해서 일반적으로 깃
뿌리에서 깃 끝으로 갈수록 작아지도록 비틀어
져 있다.

18. ④

해설 정상 수평선회에 대한 설명은 다음과 같다.
① 선회비행 속도를 V, 중력가속도를 g, 선회

경사각을 θ라고 하면, 선회반경 R을 구하는 관계식은 다음과 같다.

$$R = \frac{V^2}{g\tan\theta}$$

따라서, 선회반경은 경사각이 크면 작아지고, 속도가 클수록 커진다.

② 선회경사각을 θ, 수평비행 시의 실속속도를 V_s라고 하면, 선회비행 시의 실속속도 V_{ts}를 구하는 관계식은 다음과 같다.

$$V_{ts} = \frac{V_s}{\sqrt{\cos 60°}}$$

따라서, 선회 시 실속속도는 수평비행 실속속도보다 커진다.

19. ④

해설 유압식 정속 프로펠러가 저속 회전상태가 되면 카운터 웨이터의 회전이 느려지고 원심력이 작아져 안쪽으로 오므라든다. 이때 파일럿 밸브(pilot valve)는 밑으로 내려가 열리는 위치가 되며, 가압된 윤활유가 프로펠러의 피치 조절 실린더에 공급되어 실린더를 앞으로 밀어내므로 저피치가 된다.

프로펠러가 과속 회전상태가 되면 카운터 웨이터의 회전이 빨라지고 원심력이 커져 바깥쪽으로 벌어진다. 이때 파일럿 밸브는 위로 올라가 가압된 윤활유가 프로펠러의 피치 조절 실린더에서 배출되므로 고피치가 되어 깃각이 증가된다.

20. ①

해설 삼각날개(Delta Wing)는 흐름의 떨어짐을 적극적으로 이용하며, 이때 생기는 큰 와류가 내부에 저압을 형성시켜 큰 양력을 얻을 수 있다. 날개 앞전에 와류 플랩(Vortex Flap) 등의 장치를 설치하여 작은 받음각에서도 충분히 흐름의 떨어짐이 일어나도록 하여 높은 양항비를 얻도록 설계되어 있다.

제2과목 : 항공기관

21. ③

해설 보어스코프(borescope)는 정밀한 광학 기계로서 어두운 곳에서도 검사가 가능하도록 광원을 가지고 있다. 보어스코프 검사는 기관을 분해하지 않고는 직접 눈으로 검사할 수 없는 가스 터빈 기관 압축기 등의 내부결함을 기관을 분해하지 않고 관찰하는 육안 검사법이다.

22. ③

해설 터빈 케이스 냉각장치(TCCS; turbine case cooling system)는 대형 가스 터빈 기관의 작동 중 터빈 블레이드 팁 간극(clearance)을 적절하게 유지하여 터빈 효율을 증대시키는 역할을 한다. 이 장치는 터빈 케이스 외부에 공기 매니폴드(manifold)를 설치하고, 이 매니폴드로부터 냉각공기를 터빈 케이스 외부 표면에 분사하여 블레이드 팁 간극을 적정하게 보정한다. 일반적으로 냉각공기에는 팬 부분의 압축공기가 주로 이용되고 있다.

23. ②

해설 카울 플랩(cowl flap)은 기관의 주위를 덮어 씌운 카울링(cowling) 뒷부분에 전체 또는 부분적으로 열고 닫을 수 있는 플랩을 장치하여, 실린더의 온도에 따라 실린더 주위의 공기흐름 양을 조절하여 냉각효과를 조절하도록 만든 장치이다. 지상에서 작동 중이거나, 이륙 및 상승할 때와 같이 비행속도가 느릴 때에는 카울 플랩을 완전히 열어 냉각을 촉진시키고, 순항 비행이나 강하 비행을 할 때에는 과냉각을 막기 위하여 카울 플랩을 닫아 준다.

24. ②

해설 흡입행정 초기에는 흡기 및 배기밸브가 다 같이 열려 있게 되는데, 이 기간을 밸브 오버랩(valve overlap)이라 하고, 크랭크 축의 회전각도로 나타낸다. 따라서 밸브 오버랩은 상사점 전에서 흡기밸브가 미리 열린 각도(I.O)와 상사점 후에서 배기밸브가 늦게 닫힌 각도(E.C)를 더한 각도이다.

∴ 밸브 오버랩 = I.O + E.C = 30° + 15° = 45°

25. ③

해설) 체적효율이란 같은 압력, 같은 온도 조건에서 실제로 실린더 안으로 흡입된 혼합가스의 체적과 행정체적과의 비를 말한다. 체적효율에 영향을 미치는 요소로는 실린더 헤드 온도(cylinder head temperature), 엔진회전수(engine RPM), 기화기 공기온도(carburetor air temperature) 및 밸브개폐시기 등이 있다.

26. ④

해설) 오일의 점성은 유체마찰로서 흐름의 저항을 나타낸다. 점성이 높으면 오일의 흐름이 느리고, 점성이 낮으면 흐름이 자유롭고 빠르다. 따라서 고점섬 오일은 높은 오일압력을 나타낸다.

27. ④

해설) 프로펠러에 작용하는 힘과 응력은 다음과 같다.
① 추력(thrust)으로 인한 굽힘 응력
② 프로펠러 회전으로 인한 원심력과 인장 응력
③ 프로펠러 회전으로 인한 비틀림 힘과 비틀림 응력

28. ③

해설) 터보팬 엔진에서 1차 공기량(W_P)과 2차 공기량(W_S)의 비를 바이패스 비(bypass ratio)라 하고, BPR로 표시한다.
$$BPR = \frac{W_S}{W_P} = \frac{60}{50} = 1.2$$

29. ①

해설) 열역학 제2법칙은 에너지 변화의 방향성과 비가역성을 나타낸다. 간단히 표현하면 열은 높은 온도의 물체에서 낮은 온도의 물체로 저절로 이동할 수 있지만, 그 반대로는 저절로 이동할 수 없다는 것이다. 독일의 물리학자 클라우지우스(Clausius)는 이를 "열은 외부의 도움 없이는 스스로 저온에서 고온으로 이동하지 않는다."고 서술했다.

30. ①

해설) 브리더 공기(breather Air)로부터 공기와 오일을 분리하기 위하여 Deoiler가 기어박스(Gear Box) 내에 설치되어 구동된다. Deoiler Impeller의 원심력에 의해 분리된 오일은 기어박스 섬프(Gear Box Sump)로 배출되고 오일이 분리된 공기는 Overboard로 Vent 된다.

31. ①

해설) 물질의 질량에 가해지는 힘의 크기는 질량과 가속도에 비례한다. 질량을 m, 가속도를 a, 그리고 힘의 크기를 F라고 하면 관계식은 다음과 같다.
$$F \propto ma$$

32. ②

해설) 기하학적 피치란 깃을 한 바퀴 회전시켜 프로펠러가 앞으로 전진할 수 있는 이론적 거리를 말한다. 프로펠러의 깃 각은 깃의 전 길이에 걸쳐 기하학적 피치를 같게 하기 위해서 일반적으로 깃 뿌리에서 깃 끝으로 갈수록 작아지도록 비틀어져 있다.

33. ①

해설) 가스 터빈 기관의 터빈 깃(vane)이 압축기 깃보다 더 많은 열을 받기 때문에 열응력으로 인한 균열과 같은 결함이 더 많이 나타난다.

34. ①

해설) 연료의 퍼포먼스 수(performance number)는 일정한 압축비에서 이소옥탄만으로 이루어진 표준연료로 작동했을 때 노킹을 일으키지 않고 낼 수 있는 출력과 같은 압축비에서 시험연료를 사용하여 노킹을 일으키지 않고 낼 수 있는 출력의 백분율로 표시한다.
따라서 퍼포먼스 수(Performance number) 115라는 것은 옥탄가 100의 연료를 사용할 때보다 4에칠연을 첨가하여 기관의 출력을 15% 증가하여 노크현상을 일으키지 않는 연료를 말한다.

35. ①

해설) 가스 터빈 기관의 연소용 공기량은 연소실을 통과하는 총 공기량의 약 20~30% 정도이다.

36. ①

[해설] 자동연료흐름 메터링 기구는 기화기를 통과하는 공기의 질량과 속도에 따라 연료량을 조정하여 일정한 혼합비를 조절한다.

37. ④

[해설] 열역학적 성질이란 물질의 상태를 결정할 수 있는 측정 가능한 물리적 변수를 말하며, 다음과 같이 분류할 수 있다.
  ① 크기 성질(종량적 성질) : 물질의 질량에 비례하여 그 크기가 변하는 성질(예 : 체적, 엔탈피)
  ② 세기 성질(강성적 성질) : 물질의 질량에 무관한 성질(예 : 온도, 밀도, 압력 등)

38. ①

[해설] 추력비 연료소비율(TSFC)이란 기관이 1kg의 추력을 발생하기 위해 1시간 동안 소비하는 연료의 중량을 말한다. 연료의 중량유량을 W_f, 기관의 진추력을 Fn이라고 하면 추력비 연료소비율(TSFC)을 구하는 식은 다음과 같다.

$$\text{TSFC} = \frac{W_f \times 3600}{Fn}$$

39. ③

[해설] 캠 로브의 수를 n이라고 하면, 크랭크 축의 회전에 대한 캠링(cam ring)의 회전속도를 구하는 관계식은 다음과 같다.

$$캠링\ 회전속도 = \frac{1}{2n}$$

위 식과 같이 캠링의 회전속도는 캠 로브 수에 반비례한다. 따라서 캠 로브가 가장 많은 4 lobe cam ring이 가장 천천히 회전한다.

40. ④

[해설] 축류형 터빈은 정익(turbine nozzle)과 동익(turbine rotor)으로 구성되어 있으며, 터빈 1단의 팽창 중 동익이 담당하는 몫을 터빈의 반동도라 한다. 반동도가 0%인 터빈은 팽창(단당압력강하)이 모두 정익에서 일어나며, 동익에서 일어나는 팽창은 없다.

제3과목 : 항공기체

41. ①

[해설] 판재를 구부리면 굽힘의 바깥쪽은 늘어나고 안쪽으로 압축되어 오므라진다. 그러나 이 중간의 어떤 지점에서는 영향을 받지 않는 부분이 존재한다. 즉, 판재를 굽힘 가공하여도 치수가 변화하지 않는 부분이 있다. 이것을 중립선(neutral line)이라 한다. 이 중립선의 위치는 보통 굴곡 반경의 내측에서 판 두께의 0.445배인 위치에 있다고 추정되고 있으나, 얇은 판의 경우는 판 두께의 중앙에 있다고 계산해도 오차는 매우 적으므로 실제로 지장은 없다. 따라서 굴곡반경(Radius of bend)을 R, 판의 두께를 T라 하면 중립선(neutral line)의 반경은 대략 $R + (1/2)T$가 된다.

42. ③

[해설] 밸런스 탭(balance tab)은 조종면이 움직이는 방향과 반대 방향으로 움직일 수 있도록 기계적으로 직접 연결되어 있다. 따라서 1차 조종면과 2차 조종면(secondary control surface)인 밸런스 탭(balance tab)은 서로 반대 방향으로 작동한다.

43. ③

[해설] 페일 세이프 구조(fail safe structure)의 백업 구조(대치 구조, back-up structure)는 주 부재가 전 하중을 지지하고 있는 경우, 주 부재가 파괴되었을 때 하중을 지탱해주는 예비적 부재를 가지고 있는 구조이다.

44. ②

[해설] AN 스크류의 규격은 다음과 같으며, 스크류 종류를 나타내는 세 자리 숫자 다음의 문자는 스크류의 재질을 나타낸다.

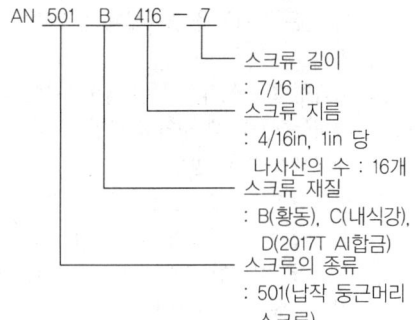

45. ①

해설 조종석 조종간의 작동에 따른 조종면의 움직임은 다음과 같다.
① 조종간을 뒤로 당기면 승강타(elevator)가 올라가서 기수는 올라가고, 조종간을 앞으로 밀면 승강타가 내려가서 기수는 내려간다.
② 조종간을 좌측으로 움직이면 좌측의 보조날개가 올라가고 우측 보조날개는 내려가서 항공기는 왼쪽으로 선회하고, 조종간을 우측으로 움직이면 좌측의 보조날개가 내려가서 항공기는 오른쪽으로 선회한다.

46. ①

해설 V-n(비행속도-하중배수) 선도에서 양력을 L, 항공기 무게를 W라고 하면 하중배수(n)를 구하는 식은 다음과 같다.

$$n = \frac{L}{W}$$

47. ①

해설 SAE에 의한 합금강(특수강)의 분류는 네 자리 숫자로 되어 있다. 첫째 자리 수는 합금강(특수강)의 종류, 둘째 자리 수는 합금원소의 함유량, 그리고 끝의 두 숫자는 탄소의 함유량을 100분의 1퍼센트(%) 단위로 표시한다. 첫째 자리의 수에 따른 주요 합금강의 종류는 다음과 같다.

합금번호	종류	합금번호	종류
1×××	탄소강	4×××	몰리브덴강
2×××	니켈강	5×××	크롬강
3×××	니켈-크롬강	6×××	크롬-바나듐강

48. ③

해설 드릴작업 후 드릴구멍 가장자리에 남은 칩(chip)은 드릴구멍 크기의 한 배 또는 두 배 크기의 드릴을 사용하여 손으로 돌려 제거한다.

49. ①

해설 각 너트(nut)의 용도는 다음과 같다.
① 평 너트(plain nut, 평 너트) : 비구조 부재의 체결용으로서 인장하중을 받는 곳에 사용
② 잼 너트(hexagon jam Nut) : 체크 너트라고도 하며 두께가 얇다. 평 너트, 세트 스크류 끝부분의 나사가 있는 로드에 장착되어 고정하는 역할을 한다.
③ 나비 너트(plain wing nut) : 맨손으로 조일 수 있는 곳에서 조립부를 빈번하게 장탈 혹은 장착하는데 적합하게 만들어져 있다.
④ 구조용 캐슬 너트(plain castellated airframe nut) : 인장용의 홈이 있는 있는 너트이며 나사끝 구멍이 있는 볼트나 나사에 구멍이 있는 스터드와 함께 사용한다.

50. ①

해설 은선은 눈에 보이지 않는 물체의 모서리 또는 윤곽을 표시할 때 사용한다. 은선은 짧은 대시(dash)를 일정한 간격으로 그린 선으로 대시선(dash lines)이라 불리기도 한다.

51. ②

해설 항공기의 구조상 실제로 제한하는 최대하중배수를 제한하중배수라고 하며, 설계 시에는 구조 강도상의 안전율(factor of safety)을 사용하여 종극하중배수를 다음과 같이 정한다.
- 종극하중배수=제한하중배수×안전율
   =2.5×1.5=3.75

52. ③

해설 에폭시 수지(epoxy resin)는 열경화성 수지 중 대표적인 수지로서, 성형 후 수축률이 적고, 우수한 기계적 강도를 가진다. 뛰어난 접착 강도를 가지고 있으므로 항공기 구조의 접착제나 도료로 사용된다.

53. ②

해설 조종면 평형의 종류는 다음과 같다.
① 동적 평형(Dynamic Balance) : 운동 중에 진동이 생기지 않게 모든 회전력이 각각의 계통 내부에서 평형을 이루고 있는 회전체의 상태를 말한다. 따라서 조종면을 어느 위치에 돌려놓거나 회전 모멘트가 0으로 평형이 된다.
② 정적 평형(Static Balance) : 물체의 중심을 받쳤을 때 정지하고 있는 물체의 성질이며, 물체가 자체의 무게중심으로 지지되고 있는 상태이다. 정적 평형인 경우 조종면을 평형대 위에 장착하였을 때 수평위치에서 조종면의 뒷전이 밑으로 내려가거나 위로 올라가지 않는다.

54. ③

해설 마그네슘 합금의 규격은 일반적으로 미국 재료시험협회(ASTM : American society of testing materials)의 규격이 사용되고 있다. 앞의 문자 2개는 함유원소를 나타내고, 다음의 숫자는 합금원소의 중량을 %로 나타낸 것이며, A는 순도가 높은 것을 나타낸다. 마지막 기호는 질별 기호로서 가공 상태, 열처리 방법 등을 표시한다.

55. ①

해설 MS 리벳의 규격은 다음과 같다.

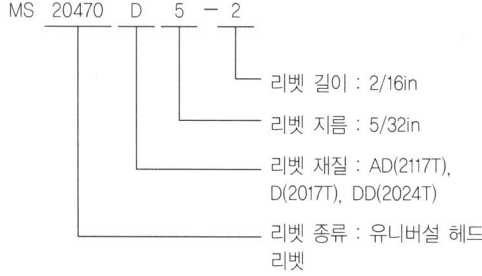

56. ①

해설 판금 작업 시 일반적으로 사용하는 전개도 작성 방법에는 평행선을 이용한 전개도법, 삼각형을 이용한 전개도법, 방사선을 이용한 전개도법이 있다.
① 평행선법 : 원기둥 및 삼각기둥, 사각기둥 등과 같은 각기둥을 평행하게 전개하여 그리는 방법
② 삼각형법 : 꼭지점이 먼 각뿔, 원뿔 등을 해당하는 면을 몇 개의 삼각형으로 나누어 전개도를 그리는 방법
③ 방사선법 : 원뿔 및 삼각뿔, 사각뿔 등과 같은 각뿔을 전개도의 테두리 또는 테두리 연장선이 어느 한 점에서 만나게 되는 물체의 전개도를 그리는 방법

57. ②

해설 열가소성 수지인 폴리메틸메타크릴레이트(PMMA : polymethyl methacry)는 플라스틱 중에서 투명도가 가장 양호하며, 플렉시 글라스(plexiglas)라고도 한다. 광학적 성질이 우수하므로, 항공기용 창문 유리, 객실 내부의 안내판 및 전등 덮개 등에 사용된다.

58. ①

해설 기계고정식 블라인드 리벳은 마찰고정식 블라인드 리벳과 비슷하다. 다른 것은 재료에 삽입되는 방식이다. 기계고정식 블라인드 리벳은 진동으로 마찰고정식 리벳이 헐거워서 이탈되는 것을 방지하도록 기계적인 고정 칼라(Collar)를 가지고 있다. 또한 기계고정식 블라인드 리벳은 헤드(Head)와 평행하게 잘려지므로 적당히 장착된 후에는 헤드 부분을 다듬질 할 필요가 없다.

59. ④

해설 방사선투과 검사(radiograph inspection)는 피검사체에 방사선(X선, γ선이나 β선)을 투과시켜 내부의 결함을 검사하는 방법이다. 방사선투과 검사는 큰 하중을 받는 알루미늄 합금 구조물의 내부검사에 이용할 수 있다.

60. ②

해설 노스 스트럿 내부에 있는 센터링 캠에 의해서 노스 휠(Nose wheel)을 중심에 오게 해서 Wheel well로 접히게 한다. 만약 센터링 장치(Centering Unit)가 없으면 동체 Wheel well과 Nose landing gear에 손상이 생긴다.

제4과목 : 항공장비

61. ①

해설 고도계 setting 방법의 종류는 다음과 같다.
① QNH setting : 14,000ft 미만에서 비행할 경우 사용한다. 비행 도중 관제탑 등에서 보내준 기압정보에 따라서 기압 셋트를 수정하여 활주로에서 고도계가 활주로 표고를 지시하도록 하는 보정 방법이다. QNH 방식은 해면으로부터의 기압고도, 즉 진고도를 지시한다.
② QNE setting : 해상비행 등에서 항공기의 고도 간격의 유지를 위하여 기압눈금을 해면의 표준 대기압인 29.92inHg에 맞추어 표준 기압면으로부터 고도를 지시하게 하는 방식이며, 이때 고도계가 지시하는 고도는 기압고도이다.
③ QFE setting : 활주로 위에서 고도계가 0을 지시하도록 기압 눈금판에 비행장의 기압을 맞추는 방식으로 그 지형으로부터 고도, 즉 절대고도를 지시한다.

62. ①

해설 자동조종장치(auto pilot control system)의 유도 기능은 자동조종 항법장치에서 위치 정보를 받아 자동적으로 항공기를 조종하여 목적지까지 비행시키는 기능이다. 이러한 유도 기능에는 VOR/LOC, ILS, INS에 의한 유도 등이 있다.

63. ①

해설 Air-Cycle cooling system에서 압축기(cabin compressor)로부터 얻어진 압축 공기는 1차, 2차 열교환기를 지나면서 외부의 공기 온도와 거의 비슷한 온도로 일단 냉각된다. 냉각된 압축공기는 팽창 터빈(expansion turbine)을 통과하면서 팽창되어 압력과 온도가 낮아지게 된다.

64. ①

해설 계기판은 계기의 종류별로 구분하여 배치한다. 고도계, 속도계, 자세지시계 등은 매우 중요하므로, 자세지시계를 중심으로 그림과 같이 좌측에 속도계, 우측에 고도계, 방위지시계를 자세지시계 바로 밑에 배치하는 T형으로 배열한다.

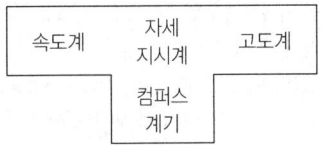

65. ④

해설 열전쌍식(thermocouple) 온도계는 서로 다른 종류의 특정한 두 금속이 서로 접합하여 있으며, 두 금속 사이에 특정한 온도가 되면 발생하는 기전력을 이용하여 온도를 측정한다. 열전쌍식 온도계에 사용하는 금속은 크로멜(chromel)과 알루멜(alumel), 철과 콘스탄탄 및 구리-콘스탄탄 등이 있다.

66. ①

해설 항공기들은 결빙상태를 감지하여 조종사에게 알려주는 결빙 감지기를 갖춰 자동으로 제빙이나 방빙 시스템을 작동하여 결빙을 방지한다. 결빙 감지기는 결빙으로 인한 압력 차이, 기계적 항력, 고유 진동을 이용하여 결빙을 탐지한다.

67. ②

해설 압축기(cabin compressor)에서 나온 가압된 공기는 공기 열교환기(heat exchanger)를 지나면서 외부의 공기 온도와 거의 비슷한 온도로 일단 냉각되어 공압계통의 공통 매니폴드(manifold)에 공급된다.

68. ④

해설 제우(rain protection) 시스템은 비행 중에 비가 내릴 경우 윈드실드(windshield)에 부착된 빗물을 제거하여 전면의 시야를 비나 눈으로부터 흐려짐을 방지하기 위한 것이다. 제우 시스템의 종류는 다음과 같다.
① 공기 커튼 장치(air curtain system) : 압축 공기를 이용하여 윈드실드에 공기 커튼을 만들어 부착한 물방울 등을 날려 보내거나 건조시켜 부착을 막는 방법
② 레인 리펠런트 장치(rain repellent system, 방우제 장치) : 윈드실드에 표면장력이 작은 화학 액체를 분사하여 피막을 만들어 물방울

을 구현 형상인 채로 공기 흐름 속으로 날아가 버리게 한다.
③ 윈드실드 와이퍼 장치(windshield wiper system) : 와이퍼 블레이드를 적절한 압력으로 누르면서 움직이게 하여 물방울을 기계적으로 제거한다.

69. ①
해설 항공기 interphone system의 종류는 다음과 같다.
① 운항 승무원 상호 간 통화장치(flight interphone system) : 조종실 내에서 운항 승무원 상호 간의 통화와 연락을 위해 각종 통신이나 음성 신호를 각 운항 승무원석에 분배한다.
② 객실 인터폰 장치(cabin interphone system) : 조종실과 객실 승무원석 및 각 배치로 나누어진 객실 승무원 상호 간의 통화 연락을 하기 위한 장치이다. 이것은 통화의 우선 순위를 부여하는 기능이 있다.
③ 승무원 상호 간 통화 장치(service interphone system) : 비행 중에는 조종실과 객실 승무원석 및 갤리(galley) 간의 통화 연락을 하기 위한 장치이다. 또 지상에서는 조종실과 정비, 점검상 필요한 기체 외부의 지상근무자와 통화 연락을 하거나, 조종실 사이의 통화 연락을 하기 위한 장치이다.

70. ①
해설 자기계기의 주위에 있는 전자기기 및 전선, 기체 구조재 내의 자성체 등의 영향과 자기계기의 제작상, 절차상의 잘못으로 인하여 지시오가 발생하는데 이를 자차(deviation)라 한다. 자차 수정 시 자차는 어느 방향이든지 ±10°를 넘어서는 안 된다.

71. ③
해설 유압 및 공압부품의 작동유 및 공기압의 누설을 방지하는 seal은 유효 기간이 지나면 노화되기 때문에 이러한 부품은 일정 기간 이상 저장해서는 안 된다.

72. ③
해설 니켈-카드뮴 축전지의 전해액은 묽은 수산화칼륨(KOH) 수용액이다. 전해액을 만들 때에는 수산화칼륨에 물을 부으면 친수력이 너무 강해 폭발할 위험이 있으므로, 납산 축전지에서와 마찬가지로 물에다 수산화칼륨을 조금씩 떨어뜨려 섞어야 한다.

73. ③
해설 야간에 비행 중이거나 주기 중인 항공기의 위치를 나타내는 항행 라이트의 색상은 다음과 같다.
① 좌측 날개 끝 라이트 – 적색
② 우측 날개 끝 라이트 – 녹색
③ 꼬리날개 라이트 – 백색

74. ③
해설 HF 전파는 전리층의 반사로 원거리까지 전달되는 성질이 있으므로, HF 통신장치는 항공기와 타 항공기 상호 간 및 항공기와 지상 간의 장거리 통신에 이용된다. 그러나 잡음(noise)이나 페이딩(fading)이 많으며, 태양 흑점의 활동으로 인한 전리층 산란으로 통신 불능이 가끔 발생되기도 한다.

75. ②
해설 고도계 보정 방식의 종류는 다음과 같다.
① QNE 방식 : 해상비행 등에서 항공기의 고도 간격의 유지를 위하여 기압눈금을 해면의 표준 대기압인 29.92inHg에 맞추어 표준 기압면으로부터 고도를 지시하게 하는 방식이며, 이때 고도계가 지시하는 고도는 기압고도이다. 14,000ft 이상의 고고도 비행을 할 때 사용한다.
② QNH 방식 : 그 당시의 해면기압을 맞추는 것으로 활주로에서 고도계가 활주로 표고를 가리키도록 하는 방식이며 해면으로부터의 기압고도, 즉 진고도를 지시한다.
③ QFE 방식 : 활주로 위에서 고도계가 0을 지시하도록 기압 눈금판에 비행장의 기압을 맞추는 방식으로 그 지형으로부터 고도, 즉 절대고도를 지시한다.

76. ①

해설 유압회로 내에 공기의 혼입으로 기름의 온도가 상승하는 것을 열화작용이라 한다. 유압회로에 공기가 기포로 있으면 오일은 비압축성이나 공기는 압축성이므로 공기가 압축되면 열이 발생하고 온도가 상승하게 된다.

77. ④

해설 유압계통은 레저버(reservoir)의 작동유를 펌프까지 공급하는 공급라인(supply line), 펌프에서 작동유를 가압하여 작동 실린더까지 공급하는 압력라인(pressure line), 그리고 작동 실린더로부터 레저버로 작동유가 되돌아오는 작업 및 귀환라인(return line)으로 구성된다.

78. ④

해설 유압계통의 구성품인 축압기(accumulator)는 가압된 작동유를 저장하는 저장통이다. 따라서 작동유 대신 공기압을 사용하는 공압장치에는 필요가 없는 부품이다.

79. ④

해설 비행고도와 객실고도의 차이로 인하여 기체 내부와 외부에는 다른 압력이 작용하게 되며, 이 압력차를 차압(differential pressure)이라고 한다. 비행기 구조가 견딜 수 있는 차압은 비행기를 설계할 때에 정해지게 된다. 따라서 객실을 여압할 때의 차압은 비행기 기체구조가 견딜 수 있는 강도를 고려하여야 한다.

80. ③

해설 압력조절기(pressure regulator)는 불규칙한 배출 압력을 규정 범위로 조절하고, 계통에서 압력이 요구되지 않을 때에는 펌프에 부하가 걸리지 않도록 하는 장치로서 다음과 같은 두 가지 상태로 구분할 수 있다.
① Kick-out 상태 : 계통의 압력이 규정값에 도달한 상태이며, 귀환관에 연결된 바이패스 밸브가 열리고 체크밸브가 닫히는 과정으로 작동유는 귀환관을 통하여 레저버로 귀환된다.
② Kick-in 상태 : 계통의 압력이 규정값보다 낮을 때의 상태이며, 귀환관에 연결된 바이패스 밸브가 닫히고 체크밸브가 열리는 과정으로 작동유는 계통으로 공급된다.

CBT 대비 모의고사 3회

제1과목 : 항공역학

01. ②

해설 회전날개의 회전면을 회전원판(rotor disk) 또는 날개 끝 경로면이라 하고, 이 회전면과 원추의 모서리가 이루는 각을 원추각 또는 코닝각(coning angle)이라고 한다.

02. ④

해설 프로펠러의 받음각이란 깃각에서 유입각을 뺀 각을 말한다. 비행속도와 깃의 선속도가 변하면 유입각이 변하고, 유입각이 변하면 받음각이 변한다.
깃의 선속도는 프로펠러의 회전수에 따라 변하므로 프로펠러 깃의 받음각에 영향을 주는 요소는 비행속도와 프로펠러 회전수이다. 비행속도가 증가하면 받음각은 감소하고, 프로펠러 회전수가 증가하면 받음각은 증가한다.

03. ③

해설 정상 선회 시 경사각을 ϕ라고 하면, 양력(L)과 비행기 무게(W)와의 관계식은 다음과 같다.
$$L\cos\phi = W$$
$$\therefore L = \frac{W}{\cos\phi} = \frac{1000}{\cos 30°} = 1154.7 \text{kgf}$$

04. ④

해설 양력을 L, 비행기 무게를 W라고 하면 활공비행에서 활공각(θ)을 나타내는 식은 다음과 같다.
$$\tan\theta = \frac{D}{L}$$

05. ②

해설 양력계수를 C_L, 스팬 효율계수를 e, 가로세로비를 AR이라고 하면, 유도항력계수 C_{Di}는
$$C_{Di} = \frac{C_L^2}{\pi e AR} = \frac{0.6^2}{3.14 \times 1 \times \frac{50}{6}} = 0.01376$$

06. ①

해설 조종면의 무게 균형(mass balance)이 맞지 않으면 플러터(flutter) 발생의 원인이 될 수 있다. 조종면 플러터(control surface flutter)란 조종면의 무게 균형이 맞지 않을 경우 비행기의 속도가 빨라지면 날개가 공기의 힘에 의해 진동을 일으키는 현상을 말한다. 따라서 조종면은 항상 무게 균형을 유지하여 진동이 발생하지 않도록 하여야 한다.

07. ③

해설 비행기가 하강비행을 하는 동안 조종간을 당겨 기수를 올리려 할 때, 받음각과 각속도가 특정값을 넘게 되면 예상한 정도 이상으로 기수가 올라가는데, 이를 피치 업(pitch up)이라고 한다. 피치 업의 원인은 다음과 같다.
① 뒤젖힘 날개의 날개끝 실속
② 뒤젖힘 날개의 비틀림
③ 날개의 풍압중심이 앞으로 이동
④ 승강키 효율 감소

08. ③

해설 비행기의 안정과 조종, 그리고 운동의 문제를 다루는 데 있어서, 기준이 되는 좌표축(기준축, body axis)은 비행기의 무게 중심을 원점으로 한다.

09. ②

해설 비행기의 세로운동은 비행 중 외부 영향이나 조종사 의도에 의해 승강키가 조작되어 키놀이 모멘트가 변화되었을 때 발생하는 운동이다. 세로운동의 주요 변수 요인에는 비행기의 키놀이 자세, 받음각과 비행속도 등이 있다. 받음각과 비행속도가 증가함에 따라 키놀이 자세가 변화하여 항공기 기수를 올리려는 세로운동이 일어나게 된다.

10. ②

해설 날개가 수평을 기준으로 위로 올라간 각을 쳐든각(또는 상반각)이라고 한다. 기하학적으로 날개의 쳐든각은 옆미끄럼에 의한 옆놀이에 정적인 안정을 주게 된다. 그러므로 날개의 쳐든각은

가로안정에 가장 중요한 요소이다.

11. ④
[해설] 초음속 흐름에서 충격파로 인하여 발생하는 항력을 조파항력(wave drag)이라 한다. 따라서 아음속 비행 시에는 조파항력이 발생하지 않는다.

12. ③
[해설] 운항 중인 항공기에서 조종면의 조종효과를 발생시키기 위해서 주로 변화시키는 것은 날개골의 캠버이다. 고양력장치인 뒷전 플랩과 같은 공력 보조장치는 날개의 뒷전을 구부려 캠버를 증가시킴으로 해서 양력을 증가시키고, 받음각도 증가하는 조종효과를 발생시킨다.

13. ④
[해설] 4자리 숫자로 표시되는 NACA 4자 계열 날개골에서 첫 자리 숫자는 최대 캠버의 크기, 두 번째 숫자는 최대 캠버의 위치를 나타낸다. 두 번째 자리의 숫자가 4인 NACA 2412는 최대 캠버가 앞전에서부터 시위길이의 40%(4×10) 정도에 위치하고 있는 날개골을 나타낸다.

14. ①
[해설] 양(+)의 동적안정이란 어떤 물체가 평형상태에서 이탈된 후, 운동의 진폭이 시간이 지남에 따라 감소되는 것을 말한다. 일반적으로 정적안정이 있다고 해서 동적안정이 있다고는 할 수 없지만, 동적안정이 있는 경우에는 정적안정이 있다고 할 수 있다.

15. ④
[해설] ① 프로펠러 추력(T)
  $T \propto$ (공기밀도)×(프로펠러 회전면의 넓이)×(프로펠러 깃의 선속도)^2
  - $T = C_t \rho n^2 D^4$ (C_t : 추력계수)

② 프로펠러에 작용하는 토크(Q)
  $Q = FL$
  여기서, 힘 F를 T로, 거리 L을 D로 하면
  - $Q = C_q \rho n^2 D^5$ (C_q : 토크계수)

③ 프로펠러 축 동력(P)
  $P = Qn$
  - $P = C_p \rho n^3 D^5$ (C_p : 동력계수)
  따라서, 동력계수 C_p는
  $\therefore C_p = \dfrac{P}{\rho n^3 D^5}$

16. ②
[해설] 천이(transition) 현상이란 층류 흐름 상태에서 난류 흐름 상태로, 또는 난류 흐름 상태에서 층류 흐름 상태로 되는 현상을 말한다. 이때 유동 중 천이현상이 일어나는 레이놀즈 수를 임계 레이놀즈 수라고 한다.

17. ③
[해설] 일반적으로 마하수에 따른 속도의 범위는 다음과 같다.
① M 0.8 이하 : 아음속 영역
② 0.8<M<1.2 : 천음속 영역
③ 1.2<M<5.0 : 초음속 영역
④ M 5.0 이상 : 극초음속 영역

18. ①
[해설] 프로펠러 효율을 η, 기관 최대출력을 BHP라고 하면, 프로펠러 비행기가 수평 최대속도에서 낼 수 있는 최대 이용마력 P_a는
$P_a = \eta \times BHP = 0.80 \times 800 = 640 \text{ps}$

19. ①
[해설] 비행 중 외부 영향으로 받음각이 증가함에 따라 항공기 기수를 내리려는 피칭 모멘트(- 모멘트)가 발생하여 받음각을 감소시키는 경향을 보인다면 항공기는 정적 세로안정성이 있다고 할 수 있다. 따라서 받음각(α)이 증가할수록 피칭 모멘트계수(C_m)가 커지면 항공기는 정적 세로 불안정이 된다.

20. ③
[해설] 비행기가 음속에 가까운 속도로 비행을 할 때 속도를 증가시키면 기수가 오히려 내려가는 경향

이 생기므로 조종간을 당겨야 하는데, 이와 같이 기수가 내려가는 경향과 조종력의 역작용 현상을 턱 언더(tuck under)라 한다. 턱 언더는 고속 비행기에서 발생하는 불안정 현상이다.

제2과목 : 항공기관

21. ②

해설 가스터빈기관의 점화장치는 유도형과 용량형 점화장치로 구별된다. 유도형 점화장치는 유도 코일에 의해 높은 전압을 유도시켜 이그나이터에 점화불꽃이 일어나게 하는 것이고, 용량형 점화장치는 콘덴서에 많은 전하를 저장했다가 짧은 시간에 방전시켜 높은 에너지의 점화 불꽃을 일으키는 것이다.

22. ③

해설 왕복기관에서 흡기압력이 증가하면 실린더 내의 충전 밀도가 증가하고, 연료/공기 혼합기의 무게가 증가한다.

23. ③

해설 가스터빈기관의 연료조절장치(FCU)는 기관의 회전수(rpm), 압축기 출구압력 또는 연소실 압력, 압축기 입구온도 및 동력 레버의 위치를 수감하여 대기상태의 변화에 관계없이 자동으로 기관으로 공급되는 연료량을 적절하게 제어하는 장치이다.

24. ②

해설 점화플러그의 전극이나 절연체의 온도가 너무 낮으면 탄소 찌꺼기가 부착되어 절연특성 및 불꽃 방전 작용이 나빠지므로 점화작용이 약화된다. 반대로, 온도가 너무 높으면 혼합가스가 점화시기에 도달하기 이전에 점화되는 조기점화가 일어난다. 일반적으로 이러한 현상을 방지하기 위해서 과열되기 쉬운 높은 압축의 고온형 왕복엔진에는 저온용 점화플러그(cold spark plug)를 사용하고, 저온형 왕복엔진에는 고온용 점화플러그(hot spark plug)를 사용한다.

따라서 저온용 점화플러그(cold spark plug)를 높은 압축의 왕복기관에 사용할 경우 기관은 정상적으로 작동한다.

25. ②

해설 열역학 제2법칙은 에너지 전달의 방향성과 비가역성을 나타낸다. 간단히 표현하면 열은 높은 온도의 물체에서 낮은 온도의 물체로 저절로 이동할 수 있지만, 그 반대로는 저절로 이동할 수 없다. 즉, 열과 기계적 일의 변환에는 변환될 수 있는 어떠한 방향이 있다는 것을 나타낸다.

26. ③

해설 오일 양이 매우 적은 상태에서 왕복엔진을 시동하면, 오일의 불규칙적인 흐름으로 인하여 오일 흐름에 파동이 일어나고, 오일압력계기는 동요(fluctuation)한다. 오일압력계기의 동요란 계기의 바늘(needle)이 안정되지 않고, 흔들리며 지시하는 것을 말한다.

27. ③

해설 기하학적 피치란 깃을 한 바퀴 회전시켜 프로펠러가 앞으로 전진할 수 있는 이론적인 거리를 말한다. 프로펠러의 깃각은 깃의 전 길이에 걸쳐 기하학적 피치를 같게 하기 위해서 일반적으로 깃 뿌리에서 깃 끝(선단, tip)으로 갈수록 작아지도록 비틀어져 있다.

28. ③

해설 기화기의 흡기온도가 증가하면 공기밀도는 감소하고, 정미평균 유효압력은 감소한다.

29. ③

해설 실린더 수를 N, 회전 영구자석의 극수를 n이라고 하면, 마그네토 캠축의 회전속도와 크랭크축의 회전속도비는 다음과 같다.
$$\frac{\text{마그네토의 회전속도}}{\text{크랭크축의 회전속도}} = \frac{N}{2n}$$

30. ②

해설 흡입공기의 중량 유량을 $W_a[\text{kg/s}]$, 배기가스 속도를 $V_j[\text{m/s}]$, 총 추력을 F_g라고 하면, 총 추력(F_g)을 구하는 식은 다음과 같다.

$$F_g = \frac{W_a}{g}V_j = \frac{196}{9.8} \times 250 = 5000 \text{kg}$$
$$(\because g = 9.8 \text{m/s}^2)$$

31. ④

해설 먼저 섭씨온도를 화씨온도로 환산한 다음, 화씨 절대온도를 구한다.

$$°\text{F} = \frac{9}{5}°\text{C} + 32 = \left(\frac{9}{5} \times 15\right) + 32 = 59(°\text{F})$$

∴ 화씨 절대온도=°F+459.67=518.67°R

32. ③

해설 문제의 그림은 후기연소기를 장착한 가스 터빈 사이클이다. 후기연소기는 터빈을 통과하며 단열 팽창된 배기가스에 다시 연료를 공급(4 → 5 과정, Q_{in})하여 재연소시키고, 단열 팽창(5 → 6 과정, W_{out})시킴으로써 추력을 증가시킨다.

33. ①

해설 왕복기관의 기화기에서 자동혼합가스 조절장치(ACMU)는 공기 밀도의 변화에 따라 연료량을 자동으로 조절한다. 고도의 증가로 공기 밀도가 감소하면 혼합비가 농후해지기 때문에, ACMU는 이를 방지하기 위하여 연료량을 감소시켜 혼합비를 일정하게 유지하여 준다.

34. ①

해설 제트엔진의 추력 비연료 소비율(TSFC)이란 기관이 1kg의 추력을 발생하기 위해 1시간 동안 소비하는 연료의 중량을 말한다. 따라서 추력 비연료 소비율이 작을수록 성능이 우수하고 효율이 좋으며, 경제적인 기관이라고 할 수 있다.

35. ③

해설 고온 열원을 $T_1[\text{K}, \text{켈빈}]$, 저온 열원을 $T_2[\text{K}, \text{켈빈}]$라고 하면 카르노 사이클의 열효율(η_{th})을 구하는 식은 다음과 같다.

$$\eta_{th} = 1 - \frac{T_2}{T_1} = 1 - \frac{223}{359} = 0.379$$

36. ③

해설 터보제트엔진은 오일을 저장하는 외부 오일탱크를 설치하여, 오일이 엔진을 순환한 뒤 배유펌프에 의해 오일탱크로 되돌아오는 건식 섬프(dry sump) 윤활계통을 주로 사용한다. 또한 오일펌프에 의해 가압된 고압의 윤활유를 분무하여 윤활을 하는 압력분사식(pressure jet spray type) 윤활방법을 주로 사용한다.

37. ②

해설 실린더 압축점검은 밸브, 피스톤 링, 그리고 피스톤의 압력 누설 여부를 차압시험기를 이용하여 측정해서 엔진의 압축능력을 점검한다.
압축점검(compression check)은 피스톤을 흡입 및 배기밸브가 모두 닫히는 압축행정 상사점에 위치시킨 상태에서 일정 압력의 공기를 실린더에 공급하여, 실린더 압력계에 지시된 압력이 허용한도 이내인지를 점검한다. 피스톤이 하사점에 있을 때에는 최소한 1개의 밸브가 열려 있기 때문에 압축점검을 하면 안 된다.

38. ④

해설 윤활유 분광시험(SOAP)은 일정 시간 작동된 기관에서 오일을 채취하여 오일 중에 함유되어 있는 미량의 금속성분을 분석하여 내부 부분품의 마모, 손상 여부를 판독하는 방법이다.

39. ③

해설 단당 압력 상승 중 회전자(rotor)가 담당하는 압력상승의 백분율(%)을 압축기의 반동도라고 한다. 회전자 깃 입구의 압력을 P_1, 회전자 깃 출구(고정자 깃 입구)의 압력을 P_2, 고정자 깃 출구의 압력을 P_3라고 하면, 반동도를 구하는 식은 다음과 같다.

$$\text{반동도} = \frac{\text{회전자 깃에 의한 압력 상승}}{\text{단당 압력 상승}}$$
$$= \frac{P_2 - P_1}{P_3 - P_1} = \frac{1.3P_1 - P_1}{1.6P_1 - P_1} = \frac{P_1(1.3-1)}{P_1(1.6-1)}$$

$$= \frac{0.3}{0.6} = 0.5$$
(∵ 한 열의 회전자 깃과 한 열의 고정자 깃을 합친 것이 1단이므로, 단당 압력 상승은 고정자 깃 출구의 압력 P_3에서 회전자 깃 입구의 압력 P_1을 뺀 값이다.)

40. ④

해설 피스톤에 작용하는 압력을 P, 피스톤의 단면적을 $A(cm^2)$라고 하면, 피스톤에 미치는 힘(F)을 구하는 식은 다음과 같다.
$$F = PA = 65 \times \left(\frac{\pi \times 16^2}{4}\right) = 13069 \, kgf$$
$$= 13.06 t$$

제3과목 : 항공기체

41. ③

해설 항공기의 조종면을 구분하면 다음과 같다.
① 주 조종면(1차 조종면) : 방향타(rudder), 승강타(elevator), 보조날개(aileron)
② 부 조종면(2차 조종면) : 고양력장치, 스포일러, 탭(tab) 등

42. ③

해설 하중과 침강거리(stroke)와의 관계를 표시하는 선을 완충곡선이라고 한다. 완충곡선에서 완충장치의 성능을 나타내는 완충효율은 흡수 에너지량을 나타내는 면적(실선 부분)과 완충곡선(0A)을 내포하는 최소 정사각형(최대 하중×최대 침강거리)의 비로서 정의된다.
$$\therefore 완충효율 = \frac{1.5}{1 \times 2} \times 100(\%) = 75\%$$

43. ①

해설 리벳의 길이는 접합할 판재의 두께에 머리를 성형하기 위해 돌출되는 부분의 리벳 길이를 합하여야 한다. 이때 돌출되는 리벳 길이는 일반적으로 리벳 지름의 1.5배로 선정한다.
따라서 판재의 두께를 G, 리벳의 직경을 D라고 하면, 최소한의 리벳 길이는
$$\therefore 리벳 길이 = G + 1.5D$$
$$= (0.0625 \times 2) + \left(1.5 \times \frac{1}{8}\right)$$
$$= 0.3125 in \quad \left(\frac{5}{16} in\right)$$

44. ④

해설 모든 부품을 항공기 구조에 전기적으로 연결하기 위해 조종면 등의 가동 부분과 기체를 접지선으로 접촉시키는 것을 본딩(bonding)이라고 하며, 이를 통해 전기 접지회로의 저항을 감소시키고 기체 각 부 사이의 전위차를 감소시킨다. 본딩은 고전압 정전기의 방전을 도와 스파크 현상을 방지하고, 정전기에 의한 무선 잡음을 방지하는 역할을 한다.

45. ②

해설 제동장치의 과도한 사용으로 타이어면에 과도한 열이 발생하여 타이어 내부의 공기 압력 및 온도가 과도하게 높아졌을 때 타이어 휠의 퓨즈 플러그가 녹아 공기 압력이 빠져나가 타이어가 터지는 것을 방지한다.

46. ①

해설 항공기의 자기무게(Empty weight)는 항공기 무게를 계산하는 데 있어서 기초가 되는 무게로 승무원, 유상하중(승객과 화물), 사용 가능의 연료, 배출 가능의 윤활유(oil) 등의 무게는 포함되지 않는다. 따라서 문제의 표에서 기본 자기무게에 대한 무게중심의 위치를 구하기 위해서는 윤활유의 무게를 제외하여야 한다.
$$\therefore 무게중심(CG) = \frac{총\ 모멘트}{총\ 무게}$$
$$= \frac{(617 \times 68) + (614 \times 68) + (152 \times -26) - (8 \times 7.5 \times -30)}{617 + 614 + 152 - (8 \times 7.5)}$$
$$= 61.64 cm$$

47. ③

해설 어느 비행기의 설계 한계 하중계수(design limit load factor)가 n_1이라 함은, 그 비행기는 자중의 n_1배 되는 하중에 견디도록 설계, 제작되어야 하며 동시에 그 이상의 하중을 발생하는 비행

은 금지한다는 것이다.
문제의 그림과 같은 $V-n$ 선도에서 HF선은 음(−)의 구조적인 한계를 나타내는 최소 제한 하중계수이고, AD선은 양(+)의 구조적인 한계를 나타내는 최대 제한 하중계수이다.

48. ③

해설 세미모노코크 구조 형식의 날개에서 날개의 단면 모양을 형성하는 부재는 다음과 같다.
① 스파(spar) : 일반적으로 날개의 전후방에 하나씩 설치하며, 날개에 작용하는 하중의 대부분을 담당한다.
② 리브(rib) : 날개 단면이 공기역학적인 날개골(airfoil)을 유지하도록 날개 단면의 모양을 형성해 준다.
③ 스트링거(stringr) : 날개의 길이 방향으로 리브 주위에 배치되며, 날개의 휨 강도나 비틀림 강도를 증가시켜 준다.
④ 외피(skin) : 날개의 공기역학적인 외형을 유지하면서 날개에 작용하는 하중의 일부분을 담당한다.

49. ②

해설 와셔(washer)의 취급 방법은 다음과 같다.
① 탭 와셔, 프리로드 지시 와셔는 재사용할 수 없다.
② 락크 와셔는 1차, 2차 구조부 또는 때때로 장탈하거나 부식되기 쉬운 곳에 사용해서는 안 된다.
③ 클램프 장착 시는 평와셔를 붙여 사용할 필요가 없다.
④ 와셔는 원칙적으로 볼트와 같은 재질의 것을 사용한다.
⑤ 와셔의 사용 개수는 최대 3개까지 허용된다. 이때 락크 와셔 및 특수 와셔는 사용 갯수에 포함되지 않는다.
⑥ 알루미늄 합금, 마그네슘 합금에 락크 와셔를 사용할 경우, 카드뮴 도금된 탄소강의 평와셔를 그 아래에 넣는다.
⑦ 기밀을 요하는 장소 및 공기의 흐름에 노출되는 표면에는 락크 와셔를 사용하지 않는다.

50. ④

해설 강화재로 사용되는 복합섬유의 종류는 다음과 같다.
① 알루미나 섬유 : 약 1300℃로 가열하여도 물성이 유지되는 우수한 내열 특성 때문에 고온 부위의 재료로 사용된다.
② 탄소 섬유(carbon fiber) : 사용 온도의 변동이 크더라도 치수의 안전성이 우수하고, 강도와 견고성이 크기 때문에 항공기의 1차 구조재 제작에 사용된다. 그러나 취성이 크고 가격이 비싸다.
③ 아라미드 섬유(aramid fiber) : 가볍고 인장 강도와 유연성이 크며, 높은 응력과 진동을 받는 항공기 부품 제작에 이상적이다.
④ 보론 섬유(boron fiber) : 첨단 복합재료로서 가장 오래 전부터 실용화를 시도한 섬유이다. 가격이 비교적 비싸고, 여러 종류의 실용 금속과 화학 반응성이 커서 취급이 어려우나 기계적 특성이 다른 강화섬유에 비해 띄어나므로 주로 전투기 등의 동체나 날개 부품제작에 사용된다.

51. ④

해설 봉의 단면적을 A, 길이를 L, 재료의 탄성계수를 E, 이에 작용하는 인장력을 P라고 할 때 늘어난 길이 δ를 구하는 식은 다음과 같다.
$$\delta = \frac{PL}{AE}$$

52. ③

해설 항공기의 스포일러(spoiler)는 2차 조종면으로서 비행 중에 보조날개와 연동하여 옆놀이 보조 장치로 사용되거나, 비행 중이나 지상에서 펼쳐서 항공기의 항력을 증가시켜 속도 제동장치(speed brake)로 사용된다.

53. ④

해설 기준선에서 무게중심(C.G)까지의 거리를 H, 기준선에서 MAC 앞전까지의 거리를 X, 그리고 MAC의 길이를 C라고 할 때, 무게중심(C.G)의 위치를 MAC의 백분율(%)로 나타내면

$$C.G = \frac{H-X}{C} \times 100(\%) = \frac{190-160}{120} \times 100$$
$$= 25\%$$
∴ 따라서 무게중심(C.G)은 MAC의 앞전에서부터 25% 지점에 있다.

54. ②

해설 페일 세이프 구조(fail-safe structure)는 한 구조물이 여러 개의 구조 요소로 결합되어 있어 어느 부분에서 피로파괴가 일어나거나 그 일부분에 구조적 결함이 발생해도 항공기 구조상 위험이나 파손을 보완할 수 있는 구조를 말하며, 다음과 같은 종류가 있다.
① 이중 구조(double structure) : 큰 부재 대신 2개 또는 그 이상의 소부재로 대치하는 것
② 대치 구조(back-up structure) : 주 부재가 전 하중을 지지하고 있는 경우, 주 부재가 파괴되었을 때 하중을 지탱해주는 예비적 부재를 가지고 있는 구조
③ 다경로 하중 구조(redundant structure) : 일부 부재가 파괴될 경우 그 부재가 담당하던 하중을 다른 부재가 분담할 수 있는 구조
④ 하중 경감 구조(load dropping structure) : 부재가 파손되기 시작할 때 다른 부재에 하중을 이동, 전달함으로써 부재의 완전 파단 또는 파괴를 방지하는 구조

55. ②

해설 모노코크(monocoque) 구조의 특징은 다음과 같다.
① 정형재(Former), Bulkhead에 의해 동체 형태가 이뤄지고, 비교적 두꺼운 외피는 대부분의 하중을 담당한다.
② 정형재(Former)는 주요 하중을 담당하지 않고 형태만을 유지시켜주는 역할을 한다.
③ 주로 소형 항공기 구조에 이용되며 Hydro-Press로 가공한 Bulkhead, Former와 Skin이 Riveting 되어 있다.

56. ①

해설 플라스틱(plastic)은 그 성질에 따라 열가소성 수지와 열경화성 수지로 분류할 수 있다.

① 열가소성 수지 : 열을 가해서 성형한 다음 다시 가열하면 연해지고 냉각하면 다시 원래의 상태로 굳어지는 수지(폴리염화비닐, 나일론, 폴리메탈 메타크릴레이트, 폴리에틸렌)
② 열경화성 수지 : 한번 열을 가해서 성형하면 다시 가열하더라도 연해지거나 용융되지 않는 성질을 가지고 있는 수지(에폭시 수지, 페놀 수지, 폴리우레탄 수지, 불포화 폴리에스테르)

57. ①

해설 NAS 볼트의 부품번호 "NAS 654 V 10 D"에서 문자 "D(drilled shank)"는 shank 부분에 hole이 있다는 것을 나타낸다. 참고로 "NAS 654 V 10 H"와 같이 부품번호의 문자 "H(drilled head)"는 head 부분에 hole이 있다는 것을 나타낸다.
Shank 부분에 hole이 있는 볼트의 경우, 캐슬 너트를 체결한 후에는 코터 핀을 hole에 삽입하여 너트를 고정시켜야 한다.

58. ①

해설 전단력이 작용하는 리벳의 단면적을 A[cm^2], 작용하는 하중을 P[kg]라고 할 때 리벳에 생기는 전단응력 τ를 구하는 식은 다음과 같다.
$$\therefore \tau = \frac{P}{A} = \frac{500}{\frac{\pi}{4} \times 1.5^2} = 282.94 kg/cm^2$$

59. ②

해설 플렉시블(flexible) 호스 제작 시에는 호스 끝이 소켓의 턱에 닿을 때까지 반시계방향으로 호스를 소켓에 돌려 끼운다. 그리고 시계방향으로 1/4바퀴 정도 돌려 뒤로 약간 뺀다.

60. ③

해설 샌드위치(sandwich) 구조는 상하 외피(skin) 사이에 벌집형, 거품형 또는 파형의 심(core)을 넣은 다음 접착재로 고정시킨 구조이다. 날개, 꼬리날개 또는 조종면 등의 끝부분에서 구조 골격의 설치가 곤란한 곳이나, 동체 마루판(floor) 등에 많이 사용된다.

제4과목 : 항공장비

61. ②

해설 자이로가 회전하고 있을 때 회전자의 앞면에 힘을 가하면 힘을 가한 점에서 회전자의 회전방향으로 90° 진행된 점에 힘이 작용된 것과 같이 회전축은 움직인다. 이러한 운동을 자이로의 섭동성(precession)이라고 한다.

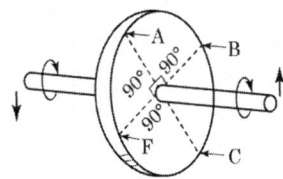

문제의 그림에서 좌측 부분에 힘(F)을 가하면 자이로의 섭동성에 의하여 실제로는 회전자의 회전방향으로 90° 진행된 점인 (A)가 힘을 받는다.

62. ④

해설 도선도표(wire chart)상에서 도선의 굵기를 정할 때에는 도선 내에 흐를 전류의 크기와 그 도선의 저항에 따른 전압강하를 고려하여야 한다. 도선의 저항은 도선의 길이와 온도에 비례하므로, 도선의 저항에 따른 전압강하를 고려하여 도선의 굵기를 정할 때에는 전선의 길이와 전선의 주위상태를 고려하여야 한다.

63. ②

해설 속도계는 밀폐된 케이스 안에 다이어프램이 있으며, 공함의 안쪽에는 전압(피토압)이, 바깥쪽에는 정압이 각각 작용한다. 속도계의 눈금은 항공기의 속도에 따른 이 두 압력의 차압, 즉 동압에 비례한다.

64. ①

해설 HF 전파는 전리층의 반사로 원거리까지 전달되는 성질이 있으므로, HF 통신장치는 항공기와 타 항공기 상호간 및 항공기와 지상 간의 장거리 통신에 이용된다. 그러나 잡음이나 페이딩이 많으며, 태양 흑점의 활동으로 인한 전리층 산란으로 통신 불능이 가끔 발생되기도 한다.

65. ④

해설 비상조명계통은 비상 시에 승무원이나 승객의 비상탈출을 돕도록 하는 조명으로 비상 출구등, 비상탈출 조명등과 비상 구조등 등이 있다. 비상조명계통은 다음과 같이 작동된다.
① 비행 시 비상조명스위치의 정상 위치는 armed 위치이다.
② 비상조명계통은 비행 시와 지상에서 작동된다.
③ 비상조명스위치는 off, armed(또는 arm), on의 3 position toggle switch이다. On 위치에서는 전원상실에 관계없이 자체 배터리에서 전기가 공급되어 작동된다.
④ 항공기 주기(parking) 시, 항공기에 전기공급을 차단할 때는 비상조명스위치를 off에 선택해야 배터리의 방전을 방지할 수 있다.

66. ①

해설 교류회로에서 저항을 R, 유도 리액턴스를 X_L, 그리고 용량 리액턴스를 X_C라고 하면, 임피던스 Z를 구하는 식은 아래와 같다.
$Z = \sqrt{R^2 + (X_L - X_C)^2}$
$\quad = \sqrt{4^2 + (10-7)^2} = 5\Omega$

67. ④

해설 항공기 고도의 종류는 다음과 같다.
① 진고도 : 해면상에서부터의 고도
② 기압고도 : 표준대기압 해면(29.92inHg)으로부터의 고도
③ 밀도고도 : 표준대기의 밀도에 상당하는 고도
④ 절대고도 : 항공기로부터 그 당시 지형까지의 고도

68. ③

해설 전기동력계통 중 보기에 제시된 구성품의 기능은 다음과 같다.
① GCU(Generator Control Unit, 발전기 제어장치) : Engine Generator의 Voltage Regulation 및 Control 그리고 Protection 기능을 한다.
② BPCU(Bus Power Control Unit, 버스 전원 제어장치) : External Power를 Control하며 또한 Synchronous Bus를 Protection하는 기

능을 갖고 있다.
③ TRU(Transformer Rectifier Unit, 변압 정류장치) : A.C Power를 D.C Power로 바꾸어 주는 장비

69. ④

해설 제우(rain protection) 시스템은 비행 중에 비가 내릴 경우 윈드실드(windshield)에 부착된 빗물을 제거하여 시계를 확보하기 위한 것이다. 제우 시스템의 종류는 다음과 같다.
① 공기 커튼 장치(air curtain system) : 압축공기를 이용하여 윈드실드에 공기 커튼을 만들어 부착한 물방울 등을 날려 보내거나 건조시켜 부착을 막는 방법
② 레인 리펠런트 장치(rain repellent system, 방우제 장치) : 윈드실드에 표면장력이 작은 화학 액체를 분사하여 피막을 만들어 물방울을 구현 형상인 채로 공기 흐름 속으로 날아가 버리게 한다.
③ 윈드실드 와이퍼 장치(windshield wiper system) : 와이퍼 블레이드를 적절한 압력으로 누르면서 움직이게 하여 물방울을 기계적으로 제거한다.

70. ④

해설 증기압식 온도계(vapor pressure type)는 증발성이 강한 액체를 밀폐된 용기에 넣고 온도변화에 따른 압력을 버든 튜브로 측정한 다음, 그 때의 압력에 해당하는 온도를 측정하는 온도계이다.

71. ③

해설 고도계 보정 방식의 종류는 다음과 같다.
① QNE 방식 : 해상비행 등에서 항공기의 고도간격의 유지를 위하여 기압눈금을 해면의 표준 대기압인 29.92inHg에 맞추어 표준 기압면으로부터 고도를 지시하게 하는 방식이며, 이때 고도계가 지시하는 고도는 기압고도이다.
② QNH 방식 : 그 당시의 해면기압을 맞추는 것으로 활주로에서 고도계가 활주로 표고를 가리키도록 하는 방식이며 해면으로부터의 기압고도, 즉 진고도를 지시한다.
③ QFE 방식 : 활주로 위에서 고도계가 0을 지시하도록 기압 눈금판에 비행장의 기압을 맞추는 방식으로 그 지형으로부터 고도, 즉 절대고도를 지시한다.

72. ④

해설 마커 비콘(marker beacon)은 접근하는 항공기에 활주로 끝단까지 거리를 알려주는 것으로 활주로 진입 쪽 중심 연장선상의 일정한 지점에 설치하여 착륙하는 항공기에 수직상공으로 역원추형의 75MHz의 초단파(VHF) 전파를 발사하여 진입로상의 일정한 통과지점에 대한 위치정보를 제공하는 시설이다.

73. ①

해설 대형 항공기 공압계통에서 공통 매니폴드에 공급된 압축공기 공급원의 종류는 다음과 같다.
① 터빈기관의 압축기(compressor)
② 보조동력장치(APU)
③ 기관으로 구동되는 압축기(super charger)
④ 그라운드 뉴매틱 카트(ground pneumatic cart, 지상 압축공기 공급장치)

74. ③

해설 항공기 내 승객 안내 시스템(PA, passenger address system)에서 기내 방송장치는 승객에게 여러 가지 안내를 하기 위한 방송 시스템이다. 또 비상 사태가 발생한 경우 긴급 방송에도 이용되는 중요한 시스템으로 다음과 같이 우선순위가 설정되어 있다.
① 제1순위 : 조종실(cockpit)에서의 방송
② 제2순위 : 객실(cabin) 승무원이 행하는 방송
③ 제3순위 : 재생 안내방송
③ 제4순위 : 음악(music) 방송

75. ②

해설 흡기 압력계(MPI : Manifold Pressure Indicator)는 왕복 엔진의 경우 실린더에 흡입되는 공기와 연료 혼합기의 Manifold Pressure를 측정하는 것으로 엔진에 흡입되는 공기와 연료의 양을 나타내며, Manifold Pressure는 절대 압력계로

측정한다. 전통적으로 아날로그 매니폴드 게이지는 진공 공함인 아네로이드를 사용한다.

76. ②

> CVR(cockpit voice recorder)은 항공기 사고발생 시 사고원인 규명을 위해 승무원의 목소리를 포함하여 조종실 내의 모든 소리를 기록하는 조종실 음성기록장치이다.

77. ③

> 합성유(skydrol hydraulic fluid)를 사용하는 계통을 세척할 때는 염화에틸렌(trichloretylene)을 사용하여야 한다.

78. ②

> 최근 항공기에서 많이 사용하는 축전지는 니켈-카드뮴 축전지이다. 축전지의 전압은 셀(cell)의 수로 결정되며, 일반적으로 니켈-카드뮴 축전지의 1셀당 기전력(전압)은 1.2~1.25V이다.

79. ①

> 항공계기의 색표지(color marking)는 신속한 상황 판단을 위하여 계기 다이얼 또는 계기 유리 위에 항공기의 운용한계를 색깔로 표시하는 것이다.
> ① 적색 방사선(red radiation) : 최대 및 최소 운용한계(operating limit)를 나타낸다.
> ② 황색 호선(yellow arc) : 경고 내지 경고 범위, 안전 운용 범위와 초과금지 사이의 경계와 경고 범위를 나타낸다.
> ③ 녹색 호선(green arc) : 안전 운용 범위, 즉 계속 운전 범위를 나타내는 것으로서, 순항 운용 범위를 의미한다.
> ④ 청색 호선(blue arc) : 기화기를 장비한 왕복기관에 관계되는 기관 계기에 표시하는 것으로서, 연료와 공기의 혼합비가 오토 린(auto lean)일 때의 상용 안전 운용 범위를 나타낸다.

80. ④

> 과열이나 화재에 의해 발생하는 연기를 감지하는 발연경보(smoke warning) 장치에는 광전형 연기감지기가 있다. 광전형 연기감지기는 광전 셀(photo cell)을 감지센서로 사용한다. 화재로 발생한 연기가 광전기 연기 탐지기 내로 들어오고 연기에 의한 반사광이 광전 셀에 비치면, 저항이 감소하여 광전 셀에 전류가 흐르게 되고 발연경보 장치가 작동한다. 따라서 장기간 사용으로 광전 셀에 이물질이 있으면 작동에 이상이 발생할 수 있다.

CBT 대비 모의고사 4회

제1과목 : 항공역학

01. ①

해설 공기의 밀도 변화가 아주 작아서 무시할 수 있는 유체를 비압축성 유체라고 한다. 대부분의 액체 및 마하 0.3 이하의 저속으로 흐르는 기체는 비압축성 유체라고 가정한다.

02. ①

해설 파울러 플랩(fowler flap)은 플랩을 내리면 날개 뒷전과 플랩 앞전 사이에 틈을 만들면서 밑으로 구부러져 날개의 면적과 캠버(camber)를 증가시킴으로써 양력을 증가시키는 고양력장치이다. 최대 양력계수를 100% 정도 증가시킬 수 있으므로 성능이 가장 우수하다.

03. ①

해설 비행기 날개에 작용하는 항력은 공기 유속의 제곱에 비례한다. 200mph에서 작용하는 항력이 100[lbs]이므로, 300mph에서 작용하는 항력 D는

$$\therefore D = 100 \times \left(\frac{300}{200}\right)^2 = 225 [\text{lbs}]$$

04. ①

해설 프로펠러의 유효 피치(실용 피치)와 프로펠러 지름과의 비를 진행비(advance ratio)라고 한다. 비행속도를 V, 프로펠러 회전속도를 n, 그리고 프로펠러 지름을 D라고 하면, 진행률 J를 구하는 식은 다음과 같다.

$$J = \frac{V}{nD}$$

05. ③

해설 날개 길이(span)를 b, 날개 면적을 S라고 하면, 가로세로비 AR은

$$\therefore AR = \frac{b}{c} = \frac{b^2}{S} = \frac{25^2}{100} = 6.25$$

06. ①

해설 기하학적 피치란 깃을 한 바퀴 회전시켜 프로펠러 앞으로 전진할 수 있는 이론적 거리를 말한다. 프로펠러의 깃각은 깃의 전 길이에 걸쳐 기하학적 피치를 같게 하기 위해서 일반적으로 깃 뿌리에서 깃 끝으로 갈수록 작아지도록 비틀어져 있다.

07. ①

해설 선회속도를 $V_t [\text{m/s}^2]$, 경사각을 θ라고 하면, 선회반지름 $R[\text{m}]$은

$$\therefore R = \frac{V_t^2}{g \cdot \tan\theta} = \frac{\left(\frac{150}{3.6}\right)^2}{9.8 \times \tan 30°} = 306.84 \text{m}$$

08. ①

해설 문제의 그림과 같은 양항력 곡선에서 활공기는 양항비가 최대인 A점의 받음각으로 비행하면 최대거리(장거리)의 활공비행을 할 수 있다.

09. ④

해설 음속에 가장 직접적인 영향을 주는 물리적인 요소는 온도이며, 음속은 절대온도의 제곱근에 비례한다.

10. ③

해설
- 항공기 속도(V)와 음속(a)과의 비를 마하수라고 한다.
$$M = \frac{V}{a}$$
- 따라서 항공기 속도는,
$V = Ma = 0.7 \times 335 = 241.5 \text{m/s}$
- 고도 12000m에서 같은 속도로 비행할 때의 Mach 수는
$$\therefore M = \frac{V}{a} = \frac{241.5}{295} = 0.82$$

11. ④

해설 레이놀즈 수(Reynolds number)란 동압으로 인한 관성력과 점성에 의한 마찰력(점성력)의 비를 나타내는 무차원수이며, 레이놀즈 수를 나타내

는 식은 다음과 같다.
$$R_e = \frac{\rho Vc}{\mu} = \frac{Vc}{\nu}$$
(여기에서, ρ : 공기밀도, V : 공기속도, c : 시위길이, μ : 절대점성계수, ν : 동점성계수)

12. ②

해설 지구를 둘러싸고 있는 대기는 기온 변화를 기준으로 지표에서 고도가 높아지는 방향으로 대류권, 성층권, 중간권, 열권, 외기권(극외권)으로 구분된다.

13. ④

해설 비행기에 작용하는 힘에 따른 비행상태는 다음과 같다.
- 상승비행 : 양력(L)>무게(W)
  하강비행 : 양력(L)<무게(W)
- 가속비행 : 추력(T)>항력(D)
  감속비행 : 추력(T)<항력(D)

따라서 추력(T)=항력(D)이면 등속도 비행을 한다.

14. ④

해설 날개는 비행기의 가로 안정에서 가장 중요한 요소이다. 특히, 기하학적으로 날개의 쳐든각은 옆미끄럼에 의한 rolling moment에 정적인 안정을 주게 된다. 그러므로 날개의 쳐든각은 가로 안정에 가장 중요한 요소이다.

15. ②

해설 비행기의 날개골(airfoil)은 양력이 크고 항력이 작아야 양·항력 특성이 좋다고 할 수 있다. 이를 위해서는 최대 양력계수(C_{Lmax})가 크고, 최소 항력계수(C_{Dmin})는 작아야 한다.

16. ③

해설 정상 수평 비행상태에서 비행기에 작용하는 모든 힘의 합이 0이며, 피칭 모멘트, 롤링 모멘트 및 요잉 모멘트 계수가 0인 경우를 평형상태라고 한다.

17. ③

해설 지름 5cm인 관의 면적을 A_1, 속도를 V_1, 그리고 지름 10cm인 관의 면적을 A_2, 속도를 V_2라고 하면, 비압축성 흐름에서의 연속방정식은 다음과 같다.
$$A_1 V_1 = A_2 V_2 = 일정$$
따라서 지름 30cm 관에서의 속도 V_2는
$$\therefore V_2 = \frac{A_1}{A_2} V_1 = \frac{\pi/4 \times d_1^2}{\pi/4 \times d_2^2} \times V_1$$
$$= \frac{\pi/4 \times 0.05^2}{\pi/4 \times 0.1^2} \times 5 = 1.25 \text{m/s}$$

18. ②

해설 등속도 비행을 하기 위한 추력(T)과 항력(D)의 관계식은 다음과 같다.
$$T = D = C_D \frac{1}{2} \rho V^2 S$$
$$\therefore T = C_D \frac{1}{2} \rho V^2 S$$
$$= 0.02 \times \frac{1}{2} \times 0.125 \times 150^2 \times 20$$
$$= 562.5 \text{kgf}$$

19. ②

해설 날개의 순환이론을 설명하면 다음과 같다.
① 날개의 뒷전에는 출발 와류로 인한 빗올림 흐름이 있다.
② 날개 뒷전에 출발 와류가 생기게 되면 날개 주위에도 이것과 크기가 같고, 방향이 반대인 속박 와류가 생기게 된다. 이 속박 와류로 인하여 날개에 양력이 발생한다.
③ 날개를 지나는 흐름은 윗면에서는 부(-)압이고, 아랫면에서는 정(+)압이다.
④ 날개끝 와류의 중심축은 흐름방향과 평행하다.

20. ④

해설 비행기가 하강비행을 하는 동안 조종간을 당겨 기수를 올리려 할 때, 받음각과 각속도가 특정값을 넘게 되면 예상한 정도 이상으로 기수가 올라가는데, 이러한 현상을 피치 업(pitch up)이라고 한다.

제2과목 : 항공기관

21. ④

해설 항공기용 왕복기관의 출력을 나타내는 1마력(PS)은 75kg의 물건을 1초 동안에 1m 들어 올리는 힘을 말한다.
$$1PS = 75 kgf \cdot m/s$$

22. ①

해설 고온 열원을 T_1[K, 켈빈], 저온 열원을 T_2[K, 켈빈]라고 하면 카르노 사이클의 열효율(η_c)을 구하는 식은 다음과 같다.
$$\eta_c = 1 - \frac{T_2}{T_1}$$

23. ①

해설 가스터빈엔진에서 배유되는 윤활유는 거품과 열에 의한 팽창으로 양이 증가한다. 따라서 공급한 윤활유의 양보다 더 많은 양의 윤활유를 배유해야 하기 때문에 배유펌프(소기펌프)가 압력펌프보다 용량이 더 커야 한다.

24. ①

해설 가스터빈엔진에서 연소실의 압력강하(압력손실)란 연소실 입구와 출구의 전 압력차를 말하며, 이것은 마찰에 의하여 나타나는 형상손실과 연소에 의한 가열팽창손실 등을 말한다. 압력강하가 가장 적은 연소실은 애뉼러형 연소실이다.

25. ②

해설 터빈엔진의 비정상 시동의 종류는 다음과 같다.
① 과열 시동(hot start) : 시동할 때에 배기가스의 온도가 규정된 한계값 이상으로 증가하는 현상
② 결핍 시동(false or hung start) : 시동이 시작된 다음 기관의 회전수가 완속 회전수(idle rpm)까지 증가하지 않고 이보다 낮은 회전수에 머물러 있는 현상
③ 시동 불능(no start) : 기관이 규정된 시간 안에 시동되지 않는 현상

26. ③

해설 정속 프로펠러(constant speed propeller)는 조속기에 의해 자동적으로 피치(깃각)를 조정하여 비행속도나 기관 출력의 변화에 관계없이 프로펠러를 항상 일정한 속도로 유지한다. 조속기의 파일럿 밸브(pilot valve) 위치에 따라 저피치와 고피치 사이에서 피치를 자동으로 변경하여 가장 좋은 프로펠러 효율을 가지도록 한다.

27. ②

해설 오일 냉각기의 위치가 오일 탱크를 중심으로 어느 곳에 위치하는가에 따라 윤활유 시스템은 저온 탱크와 고온 탱크 두 가지 형태의 계통으로 분류된다. 오일 냉각기가 오일 탱크로 향하는 배유 라인에 위치하면 저온 탱크형(cold tank type)이라 하고, 압력펌프를 지나 윤활유가 공급되는 위치에 있는 경우는 고온 탱크형(hot tank type)이라고 한다.
따라서 저온 탱크형에서는 오일 냉각기가 소기 펌프와 오일 탱크 사이에 위치하여 냉각된 윤활유가 탱크로 유입된다. 반대로 고온 탱크형에서는 냉각되지 않은 고온의 소기 오일(scavenge oil)이 직접 탱크로 유입된다.

28. ④

해설 압축기 안으로 유입된 다량의 공기에 포함된 이물질로 압축기 브레이드(blade)가 오염되면 압축기 브레이드의 공기역학적인 효율을 감소시키고, 결과적으로 불충분한 압축비와 높은 배기가스온도(EGT)를 유발한다.

29. ④

해설 이상기체(ideal gas)란 실제로는 존재하지 않는 이상적인 기체로서 다음과 같은 이상기체 상태 방정식을 만족하는 기체이다.
$$Pv = RT$$
여기서, P : 압력(kg/m^2)
v : 비체적(m^3/kg)
R : 기체상수($kg \cdot m/kg \cdot K$)
T : 절대온도(K)

30. ④

해설 흡입밸브는 실제로는 상사점 전에서 열리고, 하사점 후에서 닫히도록 조절되어 있다. 배기밸브는 실제로는 하사점 전에서 열리고, 상사점 후에서 닫히도록 조절되어 있다.

31. ④

해설 터보제트엔진의 추진효율(Propulsive efficiency)이란 공기가 기관을 통과하면서 얻은 운동에너지에 의한 동력(P_k)과 추진동력(P_t)의 비를 말한다. 동일한 비행속도에서 추진효율은 배기구 속도가 클수록 작아진다.

32. ③

해설 백금(platinum)-이리듐(iridium) 합금은 열과 마모에 강하므로 마그네토의 브레이커 어셈블리의 접촉 부분인 브레이커 포인트에 사용한다.

33. ②

해설 열교환(heat transfer)을 하는 방법에는 전도, 대류와 복사가 있다.
① 전도(conduction) : 물질을 통하여 접촉하고 있는 두 물체 사이에 열이 이동하는 것
② 대류(convection) : 열을 가진 물체 자체가 이동하면서 열을 이동시키는 것
③ 복사(radiation) : 열이 매개체 없이 파장의 형태로 전달되는 것

34. ④

해설 연료조정장치는 모든 기관 작동 조건에 대응하여 기관을 적절하게 제어하는 장치이다. 전자식 연료조정장치인 FADEC(full authority digital electronic control)은 다량의 신호(엔진의 작동 상태 및 항공기 계통의 변수 신호)를 받아 기관의 작동한계에 맞도록 엔진 연료 유량을 조절하여 연소실에 공급한다. 더불어 압축기 가변 스테이터 각도, 실속 방지용 압축기 블리드 밸브(bleed valve) 등 엔진제어계통의 모든 구성품을 종합적으로 조절한다.

35. ③

해설 피스톤이 하사점에 있을 때의 실린더 체적과 상사점에 있을 때의 체적, 즉 연소실 체적과의 비를 실린더의 압축비(ε)라고 하며, 압축비(ε)를 구하는 관계식은 다음과 같다.

$$\varepsilon = \frac{실린더\ 체적}{연소실\ 체적} = \frac{실린더\ 체적}{실린더\ 체적 - 행정\ 체적}$$
$$= \frac{80}{80-70} = \frac{8}{1}\ (8:1)$$

36. ②

해설 마그네토의 접점(breaker point) 간격이 커지면 정해진 위치(회전자석이 중립위치를 지나 자기 응력이 최대가 되는 위치)보다 빨리 접점이 떨어지게 되므로 점화가 일찍 발생하고, 불꽃의 강도가 약해진다.

37. ②

해설 배기관에서 공기가 분사되는 끝부분을 특히 배기노즐(exhaust nozzle)이라고 하며, 아음속기의 배기노즐로는 수축형 배기노즐이 사용된다. 배기노즐은 배기가스의 속도를 증가시키고 압력을 감소시킨다.

38. ①

해설 제트엔진의 연료펌프는 일반적으로 그 형식에 따라 기어식(gear type), 원심력식(centrifugal type) 및 플런저식(plunger type)으로 구분하며, 기어식과 원심력식을 결합한 펌프 형식도 있다.

39. ③

해설 압력식 기화기에서 농후 밸브(enrichment vlave)는 고출력 운전 시에 추가 연료를 공급하여 농후 혼합비를 만들어 순항 시에 원하는 경제 혼합비에서 최대 출력을 발휘하고, 동시에 엔진의 냉각을 돕는다. 이 기능은 순항 출력에서는 닫히고 고출력 시에 열려서 여분의 연료를 공급하는 밸브에 의해 이루어지며 이 밸브를 농후 밸브라 한다. 농후 밸브는 연료 압력에 의해 열린다.

40. ③

해설 행정거리와 실린더 단면적으로 곱한 체적을 행정 체적이라고 한다. 행정거리를 L, 실린더의 단면적을 A, 그리고 실린더 수를 K라고 하면, 총행정 체적 V_S는

$$V_S = L \cdot A \cdot K$$
$$= (0.15 \times 100) \times \left(\frac{3.14 \times 16^2}{4}\right) \times 6$$
$$= 19292\,cm^3 = 19.292\,L$$
$$(\because 1L = 1{,}000\,cm^3)$$

제3과목 : 항공기체

41. ③

해설 문제의 그림과 같이 길이 L인 외팔보에 2개의 집중하중이 작용할 때 고정단에 생기는 최대 굽힘 모멘트는 집중하중 P_1과 P_2가 각각 l_1과 l_2에 작용할 때의 모멘트를 고려하여야 한다. 따라서 최대 굽힘 모멘트의 크기($M_{\max}$)는

$$M_{\max} = P_1 l_1 + P_2 l_2$$
$$= (100 \times 1.5) + (300 \times 2)$$
$$= 750\,kg\cdot m$$

42. ①

해설 평 너트(plain nut)는 비구조 부재의 체결용으로서 인장하중을 받는 곳에 사용한다. 장착 부품과 상대운동을 하는 볼트에 사용하는 너트는 캐슬 너트(Castellated Airframe Nut)이다.

43. ④

해설 크리프(creep)란 재료를 일정한 온도와 하중을 가한 상태에서 시간이 경과함에 따라 하중이 일정하더라도 변형률이 변화하는 현상을 말한다.

44. ④

해설 일정한 단면을 갖는 보에서 탄성계수는 E, 관성 모멘트는 I, 분포하중은 q, 그리고 처짐은 y라고 할 때 이들 간의 관계식은 다음과 같다.

$$EI\frac{d^4y}{dx^4} = q$$

45. ①

해설 키놀이 조종 계통에서 승강키(elevator)에 대한 설명은 다음과 같다.
① 일반적으로 승강키의 조종은 조종간(control stick) 또는 조종 핸들(control handle)에 의존한다.
② 가로축을 중심으로 하는 항공기의 키놀이 운동(pitching)에 사용한다.
③ 일반적으로 수평 안정판의 뒷전에 장착되어 있다.

46. ③

해설 알루미나 섬유(alumina fiber)는 유리섬유와 같이 무색 투명하며, 전기 부도체인 섬유이다. 약 1300℃로 가열하여도 물성이 유지되는 우수한 내열 특성 때문에 고온 부위의 재료로 사용된다.

47. ②

해설 리벳의 직경(D)은 접합하여야 할 판재 중에 두꺼운 판재 두께(t)의 3배 정도가 적당하다. 따라서 $D = 3 \cdot t = 3 \times 3 = 9\,mm$

48. ④

해설 리벳의 재질 기호는 다음과 같다.

리벳의 종류	재질 기호
1100	A
2117	AD
2017	D
2024	DD

49. ①

해설 항공기용 너트는 여러 가지 모양과 치수가 있으며 볼트와 같이 그 위에 식별기호나 문자가 있는 것이 적으므로, 일반적으로는 금속 특유의 광택, 내부에 삽입된 파이버(Fiber) 또는 나일론의 색 혹은 구조 및 나사 등으로 식별한다.

50. ③

해설 항공기에 탑재한 장비나 화물이 이동하여 중심 위치가 변화되었을 경우, 새로운 중심 위치를 구하는 식은 다음과 같다.

중심 위치(C.G)

$= \dfrac{\text{총 모멘트} \pm \text{변화된 모멘트}}{\text{총 무게} \pm \text{변화된 무게}}$

($\because$ + : 무게 증가 시, − : 무게 감소 시)

$= \dfrac{(15000 \times 35)+(100 \times 40)}{15000+(1850-1750)} = +35.03\text{cm}$

$\therefore$ +35.03cm 이므로 중심 위치는 기준선 후방 약 35cm에 위치한다.

51. ②

해설 조종사가 조종 핸들에 장착된 수평 안정판 트림 조종 스위치를 조작하면 미세한 조종력이 안정판 트림 조종장치에 전달된다.
수평 안정판 트림 조종장치는 유압을 형성하여 유압 모터(Hydraulic Motor)에 의해 스크루 잭(Screw Jack)을 회전시켜 수평 안정판을 미세하게 변위시킨다. 이때 안정판이 정확한 위치에 도달하면 유압 제동기가 그 위치를 고정시킨다.

52. ③

해설 고전단 리벳(hi-shear rivet)은 특수리벳으로 분류되지만, 블라인드 형은 아니기 때문에 리벳 체결을 위해서는 부품의 양쪽으로 접근할 수 있어야 한다. 고전단 리벳은 본질적으로 나사산이 없는 볼트로 한쪽 끝에는 머리가 있고 다른 쪽에는 원주방향으로 홈이 파여 있으며 금속칼라를 이 홈 위에 압착시켜 고착시킨다. 고전단 리벳은 다양한 재질로 제조되지만 반드시 전단하중만이 작용하는 곳에 사용해야 하며, 그리프(grip) 길이가 생크 직경보다 적은 곳에 사용해서는 안 된다.

53. ①

해설 판재의 굽힘 각도를 θ, 곡률 반지름을 R, 그리고 두께를 T라고 하면, 굽힘 허용값(BA : bend allowance)은

$BA = \dfrac{\theta}{360} \times 2\pi \left(R + \dfrac{1}{2}T\right)$

$= \dfrac{90}{360} \times 2\pi \left(0.125 + \dfrac{1}{2} \times 0.040\right)$

$= 0.228\text{inch}$

54. ③

해설 스크류의 식별부호 NAS 144 DH-22에서 NAS는 국제항공표준규격(National Aircraft Standard), 144는 머리모양, 22는 길이를 나타낸다. 그리고 DH는 드릴 헤드(Drilled Head), 즉 머리에 안전결선을 위한 구멍이 뚫려 있다는 것을 나타낸다.

55. ④

해설 아래 그림과 같이 길이 L인 단면봉(beam)에 축하중 P가 작용하고 있을 때 변위를 구하는 식은 다음과 같다.

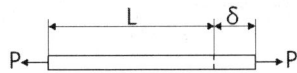

여기서, 단면적은 A, 길이는 ℓ, 축방향으로 작용하는 힘을 P, 탄성계수를 E, 그리고 축하중에 의한 변위를 δ라고 하면,

$\delta = \dfrac{P\ell}{EA}$

56. ②

해설 부식의 종류는 다음과 같다.

① 점(pitting) 부식 : 금속 표면 일부분의 부식 속도가 빨라져 국부적으로 깊은 홈을 발생시키는 부식

② 찰과(fretting) 부식 : 서로 밀착된 구성품 사이에 작은 진폭의 상대운동이 일어날 때 접촉 표면에 발생하는 제한된 형태의 부식

③ 피로(fatigue) 부식 : 지속적으로 작용하는 응력으로 인한 부식

④ 동전기(galvanic) 부식 : 서로 다른 재질의 두 금속이 접촉되어 있는 상태에서 전해작용에 의해 발생하는 부식

57. ②

해설 재료에 하중이 가해지면 그 재료는 변형이 생기며, 이 변형의 크기는 어느 범위 내에서는 가한 하중에 비례하게 되는데 이를 후크의 법칙(Hook's law)이라 한다. 재료의 응력을 σ, 변형률을 ε, 그리고 탄성계수를 E라고 하면 응력과 변형율의 관계는 다음과 같이 나타낼 수 있다.

$\sigma = E\varepsilon$

58. ④

해설 평형 방정식에 관계되는 보의 지지점과 반력은 다음과 같다.
① 롤러 지지점(roller support) : 수평방향으로는 자유롭게 움직일 수 있으나, 수직방향으로는 구속되어 있으므로 수직반력만 발생한다.
② 힌지 지지점(hinge support) : 수직 및 수직 방향으로 구속되어 있어, 수직반력과 수평반력 등 2개의 반력이 발생한다.
③ 고정 지지점(fixed support) : 수직 및 수평 반력과 동시에 저항 회전 모멘트 등 3개의 반력이 생긴다.

59. ②

해설 문제의 보기에서 제시된 공구에 대한 설명은 다음과 같다.
① Diagonal Cutter : 안전결선이나 코터 핀(Cotter Pin)을 절단하는데 사용된다.
② Wire Twister : 항공기 정비 작업 시 자주 쓰는 공구로 안전결선 작업을 신속하게 하거나, 와이어를 절단하는 데에 사용된다.
③ Interlocking Plier : Jaw을 여러 단계로 쉽게 조절할 수 있어 여러 가지 작업에 적절히 쓰인다. Jaw가 깊어 보다 강력하게 잡을 수 있다.
④ Cannon Plier : Electrical Connecter를 고정할 때나 풀 때 사용된다.

60. ②

해설 항공기 속도(V)에 따른 하중배수(n)의 변화를 나타내는 하중배수선도는 구조 역학적으로 항공기의 안전한 비행범위를 정해 주며, 이를 V-n 선도라고 한다.
이 선도는 항공기의 안전 운항을 담당하는 해당 정부기관에서 항공기의 유형에 따라 제시하는 것으로서 두 가지의 목적이 있다. 첫 번째는 항공기의 제작자에 대한 지시로서 어느 정도의 하중에 대하여 구조 역학적으로 안전하게 설계 및 제작하라는 것이다. 두 번째는 항공기의 사용자에 대한 지시로서 그 항공기가 구조 역학적으로 안전하기 위해서 어느 정도의 속도 범위 안에서 비행상태가 보장될 수 있도록 하는 것이다.

제4과목 : 항공장비

61. ③

해설
- 회로 내의 접합점 P에 키르히호프의 제1법칙을 적용하면,
$I_1 + I_2 + (-I_3) = 0$ ……………… ①
- 폐회로 BKPA와 CKPD에 각각 화살표를 따라 시계 방향으로 전압의 상승을 구하여 키르히호프의 제2법칙을 적용하면,
$-20I_1 - 6I_3 + 140 = 0$ ……………… ②
$6I_3 + 5I_2 - 90 = 0$ ……………… ③
- 위의 식 ①, ②, ③을 3원 연립 방정식으로 하여 전류 I_3를 구하면,
$I_3 = 10A$
- 따라서 저항 6Ω의 양단전압 E는
$\therefore E = I_3 R = 10 \times 6 = 60V$

62. ③

해설 유전율이란 부도체의 전기적인 특성을 나타내는 특성값으로, 연료의 온도가 올라가면 유전율은 감소한다. 전기용량식(electric capacitance type) 연료량계는 액체의 유전율과 공기의 유전율이 서로 다른 성질을 이용하여 연료량을 측정한다.
온도가 올라가면 일반 금속의 전기저항은 증가한다. 서미스터(thermistor)란 저항기의 일종으로, 온도에 따라 물질의 저항이 변화하는 성질을 이용한 전기적 장치이다. 온도가 증가하면 서미스터의 저항은 감소하고, 따라서 서미스터 내로 흐르는 전류는 증가한다고 할 수 있다.

63. ③

해설
- 주파수를 f, 교류발전기 계자의 극수를 P, 그리고 분당 회전수(rpm)를 N이라고 하면, 이들 간의 관계식은 다음과 같다.
$f = \dfrac{P}{2} \times \dfrac{N}{60}$
- 따라서 교류발전기 계자의 회전수(N)는
$\therefore N = \dfrac{120f}{P} = \dfrac{120 \times 400}{8} = 6000\text{rpm}$

64. ③

해설 계기착륙장치(ILS : Instrument Landing System)를 구성하는 장치는 다음과 같다.
① 로컬라이저(localizer) : 정밀한 수평 방향의 접근 유도 신호를 제공한다.
② 글라이드 슬로프(glide slope) : 활주로에 대하여 정확한 진입각을 유지하기 위해 수직 방향의 유도(up-down)를 제공한다.
③ 마커 비컨(marker beacon) : 정점의 상공 통과를 조종사에게 알리기 위한 것으로, 직상공 통과는 활주로 끝으로부터의 일정 거리를 표시하기 위한 것이다.

65. ①

해설 정속구동장치(constant speed drive : CSD)는 항공기 기관의 구동축과 발전기 축 사이에 장착된다. 정속구동장치는 기관의 회전수에 관계없이 일정한 회전수를 발전기 축에 전달하여 교류 발전기의 출력 주파수를 항상 일정하게 만들어 준다.

66. ④

해설 관성항법시스템(INS : inertial navigation system)은 지상의 무선국과 같은 항행 지원시설이 없는 곳을 비행하는 경우 기내의 자이로(gyro)를 이용하여 현재 위치와 방향을 스스로 계산하여 비행하는 시스템으로서, 자립항법시스템(inertial navigation system)에 해당한다.

67. ③

해설 RLC 직렬회로에서 커패시턴스를 C, 인덕턴스를 L이라고 하면 공진 주파수 f를 구하는 식은 다음과 같다.
$$f = \frac{1}{2\pi\sqrt{LC}} = \frac{1}{2\pi\sqrt{(250\times 10^{-3})\times(10\times 10^{-6})}}$$
$$= 100.66 Hz$$

68. ③

해설 자이로(gyro)의 섭동성이란 자이로가 회전하고 있을 때 외력이 가해지면 가해진 힘의 방향에서 로터 회전방향으로 90도 회전한 점에 힘이 작용하여 로터가 기울어지는 현상을 말한다. 이러한 섭동성은 가해진 힘의 크기에 비례하고, 로우터의 회전속도에 반비례한다.

69. ④

해설 델린저 현상(Dellinger effect)이란 태양 표면의 폭발 현상으로 지구 대기 상층의 전리층에 이상이 생겨 나타나는 단파통신의 장애 현상을 말한다.

70. ③

해설 자기계기의 정적 오차인 불이차(constant deviation)는 모든 자방위에서 일정한 크기로 나타나는 오차로서, 컴퍼스(Compass) 자체의 제작상 오차 또는 장착 잘못에 의한 오차이다. 컴퍼스의 중심선과 기축선이 서로 평행하지 않을 때 불이차가 발생할 수 있다.

71. ②

해설 직류 전동기(DC motor)의 종류는 다음과 같다.
① 분권 전동기(shunt wound) : 일정한 회전속도가 요구되는 곳에 사용된다.
② 직권 전동기(series wound) : 시동 토크가 크고 압력이 과대하게 되지 않으므로 시동 운전 시 가장 좋은 전동기이다. 항공기의 시동용 전동기, 착륙장치, 플랩 등의 전동기로 사용된다.
③ 복권 전동기(compound wound) : 분권식과 직권식의 중간 특성을 가지는 전동기로서, 화동 복권 전동기가 있다.
④ 스플릿(split)식 : 회전방향을 반대로 할 수 있는 가역 전동기이다.

72. ①

해설 고도계에서 압력을 측정하는 수감부인 아네로이드는 구리 합금으로 만들어진다. 이러한 금속은 온도 변화에 의해 영향을 받으며 이로 인한 탄성 오차(elastic error)에는 다음과 같은 종류가 있다.
① 재료의 피로현상에 의한 오차
② 장시간 동일한 압력 유지, 휘어짐으로 생기는 크리프(creep) 현상에 의한 오차
③ 온도변화에 의해서 탄성계수가 바뀔 때의 오차

④ 압력변화에 따라 휘어짐과 원상 복귀까지의 시간 지연에 따른 오차

73. ③

해설 위성통신장치에서 지상국 시스템의 송신계는 고출력 증폭기로서 고주파 신호를 위성까지 전송할 수 있을 정도의 크기로 신호를 증폭하는 역할을 수행한다. 수신계는 저잡음 증폭기를 말하며 전송되는 미약한 신호에서 잡음을 제거하고 순수한 신호만을 증폭한다.

74. ③

해설 발전기가 처음 발전을 시작할 때에는 잔류자기에 의존한다. 잔류자기가 전혀 남아 있지 않아 발전을 시작하지 못할 때에는 배터리와 같은 외부 전원으로부터 계자코일에 잠시 동안 정방향의 전류를 가해 주는데, 이와 같이 하는 것을 계자 플래싱(field flashing)이라 한다.

75. ③

해설 도선의 단면적을 A, 길이를 L, 그리고 전기저항을 R이라고 하면, 도선 재료의 고유저항 ρ를 구하는 식은 다음과 같다.
$$\rho = R\frac{A}{L} = 15 \times \frac{1}{25} = 0.6\,\Omega\cdot\text{cm}$$

76. ④

해설 서로 다른 두 종류의 금속을 접합하여 온도계기로 사용하는 열전대(thermocouple)에 대한 설명은 다음과 같다.
① 열전대에 사용하는 금속은 크로멜(chromel)과 알루멜(alumel), 철과 콘스탄탄 및 구리-콘스탄탄 등이 있다.
② 열전대는 브리지 회로를 구성할 수 없다.
③ 출력에 나타나는 전압은 두 접합점 사이의 온도 차이에 비례한다.
④ 바이메탈(bimetal)을 이용하여 냉점 온도만큼 지시계 접합부 온도를 보정한다.

77. ①

해설 표류 중에 위치를 알려주기 위한 긴급신호장치(EmergencySignal Equipment)에는 비상위치 지시용 무선표지설비(radio beacon), 연기·불꽃 신호장비 및 휴대용 확성기(megaphone) 등이 있다.

78. ①

해설 작동유(Hydraulic fluid)의 구비 조건은 다음과 같다.
① 점성이 낮고, 온도 변화에 따라 작동유의 성질 변화가 적어야 한다.
② 열전도율이 좋고, 거품성 기포가 잘 발생되지 않아야 한다.
③ 화학적 안정성이 높아야 하고, 인화점이 높아야 한다.
④ 부식성이 낮아야 하고, 밀도가 작아야 한다.
⑤ 끓는점이 높아야 하고, 휘발성이 적어야 한다.

79. ②

해설 지자기의 3요소는 다음과 같다.
① 복각(dip 또는 inclination) : 지자기 자력선의 방향과 수평선 간의 각을 말하며, 지구 적도 부근에서는 거의 0이고 양극으로 갈수록 90°에 가까워진다.
② 편차(variation 또는 declination) : 지축과 지자기축이 서로 일치하지 않기 때문에, 지구 자오선(진자오선)과 자기 자오선 사이에 생기는 오차를 말한다.
③ 수평분력(horizontal component) : 지자력의 지구 수평선에 대한 분력을 말하는 것으로 복각이 적은 적도 부근에서 최대이고 양극에서는 0에 가깝다.

80. ②

해설 거리측정시설(DME)은 항공기에 탑재된 질문기(interrogator)가 송신한 질문 펄스에 대하여 지상에 설치된 응답기(transponder)로부터 응답 펄스가 도달하는 전파 지체시간을 계산하여 항공기까지의 경사거리(slant range) 정보를 제공한다.

항공산업기사 필기 과년도 문제 해설

1판 1쇄 발행	2020년 2월 25일	2판 1쇄 발행	2021년 1월 05일
3판 1쇄 발행	2022년 1월 05일	4판 1쇄 발행	2023년 1월 05일

지은이 항공문제연구회
펴낸이 김 주 성
펴낸곳 도서출판 엔플북스
주 소 경기도 구리시 체육관로 113번길 45. 114-204(교문동, 두산아파트)
전 화 (031)554-9334
F A X (031)554-9335

등 록 2009. 6. 16 제398-2009-000006호

> 저 자 와 의
> 협 의 하 에
> 인 지 생 략

정가 25,000원
ISBN 978 - 89 - 6813 - 388 - 6 13550

※ 파손된 책은 교환하여 드립니다.
 본 도서의 내용 문의 및 궁금한 점은 저희 카페에 오셔서 글을 남겨주시면 성의껏 답변해 드리겠습니다.
 http://cafe.daum.net/enplebooks